T0185210

Materialien

zur

Geschichte der Entomologie

bis Linné.

Von

DR. F. S. BODENHEIMER

Abteilungsvorstand für Zoologie
am Institut für die Naturgeschichte Palästinas der Hebräischen Universität. Jerusalem.

Band I

Springer-Science+Business Media, B.V.

1928

ISBN 978-94-017-5739-3   ISBN 978-94-017-6105-5 (eBook)
DOI 10.1007/978-94-017-6105-5

Originally published by W. JUNK, BERLIN in 1928.

Softcover reprint of the hardcover 1st edition 1928

Motto.

Multum egerunt, qui ante nos fuerunt, sed non per-
egerunt.

Multum adhuc restat operis, multumque restabit:
nec ulli nato post mille saecula, praecludetur occasio,
aliquid adhuc adjiciendi.

L. Aenaeus Seneca Epist. LXIV.

Vorwort.

Die Ansprüche an eine Wissenschaftsgeschichte sind heute auch in den stark vernachlässigten biologischen Fächern recht hohe geworden. Vor 50 Jahren wäre das vorliegende Werk als eine Geschichte der Entomologie bezeichnet worden. Heute ist ein solcher Titel unzutreffend. Es zeigt sich, daß auch die Wissenschaftsgeschichte da, wo sie neue Gebiete in Angriff nimmt, gewissermaßen die Stammesgeschichte der historischen Forschung durchlaufen muß, ehe sie in moderner Form erscheinen kann. Es ist jedem, der sich auch nur ein wenig mit der Entomologie-Geschichte beschäftigt hat, bekannt, daß keine wesentliche Vorarbeit auf diesem Gebiet bisher existiert. Die Inangriffnahme bedeutete die Erschließung einer Terra incognita. Der grobe Verlauf der Entwicklung mußte zuerst pragmatisch entwickelt werden. Infolge der Festsetzung des Jahres 1758 als Ausgangspunkt der geltenden Systematik und infolge der ständig geringer werdenden Beherrschung der für das Studium der Literatur bis ca. 1700 unerläßlichen alten Sprachen durch die heutige Entomologen-Generation konnte mit einer Kenntnis auch nur der Hauptwerke der älteren Literatur nicht gerechnet werden. Eine Aufzählung und Zusammenfassung ihrer wichtigsten Resultate hätte unter diesen Umständen kein lebendiges Bild der Originalwerke und der Gesamtentwicklung bieten können. Deshalb mußten die Originalwerke in Auszügen und in Übersetzungen ausführlich herangezogen werden. Ein großer Teil des Stoffes wie z. B. die Entomologie der Chinesen und Araber, die Periodika der alten Akademien und die älteren Reiseberichte sind noch nie einer zusammenfassenden Besprechung unterzogen worden und auch die Spitzenleistungen sind bis auf wenige Werke unbekannt gewesen. Herrschendes Prinzip war, nur Typisches und Wesentliches zu geben. Wenn gänzlich verschollene Autoren wie z. B. Aldrovandi einer ausführlicheren Besprechung als z. B. Roesel oder Merian unterzogen wurden, so ist dies lediglich deshalb geschehen, um schwer zugängliche und lesbare Literatur wenigstens auf diesem Wege der Benutzung durch die Gegenwart zu erschließen. Eine Wertschätzung kann also aus der Länge der Behandlung in der vorliegenden Arbeit nicht entnommen werden. Als das Ideal einer modernen biologischen Wissenschaftsgeschichte muß das Werk von Sudhoff (Handbuch der Geschichte der Medizin. Berlin 1920) bezeichnet werden. Es darf aber nicht vergessen werden, daß Sudhoff eine nach vielen tausenden

Nummern zählende medizinisch-historische Bibliographie verarbeiten konnte und selbst am Ende eines schaffensreichen ganz der Medizingeschichte gewidmeten Lebens steht. Aufgabe der vorliegenden Arbeit konnte es bei dem fast gänzlichen Mangel an Vorarbeiten nicht sein, in diesem Sinne Geschichte zu schreiben. Es konnte lediglich beabsichtigt werden, die verschiedenen Entwicklungsphasen der Entomologie in ihren Hauptzügen darzustellen, die Bekanntschaft mit der wichtigsten Literatur der Vergangenheit zu vermitteln und durch die im zweiten Teile beigefügten systematischen Bestimmungstabellen des Insektenbestandes der älteren Autoren — soweit sie heute noch ein Interesse beanspruchen können — die Benutzung der älteren Literatur bei monographischen Studien zu ermöglichen.

Keine historischen Skizzen, und seien sie noch so glänzend geschrieben, vermögen die Lebendigkeit und Ursprünglichkeit von Quellen zu ersetzen oder zu vermitteln. Das ist hier durch ausführliche Auszüge oder Übersetzungen versucht worden. Wer sich — sogar an den größten Bibliotheken — bemüht hat, auch nur die wichtigsten dieser Werke einzusehen, der wird zugeben müssen, daß ein solches historisches Lesebuch einem Bedürfnis entspricht. Selbstverständlich kann es und soll es bei selbständigen Untersuchungen die Quellen nicht ersetzen. Manches mag falsch gedeutet oder übersetzt sein, was bei der Sprachmannigfaltigkeit der Vorlagen unausbleiblich war. Vieles ist nur gekürzt oder auszugsweise wiedergegeben worden. Und die meisten der behandelten Werke harren erst noch des Aufschlusses durch Monographien, für die dieses Buch nur eine Anregung, aber kein Ersatz sein kann.

Die Aufgabe dieses Buches ist erfüllt, wenn es dem historisch interessierten Teil der heutigen Entomologen-Generation einen Begriff von dem Quellenmaterial der historischen Entomologie bietet. Wenn hierdurch eine Anzahl der so nötigen monographischen Arbeiten angeregt wird, so kann dann nach einem weiteren Menschenalter die Wissenschaftsgeschichte unserer scientia amabilis nicht in pragmatischer, sondern in modern wissenschaftsgeschichtlicher Form entstehen. An diesem Ziele mitgearbeitet zu haben, ist dem Verfasser genug. Der Verfasser bittet, ihm Verbesserungen, Fehler, übersehene Aufsätze etc. nicht vorenthalten zu wollen, damit dieselben bei geeigneter Gelegenheit mitberücksichtigt werden können.

Zahlreichen Bibliotheken und Kollegen gebührt der wärmste Dank des Verfassers für stets hilfsbereites Entgegenkommen. Die zahlreichen Mitarbeiter an den Bestimmungs-Tabellen des zweiten Teiles sind dortselbst angeführt. Nächst ihnen gebührt mein Dank in erster Linie den folgenden Bibliotheken und ihren Leitern:

Preußische Staatsbibliothek, Berlin;
Deutsches Entomologisches Institut, Berlin-Dahlem;
Zoologisches Museum, Berlin;
Universitätsbibliothek, Bologna;
Universitätsbibliothek, Bonn;

Bibliothek des Dominikanerklosters, Jerusalem;
Jüdische Nationalbibliothek, Jerusalem;
Landesbibliothek, Kassel;
Stadtbibliothek, Köln;
Städtisches Archiv, Köln;
Britisches Museum, London;
Bayrische Landesbibliothek, München;
Pierpont Morgan Library, New York;
Bibliothèque Nationale, Paris;
Accademia dei Lincei, Rom;
Vatikanische Bibliothek, Rom.

Von Unterstützung aus fremden Fachgebieten möchte ich vor allem die von den Herren Prof. Huelle-Berlin für den chinesischen, Prof. Wreszinski-Königsberg für den ägyptischen, Dr. E. Bloch-Köln und Dr. Joel-Jerusalem für den arabischen, A. Drojanow - Tel-Aviv für den talmudischen Abschnitt geleistete Hilfe dankend hervorheben.

Aber alles Entgegenkommen und jede Unterstützung konnte die Entfernung von jeder größeren Bibliothek nicht ersetzen. Besonders der biographische Teil ist dadurch manchmal zu kurz gekommen. Herrn Dr. W. Horn-Berlin verdanke ich durch sein bibliographisch eingestelltes Institut manche Auskunft.

Die Abbildungen wurden zum weitaus größten Teil in den betreffenden Bibliotheken photographiert; einige Photographien stammen von Herrn R. Richter-Tel-Aviv. Die Zeichnungen der Manuldrucktafeln wurden von Herrn H. Aron-Magdiel hergestellt, die Vorlage zu Taf. VIII. von Herrn A. Dahmen, Köln. Einige Bilder sind dem Werke von Locy, Die Biologie und ihre Schöpfer (Fischer-Jena) entnommen und vom Verlage freundlichst zur Verfügung gestellt worden.

Infolge der Teilung des Werkes in 2 Bände, die ursprünglich nicht beabsichtigt war, sind die Anmerkungen zum laufenden Text (nebst den zur gleichzeitigen Benutzung bestimmten Tabellen des Bandes II) welche die Erläuterungen für manche im Text nicht näher erklärten Namen oder Vorgänge bieten, von diesem getrennt und an den Schluß des II. Bandes gebracht worden.

Meinem Freund und Assistenten Henry Klein habe ich für unentbehrliche und sehr zeitraubende Hilfe bei der technischen Vorbereitung und Lesung der Korrekturen, meinem Verleger Herrn Dr. W. Junk für die liberale Ausstattung des Werkes in schwerer Zeit, der Notgemeinschaft der deutschen Wissenschaften für einen beträchtlichen Druckkostenzuschuß und ferner meiner vorgesetzten Behörde für liberalen Urlaub herzlichst zu danken.

Das Manuskript ist im Wesentlichen am 1. Juni 1927 abgeschlossen gewesen.

Tel-Aviv, den 10. Mai 1928.

Inhaltsverzeichnis.

    Die zum laufenden Text gehörigen Anmerkungen befinden sich am Schluß
des Bandes II vor dem ausführlichen Register.

Einleitung.

1. Die Quellen der Entomologie-Geschichte.

Die historische Literatur der Entomologie ist im Vergleich mit der anderer Naturwissenschaften außerordentlich arm. Dieses Buch soll nur einen Begriff des Vorhandenen geben: Es bezweckt einen Überblick, aber keine erschöpfende Darstellung. Eben der Mangel an Vorarbeiten hat diesen Versuch eines Quellenwerkes zur Entomologie-Geschichte so schwierig gestaltet. Unter solchen Umständen mag das vorliegende Werk einstweilen eine Lücke ausfüllen, die von vielen anderen Seiten hoffentlich recht bald und dauerhaft geschlossen wird.

Unter den Hilfsmitteln, die dem Entomologie-Historiker zur Verfügung stehen, ist das bei weitem wichtigste und bedeutendste die Bibliotheca Entomologica von H. A. H a g e n, das die entomologische Literatur von Anbeginn bis auf das Jahr 1862 zusammenfaßt. Dieses monumentale Buch ist das einzige gründliche bibliographische Quellenwerk der Entomologie. Wenn auch Vollständigkeit nicht erreicht wurde, wie das bei einem so umfassend angelegten Werke ja kaum im ersten Wurfe zu erreichen war, so hieße jedes Wort des Lobes Eulen nach Athen tragen. Es ist daher außerordentlich zu begrüßen, daß das Deutsche Entomologische Institut (Dir.: W. H o r n) die stark ergänzte und erweiterte Neu-Herausgabe des selten gewordenen Buches in Angriff genommen hat. Falls die Neu-Herausgabe, wie zu erwarten, mit der Hagen'schen Akribie erfolgt, so wird die Entomologie-Geschichte d a s grundlegende Quellenwerk besitzen, das die Grundlage jeder erfolgreichen und zielbewußten historischen Forschungsarbeit darstellt.[1]) In diesem Buche konnte nur die Original-Ausgabe von Hagen nebst einigen Ergänzungslisten von Kraatz, Dalla Torre u. a. benutzt werden. Um Raum zu sparen, sind alle bibliographischen Hinweise der vorliegenden Arbeit sehr kurz gehalten und müssen gegebenenfalls durch Nachschlagen im Hagen selbst ergänzt werden.

Literatur:
H. A. Hagen, Bibliotheca entomologica. 2 Vol. Leipzig 1862-63.

An zusammenfassenden Gesamtdarstellungen ist die Entomologie-Geschichte besonders arm. Die meisten dieser Übersichten sind reine Kompilationen aus zoologie-geschichtlichen Werken (besonders Carus), die kaum den Wert von Original-Arbeiten besitzen. Erwähnenswert erscheinen mir nur wenige Arbeiten dieser Art. Eine der ältesten derselben ist die Geschichte von E i s e l t (1836), eine mehr bibliographische Arbeit, die infolge eines Versuches der Einteilung der Entomologie-Geschichte in Epochen je nach den herrschenden Systemen zu erwähnen ist. Ein ähnlicher historischer Versuch liegt bereits in der Introduction to entomology (Vol. IV. 1826) von K i r b y u n d S p e n c e vor. B u r m e i s t e r begnügt sich mit der Einteilung in vor- und nach-linnéische Autoren, während L a c o r d a i r e sich mit mehr oder weniger zufälligen Zeit-Epochen begnügt, die rein historisch begründet sind. Immerhin ist seine Einteilung wesentlich befriedigender als die von Marlatt. M a r l a t t's historischer Abriß zeugt aber wenigstens von der äußerlichen Kenntnis der erwähnten Bücher, was man bei weitem nicht von allen Versuchen dieser Art zu sagen vermag. Der sachliche Inhalt ist, was die vorlinnéischen Epochen anbetrifft, immerhin recht dürftig. Ein recht gut lesbarer, aber teilweise recht tendenziöser Abriß der Geschichte der Schmetterlingskunde findet sich in der Einleitung zu S p u l e r, Schmetterlinge Europas. Der einzige wirklich beachtenswerte Versuch einer Gesamtdarstellung der Entomologie-Geschichte stammt von B e r l e s e. Auf 26 Seiten, von denen 20 auf die vorlinnéische Epoche entfallen, werden die wichtigsten Ereignisse der Entomologie-Geschichte in lebendiger Form geschildert. Auch hier ist eine lückenhafte Literatur-Kenntnis nicht zu verkennen, aber Berlese hat doch wenigstens die Mehrzahl der wichtigsten Werke mit Eifer studiert und verwertet. Berlese verzichtet auf eine Einteilung in Epochen und Zeit-Abschnitte. In der deutsch-sprachlichen Literatur kann sich nur die Skizze von A u r i v i l l i u s hiermit vergleichen. Besonders beachtenswert ist ein neuerer Versuch H o r n's (1926), der sich zwar nur mit der Frühgeschichte der Entomologie beschäftigt, aber mit anerkennenswertem Eifer für das Recht der Entomologie auf eine Eigengesetzlichkeit ihrer Entwicklung, unabhängig von der der allgemeinen Zoologie und Biologie, eintritt und mit manchen weit verbreiteten historischen Vorurteilen gründlich aufräumt.

Literatur:

J. N. Eiselt, Geschichte, Systematik und Literatur der Insektenkunde. Leipzig 1836.
W. Kirby und W. Spence, Introduction to entomology. Vol. IV. London 1826.
H. C. C. Burmeister, Handbuch der Entomologie. Vol. I. Berlin 1832.
J. Th. Lacordaire, Introduction à l'Entomologie. Paris 2 Vol. 1834-38.
C. L. Marlatt, A brief historical survey of the science of Entomology. Proceed. Entom. Soc. Washington IV. 1898.
A. Spuler, Die Schmetterlinge Europas. Vol. I. Stuttgart 1908.
A. Berlese, Gli Insetti. Vol. I. Milano 1909.
Chr. Aurivillius, Carl von Linné als Entomolog. Jena 1909.
W. Horn, Über die Geschichte der ältesten Entomologie. Verhandl. III. Internat. Entom. Kongresses Zürich 1925. Vol. II. Weimar 1926, p. 38 ff.

Von einer anderen Seite her leisteten manche Spezialisten der Entomologie-Geschichte wertvolle Dienste: durch die Herstellung von historischen Profilen einzelner Arten oder kleiner Gruppen. Gerade in neuerer Zeit ist das Interesse an solchen Arbeiten lebhafter geworden. Es sei hier auf T h i e n e m a n n's vorbildlich gründliche Studie über die Geschichte der Chironomus-Forschung, die Arbeit von P. M i n c k über den Nashornkäfer, die Läuse-Bibliographie von Fahrenholz u. a. hingewiesen.

Auch die amerikanischen Entomologen legen bei Schädlings-Monographien teilweise erhöhten Wert auf die Heranziehung der vorlinnéischen Literatur, z. B. Marlatt für die 17-jährige Zikade, P. Simmons für die Käsefliege und Simpson für die Apfelmade.

Literatur:

A. Thienemann, Geschichte der Chironomus-Forschung von Aristoteles bis zur Gegenwart. Deutsch. Entomol. Zeitschr. 1923, p. 515-540.
P. Minck, Documenta Historiae Scarabaei nasicornis L. Scarabaeorumque Veterum. Archiv für Naturgesch. 1920, p. 88-114.
C. L. Marlatt, The Periodical Cicada. U. S. Dept. Agric. Bur. Entomol. Bull. 71. 1923.
C. B. Simpson, The Codling Moth. ibidem Bull 41. 1903.
S. Simmons, The Cheese Skipper. U. S. Dept. Agric. Bull. 1453. 1927.

H. Fahrenholz, Bibliographie der Läuse-(Anoplura)-Literatur . . . Zeitschr. angew. Entom. VI. 1920, p. 106 ff.

B. Quantz, Zur Geschichte der Erklärungsversuche der Fraßgänge von Lyonetia clerkella. Zeitschr. wiss. Insekt.-Biol. XXII. 1927, p. 780.

Für Heuschrecken-Überfälle liegen von einer Reihe von Ländern chronistische Bearbeitungen vor (Targioni Tozetti für Italien, Dalla Torre für Tirol, Rudy für das Rhein-Gebiet, Ràthlen für Ungarn; Bibliographie cf. in dem betreffenden Absatz).

Ebenso ist die Bienenkunde und Seidenraupenzucht nicht arm an monographischen Studien, die in den betreffenden Absätzen stets herangezogen werden. Das erstere Gebiet ist in den letzten Jahren besonders durch die Forschungen Armbrusters sehr gefördert worden.

Ein grundlegendes und bedeutendes Werk dieser Art über die Geschichte der Gallenkunde ist in allernächster Zeit aus der Feder Böhners zu erwarten.2) Ich konnte mich deshalb auf diesem Gebiete etwas kurz fassen.

An umfassenden Biographien bedeutender Entomologen der vor-linnéischen Epoche herrscht ein großer Mangel, dafür sind kleine Skizzen nicht selten. Es sei hier nur an L. Darmstädter, Naturforscher und Erfinder, Eisinger's Aufsatz über Maria Sybilla Merian, Haupt's kleine Frisch-Biographie erinnert.

Literatur:

L. Darmstädter, Naturforscher und Erfinder. Bielefeld und Leipzig 1926.

F. Eisinger, Maria Sybilla Merian, Kupferstecherin und Blumenmalerin. Internat. Entom. Zeitschr. Guben 1910, p. 67.

H. Haupt, Johann Leonhard Frisch. Kranchers Entomol. Jahrbuch 1926.

Sehr wichtige Vorarbeiten sind auch die Versuche, die Insekten der vorlinnéischen Literatur exakt zu bestimmen. An erster Stelle steht hier das grundlegende Werk von Werneburg, das sich leider nur auf Schmetterlinge beschränkt. In ähnlicher Weise hat Vallot die Insekten der Réaumur'schen Mémoires und Schwarz die der Rösel'schen Insekten-Belustigungen zu bearbeiten versucht.

Literatur:

A. Werneburg, Beiträge zur Schmetterlingskunde. 2 Vol. Erfurt 1864.

J. N. Vallot, Concordance systématique . . . à l'ouvrage de Réaumur . . . Paris 1802.

Chr. Schwarz, Nomenclatur über die in den Rösel'schen Insektenbelustigungen . . . . . abgebildeten Insekten, I-VII, Nürnberg 1793-1830.

Nur in geringem Maße kommt die zoologie-historische Literatur für uns in Frage. Außer dem veralteten, aber heute noch grundlegenden Werke von Carus und dem kleinen Abriß von Burckhardt-Erhard liegt kaum etwas Zusammenfassendes vor. Es ist überhaupt erstaunlich, wie gering das Interesse an Zoologie-Geschichte im allgemeinen ist. Damit im Zusammenhang steht die Armut der hierher gehörigen Literatur. Der allzu frühe Tod R. Burckhardt's hat uns der zu erwartenden modernen Zoologie-Geschichte beraubt und es sind leider wenig Anzeichen dafür vorhanden, daß ein anderer sich dieser gewaltigen, aber dringend notwendig gewordenen Aufgabe unterzieht. Das einzige hier zu erwähnende Periodicum: die „Zoologischen Annalen", die von Brauns herausgegeben wurden, hat nur wenige Jahre sein Dasein zu fristen vermocht. Daß alle anderen naturwissenschaftlichen Disziplinen an Spezialarbeiten wie zusammenfassenden Werken nicht arm sind, macht diese Armut der zoologie-geschichtlichen Literatur nur umso augenfälliger.

Literatur:

Carus, Geschichte der Zoologie. München 1872.

Burckhardt-Erhard, Geschichte der Zoologie. Berlin und Leipzig 1921. (2 Vol.)

Von gleicher Wichtigkeit ist die Herausgabe und Übersetzung von schwer zugänglichen Werken. Von den hervorragendsten Werken dieser Art verdient vor allem die Aubert-Wimmer'sche Ausgabe der zoologischen Bücher des Aristoteles, die Drucklegung des zoologischen Werkes von Albertus Magnus durch Stadler, die Übersetzungen der wichtigen historischen Bienen-Schriftsteller durch Armbruster und Klek hervorgehoben zu werden. (Bibliographische Nachweise cf. in den betreffenden Kapiteln.)

Selbstverständlich sind auch die Geschichten anderer Naturwissenschaften mit heranzuziehen, so für die Botanik besonders das klassische Quellenwerk Meyer's und für die Medizin das nicht minder herrliche Werk von Sudhoff. Das gleiche gilt für die allgemeine Biologie-Geschichte: Sind Werke wie Locy's Biology and its Makers, Nordenskiöld's und Dannemann's Geschichten und R. Burckhardt's Studien infolge ihrer klaren und tendenzlosen Darstellung von äußerstem Werte, so soll man doch nicht unterlassen, sich klar zu machen, daß die Epochen der Entwicklung der allgemeinen biologischen Probleme ebenso wenig wie die der Zoologie-Geschichte notwendigerweise mit denen der Entomologie-Geschichte zusammenfallen müssen. In noch höherem Grade gilt das von der Wertung des einzelnen Forschers. Wenn wir in Radl's anregendem und temperamentvollem Buch über die Geschichte der biologischen Theorien in der Neuzeit von der Reihe Malpighi, Swammerdam, Leeuwenhoek, Réaumur, Rösel von einer Reihe sich stets verflachender Wissenschaft reden hören, ist es schon fraglich, ob die Biologie-Geschichte dieser Wertung zustimmt. Daß wir als Entomologen die letzteren Forscher auf keine geringere Stufe als die zuerst genannten stellen, ist selbstverständlich. Diese Verschiedenheit der Wertung im einzelnen und des Epochen-Verlaufes im allgemeinen ist aber unbedingt die notwendige Basis jeder Sondergeschichte.

Literatur:

Meyer, Geschichte der Botanik. 4 Vol. Königsberg 1854—57.
K. Sudhoff, Geschichte der Medizin. Berlin 1922.
W. A. Locy, Biology and its Makers. New York, 2. Aufl. 1910.
Dannemann, Die Naturwissenschaften in ihrer Entwicklung und ihrem Zusammenhang. Leipzig, 4 Bände, 1910 ff.
E. Nordenskiöld, Die Geschichte der Biologie. Jena 1926.
E. Rádl, Geschichte der biologischen Theorien in der Neuzeit. Leipzig und Berlin I (2. Aufl.) 1913, II 1909.

Fassen wir also kurz zusammen, was die Entomologie-Geschichte bereits besitzt und was ihr dringend fehlt:

1. Ein grundlegendes bibliographisches Quellenwerk ist in der Hagen'schen Bibliotheca entomologica, die soeben in einer von Horn und Schenkling neu bearbeiteten Ausgabe erscheint, vorhanden. Weitere Erschließung von Quellenmaterial, besonders aus Manuskripten, Chroniken und Archiven muß als notwendige Ergänzung und Fortführung dieses Werkes angesehen werden.

2. Monographien des entomologischen, ja sogar des allgemeinen Lebenswerkes der meisten bedeutenden Forscher fehlen fast gänzlich, sogar von Genien wie Aldrovandi, Redi, Réaumur, Malpighi, Rösel, Bonnet, De Geer und zahlreichen anderen.

3. Bestimmungslisten des Insekten-Bestandes der vor-linnéischen Literatur sind mit Hilfe zahlreicher Spezialisten und für die Schmetterlinge auf Grund von Werneburg in diesem Buche so vollständig wie möglich zusammengefaßt worden. Für Käfer, Libellen, Rhynchoten, Hymenopteren u. a. sind leider noch zahlreiche Lücken offen geblieben, von denen die empfind-

lichsten am Schlusse des zweiten Teils als Anregung für künftige Forscher besonders zusammengefaßt sind. Neue Forschungen und Revisionen sind auf diesem Gebiete noch dringend erforderlich.

4. Historische Querschnitte größerer und kleinerer Insekten-Gruppen sind noch in größerer Zahl erwünscht, besonders solche von schädlichen Insekten. (Im Sinne des mir erst nach der Beendigung des Manuskripts bekannt gewordenen Oudeman'schen Milbenbuches).3)

5. Auf Grund des unter 1—4 genannten Materials erhoffen wir in Bälde eine modernen wissenschafts-historischen Ansprüchen genügende Geschichte der Entomologie (nach dem Vorbild des Sudhoff'schen Handbuches der Geschichte der Medizin).

2. Die Einteilung der Entomologie-Geschichte.

Wie bereits aus dem vorigen Abschnitt zur Genüge hervorgeht, sprechen wir der Entomologie-Geschichte eine Eigengesetzlichkeit zu. Bevor wir unser eigenes System entwickeln, ist es der Mühe wert, die früheren Einteilungen der Entomologie-Geschichte kurz zu betrachten:

1) Kirby und Spence:
    1. Das Altertum.
    2. Das Aufblühen der Wissenschaften nach der Finsternis des Mittelalters.
    3. Die Zeit des Metamorphosen-Systems von Swammerdam und Ray.
    4. Die Zeit des Flügel-Systems von Linné.
    5. Die Zeit des Maxillar-Systems von Fabricius.
    6. Die Zeit des eklektischen Systems von Latreille.
    7. Die Zeit des Quinar-Systems von Mac Leay.

2) Eiselt:
    1. Das genetische Zeitalter: Von den ältesten Zeiten bis Aristoteles.
    2. Das progressive Zeitalter:
        a) Von Aristoteles bis Wotton.
        b) Von Wotton bis Goedart.
    3. Zeitalter des anatomisch-physiologischen Systems:
        a) Von Goedart bis Swammerdam.
        b) Von Swammerdam bis Réaumur.
        c) Von Réaumur bis Linné.
    4. Zeitalter des Flügel-Systems (Linné).
    5. Zeitalter des Kiefernsystems (Fabricius).
    6. Zeitalter des eklektischen Systems (Latreille).

3) Lacordaire:
    1. Zeitalter des Aristoteles: Vom Altertum bis zur Renaissance.
    2. Zeitalter von Gesner: Ende 15. bis Mitte 17. Jahrhundert.
    3. Zeitalter von Linné: 1735—1775.
    4. Zeitalter von Fabricius: 1775—1798.
    5. Zeitalter von Latreille: 1798—1815.
    6. Gegenwärtiges Zeitalter: 1815—1840.

4) **Marlatt:**

1. Die alten griechischen und römischen Autoren (350 v. bis 100 n. Chr.)
2. Das Wiederaufleben des wissenschaftlichen Interesses (1550—1650).
3. Die Ray-Periode (1650—1750).
4. Linné und seine Zeitgenossen (1725—1775).
5. Die Schüler und unmittelbaren Nachfolger Linnés (1775—1825).
6. Die letzte Epoche (1825—1875).

5) **Horn** (nur die Geschichte der ältesten Entomologie betreffend):

1. Die Urgeschichte oder Periode des Morgenlandes.
2. Die hellenistisch-mazedonische Zeit.
3. Die römische Zeit.
4. Die byzantinisch-päpstliche Zeit.

Alle diese Einteilungen beruhen entweder auf dem Prinzip der Wahl einer bedeutenden Persönlichkeit als Typus ihrer Zeit (so z. B. bei Lacordaire), oder sie sind einseitig auf die Entwicklung der entomologischen Systematik zugeschnitten (so bei Eiselt, Kirby und Spence und letzten Endes auch bei Marlatt). Da die Insektenkunde keineswegs eine rein systematische Wissenschaft ist und die Systematik keineswegs allen Epochen die maßgebende Färbung gab, sind diese Systeme abzulehnen. Dem inneren Entwicklungsgang unserer Wissenschaft dürfte folgende Dreiteilung am besten entsprechen:

I. Die Urzeit (China, Ägypten, Bibel).
II. Das Zeitalter des Aristoteles (300 v. bis 1650 n. Chr.).
III. Die Neuzeit (1650 bis zur Gegenwart).

Da die Entwicklung jedoch im ganzen nicht kontinuierlich war, habe ich es vorgezogen, die folgende Einteilung zu wählen, die sich in manchen Punkten mit der von Horn vorgeschlagenen berührt:

1) **Die orientalische Urzeit:**

1. Der chinesische Kulturkreis.
2. Der ägyptische Kulturkreis.
3. Der biblisch-talmudische Kulturkreis.

2) **Das europäische Altertum:**

1. Der griechisch-hellenistische Kulturkreis (800 v. bis 100 v. Chr.).
2. Der römische Kulturkreis (250 v. bis 300 n. Chr.).

3) **Das Mittelalter:**

1. der kulturelle Zerfall: Isidorus (300—800).
2. Die früh-mittelalterliche Renaissance (800—1300).
   a. Die karolingische Renaissance.
   b. Die erste aristotelische Renaissance.
3. Der arabische Kulturkreis (800—1500).
4. Die Scholastik (1300—1500).
5. Die Übergangszeit (1500—1600).

4) **Die Neuzeit:**

1. Die zweite aristotelische Renaissance und die Begründung der modernen Systematik und Morphologie. Anfänge eigener Beobachtung. (Aldrovandi).

3. Kurzer Überblick
über den Verlauf der Entomologie-Geschichte.

Eine kurze Übersicht soll uns das Verständnis dieser Einteilung erleichtern.

Die ältesten Berührungen des Menschen mit der Insektenwelt haben ihre Quelle nicht im Mythos und nicht im Wissensdrang, sondern im Nutzen oder Schaden dieser Tiere. Dieser utilitarische Hintergrund tritt sehr scharf in der Naturgeschichte der Chinesen hervor. Seidengewinnung und Heilwirkung sind neben Wachsgewinnung die Gründe der Verbundenheit mit den Insekten. Wie überall sind uns auch hier die Möglichkeiten, Einblick in die erste Entwicklung dieser Kenntnisse zu nehmen, vorläufig verschlossen. Das einzige, was wir wissen, ist, daß ihre Anfänge sicher ins 3. Jahrtausend v. Chr. zurückgehen, wenn nicht noch tiefer. Biologische Beobachtungen ohne Nützlichkeitszwecke zu verfolgen, kennt der Chinese nicht. Dafür hat er die Seidenraupenzucht in ihrer höchsten Vollendung entwickelt und zahlreiche Insekten seinem Heilmittelschatz einverleibt. Die dauernde Bedeutung dieses Volkes liegt in der Erfindung der Seiden-Industrie. Jahrtausende gelang es ihnen, diese Kenntnis vor der Welt geheim zu halten und dieses, eines der ältesten Wirtschaftsmonopole, war eine wesentliche Grundlage des Staats-Reichtums.

Auch im ägyptisch-orientalischen Kulturkreis ist Nützlichkeit das erste Bindeglied zur Entomologie. Schon im 3. Jahrtausend v. Chr. finden wir im Nil-Land eine entwickelte Bienenzucht, deren wirtschaftliche Bedeutung durch ihre wiederholte Darstellung an Tempeln und Denkmälern belegt ist. Die Erwählung eines Insekts, des heiligen Pillendrehers, zu einem nationalen Symbol und. seine Verwendung zu magischen Beschwörungen sind heute, wie wir noch sehen werden, als sekundär abgeleitete Vorstellungen erwiesen.

Bei dem Agrar-Volk der alten Juden beherrschen Schädlinge der Landwirtschaft wie Heuschrecken, Oliven-Fliege, Wein-Schädlinge u. a. das entomologische Interesse. Der Honig ward nur von wilden Bienen gewonnen und als hauptsächlicher Süßstoff sehr geschätzt. Der Talmud fügt diesem Bild als neue Note nur Besprechungen darüber, inwieweit das Vorhandensein von Insekten die allgemeinen Eß- und Reinheits-Gesetze beeinflußt, hinzu.

Das Charakteristikum dieser ganzen Urgeschichte der Entomologie ist ihre völlige Beschränkung auf das Nützlichkeits-Prinzip. Was nicht nützlich, schädlich oder wenigstens lästig ist, erweckt kein Interesse, verdient keine Beachtung.

Demgegenüber ist die Freude an der Beobachtung ein Kennzeichen schon der alten Griechen. Sicherlich wiegen in den homerischen Bildern noch die Schad-Insekten, der Herden besonders, die nützliche Biene etc. vor, aber es herrscht keine ängstliche Beschränkung in dieser Hinsicht. Die Begründung der Philosophie durch die jonischen Natur-Philosophen lehrte, daß es auch ganz andere Fragestellungen in der Natur gab als die des menschlichen Nützlichkeits-prinzips. Sicher war auch letzteres bei den alten Griechen stark ausgeprägt. Wenn wir an die koische Seidenkultur und besonders an den praktischen wie geistigen Hochstand der Bienenkunde zur Zeit des Aristoteles denken und be-rücksichtigen, einen wie großen Raum diese Zweige in seinen Schriften ein-nehmen, dann ist die starke Bedeutung der Utilitarität für die Entwicklung der entomologischen Kenntnisse auch der alten Griechen völlig klargestellt. Aber die Verbindung derselben mit einer starken natürlichen Beobachtungsgabe und der rein wissenschaftlich-philosophischen Fragestellung führten zur Begrün-dung der Biologie als Wissenschaft durch D e m o k r i t und A r i s t o t e l e s. Erst von ihren Zeiten ab kann man Biologie, Zoologie und Botanik als Wissen-schaften betrachten. Von Aristoteles stammt das älteste erhaltene Insekten-System; über die Ökologie, besonders die Fortpflanzung der Insekten ist ein ge-waltiges Tatsachenmaterial bekannt; sogar ihre Morphologie und Anatomie sind teilweise gut berücksichtigt. Es kann hier schon vorweggenommen werden, daß dieses gewaltige Tatsachenmaterial des Aristoteles bis in die Neuzeit hinein „die Kenntnisse" der Entomologie verkörpert. Eine gewisse Ergänzung nur bildet die Naturgeschichte des P l i n i u s, die den glänzenden Beobachtungen des Aristoteles eine Anzahl nicht minder guter beifügt. Im allgemeinen herrscht aber bei den nüchternen Römern wieder das Utilitaritäts-Prinzip vor. Bienenzucht und land-wirtschaftliche Schädlinge sind die Hauptthemen der naturwissenschaftlichen Schriftsteller.

Die Hauptkennzeichen des europäischen Altertums sind also die Erhebung über das reine Nützlichkeits-Prinzip und die Begründung der Biologie als Wissenschaft.

Dem folgenden Abschnitt, dem Mittelalter, kommt eine Eigenberechtigung kaum zu. Er ist ausgefüllt von immer erneuten Versuchen, dem kulturellen Ver-fall des späten Altertums durch Wiedererlangung der verloren gegangenen aristotelischen Bücher entgegenzuarbeiten und die naturwissenschaftlichen Stu-dien dadurch zu beleben. Es ist wohl überflüssig zu betonen, daß diese Charak-teristik nur vom Standpunkt der Entomologiegeschichte, nicht etwa der allge-meinen Kultur-Geschichte aus ihre Berechtigung hat. Die Kompendien-Literatur des frühen Mittelalters ist wieder mehr oder weniger auf das Nützlichkeits-prinzip oder auf das der moralischen Belehrung zurückgesunken. Michael Scotus und A l b e r t u s   M a g n u s sind die Namen, an die sich der erste groß-artige Versuch einer aristotelischen Renaissance anknüpft. Die Araber hatten die im Abendland verschollenen aristotelischen Schriften von Byzanz erhalten, verar-beitet und vermehrt. Von ihnen erhielt sie das Abendland in Spanien wieder. Aber erst nach schweren Kämpfen konnten die neugewonnenen Werke dem all-gemeinen Wissensgute einverleibt werden. Zu einer Belebung der biologischen Wissenschaften führten sie trotzdem nicht, da der Zeitgeist der folgenden Jahr-hunderte der Mystik und Scholastik mit seiner gefühls- und glaubensmäßigen Einstellung zum Weltganzen, seiner Einstellung zum Jenseits und seiner rein deduktiv-spekulativen, autoritätsgebundenen Denk-Methodik dem entgegenwirkte. Auch als der Humanismus und die Renaissance den meisten anderen Natur-wissenschaften ein ungeheures Aufblühen bereitet hatten, stand die Biologie, zum mindesten die Entomologie, noch völlig unter den Nachwirkungen der Scho-lastik, von denen sie sich erst im 17. Jahrhundert freimachte.

Mit einer zweiten, erfolgreicheren Renaissance des Aristoteles beginnt die Neuzeit unserer Wissenschaft. Im Jahre 1602 erblickte das älteste, nur der Entomologie gewidmete Werk: A l d r o v a n d i's De animalibus insectis das Licht der Welt, ein Werk, das nicht nur alle bisherigen Kenntnisse zusammenfaßt, sondern auch ein eigenes System entwirft, zahlreiche Beschreibungen und Abbildungen von Insekten bringt, sowie durch Zucht-Notizen und eigene biologische Beobachtungen unser Wissen bereicherte. Erst seit diesem Buche datiert die Entomologie als selbständige Wissenschaft. Durch Beschreibung der einzelnen Arten war auch die Grundlage zur Systematik gelegt. Kaum war jedoch das aristotelische Wissen Gemeingut geworden, als eine heftige biologische Reaktion gegen die autoritäts-starre Verknöcherung dieses Wissens erfolgt. B a c o v o n V e r u l a m setzte die Beobachtung und die Induktion der Überlieferung und dem Deduktionsschluß als die Voraussetzungen der Naturforschung · entgegen. William H a r v e y bezieht — entgegen jeder Überlieferung — auch die Wirbellosen, darunter die Insekten, in seine vergleichenden anatomisch-physiologischen Untersuchungen über das tierische Zirkulations-System mit ein, ebenso Severino in seinen vergleichenden anatomischen Studien. Den gewaltigsten Schlag gegen die Überlieferung führte der geniale florentiner Arzt Francesco R e d i, der gegenüber Aristoteles experimentell und endgültig nachwies, daß die Insekten nicht durch Urzeugung aus Fäulnis entstanden, sondern aus von Weibchen abgelegten Eiern. D e s c a r t e s und B o r e l l i eröffneten mit ihrer Maschinen-Theorie des Lebens der Insektenkunde ebenfalls ganz neue Perspektiven. Dies waren die Begründer der biologischen Renaissance, durch deren Taten der jeder freien Forschung hinderliche, allzustarre Autoritäts-Glauben besiegt wurde. Eigene Forschung und Beobachtung galten hinfort mehr als Zitate und Deduktionen.

Einen weiteren Anstoß zu glänzenden Forschungen gab die Erfindung und Verbreitung des Mikroskops. Waren die ersten Instrumente dieser Art zunächst auch nichts anderes als kombinierte Systeme zahlreicher Lupen, so genügte dieses primitive Hilfsmittel, um M a l p i g h i die Insekten-Anatomie begründen zu lassen, um L e e u w e n h o e k zum Ausbau seiner Studien über die Samenfäden zu befähigen, um S w a m m e r d a m s unvergleichliche Bibel der Natur zu ermöglichen. Die bewundernswerten Arbeiten Swammerdams über die Insekten-Metamorphose blieben grundlegend für die ganze Weiterentwicklung der Entomologie.

Eine andere glanzvolle Reihe von Forschern legte den Grund zu unseren bionomischen Kenntnissen. Die Entwicklung einzelner Arten wurde studiert und bis ins letzte Detail hinein beobachtet. Von G o e d a r t und M e r i a n führt diese Reihe über den unerreichten R é a u m u r zu B o n n e t, R ö s e l, F r i s c h und D e G e e r. Es ist in weitesten Kreisen unbekannt, daß der überwiegende Teil unserer heutigen bionomischen Kenntnisse auf den Forschungen dieser Forscherreihe gegründet und in sehr, sehr vielen Teilen noch nicht über sie hinausgelangt ist.

Von nicht zu unterschätzender Bedeutung für die Fortentwicklung der gesamten Naturwissenschaften war die Begründung der großen wissenschaftlichen Gesellschaften und Akademien um die Mitte des 17. Jahrhunderts in London, Paris und Schweinfurt. Sie regten weite Kreise zur Teilnahme an den naturwissenschaftlichen Forschungen an und führten so zu einer starken Vermehrung der wissenschaftlich Tätigen.

In gleicher Weise begannen die Reisen in fremde Länder die Formenkenntnis stark zu erweitern. Vor allem sind die Werke von H e r n a n d e z, M a r c - g r a v e, M e r i a n, S l o a n e u. a. hier grundlegend gewesen.

Diese ständig zunehmende Kenntnis von Einzelformen begann einen unbeschreiblichen Wirrwarr in der systematischen Literatur hervorzurufen. Nur durch mühselige Vergleiche war es möglich, identische Arten verschiedener Autoren herauszufinden. Es bleibt das dauernde Verdienst L i n n é's, durch sein System der binären Nomenklatur endgültig die Ordnung unserer systematischen Kenntnisse ermöglicht zu haben. Knapp und sicher wurde jede Art beschrieben und war durch Gattungs- und Art-Namen eindeutig festgelegt. Mehr als hundert Jahre steht jetzt die Entwicklung der Entomologie vorwiegend im Zeichen des Ausbaues der Systematik. L i n n é, F a b r i c i u s, L a t r e i l l e sind die wichtigsten Etappen dieser Zeit. Von wenigen hundert Arten stieg die Zahl der beschriebenen Formen auf gegen 500 000.

In neuester Zeit ist das System in seinen großen Zügen fest gegründet. Zwar werden Jahr für Jahr noch tausende neuer Arten beschrieben, doch bildet die Systematik heute nicht mehr den Mittelpunkt der Forschung. Ökologie lautet heute die Losung und die ganze angewandte Entomologie wie die Mehrzahl der rein wissenschaftlich arbeitenden Entomologen sind heute in erster Linie auf ökologische Forschungen eingestellt. Wir stehen erst am Anfange dieser Entwicklung, von der noch unübersehbare Werte in der nahen Zukunft zu erhoffen sind.

A. Die orientalische Urzeit.

1. Die Entomologie im ost-asiatischen Kulturkreis. [4]

Soweit wir dies heute beurteilen können, haben die ersten intensiven Berührungen des Menschen mit der Insekten-Kunde in einem weit entlegenen Kulturkreis, in China, stattgefunden. Wie zu erwarten, handelt es sich um ein Nutzinsekt, und zwar den Seidenspinner Bombyx mori L. Es wird uns wohl für immer versagt bleiben, die Entstehung der Seidenkultur zu verfolgen. Halb in mystischem Dunkel liegen die ältesten Daten unserer Kenntnisse.

Nach chinesischer Tradition geht die Seidenkultur auf den sagenhaften Kaiser Fu-hsi zurück, dessen Regierungszeit an den Anfang des 3. Jahrtausends v. Chr. gesetzt wird. Die Einführung der Seidenkultur im Volke wird dem Kaiser Huang-ti (ca. 2630 v. Chr.) zugeschrieben. Nach der Überlieferung befahl er seiner Gemahlin Hsi-ling-shih „dem Volke die Zucht der Seidenraupen und die Behandlung der Fäden und Kokons zu lehren, damit es Kleider erhielte und man im Reiche nicht mehr an Hautrissen und Frostbeulen litte" (Wieger, Textes historiques p. 29). Hsi-ling erhielt dafür göttliche Verehrung. Der chinesische Kaiser Yü (ca. 2220 v. Chr.) förderte die Verbreitung der Seidenzucht, indem er weite Landstrecken entwässerte, dieselben mit Maulbeerbäumen bepflanzte und Seidenraupen unter die Bevölkerung verteilte (Darmstädter 1908 p. 2).[4a] Die Pflege des Seidenbaues wurde für die chinesischen Kaiserinnen ebenso zu einem jährlichen Kultus ausgebaut wie die Feldbestellung für den Kaiser. Dieses Ritual geht auf die Chou-Dynastie (1122—255 v. Chr.) zurück. Chou-li (d. h. die Riten des Chou) berichten darüber „Um die Mitte des Frühlings aber forderte der Nei tsai (Vorsteher des Hofstaates der Kaiserin) die Kaiserin auf, an der Spitze der Damen des Palastes und der Frauen der Würdenträger in der nördlichen Stadtflur die Seidenraupen-Zucht zu beginnen, um die Opfergewänder zu liefern."

Das bei O. Franke (1922 p 29 f.) ausführlich geschilderte Ritual wurde später durch den Kaiser Wu-ti der Tsin-Dynastie (265—419 n. Chr.) neu geregelt. „In einem Edikt vom Jahre 285 n. Chr. heißt es: ‚Für die kaiserliche Feldbestellung sind jetzt Bestimmungen erlassen, dagegen ist das Ritual für die Seidenraupen-Zucht noch nicht ausgearbeitet. Es hat dies seinen Grund darin, daß in der Zwischenzeit die Geschäfte so zahlreich waren, daß für seine Bearbeitung keine Muße war. Jetzt aber herrscht Ruhe im Reiche, und man muß daher das Ritual vervollständigen, damit in der Welt die einzelnen Bestimmungen verkündet werden können. In Anlehnung an die Satzungen des Altertums und an die alten Überlieferungen der neuen Dynastien (d. h. der Han) muß man bedenken, was für die Gegenwart geeignet ist, und es im nächsten Jahre in Kraft setzen. — Darauf, so berichtet der Chronist, wurde die Seiden-

raupen-Zucht in der westlichen Stadtflur eingerichtet, gegenüber dem Orte der
kaiserlichen Feldbestellung, und der Staatsrat Tscheng Tsan erhielt den Auftrag, das Ritual dafür zu entwerfen.' Hiernach war der Altar der Hsien tsan
(die von einer späteren Dynastie an Stelle der Hsi-ling gesetzt war) 10 Fuß
hoch und 20 Fuß lang, auf den 4 Seiten führten 5 Fuß breite Stufen hinauf. Er
befand sich östlich vom „Altar des Pflückens der Maulbeerblätter" der Kaiserin
und südwestlich von der Seidenraupen-Hütte; östlich davon war der Maulbeer-
baum-Hain. Wenn die Raupen bald auskriechen wollten, begab sich die Kaiserin
zusammen mit den Gemahlinnen der Prinzen und Würdenträger in feierlichem
Zuge an einem glückbringenden Tage dorthin. Nachdem vorher durch einen
hohen Ritualbeamten frühmorgens ein Großopfer dargebracht war, bestieg die
Kaiserin den Altar, die übrigen Damen stellten sich auf der Ostseite auf. Dann
pflückte sie selbst 3 Maulbeerzweige, während die übrigen je nach dem Range
5—9 nahmen. Die Zweige wurden dann den 6 „Raupenmüttern", d. h. den für
die Fütterung der Raupen bestimmten 6 Damen überreicht, und diese trugen sie
in die Raupen-Hütte hinein.

Gegen 1100 fiel der immer formaler werdende Kult allmählich in Vergessenheit und auch ein Versuch, gegen 1530 die Ritualien wieder zu beleben, war
ohne Erfolg, da Seide für Kleidung doch nicht mehr dasselbe bedeutete, was
Ackerbau für Nahrung.

Die Chinesen wachten ängstlich über das Geheimnis der Seidenraupen-Zucht
und wußten, dieses Geheimnis zu wahren, als schon im näheren und ferneren
Orient die Seide ein begehrtes Handelsobjekt geworden war. Schon die alten
Phönizier und Juden haben Seide gekannt, und erst viel später ist sie nach
Griechenland gekommen, wo inzwischen (cf Aristoteles) schon unabhängig eine
Seide aus einem wilden unergiebigen Seidenspinner auf der Insel Kos gewonnen
wurde. Galen empfiehlt Seide als bestes Material zum Abbinden von Gefäßen
in der Chirurgie. Noch später kam sie zu den Römern (cf daselbst). So streng
wußten die Chinesen ihr Geheimnis zu wahren, daß niemals im Verlauf von
3000 Jahren ein Fremder in China die Zuchten sah, und die Berichte des europäischen Altertums beweisen ja zur Genüge, daß man über die Herkunft der
Seide völlig unorientiert war.5)

Die kanonische und alte chinesische Literatur gewährt uns keinen Einblick
in den Betrieb der alten Seidenraupen-Zucht und auch die ältere gelehrte, ja
sogar die landwirtschaftliche Literatur bietet nichts von wesentlichem Belang
(O. Franke). Hingegen kennen wir eine ganze Reihe recht alter Bilder über den
Seidenbau. Bei der zähkonservativen Geistesart der Chinesen können wir ein
der Neuzeit angehöriges Werk, das Kêng-chih-t'u, Ein kaiserliches Lehr- und
Mahnbuch von Ackerbau und Seidengewinnung, als typisch für den chinesischen
Seidenbau auch der alten Zeiten heranziehen.

Das Kêng-chih-t'u geht auf die Mitte des 12. nachchristlichen Jahrhunderts
zurück. Sein Verfasser ist Lou-Shou, ein Magistrat von Yü-chien, der damaligen
Kaiserstadt der Sung. Seine wechselreiche und ehrenvolle Geschichte hat
O. Franke ausführlich geschildert. Um 1730 ließ der Mandschu-Kaiser K'ang-hoi
eine große, von ihm selbst veränderte Ausgabe des Werkes neu erscheinen.
Wenige Jahre später (1739) druckte der Kaiser Chien-lung eine Prunkausgabe
mit 23 Tafeln über Seidengewinnung. Er verfaßte zu jeder Tafel einen neuen
Text und ein neues Lied. Diese Ausgabe liegt der Franke'schen Bearbeitung
zugrunde. Die Bilder sind im Typus identisch mit denen der alten Ausgabe, nur
stehen bei denen der alten Ausgabe die sachlichen Vorgänge, bei denen der
neuen Ausgabe die Personen mehr im Vordergrund.

Das Kêng-chih-t'u geht seinem sachlichen Inhalt nach wohl mit einiger Sicherheit auf vorchristliche Darstellungen zurück und lediglich seine literarische Geschichte beginnt im 12. Jahrhundert. Wir besitzen vorläufig keinerlei Hinweise auf grundlegende Änderungen in der Technik der Seidenraupen-Zucht in China in historischer Zeit. Und wer im vorderen Orient gesehen hat, mit welcher Zähigkeit die Landwirtschaft ihre Methoden und Geräte sich durch Jahrtausende hindurch unverändert bewahrt hat, der wird ohne weiteres verstehen, daß wir bis zur Beibringung gegenteiliger Dokumente ein Gleiches für den chinesischen Seidenbau annehmen können.

Fig. 1.
Baden der Seidenraupen. (Alte Ausgabe des Kêng-chih-t'u. 1.)

Obwohl die Prosatexte dieses Werkes zu den jüngsten gehören, so sind sie die einzigen, die Einblick in die intimeren Vorgänge der Seidenraupen-Zucht und Seiden-Weberei gewähren. (Über die Liedertexte siehe Anm. 6.) Der Text der ersten 15 Bilder über Seiden-Gewinnung lautet in der Übersetzung von O. Franke:

1. Das Baden der Seidenraupen.

„Dem Liki zufolge „empfing man (im Altertum) in der Frühe des ersten Tages des dritten Frühlings-Monats feierlich den Samen (d. h. die Eier der Raupen) und badete ihn im Fluß". Jetzt ist es üblich, in der Mitte des zwölften Monats (die Eier) in Salzwasser oder in eine Aschen-Brühe einzutauchen; man nennt dies ts'iang (= „nötigen"?); oder aber, sie in Wasser zu legen und dann den Wind darüber hingehen zu lassen, dies nennt man lu (= „aussetzen"). Im zweiten Zehnt des zweiten Monats besprengt man sie nochmals mit Blüten-Wasser. Am Ts'ing-ming-Feste wickelt man sie in schweren Seidenstoff und legt sie an einen warmen Ort. Wenn die Eier eine grüne Farbe annehmen, so bilden sich die Raupen in der Gestalt von Ameisen. In Tschekiang nennen die Leute sie „Schwärzlinge".

2. Der zweite Schlaf.

Wenn man bemerkt, daß die Seidenraupen anfangen zu kriechen, werden sie mit einer Gänsefeder so auseinander gebreitet, daß sie in gleichen Abständen von einander eine Fläche und nicht zusammengeballt einen Haufen bilden. Dann schneidet man die Blätter (dünn) wie Fäden und füttert sie damit. Nach sieben Tagen nehmen sie eine gelbe Farbe an, Kopf und Maul sind nach oben ge-

Fig. 2.
Der zweite Schlaf. (Alte Ausgabe des Kêng-chih-t'u. 2.)

richtet, sie fressen und bewegen sich nicht mehr und verfallen in den ersten „Schlaf". Nach einem Tage und einer Nacht werfen sie die Haut ab und kriechen heraus. Dann füttert man sie abermals sieben Tage, wonach sie sich wieder verändern wie das erste Mal: dies ist der zweite „Schlaf". Auf dem Bilde ist der zweite „Schlaf" dargestellt, man kann danach auch sehen, wie es sich mit dem ersten „Schlafe" verhält.

3. Der dritte Schlaf.

Bis zum dritten „Schlaf" der Raupen ist man in den Sommer eingetreten, vorher aber muß man sie durch Feuer warm halten, das dann entfernt wird. Darum spricht man nach der Sitte von Kiangsu allgemein vom Herausnehmen der „Feuer-Seidenraupen" (oder von den „aus dem Feuer hervorgegangenen Seidenraupen"). Es gibt eine Art von Raupen, die noch ein viertes Mal „schläft", und eine andere Art, die nur dreimal „schläft". Tritt die Frist (des dritten „Schlafs") zu früh ein, so wird man nur wenig Seide erhalten, auch wird sie grob sein und keinen großen Wert haben. Zu der Zeit werden die Raupen allmählich größer, sie können ein halbes Blatt verzehren.

4. Das große Erwachen.

Der letzte „Schlaf" der Seidenraupen heißt der „große Schlaf". Das Erwachen aus diesem aber heißt das „große Erwachen". Drei Tage nachher fressen die Raupen sehr stark und können ein ganzes Blatt verzehren. Dabei machen sie ein Geräusch, als ob es regnete. Man kann (die Blätter auf den Hürden) einen Zoll hoch aufschichten, und nach kurzer Zeit haben (die Raupen) sie aufgezehrt. Wenn auch die Raupen die Wärme lieben, können sie doch die heiße Zeit nicht vertragen. Wenn allmählich die Hitze eintritt, muß man daher an den Fenstern das Papier aufreißen, um den Wind hereinzulassen. Auch muß außen an die Tür eine irdene Schale gestellt werden, in die von Zeit zu Zeit frisches Wasser gegossen wird, damit kühle Luft hereinkommt.

5. Die Aufnahme der Spinner.

Die Raupen, mögen sie bereits geschlafen haben oder nicht, und mag ihre Reife vollendet sein oder nicht, müssen, während (die Hürden) aufgehängt

Fig. 3.
Füttern der Raupen. (Alte Ausgabe des Kêng-chih-t'u 4;
fehlt in der neuen Ausgabe.)

sind, gesichtet werden. Man nennt dies „Aufnahme der Spinner". Wird dies ein wenig zu spät oder zu früh vorgenommen, so kann dadurch schon eine Krankheit (der Raupen) hervorgerufen werden. Darum müssen Frauen und Mädchen bei Tag und bei Nacht (die Raupen) auf das sorgsamste beobachten. Man breitet auch wohl ein Netz aus und legt Blätter darauf. (Die Raupen,) die Verlangen zu fressen haben, gehen den Blättern nach und kriechen hinauf. Danach hebt man das Netz auf und trägt es fort. Die übrigen Raupen läßt man zurück und nimmt sie dann zu ihrer Zeit auf. Die viele Raupen züchten, müssen dies oft wiederholen.

6. Die Verteilung der Hürden.

Die, die viele Raupen züchten, breiten Binsen-Hürden auf der Erde aus; die weniger züchten, ordnen Körbe in ein Fach-Gestell ein. Man bezeichnet aber

auch diese mit dem gleichen Namen „Binsen-Hürde" (po). Wie der Körper
der Raupen allmählich wächst, so müssen auch die Hürden allmählich verteilt
(und vermehrt) werden. Dabei müssen die verdorbenen Blätter und der körnige
Unrat sehr sorgsam entfernt werden. Man nennt dies „rasieren". Im Hai-yen t'u
king heißt es: „Rasiert man zu früh, so können Verletzungen entstehen, und die
Seide erhält keinen Glanz; rasiert man zu spät, so wird die Luft dumpfig, und
es entstehen zahlreiche Feuchtigkeits-Krankheiten". Das bezieht sich auf die
Verteilung der Hürden.

7. Das Einsammeln der Maulbeer-Blätter.

Über das Einsammeln der Maulbeer-Blätter liest man in den „Sitten von Pin"
zweierlei: „(die Mädchen) suchen zarte Maulbeer-Blätter auf"; diese dienen als
Futter für die eben ausgekrochenen Seidenraupen; und „man kappt (die Zweige),
die zu weit und hoch sich recken", (deren Blätter) dienen als Nahrung für die
alternden Raupen. Die Geräte hierbei sind: für das Hinaufsteigen (auf die
Bäume) der Tisch (ki) oder die Leiter (t'i), für das Heranholen der entfernten
(Zweige) der Haken (kou), für das Einsammeln der Korb (lung) oder die Matte
(p'u), für das Abkappen im Altertum die Axt (fu), jetzt die Scheere (tsien).
Sind (die Blätter vom) Regen (naß), so muß man sie an der Luft trocknen; sind
sie (zu) trocken, so muß man sie anfeuchten, je nachdem die Zeit-Umstände sind.

8. Das Aufsetzen der Spinnbretter.

Man entkleidet Reis-Stroh seiner äußeren Hülle, schneidet es etwas über
drei Fuß lang, bindet es zu Bündeln und stellt diese auf die Hürden. Sechs bis
sieben Tage nach dem „großen Erwachen", wenn man sieht, daß die Raupen an
Kehle und Füßen über die drei (vordersten) Körperglieder hinweg einen Glanz
bekommen, tritt die Reife ein und damit der Zeitpunkt, wo die Raupen sich anschicken, den Cocon zu bilden. Dann wetteifern Frauen und Mädchen beim Einsammeln (der Raupen) und Aufsetzen auf die Spinnbretter. In langem Zuge
(kriechen die Raupen) auf und ab, so daß sich gleichsam kleine Bergpfade
bilden, daher sagen die Leute von Wu und Yüe: „sie steigen auf die Berge".

9. Das Anwärmen der Hürden.

Die Gestelle, die die Hürden aufnehmen, sind etwas über drei Fuß hoch, so
daß man in gebückter Haltung darunter gehen kann. Oft bringt man ein Feuer
darunter an, um sie zu wärmen. Durch die warme Luft werden die Cocons
schneller gebildet, und die Seide läßt sich weicher kochen. Bei sonnenlosem
oder kaltem Wetter muß man noch sorgfältiger auf Schutz bedacht sein. Doch
darf auch die Hitze in der Nähe des Platzes, wo die Hürden stehen, nicht zu
stark sein, sonst kann dadurch Schaden entstehen. Die Holzkohlen, mit denen
man wärmt, werden meist in der Gegend von Tsch'ang-hing hien und An-ki hien
gewonnen; sie geben weder Rauch noch Flamme.

10. Das Herunternehmen der Spinnbretter.

Das Yi-lin sagt: „Hungrige Seidenraupen bauen ihr Haus", und im P'i-ya
heißt es: „Die roten Seidenraupen (bauen) mit der weißen Gewandung des
Cocons ihr Haus". Daher nennt man (diese Gebilde) Cocons. „Rote Seidenraupen" ist eine Bezeichnung für die Seidenraupen, wenn sie alt (reif) geworden
sind. Die Raupen spinnen auf den Hürden zunächst ein Faden-Gewebe und
machen so den Cocon daraus. Nach sieben Tagen sind die „wohlgefügten Perlen-
Ketten aufgereiht", und die Zeit ist da, wo man sie von den Hürden einsammeln

kann. Wenn ein Pfund Raupen, die den dritten „Schlaf" überstanden haben, zehn Pfund Cocons gibt, so ist dies genügend; geht der Ertrag darüber hinaus, so ist er reich; bleibt er darunter, so ist er mäßig.

11. Das Sortieren der Cocons.

Diejenigen unter den Cocons, die einen einfachen Faden geben, sind geeignet für (die Herstellung der) Seide. Die doppelten, dreifachen, vierfachen und selbst achtfachen Puppen, — dies ist die höchste Zahl —, nennt man zusammen „gemeinsame Arbeiter". Wenn man den Faden abwickelt, zerreißt man ihn leicht; sie sind deshalb nur geeignet für (die Herstellung von) Seiden-Watte. Nachdem das Herabnehmen der Hürden beendet ist, füllt man Körbe und Töpfe (mit den Cocons) an, und Frauen und Kinder kommen zusammen und sortieren. Es ist damit wie bei den verschiedenen klebrigen und nichtklebrigen Arten von Reis, die alle ihre verschiedene Verwendung haben.

12. Das Verwahren der Cocons.

Fast einen halben Monat nach dem Einsammeln der Cocons entsteht der Schmetterling; er durchbricht den Cocon und fliegt heraus, dann kann man keine

Fig. 4.
Aufnahme der Spinner. (Alte Ausgabe des Kêng-chih-t'u. 5.)

Seide (von dem Cocon) gewinnen. In Tschekiang, wo viele Seidenraupen gezüchtet werden, muß die Arbeit des Abspinnens beständig bei Tag und Nacht vorgenommen werden. Aber, als ob man fürchte, nicht fertig zu werden, muß man doch die Cocons in tiefe irdene Töpfe tun. Man nennt dies „die Cocons verwahren". Da Veränderungen in der Natur der Dinge durch Wärme beschleunigt, durch Kälte verlangsamt werden, so bedient man sich auch beim Verwahren der Cocons der Kälte.

13. Das Abhaspeln der Seidenfäden.

Das Aufweichen der Cocons in kochendem Wasser und das fortlaufende Ablösen des Fadens mit Hülfe des „Cocon-Haspels" ist das Ende der Cocon-

Pflege und der Anfang des Webe-Prozesses. Haspelt man mehr als drei Seidenfäden (zusammen) ab, so wird (die Seide) grob; sind es weniger, so wird sie
zu schwach. Das P'i-ya sagt: „Was die Seidenraupe (aus ihren Drüsen) von
sich gibt, ist ein hu, zehn hu machen ein ße (= Faden), fünf ße machen ein mie,
zehn ße machen ein scheng, zwanzig ße machen ein yü". Darin liegt eine
kurze Beschreibung des Feinheits-Maßes („der Feinheit und Grobheit") der
Seide.

14. Die Seiden-Schmetterlinge.

Die spitzen und kleinen unter den Coçons sind männliche Puppen, die runden
und großen sind weibliche. Man sucht sie zu gleichen Teilen aus und behält

Fig. 5.
Seidenschmetterling. (Alte Ausgabe des Kêng-chih-t'u. 14.)

die festen, weißen, dicken, schweren zurück. Nach sieben bis acht Tagen verwandeln sie sich in Schmetterlinge, die den Cocon zernagen und herauskommen.
Die besten darunter läßt man sich paaren. Nach Verlauf von Tag und Nacht
läßt man sie frei und nimmt (die Weibchen) auf Papier-Blätter, damit sie ihre
Eier darauf legen. Deren Farbe ist zuerst gelb und wird allmählich schwarz;
sie sehen aus wie mit Tusche besprengt. Darum heißt es in den Gedichten des
Li Ying: „Wie Sand am Meer werden die Seidenraupen auf dem Papier geboren".

Text zu Tafel I.

Fig. 1: Papierblätter, auf die die Schmetter- linge Eier legen.	Fig. 8: Runde Spinnhütte.
„ 2: Netz zum Wechseln der Raupen.	„ 9: Spinnhütten aus Kia und Hou.

„ 3: Netzkorb zum Transport der Blätter.	„ 10: Krüge, in denen man die Kokons
	      unter Lagen von Blättern und Salz
	      aufbewahrt.

„ 4: Instrument zum Schneiden der Blätter.	

„   5: Hürde zum Transport der Raupen
      oder zum Wechseln ihrer Streu.
	„ 11: Vorrichtung, die Puppen mit heißem
	      Dampf zu töten.

„ 6: Längliche Spinnhütte.	„ 12: Vorrichtung, die Häuschen mit Kohle- glut zu erwärmen.
„ 7: Innere Hürde dieser Hütte.	

I

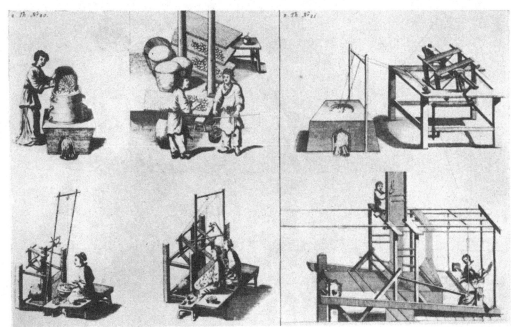

A. Geräte zur Seiden-Zucht in China (aus Julien 1873).
B. Seiden-Spinnerei in China (aus Du Halde 1735).

15. Das Dank-Opfer.

Im Yüe ling wird nicht vom „Genius der Seiden-Gewinnung" gesprochen, aber im Yüe ling der T'ang-Zeit gab es den Ausdruck. Es ist die Göttin, die die Pflege der Seidenraupen begann; die Erklärer deuten sie als „das Viergespann (der Rosse) des Himmels"; die Gattung der Seidenraupen gehört ja auch in die Klasse der Pferde. Im „Alten Ritual der Han" ist gesagt, daß es zwei Göttinnen der Seidenraupen gebe: „Frau Yuan Yü und Prinzessin Yü Schi". Nach heutigem Brauch werden mit Reis-Brei die Cocons und mit Nudeln die Bilder der zwölf zu den zyklischen Stämmen gehörigen Tiere nachgeahmt und als Dank-Opfer dargebracht. Dann geleitet und empfängt man (die Götter), entsprechend der Bedeutung des Tscha-Opfers von Pin."

Von den zahlreichen Geräten zur Aufzucht der Seidenraupen gibt Tafel I. einen genügenden Begriff. Auf die Seiden-Weberei können wir hier leider nicht näher eingehen. Hierfür verweise ich auf die ausführlichen Darstellungen und Literatur-Nachweise bei Du Halde, Julien und Franke. Die untere Hälfte der Tafel I ist dem erstgenannten Werk entnommen.

Auch auf anderen Gebieten der Entomologie besitzen wir altchinesisches Kulturgut. Wir haben allerdings wiederum zu bedenken, daß mit Ausnahme der naturwissenschaftlich wenig enthaltenden Klassiker keine ältere (vorchristliche) Original-Literatur aus China erhalten ist. Die älteren Werke wurden stets neu bearbeitet und herausgegeben. Für den sachlichen Teil der Darstellung können sie jedoch im wesentlichen als vorchristliche Quellenwerke betrachtet werden, da die zähkonservative Mentalität der Chinesen gewaltsame Änderungen alter Autoren nicht zuließ, wohl aber Zusätze und Kommentare, die jedoch als solche leicht kenntlich sind. Wie aus diesen Bemerkungen und den beigefügten Proben klar hervorgeht, läßt sich die chinesische naturwissenschaftliche Literatur sehr gut mit der mittelalterlichen Scholastik Europas vergleichen, doch ist offenbar der Kontakt mit den Natur-Objekten selbst ein innigerer gewesen.

Das älteste Werk, das wir heranziehen, ist das E r h - y a. Das Erh-ya ist eine illustrierte Enzyklopädie, die dem Konfuzius-Schüler Pu Shang (geb. 507 v. Chr.) zugeschrieben wird. Die ältere der mir vorliegenden Ausgabe ist 1882 nach einer ca. 1600 n. Chr. erschienenen älteren Ausgabe nachgedruckt, die jüngere ist ganz modern. Die Abbildungen beider Ausgaben sind von identischem Typus. Das alte Erh-ya bestand aus einer Sammlung von Abbildungen mit dem Namen des betreffenden Bildobjekts als Unterschrift. Die betreffenden Namen (siehe Tab. 1) sind heute veraltet und können selbst von Chinesen nur mit Hilfe eines Lexikons gelesen werden. Zur Erläuterung sind von späteren Autoren kurze Kommentare hinzugefügt worden, von denen einige nachstehend folgen. Den Insekten und verwandten Tieren ist ein besonderer Abschnitt der Enzyklopädie mit 64 Abbildungen gewidmet.

Nr. 1. Hu-t'ien-lou stellt eine Maulwurfs-Grille dar.
    K o m m e n t a r A: Das ist Loku (der heute übliche Name). Diese Loku macht Töne zur Zeit des Hsia-hsino-chêng (im Sommer). Sie heißt auch So tsu (= große Maus) und jetzt Loku.
    K o m m e n t a r B: Seit der Dynastie Hsia benennt man die Jahreszeiten nach einem Tier oder einer Pflanze, die zu dieser Jahreszeit erscheint. Die Hsia-hsiao-chêng ist im 3. Monat und zu dieser Zeit zirpt die Loku.

Diese Verwendung phänologischer Daten zur Zeit-Bestimmung erlaubt natürlich Rückschlüsse auf einen hohen allgemeinen Stand der Natur-Beobachtung.

Nr. 2. Fei lu fei heißt jetzt Fu pan ch'ou-ch'ung = Stink-Würmchen. [Im Lexikon als Schabe angegeben, das Bild weist mehr auf einen Blaps hin.] Sie wächst im Süden an feuchten Orten. In alten Büchern steht, daß sie nicht in China heimisch ist. Sie stinkt sehr. Sie ist die Fei li ch'ung des Pen tsao.

Nr. 11. Ch'i-ch'iang-ch'iangliang, heute Hei-chia-ch'ung = schwarzer Panzerwurm. Ein Mist fressender Käfer. Er hat Flügel unter dem Panzer und rollt den Mist zu einer Kugel.

Nr. 14. Fou-yu-ch'ü-lüeh. Ähnlich wie der Mist-Käfer (Nr. 11), aber schmaler und länger, mit Hörnern und von gelbschwarzer Farbe. Er entwickelt sich in der Mist-Erde in großen Mengen. Die Käfer leben nur einen Tag. Die Käfer werden von den Schweinen gern gefressen. [Col. Larven, vielleicht Engerlinge.]

Fig. 6.

Erh-ya, Tab. I. Fig. 9—12.. (Fig. 11) a: Mistkäfer, (Fig. 12) b: Holzbohrende Coleopterenlarve; (Fig. 9) c und (Fig. 10) d: Zikaden.

Nr. 16. Ch'üan-yü-shou-kua. An den Blättern der Wasser-Melone gibt es ein gelbes Panzer-Würmchen, das die ganzen Melonenblätter frißt. [Rhaphidopalpa oder Epilachna-Larve!]

Nr. 18. Ku-shih-ch'iang-yao. Ein in Reiskörnern fressendes, kleines schwarzes Würmchen. [Gegen Calandra spricht das Bild, das von einem spitzen Rüssel keine Andeutung zeigt.]

Nr. 21. Chi-li-chi-chü. Ähnlich wie die „Heuschrecke", aber größer, mit längeren Hörnern und dickerem Bauch. Sie frißt das Gehirn von Schlangen. [Acridide; besonders interessant, da Parallele in der mittelalterlichen europäischen Literatur.]

Nr. 29. Ch'i-chung-chi-li. Ähnlich der Heuschrecke; grün mit langen Hörnern und langen Beinen. Sie bringt beim Fliegen weithin hörbare Töne hervor, indem sie die Beine aneinander reibt. Sie ist kleiner und schmäler als die Heuschrecke. [Antennen mittellang; wohl Tryxalis sp.]

Nr. 32. Mo-hao-tang-liang-mo ist die Tang liang [Mantide]. Sie frißt Zikaden und besitzt an sich Messer [= Fangarme]. In der Dichtung wird sie als Beispiel für Mut und Furchtlosigkeit verwandt.

Nr. 34. Yen-mao-tu. Eine behaarte giftige Raupe, die bei Berührung vergiftet. [Das soll wohl heißen: Verbrennungen (Urticaria) hervorruft.]

Nr. 37. Yin-pai-yü. [Lepismatide.] Frißt in Kleidern und Büchern und ist weiß wie Silber.

Nr. 43. Pi-fou-ta-i. Ameise. Es gibt hiervon verschiedene Arten mit verschiedenen Namen. Die Jungen liegen in Eiern und man bereitet aus ihnen eine Sauce.

Fig. 7.

Erh-ya, Tab. I. (Fig. 17) b: Maulwurfsgrille; (Fig. 18) d: Calandra?; (Fig. 19) a: Mantide; (Fig. 20) c: Larve zu (19) a; (Fig. 37) e: Lepisma: (Fig. 38) f: Bombyx mori.

Nr. 51. Mu-fêng (= Holzbiene). [Sphegide?] Sie ist ähnlich der vorigen, aber kleiner. Sie baut ihre Nester auf Bäumen und frißt ebenfalls ihre eigenen Jungen.

Nr. 58. Ming-ling sang ch'ung. Sehr kleine grüne Würmchen auf Morus [= sang] von derselben Farbe wie die Blätter des Maulbeerbaums. Die eben erwähnte Wespe [Nr. 57] fängt sie, lähmt, schließt sie in eine Holz-Zelle ein und betet dann. Nach 7 Tagen ist sie zu seinem Sohn geworden. Ming-ling ist daher der Name für Adoptivkinder. [Lepidopteren-Raupe; natürlich falsch verstanden, da die Wespen-Larven die ge-

lähmten Schmetterlings-Raupen auffressen; nicht aber sich in dieselben
verwandeln.]

Nr. 60. Ying-huo-chi-chao = Glühwürmchen. Sie haben Flügel und der Bauch
gibt Feuer. Ende Sommer, wenn das Gras feucht und naß ist, wächst
der Wurm; während des Herbstes fliegt das Glühwürmchen aus.

Allgemeines: Zur Unterscheidung all dieser Insekten dienen ihre verschiedenen
Eigenschaften, ihre Lebensweise und ihr Futter. Manche fressen Holz
und andere Erde, manche fliegen und andere klettern, manche haben
Beine und andere keine. Manche machen Töne mit den Flügeln, andere
mit den Beinen. Manche schaden dem Menschen, indem sie das junge
Getreide fressen, andere fressen Hölzer, andere die Getreide-Körner.

Von den 64 Figuren des Erh-ya entfallen nur 11 (Nr. 3, 24, 25, 31, 35, 36,
47—49, 54, 63) auf andere Tiere als Insekten. Es sind also 53 Insekten bezw.
deren Entwicklungs-Stadien dargestellt, was auf einen ganz außerordentlich
hohen Stand der Naturkenntnisse der alten Chinesen schließen läßt. Die Zeichnungen sind großenteils überraschend durch die Art, Typisches in wenigen
Strichen darzustellen.

Eine weitere Fundgrube für entomologische Angaben ist die medizinische
Literatur.

Das klassische Werk der chinesischen Drogenkunde ist der Pên ts'ao
(Anm. 7. Tab. 2.). Es ist zuerst 1108 n. Chr. als Auszug aus der gesamten
Literatur in 30 Bänden und bereits 1111 neu in einer auf kaiserlichen Befehl
revidierten Ausgabe erschienen. Er stellt eine Sammlung aller möglichen Rezepte aus den klassischen und historischen Büchern dar, die seither eine ganze
Reihe von Vermehrungen und Neuauflagen erlebt hat. Die letzte maßgebende
Bearbeitung dieses Werkes ist das Pên-ts'ao-kang-mu: Übersicht der Drogenkunde des Arztes Li-shih-chên von 1590 in 52 Bänden, nach deren Neuauflage
der sogen. Kiangsi-Ausgabe von 1603 wir zitieren. Die Medizin der alten
Chinesen stand auf keinem sehr hohen Niveau, besonders waren ihre Kenntnisse
in Anatomie, Pathologie und Chirurgie sehr gering. Dafür stand bei ihnen die
Arzneimittel-Lehre und Diätetik im Mittelpunkt der Heilkunde. Die Insekten
spielen hierbei eine nicht unbeträchtliche Rolle. Sie sind im 39.—41. Kapitel
abgehandelt. Im ganzen werden 38 Insekten (und 9 andere Arthropoden
Nr. 12?, 14, 25—30, 38) behandelt. Die Auswahl ist hier natürlich nach medizinischen Gesichtspunkten getroffen, aber die Lebensgeschichte der betreffenden
Arten wird nach Möglichkeit geschildert. Von medizinischer Anwendung sei die
von Maden gegen Asthma, von getrockneten Seidenraupen oder deren Kokons
bei Erkrankungen der Kinder, von Zikadenexuvien gegen Pocken, Haut-Aus-
schläge und Heiserkeit erwähnt (Marcuse). Die Abbildungen sind einfacher als
die der benutzten Erh-ya-Ausgaben, aber geben ebenfalls in wenigen Strichen die
Tiere in ihrer typischen Charakteristik wieder. Neben den Polistes-Nestern und
der Mantis-Zeichnung mache ich hier vor allem auf die Skizze von Asterolecanium bambusae (45) aufmerksam. Wir geben einige Proben:

Nr. 4. Huang-fêng auch Ta-huang-fêng = Große gelbe Biene. (Polistes.) Gelbe
Wespe; es gibt auch dunklere derselben Art. Die dunklere heißt Hu-

Text zu Tafel II.

Pênt ts'ao, Lib. 39.

(Fig. 1) a: Apis mellifera L.; (Fig. 2) d: Erdbiene; (Fig. 3) b und (4) e: Polistes; (Fig. 5) c und (6)
f: Wespen; (Fig. 7) i: Sphegide; (Fig. 8) h und (9) m: Wachsschildlaus; (Fig. 10) e: Galle von
Schlechtendalia chinensis; (Fig. 11) f: Mantide mit Eipaket: (Fig. 12) k: ? „Vogelkrug"

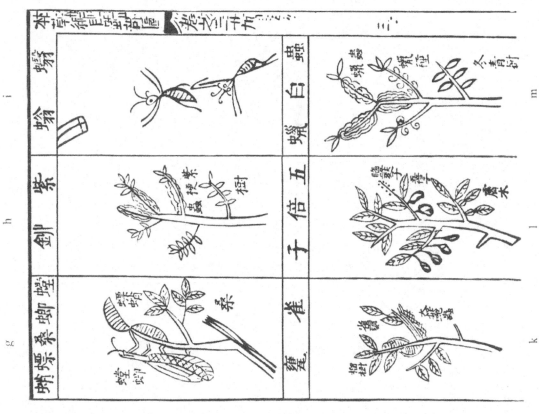

fêng. Diese Wespen machen Nester an Häusern an den Dachbalken. Die Söhne dieser Wespen werden in Südchina gegessen. Diese Wespe ist gelb und größer als die Honigbiene. In den Bergen und Wäldern machen sie große Nester; die größten sind so groß wie eine große Glocke und bestehen aus mehreren hundert Zellen. Um diese Nester zu bekommen, wickelt man sich die Gesichter mit Gras-Masken ein und bläst Rauch. Wenn alle Wespen verschwunden sind, nimmt man das Nest am Zipfel ab. Ein solches Nest gibt 5—6, ja bis 10 Scheffel Larven. Die Söhne sehen aus wie die Puppen der Seidenwürmer und manchmal ganz durchsichtig weiß. Solche weiße Larven, mit Salz in der Sonne getrocknet, werden nach Peking und Honan versandt. Wenn aus den Nestern sich schon mehr als ein Drittel zu Wespen entwickelt hat, kann man die Nester hierzu nicht mehr benutzen.

Nr. 11. T'ang lang. Die Nester [Eipakete von Mantiden] heißen Sang-pi'ao-hsiao und finden sich auf dem Maulbeerbaum. [Die Namen sind sehr verschieden...] Die Gottesanbeterin wird gegen den Kropf gebraucht. Die Bauern braten solche Nester und geben sie den Kindern zu essen, damit diese nicht in der Nacht das Bett nässen... Diese Nester sind nicht nur am Maulbeerbaum, sondern an allen Bäumen, aber die vom Maulbeerbaum sind die besten. Wenn man solche Nester kauft, soll man sie an der Pflanze ansitzend kaufen. Aus diesen Nestern schlüpfen Ende Frühling bis Anfang Sommer die jungen (Mantiden) heraus. Jedes Nest gibt mehrere 100 Larven. Die Arme der T'ang-lang sehen sehr streng (eifrig beim Studieren) aus. Der Hals ist lang und schmal, der Bauch ist groß. Der Kopf ist dunkelgelb. Sie hat 2 Hände und 4 Beine und ist sehr geschickt und schnell beim Klettern. Ihr Schnurrbart [= Antennen] ist ihre Nase. Dieses Tier frißt gern Menschenhaar. Es versteckt sich unter den Blättern, um Grillen zu fangen. Ein Fachmann sagt, diese Nester seien ungefähr einen Zoll lang und dick wie ein Daumen. In den Nestern gibt es mehrere Zellen und in jeder Zelle Eier. Diese Eier werden alle bis zum Mang-chung (Fest in der Mitte des Sommers) zu Larven. In einem anderen Buche steht, diese Maulbeernester wachsen an Maulbeerzweigen und sind die Söhne von T'ang-lang. Im 2. Monat (April/Mai) sammelt man diese Nester und röstet sie auf dem Feuer. Wenn man sie nicht röstet, so bekommt man nach ihrem Genuß Durchfall. Die Nester von anderen Bäumen soll man nicht benutzen. Man soll die Zweige von der Ostseite des Maulbeerbaums nehmen und soll sie in gekochtem Wasser siebenmal waschen, danach das Wasser bis zur völligen Verdunstung verkochen. Eine andere Zubereitung hat keinen Zweck. Aber Han Pao-chêng sagt, im April oder Mai sammele man die Nester, tauche sie ein bißchen in Wasser und koche bis zum Verdunsten des Wassers. In Asche von Weidenholz backe man sie, bis sie gelb werden. [Hier beginnt der Verfasser:] Die T'ang-lang ist gut für Kinderkrämpfe, und zwar für die schnell verlaufenden. Die T'ang-lang frißt auch Warzen von der Haut weg. Pfeile und Messer, die sich aus Wunden nicht leicht entfernen lassen, kann man vermittels der T'ang-lang leicht herausziehen: Man zerreibe eine T'ang-lang und eine Kroton-Bohne zusammen und lege sie auf die Wunde. Dann wird diese Stelle „kitzlig", und wenn dieses Kitzelgefühl sehr stark ist, kann man den Fremdkörper herausziehen. Nachher wasche man die Wunde mit einer bestimmten Medizin und bedecke sie mit Kalk. Gegen Kinderkrämpfe: eine T'ang-lang, eine

Eidechse und ein rotbeiniger Tausendfuß werden alle der Länge nach
halbiert: für männliche Kinder verreibe man die linken, für weibliche
die rechten Seiten zusammen.

Die Nester schmecken zwischen salzig und süß und sind nicht giftig.
Sie sind gut gegen Glucksen und Impotenz, und gut für Samenbildung
und um leicht Kinder zu bekommen; wenn Frauen keine Regel mehr
haben; gegen Hüftschmerzen, Gonorrhoe, gegen Urinverhaltung, gegen
Asthma, Pollutionen, Bettnässen etc. soll man auf nüchternen Magen
Nester essen. [Es folgen verschiedene Methoden der Zubereitung ähnlich
wie oben.]

Nr. 44. Fei mêng = Stechfliege, Bremse.

Autor A: Diese Stechfliege sticht nur Pferde und Ochsen. Man soll
diese Fliegen sich voll Blut saugen lassen, dann fangen und trocknen
lassen. Im 5. Monat (Juni/Juli) soll man sie fangen.

Fig. 8.
Pên ts'ao: (Fig. 44) Tabanus.

Fig. 9.
Pên ts'ao: (Fig. 45)
Asterolecanium sp. (Cocc.)
an Bambus.

Autor B: Man soll sie nicht voll Blut, sondern ohne Blut fangen! Wenn
sie voll Blut sind, so sind sie für Krankheiten zwecklos.

Autor C: Sie ist so groß wie eine Biene, der Bauch ist hell gelbgrün.
Wo das Tier nur Kuh- und Pferdeblut saugt, da sammle man das ge-
ronnene Blut aus solchen Wunden gegen Krankheiten.

Verfasser: Die Stechfliege schmeckt bitter, ist kalt, giftig …

Nr. 45. Chu-shih = Bambuslaus [= Asterolecanium, Coccide] (auch Ch'u-shih,
Tien-jên). Sie wächst auf Bambus, Gräsern und Bäumen. Zuerst ist
sie nur ein weißer Punkt wie Puder, allmählich bewegt sie sich massenhaft. Sie ist so groß wie eine Laus und von graublauer Farbe. Man sagt,
daß sie durch feuchte und schwüle Witterung entstehen, andere sagen,
aus den Eiern von Insekten durch Verwandlung. Früher hat sie niemand

als Medizin benutzt. Im Nan-King steht: In Kiangnan, Ssu-ch'uan, Chiang-su, Chê-chiang und am Yangt-zu-Fluß gibt es im Frühling und Herbst solche Insekten in der Blattscheide des Bambus, die wie Läuse aussehen, aber von gräulicher Farbe sind. Man nimmt die Schale trocken gegen Krämpfe. [Verfasser:] Sie sind giftig und nützen gegen Krämpfe und Lähmung und machen gelähmte Glieder beweglich. [Es folgen verschiedene Rezepte.]

Nr. 8.　Von dem weißen Wachs, das von gewissen Insekten verfertigt wird und daher Ch'ung-pai-la, das ist: das weiße Wachs der Insekten, genannt wird [= Ericerus pe-la Sign.]

Chi sagt: Das weiße Wachs, von dem hier die Rede ist, ist nicht das gleiche Wachs, das von den Bienen bereitet wird. Es wird von einem kleinen Insekt gebildet. Diese Insekten saugen den Saft des Baumes Tung-ch'ing [Xylosma racemosum Mig. oder Ligustrum lucidum (nach Giles)] und verwandeln ihn allmählich in ein weißes Fett, das sie an die Zweige dieses Baumes kleben. Einige sagen, daß dies der Mist der Würmer wäre, aber sie irren sich. Dieses Fett wird im Herbst abgenommen. Man schmilzt es am Feuer und setzt es darauf in dem Gefäß in kaltes Wasser, in dem es gerinnt. Wenn man es auseinander bricht, so hat es Adern, wie ein weißer Stein. Es ist glatt und glänzend. Man vermischt es mit Öl und zieht Lichte daraus. Es ist weit besser als der Bienenwachs. Erst unter der Mongolen-Dynastie Yuan (1275—1368 n. Chr.) hat man dieses von den Würmern gebildete Wachs kennen gelernt. Sein Gebrauch in Arznei und Hauswirtschaft ist nachher allgemein geworden. Man findet es in den Provinzen Ssu-ch'uan, Hu-Kuang, Yün-nan, Fu-chien und überhaupt in den südöstlichen Gegenden. Doch ist das von Ssu-ch'uan, Yün-nan sowie bei Hêng-chou und Yung-chou gesammelte das beste. Der Baum, der dieses Wachs trägt, hat grüne Blätter und Zweige wie die Bäume Tung-ch'ing. Er ist immergrün und blüht weiß im 5. Monat. Seine Früchte sind so groß wie die Frucht des Wan-ching [= Vitex incisa (Giles)]. Die Würmer, die sich daran setzen, sind sehr klein. Wenn die Sonne in den 15. Grad des Zwillings-Zeichen tritt, so wimmelt alles von diesen Insekten. Sie ziehen den Saft aus den Zweigen. Aus dem Munde geben sie einen gewissen Schleim von sich, der sich an die Zweige des Baumes setzt und nach und nach zu einem weißen Wachs wird. Wenn die Sonne in den 15. Grad des Zeichens der Jungfrau eintritt, so beginnt die Ernte des Wachses, das man von den Zweigen ablöst. Hat man diese Zeit versäumt, so ist es, auch durch Schaben, sehr schwer, das Wachs abzulösen.

Die Würmer sind in ihrer Jugend weiß und verfertigen alsdann ihr Wachs. Wenn sie aber alt werden, so werden sie schwärzlich. Sie sitzen so dick und haufenweise wie die Trauben am Baum, daß man glauben sollte, sie wären seine Früchte. Wenn sie ihre Eier legen, so halten sie es fast wie die Raupen. Ein jedes von ihren Nestern hat einige hundert kleine Eier in sich. Wenn die Sonne in der Mitte des Stier-Zeichens steht, so sammelt man ihre Eier, legt sie auf die Blätter des Baume Jo [Bambus-Art nach Giles] und hängt sie an die Bäume, sobald die Sonne aus dem Zwillings-Zeichen herausgetreten ist. Die Sonne zieht ihre Nester auf, öffnet die darin befindlichen Eier, und die herauskriechenden Würmchen suchen alsdann, ihre Geschäfte am Baum anzutreten. Man muß sie aber

vor Ameisen zu bewahren suchen, die diese Würmer gern fressen.
Dieses Wachs ist seiner Natur nach weder kühlend noch wärmend und
hat keine schädlichen Eigenschaften an sich. Es ist dem Fleisch am
Leibe zuträglich, stillt das wallende Blut und allerhand Schmerzen. Es
stärkt die Kräfte und verbindet die Nerven und Gelenke. Macht man es
zu Pulver und Pillen, so tötet es die Würmer, die die Schwindsucht verursachen. Insbesondere kann die Chirurgie desselben nicht entraten; es
hat bei verschiedenen Pflastern verschiedenen Nutzen. (Nr. 8 in der
Übersetzung von Du Halde.) (Anm. 8.)

Aus allen diesen Proben geht hervor, daß die chinesische Natur-Kenntnis
sich auf einem Niveau bewegt, das in Europa erst in der Neuzeit erreicht worden
ist und das im Altertum der Formen-Kenntnis und den ökologischen Angaben
nach mit Aristoteles und Plinius wohl verglichen werden kann, deren Kenntnis
sich auch nicht auf mehr als 50 Insekten erstreckt hat. In methodischer Hinsicht
allerdings erhebt sich die chinesische Natur-Betrachtung nie zu höheren als
utilitarischen Gesichtspunkten. Hierin, wie im zähen Überliefern der älteren
Literatur ähnelt sie der Natur-Betrachtung der Scholastik. Die außerordentliche
Beobachtungsgabe der Chinesen geht besonders deutlich aus den Illustrationen
hervor, die fraglos bei weitem nicht die ältesten darstellen. Es ist aber nicht
anzunehmen, daß die Bilder der verschiedenen Erh-ya-Ausgaben im sachlichen
Erfassen der dargestellten Objekte auf einem niedrigeren Niveau gestanden
haben. Die Liebe für das Detail hat auch in China und Japan die Beschäftigung
mit den Insekten nie als eine zweitklassige oder bedeutungslose Beschäftigung
erscheinen lassen, wie die zahlreichen entzückenden Insekten-Darstellungen
chinesischer und japanischer Künstler der älteren und neueren Zeit beweisen.
Die ostasiatische Kunst hat hier stets nicht nur die typische Form des betreffenden Insekts, sondern auch seine Bewegung mit großem Erfolg zu erfassen gesucht.

Nur anhangsweise sei hier erwähnt, daß sich die japanische wissenschaftliche
Literatur in völliger Abhängigkeit von der chinesischen befindet. Ein in meinem
Besitz befindliches japanisches illustriertes Lexikon aus dem Ende des 18. Jahr-
hunderts, das Kun-nio-zu-shiu-tai-sei, zeigt fast genau denselben Formen-
Bestand an Insekten wie das Erh-ya und Pen-ts'ao. Der einzige Unterschied ist
ein großer Reichtum an Libellen anstelle der vielen Zikaden, sowie einige
Schmetterlinge außer dem Seidenspinner.

Literatur:

J. B. Du Halde, Description géogr. histor. etc. de l'empire de la Chine. 4 Vol. Paris 1735. —
    Deutsch: Rostock 1748. (Seidenbau Vol. II. pp. 241—262)
St. Julien, Résumé des principaux traités chinois sur la culture des mûriers et l'éducation des
    vers à soie. Paris 1837. — Ital.: Torino 1837, Milano 1846. — Deutsch: Stuttgart und
    Tübingen 1844.
St. Julien et P. Champion, Industries anciennes et modernes de l'Empire chinois d'après des
    notices traduites du chinois. Paris 1869.
O. Franke, Kêng tschi tu. Ackerbau und Seidengewinnung in China. Hamburg 1913. (Abh
    Hamb. Kol. Inst. Vol. XI.)
Jul. Marcuse, Heil- und Arzneimittel in China. Wiener medizin. Wochenschr. 1899 pp. 2347-2352.
Ferner die chinesischen Originalwerke: Erh-ya, Kêng tschi tu und Pen ts'ao (in vielen Auflagen
erschienen).

2. Der älteste vordere Orient.

a) Das alte Ägypten.

Wie in China beruht auch in Ägypten die älteste Berührung der Menschen mit der Insekten-Welt auf der Nützlichkeit.

Schon in den Urzeiten Ägyptens muß die Honig-Biene gut bekannt gewesen sein, denn bereits die Könige der ersten Dynastie (kurz nach 4000 v. Chr.) wie Mena und Teta führen die Biene als Symbol des Königs von Unter-Ägypten. Nach den Angaben Wiedemann's soll aber in früheren Zeiten die Unterscheidung zwischen Biene und Wespe auf den Darstellungen nicht genügend beachtet worden sein; die starke Wespen-Taille lege eine Deutung als Wespe zum mindesten nahe. Eine Entscheidung dieser Frage wird wohl eine bereits angekündigte Arbeit Armbrusters über die ägyptischen Bienen-Darstellungen aus dieser Zeit zugunsten der Honig-Biene erbringen. Die Kenntnis des Honigs geht mindestens bis auf diese Zeiten zurück. Eine ausführliche Darstellung der Honig-Gewinnung ist uns aus einem Relief an dem Tempel des Ne-user-re aus Abusir erhalten. Es entstammt der Mitte der 5. Dynastie, also etwa 2600 v. Chr. Dedekind und Armbruster haben sich mit der Deutung desselben beschäftigt. Aus einer leider stark beschädigten Darstellung am linken Ende geht mit Sicherheit hervor, daß die Bienen-Zucht bereits damals dieselbe war wie die heute noch im Orient verbreitete. Der Bienen-Stand setzte sich aus übereinander gelegten Röhren von Nilschlamm oder gebranntem Ton zusammen. Vor diesem Bienen-Stand kniet der Imker und bläst Rauch in die Waben-Röhren der Bienen, um das Herausnehmen des Honigs zu ermöglichen. In der Hand hält er ein Räucher-Brikett aus Kuh-Mist. In der nächsten Figur sehen wir das Ausleeren des Honigs aus der Waben-Röhre in ein Sammelgefäß. Die zwei weiteren Figuren unter „Füllen" und unter „Pressen" beschäftigen sich mit der Reinigung

Fig. 10.
Bienenzucht vor 5 000 Jahren. Relief aus dem Tempel des Ne-user-re in Abusir
(Ägypt. Mus. Berlin; nach Armbruster).

dieses Honigs, der im letzten Bilde versiegelt wird. Ob es sich hier um die Herstellung von Honig-Wein oder das Aufbewahren von reinem Honig handelt, ist noch unentschieden. Die Ernte entsprach wohl dem Raubbau im heutigen

Orient, dem Ausleeren des größten Teils des Inhalts der Waben-Röhren. Armbruster glaubt, die dargestellte Biene nach ihrem Farbton als die heutige ägyptische Honigbiene Apis mellifera fasciata Latr. ansprechen zu können.

Philologisch genauer und deshalb wohl auch richtiger ist die Deutung, die Prof. Wreczynski-Königsberg mir als die Deutung zu zwei Bienen-Darstellungen, der eben erwähnten und einer anderen, die Liebenswürdigkeit hatte mitzuteilen. Sie entsprechen den Tafeln 378 resp. 326 des ersten Bandes seines Atlas zur Altägyptischen Kultur-Geschichte (Leipzig):

> Taf. 378. ... links Bienenstand, gegen den ein Imker aus einem Kruge scharf riechende Dämpfe bläst, um die Bienen zu vertreiben. Die Entnahme der Waben und Gewinnung des Honigs ist nicht dargestellt, vielmehr füllen die nächsten Männer den Honig und eine Flüssigkeit, letztere aus einem Kruge mit Ausguß, in große Krüge, wie die folgende Überschrift „Brauen" vermuten läßt, zur Herstellung von Honig-Bier. Der andere Teil des Honigs wird in kugeligen Krügen versiegelt.

> Taf. 326. ... links Honig-Gewinnung: aus den an einem Ende konisch geschlossenen Röhren-Ständen werden die Bienen durch Räuchern mit einem scharf riechenden Stoff vertrieben und den Stöcken der Waben entnommen. Wie der reine Honig gewonnen worden ist, wissen wir nicht, vielleicht ließ man die Waben in den großen Töpfen einfach von selbst auslaufen; eher aber deuten wie in Taf. 378 die Krüge auf die Herstellung von Honig-Bier. Man sieht freilich nur das Verschließen der Honig-Krüge, wie man parallel dazu auch nur das Überbinden der eigenartigen flachen Näpfe sieht, in denen der Honig aufbewahrt wird.

Wir wenden uns jetzt zur Besprechung entomologischer Anwendung im Bereiche der Medizin. Sehr tief sind wir in die Kenntnisse der alten ägyptischen Medizin nicht eingedrungen, was Wiedemann vor allem auf die unklar abgegrenzten Wort-Begriffe zurückführt. Der Bauch und jeder seiner Teile können mit denselben Worten bezeichnet werden, ebenso alle flüssigen Stoffe im Körper wie Wasser, Blut, Schleim etc. Das wichtigste Dokument altägyptischer Medizin ist der sogenannte P a p y r u s E b e r s, ein medizinisches Kompendium, das um 1550 v. Chr. niedergeschrieben wurde, aber als Geistesgut auf ältere Epochen zurückgeht. Es ist im wesentlichen mit Rezepten angefüllt. Besonders häufig kehren Wespenexkremente und Wespenblut in der Rezeptur wieder. Die wichtigsten Stellen lauten in der Joachim'schen Übersetzung (obwohl diese schlecht ist; mir stand keine andere zur Verfügung):

> p. 162/63. Anfang der Mittel, Flöhe (? = dehert) und Läuse (? = sebt) zu vertreiben. ½ Dattelmehl und ½ Wasser kochen zu einer Portion von 2 hennu Gefäßen und warm trinken; nachher ausspeien lassen, nachdem er es gemacht hat, um die Flöhe ? und Läuse ? zu vertreiben, die auf jedem Glied herumkriechen.

> p. 173. Rezept zum Niederkommen.

Schwanz (?) einer Schildkröte	1	
Schale vom Käfer	1	
sefet-Öl (= Salböl)	1	in eines zermahlen
sert-Saft	1	und damit bepflastern.
Öl	1	

> p. 179. Rezept, die Nagetiere Durra im Speicher nicht fressen zu lassen. Gazellenexkremente auf Feuer tun, in dem Korn-Speicher seine Wand und seinen

Fußboden mit ihren (der Mäuse) Exkrementen und mit Urin bedecken (unsichere Übersetzung!); das wird nicht zulassen, daß die Durra gefressen wird.

p. 179. Ein Rezept, die Wespen nicht stechen zu lassen. Fett von gennu-Vogel (= Coracias garrula), damit einreiben.

p. 126. Rezept, Schorf zu vertreiben.

apneret-Würmer	7	
Wespen	7	in Öl kochen und auf
Aku-Tiere	7 der Erde	das Geschwür der Schorfe
Mehl der Alraune von Elephantine.		als Pflaster legen

p. 160. Mittel, allerlei Zauber zu vertreiben.
Einem großen Skarabäus seinen Kopf und beide Flügel abschneiden; kochen, in Öl tun und darauf bringen. Wenn du nachher wünschst, ihn (den Zauber) zu vertreiben, so wärme seinen Kopf und seine beiden Flügel auf, in Öl des apneut-Wurmes tun, kochen und es die Personen trinken lassen.

In dem wehenerregenden Pflaster sind die „Schalen der Käfer" wohl als Teile von einem Kanthariden zu deuten, es ist dies dann das älteste Kantharidenpflaster. Den heiligen Skarabäus haben wir in keinem medizinischen Rezept gefunden, nur in dem letzten Absatz gegen Zauberei. In ähnlichem Zusammenhang finden wir ihn auch in einer der Beschwörungs-Formeln aus einem demotisch-magischen Papyrus (XXI, 18), der beginnt: „Teile den [lebenden] Skarabäus in der Mitte mit einem Bronzemesser durch, nimm seine linke Hälfte ... und binde sie an deinen linken Arm. ..."

Über die Kenntnisse der alten Ägypter über andere Insekten sind wir nur spärlich unterrichtet. Wie die Biene das Symbol des Königs von Unterägypten, so war die Fliege in der Hieroglyphen-Schrift das Symbol der Unverschämtheit. Aber auch der ägyptische Orden für Tapferkeit besaß die Gestalt einer Fliege. Wespen, Hornissen, Hummeln, Ichneumonen sind uns auf alten Abbildungen erhalten, ebenso die meisterhafte Skizze der afrikanischen Wander-Heuschrecke (Schistocerca gregaria Forsk.). Eine Vanessa-Art stammt von einem alexandrinischen Wandgemälde aus späterer Zeit. Überhaupt sind Schmetterlings-Darstellungen auch aus der alten Zeit nicht selten. Wie tief die Kenntnis der Feigenkaprifikation, die sie nach Theophrast und Plinius besessen haben, zurückgehen, ist ungewiß.

Einen Fall von Prophylaxe gegen Schädlinge hat uns Woenig berichtet: Bei der Papyrus-Herstellung wurden die Bogen mit einem besonderen Saft getränkt, um Motten und Würmer fernzuhalten.

Einiges über die Abwehrmaßnahmen der alten Ägypter gegen Schädlinge hat Oefele zusammengestellt. So hat z. B. der Bauer zu klagen: „Der Wurm hat die eine Hälfte der Nahrung genommen und das Nilpferd die andere. Es hat viele Mäuse auf dem Felde gegeben und die Heuschrecken sind niedergefallen. Das Vieh hat gefressen und die Spatzen haben gestohlen." (Papyrus Sallier I, 5, 11 ff. und Papyrus Anastasi V, 15, 6 ff. aus den Select Papyri of the British Museum, London 1844—60). „Holz, das der Wurm zerfressen hat", ist bekannt. (Papyrus Anastasi III, 5, 5 ff. und IV, 9, 4 ff.)

Die Bekämpfungsmittel gegen Schädlinge waren zumeist symbolischer Art. So galt das Fett der Katze als Abwehr gegen Mäuse und das von insektenfressenden Vögeln sollte die Fliegen vertreiben.

Der Gott, der vor Schäden schützte, war ursprünglich Horus. Amulette mit seiner Darstellung und Inschriften auf der Rückseite waren weit verbreitet, wie: „Wehre mir ab alle Löwen der Wüste, alle Krokodile auf dem Strom, alle

Würmer, welche mit dem Munde beißen und mit ihrem Schwanze stechen usw."
In späterer Zeit wurden verschiedene Götter auf demselben Amulett um ihre
Hilfe angegangen. So ist z. B. ein Amulett bekannt, das sich auf der Vorder-
seite an Chepar, Anubis und Thoth, auf der Rückseite an Mut Chnum und
Osiris wandte.

Fig. 12.
Der Tote in Anbetung vor dem Chepar.
(Vignette aus dem Totenbuch.)

Fig. 13.
Der Tote durchbohrt den Käfer Asphait. (Vignette aus dem Totenbuch.)

Fig. 11.
Altägyptisches Horus-Amulett.

Das hieroglyphische Zeichen für „Gewürm, Ungeziefer, Schädling" ist eine
zweigehörnte Giftschlange. Dasselbe Zeichen von einer Art Keule durchkreuzt
bedeutet die Abwehr von Krankheit, Schädlingen oder Feinden.

Endlich greifen wir auf eine religiöse Quelle zurück, das ägyptische Toten-
Buch, das eine Sammlung von Sprüchen ist, die den Abgeschiedenen vor allen
Gefahren schützen sollen, die ihm im Jenseits drohen, darunter auch vor In-
sekten. Von den zwei Vignetten zeigt die eine den Toten in Anbetung des
Cheper (Skarabäus oder Sonnengott), in der anderen (Kap. 36) spießt er einen
Rüssel-Käfer namens Asphait auf, von dem man annahm, daß er die Körper
der Toten benage.

König Pepi (6. Dynastie) sagt von sich in seiner Pyramide: „Ich komme in
den Himmel wie der Grashüpfer des Râ" und im 25. Kapitel des Totenbuchs
steht: „Ich rastete auf dem Gefilde der Grashüpfer, in dem auch die nördliche
Stadt gelegen ist." In dem 76. und 104. Kapitel wird ein Insekt Abit oder

Bebait erwähnt, „das den Toten hinbringt, daß er sehe die Götter der Unterwelt." Hopfner hält dieses Insekt für eine Mantide. Die Fliege [9]), die Hopfner
noch unter den mindestens gelegentlich heiligen Tieren erwähnt, dürfte nach
dem Text bei Passalacqua (Catalogue, 1826) eine Kantharide sein. Keines von
diesen Insekten ist aber auch nur gelegentlich als heilig angesprochen worden.
Alle diesbezüglichen Notizen beruhen auf Mißverständnissen.

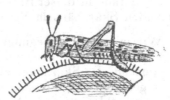

Fig. 14.	Fig. 15.	Fig. 16.
Hieroglyphische Wespe. (Altägyptische Insekten-darstellung nach O. Keller.)	Darstellung der Wander-heuschrecke. (Altägypti-sche Insektendarstellung, nach O. Keller.)	Vanessa aus einem Wandgemälde. (Altägyp-tische Insektendarstel-lung, nach O. Keller.)

Erst zum Schlusse behandeln wir den heiligen Pillendreher, Ateu-
ches sacer, den Cheper der alten Ägypter, der im alten Ägypten Gegenstand religiöser Verehrung gewesen sein soll. Der Skarabäus ist so verbreitet in allen
ägyptischen Darstellungen, Zeichnungen und Funden aller Art, daß er uns geradezu als das Symbol des alten Ägypten erscheint.

Man hat die Bedeutung der Skarabäen mit dem Glauben an die Seelen-
Wanderung in enge Verbindung gebracht. In zahlreiche Werke hat die falsche
Tatsache Eingang gefunden, daß die Metamorphose des heiligen Pillendrehers
[Ateuches (Scarabaeus) sacer L.] den alten Ägyptern schon früh bewußt gewesen sei. Sie sollen die Lebensgeschichte des Pillendrehers vom Ei und der
Schmeißfliege von der Larve an bereits gekannt haben. Die völlige Wandlung
der Körperform bei der Metamorphose, während das Tier offenbar dasselbe
bleibt, bilde den gedanklichen Hintergrund der religiösen Mumifizierung, die in
der Hoffnung vollzogen wurde, daß nach tausendjährigem (Puppen-)Schlaf der
Körper seine dritte Verwandlung und Auferstehung erleben wird. Die ver-
schnürten Mumien werden den Puppen des Pillendrehers verglichen. Auch die
unterirdischen Toten-Stätten und die Pyramiden sollen der Parallele mit den
Brutpillen der ägyptischen Mist-Käfer ihre Entstehung verdanken.[10])

Für diese geistreiche Hypothese gibt es leider keinerlei Beweise. Herr
Prof. Wreczynski hatte die Liebenswürdigkeit, mir folgendes hierzu mitzu-
teilen: „Einen Skarabäenkult hat es bei den Ägyptern nie gegeben und die
Spekulationen der Griechen, Römer und des Mittelalters bis zu Athanasius
Kircher hinab sind ganz sinnlos. Von einer Seelen-Wanderung bei den Ägyptern
wissen wir absolut nichts, wenigstens nicht von etwas, was diesen Namen ver-

dient. Wandelungen von Menschen in Tiergestalt sind noch nicht gleich Seelen-
Wanderungen.

Der Skarabäus, ägyptisch Cheper, wird als Sinnbild des Sonnengottes betrachtet — das ist richtig.11) Wir können nicht sagen, wie er zu dieser Ehre
gekommen ist. Spätere Vorstellungen denken. sich die Sonne als die wohl-
bekannte Kugel, die der Skarabäus vor sich her wälzt, wie Sie es ausgeführt

Fig. 17.
Der Weltschöpfer und
Sonnengott Cheper mit
Skarabäenkopf. (Seltene
Darstellung, nach O.
Keller.)

haben. Aber daß der Name des Skarabäus, Cheper,
mit dem Wort für „Entstehen" die gleichen Konsonanten
hat, hat natürlich dazu beigetragen, gewisse Verbindun-
gen zu ersinnen, aber auch hier ist der Zufall das Re-
gens. Der Sonnengott als der Schöpfer der Welt, der
durch einen Akt der Onanie das erste Paar zur Welt-
gebracht hat, ist, soweit die ägyptische Literatur uns berichtet, gerade in dieser Hinsicht niemals mit dem selbst-
zeugenden Skarabäus in Parallele gesetzt worden.

Wir müssen uns begnügen, festzustellen, daß zwar
nicht in der Urzeit, aber doch schon seit. dem dritten
Jahrtausend, der Skarabäus als ein Sinnbild des Sonnengottes gegolten hat, das man in edlem und unedlem Material nachbildete und als Amulett trug. Alles, was man
weiter darüber sagt, ist Spekulation."

Weder im Papyrus Ebers noch in dem Veterinär-Papyrus von Kahun, die beide als Belegstellen für die angeblichen Kenntnisse der alten Ägypter von der Insekten-Metamorphose zitiert werden, findet sich auch nur
eine Andeutung, die eine solche Auslegung gestattet.
Im letzteren wird überhaupt kein Insekt erwähnt, und
die Insekten betreffenden Stellen des Papyrus Ebers haben wir bei Besprechung der Heilkunde vollständig gebracht. Über die Beziehungen zum
Sonnengott und die Vorstellungen über die Fortpflanzung des Pillendrehers
geben eine Reihe spätägyptischer und griechischer Autoren Kenntnis. So schreibt
Plutarch: „Man verehrte den Käfer, weil man in ihm dunkle Bilder von der
Macht der Götter zu erblicken glaubte; beim Geschlecht der Käfer gibt es
nämlich kein Weibchen, nur Männchen, die den Samen in eine aus Kot geformte
Kugel legen; die wälzen sie dann, von rückwärts stoßend einher, geradeso wie
auch die Sonne dem Schein nach den Himmel in entgegengesetzter Richtung
treibt, während sie selbst vom Untergang zum Aufgang fortrückt." Und
Klemens von Alexandria: „Die Sonne stellen sie durch das Bild des Käfers dar,
weil er aus Rindskot ein kegelförmiges Gebilde bereitet und dieses dann rückwärts einherwälzt. Auch behaupten sie, daß er 6 Monate unter der Erde, die
zweite Jahreshälfte aber über der Erde lebe und daß er seinen Samen in die
Mistkugel fahren lasse und so zeuge; es gebe nämlich kein Männchen unter
ihnen." Horapollo meinte nun: „Den, der nur von einem erzeugt wurde, oder die
Erzeugung oder den Vater oder die Welt oder den Mann, bezeichnen sie durch
einen Käfer (= Kantharos); den, der nur von einem hervorgebracht wurde,
weil dieses Tier durch sich selbst entsteht und von keinem weiblichen Geschöpfe (in der Schwangerschaft) getragen wird." Die Mistkugel hat die Gestalt des Erdballes und liegt genau 28 Tage eingegraben, während der Mond
den Tierkreis durchläuft. Am 29. Tage gräbt der Käfer die Mistkugel aus
und wirft sie ins Wasser. Gerade diesen Tag der Konjunktion von Sonne und

Mond hält man für den Tag der Genesis, und an diesem Tage sollen die jungen Skarabäen ausschlüpfen.

Wir finden also zwei Wurzeln für die Wahl des heiligen Skarabäus als Symbol des Sonnengottes angegeben: 1) die Form der Mistkugel, die der des Sonnenballs gleicht, sowie das Vergraben und Wiederhervorholen derselben aus dem Sande und 2) die angebliche männliche Eingeschlechtlichkeit. Mit allen anderen Autoren nimmt auch Hopfner an, daß die „falsche Meinung, bei diesem Tiere gäbe es nur Männchen, die für sich allein zeugend Junge hervorbringen könnten, die Ägypter bewogen habe, diesen Käfer dem Sonnengott zu weihen; denn auch die Sonne und ihr Gott gingen nicht aus der Verbindung zweier verschieden geschlechtlicher Wesen hervor, sondern sie wurden ohne vorhergegangene Befruchtung aus dem Nun, dem Urstoff, geboren. Da man also nicht nur den Sonnengott, sondern auch den Pillendreher als eingeschlechtlich und zwar nur als Männchen vorstellte, konnte der Käfer sehr leicht dem Sonnengott zugeeignet werden.“

Es ist an dieser Stelle eine kurze Überlegung darüber zweckmäßig, was die Ägypter vernünftigerweise über Fortpflanzung und Entstehung des heiligen Skarabäus wissen konnten. Über die Fortpflanzung und Entwicklung dieses

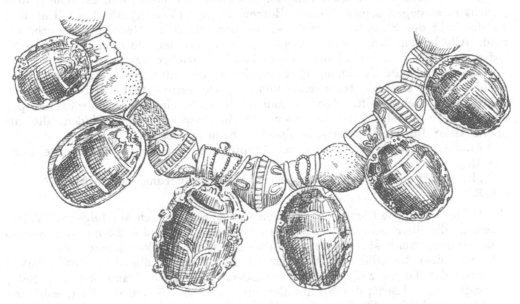

Fig. 18.
Altägyptisches Halsband-Amulett aus Skarabäen. (Louvre; nach O. Keller.)

Käfers besitzen wir m. W. bis heute nur eine auf eigener Beobachtung beruhende Arbeit: einen ausführlichen und schönen Aufsatz von Fabre. Schon diese Tatsache müßte stutzig machen, daß wir nicht mehr sichere Berichte über die Entwicklung eines unserer häufigsten Mittelmeer-Insekten besitzen. Wer bei Fabre dann ferner die großen Schwierigkeiten durchliest, die ihm das Auffinden von Pillen, die Eier und Larven enthielten, machte, darf mit Fug und Recht bezweifeln, daß die alten Ägypter solche in der Literatur nicht belegten Kenntnisse gehabt haben. Andererseits mag ihnen gelegentlich ein in der Pille verstorbener Käfer, der nicht mehr schlüpfen konnte, begegnet sein. Darauf weist uns z. B.

die Stelle bei Epiphanius hin: „Die Skarabäen verbergen sich, wenn der Tod naht, in einer Kot-Kugel, die sie unter der Erde verbergen und lassen aus sich eine Art zeugende Flüssigkeit ausfließen; so sieht man sie durch sich selbst bald wieder aufleben." Ebenso habe ich, trotzdem dicht vor meinem Hause Dutzende dieser Käfer fast das ganze Jahr über ihre Pillen rollen, noch nie eine Kopula der Skarabäen wahrgenommen. Diese beiden Tatsachen konnten die Ägypter zu ihrer falschen Auffassung über Entstehung und Fortpflanzung des Käfers leicht verführen. Ich persönlich halte die zu 1) angegebenen Gründe für die älteren und in die Augen fallenderen. Wenn der Skarabäus tatsächlich das Symbol der Wiederaufstehung gewesen ist, so ist dies wohl auf das Vergraben und Wiederzumvorscheinkommen der Mistkugeln zurückzuführen, nach dem heutigen Stand unserer Kenntnisse aber nicht auf die sicher unbekannte Metamorphose des Käfers.

In der Magie und in Beschwörungs-Formeln spielt der Skarabäus eine gewisse Rolle. Über die regelmäßigen Funde in Gräbern wurde bereits berichtet. In zahlreichen Mumien fanden sich Skarabäen anstelle des Herzens. „In der Magie spielt der Skarabäus die Rolle des Apotropaion. Der Skarabäus an Stelle des Herzens, von uns einfach Herz-Skarabäus genannt, ist auch so ein Ding. Er enthält eine Beschwörung an das Herz des Toten, daß es beim Totengericht nicht gegen seinen eigenen Herren zeuge." (Wreczynski i. l.) Unzählig ist die Zahl der Skarabäen-Amulette, die uns aus dem alten Ägypten erhalten sind. Alle lassen sich in eine Anzahl Typen einordnen, die man fast alle noch auf die heutige Skarabäen-Fauna dieses Landes beziehen kann.

Die beistehende Zeichnung gibt eine Reihe der häufigsten Skarabäen-Typen wieder, soweit sie gedeutet werden konnten. Die stilisierte Form ist der natürlichen gegenübergestellt. Zeitlich haben sich die einzelnen Skarabäen-Typen nacheinander abgelöst. Es bestanden hierin ausgesprochene Moden, die als „Leitfossile" für kunsthistorische Epochen benutzt werden.

Eine interessante Ergänzung der ägyptischen Quellen ist das zweite Buch des Herodot:

„In ihm findet sich die älteste sichere Schilderung von Mücken-Netzen (II, 89):

Wider die große Menge der Mücken verwahren sie sich auf folgende Weise: Denen, die über den Marsch-Ländern wohnen, helfen die Türme, auf welche sie steigen, wenn sie schlafen wollen. Denn die Mücken können wegen der Winde nicht hochfliegen. Die aber in den Marsch-Ländern wohnen, haben anstatt der Türme andere Mittel erfunden. Ein jeder Mann hat ein Netz, womit er tags fischt; des Nachts aber zieht er dasselbe um das Bett, worin er ruht und schläft unter demselben. Wenn aber jemand in seinen Kleidern oder unter einer Leinendecke schläft, so stechen ihn die Mücken durch dieselben; aber durch die Netze versuchen sie es nicht einmal.

Die Reinlichkeit der Priester und ihre Prophyllaxe gegen Ungeziefer ist außerordentlich. Die Priester scheren alle drei Tage den ganzen Leib, damit bei ihnen als Dienern Gottes weder eine Laus noch sonst etwas Häßliches könne gezeugt werden; sie tragen nur leinene Kleider und Schuhe von Papier-Schilf. Andere Kleider und Schuhe dürfen sie nicht gebrauchen. Zweimal des Tages und zweimal des Nachts waschen sie sich mit kaltem Wasser."

Fliegenwedel waren im alten Ägypten gebräuchliche Instrumente und deutlich von den großen Ventilationswedeln unterschieden. Der König ist fast stets mit seinem Fliegenwedelträger, der ein höherer Hofbeamter war, dargestellt.

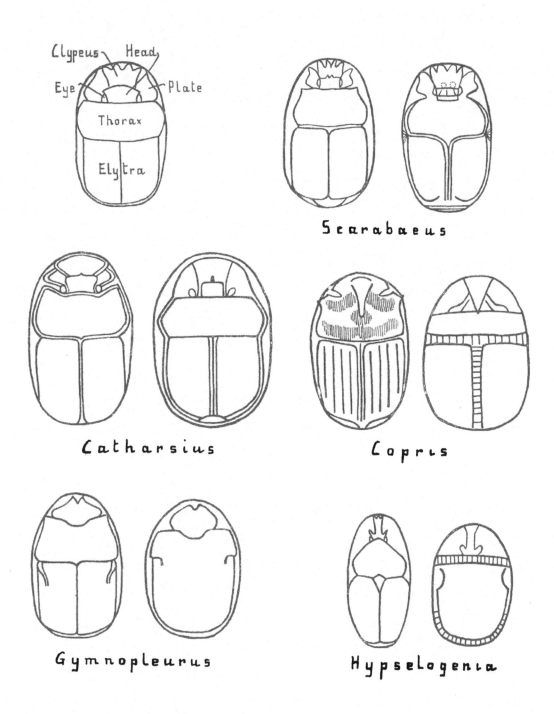

Die natürlichen Vorlagen der alt-aegyptischen Scarabaeen-Typen.
Rechts: der Käfer stilisiert. Links: die natürliche Form in das Oval der Siegel-Zylinder
eingezeichnet (nach Flinders Petrie).

Sehr wichtig ist die folgende von Oefele beigebrachte Stelle, falls richtig übersetzt: im Begleitschreiben zu einer alten Mumie (Papyrus Giseh Nr. 18026, 4, 14. in Lieblein, Que mon nom fleurisse, p. 15 und XXII.) „Nicht werden die Maden zu ihren Fliegen in dir."

Die Metamorphose des Frosches war bekannt, wie Oefele durch die Wiedergabe passender Hieroglyphen beweist. Seine Ansicht, daß die Scarabaeus-metamorphose bekannt gewesen ist, ist, wie bereits erwähnt, absolut zurückzuweisen.

Dies ist ungefähr das, was über die entomologischen Kenntnisse der alten Ägypter bekannt ist. Über die spätägyptische-hellenistische Mystik ist uns noch einiges z. B. bei Aelian und in den ältesten Formen des Physiologus erhalten (cf. daselbst).

Literatur:

R. Lepsius, Das Todtenbuch der Ägypter nach dem Hieroglyphischen Papyrus in Turin. Leipzig 1842.

G. Ebers — L. Stern, Papyros Ebers, das hermeutische Buch über die Arzneimittel der alten Ägypter in hieratischer Schrift. 2 Vol. Leipzig 1875.

F. Woenig, Die Pflanzen im alten Ägypten. Leipzig 1886.

H. Joachim, Papyros Ebers. Das älteste Buch der Heilkunde. Berlin 1890.

J. Myer, Scarabs. Leipzig 1894.

M. Neuburger, Die thierischen Heilstoffe des Papyrus Ebers. Wiener medicin. Wochenschrift 1899 p. 1905, 1957.

Dedekind, Altägyptisches Bienenwesen im Lichte der modernen Welt-Bienenwirtschaft. Berlin 1901.

H. Neffgen, Der Veterinär-Papyrus von Kahun. Dissert. Berlin 1904.

K. Sajo, Aus der Käferwelt. Leipzig 1910 p. 44-56.

Th. Hopfner, Der Tierkult der alten Ägypter. Denkschr. k. k. Akad. Wissensch. Wien. Philos. hist. Vienna Vol. 57 2. Abt. 1913 200 p.

W. M. Flinders Petrie, Scarabs and Cylinders with names. London 1917.

A. Wiedemann, Das alte Ägypten. Heidelberg 1920.

H. v. Buttel-Reepen, Zur Lebensweise der ägyptischen Biene. Arch. f. Bienenkunde Vol. III 1921 p. 61.

L. Armbruster, Bienenzucht vor 5000 Jahren. ibidem p. 68-80.

F. v. Oefele, Studien über die altägyptische Parasitologie. I. Äußere Parasiten. Archives de Parasitologie. Voi. IV. 1901. p. 481-530.

Besonders sei noch auf die mir leider nicht zugänglich gewesenen heute maßgebenden Ausgaben der medizinischen und veterinärmedizinischen Autoren Altägyptens von W. Wreczynski sowie dessen mehrbändigen Atlas zur altägyptischen Kulturgeschichte hingewiesen.

b) Mesopotamien.

Über die entomologischen Kenntnisse der alten Babylonier und Assyrier wissen wir bisher nur äußerst wenig.

Wahrscheinlich ist die Bienenzucht nicht seit alten Zeiten dort heimisch gewesen; dafür spricht das folgende Dokument:

Der assyrische Fürst Samus-Res-Usur (vor ca. 3000 Jahren) ließ zahlreiche fremde Pflanzen und Tiere zur Einführung und Akklimatisation nach Assur bringen, darunter auch Bienen. Er schreibt darüber auf einer Keilschrift-Stele: „Ich, der Statthalter von Sussi und Maer, habe Bienen, welche Honig sammeln, und die von meinen Vorfahren noch keiner gekannt hat, vom Gebirge der Habeha-Leute kommen und in den Gärten der Stadt wohnen lassen, damit sie da Honig und Wachs sammeln; ihre Behandlung verstehen die Gärtner und auch ich." (nach Kürz, Beitrag zur Geschichte der Bienenzucht im Breisgau, Freiburg o. J. (ca. 1926)).

Wie wir aus dem Talmud wissen, war in der nachchristlichen Zeit die griechische Bienenzucht in Babylonien verbreitet.

Sonst sind uns nur gelegentliche Abbildungen erhalten, so auf der bekannten Darstellung des Gastmahls des Königs Sanherib, wo sich unter den Speisen-Trägern auch solche mit Heuschrecken finden. Ferner sind vereinzelt Siegel-zylinder-Darstellungen von Insekten erhalten geblieben.

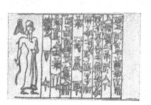

Fig. 20.
Der Gott Mardok mit Fliege.
(Insektendarstellung auf alt-
babylonischem Siegel.)

Fig. 19.
Speisenträger mit Heuschrecken. Alt-
assyrische Skulptur in Sanheribs Pa-
last in Ninive (nach Martini).

Fig. 21.
Der Gott Mardok mit
Heuschrecken. (Insekten-
darstellung auf altbaby-
lonischem Siegel.)

3. Die Entomologie bei den Juden.

a) Die Bibel.

Ebensowenig wie bei den anderen Völkern des vorderen Orients finden wir im alten jüdischen Schrifttum naturwissenschaftliche Arbeiten. Und es ist auch nicht allzuviel, was wir der Bibel an entomologischen Kenntnissen entnehmen können.

Am meisten erfahren wir noch über die Heuschrecken. In den Speise-Gesetzen lesen wir (III. Mose 11,21 ff.):

Ihr sollt essen von allem, was sich bewegt, Flügel hat, auf 4 Beinen geht und dazu noch 2 Beine zum Hüpfen hat. Von diesen sind erlaubt: der Arbeh mit seiner Art, der Solam mit seiner Art, der Chargol mit seiner Art und der Chagab mit seiner Art.

Diese Aufzählung von 4 Heuschrecken-Arten hat Horn kürzlich dazu begeistert, Moses als den Begründer der systematischen Entomologie zu bezeichnen. Leider kennen wir nur die Bedeutung des Wortes Arbeh, das sich auf die äthiopische Wanderheuschrecke Schistocerca gregaria Forsk. bezieht. Solam, Chargol und Chagab, von denen keine zeitgenössische Beschreibung, auch nur aus einem oder zwei Beiworten bestehend, vorliegt, sind schlechterdings undeutbar. Zwar gibt der Talmud nähere Beschreibungen, aber es kann als ausgeschlossen gelten, daß von den Zeiten Moses' bis zum Talmud, einem Zeitraum von über 1000 Jahren ohne naturwissenschaftliche Literatur, eine genügende Kontinuität des Wissens bestanden hat, um diese Bezeichnungen als die mosaischen gelten zu lassen. Es besteht sogar die Möglichkeit, daß sie ursprünglich den späthebräischen Worten für die verschiedenen Entwicklungs-Stadien der Wanderheuschrecke (Jelek, Chasil, Gazam) synonym sind. Übrigens gelten speziell die Wanderheuschrecken auch heute noch im ganzen Orient als Nahrungsmittel.

Warum man den Wanderheuschrecken solche besondere Beachtung schenkte, wird sofort klar, wenn wir die erschreckend plastischen Darstellungen der Bibel über Heuschrecken-Überfälle lesen. Die älteste derselben betrifft die achte ägyptische Plage (II. Mose 10,13 ff.):

Mose reckte seinen Stab über Ägypten und der Herr trieb einen Ostwind ins Land den ganzen Tag und die ganze Nacht; und des Morgens führte der Ostwind die Heuschrecken her. Sie kamen über das ganze Ägypten und ließen sich allerorts in solcher Anzahl nieder, wie sie nie vorher gesehen wurde und nie in Zukunft gesehen wird. Denn sie bedeckten das Land und verfinsterten es. Und sie fraßen alles Kraut im Lande auf und alle Früchte auf den Bäumen, die der Hagel übriggelassen hatte, und ließen nichts Grünes übrig an den Bäumen und am Kraut auf dem Felde in ganz Ägypten. [Als Pharao dann wieder die Erfüllung aller Forderungen versprochen hatte,] ging Mose weg von Pharao und bat den Herrn. Da wendete der Herr den Wind also, daß er sehr stark aus Westen ging, und hob die Heuschrecken auf und warf sie ins Schilfmeer, daß nicht eine übrigblieb an allen Orten Ägyptens.

Tatsächlich bringt in Ägypten wie in Palästina der Wüstenwind die Heuschrecken-Schwärme und tatsächlich ist Ägypten oft nur ein Durchzugsland für Wanderschwärme, die meist nach den Wüsten zu verschwinden. Von den übrigen Bibelstellen verdient noch die berühmte Schilderung des Propheten J o e l hervorgehoben zu werden (Joel, Kap. 1 und 2):

Höret dies, ihr Ältesten, und merket auf, alle Einwohner im Lande, ob solches geschehen sei zu euren Zeiten oder zu eurer Väter Zeiten! Saget euren Kindern davon und lasset's eure Kinder ihren Kindern sagen und diese Kinder ihren Nachkommen! Was der Gazam läßt, das fressen die Heuschrecken*); und was die Heuschrecken lassen, das frißt der Jelek [die ersten kriechenden Larven]; und was der Jelek läßt, das frißt der Chasil. Wachet auf, ihr Trunkenen, und weinet, und heulet, alle Weinsäufer, um den Most, denn er ist euch vor eurem Maul weggenommen. Denn es zieht herauf in mein Land ein mächtiges Volk und ohne Zahl; das hat Zähne wie Löwen und Backenzähne wie Löwinnen. Das verwüstet meinen Weinberg und streift meinen Feigenbaum ab, schält ihn und verwirft ihn, daß seine Zweige weiß dastehen. Heule wie eine Jungfrau, die einen Sack anlegt, um ihren Bräutigam... Das Feld ist verwüstet und der Acker steht jämmerlich; das Getreide ist verdorben, der Wein steht jämmerlich und das Öl kläglich. Die Ackerleute sehen jämmerlich und die Weingärtner heulen um den Weizen und um die Gerste, daß aus der Ernte auf dem Felde nichts werden kann. So steht der Weinstock auch jämmerlich und der Feigenbaum kläglich; dazu die Granatbäume, Palmbäume, Apfelbäume und alle Bäume auf dem Felde sind verdorrt; denn die Freude der Menschen ist zum Jammer geworden.... Der Same ist unter der

---

*) Heuschrecke = Arbeh.

Erde verfault, die Kornhäuser stehen wüst, die Scheunen zerfallen; denn das
Getreide ist verdorben. O wie seufzt das Vieh! Die Rinder sehen kläglich,
denn sie haben keine Weide, und die Schafe verschmachten. ... Ein finstrer
Tag, ein wolkiger Tag, ein nebliger Tag; gleichwie sich die Morgenröte ausbreitet über die Berge, kommt ein großes und mächtiges Volk, desgleichen vor-
mals nicht gewesen ist und hinfort nicht sein wird zu ewigen Zeiten für, und
für. Vor ihm her geht ein verzehrend Feuer und nach ihm eine brennende
Flamme. Das Land ist vor ihm wie ein Lustgarten, aber nach ihm wie eine
wüste Einöde, und niemand wird ihm entgehen. Sie sind gestaltet wie Rosse
und rennen wie die Reiter. Sie sprengen daher oben auf den Bergen, wie die
Wagen rasseln, und wie eine Flamme lodert im Stroh, wie ein mächtiges
Volk, das zum Streit gerüstet ist. Die Völker werden sich vor ihm entsetzen,
Aller Angesichter werden bleich. Sie werden laufen wie die Riesen und die
Mauern ersteigen wie die Krieger; ein jeglicher wird stracks vor sich daherziehen und sich nicht säumen. Keiner wird den andern irren; sondern ein
jeglicher wird in seiner Ordnung daherfahren und werden durch die Waffen
brechen und nicht verwundet werden. Sie werden in der Stadt umherrennen,
auf der Mauer laufen und in die Häuser steigen und wie ein Dieb durch
die Fenster hineinkommen. Vor ihm erzittert das Land und bebt der Himmel.
Sonne und Mond werden finster, und die Sterne verhalten ihren Schein. Denn
der Herr wird seinen Donner vor seinem Heer lassen hergehen; denn sein
Heer ist sehr groß und mächtig, das seinen Befehl wird ausrichten; denn der
Tag des Herrn ist groß und sehr erschrecklich: wer kann ihn leiden?

Man vergleiche hiermit die Schilderung Sven Hedins über den letzten Heu-
schrecken-Einfall in Palästina im Jahre 1915 und man wird die Naturtreue
dieses Weckrufes verstehen. Diese Stelle legt übrigens nahe, ob nicht unter
Gazam die unreife erwachsene Heuschrecke, die sich ja auch durch ihre Farbe
von der geschlechtsreifen unterscheidet, zu verstehen ist. Denn wenn das
älteste Larven-Stadium ins Land gekommen wäre, so ist es unwahrscheinlich,
daß die Wanderzüge der Imagines nicht wieder weitergewandert wären.12)

In den Büchern Mose wird Palästina, das Land der Verheißung, stets als
das Land, das von „Milch und Honig fließt" bezeichnet. Leider muß ich auch
hier meinem verehrten Freunde Horn widersprechen. Trotz dieser hohen Bewertung des Honigs,*) der ja im Altertum der wichtigste Süßstoff war, gibt
uns weder das alte Testament noch das neue Testament auch nur den geringsten
Anhalt für eine Bienenzucht. Das Honigsammeln geschah in derselben Weise
im alten Israel wie bei Homer: Die Nester wilder Bienen in Felsspalten wurden
ausgenommen. So wie es im Psalm (87,17) heißt: „Ich würde sie mit dem
besten Weizen speisen und mit Honig aus den Felsen sättigen." Eine Bestätigung
dafür ist die Furcht vor den Angriffen eines aufgestörten Bienenschwarmes, die
aus manchen Bibelworten ganz ähnlich wie bei Homer zu uns spricht.

Anscheinend der erste, der im jüdischen Schrifttum Bienenstöcke erwähnt, ist
der Hellenist Philo. Der Talmud kennt offenbar nur die griechischen Methoden der
Bienenzucht. Die primitive Zucht in Röhren, wie sie schon drei Jahrtausende
vor unserer Zeitrechnung in Ägypten bestand und wie sie heute noch beim ägyptischen und palästinensischen Fellachen in Gebrauch ist, ist dem jüdischen Altertum unbekannt gewesen. Hingegen ist Deborah ebenso wie bei den Griechen
Melissa seit altersher ein beliebter Frauen-Name gewesen.

---

*) Es kann hier nicht unerwähnt bleiben, daß der Honig der Bibel oft als Dattelhonig gedeutet wird.

Noch mehr gefürchtet als aufgestörte Bienen waren die Hornissen. Sie vertreiben Feinde und bestrafen Übeltäter. So z. B. Josua 24,12: „Ich sandte Hornissen vor euch her; diese trieben sie vor euch her, die zwei Könige der Amoriter."

Noch zwei andere Insekten-Plagen befielen die Ägypter, bevor sie das Volk Israel in die Wüste ziehen ließen: Läuse und Stechmücken. (Exodus VIII.): „Recke deinen Stab aus und schlage in den Staub auf der Erde, daß Läuse werden in ganz Ägypten. Sie taten also ... und es wurden Läuse an den Menschen und an dem Vieh. Aller Staub des Landes ward zu Läusen in ganz Ägypten." „Wo nicht, so will ich Stechmücken kommen lassen, ... daß aller Ägypter Häuser und Feld und was drauf ist, voll Ungeziefer werden sollen." Kinnim bedeutet hier vielleicht statt Läuse parasitisches Ungeziefer überhaupt. Unklar ist die exakte Bedeutung des Wortes Arob, das wir hier der Tradition folgend mit Stechmücken übersetzt haben. Die Erwähnung des Feldes ist nicht so auffallend, als sie scheint, denn in Palästina sind zur Erntezeit ungezählte Schwärme von Simulien auf den Feldern eine wahre Qual für die dort Arbeitenden und gelegentlich gelangen diese Schwärme, z. B. mit dem heißen Wüstenwind in die Häuser, wo sie ebenso lästig werden.

Auch des Flohes wird gelegentlich gedacht (I. Samuel XXIV,15 und XXVI,20).

Und wieder war es ein Insekt, die Mannalaus, das den Juden in der Wüste von großem Nutzen war (II. Mose, 16) und deren Biologie noch dringend der näheren Aufklärung bedarf.13)

Von den Ameisen wissen die Sprüche Salomos: „Gehe hin zur Ameise, du Fauler; siehe ihre Weise an und lerne. Hat sie auch keinen Fürsten und Hauptmann, so bereitet sie doch ihr Brot im Sommer und sammelt ihre Speise in der Ernte."

„Vier sind klein auf Erden und klüger denn die Weisen:

Die Ameisen — ein schwaches Volk, dennoch schaffen sie im Sommer ihre Speise.

Die Klippschliefer — ein schwaches Volk, dennoch legt es seine Behausung in die Felsen.

Die Heuschrecken — sie haben keinen König und ziehen doch in ganzen Haufen aus

Die Spinne — sie wirkt mit ihren Händen und ist in der Könige Schlösser."

Der nicht übersehbaren Tätigkeit der großen Ernte-Ameisen (Messor ssp.) ist hier gedacht.

Die Seide wird erst in den späten Zeiten des Propheten Hesekiel (16,10 und 13) erwähnt und zwar als ein großer Luxus-Artikel.

Der Färbeschildlaus (Kermes sp.) der Eiche wird unter zwei verschiedenen Namen gedacht, als Tholaath schani und als Qarmil. Doch scheint die Verarbeitung zumeist in den Händen der Phönizier gelegen zu haben, in deren Gebiet dies Insekt auch häufiger ist. Das scheint aus folgendem Briefe Salomos an den König Hiram hervorzugehen (II. Chron. 2,6): „Sende mir einen Mann, der Gold, Silber, Erz, Eisen, Karminfarbe und Scharlach zu verarbeiten weiß."

Auch einige landwirtschaftliche Schädlinge außer den Heuschrecken werden gelegentlich angeführt, die aber nicht immer richtig zu deuten sind. So kann die Stelle (V. Mose 28,39): „Weinberge wirst du pflanzen, aber keinen Wein trinken, noch lesen, denn der Wurm (Tholaath) wird sie auffressen" sowohl auf die blattfressenden Raupen von Chaerocampa celerio wie auf die in den Trauben

fressenden Raupen von Polychrosis botrana und Cryptoblabes gnidiella gedeutet werden. Erstere erscheint im Frühjahr gelegentlich in großer Anzahl und
ist sehr sichtbar, verbreitet daher große Unruhe; der letztere Schaden ist
ständig, ihr Erreger aber springt nicht so in die Augen.

Eindeutig ist die Erwähnung der Olivenfliege (Dacus oleae Rossi) an derselben Stelle (V. Mose 28,40): „Ölbäume wirst du haben in allen deinen
Grenzen, aber du wirst dich nicht salben mit Öl, denn deine Oliven werden
herabfallen."

Der bei Jona erwähnte Wurm, der den Kikajon (wohl Ricinus communis) in
einer Nacht „stach" und zum Absterben brachte, ist nicht mit Sicherheit zu
deuten. Die Pyralide Phycita diaphana Stgr. richtet durch starken Blattfraß
junge Bäume oft zugrunde, ebenso der Blattminierer Acrocercops conflua Meyr.,
der in kurzer Zeit zu Winterbeginn den Baum aller Blätter berauben kann.
(Aharoni erwähnt Grammodes algira aus der Umgebung von Jerusalem.)14)

Ganz dunkel ist die Erwähnung des Jerakons (V. Mose 28,22): „Der Herr
wird dich schlagen mit Darre, Fieber, Hitze, Brand, Dürre, heißen Winden und
Gelbsucht." Im Talmud wird das Wort Jerakon, analog dem griechischen
Chlorosis sicher, auf Gelbsucht des Menschen gedeutet. In der Redensart
„Schedaphon wejerakon" ist es aber wohl allgemein auf ein Vertrocknen des
Getreides zu deuten. Vielleicht gehören die beiden Worte auch als Ursache und
Wirkung zusammen und Jerakon wäre dann als das Verfärben und Verwelken
infolge des heißen Chamzin-Windes (Schedaphon) zu deuten.

Der Kleidermotte wird ebenfalls in der Bibel bereits gedacht: „Denn die
Motten werden sie fressen wie ein Kleid und Würmer werden sie fressen wie
ein wollenes Tuch" (Jesaja 50,8). „Ich vergehe wie Moder und wie ein Kleid,
das die Motten fressen" (Hiob 13,28). Die gemeine Kleidermotte Tineola
biselliella Humm., richtet in den heißen Klimas Palästinas ein vielfaches an
Schäden an wie in Mitteleuropa und macht sich dadurch auch den sorglosesten
Hausfrauen recht bemerkbar.

Von Interesse ist die folgende Bibelstelle: Als die Philister die Bundes-
lade den Juden wegen einer ausgebrochenen Seuche (wohl Beulenpest) zurück-
brachten, sprechen sie über die Sühne, die sie dem Gotte opfern müßten und
sie sprachen (I. Samuel 6,4—5): „Welches ist das Schuld-Opfer, das wir ihm
geben sollen? Sie [die Priester und Weissager] antworteten: 5 goldene
Beulen und 5 goldene Mäuse nach der Zahl der 5 Fürsten der Philister. ...
So müsset ihr nun Bilder machen eurer Beulen und eurer Mäuse, die euer Land
verderbt haben, daß ihr dem Gotte Israels die Ehre gebt."

Josephus (Jüd. Altert. VI,1) bezieht die Mäuse lediglich auf eine zufällige
zusammenfallende Plage: „Das Land aber verwüsteten Mäuse, die zahllos auf-
traten und weder Halm noch Frucht verschonten." Es scheint aber doch, als ob
hierin bereits eine im Altertum weiter verbreitete Auffassung zum Ausdruck
kommt, die Mäuseplage und Pest in einen gewissen Zusammenhang bringt.
Preuß verweist darauf, daß nach Herodot (II,141) das Jerusalem belagernde
Heer Sanheribs durch eine Mäuseschar vernichtet worden sei, sowie daß der
Pestsender Apollo Smintheus nach der Maus benannt sei und auf manchen
Münzen mit einem Pestpfeil in der einen, einer Maus in der andern Hand dargestellt werde. Wahrscheinlich ist, daß ein gewisser Zusammenhang zwischen
Mäuse- und Rattenplage einerseits, dem Auftreten der Pest andererseits be-
kannt war, ähnlich wie zwischen Malaria-Fieber und Sümpfen bei den Griechen
und Römern. Die Zwischenglieder und der wirkliche Zusammenhang: Ratten-

Floh und Pest-Bazillus einerseits und Anopheles und Plasmodium andererseits sind dem Altertum ebenso sicher gänzlich unbekannt gewesen.

Als wichtigstes Mittel zur Bekämpfung von Schädlingen galt das Gebet. Schon Moses hat durch Gebet die ägyptischen Plagen zum Aufhören gebracht. Und Salomo (Könige I,8,37) bittet bei der Einweihung des Tempels, daß wenn „eine Teuerung oder Heuschrecken im Lande sein werden" das im Tempel verrichtete öffentliche Gebet zum Aufhören derselben erhört werde.

Aus allen diesen Stellen geht klar hervor, daß die Juden für die auffälligen Lebewesen und Natur-Erscheinungen ihres Landes ein offenes Auge gehabt haben. Zusammenfassende Sonder-Studien sind jedoch nicht erschienen und deshalb sind sie wie alle bisher behandelten Völker der vorwissenschaftlichen Epoche der Entomologie zuzurechnen.

Literatur:

Die Bibel (im hebräischen Original und der sachlich nicht immer zuverlässigen Luther-Übersetzung.)
A. Krausse, Entomologisches im „Alten Testament". Zeitschr. wiss. Ins. Biol. IV 1908 p. 462-465.[15]

b) Der Talmud.

Der Talmud ist eine Fortentwicklung des biblischen Gesetzes. Sein Inhalt ist rein religiöser Art und befaßt sich mit der Anwendung der jüdischen Gesetze auf das tägliche Leben. Diese Sammlung der Diskussionen der maßgebenden Rabbinen zwischen dem 3. und 6. nachchristlichen Jahrhundert kann natürlich nicht als naturwissenschaftliches Kompendium betrachtet werden. Immerhin finden sich zahlreiche Hinweise auf Insekten, von denen einige der wichtigsten im folgenden behandelt werden. Der Talmud ist in Babylon entstanden. Außerdem existiert eine kürzere und nicht als so autoritativ angesehene Talmud-Sammlung, der Jerusalemer Talmud, der im 4. Jahrhundert in Palästina zusammengestellt wurde. Im Gegensatz zur Bibel ist der Talmud stark von griechischem Wissensgute durchtränkt.

Der allgemeine Name für Insekten ist Scherez. Sie werden als Land-, Wasser- und fliegende Insekten unterschieden (Pesachim 24a). Die Abtrennung von den anderen Gruppen der Wirbellosen ist unscharf. Über ihre Anzahl im allgemeinen finden sich keine Hinweise, doch wird die Zahl der Heuschreckenarten auf 800 angegeben (Chulin 63b). Das ist natürlich eine beliebige hohe Zahl. Sie entstehen teils durch Begattung, teils aus faulenden Stoffen durch Urzeugung. Kein knochenloses Tier lebt ein ganzes Jahr (Chulin 58a). Die Eintags-Fliege war wahrscheinlich bekannt, aber nur vom Hörensagen. Die Körper-Flüssigkeit der Insekten wird als Blut bezeichnet. Die ganze Schöpfung wird teleologisch aufgefaßt; so sagt z. B. der Midrasch (Rabba Wajikra fol. 189 col. 3): „Du hältst Fliegen, Flöhe und Mücken für überflüssig und doch haben sie ihren Zweck in der Schöpfung: sie sind Mittel zur Ausführung im Plane der Vorhersehung", nämlich um Bösewichter zu plagen.

Die anatomischen Kenntnisse von Insekten waren natürlich äußerst gering. Der Käferdarm wird als ein einfaches Rohr geschildert. Fällt ein Käfer ins Wasser, so dringt ihm dieses in den Darm und vermischt sich dort mit den Körpersäften. Deshalb ist dieses Wasser unrein. (Para 9,2). Anders ist das mit der Mücke, die zwar einen Mund, aber keinen After hat (Gittim 56b). Heuschrecken und Ameisen fühlen mit ihren Antennen (Sabbat 77b). Durch Glockenschall und Geräusche werden Fliegen und Mücken vertrieben.

Aus dem Talmud läßt sich nur verhältnismäßig wenig über die sicher ausgedehnte Bienenzucht entnehmen.

Die Bienenstöcke waren aus Stroh oder Rohr geflochten. Da sich keine besonderen Angaben vorfinden, die auf die Stülperform hinweisen, nehme ich an, daß es sich um die später zu erwähnende hellenistische Form des Bienenstockes gehandelt hat. Interessant ist jedenfalls, daß sich für die altägyptische, heute in Palästina weit verbreitete Form des Bienenstockes keinerlei Belege finden. Die Bienen bringen im Sommer den Honig von den Kräutern der Berge heim. Die künstliche Bienen-Tränke war bekannt, denn im Traktat Sabbat (155b) findet sich ein Disput, ob man am Sabbat den Bienen Wasser geben dürfe oder nicht.

Eine sonderbare Stelle findet sich in Baba Batra (18a). Dort wird für den Verkauf von Bienenstöcken vorgeschrieben, daß nur voll arbeitende Völker verkauft werden sollen. Der eine Rabbi empfiehlt, sie vorher durch Senf zu „entmannen", damit sie viel Honig hervorbringen. Sein Disput-Gegner warnt vor dem Gebrauch von Senf, da dieser ihren Geschmack reize, so daß sie selbst viel Honig verbrauchen. Die Bedeutung des Wortes „entmannen" in diesem Zusammenhang ist etwas unklar. Wie mir Herr Lifschütz-Jerusalem mitteilt, beruht diese Stelle auf der Annahme, der scharfe Honig aus Senfblüten mache den Stock steril, wahrscheinlich indem die hiermit ernährten Larven alle absterben. Andererseits sollte aber, wie aus obiger Stelle hervorgeht, der Senfblütenhonig die Bienen zu fleißigem Honigsammeln anregen.

Die Honig-Entnahme geschieht durch Räuchern mit einem Brikett aus Vieh-Exkrementen; diesen Rauch vertragen die Bienen nicht und entfernen sich (Kelim 16,7). Der Honig wird aus den Waben gewonnen (Uksin 3,11). Zwei Tafeln läßt man als Winter-Nahrung im Stocke zurück. Der mit Wachs vermischte Honig, der aus vollen Stöcken überfließt, wird zu medizinischen Zwecken verbraucht. Verschiedene Fälschungen des Honigs mit Wasser und Mehl waren bekannt. Im Ritus galt der Honig als Getränk. Er ist gelb oder weiß. Verdorbener Honig dient als Balsam für Wunden des Kamelrückens.

Gegen Bienenstiche werden kalte Umschläge oder das Trinken von Palmginster-Extrakt in Wasser empfohlen. Bei fieberhaftem Verlauf sind Vollbäder gefährlich. Eine verschluckte Biene bringt den Tod. R. Idi bar Abin empfiehlt alsdann schnell ¼ Maß starken Essigs zu trinken, um wenigstens sein Haus bestellen zu können (Gittin 70a).*)

Der Bienenhonig müßte an sich als das Produkt eines unreinen Insektes für den Genuß verboten sein. Um nicht ganz auf den Genuß dieses wichtigsten Süßstoffes des Altertums verzichten zu müssen, gibt der Talmud folgende Erläuterung: Das, was die Biene aus den Blüten sammelt, wird unverändert mitgenommen und ausgeschieden. Die Biene vermischt ihre Körpersäfte nicht mit dem Honig, der also reines Blütenprodukt ist. Die Wespen und Hornissen geben aber eine Art Speichel (rir) hinzu, weshalb ihr Honig verboten ist.

Wie in der Bibel so ist auch im Talmud der Hornissenstich sehr gefürchtet. Ein neunjähriges Kind soll von einem Stich getötet worden sein, ebenso in besonders unglücklichen Fällen Erwachsene. Das Buch Sanhedrin (109 b) bezeichnet es als die größte Grausamkeit der Bewohner von Sodom, daß sie ein mildtätiges Mädchen mit Honig beschmierten und so den Hornissenstichen aussetzten. Einfache Hornissenstiche wurden durch Auflegen von zerquetschten Fliegen ku-

---

*) Es erscheint mir fraglich, ob das auf die letzten Fälle bezügliche Wort zibbura sich nicht auf die Hornisse bezieht. Dabbur heißt heute im Arabischen ebenfalls Hornisse.

riert oder durch $^1/_{32}$ Maß vom Urin eines 40 Tage alten Kindes. Gegen besondere Plagen von Hornissen oder auch von Fliegen fanden öffentliche Bitt-Gottesdienste statt (Tanit 14a). Im jerusalemischen Talmud (Sabbat C 1 f 3 b) findet sich folgende Angabe: In 7 Jahren werden die Maden aus Pferde[-Kadavern] zu Hornissen und die vom Rind zu Bienen. Diese griechische Fabel ist also hier übernommen worden.

Heuschrecken werden natürlich im Anschluß an die Speise-Gesetze oft besprochen. Die Mischna hat folgende Kriterien für eßbare Arten aufgestellt (Chulin 59a): Die Heuschrecke muß 4 Geh- und 2 Springbeine sowie 4 Flügel haben. Die Flügel müssen den Leib in die Länge und Breite zum größten Teil decken. Als fernere Unterscheidungs-Merkmale kennt der Talmud das Vorhandensein oder Fehlen einer Legescheide (= Schwanz) sowie die Kopfform (länglich, rundlich, buckelig). Die Deutung der unter vielen verschiedenen Namen erwähnten Heuschrecken-Arten ist fast nie mit Sicherheit durchzuführen (ausgenommen Arbeh: Schistocerca gregaria Forsk.). Mit den eßbaren Heuschrecken hat ein geregelter Handel bestanden, da besondere Vorschriften dafür erlassen wurden.

Gegen Ohrenschmerzen wurden Heuschrecken-Eier oder das Fett des „großen Käfers" im Ohre getragen.

Daß gegen Fliegen-Plagen öffentliche Gebete stattfanden, haben wir bereits erwähnt. Die Hausfliege galt allgemein als ein ekelhaftes und lästiges Tier. Doch war es erlaubt, den Inhalt eines Glases, in das eine Fliege gefallen war, zu trinken, nachdem man diese entfernt hatte. Da in das Essen beim Kochen gefallene Fliegen aber ekelhaft waren, so finden wir in Gittin (6 b) eine Verhandlung darüber, ob [wohl ständige] Anwesenheit von Fliegen hierin als Ehescheidungs-Grund gelten könne. Daran, daß an dem Tische Eliahu's nie eine Fliege weilte, erkannte ihn seine Umgebung als einen heiligen Mann. „Hütet euch vor den Fliegen der rathan-Kranken"*), sagt R. Jochanan. Man fürchtete sie also schon damals als Krankheits-Überträger, wie ja ähnliches auch aus dem griechischen Altertum bekannt ist. Mücken-Netze waren dem Talmud gut bekannt. Außer dem heute noch dafür gültigen Wort Kila findet sich eine hebräisierte Form des griechischen Konopeion: Kinuf.

Die Laus entsteht nicht durch Begattung, sondern aus dem Schweiß. Die Nisse waren als zu den Läusen gehörig bekannt, wurden aber ebensowenig wie bei Aristoteles als ihre Eier erkannt. Trotzdem heißen sie einmal im Talmud „Eier der Läuse" (Sabbat 107 b). Die Kopflaus hat rotes, die Kleiderlaus weißes Blut. Auch als Krankheits-Überträger wurden sie in Betracht gezogen, so z. B. von ansteckendem Aussatz (Pesachim 112 b). Regelmäßiger Wäsche-Wechsel sollte gegen sie schützen. Die Kopflaus wurde ausgekämmt und auf dem Kamme getötet. „Töte die Laus und lasse mich das Knistern meiner Feindin hören."

Bezüglich der Phthiriasis bemerkt Preuß mit Recht, daß die Krankheiten des Antiochus und des Herodes keineswegs als solche aufgefaßt werden können. Statt des wohlbekannten Namens für Läuse werden stets nur „Würmer" beschrieben. Überhaupt wird die Zahl derer, die an eine echte Phthiriasis glauben, immer geringer (Preuß).

Die Tötung der Laus am Sabbat ist eine ebensogroße Sünde wie die eines Kamels.

---

*) Unter Rathan ist nach Preuß wahrscheinlich Lepra zu verstehen.

Auch der Floh darf am Sabbat nicht getötet werden. Er pflanzt sich durch Begattung fort und heißt „springendes Ungeziefer". Der Geruch und der Geschmack der Wanze sind ekelhaft.

Eine ganze Reihe von Schädlingen werden im Zusammenhang mit den Speise-Gesetzen erwähnt. Nicht immer sind dieselben deutbar, doch verlohnt sich hier eine kurze Zusammenstellung.

In getrockneten Feigen und Datteln finden sich Würmer. In beiden Fällen ist an die Larve von einer Ephestia-Art, wohl E. cautella und elutella, zu denken. Der Dattelwurm lebt keine 12 Monate, wie alle knochenlosen Tiere, und deshalb muß er in vor dieser Frist gepflückte Datteln erst später hineingeraten sein (Chulin 58 b). Der Wurm kommt besonders leicht in die Datteln, wenn diese nicht zuvor gehörig ausgepreßt sind (M. Katan 10 b). Nach Baba batra (6,2 Mischna) wird ein Zehntel der Feigen durch diesen Wurm zerstört.

Die „Mücken" in Linsen und Erbsen beziehen sich natürlich auf die Bruchiden Bruchus pisorum L. und B. lentis Froel. Zur Vorbeugung („des Ungeziefers wegen") schütte man die Früchte auf das Dach (Chulin 13 a). Abgepflückte Erbsen sollen im Gegensatz zu abgeschnittenen von Würmern verschont bleiben (Sanhedrin 65 b). Da die Käfer unreine Tiere sind, so sind sie vor dem Kochen sorgfältig auszulesen.

Verschiedene unklare Bezeichnungen von Schäden an lagerndem Getreide wurden auf Schädlinge bezogen. Doch bedeuten die Worte „Salmanton" und „Rezintha" wohl nur allgemein Beschädigungen oder Fäulnis.

Hingegen wird von wurmigem Mehl ausdrücklich gesprochen, was sich wohl vor allem auf Tenebriodes mauretanicus, Tribolium etc. bezieht.

Unter der „Heh" des Granatapfels dürfte die in Mesopotamien und Indien noch heute häufige Euzophera punicacella-Raupe gemeint sein. [Falls sich die Stelle auf Palästina und nicht auf Babylon bezieht, ist Virachola livia Klug. darunter zu verstehen. Es ist aber nicht unwahrscheinlich, daß dieser Bläuling erst vor wenigen Jahrzehnten nach Palästina eingeschleppt wurde.] Der „Heh" des Granatapfels entspricht der „Peh" der Feige. Von diesem „Peh" wird erzählt: Ein Schüler des R. Jochanan aß Feigen und sagte, es sticht mich etwas in der Gurgel. Der Schüler starb darauf. Diese Stelle wurde zumeist auf die Feigen-Gallwespe Blastophaga psenes L. bezogen. Diese kommt jedoch in Palästina und m. W. auch in Mesopotamien nicht vor. Diese Stelle ist vielleicht so zu erklären, daß der Schüler aus Unachtsamkeit eine Wespe oder Hornisse, die in der Feige fraß, mit verschluckt hat. Auf Blastophaga dürfte der Tod eines Menschen sich wohl kaum zurückführen lassen.

Von Wein-Schädlingen werden zwei erwähnt. Die „Ila beanawim" (Wurm in den Trauben; ila ist das griechische eule) bezieht sich auf Polychrosis botrana und Cryptoblabes gnidiella Mill. Eine andere Stelle ist deshalb unklar, weil sie infolge einer mehrsinnigen Wort-Bedeutung sowohl „Wurm in den Wurzeln" wie „Wurm im Stamme des Weinstockes" bedeuten kann. Ich neige zu letzterer Auffassung. Alsdann sind Cerambyx dux-Larven oder Termiten darunter zu verstehen.

Ähnliche Schwierigkeiten bereitet die Bedeutung des „Wurmes im Stamme [oder der Wurzel] des Ölbaums". Da mir aus der Wurzel keine wichtigen Schädlinge bekannt sind, glaube ich diese Stelle auf die sehr schädliche, stammbohrende Raupe des Blausiebs (Zeuzera pyrina L.) beziehen zu dürfen. Diese Ansicht wird dadurch gestützt, daß mehrfach das Ausschneiden von Würmern aus Bäumen zur Bekämpfung der holzbohrenden Raupen erwähnt wird. Diese Bekämpfungs-Maßnahme galt als so wichtig, daß sie sogar im Sabbatjahr (jedes

7. Jahr), in dem nach jüdischem Gesetz jede Bearbeitung zu unterlassen ist, gestattet wird: „Man nimmt die Würmer aus den Bäumen." Eine Unterlassung der Bekämpfung könnte sonst den Tod des Baumes zur Folge haben. An sonstigen Bekämpfungs-Mitteln gegen sonstige Baum-Schädlinge werden das Räuchern wie das Ablesen der Würmer erwähnt. Unter Räuchern sind wohl nach griechischen und römischen Rezepten solche mit Origanum, Schwefel, Horn etc. zu verstehen. Am Sabbat hingegen waren alle diese Arbeiten streng untersagt.

Holzbohrende Insekten-Larven werden ferner im Zusammenhang mit dem für den Tempelbau nötigen Bauholz und dem Holz für die Bratopfer erwähnt. Erstere Hölzer können nach Ausfüllen der Löcher mit Blei benutzt werden. Das Holz für die Opfer wurde vorher sorgfältig von mit Leibes-Fehlern behafteten Priestern aussortiert.

Von Gemüse-Schädlingen werden noch Raupen an Kohl (Pieris-Raupen) und in den Gurken erwähnt. Letztere sind wohl die Maden von Myopardalis pardalina, die in Palästina an Melonen nicht selten sind; ob die Gurkenmaden mit dieser Fliege identisch sind, habe ich leider bisher noch nicht feststellen können.16)

Die Frage des Genusses von Maden in Früchten wird rituell so entschieden, daß Maden an der an der Pflanze noch haftenden Frucht als „Land-Insekten" zu essen verboten sind. Auch bei abgeschnittenen Früchten ist der Genuß des aus der Frucht herausgekrochenen Wurmes verboten, während man den in der Frucht selbst befindlichen essen kann, da er aus dem Stoff der Frucht selbst entstanden und somit als ein Teil derselben zu betrachten ist.

Endlich wird noch ein Wurm in den „Klissim" erwähnt, d. h. in dem Süßholz Prosopis stephaniana, einem heute in Palästina weit verbreiteten Unkraut. Es handelt sich um einen Bruchiden.

Unter der „Zernagerin der Bücher" ist an einen Silberfisch oder Schaben zu denken. Besonders ersterer, Thermobia sp., macht sich auch heute noch unangenehm bemerkbar. Die Motten von Seide, Pelzen, Kleidern und Tapeten werden mit verschiedenen Namen belegt, die aber wohl alle auf Tineola biselliella Humm. zu beziehen sind. Auch von unverarbeitetem Flachs wird sie erwähnt. Man schützte sich, indem man Tier- oder Vogel-Blut dem Bottich, in dem der Flachs in Wasser aufgeweicht wurde, zusetzte. Durch Besprengen mit Tier- oder Vogel-Blut (wohl in Wasser) scheint man auch sonst Gegenstände vor Mottenfraß „geschützt" zu haben.

Mancherlei Interessantes weiß der Talmud von den Ameisen zu berichten. Im Buche Chulin (57 b) steht z. B. folgende Beobachtung: Die Ameisen lieben mehr den Schatten als das Sonnenlicht. Jemand deckte einst seinen Mantel über den Eingang eines Ameisen-Nestes, so daß dieser im Schatten lag. Eine Ameise kam heraus und kehrte in das Nest zurück, nachdem sie von dem Beobachter gezeichnet war (wie wird leider nicht angegeben). Sogleich kamen die Ameisen in Masse hervor. Der Betreffende nahm jetzt die Decke weg und die Ameisen töteten die vermutliche Verräterin. Also ist das salomonische Wort, die Ameisen haben keinen Herrscher, richtig, denn sie hätten ja sonst ohne Erlaubnis diese Ameise nicht getötet.

Tatsächlich liegen im Sommer zur Mittagszeit alle Messor-Nester, an die hier in erster Linie zu denken ist, völlig tot da und beleben sich wieder, sobald durch Schatten oder mit der späteren Jahreszeit die Temperatur sinkt. Die Beobachtung trägt durchaus den Stempel einer tatsächlichen Beobachtung und nicht einer Fabel. An diese Ernte-Ameisen ist auch zu denken, wenn ihre große Schädlichkeit erwähnt wird, infolge derer die Vertilgung sogar an Mittel-Feier-

tagen gestattet ist. Das Verschleppen der Getreidekörner wird mehrfach erwähnt. Die Mischnah befaßt sich sogar mit dem Besitzrecht von in Ameisen-
Nestern aufgefundenem Getreide (Peah 4,11). Vor der Ernte fällt alles Ge-
fundene dem Besitzer zu, später die obere Hälfte den Armen, die untere dem
Besitzer. R. Meir meinte aber, daß alles den Armen gehören soll. Nach neueren
Erfahrungen kann die Masse der in einem Nest aufgestapelten Körner bis zu
10 und 20 kg betragen.

Ein eigenartiger Vorläufer biologischer Bekämpfungs-Methoden wird im
Buche M. Katan (6 b) geschildert. Man bringe Ameisen aus der Entfernung von
mindestens einer Parasange (ca. 5000—6000 m) und werfe sie auf das zu be-
kämpfende Ameisen-Nest. Es entsteht dann ein Kampf zwischen den beiden
Völkern, in dem sie sich gegenseitig aufreiben. Bringt man aber Ameisen aus
einer geringeren Entfernung, so kennen sich diese und tuen sich einander nichts.
Diese Beobachtung ist zwar gut, doch bezweifle ich, daß man mit dieser Be-
kämpfungs-Methode brauchbare Resultate erzielt hat.

Für die großen Camponotus- und Messor-Arten hatte man auch in der
„Chirurgie" Verwendung. Zur Wundnaht nahm man nach Anpassen der Wund-
ränder große Ameisen, ließ sie an diese Stelle einbeißen und knipste ihnen
dann den Körper ab. Die Köpfe blieben als Wund-Klammern zurück (Jebamoth
76 a). Endres hat erst kürzlich berichtet, daß diese Wundnaht noch heute bei
den Badern in der Türkei weit verbreitet ist. Auch bei magischen Kuren gegen
fieberhafte Erkrankungen verwandte man sie.

Die Seide wird im Talmud mehrfach erwähnt, sogar unter drei verschiedenen
Namen. Es scheint, als ob Qalach die Seide aus dem Abfall, der „nach Art
der Wolle versponnen wird", also Schappseide, bedeutet hat. Die beiden anderen Worte Schiraim und Sirikon sind beide von dem griechischen Wort
Serikon, Seres (Chinesen) abzuleiten. Unter Schiraim ist wahrscheinlich die
beste Seide, unter Sirikon die gewöhnliche, mittlere Qualität zu verstehen. Hingegen findet sich im Talmud keine einzige Stelle, die ungezwungen darauf hinweisen würde, daß die Juden eigene Kenntnisse über die Seidenraupe besessen
haben.

Als Hauptmerkmale der talmudischen Entomologie ist der vorwiegend hellenistische Einschlag zu beachten. Dieser äußert sich sachlich am stärksten in
der Übernahme des griechischen Bienenstocks; noch überzeugender aber in der
Übernahme und Hebraisierung zahlreicher griechischer Worte, von denen wir
hier Eule, Konopeion und Sirikon erwähnt haben. Dieselbe Tendenz ist für
Wirbeltiere bereits mehrfach nachgewiesen. Infolge dieser Überschichtung durch
hellenistisches Kulturgut ist die Kontinuität mit der naturwissenschaftlichen Tradition der biblischen Zeiten völlig unterbrochen. Das ist insofern wichtig, als
talmudische Stellen zur Deutung biblischer Verse nur mit äußerster Vorsicht
benutzt werden dürfen.

Es sei hier nochmals betont, daß alle Zitate aus dem in Mesopotamien entstandenen babylonischen Talmud stammen. Eine Untersuchung der entomologischen Stellen des in Palästina entstandenen Jerusalem-Talmuds ist dringend
erwünscht.

L i t e r a t u r :

L. Lewysohn, Die Zoologie des Talmuds. Frankfurt a. M. 1858. [17])
J. Preuß, Biblisch-talmudische Medizin. Berlin 1911.
Vom babylonischen Talmud selbst gibt es eine ganze Reihe Ausgaben, die meisten in 12 Bänden.

B. Das europäische Altertum.

1. Das griechische Altertum.

a) Die griechische Entomologie vor Aristoteles.

Die ältesten überlieferten wissenschaftlichen Schriften griechischer Kultur sind bereits Erfüllung und Höhepunkt. Ihr Werdegang ist uns nur unvollkommen erschlossen und nur Bruchstücke und Andeutungen lassen uns den Reichtum dieser unbekannten Entwicklung ahnen.

Da ist es für uns von besonderem Werte festzuhalten, daß bereits die ältesten Überlieferungen des Griechen-Volkes eine ungewöhnliche Gabe der Natur-Beobachtung erkennen lassen. Die unvergänglichen Epen Homers (ca. 850 v. Chr. in Kleinasien) weisen einen solchen Schatz an trefflichen Bildern und Vergleichen aus dem Tierleben auf, daß wir wenige Werke der Welt-Literatur ihm in dieser Hinsicht an die Seite stellen können. Jedes seiner Bilder ist ein Miniatur-Gemälde, das mit wenigen Worten einen Natur-Vorgang oder ein Natur-Bild mit unübertrefflicher Meisterschaft zeichnet. Die besten der leider nicht allzu zahlreichen Vergleiche aus dem Insekten-Leben sollen hier folgen.
Sind die Fliegen im Mittelmeergebiet im allgemeinen schon überaus zahlreich, so üben Molkereien stets eine besondere Anziehungskraft auf sie aus:

> Aber dicht, wie der Fliegen unzählbar wimmelnde Scharen
> Rastlos durch das Gehege der ländlichen Hirten umherziehen,
> Im anmutigen Lenz, wenn Milch von den Butten herabtrieft:
> So unzählbar standen die hauptumlockten Achäer
> Gegen die Troer im Felde.   (Il. II. 469—473)
> oder
> Gleichwie die Fliegen
> Sumsen im Meiergehöft um die milchvoll stehenden Eimer.   (II.)

Die Frechheit und die Ausdauer der Stechfliege schildert er:

> Und in das Herz ihm gab sie der Fliege unerschrockene Kühnheit:
> Welche, wie oft sie immer vom menschlichen Leibe gescheucht wird,
> Doch anhaltend ihn sticht, nach Menschenblute sich sehnend.
> (Il. XVII, 570—72)

Auch die Pferde-Lausfliege wird mehrfach von Homer erwähnt. Von Bienenzucht ist in den Epen niemals die Rede; wohl aber von Honig, den man von wilden Bienen gewann.

Aber sie, wie die Wespen mit regem Leib und die Bienen,
Welche das Felsennest sich gebaut am höckrigen Wege,
Nicht verlassen ihr Haus in den Höhlungen, sondern den Angriff
Raubender Jäger bestehen im mutigen Kampfe für die Kinder. ...

(Il. XII, 167—170)

Wie wenn die Scharen der Bienen daherziehen, dichtes Gewimmels
Aus dem gehöhleten Fels in beständigem Schwarm sich erneuernd
Jetzt in Trauben gedrängt umherfliegen sie Blumen des Lenzes;
Andere hier unzählbar entflogen sie, andere dorthin:
Also zogen gedrängt von den Schiffen daher und gesellten
Rings unzählbare Völker.   (Il. II, 86—92)

Neuerdings hat Armbruster darauf aufmerksam gemacht, daß die folgende
Stelle vielleicht auf Anfänge der Zucht wilder Bienen in liegenden oder stehenden
Tongefässen (= Urnen) ähnlich der altägyptischen Bienenzucht hinweist.
Odysseus findet in der Najadengrotte bei Ithaka:

Drin auch stehen Milchkrüg' und zweigehenkelte Urnen,
Alle von Stein, wo die Bienen Gewirke anlegen für Honig.

(Od. III, 105—106)

Die stechlustige Kampfbereitschaft der Wespen zeigt auch das folgende
Bild:

Schnell wie ein Schwarm von Wespen am Heerweg, strömten sie vorwärts,
Die mutwillige Knaben erbitterten nach der Gewohnheit,
Immerdar sie kränkend, die hart am Wege genistet,
Thörichten Sinns, da sie vielen gemeinsames Übel bereiten;
Denn wofern ein wandernder Mann, der etwa vorbeigeht,
Absichtslos sie erregt, schnell tapferen Mutes zur Abwehr
Fliegen sie alle hervor, ihr junges Geschlecht zu beschirmen.

(Il. XVI, 259—265)

Unerfindlich ist es dem heutigen Naturforscher, wie die Antike das grelle,
andauernde Zirpen der Zikaden, das auf die Dauer auch für einen nicht musi-
kalischen Menschen unerträglich wird, als süßes Gezirp und Beispiel einer
angenehmen Stimme hat empfinden können:

Den Zikaden nicht ungleich, die in den Wäldern
Aus der Bäume Gesproß hellschwirrende Stimmen ergießen,
Gleich so saßen der Troer Gebietende dort auf dem Turme.

(Il. III, 151—153)

Glänzend gewählt ist das Bild von der Bremse aus Anlaß der Freier, die
ängstlich im Saale umherschwirren und das Todesgeschoß von Odysseus Hand
erwarten:

Alle durchirrten bange den Saal, wie die Herde der Rinder,
Welche die heftige Bremse voll Wut nachfliegend umherscheucht.

(Od. XXII, 299—300)

Aus den folgenden Versen scheint hervorzugehen, daß man gelegentlich
durch Anlage von Bränden die Heuschrecken bekämpfte:

Wie vor des Feuers Gewalt sich ein Schwarm Heuschrecken emporhebt,
Hinzufliehn in den Strom, denn es sengt unermeßliche Glut sie,

Plötzlich entbrannt im Gefild, und sie fallen gescheucht ins Wasser,
So vor Achilleus ward dem tiefhinstrudelnden Xanthos
Voll sein rauschender Strom von der Rosse Gewirr und der Männer.
(Il. XXI, 12—16)

Mehrfach werden die Würmer, die die verwesenden Leichname zersetzen, erwähnt. Daß sie die Brut von Fliegen sind, hat Homer bereits gewußt:

Aber bekümmert
Sorg' ich, daß mir indeß Menötios' tapferem Sprößling
Fliegen, hineingeschmiegt in die erzgeschlagenen Wunden,
Drinnen Gewürm erzeugen und ganz entstellen den Leichnam,
Denn sein Geist ist entflohn und der Leib hinsinkt in Verwesung.
(Il. XIX, 23—27)

Es ist hier auch wohl der Ort, kurz auf die Psyche-Vorstellungen der mykenischen und griechisch-archaischen Zeit einzugehen. Wir haben bei der Behandlung des alten Ägyptens bereits darauf hingewiesen, daß wir außerhalb Ägyptens nur äußerst selten Abbildungen oder Darstellungen von Schmetterlingen finden und diese stammen zumeist aus dem Kreis der mykenischen Kultur. Sie finden sich hier teils in der symbolischen Form des Seelen-Vogels. So z. B. Abb. 22 wo die Todesgöttin mit der Psyche auf einer Asphodelos-besäten Wiese der Unterwelt dargestellt ist. Verbreitet sind sie aber auch in der Ornamentik, wie die Abb. 23 zeigt. Immisch (1915) hat nun neuerdings in einer gründlichen Untersuchung die Herkunft des Psyche-Glaubens verfolgt.

Der ursprüngliche Name war nicht Psyche, sondern Phaläne [Nachtfalter]. Immisch leitet den Namen wie die Urbedeutung von Phallos ab. Daher auch die alte Neigung der Künstler, den Schmetterlings-Leib unverhältnismäßig dick zu bilden und auf Kosten der Beflügelung zu betonen. Diese ältester Darstellungen sind aus fliegenden Phalli hervorgegangen. Später ist die Psyche-Phaläne zu unheimlichem Gelichter, Totenvogel, Seelenvogel geworden. In dieser Form finden wir den Psyche-Glauben weit verbreitet. Die englischen und altdeutschen Namen: Butterfly, Molkendieb etc. weisen darauf hin, daß man ihnen als unheimlichen Wesen das Verderben von Milch und Butter zuschrieb. In Ostasien finden wir den Seelen-Schmetterling wieder (cf. Lafcadio Hearn, Kwaidan p. 109 etc.), während er in Ägypten und Mesopotamien zu

Fig. 22.
Psyche als Totenvogel. (Aus einem alt-mykenischen Wandgemälde, die Todesgöttin auf der Asphodelos-Wiese darstellend.)

fehlen scheint. Die Psyche bringt Alpdruck, Fieber und Krätze. Sie sind lebens-
neidische und lebenslüsterne Seelen-Wesen.

Die symbolisierte Weiterentwicklung zum Seelen-Vogel führt Immisch auf
die Metamorphose zurück. Die Raupe soll den lebenden Körper, die Puppe den
Tod und der Falter das beflügelte auferstandene Seelenwesen, das jetzt seine
höchste und schönste Lebensform entfaltet, bedeuten. Im Gegensatz zum alten
Ägypten haben die Griechen zur Zeit des jüngeren Epos, des Heraklit, Demokrit,
sowie des Aristoteles (cf. daselbst) die Insekten-Metamorphose sicher gut gekannt. Zur gleichen Zeit finden sich noch künstlerische Darstellungen der
Psyche (cf. Immisch), die deutlich auf den Phallus-Gedanken hinweisen. Ob die

Fig. 23.
Psyche in der mykenischen ornamentalen Kunst.

Metamorphose wirklich das Vorbild für die Vergeistigung der Psyche-Vorstellung gewesen ist, muß dahingestellt bleiben, da positive Unterlagen für eine
solche analoge Vorstellungsbildung völlig fehlen. Das Interessante und Wesent-
lichste an dieser Entwicklung ist wohl, daß hier die Psyche-Vorstellung als sekundär vom Phallus-Glauben entstanden abgeleitet wird. Es ist dies ein weiterer
Hinweis darauf, die Mystik als Quelle naturkundlichen Wissens mit Skepsis zu
betrachten.

Wie bei Homer finden wir auch bei anderen Dichtern ein offenes Auge für
die Natur. Das anakreontische Zikaden-Lied ist allbekannt. Besonders Äsop
(6. Jahrhundert), der Begründer der Fabel und besonders der Tier-Fabel, ist hier
zu erwähnen. Aus der römischen Ausgabe von Phädrus greifen wir die Fabel
von der Ameise und der Fliege heraus:

Es stritt die kleine Ameis' heftig mit der Fliege, wer mehr
Vermöcht. Die Fliege ließ zuerst sich hören:
„Mit unsern Eigenschaften willst du dich gar messen?
Sobald geopfert wird, speis' ich vom Opfermahle,
Ich weile zwischen den Altären, flieg in Tempeln,
Ich sitze auf des Königs Haupt, so oft ich will,
Ich küsse selbst die keuschen Wangen der Matrone.
Ich tue nichts, doch lab ich mich an schönen Speisen.
Was ist dir ähnliches beschieden, Bäuerin?"

„O herrlich ist es, mit den Göttern zu verkehren,
Doch nur für die Gelad'nen, nicht für Ungebet'ne.
Du rühmst dich mit dem Könige und mit den Matronen?
Wenn ich mit großem Fleiß zum Winter Futter suche,
Seh ich dich um verfall'ne Mauer im Dünger sitzen.
Am Altar bist du, man verjagt dich, wenn du kommst;
Du arbeit'st nicht, drum hast du nichts, wenn's nötig ist.
Du prahlst mit Dingen, die uns schamrot machen.
Im Sommer höhnst du mich, wenn's aber kalt ist, schweigst du,
Wenn du von Frost erstarrt, eine Leiche bist,
Empfängt mich unversehrt mein wohlversorgtes Haus.
Jetzt hab' ich deinen Stolz gewiß genug gebeugt."
Die Fabel zeichnet uns verschied'ne Charaktere,
Die, welche sich am trügerischen Glanz erfreuen,
Und ferner solche, die nach echtem Glanze jagen.

Einige Illustrationen aus einer frühmittelalterlichen Äsop-Handschrift sind im Abschnitt Mittelalter zu finden.

Legten die bisherigen Proben Zeugnis dafür ab, daß die alten Griechen ebenso wie die zuvor behandelten orientalischen Völker ein offenes Auge für die sie umgebende Natur hatten, so gelangen wir jetzt zu den Anfängen der Wissenschaft, in deren Begründung das Hauptverdienst des alten Hellas beruht. Wie bereits eingangs erwähnt, können wir den Inhalt des sicher bedeutenden ältesten Abschnitts dieser Entwicklung nur ahnen, da bis auf Aristoteles sich kein naturwissenschaftliches Werk in unsere Tage hinübergerettet hat. Die allgemeinen Bedingungen der Entwicklung der altgriechischen Kultur und Wissenschaft hat erst neuerdings Nordenskiöld (Gesch. d. Biol. Jena 1926) ausführlich dargestellt. Er bezeichnet die Periode der jonischen Natur-Philosophen als die Periode der kausalen Wissenschaft. In der Anwendung dieser kausalen Methode liegt ihre Stärke, in dem Mangel an geeignetem Tatsachen-Material ihre Schwäche, an der sie auch zugrunde ging. So entsprang die Annahme Anaximander's und Empedokles' von der Entstehung der Lebewesen aus dem Schlamm dem Bedürfnis, den Ursprung aller Dinge zu erklären. Diogenes von Appollonia läßt die Lebewesen aus der Erde unter dem Einfluß der Sonnenstrahlen entstehen. Höhepunkt und Abschluß dieser Epoche bedeutet D e m o k r i t von Abdera (ca. 470 bis 370 v. Chr.). Wir gedenken des Demokrit hier weniger als des Begründers der Atom-Theorie. Demokrit ist auf vielen Gebieten produktiv tätig gewesen und dabei ist er offenbar der einzige Philosoph dieser Epoche, der ein beträchtliches biologisches Tatsachen-Material sich erarbeitet hat. Leider sind alle seine biologischen Werke bis auf kleine Bruchstücke verloren gegangen und wir sind zu ihrer Kenntnis zumeist auf die respektvollen Polemiken in des Aristoteles Schriften angewiesen. Wohl aber sei erwähnt, daß Demokrit an zahlreichen Tieren Sektionen durchgeführt hat. Er hat dabei als erster die Einteilung in Blut-Tiere [unsere Vertebrata] und Blutlose [unsere Evertebrata] aufgestellt. Die Sektionen an letzteren überzeugten ihn davon, daß auch diese oft sehr kleinen Tiere ebenso vollkommene Organe besäßen wie die höheren Lebewesen, daß sie aber wegen ihrer Kleinheit und oft durchsichtigen Beschaffenheit uns oft unsichtbar sind. Diese Anschauung hat Aristoteles bekanntlich später angegriffen. Den Spinnen-Faden läßt Demokrit im Körper-Innern entstehen, während Aristoteles ihn für abgestoßene Haut hält. Inwieweit Demokrit die Vorlage für Aristoteles abgegeben hat, können wir heute schwer beurteilen.

4*

Viele Forscher neigen der Ansicht zu, daß dies in recht beträchtlichem Maße erfolgt ist.

Auf die kausale folgte eine teleologische Periode der Philosophie, die ihren Höhepunkt in Aristoteles erfährt. Dessen Lehrer P l a t o (429—347) ist durch seine Begriffs-Lehre für die Geschichte der Biologie und Systematik von Bedeutung geworden. Er stellte als erster Definitionen über abstrakt-ordnende Begriffe wie den Art-Begriff auf. Jedes Individuum ist nur die unvollkommene Wiedergabe eines vollkommenen ewigen Art- oder Gattungsbegriffes.

Unter den Vorläufern und Begründern der griechischen Wissenschaft haben wir unbedingt des H e r o d o t zu gedenken, der der naturwissenschaftlichen Beschreibung der von ihm geschilderten Völker stets einen breiten Raum gewährt. Bereits bei der Behandlung der ägyptischen Entomologie haben wir darauf hingewiesen. Wie Horn neuerdings mit Recht festgestellt hat, sind seine Beschreibungen als durchaus kritisch zu bewerten. Klar geht das z. B. aus folgender Stelle (V. 10) hervor:

Wie die Thrakier sagen, sollen so viele Bienen in der Gegend jenseits des Ister sein, daß man nicht weiterkommen kann. Das scheint mir aber garnicht wahrscheinlich. Denn die Biene ist kein Tier, das viel Kälte vertragen kann. Sondern ich glaube vielmehr, daß es von der großen Kälte kommt, daß diese Gegenden nicht bewohnt sind.

An anderer Stelle wird das Bauen eines Bienenschwarms in einem hohlen Schädel erwähnt (V. 105). Die künstliche Bestäubung der Datteln in Babylon wird fälschlich ähnlich wie die Herodot bekannte Kaprifikation der Feigen als durch Mücken vollzogen gedacht (I, 182).

Auf eine im Mittelalter weit verbreitete Fabel, die Herodot ihren Ursprung verdankt, die von den goldgrabenden Ameisen in Indien, sei hier verwiesen. Die Stelle lautet im Original (III, 97—100):

Noch andere Inder ... wohnen gegen Norden zu. Diejenigen von den Indern, welche eben eine solche Lebensart wie die Baktrier haben, sind die streitbarsten Inder und werden vornehmlich nach dem Golde ausgeschickt. Denn in dieser Gegend ist die sandige Wüste, und in derselben wird eine Gattung Tiere gezeugt, welche Myrmekes, das ist Ameisen, heißen und kleiner sind als Hunde, aber größer als die Füchse. Es sind dergleichen bei dem Könige in Persien, welche auf der Jagd gefangen worden. Diese Myrmekes machen sich eine Wohnung unter der Erde und graben deswegen den Sand aus, auf die Art wie die Ameisen in Griechenland tun, welchen sie auch an Gestalt sehr gleich sind und daher einerlei Namen führen. Der Sand aber, den sie auswühlen, ist Goldsand. Diesen Sand zu holen werden Inder in die Wüste geschickt. Ein jeder spannt drei Kamele zusammen; auf beiden Seiten führt er einen Hengst, welcher mit einer Kette angespannt ist, in die Mitte aber nimmt er eine Stute, auf welche er sich selbst setzt; er sucht aber eine solche zum Anspannen zu bekommen, welche die jüngsten Füllen hat.... Die Inder reiten nach dem Golde und richten die Reise so ein, daß sie, wenn die Hitze am stärksten ist [d. h. zur Morgensonne], zum Raube bereit sind. Denn bei der Hitze verbergen sich die Myrmekes unter der Erde.... Wenn nun die Inder an den Ort kommen und die Säcke mit Sand gefüllt haben, so reiten sie auf das geschwindeste zurück. Denn die Myrmekes merken es, wie die Perser sagen, an dem Geruch und verfolgen sie mit einer solchen Geschwindigkeit, die ihresgleichen nicht hat, so daß, wenn die Inder nicht unterdessen, daß sich die Myrmekes versammeln, ein Stück Weges vorauskommen, niemand von ihnen sich retten kann. ... Das meiste Gold gewinnen die Inder nach der Perser Vorgeben auf diese Weise.

Es sei hier nachdrücklich darauf verwiesen, daß Herodot als seine Quelle zweimal Erzählungen der Perser angibt und also selbst keine Bürgschaft übernimmt. Horn versucht in einer geistreichen und nicht unwahrscheinlichen Hypothese den wahren Sachverhalt zu klären. „Die goldgrabenden Ameisen am Himalaya waren wohl sicher Inder aus den Stämmen der Darder, welche ihre Wohnungen zum Teil unterirdisch angelegt hatten." Die gefangenen Myrmekes beim Perserkönig werden wohl mit Recht als Felle tibetanischer Doggen gedeutet, die beim Angriff auf die Siedlungen erschlagen und erbeutet und die den westwärts ziehenden Karawanen als Kuriosa aufgeschwatzt wurden. Den „Vater der Geschichte" können wir mit Fug und Recht auch als den Vater der beschreibenden Naturgeschichte ansehen.

Auch von der ärztlichen Früh-Literatur ist uns leider nicht alles erhalten geblieben. Besonders die Schriften des Hippokrates (460—377) lassen bereits ein tiefes Verständnis für die Beziehungen zwischen Organismus und Umwelt erkennen. In seiner Schrift „Über die Diät" finden sich eine Reihe von Tieren in systematischer Reihenfolge nach ökologischen und morphologischen Gesichtspunkten geordnet. Da die Insekten in der Diätetik naturgemäß nur eine untergeordnete Rolle spielen, wissen wir leider über die entomologische Komponente dieses koischen Tier-Systems nichts.

Gewisse praktische Kenntnisse reichen in diese Periode zurück. So befreite bereits Pythagoras (ca. 450) eine sizilianische Stadt durch Drainage vom Sumpf-Fieber. In einer ähnlichen Lage hat man, wie Pausanias (170 n. Chr.) in seinen „Reisen in Hellas" berichtet, sich viele Jahrhunderte später nicht zu helfen gewußt. Die Umgebung der kleinasiatischen Stadt Myus, an der Mäander-Mündung, verwandelte sich durch Verschlammung der Fluß-Mündung in ein brakiges Sumpf-Gebiet, in dem sich unzählige Stech-Mücken entwickelten, die schließlich so lästig wurden, daß die Stadt verlassen werden mußte.

Literatur:

Homer, Ilias und Odyssee.
Herodot, Geschichten.
Phädrus, Äsopische Fabeln.
O. Immisch, Sprachliches zum Seelenschmetterling. Glotta VI 1915 p. 193-206.

b) Aristoteles, der Begründer der Entomologie.

Aristoteles bedeutet den unerreichten Höhepunkt der überlieferten antiken Biologie. 384 v. Chr. als Sohn einer alten makedonischen Ärzte-Familie zu Stagira geboren, verlor er frühzeitig seine Eltern. Als 17-jähriger Jüngling zog er nach Athen, wo er 20 Jahre, zumeist im Kreise der Schule Plato's, lebte und lernte. Die Beziehungen zwischen Plato und Aristoteles sollen nicht immer ungetrübt gewesen sein. Er ging dann nach Kleinasien und den dortigen Inseln, bis 343 Philippos den 41-jährigen als Erzieher des 13-jährigen Alexander an den makedonischen Hof berief. 335 kehrte Aristoteles nach Athen zurück, wo er in den Peripatoi, den Lauben-Gängen des Lykeion, eine eigene Schule begründete. In diese Zeit fällt seine wissenschaftliche Haupttätigkeit. Sofort nach Alexander's Tode im Jahre 323 wurde er der Gottes-Lästerung angeklagt und mußte nach Euböa flüchten, „um den Athenern ein neues Verbrechen gegen die Philosophie zu ersparen". Hier starb er im Jahre 322.

Seinem Äußern nach wird er als kleiner, korpulenter Mann geschildert; seine Haltung war stolz, sein Wesen überlegen und sarkastisch, seine Kleidung und Lebens-Gewohnheiten hofmännisch, verfeinert und elegant (Nordenskiöld).

Das Denk-System des Aristoteles hat die Menschheit über 1½ Jahrtausende beherrscht, und da die Mängel seines naturwissenschaftlichen Systems auf seinem allgemeinen System beruhen, seien einige Züge desselben hier kurz gestreift. Das kennzeichnende Neue dieses allgemeinen Systems liegt in seiner Dogmatik und in der deduktiven Art, mit der Aristoteles aus wenigen allgemeinen Begriffen und Voraussetzungen durch logische Folgerung alle Vorgänge und Tatsachen zu erklären strebt. Ganz willkürlich und unbegründet ist so z. B. seine Annahme, der Kreis sei die vollkommenste aller Bewegungs-Möglichkeiten. Die Himmels-Sphären besitzen aber als vollkommenste aller Natur-Stufen selbstverständlich die vollkommenste aller Bewegungen. Oder: der Mittelpunkt ist der „vornehmste" aller Punkte in einem Körper. Das „vornehmste" aller Organe, das Herz, liegt also notwendigerweise im Mittelpunkte des Körpers. Die Kategorienlehre, die nach Mauthner nur auf einer unverstandenen grammatikalischen Fragestellung beruht, verführt ihn zur Begründung der Teleologie. Die Natur tut nichts umsonst, jedes Organ und jede morphologische Eigentümlichkeit hat ihren Zweck. Als Methode hat Aristoteles das Zweck-Prinzip manchmal Dienste geleistet, indem es ihm dazu verhalf, Zusammenhänge zu erkennen, die ihm sonst entgangen wären. Öfter jedoch hat das Bestreben, unter allen Umständen einen Zweck herausfinden zu wollen, ihn zu Ungereimtheiten verführt. Es ist hier nicht der Ort, näher darauf einzugehen; in den Büchern von Lewes und Mauthner ist manche treffende, aber auch manche zuweitgehende Kritik an des Aristoteles naturwissenschaftlichen Methoden zu finden. Hier sei nur darauf aufmerksam gemacht, daß Aristoteles mit seiner Stufenlehre, seiner Auffassung von der Form als Wirklichkeit des Dinges und seiner Kategorien-Lehre alle Fragen lösen zu können vermeinte, und daß diese Methoden im wesentlichen die des deduktiven Vernunftschlusses und nicht die der Beobachtung sind. Mauthner hat darauf hingewiesen, daß Plato den großen Stagiriten als den „Leser" bezeichnet hat. Es ist aber nicht sehr wahrscheinlich, daß die Kenntnisse des Aristoteles vorwiegend auf dem Wege der Lektüre und der mündlichen Auskunft erworben sind und nicht auf eigenen Beobachtungen beruhen, wie Mauthner will. Die großen Tier-Sendungen Alexanders an seinen früheren Lehrer stellen sich allerdings mehr und mehr als Legende heraus. Wenigstens haben sich in manchen auffälligen Fällen in diese Beschreibungen Fehler eingeschlichen, die einem Beobachter aus erster Hand nicht zugestoßen wären, sich aber in der älteren Literatur vorfinden (z. B. die Schilderung der Kiefer des Krokodils bei Herodot).

Seine zoologischen Schriften bilden nur einen kleinen Teil seiner naturwissenschaftlichen und einen noch viel kleineren seiner gesamten Werke.

Fig. 24.
Aristoteles (der sogenannte „Wiener Kopf", der für eins der zuverlässigsten Portraits von Aristoteles gehalten wird; nach Arch. f. Bienenkunde, 1,6.)

Aristoteles umfaßt das ganze Wissen seiner Zeit. Das meiste an Tatsachen mag schon vorher bekannt gewesen sein. Viele Angaben mögen leichtfertig aufgenommen, manches andere ungenügend beobachtet oder unberechtigt verallgemeinert sein. Aber es ist zu bedenken, daß wir kein endgültig redigiertes Werk vor uns haben. Neben gut durchgearbeiteten Abschnitten finden wir andere, die nur als Zettel-Sammlung zu bewerten sind.

Verdienstvoll ist jedenfalls die Anordnung des Stoffes nach logischen Gesichtspunkten, wie sie bis in die Neuzeit kein anderer Forscher mehr versucht hat. Die philosophische Durchdringung des Stoffes nach vergleichend anatomischen und physiologischen Gesichtspunkten zeigt, daß Aristoteles von großen allgemeinen Fragestellungen ausging. Tiergruppe für Tiergruppe geht er dem äußeren Bau, der Sinnes-Physiologie, der Laut-Produktion, der Zeugung und Entwicklung, den geistigen Fähigkeiten nach durch, etwa in der Art wie dies neuerdings von Leuckart und Bergmann oder Hesse und Doflein versucht worden ist. Kein anderer Autor, auch nicht Plinius, hat bis zum Beginn des 17. Jahrhunderts ein solch reiches biologisches Tatsachenmaterial zusammengetragen, niemand hat seinen Stoff ähnlich wie Aristoteles durch Gruppierung nach allgemeinen Gesichtspunkten zu erheben vermocht. Trotz aller Mängel seines allgemeinen Systems und der hieraus wie aus leichtgläubig übernommenen Angaben entstandenen Fehler steht Aristoteles als Zoologe unerreicht für zwei Jahrtausende. Aristoteles konnte diese Stellung einnehmen, weil er das letzte Glied in einer Reihe guter und bedeutender Natur-Beobachter war, deren Schriften uns leider zumeist nicht erhalten sind und deren Namen wir vielfach nicht kennen. Er verarbeitete dieses reiche überlieferte Beobachtungs-Material mit seinem eigenen zu einem umfassenden System. Wir wollen aber nicht vergessen, daß keinem biologischen Forscher der folgenden zwei Jahrtausende eine Generationen-Folge von Natur-Beobachtungen aus erster Hand vorlag. Und ich glaube, daß Mauthner Aristoteles Unrecht tut, wenn er dies auf

Fig. 25.
Aristoteles (vielleicht auf Aristipp zu beziehen statt auf Aristoteles; auch ist die Zusammengehörigkeit von Kopf und Statue fraglich; nach Mauthner.)

die ertötende Dogmatik des aristotelischen Systems zurückführt. Es hat eher in der Mentalität der folgenden Kultur-Epochen gelegen, denen der Begriff eigener Natur-Beobachtung fremd war. Aristoteles ist für uns der Begründer wie der Biologie und Zoologie, so auch der wissenschaftlichen Entomologie im Besonderen.

Seine für die Entomologie hauptsächlich in Betracht kommenden Werke sind: 1. die Tiergeschichte, die eine allgemeine Beschreibung und Biologie der Tierwelt enthält, 2. die Teile der Tiere, die eine vergleichende Anatomie und Physiologie enthalten und 3. die Zeugungs- und Entwicklungs-Geschichte.18)

Textkritisch sei hier bemerkt, daß das 7., 9. und 10. Buch des heute vor uns liegenden Textes der Tiergeschichte nachweislich unecht ist, während für Teile des 8. Buches dasselbe vermutet wird.

1. S y s t e m a t i k. Die Systematik des Aristoteles ist lange ein Gegenstand heftiger Kämpfe gewesen, bis man verstand, daß seine zoologischen Schriften auf einer großzügig vergleichenden anatomischen und physiologischen Durcharbeitung der Biologie beruhen. Systematische Gesichtspunkte sind nie zusammenhängend berührt worden und mußten erst mühsam aus seinem Werk neu konstruiert werden (cf. Meyer, Sundeval). Sein System ist auf vergleichend anatomischen und physiologischen Gesichtspunkten basiert.

Den Begriff der Insekten oder Entoma definiert Aristoteles an verschiedenen Stellen wie folgt. Die Kerfung oder Einkerbung ist für ihn das augenfälligste, grundlegende Merkmal. Sie gehören ferner zu den blutlosen Tieren und besitzen viele (das heißt: mehr als 4) Füße und teilweise auch Flügel. Ihre Leibes-Beschaffenheit ist weder knochig noch fleischig, ihr Körper ist innen und außen starr.

In der Gruppe der Entoma vereinigt Aristoteles verschiedene Tiergruppen: Neben den eigentlichen Insekten noch die Arachneiden, Myriapoden und Würmer. Als systematische Untergruppen lassen sich unter den Insekten in unserem Sinne nur Coleopteren, Hymenopteren (Apiden, Vespiden) und Dipteren mit Sicherheit erkennen. „Die blutlosen Geflügelten (Pterota) sind entweder Deckenflügler = Koleoptera; diese tragen nämlich ihre Flügel unter einer Decke wie z. B. der Pillendreher und Blasenkäfer. Oder sie haben keine Flügeldecken und sind so entweder 2- oder 4-Flügler. Letztere sind entweder besonders groß oder sie besitzen hinten einen Stachel. Die Zweiflügler sind klein und haben vorn einen Stachel wie Fliegen, Bremsen und Schnaken (Hist. an. I.)“. Sonst heben sich Schmetterlinge, Zikaden, Heuschrecken und Läuse als unsichere kleine Gruppen ab. Während Schmetterlinge, Zikaden und Läuse — offenbar als zu bekannt — nicht näher definiert werden, gilt für die Heuschrecken die Stellung der Sprungbeine und die weibliche Legescheide als Merkmale. Ob Aristoteles ein alle ihm bekannten Insekten umfassendes Unter-System gehabt hat, ist bis heute noch nicht klargestellt und alle dahin gehenden Deutungs-Versuche sind als verfehlt anzusehen. Alle anderen Zusammenfassungen erfolgen gelegentlich nach biologischen oder anatomischen Gesichtspunkten.

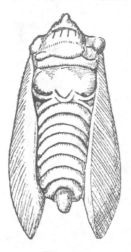

Fig. 26.
Singzikade in Ton.
(altgriechisch;
nach O. Keller).

Betreffs der verschiedenen Larven-Stadien der Insekten-Gruppen, ja oft nicht einmal der verschiedenen Zustände (Ei, Larve, Puppe), untereinander findet noch keine durchgehende und deutliche begriffliche Scheidung statt. Skolex ist der Oberbegriff für Wurm und umfaßt Insekten-Larven und Würmer. Kampe ist im allgemeinen die Schmetterlings-Raupe, doch gelegentlich auch die Larve von Lampyris und Weichkäfern. Chrysalis ist die Schmetterlings-Puppe. Beim koischen Seidenwurm heißt die junge Raupe Kampe, die erwachsene Bombylios und die Puppe Nekydalos. Skolex und Nymphe heißen die Larven und Puppen von Coleopteren, Dipteren und Hymenopteren. Kones bezeichnet die Nissen und Larven der Läuse, Flöhe und Wanzen.

Bei dem überragenden Einfluß, den die zoologischen Schriften des Aristoteles bis auf die neueste Zeit ausgeübt haben, und bei der wirklich überragenden Stellung, die ihnen inmitten der Literatur zweier Jahrtausende zukommt, geben wir hier die entomologischen Stellen dieser Werke so ausführlich wie möglich wieder.

2. A n a t o m i e. Wir beginnen mit der inneren Anatomie: „Bei den Insekten befindet sich das Herz zwischen Kopf und Hinterleib. Dasselbe ist bei den meisten zwar einfach, bei anderen aber mehrfach, z. B. bei den julusartigen und den langen. Sie leben daher auch zerschnitten fort. Denn es will die Natur bei allem nur ein einziges der Art schaffen; wofern sie das aber leicht vermag, so bildet sie aktuell nur ein einziges, potentiell aber mehrere.

Die der Ernährung dienenden Teile zeigen bei ihnen mannigfache Verschiedenheiten. Im Innern des Mundes findet sich nämlich bei einigen der sogenannte Rüssel, gleichsam zusammengesetzt und zugleich mit den Eigenschaften der Zunge und der Lippen begabt. Diejenigen, welche vorn keinen Rüssel haben, zeigen zwischen den Zähnen ein derartiges Sinnes-Organ. Auf dieses folgt bei allen ein gerader und einfacher Darm bis zum Ausgang der Exkremente; bei einigen hat er indes eine Windung. Andere haben hinter dem Munde einen Magen, vom Magen aus aber einen gewundenen Darm, damit sie, von Natur größer und gefräßiger, auch für reichlichere Nahrung einen Behälter besäßen. Das Geschlecht der Zikaden hat aber unter ihnen eine am meisten absonderliche Natur; denn bei ihnen ist Mund und Zunge zu einem Organ verschmolzen, durch welches sie, gleichwie durch eine Wurzel, ihre Nahrung aus den Flüssigkeiten aufsaugen. Unter den Tieren fressen nun zwar sämtliche Insekten wenig, nicht sowohl wegen ihrer Kleinheit, als wegen ihrer Kälte (denn das Warme bedarf und kocht*) die Nahrung schnell, die Kälte dagegen ist nicht nährend); vorzüglich findet dies aber beim Geschlecht der Zikaden statt; denn als Nahrung genügt für ihren Körper die vom Taue bleibende Feuchtigkeit gleichwie bei den Eintags-Fliegen (diese finden sich aber um den Pontus), doch so, daß diese nur einen Tag, jene aber mehrere, indeß auch nur wenige Tage leben. — Nachdem nunmehr von den im Innern liegenden Teilen bei den Tieren die Rede gewesen ist, müssen wir wieder zu den übrigen äußeren Teilen zurückkehren.

Die Insekten haben also unter den Tieren der Zahl nach zwar nicht so viele Teile, zeigen indeß gleichwohl untereinander deutliche Verschiedenheiten. Mehrbeinig sind sie nämlich alle, weil wegen der Schwerfälligkeit und Kälte ihres Wesens mehrere Beine ihnen die Bewegungen nützlicher machen, und die meisten Beine haben diejenigen, welche am kältesten sind, wegen ihrer Länge, wie das Geschlecht der Tausendfüßler. Ferner aber sind deshalb, weil sie mehrere Prinzipien**) haben, die Einschnitte vorhanden und darum sind sie vielbeinig. Diejenigen aber, welche weniger Beine haben, diese sind wegen des Mangels der Beine geflügelt. Von den Geflügelten selbst sind aber diejenigen, welche ein unstätes Leben führen und der Nahrung wegen umherschwärmen müssen, vierflüglig und zeigen eine luftige Auftreibung des Körpers, z. B. die Bienen und die diesen verwandten Tiere; sie haben nämlich an jeder Körperseite zwei Flügel; die kleinen unter ihnen hingegen sind zweiflüglig, wie das Geschlecht der Fliegen. Die gedrungenen und der Lebensweise nach trägen

---

*) „Kochen" nennt Aristoteles den Verdauungsvorgang.
**) Die Tiere, die beim Zerschneiden weiter leben, haben mehrere Dynamei, aber nur eine Energeia.

sind zwar gerade wie die Bienen mehrflüglig, haben aber Flügel-Decken, z. B.
die Melolonthen und ähnlichen Insekten, damit diese die Brauchbarkeit der
Flügel beschützen. Da sie nämlich schwerfällig sind, so sind sie eher dem
Verderben preisgegeben als leicht bewegliche und haben darum eine Decke
über den Flügeln. Auch ist ihr Flügel ungespalten und ohne Kiel, denn es ist
kein Flügel, sondern eine ledrige Haut, welche sich wegen ihrer Trockenheit
notwendig ablöst, wenn der fleischige Leib erkaltet. Eingeschnitten sind diese
Tiere aber aus den genannten Ursachen, und damit sie sich erhalten können,
indem sie sich ohne Nachteil zusammenrollen. Denn diejenigen unter ihnen,
welche lang sind, rollen sich zusammen; das ginge aber bei ihnen nicht an,
wenn sie nicht eingeschnitten wären; diejenigen von ihnen aber, welche sich
nicht zusammenrollen können, machen sich durch Zusammenkriechen in die
Einschnitte härter. Deutlich wird dies beim Berühren z. B. der sogenannten
Kanthariden, denn, wenn man sie erschreckt, werden sie regungslos und ihr
Körper wird hart. ...

Einige Insekten haben indeß auch Stacheln zum Schutz gegen die Ver-
folger. Der Stachel aber befindet sich bei einigen vorn, bei andern hinten, da
wo er vorn ist, an der Zunge, da wo er hinten ist, nach dem Schwanz-Ende
zu; wie nämlich bei den Elephanten das Geruchs-Organ zur Waffe und zum

Fig. 27.
Wespen-Dar-
stellung (wohl Eu-
menes sp.; alt-
griechisch; nach
O. Keller).

Ergreifen der Nahrung geeignet wurde, ebenso bei einigen
Insekten das für die Zunge gebildete. Denn sie schmecken
damit die Nahrung, nehmen sie auf und führen sie sich zu.
Diejenigen von ihnen aber, welche vorn keinen Stachel besitzen, haben Zähne teils zum Essen, teils zum Ergreifen
und Zuführen der Nahrung, z. B. die Ameisen und das Geschlecht sämtlicher Bienen. Diejenigen hingegen, welche den
Stachel hinten haben, benutzen ihn, da sie Mut besitzen, als
Waffe. Einige aber tragen den Stachel im Innern, weil sie
geflügelt sind, wie die Bienen und Wespen; denn zart, wie
er ist, würde er, außen angebracht, leicht verletzt werden;
wenn er aber vorragte, wie bei den Scorpionen, würde er
beschwerlich fallen. Die Scorpionen müssen aber, da sie
auf der Erde leben und mit einem Stachel versehen sind,
ihn auch in dieser Weise haben, oder er würde keineswegs zur Abwehr brauch-
bar sein. Kein zweiflügliges Insekt hat indeß hinten einen Stachel; weil sie nämlich klein und schwach sind, sind sie zweiflüglig; denn die Kleinern können von
einer geringeren Anzahl von Flügeln emporgetragen werden. Gerade deshalb
haben diese auch vorn den Stachel, denn schwach, wie sie sind, vermögen sie
kaum mit den hinteren Teilen zu stechen. Die mehrflügligen dagegen haben, weil
sie von Natur größer sind, mehr Flügel und sind auch an dem Hinterteil kräftiger.
Besser ist es aber, wo es angeht, nicht ein und dasselbe Organ zu verschiedenen
Verrichtungen zu haben, sondern das abwehrende sehr spitz, das zungenartige
dagegen schwammig und geeignet, die Nahrung aufzusaugen. Wo es nämlich angeht, zu zwei Verrichtungen zwei Organe zu verwenden, ohne daß sie einander
im Wege sind, da ist die Natur es nicht so zu machen gewohnt, wie die Schmiede-
kunst aus Sparsamkeit einen Bratspieß verfertigt, der gleichzeitig als Leuchter
dient. Wo das aber nicht angeht, da bedient sie sich eines und desselben zu
mehreren Verrichtungen. Einige von ihnen haben längere Vorderbeine, damit sie,
weil sie wegen ihrer trockenen Augen kein scharfes Gesicht haben, das Hinein-
fallende mit den Vorderbeinen abwischen, wie dies auch offenbar sowohl die
Fliegen als die bienenartigen Tiere tun; sie putzen sich nämlich beständig mit

den gekreuzten Vorderbeinen. Die hinteren Beine sind aber größer als die mittleren sowohl des Laufens wegen, als auch damit sie sich leichter von der Erde zum Auffliegen erheben können. Die Springenden unter ihnen zeigen dies indeß noch deutlicher, z. B. die Heuschrecken und das Geschlecht der Flöhe; denn indem sie die flektierten Beine wieder strecken, müssen sie von der Erde emporgeschnellt werden. Nicht aber vorn, sondern nur hinten haben die Heuschrecken steuerruderähnliche Beine, denn ihr Gelenk muß nach innen zu eingeknickt sein, von den Vorderbeinen aber ist keins so gebaut. Sechsbeinig aber sind sie insgesamt, die Springbeine mitgerechnet. (Teile der Tiere IV, 5 und 6)."

3. **Physiologie.** Es folgt jetzt eine Reihe Erörterungen über physiologische Probleme. Betreffs der Sinnes-Physiologie der Insekten spricht Aristoteles diesen alle Sinne, nämlich Seh-, Riech- und Schmeckvermögen zu. Denn geflügelte wie ungeflügelte Insekten riechen schon von weitem, so z. B. Bienen und kleine Ameisen den Honig. Von dem Geruch des Schwefels aber sterben sehr viele. So verlassen die Ameisen ihre Wohnungen, wenn man sie mit gepulvertem Schwefel und Origanum bestreut. Andere Ameisen fliehen besonders den Geruch von angebranntem Hirschhorn, am meisten aber den Rauch von Styrax.

Betreffs der Lautproduktion zeugen die Ansichten des Aristoteles, daß diese teils durch Reibung der Beine wie bei den Heuschrecken, teils durch zusammengepreßte Luft wie bei den Sing-Zikaden und Fliegen entsteht, von einer hervorragenden Beobachtungsgabe. „Da die Insekten keine Zunge haben, so haben sie weder Stimme noch Sprache, sondern bringen vermittels der Luft in sich Töne hervor, nicht aber außer sich, denn keines atmet, sondern sie summen teils wie die Bienen und andere geflügelte Insekten, teils singen sie wie die Zikaden. Diese alle bringen einen Ton vermittels eines Häutchens hervor, das an einem Leibringe ausgespannt ist, sowie durch Zusammenpressen der Luft. Die Stubenfliegen, Bienen etc. heben und senken im Fluge die Flügel, der Ton aber entsteht inwendig durch eine Reibung der Luft. Die Heuschrecken hingegen bringen ihr Schwirren durch Reiben ihrer Springfüße hervor." (Hist. an. IV, 102.)

Die Insekten schlafen, und dafür ist folgendes ein Beweis. Die Bienen nämlich sitzen die ganze Nacht still, ohne zu summen. Sie sitzen aber nicht deshalb still, weil sie nicht gut sehen, wie alle Tiere mit hornartigen Augen, sondern sie bleiben bei Lichtschein ebenso ruhig. (Hist. an. IV, 10.)

Die Nahrung der Insekten behandelt das folgende Kapitel. Solche mit Zähnen (= Mandibeln) fressen vielerlei, die aber eine Zunge (= Saugrüssel) haben, nähren sich von Flüssigkeit, die sie überall aufsaugen. Die letzteren sind entweder mit jeder Nahrung zufrieden, indem sie wie die Stubenfliegen alle Arten von Säften aufsaugen, oder sie saugen Blut wie Stechfliege und Bremse. Noch andere saugen nur Säfte von Pflanzen und Früchten. Nur die Biene setzt sich nie auf faulende Körper und genießt überhaupt nur süße Säfte. Sie bevorzugen auch stets das Wasser da, wo es rein hervorquillt.

Auch die Insekten-Häutung ist Aristoteles nicht unbekannt. Es häuten sich z. B. Käfer, Stechmücken und Schaben. Bei allen aber geschieht die Häutung erst, nachdem sie geboren sind. So wie bei lebendig Gebärenden das Schafhäutchen zerplatzt, so geschieht ein Gleiches bei den Insekten, die Würmer zur Welt bringen mit der Larvenhaut, z. B. Bienen und Heuschrecken. Die Zikaden sitzen bei der Häutung auf Ölbäumen und Rohrstengeln. Wenn sie aus der zersprengten Hülse herauskriechen, so lassen sie etwas Feuchtigkeit von sich, fliegen bald weg und beginnen zu saugen. (Hist. an. VIII, 115.)

Über die Atmung der Insekten hat Aristoteles eine eigenartige Vorstellung. Alle Blutlosen kühlen sich lediglich von innen ab, d. h. bei ihrer Atmung findet kein Austausch mit einem äußeren Medium statt, sondern es kühlt sich lediglich die schon bei ihrer Entstehung in ihrem Innern vorhandene Luft ab. Abkühlung des feurigen Lebensprinzips im Körper-Innern ist Aristoteles nämlich gleichbedeutend mit Atmung und bei den „kalten" Insekten erscheint ihm eine besondere Abkühlung = Atmung überflüssig.

4. Z e u g u n g u n d E n t w i c k l u n g.19) Besondere Liebe und Aufmerksamkeit wendet Aristoteles den Vorgängen der Fortpflanzung und Entstehung zu und wir müssen uns deshalb etwas mit den Vorstellungen des Aristoteles auf diesem Gebiete beschäftigen. Er kennt vier Arten von Zeugung:

1. Die geschlechtliche Zeugung, die sich bei der großen Mehrzahl aller Tiere findet. Ein männliches und ein weibliches Prinzip in verschiedenen Individuen mit verschiedener Funktion und demzufolge verschiedenem Körperbau verbinden sich hierbei zur Erzeugung von Nachkommen.

2. Die Zeugung ohne Begattung, die sich bei den meisten Pflanzen, den Fischen und den Bienen vorfindet. Das männliche und weibliche Prinzip sind hier in einem Individuum vereinigt und ein Individuum erzeugt hier dasselbe, was in erstem Falle die beiden Geschlechter vereint hervorbringen. Beide Prinzipien durchdringen den ganzen Körper, sodaß nicht an einen Hermaphroditismus zu denken ist.

3. Die Zeugung durch Sproßbildung, die bei einigen Pflanzen und einigen „Muscheln" vorkommt.

4. Die spontane Zeugung oder Urzeugung, die wir von vielen Insekten, von den Schaltieren und von einigen Pflanzen kennen. Bei einer Zersetzung gewisser Stoffe sammeln sich die Elemente Feuer, Erde und Wasser sowie Luft um die in der letzteren enthaltene psychische Wärme und bei einer bestimmten Mischung dieser Elemente entstehen diese Tiere. Über das, was sich die Antike unter diesen vier Elementen und ihrer Mischung vorgestellt hat, können wir uns schlechthin keine Meinung bilden. Solche aus der Zersetzung durch Urzeugung entstandene Tiere sind teilweise der Paarung und Zeugung fähig; bei ihren Nachkommen erlischt jedoch dieses Vermögen, sodaß diese Arten zu ihrer Erhaltung ständig auf neue Urzeugung angewiesen sind.

Die Insekten-Entwicklung stellt sich Aristoteles so vor, daß alle Insekten zuerst als Würmer beziehungsweise Larven oder Raupen erscheinen, die einem in Bildung begriffenen Ei entsprechen. Die erste Verwandlung ist dann die Puppen-Ruhe, die dem Ei-Stadium entspricht und die zweite Verwandlung oder das dritte Stadium ist das geflügelte, erwachsene Insekt. Die wirklichen Insekten-Eier scheint Aristoteles in einigen Fällen zwar gekannt zu haben, aber sicher hat er sie nicht als solche erkannt.

„Bei den Insekten sind die Weibchen immer größer als die Männchen. Eine Begattung findet bei allen Tieren statt, bei denen sich Männchen und Weibchen finden. Die Befruchtung findet aber auf verschiedene Weise statt. Die Insekten begatten sich von hinten, so daß das kleinere das größere besteigt. Jenes ist allemal das Männchen. Umgekehrt wie das sonst der Fall ist, bringt das Weibchen nach oben zu seine Legeröhre, und nicht das Männchen seinen Penis. Die Legeröhre ist angesichts der sonstigen Kleinheit ihres Körpers bei einigen sehr groß, bei anderen weniger. All das kann man deutlich beobachten, wenn man Stubenfliegen in der Begattung von einander reißt. Sie trennen sich

nämlich nicht leicht und ihr Zusammenhängen dauert ziemlich lange, wie bei
Stubenfliegen und Kanthariden leicht zu beobachten ist. Ebenso begatten sich
alle anderen Insekten, soweit sie dies überhaupt tun. Die Zeit der Begattung
und des Gebärens ist für die Insekten am Schluß des Winters, wenn die
Witterung still und feucht ist. Einige sind dann allerdings verkrochen wie die
Ameisen und Fliegen." Das Herausgreifen des späten Winters als Zeit der
Haupterscheinung und der Ei-Ablage trifft für das Mittelmeer-Gebiet in außerordentlicher Art und Weise zu, indem die Insekten in den kurzen Frühjahrs-
monaten sehr viel zahlreicher sind als im ganzen übrigen Jahr.

Die Tiere aber, die an Tieren, Pflanzen oder deren Teilen durch Urzeugung
entstehen, haben zwar unleugbar getrennte Geschlechter und bringen auch durch

Fig. 28.
Die Gemme stellt zwei
Ameisenarbeiterinnen
den Pflug ziehend dar.
(Antike Ameisen-Dar-
stellung; nach O. Keller)

Fig. 29.
Die Gemme stellt eine
Ameise mit einer Puppe
im Munde dar. (An-
tike Ameisen-Darstel-
lung; nach O. Keller)

ihre Begattung etwas hervor, nie aber ein Geschöpf ihrer eigenen Art, sondern
etwas Unvollkommenes, wie z. B. bei den Läusen die Nisse und bei den Fliegen
und Schmetterlingen und eierähnlichen Würmern, aus denen weder ein Geschöpf
wie ihre Eltern, noch sonst ein Tier entsteht, sondern die nur das bleiben, was
sie sind. (Hist. an. V, 1.)

Die Insekten sollen sich nach Aristoteles so begatten, daß das Weibchen sein
Organ in das Männchen steckt und sie lange Zeit vereinigt bleiben. Nur die
Zikaden verhalten sich umgekehrt. Daher sieht man, daß manche Männchen bei
der Paarung mit dem Weibchen gar keinen Teil in das Weibchen hineingeben,
sondern umgekehrt das Weibchen in das Männchen, wie dies bei einigen
Insekten der Fall ist. Denn dasselbe, was bei denen, die einen Teil hineingeben, der Samen in dem Weibchen bewerkstelligt, bewerkstelligt bei diesen
die in dem Tiere selbst vorhandene Wärme und Kraft, indem das Weibchen
den zur Aufnahme und zur Ausscheidung geeigneten Teil in das Männchen
hineinträgt. Und deswegen haften diese Tiere lange Zeit aneinander, sobald sie
aber sich getrennt haben, zeugen sie alsbald; sie bleiben also so lange gepaart,
bis sie den Keim gebildet haben, wie dies sonst der Samen tut; haben sie sich
aber getrennt, so fördern sie alsbald den Keim hervor; denn sie erzeugen ein
Unvollkommenes: alle dergleichen erzeugen nämlich Würmer.

Daß ein Teil der Insekten durch Begattung entsteht, ein anderer spontan, ist
früher gesagt worden, wie auch daß und weshalb sie Würmer hervorbringen.
„Es scheint nämlich, als wenn fast alle Tiere gewissermaßen zuerst einen Wurm
hervorbringen, denn der am wenigsten ausgebildete Keim ist eine Art

Wurm. Bei allen Lebendig-Gebärenden und denen, die ein vollkommenes Ei erzeugen, ist der erste Keim ungegliedert und wächst und vergrößert sich: aber
dies ist eben die Natur des Wurmes. Hierauf bringen die einen einen vollkommenen, die anderen einen unvollkommenen Keim als Ei zutage, welcher erst
draußen vollkommen wird, wie dies von den Fischen öfter erwähnt worden ist.
Bei den in sich Lebendig-Gebärenden entsteht gewissermaßen nach der anfänglichen Bildung ein eiförmiger Körper: Die Flüssigkeit ist nämlich von einer
zarten Haut umgeben, wie wenn man die harte Schale der Eier hinweggenommen
hätte. Die Insekten zeugen sowohl, als sie auch spontan entstehen: die zeugenden erzeugen Würmer, und wenn sie nicht infolge Begattung, sondern spontan
entstehen, so gehen sie aus einem eben so beschaffenen Gebilde hervor; denn
auch die Raupen muß man für eine Art Wurm ansehen und die Spinnen-Brut.
Doch möchte man manche von diesen und viele andere wegen der runden Gestalt
für Eier ansehen. Aber man muß den Namen nicht nach der Gestalt oder der
Weichheit oder der Härte geben — denn die Keime von einigen sind auch hart —
sondern darnach, ob sich das ganze umwandelt oder ob das Junge nur aus einem
Teile entsteht. Aus allen Wurmartigen aber wird im Verlaufe der Zeit und
wenn sie ihre vollständige Größe erlangt haben, gleichsam ein Ei: die sie umgebende Decke erhärtet nämlich und sie werden in dieser Zeit unbeweglich, wie
dies an den Würmern der Bienen und Wespen und an den Raupen deutlich zu
sehen ist. Die Ursache davon liegt darin, daß die Natur wegen ihrer Unvoll-
kommenheit gleichsam vor der Zeit ein Ei hervorbringt, indem man den Wurm
als ein noch im Wachstum begriffenes weiches Ei ansehen muß. Denselben Vorgang nimmt man auch an allen andern wahr, welche nicht durch Begattung
entstehen, in Wolle und dergleichen Stoffen und in Gewässern: nach der Bildung
des Wurmes nämlich werden sie unbeweglich und nachdem sich eine trockene
Decke darum gebildet hat, berstet diese später und wie aus einem Ei kommt
daraus das ausgebildete Tier in der dritten Entwicklungs-Stufe hervor, und
die meisten der auf dem Lande lebenden sind mit Flügeln versehen. Der Punkt
aber, der den meisten wunderbar scheinen dürfte, hat seinen guten Grund, daß
die Raupen, welche anfangs Nahrung zu sich nehmen, nachher aber nicht
mehr, sondern unbeweglich daliegen, als die sogenannten Chrysaliden, und daß
die Würmer der Wespen und Bienen später die sogenannten Nymphen werden
und ebenfalls ohne Nahrung verharren. Denn auch das Ei hört auf zu wachsen,
wenn es seine Vollkommenheit erreicht hat, anfangs aber vergrößert es sich
und erhält Nahrung, bis daß es sich abgegrenzt hat und ein vollendetes Ei
geworden ist. Von den Würmern aber enthalten die einen in sich selbst einen
solchen Stoff, durch welchen sie ernährt werden ..., wie die Bienen und
Wespen, die andern aber nehmen ihn von außen wie die Raupen und einige
andere Würmer. Es ist nun dargetan, weshalb diese Tiere eine dreifache Entwicklungs-Stufe haben und weshalb sie zuerst beweglich sind und dann wieder
unbeweglich werden. Ein Teil derselben entsteht durch Begattung wie die
Vögel und Lebendig-Gebärenden und die meisten Fische, andere spontan, wie
manche Gewächse."

„Die meisten Insekten*) gebären kurz nach der Begattung, und zwar die
meisten Würmer, ausgenommen die Schmetterlinge, welche etwas Hartes zur
Welt bringen, ähnlich dem Safloer-Samen [Cartamus tinctorius L.], worin sich
ein Saft befindet. Der Wurm aber erwächst nicht, wie bei dem Ei, aus einem
einzelnen Teile, sondern wird im ganzen zu einem ausgebildeten und gegliederten

---

*) Hist. an. V 17 ff.

Tiere. Mehrere dieser Tiere entstehen nur durch wirkliche Fortpflanzung, jedes von einem andern seiner Art z. B. die Heuschrecken und Zikaden; andere aber nicht durch Fortpflanzung, sondern von selbst, z. B. aus Tau, der auf Blätter fiel, und zwar in der Regel im Frühling, öfters aber auch im Winter, wenn das Wetter lange heiter und warm bleibt. Noch andere entstehen aus faulendem Schlamm und Mist; noch andere in Holz, in Pflanzen und selbst in schon vertrockneten; einige auch zwischen den Haaren der Tiere; andere in ihrem Fleisch oder auch im tierischen Auswurf. Die Schmetterlinge entstehen aus den Raupen, und zwar auf den grünen Blättern der Pflanzen, namentlich auf Rettig und Kohl. Anfangs sind sie so klein wie ein Hirse-Korn, dann erwachsen sie zu kleinen Würmern; mit dem dritten Tage werden sie dann zu kleinen Raupen. Späterhin bewegen sie sich nicht weiter, verwandeln sich und heißen dann Puppen, haben dann eine harte Schale und bewegen sich nur, wenn man sie berührt. Sie hängen dann an einer Art Spinnen-Gewebe und haben weder einen Mund noch sonst bemerkbare Teile. Nach einiger Zeit zerspringt dann die Schale und hervor geht der geflügelte Schmetterling. Als Raupen nehmen sie Nahrung zu sich und sondern Auswurf ab. Im Puppen-Zustand fressen sie weder etwas, noch werfen sie Unrat aus. Ganz gleiche Bewandtnis hat es mit den Insekten, die aus Würmern entstehen, mögen diese nun durch Begattung oder ohne diese sich erzeugt haben. Auch die Jungen der Bienen, Hummeln und Wespen nehmen als Würmer Nahrung zu sich und scheinen auch Exkremente zu haben; im Puppen-Zustand haben sie aber weder Speise nötig, noch sondern sie Unrat ab, sondern liegen, solange sie noch wachsen, eingeschlossen ohne Bewegung. Dann aber stoßen sie den Deckel, mit dem die Zelle verschlossen war, ab und kommen hervor. Aus einigen solcher Raupen werden auch Spanner-Raupen, die sich wellenförmig bewegen und, indem sie einen Teil des Körpers vorwärts strecken, den andern krümmend nach sich ziehen. Die daraus entstehenden Insekten tragen die eigentümliche Farbe ihrer Raupen. Aus einem gewissen großen Wurm, der eine Art Hörner hat, und sich von den andern unterscheidet, wird durch die erste Verwandlung eine Raupe, dann ein Bombylios und endlich ein Nekydalos; alle diese Verwandlungen geht er in 6 Monaten durch. Das Gespinst dieses Tieres entwickeln manche Frauenzimmer und bilden aus den ausgehaspelten Fäden Gewebe. Zuerst soll diese Kunst Pamphila, die Tochter des Plates auf der Insel Kos geübt haben.20) Auf gleiche Weise entstehen aus den Würmern im trocknen Holz die Bock-Käfer; auch ihr Wurm liegt anfangs eine Zeit lang unbeweglich, durchbricht aber dann seine Hülle und wird zum Käfer. An dem Kohle aber erzeugen sich die Kohlraupen, welche auch Flügel bekommen. Aus den auf der Oberfläche des Wassers herumlaufenden breiten Tierchen entstehen die Bremsen (Oistros), die man daher auch am häufigsten in der Gegend von solchen Wassern findet, wo dergleichen Tierchen sind. Aus gewissen schwarzen, haarigen und nicht eben großen Würmern entstehen zuerst die Leuchtwürmer, die keine Flügel haben; diese aber verwandeln sich nachher wieder zu geflügelten Käfern. Die Mücken (Empis) erzeugen sich aus Würmern, diese Würmer aber entstehen in dem Schlamm von Brunnen und überhaupt, wo Wasser mit einem erdigen Bodensatz zusammenläuft. Zuerst sieht jener faulende Schlamm weiß aus, dann schwarz und zuletzt blutrot; sobald dies geschehen ist, so erwachsen daraus kleine rote Würmer. Diese bewegen sich anfangs, indem sie noch mit dem Boden zusammenhängen. Dann aber lösen sie sich ab, schwimmen in dem Wasser umher und heißen so Askaris. Nach einigen Tagen kommen diese aufrecht herauf an die Oberfläche des Wassers, werden hier unbeweglich und hart, bis endlich mit Zersprengung

der Hülle die Mücke daraus hervortritt und darauf sitzen bleibt, bis die Sonne
oder der Wind sie zum Fliegen veranlaßt und sie dann davonfliegt.21) Überhaupt
scheint bei allen Würmern und den aus ihnen entstehenden Tieren der Anfang
der Bewegung von der Sonne und dem Winde auszugehen. Am häufigsten
und schnellsten erzeugen sich die Würmer, wo der Bodensatz mannigfaltig
ist, wie z. B. in den megarischen Feldern, denn solche Mischungen faulen
schneller. Auch gegen den Herbst hin entstehen sie häufiger, weil nämlich
dann das Wasser zu fehlen anfängt.

Die Pillendreher entstehen aus Würmern, die sich im Miste der Rinder und
Esel aufhalten. Die Kantharinden verbergen sich teils selbst den Winter über in
dem Mist, den sie umwühlen, teils legen sie ihre Würmer darin ab, aus denen
nachher wieder Kantharinden werden. Auch aus den Würmern in den Hülsen-
früchten werden ähnliche geflügelte Tiere wie die erwähnten. Die Stubenfliegen
aber entstehen aus den gelagerten Misthaufen: diejenigen nämlich, die sich
mit diesem Geschäft abgeben, suchen den übrigen gemischten Mist (von dem
schon verrotteten) abzusondern, und sagen, daß dadurch der Mist erst fertig
würde. Der Keim zu den Würmern ist sehr klein; zuerst werden auch sie
rötlich und gehen aus einem bewegungslosen Zustand zur Bewegungsfähigkeit
über wie die mit dem Boden zusammenhängenden. Dann wird der Wurm wieder
unbeweglich, erhält seine Bewegung aber wieder und verliert sie dann noch
einmal und wird in diesem letzten Zustand zur vollkommenen Fliege, die nun
durch die Sonne oder den Wind zur Bewegung aufgeregt wird. Die Tabaniden
erzeugen sich im Holze. Der Lixus entsteht aus Würmern, die mehrere Verwandlungen durchgehen und in den Stengeln der Kohlarten leben. — Die Kantharinden entstehen aus Raupen, die in Feigen, Birnen und Pinien leben; in
allen trifft man nämlich Würmer an so wie auch in dem Hundsdorn [Rosa
canina L. (nach Sprengel)]. Sie gehen dem Übelriechenden nach, weil sie aus dem
gleichen Stoff entstanden sind. Die Würmer der Drosophila entstehen aus
Essighefen, denn es können sich selbst aus solchen Stoffen Tiere erzeugen, die
keiner Fäulnis unterworfen zu sein scheinen, wie z. B. aus altem Schnee. Dieser
wird nämlich durch die Zeit rötlich, daher denn die darin entstehenden Würmer
rötlich sind. In Medien finden sich in dem Schnee weiße und große Würmer;
alle aber haben wenig Bewegung. In Kypros, wo man den Stein Chalkitis
mehrere Tage hindurch glüht, entstehen mitten im Feuer eine Art kleiner be-
flügelter Tiere, etwas wenig größer als unsere Stubenfliegen, die durch das
Feuer gehen und fliegen. ... An dem Fluß Hypanis, der sich in den Kimerischen
Bosporus ergießt, wird zur Zeit der Sommer-Sonnenwende von dem Flusse
ein Art von Bälgen herbei geführt, etwas größer als Weinbeeren, aus denen ein
geflügeltes vierfüßiges Tier hervorgeht. Dieses lebt und fliegt bis zum Abend,
ermattet, wenn die Sonne sich zum Untergang neigt, und stirbt sogleich, wenn
diese sinkt, mit einem Tage sein Leben beschließend. Daher heißt es denn
auch Eintagsfliege (Ephemera). Der größte Teil der aus Raupen und Würmern
entstehenden Insekten stecken vorher in einer Art von Gespinst. So viel von
der Erzeugung dieser Tiere.

Die wespenartigen Geschöpfe aber, die man Schlupfwespen (Ichneumon)*)
nennt (sie sind etwas kleiner als die andern), töten Spinnen und tragen sie in
Mauern und ähnliche Höhlen, verkleiden diese mit Erde und legen darin ihre
Eier ab, aus denen dann wieder Ichneumonen hervorgehen. Auch einige hart-
flügelige Insekten von geringer Größe und ohne einen eigenen Namen verfertigen
aus Erde an Grabmälern oder an Mauern Höhlen, in die sie ihre Würmer ab-

---

*) Sceliphron sp.

legen. Die Zeit der Entstehung des größten Teiles aller dieser Insekten dauert in ihrem ganzen Umfange ungefähr drei bis vier Wochen: bei denen nämlich, die Würmer oder wurmförmige Junge gebären, meistens drei Wochen, bei den Eierlegenden vier Wochen. In den ersten sieben Tagen nach der Begattung geht nämlich bei den letztern die Bildung der Eier vor sich, in den übrigen drei Wochen aber bebrüten sie dieselben bis zum Ausschlüpfen wie die Spinne oder dergleichen. Die Verwandlungen geschehen bei den meisten immer über den dritten oder vierten Tag, welche Tage auch in den Krisen bei Krankheiten die entscheidenden sind. Auf diese Art und Weise entstehen die Insekten. Ihr Tod erfolgt, wie es bei den größeren Tieren durch das Alter geschieht, durch Erstarrung ihrer Glieder; bei den Geflügelten durch Zusammenschrumpfen der Flügel zur Herbstzeit, bei den Tabaniden aber durch Ausfließen ihrer Augen...*)

Die Anthrenen und die Wespen machen auch eine Art Waben für ihre Brut zu einer Zeit, wo sie keinen Weisel haben, sondern ohne einen aufzufinden umherirren. Und zwar legen die Anthrenen diese Waben in der Höhe an, die Wespen in Höhlen, sobald sie aber keinen Weisel haben, unter der Erde. Ihre Zellen sind sechseckig wie die der Bienen, das Ganze aber nicht aus Wachs, sondern aus einem rinden- und spinnewebenartigem Stoff. Die Nester der Anthrenen sind weit künstlicher als die der Wespen. Ihre Brut selbst setzen sie wie die Bienen in der Größe eines Tropfens an die Seiten der Zellen ab, die sie an der Wand befestigen. Man findet in diesen Zellen nicht immer einerlei Brut, sondern in einigen schon von der Größe, daß sie fliegen können, in andern Nymphen, in noch andern Würmer. Auch bei ihnen wie bei den Bienen findet sich nur, solange sie Würmer sind, Unrat. Während ihres Nymphen-Zustandes bewegen sie sich nicht, und die Zelle ist verschlossen. In der Zelle, worin sich ein Junges befindet, befindet sich gegenüber bei den Hummeln etwas wie ein Tropfen Honig. Übrigens erzeugen sie diese Brut nicht nur im Frühling, sondern auch im Herbst, und die Zeit ihres Wachstums fällt vorzüglich in den Vollmond. Die Brut wird aber nicht auf dem Boden der Zelle, sondern an der Seite angeklebt.

Einige Bombykien verfertigen aus Lehm an Steinen oder dergleichen zugespitzte Gehäuse, die mit einer Art von Salz überzogen sind; diese sind sehr dick und hart, so daß man sie kaum mit einem Speere durchbohren kann. In diese legen sie ihre Jungen ab, die weiße Würmchen in einer schwarzen Haut sind. Neben jenem Häutchen bringen sie auch innerhalb jenes Lehms eine Art Wachs an, das aber viel blasser ist als das der Honigbienen.

Auch die Ameisen begatten sich und bringen wurmförmige Junge zur Welt, die sie jedoch an nichts befestigen. Anfangs sind sie klein und rundlich, durch das Wachstum aber werden sie lang und bekommen ihre Glieder. Ihre Erzeugung findet vorzüglich im Frühling statt. ...

Fig. 30.
Die Nymphe der Wanderheuschrecke. (Antike Orthopteren-Darstellung; nach O. Keller.)

Auch die Akriden begatten sich ebenso wie andere Insekten, so daß nämlich das kleinere Tier das größere besteigt. Gewöhnlich ist aber das Männchen kleiner. Die Eier legen sie vermittels eines Legestachels, der den Männchen fehlt, in die Erde ab. Sie legen sie in Haufen und an einen Ort ab, so daß eine

*) Diese Äußerung stützt sich vielleicht auf das Verblassen der im Leben schön farbig gebänderten Augen dieser Tiere kurz nach dem Tode.

Art von Waben daraus entsteht; an dieser Stelle entstehen eierähnliche Würmchen, die von ganz feiner Erde wie von einem Häutchen umschlossen werden, in der sie reifen. Ihre Brut ist anfangs so weich, daß man sie durch jede Berührung zerdrückt, findet sich auch nicht auf der Oberfläche, sondern ein wenig unterhalb derselben. Wenn sie ausgeschlüpft sind, kommen anfangs die kleinen Heuschrecken aus der sie umschließenden Erde, klein und schwarz von Farbe, hervor; dann aber zerspringt diese Schale, und nun werden sie größer. Übrigens legen sie am Ausgang des Sommers und sterben kurz darauf. Es entstehen nämlich, während sie legen, um ihren Hals herum Würmer.*) Zu gleicher Zeit sterben auch die Männchen. Im Frühling kommen sie aus der Erde her-

Fig. 31.
Mantide. (Antike Orthopteren-Darstellung; nach O. Keller.)

Fig. 32.
Grüne Heuschrecke. (Antike Orthopteren-Darstellung; nach O. Keller.)

vor. In bergigem und dürftigem Boden kommen nicht leicht Heuschrecken vor, wohl aber in flachem und spaltigem; sie legen nämlich ihre Eier in die Erd-Spalten. Diese Eier bleiben den Winter über in der Erde, allein mit dem nächsten Sommer entstehen gleich Heuschrecken aus der Brut des vorigen Jahres. Auf gleiche Weise gebären und sterben nach dem Gebären die Attelaben. Häufige Herbstregen zerstören ihre Brut; bei trockener Entwicklung hingegen entwickeln sich die Attelaben sehr zahlreich, weil dann weniger davon umkommen. Überhaupt scheint ihr Umkommen mehr dem Zufall überlassen zu sein, als daß es nach einer gewissen Regel stattfinden sollte.

Bei der Gattung Tettix gibt es zwei Arten; eine kleinere, die zuerst erscheint und am spätesten umkommt, und eine größere, die Singzikade, die am spätesten erscheint und am frühesten wieder umkommt. Sowohl bei der größeren wie bei der kleineren Art haben die Sänger am Hinterleib einen Einschnitt, der den Gesanglosen fehlt. Die größeren und mit Gesang begabten nennt man Acheten, die kleineren Tettigonien, von denen die, welche jenen Einschnitt haben, auch ein wenig singen. Sie erzeugen sich nur da, wo Bäume sind, daher findet man zwar keine in den Ebenen von Cyrene, wohl aber um die Stadt sehr viele, besonders wo Ölbäume stehen, weil diese nicht viel Schatten geben; denn an kalten Orten findet man keine Zikaden und eben deswegen nicht einmal in schattigen Wäldern. Die größere Art begattet sich ebenso wie die kleinere,

*) Bezieht sich vielleicht auf Mermitiden, die den Wirt verlassen.

indem das eine Geschlecht mit dem anderen rückwärts zusammenhängt; auch senkt bei ihnen wie bei anderen Insekten das Männchen seine Begattungs-Werkzeuge in das Weibchen. *) Das Zeugeglied des Weibchens ist gespalten, und man erkennt das Weibchen daran, daß es immer durch das andere befruchtet wird. Sie setzen ihre Eier in unbearbeitete Äcker ab, indem sie ebenso wie die Attelaben, die ebenfalls ihre Eier in Brachäcker absetzen, mit dem Legestachel, den sie hinten haben, in die Erde bohren; daher gibt es denn ihrer sehr viele in der Gegend von Cyrene. Auch setzen sie ihre Eier in die Rohr-art ab, aus der die Weinpfähle gemacht werden, indem sie die Rohrstengel durchbohren; desgleichen auch in die Stengel der Skylla. Diese ihre Jungen verkriechen sich nachher in der Erde. Vorzüglich in Menge erzeugen sie sich nach Regen. Der heranwachsende Wurm wird zunächst eine Zikaden-Larve und zwar sind sie dann am wohlschmeckendsten, ehe nämlich der Wurm seine Hülse zerbricht. Um die Zeit des Sommer-Solstitiums kriechen sie mit Zerbrechung der Hülse bei Nachtzeit aus und verwandeln sich aus Zikaden-Larven sogleich in vollkommene Zikaden, färben sich dunkel, werden hart und größer und fangen alsbald zu singen an. Nur die Männchen singen von beiden Arten, die andern sind Weibchen. Anfangs sind die Männchen wohlschmeckender, nach der Begattung aber die Weibchen; sie haben nämlich weiße Eier. Wenn sie gescheucht werden und auffliegen, so lassen sie eine wässerige Feuchtigkeit von sich, daher denn die Landleute sagen, daß sie harnen, eine Art Auswurf haben und vom Tau leben. Wenn man sich ihnen mit dem Finger nähert, so daß man ihn anfangs krümmt und erst nach und nach ausstreckt, so bleiben sie lieber sitzen, als wenn man ihn auf einmal sogleich ihnen entgegenstreckt; sie kriechen dann wohl auch darauf, weil sie schlecht sehen, geradeso wie sie auf ein Blatt kriechen, das man ihnen näher bringt.

Diejenigen Insekten, die zwar nicht unmittelbar Fleisch fressen, jedoch von aus dem Fleisch gezogenen Säften leben, wie z. B. die Laus, der Floh, die Wanze, begatten sich und bringen demzufolge die sogenannten Nisse hervor, aus denen aber weiter nichts wird. Ihre Erzeugung aber ist so: Die Flöhe entstehen aus dem niedrigsten Grade der Fäulnis; wo z. B. trockener Mist liegt, da erzeugen sie sich allzeit. Die Wanzen hingegen entstehen aus tierischen Feuchtigkeiten, die außerhalb des Körpers sich verdichten; die Läuse aber aus Fleisch. Da, wo sie sich nämlich bilden wollen, zeigen sich kleine Geschwürchen, jedoch ohne Eiter; sticht man dies nun auf, so kommen die Läuse hervor. Man hat sogar Beispiele, daß Menschen, in deren Körper die Feuchtigkeit überhand nahm, an der Läuse-Krankheit gestorben sind, wie man dies z. B. von dem Dichter Alkman und Pherekydes aus Syros, erzählt. Bei einigen Krankheiten entstehen die Läuse in großer Menge. Eine Art derselben, die man insgemein die Wilde nennt, ist härter als die sonst gewöhnlich vorkommenden und läßt sich schwer vom Körper losreißen. Auf den Köpfen der Knaben entstehen die Läuse am häufigsten, bei Männern weniger; auch bei dem weiblichen Geschlecht kommen sie häufiger vor als bei dem männlichen. Personen, bei denen sich häufiger Läuse bilden, leiden selten an Kopfschmerz. Auch bei mehreren andern Tieren finden sich Läuse, namentlich bei den Vögeln, z. B. dem Fasan, die, wenn sie sich nicht mit Staub bestreuen, von ihnen umgebracht werden. Dies ist auch noch mit andern Vögeln der Fall, und überhaupt mit allen Tieren, die mit Haaren bedeckt sind. Nur der Esel hat weder Läuse noch Zecken, der Ochse hingegen beides; die Schafe und Ziegen nur Zecken,

---

*) d. h. umgekehrt wie in H. a. V 24 geschildert.

aber keine Läuse; die Schweine hingegen haben sehr große und harte Läuse. An den Hunden finden sich die sogenannten Hunde-Läuse, Kynoraisten. Alle diese Läuse erzeugen sich aus den Tieren, auf denen sie leben, und zwar um so stärker, wenn diese das Wasser vertauschen, womit sie sonst sich zu baden gewohnt waren. ...

Noch erzeugen sich einige andere Tier-Arten, wie schon gesagt worden ist, z. B. in der Wolle und was sonst aus Wolle gemacht wird, die Motten; besonders wenn die Wolle staubig wird, am allerstärksten aber dann, wenn eine Spinne zugleich mit eingeschlossen ist; diese nämlich trinkt die Feuchtigkeit, die etwa noch darin vorhanden ist, und trocknet sie dadurch. Dieser Wurm erzeugt sich übrigens in einer Art von Hülle. ... Noch gibt es eine andere Art Würmer, die sogenannten Holzträger22), gewiß eins der sonderbarsten Geschöpfe. Seinen buntfarbigen Kopf steckt es aus einer Hülse hervor und hat seine Füße vorn so wie andere Würmer; der übrige Körper steckt in einer spinnweben-ähnlichen Hülle, um die Spänchen fest sitzen, so daß es, wenn es kriecht, daran zu hängen scheint. Diese Hülle ist aber mit dem Wurm selbst verwachsen und zwar wie die Muschel mit ihrer Schale, so hier der ganze Wurm mit seiner Bekleidung, daher er sie auch nicht ablegt, sondern nur gewaltsam davon getrennt werden kann. Geschieht dies aber, so stirbt der Wurm und ist eben so unbrauchbar wie die Muschel ohne ihre Schale. Mit der Zeit verwandelt sich dieser Wurm in eine Puppe, wie eine Raupe, und lebt dann ohne Bewegung. Was aber für ein geflügeltes Geschöpf daraus entsteht, ist noch nicht beobachtet worden. Die wilden Feigenbäume hegen in ihren Früchten die sogenannten Psenen. Anfangs ist es ein Würmchen, dann aber durchnagt es die Schale und verläßt als Gall-Wespe seinen Aufenthalt, kriecht dann in andere unreife Feigen, durchbohrt sie und bewirkt dadurch, daß sie nicht abfallen; daher hängen auch die Landleute Früchte von wilden Feigenbäumen an ihre Feigen und umpflanzen die guten Feigenbäume mit wilden." (Naturgeschichte der Tiere V, 17 ff.)

Interessant ist ein kleines Kapitel über die Krankheiten der Bienen: Die Insekten sind in der Regel gesund, wenn das ganze Jahr wie ihre Entstehungs-Zeit, der Frühling, warm und feucht ist. Bei den Bienenstöcken entstehen Tiere, die die Waben zerstören. Das Tier überspinnt diese und verdirbt sie so. Es bringt in den Waben Junge hervor, die ihm gleichen, und der ganze Bienen-schwarm fängt an zu kränkeln. (Gemeint sind die Raupen von Galleria melonella.) Ebenso tut dies ein kleiner Nacht-Falter, der das Licht umflattert. Diese bringen etwas hervor, das ganz mit Wolle bedeckt ist. Sie werden von den Bienen nicht vertrieben und nur durch Rauch verscheucht. (Hier sind die Imagines von Galleria melonella gemeint.) Die Bienen erkranken am meisten, wenn im Walde viel Mehltau fällt und in trockenen Jahren. Übrigens sterben alle Insekten von Öl und das am schnellsten, wenn man ihnen den Kopf bestreicht und sie so der Sonne aussetzt. (H. a. VIII, 154, 155).

Sogar zu tiergeographischen Gesichtspunkten finden sich bei Aristoteles bescheidene Ansätze. Er schreibt so, daß in Milesien in zwei benachbarten Gegenden sich in der einen Zikaden finden, in der anderen keine. Oder in Kephalene scheidet der Fluß die beiden Landschaften, wo es Zikaden gibt und wo es keine gibt.

Im 9. Buche der Naturgeschichte wird die Kunstfertigkeit der Insekten besprochen, wobei den sozialen Insekten die gebührende Aufmerksamkeit geschenkt wird. Dieses Buch stammt zwar nachweislich nicht von Aristoteles selbst, doch mag die folgende Stelle hier ihren Platz finden. Die wahre Entstehungszeit fällt sicher nicht viel hinter die der Aristotelischen Tiergeschichte selbst. Über den wahren Autor haben wir keinerlei Kenntnis.

„Unter allen Tieren sind die Insekten die arbeitsamen und unter diesen ganz besonders die Ameisen, Honigbienen und Wespen. Von den Wespen gibt es zwei Arten: die eine Art ist seltener, wohnt in Gebirgen und nicht unter der Erde, sondern in Eichen, ist länger gestreckt und dunkler gefärbt als die anderen, alle jedoch bunt, mit Stacheln versehen und mutig. Ihr Stich schmerzt weit mehr als der von den anderen: denn sie haben auch wirklich im Verhältnis einen weit größeren Stachel. Sie leben zwei Jahre, und man sieht sie sogar im Winter aus den Eichen, wenn man daran schlägt, herausfliegen, woselbst sie sonst diese Zeit über verborgen leben. Ihr Aufenthalt ist im Innern des Stammes. Man unterscheidet übrigens bei ihnen, wie bei den zahmen, weibliche und arbeitende Wespen. Das Eigentümliche jener und dieser wird bei der näheren Beschreibung der zahmeren Wespen klar werden. Es gibt nämlich auch von diesen zwei Arten. Weisel-Wespen, die man jedoch hier Mütter nennt, und Arbeitende. Jene Weisel sind größer und sanfter, auch leben die Arbeitswespen nicht bis in das zweite Jahr, sondern sterben alle, wenn der Winter einbricht. Man sieht dieses daraus: sobald der Winter sich nähert, werden sie ganz dumm, und um die Zeit der Sonnenwende sieht man sie garnicht mehr. Hingegen die sogenannten Mütter oder Weisel-Wespen sieht man den ganzen Winter hindurch, und sie verbergen sich gewöhnlich unter der Erde; denn sowohl Pflügende als Grabende haben bei ihrem Geschäft viele solche weibliche Wespen gefunden, nie aber Arbeits-Wespen. Die Fortpflanzung der Wespen geschieht auf folgende Weise. Sobald die Weisel-Wespen einen Platz mit einer guten Aussicht mit dem Anfang des Sommers gewählt haben, so verfertigen sie sogleich Scheiben und bilden so die sogenannten Wespen-Nester, die anfangs klein sind und etwa vier Zellen haben. In diesen entstehen zunächst nicht Mütter, sondern Arbeits-Wespen. Sind diese herangewachsen, so bauen sie außer diesen noch andere größere Scheiben, und wenn hier die Jungen groß geworden sind, noch andere; so daß gegen das Ende des Herbstes die Wespen-Nester am volkreichsten und größten sind. Allein nun legt die Weisel-Wespe oder sogenannte Mutter keine Wespen-Brut weiter ein, sondern nur noch Mutter-Brut. Diese bilden sich oberhalb des Wespen-Nestes als große Würmer in vier oder etwas mehr aneinander hängenden Zellen ungefähr ebenso aus wie die Weisel in den Bienen-Stöcken. Sobald erst Arbeits-Wespen in dem Bau vorhanden sind, so arbeiten die Weisel-Wespen nicht mehr, sondern die ersteren tragen ihnen das Futter zu. Man sieht dieses deutlich daran, daß jetzt die Weisel-Wespen nicht weiter mehr herumfliegen, sondern ruhig im Neste verweilen. Ob die vorjährigen Weisel-Wespen, nachdem sie die jungen Weisel erzogen haben, von den jungen Wespen getötet werden und also mit diesen einerlei Schicksal haben, oder ob sie noch längere Zeit leben können, ist noch nicht beobachtet. Auch hat noch niemand weder von den Weisel-Wespen noch von den wilderen altgewordene oder sonst auf eine Weise erkrankte gesehen. Die Mutter-Wespe ist breiter, schwerer, dicker und größer, auch eben wegen ihrer Schwere im Flug unbeholfener als die andern Wespen. Sie können daher garnicht weit fliegen, sondern bleiben immer in den Nestern, wo sie in dem Innern immer etwas zu bilden und auszubauen haben. Solche Mütter findet man in den meisten Wespen-Nestern. Ob sie mit Stacheln versehen sind oder nicht, darüber ist man noch nicht einig; es scheint, daß sie ebenso wie die Bienen-Weisel zwar einen Stachel haben, ohne ihn jedoch hervorzustrecken und ohne zu stechen. Allerdings gibt es auch unter den Wespen welche, die keinen Stachel haben wie die Drohnen; andere aber haben einen Stachel. Die Stachellosen sind kleiner, schwächer und greifen niemand an; die mit Stacheln versehenen sind größer und mutig. Manche nennen diese letzteren Männchen, die stachellosen aber Weibchen. Viele von denen, die sonst einen Stachel haben, scheinen denselben gegen den Winter zu verlieren: doch kennen wir noch niemand, der hiervon Augenzeuge gewesen wäre. Die Wespen erzeugen sich am stärksten in trockenen Jahren und in steinigen Gegenden. Sie erzeugen sich unter der Erde und verfertigen ihre Scheiben aus einem Gemisch aus allerlei Dingen und aus Erde, die alle von einer Basis, wie von einer Wurzel ausgehen. Ihre Nahrung nehmen sie von einigen Blumen und Früchten, die meiste jedoch aus dem Tierreiche. Man hat auch schon bei andern die Begattung beobachtet, ob aber beide Teile einen Stachel hatten oder welcher einen und welcher nicht, das konnte man nicht ausmachen. Auch bei der wildern Art hat man schon die Begattung gesehen und zwar hatte der eine Teil einen Stachel, über den andern blieb man ungewiß. Die Brut scheint nicht durch Geburt zu entstehen, sondern sieht sogleich größer aus, als sie in Verhältnis zu einer Wespe sein könnte. Faßt man eine Wespe bei den Füßen und läßt sie mit den Flügeln sumsen, so fliegen sogleich die stachellosen herzu; woraus denn einige einen Beweis hernehmen wollen, daß jene Männchen und diese Weibchen seien. Bisweilen fängt man im Winter in Höhlen solche mit Stacheln und ohne Stacheln. Manche machen kleine Wespen-Nester mit wenigen Zellen, andre große mit vielen. Die sogenannten Mütter fängt man um die Zeit der Sonnenwende am häufigsten an Ulmen, wo sie klebrige und harzige Teile sammeln. Als es einmal das Jahr vorher sehr viel Wespen gegeben hatte und zugleich viel Regen war, fand man im folgenden sehr viel Mütter. Man fängt sie in Rändern und geradlaufenden Erdspalten, und zwar scheinen alle diese Stacheln zu haben. Dies von den Wespen." (Aristoteles, Naturgeschichte IX, 38.)

Literatur:

Aristoteles, Historia animalium. Übersetzt und herausgegeben von Aubert und Wimmer. Leipzig 1868. 2 Vol.
Aristoteles, Naturgeschichte der Tiere. Übersetzt von F. Strack. Frankfurt 1819.
Aristoteles, 5 Bücher von der Zeugung und Entwicklung der Tiere. Übersetzt und herausgegeben von Aubert und Wimmer. Leipzig 1860.
Aristoteles, Teile der Tiere. Übersetzt von Karsch. Stuttgart 1855.
J. B. Meyer, Aristoteles' Tierkunde. Berlin 1855.
Karl J. Sundevall, Die Tierarten des Aristoteles. Stockholm 1863.
G. H. Lewes, Aristoteles. Deutsch von J. V. Carus. Leipzig 1865.
F. Mauthner, Aristoteles. Berlin 1904.
R. Burckhardt, Das koische Tiersystem, eine Vorstufe der zoologischen Systematik des Aristoteles Verb. Naturf. Ges. Basel 1904. Vol. XV, 3.
A. Steier, Aristoteles und Plinius. Würzburg 1913.
O. Keller, Die antike Tierwelt. Vol. 2, Leipzig.

c) Theophrast.

Im engen Anschluß an Aristoteles stehen die Schriften seines Schülers Theophrast. Dieser war gegen 371 v. Chr. auf der Insel Lesbos geboren, trat in Stagira in den Bannkreis des Aristoteles, dem er auch nach Athen als Schüler folgte. Bei seiner Flucht aus Athen ernannte ihn Aristoteles zum Schul-Oberhaupt und er starb als solches 286 zu Athen. Seine Hauptwerke sind der Botanik gewidmet, doch finden sich eine Reihe wertvoller entomologischer Beobachtungen in denselben.

Von den Schriften des Theophrast war mir nur die „Naturgeschichte der Gewächse" in der Sprengelschen Übersetzung zugänglich. In diesem Werke werden eine Anzahl Pflanzen-Schädlinge erwähnt. Die Entstehung von Krankheiten und Schädlingen hängt weitgehend vom Klima ab. Über Bekämpfungs-Maßnahmen erfahren wir so gut wie nichts.

Die Krankheiten der Bäume. (lib. 4 cap. 14 p. 178—183.)

Krankheiten, die ihren Untergang herbeiführen, sollen die wilden Bäume nicht befallen; doch können sie davon leiden, offenbar am meisten, wenn sie im Ausschlagen oder Blühen vom Hagel getroffen werden, oder wenn zu derselben Zeit ein sehr kalter oder heißer Wind herrscht. Von dem zur gewöhnlichen Zeit eintretenden Winter leiden sie garnicht. ... Die zahmen Bäume [= kultivierten] leiden an mehreren Krankheiten, unter denen einige allen oder den meisten gemeinschaftlich, andere nur besondere Gattungen betreffen. Gemeinschaftlich ist ihnen, daß sie von Würmern leiden oder vom Einfluß der Sonnenstrahlen oder vom Brand ergriffen werden. Denn fast alle haben von Würmern zu leiden, einige weniger, andere mehr wie der Feigen-, Apfel- und Birnbaum. Im ganzen genommen werden die mit scharfen und wohlriechenden Säften versehenen Bäume weniger von Würmern angegriffen; aber vom Sonnenbrand leiden sie auf gleiche Weise. ... Die Räude und die sich einnistenden Schnecken sind Krankheiten des Feigenbaums; aber nicht überall wird er davon betroffen, sondern es scheinen auch die Krankheiten der Bäume sich nach dem Klima (den Gegenden), wie bei den Tieren zu richten. ... Der wilde Feigenbaum bekommt dagegen weder den Krebs noch den Brand, weder die Räude noch Würmer wie der zahme. ... Von den Würmern in den Feigen werden einige von ihnen selbst erzeugt, andere bringt der sogenannte Hornkäfer (Kerastes) hervor, in welchen sich auch alle verwandeln. Dieser Käfer bringt ein eigenes Geräusch hervor.

... Wie einige meinen, entstehen fast die meisten Krankheiten von Verwundungen. ...

Unter allen ist aber der Frühlings-Apfelbaum, besonders der süße am schwächlichsten. ... In Milet werden die Ölbäume, wenn sie blühen, von Raupen verwüstet; einige verzehren die Blätter, andere, von anderer Gattung, die Blüten, so daß die Bäume kahl werden. ...

Eine andere Krankheit findet sich an den Ölbäumen, die man Spinnwebe nennt (Arachnion); dies verdirbt die Frucht... Ferner werden von Würmern verschiedene Früchte angefressen als: die Oliven, Birnen, Äpfel, Mispeln und Granaten. Der Wurm der Olive, wenn er unter die Haut eindringt, zerstört die Frucht; wenn er aber den Kern selbst verzehrt, so hilft er noch [zur schnelleren Reife]. Daran, daß er sich unter der Oberhaut erzeuge, wird er durch Regen beim Aufgang des Arktur verhindert. Auch in den selbst abfallenden Oliven erzeugen sich Würmer, wodurch die Früchte schlechter zum Ölgeben werden; denn sie scheinen ganz zu faulen. Daher entstehen sie auch bei Südwinden und vorzüglich an nassen Orten.

Es erzeugen sich auch [Gall-Wespen] in einigen Bäumen, wie in der Eiche und dem Feigenbaum; sie scheinen ihren Ursprung der geronnenen Flüssigkeit unter der Rinde zu verdanken. Diese (Flüssigkeit) ist süß von Geschmack. Sie kommen auch auf etlichen Gemüsen vor, auf anderen sind Raupen, die offenbar einen verschiedenen Ursprung haben. Das sind nun die Krankheiten der aufgeführten Gewächse.

Holzwürmer. (Lib. 5, cap. 4, p. 200—201.)

... Außer dem Bohrwurm gibt es auch andere Holzwürmer. Was im Meere fault, das wird vom Bohrwurm zerfressen; was aber auf dem Lande, von anderen Holzwürmern: denn der Bohrwurm soll nur im Meere vorkommen. ... Die Holzwürmer sind den andern Würmern ähnlich, von denen nach und nach das Holz durchlöchert wird. Indessen ist diesem leicht dadurch abzuhelfen, daß man (die Fahrzeuge) mit Pech überzieht, damit die Löcher dadurch bedeckt werden, und sie ins Meer bringt. Gegen den Bohrwurm aber gibt es keine Mittel.

Von den Würmern im Holz entstehen einige aus eigentümlicher Fäulnis, andere werden aus der Brut anderer erzeugt. Denn auch der sogenannte Hornkäfer legt seine Brut in die Bäume, indem er das Holz bohrt, in Windungen aushöhlt und (den Wurmfraß) wie Mäuse-Unrat (auswirft) [weist auf Zeuzera pyrina hin, die gerade Olea und Platanus sehr stark befällt, der Kot ist hellrot!]. Er flieht aber die stark riechenden, bitteren und harten Hölzer, wie das Buchsbaum-Holz, weil er sie nicht anbohren kann. ... auch Tannen-Holz ist vor ihm geschützt. ...

Die Räude des Feigen-Baums ist wohl auf die Schildlaus Ceroplastes rusci L. zu beziehen. Der Kerastes läßt sich am ehesten auf Hesperophanes griseus und andere Cerambyciden beziehen, die im östlichen Mittelmeer-Gebiet sehr häufig im Feigen-Baume bohren. Die blattfressenden Raupen des Ölbaums vermag ich nicht zu deuten, die blütenfressenden sind die Raupen von Prays oleella F. Den Arachnion deutet Sprengel als Milben-Spinne (Tetranychus telarius). Doch ist mir kein solch schädliches Auftreten dieser Tiere an Ölbäumen bekannt. Eher möchte ich es auf eine auch in Palästina nicht seltene Erscheinung beziehen. Eine große Spinne bedeckt im Frühjahr und Sommer in manchen Gegenden zu Hunderten die Ölbäume, besonders die jüngeren, und stört ihre Entwicklung. Die Oliven-Würmer sind natürlich die Maden von Dacus oleae Rossi, die Apfel-Würmer die Raupen von Carpocapsa pomonella L. Über das Vorkommen von Würmern in Mispeln und Granaten im heutigen Griechenland bin ich nicht unterrichtet. Falls Virachola livia Klug. dort als einheimisches Tier vorkommen sollte, sind die Granatapfel-Würmer sicher deren Raupen. Der Wurm im Kern von Oliven ist vielleicht auf Apion malvae zurückzuführen, den P. A. Buxton aus Oliven gezogen hat. Von den „Gall-Wespen" der Eichen und Feigen später mehr, die der Gemüse sind Blattläuse. Der Bohrwurm des Holzes ist Teredo navalis, während die Bohrwürmer im Holz, die Unrat wie Mäuse-Kot auswerfen, auf Zeuzera pyrina deuten, die im östlichen Mittelmeer-Gebiet ein sehr großer Schädling des Öl- und Apfelbaums ist.

Die Krankheiten der Gemüse. (Lib. 7, cap. 5, p. 256—257.)

... Gut ist das Regenwasser, weil es das Ungeziefer, welches die Keime verzehrt, vertilgt. ... Was das Ungeziefer betrifft, so sind dem Rettich die Erd-Flöhe, Raupen und Maden dem Kohl, dem Lauch und anderen die sogenannten Lauch-Raupen schädlich. Diese tötet das angehäufte halbtrockene Heu oder auch, wenn man Mist in Haufen faßt; denn das Ungeziefer liebt den Mist, schlüpft hinein und liegt ruhig darin; auf solche Art fängt man es leichter, was sonst unmöglich ist. Gegen die Erd-Flöhe des Rettichs hilft, wenn man Bockshorn-Klee

[Trigonella foenum graecum] hineinsät; aber daß Erd-Flöhe überhaupt nicht erzeugt werden, kann man durch nichts verhindern.

Der Kohl-Erdfloh ist Phyllotreta cruciferarum Goeze. Die Raupen an Kohl sind Pieriden-Raupen (Pieris brassicae L., P. rapae L.). Über die Lauch-Raupen vermag ich nichts zu sagen. (Nach Sprengel: die Larven von Cassida viridis L. ???). Die Bekämpfung der Erd-Flöhe durch Zwischensaat von Bocks-horn-Klee ist noch im Mittelalter gebräuchlich gewesen (cf. Petrus de Crescenzi).

Die Krankheiten von Getreide und Leguminosen
(Lib. 8, cap. 10, p. 301—303.)

Die Krankheiten der Getreide-Arten sind teils allen gemeinschaftlich, teils einigen eigentümlich wie der Brand der Kicher-Erbse, der Raupenfraß und die Erd-Flöhe oder anderes Ungeziefer ... Das Ungeziefer aber, was nicht aus den Gewächsen selbst, sondern von außen kommt, schadet nicht so sehr. So erzeugt sich die Kantharis im Weizen, eine Spinne in den Erven, andere in andern. ...

Den Weizen zerstören auch Würmer, die sich teils in der Wurzel erzeugen und sie sogleich verzehren, teils späterhin entstehen, wenn wegen Dürre kein Schossen stattfindet, wo sie dann den Halm abbeißen und verzehren. Sie fressen sich bis in die Ähre hinein und wenn sie diese ausgeleert haben, sterben sie. Wenn sie sich ganz herausfressen, so muß der Weizen völlig zu Grunde gehen. Wenn sie aber nur den einen Teil des Halmes angreifen und der Schoß hervortreibt, so vertrocknet die Ähre, das Übrige bleibt aber gesund. Diese Zufälle erleidet der Weizen nicht überall, sondern nur in einigen Gegenden, wie in Thessalien, in Lydien und am Lelantus in Euböa.

Würmer erzeugen sich auch in den Ocher-Erbsen, Platt-Erbsen und Erbsen, wenn, nachdem sie durchnäßt sind, starke Hitze folgt, wie die Raupen in den Erven. Wenn diese die Nahrung verzehrt haben, so kommen sie um, sowohl wenn die Gewächse noch grün sind, wie wenn sie Früchte tragen. Dies ist der Fall mit den Insekten, die man Ipes nennt (mit dem Midas), der in den Bohnen und in anderen (Hülsen-Früchten) sich erzeugt, wie dies auch von den Würmern in Bäumen und im Holze geschildert wurde; ausgenommen sind davon die sogenannten Hornkäfer. Auf alle diese Krankheiten hat, wie leicht begreiflich, die Natur der Gegenden einen bedeutenden Einfluß; denn die Luft ist bald kalt, bald warm, bald feucht, bald trocken. Jene (die warme und feuchte) Beschaffenheit erzeugt solche Insekten. Wo sie zu entstehen pflegen, da erzeugen sie sich doch nicht beständig.

Die Getreide-Schädlinge sind schwierig zu deuten. Die Kanthariden sind wohl Cantharis- (Telephorus-) Arten, die im Frühjahr zahlreich in Getreide-Feldern erscheinen, aber keinen Schaden anrichten. Es kann aber auch an Mylabris-Arten gedacht werden. Auf welche der zahlreichen Getreide-Fliegen und -Wespen der im zweiten Absatz geschilderte Schaden zurückzuführen ist, ist erst nach der genaueren landwirtschaftlich entomologischen Erforschung des heutigen Griechenlands festzustellen. Der in der Wurzel entstehende Wurm dürfte die Made von Chortophila flavibasis Stein. oder einer verwandten Art sein. Die anderen Erscheinungen passen am besten auf Cephus sp., keinesfalls aber auf die von Sprengel angeführte Larve von Carabus gibbus.

Theophrast verdanken wir die ältesten ausführlichen Daten über die Kaprifikation, die ja schon zuvor von Herodot erwähnt war. Dieser so außerordentlich komplizierte Vorgang konnte ihm natürlich nicht völlig klar werden, doch ist seine Schilderung recht anschaulich:

Über Kaprifikation. (Lib. 2, cap. 8, p. 72—74.)

Der Mandel-, Apfel-, Granat-, Birnbaum und vorzüglich der Feigenbaum
und die Dattel-Palme werfen ihre Früchte vor der Reife ab, wogegen man
auch Anstalten trifft. Zu diesen gehört die Kaprifikation. Aus den darüber
gehängten wilden und angestochenen Feigen nämlich schlüpfen die Gall-
Wespen aus und fressen sich durch das oberste der Früchte hinein. Übrigens sind auch die Klimate dem Abwerfen mehr oder weniger günstig. In
Italien sollen sie es nicht tun, daher kaprifiziert man dort auch nicht. ... Die
Gall-Wespen schlüpfen nur aus den angestochenen wilden Feigen, sie kommen
aber aus den Kernen. Ein Beweis dafür ist, daß nach ihrem Ausschlüpfen
in den Früchten die Kerne fehlen. Es schlüpfen aber viele aus und lassen
einen Fuß oder Flügel zurück. Noch eine andere Art von Gall-Wespen gibt es,
die man Kentrinen nennt: diese sind müßig wie die Drohnen; sie töten die
einschlüpfenden und sterben selbst darin. ... Die kaprifizierte Frucht erkennt
man daran, daß sie rot oder bunt oder derb ist; die nicht kaprifizierte ist
weiß und unkräftig. Man hängt die angestochenen Feigen dazu, wenn es
regnet. ... Auch soll man mit Poley und Mannstreu kaprifizieren können,
wo es viel dergleichen Gewächse gibt. Auch geht es mit den Samen der Ulme
an, weil auch in diesen einige Tierchen der Art wachsen. Ameisen an den
Feigen verzehren die Gall-Wespen. Dagegen ist es gut, wenn man Krebse
anbindet, dann werden diese von den Ameisen angegriffen. ...

Die Erwähnung der Ulmen-Gallen (in Griechenland kommt sowohl die Galle
von Schizoneura lanigera wie von Tetraneura ulmi vor) leitet uns zu den
Gallen-Kenntnissen Theophrasts über. Auch bei mehrfacher Erwähnung von
„fruchttragenden" Pappeln ist wohl an Gallen zu denken und zwar an eine
Pemphigus-Art. Deutlicher ist die Erwähnung von Terebinthen-Gallen:

III, 15, p. 118 ... Zugleich mit der Frucht trägt die Terebinthe einige
hohle Beutelchen, wie die Ulme [ebenfalls Lib. IX, cap. 1], worin mücken-
artige Tierchen vorkommen. In diesen ist eine harzige und klebrige Feuchtigkeit; doch sammelt man das Harz nicht aus diesen, sondern man gewinnt es
aus dem Holze. Die Frucht gibt nicht viel Harz von sich, sondern sie klebt
an den Händen, und wenn man sie nach dem Einsammeln nicht abwäscht, so
hängt man sie zusammen. Wird sie aber gewaschen, so schwimmt die weiße
und unreife oben auf, die schwarze aber sinkt zu Boden. [= Phemphigus
cornicularius.]

Hierbei mag sowohl an die Johannisbrot-Galle von Pemphigus cornicularius
Pass., auf die das Hervorheben der harzigen klebrigen Masse besser paßt, wie
an den taschenförmigen Pemphigus utricularius Pass. gedacht werden. Im allgemeinen wird die erstere Deutung bevorzugt.

Die Eichen-Gallen sind schon Theophrast wegen ihrer Mannigfaltigkeit aufgefallen. Er erwähnt sie an zwei Stellen.

Gallen. (Lib. 3, cap. 7, p. 93—94.)

Die meisten Auswüchse trägt aber die Eiche, außer ihrer Frucht: nämlich
den kleinen Gall-Apfel [1] und den harzigen, schwarzen [2], auch einen
maulbeerartigen Auswuchs [3], der durchlöchert und hart und schwer zu
zerbrechen ist. Dieser kommt gleichwohl selten vor. ... Auch erzeugt die
Eiche, was einige Pilos nennen: dies ist ein wolliges, weiches Kügelchen [4],
um einen härteren Kern gewachsen, dessen man sich zu Dochten bedient;

denn es brennt gut, wie auch der schwarze Gall-Apfel. Auch erzeugt sich
(an den Eichen) noch ein anderes Kügelchen [5], mit einem Schopfe, welches
sonst ohne Nutzen ist, aber im Frühling färbt es sich mit einem Saft, der dem
Gefühl und dem Geschmacke nach honigartig ist. Ein anderes ungestieltes
Kügelchen [6]. wächst aus dem in den Zweig-Winkeln angehäuften Mark.
Es ist eigen, bunt und inwendig hohl. Es hat hervorstehende weiße Näbelchen,
oder schwarze Punkte, in der Mitte ist es scharlachrot und glatt; öffnet man
es, so ist es schwarz und verdorben. Selten wächst auch ein Steinchen (aus
der Eiche), dem Bimsstein ähnlich [7]. Noch seltener ist ein länglicher Ball
aus zusammengewickelten Blättern [8]. Auf dem Blatt an der Rippe wächst
ein weißes Kügelchen [9], das, wenn es noch zart, durchsichtig und wässrig
ist; dies hat bisweilen Fliegen in sich. Wenn es aber reif wird, so verhärtet
es sich nach Art eines glatten Gall-Apfels.

Dies sind die Erzeugnisse der Eiche außer der Frucht.

III. 5, p. 87—88. ... Wenn dieser (zweite) Trieb erfolgt, so erzeugen sich
auch die Gall-Äpfel, sowohl die weißen als auch die schwarzen. Sie entstehen aber meist zur Nachtzeit, wachsen dann einen Tag hindurch; außer daß
die harzige Art, von der Sommerhitze ergriffen, vertrocknet und meistens
dann nicht mehr wächst, denn sonst würde sie noch größer werden. Darum
werden einige nicht größer als eine Bohne. Die schwarze aber ist mehrere
Tage hindurch grün und wächst fort, so daß manche die Größe eines Apfels
erreichen.

Auf eine Deutung dieser Cynipiden-Gallen möchte ich mich hier nicht einlassen, zumal in Bälde ein ausführliches Werk über die alte Gallen-Literatur
aus der Feder Böhners zu erwarten ist. Eine derselben glaubt Trotter
(Atti Accad. Lincei Roma 1902, 2. Ser. XI. p. 253) mit Cynips theophrastea
Trotter identifizieren zu können.

Die Kermes-Laus der Eiche wird nur kurz erwähnt (III, 7): „Die immer-
grüne Eiche trägt die roten Scharlach-Beeren."

Anhangsweise sei noch zweier anderer von Theophrast erwähnter Insekten
gedacht. Im Asphodelos soll sich ein Wurm entwickeln, der sich in eine geflügelte Biene verwandelt; wenn der Asphodelos trocken wird, frißt sie sich
durch und fliegt davon (VII, 13). Es ist nicht ganz ausgeschlossen, daß es sich
hier um einen Lixus (etwa L. angustus) handelt, falls keine Verwechslung mit
einer der zahlreichen, die Blüten besuchenden Bienen in Frage kommt.

Bei Behandlung der Arznei-Pflanzen wird ein viele Wurzeln fressendes
Insekt Sphondyle erwähnt (IX, 14):

Sphondyle. (Lib. 9, cap. 14, p. 340.)

Die Wurzeln, die eine gewisse Süßigkeit haben, sind dem Wurmfraß ausgesetzt, wenn sie alt werden. Die bitteren sind frei davon, aber ihre Arznei-
Kräfte werden schwächer durch Auflockerung und Entleerung. Von den
äußeren Tieren greift keines irgend eine Wurzel an, die Sphondyle aber
alle. Das ist eine eigentümliche Natur des Tieres.

Ob es sich hier um Engerlinge, Agrotis-Larven, Drahtwürmer oder um ähnliche
Insekten-Larven oder vielleicht um im Innern bohrende Curculioniden-Larven
handelt, läßt sich nach den kärglichen Angaben nicht beurteilen.

Im liber de causis plantarum (V, 13) wird noch ein Weinschädling Krambos
erwähnt, der in den Trauben entsteht und dem „Rost" (aerugo in der latein.

Übersetzung) ähnlich ist. Ich glaube, man kann diese Stelle zwanglos auf Polychrosis botrana deuten.

Literatur:

Theophrast's Naturgeschichte der Gewächse. Übersetzt und erläutert von K. Sprengel, 2 Vol. Altona 1822.

d) Die Bienenkunde des Aristoteles und seiner Zeit.

Unsere Kenntnisse über die Entwicklung der Bienenzucht im alten Hellas stecken noch völlig im Dunkeln. Von der bei Homer und in der späteren Literatur mehrfach erwähnten Beraubung wilder Honig-Nester zu der auf alten Traditionen beruhenden, hochentwickelten Bienenzucht der aristotelischen Zeit kennen wir keinen Übergang. Die wissenschaftlichen Exkurse des Meisters selbst, die sich zumeist auf wissenschaftliche Fragen erstrecken, zeigen bereits, welch tiefe Einblicke seine Zeit in die inneren Vorgänge des Bienen-Staates gewonnen hatte. Glücklicherweise ist uns in dem IX. pseudo-aristotelischen Buch der Tiergeschichte der ausführliche Bericht eines fast noch zeitgenössischen Imkers erhalten, dessen Ansichten und Erfahrungen wir später kennen lernen werden.*) Wie bei allen Insekten steht auch bei den Bienen die Frage nach der Zeugung und Entwicklung im Vordergrund. In der Tiergeschichte (V.) berichtet Aristoteles lediglich über die verschiedenen Meinungen über den Ursprung der Bienen, ohne sich selbst festzulegen:

Nach den einen erzeugen sie keine Brut und werden auch nicht begattet, sondern tragen die Brut ein von der Blüte des Kallyntron, von der des Kalamos, nach einer dritten Ansicht von der des Ölbaumes. Für die letztere wird die Tatsache angeführt, daß zur Zeit der Oliven-Ernte die meisten Schwärme abgehen. Nach einer weiteren Ansicht tragen sie nur die Drohnen-Brut von einem gewissen Stoffe der genannten Pflanze ein, während die Brut von Königinnen hervorgebracht wird. Königinnen gibt es zwei Arten: die bessere ist rotgelb, die andere dunkel und eher gefleckt. Die Königin ist doppelt so groß wie die Arbeits-Biene; der Teil hinter der Einschnürung ist etwa anderthalb mal so lang (wie eine Arbeits-Biene). Manche nennen die Königinnen Mütter, da sie gebären sollen. Als Beweise hierfür geben sie an, daß sich Drohnen-Brut finde, auch wenn keine Königin im Stocke sei, Bienen-Brut dagegen nicht. Die dritte Ansicht ist, es finde Begattung statt, und zwar seien die Drohnen Männchen, die Bienen Weibchen. Die Bienen nun entwickeln sich in den Zellen der Waben, die Königinnen dagegen in Brut-Zellen für sich, worin sie unterhalb an der Wabe hängen; denn sie entstehen auf eine von der andern Brut abweichende Weise.

In dem späteren Buche „Über die Fortpflanzung der Tiere" (III.) entscheidet er sich „aus Vernunftschlüssen und aus den bei den Bienen vorkommenden Erscheinungen" wie folgt:

Wie wir noch aus den folgenden Proben entnehmen werden, faßt Aristoteles die drei Bienen-Kasten nicht als Geschlechts-Formen, sondern als verschiedene, zusammenlebende Arten auf. Auch innerhalb dieser drei Arten (= Kasten) gibt es keine geschlechtliche Differenzierung. Die Arbeiter entstehen nur aus dem König, da die Imker ihre Entstehung von ihresgleichen bestreiten; ebenso er-

---

*) Beide Arbeiten sind in neuester Zeit mit guter Übersetzung und reichlich kommentiert aus der Feder von J. Klek und L. Armbruster (Arch. f. Bienenkunde I, 6 1919) herausgegeben worden. Diese ausgezeichnete und verdienstvolle Ausgabe verdient weiteste Verbreitung.

zeugt der König seinesgleichen. Die Drohnen entstehen aus den Arbeitern und die Drohnen erzeugen keine Nachkommenschaft. Armbruster faßt, indem er die aristotelischen Arten mit den modernen Sexualzeichen belegt, diese Anschauungen zusammen:

$♀$ erzeugen $♀$ und $♀$

$♀$ erzeugen $♂$

$♂$ erzeugen —.

Eine Paarung ist bei den Bienen noch nicht beobachtet worden. Beweis dafür ist auch die Kleinheit der Brut, da bei Kopula die Würmer meist sofort recht groß sind. Wie Armbruster mit Recht bemerkt, setzt Aristoteles bei den Bienen stillschweigend eine Selbstbefruchtung voraus, wie er sie ja auch von Fischen kennt.

Während Aristoteles in der Tiergeschichte die pflanzliche Entstehung der Bienen-Brut in Erwägung gezogen hatte, läßt er sie jetzt im Stocke selbst entstehen. Das eigentliche Ei-Stadium kennt er hier ebensowenig wie bei andern Insekten, da ja erst die Nymphe für ihn das den Eiern der höheren Tiere analoge Ei-Stadium darstellt.

Aus dem Leben der Bienen sind noch folgende Schilderungen erwähnenswert:

Arten.

Es gibt mehrere Arten Bienen. Die beste Biene ist klein, rundlich und gefleckt, eine zweite ist lang, ähnlich der Anthrene, die dritte ist der sogenannte Dieb, welcher dunkel ist und einen breiten Leib hat, die vierte ist die Drohne, die größte von allen, ohne Stachel und träge. Daher legen

Fig. 33.
Schmuckstück. (Altgriechische Goldene Biene als Bienen-Darstellung; nach O. Keller.)

Fig. 34.
Bienenkopf auf Gemme. (Altgriechische Bienen-Darstellung; nach O. Keller.)

Fig. 35.
Die Biene auf der Münze von Ephesos. (Altgriechische Bienen-Darstellung; nach O. Keller.)

manche Bienenzüchter ein Geflecht vor die Stöcke, derart, daß die Drohnen nicht hineinkriechen können, weil sie zu groß sind, während die Bienen dies können. Königinnen gibt es, wie schon bemerkt, zwei Arten. In jedem Stock befindet sich nicht nur eine, sondern mehrere. Das Volk geht zugrunde, wenn nicht genug Königinnen darin sind, nicht so sehr deshalb, weil es ohne Führer ist, sondern deshalb, weil sie doch zur Erzeugung der Bienen beitragen sollen. Ebenso stirbt ein Volk ab, wenn die Königinnen zu zahlreich sind, da sie dann eine Spaltung (im Volk) hervorrufen. Ist ein später Frühling, tritt Dürre ein oder befällt Meltau die Pflanzen, so gibt es wenig Brut. Dagegen bringen die Bienen bei Dürre mehr Honig hervor; bei regnerischem Wetter aber mehr Brut, weswegen auch eine reiche Oliven-Ernte und zahlreiche Schwärme zusammen eintreffen.

Leben und Arbeiten der Bienen.

Zuerst verfertigen sie die Waben, dann legen sie die Brut hinein und zwar nach der Ansicht jener, welche behaupten, sie holten dieselben von außen, aus dem Munde. Alsdann tragen sie ihre Nahrung, den Honig, ein, während des Sommers und Herbstes. Der beste ist der Herbst-Honig. Das Waben-Wachs wird aus den Blüten bereitet, das Stopf-Wachs holen sie von den Ausschwitzungen der Bäume; der Honig tropft aus der Luft, namentlich zur Zeit, wenn die Gestirne aufgehen und ein Regenbogen sich senkt; es gibt solchen überhaupt nicht vor dem Aufgang der Plejaden. Das Waben-Wachs bereiten die Bienen-Völker, wie schon gesagt, aus den Blüten; daß dasselbe nicht auch mit dem Honig der Fall ist, sondern sie diesen nur holen, wenn er herabregnet, dafür beweist folgendes: in der Zeit von einem oder zwei Tagen finden die Bienenzüchter die Stöcke voll Honig. Ferner gibt es im Herbst zwar Blumen, aber keinen Honig mehr, wenn er zuvor ausgenommen ist. Wenn nun der gesammelte Honig bereits ausgenommen ist und keine oder nur noch spärliche Nahrung im Stock ist, würde doch wieder Honig hineinkommen, wenn ihn die Bienen aus den Blüten bereiten könnten. Der Honig verdickt sich, wenn er reif wird; denn ursprünglich ist er wie Wasser und bleibt einige Tage flüssig, weswegen er in diesen Tagen ausgenommen, noch nicht dick ist; er wird vielmehr erst nach 20 Tagen dick. Sofort zu erkennen ist der Honig vom Thymian, da er sich durch Süßigkeit und Festigkeit auszeichnet. Die Biene sammelt an allen Blüten, die einen Kelch haben, auch an den andern, soweit sie Süßigkeit enthalten; Früchte indessen rührt sie nicht an. Die Säfte der Blumen trägt sie ein, indem sie sie mit einem zungenähnlichen Organ aufnimmt. Man zeidelt die Stöcke, wenn sich die Frucht des wilden Feigenbaums zeigt. Die besten Waben bauen die Bienen, so lange sie Honig eintragen. Sie tragen Wachs- und Bienen-Brot an den Schenkeln herbei und speien den Honig in die Zelle.

Haben sie Brut abgesetzt, so bebrüten sie dieselbe wie Vögel. In der Zelle liegt die Made, solange sie klein ist, schief, später richtet sie sich von selbst auf und nimmt Nahrung zu sich. Sie hält sich an der Zelle und kann sich so daran stützen. Die Brut der Bienen und Drohnen ist weiß; aus ihr entstehen die Maden, welche wachsen und Bienen und Drohnen werden. Die Königinnen-Brut aber ist hellgelb, weich wie dicker Honig und an Größe von vornherein dem aus ihr entstehenden Wesen fast gleich. Es entsteht aber aus ihr zunächst nicht eine Made, sondern angeblich sogleich die Königin. Sobald diese in einer Zelle Brut erzeugt hat, kommt aus der gegenüberliegenden Honig herein. Sowie die Zelle verklebt ist, bekommt das Junge Füße und Flügel, und nachdem es voll entwickelt ist, durchbricht es das Häutchen und fliegt heraus. Solange es eine Made ist, gibt es Kot von sich, später, wie schon erwähnt, nicht mehr, bis es ausgeschlüpft ist. Wenn man den Jungen, ehe sie Flügel bekommen, den Kopf abreißt, fressen die Bienen sie auf, und wenn man einer Drohne den Flügel abreißt und sie dann losläßt, beißen die Bienen auch den übrigen die Flügel ab.

Merkwürdigkeiten.

Die Lebensdauer der Bienen ist sechs Jahre, vereinzelt leben sie auch sieben Jahre. Wenn aber ein Volk neun oder zehn Jahre ausdauert, glaubt man, es habe sich gut gehalten. In Pontos gibt es eine Art sehr heller Bienen, die zweimal im Monat Honig bereiten. Bei Themiskyra am Thermodon bauen sie in der Erde und in Stöcken Waben, welche fast kein Wachs, aber dicken

Honig enthalten; die Wabe ist glatt und gleichmäßig gebaut. Doch geschieht dies nicht immer, sondern nur im Winter. Denn der Efeu, der in Pontos häufig vorkommt und von dem sie den Honig sammeln, blüht in dieser Jahreszeit. Es wird auch nach Amisos aus dem Innern weißer, sehr dicker Honig gebracht, den die Bienen ohne Waben an den Bäumen bereiten. Dergleichen trifft man auch sonst in Pontos. Ferner gibt es Bienen, die dreifache Waben in der Erde bauen; diese enthalten Honig, aber keine Maden. Es sind aber nicht alle Waben von dieser Art und bauen nicht alle Bienen solche.

An schönen Beobachtungen hebt Armbruster die folgenden hervor:

Ein Stachel ist bei der Königin vorhanden, aber es fehlt die Stechlust.

Die Zunge ist zurückziehbar, schwammig (Kapillarität!) und hohl.

Das starke Schwärmen ist schädlich.

Sonnenreiche Sommer (= Dürre) sind honigreich.

Die Bienen-Blumen haben röhrigen Bau („Kelch").

Aristoteles kannte bereits zwei Bienen-Rassen: eine fleißige, kleine, rundliche und gefleckte und eine arbeitsunlustige, lange, schmucke und glänzende. Aus der Durchsichtigkeit der Biene im Winter geht hervor, daß es sich um eine pigmentarme „italienerartige" Rasse (Armbruster) handelt, deren Variabilität ziemlich stark war.

Die Bienenkunde des Pseudoaristoteles.

Wir haben bereits erwähnt, daß uns in dem neunten Buch der Tier-Geschichte, das lange fälschlich Aristoteles selbst zugeschrieben wurde, ein ausführlicher Bericht eines erfahrenen Imkers ungefähr derselben Zeit erhalten ist, über den Armbruster und Klek vom Standpunkt des modernen Imkers nicht genug Lobenswertes zu berichten wissen.

Von bedeutenden Kenntnissen sei hier nur die eine hervorgehoben, daß dieser Pseudo-Aristoteles bereits aus der Erfahrung wußte, daß normalerweise im Bienenstock nur eine Königin vorhanden ist. Über die Grundzüge der Bienenpflege, soweit sie aus diesem Buche hervorgeht, sei kurz an Hand der mehrfach erwähnten Kommentatoren berichtet, die auch die Bienenkunde des neunten Buches auf zwei verschiedene Autoren zurückführen.

Die Imker der damaligen Zeit bezeichnen sie als „kenntnisreich und tüchtig". Der Ausdruck Melitturgoi läßt auf das Vorhandensein von Berufs-Imkern schließen, vielleicht aus dem Sklaven-Stande wie später bei den Römern. Die alte Betriebsform war reiner Stabilbetrieb und bestand offenbar in Aufsätzen von unbekannter Form auf ein Bodenbrett, wobei sich das Flugloch unten befand. Als guter Platz für einen Stand galt ein solcher, der im Winter warm, im Sommer kühl war und klares Fluß- oder Quell-Wasser in der Nähe hatte.

An technischen Hilfsmitteln waren u. a. die folgenden bekannt: Rauch dient zur Besänftigung der Bienen bei der Herausnahme des Honigs. Die auffliegenden Bienen wurden durch Bestreuen mit Mehl gekennzeichnet. Durch Geräusch suchte man die schwärmenden Bienen einzuschüchtern, die nach der Schwarmbildung in leere Stöcke hineingesammelt wurden.

Eine Reihe von Beobachtungen spielten in der Betriebsweise eine wichtige Rolle, so z. B. die Beobachtung des Flugloches, die Sorge für starke Völker, Herabminderung der Drohnenzahl durch eine Art Drohnen-Falle, Verfolg und eventuelle Verhinderung von Schwarm-Bildungen, Notfütterung, Beobachtungen über Feinde und Krankheiten, rechtzeitige Wachs- und Honigentnahme, Sorge für die Überwinterung, systematische Pflege der Bienen-Weide u. a. Gegen die Bienen-Feinde waren eine Anzahl Bekämpfungs-Mittel bekannt. Die Nester von

Wespen, Bienenfressern und Schwalben in der Nähe der Stöcke wurden vertilgt. Gegen Galleria melonella wandte man Rauch an. Gegen die Wespen kannte man eine besondere Falle. In enggeflochtene Gefäße wurde ein Stück Fleisch gelegt; sobald sich genügend Wespen darauf gesammelt hatten, wurde die Öffnung verdeckt und das Gefäß aufs Feuer gesetzt.

Der Ertrag von 9—14 Pfund Honig für das normale Volk stimmt auffallend gut mit dem heutigen deutschen Durchschnitt von 11 Pfund überein. Das südliche Klima hat offenbar die Vorteile der modernen Betriebs-Methoden teilweise ersetzt. Als Höchsterträge werden gegen 28 Pfund angegeben.

Eine Fülle schöner biologischer Beobachtungen haben Armbruster und Klek an dem erwähnten Orte zusammengestellt (p. 54—56). Die folgenden Text-Stellen lassen leicht erkennen, daß Armbruster und Klek mit ihrem Lobe des Pseudo-Aristoteles als eines erfahrenen Imkers, der auch für wissenschaftliche Fragen ein offenes, unvoreingenommenes Auge hatte, nicht übertrieben haben.

... Von den Zellen bauen sie zuerst diejenigen, in denen Bienen-Brut entstehen soll, dann diejenigen für die sogenannten Königinnen und für die Drohnen. Ihre eigenen nun bauen sie auf alle Fälle, die für die Königinnen nur, wenn reichlich Brut vorhanden ist, für die Drohnen nur, wenn reichlich Honig in Aussicht steht. Die Königinnen-Zellen bauen sie neben ihre eigenen, welche klein sind; die Drohnen-Zellen anschließend an diese. Sie sind geringer an Zahl als die Bienen-Zellen. Sie beginnen das Gewebe der Waben oben an der Decke des Stockes und führen es ohne Lücke fort bis auf den Boden in vielen Reihen. Die Zellen für den Honig, wie auch diejenigen für die Brut, haben nach zwei Seiten hin Öffnungen. Denn auf einer Unterlage sitzen zwei Zellen, wie bei Doppel-Bechern, nach innen und nach außen offen. Die am Rande der Waben mit dem Stock zusammenhängenden Zellen sind ringsum etwa zwei oder drei Reihen breit enger und honigleer. Am vollsten sind die am meisten mit Wachs gedeckten Zellen. Am Fluglloch des Stockes ist der vorderste Teil des Eingangs verschmiert mit Mitys. Dies ist ein ziemlich dunkler Stoff, eine Ausscheidung aus dem Wachs, von scharfem Geruch...

Das Wachs holen die Bienen, indem sie eifrig zu den Blüten emporklettern, mit den Vorderfüßen. Diese streichen sie an den mittleren Füßen ab und diese wieder an den auswärts gekehrten Teilen der Hinterbeine. So beladen fliegen sie davon, und man sieht ihnen an, daß sie schwer haben. Bei jedem Flug geht die Biene nur zu Blumen von einer Art, also von Goldlack zu Goldlack und rührt keine andere an, bis sie in den Stock zurückgeflogen ist. Kommen die Bienen im Stock an, schütteln sie ihre Last ab, und es sind jeder drei oder vier andere behilflich. ...

Nach dieser Arbeit besorgen sie das Brut-Geschäft. Es ist nicht ungewöhnlich, daß in derselben Wabe Brut, Honig und Drohnen sind. Wenn nun die Königin am Leben bleibt, sollen die Drohnen in besonderen Zellen entstehen, andernfalls in denen der Bienen, wobei die Bienen sie hervorbringen; diese sollen böser sein, weshalb man sie auch gestachelte Drohnen nennt, obwohl sie keinen Stachel haben, deswegen weil sie stechen möchten, aber nicht können. Die Drohnen-Zellen sind größer als die Bienen-Zellen; vereinzelt bauen sie auch ganze Waben für die Drohnen, meist aber zwischen die Bienen-Waben, so daß man sie wegschneiden kann. ...

Die guten Bienen bauen die Waben gleichmäßig und machen den Deckel darüber ganz glatt, ferner nur eine Art Waben, also nur Honig-, Brut- oder Drohnen-Waben. Kommt es aber vor, daß sie in der gleichen Wabe alle Arten Zellen bauen, so wird eine nach der andern verfertigt. ...

Der Dieb und die Drohne arbeiten nichts, beschädigen aber die Arbeiten der Bienen. Werden sie dabei ertappt, so werden sie von ihnen getötet. Sie töten auch ohne Gnade die überflüssigen Königinnen, besonders die schlechten, damit sie nicht, wenn sie in größerer Zahl vorhanden sind, eine Spaltung im Volke herbeiführen. Namentlich tun sie es dann, wenn viel Brut im Stock ist und keine Schwärme abgehen sollen. Unter diesen Umständen zerstören sie auch die Königinnen-Zellen, wenn sie schon angelegt sind, weil die Königinnen die Auswanderung leiten. Ebenso zerstören sie die Drohnen-Zellen, wenn die Völker nicht viel Honig bringen und so Honig-Mangel in Aussicht steht. ...

Hinsichtlich der Arbeiten sind bei den Bienen den einzelnen bestimmte Aufgaben zugewiesen. So sammeln die einen auf den Blumen, die andern holen Wasser, andere glätten und richten die Waben her. Wasser holen sie, wenn sie Brut zu ernähren haben. Sie setzen sich aber an keinerlei Fleisch und fressen auch keine Früchte an.

Eine durch Gewohnheit festgelegte Zeit, wann sie zu arbeiten beginnen, kennen die Bienen nicht. Vielmehr gehen sie, falls sie die erforderliche Nahrung haben und der Stock in gutem Zustand ist, erst in der schönen Jahreszeit an die Arbeit und arbeiten bei windstillem Wetter ununterbrochen. Eine junge Biene arbeitet gleich am dritten Tage, wenn sie Futter hat. Wenn ein Schwarm sich irgendwo niedergelassen hat, fliegen einige Bienen nach Futter aus und kehren damit zurück.

In gut gedeihenden Völkern fehlt die Bienen-Brut nur in den ersten 40 Tagen nach der Winter-Sonnenwende. Wenn die Brut etwas größer geworden ist, geben ihr die Bienen Futter in die Zellen und kleben diese zu. Ist das Junge dann so weit, so zerbeißt es selbst den Deckel und schlüpft aus. ...

Wenn die Imker die Waben herausnehmen, lassen sie den Bienen ihr Futter für den Winter. Ist dieses genügend, so erhält sich das Volk, sonst stirbt es, wenn ein strenger Winter eintritt, im Stock; ist aber milde Witterung, so verlassen sie ihn. Die Nahrung der Bienen ist Honig im Sommer und Winter. ...

Die hauptsächlichen Feinde der Bienen sind die Wespen und von den Vögeln die sogenannten Aigithaloi, ferner die Schwalbe und der Bienenfresser. Auch lauern ihnen, wenn sie sich an das Wasser begeben, die Frösche in den Sümpfen auf. Daher fangen die Imker diese in den Gewässern weg, wo die Bienen Wasser holen, auch zerstören sie die Wespen-Nester, die Nester der Schwalben und Bienen-Fresser in der Nähe der Stöcke. Die Bienen fliehen aber vor keinem Tiere, als vor solchem ihrer eigenen Art. Sie bekämpfen sich gegenseitig und fechten auch Kämpfe mit den Wespen aus. Fern vom Stocke tun sie sich gegenseitig und auch den anderen Tieren nichts an: In der Nähe des Stockes dagegen töten sie die Tiere, welche sie bezwingen können. Die Bienen, welche stechen, müssen sterben, da sie den Stachel nicht wieder herausziehen können, ohne daß dabei die Eingeweide austreten. Oft bleibt die Biene am Leben, nämlich dann, wenn der Gestochene den Stachel behutsam herausdrückt. Verliert sie dagegen diesen, so muß sie sterben. Die Bienen können übrigens durch ihre Stiche sogar große Tiere töten. So wurde beispielsweise schon ein Pferd von Bienen getötet. Am wenigsten bös und stechlustig sind die Königinnen.

Getötete Bienen werden zum Stock hinausgeschafft. Auch sonst ist die Biene ein äußerst reinliches Tier. Daher entleeren sie ihren Kot oft beim Ausfliegen, weil er einen üblen Geruch hat. ...

Wenn ein Stock krank war, ist es schon vorgekommen, daß einzelne Bienen zu einem fremden Volke flogen und, nachdem sie im Kampfe gesiegt hatten, den Honig hinaustrugen. Wenn dann der Imker die fremden Bienen zu töten anfing, kamen die Bienen des Stockes auch heraus und wehrten sich, ohne den Mann zu stechen. Namentlich in gutem Zustand befindliche Völker werden von Krankheiten befallen, u. a. auch vom sogenannten Kleros. Diese sind kleine Würmchen, welche auf dem Boden des Stockes entstehen: wenn sie größer werden, wird von ihnen der ganze Stock wie von Spinnweben angefüllt, so daß die Waben verderben. Eine andere Krankheit zeigt sich als eine Art Trägheit bei den Bienen und in üblem Geruch der Stöcke. ...

Die Bienen bauen, sobald die Pflanzen blühen. Daher muß man dann das Wachs aus dem Stocke nehmen, worauf sie gleich wieder zu bauen anfangen. Die Blumen, von denen sie sammeln, sind: Atrakyllis, Meliloton, Asphodelos, Myrte, Phleos, Agnos, Sparton. ...

e) Dioskorides.

Auch in der Heilmittel-Lehre des griechischen Altertums haben die Insekten eine Rolle gespielt. Die ausführlichsten Daten hierüber hat Pedanios Dioskorides aus Anazarbos in Kilikien hinterlassen, der in der Mitte des ersten nachchristlichen Jahrhunderts lebte.

In seiner „Arzneimittel-Lehre" werden die tierischen Pharmaka im zweiten Buche erwähnt.

Cap. 36. Peri Koreon [Wanzen]. Die Bettwanzen helfen gegen das viertägige Fieber, wenn sie vor den Anzeichen desselben, zu 7 Stück mit Bohnen den Speisen zugesetzt, genommen werden; aber auch ohne Bohnen genossen, (helfen sie) gegen den Biß der Aspis-Viper. Ihr Geruch weckt die durch Gebärmutter-Krämpfe Ohnmächtigen auf. Mit Wein oder Essig genommen, treiben sie Blutegel aus. Zerquetscht in die Harnröhre gelegt, beseitigen sie Harnverhaltung.

Cap. 38. Peri Silphes [Schaben]. Das Innere der in Bäckereien sich findenden Schaben mit Öl zerrieben oder gekocht und eingeträufelt, lindert die Ohren-Schmerzen. [Blatta orientalis.]

Cap. 56. Peri Tettigon [Zikaden]. Die gebratenen Zikaden genossen helfen bei Blasenleiden. [Cicada spec.]

Cap. 57. Peri Akridon [Heuschrecken]. Die Heuschrecken als Räucherung helfen bei Harnverhaltung, besonders der Frauen. Sie haben ein unbrauchbares Fleisch. Die Heuschrecke, welche Asirakos oder Onos heißt, ist in der Jugend flügellos und hat lange Beine. Getrocknet und mit Wein getrunken ist sie sehr wirksam gegen Skorpion-Stiche. In großer Menge gebrauchen [?] sie die Lybier in der Gegend von Leptis.

Cap. 64. Peri Kampon [Raupen]. Die auf den Gemüsen wachsenden Raupen schützen, so wird gesagt, mit Öl eingerieben, vor den Bissen giftiger Tiere. [Pieris.]

Cap. 65. Peri Kantharidon. [Zonabris- und Mylabris-Arten.] Zum Aufbewahren geeignet sind die vom Getreide gesammelten Kanthariden. Diese wirf in einen ungepichten Krug und verbinde die Öffnung mit lockerer, reiner Leinwand, wende ihn um und über dem Dampfe von siedendem Essig hin und her und halte damit aus, bis sie erstickt sind; dann reihe sie auf und bewahre sie. Am wirksamsten sind die bunten mit gelben Querstreifen auf den Flügeln und länglichem Körper, welche dick und etwas fettig sind wie die Schaben. Die einfarbigen sind unwirksam.

Cap. 66. Peri Buprestu. Gerade so werden die Buprestes aufbewahrt, die eine Art Kanthariden sind, und die Pityokampoi. Auch diese werden auf einem schwebend bewegten Siebe kurze Zeit über glühender Asche erhitzt und dann aufbewahrt. Gemeinsam haben sie die Kraft, Fäulnis zu bewirken, Geschwüre zu machen, zu erwärmen. Deshalb werden sie den Mitteln zugesetzt, die Krebs-Geschwüre, Aussatz und wilde Flechten heilen. Sie befördern die Katamenien und werden auch den erweichenden Zäpfchen zugesetzt. Einige berichten, daß die Kanthariden auch den Wassersüchtigen helfen, indem sie den Gegenmitteln zugemischt werden, nämlich den Urintreibenden. Andere haben ihre Flügel und Füße für diejenigen, welche sie genossen haben, als Gegengift ausgegeben.

Die hier erwähnte Pityocampa ist die Raupe von Thaumetopoea pityocampa L. Ein noch ungelöstes Problem ist die Frage, was die Alten unter Buprestis verstanden haben. Sicher ist nur, daß er ein im Grase lebender Käfer ist, der offenbar einen starken Kantharidin-Gehalt besitzt. Plinius (Hist. nat. XXX, 30) schildert ihn als langbeinigen Käfer. Wenn das Vieh ihn mit dem Futter verschluckte, so höre es auf zu fressen und schwelle an. Auch Nikander (Alexipharmaka 346) erwähnt die Schädlichkeit dieses Käfers für das Rindvieh. Die Hippokratiker setzten (fide Berendes) den Buprestis den Kanthariden zur Verstärkung der Wirkung zu. Ich glaube nicht, daß sich die Frage nach dem Buprestis des Altertums wird restlos klären lassen. Falls er aber auf einen Käfer zu deuten ist, könnten am ehesten Meloe-Arten in Frage kommen, die ja im Mittelmeer-Gebiet recht häufig sind, auf Vieh-Weiden leben, stark kantharidinhaltig sind und deren sonst in der alten Pharmakopöe keine Erwähnung getan wird.

Selbstverständlich spielen auch Honig und Wachs eine bedeutende Rolle als Heilmittel (II, 101—106).

Auch die Färbe-Schildlaus der Eichen hat Heilwirkung:

Peri Kokkou baphikes [Färbe-Schildlaus]. (Lib. IV, cap. 48.) Die Baphike ist ein kleiner astiger Strauch, an dem die Beeren wie Linsen hängen, welche gesammelt und aufbewahrt werden. Die beste ist die galatische und armenische, dann kommt die kleinasiatische und kilikische, zuletzt von allen die in Spanien. Sie hat adstringierende Kraft und ist mit Essig als Umschlag ein gutes Mittel bei Wunden und verwundeten Sehnen. Sie wächst in Cilicien auf den Eichen, einer kleinen Schnecke ähnlich, welche die Frauen mit den Nagelspitzen sammeln und Kokkos nennen.

Von Gallen wird neben den schon bei Theophrast erwähnten Ulmen-Gallen, besonders solche der Eiche erwähnt:

Peri Kekidon [Gall-Äpfel] (Lib. I. cap. 146). Der Gall-Apfel ist die Frucht der Eiche; eine Sorte wird Omphakitis (Unreifes) genannt, sie ist klein, höckerig, derb, ohne Löcher; die andere ist glatt, leicht und löcherig. Man muß die Omphakitis wählen, welche wirksamer ist. ... Und überhaupt, wenn es sich um ein adstringierendes, stopfendes oder austrocknendes Mittel handelt, muß man sie anwenden.

6*

In dem Buche über „Gifte und Gegengifte" erfahren wir bis ins Einzelne die Symptome und Gegenmittel gegen Vergiftung durch Kanthariden, Pityokampe und Buprestis.

I. cap. 1 Peri Kantharidon [K a n t h a r i d e n].

Bei denen, welchen Kanthariden beigebracht sind, zeigen sich die schlimmsten Symptome. Fast vom Munde nämlich bis zur Blase scheint alles zerfressen zu sein und ein Geschmack nach Pech oder Zedern-Harz tritt auf. An der rechten Seite des Unterleibes fühlen sie Entzündung und leiden an Harnverhaltung, oft auch lassen sie Blut mit dem Harn, im Bauch empfinden sie ähnliche Schmerzen wie bei der Dysentrie; sie werden von Ohnmachten, Übelkeit und augenverdunkelndem Schwindel befallen, zuletzt verlieren sie den Verstand. Bevor derartiges eintritt, muß man sie daher zum Erbrechen zwingen, indem man ihnen Öl oder ein anderes der vorerwähnten Mittel gibt, und, nachdem man das meiste durch Erbrechen entfernt hat, ein Klystier verabreichen von Weizen-, Graupen-, Reis-, Grütze- oder Ptisanen-Schleim, oder von einer Abkochung von Malven, Leinsamen, Bockshorn oder von Wurzeln des Eibisch, den die Römer Hibiscus nennen. Dabei muß man ihnen Natron mit Wasser-Meth geben, um das im Magen oder in den Eingeweiden Verbliebene abzuführen und wegzuspülen. Wenn dies nicht durchschlägt, muß man Entleeren durch Eingießen von Honig-Meth mit Natron und Wein oder Süßwein dazureichen, worin Zirbel-Nüsse und Gurken-Samen zerrieben sind oder Milch oder Honig-Meth oder in Süßwein zerlassenes Gänse-Fett. Auf die entzündeten Teile muß man Weizenmehl, welches mit Honig-Meth zusammen gekocht ist, legen. Anfangs allerdings schaden die angewandten Umschläge, weil das gereichte (Gift) unter der sich entwickelnden Wärme zurückgehalten wird und an den Hauptstellen sich festsetzt. In der Folge aber helfen sie gegen die schlimmsten Entzündungen, indem sie auch das Schmerz-Gefühl besänftigen und lindern. Zu dieser richtigen Zeit ist es aber angebracht, sie in die Badewanne zum Abwaschen zu schicken, nachdem man den Körper vorher mit erwärmendem Öl eingefettet hat. In jedem Falle besteht die Heilung darin, die schädlichen, dem Körper beigebrachten Stoffe durch die Haut auszuscheiden und überhaupt muß man auf jede Weise die Ausscheidung herbeiführen, um zu bewirken, daß der Zustand nicht ein bleibender werde. Man muß aber auch Hühner- und Lamm-Fleisch, solches von Ferkeln und Zicklein und zwar fettes und sehr weiches mit Lein-Samen zusammen gekocht geben, denn es ist dem Bauche bekömmlich und stumpft die Schärfe ab, ferner viel süßen Wein. Ein gutes Mittel ist zudem Weihrauchs-Rinde und die Aster genannte Erde [weißer Ton von Samos], von jedem 4 Drachmen mit süßem Wein genommen, weiter stinkender Polei mit Wasser zerrieben, Iris- oder Rosen-Öl mit Rauten-Abkochung und die zarten Weinreben mit süßem Wein zerrieben. Am kräftigsten von allen helfen die Gegengifte in der Menge von 4 Drachmen mit Honigmeth getrunken.

cap. 2.   P i t y o k a m p a.

Die, welche die Pityokampa verschluckt haben, empfinden sofort Schmerz im Munde und am Gaumen; es tritt heftige Entzündung der Zunge, des Magens und Bauches auf, ungeheurer Schmerz in den Eingeweiden, als ob sie zerbissen würden, gleichzeitig Hitze über den ganzen Körper und Ekel. Diesen hilft man in der gleichen Weise wie denen, die Kanthariden gegessen haben. Als spezifisches Mittel für sie nimmt man statt des einfachen Öles und Iris-Öls Quitten-Öl, welches aus Quitten-Äpfeln und Öl hergestellt ist.

cap. 3. Buprestis.

Die, welche Buprestis verschluckt haben, empfinden einen dem stinkenden Natron ähnlichen Geschmack; es erfolgt sogleich gewaltiger Schmerz im Magen und Bauche, Anschwellung des Magens und Bauches wie bei Wassersüchtigen, auch spannt sich ihnen die Haut über dem ganzen Körper und der Urin wird zurückgehalten. Man hilft ihnen mit denselben Mitteln wie bei Kanthariden-Vergiftung. Besonders aber hilft nach der Entleerung durch Erbrechen und Klystier das Einnehmen von getrockneten Feigen, ebenso ihre Abkochung mit Wein, ferner nützt ihnen, wenn die Hauptgefahr vorüber ist, das Essen von Datteln, oder daß sie sie mit Honig-Wein oder Milch zerrieben nehmen oder auch, daß sie Birnen jeglicher Sorte essen und Frauen-Milch trinken.

Endlich bringt das Buch „Über giftige Tiere" die Behandlung der von Wespen und Bienen Gestochenen (II. cap. 20):

Mit Angaben der Kennzeichen bei den Wespen- und Bienen-Stichen werden wir uns nicht befassen, denn sie waren allen klar und haben kein besonderes und irgendwie beachtenswertes Merkmal. Bei der Behandlung aber ist es nicht ohne allen Wert, auch an diese zu denken. Gegen die Wespen- und Bienen-Stiche nun ist ein gutes Mittel ein Umschlag von Malve und Gersten-Mehl mit Essig, ferner Feigen-Saft in die Wunde geträpfelt, sowie eine Blähung mit Salzlake oder Meerwasser.

Wir haben diese Stellen aus Dioskorides so ausführlich gebracht, da wir ihnen noch oft begegnen werden. Sie haben die Grundlage der entomologischen Heilmittel-Lehre des späteren Altertums, der Araber, des Mittelalters und der frühen Neuzeit gebildet und sollten daher jedem Entomologen bekannt sein.

Literatur:

Des Pedanios Dioskorides aus Anazarbos Arzneimittellehre in 5 Büchern. Übersetzt und mit Erklärungen versehen. J. Berendes. Stuttgart 1902.

J. Berendes, I. Des Pedanios Dioskorides Schrift über die Gifte und Gegengifte. II. Des Pedanios Dioskorides Schrift über die giftigen Tiere und den tollen Hund. Apothekerzeitung Vol. 20, 1905, p. 908 ff.

f) Zur Tierpsychologie.

Interessant ist es, daß sich schon im griechischen Altertum zwei grundlegende Auffassungen in der Tier-Psychologie gegenüberstanden. Den Standpunkt der Stoa bezeichnet am deutlichsten Chrysippos (ca. 250 v. Chr.). Nach ihm handelt das Tier nicht aus eigener Einsicht, sondern die Natur legt die Triebe in das Tier hinein, die es zum Nützlichen treiben und vom Schädlichen fernhalten, „verwaltet" diese gewissermaßen. Kleanthes (ca. 270 v. Chr.) hat bereits besondere Studien über die geistigen Fähigkeiten der Ameisen angestellt. Bei Seneca (ca. 50 n. Chr.) findet sich deutlich ausgesprochen, daß den Tieren die Vernunft versagt, dagegen Vorstellungs-Vermögen, Empfindung und Triebe verliehen seien. Die tierischen Künste sind angeboren, so der Bau der Ameisen und so die sechseckigen Waben der Honig-Biene, die nie mit solcher Regelmäßigkeit ausfallen könnten, wenn sie erlernte Kunst sei.

Dieser stoischen Instinkt-Lehre tritt Plutarch (ca. 100 n. Chr) entgegen. In seinem Buch über den Tier-Verstand gibt er eine Menge meist antropomorph entstellter oder fabelhafter Beispiele dafür, daß die Handlungen der Tiere auf Vernunft und Einsicht beruhen. In dieser Beispiel-Sammlung findet sich z. B. folgender Abschnitt über die Ameise: „Das Leben der Ameisen ist sozusagen der Spiegel aller Tugenden, nämlich der Freundschaft, Geselligkeit, Tapferkeit, Ausdauer, Enthaltsamkeit, Klugheit und Gerechtigkeit. Kleanthes behauptet zwar, die Tiere hätten keine Vernunft, erzählt aber doch, er habe folgendes gesehen: Es wären Ameisen in die Nähe eines fremden Ameisen-Haufens gekommen und hätten eine tote Ameise getragen. Aus dem Haufen wären nun dem Leichenzuge Ameisen wie zur Unterredung entgegen gekommen und dann wieder zurückgegangen. Dieses wäre 2—3 mal geschehen. Endlich hätten die Ameisen aus dem Haufen einen Wurm hervorgeschleppt und hätten ihn den Trägern der Leiche gegeben, um letztere von ihnen loszukaufen. Diese hätten den Wurm angenommen und die Leiche dagegen abgelassen. Jedenfalls bemerkt man, wie man sieht, wie Ameisen sich begegnen überall, wie sie die Tugend der Bescheidenheit üben, indem alle, die leer gehen, den Bepackten ausweichen etc. etc."

Literatur:
H. E. Ziegler, Der Begriff des Instinktes einst und jetzt. 3. Aufl. Jena 1920.

Hiermit schließen wir den Bericht über die älteste Periode wissenschaftlicher Entomologie, der fraglos bis in die späte Neuzeit hinein (Beginn des 18. Jahrhunderts) keine ähnliche an die Seite zu stellen ist.

2. Das römische Altertum.

a) Plinius.

Wir verlassen das griechische Altertum, das in seiner weiteren Entwicklung in Griechenland und Alexandria jeden Konnex mit dem peripatetischen Wissenschafts-System verlor und nur aus Utilitaritäts-Gründen (medizinischer, landwirtschaftlicher oder magischer Verwendung) den biologischen Naturwissenschaften ein gelegentliches Interesse schenkte.

Rom hat eine späte Erbschaft aus dem zerfallenden geistigen Hellas angetreten. Erst um den Beginn unserer Zeitrechnung, aus der Periode des Kaiserreichs, liegen uns die ersten Bestrebungen wissenschaftlich zoologischer Art aus Rom vor, und wie in Hellas tritt uns das höchststehende zusammenfassende Werk recht bald entgegen in der Historia Naturalis des Plinius.

C. Plinius Secundus Maior (geboren 23 n. Chr. zu Como) kam in früher Jugend nach Rom, wo er sich dem Staatsdienst widmete. Als Militär weilte er in Germanien. Zu Vespasian und Titus stand er in freundschaftlichen Beziehungen. Unter ihnen bekleidete er die Stelle eines Admirals der in Misenum stationierten westlichen Mittelmeer-Flotte. Seinen Tod fand er, als er bei dem berühmten Vesuv-Ausbruch im Jahre 79 den bedrohten Städten Herculanum und Pompeji Hilfe leisten wollte. Sein Ende ist plastisch von seinem Neffen C. Plinius Secundus Minor in einem erhaltenen Briefe geschildert worden. Dieser Admiral hat die Nächte seines arbeitsreichen Lebens dazu verwandt, um in einer Enzyklopädie, die den oben bereits erwähnten Titel trägt, „20 000 Gegenstände aus 2 000 Werken" zusammenzutragen. Hervorgehoben zu werden verdient noch, daß nach den gründlichen Studien A. Steier's (1913) und seiner Vorgänger es fast sicher ist, daß Plinius die Werke des Aristoteles garnicht direkt gekannt hat, sondern nur aus Zitaten anderer Schriftsteller und Auszügen. Die 77 n. Chr. abgeschlossene Historia Naturalis ist in den folgenden

Jahrhunderten sehr verschieden beurteilt worden, von überschwänglicher Verehrung, die Plinius hoch über Aristoteles stellt, bis zu der heute auch noch
nicht ganz überwundenen Wertschätzung als kritik- und wertloser Kompilator.
Daß Plinius über wenig eigene Natur-Beobachtung verfügte, ist sicher, hielt er
doch sogar einen Spaziergang für zeitverschwendend. Daß sein Werk eine Kompilation aus anderen Schriften darstellt, betont er selbst in der Vorrede. Aber
eben so sicher ist, daß sein Werk eine bewundernswerte enzyklopädische
Zusammenfassung des naturkundlichen Wissens seiner Zeit ist. Wir dürfen nicht
vergessen, daß auch hierzu eine spezifische und nicht allzu häufige Begabung
erforderlich ist. Endlich tritt Plinius oft genug, und wir werden das gerade
bei den Insekten noch merken, mit durchaus selbständigen Urteilen und Ansichten hervor. Wenn wir in Plinius also auch keinen Reformator der Biologie
zu sehen haben, so ist er neben Aristoteles doch eine der wenigen bedeutenden
Erscheinungen des Altertums. Festzuhalten bleibt allerdings, daß er sich nie wie
Aristoteles von der Stoff- und Material-Sammlung in wissenschaftlich philosophischer Durcharbeitung über seinen Stoff erhoben hat.

Die Historia Naturalis umfaßt die Geographie, Zoologie und Botanik und
Mineralogie ihrer Zeit. Das 11. Buch ist größtenteils den Insekten gewidmet.
Die systematische Definition der Insekten und ihrer Untergruppen entspricht
der aristotelischen. Der erweiterte Tier-Bestand drückt sich in einer Anzahl
neuer Arten bei Plinius aus, während andere des Aristoteles verschwunden sind.

Vergleichender Insektenbestand bei Aristoteles und Plinius.

	Insekten bei		Bei Plinius sind gegenüber Aristoteles		
	Aristoteles:	Plinius:	neu:	vorhanden:	fehlen:
Orthoptera	3	4	2	2	1
Coleoptera	6	9	5	4	2
Hymenoptera	12	11	2	9	3
Lepidoptera	6	6	1	5	1
Diptera	8	8	1	7	1
Rhynchota	5	7	3	4	1
Varia	3	3	–	3	–
Unbestimmt	4	13	10	3	1
Bestimmt	43	48			
resp. Total	47	61	24	37	10

Berühmt ist die Einleitung in die Insektenkunde[23]): „Es bleiben uns jetzt
noch Tiere von unendlicher Feinheit übrig, denen einige das Atmungsvermögen
und sogar das Blut abgesprochen haben. Das Leben dieser teils laufenden,
teils fliegenden Geschöpfe bietet manche Verschiedenheiten. Viele sind geflügelt wie die Bienen; andere haben geflügelte und ungeflügelte Formen wie
die Ameisen. Wieder andere haben weder Flügel noch Beine. Insekten (Kerb-
tiere) nennt man sie mit Recht wegen der Einschnitte, die am Halse, an der
Brust und am Hinterleibe die Glieder voneinander trennen, so daß die Glieder
nur noch durch eine dünne Haut miteinander verbunden sind.

Nirgends erscheint die bildende Kunst der Natur glänzender als an den
Insekten. An den größeren Tieren war nämlich die Formgebung bei der Bild-
samkeit des Stoffes viel leichter. Indeß bei jenen kleinen fast unscheinbaren Ge-

schöpfen, welche Zweckmäßigkeit und welch unbeschreibliche Vollendung war
hier geboten! Wo hat die Natur an der Mücke — und es gibt noch viel winzigere
Insekten — so viele Sinne angebracht? Wo finden sich bei ihr die Organe des
Sehens, Riechens und Schmeckens? Und woher rührt die verhältnismäßig so
deutliche Stimme dieses Tieres? Mit wie zarter Hand sind seine Flügel an den
Körper geknüpft, die Schenkel verlängert und der Leib gewölbt! Wie verlieh
die Natur der Mücke den heißen Durst nach Menschenblut? Mit welcher Kunst
spitzte sie den Stachel zum Durchbohren der Haut! Ja, nicht genug damit, sie
formte ihn zum doppelten Zwecke, so daß er nicht nur spitz genug zum
Stechen, sondern gleichzeitig röhrenförmig zum Saugen eingerichtet ist. Und
dabei ist dieses Organ so zart, daß man es kaum sehen kann. So hat die Natur
dem Holzwurm Zähne, um das Holz zu durchbohren, verliehen und ihm zugleich
seine Nahrung aus diesem Holze bereitet. Wir bewundern dagegen den Rücken
des Elefanten, da er damit Türme zu tragen vermag, den Nacken, mit dem
der Stier seinen Feind emporschleudert, die Raubsucht des Tigers und die
Mähne des Löwen. Aber wahrlich, nirgends erscheint die Natur so groß wie
in dem Kleinsten, das sie hervorbringt. Daher bitte ich den Leser, wenn er auch
vieles von diesen Dingen gering achtet, ihre Beschreibung doch nicht zu verschmähen, da bei der Betrachtung der Natur nichts als unwichtig angesehen
werden darf."

Im nächsten Abschnitt zeigt Plinius eine ausgesprochene Selbständigkeit des
Urteils, mit dem er entgegen Aristoteles sowohl eine Atmung für die Insekten
annimmt, d. h. ein Ein- und Ausatmen der Außenluft, als auch den Insekten eine
Art Blut-Flüssigkeit zuspricht und sie daher auch gesondert als eine besondere
Gruppe zwischen Blut-Tieren und Blutlosen bespricht.

„Viele sprechen den Insekten das Atmungsvermögen ab, weil sich in ihrem
Innern keine deutlich erkennbaren Atmungs-Organe befänden. Daher hätten
diese Tiere auch kein Blut, das an das Vorhandensein von Herz und Leber gebunden sei, wie es keine Atmung ohne Lunge gebe. Im Gegensatz zu diesen Ansichten hege ich auf Grund meiner eigenen Beobachtung der Natur die Über-
zeugung, daß man in ihr nichts für unmöglich halten darf. Ich sehe auch nicht
ein, weshalb Geschöpfe auch nicht ohne besondere Organe atmen sollen. Atmen
doch sogar die Seetiere trotz der Dichtigkeit und Tiefe des Wassers. Wie kann
man nur glauben, daß irgendwelche Geschöpfe zwar fliegen und mitten in der
Luft leben und dennoch nicht das Atmungsvermögen besitzen sollen? Wie ließ
sich dieser Mangel damit vereinigen, daß sie ihre Nahrung wählen, sich fortpflanzen, ja um die Zukunft sorgen, daß sie, obschon ohne deutliche Organe,
Gehör, Geruch, Geschmack und solche vorzüglichen Gaben wie Geschicklichkeit,
Mut und Kunstsinn besitzen? Daß die Insekten kein eigentliches Blut haben,
gebe ich zu. Doch besitzen sie dafür etwas Ähnliches, nämlich eine gewisse
Lebensfeuchtigkeit, die bei ihnen die Stelle des Blutes vertritt. Doch behalte
hierüber jeder seine Ansicht; ich bezwecke nur, die offenkundigen Eigenschaften
der Insekten zu besprechen, nicht aber zu unentschiedenen Fragen Stellung zu
nehmen.

Die Insekten lassen weder Sehnen noch Knochen, Gräten, Knorpel, Fleisch
oder Fett erkennen. Ihr Inneres steht vielmehr seiner Beschaffenheit nach
zwischen all diesem in der Mitte. Es ist weicher als Sehnen und, wenn auch
nicht hart, so doch fest. Auch ein gewundenes Eingeweide besitzen nur wenige.
Daraus erklärt sich ihre Lebens-Zähigkeit, wenn sie zerrissen werden. Denn
wie auch ihr Lebens-Prinzip beschaffen sein mag, sein Sitz ist nicht an bestimmte Organe gebunden, es ist vielmehr im ganzen Körper verteilt. Am

wenigsten jedoch im Kopf, der sich nicht für sich bewegt, sondern nur, wenn
er mit der Brust zusammen abgerissen wird. Keine Geschöpfe haben soviel
Gliedmaßen und diejenigen Insekten, welche die meisten Gliedmaßen haben,
leben am längsten, wenn man sie zerreißt. Dies läßt sich an den Tausendfüßern
beobachten. Die Insekten haben Augen. Sie besitzen auch das Vermögen zu
tasten und zu schmecken, mitunter auch zu hören."

Die Schilderung des Bienen-Lebens soll in extenso wiedergegeben werden:
„An erster Stelle verdient die Biene genannt und bewundert zu werden. Die
Bienen sammeln in dem Honig den süßesten, feinsten und heilsamsten Saft. Sie
erzeugen das Wachs, das so vielfache Anwendung findet. Sie sind ausdauernd
in der Arbeit, bringen Werke zustande, haben ein Gemeinwesen und Anführer.
Ja, was besondere Bewunderung verdient, sie besitzen Gesittung. Sie sind
weder zahm noch wild, und doch hat die Natur in diesem so unscheinbaren Geschöpfe etwas ganz Unvergleichliches hervorgebracht.

Im Winter ruhen die Bienen. Wie vermöchten sie auch den Reif und den
Schnee und die Stürme des Nordens zu ertragen? In der Tat tun dies alle Insekten, wenn auch weniger lange. Vor der Bohnen-Blüte gehen die Bienen nicht
an ihr Tagewerk. Dann geht aber auch kein Tag, wenn es die Witterung eben
zuläßt, verloren. Zuerst bauen sie ihre Wohnungen, nämlich die Waben. Dann
erzeugen sie ihre Brut und sammeln Honig und Wachs. Das eigentliche Wachs
liefern ihnen die Blumen, das Stopf- oder Vorwachs erhalten sie von den Bäumen,
die etwas Klebriges hervorbringen. Mit diesem Vorwachs versehen sie zunächst
das ganze Innere des Stockes wie mit einem Überzuge. Da sie wohl wissen,
daß der Honig ein Leckerbissen für andere Tiere ist, so mischen sie dem Vorwachs bittere Säfte zu. Auch verkleinern sie mit dem Vorwachs das Flugloch,
wenn es zu weit sein sollte. Außerdem tragen sie Bienen-Brot ein. Dies ist das
Futter der Bienen während ihrer Arbeit. Es wird oft in den Zellen aufbewahrt
und besitzt einen bitteren Geschmack. Das Bienen-Brot findet sich am reich-
lichsten an dem griechischen Nußbaum. Nach einer Angabe ist es als Blumen-
Staub zu betrachten.

Das Wachs sammeln die Bienen aus den Blumen fast aller Bäume und
Kräuter. Den Früchten tun sie keinen Schaden. Sie sammeln in einem Umkreis
von 60 Schritten. Sind die in ihrer Nähe befindlichen Blumen ausgeschöpft, so
senden sie Kundschafter aus nach entfernterer Weide.

Am Tage steht ein Wachtposten im Flugloch. Nachts ruhen die Bienen bis
zum Morgen; dann gibt eine durch ein Gesumme das Zeichen zum Aufbruch.
Darauf fliegen alle hinaus, wenn ein schöner Tag bevorsteht; ist aber Regen
und Wind zu erwarten, so bleiben sie daheim. Sie besitzen nämlich eine Art
Vorgefühl bezüglich der Gestaltung des Wetters. Sind sie zur Arbeit aus-
geflogen, so tragen die einen Blütenstaub an den Füßen ein, andere sammeln
Wasser in ihrem Munde oder an den Haaren, die ihren Körper bedecken. Diese
Arbeiten besorgen die jüngeren Bienen, die älteren dagegen schaffen im Stocke.
Diejenigen, welche Blütenstaub herbeitragen, beladen mit den Vorderfüßen die
Schenkel der Hinterbeine, die deshalb von Natur rauh sind. Die vorderen Füße
werden zunächst vermittels der Zunge befrachtet. Und so ziehen die Bienen
ganz beladen heim. Je drei oder vier empfangen sie dann und nehmen ihnen
die Last ab, denn auch im Stocke sind die Geschäfte verteilt: die einen bauen,
die anderen glätten, andere tragen das Erforderliche herbei, wieder andere
bereiten aus dem, was zusammengebracht worden ist, Futter. Die Bienen
fangen ihren Bau an der Decke des Stockes an und führen das Gewebe so,
daß immer zwei Wege zwischen den einzelnen Scheiben bleiben. Die Waben,

die am oberen Ende und zugleich etwas an den Seiten befestigt sind, berühren
den Boden nicht und sind schräg oder rund, je nachdem die Gestalt des Stockes
es erfordert. Senken sich die Waben, so stützen die Bienen sie durch Pfeiler,
die sie vom Boden aus so dazwischen setzen, daß ihnen der Zugang nicht ver-
sperrt wird. Die vordersten Zellen werden leer gelassen, die hintersten werden
vorzugsweise mit Honig gefüllt. Bewunderung verdient die Aufmerksamkeit,
welche die Bienen auf ihre Arbeit verwenden. Träge Bienen werden gezüchtigt,
ja sogar getötet. Auch ihre Reinlichkeit muß man bewundern. Alles wird aus
dem Wege geschafft; keine Art von Schmutz sieht man bei ihren Arbeiten.
Selbst den Kot der im Innern des Stockes beschäftigten Bienen bringen sie an
einem Orte zusammen und beseitigen ihn an stürmischen Tagen oder wenn sie
sonst Muße haben. Wird es Abend, so hört das Summen im Stocke mehr und
mehr auf. Wohnungen erbauen die Bienen zuerst für die Arbeits-Bienen, dann
für die Königin. Auch für die Drohnen werden Wohnungen angelegt. Diese
Zellen sind die kleinsten, obschon die Drohnen größer sind als die übrigen
Bienen. Wenn der Honig reif ist, treiben die Bienen die Drohnen aus und
töten sie.

Für die künftigen Königinnen bauen die Bienen am Boden des Stockes
besonders weite Wohnungen, die auf einer kleinen Erhöhung hervorragen.
Drückt man diese Königinnen-Zellen zusammen, so entsteht keine Brut. Alle
Zellen haben einen Winkel. Der Honig kommt aus der Luft. Daher findet
man zu gewissen Zeiten die Blätter der Bäume mit Honig-Tau befeuchtet. Die
Bienen sammeln den Honig in ihrem Honig-Magen und geben ihn durch den
Mund wieder von sich.

Der beste Honig ist derjenige, der sich in den Honig-Behältern der Blumen
sammelt. Anfangs ist der Honig flüssig wie Wasser, am zwanzigsten Tage
wird er dick. Dann überzieht er sich mit einem dünnen Häutchen. Die Güte
des Honigs hängt hauptsächlich von seinem Ursprunge ab. Auch finden sich
Unterschiede in der Beschaffenheit und Größe der Wachs-Scheiben. In jeder
Gegend gibt es drei Arten Honig. Zunächst entsteht der Frühlings-Honig. Er
wird in den Blumen gesammelt und daher auch Blumen-Honig genannt. Manche
empfehlen ihn nicht fortzunehmen, damit sich aus der reichlichen Nahrung
eine kräftigere Brut bilde. Andere lassen den Bienen aber gerade von diesem
Honig am wenigsten übrig, da ja der Thymian und der Weinstock von der Zeit
des Sonnen-Stillstandes an zu blühen beginnen. Beim Herausnehmen der Waben
ist das nötige Maß zu halten, weil die Bienen bei Mangel an Futter den Mut
verlieren, sterben oder sich zerstreuen. Überfluß dagegen macht sie üppig. Sie
fressen dann nicht Bienen-Brot, sondern Honig. Umsichtige Bienenhalter lassen
ihnen daher beim Herausschneiden der Waben den 15. Teil. Gewöhnlich fällt
diese Ernte in den Mai, am 30. Tage nach dem Auszuge des Schwarms.

Die zweite Sorte von Honig, der Sommer-Honig, wird etwa 30 Tage nach
der Zeit der Sonnen-Wende gesammelt. Dieser Honig würde das feinste Er-
zeugnis der Natur sein, wenn er nur nicht so sehr verschlechtert und verfälscht
würde. Es gibt nichts Wohlschmeckenderes und nichts Wirksameres gegen die
schlimmsten Leiden als diesen göttlichen Nektar.

Am wenigsten geschätzt ist der Wald-Honig. Er wird nach den ersten
Herbstregen gesammelt, wenn nur noch die Heide blüht und ist körnig wie
Sand. Man muß den Bienen von diesem Honig immer zwei Drittel lassen, und
zwar namentlich die Scheiben, in denen sich das Bienen-Brot befindet. In den
60 Tagen, die auf den kürzesten Tag folgen, halten die Bienen den Winterschlaf.
Sie brauchen dann keine Nahrung. In dem darauffolgenden Monat halten sie

sich noch im Stocke auf und leben, von den für diese Zeit gesammelten Vorräten. Während man den Honig ausschneidet, muß man die Bienen durch Rauch
vertreiben, damit sie nicht zornig werden.

Wie die Bienen ihre Jungen erzeugen, ist der Gegenstand schwieriger und
umfangreicher Untersuchungen gewesen, da man sie noch nie in der Paarung
beobachtet hat. Viele Leute meinen, sie entständen aus hierzu passender Zusammensetzung von Blumen. Andere glauben, es geschähe durch Paarung des
Königs mit den andern Bienen. Es befindet sich in jedem Stock nur ein König,
der viel größer ist als die anderen Bienen. Er soll das einzige Männchen sein
und ohne ihn soll es keine Brut geben. Die übrigen Bienen begleiten ihn wie
Weibchen ihren Mann und nicht wie ihren König. Gegen diese Ansicht spricht
allerdings das Vorkommen der Drohnen. Wie wäre es nämlich möglich, daß
dieselbe Begattung teils vollkommene, teils unvollkommene Bienen hervorruft.
Die erstere Meinung würde wahrscheinlich sein, wenn nicht eine andere Schwierigkeit wider sie spräche. Es entstehen nämlich zuweilen am äußersten Ende
der Wachs-Tafel größere Bienen, welche die übrigen vertreiben. Wie könnten
aber diese entstehen, wenn die Bienen sich selbst erzeugten. Sicher ist, daß
die Bienen nach Art der Hühner brüten. Zuerst kriecht ein kleiner weißer Wurm
aus. Der König aber hat gleich eine Honigfarbe, als wäre er aus einer aus-
erwählten Blume entstanden. Auch ist er nicht erst ein Würmchen, sondern
gleich geflügelt.*) Reißt man einigen von diesen Larven den Kopf ab, ehe sie
Flügel haben, so sind sie den Bienen wahre Leckerbissen. Den heranwachsenden
Larven flößen die Bienen von Zeit zu Zeit Nahrung ein. Ferner bebrüten die
Bienen die Larven, um die zur Entwicklung nötige Wärme zu erzeugen. Endlich
durchbricht jede junge Biene das Deckhäutchen ihrer Zelle, und der ganze
Schwarm kommt hervor. Diesen Vorgang hat man auf einem Landgut in der
Nähe von Rom beobachtet, wo man aus durchsichtigem Horn verfertigte Bienenstöcke aufgestellt hatte. Die Brutzeit dauert 45 Tage, bis die Biene vollkommen
entwickelt ist. Jeder Schwarm arbeitet sogleich nach einer gewissen Anweisung der älteren Bienen, und eine Schar junger Bienen begleitet den gleichaltrigen König. Damit es nicht an einem solchen fehlt, werden gleich mehrere
herangezogen. Dann werden die unansehnlichen getötet, damit sich der Schwarm
nicht teilt.

Da gibt es nun Menschen, die sich den Kopf darüber zerbrechen, ob es
nur einen Herkules gegeben oder ob Bacchus mehrere Väter besessen habe
und was dergleichen gelehrter Wust mehr ist, und dabei herrscht noch nicht
einmal darüber eine Meinung, ob der Weisel einen Stachel hat oder nicht. Daß
er ihn, wenn ersteres der Fall sein sollte, jedenfalls nicht anwendet, erscheint
ausgemacht. Merkwürdig ist, wie ihm die übrigen Bienen gehorchen. Wenn
er nämlich auszieht, folgt ihm ein ganzer Schwarm und nimmt ihn in die Mitte,
sodaß man ihn nicht sehen kann. Er verläßt den Stock nur, wenn ein Schwarm
ausziehen soll, was man schon einige Zeit vorher daran bemerkt, daß sich in
dem Stocke ein stärkeres Summen bemerkbar macht. Beraubt man den König
der Flügel, so zieht der Schwarm nicht aus.

Bienenschwärme sind mitunter wichtige Vorbedeutungen. So setzten sich
Bienen auf den Mund Platos, als er noch ein Kind war, und deuteten dadurch

---

*) Es darf hier nicht unerwähnt bleiben, daß die Übersetzung des sonst hochverdienten
Dannemann an dieser Stelle durch Auslassung wichtiger und entscheidender Sätze einen gänzlich
falschen Sinn hervorruft und nicht den Anforderungen gerecht wird, die man an einen Historiker
stellen muß: ein Bild des betreffenden Schriftstellers und seiner Ansicht zu geben und nicht ein
solches, das den Ansichten der Neuzeit entspricht.

die Anmut seiner später bewiesenen Beredsamkeit an. Hat man den Weisel eingefangen, so hat man den ganzen Schwarm. Dieser zerstreut sich und geht in andere Stöcke über, wenn der Weisel verloren geht. Bezüglich der Drohnen bestehen noch Zweifel. Manche halten sie für eine besondere Art wie die Raubbienen, die schwarz sind, einen breiten Leib haben und den Honig rauben. Daß die Drohnen von den Bienen getötet werden, ist gewiß; auch daß sie ohne Stachel zur Welt kommen. Einen eigenen König haben sie jedoch nicht. In einem feuchten Frühjahr ist die Brut reichlicher, in einem trockenen der Honig. Geht in einem Stocke das Futter aus, so unternehmen die Bienen Raubzüge nach benachbarten Stöcken. Letztere setzen sich indeß dagegen zur Wehr.

Der Stachel befindet sich am Hinterleibe. Manche glauben, daß die Bienen sterben, wenn sie einen Stich verüben. Nach anderen tritt der Tod nur ein, wenn dabei ein Teil der Eingeweide mit herausgerissen wird. Man hat Beispiele, daß Pferde durch die Bienen getötet wurden. Die Wespen und die Hornissen stellen den Bienen nach. Alle drei Arten sind miteinander verwandt. Auch die Schwalben und einige andere Vögel fressen Bienen."

„Der Seidenwurm webt Fäden ähnlich wie die Spinnen. Aus diesen Fäden fertigt man Kleider für prachtliebende Frauen. Die Fäden abzuwickeln hat eine Frau erfunden. Sie hat es dadurch fertig gebracht, die Frauen durch die Art der Bekleidung zu entblößen."

„Einige Insekten haben zum Schutz der Flügel eine hornartige Decke, wie die Käfer, deren Flügel dünn und zerbrechlich sind. Dagegen haben sie keinen Stachel. Ein großer Käfer hat sehr lange, an der Spitze geteilte Hörner, die sich zum Biß zusammenschließen. Man nennt ihn Lucanus. Eine andere Art dreht sich aus Mist mit den Füßen große Kugeln, in denen sie ihre Jungen gegen die Kälte des Winters schützt. Manche Käfer fliegen mit einem brummenden Geräusch umher. Die Leuchtkäfer leuchten des Nachts wie Feuer. Ihr Licht strahlt von den Seitenflächen und dem Hinterleib aus, wenn sie die Flügel ausbreiten. Falten sie die Flügel wieder zusammen, so verschwindet das Licht darunter. Die Leuchtkäfer sind nicht vor dem Reifwerden der Futter-Kräuter zu sehen und verschwinden wieder nach der Ernte.

Die Blatta (Schabe) dagegen flieht das Licht. Sie erzeugt sich besonders im feuchten Dunst der Bäder. Die Flügel aller Insekten sind ungeteilt. Einige haben einen Stachel an der Mundöffnung, wie die Mücken und gewisse Fliegen. Allen diesen dient der Stachel statt der Zunge. Bei den Fliegen ist er stumpf und nicht zum Stechen, sondern zum Saugen eingerichtet. Zähne fehlen den Insekten. Einige haben vor den Augen Fühlhörner, wie die Schmetterlinge.

Ihre Beine bewegen die Insekten seitlich. Bei einigen krümmen sich die längeren Hinterbeine nach außen wie bei den Heuschrecken. Diese legen ihre Eier im Herbst dicht nebeneinander vermittels ihres Legestachels in die Erde, damit sie den Winter überdauern. Im nächsten Frühjahr kommen kleine, dunkelfarbige Junge herausgekrochen. Ist das Frühjahr feucht, so gehen die Eier zu Grunde. In einem trockenen Frühling dagegen sind die Heuschrecken um so häufiger. Mitunter kommen sie dadurch um, daß sie sich scharenweise in die Luft erheben und dann vom Winde in das Meer getrieben werden. Man betrachtet sie als eine von den Göttern verhängte Landplage. Sie fliegen mit solchem Geräusch, daß man sie für Vögel halten könnte. Dabei verdunkelt ihre Schar mitunter die Sonne, und die Völker ergreift die Angst, daß sie ihr Land bedecken könnten. Die Heuschrecken durchziehen nämlich wie eine Wolke ausgedehnte Landstrecken und vernichten die Ernte, wo sie sich niederlassen. Sie zernagen alles, sogar die Türen der Häuser. Uns suchen sie meist vom nördlichen Afrika aus heim. Dort besteht sogar das Gesetz, dreimal im Jahre gegen sie zu Felde zu ziehen, einmal um die Eier, dann um die Brut und endlich, um die ausgewachsenen Tiere zu vertilgen. Man hegt auch wohl Krähen, die den Heuschrecken entgegen ziehen, um sie zu vernichten. In Syrien schickt man zu diesem Zweck sogar Soldaten aus. Durch so viel Länder verbreitet sich diese Landplage. Übrigens werden die Heuschrecken auch gern gegessen. Ihr Stimm-Organ scheint hinter dem Kopf zu liegen. Hier sollen sie durch Reiben zirpende Töne hervorrufen, wie es auch bei den Zikaden der Fall ist."

Verstreut finden sich in den anderen Büchern der Naturgeschichte des Plinius noch manche Angaben entomologischen Inhalts: über Heilkräfte, Gallen, die Färbe-Schildlaus u. a. Er erwähnt die Gallen von Pemphigus cornicularius an Pistazie und Tetraneura ulmi an Ulme, ferner die spitzen Blattgallen (= Beeren) von Mikiola fagi auf Buchen-Blättern und die „Schwämmchen"-artigen Rosengallen von Rhodites rosae. Plinius meint ferner, daß die Eichen abwechselnd ein Jahr Eicheln und das nächste Jahr Gallen trügen.

Schwankend ist das Bild des Plinius in der Geschichte. Während die überragende Stellung des Aristoteles in der Biologie nie erschüttert werden konnte, galt Plinius unseren Vätern zumeist als geistloser Kompilator. Es war deshalb nicht unberechtigt, daß Horn (1925) neuerdings eine Lanze für ihn gebrochen hat. Er verweist dabei mit Recht auf den großen Unterschied, den man in seinen Anforderungen an die Leistungen eines ganz der Wissenschaft ergebenen Mannes wie Aristoteles und an diejenigen, die ein vielbeschäftigter Verwaltungs-Beamter mit vorwiegend historischen Neigungen in seinen Mußestunden rastlos schaffend vollbringt. Aber die moderne Zoographie von Gesner und Aldrovandi schließt sich methodisch fraglos an Plinius, und nicht an Aristoteles an, dessen allgemeine Problem-Stellung sie noch garnicht erkannte. Sammlung und kritische Ordnung des Gesammelten sind die beiden Hauptgesichtspunkte, unter denen wir die „Naturgeschichte" zu betrachten haben, und es sei hier nochmals hervorgehoben, daß wir gerade inbezug auf die Insektenkunde Plinius durchaus als kritischen Geist anzuerkennen haben. Plinius ist der einzige Naturforscher und Entomologe im besonderen von bedeutenderem Format, der neben Aristoteles und Theophrast aus dem Altertum zu erwähnen ist.

Literatur:

Plinius, Historiae mundi libri XXXVII edidit Jacobus Dalechampius. Francoforti 1608.
Plinius, Naturalis historia edidit Jan-Mayhoff. Leipzig (Teubner) o. J.
A. Steier, Der Tierbestand in der Naturgeschichte des Plinius. Würzburg 1913.
A. Steier, Aristoteles und Plinius. Würzburg 1913.
A. Münzer, Beiträge zur Quellenkritik der Naturgeschichte des Plinius. Berlin 1897.
F. Dannemann, Plinius und seine Naturgeschichte in ihrer Bedeutung für die Gegenwart. Jena 1921.
F. Taschenberg, Einige Bemerkungen zur Deutung gewisser Spinnentiere, die in den Schriften des Altertums vorkommen. Zool. Annal.

b) Landwirtschaftliche Entomologie.

Besonderes Interesse verdient die landwirtschaftliche Entomologie der Römer, zu der wir bei den Griechen nur wenig Parallelen finden. Die Werke der hier zu erwähnenden Autoren sind alle „De re rustica" „Über die Landwirtschaft" betitelt. Der älteste unter ihnen ist der sittenstrenge Marcus Porcius Cato (geboren 235 v. Chr.). Bedeutender ist der gelehrte Staatsmann Marcus Terrentius Varro (geboren 116 v. Chr.), dessen im achtzigsten Lebensjahr verfaßtes Werk in leichter Dialogform gehalten ist. Das umfassendste landwirtschaftliche

Wissen besaß Lucius Junius C o l u m e l l a (ca. 50 n. Chr.). Als späten Nach-
kömmling haben wir P a l l a d i u s zu erwähnen (ca. 380 n. Chr.).

Wir geben hier vergleichsweise die Bekämpfungs-Maßnahmen gegen den
Korn-Wurm (Curculio) wieder. Es scheint sich bei den Berichten der Alten
um die beiden Getreide-Rüsselkäfer (Calandra oryzae und C. granaria) und die
Getreide-Motte (Sitotroga cerealella) zusammen zu handeln. Besonders die
guten Beobachtungen Columella's erregen unser Staunen und unsere Bewunderung.

„Cato de re rust. 92: Soll der Korn-Wurm dem Getreide nicht schaden, und
sollen die Mäuse es nicht anrühren, so knetet man Lehm und etwas Spreu
recht innig mit der Flüssigkeit, die beim Ölpressen abgeht, bestreicht den Korn-
Boden dick damit und bespritzt dann das Ganze noch mit jener Flüssigkeit.
Das Getreide legt man auf diesen Boden erst, wenn er wieder ganz trocken ist.

Varro de re rust. 1, 57, 2; 1, 63, 1: In einigen Ländern bewahrt man das Getreide in Erdgruben auf. Der Weizen hält sich da an 50, die Hirse über 100
Jahre. Der Korn-Wurm kommt nie in solches Getreide. — Ist auf gewöhnlichen
Kornböden Getreide von Korn-Würmern angegangen, so bringt man es ins Freie
an die Sonne, setzt daneben Gefäße voll Wasser, in welches die Korn-Würmer
dann von selbst gehen und ersaufen.

Columella de re rust. 1, 6, 15 et 16: Bestreicht man Wand und Boden der
Kornböden mit Lehm, der mit trocknen Ölbaum-Blättern gemischt und mit der
beim Pressen der Oliven abgehenden Flüssigkeit geknetet ist, so sichert man
sich am besten vor dem Schaden, den Korn-Würmer und anderes Ungeziefer
anrichten können. Ist aber Getreide, bei dem man diese Vorsicht nicht angewendet, vom Korn-Wurm angegangen, so glauben manche, sie täten wohl daran,
wenn sie es auf die Scheuern-Tenne bringen und dort recht ordentlich lüften.
Das ist aber grundfalsch, denn die Tierchen werden auf diese Weise nicht ausgetrieben, sondern nur unter alle Körner gemengt, während sie im Getreide, das
man ruhig liegen läßt, höchstens eine Spanne tief eindringen, wobei alles tiefer
liegende unversehrt bleibt"

Es sei hier nicht unterlassen, auf das grundlegende Buch des Architekten
Vitruvius hinzuweisen, der bei dem Bau von Speichern auf die Lagersicherheit
des Getreides gebührende Rücksicht nimmt (cf. Aldrovandi).

Gegen Flöhe werden eine ganze Reihe Bekämpfungen empfohlen:

„Columella de re rust. 7, 13, 2: Ist ein Hund voller Flöhe, so reibt man ihn
mit einer Mischung von gepulvertem Kreuzkümmel und Nieswurz, die man in
Wasser getan, oder mit dem Saft der Schlangengurke, oder, wenn das alles
nicht zu haben, mit der beim Pressen der Oliven abgehenden Flüssigkeit gemischt hat.

Columella de re rust. 8, 5, 3: Das Hühner-Nest muß öfters gereinigt und
mit neuem Stroh ausgelegt werden, damit nicht die Flöhe und anderes Ungeziefer darin überhand nehmen.

Palladius de re rust. 1, 35, 8: Um Flöhe zu vertilgen, muß man den Boden
der Stuben und Kammern mit der beim Pressen der Oliven abgehenden Flüssigkeit anfeuchten."

Gegen den Buprestis wird die folgende Bekämpfung empfohlen:

„Veget. de arte veterin. 5, 14, 10 et 5, 77, 1: Frißt das Vieh im Heu kleine
Tierchen, die den Spinnen ähnlich sehen und Buprestis heißen, so erstickt es. —
Hat ein Pferd mit dem Futter einen Buprestis verschluckt, so schwillt ihm so-
gleich der Bauch, und es hört auf zu fressen. Man muß ihm dann sogleich die
Decke auflegen und es tüchtig zum Laufen zwingen. Darauf öffnet man ihm
eine Gaumen-Ader etwas, so daß es sein eigenes Blut verschlucken muß, gibt

ihm Weizen mit Trauben-Sekt zu trinken, Lauch zu fressen und hält es beständig in gelinder Bewegung. Man gibt ihm auch Wein zu trinken, der sorgfältig mit Rosinen zusammengerieben ist."

Columella führt die Garten-Schädlinge folgendermaßen auf: „Der kleine Erdfloh zerbeißt mit seinen Zähnchen die Saaten, die Ameise verwüstet deren Samen, Schnecken und Raupen fressen die zarten Blätter."

Die Bekämpfung der Ameisen und Raupen ist noch recht primitiv (cf. Palladius): „Tun die Ameisen im Garten Schaden, so muß man sie, wenn sie drin wohnen, mit dem Herzen einer Eule hinaustreiben; wenn sie aber von außen kommen, so umzieht man den ganzen Garten mit einem Streifen Asche oder weißer Kreide. — Von Bäumen vertreibt man sie mit einer Mischung von Rötel und Essig oder von Rötel, Butter und Teer, die man um den Stamm streicht. Andere halten den Koracinus-Fisch für ein treffliches Mittel, wenn man ihn an den Baum hängt. — Gegen die Raupen befeuchtet man die Samen, die man säen will, mit dem Safte der Hauswurz oder mit dem Blute der Raupen selbst. Einige streuen Asche von Feigenholz auf die Raupen, oder sie säen Meerzwiebeln in den Garten oder hängen diese Pflanze hinein. Manche lassen ein Weib mit fliegendem Haar, ohne Gürtel, mit bloßen Füßen um den Garten gehen und wollen dadurch Raupen und anderes Ungeziefer vertreiben. Andre nageln an verschiedenen Stellen des Gartens Fluß-Krebse an. — Man sagt auch, die Raupen würden vertilgt, wenn man Stengel von Knoblauch ohne die Köpfe im Garten verbrennt und ihn in solcher Weise gehörig ausräuchert. Gegen die Raupen, die den Weinstöcken schaden, bestreicht man die Winzer-Messer mit Knoblauch. Auch verhütet man ihre Entstehung dadurch, daß man am Fuß der Baumstämme oder Weinstöcke Asphalt und Schwefel verbrennt, oder daß man in einem benachbarten Garten Raupen holt, sie kocht und im eignen Garten ausstreut."

Als besonders interessant sei noch eine Stelle des 5. Buches des Palladius erwähnt, in der Lichtfang von schädlichen Schmetterlingen gemeldet wird. „Einige Schmetterlinge, die den Bienen schädlich sind, muß man im April vernichten. [Es handelt sich wohl um Galleria mellonella]. Dann sind sie zahlreich an den blühenden Malven. Wir stellen gegen sie des Abends zwischen die Bienenstöcke metallene Gefäße von der Gestalt eines Meilensteins, d. h. hoch und eng, und zünden am Grunde derselben ein Licht an. Dann sammeln sich hier die Schmetterlinge und fliegen zum Licht und müssen hier in dem engen Gefäß alle sterben."

Weit verbreitet war im Altertum der Brauch, einen Cerambyciden an Öl-bäume etc. festzubinden, von wo er die Schädlinge durch sein Gezirp vertreiben sollte.

Auch primitive religiöse Gebräuche (Gebet und Prozessionen) wurden wahrscheinlich bei starkem Schädlingsbefall angewandt. Auf entomologischem Gebiet sind mir zwar keine direkten Belege dafür bekannt, doch gab es dem Brand- und Rost-Gott des Getreides Robigo zu Ehren regelmäßige Feierlichkeiten, die Robiginalien, in denen um Verschonung der Ernte gebetet wurde.

c) Die Bienenkunde bei den Römern.

Es hat den Anschein, als ob die Bienenzucht der Römer in ihrer ökonomischen Entwicklung stark von der griechischen beeinflußt ist. Über die älteren Zeiten fehlen uns auch hier sichere Quellen. Bei dem älteren Cato (234—149) suchen wir vergeblich eine besondere Besprechung der Bienenzucht. Das spricht nicht gegen ein altes Vorhandensein einer solchen. Wohl aber kam ihr sicher noch nicht die überragende Bedeutung zu, die sie in den folgenden Jahrhunderten tatsächlich hatte.

Varro, der als achtzigjähriger Greis im Jahre 36 v. Chr. seine drei Bücher über die Landwirtschaft zu schreiben begann, widmet ihr bereits einen großen Teil seines dritten Buches.

Wie gering das Interesse des Römers an biologisch-wissenschaftlichen Fragen des Bienen-Staates ist, geht schon aus dem kurzen Satz hervor, der sich mit der Entstehung der Bienen befaßt: „Die Bienen entstehen teils aus Bienen, teils aus einer verwesten Stierleiche" (III. 16, 4).

Die Bienen-Wohnung.

„Was den Standort für die Bienenstöcke betrifft, so sollte man ihn am besten neben dem Wirtschafts-Gebäude wählen, allerdings hat man vereinzelt die Bienen-Wohnungen (Alvarium) auch schon in die Vorhalle des Hauses gestellt, weil sie dort geschützter sind. Ohne Rücksicht auf den Standort verfertigen die einen runde [Beuten] aus Weiden-Ruten (ex viminibus), andere aus Holz und Rinde (ex ligno ac corticibus), wieder andere aus einem gehöhlten Baumstumpf (ex arbore cava). Auch fertigt man Beuten aus Ton (fictiles), andere machen quadratische (quadratas), etwa drei Fuß lange und einen Fuß breite, aus Rundstäben (ex ferulis), so jedoch, daß man, wenn nur wenig Volk im Stock ist, diesen enger machen kann. Die Bienen sollen nämlich nicht etwa bei zuviel leerem Raum die Lust zur Arbeit verlieren. Alle diese Arten von Wohnungen nennt man nach dem Honig = alimonium (Unterhalt) alvei. Man scheint sie deswegen in der Mitte am engsten zu machen, um die Gestalt der Bienen damit nachzuahmen. Geflochtene Beuten (vitiles) be-

Fig. 36.
Rekonstruktion eines römischen Lager-
stockes (aus Roth).

Fig. 37.
Heutige Berberbeute aus Ferulstäben (wohl
ähnlich den römischen Ferulbeuten; nach
Armbruster und Klek).

streicht man innen und außen mit Kuhmist, damit nicht die rauhe Wandung die Bienen vertreibt. Man stellt die Stöcke auf Traggestellen (in mutulis, eigentlich = Tragsteinen bezw.-balken) an der Mauer so auf, daß sie unbeweglich feststehen und sich gegenseitig nicht berühren, wenn sie in einer Reihe nebeneinander aufgestellt sind. Ebenso stellt man in entsprechendem Abstand noch eine oder zwei Reihen auf. Man sagt, besser sei es, eine Reihe weniger aufzustellen, als noch eine vierte dazu. In der Mitte des Stockes, rechts und links, bringt man Löcher an, wo die Bienen aus- und einfliegen können. Am Ende (ad extrema) wird der Stock mit einem Deckel geschlossen, damit die Imker Waben (favum) herausnehmen können. Die besten Bienen-Wohnungen sind die aus Rinde, am wenigsten empfehlenswert sind die aus Ton gefertigten, weil sie im Winter die Kälte, im Sommer die Hitze am meisten eindringen lassen.

Arbeiten am Bienenstand.

Im Frühling und Sommer sollte der Imker (apiarius) etwa dreimal monatlich die Völker untersuchen (inspicere), indem er ein wenig Rauch hineinbläst (fumigans leniter) und aus dem Stock Unrat und Würmchen entfernt (eicere).

Ferner soll er darauf achten, daß nicht mehrere Weisel entstehen: diese bringen nämlich Schaden durch den Aufruhr, den sie erregen. ...

Arbeiten der Bienen und Bienen-Weide.

Propolis nennt man den Stoff, aus welchem sie vor dem Stock über dem Flugloch (ad foramen introitus protectum ante alvum) ein Vordach verfertigen und zwar hauptsächlich im Sommer. Diesen Stoff verwenden unter gleichem Namen die Ärzte zu Pflastern, so daß er an der heiligen Straße noch höher im Preis steht als Honig. Unter Erithake versteht man die Masse, womit sie die Waben am Rande zusammenkitten. Dies ist etwas anders als Honig und als Propolis, auch soll es die Eigenschaft haben, die Bienen anzulocken. Daher bestreicht man die Stelle, wo ein Schwarm (examen) sich niederlassen soll — einen Ast oder sonst einen Gegenstand —, mit diesem Stoff, vermischt mit Apiastrum. Die Wabe bauen die Bienen aus Wachs und bringen darin viele Zellen an. Dabei hat jede Zelle sechs Seiten, gerade so viele, als die Natur einer Biene Füße gegeben hat. Das Material, um die vier genannten Stoffe: Propolis, Erithake, Wabe und Honig zu bereiten, sollen sie nicht für alle vier aus derselben Quelle nehmen. Vom Granat-Apfelbaum (malum punicum) und von der Spargel (asparagus) nehmen sie nur ihre Nahrung (cibus, Bienen-Brot und Honig), vom Ölbaum Wachs (cera), vom Feigenbaum Honig, wenngleich keinen guten. In doppelter Hinsicht dienen ihnen Bohne (faba), Apiastrum, Gurke (cucurbita) und Kohl (brassica), da sie von diesen Pflanzen sowohl Wachs als Nahrung gewinnen. Ebenso kommen vom Apfelbaum (malum) und den wilden Birnbäumen (piris silvestribus) Nahrung und Honig, vom Mohn Wachs und Honig. Sogar dreifacher Gewinn kann aus einer Pflanze gezogen werden, so aus der Mandel und dem Ackersenf (lapsana) Bienen-Brot (cibus), Honig und Wachs. Ebenso können sie von Stoffen, die sie von einzelnen Blumen sammeln, teils nur zu einem, teils zu mehreren Zwecken benützen. Aber auch in der Art des Sammelns machen sie einen Unterschied, oder er stellt sich wenigstens ein, wie etwas beim Honig. Während nämlich dieser bei manchen Pflanzen, wie bei der „Siser" (sisera), flüssig ist, bereiten sie aus anderen Blüten, wie dem Rosmarin (ros marinus), festen Honig. So stammt auch vom Feigenbaum nicht süß schmeckender, vom Klee dagegen guter und vom Thymian vortrefflicher Honig. Weil zur Nahrung auch Tränke gehört und diese für die Bienen in klarem Wasser besteht, so soll fließendes Wasser in der Nähe sein. Auch kann es in einem Tümpel angesammeltes Wasser sein, doch soll es nicht mehr als zwei oder drei Finger tief sein. Darein sollte man Scherben oder Steinchen legen, die nur wenig aus dem Wasser herausschauen, damit sich die Bienen beim Trinken darauf setzen können. In diesem Falle muß man besondere Sorgfalt darauf verwenden, daß das Wasser rein ist, was ein großer Vorteil für die Honig-bereitung ist.

Fütterung.

Da die Bienen ihr Futter nicht bei jedem Wetter in größerer Entfernung suchen können, muß man ihnen Futter herrichten, damit sie nicht gezwungen sind, vom Honig allein zu leben und dann die geleerten Stöcke verlassen. Zu diesem Zwecke kocht man etwa zehn (römische) Pfund fette Feigen in sechs Kongien Wasser, formt die Masse in Klöße und setzt sie so den Bienen vor. Andere Bienen-Züchter stellen Honig-Wasser in kleinen Gefäßen in die Nähe der Stöcke. In die Gefäße legen sie dann reine Wolle, durch welche die Bienen die Flüssigkit einsaugen können, damit sie nicht zuviel Flüssigkeit auf einmal aufnehmen und auch nicht in das Wasser fallen. Zu jedem Stock wird ein Gefäß gestellt und immer wieder nachgefüllt. Andere zerstampfen getrocknete Trauben und Feigen, gießen Mostsaft dazu, formen daraus Kuchen und legen sie in die Nähe des Flugloches, jedoch so, daß die Bienen trotzdem auch im Winter noch auf Nahrung ausfliegen können. ...

Die Ernte.

Nachdem ich nun, was nach meiner Ansicht zur Fütterung gehört, vorgetragen habe, will ich jetzt über den Zweck dieser Bemühungen, nämlich über den Ertrag sprechen. Das Anzeichen dafür, daß man die Waben herausnehmen (eximendorum favorum signum) kann, entnehmen die Imker aus dem Zustand der Stöcke. Es ist nämlich Zeit dazu, wenn die Bienen im Stock ihr Summen hören lassen und voll Geschäftigkeit ein- und ausfliegen, wenn ferner beim Öffnen der Stöcke (cum opercula alvorum remoris) die Waben-Zellen mit Häutchen überzogen erscheinen, da sie mit Honig gefüllt sind. Beim Zeideln (in eximendo) soll man, wie manche erklären, $9/10$ Honig herausnehmen und $1/10$ im Stock lassen; nehme man dagegen den Bienen allen Honig, so würden sie ausziehen. Andere lassen ihnen mehr als die genannte Menge. Wie die Landwirte, die die Felder brachliegen lassen, nach den Ruhezeiten desto mehr Getreide ernten, so bekommt man, wenn man nicht jedes Jahr und nicht immer gleich viel Honig herausnimmt, um so fleißigere und ertragreichere Bienen-Völker.

Für die Zeit der ersten Waben-Entnahme (eximendorum favorum) gilt der Aufgang des Siebengestirns, die zweite fällt in den Ausgang des Sommers, ehe der Arcturus völlig aufgeht, die dritte nach dem Untergange des Siebengestirns. Bei der letzten soll nicht mehr als ein Drittel, selbst bei einem reichen Stock, herausgenommen werden; den Rest lasse man ihm zur Überwinterung. Ist dagegen der Stock nicht ertragreich, soll man garnichts herausnehmen. Wenn der Honigschnitt beträchtlich ist, darf man ihn nicht auf einmal und auch nicht offen vornehmen, damit die Bienen nicht mutlos werden. Wenn die Waben, welche man herausnimmt, leere oder nur eingesprengte Teile haben, so muß man diese mit einem kleinen Messer (cultello) wegschneiden. ....“

Des römischen Dichters Virgilius Maro (70—19 v. Chr.) ländliches Lehr-Gedicht Georgika befaßt sich im vierten Gesange mit der Biene.

E. Burck (1926) hat durch Quellen-Analyse der Bienenkunde des Virgil überzeugend nachgewiesen, daß Virgil seine Quellen oft sehr kritiklos benutzt hat. Sachliche Widersprüche sind bei ihm nicht selten. Virgils Bienenkunde ist als künstlerische Darstellung wie etwa Maeterlinks und Bonsels Bienen-Bücher, nicht aber als wissenschaftliches Quellenwerk aufzufassen.

Über die auch für uns nicht uninteressanten Quellen äußert sich Burck wie folgt:

„Die landwirtschaftliche Literatur der vorvirgilischen Zeit — und wir dürfen nie vergessen, daß die Bienenzucht im Altertum stets zusammen mit der Landwirtschaft behandelt worden ist; auch Virgil handelt in den ersten drei Büchern der Georgika über Acker- und Weinbau und Viehzucht — zerfällt in zwei große Gruppen, eine römische und eine punisch-griechische. An der Spitze der ersten steht Cato (ca. 150 v. Chr.), der selbst trotz seiner hohen staatlichen Stellung den Pflug in der Hand gehabt und seine eigenen Erfahrungen schriftlich niedergelegt hat; sein Werk über den Landbau ist das älteste römische Prosa-Werk. Künstlerisch kaum geordnet, so niedergeschrieben, wie es Zeit und Gelegenheit gaben, ist das Buch doch deshalb wichtig, weil es von einem erfahrenen Bauern für Bauern geschrieben ist und uns so beste Aufklärung über die damaligen Verhältnisse gibt. Eine Nachfolge fand Catos Werk in den Büchern der beiden Sasernae über den Landbau.

An der Spitze der zweiten Gruppe steht das Werk des Puniers Mago, das nach der Eroberung Karthagos (146 v. Chr.) im Auftrag des römischen Senats ins Latein übersetzt worden ist und 28 Bücher umfaßte. Am Anfang des 1. vorchristlichen Jahrhunderts hat dann Cassius Dionysius aus Utika das Werk ins Griechische übersetzt, dabei auf 20 Bücher verkürzt und aus griechischen Schriftstellern manches hinzugefügt. Er hat natürlich besonders Aristoteles und Theophrast hineingearbeitet, deren Werke die Gipfelleistung der antiken Naturforschung darstellen. Dieses Werk wurde kurz danach noch einmal gekürzt, und zwar von Diophanes auf 6 Bücher zusammengezogen. Diese Werke sind uns zwar nicht erhalten, aber in großen Teilen aus späteren Werken herauszulösen, wie aus Columella (ca. 50 n. Chr.) und den Geoponika, einem Sammelwerk von Landbau-Schriftstellern (10. Jahrhundert), von denen sowohl Cassius Dyonisius wie Diophanes ausgeschrieben worden sind. Die griechischen Werke von Aristoteles bis Diophanes stellen alle im Unterschiede zu den römischen, die sich unmittelbar an den Praktiker wenden, mehr Werke wissenschaftlichen Charakters dar."

Als Probe des Virgil'schen Lehrgedichtes diene der Abschnitt:

Das Schwärmen, „Kämpfe", „Arten", Pflege der Bienen-Weide.

„Sobald übrigens die goldene Sonne den Winter verscheucht und unter die Erde hinabtreibt und den Himmel mit sommerlichem Leuchten erfüllt, schwärmen die Bienen sogleich durch den Wald und über die Berge, ernten auf den purpurnen Blumen und kosten der Flüsse Naß, leicht über den Wasserspiegel dahinschwebend. Von dieser Zeit an hegen sie in unerklärlich froher Lust die Brut in ihren Zellen (nidosque = und die Nester), jetzt meißeln sie am frischen Wachs und bilden den zähen Honig. Wenn du dann ihren Schwarm hoch oben, den Höhlungen entronnen, in der klaren Sommerluft erblickst und erstaunt die dunkle Wolke betrachtest, die vom Winde dahingetragen wird, so wisse: süßem Wasser und einem Laubdach streben sie jetzt entgegen. Hierhin [auf das Laubdach] also sprenge eine Flüssigkeit wie folgt gemischt: dreingestoßen seien wohlriechende Kräuter, geriebenes Immenblatt [Melisphyllum] und der unscheinbare Same der Korinthe. Dazu errege gellenden Lärm, indem du ringsumher die der Götter-Mutter geweihten Cymbeln schlägst. Von selbst werden die Bienen sich dann auf dem wohlriechenden Ruheplatz niederlassen, von selbst sich nach ihrer Gewohnheit in die inneren Wiegen bergen.

Es kommt jedoch auch vor, daß sie zum Kampfe ausziehen, häufig entspinnt sich nämlich zwischen zwei Weiseln Streit unter heftigem Aufruhr. Man kann dies ohne weiteres an der im Volke herrschenden mutigen und fieberhaft kriegerischen Stimmung bereits voraus wahrnehmen. Werden doch die Säumigen durch den bekannten Kriegsruf wie durch Trompetenschall angefeuert und hört man einen Ton, der den Tuba-Stößen vergleichbar ist. Dann sammeln sie sich eilig durcheinanderlaufend mit ihrer schimmernden Flügelrüstung, schärfen die Speere mit den Mundwerkzeugen und straffen die Muskeln. In dichten Scharen drängen sie sich zunächst beim Feldherrn-Zelt um die Weisel und fordern durch laute Rufe den Feind zum Kampfe heraus. Sobald ihnen also ein heiterer Frühlings-Tag winkt, so daß ihnen das Gefilde offen steht, stürzen sie aus den Toren. Es kommt zum Kampf, ein Dröhnen erhebt sich hoch in der Luft. Die in den Kampf verwickelten ballen sich zu einem großen Klumpen zusammen und stürzen jäh herab. Dichter kann nicht Hagel aus der Luft fallen, nicht Eicheln von einem Eichbaum, den man schüttelt. Die Weisel selbst mit ihren glänzenden Flügeln bewegen sich mitten durch die Reihen, hohen Mut in der engen Brust und fest entschlossen nicht zu weichen, bis die eine Partei als unerbittlicher Sieger die andere zum Weichen zwingt. Diese Unruhe und diese heftigen Kämpfe kann man zum Schweigen bringen, indem man ein wenig Staub auf die Bienen schleudert. Hast du nun beide Weisel aus dem Kampfgewühl herausgebracht, so weihe denjenigen, der schwächer scheint, dem Tode, damit er nicht durch Verschwendung Schaden bringe, den besseren dagegen laß an dem frei gewordenen Hofe herrschen. Es gibt nämlich zwei Arten. Der erwähnte bessere Weisel zeigt ein hervorragendes Aussehen, ausgezeichnet durch rötliche Ringe (eigentlich Schuppen, squamis). Die zweite Art ist zottig vor lauter Trägheit und schleppt unrühmlich einen breiten Leib.

Wie es Weisel von zweierlei Gestalt gibt, so auch Völker. Die einen sind struppig und häßlich wie ein Wanderer, der durch dicken Staub gegangen ist, so daß er aus trockenem Munde Staub ausspeien muß. Die andere Art glänzt und schimmert in blitzendem Leuchten wie Gold und ist am Leib gesprenkelt mit zwei gleichen Tupfen. Diese letztere Art zu ziehen ist vorteilhafter; von ihr kannst du bestimmt zur Zeit süßen Himmels-Honig gewinnen, und nicht nur süßen, sondern auch flüssigen, der den Geschmack herben Weins milder macht. Wenn nun aber die Schwärme unentschlossen umherfliegen, in der Luft nur ihr Spiel treiben, die Waben verschmähen und die Behausung verlassen wollen, so daß sie kalt wird, dann mußt du die unsteten vom nutzlosen Spiele fernhalten, was garnicht schwierig ist. Reiße nur den Weiseln die Flügel aus. Zaudern jene auszufliegen, so wird keine Biene es wagen, den Weg in die Höhe zu nehmen oder das Zeichen zum Aufbruch zu geben. Im Garten aber soll sie blühender Krokus mit seinem Duft einladen, und unter seiner Hut möge sie Priapus halten, der Gott vom Hellespont mit seiner Hippe aus Weidenholz, der vor Dieben und Vögeln schützt.

Wem die Besorgung von all dem [Bienenzucht und Bienen-Garten] obliegt, der säe mit eigner Hand rings in weitem Umkreis um die Bienen-Wohnungen Thymian und Pinien, die er vom hohen Gebirge holt. Selbst mag er sich bei der Arbeit Schwielen an die Hände reiben, indem er mit eigener Hand die Pflanzen setzt und ihnen das erwünschte Naß zuführt."

Von ganz besonderem Interesse ist der Arbeits-Kalender des Imkers, der den mit Vergil zeitgenössischen H y g i n u s zum Verfasser hat. Wir geben ihn hier in der von Columella zitierten Form wieder:

Arbeitskalender (nach Hyginus).

„Es folgen jetzt die Arbeiten des ganzen Jahres, wie sie Hyginus in praktischer Weise überliefert hat. Von der Frühjahrs-Nachtgleiche, die etwa auf
den 28. März, auf den 8. Grad des Widders, fällt, bis zum Aufgange des
Siebengestirns sind es 48 Frühlings-Tage. In dieser Zeit, so gibt er an, müsse
man zum ersten Mal nach den Bienen sehen, die Stöcke öffnen und allen Unrat, der sich im Winter angehäuft hat, herausschaffen. Nachdem man die
[Motten-] Gespinste (araneae), welche die Waben vernichten, weggeräumt,
solle man Rauch, der von angezündetem Rindermist stammt, in den Stock
blasen. Dieser ist nämlich, weil die Bienen gewissermaßen mit den Rindern
verwandt sind, ihnen angemessen. Auch muß man die Würmchen töten, die
Motten (tineae) heißen, und ebenso die Schmetterlinge (papiliones). Diese
Schädlinge sitzen gewöhnlich an den Waben, fallen aber herunter, wenn man
zu dem Mist Rindermark zusetzt, es anzündet und den Qualm zuführt. Tut
man dies zu der angegebenen Zeit, so werden die Völker kräftiger werden
und um so eifriger an die Arbeit gehen. Der Wärter muß aber besonders
darauf achten, daß er am Tage, ehe er die Stöcke behandeln soll, sich von
Liebes-Genuß fernhält, nicht betrunken ist und nur mit gewaschenen Händen
an die Stöcke geht. Er soll auch alle stark riechenden Speisen meiden, wie
eingesalzene Sachen, auch alle Flüssigkeiten derart, ebenso übelriechenden
Knoblauch oder Zwiebeln und ähnliche Dinge. 47 Tage nach dem Frühjahrs-
Anfang, beim Aufgang des Siebengestirns, etwa am 11. Mai beginnen die
Völker kräftig zu werden und sich zu vermehren. In den gleichen Tagen aber
gehen auch die Völker zugrunde, welche nur wenig und kranke Bienen haben.
Zu gleicher Zeit bringen sie am äußersten Rande der Waben Bienen hervor,
die größer sind als die übrigen, und manche Leute glauben, dies seien Königinnen. Manche Gewährsmänner unter den Griechen nennen sie aber φαγίδαινα
darum, weil sie die Völker hetzten und nicht zur Ruhe kommen ließen. So
raten sie denn, sie zu töten. Vom Anfang des Siebengestirns etwa bis zur
Sommer-Sonnenwende, die Ende Juni, auf den 8. Grad des Krebses, fällt,
schwärmen die Völker; in dieser Zeit müssen sie eifrig überwacht werden,
damit nicht die junge Brut entflieht. In der auf die Sommer-Sonnenwende
folgenden Zeit bis zum Anfang des Hund-Sterns, die etwa 30 Tage umfaßt,
erntet man gleichzeitig Getreide und Honig. Wie man die Waben herausnehmen muß, wird nachher besprochen werden, wenn wir über die Behandlung des Honigs Weisung geben. Übrigens könne man in der gleichen Zeit
Bienen sich erzeugen lassen aus einem getöteten Stier, berichten Demokrit,
Mago und auch Virgil. Mago behauptet, dies könne auch im Bauch eines
Rindes geschehen, eine Anschauung, die weiter zu verfolgen ich für überflüssig halte, da ich Celsus zustimme, der ganz vernünftig meint, in so großem
Umfange gingen die Bienen nicht zugrunde, daß man sie auf diese Weise
wieder gewinnen müßte. Dagegen muß man die Beuten zu dieser Zeit alle
8 Tage öffnen und räuchern. Wenn dies für die Völker auch lästig ist, so ist
es ihnen doch gewöhnlich sehr heilsam. Wenn sie dann geräuchert sind und
die Bienen heiß haben, muß man sie abkühlen, indem man die freien Stellen
des Stockes besprengt und möglichst kühles Wasser hineingießt. Was dann
nicht abgewaschen werden kann, säubert man mit einer Feder von einem
Adler oder sonst einem großen Vogel. Außerdem müssen die Motten, wenn sie
auftreten, hinausgefegt werden und die Schmetterlinge getötet werden, die sich
gewöhnlich in den Stöcken aufhalten und dadurch den Bienen den Tod bringen.
Sie zerfressen nämlich die Waben und erzeugen in ihrem Kot Würmer, die

wir Bienenkorb-Motten nennen. Wenn man zur Zeit der Malven-Blüte, wo sie am zahlreichsten sind, ein einem Wassertopf ähnliches Gefäß abends zwischen die Stöcke stellt und darein ein Licht stellt, so fliegen die Schwärmer von allen Seiten herbei und fliegen um die Flamme, bis sie sich versengen. Weil sie nicht leicht in dem engen Gefäß oben hinausfliegen und auch nicht dem Feuer ausweichen können, da sie von metallenen Wänden eingeschlossen sind, so werden sie durch die nahe Hitze vernichtet. Etwa 50 Tage nach dem Hunds-Stern geht der Arkturus auf. Dann sind die Blüten von Thymian, cunila und Thymbra von Honig betaut, und die Bienen bereiten Honig. Honig von bester Sorte kommt zum Vorschein um die Herbst-Nachtgleiche, d. h. am 26. September, wenn die Sonne den 8. Grad des Widders berührt. Zwischen den Hundstagen und dem Aufgang des Arkturus muß man darauf acht haben, daß die Bienen nicht durch die gewaltigen Hornissen (crabrones) vernichtet werden, die ihnen gewöhnlich vor den Stöcken auflauern, wenn sie ausfliegen. Nach dem Aufgang des Arkturus, etwa zur Zeit, wo die Wage die Nacht-gleiche hat (19. September), schneidet man zum zweiten Mal Waben heraus. Vom Herbst-Anfang, der etwa auf den 24. September fällt, bis zum Unter-gang des Siebengestirns (28. Oktober), nämlich 40 Tage lang, versorgen die Bienen Honig, den sie von Tamarisken und Wald-Sträuchern sammeln, als Vorrat für den Winter. Davon darf man garnichts herausnehmen, damit die Bienen nicht durch die zu häufigen Eingriffe beleidigt werden oder den Mut verlieren und dann ausziehen. Vom Untergang des Siebengestirns bis zum Winter-Anfang, der etwa auf den 25. Dezember fällt, auf den 8. Grad des Steinbocks, zehren die Bienen-Völker von dem aufgespeicherten Honig und ernähren sich so bis zum Aufgang des Arcturus.

Ich kenne zwar wohl die Berechnung des Hipparch, nach der die Tag- und Nachtgleichen sowie die längsten Tage nicht auf den 8., sondern auf den 1. Grad der Tierzeichen fallen. Indessen folge ich in der Landwirtschaft dem Kalender des Eudoxos, des Meton und der alten Astronomen, welche mit unserem offiziellen Opfer-Kalender übereinstimmen. Diese alte Anschauung ist nämlich den Landwirten eingefleischt und vertraut; auch ist die feine Berechnung Hipparchs bei den sprichwörtlich schwachen Kenntnissen der Landleute nicht notwendig.

Gleich beim Untergang des Siebengestirns also muß man die Stöcke öffnen, alle Unreinigkeiten entfernen und sie sorgfältig behandeln, da man sie den Winter über nicht von der Stelle bewegen und öffnen sollte. Deshalb solle man in den letzten Herbsttagen an einem ganz sonnigen Tage die Wohnungen reinigen und dann die Deckel bis an die Waben vorschieben, so eng, daß keine leere Stelle im Stocke bleibt, damit der verbleibende enge Raum im Winter warm bleibt. Das muß man immer tun, selbst bei den Stöcken, die wegen geringer Volksstärke nicht ganz bewohnt sind. Alle vorhandenen Ritzen und Luftlöcher wird man sodann mit einem Gemisch von Schlamm und Rinder-mist verschmieren und den Bienen nur Fluglöcher lassen. Auch wenn die Stöcke schon durch eine Halle überdeckt sind, wird man sie doch noch mit einer Schicht Stroh und Laub bedecken und sie so gegen Kälte und Wind möglichst schützen. Manche legen in die Stöcke tote Vögel, denen man die Eingeweide ausgenommen hat. Diese sollen mit ihren Federn den Bienen, wenn sie darunterkriechen, Wärme geben. Ferner stillen die Bienen, ist ihr Futter aufgezehrt, damit ihren Hunger und lassen nur die Knochen der Vögel zurück. Reicht indessen das Futter in den Waben aus, so lassen sie die Vögel unver-sehrt. Sie nehmen auch, wiewohl sie die Reinlichkeit sehr lieben, keinen Anstoß an deren Geruch. Für besser halte ich es jedoch, den Bienen, falls sie im Winter Hunger leiden, am Flugloch vorn in Trögen zerstampfte und mit Wasser angefeuchtete getrocknete Feigen oder auch eingekochten Most oder Rosinen zu reichen. In dieses flüssige Futter wird man reine Wolle eintauchen müssen, damit die Bienen sich darauf setzen und wie durch einen Heber (sipho) die Flüssigkeit aufsaugen. Getrocknete Trauben, die man zerdrückt und mit etwas Wasser benetzt, kann man [den Bienen] ruhig geben. Mit diesem Futter muß man die Bienen nicht nur im Winter, sondern auch, wie vorhin gesagt, in der Zeit durchhalten, wo die Wolfsmilch und die Ulmen blühen. In den auf den Winteranfang folgenden 40 Tagen etwa zehren die Bienen allen aufgespeicherten Honig auf, es sei denn, daß der Imker ihnen besonders reichlich gelassen hat, so daß die Waben oft bis zum Anfang des Arkturus am 13. Februar geleert sind. Dann sitzen sie starr wie Schlangen auf den Waben und erhalten sich nur durch ihre Ruhe am Leben. Dauert das Hungern länger an, so ist es, damit die Bienen nicht zugrunde gehen, das beste, durch das Flugloch süße Flüssigkeiten in Röhren in den Stock zu führen und so den Mangel so lange zu beheben, bis der Untergang des Arkturus und die Ankunft der Schwalben günstigeres Wetter verspricht. Nach dieser Zeit nämlich wagen die Bienen, wenn ein heiterer Tag ist, auf die Weide auszufliegen. Gleich vom Frühjahrsbeginn tummeln sie sich unbedenklich überall und suchen geeignete Blumen nach Brut ab und tragen sie in ihre Behausung.

Das sind die Dinge, die man nach Hygins genauer Weisung in den verschiedenen Zeiten eines Jahres zu beachten hat. Übrigens bemerkt Celsus überdies, nur wenige Gegenden seien so glücklich daran, daß sie den Bienen besonderes Futter für den Sommer und für den Winter bieten könnten. Er behauptet darum, dort, wo nach Ablauf des Frühlings geeignete Blumen ausgingen, dürfe man die Völker nicht stehen lassen. Man müsse sie vielmehr, wenn die Frühlings-Tracht (vernae pastiones) zu Ende sei, in Gegenden bringen, die die Bienen mit späten Blumen, nämlich Thymian, Origanum und Thymbra, reichlicher ernähren könnten. Dies geschehe in Achaia, wo man sie nach Attika auf die Weide verbringe, in Euböa, auf den Kykladen, indem man sie von den übrigen Kykladen nach Skyros führe, ebenso in Sizilien, indem man sie aus den übrigen Teilen der Insel an den Hybla versetze.

Ebenso behauptet er, aus den Blumen komme das Wachs, aus dem Morgentau Honig, und zwar soll dieser um so besser sein, je besser der Stoff ist, aus dem die Zellen gebaut sind.

Vor der Übersiedlung aber soll man die Stöcke, so rät er, genau untersuchen und alte Waben sowie solche, wo Motten sitzen, herausnehmen. Man soll nur wenige und ganz gute drin lassen, damit gleichzeitig auch aus besseren Blüten möglichst viele gebaut werden. Stöcke, die man transportieren wolle, dürfe man nur bei Nacht und ohne Erschütterung fortbewegen."

Auch die Bienenkunde des Enzyklopädisten Celsus (ca. 20 n. Chr.) ist uns nur aus den Zitaten Columellas bekannt. Unter den älteren landwirtschaftlichen Schriftstellern ist C o l u m e l l a (ca. 1—68 n. Chr.) der bedeutendste. Von seinen 12 Büchern ist das 9. der Bienenzucht gewidmet. Er scheint die Landwirtschaft auch aus eigener Praxis besser gekannt zu haben als Varro und Virgil. Ferner hat er ausgezeichnete Quellenstudien getrieben.

Standort.

„Der Bienenstand muß so aufgestellt werden, daß er auch im Winter Mittagssonne hat, fern von Geräusch und vom Verkehr von Menschen oder Vieh, weder an einer warmen noch kalten Stelle — denn durch beides werden die Bienen geschädigt. Der Stand liege in einem Tal-Grunde, damit die Bienen, wenn sie unbeladen zum Futterholen ausfliegen, ohne Mühe die Hänge emporfliegen und, wenn sie nach dem Einsammeln beladen sind, mühelos bergab fliegen können. Wenn es die Lage des Gutshofes erlaubt, darf man ohne Bedenken den Bienenstand (apiarium) mit einer Lehm-Mauer umgeben und mit dem Hauptgebäude verbinden, jedoch nur auf der Seite, die frei von den üblen Gerüchen der Latrine, des Misthaufens und der Bäder ist. Auch wenn die ganze Anlage diese Aufstellung nicht erlauben sollte, so ist es doch, wenn nicht gewichtige Nachteile hinzutreten, von Vorteil, wenn der Bienenstand unter den Augen des Herrn ist. Wenn indessen alles sich dem entgegenstellen sollte, so mag man wenigstens ein nahes Tal als Standort wählen, wohin der Besitzer öfter unschwer hinabsteigen kann. Denn die Bienenzucht ist eine Sache, die große Zuverlässigkeit verlangt, und da dies eine sehr seltene Eigenschaft ist, behält der Herr am besten den Bienenstand unter eigener Aufsicht. Die Bienenzucht erträgt auch einen betrügerischen Verwalter ebensowenig wie Unreinlichkeit und Lässigkeit; sie will ebensowenig unreinlich behandelt werden wie betrügerisch. Wo die Bienenstöcke (alvearia) aber auch aufgestellt seien, nie darf man sie mit einer hohen Mauer umgeben. Bevorzugt man aus Furcht vor Einbrechern doch eine höhere, so müssen die Bienen drei Fuß hoch vom Boden entfernt kleine Luken (fenestellae) in gleichmäßigem Abstand als Ein- und Ausgang haben. Es sollte auch ein Schuppen angebaut sein, wo die Wächter wohnen und man das Bienengerät unterbringen kann; er sollte namentlich mit instandgesetzten Bauten (alvei) zur Aufnahme neuer Schwärme wohlversehen sein, desgleichen mit Heilkräutern und sonstigen Mitteln, die bei Bienenkrankheiten angewendet werden. Eine Palme oder ein mächtiger wilder Ölbaum beschatte den Hof. Wenn die jungen Königinnen die ersten Schwärme anführen und die den Waben entronnene Brut im Jugend-Lenze spielt, winke nahe das Fluß-Ufer, vor der Hitze Schutz zu suchen, und ein Baum biete am Wege Herberge unter seinen Blättern. Ferner soll man, wenn es möglich ist, fließendes Wasser hineinleiten oder solches den Bienen aus einer angelegten Rinne mit der Hand reichen. Ohne Wasser können nämlich weder Waben noch Honig noch schließlich Brut gebildet werden. Sei dies nun, wie gesagt, ein vorbeifließender Bach oder Brunnen-Wasser, welches durch Röhren herbeigeleitet wird, in beiden Fällen muß es für die Bienen mit Ruten und Steinen angefüllt werden, „damit die Bienen zahlreiche Brücken haben, wo sie Fuß fassen und ihre Flügel in der Sommer-Sonne ausbreiten können, wenn sie sich einmal verspätet haben und sie dabei der Südwind überfällt und zerstreut oder ins Wasser taucht." Sodann muß man um den ganzen Bienenstand herum Sträucher von kleinem Wuchs, namentlich solche, die der Gesundheit der Bienen zuträglich sind, pflanzen. Es dienen nämlich auch als Heilmittel bei Krankheiten der Klee, ferner der Seidelbast (casiae) und die Pinie, sowie der Rosmarin, sogar cunila und Thymian, desgleichen die Violen (Goldlack) oder sonstige Kräuter, welche der Boden zu setzen erlaubt. Lästigen und stinkenden Geruch verbreitende Pflanzen, und was sonst solchen Geruch hat, soll ferngehalten werden, wie auf dem Feuer schmorende Krebse oder der Geruch eines schlammigen Sumpfes. Desgleichen soll man hohlen Felsen, oder ein

Tal mit Schall-Spielen (vallis argutiae), welche die Griechen Echo nennen, meiden.

Nachdem nun der Stand angelegt ist, hat man die Beuten (alvearia) herzustellen, und zwar je nach der Eigenart der Gegend. Bringt diese Kork-Eichen hervor, so werden wir unzweifelhaft die Beuten (alvi) am vorteilhaftesten aus ihrer Rinde fertigen, weil sie dann weder im Winter kalt noch im Sommer heiß sind. Sind reichlich Gerten (ferulae) [in der Gegend] vorhanden, so kann man auch aus diesen gleich gut die Wohnungen (vasa = Gefäße) herstellen (texere = weben). Wenn keiner der beiden Stoffe zur Verfügung steht, wird man die Beuten aus Weiden-Ruten nach Korbmacher-Art (opere textorio) zusammenfügen. Sollten auch die letzteren nicht vorhanden sein, so wird man sie aus dem Holz eines ausgehöhlten Baumes oder aus gesägten Brettern herstellen. Am wenigsten gut sind die aus Ton bestehenden Beuten, die erhitzt werden durch die Sommer-Gluten und bei Winter-Kälte leicht gefrieren. Im übrigen gibt es noch zwei Arten Bienen-Wohnungen; die eine entsteht dadurch, daß die Beuten aus Mist gebildet oder aber aus Backsteinen gebaut werden. Die erste Art hat Celsus mit Recht verworfen, da sie äußerst feuergefährlich ist; die zweite hat er gutgeheißen, wenn er auch ihren vornehmlichsten Mangel nicht verhehlt, daß man nämlich eine solche Wohnung nötigenfalls nicht fortschaffen kann. Darum kann ich ihm nicht zustimmen, wenn er meint, man könne trotzdem derartige Bienenstöcke (alvi) haben. Denn daß sie unbeweglich (immobiles) feststehen, ist nicht nur den Interessen des Besitzers entgegen, wenn er sie einmal verkaufen oder sie auf anderes Gelände stellen will — dieser Punkt berührt allein das Interesse des Gutsherrn; aber auch das sollte man namentlich verhüten, daß die Bienen aus dem genannten Grunde nicht transportiert werden können, wenn sie von Krankheit, Unfruchtbarkeit und Mangel an Weide heimgesucht werden, und man sie darum in eine andere Gegend schicken sollte, was im eigenen Interesse der Bienen geschehen muß. Wie sehr ich darum die Ansicht des höchst gelehrten Mannes achte, so möchte ich doch unter Zurückstellung jedes Ehrgeizes meine eigene Ansicht nicht unerwähnt lassen. Der Grund, welcher Celsus hauptsächlich zu seiner Auffassung bringt, ist der, daß feste Stöcke dem Feuer und Dieben nicht so sehr ausgesetzt seien. Dieser Gefahr kann man durch eine Backstein-Mauer, welche um die Stöcke aufgeführt wird, begegnen. Dadurch wird eine Beraubung durch Einbrecher verhindert, und die Stöcke werden vor Feuersgefahr geschützt. Man kann dann auch, wenn man die Stöcke transportieren muß, den Umbau abbrechen und fortschaffen.

Bienenstand.

Da jedoch dieses Verfahren den meisten zu mühselig vorkommt, so sollte man die Stöcke, gleichviel welche Art man wählt, in folgender Weise aufstellen. Man führt einen steinernen Unterbau (suggestus) um den ganzen Bienenstand (apiarium) auf in Höhe von drei Fuß und gleicher Dicke und läßt ihn sorgfältig tünchen, so daß Eidechsen, Schlangen und anderen schädlichen Tieren das Hinaufsteigen unmöglich wird. Darauf setzt man dann aus Backsteinen aufgeführte Stöcke (domicilia), wie Celsus will, oder Beuten (alvearia) in der Art, wie sie uns besser scheinen. Sie werden außerdem auf der Rückseite mit einer Mauer versehen, auch werden, wie dies alle, welche die Bienen sorgsam pflegen, gewöhnlich tun, die in bestimmtem Abstand verteilten Stöcke (vasa) durch Backsteine oder Zement miteinander verbunden, so daß ein Stock durch zwei schmale Wände eingerahmt ist und nur die

Stirn- und Rückseite frei sind. Man muß sie nämlich bisweilen auch auf der Flugloch-Seite (qua procedunt) öffnen, viel häufiger noch auf der Rückseite, weil von hier aus die Völker in Ordnung gehalten werden. Sind aber keine Zwischenwände zwischen den Stöcken, so muß man sie doch wenigstens so aufstellen, daß der eine vom andern etwas entfernt ist. Es soll nämlich, wenn man die Stöcke untersucht, derjenige, den man gerade in Behandlung hat, den benachbarten, der dicht neben ihm steht, erschüttern und dadurch die Bienen erschrecken. Sie fürchten nämlich bei jeder Erschütterung einen Einsturz der gebrechlichen Waben, die doch ihr eigenes Werk sind. Wenn die Stöcke übereinander aufgebaut werden, so ist es mehr als genug, wenn drei Reihen übereinander sind, da in diesem Falle der Imker (curator) die oberste schon nicht mehr bequem besichtigen kann. Der vordere Teil der Beuten (caveae = Höhlungen), der den Bienen als Eingang dient, sollte tiefer liegen als die Rückseite, damit kein Regenwasser eindringen kann, wenn es aber doch einmal eingedrungen sein sollte, nicht sitzen bleibt, sondern durch das Flugloch abfließt. Aus diesem Grunde ist es auch gut, die Stöcke mit einem Hallenbau (porticus) zu versehen, anderenfalls sie mit belaubten Zweigen, die man mit punischem Lehm anklebt, zu überdecken, ein Dach, welches vor Kälte und Regen und namentlich vor Hitze schützt. Indessen schadet den Bienen die Sommerhitze nicht so sehr wie der Winter. Darum sollte hinter dem Bienenstand immer ein Gebäude liegen, welches den rauhen Nordwind abhält und den Stöcken Wärme verleiht. Ebenso sollten die Bienenstände (domicilia) selbst, wenn sie auch durch ein anderes Gebäude geschützt sind, doch so angelegt werden, daß sie im Winter der aufgehenden Sonne zugewandt sind, damit die Bienen am Morgen einen sonnigen Ausflug haben und munterer sind. Die Kälte nämlich verursacht Trägheit. Deswegen müssen auch die Fluglöcher recht eng sein, um möglichst wenig Kälte einzulassen. Es genügt, sie so weit zu bohren, daß sie nicht mehr als eine einzige Biene aufnehmen können. Dann werden auch nicht die giftige Stern-Eidechse (stellio) noch die garstigen Holzkäfer (scarabaei) oder Schmetterlinge (papilio) und die „lichtscheuen Motten", wie Maro sich ausdrückt, durch die zu weiten Eingänge eindringen und die Waben verheeren. Sehr vorteilhaft ist es nun, wenn man zwei bis drei Fluglöcher, je nach der Stärke des Volkes, in Abständen in der gleichen Wand (operculum = Deckel) anbringt als Schutz gegen die Ränke der Eidechsen. Diese lauert wie ein Wachtposten den Bienen auf, wenn sie aus dem Stock herauskommen, und bringt ihnen den Tod; es gehen von ihnen dann weniger zugrunde, wenn sie den Nachstellungen dieses Bienen-Schreckens (eigentl. Bienen-Pest) entgehen können, indem sie durch einen andern Ausgang entwischen.

Krankheiten und Heilmittel.

Nun folgen die Mittel, die man bei Krankheit und Seuchen der Bienen braucht. Die Pest kommt bei Bienen selten vor. Ich finde kein anderes Gegenmittel dafür, als daß man, wie ich beim Vieh angegeben habe, auch die Bienen-Völker in eine entfernte Gegend bringt. Leichter ist es bei andern Krankheiten, die Ursachen zu erkennen und auch die Gegenmittel zu finden. Die wichtigste alljährliche Krankheit der Bienen befällt sie im Anfang des Frühjahrs, wenn die Wolfsmilch blüht und die Knospen der Ulme herauskommen. Denn nach dem Hunger, den sie im Winter gelitten haben, lassen sie sich von diesen jungen Blüten wie von frischem Obst verlocken und naschen gierig davon, wo doch diese Nahrung schon bei mäßigem Genuß schädlich ist. Haben sie

sich davon zur Genüge gesättigt, so gehen sie, falls ihnen nicht schleunige
Hilfe zuteil wird, an Durchfall zugrunde. Wolfsmilch nämlich verursacht schon
bei größeren Tieren Durchfall und die Ulme solchen namentlich bei Bienen.
Dies ist der Grund, warum in den Gegenden Italiens, die mit diesen Bäumen
stark bewachsen sind, selten viele Bienen leben können. Wenn man ihnen zu
Beginn des Frühjahrs gleich Arznei (medicati cibi) gibt, kann man dadurch
einer solchen Seuche vorbeugen und sie, wenn sie schon davon befallen sein
sollten, heilen. Denn was das Mittel angeht, das Hyginus im Anschluß an
alte Gewährsmänner überliefert, so wagt er selber nicht, es aus eigener Erfahrung zu empfehlen. Wer Lust hat, mag es immerhin ausprobieren. Er gibt
nämlich an, man soll die Bienen, die man unter den Waben tot vorfindet.
wenn eine solche Seuche eintritt, während des Winters an einer trockenen
Stelle aufbewahren und sie etwa um die Frühlings-Nachtgleiche, wenn ein
milder Tag es geraten erscheinen läßt, an die Sonne bringen und mit Asche
von Feigenbaum-Holz bedecken. Daraufhin werden sie innerhalb von zwei
Stunden, so versichert er, durch die Wärme wieder lebendig und kröchen,
wenn ihnen eine zurechtgemachte Beute hingestellt werde, hinein. Ich bin der
Ansicht, man sollte lieber die nachher angeführten Mittel bei kranken Stöcken
anwenden. Man sollte ihnen nämlich zerriebene Kerne vom Granat-Apfel,
die man mit Aminäer-Wein tränkt, geben oder Rosinen, die mit Sumach-
Blättern (rhus syriacus) zu gleichen Teilen zerstampft sind, und dazu herben
Wein. Sind diese Mittel einzeln gegeben erfolglos, so zerstoße man alle
diese Stoffe zu gleichen Teilen ineinander, lasse sie mit Aminäer-Wein in
einem Tongefäß aufkochen, dann abkühlen und führe die Mischung den Bienen
in hölzernen Röhren zu. Manche geben ihnen in Honig-Wasser gekochten
Rosmarin, wenn er erkaltet ist, in Hohlziegeln. Andere sollen den Völkern,
wie Hygin versichert, Urin von Rindern und Menschen vorsetzen. Besonders
deutlich kenntlich ist auch eine Krankheit, welche die Bienen häßlich macht
und zusammenschrumpfen läßt. Dann tragen häufig die einen Leichen aus
den Wohnungen, die andern sitzen in starrem und traurigem Schweigen, als
herrschte allgemeine Trauer in den Stöcken. Tritt dieser Fall ein, so reicht
man ihnen Futter, indem man es durch Röhren von Schilf eingießt, namentlich
aufgekochten Honig, in den Gall-Äpfel oder trockene Rosen gerieben sind.
Auch Galbanum anzuwenden ist gut, um die Bienen durch dessen Geruch zu
heilen, auch ihre Schwäche mit Rosinen und altem, eingekochtem Wein zu
beheben. Vorzügliche Wirkung tut jedoch die Wurzel des Amellus, dessen
Staude goldgelb und die Blume dunkel ist. Diese Staude kocht man in altem
Aminäer-Wein, preßt sie aus und reicht den geläuterten Saft. Hyginus sagt
in seinem Buche über die Bienen: „Aristomachus glaubt, man müsse den
Bienen auf folgende Weise helfen. Erstens soll man alle schadhaften Waben
herausnehmen und ihnen frisches Futter vorsetzen, weiterhin soll man sie mit
Rauch behandeln. Er hält es auch für nützlich, Bienen, die durch das Alter
abgenommen haben, einem jungen Schwarm zuzusetzen, wenn auch Gefahr
bestehe, daß sie sich im Kampfe gegenseitig aufreiben. Doch werde der Zuwachs an Volk ihnen angenehm sein." Damit sie einig bleiben, muß man die
Weisel der Bienen, die man aus einem anderen Stock verpflanzt, beseitigen, da
sie einem fremden Volke angehören. Ohne Bedenken darf man Waben aus
recht starken Völkern, wo bereits reife Brut ist, übertragen und in schwächere
Völker versetzen, damit sie gleichsam durch Adoption von Nachkommen verstärkt werden. Aber auch in diesem Falle muß man darauf achten, daß man
nur solche Waben einsetzt, deren Brut bereits ihre Zellen zu öffnen beginnt

und ihre Zellen-Deckel, die Wachs-Haut, zernagt und die Köpfe herausstreckt. Wenn man nämlich Waben mit unentwickelter (unreifer) Brut umlogiert, sterben die jungen Bienen, da sie nicht mehr gewärmt werden. Oft sterben die Bienen auch an einer Krankheit, welche die Griechen οἶσθρος nennen. Die Bienen haben nämlich die Gewohnheit, im voraus so viel Zellen anzulegen, wie sie glauben füllen zu können. Bisweilen kommt es nun vor, daß ein Volk, wenn es nach Vollendung des Wabenbaues zum Honigsammeln sich zu weit hinauswagt, von plötzlichem Regen oder Sturm im Walde überrascht wird und einen großen Teil Bienen verliert. Dann genügt der geringe Rest nicht mehr, die Waben zu bedecken. Alsdann gehen die leeren Wabenteile in Fäulnis über; das Übel frißt allmählich weiter, so daß der Honig verdirbt und auch die Bienen selbst zugrunde gehen. Um dies zu verhüten, muß man zwei Völker vereinigen, welche die Waben füllen können, solange sie noch gut sind. Ist die Vereinigung nicht möglich, so muß man aus den Waben, ehe sie zu faulen anfangen, die leeren Stücke mit einem scharfen Messer herausschneiden.

Es ist wichtig, daß das Messer nicht stumpf ist. Ein solches geht nicht leicht durch die Waben; man muß zu stark drücken und verschiebt dadurch die Waben; dann aber verlassen die Bienen ihre Wohnung.

Auch ein Grund für das Absterben der Bienen ist es, wenn es eine Reihe von Jahren hintereinander sehr viele Blumen gibt und die Bienen sich mehr mit Honigsammeln als mit der Brut beschäftigen. Manche Leute, die hierin keine genügende Kenntnisse besitzen, freuen sich über die großen Ernten, ohne zu ahnen, daß den Bienen der Untergang droht; infolge übermäßiger Anstrengung gehen nämlich sehr viele zugrunde; dann schließlich auch alle andern, wenn sie nicht durch junge Brut ersetzt werden. Tritt also ein solches Frühjahr ein, daß Feld und Flur übervoll sind von Blumen, so ist es das beste, jeden dritten Tag die Fluglöcher zu verschließen und nur ganz kleine Luftlöcher zu lassen, durch welche die Bienen nicht hinausschlüpfen können. Sie sollen, auf diese Weise am Honigsammeln gehindert, die Waben mit Brut füllen, da sie nicht hoffen können, alle mit Honigseim zu füllen. Dies sind ungefähr die Mittel bei Bienen-Krankheiten."

Plinius Secundus (23—79 n. Chr.) ist der einzige römische Autor, der sich etwas ausführlicher mit der Biologie der Bienen beschäftigt. Außer den bereits im Auszug wiedergegebenen Stellen des XI. Buches seiner Naturgeschichte finden sich im XXI. Buche Hinweise über die Bienen-Weide und die praktische Behandlung der Bienenstöcke, von denen hier wenigstens ein Teil seinen Platz finden soll:

„Die Bienenstöcke sollen nach der Richtung schauen, wo im Herbst (aequinoctialis!) die Sonne aufgeht. Nordwind und ebenso Südwind sollen sie vermeiden. Der beste Stock besteht aus Rinde, der zweitbeste aus Ferul-Stäben und der drittbeste aus Flechtwerk. Manche haben sie auch aus Marienglas (lapis specularis) verfertigt, um die Bienen im Innern bei der Arbeit zu beobachten. Sehr empfehlenswert ist es, die Stöcke mit Rinder-Mist zu bestreichen, ebenso daß hinten ein verschiebbarer Deckel sei, damit man ihn weiter verschieben kann, wenn der Stock zu groß ist oder die Arbeit ohne Ertrag bleibt, damit die Bienen nicht infolge der Aussichtslosigkeit ihren Eifer aufgeben. Wenn der Nachwuchs stark ist, kann man den Deckel allmählich wieder zurückziehen. Im Winter bedeckt man die Stöcke mit Streu und beräuchert sie häufig, namentlich mit Rinder-Mist. Dieser mit den Bienen verwandte Stoff tötet die in den Stöcken entstehenden kleinen Tierchen, wie Spinnen, Schmetterlinge, Holzwürmer, und regt die Bienen ihrerseits an. Die Vernichtung der Spinnen ist einfach; die Schmetterlinge, eine größere Gefahr, beseitigt man im Frühjahr, wenn die Malve reift, dadurch, daß man bei Neumond und unbewölktem Himmel nachts Lampen vor den Stöcken anzündet. Sie fliegen dann in die Flamme hinein."

Der spätrömische Schriftsteller Palladius (4. Jhdt. n. Chr.) schließt sich eng an Columella an, den er oft völlig kopiert. Nach einer kurzen Besprechung des Bienenstandes und des Kaufs der Bienen folgt später ein Arbeits-Kalender nach Monaten, aus dem alle polemischen und kritischen Bemerkungen entfernt sind und der für den Bedarf des praktischen Landwirts berechnet ist. Infolge dieser Form hat Palladius bis in die Neuzeit hinein hohes Ansehen als land-wirtschaftliches Handbuch für den Praktiker genossen.

„IV. 15. In diesem Monat (März) besonders pflegt die Bienen eine Krank-heit zu befallen. Nach der Fastenzeit des Winters befliegen sie nämlich allzu gierig die herben Blüten der Wolfsmilch und der Ulme, welche zuerst er-scheinen, ziehen sich so Durchfall zu und gehen daran zugrunde, wenn man nicht schleunigst mit einem Gegenmittel zur Hand ist. Man wird ihnen in diesem Falle zerstoßene Kerne vom Granat-Apfel in Amináer-Wein oder ge-trocknete Trauben mit Sumach-Blättern (rhus syriacus) in herbem Wein oder all die genannten Dinge zerrieben und in scharfem Wein aufgekocht reichen. Diese Flüssigkeiten läßt man dann in Holzrinnen erkalten und stellt sie den Bienen hin. In gleicher Weise läßt man in Honig-Wasser ausge-sottenen Rosmarin erkalten und reicht diesen Saft in einem Hohlziegel. 2. Er-scheinen die Bienen struppig und bemerkt man, daß sie zusammengedrängt in schweigender Erstarrung verharren und häufig Leichen von Toten hinaus-tragen, dann muß man Honig, worin zerriebene Gall-Äpfel und trockene Rosen-Blätter gekocht wurden, durch Kanäle aus Rohr in den Stock einführen. Vor allem aber wird es sich empfehlen, faule oder leere Waben-Stücke, die das infolge irgend eines Mißgeschicks verringerte Volk nicht wird ausfüllen können, mit scharfen eisernen Werkzeugen recht sorgfältig und behutsam aus-zuschneiden, damit nicht ein anderes Waben-Stück von der Stelle gerückt wird und die Bienen so veranlaßt werden, die erschütterte Wohnung zu verlassen. 3. Den Bienen schadet besonders die eigene reiche Tracht (felicitas sua). Wenn nämlich ein Jahr zu reichen Überfluß an Blumen hervorbringt, denken sie, dieweil ihre einzige Sorge auf das Honigsammeln gerichtet ist, garnicht an die Brut. Wird aber deren Aufzucht vernachlässigt, so geht auch das Volk und damit die ganze Art zugrunde. Bemerkt man daher, daß reicher Honig-Ertrag aus einer üppigen und langen Trachtzeit hereinströmt, so soll man den Bienen alle drei Tage das Flugloch verschließen und sie nicht aus-fliegen lassen. So werden sie sich der Aufzucht von Brut zuwenden. 4. Um den 1. April herum muß man dann die Völker in der Weise behandeln, daß man allen Unrat und Schmutz, der sich den Winter über angesammelt hat, hinausschafft, ebenso Würmchen, Motten und Spinnen, durch welche die Waben unbrauchbar werden, auch Schmetterlinge, die in ihrem Kot Würmchen entstehen lassen. Zu diesem Zweck soll man trockenen Rinder-Mist anzünden und den Rauch davon benützen, der den Bienen zuträglich ist. Diese Reinigung soll man bis zum Herbst wiederholt vornehmen. All das wie auch sonstige Arbeiten muß man in reiner Verfassung ausführen, nüchtern, ohne Knoblauch, oder sonstige scharf und übel riechende Speisen oder Salzfisch gegessen zu haben. ...

VI. 10. In diesem Monat (M a i) beginnen die Völker stark zu werden; in den äußersten Teilen der Waben entstehen größere junge Bienen, die manche für Weisel halten. Die Griechen indessen nennen sie oistri und schreiben vor, man solle sie töten, weil sie das friedliche Volk in seiner Ruhe stören. In dieser Zeit nehmen die Motten überhand, welche man nach dem besprochenen Verfahren töten soll.

VII. 7. In diesem Monat (J u n i) ....

2. Man soll aber die Stöcke in den Morgenstunden zeideln, solange die Bienen noch starr sind und durch die Hitze noch nicht gereizt werden. Man bringt Rauch aus Galbanum und trockenem Kuh-Mist in die Nähe, den man über einem Kohlenfeuer in einem Topf erzeugen kann. Das Gefäß soll so verfertigt sein, daß es den Rauch wie bei einem umgestülpten Trichter durch eine enge Öffnung ausströmen läßt. Weichen die Bienen davor zurück, so kann man die Honig-Waben herausschneiden. Als Futter für das Volk soll man dieses Mal ein Fünftel der Waben drin lassen. Allerdings muß man alle faulen und fehlerhaften Waben aus den Stöcken herausnehmen. 3. Dann gewinnt man den Honig, indem man die Waben in ein reines Leinentuch wirft und sorgfältig auspreßt. Bevor man dies jedoch tut, muß man verdorbene Waben-Teile oder solche, die Brut enthalten, herausschneiden, denn sie verderben durch ihren schlechten Geschmack den Honig. Den frisch gewonnenen Honig muß man einige Tage lang in offenen Gefäßen stehen lassen und an der Oberfläche reinigen, bis er vergoren hat, indem die Wärme in der Masse (mustum) verkühlt. Feiner wird der Honig sein, der vor dem zweiten Auspressen sozusagen von selbst ausfließt. 4. In diesem Monat gewinnt man auch Wachs. Man schneidet, was von den Waben bleibt, in kleine Stücke, läßt das Wachs in einem mit siedendem Wasser gefülltem Metall-Kessel flüssig werden und gießt es dann, nachdem man es in andern Gefäßen ohne Wasser völlig aufgelöst hat, in Formen.

XII. 8. 1. Zu Beginn dieses Monats (N o v e m b e r) gewinnen die Bienen noch Honig von den Tamarisken-Blüten und andern Wald-Sträuchern. Diesen Honig darf man nicht mehr ausnehmen, weil er für den Winter aufgespeichert wird. Im gleichen Monat muß man die Stöcke von Unrat reinigen, weil wir sie den ganzen Winter hindurch nicht anrühren (movere) noch öffnen dürfen. Doch muß man das an einem sonnigen und milden Tage besorgen in der Weise, daß man den ganzen Innenraum [des Stockes] mit Vogel-Federn, namentlich mit kräftigen von größeren Vögeln oder einem ähnlichen Werkzeug ausfegt. 2. Hernach soll man alle Ritzen von außen mit einer Mischung von Schlamm und Rinder-Mist verstreichen und über die Stöcke aus Ginster oder anderm Deckmaterial eine Art Schutzdach (porticus) herstellen, damit sie vor Kälte und Unwetter geschützt sein mögen."

Auch A e l i a n nimmt in seinen Tier-Geschichten öfters auf Bienenleben und Bienenzucht Bezug, die jedoch kaum als wissenschaftliche Darstellungen anzusehen sind.

Übersicht.

Auch die Bienenkunde der alten Römer haben Armbruster und Klek anschaulich übersetzt und dargestellt. In den römischen Schriften ist der nüchterne, wirtschaftliche Geist dieses Volkes unverkennbar. Die theoretischen Probleme der Biologie streift nur Plinius, alle anderen beschränken sich auf die für den Imker unerläßlichen Beobachtungen und Tatsachen, die sie mit kleinen Fabeln und Dichter-Worten gelegentlich schmücken. Wie Armbruster richtig bemerkt, ist ihre Bienenkunde ein Teil der Wirtschaftskunde und nicht mehr ein Teil der Naturgeschichte.

Ungeheuer reich sind die verschiedenen Formen des Bienenstockes. Die typische Bienen-Wohnung von rundem oder quadratischem Querschnitt, deren Vorder- und Hinterdeckel mit kleinen Ein- und Ausflugs-Öffnungen versehen und die nach der Mitte zu verschiebbar sind, bezeichnet Armbruster als Tummelstock. An Materialien zur Herstellung dieser Stöcke werden erwähnt: Rindenstücke aus Kork-Eiche, Ton, Schlamm oder Kuh-Mist (wohl von Ägypten übernommen), ausgehöhlte Baumstämme. Diese Formen waren vorwiegend von rundem Querschnitt und zum Transport ungeeignet. Weit verbreitet waren aus Ruten geflochtene und mit Kuh-Mist gedichtete Stöcke, die ebenfalls rund waren. Von rechteckigem Querschnitt waren Stöcke aus Backsteinen, die schon Columella als unpraktisch ansah, sowie aus Ferula-Stäben nach Blockhaus-Art gebaute Stöcke. Die Länge aller Stöcke betrug etwa 1 Meter. Als Luxus galten Stöcke aus gesägten Brettern sowie die beiden von Plinius (XI, 49; XXI, 80) erwähnten Stöcke aus durchsichtigen Hornplatten oder aus Marienglas, die sich reiche Landwirte in ganz seltenen Fällen zur Beobachtung des Lebens und Treibens ihrer Lieblinge leisteten. Stroh-Beuten und Stülper-Formen werden nicht erwähnt.

Die Aufstellung der Stöcke richtete sich nach der Größe des Betriebes und nach der Örtlichkeit. Gedeckte Vorhallen, Baum-Gärten und Tal-Mulden waren scheinbar die beliebtesten Orte.

Die Stöcke waren zumeist auf großen Stein-Sockeln gelagert, je 2—3 Stöcke übereinander auf einem Sockel, so daß sie von vorne und hinten leicht bedienbar waren. Gelegentlich fand auch eine Lagerung an Mauern auf vorstehenden Balken statt.

Die meisten Imker-Geräte (Messer, Spatel etc.) haben wir bereits kennen gelernt. Ebenso über die Zubereitung der Bienen-Tränke und der Not-Fütterung im Winter. Seim- wie Preß-Honig war ihnen bekannt. Geseimt wurde durch ein trichterförmiges Ruten-Geflecht, gepreßt durch einen Preß-Sack. Auch die Räucher-Gefäße hatten eine typische Gestalt. Unter den Bekämpfungs-Mitteln der Bienen-Feinde sei hier nochmals die Motten-Falle hervorgehoben.

Die römische Imkerei beruht wie die der Griechen auf der stabilen Betriebsweise. Als bezeichnend für erstere hebt Armbruster hervor: die Behandlung der Stöcke von vorne wie von hinten; das Verschließen der Ausflug-Löcher jeden dritten Tag bei üppiger Tracht, um ein Überfüttern der Bienen zu verhindern; die regelmäßige, dreimal im Monat vorgenommene Besichtigung des Stockes; das Entflügeln des Weisels zum Zweck der Schwarm-Verhinderung. Die Römer haben anscheinend auch bereits bewußt Weisel-Zucht getrieben und schlechte Völker durch Einsetzen hochwertiger Weisel zu verbessern gesucht. Je nach der Stärke des Volkes wurde die Beute verengert oder erweitert. Wandern der Stöcke auf verschiedene Weiden scheint nur gelegentlich vorgekommen zu sein. Gezeidelt wurde im Mai und November, nach Varro noch einmal im Hochsommer.

Die wirtschaftlich große Bedeutung der Bienenzucht im Rahmen der gesamten römischen Landwirtschaft erhellt neben vielen anderem aus folgendem Dialog bei Varro:

„Merula: Über den Nutzen nur soviel, das dir, lieber Axius, wohl genügen dürfte. Mein Gewährsmann ist nicht nur Seius, der seine Bienen-Völker (alvaria) um einen jährlichen Zins von 5 000 „Pfund" (pondus) verpachtet hat, sondern auch hier unser Varro. Ihn habe ich von zwei Soldaten erzählen hören, Brüdern aus Veii im Falisker-Land, die in Spanien unter ihm dienten. Die Leute seien begütert gewesen, wenn ihnen ihr Vater auch nur einen kleinen Hof und nicht mehr als einen „Morgen" Land hinterlassen habe. Sie hätten nun rings um den ganzen Hof Bienenstöcke aufgestellt in einem Garten, den freien Platz hätten sie mit Thymian (thymum), Klee (cytisum) und Apiastrum, das die einen Meliphyllon, andere Melissophyllon, manche Melittaena nennen, angesät. Diese Leute hätten mindestens immer 10 000 Sesterzien aus Honig eingenommen, womit sie regelmäßig rechnen konnten. Sie erklärten nämlich, mit dem Verkauf zuwarten zu wollen, um zu gegebener Zeit lieber vorteilhaft zu verkaufen als zu schnell und dann mit Schaden."

Die Zahl der Berufs-Imker scheint nicht gering gewesen zu sein. Die Bedienung der Stöcke auf den Latifundien war Sache besonderer Sklaven, doch scheint die Beschäftigung und Kenntnis der Imkerei auch unter den vornehmeren Römern wenigstens lange Zeit hindurch „modern" gewesen zu sein. Oft haben auch Großgrundbesitzer ihre Bienenstöcke und -Weiden verpachtet.

Die Erträge des Seius, die Varro erwähnt, berechnet Armbruster (soweit wir antike Geldwerte vorläufig berechnen können) auf 64 Zentner Honig = 3200 Mark (15 Mk. das Pfund oder in heutigen Honig-Preisen 96 000 Mk.)*) Solche Erträge waren eine Quelle nationalen Reichtums und zahlreiche kleine Landwirte und Pächter sahen in ihr, wie das auch aus dem breiten, der Bienenzucht gewidmeten Raum in den erwähnten landwirtschaftlichen Werken hervorgeht, einen wesentlichen Bestandteil ihrer wirtschaftlichen Existenz.24)

d) Seide und Seidenspinner im Altertum.

Wir haben schon bei Aristoteles erwähnt, daß die Kenntnis des echten Seidenspinners sich erst spät verbreitet hat und daß dieser nicht synonym ist mit dem koischen Seidenwurm der Griechen [Pachypasa otus L.].20) Die echte Seide kam erst um den Beginn unserer Zeitrechnung zur Kenntnis des Abendlandes. Von der feinen Wolle aus dem Lande der Serer (= China) sprachen zuerst Virgil, Horaz, Properz, Ovid. Plinius schreibt noch: „Die Serer sind berühmt durch die Wolle ihrer Wälder. Sie begießen die weißgrauen Haare der Blätter und kämmen sie ab. Unsere Weiber müssen die Fäden wieder abwickeln und von neuem weben. So mühsam ist die Arbeit, durch die unsere Damen-Kleider gefertigt werden und soweit her holt man ihren Stoff." Und ähnlich schreibt noch Amianus Marcellinus, ein Schriftsteller des vierten Jahrhunderts nach Christus. Oder Pausanias (ca. 175 n. Chr.): Im Lande der Serer lebt ein Tierchen, das die Griechen Ser nennen, während es bei den Serern selbst anders heißt. Es ist doppelt so groß wie der größte Käfer, übrigens den Spinnen gleich und hat auch acht Beine. Diese Tiere halten die Serer in eigenen Gebäuden, die für Sommer und Winter eingerichtet sind. Das Gespinst dieser Tiere ist zart und sie wickeln es mit ihren Füßen um sie herum. Vier Jahre lang werden sie mit Hirsen gefüttert. Im fünften aber — und man weiß, daß sie nicht länger leben — bekommen sie grünes Rohr zur Nahrung. Dieses schmeckt ihnen unvergleichlich gut. Sie fressen sich davon so dick und voll, daß sie platzen und sterben. Man findet alsdann in ihrem Innern noch viele Fäden."

Diese gänzlich fabelhaften Nachrichten beruhen wohl auf dem Bericht einer römischen Gesandtschaft, die zur Zeit Marc Aurels (166 n. Chr.) am chinesischen Hofe zu Logani erschien.

*) Vergleichsweise führt Armbruster an, daß die Erträge der Erlanger Anstalt für Bienenzucht im guten Jahre 1917 von 35 Völkern gegen 20 Zentner betrugen.

Ganzseidene Gewänder galten als ein unerhörter Luxus und verschiedentlich haben römische Kaiser durch Dekret den Männern das Tragen solcher Kleider verboten. Halbseide war in der spätrömischen Zeit hingegen viel benutzt.

Erst unter Justinian (ca. 550 n. Chr.) brachten Mönche die ersten lebenden Seiden-Kokons nach Byzanz.

Zonaras (ca. 1100) schreibt in seinem Chronikon darüber und erzählt, daß man jetzt erst einen Begriff von diesen Tieren, ihren Gespinsten und der ganzen Seidenzucht bekam.

Die Seiden-Bereitung aus dem koischen Seidenwurm war hingegen schon lange bekannt und Plinius beschreibt uns Zucht und Fabrikation wie folgt: „Auch auf der Insel Koos sollen Bombyx-Arten entstehen, indem sich die vom Regen abgeschlagenen Blüten der Cypressen, Terebinthen, Eschen und Eichen durch den Hauch der Erde beleben. Anfangs sollen daraus kleine, nackte Schmetterlinge (papiliones) entstehen, die bald gegen die Kälte einen schützenden Woll-Überzug (villis inhorrescere) erhalten und sich dann gegen die Rauhigkeit des Winters eigene Kleider verfertigen (tunicas instaurare), indem sie mit den Füßen die feinen Haare (lanugo) der Blätter abkratzen. Diese krämpeln sie dann mit den Nägeln (cogere unguium carminatione), dehnen sie zwischen den Ästen aus und ordnen sie wie mit einem Kamme, worauf sie sich in das Ganze wie in eine Bett-Decke (nido volubili) hüllen. Hiernach nimmt man sie ab, legt sie in lauwarme irdene Geschirre und füttert sie mit Kleie. Sie bekommen nun Federn (plumae), und man läßt sie wieder frei, damit sie neue Arbeiten beginnen können. Die schon begonnenen Gewebe (lanificia) werden in der Feuchtigkeit zähe und werden dann mit einer aus Binsen gemachten Spindel (fuso) in dünne Fäden (fila) gezogen. Selbst Männer tragen solche leichten Kleider während der Sommerhitze, denn vom Panzer wollen unsere Weichlinge, die kaum noch ein leichtes Kleid zu tragen vermögen, nicht mehr viel hören. Doch den assyrischen Bombyx überlassen wir noch den Damen."

e) Aelian.

Von den spätrömischen Schriftstellern erwähnen wir noch den griechisch schreibenden Claudius Aelianus (ca. 160—240 n. Chr.). Zu Praeneste in Latium geboren, beschäftigte er sich ganz mit griechischer Literatur und war bei seinen Zeitgenossen seines griechischen Stiles halber sehr geschätzt. Von seinen verschiedenen Werken interessiert uns seine Abhandlung „Von den Eigenschaften der Tiere" in 17 Büchern. Es ist dies eine Sammlung von interessanten Erzählungen und Fabeln aus den Schriftstellern der Vorzeit, nach moralischen Gesichtspunkten oder wegen ihrer Sonderbarkeit gesammelt. Naturwissenschaftliche Bedeutung kommt ihnen nicht zu. 50 Kapitel behandeln Insekten, unter denen die Bienen mit 12, die Ameisen mit 7 und die Wespen mit 4 Kapiteln bevorzugt sind. Als Beispiel mögen folgende Erzählungen dienen:

„Die Buprestis ist ein Tier, das, wenn ein Rind es verschluckt, eine Entzündung verursacht, so daß das Rind nicht lange nachher zerplatzt und stirbt.

Die Raupen fressen die Kohlstauden ab und verursachen auch wohl, daß diese ausgehen. Sie sterben aber, wenn eine Frau, die ihre monatliche Reinigung hat, mitten durch das Kohlbeet geht.

In den Weizen-Feldern, auf den Pappeln und den Feigen-Bäumen erzeugt sich das Geschlecht der Kanthariden, wie Aristoteles sagt; in den Erbsen die Raupen, in den Kichern gewisse Spinnen, in dem Lauche die sogenannte Prasokuris. In dem Kohle erzeugt sich eine Gattung von Würmern, die den Namen von ihrem Aufenthalts-Orte hat; denn sie heißt Kohl-Raupe (Krambis). Auch der Apfelbaum erzeugt ein Insekt, das oft die Frucht dieses Baumes zerstört; für die Bäume aber, die zur Erzeugung noch Zeit haben, und zur Befruchtung ist es nützlich. Wie dies geschieht, wird ein Andrer sagen.

Der Käfer ist ein Tier ohne weibliches Geschlecht und läßt seinen Samen in die (Mist-)Kugel fallen, die er fortwälzt. Wenn er dies 28 Tage getan und sie erwärmt hat, so bringt er tags darauf das Junge zum Vorschein. Die Streitbaren unter den Ägyptern tragen auf ihren Ringen einen eingegrabenen Käfer, wodurch der Gesetzgeber andeutet, daß durchaus alle, die für das Land streiten, mannhaft sein müssen, da auch der Käfer nichts von weiblicher Natur hat."[25]

Literatur:

Claudius Aelianus, Tiergeschichten. Übersetzt von F. Jacobs, Stuttgart 1839-41, 2 Vol.

C. Das Mittelalter.

1. Das frühe Mittelalter.

In den politischen Wirren, in denen das Altertum ausging, ging auch das Kulturgut der Antike verloren. Selbständige biologische Forschungen sind aus den ersten Jahrhunderten unserer Zeitrechnung bisher nicht mehr bekannt geworden. Ein Zug zum Mystischen und Religiösen ging durch die gebildete Menschheit jener Zeiten, die in ihrer Mentalität weit von jeder Art reiner, nicht angewandt naturwissenschaftlicher Forschung entfernt war. In jene Zeiten fällt die Entstehung der ältesten Handschriften des Physiologus. Von entscheidender politischer Bedeutung wurde die Teilung des römischen Imperiums im Jahre 395. Das oströmische Byzanz erhielt sich noch ein Jahrtausend. In den Bibliotheken in Konstantinopel und den Provinzen, besonders in Syrien und dem benachbarten Persien, wurden die überkommenen Schätze der Antike sorgsam behütet und kopiert. Auch hier drängte das überwiegende Interesse an der Theologie und Medizin die Naturwissenschaften in den Hintergrund. Erlebten sie in Byzanz auch keine neue Blüte, so wurden doch ihre klassische und nachklassische Literatur hier konserviert, haben hier vom achten Jahrhundert an einen Anstoß zur Blüte der arabischen Naturwissenschaft gegeben und im 15. Jahrhundert in Italien die Renaissance erweckt. Das überlieferte Kulturgut, um das es sich für uns hier hauptsächlich handelt, sind die biologischen Schriften des Aristoteles.

Das weströmische Reich erlag den Stürmen der Völkerwanderung. Die Kenntnisse der klassischen Schriften sowie der griechischen und lateinischen Sprache ging mehr und mehr verloren, in erster Reihe natürlich die naturwissenschaftlichen Schriften, zu denen diese Zeiten schon längst kein inneres Verhältnis mehr hatten. Im Gegensatz zu der herrschenden Auffassung, nach der die Kirche an der Vernichtung und dem Verlust des überlieferten „heidnischen" Kulturgutes in erster Linie schuldig sei, gehen gerade die Anstöße zur Erhaltung desselben von der Kirche aus. Die Gründung des Benediktiner-Ordens im Jahre 529 war in dieser Hinsicht von unübersehbarer Bedeutung. Die zugrundegehenden kaiserlichen Provinz-Schulen wurden durch Kloster-Schulen ersetzt, leider zu spät, um Plinius und Aristoteles in die neue Zeit mit hinüberzuretten. Ihre Kenntnis blieb auf diesem Wege verschollen. Von Aristoteles, dessen Verbreitung schon im alten Rom uns nicht ganz klar ist, steht das völlig fest. Von Plinius mögen sich Teile in einzelnen Klöstern vorgefunden haben, Belege dafür habe ich leider trotz mancher Bemühungen nicht erbringen können. Dafür treten anstelle dieser grundlegenden Werke die Kenntnisse von Kompendien und Auszügen, für die sicher eine Kontinuität besteht, die nur heute noch nicht voll nachzuweisen ist. Das Studium der folgenden Belege dürfte das wahrscheinlich machen.

Die Klöster Irlands sind besonders im 6. und 7. Jahrhundert um die Erhaltung alter Schriftsteller sowie der Kenntnis der griechischen und lateinischen Sprache hoch verdient. Von ihnen ging auch die Anregung zur sogenannten Karolingischen Renaissance aus, wie wir eine zarte Vorblüte der Wissenschaften im neunten Jahrhundert im Franken-Reiche heute benennen. Alte Chroniken aus dieser Zeit berichten über Heuschrecken-Züge und andere Natur-Ereignisse mit einfacher guter Schilderung. Das rein kompilatorische Werk von Isidorus wird durch das kurze Kompendium von Rhabanus Maurus weit überragt. Dieser kurzen Blüte folgte ein Verfall, der bis in das 13. Jahrhundert hinein anhält.

a) Physiologus.

Den Übergang zwischen Altertum und Mittelalter vermittelt ein Werk, dessen Ursprünge noch tief im Altertum verwurzelt sind und das als zoologisches Volksbuch das ganze Mittelalter beherrscht: der Physiologus. Bis ins 15. Jahrhundert waren der Physiologus und seine Weiterbildungen (Bestiarius etc.) das führende oder doch wenigstens das verbreiteteste Werk der Tierkunde. Sein Verfasser ist nicht bekannt. Wir kennen heute mehrere Dutzend verschiedener Bearbeitungen in griechischer, äthiopischer, armenischer, syrischer, arabischer, lateinischer, sowie in fast allen germanischen und romanischen Sprachen. Er stammt aus einer Zeit, in der christliche, neuplatonische, orientalische und ägyptische Mystik alle Wissensgebiete und so auch die Natur-Wissenschaften mit dem ihnen fremden Geist des Symbolismus durchtränkten. Der Physiologus ist ein Werk der ersten christlichen Jahrhunderte. Eine der ältesten Bearbeitungen entstand im ersten Viertel des zweiten Jahrhunderts nach Christus und gehört ihrem Ursprunge nach wohl nach Alexandrien. Der von Peters (1898) herausgegebene Physiologus, vermutlich die älteste der vorhandenen Bearbeitungen, ist ein Produkt hellenischer, ägyptischer und hebräischer Tier-Symbolik. Von eigener Natur-Betrachtung ist keine Spur zu erkennen. Es enthält 63 echte Kapitel (davon behandeln 56 Tiere), wovon die Abschnitte Mist-Käfer, Biene, Wespe und Ameise den Insekten gewidmet sind. Der Abschnitt Ameisen-Löwe behandelt nicht das Insekt, sondern ein Fabel-Wesen. In den späteren Bearbeitungen fehlen meist viele Kapitel der älteren Ausgaben und gelegentlich werden neue hinzugefügt. Die Ameise kommt fast durchgängig vor, die anderen Insekten fehlen oft. Ursprünglich waren im Physiologus wahrscheinlich nur Tiere der Bibel und heilige Tiere der Ägypter vorhanden.

Wegen seiner großen Bedeutung im Mittelalter sollen einige Stellen der Peters'schen Bearbeitung hier folgen, um einen Begriff vom Inhalt dieses Werkes zu geben.

52. Kapitel: Der Mistkäfer.

Außerdem lehrt der Physiologus dieses: In den Tagen des Nisan, des Blumen-Monats, werden aus dem Miste oder der Ausleerung die Mistkäfer gebildet, kommen daraus hervor und leben in jenem Miste und Gestanke. Und sie selbst formen den Mist zur Gestalt runder Eier aus dem Mist der Kamele und der Rosse, wälzen diese rückwärts hin auf der Erde und erwärmen sie, bis sie in deren Mitte ihre Nachkommenschaft bilden und erzeugen, welche dann hervorbricht und aus jenen Kugeln hervorkriecht. Und sie bringt zugleich mit ihnen in demselben Gestanke das Leben zu.

Hieraus sehen wir und erkennen wir deutlich, daß die Mistkäfer die Ketzer sind, befleckt mit dem Gestank der Ketzerei. Die Mistkugeln aber, welche aus dem Miste gebildet sind und welche jene hin und zurück auf der Erde wälzen, sind die schlechten Gedanken und Ketzereien, die aus Schlechtigkeit und Ruchlosigkeit entstanden sind.

55. Kapitel: Die Ameise.

Salomo sagt in den Sprüchen: „Geh hin zur Ameise, du Fauler!" Der Physiologus sagte von ihr, daß sie drei Eigenschaften hat. Ihre erste Eigenschaft: Wenn sie hintereinander umhergehen, so trägt eine jede ihr Korn im Maule, und die, welche nichts haben und ohne Korn sind, sprechen nicht zu denen, welche beladen sind: „Gebt uns von euren Körnern!", noch rauben sie es mit Gewalt, sondern sie gehen weiter und sammeln für sich.

Dieses ist an den klugen Jungfrauen und an den törichten zu erkennen.

Die zweite Eigenschaft: Wenn sie die Nahrung in der Erde aufspeichert, so beißt sie die Körner in zwei Stücke, damit nicht die Körner während des Winters keimen und sie Hunger leidet. Und wiederum merkt die Ameise durch ihre Klugheit, ob Hitze ist, oder wann die Luft im Begriffe ist, sie zu benetzen. Wenn du nun die Ameise anschaust, daß sie das Weizenkorn, welches sich außerhalb ihres Loches befindet, nach innen trägt, so erkenne, daß Regenwetter und Winter kommt, wenn sie aber ihre Nahrung von innen herausträgt und ausbreitet, so erkenne, daß heiteres Wetter ist.

Und du entferne die Worte des alten Testamentes von deinem Geiste, damit dich der Buchstabe nicht tötet. Denn Paulus sagt, daß das Gesetz geistlich ist. Denn auf den bloßen Buchstaben achtend, wurden die Juden hungrig und gegenseitige Mörder.

Die dritte Eigenschaft: Oft wendet sie sich zum Acker und steigt auf die Ähre und trägt das Korn herab; bevor sie nun heraufsteigt, beriecht sie die unteren Teile der Halme und durch den Geruch erkennt sie den Weizen und die Gerste. Wenn es Gerste ist, entfernt sie sich zu dem Weizen und trägt die Ähre herab.

Die Gerste nun ist die Nahrung des Viehes. Denn Hiob sagt: „Statt des Weizens wachse mir Gerste!" Fliehe nun auch du die Nahrung des Viehes und nimm den in die Scheunen gesammelten Weizen. Denn die Gerste wird der Lehre der Andersgläubigen verglichen, der Weizen aber dem rechten Glauben an Christus.

3. Kapitel: Der Ameisen-Löwe.

Eliphas, der König von Theman, sagt: „Der Ameisen-Löwe ist umgekommen, weil er keine Speise hat." Der Physiologus sagte, daß er das Antlitz des Löwen hat und das Hinterteil einer Ameise. Sein Vater ist ein Fleisch-Fresser, seine Mutter aber ißt Pflanzen-Nahrung. Wenn sie nun den Ameisen-Löwen erzeugen, erzeugen sie ihn mit zwei Eigenschaften. Er kann nicht Fleisch fressen wegen der Eigenschaft seiner Mutter und keine Pflanzen-Nahrung wegen der Eigenschaft seines Vaters; er kommt also um, weil er keine Nahrung hat.

So hat jeder Mensch eine doppelte Seele, unstät in allen seinen Wegen. Man darf nicht zwei Wege gehen noch doppelt reden im Gebet; es ist nicht schön das Ja und das Nicht-ja, sondern das Ja-ja und das Nein-nein."

Im Jahre 496 befindet sich der Physiologus auf dem Index der ketzerischen Bücher und wurde erst unter Gregor dem Großen (ca. 600) erlaubt und sogar auf die Liste der nützlichen Bücher geschrieben.

Literatur:

C. Peters, Der griechische Physiologus und seine orientalischen Übersetzungen. Berlin 1898. 105 pp.
M. Goldstaub, Der Physiologus und seine Weiterbildung besonders in der lateinischen und in der byzantischen Literatur. Philologus (Leipzig) Supplem. VIII, 3. 1901 p. 337-404.
Lauchert, Geschichte des Physiologus. Straßburg 1889.
Besonders ausführlich in E. Carus, Geschichte der Zoologie. 1872 p. 108-145.

Christliche Tier-Symbolik. In der christlichen Literatur der ersten Jahrhunderte spielt die Tier-Symbolik eine große Rolle. Nach Pitra (1853) ist so die Biene das Symbol der Jungfräulichkeit und der Weisheit, die Ameise des vorsorglichen Arbeiters, der Scarabaeus des Sünders, die Fliege des Teufels oder dräuender Sorgen. Christus ist die Heuschrecke, denn „Excussus sum sicut locusta". Die Heuschrecke versinnbildlicht ferner noch Dämonen und den Hochmut, die Motte die Versuchungen des Fleisches. Der Wurm aber ist Symbol für Christus, Begierde und manches Andere.

Literatur:

B. Pitra, Spicilegium solemnense complectens sanctorum Patrum scriptorumque ecclesiasticorum anecdota hactenus opera. Paris Vol. II. und III. 1855.

b) Isidorus von Sevilla.

Von grundlegender Bedeutung für die Naturwissenschaft des Mittelalters war das Werk „Origines sive Etymologiae" des Isidorus von Sevilla.

Isidorus war in Cartagena von vornehmen Eltern, wahrscheinlich Goten, geboren. Er widmete sich dem geistlichen Stande und wir kennen ihn 596 nach Christus als Bischof von Sevilla, wo er 636 verstarb. Sein Werk ist ein etymologisches Kompendium, das sämtliche Wissensgebiete umfaßt und nach Materien und innerhalb dieser nach alphabetisch sich folgenden Schlagworten geordnet ist. Ich möchte es den „Petit Larousse" des Mittelalters nennen. Fast alle Abhandlungen der folgenden Jahrhunderte fußen auf ihm, obwohl gerade seine Natur-Beobachtungen jeder sinnlichen Erkenntnis entbehren und nur einen schwachen Rest der Kenntnisse des Altertums darstellen. Aus Verkennung seiner ursprünglich rein etymologischen Zwecke ist es vielfach zu scharf beurteilt worden. Der Geist des späten Mittelalters, der jedes Natur-Studium um seiner selbst willen, d. h. ohne christliche theologische Zwecke in Form von Moralisationen oder Ähnlichem geringschätzt oder sogar für verderblich und für ein Werk des Teufels hält, ist auffallend gering bei Isidorus ausgeprägt. Die Etymologieen des lateinisch geschriebenen Werkes beweisen, daß er selbst schwerlich eine Zeile Griechisch lesen konnte, wie er durch seine meist unsinnigen Wort-Ableitungen verrät. Dies ist wohl das sprechendste Zeichen für die Verödung dieser ehemaligen Weltsprache. An die Wort-Deutungen werden bisweilen kurze Beschreibungen geknüpft. Im 12. Buche behandelt er im 5. Kapitel de vermibus und Kapitel 8 de minutis volatilibus die Insekten.

Die Würmer sind Tiere, die zumeist aus Holz, Fleisch, Erde oder anderen Dingen ohne Befruchtung entstehen, einige wie der Skorpion allerdings entstehen aus Eiern. Es gibt Würmer der Erde, des Wassers, der Luft, im Fleisch, auf Blättern, in Hölzern oder in Kleidern. Der Cantharis (Lytta vesicatoria) ist ein Erdwurm, der dem menschlichen Körper aufgelegt wässerige Blasen hervorruft. Eruca, die Raupe, ab erodendo dicta, Teredo, der Bohrwurm der Hölzer, quod terendo edant. Pediculus, die Laus, ist ein Hautwurm, der eigentlich Füßling heißt (a pedibus dicti). Die Flöhe aber heißen so, weil sie sich fast nur vom Staube nähren (pulices vero vocati sunt, quod e pulvere magis nutriuntur).

Es entstehen die eigentlichen Würmer aus faulendem Fleisch, die Motten aus Kleidern, die Raupen aus dem Kohl, der Bohrwurm aus dem Holz und der Tarmus (Dermestes-Larve) aus dem Speck. Die Würmer bewegen sich nicht wie die Schlangen durch Schuppen-Bewegungen vorwärts, sondern durch Ausstrecken und Nachziehen des Körpers bei der [folgenden] Kontraktion. Unter den kleinen Flug-Tieren, den minutis volatilibus, finden wir an erster Stelle die Honig-Biene mit König, Arbeits-Bienen und Drohnen in der antiken Auffassung vorgeführt (Apes dictae sunt, quod se pedibus in vicem alligent et per quod sine pedibus nascantur. Sie heißen Bienen, weil sie sich gegenseitig mit den Füßen festhalten und weil sie ohne Füße geboren sind.) Die Bienen entstehen aus toten Rindern, die Hornissen (Scrabrones) aus Pferden, die Drohnen resp. Hummeln(Fuci) aus Maultieren und die Wespen (Vespae) aus Eseln. Die Hornissen werden so genannt, weil sie aus Pferden entstehen (Scrabrones vocati a cabo id est a caballo quod ex eis creuntur). Von Käfern werden als Erdkäfer der Thaurus, ferner der Bubrestis des Plinius sowie Cicendula, das Leuchtkäferchen, erwähnt. Die Blatta (wohl Küchenschabe) scheut das Licht und bewegt sich hauptsächlich in der Nacht. Die Schmetterlinge (Papiliones) sind kleine Vögelchen, die an Blumen überaus häufig sind; aus ihrem Kot entstehen kleine Würmchen. Locusta, die Heuschrecke, wird mit dem griechischen Astacus (Krebs) zusammengebracht. Die Zikaden entstehen aus dem Kuckucks-Speichel. Unter Zikaden sind hier die Schaum-Zikaden (Aprophora sp.) zu verstehen. Culex (Tabanus sp.) wird nach ihrem Stachel so genannt, womit sie das Blut saugt. (Culex ab aculeo dicta, quo sanguinem sugit.) Die Scinifes (= Culicidae) sind die dritte Plage der Ägypter. Die Bibionen (Drosophila sp.) entstehen aus Wein.

Im ganzen sind 27 Insekten erwähnt, die den Grundstock für die Insekten-Kenntnisse bis fast ans Ende des gesamten Mittelalters bildeten. Man muß gestehen, daß es wirklich ein schäbiger Bodensatz ist, der so vom Wissen des Altertums erhalten blieb, womit Isidorus von Sevilla als dem Verfasser eines enzyklopädisch-etymologischen Kompendiums kein persönlicher Vorwurf gemacht werden soll. Neues verdankt ihm die Entomologie natürlich auch nicht.

Weßner hat in neuerer Zeit die Quellen Isidorus einer genauen Untersuchung unterzogen. Kirchenväter, Scholien und Kompendien sind als solche anzusehen. Es handelt sich um einen Zettel-Katalog von Exzerpten. Von seinen Quellen gibt Isidor gerade die am meisten benutzten nicht an und sucht sie im Gegenteil durch Umstellungen, Zwischenschiebungen und kleine Veränderungen zu verschleiern.

Literatur:

Isidorus Hispaniensis. Vol. II. Patrologiae cursus completus. Vol. 82. Paris 1850.
Als Manuskript benutzt: M. S. lat. 4⁰ 340 der Berliner Staatsbibliothek.
P. Wessner, Isidor und Sueton. Hermes. Vol. 52. 1917 p. 201-292.

c) Die Karolingische Renaissance.

Als Vertreter der Karolingischen Renaissance führen wir hier das Kompendium „De Universo" des „Praeceptor Germaniae" Rhabanus Maurus an. Gegen 776 geboren, erhielt er seine Ausbildung in der Kloster-Schule zu Fulda und bei Alkwin. Auf letzteren geht wohl seine naturwissenschaftliche Ausbildung zurück. Von 803 bis 842 finden wir ihn als Lehrer und später als Abt wiederum in Fulda. Wegen politischer Betätigung mußte er sich zurückziehen. 847 wurde er Bischof zu Mainz und starb im Jahre 856. Neben zahlreichen

theologischen Schriften hinterließ er das eingangs erwähnte naturwissenschaftliche Handbuch, dessen Inhalt sich stark an Isidorus anlehnt. Das achte Buch
desselben ist dem Tierreich gewidmet. Insekten finden sich in folgenden
Kapiteln.

3. M i n u t a a n i m a l i a :	formicaleon	[Ameisen-Löwe]
Fleisch-Würmer:	formica	[Ameise]
	grillus	[Grille]
5. V e r m e s :	pediculus	[Laus]
	pulex	[Floh]
	tarmus	[Dermestes?]
	cimex	[Wanze]
Erd-Würmer:	cantharis	[wohl Meloe oder Lytta]
Laub-Würmer:	bombyx	[Bombyx mori]
	eruca	[Raupe]
Holz-Würmer:	teredo	[Holzbohrende Insekten-Larve]
Kleider-Würmer:	tinea	[Kleider-Motte]
6. M i n u t a v o l a t i l i a :		
A. Apis:	apis	[König]
	castri	[Arbeiter]
	fucus	[Drohne]
	crabro	[Hornisse]
	vespa	[Wespe]
B. Scarabaei:	scarabaeus	[Geotrupes]
	lucanus	[Hirschkäfer]
	buprestis	[Meloe?]
	cicindula	[Leuchtkäferchen]
C. Blattae:		[Schaben]
D. Papiliones:		[Schmetterlinge]
E. Cicadae:		[wohl Aprophora spumaria]
F. Muscae:	musca	[Fliege]
	cynips	[Stechfliege]
	cynemya	[wohl Hippobosca]
G. Locusta:		[Heuschrecke]
	culex	
	oestrum	[Tabanus]
	bibio	[Drosophila]

Die folgenden Proben genügen, um zu zeigen, daß die Kenntnisse des Rhabanus Maurus hoch über denen des Isidorus standen. Besonders mache ich auf
die Erwähnung des echten Ameisen-Löwen aufmerksam:

III. p. 140. G r i l l u s. Die Grille hat ihren Namen vom Schall ihrer
Stimme erhalten; sie schnarrt zur Nachtzeit, geht rückwärts, bohrt sich
Löcher in die Erde. Auf sie macht die Ameise Jagd; nachdem sie sich mit
Haaren umwickelt hat, stürzt sie sich in die Höhle der Grille, bläst ihr Staub
entgegen, damit sie sich nicht verstecken könne; umschlingt sie dann und
zerrt sie heraus.

III. p. 140/141. F o r m i c a. Die Ameise ist ein sehr vorsorgliches emsiges
Tier. Sie sieht sich nämlich für die Zukunft vor und legt sich Winter-Vorräte
im Sommer an. Sie trägt die Getreide-Körner in ihre Höhlen, daher der Name

(Formica = farris micae). Bei ihrer Ernte wählt sie aber nur Weizen, Gerste berührt sie garnicht. Wird ihr Vorrat jedoch vom Regen genäßt, so wirft sie ihn wieder aus.

In Äthiopien sollen Ameisen von Hundegestalt leben, welche mit ihren Füßen Goldstaub ausscharren, den sie aber bewachen, damit ihn niemand fortnehme; solche, die davon nehmen, verfolgen sie zu Tode.

III. p. 141. F o r m i c a l e o n. Der Ameisen-Löwe ist ein kleines, den Ameisen äußerst feindlich gesinntes Tier. Er verbirgt sich nämlich im Staub und tötet die Ameisen, welche Vorräte tragen. Er wird mit Recht formicaleon genannt: den Ameisen gegenüber ist er ein Löwe, wenn auch den übrigen Tieren gegen¬ über nur wie eine Ameise.

V. p. 144. C a n t h a r i s. Der Blasenwurm bewirkt, dem menschlichen Leibe aufgelegt, eine Entzündung und Blasen, die voll von Flüssigkeit sind; er ist ein Erdwurm.

V. p. 145. B o m b y x. Bombyx ist ein Laubwurm. Er verfertigt ein Gespinst, aus dem die Seide bereitet wird. Indem er aber die Fäden spinnt, wird er selbst im Innern immer leerer, so daß zuletzt in der seidenen Hülle nur Luft zurückbleibt.

V. p. 145. E r u c a. Eruca ist ein Laubwurm, der sich in Blätter und Ranken einwickelt. Er kommt nicht wie die Heuschrecke herbei, um von einer Stelle zur andern eilend Halbverzehrtes zurückzulassen, sondern er bleibt auf den einem gänzlichen Untergang verfallenen Gewächsen, verzehrt sie langsam und träge, aber ganz. Plautus: malefica involuta!

V. p. 145. T e r e d o. Der Holzwurm wird Teredo genannt; denn er frißt durch Schaben (terendo). Wir nennen diese Holzwürmer termites. Sie ent- stehen auf Bäumen, die zu unrechter Zeit gefällt worden sind.

Aus dem VIII. und IX. Jahrhundert sind uns noch ähnliche Kompendien erhalten wie Beda „Natura Rerum" und Johannes Scotus Erigena „De visione Naturae". Beide Werke, deren Inhalt von höchstem historischem Interesse sein dürfte, konnte ich leider nicht einsehen.

Literatur:

Stephan Fellner, Compendium der Naturwissenschaften an der Schule zu Fulda im IX. Jahrhundert. Berlin 1879.
K. Manitius, Naturwissenschaftliches in der Geschichtsschreibung der Karolingerzeit. Archiv für Geschichte der Medizin. Vol. 15, 1923 p. 68-77.

d) Das 11. Jahrhundert.

Aus dem 11. Jahrhundert möchte ich zwei Dokumente hier erwähnen. Das eine ist eine der wenigen bildlichen Insekten-Darstellungen, die wir aus dem Mittelalter überhaupt besitzen. In dem Kloster St. Martial bei Limoges ent- stand im Anfang des 11. Jahrhunderts eine illustrierte lateinische Handschrift der Phaedrus'schen Fabeln. Nach Ansicht von Thiele gehen die Vorlagen zu den Abbildungen bis aufs vierte und fünfte Jahrhundert zurück. Wir bringen hier die Bilder zur 27. Fabel: Die Fliege und die Ameise und zur 36. Fabel: Die Mücke und der Stier. Die Zeichnungen sind sehr primitiv, lassen aber stets in typi- scher Weise das geschilderte Tier erkennen.

Einige interessante Angaben sind aus derselben Zeit dem berühmten Talmud- kommentar R a s c h i's (Anfangsbuchstaben von Rabbi Schlomo Jizchaki) zu entnehmen, der zwischen 1030 und 1105 lebte. In der Champagne geboren, hielt er sich zeitlebens viel in den alten Juden-Gemeinden in Lothringen und am Rhein (Worms) auf. Sein Kommentar bezweckt die Verdeutlichung der unverständ-

Fig. 38.

Die Fliege und die Ameise.
(Nach der gleichnamigen Fabel
aus einer Phaedrushandschrift
des 11. Jhdts.; nach Thiele.)

Fig. 39.

Die Mücke und der Stier. (Nach der gleichnamigen
Fabel aus einer Phaedrushandschrift des 11. Jhdts.;
nach Thiele.)

lichen Talmud-Stellen, wobei er häufig Gelegenheit nimmt, dort angeführte Tiere zu interpretieren. Besonders hervorzuheben sind einige altfranzösische Worte, die in seinem Kommentar Aufnahme gefunden haben. Es sind dies:

Raschi	Modern Französisch	Deutsche Übersetzung
Eskarboti	Eskarbot	Käfer
Haneton	Hanneton	Maikäfer
Cozons	Cossons	für Bruchiden in Linse, Erbse
Muscheilonim	Moucherons	Drosophila
Zinzela	Zinzera (ital.)	Stechmücken
Grabelcisch	—	Hypoderma bovis L. dürfte wohl auf grabelage = Sieben zurückgehen.
Zinza	Zinzera (ital.)	Eintagsfliege
Tinia	Teigne	Kleidermotte
Lentrisch	Lentes	Läuse-Nisse
Punes	Punaires	Wanze
Ziela (korrumpiert aus Zinla)	Chenille	Raupe [auf Pieris brassicae bezogen]
Filozil	Filoselle	Filoselle-Seide

Für die Deutung der talmudischen Insekten bildete Raschi insofern einen Rückschritt, als er die Tiere seiner Umgebung schilderte und nicht die geographische Verschiedenheit der talmudischen Fauna in Betracht zog. Er muß aber ein offenes Auge für die Natur gehabt haben. Die zahlreichen Heuschrecken-Arten des Talmud hat er offenbar alle gedeutet, zumeist nach der Kopf-Form, doch sind seine Beschreibungen für uns zumeist nicht hinreichend. Von biologischen Beobachtungen sei das Folgende erwähnt: „Von der Honig-Biene kriecht die erste Brut im Anfange des Sommers aus und fliegt auf die Bäume. Diese Brut wird in einen neuen Bienenstock eingefangen. Nach 9—10 Tagen verläßt den Stock bereits die dritte Generation, die nach weiteren 9—10 Tagen die vierte Generation erzeugt. So können 7—8 Schwärme in einem Sommer gewonnen werden, die aber je später, desto wertloser werden. Einem Bienenstocke werden im Jahre 10—12 Honigtafeln entnommen." Das entspricht dem Stande der Bienenzucht bei Colerus um 1600. Drosophila und wahrscheinlich Culiciden-Larven sind mit folgender Erklärung gemeint: „wie ungeflügelte Mücken gleich den dünnen Mücken, die an der Außenseite der Böden unserer Weinfässer entstehen, so werden auch jene aus dem Wasser geschaffen".

Eine Talmud-Stelle, an der „Würmer des Fleisches" erwähnt werden, wird gedeutet als „Würmer, die zwischen der Haut und dem Fleisch des abgehäuteten Viehes gefunden werden und in fremder Sprache Grabeleisch heißen." Hiermit ist ziemlich sicher Hypoderma bovis L. gemeint, da das Wort grabelage = Sieben auf die durchbohrte Viehhaut hinweist.

Die Bett-Wanze wird als ebenso lang wie breit beschrieben.

Die drei verschiedenen Seiden-Arten, die im Talmud erwähnt werden, werden als verschiedene Bestandteile des Bombyx mori-Kokons gedacht, als die eigentliche Seide, die Florett-Seide und die aus dem Kokon (d. h. dem inneren verklebten Gewebe-Stück) gewonnene Seide (nach Lewysohn). „Der Abfall der Seide, in der Gestalt von Hütchen, ist das Gehäuse der Raupen und heißt Filosell: man teilt und spinnt ihn und verfertigt Kleider daraus". Praktische Berührung mit Seidenraupen hat Raschi also sicher noch nicht gehabt, wie aus seiner unsicheren Beschreibung hervorgeht.

Literatur : *)

G. Thiele, Der illustrierte lateinische Äsop in der Handschrift des Ademar. Codex Vessianus Lat. Oct. 15. Fol. 195-205. Leiden 1905.

Raschi, Kommentar zum Talmud. (Allen Talmudausgaben beigedruckt.)

e) Die heilige Hildegardis.

Ein urwüchsiges Buch der Arzneimittelkunde verdanken wir der heiligen Hildegardis. Diese wurden 1099 zu Bechelheim an der Nahe geboren, 1136 finden wir sie als Äbtissin des Klosters der Benediktinerinnen zu Disibodenberg. 1148 siedelte sie in ein neuerbautes Kloster bei Bingen über, wo sie 1179 starb. Ihr Werk scheint in keinerlei direktem Zusammenhang mit der Wissenschaft des Altertums zu stehen und stellt eine aus der Überlieferung des Volkes hervorgegangene Heilmittel-Lehre dar, die in sich den Beginn einer Heimatkunde birgt. Das vierte Buch handelt von den Tieren, die in Pisces, Volatilia und Animalia eingeteilt werden. Unter den Flugtieren finden wir folgende Insekten: Biene (Apis), Fliege (Musca), Mücke (Mugga), Zikade (Cicada), Hummel (Humbelim), Wespe (Vespa) und Glühwürmchen (Glimus); unter den Landtieren: Ameise (Formica) und Floh (Pulex). Insgesamt also 9 Insekten als Heilmittel-Bestand der damaligen deutschen Medizin. Wir geben hier die Abschnitte über Hummel und Zikade als Probe.

---

*) Hier möchte ich auf The Herbal of Apuleius Barbarus from the early 12 th. Century Manuscript formerly in the Abbey of Bury St. Edmunds (edid. R. T. Huntes, Oxford Univ. Preß 1925) hinweisen, das mir leider nicht zugänglich war, wahrscheinlich aber auch keine Insekten berücksichtigt.

„Die H u m m e l ist kalt(-blütig). Ein Mensch mit entzündeten Augen nehme die große Blase zwischen Kopf und Leib der Hummel, und wenn er sich schlafen legt, spritze er die darin enthaltene Flüssigkeit in seine Augen. Darauf soll er bald Augenlider und Wimpern mit Oliven-Öl bestreichen. Wenn er dies ein- bis zweimal im Monat tut, so wird er wieder klarer sehen.

Wer häßliche Nägel hat, der streiche denselben Hummel-Saft solange darauf, bis sie schön werden.

Wer an tiefer Kopf-Krätze leidet, der kann sich ebenfalls durch Bestreichen mit diesem Safte heilen."

„Die Z i k a d e [= Grille] ist kalt(-blütig). Wenn eine Zikade des natürlichen Todes gestorben ist, dann soll derjenige, den aufgebrochene Geschwüre plagen, sie mit Feuerstein vermahlen und der kranken Stelle öfters den Staub auflegen. Diese wird dann austrocknen."

Literatur:

P h y s i c a s. Elementorum, Fluminum aliquot Germaniae, Metallorum, Leguminum, Fructuum et Herbarum: Arborum, Arbustorum, Piscium denique, Volatilium et Animantium terrae naturas et operationes IV libris mirabili experienta posteritati tradens. Argentorati apud Jo. Schottum 1553 dto 1544.
   Dies ist ein späterer Buchhändlertitel, der ursprüngliche Titel ist nicht mit Sicherheit zu ermitteln.
R e u s s, De libris physicis Hildegardis. Wirceburgi 1835.
J e s s e n, Über Ausgaben und Handschriften der medizinisch-naturhistorischen Werke der heiligen Hildegard. Separatum ohne Jahr und Herkunft.
L. G e i s e n h e y n e r, Über die Physika der heiligen Hildegard von Bingen und die in ihr enthaltene älteste Naturgeschichte des Nahegaues. Ber. Versamml. bot.-zool. Ver. Rheinland-Westfalen, Bonn 1911 p. 49-72.

Nutz-Insekten im Mittelalter.

Kokons der echten S e i d e n r a u p e des Maulbeerbaums (Bombyx mori) wurden unter Lebensgefahr kurz nach 500 nach Christus von 2 Mönchen in hohlen Stöcken aus China nach Konstantinopel gebracht, wo Justinian diese heimlich aufzog. Die Weiterverbreitung ins Abendland erfolgte nur äußerst langsam. Durch die Araber gelangte die Seidenraupen-Zucht nach Spanien, erst 1130 durch König Ruggerus nach Sicilien, erst im 15. Jahrhundert aufs italienische Festland und 1470 nach Süd-Frankreich.

Der als Farbinsekt hochgeschätzte K e r m e s spielte im Geldwesen des früheren Mittelalters eine gewisse Rolle. In diesem Zusammenhang finden wir ihn im Capitularium Karls des Großen und bis ins 12. und 13. Jahrhundert erhielten viele Klöster, wie F r i s c h uns schildert, als Tribut von ihren Bauern ein bestimmtes Maß Kermes bzw. die entsprechende Geld-Summe. Es handelt sich hierbei wohl um die polnische Cochenille, Margarodes polonicus L., und nicht um die südliche Farbstoff-Schildlaus der Eichen aus dem Genus Kermes.

Auf die Bienenzucht, Seidenraupenzucht und die Färbe-Schildlaus werden wir später noch im besonderen eingehen.

f) Die erste aristotelische Renaissance.

Für Mittel- und West-Europa, dessen zoologische Literatur auf Kompendien in der Art des Isidorus und Rhabanus Maurus sowie der Werke vom Typus des Physiologus zusammengeschrumpft war, bedeutete die erneute, durch die Araber vermittelte Kenntnis der antiken Quellen eine gewaltige Erneuerung. Daß es nicht schon damals zu einer Renaissance der Naturwissenschaften gekommen ist, liegt wieder an der Mentalität der Zeit. Die heraufziehende Scholastik ist auch hier wieder der Ausdruck einer naturfremden Zeit. Nur so ist es zu verstehen, daß das gewaltige Lebenswerk von Albertus Magnus ohne Folgen bleiben konnte.

In neuester Zeit hat W. Horn in seinem anregenden Vortrage „Über die älteste Geschichte der Entomologie" die Vorstellung von der Übernahme des antiken Wissensgutes aus den Händen der Araber zu Beginn der Scholastik bezweifelt und glaubt, eine Kontinuität der Überlieferung in Europa selbst annehmen zu müssen. Da die Frage für die Beurteilung der gesamten mittelalterlichen Epoche unserer Wissenschaft von grundlegender Bedeutung ist, so sei hier näher darauf eingegangen. Horn verlangt folgende Nachweise:

1. Ist nachweisbar, daß alle Abschriften von Aristoteles, Plinius usw. vom 7. bis zum 12. Jahrhundert in Süd-Europa zugrunde gegangen sind?

Ein solcher negativer Beweis ist natürlich exakt nie zu erbringen. Da aber die uns heute hinreichend gut bekannten Quellen von Isidorus und Rhabanus Maurus beide weder Plinius noch Aristoteles umfassen und wir auch sonst aus keiner literarischen Äußerung dieser Zeiten eine Kenntnis derselben entnehmen können, haben sie als verschollen zu gelten. Maßgebend für das Wissensgut einer Zeit ist stets, was als lebendiges Wissen in den besten Geistern dieser Zeit vorhanden ist. Daran würde sogar das vereinzelte, übrigens gänzlich unwahrscheinliche, Auffinden von südeuropäischen Handschriften aus diesen Jahrhunderten nichts ändern können.

2. Dem wahren Verständnis der Entomologie des Aristoteles stand beim Islam das Verbot der Zootomie schroff gegenüber!

Ich habe vergeblich in den entomologischen Abschnitten des Aristoteles nach einem solchen gesucht, der zootomische Kenntnisse zum Verständnis voraussetzt. Für Aristoteles sind doch alle Insekten ohne Eingeweide! Ich möchte auch bezweifeln, ob ein Verbot der Zootomie jemals auf Insekten ausgedehnt worden ist.

3. Das Verständnis des aristotelischen Geistes fehlt auch dem Thomas und das, was er von ihm abgeschrieben hat, hätte er sehr wohl von der langen Autoren-Reihe, angefangen von Plinius bis zu Isidor von Hispala wissen können.

Wie wir sehen werden ist dieser Satz restlos richtig. Thomas gehört auch nicht zu den von Aristoteles beeinflußten Autoren.

4. Es scheint zum mindesten im 12. und 13. Jahrhundert ein päpstliches Verbot der naturwissenschaftlichen Schriften des Aristoteles bestanden zu haben. Sollten da die Mönche, welche ja damals die Hauptträger unserer Wissenschaft waren, nicht ein wenig „gemogelt" haben, indem sie dieses Verbot ganz einfach dadurch umgingen, daß sie statt Aristoteles wissentlich die Avicenna'schen beziehungsweise Averrhoes'schen Kommentare nahmen, um dem Ding einen anderen Namen zu geben?

Ein mehrfach erneuertes Verbot der naturwissenschaftlichen aristotelischen Schriften ist tatsächlich mehrfach erlassen worden, aber erst im 13. Jahrhundert (cf. Albertus Magnus p. 177). Das hat indessen z. B. Albertus Magnus nicht verhindert, seine Tierkunde mit der Versicherung zu schließen, daß diese lediglich eine sorgfältige Kopie der a r i s t o t e l i s c h e n zoologischen Schriften darstelle.

Wir beginnen jetzt unsere Darstellung der Entomologie in der scholastischen Epoche, die von ca. 1000 bis 1500 die Geister beherrschte und als deren oberstes Prinzip es galt, das Wissen mit dem Glauben zu vereinen. Die Entwicklungs-

möglichkeiten der Naturwissenschaften waren, wenigstens theoretisch, in dieser
Zeit keineswegs so beschnitten, wie gemeiniglich angenommen wird. Nach
Thomas von Aquin, einem der maßgebendsten Autoren der Blütezeit der Scho-
lastik, zerfällt alles Sein in drei Reiche: in das der Natur, der Gnade und der
Seligkeit. Ersteres ist auch den Heiden zugänglich, letztere nur den Christen.
In den beiden letzten Reichen herrscht die Theologie, in dem ersteren sind die
Schriften eines Heiden wie Aristoteles genau so wichtig wie die jedes Christen,
ja sogar wie jedes Theologen. Thomas von Aquin hat diese Ansichten von seinem
verehrten Lehrer Albertus Magnus übernommen. Die Scholastik bedeutete
methodologisch den Sieg exakt-begrifflichen Denkens über den überlieferten
Mystizismus. Insofern bedeutet sie auch für das Wiederaufleben der Naturwissenschaft eine wesentliche Vorbereitung. Die Renaissance knüpfte an das
gedankliche Werk der Scholastik an, deren Übertreibungen sie dem Gelächter
preisgab. Es ist das Verdienst von Ràdl (Gesch. biol. Theor. I 1913, p. 17 ff.)
hierauf hingewiesen zu haben.

Seit dem Ende des 12. Jahrhunderts ging durch die europäische Welt eine
Sehnsucht, das bei den Arabern lebendige Kulturgut der Antike kennen zu
lernen.26) Die Berührung des christlichen Abendlandes mit der arabischen
Kultur fand am engsten in Spanien statt. Besonders Toledo, der auf dem Boden
hocharabischer Kultur ruhende Sitz des kastilianischen Reiches, lockte die Wis-
sensdurstigen des Abendlandes. Eine Blütezeit bedeutete die Herrschaft des
den Wissenschaften sehr geneigten Königs Alfons VIII (1158—1214). Die Stätte
arabischer Wissenschaft wurde zur Quelle der „doctrina Arabum" für Europa.
Mit der Hilfe von Übersetzern aus den Kreisen der Araber-Christen und der alt-
eingesessenen Juden entstand hier ein Zentrum der „Wissenschafts-Übersetzung".
Zahlreiche Übersetzungen aus den berühmtesten Schriften arabischer Literatur
sind ausdrücklich als in Toledo entstanden durch Unterschrift bezeugt. Engländer
und Deutsche wie Italiener knüpfen den Ruhm ihrer Tätigkeit an den Aufenthalt
in dieser hohen Schule des Arabismus und der arabischen Wissenschaft (Rose).
Für die Naturwissenschaften haben speziell die Ärzte ein starkes Interesse gezeigt. In der Medizin begann sich ja durch die Schule von Salerno überhaupt
ein neues Leben zu regen. Ernst Meyer schildert uns in seiner Geschichte der
Botanik, wie wir uns diese Art Studium vorzustellen haben. Man ließ sich
von einem sprachkundigen Toledaner die betreffenden Schriften vorlesen und
übersetzen, worauf man sich den Inhalt niederschrieb. Die schon zuvor ent-
stellten Handschriften haben von textkritischem wie sachlichem Standpunkte
aus natürlich bei dieser Art von Übersetzung stark gelitten.

Als wichtigstem dieser Übersetzer gebührt hier M i c h a e l S c o t u s ein
Ehrenplatz. Scotus gehörte wahrscheinlich zu den Begründern der Salernischen
Laien-Akademie, die die scholastische Medizin fundierte. In Schottland gegen
1190 geboren, studierte er in Toledo die arabischen Quellenwerke besonders der
Medizin und der Naturwissenschaften. Michael Scotus scheint am Hofe Friedrich II zu Neapel die Anregung und vielleicht sogar den Auftrag zu seiner Übersetzung des Aristoteles erhalten zu haben, die gegen 1230 beendet gewesen sein
muß. Seine eigenen astronomischen und alchimistischen Werke sind von geringerem Einfluß gewesen. Er soll gegen 1280 am Hofe Eduard I von England gestorben sein. Roger Bacon (Werke I p. 472) hat uns eine Bestätigung der bisher geschilderten Übersetzer-Praxis erhalten, indem er eine Schilderung von
Hermannus Alemannus über seinen Aufenthalt zu Toledo überlieferte: „Similiter
Michael Scotus ascripsit sibi translationes multas, sed certum est quod Andreas
quidam Judaeus plus laboravit in his. Unde Michaelus, sicut Hermannus retulit,

nec scivit scientias neque linguas" d. h. ähnlich (wie Hermann) schrieb sich
Michael Scotus viele Übersetzungen auf: Aber es ist gewiß, daß ein Jude namens
Andreas mehr dabei gearbeitet hat als er. Michael kannte, nach dem Bericht des
Hermannus, weder die Naturwissenschaften noch die nötigen Sprachen.

Die Wiederaufnahme der naturwissenschaftlichen Studien des Aristoteles
ging nicht ohne heftige Kämpfe innerhalb der Kirche von statten, wobei besonders
die Universität von Paris als Gegnerin dieser Studien hervorragte. Auf mindestens drei französischen Konzilien im 13. Jahrhundert, deren eins die ausdrück-
liche Billigung des Papstes erhielt, hat die Pariser Fakultät ein Verbot dieser
Schriften erwirkt. Wie wir aus den Äußerungen von Albertus und Thomas entnehmen, hat sich dieses Verbot offenbar nur lokal durchgesetzt. Gegen Ende des
13. Jahrhunderts um ca. 1260 entstand übrigens eine direkte Übersetzung von
Aristoteles' zoologischen Schriften aus dem Griechischen ins Lateinische durch
Wilhelm von Mörbeke; diese ist leider bis heute noch unveröffentlicht. Es ist
das bleibende Verdienst von Albertus Magnus, die aristotelische Naturwissenschaft durchgesetzt und geradezu zum kirchlichen Lehrgut erhoben zu haben.

Unter den Werken des 13. Jahrhunderts ragen drei hervor: das Liber de
natura rerum von Thomas von Cantimpré, De Animalibus von Albert Magnus
und das Speculum naturale von Vinzenz von Beauvais. Über die Abhängigkeit
des Thomas von Cantimpré und des Albertus Magnus voneinander ist eine große
Literatur entstanden. Tatsächlich gleichen sich die entsprechenden Abschnitte
der beiden Verfasser oft auffallend. Wie wir sehen werden, ist die Handschrift
des Thomas sicher 20 Jahre älter als die des Albertus. Andererseits ist
Albertus der bei weitem bedeutendere und umfassendere Geist und Thomas hat
bei Albertus in Köln Vorlesungen gehört. Die Lösung des bisher noch nicht recht
geklärten Streites um die Priorität scheint mir recht einfach zu sein und in der
von Horn angedeuteten Richtung zu liegen. In dem Werke des Thomas finden
sich nur sehr wenige Angaben, die nicht auf die Kompendien-Literatur von
Plinius-Exzerpten über Isidorus, Rhabanus Maurus und andere zurückzuführen
sind. Beide Autoren haben solche und wahrscheinlich die gleichen Kompendien
benutzt, worauf die Ähnlichkeit beider zurückzuführen ist. Eines dieser Kompendien ist z. B. der öfters zitierte „Experimentator", der bis heute jedoch noch
nicht wieder aufgefunden ist. Nur hat Albertus Magnus seine Vorlagen beträchtlich ergänzt. Nachträglich konnte ich feststellen, daß der in diesen Fragen
äußerst kompetente H. Stadler schon 1906 den gleichen Standpunkt vertreten
hat. Nach Stadler sei hier eine Probe der Albertus-Handschrift wiedergegeben:

XIV. I, 1: Aves autem annulosae quae volant in comitatu et habitant simul
civiliter 4 habent alas et sunt levis corpori sicut apes et sibi similia et habent
sex
duos pedes in dextra et duos in sinistra nec habent magis quattuor
pedes, ne ...

Scotus hat also schon Ptera mit pedes wiedergegeben; darin folgt ihm zunächst
an den Wortlaut klebend Albertus und kommt so zu dem Unsinn, daß die
Insekten nur vier Beine hätten, weiß es aber aus Selbstbeobachtung besser, tilgt
also quattuor und schreibt sex darüber.

Wir unterbrechen hier die Schilderung, um uns der arabischen Epoche zuzuwenden.

2. Die Entomologie der arabischen Epoche.

Das große Verdienst der arabischen Epoche in der Naturgeschichte besteht in der Überlieferung der Kenntnisse des Altertums in einer Zeit, wo diese in Europa allseitig in Verfall begriffen waren. Der strenge Orthodoxismus des Korans und des Islams verhinderte eine freie Forschung und auch die späteren liberalen Epochen ließen in ihrer „scholastischen" Mentalität eine Forschung der Tierwelt als Selbstzweck nicht zu. Auch die arabischen naturwissenschaftlichen Schriftsteller sind vorwiegend philosophisch oder medizinisch gerichtet. Abgesehen vom Koran stehen sie ganz im Bann der Tradition von Aristoteles, Dioskur etc., die ihnen auf dem Umwege über die alexandrinische und syrische Geisteswelt überliefert wurde. Aus diesen arabischen Schriften gewann Europa im 11. und 12. Jahrhundert die Einsicht in diese Werke wieder. Das eigene Beobachtungs-Material ist meist bedeutender, als bisher allgemein angenommen wurde. Häufig steht es natürlich in Verbindung mit Medizin, Färbe-Technik oder einem anderen praktischen Zweck. Vieles von diesen Schätzen der arabischen zoologischen Literatur ist überhaupt verschollen, anderes nicht übersetzt oder nur in Handschriften vorhanden.27)

a) Die Übersetzer.

Die wissenschaftliche Tätigkeit des arabischen Imperiums zerfällt in zwei Abschnitte. Im ersten wurde im wesentlichen durch syrische, persische und jüdische Gelehrte das griechische Geistesgut (Aristoteles, Theophrast, Dioskorides, Galen) durch Übersetzungen assimiliert. Diese fanden zumeist in syrischer und persischer Sprache statt. In Syrien und Persien fanden die Araber blühende Medizin-Schulen vor. Es handelt sich meist um byzantinische Ärzte, die wegen Glaubens-Streitigkeiten, weil sie einer anderen Sekte angehörten, aus Byzanz vertrieben waren. Die berühmtesten dieser Schulen sind Gundesapur (350 n. Chr.), Edessa und Nisibis (im 5. Jahrhundert gegründet).

Seit sich nach 760 die Dynastie der Abassiden in Bagdad befestigte, verlor sich auch die ursprünglich überhaupt wissenschaftsfeindliche Richtung des Islam. Speziell Ma'mun (813—833) förderte die Wissenschaften sehr. Unter seine Regierung fallen auch die ersten Versuche, Aristoteles und Galen ins Arabische zu übertragen. Diese Übertragungen fanden zumeist direkt aus dem Griechischen statt, da die älteren syrischen Übersetzungen aus der ersten Zeit des Islam mehr oder weniger verloren gegangen waren. Der Hauptweg blieb aber der übers Syrische. So übersetzte z. B. Chunain b. Ischaq Aristoteles ins Syrische, woraus sein Sohn Ischaq b. Chunain (gest. 910) ihn ins Arabische übertrug.

Jachja b. al-Batrik (ca. 825) hat ebenfalls die Tiergeschichte des Aristoteles ins Syrische übersetzt. In ebendiese Periode fällt wohl auch die älteste Übersetzung der Agricultura Nabataea aus dem Nabataeischen ins Arabische.

Im nächsten Abschnitt (900—1000) finden wir die ersten Kommentatoren und Compendien. So übersetzte Abu 'Ali b. Zara (gest. ca. 1000) die zoologischen Werke des Aristoteles mit dem Kommentar des Johannes Grammaticus aus dem Syrischen ins Arabische.

Ihnen schließen sich die erfolgreichsten Übersetzer an, durch die auch das Abendland dann später die Berührung mit Aristoteles fand.

Ibn Sina (Avicenna; 980—1037) ist unter ihnen vielleicht der einflußreichste geworden. Die eigentliche Übersetzung des Aristoteles ist verloren gegangen. Dagegen hat Michael Scotus eine freie Paraphrase (in Art der später bei Albertus Magnus zu erwähnenden) auszugsweise ins Lateinische übersetzt. Einige vorliegende Bücher (wie Teile der Tiere Buch 1) scheinen jedoch nur Bruchstücke des Originals gewesen zu sein.

Während der Einfluß des Avicenna auf die zoologische Tradition sehr groß ist, ist der von Ibn Ruschd (Averroes; 1120—1198) viel geringer. Dafür fand seine Philosophie fruchtbaren Boden. Auch er hat Kommentare zu den zoologischen Büchern des Aristoteles verfaßt, jedoch nur in Form von Erklärungen und Belegen für schwierigere Stellen. Dieser Kommentar ist in hebräischen Übersetzungen des 13. Jahrhunderts erhalten.

Die Original-Arbeiten der Araber werden im folgenden nach Materien besprochen.

b) Die Zoologen.

Von den rein zoologischen Werken sind leider viele verschollen oder nur in arabischer Sprache zugänglich.

Ein spätarabischer Autor Haggi 'Halifa (gestorben 1658) definiert die Zoologie wie folgt:

„Die Zoologie ist eine Wissenschaft, die die Eigenschaften der verschiedenen Arten der Tiere erforscht, ferner was an ihnen wunderbar ist, dann ihren Nutzen und Schaden. Ihren Gegenstand bilden die Land- und Wassertiere, diejenigen, die gehen, kriechen und fliegen u. a. Ihr Ziel ist, mittels der Tiere eine medizinische Behandlung durchzuführen und Nutzen aus ihnen zu ziehen, den Schaden, den sie anrichten, zu vermeiden, sowie ihre wunderbaren Eigenschaften und ihre außerordentlichen Handlungen kennen zu lernen.

Die zoologischen Abteilungen der hascharat und der hawamm, zu denen die Insekten zugerechnet werden, sind nie ganz eindeutig klar definiert worden. Mir scheinen zu hascharat die geflügelten Insekten, zu hawamm die Reptilien, nicht fliegenden Insekten, Würmer etc. zu gehören. Das geht jedenfalls aus folgender Stelle in der Enzyklopädie der „lauteren Brüder" hervor, die als „Prozeß der Tiere gegen den Menschen vor dem König Gimm" von Dieterici herausgegeben und übersetzt worden ist.

Der König sendet Gesandte zu den einzelnen Tier-Gruppen: Als der Gesandte zu dem König der hascharat kam, dem Bienenkönig (ja 'sub), und ihm die Sache mitgeteilt hatte, da beriefen seine Ausrufer eine Versammlung und es versammelten sich die hascharat, nämlich die Wespen (zunbur), die Fliegen (dhubab), die Fliegen (baqq, Wanzen), die Schnaken (girgis), die Mistkäfer (gu 'al), die spanischen Fliegen (Dhurrâh, die verschiedenen Schmetterlings-Arten, die Heuschrecken (garad), kurz alle Tiere, die einen kleinen Körper haben, die mit Flügeln fliegen, aber keine Federn, keine Knochen, kein weiches Haar und kein gewöhnliches Haar haben. Von ihnen lebt nur die Biene ein ganzes Jahr, da die übermäßige Kälte und Hitze im Sommer und Winter sie tötet.

Als der Gesandte zu dem König der hawamm kam, der großen Schlange (Tubân), da versammelten sich alle Arten der hawamm, nämlich die Schlangen, die Vipern, der Skorpion garrara, die anderen Skorpione, die duhhas, die Eidechse, der samm abras, die Chamäleons, die Mist-Käfer (chunfusa'), die

Schaben (banat wardan), die Spinnen, der Gepard der Fliegen, die Kamel-
Laus (qammal), die gandab (große schwarze Heuschrecke), die Flöhe, die
Ameisen, die Zecke (qurad), die Grille (sarsar), die Würmer, die in den
faulenden Substanzen entstehen, auf den Blättern der Bäume kriechen, im
Innern der Samen, dem Mark der Bäume, oder im Innern der großen
Tiere entstehen, ferner die Termite und der Korn-Wurm (sus), ferner das,
was im Mist oder dem Ton oder im Essig oder im Schnee oder in Baum-
Früchten entsteht und was in Höhlen, dunklen Stellen und tieferen Gründen
herumkriecht; alle versammelten sich bei ihrem König, nur Allâh konnte
ihre Zahl zählen.

Doch finden sich bei den zoologischen Autoren keine klaren Definitionen der
obigen Begriffe.

Als älteste Schriften führe ich zwei Werke „Über Bienenzucht und Honig"
an, die ziemlich gleichzeitig entstanden sind, und von denen ich nichts Näheres
in Erfahrung bringen konnte. Die Verfasser sind Abu Sa'id al-Asma'i (gest.
832) und Abu Hakim as-Sazistani (gest. 864).

Als Grundwerk der älteren arabischen Zoologie ist der Kitab al 'hajawan
des al Gahiz (al Gahiz, Dschahis, Dschahid, Algiahid bei Bochart, gest. 868)
anzusehen. Das Buch ist leider bis heute noch in keine europäische Sprache
übersetzt. Doch befindet sich meiner Information zufolge eine solche z. Zt.
in Arbeit.

Das Buch besteht aus einer Sammlung von Merkwürdigkeiten der Tierwelt,
die ziemlich zusammenhanglos erzählt werden. Der Liebenswürdigkeit eines Mit-
arbeiters der Hebräischen Nationalbibliothek in Jerusalem verdanke ich die
folgende Liste der Kapitel-Überschriften, deren Mitteilung wohl wünschens-
wert sein dürfte:

Bd. I. Zunächst lange Einleitung über Bücherschreiben überhaupt u. a.
    p. 48. Wie es den Menschen nach der Kastrierung ergeht.
    p. 82. Über Kastration der Reit- und Zugtiere.
    p. 104. Die schlechten Eigenschaften der Hunde (hier ungefähr beginnt ein
        Dialog zwischen dem Besitzer eines Hundes und dem Besitzer eines Hahnes,
        in dem jeder sein Tier preist und das des andern tadelt).

Bd. II. Fortsetzung des Dialogs (Verteidigung des Hundes durch dessen Besitzer).

Bd. III. p. 2. Über Tauben.
    p. 18. Über richtiges Vermuten und physiognomische Begabung.
    p. 28. Lob der Schönheit u. a.
    p. 33. Über Zorn, über Wahnsinn.
    p. 38. Über Leichtigkeit des Begreifens; Verstehen und Verständnis-Beibringen
    p. 43. Eigenschaften der Frauen (? Das Wort ist mehrdeutig.).
    p. 45. Über Tauben (Fortsetzung).
    p. 69. Edelmut der Tauben.
    p. 92. Über die Gattungen der F l i e g e n.
    p. 127. Über Raben.
    p. 154. Lob der Frommen und der Gesetzes-Kenner.
    p. 156. Über K ä f e r.
    p. 160. Der Wiedehopf.
    p. 163. Der Geier (oder Pelikan?).
    p. 165. Die Fledermaus.

Bd. IV. p. 2. Über A m e i s e n.

p. 12. Affen und Schweine.

p. 38. Schlangen.

p. 77. Die von hasas al-ard (n. d. Lexikon: Insekten und Reptilien) hervorgebrachten Laute.

p. 102. Über den Strauß.

Das Werk bietet sprachlich viele Schwierigkeiten. Es ist aus vorwiegend philologischem Interesse heraus entstanden. Trotz zahlreicher guter Beobachtungen, die uns aus Zitaten späterer arabischer Autoren bekannt sind, steht das Werk infolge seiner inneren Ungeordnetheit wohl sicher nicht höher als die spätere zoologische Literatur. Ein gegenteiliges Urteil liegt zwar manchmal nahe, doch muß jede endgültige Beurteilung bis zum Erscheinen einer Übersetzung zurückgestellt werden.

Ein kurzes Zitat aus Damiri setze ich hierher:

Die F l i e g e n haben die Eigenschaft, daß sie manchmal durch Begattung und Geburt und manchmal durch Verwesung von Substanzen und Verderben von Körpern entstehen. Wird die Bohne in Kellern alt, so verwandelt sie sich ganz in Fliegen. Manchmal vergißt man die Bohne im Keller, kommt man dann in diesen, so fliegen die Fliegen aus Fenstern und Spalten. Von den Bohnen sind nur die Schalen übrig. Die Fliegen, die aus den Bohnen erschaffen wurden, sind zunächst Würmer und werden dann zu Fliegen. Man beobachtet meist an diesen Bohnen, daß sie durchbohrt sind, und daß sie einen pulverförmigen Inhalt haben. In diesem Falle hat Gott in ihnen die Fliegen geschaffen und sie aus ihnen ausfliegen lassen. Meist findet man, daß in ihnen die Erschaffung vollendet ist, falls ihre Flügel vollendet sind, so fliegen sie fort. [Bruchus sp.]

Von einem Buche des A b u Z a k a r i j a J a 'h j a b. M a s a u w i e h aus ungefähr derselben Zeit ist nur das Zitat eines Buches über Tiere oder speziell über Bienenzucht bekannt.

Einige Jahrhunderte hindurch wüßte ich dann kein bedeutenderes zoologisches Werk zu nennen.

Abu Muhammed 'Abd al-Lat'if (1162—1231, gest. zu Bagdad) gehört mehr in die Reihe der Kommentatoren hinein. Er hat Aristoteles und al-Gahiz kommentiert. Von den in vier Teilen erschienenen Utilitates animalium des Abu'l-fath b. al-Duraihim (gest. 1361 zu Bagdad) behandelte das vierte die Insekten. Leider konnte ich auch hierüber nichts Näheres in Erfahrung bringen.

K a m a l a d - D i n a d D a m i r i bleibt für uns vorläufig die Hauptquelle der arabischen Zoologie. Er wurde 1349 (oder 1341) zu Kairo geboren und starb daselbst 1391. Er gehörte zur Schafi'i-Schule. Neben verschiedenen poetischen und moralischen Werken ist der 'hajat al-'hajawan (Leben der Tiere) als sein Hauptwerk anzusehen. Das Werk ist der großartige Versuch eines Mannes, der offenbar mehr Lexikograph als selbständiger Naturforscher war, das gesamte zoologische Wissensgut seines Volkes zu sammeln. Er hat für diese Aufgabe ein hervorragendes Geschick bewiesen. Aus der Wüste haben die Araber, wie man das heute noch bei Beduinen leicht feststellen kann, einen nicht geringen Schatz hervorragender Natur-Beobachtungen mitgebracht. In ihrer Isolation und bei ihrer starken Abhängigkeit von Jagd und Viehzucht haben sie nicht nur sorgfältig beobachtet, sondern die Teilnahme an der Natur zeigt sich darin, daß vielfach Tier-, darunter auch Insekten-Namen als Personen-Namen 28) in Gebrauch waren. Ein großer Teil ihrer Sprichwörter und Vergleiche entstammt dem Insekten-Leben, wie wir alsbald sehen werden. Daß die arabische

9*

Zoologie auf einer höheren Stufe steht, als gewöhnlich angenommen wird, geht
aus den folgenden Beispielen zur Genüge hervor. In dem 'hajat al-'hajawan nehmen die zoologischen Beschreibungen meist nur einen ganz kleinen Teil ein. Der
größte Teil des Stoffes sind literarische Zitate aus Poesie und religiöser Literatur. Sehr genau sind die philologischen und Synonymen-Bemerkungen, in
denen wohl die Hauptarbeit des ad Damiri steckt. Andere Abschnitte sind
Sprichwörtern, der Traumdeutung, den religiösen Vorschriften über die Eßbar-
keit, der medizinischen Verwendung und der Bekämpfung gewidmet.29) Die Tiere
sind alphabetisch angeordnet, so daß Synonyme und verschiedene Benennungen
der Geschlechter oder Alters-Stadien stets getrennt wiederkehren. Als philologische Autoritäten fungieren besonders Ibn Sidah und al-G'auhari. Aristoteles
und Galen werden verschiedentlich zitiert. Borchart hat das Werk viel zu
seinem Hierozoikon benutzt. Das Buch ist 1858 zum ersten Male in Kairo
gedruckt worden. Zu Anfang dieses Jahrhunderts sind etwa Zweidrittel des
Werkes in englischer Übersetzung erschienen. Der Übersetzer, A. S. G. Jayakar,
hat seine Aufgabe mit großem Geschick gelöst, und es ist außerordentlich zu
bedauern, daß die letzten neun Buchstaben des Alphabets unübersetzt geblieben sind. Jayakar hat auch die Deutung der Insekten-Namen bei Ad-Damiri,
auf eigene längere Studien in Oman (Süd-Arabien) gestützt, mit Erfolg in Angriff genommen. Die folgenden Proben basieren auf dieser Übersetzung:

A l - ' a r a d a = as-surfa [T e r m i t e n]. Al Qazwini sagt im al-aschkal, daß
dieses Insekt im Alter von einem Jahr zwei lange Flügel erhält, mit denen es
fliegt. Dies Insekt benachrichtigte die Geister von dem Tode des Königs Salomo
(cf. 1001 Nacht). Die Ameise ist — obwohl kleiner als die Termite — ihr natürlicher Feind. Die Ameise kommt von hinten, hebt die Termite hoch und schleppt
sie in ihr Nest; wenn sie sich aber von vorne naht, kann sie die Termite nicht
überwältigen. Sie bauen wundervolle Nester wie Spinneweben aus gesammelten
Zweigen; diese sind innen glatt und eben von oben bis unten und haben an
einer Seite eine viereckige Tür. Das ganze Nest ist wie ein Sarg und von
ihnen nahmen die Alten die Idee des Sarkophags für die Toten. ... Es ist verboten, sie zu essen, da sie sich von Staub nährt. Sprichwörter: „Gefräßiger als
eine Termite", „Lebhafter als eine Termite". Termiten im Traum bedeuten
wissenschaftliche Streitigkeiten.

A l - a s a r i ' [R a u p e n a r t]. Gewisse rote Würmer an wilden Pflanzen,
die zu Schmetterlingen werden, wenn sie ihre Haut abwerfen. ... Andere halten
sie für weiße Würmer mit rotem Kopf, die im Sand leben und Frauen-Fingern
ähnlich sehen ... [Noch viele andere Bedeutungen!] Als „Kriechtiere" ist ihr
Genuß verboten. Eigenschaften: Diese Würmer üben, zerrieben auf zerschnittene
Sehnen und Muskeln gelegt, sofort eine höchst wohltätige Wirkung aus. ...

A l - b u r g h u t [F l o h] ... Der Floh ist ein Tier mit ungeheurem Springver-
mögen. Dank Gottes Gnade springt er rückwärts, um zu sehen, wer ihn fangen
will; wenn er vorwärts springen würde, so hätte ihn schon oft der Tod getroffen. Al-Gahiz berichtet unter Berufung auf Ja'hja al-Barmaki, daß der Floh
ebenso wie die Ameise gelegentlich fliegen könne. Die Kopula dauert lange;
die Eier werden geöffnet, wenn im Innern die Jungen geboren werden. Diese
wachsen zuerst an staubigen Orten heran besonders, wenn diese dunkel sind. Am
heftigsten peinigen uns die Flöhe gegen Ende des Winters und Frühlings-
Anfang. Beim Springen zieht er sich zusammen, so daß er aussieht, als ob er
einen Buckel hätte. Er soll das Aussehen eines Elefanten haben mit Hunde-
Zähnen zum Beißen und einen Rüssel zum Blutsaugen. Sein Genuß ist verboten,

seine Tötung jedoch erlaubt. Ein wahres und erprobtes Mittel gegen Flöhe:
Nimm ein persisches Schilfrohr und bestreiche es mit der Milch eines weiblichen
Esels und dem Fett eines Ziegenbockes. Setze es dann in die Mitte des Hauses
und sage 25 mal: „Ich beschwöre euch, o Flöhe, die ihr seit den Tagen des
'Ad und Thamud zu den Kräften Gottes gerechnet werdet, ich beschwöre euch
im Namen des Schöpfers jeglicher Kreatur, des einzig Einen, des Ewigen, des
Allverehrten, daß ihr euch an diesem Stocke versammelt. Ich verpflichte mich
hingegen durch Eid und heilige Verpflichtung, keinen von Euch, ob jung oder
alt, zu töten." Sie werden sich dann alle an dem Rohr versammeln. Dann nimm
es und trage es sorgfältig an einen anderen Ort. Aber sieh dich vor, keinen von
ihnen zu töten, da das Mittel sonst nicht hilft. Wasche das Haus dann auf und
sage 40 mal den 15. Vers der 14. Sure des Koran. Danach wird niemals mehr
ein Floh das Haus betreten. Dieses hervorragende Mittel ist wohlerprobt.

Eigenschaften: Sie stechen und belästigen den Menschen.

Traumdeutung: Verleumderische Feinde, gemeines Volk.

Al ba'ud [Moskitos]. Ein Insekt. Al-G'auhari hält sie für Wanzen.
Aber das ist nur Einbildung, denn es sind doch zwei verschiedene Arten. Sie
ähneln den Zecken, haben aber schmalere Beine und ihre aufgesogene Flüssigkeit
ist gut sichtbar. Ihr Aussehen ähnelt dem des Elefanten, aber sie haben außer
den vier Beinen, dem Rüssel und dem Schwanz desselben noch zwei Beine und
vier Flügel. Der Elefanten-Rüssel ist solid, aber der des Moskitos ist hohl und
steht mit dem Mücken-Innern in Verbindung. Wenn sie stechen, so können sie
sich voll Menschenblut saugen, das sofort in ihren Magen gelangt. Der Moskito-
Rüssel ist also zugleich Schlund und Speiseröhre. Deshalb ist ihr Stich so stark.
Sie können sogar eine ganz dicke Haut durchbohren. ...

Al-baqq [Hauswanze] ... Sie soll aus warmem Blut entstehen und hat
eine närrische Vorliebe für den Menschen. Sie besitzt keine Schutzmittel, da
man sie sofort sieht. ... In Ägypten und ähnlichen Ländern ist sie massenhaft
vorhanden. Al-Qazwini sagt, daß Wanzen niemals ein Haus betreten, das mit
Kupfer und Koriander-Samen ausgeräuchert ist. Ebenso wirkt das Verbrennen
des Sägemehls der Kiefer. [Es folgen noch viele andere Räucher-Rezepte, meist
aus dem Pflanzenreich. Als erprobtes Mittel sei noch das folgende aufgeführt]:
Schreibe auf vier Papier-Stückchen die folgenden Zeichen ‖‖ ⌐‖⌐ und hefte
sie an die Wand.

Al-garad [Schistocerca gregaria; über die anderen Deutungen
siehe Tabelle]. Dies ist ein gut bekanntes Insekt. Es gibt Land- und Meeres-
Heuschrecken [= Krebse]. Der vorliegende Absatz handelt nur von den ersteren.
Gott sagt (Koran 54, 7): „Sie sollen aus den Gräbern hervorkommen wie die
Heuschrecken", d. h. von überall her. ... Es gibt verschiedene Erscheinungs-
Formen dieser Heuschrecken; solche mit langem und solche mit kurzem Körper,
ferner rote, gelbe und weiße. Wenn die Heuschrecken zuerst aus ihren Ei-
Paketen hervorkommen, so heißen sie ad-daba; wenn sie groß werden, ihre
Flügel bekommen und zu wachsen beginnen, heißen sie al-ghaugha'. Wenn sie sich
ausfärben und die Männchen gelb, die Weibchen schwarz werden, nennt man
sie al-garad. Die Weibchen suchen zur Ei-Ablage Orte mit rauhem, hartem und
steinigem Boden auf, in dem sogar spitze Werkzeuge keine Eindrücke hinterlassen. Hier arbeiten sie mit ihrem Schwanz ein Loch oder eine Spalte hinein
und legen hier ihre Eier ab. Diese liegen also in einem Nest als Brut-Stätte.
Die Heuschrecke hat 6 Beine: 2 an der Brust, 2 in der Mitte und 2 hinten, die
an der Seite eine Art Säge haben. Die Heuschrecken folgen ihrem Führer und

Fig. 40.

Heuschrecke. (Aus einem Manuskript von Bokhtveschou in der Pierpont Morgan
Library in New York.)

sammeln sich wie ein diszipliniertes Heer. Wenn einer zu wandern beginnt, so folgen ihm alle, und wenn der erste Halt macht, so bleiben alle stehen. Ihr Speichel ist ein tötliches Gift für alle Pflanzen, auf die er fällt. ... Kein Tier ist menschlichen Nahrungsmitteln gefährlicher als die Heuschrecke.

Bekämpfung: Schreibe die folgenden Worte auf einen Zettel, schiebe ihn zwischen die zwei Knoten eines Schilfrohrs und verbrenne dies auf dem Feld oder dem Weingarten. Dann wird diese nach dem Befehle Gottes keine Heuschrecke beschädigen: „Im Namen des erhabenen und barmherzigen Gottes! O Herr, beschirme Deinen Propheten Mohammed und sein Volk! O Herr, zerstöre die großen Heuschrecken und vernichte die kleinen, mache ihre Eier unfruchtbar und laß sie mit dem Fressen unserer Nahrungsmittel aufhören. Erhöre unser Gebet!" Dies ist ein wundervolles, erprobtes Mittel. [Es folgen eine Reihe ähnlicher Rezepte. Die Zahl der Sprichwörter ist sehr groß. In der Medizin wird die Wander-Heuschrecke gelegentlich verwandt. Auch in der Traumdeutung nimmt sie einen breiten Raum ein.]

Al-gu'al [Ateuches sacer und verwandte Arten]. Das Volk nennt ihn abu giran, weil er trockenen Mist sammelt und in seinem Nest anhäuft. Er ist ein wohlbekanntes Insekt, das auch az-zakuk heißt. Er beißt Tiere in ihre Schamteile, um sie zu vertreiben. Er ist größer als die schwarzen Käfer [Tenebrioniden], ist tiefschwarz mit einem rötlichen Anflug auf der Unterseite. Das Männchen hat hornartige Auswüchse. Man findet ihn zumeist an den Rastplätzen von Kühen und Büffeln und überhaupt, wo deren Exkremente sind. Sie entstehen zumeist aus Kuh-Dung, den sie, wie bereits erwähnt, sammeln und anhäufen. Sonderbarerweise stirbt er von dem Geruch von Rosen und anderen guten Gerüchen, aber wenn man ihn dann wieder in den Mist zurückbringt, so wird er wieder lebendig [cf. Aelian]. Er hat zwei Flügel, die man jedoch beim Flug sehen kann, sechs Beine und einen großen Buckel. Er geht rückwärts, findet aber trotzdem sein Nest. Er heißt auch al-habertal. Wenn er fliegen will, so schüttelt er sich, worauf die Flügel hervorkommen und er davonfliegt. Sein Genuß ist verboten.

Eigenschaften: Ungekocht und ungesalzen, getrocknet und ohne irgend einen Zusatz getrunken, ist er sehr wohltuend gegen Skorpion-Stich. Sein Erscheinen im Traum bedeutet einen hastigen und schweren Feind oder Reisende mit Diebsgut.

Al-chunfusa' [die großen Tenebrioniden; cf. Tabelle. Pluralform al-chanafis.] Ein gut bekanntes Tier. Zwischen ihm und dem Skorpion herrscht Freundschaft [wohl weil beide oft zusammen unter demselben Stein gefunden werden] und die Einwohner von Medina nennen ihn deshalb „Sklavin des Skorpions". Man unterscheidet verschiedene Arten .... Man verwendet den Käfer, um Blähungen hervorzurufen. Jemand fragt einmal höhnisch, warum Gott dieses Tier erschaffen habe, ob wegen seiner schönen Gestalt oder etwa wegen seines angenehmen Duftes? Gott strafte ihn mit einem Geschwür, das die besten Ärzte nicht heilen konnten. Ein Straßen-Arzt heilte ihn dann mit diesem Käfer. „Gott wollte mir also zeigen, daß das mindeste der Geschöpfe die beste Medizin ist."

In der Traumdeutung bedeutet er den Tod einer Frau nach Kindbett etc.

Ad-dud [Wurm d. h. u. a. jede Art von Insekten-Larven.] Von Würmern gibt es verschiedene Arten, darunter die weißen Würmer mit roten Köpfen [al-asari'; hier gleich Käfer-Larven, besonders Scarabaeiden], die Haut-Würmer [al-halam; wohl Filarien], die Termite [al-'arada], die Larven im

Essig und im Mist, die „Würmer" in Früchten, die Seidenraupe und die grünen Würmer an der Kiefer, deren Schärfe und Wirkung gleich der der Canthariden ist [wohl ein Cantharide]. Alle diese sind gut bekannt. Auch die menschlichen Eingeweide-Würmer gehören hierher.

Die Seidenraupe, auch indischer Wurm genannt, ist eine der sonderbarsten Tiere. Zuerst ist sie ein Ei von der Größe eines Feigen-Samens. Hieraus kommt im Frühjahr ein Wurm, der zur Zeit seines Schlüpfens kleiner als eine Ameise und von derselben Farbe wie diese ist. In warmen Gegenden kommt er ohne besonderes Bebrüten aus dem Ei, wenn man die Eier in einen Beutel legt und diesen in einen Kasten tut. Wenn sein Schlüpfen sich aber verzögert, so binden die Frauen den Beutel an ihre Brust. Nach dem Schlüpfen füttert man sie mit den Blättern des weißen Maulbeer-Baums. Sie wächst dann ständig an bis zur Größe eines Fingers und wechselt langsam ihre Farbe, bis sie aus schwarz zu weiß wird. Dies Wachstum dauert zumeist 60 Tage. Sie webt dann einen Kokon um sich aus einer Substanz, die aus ihrem Munde heraustritt, bis diese Substanz aus dem Raupen-Innern aufgebraucht ist. So wird der Kokon gebildet, der die Form einer Walnuß hat. Hierin bleibt die Raupe ungefähr 10 Tage. Dann zerreißt sie den Kokon an seinem oberen Ende und herauskommt eine weiße Motte mit zwei beständig flatternden Flügeln. Nach dem Schlüpfen sind diese Motten sofort zur Kopula bereit. Das Männchen befestigt sein Körperende an dem des Weibchens und in dieser Verbindung bleiben sie eine Zeitlang. Dann trennen sie sich und die Weibchen legen die oben beschriebenen Eier auf untergelegte Fetzen von rauhem Stoff ab, in denen die Eier aufgehoben werden. Darauf sterben beide, Männchen und Weibchen. Auf diese Weise erhält man ihre Eier. Wenn man aber Seide von ihnen gewinnen will, so legt man sie 10 Tage nach der Kokon-Bildung für einen ganzen oder einen halben Tag in die Sonne, wodurch die Tiere sterben.

Ihr Genuß ist verboten.

Es ist auch verboten, Würmer zu verkaufen, mit Ausnahme des qirmiz [Eichen-Schildlaus], die man zum Färben verwendet. Dies ist ein roter Wurm, der in manchen Gegenden an der Eiche gefunden wird. Er besitzt eine Schale und sieht einer Schnecke ähnlich. Die Frauen der betreffenden Gegenden sammeln diese Würmer mit ihrem Mund.

[In Sprichwörtern, Medizin und Traumdeutung ist die Rolle der Würmer natürlich eine bedeutende, aber es würde zu weit führen, näher darauf einzugehen.]

Adh-dhubab [Hausfliege]. Diese ist sehr bekannt. Sie hat ihren Namen, weil sie ständig in Bewegung ist und flattert; nach anderen aber, weil sie, sooft sie vertrieben werden, stets wieder zurückkehren. Die Fliege ist das unwissendste aller Geschöpfe, da sie selbst in ihr Verderben rennt. Al-G'auharî meint, daß kein fliegendes Tier außer der Fliege saugt. ... Die Fliege hat an ihren sehr kleinen schwarzen Augen keine Augenlider. Eine der Funktionen der Augenlider ist, die Oberfäche der Augen sauber und blank zu erhalten. Gott hat der Fliege anstelle der Augenlider zwei Hände zur Sauberhaltung der Augen-Oberfläche gegeben. Deshalb sieht man die Fliegen immer mit ihren Händen die Augen abwischen.

Es gibt verschiedene Arten Fliegen, aber alle entstehen aus faulenden Stoffen. ... Die Haus-Fliege vermehrt sich durch Befruchtung, entsteht aber manchmal auch aus dem menschlichen Körper.

Man erzählt, daß alte Bohnen völlig in Fliegen umgewandelt werden, die davonfliegen, und es bleibt nur die leere Schale zurück. [Bruchus quinqueguttatus Ol. und ähnliche Bruchiden.]

Man unterscheidet folgende Fliegen: [an-nu' ar, al-qama', asch-scha'ra', al krazbaz] Hunde-, Garten-, Gras- und Kräuter-Fliegen. Die Araber glauben, daß die Haus-Fliege, der Schmetterling, die Biene, die Hornisse und andere ähnliche Tiere ein und dasselbe Tier seien. Galen sagt, daß verschiedene Fliegen-Arten existieren: Kamel-, Rinder- etc. Fliegen. Diese entstehen aus kleinen Würmern, die aus deren Körper hervorkommen und sich in Fliegen und Hornissen verwandeln. Die Fliegen, die den Menschen belästigen, entstehen aus dem Mist. Bei Südwind nehmen die Fliegen an Zahl zu, da dann alle in einem Augenblick geboren werden, bei Nordwind vermindern sie sich.

Die talaschi-Fliegen haben Rüssel wie die Moskitos.

Es ist sonderbar, daß die Fliegen auf weißen Gegenständen schwarze, auf schwarzen weiße Exkremente absondern. Gar keine Exkremente legen sie an die Kürbis-Pflanze: Gott versah deshalb auch seinen Propheten Jona mit einem Kürbis, als er aus dem Bauch des Fisches herauskam. Er war damals nämlich so weich, daß eine Fliege ihn beschädigt haben würde, bis sein Körper wieder fest wurde. Man sieht Fliegen in Mengen nur an solchen Stellen, wo faulende Stoffe angehäuft sind. Dort ist ihre ursprüngliche Entstehung, aber auch durch Befruchtung pflanzen sie sich fort. Manchmal bleiben die Paare einen ganzen Tag lang in Kopula. Sie lieben Sonnenschein; deshalb verbergen sie sich im Winter und kommen im Sommer heraus. Die übrigen Fliegen-Arten wie annamus [Moskito-Larven], al-farasch [Schmetterlinge] etc. siehe unter ihrem Buchstaben.

Ihr Genuß ist verboten. Al-Mawardi zitiert einen Rechtsgelehrten, der das Essen von Fliegen aus Nahrungsmitteln wie Bohnen etc. erlaubt; wahrscheinlich ist das derselbe Rechtsgelehrte, der Fliegen aus Obst als genießbar erlaubte [cf. talmudisches Recht].

Eigenschaften: Nach Al-Gahiz bewahrt Milch mit al-qundus vermischt und in ein Haus gesprengt, dieses vor Fliegen. ... Pulverisierte Fliegen dienen als Haarwuchsmittel ... Wenn man eine tote Fliege mit etwas abgeschabtem Eisenrost bestreut, so wird sie sofort wieder lebendig. ... [Es folgen verschiedene Räuchermittel und Talismane gegen Fliegen wie: „Wenn man ein Bündel eines bestimmten Grases an die Tür eines Hauses hängt, so wird keine Fliege in dasselbe eindringen, solange dasselbe an der Tür hängt" etc.]

Ich habe die Fliegen sorgfältig beobachtet und gefunden, daß sie sich stets mit ihrem linken Flügel verteidigen, der eine Krankheits-Ursache in sich bergen soll, so wie der rechte Flügel ein Heilmittel gegen diese Krankheit tragen soll. [Viele Sprichwörter und Traumdeutungen.]

Adh-dharr [Kleine rote Ameise.] Dies ist eine kleine rote Ameise. 100 dieser Ameisen wiegen 1 Gran und eine 1 dharra. Manche sagen, daß die dharra überhaupt nichts wiegt.

Ad-dhurra [Canthariden, Spanische Fliege]. Al-G'auhari sagt, es sei ein fliegendes, kleines, rotes Insekt mit schwarzen Punkten, das von giftiger Natur ist. Es gibt verschiedene Arten, von denen eine im Weizen entsteht; eine andere ist bunt mit gelben Streifen auf den Flügeln. Ihre Körper sind breit und lang und ähneln etwas den banat wardan. Ihr Genuß ist verboten.

Eigenschaften: Die Canthariden sind verwendbar gegen Krätze und die Krankheit, bei der sich die ganze Haut schält. Man kann sie in die Medizin gegen Geschwülste wie Krebs u. a. mischen. Ar-Razi empfiehlt sie als Augenmittel bei Blutungen im Auge. Als feines Pulver töten sie Läuse. In Oliven-Öl gekocht sind sie gut gegen Haar-Ausfall. Die antiken Ärzte pflegten zu versichern, daß sie — in einem Beutel um den Hals gehängt — infolge ihrer wunderbaren Eigenschaft Fieber heilen würden.

Az-zulal [Schneewürmer]. Dies ist ein Wurm, der im Schnee entsteht, etwa einen Finger lang und mit gelben Flecken gezeichnet ist. Man trinkt das kühle Wasser aus seinem Innern. [Dieser Schneewurm spielt in der schönen Literatur eine große Rolle.]

Az-zunbur [Hornisse (Nr. 2) und verschiedene große Hymenopteren; Nr. 1 vielleicht Xylocopa?, Nr. 3 eine Sphegide?; cf. Tabelle.] Es gibt zwei Arten, eine Hornisse der Berge und eine der Ebene. Die Berghornisse baut ihr Nest in den Bäumen. Ihre Farbe ist schwärzlich. Bevor sie ihre endgültige Form annimmt, ist sie wie ein Wurm. Sie baut Nester aus Erde, die den Bienen-Nestern ähnlich sind und vier Türen besitzen, um die Winde aus allen vier Richtungen hineinzulassen. Sie hat einen Stachel, mit dem sie sticht. Ihre Nahrung zieht sie aus Früchten und Blumen. Die Männchen unterscheiden sich von den Weibchen durch ihren größeren Körper.

Fig. 41.
Honigbiene. (Aus einem Manuskript von Bokhtyeschou in der Pierpont Morgan Library in New York.)

Die Hornisse der Ebenen ist rot [= braun], baut ihre Nester in der Erde, die sie zu diesem Behuf aushöhlt, ähnlich wie die Ameisen dies tun. Sie versteckt sich während des Winters und stirbt, wenn sie während dieser Jahreszeit hervorkommt. Sie schläft während des ganzen Winters wie ein totes Tier, um der Winterkälte zu entgehen. Sie stapelt für diese Jahreszeit keinerlei Nahrungs-Vorräte auf, ganz anders als die Ameise. Im Frühjahr sind sie infolge der Kälte und des Nahrungs-Mangels wie ein Stück trockenes Holz. Gott haucht ihnen dann neues Leben ein und sie leben wieder auf wie im Vorjahr. Dies ist ihre Lebensgewohnheit.

Eine andere Varität dieser Art von verschiedener Farbe, mit einem langen Hinterleib ist außerordentlich habsüchtig und raubgierig. Sie sucht die Küchen auf und frißt das Fleisch weg. Sie fliegt nur vereinzelt und lebt unterirdisch und an Mauern. Der Kopf dieses Tieres ist deutlich getrennt von der Brust.

In Öl getaucht, wird sie regungslos und wird wieder lebendig und fliegt davon, wenn man sie nachher in Essig taucht. ...

As-sus [Kleidermotten, Getreidemotten und Calandra oryzae]. Ein Wurm, der Wolle und Nahrungsmittel angreift. Zur Bekämpfung schreibe man folgende Worte auf Lorbeer-Holz und vergrabe es an einem schattigen Platze: [folgt der Talisman].

Al-farasch [Schmetterlinge]. Dies sind Insekten ähnlich den Moskitos. Sie flattern um die Lampen herum und fallen eine nach der andern hinein infolge ihres schwachen Sehvermögens. Sie suchen nämlich das Tageslicht. Wenn sie in der Nacht das Licht der Lampe sehen, meinen sie, sie wären in einem dunklen Hause und die Lampe sei das Fenster, das ihnen den Weg zum Licht weist. Immer suchen sie das Licht und stürzen sich selbst ins Feuer. Wenn sie die Lampe verfehlt haben, so denken sie, daß sie das Fenster nicht gefunden haben, und stürzen sich gerade darauf hin. So kehren sie immer wieder zum Licht zurück, bis sie endlich verbrannt sind. Ihr Genuß ist verboten.

Die folgenden Abschnitte sind in der oben erwähnten Übersetzung nicht erhalten und aus dem Original von Dr. E. Bloch-Köln übersetzt.

Qaml. [Laus:] Sie hat den Beinamen: umm ʼuqba und umm t'alha, Mehrzahl: banat ʼuqba und banat ad-duruz. Ad-duruz (eigentlich Säume eines Kleides) der Schneiderei werden sie genannt wegen ihres Sich-Einnistens in den Säumen. Die Feldlaus ist ein Insekt, das fliegt wie die Heuschrecke, in Gestalt der Zecken. Es spricht über sie Gʼauhari. Die bekannte Laus entsteht aus dem Schweiß und Schmutz. Wenn sie Kleid, Rock, Federn oder Haare befällt, dann verfault schließlich die betreffende Stelle. (Folgen zwei Hadithe, aus denen sachlich hervorgeht, daß durch Sauberkeit, Parfümieren, ständiges Wechseln der Kleider man sich nicht einmal sicher helfen kann, der beste Schutz sind seidene Hemden.) Und es sagt Gahiz: Zur Natur der Läuse gehört es, daß sie auf rotem Kopfhaar rot sind, auf schwarzem schwarz, auf weißem weiß, und wenn sich das Haar verändert, verändert sich auch ihre Farbe. Er sagt: Sie ist ein Tier, bei dem die Weibchen größer sind als die Männchen. ... Die Läuse befallen Hühner und Tauben und machen sich an die Affen. Was die Adler-Laus angeht, so findet sie sich im Gebirgsland und heißt auf Persisch Dura. Ihr Biß ist tödlich. Sie ist die größte Laus und heißt Adler-Laus nur darum, weil sie aus dem Adler hervorkommt. (Folgen Diskussionen über die Natur der Läuse, die über die Israeliten geschickt worden sind, und einige Hadithe von Musa, dem Propheten.) Das Gesetzliche: Das Essen der Läuse ist durch das Igma' (= consensus omnium) verboten.

(Darauf folgen im weiteren Verlauf gesetzliche Vorschriften, die durch Hadith-Tradition belegt werden, über das Töten der Läuse, besonders den Spezialfall des Verbotes des Tötens der Läuse beim Ss'alât bezw. in der Moschee. Ich möchte daraus noch hervorheben, daß das Seidenkleid, das vor Läusen kraft seiner Eigentümlichkeit schützt, gesetzlich erlaubt ist.) Es sagt al-Kindi der Afrikaner: Wenn eine Laus in Wasser stirbt, so soll es weggeschüttet und nicht getrunken werden. Wenn sie aber in Mehl fällt und nicht aus dem Sieb entfernt wird, so darf man das Brot nicht essen. Wenn sie stirbt in etwas Gefrorenem, so soll sie und die Stelle ringsum entfernt werden, wie bei der Maus. Und es sagen andere Gelehrte, daß die Laus der Fliege gleichzusetzen ist. ...

Sprichwörter: Es sagen die Araber: Der Haß der Läuse sticht die Frauen mit schlechtem Charakter. ... (Hadith) ...

Eigentümlichkeiten: Es sagt al-Gahiz: Die Läuse befallen die Kleidungsstücke außer denen der Aussätzigen. Es sagt Ibn al-Gauzi: Darin zeigt sich die Vorsehung, denn, wenn jemand der Aussatz befallen hat, so ist es ihm beschwerlich, sich zu jucken. Darum hält Gott dies von ihm fern aus Güte. ... Wenn man eine lebende Laus findet, so verursacht sie die Vergeßlichkeit, so wie Ibn Adi in seinem Kamil in der Biographie des Abu 'Abd'allah berichtet ...

(folgt ein Hadith darüber). Wenn man wissen will, ob eine Frau mit einem Jungen schwanger ist oder mit einem Mädchen, so nehme man eine Laus und melke über sie ein wenig von ihrer Milch in die Hand. Und wenn dann die Laus aus der Milch herauskommt, so ist sie schwanger mit einem Mädchen, wenn sie aber nicht herauskommt, ist sie mit einem Jungen schwanger. Wenn ein Mensch an Harnverhaltung leidet, so nehme man eine Laus und führe sie in die Harn-röhre ein, er wird dann zur Zeit urinieren. Wenn eine Frau ihre Haarwurzeln mit Rote Rüben-Wasser wäscht, so hält das die Läuse ab. Wenn sich jemand

Fig. 42.
Käfer und Grillen. (Aus einem primitiveren Manuskript desselben Werkes von Bokhtyeschou in der Pariser Bibliothêque Nationale, Negativdarstellung.)

die Haare mit dem Fett von wildem Safran einfeuchtet, so tötet er die Läuse, und wenn er den Körper mit Essig und Meerwasser wäscht, ebenso. Wenn er Kopf und Körper mit Sesam einreibt, so hält er die Läuse von Kopf und Kleidern fern.

Traumdeutung: Läuse im Traum auf einem neuen Hemd, bedeuten Reich-tum. Bei einem Wali Mehrung seines Vermögens. ... Wer Läuse im Traum von seiner Brust wegfliegen sieht, dem ist sein Knecht, sein Sklave oder sein Kind geflohen. Viele Läuse bedeuten Krankheit und Gefangenschaft. ... Wer im Traum eine Laus ist, verleumdet jemanden. ... Wer Läuse im Traum tötet, besiegt die Feinde ....

Nachl [Die Biene (oder Honig-Fliege)]. Es ist schon früher beim Worte dhubab erwähnt, daß der Prophet in der Erklärung zu Sure IV sagt: alle Fliegen sind der Hölle bestimmt außer der Biene. ... [folgen grammatische Bemerkungen zum Namen.] .... Es sagt Sagag: Sie heißt Biene, weil Gott der Erhabene den Menschen den Honig, der aus ihr hervorkommt, geschenkt hat. .... Das Wort Gottes des Erhabenen [Sure 16, Vers 70,71]: Und es lehrte dein Herr die Biene, es lehrte sie der Gepriesene und lobte sie. Sie kennt die Stellen, wo jenseits der Wüste Regen niedergehen, und setzt sich dort auf jede schöne Blume. Dann holt sie aus ihr, was sie an Moschus enthält, heraus und saugt sie aus. Qazwini sagt in den Wundern der Schöpfung: Man nennt den Tag des Festes des Fastenbrechens Tag des Erbarmens, da Gott an ihm die Biene das Honigmachen gelehrt hat und der Gepriesene hat offenbart, daß die Biene das größte Beispiel ist. Sie ist ein intelligentes Tier, klug, tapfer und weitblickend, bekannt mit den Jahres- und Regenzeiten, mit Einteilung von Weide und Nahrung. Sie ist folgsam ihrem Häuptling und demütig vor ihren Fürsten und ihren Führern. Ihr Werk ist außerordentlich und ihr Charakter bewundernswert. Aristoteles sagt: Es gibt 9 Arten von Bienen, 6 von ihnen wohnen beieinander. Sie nähren sich von der Fülle der Süßigkeiten und Feuchtigkeiten, die sie aus den Blumen und Blättern auflecken. Dies alles wird gesammelt und aufgespeichert und ist dann der Honig. Mit ihm zusammen wird eine fettige Flüssigkeit aufgefangen und eingesammelt, aus der die Honig-Waben bereitet werden, und diese Fettigkeiten sind das Wachs. Die Biene liest es mit ihrem Rüssel auf, lädt es auf ihre Schenkel und befördert es von dem Schenkel aus auf den Rücken. So sagt Aristoteles. Der Koran weist darauf hin, daß sie die Blumen abweidet und es in ihrem Bauch in Honig verwandelt wird und aus seinen Öffnungen geschleudert, um sich in den Bauten anzusammeln. Es sagt Gotte der Erhabene [Sure 16, Vers 70, 71]: „Alsdann speise von jeder Frucht und ziehe die bequemen Wege deines Herrn. Aus ihren Leibern kommt ein Trank, verschieden an Farbe, in dem eine Arznei für die Menschen ist." „Von jeder Frucht", sagt ... und „die Verschiedenheit der Farben" des Honigs existiert wegen der Verschiedenheit der Bienen und der Weideplätze. Es ist ein Unterschied in der Nahrung bei unterschiedlichen Weideplätzen. ... (zum Beweis folgt ein Hadith) ... Für die Ökonomie ihrer Lebensweise zeugt es, daß sie, wenn sie einen reinen Platz gefunden hat, da erst ein Haus aus Wachs baut, dann baut sie Häuser für die Könige, danach Häuser für die Männchen, die nichts tuen. Die Männchen sind körperlich kleiner als die Weibchen. Sie nimmt viel Baustoff für das Innere des Stockes, der selbst die Form einer Scheibe hat. Die Biene kommt in Scharen heraus, erhebt sich in die Luft und kehrt in den Bienenkorb zurück, Sie macht zuerst das Wachs, dann legt sie den Samen, denn er dient ihr wie das Nest für den Vogel. Wenn sie den Samen gelegt hat, setzt sie sich auf ihn und brütet ihn aus, wie der Vogel bebrütet wird. Aus diesem Samen wird ein weißer Wurm. Dann erhebt sich der Wurm, ernährt sich selbst, dann fliegt er.

Die Biene setzt sich nicht auf verschiedene Blumen, sondern immer nur auf eine. Einige Waben sind mit Honig gefüllt, einige mit der Brut. Zu ihren Bräuchen gehört es, daß sie, wenn sie eine Hinfälligkeit des Königs bemerkt, ihn

entweder absetzt oder tötet. Meist tötet sie außerhalb des Bienenkorbes. Die
Könige kommen nur mit allen Bienen zusammen heraus. Und wenn der König
unfähig ist zu fliegen, tragen sie ihn, und wir werden, so Gott will, in einem
anderen Buch unter dem Schlagwort ja'sub (Bienen-König) noch auf den König
eingehen. Zu der Natur des Königs gehört es, daß er keine Waffe hat, mit der
er stechen könnte. Die Merkmale ihrer Könige sind rötlichbraune Farbe und
Pantern gleichen sie an Schwärze. Die Bienen versammeln sich und teilen
ihre Arbeit, d. h. einige bereiten den Honig, andere das Wachs, manche
holen Wasser und wieder andere bauen die Waben. Und ihre Waben gehören mit zum Wunderbarsten, denn sie sind auf der Form des Sechs-
eckes aufgebaut, ohne Abweichung. Gleich als ob diese Form mit einem
geometrischen Maß konstruiert wäre. Sie ruht auf einem Sechseck, an
dem keine Abweichung zu finden ist und ist dadurch so verbunden, daß gewissermaßen ein einziges Stück daraus wird. Bei sämtlichen Formen vom Dreieck bis zum Zehneck, wenn man eine von ihnen mit einer gleichen zusammenfaßt, schließen sich die Glieder nicht zusammen und zwischen ihnen entstehen
Spalten, nur beim Sechseck ist es nicht so. Bei dieser Form schließen sich,
wenn man jede Zelle mit einer anderen gleichen zusammenfaßt, alle zusammen
wie ein einziges Stück. Und alles dieses ist entstanden ohne Meß-Instrument,
ohne Werkzeug und ohne Zirkel. Vielmehr ist dies eine Spur des Handelns des
Gütigen, des Erfahrenen. Er sagt [Sure 16, Vers 70]: „Und es lehrte dein Herr
die Biene: Suche dir in den Bergen Wohnungen und in den Bäumen und in dem,
was sie bauen." Und bedenke ihren vollendeten Gehorsam und ihr schönes Befolgen des Befehles ihres Herrn, wie sie ihre Wohnung an diesen drei Orten
gesucht hat: in den Bergen, auf den Bäumen und in den Häusern der Menschen,
wo sie überdachen, d. h. Häuser bauen. Man sieht keine Bienenstöcke an anderen als ausschließlich an diesen drei Orten. Und bedenke, wie die meisten
ihrer Wohnungen in den Bergen sind, und das geht im Verse voran, dann in
den Bäumen, und dies kommt hinter jenem: Zuletzt „und in dem, was sie
bauen", denn das sind die wenigsten Stöcke. Überlege, wie schön er ihren Gehorsam geleitet hat in der Richtung, daß sie die Wohnungen vor den Weideplätzen suchten. Erst sucht sie diese, und wenn sie sich in einem Haus niedergelassen hat, kommt sie heraus und ißt von den Früchten und wohnt in ihrem
Haus, denn ihr Herr, der Gepriesene und Erhabene, hat ihr befohlen, erst die
Wohnungen zu suchen, dann nachher zu essen. Er sagt: Sieh die Bienen unter
den Tieren, wie Gott sie lehrte, so daß sie in den Bergen Wohnungen suchen,
und wie er aus ihrem Geifer Wachs und Honig zieht, wie er das eine zur Leuchte
machte und den anderen zur Arznei. Wenn du nachdenken würdest über die
Wunder ihres Seins, das Nippen an Blumen und Blüten, ihr Sich-hüten vor
Unsauberkeit und Schmutz, ihren Gehorsam einem aus ihrer Mitte gegenüber, —
er ist unter ihnen der Größte an Person und ihr Fürst —, ferner über das, worin
Gott ihren Fürsten zu Gerechtigkeit und Billigkeit anhält unter ihnen, so daß
alles, was von ihnen in den Schmutz fällt, auf der Torschwelle getötet wird,
so würde damit das Wunder erreicht, daß du in deine Seele blicken würdest und
frei wärest von leiblicher Sorge... Laß all dieses von dir und blicke auf den Bau
ihres Hauses aus Wachs und darauf, daß sie die Sechseck-Form allen anderen
vorzieht. Nicht baut sie ihr Haus rund, viereckig oder fünfeckig, sondern sechseckig wegen einer Eigentümlichkeit der Sechseck-Form, der zu folgen kaum
die Intelligenz eines Ingenieurs fähig ist. (Folgt noch einmal ein Beweis, warum
die Sechseck-Form die beste Lösung ist.) Und sieh, wie Gott der Erhabene die
Biene inspiriert hat trotz der Kleinheit ihres Körpers, dies ist seine Güte gegen

sie. ... In ihrer Natur liegt es, daß sie vor einander fliehen und mit einander kämpfen in den Körben und denjenigen, der sich dem Bienenkorb nähert, den sticht sie. Öfter geht der Gestochene zugrunde, und wenn irgend eine von ihnen innerhalb des Bienenstockes zugrunde geht, so schaffen sie die Tiere nach außen. Zu ihren Eigenschaften gehört auch die Reinlichkeit, und deswegen entfernt sie ihre Abfälle aus dem Bienenkorb, denn sie verbreiten einen üblen Geruch. Die Biene bereitet den Honig im Frühjahr und im Herbst, der, welcher im Frühjahr bereitet wird, verdient aber den Vorzug. Die kleinen sind arbeitsamer als die großen. Sie trinkt reines, süßes Wasser, und wo sie ist, sucht sie darnach. Von dem Honig ißt sie nur soviel, wie sie zur Sättigung gebraucht, und wenn wenig Honig in der Zelle ist, mischt sie Wasser ein, damit es mehr werde. Sie fürchtet sich nämlich vor sich selbst für den Fall, daß der Vorrat erschöpft sein sollte. Denn, wenn er erschöpft ist, vernichtet die Biene die Häuser der Könige und die Häuser der Drohnen, meist tötet sie auch die Insassen. Es sagte ein Weiser unter den Griechen zu seinen Schülern: Seid wie die Bienen in den Bienenstöcken! Da sagten sie: Und wie sind denn die Bienen in den Bienenstöcken? Da antwortete er: Wahrlich, bei ihnen bleibt kein Müßiggänger, sie ergrimmten denn über ihn und entfernten ihn gänzlich aus dem Stocke. Denn er beengt den Platz, vernichtet den Honig und lehrt den Munteren die Faulheit. Die Biene streift ihre Haut ab wie die Schlangen. Sie stimmen zusammen ein liebliches, heiteres Tönen an. Schaden tut ihnen der sûs (eine Made, welche die Wolle benagt).30) Das Mittel gegen ihn ist, daß man eine Handvoll Salz in jeden Bienenstock streut, und einmal in jedem Monat lüftet und mit Kuh-Mist geräuchert wird. Zu den natürlichen Anlagen der Biene gehört, daß sie, wenn sie aus einem Bienenkorb herausfliegt, nach der Weide wieder zurückkehrt. Dann kehrt jede Biene an ihren Ort zurück und irrt sich nicht. Die Ägypter setzen die Bienenkörbe auf Schiffe und reisen mit ihnen an blumen- und baumreiche Orte, und, wenn sie auf den Weideplätzen versammelt sind, werden die Türen der Bienenkörbe geöffnet, die Bienen schwärmen alle aus und weiden den ganzen Tag. Wenn es Abend wird, kehrt man zum Schiff zurück, und jede Biene nimmt unverändert ihren Platz im Bienenkorb ein. (Es folgt jetzt ein mehrere Seiten umfassender Abschnitt über Hadith, über die Verwendung des Honigs als Heil- und Brechmittel, über die verschiedenen Namen des Honigs bei den Dichtern usw.)

Das Essen der Biene ist verboten, nach einigen auch ihr Töten. Der Honig ist erlaubt.

(Die Sprichwörter sind nur unübersetzbare Wortspiele mit dem Namen der Biene.)

Traumdeutung: Eine Biene im Traum hat gute Bedeutung: Reichtum, Macht, hoher Rang. Wem sich z. B. eine Biene im Traum auf den Kopf setzt, gewinnt Herrschaft und Macht. Wer im Traum eine Biene tötet, ist ein Feind, ein besonders böses Omen ist es für die Bauern, weil die Biene ihnen Lebensunterhalt gibt, und vieles andere.

Nu'ara, die Pferdebremse. Eine dicke Fliege mit blauen Augen. Sie hat am Ende des Schwanzes einen Stachel, mit dem sie besonders die Huftiere sticht. Sie wird Nu'ara genannt wegen ihres Lärmens und ihrer Stimme. Es sagt Ibn Maqbul:

Du siehst die grünen Bremsen rings um seine Brust,
Zweifach übertönen sie sein Gewieher.

Oft dringt sie in das Ohr des Esels ein und setzt sich auf seinen Kopf. Und durch nichts ist sie dann fortzubringen.

Gesetzliches: Es ist verboten, sie zu essen.

Sprichwörter: Man sagt: Möge keine Bremse in sein Ohr und in seine Nase kommen, die das hartmäulige Pferd, das sich nichts fügen will, sticht.

N a g a f. Ein Wurm, der sich in den Nasen der Kamele und Schafe aufhält. Es sagt über ihn Abu 'Ubaida: er ist auch der weiße Wurm, der sich in den Dattel-Kernen findet, und nur dies ist der Wurm, der an-nagaf heißt. Man sagt auch, es sei ein sehr großer, schwarzer, grüner und staubgrauer, der die Kulturen in den Tälern des Landes vernichtet.

N a m l, d i e A m e i s e. Sie hat den Beinamen Vater des Fleißes, und die Ameise ist die Mutter der Zusammenscharung und die Mutter des mazin (Ameisen-Eier). Es wird die Ameise Ameise genannt wegen ihres Emsigseins, d. h. ihrer Vielbewegtheit trotz der Kleinheit der Füße. Die Ameise paart sich nicht und heiratet nicht, sondern sie legt ein kleines Etwas in die Erde. Dieses entwickelt sich, bis sich die Ameisen-Eier gebildet haben, aus denen sie entstehen. ...31) Und die Ameise entwickelt eine große Energie beim Suchen nach der Nahrung. Wenn sie etwas gefunden hat, benachrichtigt sie die andern, damit sie zu ihr kommen. Man sagt auch, das täten nur ihre Häuptlinge. Zu ihrer Natur gehört es, daß sie im Sommer ihren Lebensunterhalt für den Winter vorsorgt. Es gehört zu ihren Kunstgriffen, daß sie das, von dem sie beim Sammeln befürchtet, daß sie es nicht bewältigen könne, in zwei Teile teilt, ... im Falle, daß es auch dann noch nicht geht, in vier Teile. ... Wenn sie das Verfaulen der Körner befürchtet, dann schafft sie sie heraus auf die Oberfläche der Erde und breitet sie aus. Und meistens tut sie das bei Nacht im Mondschein. Man sagt, daß sie nicht dadurch ihr Leben fristet, daß sie frißt, denn sie hat keinen Bauch, in dem sie die Speisen unterbringen könnte, sondern sie zerstückelt ein Stück in zwei, und sie bedarf zu ihrer Stärkung dann nur, daß sie den Geruch in sich aufnimmt, wenn sie die Körner zerstückelt. Und das genügt ihr: Wir haben früher die Elster und die Maus besprochen und dabei im Namen von Sufjan b. 'Ujaina gesagt, daß nur der Mensch an Vorsorglichkeit Elster, Maus und Ameise übertrifft, darüber handelt ein Abschnitt im Buch al-tawakkul (?). Einige andere sagen, daß die Nachtigall die Nahrung aufspeichert [man sagt ähnliches von der Elster]. Die Ameisen haben einen starken Geruch. Zu den Ursachen ihres Sterbens gehört das Wachsen von Flügeln. Wenn sich die Ameisen bis dahin entwickelt haben, machen sie die Sperlinge fett. Denn diese machen Jagd auf sie, wenn sie im Stadium des Ausfliegens sind. Es hat darauf Abu 'l-'At'ahija in seinem Vers hingedeutet:

> Und wenn die Flügel der Ameise gleich sind,
> So daß sie fliegt, so ist das Ende nah.

... Es sagt al-Baihaqi (folgt eine Tradition, von der ich nur eine Version bringe) ... Es pflegte Ibn Sachrab ihnen Brot zu bröckeln an jedem Tage, am Tage 'aschura' (10. Tag des Muharram) fraßen sie es nicht. Unter den Tieren gibt es keines, daß das Doppelte seines eigenen Körper-Gewichts trägt außer der Ameise. Weit entfernt davon, mit dieser Überlastung unzufrieden zu sein, müht sie sich mit der Last eines Dattel-Kerns ab, der ihr garnichts nützt, sie belastet sich einfach aus bösem Geiz damit. Sie sammelt Nahrungsmittel, als ob sie zwei Jahre lebte, und in Wirklichkeit lebt sie nicht länger als ein Jahr. Und eine ganz wunderbare Tatsache ist, daß sie sich eine Siedlung unter der Erde baut. Darin gibt es Häuser und Vorhöfe, Zimmer und mit einander verbundene Geschosse, die angefüllt sind mit Körnern und den Winter-Vorräten. Zu den Ameisen gehört die sogenannte persische Ameise, das sind die Ameisen, die sich in den Wespen-Nestern finden, es gehört ferner dazu die sogenannte Löwen-Ameise, die so heißt, weil ihr Vorderteil der eines Löwens, ihr Hinterteil der einer Ameise ist. (Es folgt der Hadith-Teil, in dem König Salomo eine große Rolle spielt. Außerdem werden unter anderm eine Reihe interessanter Mittel

Fig. 43.
Ameisen. (Aus einem primitiveren Manuskript desselben Werkes von Bokhtyeschou in der Pariser Bibliothèque Nationale; Negativdarstellung.)

angeführt, wie man verhindern kann, daß die Ameisen aus ihrem Bau herauskommen.) z. B. ... Und von uns ist erprobt und wir haben es nützlich gefunden, daß wenn eine Tafel aus Ziegenfell auf das Ameisen-Nest gelegt wird, dann verschwinden sie. Und darauf soll stehen: und was ist uns, daß wir nicht vertrauen auf Gott, der uns geführt den rechten Weg ...

Gesetzliches: Es ist verabscheut alles, was die Ameise mit ihrem Mund oder ihren Füßen getragen hat. Das Essen der Ameise ist verboten. ... Es überliefert ar-Rafi'i über den Verkauf namens Abul-Hasan al-'ibadi: Ihr Verkauf ist erlaubt in Asakir al-makrun (Stadt in Ahwaz), weil man damit den Rausch behandelt, und in Nasibain (Stadt in Mesopotamien), weil man sich damit gegen die Heuschrecken hilft.

Sprichwörter: Man sagt: Möglich, daß den, der sich um seine Drohung nicht kümmert, der Biß der Ameise tötet. Man sagt: Geiziger als eine Ameise. Man überliefert von der Ameise, daß sie in der Wüste sein kann, ohne Wasser zu trinken. Man sagt: Schwächer, zahlreicher, ausdauernder als Ameisen ...

Besonderheiten: Wenn man Ameisen-Eier nimmt, sie zerdrückt und damit eine Stelle bestreicht, so verhindert man den Haarwuchs dort. Wenn die Eier zerstreut werden, so wird hier und da zwischen Leuten, die miteinander im Streit liegen, geschieden. ... Wenn man das Ameisen-Nest mit Kuh-Mist verstopft, so öffnen sie es nicht, sondern fliehen von dieser Stelle fort, ebenso ist es bei Küken-Mist. Wenn man die Ameisen-Gänge mit einem Stein verstopft, auf dem viele Insekten sitzen, so sterben die Ameisen. Wenn man Kümmel zerstößt und ihn in die Ameisen-Gänge bringt, so verhindert man damit ihr Herauskommen, ebenso wirkt römischer Kümmel. Wenn man Rauten-Saft (?) auf ein Ameisen-Nest gießt, so tötet er die Ameisen, und wenn man damit ein Haus besprengt, so fliehen die Flöhe daraus, doch wirkt klares Wasser bei den Flöhen ebenso. Läßt man etwas Teer in ein Ameisen-Nest tropfen, so sterben sie, und wenn man Schwefel zerstößt und in das Ameisen-Nest streut, so werden sie vernichtet. Wenn man den Mantel einer menstruierenden Frau vor etwas hängt, so nähern sich die Ameisen nicht. Nimmt man sieben lange Ameisen und läßt sie in eine Flasche, die mit gemischtem Fett gefüllt ist, verschließt den Flaschenhals und vergräbt die Flasche einen Tag und eine Nacht im Mist, holt sie dann wieder heraus und reinigt das Fett und bestreicht damit die Eichel und die Stelle oberhalb, so wird damit das Gedächtnisvermögen angeregt und die Aktivität vermehrt. ...

Traumdeutung: Ameisen im Traum bedeuten bei schwachen Menschen Geiz. ... Wer im Traum die Ameisen mit schweren Lasten sein Haus betreten sieht, alles Gute betritt mit ihnen sein Haus. Wer sie auf seinem Bette sieht, für den bedeutet das viele Kinder. Wenn man die Ameisen aus dem Hause herauskommen sieht, deutet's auf eine Veränderung der Zahl der Familien-Mitglieder. Wer die Ameisen vor einem Platz, wo ein Kranker ist, fliegen sieht, da wird der Kranke sterben oder von diesem Ort Wegreisende werden Unglück haben. Die Ameise weist auf Fruchtbarkeit und Nahrung hin, weil sie sich nur an Orten findet, wo sie ihr Auskommen hat. ... Man sagt auch, wer eine Ameise irgendwo herauskommen sieht, den wird die Sorge packen.

Aber Allah weiß es besser.

H a m g. [wohl Simulium sp.] Es ist ein kleines Insekt wie die Mücke. Es stürzt sich auf die Gesichter der Hammel und Esel, speziell ihre Augen. (Hamg heißt nun gleichzeitig Mücke und Pöbel, Gesindel, und daraus wird ein sehr hübscher Hadith abgeleitet, der aber nicht zur Sache gehört.)

B a n a t w a r d a n, S c h a b e n. Sie wird Käfer der Schlangen genannt. Sie ist ein Tier, das an feuchten Plätzen, meist in Bädern und Kanälen entsteht. Es gibt schwarze, rote, weiße und kastanienbraune. Nach der Begattung legt sie ein längliches Ei. Sie ist die Bewohnerin der Latrinen. (Nun folgt eine längere Abhandlung über die Ableitung des Wortes Latrine und die gebräuchlichsten Synonyma.)

Gesetzliches: Sie zu essen ist verboten wegen ihrer Widerlichkeit und ihr Kauf ist nicht gültig wie bei allen Insekten.

Es sagen die Gelehrten, worin kein Nutzen und kein Schaden zu sehen ist, wie in den banat wardan, den Mist-Käfern, den gi 'lan (einer Art Mist-Käfer), den Würmern, den Krebsen, den Geiern, Straußen, Sperlingen und den Fliegen, ist Tötung verabscheut. Nicht rechnet das Wort des Rafi'i den Hund, ausgenommen den bissigen, zum Verbotenen. Nicht erlaubt er die Tötung von Ameise, Biene, Schwalbe und Frosch. Über diese Dinge ist früher schon an ihrem Platz gesprochen worden.

Eigenheiten: Es sagt Arist'at'alis (Aristoteles): Wenn man die banat wardan in Öl brät und einen Tropfen davon in das schmerzende Ohr fallen läßt, so beruhigt sich der Schmerz und man genest davon. Es nützt dieses Öl auch bei Wunden an den Schenkeln und an allen Gliedern.

Jara'a, Glühwurm. Ein kleiner Schmetterling. Wenn er bei Tag fliegt, so sieht er aus wie ein leuchtender Stern oder eine fliegende Lampe. Es sagt Abu 'Ubaida: Die jara' sind hamg (Mücken-Art) in der Mitte zwischen Mücken und Fliegen, sie setzen sich auf das Gesicht, stechen aber nicht.

Fig. 44.
„Würmer" (d. h. Insekten-Larven; aus einem primitiveren Manuskript desselben Werkes von Bokhtyeschou in der Pariser Bibliothêque Nationale; Negativdarstellung.)

Jarqan. [Scythris temperatella.] Ein Wurm, der in der Saat lebt. Dann schlüpft er und wird ein Falter. Die Saat nennt man vom Meltau befallen. Es handelt übern ihn Ibn Sida.32)

Ja'sub, Bienen-König(in). Ein Wort mit mehrdeutigem Sinn, das ein Insekt, ähnlich der Heuschrecke, mit vier Flügeln bezeichnet. Nie zieht es einen Flügel ein und nie sieht man es laufen, sondern man sieht es nur entweder auf der Spitze eines Stück Holzes pausieren oder fliegen. Es ist länger als die Heuschrecke und faltet seine Flügel nicht zusammen, wenn es sich setzt. Es ist ihm vergleichbar ein ausgemergeltes Pferd. ... (Folgen einige Dichterstellen.) ... Es sagt Ibn al 'Athir: Der Gegenstand unserer Betrachtung ist ein gräulicher Schmetterling, der im Frühling fliegt. Man sagt, es sei eine größere geflügelte Heuschrecke, wenn man aber sagen würde, es sei eine Biene, so wäre das erlaubt. ... (Ja 'sub war der Name eines der Pferde des Propheten und es folgen darüber verschiedene Traditionen.) ... Es sagt al-Gahiz: Die ja 'sub ist der Häuptling der Fliegen und endigt: Al-ja-'sub ist der König der Bienen und ihr Fürst dergestalt, daß ihr Kommen und Gehen, ihre Arbeit und ihre Weide nur er bestimmt. Wenn er einen Beschluß ausführen lassen will, so findet sein Befehl striktes Gehör und man gibt sich die nötige Mühe. Er befiehlt und untersagt. ... Er regiert sie, wie ein König regiert, und befiehlt seinen Untertanen, was so weit geht, daß er, wenn sie zu ihren Häusern fliegen, auf der Türschwelle sozusagen steht und nicht zuläßt, daß sie einander bedrängen. Er läßt sie sich nicht gegenseitig überholen, sondern

eine hinter der andern in die Häuser eintreten, ohne Gedränge, Gestoße und
Aufläufe, so wie es ein Emir macht, der, wenn er seine Truppen über eine enge
Furt bringen will, ihnen auch nur einer hinter dem andern die Passage erlaubt.
Dabei ist aber das Wunderbarste, daß sich nicht zwei Emire in einem Hause
zusammenfinden und nicht zwei vereint herrschen, sondern, wenn sich zwei Heere
und zwei Führer versammelt haben, dann töten sie einen der beiden Fürsten
und zerstückeln ihn, und einigen sich auf einen Fürsten. Nicht gehört es zu
ihrer Gewohnheit, einander zu schädigen, sondern sie arbeiten einmütig zusammen.

c) Entomologisches aus dem Gebiet der Botanik, Heilmittelkunde und Medizin.

Zu den ältesten, noch in persischer Sprache verfaßten Werken gehören „Die
pharmakologischen Grundsätze" des Abu Mans'ur Muwaffak. Es ist die
älteste persische Arzneimittel-Lehre, die wir besitzen, und zugleich eins der
ältesten populär-medizinischen Werke. Muwaffak war Nordperser und hat wahrscheinlich Indien bereist. Die Verfassungszeit des Buches fällt wohl in das
Jahr 970. In der arabischen Zeit ist es dann in Vergessenheit geraten. Der vorliegende Text besteht wahrscheinlich aus Aufzeichnungen eines Studenten nach
Vorlesungen Abu Mans'urs. Die folgenden Insekten werden behandelt:

p. 157. Nr. 51. Ballut', Quercus, Eiche. Die Eicheln heißen bei den Römern
Labasa. Sie sollen die Frucht des Gall-Apfelbaums sein. Ich habe gehört, daß
der Gall-Apfelbaum ein Jahr Eicheln trägt, das andere Jahr Gall-Äpfel. Sie
sehen wie trockene Datteln aus Sistan (eine Provinz Persiens) aus; ihre Farbe
ist gelb, sie fühlen sich weich an. ... [Plinius!]

p. 182. Nr. 125. Garad [Schistocerca gregaria], Wander-Heuschrecke,
Diese Heuschrecken, persisch auch malach genannt, sind (machen) heiß und
trocken und nützen beim Skorpion-Stich, wenn man sie getrocknet ißt. Sie sind
bei Haemorrhoiden und Harnzwang von Nutzen, wenn man sich damit räuchert,
besonders bei Haemorrhoidal-Beschwerden der Frauen. [cf. Damiri!]

p. 207. Nr. 265. Dud il qirmiz [Kermes], Vermis tinctorum. Der rote
Wurm ist (macht) heiß und mäßig wirkend, besitzt übermäßige Feuchtigkeit.
Seine Wirkung ist die der Cerussa, nur verdünnender als dieselbe. Er kann
durch diese Eigenschaft in die inneren Organe dringen. ....

p. 207. Nr. 269. Dhararih Cantharide, Spanische Fliege. Die Canthariden
sind heiß und trocken am Ende des zweiten Grades, scharf und tödlich. Sie
nutzen bei Krätze und Jucken, töten die Läuse und sind bei Alphos von Nutzen,
wenn man sie mit Essig auf die erkrankte Stelle appliziert. Man tut gewöhnlich
etwas davon zu den diuretisch wirkenden Mitteln, um sie in die Harn-Blase gelangen zu lassen; die stärkere Dosis davon erzeugt Geschwüre in der Blase
und Haematurie, die gelegentlich zum Tode führen kann. Sie treiben die tote
Frucht ab und äußern schädlichen Einfluß besonders in der Blase. Zur Correction
kann Astragalus gebraucht werden.

p. 208. Nr. 271. Dhubab Musca, Fliege. Nufal sagt, daß die Fliegen das
Ausfallen der Wimpern verhindern; wenn man sie verbrennt und auf die von
Alopecie betroffene Stelle appliziert, so befördern sie den Haarwuchs. Wenn
man sie stößt, und nachdem man die Augenbrauen vorher mit Oliven-Öl beölt
hat, auf dieselben bringt oder das Fett von verbrannten Fliegen dazu benutzt, so

färben sich die Augenbrauen schön. Auch nutzen sie gegen Augenleiden, wenn man diese damit behandelt. Die Hunds-Fliegen sind besser dazu geeignet. Das Blut von den letzteren entfernt die überzähligen Wimperhaare. [Genau so Damiri!]

p. 234. Nr. 399. 'A f s Gallae, Gall-Äpfel, persisch M a z u. Die Gall-Äpfel wirken erwärmend und trocknend im zweiten Grade und stark adstringierend . .

(p. 272. Nr. 520. M a n n, Manna. Sie wird aus Syrien aus der Umgebung von Schahrsur gebracht. Sie ähnelt dem Ros melleus den Eigenschaften nach, erweicht die Brust, nutzt gegen Husten und beseitigt Kolik-Schmerzen. Sie ist (macht) heiß und trocken im ersten Grade.)

Ebenfalls Perser ist der nächste Mann, der hier Erwähnung verdient und einer älteren Epoche angehört: A b u H' a n i f a a d - D a i n u r i (Henifat, Dinawari). Von seinem Leben ist wenig bekannt. Er starb ca. 895. Sein „Buch der Pflanzen" ist verloren gegangen, aber in zahlreichen Zitaten (z. B. bei Ibn al-Awwam, ibn al-Baithar etc.) erhalten geblieben. Vereinzelt finden sich dabei auch Insekten-Beschreibungen, von denen hier nur einige angeführt seien:

Al-asru, al-usru, al-jasru, al-jusru' ist ein kleines Tier; eine Spanne ist länger als dieses Tier. Es ist prächtig geschmückt mit gelb, rot, grün und mit allen anderen Farben. Man sieht es nur auf grünen Pflanzen. Es hat kurze Beine. Es fressen es die Hunde, die Wölfe und die Vögel. Tritt es in großen Mengen auf, so richtet es das Gemüse zugrunde. Es frißt nämlich deren Spitzen ab. [Ob Pieris? ?, vielleicht Acherontia atropos oder eine andere Sphingide.]

A s - s u r f a. Ein kleines, das einem Wurm gleicht; seine Farbe geht ins Schwarze. Solange es in der Sand-Pflanze lebt (humd?), baut es sich ein viereckiges Haus aus Hölzern, deren Enden verbindet es durch ein dem Spinnen-Gewebe ähnliches Gebilde. Man sagt, es sei ein Wurm, der einem Finger gleicht; er ist stark behaart und weiß punktiert. Er frißt die Blätter der Bäume, bis er sie kahl gefressen hat. Man sagt auch, er sei ein kleines Tier, so leicht wie eine Spinne. Man sagt auch, es sei ein kleines Tier wie eine halbe Linse, das die Bäume anbohrt. Dann baut es sich ein Haus aus Holz-Stückchen, die es durch eine Art Spinnfäden zusammenhält.

Man hat das Sprichwort: Geschickter als eine surfa. Man sagt, es sei ein sehr kleines Kriechtier. Sie macht sich an das Holz und höhlt es aus, dann legt es ein Stück Holz auf das andere und spinnt um sie ein Spinnen-Netz. [Amicta quadrangularis und verwandte Arten.]

VI. Abu Hanifa sagt: Von der Stechfliege [scha 'ra'] gibt es zwei Arten, nämlich eine des Hundes, die bekannt ist, und eine des Kamels. Was die Stechfliege des Hundes betrifft, so ist sie bläulich und befällt nur den Hund. Die Stechfliege des Kamels dagegen neigt zum Gelblichen, ist stärker als die des Hundes und ist geflügelt. Unter den Flügeln ist sie schwarz und weiß gescheckt. Ferner sagt er: Oft finden sich diese Fliegen auf dem Vieh in solcher Menge, daß die Kamel-Treiber nicht im stande sind, am Tage zu melken und in diesem Zustande auf keinem der Tiere reiten können, so daß sie dies bis zur Nacht verschieben müssen. Das Insekt sticht die Kamele an den weichen Teilen des Euters und an den benachbarten Stellen, ebenso unter dem Schwanz, dem Bauch und den Achselhöhlen. Man kann sich vor den Tieren in diesem Falle nur durch Teer schützen. Wenn sie auf die Kamele losfliegen, so hört man ihr Summen.

Von Interesse ist noch eine kleine Reihe von Futter-Pflanzen, die besonders geeignet für Bienen sind, die sich mit denen der alten Autoren decken.

Auch der dritte der großen Ärzte dieser Zeit A r - R a z i (851—923; Rhazes), in dessen zahlreichen medizinischen Kompendien sich manche gelegentliche Bemerkungen über Insekten (meist als Simplicia) finden, ist Perser.

Von Botanikern ist ferner noch I b n a l - B a i t h a r zu nennen. Geboren 1197 in Malaga, genoß er den Unterricht der drei größten Botaniker der arabischen Schule (Abu'l Abbas an-Nabati, Ibn al-Haggag und 'Abd 'allah b. Salih). Im Jahre 1219 begab er sich nach dem Osten auf die Wanderschaft, bekleidete in Ägypten die hohe Stelle eines Inspektors aller Ärzte und starb 1248 in Damaskus. Auch sein Tractatus de simplicibus ist eine großartige, alphabetisch geordnete Enzyklopädie der arabischen Botanik resp. Arzneimittel-Lehre. Hauptsächlich auf Dioskorides und Galen fußend, die völlig exzerpiert wurden, sind 150 Autoren, darunter viele der ins Arabische übersetzten persischen, syrischen und indischen Autoren, zitiert. Gegenüber Dioskorides kennt Ibn al-Baithar 200 neue Pflanzen. Fraglos ist dies Werk von Dioskorides bis zur Renaissance das bedeutendste Handbuch der Botanik und dies, trotzdem der Verfasser nur in den seltensten Fällen das Wort selbst ergreift und im allgemeinen nur Zitat an Zitat reiht. Von den 2324 Nummern sind etwa $1/3$ Synonyme. Neben den Pflanzen sind eine Reihe Öle, Hölzer, Mineralien und Tiere behandelt. Der entomologische Teil ist kurz:

Nr. 8. I b r i c e m [K o k o n d e r S e i d e n r a u p e]. Ein von den Arabern pulverisiert und verbrannt erfundenes, zur Stärkung viel gebrauchtes Medikament. (Avicenna.)

Nr. 361. b a n a t w a r d a n [S c h a b e n]. Dioskur, Avicenna und Scharif empfehlen sie pulverisiert oder in Öl zerrieben gegen Bein-Geschwüre, Ohren-Schmerzen, Frauen-Krankheiten und Nieren-Störungen.

Nr. 562. H o b a h e b [L e u c h t k ä f e r]. Der Leuchtkäfer hat Flügel wie eine Fliege und leuchtet während der Nacht. Mit Rosen-Öl zerrieben und ins Ohr geträufelt, soll er Eiterungen der Ohren heilen. Nach Massih ibn al-Hakam ähnelt er den Canthariden, aber ist aktiver und (macht) heißer.

Nr. 657. H a s i r [S e i d e]. Nach Ibn Massah durchbohrt der Seidenwurm, nachdem er den Kokon um seinen Körper gesponnen hat, diesen sofort und entweicht. Dann sammelt man die Seide und den Kokon. Wenn man ihn an der Sonne läßt, bis der Wurm stirbt, ist die Seide fertig.

Nr. 827. C h u n f a s a' [K ä f e r, s p e z i e l l g r o ß e T e n e b r i o n i d e n] werden von ar-Razi, Ibn Zuhr, Scharif u. a. gegen viele Krankheiten verwandt.

Nr. 971. D u d a l - q i r m i z.

Nr. 973. D u d a s - s a b b a g i n (= Wurm der Färber) qirmiz cf. Nr. 1756.

Nr. 972. D u d a l - b a q l [G e m ü s e r a u p e n = Kampai des Dioskorides].

Nr. 976. D u d a l - h a s i r [S e i d e n r a u p e]. Nach Scharif ist dies ein Wurm, der aus kleinen Samen von der Form des Henna-Korns entsteht, die von einem andern Wurm gelegt sind. Man sammelt diese im Mai. Man legt sie dann in sauberes Leinen, die eine Frau, die sich zuvor gewaschen, geschmückt und Unterkleider angelegt hat, zwischen ihren Kleidern aufhängt. Hier schlummern sie 20 Tage, bis man sie in einem Zimmer, vor Luftzug und Licht geschützt, niederlegt. Sobald die Frau einige sich bewegende Würmer sieht, legt sie sie auf die Blätter des Maulbeerbaums und tut sie zur Seite. Den Rest hält sie bei sich, bis alles sich zu bewegen anfängt. Dann nimmt sie einen nach dem andern und legt sie auf Maulbeerblätter. Man zieht sie dann auf Halfa-Gestellen, die mit Kuh-Mist eingefaßt sind, auf, bis der Kokon gebildet wird, den der

Wurm sich baut und in dem er stirbt. Wenn die Seide abgehaspelt ist, gibt man den vertrockneten Wurm den Hühnern als Mast-Futter. Ein getrockneter Wurm, in einem scharlachfarbenen Tuch getragen, heilt Fieberkranke. Als getrocknetes Pulver ist er in Getränken gut zur Erreichung eines schönen Teints und von Körperfülle.

Nr. 994. D h u b a b [F l i e g e]. Es gibt verschiedene Arten nach Ibn Zuhr: die Kamel-, Kuh- und die Löwen-Fliege. Sie entstehen aus kleinen Würmern, die aus den Körpern dieser Tiere herauskommen. Die Haus-Fliege entsteht aus dem Kot. Wenn man von einer großen Fliege den Kopf abschneidet, den Körper zerreibt und dann auf Wespen-Stiche und Geschwüre legt, so heilen diese sofort.

Nr. 995. D h a r a r i h [K a n t h a r i d e n]. Nach Dioskorides, al-Gafaki, Scharif, Ibn Massanih, al-Chuz, Avicenna u. a. ein sehr beliebtes und gebrauchtes Mittel. (cf. Dioskorides.)

Nr. 1144. Z i r [Z i k a d e]. Verwendung nach Dioskorides und Galen.

Nr. 1396. S a r s a r [G r i l l e]. Verwendung wie Nr. 361.

Nr. 1682. F a s a f i s [W a n z e n]. Die Wanzen der Wände und Betten. Verwendung cf. Dioskorides.

Nr. 1756. Q i r m i z [K e r m e s s p e c.] Nach Scharif ist Qirmiz der Name eines Tieres, das sich an Eichen-Blättern findet. Es besitzt eine Drüse, die bitter ist und niemals süß wird. Die Drüse bleibt auf den Eichen-Blättern, bis sie unter einer linsenförmigen Masse glänzend rot wird. Dies geschieht im Mai. Wenn man dann nicht erntet, entwickelt sich daraus ein Insekt und es bleibt nichts zurück. Wenn diese Körner rot sind, heißen sie Kermes. Stoffe tierischer Herkunft, wie Wolle und Seide, lassen sich mit ihnen färben, aber nicht Leinen und Baumwoll-Stoffe.

Einige unserer Weisen sagen, der Qirmiz sei ein Tier, das sich auf dornigen Pflanzen und einem Strauch mit zahlreichen, dünnen Ästen findet. Das Tier ist linsenförmig, zuerst ganz klein und wächst dann langsam zur Größe einer Kicher-Erbse heran. Im Innern enthält es eine blutfarbene Masse und an der Oberseite des Kernes sitzen zahlreiche kleine Tierchen. Wenn das Korn reif ist, öffnet es sich und läßt diese Tiere entweichen, die sich über den Baum und in die Körner verbreiten.

Diejenigen, die bis zum nächsten Jahr leben, legen solche Körner, die den Samen des Seidenwurms ähnlich sehen und zwar im Monat März. Sie wachsen dann bis zum Mai. Dies ist die Zeit, in der das Korn sich öffnet. Die Qirmiz-händler zerreiben sie dann und mischen die wässrigen, blutroten und anderen Teile gut miteinander. Aus den unversehrten Körnern brechen im Pfingst-Monat die kleinen Tiere hervor. Dies Tier ist rot und einer Linse ähnlich. Es bewegt sich in der Nähe des Kornes und stirbt hier. Sein Gewicht nimmt bis zum Juni ab, aber es behält seine Form auch beim Älterwerden bei. Er ist dann besser geeignet zum Färben. Er entwickelt sich auf einer Eichen-Art, von der es Männer und Frauen sammeln. Er heißt Coccus.

D i o s k o r i d e s IV, 48: Dies ist ein Strauch mit zahlreichen dünnen Ästen, den man viel zum Feueranzünden verwendet. Dort wächst ein linsenförmiges Tier, das man sammelt und aufbewahrt. Die beste Sorte kommt von Klein-Asien und Cilicien, aber besonders aus Spanien.

G a l e n VII (Medizinische Verwendung).

S c h a r i f: Der Qirmiz ist (macht) heiß und trocken im dritten Grade. Eine seiner Eigenschaften ist, daß die Regeln der Frauen ausbleiben, wenn sie sieben

Tage lang zwei Drachmen [= Gewicht] Qirmiz mit Honig vermischt nehmen;
wenn sie aber Qirmiz in Essig nehmen, so verlieren sie die Fähigkeit zu empfangen. Wenn ein Fieber-Kranker ein Qirmiz-Korn an einen Seidenfaden bei
sich trägt, so wird er geheilt. Das ist eine Erfahrungs-Tatsache.

d) Entomologisches aus der Literatur über Landwirtschaft.

Schon in der Frühzeit der Übersetzungen haben wir die arabische Übersetzung der Agricultura Nabathaea von Abu Bakr b. Wahaschi (Wahaschija) erwähnt. Das Werk und seine Übersetzungen sind verloren gegangen, aber in
dem „Buch der Landwirtschaft" des 'Abu Zakarya' Jahja I b n a l - A w w a m
finden sich oft spaltenlange Zitate derselben. Al-Awwam hat wahrscheinlich
in der zweiten Hälfte des 12. Jahrhunderts in Spanien gelebt und ist 1802 in
Madrid spanisch und arabisch erschienen. Seine Darstellung der Schad-Insekten
ist recht interessant. Sie zeigt zur Genüge, daß außer Talismanen auch eine
Reihe anderer Bekämpfungs-Maßnahmen in Gebrauch waren. Die Hauptrolle
spielt dabei: Düngen, Bewässern und Räuchern. Die Aufzählung wirkt ungeheuer monoton. Auch bei diesem Werk handelt es sich im wesentlichen um
eine Enzyklopädie. Zitate finden sich neben Zitaten. Die Kenntnis der Schad-
Insekten ist eine weit bessere als in der europäischen gleichaltrigen Literatur.
Das Kapitel über Bienenzucht kennt als einzige, stets zitierte Autorität den
Aristoteles, der seitenlang exzerpiert wird.

„XIV. Von der Heilung der Bäume, einiger bewässerter und unbewässerter
Gemüse nach dem Buch des Ibn-Haggag.33)

Von den Würmern, Ameisen und Insekten, die unter dem Namen Bohrer
bekannt sind, und von Käfern sagt Ruzami in der Agricultura Nabataea: Von
den Kriechtieren, die in den Weinstöcken leben, gibt es drei Arten. Die einen
sind den Würmern der unbewässerten Gemüse ähnlich. Nur ist der Mund
und ihre ganze Gestalt größer und ihre Farbe ist grün mit Flecken von gelber
oder ähnlicher Farbe. Sie bohren in den jüngsten und weichsten Trieben der
Weinstöcke. Die anderen fressen weder die Weintrauben noch die anderen
Teile des Stockes außer den Traubenstengeln. Es gibt unter ihnen solche von
verschiedenen Farben: ganz weiße, zwischen weiß und schwarz, einige mit
kleinen roten Punkten an den beiden Seiten, auch solche zwischen weiß und
grau. Von den letzteren sind die zu unterscheiden, welche Weintrauben und
die Äste des Weinstocks fressen. Sie haben einen kleineren und dünneren
Körper und besitzen ein Schwänzchen, das eine riechende Flüssigkeit enthält.

Die der dritten Art sind seltener, noch größer, erdfarben mit rotem An-
hauch. Um diese drei Arten Würmer zu töten, nimmt man Kolloquinte, eine
Euphorbiacee (perdo) und kleine Gurken, alle gut getrocknet und pulverisiert;
sie werden dann in Wasser, Essig und Salz so lange gekocht, bis das Wasser
ganz verdunstet ist. Dann gibt man wieder Wasser, Essig und Salz dazu und
kocht bis zur Verdunstung und ebenso ein drittes Mal. Danach ist die Masse
noch nicht ganz gelöst; man gibt das vierte Mal Wasser hinzu und kocht es, bis
alles ganz gelöst ist. Nach der Verdunstung bleibt ein honigartiges Medikament.
Wenn man den Stamm des Weinstockes damit beschmiert, verbreitet sich die
Wirkung auf den ganzen Weinstock, und die drei erwähnten Arten von Würmern werden vertrieben.

Wenn man zu dem Medikament 1/4 Teer gibt und die Stämme damit beschmiert, erhält man die gleiche Wirkung: die Ameisen, die Käfer und alle
anderen Kriechtiere, die die Weinstöcke schädigen, werden vertrieben. Wenn

man um jeden Weinstock 3 oder 4 Sträucher Euphorbia pflanzt, werden von ihnen alle Kriechtiere, Vögel, Würmer und anderen Insekten vertrieben. In der Agricultura Nabaethaea wird ein Rezept von Adam zum Vertreiben und Vernichten der Ameisen erwähnt. Es soll Origan, Raute und Schwefel gemischt, gut zermahlen und um die Ameisen-Nester gestreut werden. Die Ameisen verschwinden gänzlich, weil der Geruch für alle Insekten, Ameisen und Kriechtiere tötlich ist. .....

Casio behauptet, daß man die Insekten vertreibt, indem man den Fuß des Stammes freilegt und eine Lauge von in Wasser ausgelaugten Oliven-Blättern hineingießt. Kastos meint, dies sei auch ein guter Dünger.

Kastos sagt, daß menschlicher Harn gut für Apfelbäume ist. Er sagt noch, man solle die Apfelbäume mit altem Dattel-Wein, der mit trockenen Feigen und Ziegen-Exkrementen vermischt ist, bewässern: damit bewahre man ihre Früchte vor Würmern und das Obst werde rot und dick. Die Wurzeln der Apfel- und Birnbäume, die von Würmern befallen sind, sollen freigelegt, mit menschlichem Harn und Exkrementen gedüngt und gegen Sonnen-Untergang des siebenten Tages mit einer großen Menge Süßwassers bewässert werden. Wenn der Stamm von roten Insekten und die Zweige und Blüten von Spinnen, die ihre Netze spinnen, befallen werden, soll das alles abgesammelt, die Wurzeln des Baumes vorsichtig freigelegt, mit Asche bedeckt, wieder zugeschüttet und dann oft bewässert werden. Der Baum wird wieder grün und das Obst vermehrt sich...

Die Agricultura Nabathaea sagt, daß der Brustbeeren-Baum (naba) gelegentlich von Massen von Würmern befallen wird. Diese Würmer sind wie kleine weiße Läuse. Sie nagen das Grüne des Blattes ab und es bleibt nur eine weiße dünne Haut. Wenn man den Stamm mit zerschmolzenem Pech beschmiert, dann befallen diese Würmer den Baum nicht. Es ist auch gut, mit einer Mischung von Oliven-Öl mit heißem Wasser aus dem Munde zu spritzen und Montag und Dienstag früh den Baum mit derselben Mischung innerhalb 14 Tagen zu bewässern. Der Baum bekommt dann seine Blätter zurück. ...

Wenn der Feigenbaum von Würmern befallen wird, soll man in der Rinde mit einem goldenen Instrument Kerben machen und zwischen den Kerben die Bilder der Würmer einkerben. Um das Wurmigwerden der Früchte zu verhindern, legt man die Wurzeln frei, gibt eine Schicht Asche darauf und schüttet wieder zu. Um die Früchte von Würmern zu befreien, gräbt man eine Grube neben dem Baum und füllt sie mit 2—4 Körbchen einer Mischung aus einem Teil Tauben-Mist, einem Teil Salz, zwei Teilen Menschen-Kot und zwei Teilen guter Erde; im Sommer soll auch bewässert werden.

Macario sagt, daß der Baum, dessen entblößter Stamm und Wurzeln mit Tauben-Exkrementen bedeckt sind, sicher vor Befall durch Würmer ist. Andere behaupten, daß ein befallener Baum am Wurzelhals einen tiefen Einschnitt erhalten soll, der mit Salz gefüllt wird. Diese Operation soll im Januar vollzogen werden. Gegen das Insekt, das kalb (Hund) genannt wird, das lang und grün ist und den Baum äußerlich schädigt, sowie gegen die, welche in seinem Innern nagen, soll man nach Kastos eine Mischung gleicher Teile von Pech und Schwefel auf Glut räuchern. Die Insekten sterben sofort, wenn sie den Rauch fühlen. Die ersten (kalb) werden sich keinem Baum nähern, der mit Feigenbaum-Asche gedüngt war. Auf Bäumen und Gemüsen kommen Insekten vor, die denen ähnlich sind, welche sich in Menschen- und schwarzen Tauben-Exkrementen finden: es gibt auch unter ihnen gelbe und goldfarbige und solche wie Erd-Insekten. Gegen diese Insekten soll ein Graben rund um den Baum herum ausgehoben werden, bis die Wurzeln freigelegt sind, dann soll man eine

Mischung von schwarzen Tauben- mit gebrannten Menschen-Exkrementen, $\frac{1}{6}$
Salz und Erde hineinschütten. Auch das Räuchern von Pech mit Schwefel
gemischt ist nützlich. Wenn man das Gemüse mit einer Mischung von verbranntem Tauben- und Menschen-Kot düngt, so tötet man die Insekten mit
Gottes Hilfe. Vor der Saat soll man die Erde mit gut verfaultem Tauben-
und Menschen-Kot düngen und bewässern. Nach der Agricultura Nabathaea
wird der Kohl in den Saat-Beeten und auf dem Felde von verschiedenen Schädlingen befallen. An seinen oberen Teilen erscheinen Insekten wie Moskiten,
Blattläuse, Eidechsen und Läuse. Gegen diese Insekten und Moskiten räuchere
man mit Wein und Schwefel. Man soll die Räucherung in der Mitte des Saat-
Beetes vornehmen, damit sich der Rauch auf alle Pflanzen ausdehnt. .... Es
ist auch gut, gegen diese Insekten mit Wein-Rückständen zu räuchern. Oliven-
Saft, der vor dem Pressen abgeträufelt ist, mit Kuh-Galle gemischt und auf
die Pflanzen gesprengt, tötet die Eidechsen, großen Würmer und alle übrigen
Insekten. ....

Um das Feld von den kleinen Heuschrecken (oder Erd-Insekten) zu befreien, soll man auf drei seiner Seiten Senf säen. Die Insekten sterben von dem
Geruch. Andere behaupten, daß die Mücken und Blattläuse, die die Früchte
und das Gemüse befallen, sterben, wenn man die Pflanzen mit der folgenden
Mischung bespritzt: mit Schierling, der in Wasser 24 Stunden ausgelaugt hat,
und mit starkem sauren Essig. ... Abu al-G'air sagt, daß man, um den Baum
vor Ameisen zu bewahren, einen Teil der Rinde des Feigenbaumes mit einem
Knochen oder einem glatten Stein gut glätten soll. Der obere und der untere
Teil der so gewonnenen glatten Fläche wird mit in Wasser gelöstem roten
Oker beschmiert. Die Ameise soll sich dem Baum nicht nähern. Ebenso, wenn
man den Stamm mit einer Mischung von Schmiere mit menschlichem Kot beschmiert. Diese Mischung ist auch gut, um die Wunde einer Pflanze zu heilen.
Man soll auch die von Ameisen befallene Stelle mit Kolloquintenwurzeln (tucra)
räuchern; alle Ameisen werden dann vernichtet.

Nach Kastos verschwinden die Ameisen, Heuschrecken und Skorpione,
wenn man sie mit Tieren derselben Art räuchert. ... Wazeg und manche Landwirte schreiben: Wenn man „poleo" mit gut zermahlenem Schwefel an die Öffnungen der Ameisen-Nester und in die Schwärme der Wespen, Bienen und
Stechfliegen streut, werden diese Insekten vernichtet.

Es gibt eine Krankheit, die hauptsächlich die Pfirsich- und die Pflaumenbäume schädigt, mit dem Namen Bakarad. Die Blätter der Bäume schrumpfen
zusammen und kräuseln sich. Haj Granadino meint, die Krankheit kann durch
zwei Ursachen kommen. 1. Die eine Ursache ist das Vorhandensein vieler
Ameisen, die die Wurzeln und Knospen schädigen. Sie sind klein wie Atome
und haben einen schlechten Geruch. Sie sind wie eine schleimige, klebrige
Masse. Sie vergrößern sich bis zu einer gewissen Größe und die Wurzeln und
Knospen vertrocknen. 2. Zuviel Düngung mit Kot kann auch zu dieser Krankheit führen. ... Wenn sich solche Ameisen entwickeln, soll man zwischen dem
Stamm und dem Laub des Baumes eine Schale aus Pech oder Leim aufstellen
und mit Wasser füllen, damit die Ameisen nicht hinaufklettern und zu dem
oberen Teil des Baumes gelangen können. Ein anderes Mittel ist, Knochen von
wilden Tauben mit Honig zu beschmieren und rund um den Baum zu legen. Die
Ameisen bleiben dann an den Knochen kleben. Dann sollen die Knochen weit
von dem Baum ins Wasser geworfen werden, damit die Ameisen nicht zurückkommen. Diese Operation soll man mehrere Male wiederholen. Man soll nicht
vergessen, die Zweige, auf denen sie sich befinden, mit Wasser, in dem Absinth

24 Stunden ausgelaugt hat, zu bespritzen. Die Ameisen werden verschwinden...
Man soll, sobald die Krankheit entdeckt ist, Steine um den Stamm herum auf-
häufen, dann werden diese kleinen Ameisen ganz verschwinden.

Nach der Agricultura Nabathaea sollen sich die Ameisen einem Gefäß mit
Honig oder etwas anderem, das sie gern haben, nicht nähern, wenn man das
Gefäß mit weißer lockerer Schafswolle bedeckt. Susado meint: Wenn man
einen Magnetstein auf den Eingang des Ameisen-Nestes legt, werden die Ameisen
nicht herauskommen, sondern in die Tiefe gehen. Sie sollen sich auch einem
Getreidehaufen nicht nähern, wenn sich ein Magnetstein darauf befindet. Eine
tote Fledermaus hat die gleiche Wirkung. ...

XXIII. Über das Säen der Gemüse in den Gärten, ihre Pflege und die
Heilung ihrer Krankheiten. ....

Wie man einige Gemüse vor Würmern, Blattläusen und Ameisen behütet.

Kastos glaubt, daß Gemüse und Bäume nach dreitägiger Bewässerung
mit Wasser, in dem Brustbeerbaum-Asche ausgelaugt war, frei von den großen
grünen Raupen werde. Man sagt auch, daß die Asche die Würmer verjagt,
und wenn man die Asche von Feigen- oder Ölbäumen streut, sterben sie alle.
Die Würmer verschwinden vom Kürbis, wenn in das Bewässerungs-Wasser
Asa foetida, in einen Lappen gebunden, eingetaucht wird. Dieselbe Wirkung
erhält man, wenn man den Eingang der Bewässerungs-Kanäle mit Teer beschmiert, weil sie dann den Geschmack des Wassers nicht vertragen. Wenn
man mit den Gemüse- gewisse Pflanzen-Samen mischt, werden ihre Blattläuse
vernichtet. Kastos sagt, wer sein Gemüse von Schädlingen frei halten will,
soll die Samen vor der Saat 24 Stunden zusammen mit Kapern auslaugen. Wenn
man das Gemüse mit Weinstock-Holz, Hirschhorn, Bockhufen oder Lilien-
wurzeln (eines von diesen Mitteln, was man gerade zur Hand hat) räuchert.
so wird es kein Wurm und kein Insekt beschädigen. ... Das Buch von Abu
'Abd' allah Ibn al-Fasil handelt von manchen Mitteln gegen die Krankheiten der
Gemüse-Gärten. Die Gemüse, deren Samen vor der Saat in Saft von Hauswurz (Sempervivum) gelaugt war, sind mit Gottes Hilfe vor aller Beschädigung
durch Vögel, Ameisen und Würmer bewahrt. Kein Insekt wird die Pflanze
schädigen, deren Samen vor der Saat im Saft von kleinen Gurken oder in
Wasser, in dem die Wurzeln dieser Pflanze gekocht waren, laugten. ....

XXIII.   Talismane.

Noch ein Talisman gegen die Vögel und Wespen, die am Obst fressen,
gegen die Insekten und das Vieh, die die Bäume und das Getreide beschädigen.

Man soll ein Schilfrohr mit seiner Wurzel nehmen, eine gleiche Menge
Wurzeln des Kappern-Strauchs gut zermahlen und mit gleicher Menge Erde aus
dem Friedhof mischen und mit Kamelhaaren kneten. Von der so erhaltenen
Masse mache man Figuren von Vögeln mit ausgebreiteten Flügeln und lasse sie
an der Sonne trocknen. Diese Figuren soll man in der Form eines Kreuzes auf
Stöcke tun, überall in den Feldern und Gärten aufstellen und auch auf die
Bäume und Weinstöcke hängen. Sie vertreiben die Vögel und Wespen, die das
Obst anzufressen suchen.

Sagrit behauptet, daß, wenn man ein Schilfrohr an Bäumen und Weinstöcken
aufhängt, alle Schädlinge wie Vögel, Wespen und Vieh verschwinden. Dies ist
durch die Erfahrung bestätigt.

Andere Verfasser behaupten, daß die Vögel sich den Fruchtbäumen nicht
nähern, wenn an ihnen Knoblauch-Bündel hängen oder dieselben von allen vier
Seiten mit zerriebenem Knoblauch beschmiert sind.

Ein Räuchermittel, um die Insekten aus den Weingärten zu vertreiben, die eine Zwischenform zwischen Heuschrecken und Hausgrillen sind und durch Befressen der Weintrauben schädlich sind [Ephippiger sp.]:

Man fange eine große Menge dieser Insekten, verreibe sie und räuchere mit einer Masse, die kein Exkrement ist. Die überlebenden von diesen Insekten werden davonlaufen oder sogar sterben, wenn sie klein sind. Diese Tiere laufen auch beim Geruch von gerösteten Heuschrecken davon.

Noch ein Räuchermittel, um die Würmer und die Schaben der Mühlen zu vernichten. Die Agricultura Nabathaea sagt, daß die obengenannten Tiere durch Räuchern von Polygonum hydropipum (agno = roter Pfeffer) vertrieben werden. Das Räuchern derselben Körner mit Schwefel tötet den Maulwurf [oder Blindmoll?]. Man sagt, daß alle Tiere vor dem Räuchern von Kohl mit Stroh davonlaufen."

e) Entomologisches aus der geographischen und kosmographischen Literatur.

Aus den zahlreichen arabischen Reisewerken ist für die Entomologie nicht soviel zu holen wie für die Kenntnis höherer Tiere. Als einzige Stelle könnte ich eine Notiz aus Debil aus dem „Buch der Länder" des A b u I s h a q a l - F a r s i a l - I s t a c h r i (ca. 950) anführen: „Man fertigt dort Kermes. Ich habe gehört, daß es ein Wurm ist, der sich einspinnt wie der Seidenwurm."

Aber in den zahlreichen Kosmographien finden sich gelegentlich ausführliche Zitate über Insekten. Es seien hier einige Stellen aus a l - Q a z w i n i (Kaswini) „Denkwürdigkeiten der Schöpfung und der Geschöpfe" (gestorben 1283) in der Übersetzung von Wiedemann angeführt. Qazwini ist ebenfalls als Kompilator zu betrachten, die Lust zu fabulieren ist bei ihm oft sehr stark. Aber auch eigene klare Gedanken und Vorstellungen finden sich in dem Werke. Bei al-Qazwini gehören zu den Insekten und Kriechtieren: Igel, Maus, Stinktier; Eidechsen, Waran, Chamäleon, Schlangen, Schildkröte; Stechfliege, spanische Fliege, gewöhnliche Fliege, Wespe, Biene, Zecke; Ameise, Schmetterling, Seidenraupe, Mistkäfer, Wanze, Laus, Heuschrecke, Grille; Spinne, Skorpion, Tarantel; Schnecke, Bohrwurm, Regenwurm. (Alphabetisch geordnet.) Die folgende Übersetzung stammt von E. Wiedemann (1916) Qazwini 2—12.

7. Gattung: Über die Insekten und Kriechtiere (al-hawamm w'al hascharat). Die Arten dieser Tiergattung kann der Mensch bei ihrer großen Zahl nicht übersehen.

Ein Qorân-Erklärer pflegte zu sagen: Wer die Richtigkeit des Wortes Gottes erkennen will: „er erschafft, was ihr nicht kennt" (XVI, 8), der möge nachts ein Feuer in der Mitte eines Dickichtes anzünden und dann all das, was an Insekten usw. zu dem Feuer herankommt, beobachten. Er sieht dann solche wunderbaren Formen und eigenartigen Gestalten, wie er nie geglaubt hätte, daß Gott etwas derartiges geschaffen hätte. Denn die Geschöpfe, die zu seinem Feuer herankommen, unterscheiden sich je nach den Stellen der Dickichte, der Berge, der Ebenen und der Wüsten. An jedem dieser Orte kommen andere Geschöpfe vor als an jedem anderen.

Es gibt nun Leute, die fragen: Was ist der Nutzen dieser Tiere bei dem vielen Schaden, den sie anrichten? Diese Leute beachten nicht, daß Gott für das Wohl des Ganzen sorgt. Es verhält sich damit, wie mit dem Regen, der den Ländern und den Menschen Nutzen bringt, wenn er auch die Ursache für den Zusammensturz der Häuser der alten Weiber ist. Ebenso verhält es sich mit der Schöpfung der Kriechtiere. Gott erschafft sie aus verdorbenen Stoffen und vorhandenen verwesenden Gegenständen, damit die Luft von diesen gereinigt wird und sie nicht verdirbt. Letztere ist die Ursache für das Auftreten von Seuchen und dafür, daß die Tiere und Pflanzen zugrunde gehen. Er erschafft die Insekten, obgleich damit für uns ihr Stich verbunden ist. Ein Beweis hierfür ist, daß die Fliegen, Würmer und Mistkäfer sich in den Läden der Fleischer und Konditoren vorfinden, nicht aber in denen der Samen-Händler und Schmiede. Die göttliche Weisheit bestimmte, daß die Tiere aus den verwesenden Substanzen entstehen, um diese einzusaugen und zu verzehren, so daß dadurch die Luft von ihnen gereinigt und frei von Seuchen werde.

Fig. 45.
Garad, die Wanderheuschrecke. (Aus dem Münchener Kodex von al-Qazwini: wahrscheinlicher Ursprung der Illustrationen noch zu Lebzeiten und vielleicht unter Überwachung al-Qazwini's.)

Gott bestimmte ferner, daß die kleinen Tiere den großen als Nahrung dienen sollten, da sonst die Oberfläche der Erde von ihnen erfüllt würde. In Gottes Reich gibt es keine Stäubchen, an denen sich nicht unzählige Zeichen seiner Weisheit fänden. ...

Wunderbar ist ferner, daß diese Tiere sich im Winter verschieden verhalten; es gibt solche, die von der Kälte sterben wie die Würmer (dud), die Fliegen (baqq) und die Flöhe. Andere verbergen sich in den Wintermonaten in der Tiefe der Erde, ohne etwas zu fressen, wie die Schlangen und Skorpione, noch andere sammeln für den Winter Vorräte wie die Ameise und die Biene, die ohne Nahrung nicht leben können.

Wir wollen das, was mit dem einen oder anderen Tier dieser Tiergattung zusammenhängt, besprechen und zwar geordnet nach dem Alphabet. So Gott will.

1. Die T e r m i t e ('arada) ist ein kleiner weißer Wurm, der über sich ein Gewölbe baut, ähnlich einem unterirdischen Keller, und zwar aus Furcht vor seinen Feinden wie der Ameise und anderen. Nach einem Jahr wachsen ihm

zwei lange Flügel, mit denen er fliegt. Er ist es, der die Teufel auf den [bevorstehenden] Tod Salomos hinwies, indem er dessen Stab auffraß. Werden ihre Gewölbe zerstört, so versammeln sich alle, um sie wieder herzustellen; werden sie teilweise zerstört, so sammeln sich alle, um die entstandenen Löcher wieder auszubessern und sie so schnell wie möglich wieder herzustellen. Die Termite hat zwei scharfe Lippen, mit denen sie Holz, Ziegel und Steine durchbohrt. Die Ameise ist ihr Feind, der sie überwindet. Sie ist kleiner als die Termite, greift sie von rückwärts an und schleppt sie in ihre Behausung. Würde die Ameise sie von vorn angreifen, könnte sie sie nicht überwältigen. Wachsen der Termite die Flügel, so dient sie den Sperlingen als reichliche Nahrung. Der Verfasser der Logik (Aristoteles) sagt, daß die Termite an den Häusern der Bauern großen Schaden anrichtet. Daher setzte Allah die Ameise über sie. — Man soll die Termiten mit Schwefel-Erzen (Zarnich) und Rinder-Mist vertreiben können.

3. Der F l o h (burghut) ...

Jahja b. Chalid soll gesagt haben, daß der Floh zu den Tieren gehört, die die Flugfähigkeit erlangen; er wird dann zur Wanze*), wie die Raupe bei erlangter Flugfähigkeit zum Schmetterling wird. ...

Fig. 46.
dhurahrah, die spanische Fliege. (Aus dem Münchener Kodex von al-Qazwini: wahrscheinlicher Ursprung der Illustrationen noch zu Lebzeiten und vielleicht unter Überwachung al-Qazwini's.)

4. Die M ü c k e (ba' ud) ...

Setzt sich die Mücke auf einen Gegenstand, so sieht man sie wegen dieser Kleinheit ihres ganzen Körpers nicht. Ein wie kleiner Bruchteil ihres Körpers ist aber ihr Kopf und ein wie kleiner Teil des Kopfes das Gehirn. Und doch schuf Gott in ihrem Gehirn die 5 inneren Kräfte. Sie besitzt den G e m e i n s i n n, denn sie geht auf ein Tier zu und nicht auf die Wand; sie besitzt die v o r s t e l l e n d e P h a n t a s i e (chajal), denn wenn sie von einem Glied vertrieben wird, kehrt sie zu ihm zurück, da sie weiß, daß es zur Nahrung geeignet ist; ferner den I n s t i n k t (wahm), denn wenn sie die Bewegung der Hand fühlt, so flieht sie, denn sie weiß, daß der Feind nach ihr hascht. Sie besitzt auch G e d ä c h t n i s k r a f t, denn wenn die Hand in Ruhe ist, kehrt sie zurück, denn sie weiß, daß der Feind fortgegangen ist. Sie besitzt auch p r a k t i s c h e V e r n u n f t, denn wenn sie ihren Rüssel eingebohrt und das Blut ausgesaugt hat, so flieht sie sogleich, denn sie weiß, daß dies Schmerz erregt, und daß nach ihr gehascht wird. Daher flieht sie eiligst...

6. Die H e u s c h r e c k e (garad) kommt in zwei Formen vor. Die eine, die hoch in der Luft fliegt, heißt der Reiter; die andere, springende Form heißt der

---

*) baqq = Wanze, kann auch Fliege heißen, was hier besser paßt.

ونطلى به القصيب فانه يقويه ويزيد في الماء خفنسا هو الدويبه السوداء التي يولد في الارواث
ذان اراد احدا التمته تعلى الزيت ونطلى به البواسير تذهبه واذا اكثرت خنفنا بنصفين واحدث الحيل
وعنسد نده داكتحيل برطوبتها يسرع من الرمد ويبرا سريعا
وتعلى بشئ من الادهان ويعطى في الاذن يبرئ الطرش والبعير
اذا ابلع الحنفنا في وسط علفه يموت يرحل الحنفنا في وسط
الروث كرثه جيا واذا طرحت خنفنا على على امان العراق
ترشها صنف له الجعل ودورا للزبل يمشى بها الى بيتها اذا تركها في وسط الورد شكت حتى تحيها ميته وبعد
دلك اذا تركها في وسط الروث تحرك وعادت الى حالها حكى ان رجلا راى خنفنا فقال ماذا يريد الله من
حلق وهذا احسن صورته ام طب يحنها ما سئل الله تعالى يترحمه عرج بجاحنها اجاد الاطباء فتركها يعالجها
حتى تموت يقال صوت طبيب الطبيب بناي في الدروب ام راحصان فقال لاله ماذا يصنع تخص طرفي يترحم
عبرعنها الاطباء الماهرون فقال احضره فان احصان لاصر بريه فاحصره فلما شاهد الفرحة قال على
خنفناه فامرتها ودر رماد دهاعليها فبرا تذكرا الرجل القول الذي استرق منه وقال ان الله تعالى اراد ان
يعرف في اخر الاشياء اعز الادوية ودابه المرقى دودا القر ودودا اشبخت من المعط املت بامصا
بين الاشجار والشوق مدت لعابها خيوطا وقامت ونسخت على نفسها كالمنازل كبيرلكون لها مزار في الجزر البرد والريح
والامطار وماتلى في وقت حلو من كل ذلك الهام من الله تعالى اما كنيه انساء في العنايه وهى انهم اول الربيع
عند طهور ورق التوث اخذوا البزرشدها في خرق وقدروا المراه تجعلها تحت
ثدى اليصير الهامران المدني الى اسبوع ثم يبرئ على شئ مع ورق التوث المقصص
بالمقاض يستمر البزر وياكل من ذلك الورق ثم لا ياكل بعد ذلك يلك الا باذن
ونبا لهاطع النومه الاولى ثم يرجع الى الاكل ياكل اشبوع عام بك
الاكلته ايام ونبال الطع النومه الثانيه وهكذا مره احرى يبا الطع النومه الثالثه وبعد ذلك يظهر لها الحلق
كثر المال الكبير واوسع في عمل النسلى يظهر عند ذلك على حسناى كنيز المكب يفاو تخرج هذا الدود ظرطبين
الطبيخ برطوبه المدان يشبه الدود ويخرج يرقد لها احنا ان يخطير ولا يحصل منها شئ لا بربر واذا اكت

Chunfusa der Mistkäfer (oben); dud al-qarr (statt dud al-qazz; unten).
(Aus dem Münchener Kodex von al-Qazwini; wahrscheinlicher Ursprung der Illustrationen
noch zu Lebzeiten und vielleicht unter Ueberwachung al-Qazwini's.)

Fußgänger. Wenn die Tage des Frühlings kommen, suchen die Heuschrecken eine gute, weiche Erde, lassen sich dort nieder und graben mit ihren Schwänzen ein Loch. In dieses legen sie ihre Eier ab und fliegen fort. Die Vögel und die Kälte richten sie zugrunde. Ist dann ihre Veränderung vollendet und das Frühjahr verflossen, so spalten sie das eingegrabene Ei und als kleine Kriechtiere erscheinen sie auf der Erd-Oberfläche.

Man sagt, jede Heuschrecke legt viele Eier. Schlüpfen sie aus den Eiern aus, so fressen sie von den Saaten usw., was sie nur erblicken, ab, bis sie erwachsen sind und fliegen können. Dann erheben sie sich von der Erde und wandern in eine andere Gegend und legen dort ihre Eier ab. So ist ihre Gewohnheit; das ist eine Anordnung des Erhabenen, des Wissenden.

Der Verfasser der Landwirtschaft sagt: Seht ihr Heuschrecken sich einem Dorfe nähern, so verstecken sich die Leute des Dorfes vor ihnen, so daß niemand zu sehen ist. Erblicken die Heuschrecken keinen Menschen, so ziehen sie an dem Ort vorüber und keine läßt sich auf ihm nieder. Verbrennt man in dem Ort Heuschrecken, so weichen sie, falls sie den Geruch riechen, sonst sterben sie und fallen zu Boden.

8. Die Stechfliege (husqus) ist ein kleines Tier, größer als der Floh. Gerade ehe es stirbt, wachsen ihm zwei Flügel. Ihr Biß ist stärker als der des Flohes. ...

12. Der Mistkäfer (chunfasa') ist das schwarze kleine Tier, das aus dem stinkenden Mist entsteht.

Verschlingt ein Kamel einen Mistkäfer in seiner Nahrung, so stirbt es und man findet den Mistkäfer in der Mitte von seinem Mist. Wirft man einen Mistkäfer auf eine Gazelle, so stirbt sie.

Es gibt eine Art, die Guʿal heißt. Sie macht aus dem Mist Kugeln und bringt ihn nach Hause [nur im Münchener Text]. Läßt man dieses Tier in der Mitte einer Rose, so bleibt es so ruhig liegen, daß man es für tot hält. Läßt man es hierauf in der Mitte von Mist, so bewegt es sich und nimmt seinen vorigen Zustand wieder an.

13. Der Seidenwurm (dud al-qazz) ist ein Tierchen, das, wenn es sich vollgefressen hat, ihm zukommende Orte von Bäumen und Dornsträuchern aufsucht. Aus seinem Speichel zieht er feine Fäden und spinnt um sich eine Hülle [Kinn] ähnlich einem Beutel, der ihn gegen Hitze und Kälte, Wind und Regen schützen soll. Er schläft bis zu einer bestimmten Zeit. All dies geschieht nach einer Eingebung Allahs. Die Art, wie man ihn gewinnt, gehört zu den Wundern der Welt. Am Anfang des Frühlings, wenn die Blätter des Maulbeerbaums erscheinen, nimmt man die Eier des Seidenwurms und befestigt sie auf einem Lappen. Die Frauen legen sie dann bis zu einer Woche unter ihre Brust, damit die Wärme des Körpers zu ihnen gelangt. Dann streut man sie auf mit der Schere abgeschnittenen Maulbeerblättern aus und überläßt die Eier (bizr) sich selbst; sie fressen von diesen, dann fressen sie drei Tage lang nicht. Man sagt, daß sie sich in dem ersten Schlaf befinden. Dann fangen sie wieder an zu fressen und tun dies eine Woche lang, dann hören sie wieder drei Tage auf und befinden sich im zweiten Schlaf. Ähnlich haben sie noch einen dritten Schlaf. Hierauf läßt man ihnen viel Futter, damit sie viel fressen und mit der Herstellung des Kokons (Filaga) beginnen. Dabei erscheint auf ihrem Körper eine Art Spinnen-Netz. Fällt zu dieser Zeit Regen, so weicht er den Kokon durch die Flüssigkeit der Bodenfeuchtigkeit auf und der Wurm durchbohrt den Kokon und kommt heraus. Ihm wachsen zwei Flügel und er fliegt fort. Daher

erhält man aus ihm keine Seide. Hat der Wurm seinen Kokon fertiggestellt,
so breitet man ihn an der Sonne aus. damit der Wurm in ihm stirbt und man
aus dem Kokon die Seide erhält.

Einige der Kokons hebt man auf, damit die Würmer sie durchbohren, herauskommen und Eier legen. Diese hebt man für das kommende Jahr in einem
reinen Gefäß aus Ton oder Glas auf. Die seidenen Kleider helfen gegen die
Krätze. In ihnen entstehen keine Läuse.

Fig. 47.
dhaba, die Kamelfliege. Von ihr gebissen, schwillt das Kamel an und stirbt
(links); nachl, die Honigbiene (rechts). (Aus dem Münchener Kodex von al-
Qazwini: wahrscheinlicher Ursprung der Illustrationen noch zu Lebzeiten und
vielleicht unter Überwachung al-Qazwini's.)

15. Die Fliege (dhubab) hat zahlreiche Arten, die aus verwesenden Substanzen entstehen. Sie sollen aus dem Mist der Haustiere entstehen. ... Die
Fliege jagt die Wanze; deshalb sieht man diese nicht bei Tage, sondern nur
in der Nacht, wenn die Fliegen zur Ruhe gegangen sind.

Al-Gahiz sagt, falls die Fliege nicht die Wanze fräße, und sie in den
Winkeln der Häuser aufsuchte, so könnten die Menschen nicht in ihnen
wohnen. ...

18. Die Wespe (zunbur) gleicht der Biene in den meisten Dingen.
Kommt der Winter, so zieht sie sich in ihr Haus zurück und kommt erst wieder
heraus, wenn die Luft eine gleichmäßige Temperatur angenommen hat und sie
die Fliegen jagen kann. Kommt jemand ihrem Hause zu nahe, so versammeln

sich alle Wespen gegen ihn und stechen ihn. Wirft man eine Wespe ins Öl, so bleibt sie wie tot; wenn man aber dann Essig auf sie gießt, so bewegt sie sich. Al Qutami sagt: Wir wissen nicht, aus welcher Substanz sie ihr sechseckiges Haus baut, es gleicht dem Papier. ....

28. Der Schmetterling (farasch) ist das Tier, das sich kopflos auf die Lampe stürzt und verbrennt. Man behauptet, daß er im Anfang seines Lebens die Raupe du'mus ist. Wenn deren Flügel wachsen, so wird sie zum Schmetterling. Der du'mus ist der kleine Blutegel. Andere sagen, daß es ein roter Wurm ist, der im Kohl gefunden wird, der usru' heißt und sich häutet. Dann wird er zum Schmetterling. ...

Chalif aus Samarkand, der Kämmerer des Chalifen Mu' tad'id bi'llah (892 bis 902) erzählt, daß in einer Nacht zahlreiche Schmetterlinge um die brennende Kerze, die vor dem Chalifen stand, lagen. Wir sammelten sie, sie füllten ein Makkuk; dann sonderten wir sie voneinander und es waren 72 verschiedene Formen.

Die Laus entsteht aus Schweiß und Schmutz auf dem menschlichen Körper, wenn diesen ein Kleid oder Haare bedecken; denn der Schweiß verwest, wenn ihn das Kleid oder die Haare warm halten, so daß die Laus entsteht. Diese Laus legt dann ein Ei und ihr Ei ist dann das Richtige, d. h. aus ihm entstehen in gewöhnlicher Weise die Läuse. Die Laus klebt das Ei an eine Stelle so fest an, das man es nur mit Gewalt entfernen kann. Auf schwarzem Haar entstehen schwarze, auf grau werdendem Haar teils schwarze, teils weiße Läuse. Entsteht eine Laus auf dem Kopfhaar des Menschen, so wird es gelb.

Will man wissen, ob eine Frau mit einem Jungen oder einem Mädel schwanger geht, so nimmt man etwas von deren Milch auf die flache Hand und wirft eine Laus hinein. Kann sie nicht heraus, so ist es ein Junge, kann sie aber herauskommen, so ist es ein Mädchen. Die Milch für den Jungen ist nämlich dick, die für das Mädchen dünn, so daß sie die Laus nicht am Herauskommen hindert.

Die Ameise (naml) ist ein nach Nahrung höchst begieriges Tier; daher schleppt sie Dinge, die schwerer als sie selbst sind, heran. Beim Ziehen hilft dabei eine Ameise der andern. Sie sammelt an Nahrungsmitteln, was ihr für zwei Jahre reichen würde, falls sie solange lebte. Ihr Leben ist aber nicht länger als ein Jahr.

Der große Genealoge al-Bakri sagt, die Ameise hat zwei Ahnen, Fazir und Aqfan. Fazir ist der Stammvater der schwarzen und Aqfan der der roten Ameisen.

Zu dem Wunderbaren bei ihnen gehört die Herstellung des Dorfes unter der Erde. In ihm befinden sich Wohnungen, Gänge, Gallerien, gekrümmte Stockwerke, die sie mit Körnern und Vorräten für den Winter füllen. Einige ihrer Häuser legen sie tief, damit in sie das Wasser sich gießen kann, und einige hoch für die Körner. ... Zu den wunderbaren Eigenschaften der Ameise gehört, daß trotz ihrer zierlichen Gestalt und ihres kleinen Gewichtes sie einen besseren Geruchssinn als die anderen Tiere hat. Fällt etwas aus der Hand eines Menschen an eine Stelle, an der keine Ameise zu sehen ist, so kommen sogleich die Ameisen wie ein schwarzer ausgespannter Faden zu diesem Ding heran. Auch riecht sie ein Ding, an dem du, wenn du es an deine Nase hältst, keinen Geruch bemerkst, wie den Fuß einer trockenen hingeworfenen Heuschrecke; sie bemerkt aus der Tiefe ihrer Höhle dessen Geruch und kommt zu ihm heran. Findet sie etwas, was sie nicht tragen kann, so nimmt sie davon ein Stück, das sie

tragen kann, um den anderen davon zu berichten. So oft sie einer anderen
Ameise begegnet, riecht diese daran, um dadurch einen Hinweis auf diesen
Gegenstand zu erhalten [nur im Münchener Text]. So berichtet sie allen anderen. Dann versammeln sie sich und ziehen es mit Fleiß und Sorgfalt. Wissen
sie, daß eine nachlässig und träge bei der Arbeit ist, so töten sie sie. Haben
sie Körner in ihrer Höhle gesammelt und ist in dieser Feuchtigkeit, so fürchten
sie, daß es auswächst und verdirbt. Daher teilen sie jedes Korn in zwei Stücke,
damit die Fähigkeit des Wachsens in ihm verschwindet. Gerstenkörner, Erbsen
und Bohnen schälen sie ab, zerbrechen sie aber nicht, da ihre Wachstumskraft
durch das Schälen schon geschwunden ist. Lob sei dem, der die Ameisen diese
feine Methode lehrte, um ihre Nahrung unversehrt aufzubewahren. Dann nimmt
sie die Stücke zu gewissen Zeiten und breitet sie in der Sonne aus, damit sie
dem Einfluß der Luft und der Hitze der Sonne zugänglich werden, so daß sie
nicht durch die Feuchtigkeit ihrer Wohnung verdirbt. Merkt sie, daß Wolken
kommen, so bringt sie die Körner aus Furcht vor dem Regen in ihr Haus zurück;
wird etwas feucht, so breitet sie es an einem heiteren Tage an der Sonne aus.

Zu ihren wunderbaren Eigenschaften gehört, daß sie nicht eine Heuschrecke
oder einen Mistkäfer (gu'al) oder eine Grille oder einen Mistkäfer (chunfusa)
angreift, solange diese unverletzt sind. Haben sie aber eine Wunde, durch die
sie eine Hand oder ein Bein verloren haben, so greift die Ameise die an, selbst
wenn das Tier noch lebt und entfernt sich erst, wenn sie es getötet hat. Hat
eine Schlange eine Wunde, so greift sie diese an ... und macht ihr schnell den
Garaus.

Die B i e n e (nachl) ist ein Tier von anmutiger und zierlicher Gestalt und
feinem Körperbau. Die Mitte ihres Körpers ist viereckig, würfelförmig. Ihr
Hinterleib ist kegelförmig und ihr Kopf rund und abgeplattet. An der Mitte
ihres Körpers sind vier Füße und zwei Hände angebracht, deren Dimensionen
einander entsprechen, wie die Seiten des dem Kreise eingeschriebenen Sechs-
ecks.

Über diese Tiere ist ein König gesetzt, dem sie gehorchen, der ja' sub heißt.
Er erbt seine Würde von seinen Vorfahren; denn der Bienen-König erzeugt nur
wieder einen Bienen-König. Wunderbar ist, daß der Bienen-König nicht aus dem
Stock herausgeht, denn tut er dieses, so tun dies alle Bienen, und die Arbeit
ruht. Stirbt der Bienen-König, so hören die Bienen mit Arbeiten auf, sie bauen
nicht weiter, erzeugen nicht mehr Honig und sterben schnell. Der Bienen-König
ist die größte der Bienen: er ist so groß wie zwei von ihnen. Er leitet die Arbeit
der Bienen durch seine Befehle und weist einer jeden das zu, was für sie paßt.
Einige müssen das Haus bauen, andere den Honig herstellen. Wenn eine ihre
Arbeit nicht richtig ausführt, so entfernt er sie aus dem Stock und duldet sie
nicht inmitten der Bienen. An den Eingang des Stockes setzt er einen Türhüter,
der jede am Eintritt hindert, die sich irgendwie beschmutzt hat.

Der Bau der sechseckigen Zellen ist eines der wunderbarsten Dinge. Die
Anwendung der gleichseitigen Sechsecke beruht auf einer Eigenschaft, die zu
erfassen die Geometer nicht imstande sind. Diese Eigenschaft findet sich weder
beim Viereck, noch beim Fünfeck, noch beim Kreis. Die geräumigsten und besten
Figuren sind der Kreis und diejenigen, die ihm nahestehen. Bei dem Quadrat
finden sich leere Ecken [die der Bienenkörper nicht ausfüllt], denn die Biene
hat eine kreisförmige, längliche Gestalt. Daher wurde das Quadrat nicht verwendet, damit die Ecken nicht leer und unausgefüllt blieben. Wären die Zellen
kreisförmig, so würden außerhalb von ihnen leere Räume geblieben sein, denn die
Kreise schließen sich nicht aneinander an. Von allen Vielecken nähert sich

keine Figur mit Ecken in ihrem Inhalt dem Kreis und läßt sich so mit anderen zusammenstellen, daß nach ihrer Vereinigung kein Zwischenraum übrigbleibt, außer dem Sechseck. Siehe, wie Gott die Bienen inspirierte und ihnen die Fähigkeit verlieh, diese gleichseitige Gebilde zu bauen, so daß keine Seite größer oder kleiner als die andere war, so gleichmäßig, wie es für den scharfsinnigen Geometer auch nicht mit Zirkel und Lineal möglich ist.

Im Frühjahr und im Herbst arbeiten die Bienen und sammeln mit Händen und Füßen von den Blättern der Bäume und den Blüten der Früchte ölige Flüssigkeiten. Mit ihnen bauen sie ihre Wohnungen. Mit ihren scharfen Kiefern sammeln sie von den Früchten der Bäume feine Flüssigkeiten, die die meisten Menschen garnicht imstande wären zu erkennen. In dem Innern der Bienen erschuf Gott eine „Kochkraft", die diese Flüssigkeiten in süßen, köstlichen Honig verwandelt, zur Nahrung für sie selbst und ihre Jungen.

Den Überschuß heben sie in besonderen Zellen auf, deren Ende sie mit einem dünnen Wachsdeckel verschließen, so daß das Wachs die Zellen von allen Seiten umgibt; ähnlich dem Ende eines Topfes, der mit Papier zugebunden ist. Sie heben diesen Honig für die Winterzeit auf. In andere Zellen legen sie ihre Eier und bebrüten sie, in noch andere ziehen sie sich zurück und schlafen in ihnen während „des Sommers und" [nur im Münchener Text zugefügt] des Winters und an regnerischen, windigen, kalten Tagen. Von diesem aufgespeicherten Honig nähren sie sich selbst und ihre Jungen Tag für Tag, ohne zu verschwenden und ohne zu knausern, bis die Wintertage verflossen sind, der Frühling gekommen und das Wetter gut geworden ist, die Blumen und Blüten erscheinen; dann weiden sie diese ab, wie sie im vorhergehenden Jahre getan. Sie tun dies fort und fort durch die Inspiration Gottes; wie er sagt: Gott offenbarte der Biene: „Suche dir in den Bergen Wohnungen in den Bäumen und in dem, was sie (die Menschen) erbauen. Alsdann speise von jeder Frucht und wandele demütig die Wege deines Herrn" (Koran XVI, 70—71). Aus ihrem Körper kommt ein Trank, der verschiedene Farben zeigt und ein Heilmittel für die Menschen enthält. Preis sei dem, der den Rest ihrer Speisen (München: ihre Überreste) zu einem Heilmittel für die menschlichen Körper und den Abfall ihrer Speisen zu einem Licht in den Finsternissen der Nächte machte.

Wunderbar ist, daß, wenn man einen Stock ausräuchern will, um den Honig zu gewinnen, und die Bienen dies merken, sie sich schleunigst an das Fressen des Honigs machen und ihn eiligst verzehren.

Der Honig ist eine Flüssigkeit in der Tiefe der Blüten und ein feiner Teil der Früchte; die Bienen saugen ihn ein. Mit einem Teil nähren sie sich, einen andern speichern sie für den Winter auf, d. h. die Zeit, wo sie außen keine Nahrung finden. Man sagt, daß der weiße Honig von den jungen Bienen, der gelbe von denen, die in voller Entwicklung sind, und der rote von den alten hergestellt wird. Er ist ein Heilmittel für die Menschen, wie der Gott sagt.

Zu den Eigentümlichkeiten des Honigs gehört, daß, wenn man einen Gegenstand, der schnell verdirbt, in ihm läßt, er sich nicht verändert, nicht fault und sich an ihm kein Verderben zeigt.

Es gibt eine scharfe Art Honig; sie soll ein Gift sein; ihr Geruch läßt den Verstand schwinden; wie viel mehr erst, wenn man sie ißt.

Das Wachs bildet die Wände der Wohnungen der Bienen, die in ihnen Eier legen und Junge bekommen und sie als Aufbewahrungs-Orte für den Honig benutzen.

Al mum (persisch Wort für Wachs) ist der Schmutz des Bienenstockes.

11*

Auch Ansätze zu ökologisch geographischer Betrachtung finden wir bei Qazwini. So teilt er mit, daß sich auf der Insel Timnis keine schädlichen „hawamm" finden, da ihr Boden aus stark salzhaltigem Moor besteht (Wiedemann).

Fig. 48.
Indisches Aquarell mit Insekten-Darstellungen ca. 1652 n. Chr. von Schafi' 'Abbasi. (Staatsbibliothek Leningrad; nach Kühnelt.)

Wiedemann macht auch zuerst darauf aufmerksam, daß sich in der Münchener Handschrift von Qazwini Text-Illustrationen befinden. (Abb. 45—47.)34)

Solche Text-Illustrationen gehören in arabischen naturwissenschaftlichen Manuskripten zu den größten Seltenheiten. Es ist dies der einzige Fall, der mir aus der zoologischen arabischen Literatur bekannt ist. Dieser Mangel geht auf das strenge Verbot des Qoran zurück, Tiere nachzubilden, ein Verbot, das letzten Endes auf den biblischen Dekalog zurückgeht. Eine Ausnahme bilden hiervon die persisch-indischen Übersetzer der Spätzeit.

Die dem Abschnitt über die arabische Entomologie beigegebenen Abbildungen entstammen zumeist dem Manafi' al 'hajawan des 'Abd' allah b. G'ibra'il b. Boktyeschou, einem kleinen persischen Naturgeschichts-Buch der Spätzeit. Die plumpen Abbildungen Nr. 42—44 entstammen einem Manuskript der Pariser Nationalbibliothek, die gut ausgeführten Nr. 40—41 einem Manuskript der Pierpont Morgan Library in New York.

Als Ergänzung diene ein indisches Stilleben (ca. 1650 n. Chr.) des Meisters Schafi Abbâsi, das zeigt, daß hier unter freierer religiöser Auffassung auch Insekten zur Darstellung kamen. (Original Staatsbibliothek Leningrad; nach Kühnelt, Islam. Miniaturen, Berlin, Cassirer.)

Für al-Nuwairi hat das rein Zoologische weniger Interesse. Im dritten Teile seiner großen Enzyklopädie behandelt er die Tiere, wobei Insekten in folgenden Abschnitten erwähnt werden:

Teil IV. Die mit Gift versehenen Tiere.

b) die nicht den Tod bringen: Mistkäfer (chunfasa), Ameise, Dharr (sehr kleine Ameise), Laus, Läuse-Eier (Su' ib).

Teil V. 6) die hamag: Biene, Wespe (Spinne), Heuschrecke, Seidenraupe, Fliege, Mücke, Floh, Stechfliege (Husqus).

Al-Abschihi (gestorben 1440) behandelt im Kitab al-mustratraf (Buch der Kuriosität) Insekten (nach Wiedemann: Druck von Kairo 1314 h, Vol. II, p. 85, cap. 62); er bringt nur Auszüge aus früheren Autoren und besonders von Merkwürdigkeiten.

Die „lauteren Brüder" (ca. 950-1000), in Bagdad, mit persischen und indischen Gedanken vertraut, teilen die Tiere vor allem nach der Fortpflanzung in Klassen ein: Die Insekten verteilen sich auf die 2. und 3. Klasse:

2. Solche, die sich durch Tritt begatten, Eier legen und Junge ausbrüten.

3. Solche, die sich weder begatten noch gebären, sondern aus der Fäulnis entstehen.

Zitate in Qazwini zeigen, daß die oben erwähnte Enzyklopädie der „lauteren Brüder" auch unter zoologischem Gesichtspunkt einer besonderen Durcharbeitung wert wäre.

Ibn Sida' (gestorben 1066) im 6.—8. Buche seines nach Materien geordneten Kitab al-muharras (Buch über das Eigentümliche in der Sprache) macht nach Wiedemann über die hascharat (Geschmeiß, d. h. neben Insekten, Würmern auch einige Kriechtiere und kleine Säuger und Vögel) besonders ausführliche Mitteilungen (Bulaquer Druck 1318, Vol. 8, p. 91—124). Eine Übersetzung dieser vielleicht wichtigen Quelle existiert bisher noch nicht.

f) Rückblick und Wertung.

Wenn wir rückblickend die Proben arabischen Geisteslebens überschauen, so verdient dieses keineswegs den Vorwurf der Sterilität, den ihnen Biologie-Historiker oft mehr oder weniger offen gemacht haben. Was die allgemeine naturfinden werden, ist ein feststehendes Prinzip. Dabei stehen die Insekten als Tiere, die teilweise durch Urzeugung aus der Materie entstehen, auf dem untersten Ende der tierischen Stufe. An allgemeinen biologischen Gesichtspunkten philosophische Einstellung jener Epoche betrifft, so hat sie in ihrer Blütezeit (Avicenna und Averroes) auf einer außerordentlichen Höhe gestanden. Die Stufenleiter der organischen Welt, die wir später bei Leibniz und Bonnet wieder-

findet sich nichts Neues. Inwieweit es selbständige Beobachter unter den älteren arabischen Autoren gegeben hat, muß infolge der Unzugänglichkeit ihrer
Schriften vorläufig dahingestellt bleiben.

Es bleibt zu besprechen, welcher Stufe abendländischer Entwicklung die
großen Autoren wie ad-Damiri, Ibn al-Baithar, al-Qazwini und Ibn al-Awwam
einzureihen sind. Ihrer philosophischen Grundrichtung gehören sie alle den
Scholasten an. Ihre Leistung muß der der großen Enzyklopädisten des 16. Jahrhunderts Geßner und Aldrovandi verglichen werden, aber mit Unterschieden.
Ad-Damiri ist derjenige, der noch am ehesten den Vergleich mit diesen aushält.
Ich hege kein Bedenken, ihn auf dieselbe Stufe zu stellen, zumal wenn wir bedenken, daß ad-Damiri 200 Jahre vor ihnen gelebt und geschrieben hat. Das
alte Erbgut der Naturbeobachtung der Beduinen bricht deutlich in Abschnitten
wie Wanderheuschrecke und Mistkäfer hervor. Zwischen einem Wust von
philologischen und scholastischen Überlieferungen finden sich hier wahre Perlen.
Die hervorragende Schilderung der Seidenraupe weist auf eine genaue Bekanntschaft mit diesem Tiere hin, was bei einem nach 1350 in Ägypten lebenden Autor
kein Wunder nimmt. Auch in dem Abschnitt über die Hausfliege finden sich
treffende Beobachtungen: wie das massenhafte Schwärmen von Fliegen nur in
der Nähe faulender Stoffe auftritt; die Entstehung der Fliegen aus dem Mist
u. a. Es ist durchaus wahrscheinlich, daß der Ruhm dieser Beobachtungen
großenteils früheren Autoren zukommt wie al-Gahiz, Abu Hanifa u. a.; nachweisen läßt es sich vorläufig nicht. An Wert folgt an zweiter Stelle die Kosmographie des al-Qazwini, die an geistiger Verarbeitung ad-Damiri gelegentlich überragt. Den Büchern von Ibn al-Baithar und al-Awwam möchte ich, was ihren entomologischen Inhalt anbetrifft, nur den Rang eines Ortus Sanitatis zuerkennen.

Die Entwicklung der arabischen Wissenschaft hat zuerst eine über einige
Jahrhunderte lange Assimilation der griechischen Autoren über Syrer, Perser
und Juden als Vermittler durchlaufen. Im 10. Jahrhundert war diese Assimilation antiken Geisteserbes im wesentlichen vollzogen. Die großen Kommentatoren Ibn Sina und Ibn Ruschd haben bewiesen, daß hier keine mechanische,
sondern, wie Sudhoff mit Recht betont, eine kongeniale Angleichung erfolgt ist.
Die selbständigen biologischen Forschungen gehen bis ins 9. Jahrhundert zurück.
Alle älteren Schriften dieser Art sind jedoch als verschollen zu betrachten. Die
Blütezeit der arabischen Medizin war im 11.–13. Jahrhundert. Ibn al-Baithar, al-
Qazwini und Ibn al-Awwam gehören dieser Zeit an. Schon in die Zeit des Verfalls fällt das große Werk von ad-Damiri (14. Jahrhundert). Die Werke der
letztgenannten Autoren reihen sich alle in die Allgemeinbestrebungen der arabischen Spätzeit ein, das riesige Traditions-Material, die Hadith, nach sachlichen,
hier zoologischen, Gesichtspunkten zu ordnen. Wir wollen noch auf eine
Scheidung aufmerksam machen, die nicht ohne Interesse ist: Während die botanische Forschung besonderes Bestreben der spanisch-arabischen Schule gewesen
ist, hat sich die zoologische Forschung im Orient konzentriert.

Der Verfall der arabischen Wissenschaft war für lange Jahrhunderte ein
endgültiger. Erst in neuester Zeit hat hier eine gewisse Renaissance eingesetzt,
die auf biologischem Gebiet jedoch noch keinerlei Früchte gezeitigt hat.

Literatur:

Übersetzer und Allgemeines:

F. Wüstenfeld, Geschichte der arabischen Ärzte und Naturforscher.
Göttingen 1840.

C. Brockelmann, Geschichte der arabischen Literatur. 2. Vol. Weimar
1898 und 1902.

G. Bergsträsser, Hunain ibn Ishaak und seine Schule. Leiden 1913.

E. Wiedemann, Beiträge zur Geschichte der Naturwissenschaften LIII.
Über die Kriechtiere nach Al-Qazwini nebst einigen Bemerkungen über die zoologischen Kenntnisse der Araber.
Sitz. Ber. Physik. mediz. Sozietät in Erlangen. Vol. 48. 1916. p. 228-285.

Zoologie:

A. S. G. Jayakar, Ad Damiris Hajat al hajawan (A zoological Lexicon). London Lol. I. und II, 1. 1906 und 1908.

Hammer Purgstalls Handschriften (arab., pers., türk.) Wien 1840.

Medizin:

Abdul-Chalig Achundow, Die pharmakologischen Grundsätze (Liber fundamentorum pharmacologiae) des Abu Mansur Muwaffaq übersetzt. Histor. Stud. aus d. Pharmakol. Instit. Dorpat. Vol. III. (Halle) 1893. p. 137—414.

Leclerc, Traité des Simples par Ibn el Beithar. 3 Vol. Paris 1878, 1881, 1883.

J. v. Sontheimer, deutsche Übersetzung desselben Autors. 2 Vol. Stuttgart 1870, 1872.

B. Silberberg, Das Pflanzenbuch des Abu Hanifa Ahmed ibn Da'ud ad-Dinawari. Zeitschr. f. Assyriol Vol. 24, 1910. p. 225 ff. und Vol. 25, 1911. p. 39 ff.

Habdarrhamano Ariutensi Agyptio [= Sujuti]. De Proprietatibus ac virtutibus modicis animalium, plantarum ac gemmarum tractatus triplex [Latein. Auszug] Paris 1647.

Landwirtschaft: J. A. Banquieri, Libro de Agricultura. Su autor al doctor. ... Ebn El Awam, Sevillano. Traducido y anotado. 2 Vol. Madrid 1802 (arabisch und spanisch).

Geographie: C. Wiedemann, Zur Lehre von der Generatio spontanea. Naturwissensch. Wochenschr. Vol. XXXI. 1916. p. 279-281.

Die Entomologie der arabischen Epoche.

Übersetzungen von Aristoteles, Galen, Dioskorides	Zoologie	Botanik und Heilmittellehre	Land-wirtschaft	Geographie u. Kosmographie
8. Jahrhundert				
Erste Epoche der syrischen Übersetzungen (verloren).				
9. und 10. Jahrhundert				
Die zweite Epoche der syrischen und arabischen Übersetzer: Jahja b. al-Batrik (gest. 825) Hunain b. Ischaq (Aristot. syr.) Ischaq b. Hunain (gest. 910 Aristot. ins Arab.)	al-Armai (gest. 832) und as-Sagistani (gest. 864) „Bienenzucht" al-Gahiz (gest. 868), Kitab al-hajawan	Abu Hanifa (gest. 895) „Buch der Pflanzen" ar-Razi (gest. 923) Mediz. Kompendien. Abu Mansur Muwaffaq (ca. 970) „Pharmakologische „Grundsätze".	Arabische Übersetzung der Agricultura Nabathaea.	al-Istachri (ca. 950) „Buch der Länder".
11. Jahrhundert				
Ibn Sina (980–1037)				
12. Jahrhundert				
Ibn Ruschd (1120–1198)			al-Awwam (ca. 1175) „Buch der Landwirtschaft".	
13. Jahrhundert				
		Ibn al-Baithar (gest. 1248) Tractatus simplicium		al-Qazwini (gest. 1283) Kosmographie
14. Jahrhundert				
	ad-Damiri (gest. 1349) hajat al-hajawan			
15. Jahrhundert				
	as-Sujuti (gest. 1505)			

3. Das scholastische Mittelalter.

a) Thomas von Cantimpré.

Als ersten der drei Enzyklopädisten des 13. Jahrhunderts, die alle drei dem Dominikaner-Orden angehörten, nennen wir Thomas von Cantimpré. 1201 bei Brüssel aus einer ritterlichen Brabanter Familie geboren, studierte er von 1206—17 in Brüssel, trat dann in das Augustiner-Kloster von Cantimpré ein, wo er bis 1232 weilte. In diesem Jahre trat er zu dem neugegründeten Dominikaner-Orden über. Zu Beginn dieser Zeit lernte er vier Jahre in Köln bei Albertus Magnus und einige Jahre in Paris. Er starb zwischen 1263 und 1293 als General-prediger des Ordens [nicht als Ordensgeneral (wie Grässe)] für Deutschland.

Thomas hat neben einer größeren Anzahl hagiographischer Schriften zwei Werke naturwissenschaftlichen Inhalts verfaßt. Wir dürfen aber nie vergessen, daß wir in Thomas von Cantimpré einen der führenden Finsterlinge einer Zeit, in der Geister- und jeder andere wüste Aberglaube zu herrschen begann, vor uns haben, und wir müssen uns vergegenwärtigen, daß ein großer Teil seiner hagiographischen Schriften sogar von der zeitgenössischen Kirche abgelehnt wurde. Deshalb muß man ernstlich erwägen, was Thomas für sein Buch von Alberts Vorlesungen in Köln profitiert haben mag.

Das wunderbare Treiben der Bienen hat auf Natur-Symboliker nie seinen Eindruck verfehlt. Der Bienen-Staat ist eine stets beliebte Parallele zum Menschen-Staat gewesen. Auf Grund seiner Natur-Kenntnis knüpft Thomas in seinem Buche „Bonum universale de apibus" zahlreiche moralische Be-trachtungen über die Kloster-Ordnung an. Die Natur-Beobachtung des Werkes wiegt nicht viel und außerdem sind die Vergleiche oft weit hergeholt. Einige Kapitel-Überschriften mögen hier folgen:

„I. Von den Vorgesetzten.

1. Der König der Bienen hat Honigfarbe; er nährt sich von den auserlesen-sten Blumen. — Der Vorgesetzte muß ein gutes Leben führen und einen guten Ruf besitzen. Der Honig bedeutet die Vollkommenheit, der Duft der Blumen den guten Ruf.

4. Der König hat keinen Stachel, Majestät ist seine Waffe. — Ein Vor-gesetzter darf nicht grausam sein.

II. Von den Untergebenen.

5. Die Arbeitsbienen vertreiben die Drohnen und töten sie ohne Barm-herzigkeit. — Verkehrte und ungehorsame Laienbrüder müssen bestraft oder ausgetrieben werden.

50. Heiterkeit und Glanz sind die Gesundheit der Bienen. — Nichts Fröh-licheres gibt es als ein gutes Gewissen, nichts Traurigeres als ein böses."

Ferner ist Thomas ein Werk zuzuschreiben, dessen Verfasser bis ins vorige Jahrhundert völlig unbekannt war, das Liber de natura rerum. Dies im Mittelalter und zu Beginn der Neuzeit weit verbreitete Werk wurde meist Albertus Magnus zugeschrieben, doch gibt Thomas von Cantimpré im Vorwort zum Bonum universale de apibus sich selbst als Verfasser eines gleichbetitelten Werkes an. Er erzählt dort: „Ich schlug deshalb in jenem Buche der Natur nach, das ich selbst mit vieler Mühe 15 Jahre lang aus verschiedenen Schriftstellern zusammengetragen habe."

Er gibt als Ziel seiner Arbeit eine Bemerkung des heiligen Augustinus an, der es als äußerst nützlich bezeichnete, die Natur der Lebewesen in einem Bande darzustellen. „Wem also mein Sammelwerk zur Hand kommt, der bete für mich, daß Gott im jenseitigen Leben meine Arbeit entsprechend belohne. Amen."

Der Inhalt deckt sich weitestgehend mit Isidorus und Albertus. Letzterer hat sein Werk jedoch nicht vor 1265 beendet, während Thomas von Cantimpré von 1233—1248 mit dem Liber de natura rerum beschäftigt war.

Der Insekten-Bestand ist der gleiche wie bei Albertus Magnus, wenn wir die vollständigsten Handschriften zu Grunde legen. Bei zwei Handschriften der Berliner Staatsbibliothek (M. S. lat. 4° 268 und Quart. 370) finde ich jedoch nur 16 resp. 9 Insekten angeführt. Es scheint also, als ob viele der Handschriften wesentlich verstümmelt auf uns gekommen und daher nur mit Vorsicht zu benutzen sind.35) Von den 19 Büchern behandeln Buch 4—9 die Tiere, davon das 9. die Würmer, d. h. Amphibien, Insekten und Würmer durcheinander in alphabetischer Reihenfolge. Eigene Natur-Beobachtungen fehlen fast gänzlich, aber als Versuch eines naturwissenschaftlichen Kompendiums sowie als Vorlage späterer Übersetzer bleibt es immerhin bedeutungsvoll.

Folgende Abschnitte mögen als Probe und zum Vergleich mit Albertus Magnus genügen (in der Übersetzung Conrad von Megenberg's).

„10. Von der spanischen Fliege (Lytta vesicatoria L.).

Cantarides heißen Baumwürmer, die oben auf den Ästen von Eschen und anderen Bäumen aus Feuchtigkeit entstehen. Diese Würmer wachsen auf den Blättern gerade wie die Krautwürmer auf dem Kohl, bekommen aber ausgebildete Flügel und fliegen über Tage umher. Nachts dagegen sammeln sie sich zu einem Knäuel oder einer Kugel zusammen. Diese Würmer sind grün gefärbt, im Sonnenlicht sehen sie aber ganz goldig aus und werden daher auch Goldwürmer genannt. Man sammelt diese Würmer nachts im Hochsommer und ertränkt sie in Essig. Sind sie tot, so begießt man sie mit Wein und legt sie auf irgend ein Glied, Fuß oder Hand oder sonst wohin unter eine kleine Decke von Wachs. Sie ziehen dann an der betreffenden Stelle eine Blase. Durchsticht man die Blase an einigen Stellen mit einer goldenen Nadel oder einem Häkchen, so fließt alle bösartige Feuchtigkeit aus, die in dem Gliede vorhanden ist, gerade wie bei einer Fontanelle, und es leistet diese Methode ebensoviel wie manche Fontanelle, die ein Jahr liegt.

14. Vom Ameisenlöwen.

Formicaleon heißt ein Ameisenlöwe. Er wird auch nach Adelinus Mirmicaleon genannt. Mirmin heißt nämlich im Griechischen eine Ameise und Leon ein Löwe, daher kommt das zusammengesetzte Wort Mirmicaleon, Deutsch: Ameisenlöwe. Dieser Wurm ist vom Geschlecht der Ameisen, aber wesentlich größer. Solange der Ameisenlöwe noch klein ist, ist er friedlich und behält seinen Zorn für sich. Wird er aber kräftig und stark, so verschmäht er seine bisherige Gesellschaft und wendet sich zu den Größeren. Ist er schließlich ganz groß und kräftig geworden, so lauert er im Verborgenen an den Wegen, die die Ameisen machen, und stellt diesen wie ein richtiger Räuber nach. Gehen die Ameisen an die Arbeit und kommen mit dem, was sie eintragen wollen, zurück, so nimmt der Ameisenlöwe es ihnen weg, erwürgt auch die Ameisen selber und frißt sie auf. Im Winter beraubt er die Ameisen ihrer Nahrung, die sie im

Sommer eingetragen haben, weil er für sich selbst im Sommer nichts geschafft und erarbeitet hat. Diesem Wurm gleichen die Müßiggänger, die den Arbeitern ihren im sauren Schweiß erworbenen Verdienst nicht lassen.

18. Vom Floh.

Pulex heißt ein Floh. Er entsteht aus angewärmtem Staub und faulender Feuchtigkeit. Das beste Mittel gegen Flöhe ist, sich allabendlich den Leib mit Wermuth-Saft einzureiben oder nach Ambrosius: Man wird von den Flöhen verschont, wenn man Wermuth-Kraut mit Öl kocht und sich damit einreibt."

Wir verlassen hiermit dieses Werk, auf das wir später noch zurückkommen müssen.

Literatur:

A. K a u f m a n n , Thomas von Cantimpré, Köln 1899.
Nouvelle Biographie Générale Vol. 45. Paris 1866. p. 219-20.
B o r m a n s , Thomas de Cantimpré indiqué comme une des sources, ou Albert le Grand et surtout Maerlant ont puisé les materiaux de leurs écrits sur l'histoire naturelle.
Bulletin d'Academie Royale de Belgique. Vol. 19.

b) Albertus Magnus.

Die wichtigste Erscheinung des 13. Jahrhunderts ist fraglos A l b e r t u s M a g n u s . Albert von Bollstädt wurde ca. 1193 zu Lauingen in Schwaben ritterlich geboren. Er trat frühzeitig in den Dominikaner-Orden ein und hat seine Ausbildung in der Ordens-Provinz Teutonia erhalten, wohl zumeist in Köln. Seine Studien in Italien sind nach F. Pelster's ausgezeichneter Arbeit (1920) ins Gebiet der Fabel zu verweisen. Von 1230 ab war er als Lehrer in vielen deutschen Klöstern tätig und seit 1243 weilte er bis 1260 am Generalstudium in Köln. Diese Zeit ist von einem dreijährigen Studien-Aufenthalt in Paris (1245—48) zur Erlangung der Magister-Würde unterbrochen. 1260 wurde er Provincial seines Ordens und Bischof von Regensburg, doch kehrte er 1262 wieder nach Köln zurück, um sein Lehramt weiter auszuüben. 1280 verstarb er daselbst. Sein Leben war ausgefüllt mit vielen Reisen (im letzten Lebensabschnitt z. B. nach Italien, Ostelbien, Lyon und Paris). Er stand mitten im pulsierenden Leben und bildete z. B. verschiedentlich mit großem Erfolg den Mittler bei den politischen Streitigkeiten zwischen der Bürgerschaft und dem Erzbischof von Köln.

Seine Werke, deren Gesamtausgabe 34 Quartbände umfaßt, sind allein als Schreibleistung eine ungeheure Arbeit. Das Verdienst des Albertus liegt in der Wiederherstellung der Autorität des Aristoteles. Die naturwissenschaftlichen Werke des Aristoteles wurden damals noch lebhaft von der Kirche angefeindet. 1209, 1215 und 1251 verboten Kirchensynoden noch jede Lektüre dieser Werke, bis 1366 unter Papst Urban X. diese Verordnung dahin abgeändert wurde, daß niemand die Venia legendi erhalten solle, der diese Bücher nicht gehört hat. Jessen (1867) bemerkt daher mit Recht, daß ständig die Gefahr der Verketzerung hinter Albertus stand, und er sich daher oft vorsichtig ausdrücken mußte. Albertus muß durch seine Persönlichkeit stark auf seine Umgebung gewirkt haben und die Selbständigkeit seines Wesens, Denkens und Beobachtens hat vielfach dazu verleitet, ihn für einen aufgeklärten, seinem Jahrhundert weit voraus geeilten Denker zu halten. Aber Hertling (1875) schreibt mit Recht, daß es ein törichtes Beginnen wäre, seine Größe erhöhen zu wollen, indem man ihm den Unterbau seiner Zeit entzieht. Letzterer ist charakterisiert durch die theologische Richtung jeder Arbeit und die Abhängigkeit von dem aus dem Altertum überlieferten Stoff. Gerade in dem ersteren Punkte ist Albertus allerdings einer der ersten, der der Wissenschaft eine fast selbstständige Stellung gegenüber der Theologie zuweist; natürlich unter der stillschweigenden Voraussetzung, daß die Wissenschaft ja garnichts beweisen kann, was nicht die Theologie auch lehrte. Seine gesamten naturwissenschaftlichen Werke stellen Paraphrasen zu Aristoteles oder Pseudo-Aristoteles dar, und ihm mißgünstig gesinnte Zeitgenossen

Fig. 49.
Albertus Magnus (nach Strunz).36)

haben ihn hämisch sogar den „Affen des Aristoteles" genannt. Doch offenbart er sich hierbei stets als selbständiger Beobachter. So ist seine Klimalehre erst von A. von Humboldt zur Anerkennung gebracht worden und seine botanischen und chemischen Kenntnisse gehen weit über Aristoteles hinaus, ja es scheint, als ob in ihnen seine besondere Stärke und Bedeutung liegt.

Das zoologische Hauptwerk „De animalibus" ist zwischen 1255 und 1270 geschrieben worden und die Original-Handschrift befindet sich heute im

Stadt-Archiv von Köln. Wir geben hier eine Probeseite des flüchtig dahinge-
worfenen schwer lesbaren Manuskripts (Kapitel Culex ff.) wieder, dessen
äußerste Raumausnutzung sofort in die. Augen fällt. Wir verdanken Stadler
eine zweibändige, 1920 vollendete, mustergiltige Ausgabe dieser Kölner Urschrift.
Das Werk ist eingeteilt in 26 Bücher, von denen 9 (8) die echten, dazu ein (2)
unechtes Buch Historia animalium, vier weitere die Partes animalium und fünf
die Zeugung und Entwicklung der Tiere enthalten. Das sind die 19 aristotelischen Bücher, bei denen Albertus nach Stadler's maßgebender Mitteilung der
früher erwähnten Übersetzung von Michael Scotus so genau gefolgt ist, daß in
der ausführlichen Wiedergabe von vielen hundert Seiten kaum 10 Zeilen hinzugefügt sind bezw. differieren. Albertus fügt sieben weitere Bücher hinzu: eins
von der Natur des tierischen Körpers und eins von den Vollkommenheitsgraden.
Die letzten fünf Bücher enthalten ein Register sämtlicher ihm bekannten Tiere
mit kurzer Beschreibung: je eine ist gewidmet den Vierfüßern, den Vögeln, den
Wassertieren, den Schlangen und den kleinen blutlosen Tieren. Diese sind innerhalb jeden Buches alphabetisch geordnet. Sie stellen eine gute Übersicht über
die speziellen Tierkenntnisse seiner Zeit dar. Die nüchterne, sachliche, gut beobachtete Darstellung dieser letzten selbständigen Bücher läßt nur bei den
Insekten etwas nach. Die Säuger verdanken Albertus eine Reihe Erstbeschrei-
bungen wie: Eisbär, Walroß und andere Meeressäuger, Wiesel, zwei Marder,
Ratte, Gartenschläfer und Haselmaus. Die Fabeln nimmt er nicht mehr alle
widerspruchslos auf. So ist er z. B. der erste, der gegen die Sage von den
Bernickel-Gänsen protestiert ebenso wie gegen manchen anderen Aberglauben
im täglichen Leben.

Wenn Stadler sagt, daß Albertus besonderes Interesse den Insekten zugewandt habe, so kann ich dem nicht zustimmen. Von ca. 450 Tier-Arten sind insgesamt nur 33 = 7,33% Insekten, was sicher nicht auf ein größeres Interesse
schließen läßt. Nur die Biene wird ausführlich beschrieben, wie das der aristotelischen Vorlage vollkommen entspricht. So auffallende Formen wie Libellen,
Perliden und andere sind ihm z. B. völlig entgangen.

Den allgemeinen Bau der Gliedertiere (Annulosi) hat Albertus an verschiedenen Stellen zusammenfassend behandelt, und wir wollen uns seine Kenntnisse
hier in Kürze vor Augen führen.37)

Bei seiner Erörterung des äußeren Baues der Gliedertiere (XIV.,
1) werden die Ringe (= Körper-Segmente), Bein- und Flügelzahl besprochen.
Hier tritt die in der Naturwissenschaft fruchtlose aristotelische teleologisch-
causative Betrachtungsweise vielleicht am schärfsten hervor. So erzählt er z. B.,
daß die Gliedertiere viel Beine wegen ihrer Langsamkeit haben und diese ist
auf ihre Kaltblütigkeit zurückzuführen. Oder: Sie haben lange Vorderfüße, da
sie wegen ihrer harten Augen schlecht sehen und deshalb alles erst mit den
Vorderfüßen aufnehmen und besehen müssen.*)

Gemäß ihrer Entstehung werden die Gliedertiere (XVII. II., 1) in
solche mit vollkommener Entwicklung, die sich durch Befruchtung entwickeln,
und in solche mit unvollkommener Entwicklung, die sich durch Jungfernzeugung bilden, eingeteilt. „Denn die Entstehung aller Tiere ist ursprünglich
aus Eiern (diximus quod generatio omnium animalium primo est ex ovis)."
Dieser Satz ist natürlich im aristotelischen Sinne zu verstehen.

Ohne Befruchtung entstehen z. B. die Raupen der Kohlgewächse (Pieris ssp.).
Auf das Wurm-Stadium folgt ein eiähnliches Puppen-Stadium mit harter Haut

---

*) Ein Vergleich mit dem Gesetz der Korrelation der Organe drängt sich hier auf.

und ohne Bewegung. In diesem Übergangs-Stadium bereitet sich die Entstehung der Eier vor der Zeit der Eiablage vor. Es schlüpft dann die geflügelte vollkommene Imago, die im Herbst aus Gespinsten ein Nest für ihre Eier macht.*) Aus diesen Eiern entstehen wieder Raupen, aus diesen Puppen und so fort. Auf diese Weise entstehen ohne Befruchtung ferner die Larven der Kleidermotten, die Bohrwürmer der Hölzer und die Schädlinge des lagernden Getreides. Bei den Insekten mit vollkommener Entwicklung schiebt sich nur die Befruchtung dazwischen.

Wir werden jedoch beim speziellen Teil sehen, daß Albertus diese Ideen dort nicht durchhält und wieder viele Insekten aus dem Schmutz etc. entstehen läßt.

Es folgen hierauf zwei ausführliche Kapitel (XVII. II., 2 und 3) über die Biologie der Bienen, natürlich im engen Anschluß an die betreffenden Kapitel des Aristoteles behandelt.

In dem schon ganz Albertus zugehörigen Abschnitt über Verstand und Vollkommenheit der Tiere ist auch den Insekten wieder ein Kapitel gewidmet (XXI. I., 8). Als Kriterien der Vollkommenheit sieht Albertus die Entwicklung der Sinne und der Bewegungs-Organe an. Die Ringeltiere besitzen sämtliche Sinne. Der Tastsinn ist allerdings nur schwach entwickelt. Ihr Geschmackssinn ist lokalisiert an einem langen Instrument, das wie ein Rüssel aus ihrem Munde entspringt. Auf einer ganz ausgezeichneten Stufe befindet sich der Geruchssinn. Von weither eilen sie zu den Gerüchen der Blumen. Besonders ist dies von den Imagines zu sagen, während die Raupen sich mehr vom Laub der Kräuter und Bäume ernähren. Obwohl Albertus ein Gehörorgan auch bei anatomischer Zergliederung nicht finden kann, läßt sich das Vorhandensein eines solchen Sinnes durch Anlocken oder Verscheuchen von Insekten durch bestimmte Geräusche experimentell beweisen. Sie hören wohl durch die Poren ihrer vorderen Körperhälfte. Ihre Augen sind hart und unbedeckt, denn weiche Augen würden ja beim Fliegen leicht beschädigt werden.

An Bewegungsorganen haben die vollkommenen Ringeltiere mehr als zwei Flügel und mehr als vier Beine.

Sie sind in Hinsicht auf beide Kriterien also sehr vollkommen (perfecti).

Manche physiologische Betrachtungen finden sich zu Beginn des XXVI. Buches. Zusammenfassend wird hier als Einleitung zum Tierverzeichnis berichtet, daß die blutlosen Tiere an Stelle des Blutes einen anderen Körpersaft besitzen. Sie sind Kaltblüter (frigidi) und außerdem ist der Körper durch Einschnitte in Ringe eingeteilt. Der Darmkanal durchzieht die ganze Länge des Körpers in der Mitte und die Nahrungssäfte dringen von hier aus bis an die harte, ringförmige Oberfläche. Wegen der äußeren Wärme und weil ihnen das angeboren ist, müssen sie sich von Zeit zu Zeit häuten. Den Winter über verbergen sie sich entweder wie Biene und Wespe oder sie verwandeln sich ins Ei- oder Puppen-Stadium. Denn ihr flüssiges Körper-Innere müßte sonst im Winter gefrieren.

Diese Tiere besitzen so feine Körpersäfte, daß sie sich von grober Nahrung garnicht nähren können. Sie saugen fast alle Pflanzensäfte wie die Bienen oder tierische Säfte wie die Fliegen. Nur wenige wie Raupen und Heuschrecken fressen auch Pflanzen und zwar besonders gern die jungen und zarten. Ihre Ausscheidungen sind sehr gering und sie können auch ohne Nahrung lange Zeit leben. Die Erhaltung der inneren Körperfeuchtigkeit ist bei ihnen ganz ungeheuer

---

*) Wohl Verwechslung mit einer anderen Schmetterlings-Art.

wichtig und sie gehen deshalb meist auch sehr sparsam damit um. Einige aber
bauen sich aus ihrem Überfluß an Feuchtigkeit Wohnungen oder spinnen Seide
daraus. Auch das Fallenlassen der Raupen an Fäden schildert uns Albertus
an anderer Stelle, und zwar bemerkt er richtig, daß sie ihre Seide aus dem
Munde ausscheiden im Gegensatz zur Aftersekretion der Spinne.

Betreffend der inneren Anatomie sind ferner noch zwei Stellen anzu-
führen. In der einen hat Albertus nach Jessen das Bauchmark der Arthropoden
entdeckt Die Stelle, die übrigens in der Botanik zu finden ist (De veget. lib.
V., 18), lautet: „Bei den Tieren findet sich ein Strang, der vom Gehirn oder dem
Ersatz des Gehirns ausgeht, „nucha" heißt und die ganze Körperlänge des
Tieres durchläuft, entweder am Rücken oder unten durch Brust und Bauch ver-
laufend. Letzteres ist beim Krebs, Skorpion und bei einigen anderen der Fall."
Geht schon hieraus eine Zuneigung zur Zergliederung der Insekten hervor, so
erwähnt er solche an anderen Stellen ausdrücklich. So erzählt er (De anim.
XVII. II): „Ich habe versucht, eine Anatomie der Biene zu machen. Man findet
bei ihr am Hinterleib nach der Einschnürung ein glänzendes, durchsichtiges
Säckchen, und wenn man dieses mit dem Geschmacke prüft, so zeigt es einen
feinen Honiggeschmack. Sonst findet sich in dem Leibe nur noch ein dünner
und wenig gewundener Darm und fadenartige Stränge, an denen der Stachel
befestigt ist. Darum herum fließt ein klebriger Saft und die Beine sind eingelenkt in den Teil des Körpers, der vor dem großen Einschnitt liegt."

Wenn Höfer (1873) erzählt, Albertus habe die Ringelwürmer von den
Insekten als erster streng getrennt, so ist das unrichtig. Die Annulosi sind
gerade die Insekten und Würmer, besonders aber die ersteren bei ihm. Im
Kapitel der kleinen blutlosen Tiere finden wir Amphibien, Mollusken und
Würmer neben den Insekten ohne jede Trennung alphabetisch aufgezählt.

Wir wenden uns jetzt dem eigentlichen Tierverzeichnis zu. Von insgesamt
49 Tieren des letzten Buches De animalibus sind 33 Insekten. Wir erwähnen hier
nur die interessanteren Angaben. Das volle Verzeichnis ist in Tabellenform
beigefügt.

Von den Bienen werden die Kenntnisse kurz zusammengefaßt, die denen
des Aristoteles entsprechen.

Adlacta ist eine Feld-Heuschrecke, die im Herbst ihre Eier legt. Die
Jungen schlüpfen im Frühjahr, wenn es junge und zarte Kräuter gibt.

Bombex ist der Seidenspinner des Altertums, während die Seidenraupe
(Bombyx mori) als Lanificus aufgeführt wird. Seine Lebensgeschichte und
Aufzucht wird kurz geschildert.

Blucus [gehört als Larve zur Locusta, einer Wanderheuschrecken-Art.] Sie
besitzen zwei Sprung- und vier Schreitbeine sowie vier Flügel. Wenn sie gleichzeitig das Land befallen, so zerstören sie sämtliche Früchte. Ihre Eingeweide
sind voll von zerkauten Pflanzen-Geweben. Man hat gegen sie in vielen Ländern
besondere Gesetze gegeben, daß alle zu bestimmten Zeiten auf die Äcker
gehen und sie vertilgen. Morgens sitzen sie noch unbeweglich von der Kälte der
Nacht. Nach Sonnen-Aufgang beginnen sie in Scharen zu wandern; ohne König
und ohne Gesetze bewahren sie eine tyrannische Gemeinschaft. Sie sollen sich
gegenseitig verzehren. Die Parther sollen diese Heuschrecken essen, aber das
ist vielleicht eine andere Art.

In Cicendula finden wir unser Glühwürmchen (Lampyris noctiluca)
wieder. Es hat zwei harte Flügel-Decken wie ein Käfer, ist aber klein wie eine
Fliege. Beim Fliegen leuchtet es, aber nur des Nachts. In Italien findet man es
häufiger als irgendwoanders.

Seite aus dem Original-Manuskript des „De Animalibus" von Albertus Magnus
(Culex etc.; aus dem Kodex im Kölner Stadt-Archiv).

Ein fabelhaftes Tier ist S t e l l a e f i g u r a, ein Wurm, der so kalt ist, daß er sogar Feuer löscht. Hier wird das oben erwähnte Prinzip, daß alle Insekten aus Eiern entstehen, zum ersten Male durchbrochen, denn er entsteht aus dem Schmutz. Er leuchtet nachts wie ein Stern.

C i n i f e s sind Stechmücken (Culicidae), fliegende Würmer mit langen Beinen. Mit kleinen Rüsseln durchbohren sie die menschliche Haut. Sie entstehen aus Feuchtigkeit und bei Gewässern sind sie häufig. Sie suchen besonders Menschen und Tiere auf, die schwitzen, und deshalb sind sie abends soviel bei Schlafenden. In feuchten Gegenden muß man seine Betten mit besonderen Netzen bedecken, um sich gegen ihre Stiche zu schützen.

Die C a n t a r i d e s sind die grünen Pflasterkäfer (Lytta vesicatoria), die massenhaft auf Erlen und Eschen aus der Blatt-Feuchtigkeit entstehen und die Blätter wie Raupen anfressen. Tags fliegen sie und nachts kann man sie klumpenweise sammeln. Im August werden sie von den Ärzten gesammelt und in Essig getaucht, und so dienen sie zu verschiedenen Arzeneien.

Die C i c a d a [ist keine Zikade, sondern die Grille], von der es zwei Arten gibt, eine, die im Hause, und eine, die auf Sträuchern und Kräutern zirpt (Gryllus domesticus und Gryllus campestris). Bei enthaupteten Grillen leben Kopf und Körper noch etwas weiter, und wie ich mit meinen Gefährten mehrfach gesehen habe, zirpt die Brust auch dann noch einige Zeit.

Die E r u c a oder Raupe ist ein langer Wurm von verschiedenen Farben mit vielen kurzen Füßen. Die Lebensgeschichte der Pieris brassicae-Raupe wird beschrieben, aus der dann später die P a p i l i o n e s oder Schmetterlinge entstehen, die mit ihren langen Rüsseln Pflanzensäfte saugen.

F o r m i c a, die Ameise, ist ein kleines Insekt, das noch in spätem Alter an Körpergröße wie an Geist zunimmt. Sie ist sehr vorsorglich, und wenn sie sich auch nicht wie die Biene Waben baut, so sammelt sie doch trockenes Getreide. Ihre Straßen halten sie stets inne und es herrscht dabei eine gute Ordnung. Feuchte Getreide-Körner trocknen sie, damit sie nicht verfaulen. Das Wetter wissen sie im voraus, denn vor Stürmen sammeln sie sich stets zu Hause. Schwefel und Origanum verabscheuen sie so, daß sie ihre Wohnungen sofort verlassen, wenn man deren Pulver darüber streut. Bei ihrem Biß spritzen sie einen giftigen Saft von sich, der Blasen hervorruft. Im Greisenalter beginnen einige zu fliegen. Sie saugen aus Früchten und Tierkörpern, die sie finden, ihre Nahrung. Sie erzeugen zuerst Eier, die sich in weiße Würmer verwandeln, die in kleine Häutchen eingewickelt sind. Diese werden auf die Oberfläche an die Sonne getragen und hieraus entstehen dann die Ameisen. Diese Stelle weist, wie Wasmann bemerkt, darauf hin, daß Albertus die „Ameisen-Eier" schon als Puppen erkannt hat.38) Im Winter ernähren sie sich von der Speise, die sie im Sommer gesammelt haben. Zu Philomene sammelt man begierig Ameisen und ihre Eier zu medizinischen Zwecken. Die Fabel Alexanders des Großen, daß in Indien Ameisen so groß wie Hunde oder Füchse mit vier Beinen leben, die Goldberge bewachen und nahende Menschen zerreißen, scheint Albertus nicht genügend durch die Erfahrung bestätigt zu sein.

F o r m i c a l e o n [ist der Ameisenlöwe (Myrmeleon formicarius-Larve).] Er ist nicht vorher eine Ameise, wie Einige sagen. Denn ich habe oft beobachtet und es auch Freunden oft gezeigt, daß dieses Tier eine ähnliche Gestalt wie eine Zecke (Engula) besitzt. Er versteckt sich im Sande und gräbt hier eine halbkugelförmige Höhle, deren einer Pol sein Mund ist. Wenn nun Futter sammelnde Ameisen bei der Nahrungssuche vorüberkommen, so fängt und verschlingt er sie. Dies habe ich verschiedentlich beobachtet. Im Winter sollen sie die Vorräte der Ameisen rauben, weil sie im Sommer keine Vorräte ansammeln.39)

Von der F l i e g e wird berichtet, daß sie zwei Flügel und acht Füße besitze.

Von O p i m a c u m wird eine so unklare Beschreibung gegeben, daß es unmöglich ist, ihn zu erkennen. Bei Petrus Candidus wird unter diesem Absatz Gryllotalpa vulgaris illustriert.

Die F l ö h e entstehen aus feuchtem, erwärmtem Staub, wenn dieser mit den warmen Tierkörpern plötzlich in Berührung tritt. Sie sind schwarze, runde Tiere, die mit ihrem Rüssel Blut saugen, so daß an diesen Stellen Schwellungen entstehen. Er hat lange Springbeine neben sechs Schreitfüßen. Da er sehr klein ist, springt er sehr schnell. Er saugt soviel Blut, daß er es ständig schwärzlich und trocken wieder ausscheidet. Ihre Eier sind linsenförmig. Immer findet man ein kleines Männchen und ein großes Weibchen zusammen. Die im März und April entstandenen Flöhe sterben im Mai. In diesem Monat nämlich gibt es keine Flöhe oder nur sehr wenige. Später leben sie bis zum Winter, besonders schlimm sind sie aber im Winter.

Es gibt auch andere Flöhe, die sogenannten terrae pulices oder Erdflöhe, die an Kräutern fressen, wenn diese gerade aus dem Samen schießen.

Bei Bespritzen des Hauses mit Colloquinten- oder Rubus-Abkochungen fliehen sie sofort.

Die L ä u s e entstehen in den schmutzigen Poren der Menschen und lieben die Wärme sehr. Besonders viele finden sich auf Raubvögeln. Gefräßige Menschen werden von ihnen bevorzugt. Ihre Farbe ist verschieden je nach der Natur des Saftes, dessen Zersetzung sie ihre Entstehung verdanken. Die Vogelläuse (= Malophagen) besonders an Geiern sind lang, schlank, vielfüßig und braun. Die Menschen- und die Schafläuse hingegen sind breit gedrängt. Das Hauptbekämpfungsmittel gegen sie ist Quecksilber und Blei.

Im S p o l i a t o r c o l u b r i erkennen wir mit einiger Wahrscheinlichkeit den Puppenräuber (Calosoma sycophanta) wieder. Dieser grünlichgolden schimmernde Laufkäfer rennt im Staub der Feldwege und raubt Käfer, die er aussaugt. Sein Name kommt daher, daß er das Gehirn der Nattern auffrißt. Man erzählt, daß er zuerst von seinen Eltern ernährt wird und später lange ohne Speise unbeweglich liegt, bis er sich selbst mit Nahrung versorgt.

Die T e r e d o hat Stadler (1921) fälschlich als Teredo navalis, eine holzbohrende Muschel-Art, identifiziert. Es handelt sich hier vielmehr um holzbohrende Insekten-Larven. Sie bevorzugen mulmige Hölzer. Im Orient soll es wegen der Trockenheit der dortigen Hölzer keine Bohrwürmer geben. Bei uns hingegen finden sie sich in allen Hölzern, allerdings in Eiche und Linde weniger als in anderen.

Was mit den Albertus selbst unwahrscheinlich erscheinenden V e r m e s C e l i d o n i a e gemeint ist, in Celidonien lebenden Würmern, die in heißem Wasser leben, und, wenn man sie in kaltes Wasser überträgt, sofort sterben, ist unmöglich zu erkennen. Sie sind aus einem Gleichnis des heiligen Augustinus in die naturwissenschaftliche Literatur übergegangen.

Von W e s p e n gibt es viele Arten, die alle ungenießbaren Honig sammeln, an Wänden oder in der Erde ihre Nester bauen und sich von Kot oder Fleisch-Kadavern ernähren. Ihr Stich ist stärker als der Bienenstich und bisweilen sehr gefährlich, besonders von einer großen Art mit schwarzem Kopf.

„Hiermit endet das Buch über die Tiere und hiermit das ganze Werk der Naturgeschichte, worin ich bescheidentlich die peripathetischen Lehren, so gut ich konnte, abgehandelt habe. Und niemand wird daraus entnehmen können, was ich selbst über die Naturphilosophie denke. Wenn aber jemand daran zweifelt, so vergleiche er die Lehren meiner Bücher mit denen der Peripathetiker und dann mag er sich zustimmend oder tadelnd äußern, ob ich ein guter Interpret derselben gewesen bin. Wenn aber jemand tadeln wird, ohne diese gelesen und verglichen zu haben, dann tadelt er aus Mißgunst oder Unwissenheit, und aus solchem Tadel mache ich mir nur wenig."

So lebt Albertus auch in der Geschichte weiter als Wiederhersteller der Naturforschung des Aristoteles, dessen Wissen er erst mit der kirchlichen Autorität in Einklang gebracht hat. Daneben verdankt ihm die Entomologie eine selbständige Zusammenfassung seiner anatomischen und physiologischen Kenntnisse, die auf einen durchdringenden Geist hindeuten, und eine Anzahl kleiner biologischer Beobachtungen, neben denen gelegentliche Fehler wie, daß Fliegen und Flöhe acht Beine haben, und Ähnliches völlig zurücktreten. Durch ihn erst wurde Aristoteles wieder d i e Autorität. Von Aristoteles und Plinius bis auf Wotton, Geßner und Aldrovandi gibt es keinen Naturforscher von ähnlicher Bedeutung wie Albertus Magnus. Ich kann mich sogar des Eindrucks nicht erwehren, daß er in philosophischer Durchdringung bis auf Réaumur nicht seinesgleichen gefunden hat.

Literatur:

E. v. Martens. Über die von Albertus Magnus erwähnten Landsäugetiere 1858. Archiv für Naturgeschichte, Jahrgang 24, Vol. I. pp. 123 – 144.

C. Jessen, Alberti Magni historia animalium 1867. Archiv für Naturgeschichte, Vol. I, Jahrgang 33, pp. 95 – 105.

Hertling, Artikel: Albert von Bollstädt in Allgemeine Deutsche Biographie. Vol. I. 1875 Leipzig. pp. 186 – 196.

H. Langenberg, Aus der Zoologie des Albertus Magnus. Programm Realschule Elberfeld 1890 – 91, 40 pp.

H. Stadler. Albertus Magnus von Köln als Naturforscher und das Kölner Autogramm seiner Tiergeschichte. Verhandlungen der Gesellschaft deutscher Naturforscher und Ärzte zu Köln 1908. Leipzig. Vol. I. 1909, pp. 29 – 37.

F. Pelster, Kritische Studien zum Leben und zu den Schriften Alberts des Großen. 1920, Freiburg, Herder.

H. Stadler, Albertus Magnus: De animalibus libri XXVI. Nach der Kölner Urschrift. 1917 – 1921, Münster i. Westf. 2 Vol. 1664 pp.

E. Wasmann, Zur Vollendung der Neuherausgabe der Tiergeschichte Alberts des Großen. 1925, Stimmen der Zeit (Freiburg. Herder). Vol. 106. Jahrg. 54. pp. 79 – 80.

H. Stadler, Albertus Magnus, Thomas von Cantimpré und Vincenz von Beauvais. Natur und Kultur, Vol. 4, 1906, pp. 86 – 90.

H. Stadler, Irrtümer des Albertus Magnus bei Benutzung des Aristoteles. Arch. f. d. Gesch. d. Naturwiss. und d. Technik. Vol. 6. 1913. pp. 387 – 393.

Ganz besonders möchte ich auf die soeben erschienene schöne Monographie von F. Strunz, Albertus Magnus, Wien und Leipzig 1926. hinweisen, die Albertus im Rahmen seiner Zeit zu schildern versucht.

c) Von Vinzenz von Beauvais bis Petrus Candidus December.

Vincenz von Beauvais.

Als Dritten im Bunde haben wir V i n c e n z v o n B e a u v a i s zu erwähnen, den Verfasser der gewaltigsten Enzyklopädie jener Zeit, die er für den König Ludwig den Heiligen von Frankreich zusammengestellt hat, dessen Prinzenerzieher er war. In seinem S p e c u l u m m a i u s tripartitum (naturale, historiale et doctrinale) ist eines, das gegen 1250 vollendete Speculum naturale mit 33

Büchern, ganz den Naturwissenschaften gewidmet. Buch 17—23 behandeln die
Tiere. Das Werk ist eine Zusammenstellung aller Vincenz bekannten Zitate über
den jeweiligen Gegenstand. Das Liber de natura rerum finden wir in seinen Bestandteilen wieder, während Albertus fehlt. Infolge seines ungeheuren Volumens
ist es auch unter den Zeitgenossen nur sehr wenig bekannt geworden. Die
beste Ausgabe in sieben starken Großfolio-Bänden soll die von Mentelin (Argen-
tinae 1473—76) sein. Ich habe die bei Rusch in Straßburg zwischen 1464 und
1467 erschienene Ausgabe einsehen können.

Die Insekten sind im 21. Buch: „Von den Reptilien und Würmern" in 112
Kapiteln behandelt. 34 Arten werden erwähnt. Der Anteil des sich selbst als
Autor bezeichnenden Verfassers ist recht gering. Im nachfolgenden sind seine
sämtlichen eigenen Bemerkungen zusammengestellt.

Cap. 70. Über die Gliedertiere. De Anulosis.

Einige nennen sie Gliedertiere, weil ihre Körper in Ringe geteilt erscheinen.
Es gibt unter ihnen Fliegende wie die Bienen, Gehende wie die Ameisen und
die eigentlichen Würmer.

Cap. 74. Über das Leben der Insekten oder Gliedertiere.

Es ist oben schon gesagt worden, daß Bienen und Wespen, wenn man sie
mit Öl begießt, an Verstopfung ihrer Poren zugrunde gehen. Wenn man aber
durch Aufgießen von Essig ihre Poren öffnet, so werden sie sofort wieder
lebendig.

Cap. 122/123. Über den Cantharis.

Der Cantharis ist ein erdbewohnender Wurm, den man in der Medizin gebraucht; durch sein Brennen ruft er Blasen voll Flüssigkeit hervor.

Cap. 124. De ceruleo ac cervo volante [Caeruleus].

Dies ist, wie Solinus und Statius Sebojus sagen, ein wunderbarer bläulicher
Wurm, der im Ganges häufig ist.

Cap. 131/134. Über die Ameise.

Die Ameise ist ein kleines, fleißiges und kluges Tier. Sie schafft die Erde
aus ihren Höhlen hinaus und begeht häufig die trockenen Bergpfade. Sie
nährt sich von Körnern.

Cap. 137/143. Über die Heuschrecke.

Die Heuschrecke besitzt, wie andere Tiere auch, mehrere Heilkräfte für
den menschlichen Körper.

Cap. 147/148. Über die Fliege.

Die Fliege soll aus dem Schmutz entstehen und besucht die schmutzigen
Orte. Sie ist unruhig, lästig und widrig. Sie sticht.

Cap. 157. Über die Hornisse.

Als Hornisse bezeichnet der Experimentator, was wir Hirschkäfer nennen,
den wir schon zuvor besprochen haben. Im Plinius und im Liber de natura
rerum heißen sie crabro (statt scabro).

Cap. 175/179. Über die Wespe.

Sie sollen nach Isidor aus dem faulenden Fleisch von Eseln entstehen, so
wie die Hummeln aus den Maultieren. Außerdem raubt nach Plinius eine
Wespe die Spinne Sphalangion und trägt sie in ihr Nest. Dann entsteht dort
aus ihnen von neuem ihre Art.

An neuen Tieren erscheint bei Vinzenz außer dem fabelhaften Ceruleus ein
Tier simultas. Von diesem sagt Papia: Simultas ist ein Wurm im Kopfe der
Widder [= Nasenbremse oder Drehkrankheit?]

An Zikaden kennt er die Hausgrille und den schwarzen Gryllus campestris, der den Schmetterlingen ähnlich sei. Nach einigen wird auch der Hirschkäfer so genannt. Dann kommen wieder Literatur-Notizen über die echten Zikaden: „Sie haben an der Brust einen Stachel, einer Zunge ähnlich, mit dem sie den Tau auflecken. Sie haben eine hohle Brust und musizieren schön. Nur die Männchen singen, die Weibchen schweigen. Sie kopulieren rückwärts gerichtet [d. h. einander abgewandt]. Die Eier sind weiß. ..."

Die am meisten zitierten Autoren sind: Liber de natura rerum, Plinius, Aristoteles, Avicenna, Isidorus, Razi, Palladius, Physiologus, Dioscur, sowie Kirchenväter und Bibel-Kommentatoren. Von den drei Dominikanern ist Vinzenz der bei weitem unselbständigste und unbedeutendste.

Die Übersetzer des Liber de natura rerum.

Von den Werken dieser drei Enzyklopädisten ist dasjenige, das in den folgenden Jahren am weitesten verbreitet und von großem Einfluß auf die Verbreitung der Naturkenntnisse im Volk gewesen ist, das Liber de natura rerum. Albertus wurde erst 1519 (Editio Zimarus) und 1651 (Editio Jammys) in völlig verstümmelter Weise gedruckt und sein de animalibus ist eigentlich erst neuestens (1921) durch Stadler wieder völlig zugänglich gemacht worden. Des Vincentius Speculum naturale erlag seinem eigenen Umfang; seine Bedeutungslosigkeit allein wäre damals kein Verbreitungshindernis gewesen.

Das Liber de natura rerum, das ohne Autornamen erschienen war und von den meisten für ein Werk des Albertus angesehen wurde, ist jedoch in vielen, wenn auch meist mehr oder weniger unvollständigen Handschriften verbreitet worden. Es ist besonders wichtig geworden, weil es das erste naturwissenschaftliche Werk war, das aus der lateinischen Gelehrten- in eine Volkssprache übersetzt worden ist. Von diesen Übersetzungen ist die älteste die holländische Jakob von Maerlant's, ca. 1230—1300 in Flandern. „Der Naturen Bloeme" folgt dem Original weitgehend und ist im wesentlichen als eine metrische Übersetzung anzusehen (geschrieben 1265—69). Von eigener Naturbeschreibung findet sich keine Spur. Maerlant hielt Albertus für den Verfasser des Liber de Natura rerum:

Die Materie vergaderde recht
van Coelne Broeder Alberecht.

Die folgenden hochdeutschen Übersetzungs-Proben aus dem schwerverständlichen altholländischen Original verdanke ich Herrn Dr. Pinkhoff-Amsterdam:

Pulex nennen wir den Floh.
Liber Rerum sagt also:
Daß davon aus Staub und Mülle
In heißem Wetter wachsen sie in Fülle.
Dies ist einer der Kerlchen klein,
Mit dem wir im irdischen Gewein,
Gesellet sind, zu jeder Stunde,
Seit unseres Vaters Adam Sünde.
Nachts sind sie grausamer als bei Tage
Wegen unseres Vaters Adam Plage.
Abhilfe gegen die Flohbisse
Geben uns weise Meister zu wissen,
Nämlich daß ein Mensch seine Haut

(Beim Schlafengehen) tüchtig einreibe
Mit Absinthium. Wie man weiß
Ist dies das Kraut, das Wermuth heiß.
Sankt Ambrosius höre ich beteuern:
Man soll Wermuth in Öl kochen
Und damit bestreichen seine Haut.
Wermuth ist der Flöhe Gift.
Wermuth-Blätter auch, geworfen
Ringsum, verjagen sie von der Stelle.
Coloquinth, in Stücke zerbrochen
Und oftmals, mit Wasser, gesprenkelt,
Dort, wo es viele gibt — wie wir schreiben,
Könnte man sie ein Weilchen vertreiben.
Wenn's kalt ist um Juni-Monat,
Entstehen sie am wenigsten, wie man zu wissen glaubt.
E r u c a, wie Liber Rerum (das Buch der Dinge) sagt
Ist ein Insekt, das zu essen pflegt
Kohl und Laub der Bäume.
Häßlich gefärbt darf man sie nennen (?)
Raupe heißt es in unserer Sprache.
Mit diesen Insekten, weiß man wohl,
War dazumal Egypten geplagt.
Nach halb August — wie man erwähnt —
Wenn's etwas regnet oder richtig tauet
Verändert sie ihre Haut
Und fliegt in der Luft.
Sehr schaden sie der Frucht.
Legen sie dann ihre Samen
Und später, wenn ihr Ende naht,
Ins Laub und sterben nachher,
So daß man keine mehr zu Gesichte bekommt,
Bis wieder das warme Wetter anfängt
Und sie sodann das Laub wieder frißt.
So leben sie bei dem Sonnenschein
Und dem Tau, ohne sonstige Mühe.
C i n o m i a, das ist die Hundsfliege
— Es sei denn, daß Ysidorus uns belöge —
Und ist ein sehr peinliches Insekt
Und immer unvertreibbar und böse.
Sie läßt den Hunden keine Ruhe.
Je mehr er (der Hund) zu schlafen verlangt,
Um so peinlicher ist ihm die Fliege. ...

In manchen Ausgaben steht irrtümlich statt der Quellen-Angabe Liber Rerum: Liber Regum.

Von größerer Bedeutung ist die deutsche Übersetzung C o n r a d v o n M e g e n b e r g's. Er wurde gegen 1309 zu Megenberg geboren und studierte in Erfurt und Paris, wo er promovierte. 1337—41 war er an der Stephanskirche in Wien tätig und lebte seit 1342 dauernd in Regensburg als Domherr. Er erwarb sich dort großes Ansehen und starb 1374. Von ihm stammt neben einer fruchtbaren anderen Schriftstellerei eine oft durchaus selbständige Übersetzung und Bearbeitung des „Liber de natura rerum" als „Buch der Natur". Mit Inhalt und Reihenfolge seiner Vorlage waltet er frei. Bis auf die Gegenwart hat seine Übersetzung immer neue Auflagen in verschiedenen Formen erlebt. Auch er hält Albertus für den Verfasser, meint aber später, daß es dann doch wohl ein Jugendwerk sei. Die Insekten werden als Würmer im sechsten Buche der Tiergeschichte abgehandelt. Die Zahl der behandelten Kerfe ist durch Auswahl der wichtigsten auf 20 gesunken (cf. Tabelle). Im Text ist gerade in diesem Buche jede Selbständigkeit gegenüber der Vorlage, die wir in den anderen Büchern so oft antreffen, völlig zu vermissen. Wir können daher auf die früher gegebenen Proben verweisen. Gegen Albertus fällt der stark moralisierende Einschlag auf. In den ältesten gedruckten Ausgaben, z. B. der von 1499 zu Augsburg (Landesbibliothek Kassel 2° N. gen. 23) ist als einzige Abbildung vor Beginn der Würmer eine Holzschnitt-Tafel gesetzt, die unbeholfen eine Reihe Insekten darstellt.

Literatur:

J. von Maerlant, Der naturen bloeme. Ausgabe von Verwijs. Groningen 1878.
F. Pfeiffer, Das Buch der Natur von Konrad von Megenberg. Stuttgart 1861.
W. Raschke, Die Zoologie in Konrad von Megenberg's Buch der Natur I. Programm Realgymnasium Annaberg 1898.
H. Schulz, Das Buch der Natur von Conrad von Megenberg. Greifswald 1897.

Bartholomaeus Anglicus.

Ungefähr gleichzeitig mit den Werken der drei Dominikaner ist das kleine Kompendium des Franziskaner-Mönches Bartholomaeus Anglicus entstanden, über dessen nähere Lebensumstände so gut wie nichts bekannt ist. Die Zahl der angeführten Insekten ist gering. Unter den „Vögeln" (Aves) finden sich: Biene, Mücke, Zikade und Heuschrecke; unter den „Landtieren" (Animalia): Seidenspinner, Raupe, Ameise, Ameisenlöwe, Hummel, Grille, Glühwürmchen, Laus, Floh, Motten, Holzwürmer und Würmer (darunter Fliegenmaden etc.). Die folgenden Proben sind nach der englischen Ausgabe von J. Treviser (London 1535) übersetzt:

Schmetterlinge sind kleine Vögelchen, die zahlreich an Äpfeln sind und hierin Würmer ausbrüten, die aus ihrem stinkenden Unrat entstehen. Aus den Raupen entstehen Schmetterlinge und aus dem Kot derselben, der an den Blättern haften bleibt, wiederum Raupen. [Carpocapsa.]

Der Floh ist ein kleiner Wurm, der den Menschen sehr plagt. Er ernährt sich von Staub. Er ist sehr leicht und entflieht Gefahren durch Hüpfen und nicht durch Laufen. Er wächst langsam, fehlt in der kalten Jahreszeit. Im Sommer ist er schnell und hurtig. Der Floh entsteht weiß, wird dann aber sofort schwarz und begehrt Blut. Mit seinen scharfen Beißwerkzeugen verschont er sogar Könige nicht. ... Wermut und Blätter des wilden Feigenbaums sind Gift für ihn, ebenso zerstampfte und in Wasser ausgelaugte Kolloquinte, wenn man dieses dahin spritzt, wo viele Flöhe sind. Besonders schmerzhaft beißen sie vor Regen.

Die Heuschrecke hat ihren Namen von ihren Beinen, die so lang wie ein Lanzenschaft sind. Sie haben keinen König und wandern doch in geordneten Zügen. Ihr Mund ist viereckig und sie haben einen Stachel anstelle eines Schwanzes. Sie haben krumme und gefaltete Beine. Der Südwind bringt sie hervor und regt sie zum Wandern an; bei Nordwind sterben sie. ...

Die Motte ist ein Kleiderwurm, der aus der Zersetzung von Kleidern entsteht, wenn diese zu lange in dicker Luft, ohne dem Wind ausgesetzt zu sein, oder zusammengefaltet in frischer Luft liegen. Er ist empfindlich und verbirgt sich in den Kleidern, so daß man ihn kaum zu sehen bekommt. Lorbeerblätter, Nadeln von Zedern und Zypressen und ähnliches bewahrt die Kleider — zwischen diese gelegt — vor ihm, ebenso Bücher vor Zersetzung und Mottenfraß.

Petrus Candidus Decembrus.

Zu den Epigonen dieser Epoche ist ferner Petrus Candidus December (1399—1477) zu rechnen. Ihm verdanken wir einen Tierkodex, der eine Perle der mittelalterlichen Buchkunst darstellt. Das wundervoll ausgestattete Manuskript ist offenbar für einen italienischen Fürstenhof hergestellt. Der Verfasser verbrachte den größten Teil seines Lebens an italienischen Fürstenhöfen als Humanist und Sekretär. Seiner fleißigen literarischen, oder besser gesagt Schreibtätigkeit verdanken 127 Manuskripte aus den verschiedensten Gebieten ihr Dasein. Die Nachwelt hat fast keines dieser Plagiate des Abdrucks für würdig erachtet. Für den Tierkodex sind fast ausschließlich Thomas von Cantimpré und Albertus Magnus seine Quellen, vielleicht auch in ge-

b   a
Fig. 50.
a) Vespa: Polistes gallicus [und b) Zecke].
(Leiste aus dem Tierkodex des Petrus Candidus Decembrus.)

ringerem Grade Vincentus von Beauvais und Plinius. Der Kodex bildet heute eine Zierde der vatikanischen Bibliothek, in deren Schausaal er meist ausgestellt ist (Codex Vaticanus Urb. lat. 276). Auf jeder Seite befindet sich unten ein 65 mm tiefer Rand, auf dem lange nach Petrus' Tode wundervolle Aquarelle als Text-

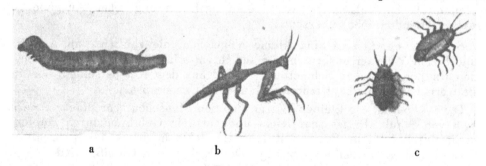

a   b   c
Fig. 51.
a) Bombix: Raupe von Bombyx mori. b) Brucus: Larve von Mantis religiosa.
c) Bubrestis: unbestimmte Käfer-Art. (Leiste aus dem Tierkodex des Petrus Candidus Decembrus.)

Illustrationen von der Hand eines unbekannten Künstlers hinzugefügt worden sind. Bei der Besprechung des Werkes ist zu beachten, daß der rund 1460 geschriebene Text des Petrus Candidus sich in völliger Abhängigkeit von seinen Vorlagen befindet, und daß die Aquarelle des unbekannten Malers eine durchaus selbstständige Leistung darstellen. Von den fünf Büchern befaßt sich das vierte mit Schlangen und Würmern. 35 Insekten-Arten werden darin erwähnt. Die dem 16. Jahrhundert angehörenden Illustrationen fußen im Vertebraten-Abschnitt bereits auf Gesner. Fraglos hat der Maler eine gewisse naturwissenschaftliche ex uermiculis ab ipsa editis producit fœtus noxios.

Musca

Muscæ genus est in cypri partibus ut scribit plini[us] priuataz et quadrupedum. quę nostris maiores sunt. hę pyralę appellantur In fornacibus enim manentes in medio ignium impune uolant. in eoq̈ uiuunt cum exierint flamas moriuntur

opimacus

Opimacus uermis corpore exiguus sed animo elatus. dicitur enim cum serpentibus habere certamen et plerunq̈ ingenio eos superare pugnę exercitio.

papilio

Papiliones uermes uolatiles maxime floribus innituntur et ex eis cibum capiunt. coeunt post augustum mensem. et post coitum moritur mas deinde fœmini ouis prius editis que per hyemem durantia estatis tpr uermes gignunt qui inualescente calore et rore matutino alas assumunt et euolant.

phalangia

Phalangia ut scribit plinius genus est aranee

Seite aus dem illustrierten Tier-Kodex des Petrus Candidus Decembrus.
(Musca: Fliege; Opimacus: Gryllotalpa; Papilio: Schmetterling; Phalangia: Spinne.)

Bildung besessen. Die Insekten-Darstellungen, die durchweg nach Vorlagen aus der Natur gezeichnet sind, gehören zu den ältesten entomologischen Aquarellen, die wir überhaupt besitzen. Deutungen wie Brucus = Mantis religiosa L. oder Opimacus = Gryllotalpa vulgaris L. sind durchaus auf sein Konto zu setzen, da

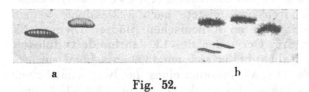

a   b
Fig. 52.
a) Teredines: Käfer-Larven, vielleicht von Anobium. b) Tarinus: Dermestes-Larven. (Leiste aus
dem Tierkodex des Petrus Candidus Decembrus.)

diese Deutungen dem Text nicht entnommen werden können. Die Abhängigkeit des Textes von Thomas und Albertus geht aus der beigefügten Probeseite des Kodex (198 v.) zur Genüge hervor. Weitere Proben erübrigen sich deshalb. Betreffend der Deutung sind noch einige Worte am Platze. Die Determinationen Killermann's

sind nicht ohne weiteres zu übernehmen. So ist z. B. fraglos Brucus = Mantis religiosa L. und nicht eine Blattwanze und ebenso Bubrestis das käfer-ähnliche Fabel-Tier des Plinius und nicht Mantis religiosa. Der Text behandelt unter Locusta die Wanderheuschrecke, während der Illustrator Tettigonia (Locusta) viridissima zeichnet. Als Teredines sind zwei kleine unbestimmbare Käfer-Larven gezeichnet (wahrscheinlich Anobium). Jede Deutung als Termiten ist a limine abzuweisen. Die Abbildung der Honig-Biene weist, wie Killermann richtig bemerkt, eher auf Eristalis tenax, denn auf eine Biene hin. Das unter Vespa abgebildete Tier ist Polistes gallicus. Der Ameisenlöwe ist gemäß der Schilderung Thomas' und Petrus' als eine große Ameise, die eine kleine raubt, dargestellt. Auffallend ist nur, daß neben dieser Deutung des Sklaven-Raubs sich eine Abbildung findet, die sehr gut als die wirkliche Larve eines Ameisenlöwen (Myrmeleon) zu deuten ist, wahrscheinlich aber nur eine Illustration der fabelhaften Formicae indicae darstellen soll. Undeutbar sind der grüne Wurm, der Spoliator colubri, und die grünen Raupen an Schöllkraut, die Vermes chelidoniae darstellen sollen. Ferner erscheint mir die Deutung der Abbildung zu Uria als Wanze ungewiß; wahrscheinlich ist eine Zecke damit gemeint.

Literatur:
S. Killermann, Das Tierbuch des Petrus Candidus. Zool. Annalen, Vol. VI, 1914, p. 113–122.

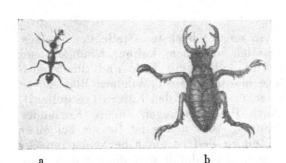

a   b
Fig. 53.
a) Formicaleo: Raubende Ameise. b) Formi-
caleo oder Formicae indicae?: Larve des
Ameisenlöwen oder indische Fabel-Ameise?
(Leiste aus dem Tierkodex des Petrus
Candidus Decembrus.)

Fig. 54.
Lanificus: wohl mit der Figur auf
51 a eine der ältesten europäischen
Abbildungen von Bombyx mori.
(Leiste aus dem Tierkodex des
Petrus Candidus Decembrus.)

d) Petrus de Crescenzi.

Im Anschluß an die drei Dominikaner ist ein Mann zu erwähnen, dessen Werk sich sonderbar aus seiner Zeit hervorhebt: das klassische Werk Ruralium commodorum libri XII des Petrus de Crescenci (Crescentii). Crescenci war ca. 1230 in Bologna geboren und leistete nach Vollendung seiner Studien seiner Vaterstadt wie später anderen italienischen Städten Dienste als politischer Beamter. In den letzten drei Dezennien des 13. Jahrhunderts führten ihn ausgedehnte Reisen durch ganz Italien, bis er sich um 1300 aufs Land zurückzog. Hier benutzte er seine Muße zur Verfassung eines landwirtschaftlichen Handbuches, des eben erwähnten Werkes, das in der Zeit von 1304—1309 entstanden ist. Stützt er sich hierin auch weitgehend auf die klassischen Autoren: Palladius, Columella etc., so war das einerseits berechtigt, indem sein Buch ja ebenfalls von italienischer Landwirtschaft handelt. Er ist aber der einzige mir bekannte wissenschaftliche Autor, der unter Verwendung von Zitaten (d. h. ohne seine Quelle zu verheimlichen) ein lesbares Werk geschrieben hat, in dem die Fülle der Zitate nicht störend wirkt und die Gegenwart zu ihrem Recht kommt, indem sie gleichberechtigt den alten Autoritäten gegenübergestellt wird. Seine ausführliche Darstellung der Bienenkunde seiner Zeit läßt erkennen, daß eine Kontinuität der römisch-italienischen Tradition für diesen Zweig der Landwirtschaft bestand. Infolge seines klaren Inhaltes, leichtverständlichen Stiles und der gleichmäßigen, meist kritischen Berücksichtigung zeitgenössischer Praxis und alter Überlieferung ist das Werk für drei Jahrhunderte das europäische Handbuch der Landwirtschaft geworden. Neben den sechs Tierbüchern des Albertus Magnus ist es wohl das einzige, wirklich selbständige Werk jener Zeit. Von den Ausgaben des ursprünglich lateinisch geschriebenen Werkes ist hier die italienische Übersetzung der Accademia della Crusca (1605) zugrunde gelegt, bei deren Ausgabe die alten lateinischen Handschriften und Drucke textkritisch revidiert wurden und die daher als authentisch anzusehen ist. Wir bringen hier die kurzen Angaben über Pflanzen-Schädlinge. Ganz besonders ist seine Theorie hervorzuheben, nach der die Erzeugung der Würmer in Früchten und Stämmen auf physiologische Ursachen wie Überfluß oder Mangel an Säften im Baume etc. zurückgeführt wird. Zahlreichere neuere und ältere Beobachtungen weisen darauf hin, daß tatsächlich dem physiologischen Zustand der angegriffen Pflanze bei Schädigungen und den Selbsthilfe-Maßnahmen des Baumes eine weit höhere Bedeutung zugesprochen werden muß als heute allgemein erkannt wird.

III, 2. Von den Getreide-Speichern.

p. 113. Die Getreide-Speicher soll man an der höchsten Stelle des Hauses, weit von Gerüchen, Mistgrube und Ställen an einem kalten, windigen und trockenen Orte anlegen. Gemäß Palladius soll er mit Erde und Ölhefe ausgeschmiert sein. Über das Getreide lege man kein Stroh, sondern Blätter von Zedern oder kultiviertem Ölbaum. Das schützt es vor den Käfern (gergoliani), Mäusen und anderen Schädlingen. Nach Palladius legen andere Koriander Blätter zwischen das Getreide zum Schutz. Aber nichts ist besser bei einer langen Lagerung desselben, als es von Zeit zu Zeit an einen benachbarten Ort zu bringen, dort auszubreiten, daß es sich gut abkühlt und dann wieder wie zuvor zu lagern.

Columella warnt, das Getreide durcheinanderzuarbeiten, da man sonst die beschädigten Teile mit dem unbeschädigten vermische. ... Ferner darf der Speicher nicht feucht und uneben sein, auch sollen ihn Mäuse von unten her nicht durchnagen können. Besonders achte man darauf, daß der Speicher nicht zu warm und nicht zu kalt ist, denn beides läßt das Getreide seine natürliche Kraft verlieren. Andere legen es in einen Erdschacht und bedecken die Seiten mit Stroh, so daß keine Feuchtigkeit und keine Luft Zutritt hat, wenn man es nicht öffnet. Wo kein Luftloch ist, da erscheinen auch keine Käfer und nach Varro soll man 50 oder mehr als 100 Jahre das Getreide so aufbewahren können.

IV, 18. Von den Schäden der Weinstöcke und ihrer Heilung.

p. 169. Gelegentlich treten Raupen in den Weingärten auf, die alles Grüne abfressen, und grüne und blaue kleine Würmchen [Byctiscus betulae], die man in Bologna Taradori nennt. Diese entstehen mit den Trauben und durchbohren die jungen Triebe, so daß sie vertrocknen. Man bekämpft sie, indem man sie absammelt und mit den Füßen zertritt oder sie verbrennt.

V, 1. Von den Fruchtbäumen im allgemeinen.

p. 205 ff. Es verwüsten auch die Ameisen die heranwachsende Pflanze oder die Pfropfreiser, ebenso gewisse Würmer das Laub. Sie befressen es und bringen es zum Welken und verhindern auch das Wachstum der jungen Zweige. Diese muß man unaufhörlich bekämpfen, wenn der Baum nicht alle seine Blätter verlieren soll. Man muß die zarten Gipfel sorgfältig von ihren Feinden reinigen, und alsdann werden sie sicher und stark in die Höhe schießen. Um die Ameisen vom Heraufklettern abzuhalten, kann man die Bäume vor ihnen schützen wie folgt: Nimm nach der Anweisung von Palladius [il rugo della porcellana], vermische ihn zur Hälfte mit Essig oder Weinhefe und schmiere dies um den Baumstamm herum, oder etwas flüssiges Pech, aber vorsichtig, damit der Baum nicht durch das Heilmittel selbst beschädigt wird. Oder nimm, was nach meiner Meinung besser ist, einen Woll- oder Leinen-Lappen oder Heu oder Stroh und binde es am höchsten Teil des Stammes fest, doch so, daß der untere Rand unregelmäßig [gezackt] wie ein Kamm aussieht. Oder nimm ein rundes, breites Tongefäß mit einem großen Loch in der Mitte, durch das man die Pflanze so hindurchsteckt, daß das Gefäß noch Wasser halten kann. Dann können die Ameisen nicht an die Pflanze herangelangen. Oder man schmiere Vogel-Leim um den Stamm. Durch

Fig. 55.
Gärtner bekämpft den Bohrwurm Teredo. (Aus dem Ortus Sanitatis, 1536.)

alle diese Mittel kann man die zahllose Schar der Ameisen gewaltsam von den Bäumen fernhalten. Einige meinen, daß eine in Öl getauchte Seidenschnur um den Baum gebunden, ein genügender Schutz sei.

Gelegentlich entstehen, wie bei Menschen und Tieren, aus überflüssigem Nahrungssaft, der sich unter der Rinde ansammelt, kleine Würmer, die dann die Gesundheit des Baumes bedrohen. Wenn du an irgend einer Stelle des Baumstammes eine Anschwellung siehst, so spalte sie eilends, daß das Gift nach außen abfließen kann. Falls aber schon Würmer vorhanden sind, trachte, sie mit einem eisernen Haken zu entfernen. ... Wenn der Baum so schwach ist, daß er wurmige und steinige Früchte erzeugt — vielleicht aus Mangel an Saft infolge schlechter Erde —, dann muß man diese Erde entfernen und bessere Erde um die Baumwurzeln herumlegen, bohre ein Loch in den Stamm, in das man einen Keil aus Eichenholz steckt.

Aber auch bei zu großer Feuchtigkeit des Bodens entstehen wurmige Früchte. Die überflüssig aufgenommene Feuchtigkeit fault und es entstehen daraus die Würmer, die in den Früchten nagen und sie unnütz machen. Das geht daraus hervor, daß sie immer am Samenkorn, dem Ort der feinsten Feuchtigkeit entstehen. Wo es möglich ist, da trockne man den betreffenden Ort etwas aus, damit die Pflanzen nicht übermäßig viel Saft aufsaugen. Wenn das nicht leicht möglich ist, da bohre man an der Stelle, wo sich der Stamm mit den Hauptwurzeln vereinigt, ein Loch, damit die überflüssige Feuchtigkeit hierdurch verdunstet und die Früchte so geheilt werden.

VI, 2. Von den Gärten und ihrer Bearbeitung.

p. 293 f. Wenn die Ameisen in den Gärten ihre Löcher haben, ... so bestreue dieselben mit Origanum und zerriebenem Schwefel. Wenn sie aber von außen kommen, so umgieb den Garten mit Asche oder Kreide. Auch wenn man einen Streifen Öls um den Garten zieht, so können sie nicht hereinkommen, bis das Öl vertrocknet ist. Das ist aber sehr beschwerlich. Wohl aber kann man es leicht um einen Baum machen, der von Ameisen aufgesucht wird.

Gegen Raupenfraß tauche die Samen vor der Aussaat stets in den Saft der Hauswurz oder in Raupen-Blut. Wenn sie lästig werden, so soll man sie durch Kinder absammeln und töten lassen. Pflanze die Erbsen nach der Anweisung von Palladius zwischen Erven (?) (camangiari), so werden keine schädlichen Tiere entstehen. Deshalb pflanzt man auch in vielen Orten eine Reihe Pflanzen, besonders Kohl, zwischen Bockshorn-Klee.

Die Bienenkunde des Crescenci wird an anderer Stelle zur Sprache kommen.

Literatur:

Pierre di Crescenci, Trattate della Agricoltura. Firenze 1605 (die erwähnte textkritische Ausgabe der Accademia della Crusca).

L. Choulant Graphische Inkunabeln für Naturgeschichte und Medizin (1858). Neudruck: München 1924, p. 94—99.

e) Die Bienenzucht im Mittelalter.

Überall ist die Bienenzucht wohl aus der Bienenjagd entstanden, wenn sie nicht von anderen Völkern übernommen wurde. Diese Art des Sammelns von Honig aus Bäumen und Felsspalten tritt uns in der Bibel und bei Homer wie in den ältesten Urkunden über germanische und slavische Bienenkunde entgegen. Erst kürzlich ist in Spanien ein dokumentarischer Beleg hierfür aufgefunden worden in Form palaeolithischer Darstellungen eines Bienensammlers in den Höhlen von Aranja: Ein Honigsammler erklettert vermittels einer primitiven Strickleiter ein hoch oben in der Felsspalte gelegenes Bienennest. Schon sehr frühzeitig ist der Übergang zur geregelten Bienen-Nutzung und Bienenzucht vor etwa 5000 Jahren, die im wesentlichen mit der noch heute in Ägypten geübten übereinstimmt. Bei den Griechen und Juden finden wir zur hellenistischen Zeit bereits eine hoch entwickelte Technik der künstlichen Zucht, ebenso bei den Römern. Die früh-mittelalterlichen germanischen Gesetze kennen neben der Nutzung von Waldhonig bereits die künstliche Zucht in Bienenständen am Hause. Die in besonders waldreichen Gegenden wohnenden Slawen haben die natürlichen Bedingungen möglichst ausgenutzt. Bäume wurden künstlich ausgehöhlt, um Schwarm-Bienen ein Unterkommen zu gewähren. Daneben entstand die Klotz-Beute aus abgesägten natürlichen Baum-Nestern von Bienen.

Fig. 56.
Prähistorische Bienen-Darstellung aus einer spanischen Höhle
(nach Hernandez Pacheco). 40)

1. Die völkerkundliche Grundlage der Bienenzucht.

L. Armbruster hat kürzlich in einer äußerst interessanten Studie über den „Bienenstand als völkerkundliches Denkmal" (1926) darauf hingewiesen, daß die Formen der Bienenstöcke in Europa auf uralte Traditionen zurückgehen. So wie sich in Italien in weitem Umfang die altrömischen Bienenwohnungen bis vor kurzem erhalten haben, finden wir die typischen Formen der Gegenwart im übrigen zwar nur bis ins 15. und 16. Jahrhundert zurück mit Sicherheit belegt,

doch sind sie sicherlich mit den ursprünglichen Formen des frühen Mittelalters
identisch. Die wichtigsten dieser Formen und ihre Verbreitung wollen wir in
Kürze betrachten. Ausführlichere Angaben sind in der Armbruster'schen Schrift
zu finden.

Fig. 57.
Alemannischer Rumpf aus dem Gemälde: Die Madonna von Stuppach von
Mathias Grünewald im Jahre 1519. (Nach Armbruster.)

Für die germanischen Völker ist der Strohkorb als Bienenstand charakteristisch. Er ist in den Grenzen des alten karolingischen Reiches allgemein verbreitet. Im heutigen Frankreich findet er sich als Stroh-Stülper mit Haube (cf.
Fig. 44—46 bei Armbruster). In Deutschland sind drei Formen besonders verbreitet. Der alemannische Rumpf ist von Armbruster bereits auf einem Bilde
Mathias Grünewalds aus dem Jahre 1519 entdeckt worden. Der zwischen Neckar
und Weser verbreitete hessische Kugel-Stülper mit Holzfuß und Stroh-Haube
(cf. Armbruster Fig. 50) läßt sich bei weitem nicht so weit zurückverfolgen.
Dafür ist die niederdeutsche Stülper-Form auf einem Bruegel'schen Gemälde aus
dem Jahre 1565 gut dargestellt. Armbruster erklärt dieses Bild wie folgt:

Dargestellt sind 4 Strohkörbe und 4 Imker. Der eine sitzt auf dem Baum und
fängt wohl einen Schwarm. Zwei hantieren an Körben. Einer der Körbe, der
wie umgeworfen im Grase liegt, ist unten mit einem Tuch zugebunden. Auch
eine Bienen-Schutzwand mit kleinem Pultdach ist im Hintergrund zu sehen,
aber unter der langen Schutzwand steht nur ein einziger Stülper, und dieser
wird von Steinen getragen. Der Bauern-Bruegel hat offenbar einmal Skizzen
gemacht, als er bei einem Wander-Betrieb und wohl auch mal beim Schwarm-
Fang zusah, und diese Skizzen sind hier zu einem Blatt verwendet, das durch
seine geschickte Komposition von guter, bildmäßiger Wirkung ist. Die Form
des Korbes ist hier leicht zu studieren. Es handelt sich um einen ziemlich
schlanken, fast zuckerhutähnlichen Stülper, nur daß die Spitze des Zuckerhutes
abgeplattet erscheint. Der Zweck der Abplattung ist auf dem Bilde praktisch
vorgeführt. Der Stülper läßt sich für gewisse Hantierungen auf den Kopf
stellen und ist insofern etwas praktischer als der verwandte Lüneburger
Stülper. Beim Wandern ist es von Vorteil, wenn das Flugloch nicht am untern
Rand eingeschnitten ist. Dann kann man beim Wandern das Wandertuch an

Ort und Stelle lassen und trotzdem den Bienen den Flug durchs Flugloch freigeben. Die sehr einfache Bienen-Schutzwand kennzeichnet sich als Wanderstand. Denn der darunter stehende Korb ist auf Steine gestellt, was wiederum dafür spricht, daß das Wandertuch, das man schon zweimal auf dem Bilde sieht, auch bei diesem schon flugbereiten Stock noch unten belassen hat. Das

Fig. 58.
Der niederdeutsche Stülper in dem Gemälde: Die Bienenzüchter von Pieter Breugel im Jahre 1565. (Nach Friedländer aus Armbruster.)

Wandertuch ist hier allerdings nicht nach Lüneburger Art befestigt. Die Landschaft erinnert nicht sehr an eine weite Fläche mit Heidekraut, vielmehr an eine Landschaft mit Früh- und Sommer-Tracht. Man könnte das Bild betriebstechnisch so deuten: Imker vom westlichen Nieder-Rhein sind im Begriff, einen Wanderstand im Frühtracht-Gebiet zu beziehen. Ein Korb steht bereits an Ort und Stelle. Links trägt ein Imker einen Korb vom Wanderwagen dem Stand zu, ein anderer Imker ist auf dem Weg zum Wanderwagen begriffen, ein dritter macht sich an einem abgeladenen Korb am Bienentuch zu schaffen. Ein Korb liegt in seiner Nähe zwischen Wanderwagen und Wanderstand. Der Imker im Baum paßt, sofern er einen Schwarm fängt, nicht in jeder Hinsicht zum Wanderbild. Für unsere Fragen läßt sich mit erfreulicher Sicherheit aus dem Bilde schließen: Damals gab es in der Gegend des Bruegel schon den Stand, den es heute noch dort gibt. Damals gab es schon ein Wandern, das bis auf den heutigen Tag seine volle Bedeutung gewahrt hat. Damals gab es auch schon westlich des Rheins jene Art der Bienen-Aufstellung, die in den Grundzügen bis heute weite Verbreitung in der Gegend besitzt: ein eigens für die Bienen errichteter Zaun mit Rückwand und Dach, bestimmt für Vorderbehandlung. Das Bienentuch für Wanderzwecke gab es damals schon und, in Übereinstimmung damit, das nicht unten eingeschnittene Flugloch.

Während der alemannische Rumpf stets auf Imkerei im Nebenbetrieb hinweist, da für eine Aufstellung an der Hauswand nur ein beschränkter Raum zur Verfügung stand, ist der hessische Kugel-Stülper zur Aufstellung im Freien eingerichtet. Das Einfangen der Schwärme und die oft von besonderen Bienen-

schneidern ausgeübte Ernte waren beim ersteren die Hauptarbeiten, während aus
dem heutigen Verbreitungs-Gebiet des letzteren (Mosbach und Amorbach im
Odenwald) bereits für den Beginn des 15. Jahrhunderts eine regelrechte Schwarm-
Bienenzucht urkundlich belegt ist. Der Zehnte wurde dort auch von der Schwarm-
Bienenzucht eingezogen. Einige absonderliche Formen sind auf Berührung mit
fremden Kulturen zurückzuführen. So z. B. eine liegende Form von Strohwalzen
in Thüringen, die wohl auf die Berührung der Kreuzfahrer mit den islamischen
liegenden Tonröhren zurückzuführen ist.

Im alten Österreich, in Bayern und dem Elsaß findet sich zuweilen eine Art
Faß-Stülper, die auch schon durch alte Drucke belegt ist.

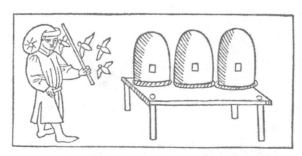

Fig. 59.

Holländischer Bienenstand nach der „Zwiesprach
der Tiere“, 1480. (Neuausgabe der Münchener
Drucke 1923.)

Fig. 60.

Eine Art Faßstülper aus
dem Elsaß. (nach einem
Straßburger Druck aus
dem Jahre 1480; nach
Roth.)

Auch in den nordgermanischen Ländern: England und Skandinavien scheinen
die heutigen Strohkorbarten auf ein sehr hohes Alter zurückzublicken, doch liegt
noch sehr wenig historisches Material vor.

Die slawischen Völker sind seit altersher tüchtige Imker und Zeidler gewesen.
Den germanischen Strohkorb benutzten sie nicht. Neben der Wald-Bienenzucht
die sie zu besonderer Höhe entwickelten, kannten sie einen gänzlich anderen
künstlichen Bienenstand, die Klotz-Beute (cf. Armbruster Fig. 57 und 58). Diese
leitet sich ursprünglich zwanglos aus der Wald-Bienenzucht ab. Hohle mit
Bienen besetzte Bäume wurden oberhalb und unterhalb des Nestes abgehauen
und im Walde oder am Hause aufgestellt. Die Elbe ist etwa die westliche
Grenze dieser Zone, obwohl sich in den Randgebieten später starker germani-
scher Einfluß geltend machte. Die östliche Grenze liegt heute noch nicht mit
Sicherheit fest, befindet sich aber jedenfalls im heutigen Rußland. Die mittel-
alterliche Zeidlerei, die wir später kennen lernen werden, weist stets auf slawischen Einfluß hin. Zwischen das germanische und slawische Gebiet schiebt sich
eine Mischzone ein, die Nordbayern, das östliche Thüringen und Ost-Elbien umfaßt. Die reinen Slawen-Gebiete der Wenden, Sorben, des Spreewalds, der
Lausitz, in Masuren etc. halten am zähesten an der Klotz-Beute fest. In den
übrigen ostdeutschen Ländern verschob sich langsam der Bereich der Klotz-

Beute nach Osten. So verlief zu Beginn des 18. Jahrhunderts in der Mark die Grenze etwa an der Havel. Mittel- und Alt-Mark besaßen Strohkörbe, Frankfurt an der Oder und die anderen Länder rechts der Havel Klotz-Beuten. In Mecklenburg verschaffte nach dem 30-jährigen Krieg der Herzog Adolf Friedrich I. dem Lüneburger Korb eine weitere Verbreitung.

Außerordentlich zäh ist das Mittelmeer-Gebiet im Festhalten an den uralten Bienenstöcken gewesen. Die zum Schutz gegen Regen stets liegende Walze aus Nil-Schlamm, Ton, Baumrinde oder ähnlichem Material hat sich unverändert erhalten. Ägypten und Italien boten im vorigen Jahrhundert keine Anzeichen einer Veränderung gegenüber dem Altertum. Ob der neugriechische Spankorb-Oberlader (cf. Armbruster Fig. 11 und 12) auf das Altertum zurückgeht, ist allerdings zweifelhaft, aber nicht unmöglich. Die Walze als Bienenstand ist heute so weit verbreitet, als der Islam gedrungen ist. Die Form im einzelnen ist aber recht mannigfaltig von Ton-Urnen und richtigen Walzen bis zu Baum-Aushöhlungen.

Zwischen diese südliche und das nördliche germanisch-ukrainische Gebiet schiebt sich eine Stülper-Zone vom Kaspischen Meere bis nach Gibraltar. Im Osten und Westen findet sich der Rinden-Stülper, dazwischen der Klotz- und Ruten-Stülper.

Kaukasus, Ukraine, Rumänien, Bulgarien, Serbien, Krim, Süd-Alpen und Lombardei sind die Gegenden, die Armbruster besonders studiert hat. Einige Formen von Klotz- und Ruten-Stülpern aus dem Balkan geben wir anbei wieder. Auch ein Teil der alt-römischen Bienenstöcke gehört zu dieser Gruppe. In allen diesen Gebieten handelt es sich um Haus-Bienenzucht. Die Zone ist charakterisiert durch die Form des Stülpers und durch das Material, das stets Holz ist. Holz und Rinde in holzreichen, Ruten und Bast in holzarmen Gegenden.

2. Die Bienenzucht im frühen Mittelalter.

Die ältesten sicheren Unterlagen zur Kenntnis der früh-mittelalterlichen Bienenzucht in Mitteleuropa liefern uns die zeitgenössischen Gesetze, die heute in guten Sammlungen herausgegeben sind. In all diesen Gesetzen fällt uns die

Fig. 61.
Die drei entrindeten Klotzbeuten aus dem Kreise Neustadt a. O. aus dem 18. Jhdt. (Nach Armbruster.)

hohe Bewertung der Bienen auf. Bevor wir zu einem Urteil über den Stand der damaligen Zucht übergehen, lassen wir die wichtigsten diesbezüglichen Gesetze folgen:

Westgoten-Recht (ca. 650 n. Chr. Leges Barbarorum Lib. VII cap. 1).

Wenn jemand Bienen in seinem Walde, sei es in Felsen, Steinklüften oder Bäumen gefunden hat, so soll er drei Handzeichen machen ... Und wenn sich jemand daran vergriffen und ein fremdes gezeichnetes Volk erbrochen hat, so soll er dem Geschädigten den Schaden doppelt ersetzen und außerdem 20 Hiebe erhalten. Ein freigeborener Bienen-Dieb wird mit 3 Solidi (römische Goldmünze) und 50 Hieben bestraft; das Weggenommene hat er neunfach zu ersetzen. Ein Leibeigener erhält 100 Hiebe und muß den Schaden sechsfach ersetzen; vermag er dies nicht, so hat sein Herr ihn dem Bestohlenen abzutreten.

L a n g o b a r d e n - R e c h t (Edikt des Königs Rothar um 650 n. Chr. ibidem Lib. I, 25 cap. 37): Wenn jemand von einem gezeichneten Baume im Walde eines anderen Bienen davonträgt, soll er 6 Solidi bezahlen. War der Baum nicht gezeichnet, soll der Finder nach natürlichem Rechte sein Besitzer sein, ausgenommen im Jagdgebiet des Königs. (Im letzteren Falle überbringt der Finder dem Meier des Königs einen Baum-Span und erhält einen Lohn.)

B a j u v a r e n - R e c h t (ibidem 22 cap. 8 ff.): Wenn ein Schwarm sich in dem Baum eines fremden Waldes festgesetzt hat und sein Eigentümer ihn sogleich verfolgt, so soll er den Eigentümer dieses Waldes davon benachrichtigen und mag dann durch Räuchern oder drei von der Rückseite aus geführte Schläge seinen Schwarm auszutreiben versuchen, doch so, daß der Baum nicht beschädigt wird: diejenigen Bienen, die zurückbleiben, gehören dann dem Waldbesitzer.

Wenn der Schwarm in die leere Beute eines anderen gezogen ist, so darf der Eigentümer ebenfalls versuchen, so soll er ebenfalls den Beuten-Besitzer benachrichtigen und kann dann versuchen, seinen Schwarm auszutreiben. Doch soll die Wohnung nicht geöffnet oder verletzt werden. Wenn sie aus Holz ist, mag er sie dreimal auf die Erde aufstoßen. Ist sie aus Rinde oder aus Ruten zusammengesetzt, so mag sie mit drei Faustschlägen erschüttert werden und nicht mit mehr; die dadurch herausgetriebenen Bienen gehören ihm, die zurückgebliebenen dem Besitzer der Beute. Hat er den Besitzer nicht benachrichtigt, so muß er mit 6 Eideshelfern beschwören, daß er den Schwarm zu recht zurückgeholt habe.

B u r g u n d e n - R e c h t (ca. 470 n. Chr. von König Gudobald aufgezeichnet; nach Zimmermann, p. 22—23): Die Entwendung von Bienen gehört zu den leichteren Vergehen und ist mit 3 Solidi zu büßen. Der Schadenersatz für ein zugrunde gerichtetes Bienenvolk beträgt ein Solidus (Kuh, Schwein, Bienenvolk je 1 Solidus; Rind 2, Pferd 3 Solidi). Hat jemand in einer Stadt oder bei einem Dorf Bienenstöcke aufgestellt und durch sie jemand benachteiligt, so soll er aufgefordert werden, sie an einem anderen, abgelegeneren Ort zu verbringen; wer dies nicht beachtet und dadurch den Tod eines Tieres, etwa eines Pferdes, verursacht, soll dessen doppelten Wert ersetzen; wird das Tier nur beschädigt, so mag er es behalten, hat aber dem Besitzer ein ähnliches, fehlerfreies dafür zu geben; ist aber durch die Bienen ein Mensch geschädigt oder gar getötet worden, so ist ihr Herr so zu bestrafen, wie wenn er selbst den Schaden angerichtet hätte; wegen Nichtbefolgens obiger Aufforderung ist er zudem in jedem Falle mit 5 Solidi zu bestrafen.

Auch die Gesetze der salischen und ripuarischen Franken bestrafen den Bienen-Diebstahl äußerst schwer: außer dem Wiederersatz mit 12—45 Solidi. Erschwerter Bienen-Diebstahl wird im sächsischen Recht (ca. 800 n. Chr.) und bei späteren Rechts-Autoritäten sogar mit dem Tode bedroht.

Wir ersehen aus diesen Gesetzen, daß sowohl die Wald-Bienenzucht wie einfache Klotz-Beuten zu Beginn des Mittelalters weit bekannt waren. Die im waldarmen Spanien wohnenden West-Goten erwähnen neben Bäumen Felsspalten als Nester wilder Bienen, wie wir das bereits von der Bibel und Homer her kennen.

Die älteste Form der mittel-europäischen Klotz-Beute wird von U. Berner (p. 5) wie folgt geschildert:

Die Herstellung der letzteren (der liegenden Klotzbeute) geschah so, daß ein Baumstamm, zu einer Röhre ausgehöhlt, hinten und vorn mit einem Brett verschlossen wurde. Zum Zweck der Honig-Entnahme wurde dann das hintere Brett entfernt und die hintersten Waben herausgeschnitten. Die Herstellung der stehenden Klotz-Beute wird meist so beschrieben, daß der Stamm nicht von den Querschnitten, sondern von einer Seite des Mantels aus ausgehöhlt und diese Ausgangsstelle dann mit einem Stück Brett oder Bohle fest ver-

Fig. 62.
Moderne Klotz- und Rutenstülper aus dem Balkan.
(Nach Armbruster.)

schlossen wurde. Beim Zeideln wurde diese natürlich entfernt, die Zahl der Waben war geringer als bei der liegenden Holz-Beute, dafür aber deren Länge beträchtlicher. Beim Zeideln konnte man leichter an alle Waben heran, oder man konnte auch abwechselnd die Hälfte aller Waben ganz entfernen und so den Bau ständig jung erhalten. (Standen die Waben als Kaltbau, so ist dies ohne weiteres verständlich; standen sie aber als Warmbau, das heißt, verdeckte die hinterste Wabe alle vorderen, so pflegte man sich so zu helfen, daß man in dem einen Jahr von allen Waben die rechte, im nächsten Jahr die linke Hälfte gänzlich entfernte.) Diese Form der Stand-Beuten, die ja den Baum-Beuten vollständig entspricht, war aber nicht die einzige vorkommende, m. E. vielleicht nicht einmal die älteste. Wir hören nämlich an verschiedenen Stellen noch von den sogenannten Klotz-Stöcken, das sind zu Röhren ausgehöhlte Baumstämme, die, oben mit einem Brett fest verschlossen, unten offen blieben und nur lose auf einen Untersatz (Holzplatte oder dergleichen) gestellt wurden.

Es ist das große Verdienst von Armbruster (1926), darauf aufmerksam gemacht zu haben, daß diese Entstehungsform der Bienenzucht wohl nur für die Slawen zutrifft. Er weist nach, daß die Leges Barbarorum und andere frühmittelalterliche Dokumente nur dann sich zwanglos erklären lassen, wenn wir neben einer gepflegten Bienenjagd eine Art Garten-Bienenzucht am Hause, nicht in Klotz-Beuten, sondern wohl schon in den typischen Stroh-Stülpern annehmen. Die sehr interessanten Ausführungen sind im Original nachzulesen. Vor allem spielt der Nachweis von Schwarm-Bienenzuchten im frühen deutschen Mittelalter eine große Rolle.

Großes Interesse wandte Karl der Große der Bienenzucht zu. In seiner Landgüter-Ordnung sieht er auf seinen Gütern die Anstellung besonderer Bienenmeister vor.

17. So viele Hofgüter der Amtmann in seinem Sprengel hat, so viele Deputatisten sind dafür zur Besorgung der Bienenzucht für uns vorzusehen.

34. Es ist durchaus mit aller Strenge darauf zu achten, daß alles, was mit den Händen bereitet oder berührt wird, also ... Honig, Wachs ... mit äußerster Sauberkeit hergestellt oder zugerichtet werde.

59. Jeder Amtmann hat jedesmal für die Dauer des Palastdienstes täglich 3 Pfund Wachs und 8 Sextersien Seife senden zu lassen. Außerdem hat er am Namenstage des heiligen Andreas (10. November), wo sich auch immer an diesem Tage unser Hoflager befindet, womöglich noch 6 Pfund Wachs zu entrichten. Ebenso hat er auch Mittfasten (Mittwoch zwischen Fastnacht und Karfreitag) zu verfahren.

Über die Menge des jährlich zu liefernden Honigs (44), ist keine Angabe gemacht. Jedenfalls ist jährlich wie über alle Zweige des Betriebs auch über den Bestand und Verbrauch an Honig und Wachs (62) zu berichten. Nach Beßler (p. 94) befanden sich auf einem der kaiserlichen Landgüter gelegentlich 17, auf einem anderen 50 Völker vor.

In der Landgüter-Ordnung fällt uns die starke Betonung der Wachslieferung, die der an Honig vorangeht, auf. Das Wachs erhielt diese Bedeutung vor allem durch den großen Verbrauch der Klöster zu kirchlichen Zwecken. Als Maßstab diene, daß das Kloster Corvey z. B. einen jährlichen Wachs-Verbrauch von 600 Pfund hatte, zu dem 10 Bauern z. B. 67 Pfund jährlich als Deputat beizutragen hatten. Solche Deputate an Klöster waren im Mittelalter weit verbreitet, von ½ Pfund Wachs jährlichen Beitrages bis zu hohen Summen wie 17 und 25 Pfund Erträgen aus der eigenen Kloster-Wirtschaft. Wie Zimmermann berichtet (p. 26 bis 27) vertrat im Mittelalter das Wachs teilweise die Stelle von Geld, auch bei kleinen Strafen.

3. Das Zeidel-Wesen.

Ein eigenartiges Institut des mittelalterlichen Bienenwesens ist die Zeidlerei. Zeideln bedeutet ursprünglich das Honigschneiden, die Honigentnahme aus den Bäumen oder Stöcken, den wichtigsten Teil der primitiven Bienenzucht. Während die Haus-Bienenzucht sich mehr und mehr ausdehnte, geriet die Wald-Bienenzucht mehr und mehr in die Hände von besonderen zunftartig geordneten Zeidler-Genossenschaften mit besonderen Privilegien. Man vermutet, daß die Zeidel-Genossenschaft des Nürnberger Reichs-Waldes bis auf Karl den Großen zurückgeht. Jedenfalls werden die Nürnberger Zeidler schon in Urkunden vor dem Jahre 1000 erwähnt. Seinen großen Aufschwung nahm das Nürnberger Zeidelwesen vom 12.—14. Jahrhundert. Beßler bringt ihn mit den starken Anforderungen der kaiserlichen Hofhaltung an Honig und Wachs in Verbindung. Diese führten dazu, daß Pächter in die Reichs-Waldungen gesetzt wurden, die vertragsmäßig zur Bienenzucht verpflichtet waren. Dieser Zeidler wird oft in Urkunden aus dem 13. und 14. Jahrhundert gedacht. Aus der reinen Wald-Bienenzucht entwickelten sich Zeidel-Güter, die auch die Haus-Bienenzucht in ausgedehnter Weise betrieben. Von solchen Zeidel-Gütern gab es 50 im Reichs-Wald. Karl IV. bestätigte im Jahre 1350 z. B., daß in diesem Walde außer den erbeingesessenen Zeidlern niemand Bienen halten durfte. Klotz-Beuten und Glocken-Stülper aus Stroh waren in Gebrauch. Das Leben auf diesen Zeidel-Gütern schildert Beßler (p. 105—106) sehr anschaulich:

Es mochte einen eigenartigen Anblick gewährt haben, wenn man damals auf einem Morgen-Spaziergang den Schauplatz einer Zeidel-Wirtschaft durchschritt und die Honig-Ausschneider in größeren und kleineren Gruppen aus den umliegenden Dörfern von allen Seiten gegen den Wald herankommen sah. Ohne Zweifel ging „der Herr', die kurze Pfeife rauchend, im Bewußtsein seiner Würde, mit dem Zeidel-Sack umgürtet, voraus, während die minderwertige Sippe, als Knechte, Taglöhner und Buben mit den nötigen Gerätschaften in respektabler Entfernung nachfolgte. Die Schultern des Knechts waren dann wohl mit der weitsprossigen Leiter beschwert, auf welcher man zu den Beuten hinaufstieg, die Taglöhner trugen die Körbe zum Herunterreichen der ausgeschnittenen Honig-Waben nebst anderen Gefäßen. Der Junge aber bildete mit der dreizinkigen Gabel und dem Zeidel-Messer den Schluß. Sofort ging es ans Werk.

Der eine bediente sich der Leiter, um auf ihr stehend die süße Beute zu holen, ein anderer befestigte eine Art Schaukel

«Aʼs sahe man vor Zeithen die befreyte Zeydler reithen»

Fig. 63.
Zeidler am Tage des Zeidelgerichts.
(Nach Pritzl.)

an einem vorspringenden Ast, setzte sich darauf und begann emsig zu zeideln, ohne jedoch die Pfeife aus dem Munde zu nehmen, deren Qualm die Bienen von allzu vertraulicher Annäherung abhielt.

Manch drolliger Zwischenfall kam dabei sicherlich vor, wenn die gereizten Bienen gegen den in der Luft schwebenden Freibeuter trotz Pfeife und Rauch ihre Hausrechte wahrten oder einer der mutwilligen Buben, statt die Leiter zu halten, sein Gehör-Organ, dessen äußere Teile er während der Arbeit in verhältnismäßiger Sicherheit wußte, an den hohlen Stamm drückend, der Bienen-Musik lauschte und mit den zappelnden Beinen das schwanke Fußgestell des eifrigen Zeidlers umstieß.

Nach beendigtem Tagewerk scharten sich dann die Bewohner der einzelnen Ortschaften zusammen und zogen unter Scherzen und fröhlichem Gesang gemeinsam mit der köstlichen Beute nach Hause zurück. Es gab unmittelbare und mittelbare Zeidel-Güter; die ersteren standen in Ansehung der niederen Gerichtsbarkeit unter dem Zeidel-Gerichte und erfreuten sich besonderer Privilegien; die letzteren waren nur durch ihre Verbindung mit den Unmittelbaren dem Zeidel-Gericht unterworfen. Sie genossen die Freiheiten derselben nicht, sondern mußten Steuern zahlen und verschiedene andere Leistungen waren ihrer Existenz zur Bedingung gemacht. Die unmittelbaren waren wiederum von zweierlei Art. Einige hatten unmittelbare als Töchter mit sich vereinigt und

13*

wurden daher im Gegensatz zu letzteren, welchen man den Namen Zeidel-Töchter gab, Mutter-Güter genannt.

Die unmittelbaren, welche jede Verbindung mit anderen Gütern oder mit Töchtern verschmähten, hießen einschüchtige Zeidel-Güter.

Wir haben bereits erwähnt, daß die Zeidlerei eine typisch slawische Erscheinung ist. Für ihr weites Vordringen auf germanisches Gebiet (Bamberg, Nürnberg) gibt uns Armbruster (1926) eine einleuchtende Erklärung. Die von den Germanen nicht gerodeten Wälder waren solche, die auf für die Landwirtschaft minderwertigem Boden standen. In solche Gebiete, z. B. den Reichs-Wald bei Nürnberg konnte der slawische Zeidler mit seiner Wald-Bienenzucht eindringen und sich wirtschaftlich hier behaupten. „Der slawische Zeidler, der sich ursprünglich wohl mit spärlichen Siedlungen in die weiten Wald-Gebiete vorschob, wurde zum Siedlungs-Pionier der slawischen Rasse." Die Bienenzucht ist hier zu einem Faktor von eminent politischer Bedeutung geworden. Das von Wagner für das Trierer Bistum gemeldete Zeidel-Wesen beruht auf einem Mißverständnis. Seine Verbreitung deckt sich überall mit der des Slawentums.

Zahlreiche und umfangreiche Dokumente über das Zeidelwesen sind uns erhalten. Die umfangreichsten Zeidel-Güter, von denen wir heute wissen, befanden sich in Schlesien (bei Muskau und in Hoyerswerda), in der Kurmark, in der großen Görlitzer Heide, in Pommern, im Nürnberger Reichs-Wald, in Mähren etc. Die sehr alte Muskauer Zeidel-Genossenschaft soll über 7 000 Völker besessen haben. Über die Zeidlerschaften in der Mark (bei Köpenick, Fürstenwalde, Storkow etc.) liegen uns Dokumente aus der Zeit von 1519 bis zu der des großen Kurfürsten vor.

Die grundlegende Urkunde Karls IV. für die Nürnberger Zeidler-Genossenschaft aus dem Jahre 1350 sei ihrer Wichtigkeit wegen anbei zum Abdruck gebracht:

Wir, Karl, von Gottes Gnaden, Römischer König, zu allen Zeiten Mehrer des Reichs und König von Böhmen, versehen öffentlich, und thun kunth mit diesem Briefe, allen denen, die ihn sehen oder hören lesen, daß für unser Königlich Gegenwärtigkeit kommen sein, unser lieb getreu, die Zeidler gemeiniglich, uff unserm und des Reichs Walde bei Nürnberg gelegen, und haben uns gebetten und geflehet mit ganzem Fleiß, daß wir ihn alle ihre Rechte, die hernach geschrieben stehen, die sie von langer Zeit bißher gehabt haben, von den Zeidelguten, auff dem vorgenandten Walde bei Nürnberg, bestettigen und confirmiren wollten, von besondern unsern Königlichen Gnaden.

Des ersten, daß sie in allen Stetten des Römischen Reichs sollen Zolfrey sein, und darnach kein Recht zu halten, dann vor ihren Zeidelmeister zu Feucht. Es seyen auch ihre Rechte also, daß man alle Zeidelgut zimmern sol, auß unsern und des Reichs Walde bei Nürnberg, und umb dasselbige Zimmer soll man Urlaub begeren und gewinnen umb den Waldstromer und den Vorstmeister, und die sollen es erlauben umbsonst, und in welches Vorsters Hut das Zimmer gehauen wird, dem soll man davon geben zween Haeller. Sie haben auch das Recht, daß ein jeglicher Zeidler alle Wochen soll füren zwei Fuder Stöck und Rannen, aus des ehegenandten Reichs Walde, und mag das verkauffen, ob er will, und ihn soll niemand daran hindern noch irren. Es soll auch auf des ehegenannten Reichs Walde niemand kein Pin haben, denn allein geerbet Zeidler, ohn der Stromer, und der Vorstmeister. Es ist auch recht, daß ein jeglicher Zeidelmeister, der von des Reichs Gnaden zu Feucht sitzt, soll setzen und entsetzen alle Zeidelgut, also, daß uns und dem Reich an seinen Guten nicht abgehe, und auch, daß das Reich seinen Dienst auf denselben Guten finde. Es ist auch recht, welcher Zeidler Willen zu faren hat von dem Zeidelgut, derselb soll geben dreyzehen Haller dem Zeidelmeister, und wäre das, ob der Zeidelmeister dieselben Haller verschlüg, so mag der Zeidler von dem Gut faren, ob er will, und dieselben Haller legen auf das überthür inn dem Hause, da er ausfert, und soll darnach faren, als ein Gerechter, und wer denn auf das Zeidelgut fert, der soll dem Zeidelmeister einen Schilling haller der kurzen geben, und daran soll er sich lassen genügen. Es ist auch recht, ob der belehnet Zeidelmeister von uns und dem Reich das Zeidelgericht mit besitzen will, daß er einen andern Zeidelmeister an sein statt setzen soll nach der Zeidler Rath und nach ihrem Willen. Sie seyn auch schuldig vor ihren geschrieben Erben, auf den Zeidelguten, und von allen ihren vorgeschrieben Rechten, die sie von uns und dem Römischen Reich haben, zu dienen uns und dem Reiche, zwischen den vier Wäldern, auf Gnade, und der Dienst ist also, daß sie dienen sollen mit sechs Armbrüsten, und zu denselben Armbrüsten soll man ihn geben Pfeil, was sie ihr bedürfen. Es ist auch ihr Recht, daß man ihn Wägen von Hof soll geben, und auch Koste, und ob man des nicht enthett, so sein sie ires Dienstes ledig. Es sollen auch alle versagte Pin auf unsern und des Reichs Walde, gehören in desselben unsers Reichs Pingarten, und wer einen Peuten niederheuet, der ist schuldig dem Zeidelmeister zehen Pfund Haller und einen Haller. Und wer auch einen gewipfelten oder gemerckten Baum abhauet, der ist schuldig dem Zeidelmeister ein Pfund Haller, und dem, des der Baum gewest ist, auch ein Pfund Haller. Es sollen auch die Zeidler zwirnt in dem Jahr darumb rügen dem Zeidelmeister. Ist aber, daß er ihn das nicht ausrichtet, so sollen sie es klagen unserm und des Reichs Pfleger, und der soll es ausrichten, und auch die Puß darumb nehmen, als vorgeschrieben stehet. Es ist auch recht, auf unsern und des Reichs Walde, bei Nürnberg gelegen, als ferre der Pinkreiß gereichet, daß niemand keinen Schwarm aufheben, noch sich unterwinden soll, denn ein geerbter Zeidler, und soll auch jeder Zeidler von seinen Guten geben sein Hönig-Geld uns und dem Reiche, als es von Alter an uns herkommen ist, oder dem, der es von uns und dem Reich innen hat. Die Zeidler sollen auch pfenden an Linden, und an Salhen, und an Spürckeln, umb ein Pfund Haller, und dieselben Pfand soll man antworten dem Stromer, und der Stromer soll dann dem Zeidler davon einen Schilling Haller geben, dem, der ihm die Pfand antwortet. Es sol auch jeder Zeidler hauen, was er zu den Peuten bedarf. Und soll auch jeder Vorster Pin haben in seiner Hut, und nicht ferrer, und soll auch kein Vorster ziehen, denn der Stromer und der Vorstmeister. Es ist auch ihr Recht, daß der Zeidelmeister inn unsern und des Reichs Dienst soll verfahren, und soll In von Hof ihr Kost fordern, und auch ihre Rechte, und um denselbigen Dienst ist man dem Zeidelmeister schuldig seinen Weiß-Pfenning. Und was auch Todschläg in dem Gericht geschehen, das gehöret einem Landvogten an, oder dem, der es von uns, und von des Reichs wegen innen hat. (Beßler pp. 108—110.)

Die weitere Entwicklung des Zeidel-Wesens im Nürnberger Reichs-Walde hat oft ihre Darstellung gefunden (Beßler, Lotter, Pritzl etc.). Das letzte Zeidelgericht wurde im Jahre 1779 abgehalten, nachdem die Zeidlerei selbst schon längst verfallen war.

Die Zunft-Ordnung aus Mähren, die Bernhard von Zierotin im Jahre 1581 erließ, hat uns Prosser übermittelt:

1. Wird den Bienenhaltern das Recht eingeräumt, sich den „Lamfojt" (Bienenvogt) und Gerichts-Personen, jedoch mit Vorbehalt der obrigkeitlichen Geneh-

migung, zu wählen, welche beeidet werden und in allen strittigen Fällen zu sprechen haben sollten.

2. Wer willens sei, ein Bienenhalter zu werden und in den obrigkeitlichen Wäldern Bienenstöcke, Bauten (brtj) anlegen zu wollen, der sei schuldig, sich bei dem Bienen-Gerichte anzumelden und dafür zwei Groschen zu erlegen; das Bienen-Gericht aber habe ihm die hierzu tauglichen Bäume zu bezeichnen, mit seinen Zeichen zu versehen, wofür er neun Groschen zu erlegen haben solle, welcher Vorschrift selbst die Obrigkeit nachzukommen habe.

3. Jeder kann sich ungehindert an passenden Orten Stämme für Bienen-stöcke aussehen; doch ist er schuldig, dieselben binnen ein Jahr und drei Tagen mit Bienen zu besetzen; widrigens ein anderer Bienenzüchter sich nicht nur diese Stämme zueignen könnte, sondern für jenes Unterlassen von dem Betreffenden acht Groschen Strafe zu erlegen wären. Auch ist jedermann be-rechtigt, zum Behufe der Bienenzucht Stammholz oder Reisig, jedoch mit Vor-wissen des Hegers und mit Ausnahme der Lindenbäume, zu verwenden; den Hegern aber wird aufgetragen, darüber zu wachen, daß in der Nähe der Bienenstöcke keine Pasiken (Viehweiden) angelegt und ringsum nur Ahorn, Linden, Weiden und Kirschbäume gepflanzt werden, sowie auch jede Beschä-digung der Bäume, von denen die Bienen Nahrung ziehen, streng verboten wird.

4. Die Bienenstöcke — die ausgehöhlten Bäume, welche mit einem Brette zu verschließen versehen waren — blieben vom Pfingst-Feste bis zum Feste Maria Himmelfahrt geöffnet, worüber der „Lamfojt" zu wachen hatte. Das Verschluß-Brett wurde deshalb entfernt, damit der ausziehende Schwarm nach seinem Belieben selbst in eine Beute einziehen könnte. Nach beendigtem Schwärmen wurden die Verschluß-Türen geschlossen, damit der Baum keinen Schaden erleide. Wenn aber ein Baumstamm abdörren sollte, so ist dieses dem Lamfojt anzuzeigen. Derselbe hat eine Besichtigung des in Rede stehenden Stockes vorzunehmen, und nach Befund soll es dem Eigentümer der Bienen gestattet sein, hinsichtlich dieser Bienen eine andere Verfügung zu treffen. Aus einem als ungeeignet befundenen Baume hatte der Zeidler das Recht, die Bienen in einen anderen Baum zu übersiedeln.

5. Wer auf was immer für eine Art in den Besitz von Bienenstöcken gelangt ist, ist verpflichtet: dem Bienen-Gerichte, bei sonstiger Strafe, binnen drei Wochen eine diesfällige Anzeige zu machen und die Stöcke zu bezeichnen.

6. Jeder Bienenbesitzer ist schuldig, der jeweiligen Meseritscher Obrigkeit von jedem Stocke jährlich einen Groschen zu entrichten; weshalb die Zahl der Stöcke bei Strafe, der von dem Bienen-Gerichte zu Händen der Obrigkeit zu veranstaltenden Konfiskation anzuzeigen ist. Hiervon sollen jedoch jene befreit werden, welche auf obrigkeitlichem Grunde bereits verzinsliche Bienen-Gärten besitzen, oder auch Bienenstöcke auf ihren eigenen Gründen errichtet haben.

7. Zu dem Bienen-Gerichte, als schon von alten Zeiten her bestehend, sind alle Bienenzüchter zur bestimmten Zeit zu erscheinen verbunden; bei welcher Gelegenheit alle, die entweder Bienen-Gärten oder Bienenstöcke unter einem bestimmten Zinse besitzen, diesen Zins an den obrigkeitlichen Amtmann abzu-führen haben. Auch steht dem Lamfojt das Recht zu, jeden Bienenhalter in Angelegenheiten der Bienenzucht rufen zu lassen, welchem Rufe jeder bei Strafe Folge zu leisten hat.

8. Wenn jemandem ein Schwarm davonfliegt und sich irgendwo in einen Bienenstamm setzt: so gehört dieser wie von Alters her der Obrigkeit, wes-

halb der Lamfojt diesen Bienen-Schwarm in die obrigkeitlichen Bienen-Gärten abzuführen hat.

9. Jedermann ist verbunden, wenn den Bienen ein Unheil geschehen sollte, dem Lamfojt eine diesfällige Anzeige zu machen, da demselben die Untersuchung und Behebung der auf die Bienenzucht nachteilig einwirkenden Ursachen zusteht.

Endlich wird den Gerichten freigestellt, sich selbst eine Bienenzunft-Ordnung zu entwerfen und diese der obrigkeitlichen Bestätigung zu unterlegen.

Im 16. und 17. Jahrhundert verfiel die große Mehrzahl der Zeidel-Güter, bis im 18. Jahrhundert die letzten in andere Hände übergingen. Mit der Zeidlerei verfielen auch ihre erstaunlichen Privilegien wie z. B. die eigene Gerichtsbarkeit.

4. Die Geoponika.

Zwischen Altertum und Neuzeit steht ein griechisches Sammelwerk über die Landwirtschaft, die Geoponika, das seiner Konstruktur nach noch zum späten Altertum zu rechnen ist, in Europa aber erst gegen Ende des Mittelalters zur Wirkung gelangte. J. Klek charakterisiert das Werk wie folgt:

In 20 ungleich großen „Büchern" wird hier über die verschiedenen Zweige der Landwirtschaft gehandelt. Auf eine allgemeine Wetterkunde und Anweisungen für den eigentlichen Ackerbau folgt ein Arbeits-Kalender, dann werden einzelne Zweige näher besprochen, wie Weinbau und Weinpflege, der Ölbaum, Obst, Gemüse, Ziergarten. Den Übergang zur Tierzucht bildet ein Abschnitt über das Ungeziefer und seine Bekämpfung; dann wird die Zucht von Federvieh, Bienen, Pferden, Rindern, Kleinvieh, Wild und Fischen behandelt. Im ganzen erinnert so die Anlage an die übliche Einteilung der landwirtschaftlichen Schriften. Das Werk ist jedoch weit entfernt, ein einheitliches Ganze zu bilden; es ist aus Bestandteilen ganz verschiedener Jahrhunderte zusammengeflickt und hat seine endgültige Gestalt um 950 n. Chr. durch einen Byzantiner erhalten, der die Redaktion in Konstantinopel auf Anregung des Kaiser Constantinos VII. Porphyrogennetos besorgte und eine Widmung an diesen Monarchen vorausschickte. Die Darstellung der einzelnen Abschnitte ist sehr ungleich, es wechseln ausführliche Anweisungen mit ganz knapp gehaltenen. Die Arbeit des Redaktors bestand nur darin, Abschnitte aus einem Vorgänger des 6. Jahrhunderts auszuwählen und zu verbinden. Die meisten der Abschnitte tragen jetzt neben der Überschrift den Namen ihres Autors; doch ist immer noch nicht ganz geklärt, ob diesen Namen überall Glauben zu schenken ist, wiewohl man neuerdings wieder eher dazu neigt, sie für glaubwürdig zu halten. Auf alle Fälle muß man sich immer gegenwärtig halten, daß der Autoren-Name nur besagt, woher der Bearbeiter die fragliche Notiz hat, aber nicht, daß der genannte Gewährsmann Originalquelle dafür sei. Die schwierige, noch längst nicht ganz geklärte Quellenfrage kann uns in dem vorliegenden Zusammenhang nicht beschäftigen. Nur um zu zeigen, wieviele Stufen dies Sammelwerk durchschritten hat, sei erwähnt, daß von einem Landwirtschafts-Buch des 2. Jhdt. n. Chr. (der Brüder Quintili) über ein solches des 3. Jhdt. (Florentinus) und zwei Werke des 4. Jhdt. (Vindanius und Didymas) der Weg zur letzten Vorstufe, zu Cassianus Bassus im 6. Jhdt. führt, wo nachweislich noch einzelne Zutaten hereingekommen sind, so rednerisch aufgeputzte Märchen von Bäumen u. dgl., etwa im Stile Aelians, oft mit dem Rhythmus rhetorischer Prosa herausgeputzt. Der Wert der Geoponika wird sehr verschieden, meist nieder eingeschätzt, wenn auch für die Kenntnis heidnischen und christlichen

Aber- und Volksglaubens sowie für die Sprachgeschichte u. dgl. sehr viel daraus zu entnehmen ist. Für die Kenntnis der eigentlichen Landwirtschaft, auch
für die der Bienenzucht, ist der Ertrag geringer; auffallend ist die starke Betonung des Obst- und Weinbaues und das Zurücktreten des Getreidebaus.
Landschaftlich ist das Ganze durchaus nach den Ostländern des Mittelmeers
orientiert, wie denn die genannten Vorläufer größtenteils Levantiner sind. So
begreift man auch, daß das Buch in zahlreichen Bearbeitungen ins Gebiet orien-
talischer Sprachen (Armenisch, Arabisch, Syrisch) Eingang fand. Im Spät-
Mittelalter und in der Renaissance ist es dann wieder mit Eifer studiert und
erläutert worden.

Seine wichtigsten Quellen erster Hand sind: F l o r e n t i n u s , der um den Beginn
des 3. Jhdt. n. Chr. über Landwirtschaft und Medizin schrieb; D i d y m a s aus
Alexandria (4. oder 5. Jhdt. n. Chr.), ebenfalls Landwirt und Arzt; der Gastronom
und Landwirt P a x a m o s ; D i o p h a n e s aus dem 1. Jhdt. v. Chr., Bearbeiter
des Werkes von Mago; ferner Leontinos und Demokritos.

Durch diese Autoren sind uns Stücke älterer Autoren erhalten, von denen
wir sonst kaum etwas wissen.

Florentinus zitiert z. B. den Nubier-König J u b a (25. v. bis 23. n. Chr.), von
dem uns auch sonst zoologische Fragmente erhalten sind. Die Zitate des Diophanes dürften wohl gänzlich auf M a g o zurückzuführen sein.

Das zunächst zitierte Kapitel ist oft in die früh-neuzeitliche Literatur übernommen worden, wie überhaupt die Verbreitung des mit Constantin VII. als
Autor zitierten Werkes seinerzeit nicht unbeträchtlich war.

Kap. 2. Von den Bienen und wie ihre Brut aus einem Rind entsteht. ...
21. Juba, der Libyer-König, gibt an, man solle Bienen in einer hölzernen Lade
entstehen lassen, Demokritos und Varro, der lateinisch schreibt, dagegen in
einem Gebäude, was auch empfehlenswerter ist. 22. Das Verfahren ist folgendermaßen. Man sollte einen hohen, zehn Ellen messenden Raum haben, 10
Ellen breit und ebenso lang nach jeder Seite. Es sei ein einziger Zugang offen
gelassen, aber es sollten 4 Fenster da sein, in jeder Wand eines. 23. Hier hinein führe man einen dreißig Monate alten, fetten, ganz prallen Ochsen. Man
lasse um ihn viel Jünglinge im Kreise sich sammeln, die kräftig auf ihn los-
schlagen und ihn mit Keulen zu Tode prügeln sollen, indem sie dabei gleichzeitig Fleisch und Knochen zerschlagen. 24. Sie müssen aber acht geben, daß
der Stier nicht irgendwo blutet — denn aus Blut entwickelt sich keine Biene —
und dürfen bei den ersten Schlägen nicht heftig dreinhauen. 25. Gleich danach
[nachdem der Ochse tot ist] muß jede Öffnung an dem Ochsen mit reinen und
weichen Tüchern, die man mit Harz bestrichen hat, verstopft werden, also die
Augen, die Nasenlöcher, der Mund und die Öffnungen, welche die Natur zur
notwendigen Entleerung geschaffen hat. 26. Dann sollen die Leute den Boden
dick mit Thymian bestreuen, den Stier mit dem Rücken darauflegen und dann
gleich den Raum verlassen und den Eingang sowie die Fenster mit Lehm dicht
zustreichen, so daß weder Luft noch Windzug ein- oder durchdringen kann.
27. In der dritten Woche aber muß man überall öffnen und Licht und reine
Luft einlassen, außer an der Seite, wo ein starker Wind weht; in diesem Falle
muß man die nach der betreffenden Richtung liegende Öffnung geschlossen
lassen. 28. Scheint es dann, als habe die Materie Leben angenommen, indem
sie genügend Hauch eingesogen, so muß man wieder in der angegebenen Weise
mit Lehm zuschließen. 29. Zehn Tage hernach öffnet man wieder und wird
alles voll Bienen finden, die in Trauben aneinander hängen, und von dem Stier

nur die Hörner, Knochen und Haare als Überbleibsel, sonst nichts. 30. Man
will behaupten, aus dem Gehirn entstünden die Königinnen, aus dem Fleisch
aber die andern Bienen. Auch sollen aus dem Rückenmark Königinnen hervorgehen, jedoch sollen diejenigen, die aus dem Gehirn entstehen, an Größe,
Schönheit und Stärke sich vor den andern auszeichnen. 31. Das Anfangs-
Stadium der Verwandlung und Umgestaltung des Fleisches in lebende Wesen,
eine Art Zeugung und Embryo-Entwicklung, kann man dabei beobachten. 32.
Wenn nämlich der Raum geöffnet wird, sind kleine, weiße Wesen zu sehen,
einander ähnlich, noch nicht ausgewachsen und keine vollständigen Tiere, die
sich in Menge an dem Stier zeigen. Alle sind unbeweglich und nur wenig ausgedehnt. 33. Man kann jedoch sehen, wie die
Flügel schon anfangen sich auszubilden und
wie die Bienen ihre eigentümliche Farbe annehmen, wie sie sich um die Königin scharen
und hierbei fliegen, jedoch nur auf geringe
Entfernung, mit unsicherem Flügelschlag, da
sie zu fliegen noch nicht gewohnt sind und
ihre Glieder noch nicht stark sind. 34. Mit
Gewalt setzen sie sich an die Fenster und
stoßen und drängen einander, voll Verlangen
nach dem Licht. 35. Es ist darum besser, die
Fenster nicht am Tage zu öffnen und nicht
zu vermauern, wie schon erwähnt. 36. Es ist
nämlich zu befürchten, daß die Wesen, wenn
sie schon ins Stadium der Bienen verwandelt
sind, wegen der zu dichten Absperrung nicht
rechtzeitig Luft aufnehmen können und an
Ersticken zugrunde gehen. 37. Nahe diesem
Raume befinde sich der Bienenstand, und
wenn die Fenster geöffnet werden und die
Bienen hinausfliegen, räuchere man mit Thy-
mian und Kasia [Daphne cneorum]. 38. Durch diese Düfte nämlich kann man

Fig. 64.
Honigbienen entstehen aus einem
toten Ochsen. (Aus dem Ortus
Sanitatis, 1536.)

sie in den Bienenstand locken, indem man sie durch den Blütenduft ködert,
und durch Räuchern kann man sie hineintreiben, ohne daß sie sich sträuben.
An Wohlgeruch und Duft von Blumen, die Honig zu liefern versprechen,
haben die Bienen Freude.

Kap. 5. Wann man die Bienenstöcke zeideln soll, nach demselben Autor.

1. Der geeignetste Zeitpunkt, Honig und Wachs zu ernten, ist bei Plejaden-
Aufgang, nach dem römischen Kalender zu Anfang Mai. Die Zeit der zweiten
Ernte ist zu Herbstbeginn, die dritte beim Untergang der Plejaden im Oktober.
2. Jedoch richtet sich die Ernte nicht nach bestimmt festgesetzten Tagen, sondern nach der Reife der Waben. Wird nämlich gezeidelt, bevor die Waben zu
Ende gebaut sind, so werden die Bienen überdrüssig und geben die Arbeit auf.
3. Ebenso benehmen sie sich auch, wenn man rücksichtslos den ganzen Ertrag
herausnimmt und die Stöcke förmlich entleert. 4. Man sollte nämlich bei der
Frühjahrs- und Sommer-Ernte den Bienen ein Zehntel übrig lassen, bei der
Winter-Ernte nur ein Drittel ausnehmen und ihnen zwei Drittel lassen. Bei
dieser Behandlung werden sie den Mut nicht verlieren und noch Futter haben.
5. Vor der Ernte muß man die Bienen durch Rauch aus Mist von den Waben
fortscheuchen. 6. Derjenige, der das Zeideln besorgt, sollte sich mit dem Saft

der wilden, männlichen Malve, die auch Baum-Malve heißt, einreiben gegen
Stiche. Es ist auch gut, damit die Bienenwohnung zu bestreichen; empfehlenswert [zu diesem Zweck] ist auch die Blüte des Mastix-Strauches. ...

Kap. 8. Mittel gegen Verhexung von Bienenstöcken, Feldern, Häusern, Ställen
und Werkstätten, nach Leontinos.

1. Vergrabe den rechten Vorderhuf eines schwarzen Esels unter der Schwelle
des Eingangs und gieße darüber feuchtes Harz, das nicht brennt (dieses findet
sich auf Zakynthos und taucht dort aus einem Sumpf auf, wie der Asphalt
von Apollonia bei Durazzo aus einem See ausgeschieden wird). Dazu kommt
noch Salz, Origanum aus Heraklea, Cardamomum und Kümmel. 2. Brotbrocken
und Meerzwiebel, eine weiße oder rote Wollbinde, Keuschlamm, heiliges Kraut,
Schwefel, Kienspan-Fackeln und roten Amarant lege monatlich hin, schütte
Erde darüber und streu allerhand Samen darüber; dann überlaß die Sache
sich selber.

Der Verfall der römischen Bienenkunde in der Spätzeit des Altertums selbst
ist hierdurch genügend gekennzeichnet. Stellt Palladius noch einen vernünftigen
Kompilator dar, so ist die in der Geoponika gesammelte Literatur auf eine beträchtlich niedere Stufe zu stellen. Ihr Hauptmerkmal in dieser Hinsicht ist die
völlige Kritiklosigkeit ihrer Redaktion, die sicher nicht in den Händen von erfahrenen Imkern, sondern wohl von Gelehrten gelegen hat. Ein Hinweis hierauf
war erforderlich, um die Bedeutung des im folgenden Abschnitt besprochenen
Petrus Crescentius voll ermessen zu können.

5. Petrus de Crescenzi.

Gegen Ende des Mittelalters beginnt wieder eine wissenschaftliche Behandlung der Bienenzucht. In dem grundlegenden Werke des Petrus Crescentius
über die Landwirtschaft, das wir bereits an anderer Stelle behandelt haben,
findet sich auch eine ausführliche Behandlung der Bienenzucht. Der Bienen-
Kalender des Crescentius lautet wie folgt:

J a n u a r :   Die Bienen kann man zu dieser Zeit an einen anderen Ort über-
                  führen.

A p r i l :   Gemäß Palladius muß man in diesem Monat nach den Bienen
                  sehen, ihre Stöcke reinigen und die Motten töten, die zur Zeit
                  der Malvenblüte sehr häufig sind.

M a i :   Im Mai soll man die Bienen-Könige töten, die in dieser Zeit
                  außen an den Waben-Stöcken entstehen, und fortfahren, die
                  Motten zu vernichten.

J u n i :   Nimmt man jetzt die Waben heraus, so wird man viel Honig
                  und Wachs haben.

S e p t e m b e r : Alsdann fängt man die alten Bienen und sammelt Honig und
                  Wachs.

O k t o b e r :   Bei den Bienen entfernt man den überflüssigen Honig und alles
                  verdorbene Wachs.

Die Bienenzucht wird im 9. Buche behandelt. Die wichtigsten Stellen lauten
im Auszug:

94. Von den Bienenständen und den für sie geeigneten Orten.

Wo viele Blumen sind, in der Nähe von Wasserläufen, an nicht zu warmen
und zu kalten Orten, mit der Richtung nach Osten im Frühjahr. Auf 3 Fuß
hohen Fußgestellen, um sie vor Eidechsen zu schützen, und mit einem Schutz-

dach, daß der Regen nicht eindringt. Das Vieh soll auf den Bienen-Weiden nicht abgrasen und die Bienenstöcke sollen fern von jedem schlechten Geruch stehen.

95. Wie die Bienenstöcke beschaffen sein sollen.

Wie auch Palladius sagt, sind die besten Bienenstöcke die aus Baumrinde, besonders der Kork-Eiche, die keine Hitze und Kälte durchlassen. Auch aus Rauten- und Weiden-Stäben kann man sie bauen, oder aus ausgehöhltem Baumholz oder aus zusammengesetzten Tafeln. Die aus der Erde gebauten sind die schlechtesten, denn sie gefrieren im Winter und erhitzen sich im Sommer. Die Ausfluglöcher seien klein, damit der Stock vor Hitze und Kälte geschützt sei. Vor Winden sind sie durch Wände geschützt und im Frühjahr sollen sie gegen die Sonne zu schauen. ... Die Stöcke für große Schwärme sollen groß, für kleine klein sein. Sie sollen ein Fuß hoch, ein bis zwei Fuß lang und ungefähr zwei Fuß breit sein. Ein sehr erfahrener Bienenzüchter hat mir versichert, daß die rechteckigen Stöcke viel besser als die runden sind und am besten, wenn sie etwas schräg nach vorn geneigt. Man kann sie aufeinander stellen und sie sollen abnehmbare Seitenwände haben, so daß man den Honig bequem entnehmen kann. Vorne sollen zwei und hinten ein kleines Ausflugloch an der Basis sein. Er sagte auch, daß die Bienen besser arbeiten, wenn das Stockinnere dunkel ist. Deshalb sollen die Löcher klein sein und alle Spalten gut verschmiert werden.

96. Von der Entstehung der Bienen.

Die Bienen entstehen teils von ihresgleichen, teils aus den Kadavern von Kühen.

97. Über Kauf und Transport von Bienen.

Beim Kauf überzeuge man sich zuerst vom Gesundheits-Zustand des Volkes. Für den Transport ist das Frühjahr geeigneter als der Winter.

98. Über Haltung und Versorgung der Bienen.

An Hand der alten Autoren werden die besten Honigblumen aufgezählt. In Zeiten des Blütenmangels füttert man die Bienen mit Honig-Wasser, Feigen und ähnlichem. Im Frühjahr und Sommer sehe man dreimal im Monat nach dem Honig, nachdem man zuerst den Stock etwas mit Mist beräuchert hat, ebenso, daß keine unnützen überflüssigen Könige vorhanden sind. Im November muß man die Stöcke reinigen, da man sie den ganzen Winter über nicht öffnen darf, ihre Spalten verschmieren und mit Ginster oder etwas anderem bedecken. Der gute Imker soll im September die alten Stöcke nachsehen, und die vollen, die im Sommer keine Schwärme gebildet haben, verkaufen oder töten und Honig und Wachs entnehmen.

99. Von den Schäden der Bienen und ihrer Heilung.

Wenn in einem schwachen Volk der König stirbt, so gehorcht es einem neuen, den man unterschiebt. Wenn sie unter sich kämpfen, so begieße man sie mit Wasser (Aqua mulsa). Wenn sie nur wenig ausfliegen, setze man sie neben viele stark riechende, blühende Blumen. ... Dies ist vor allem wichtig, daß man alle faulenden Teile der Waben oder des Wachs stets sorgfältig ausschneidet. Gegen Motten wird die Lichtfalte des Palladius empfohlen. Räuchern mit trockenem Kuh-Mist ist sehr gesund für die Bienen, und man sollte dies in jedem Herbst vollziehen. Alle diese Arbeiten verrichte man in nüchternem Zustand ohne üble Gerüche.

100. Von den Sitten, Gewohnheiten, dem Fleiß und dem Leben der Bienen.

Die Bienen leben gesellig. Draußen gehen sie auf die Weide und in ihrem Stocke arbeiten sie. Niemals sieht man sie schmutzig oder unrein. Wenn sie zerstreut sind, lassen sie sich durch Glockentöne an einem Orte versammeln. Sie folgen ihrem König, wohin er immer geht, und lassen sich nieder, wenn er sich niederläßt. Sie tragen ihn, wenn er nicht fliegen kann. Sie sind fleißig und hassen die Faulen, weshalb sie auch die nichtstuenden, nur Honig verzehrenden Drohnen verfolgen. Sie leben in militärischer Zucht; sie schlafen und arbeiten alle zur gleichen Zeit. ... Sie bereiten Wachs und Honig. Ihr Leben ist kurz, denn es währt nicht über 7 Jahre, aber ihre Nachkommenschaft ist unsterblich.

101. Wann und wie die Bienen-Schwärme ausfliegen und woran man das vorher erkennen kann.

102. Wie man die Schwärme fängt und sammelt.

[Gute, ausführliche, lebendige und selbständige Schilderung.]

103. Wann und wie man den Honig aus den Stöcken nimmt.

[Im Gegensatz zu den alten Autoren] sagen die erfahrenen Imker unserer Zeit, daß man ihnen nur einmal im Jahr den Honig wegnehmen darf und zwar am Ende August bis Mitte September. Verfaultes Wachs nimmt man allerdings weg, wenn man es findet. Das Räuchern und die Entnahme des Honigs mit einem feinen Messer werden genau geschildert.

104. Von der Gewinnung des Honigs und des Wachses.

Die Gewinnung von Honig und Wachs aus den herausgeschnittenen Waben wird ausführlich geschildert.

105. Vom Nutzen der Bienen.

Bei guter Pflege und richtiger Haltung geben die Bienen großen Nutzen und senden 2—3 Schwärme im Jahr aus. Sie werden 5—6 Jahre alt und geben viel Wachs und Honig, die alle hoch im Preise stehen.

Über die Verwendung der Biene im Kriegsdienst.

Von den mannigfachen Verwendungen der Insekten hat H. Theen (1898) eine Reihe Belegfälle hierfür gesammelt, von denen wir einige hier wiedergeben wollen. Auch Aldrovandi (1602) führt mehrere solcher Fälle an. Schon der römische Dichter Virgil, den wir als Verfasser eines Lehr-Gedichtes über die Bienen bereits kennen gelernt haben, berichtet davon. Als Soldaten in den römischen Bürgerkriegen sein Landgut plünderten, flüchtete sich Virgil mit seinen Kostbarkeiten zwischen seine Bienenstöcke. Die herannahenden Plünderer wurden von den Stichen der aufgeregten Bienen in die Flucht gejagt. Auf ähnliche Weise wurde Lucullus im dritten mithridatischen Kriege gezwungen, von der Belagerung der Stadt Themiskra abzustehen.

Aus dem Mittelalter sind mehrere solcher Fälle bekannt. So verjagten die Bewohner Kissingens 1642 durch von den Mauern herabgeworfene Bienenstöcke die herannahenden Schweden. Die ungarische Burg Güllingen rettete sich ebenso 1289 vor der Belagerung durch Albrecht I. von Österreich, die Bewohner der mauretanischen Stadt Tauli vor den Portugiesen und Stuhlweißenburg vor dem Ansturm der Türken unter Murad.

Verschiedentlich haben sich Gutsherren und Pfarrer im 30-jährigen Kriege und zur napoleonischen Zeit durch geschicktes Werfen von Bienenstöcken auf plündernde Soldaten ihr Eigentum gerettet.

Literatur:

F. Hernandez-Pacheco, Escena Pictorica con representaciones de insectos de epoca palaeo-
litica. R. Soc. Espan. Hist. Natur. Vol. 50. 1921. p. 62–67.

H. Theen, Die Biene im Kriegsdienst. Illustrierte Zeitschrift für Entomologie. Vol. 3, 1898,
p. 6–9.

S. Bessler, Geschichte der Bienenzucht. Ludwigsburg 1885.

M. Roth, Bienen und Bienenzucht in Baden. Karlsruhe 1907.

E. G. Kuerz, Beitrag zur Geschichte der Bienenzucht im Breisgau und Imkerei in Freiburg i. B.
Freiburg o. J. (1926), p. 9–132.

L. Armbruster, Was uns altbadische Bienenwohnungen erzählen. ibidem, p. 133–143.

U. Berner, Geschichte der Betriebsweise der deutschen Bienenzucht in den Grundlinien. Arch. f.
Bienenkunde. II. 1920, p. 291–309.

W. Fleischmann, Capitulare de villis vel curtis imperii Caroli Magni. Landw. Jahrbücher.
Vol. 53. 1919, p. 1–76.

J. M. Lotter, Das alte Zeidelwesen in den Nürnbergischen Reichswaldungen. Nürnberg 1870.

J. Pritzl. Das ehemalige Zeidelgericht zu Feucht. Arch. f. Bienenkunde. II. 1920, p. 310–33.

L. Armbruster. Der Bienenstand als völkerkundliches Denkmal. Neumünster 1926.

J. Prosser, Geschichte der Bienenzucht in Oesterreich. Wien 1915.

M. Wagner, Das Zeidelwesen und seine Ordnung im Mittelalter und in der neueren Zeit.
München 1895.

J. Klek. Die Bienenkunde des Altertums. IV. Archiv f. Bienenkunde. Vol. VIII, 1926, p. 41.

4. Die Übergangszeit.

a) Einleitung.

Der Beginn der Neuzeit für die Wissenschaften um die Wende des Jahres
1500 wird durch eine Reihe Erscheinungen charakterisiert:

a) durch die Entdeckung Amerikas und die damit verbundenen Entdeckungs-
reisen,

b) durch die erneute Aufschließung der griechischen Originalliteratur,

c) durch die Erfindung der Buchdrucker-Kunst,

d) durch die Entstehung einer vulgärsprachlichen Literatur in vielen Ländern.

Die Entdeckungsreisen blieben noch lange auf die Entwicklung
der Entomologie ohne Einfluß. Während die neuen Kenntnisse über die großen
Wirbeltiere sich bald verbreiteten, die Kenntnisse der Tierformen erweiterten
und ein allgemeines Interesse erregten, verdankten wir mehr gelegentliche
Notizen über Insekten nur den besseren Beobachtern.

Es ist keine Übertreibung zu sagen, daß bis zu den ersten Reisen, die aus
rein naturwissenschaftlichen Motiven unternommen wurden (Marcgrave, Merian,
Anderson, Sloane) die Entomologie als solche keinerlei wichtige Impulse und
Anregungen durch die Entdeckungs-Reisen erhalten hat.

Die Neubelebung der Studien des Altertums steht in engem Zusammenhang
mit dem Untergang des byzantinischen Kaiserreichs, das 1453 in der Eroberung
Konstantinopels durch die Türken seinen Abschluß fand. Zahlreiche Gelehrte
gelangten um diese Zeit nach Italien, wo sie die ersten griechischen Original-
Ausgaben der griechischen Klassiker veranlaßten und gleichzeitig diese aus dem
Original ins Lateinische übersetzten. Der große Einfluß, den die Humanisten auf
die Neubelebung der gesamten Wissenschaften ausübten, kann nur durch die
schon erwähnte Erfindung der Buchdruckerkunst erklärt werden (kurz vor 1550

durch Johann Gutenberg). Diese hat in der zweiten Hälfte des 15. Jahrhunderts
eine unerhörte Entwicklung von stets zunehmender Ausdehnung gewonnen und
ist von unschätzbarer Tragweite dadurch geworden, daß sie allen Schichten der
Gebildeten die gesamte bedeutende Literatur erschloß und zugänglich machte.

Der wichtigste dieser Gelehrten für die Entomologie ist T h e o d o r u s
G a z a, der gegen 1430 aus seiner Heimat Thessaloniki nach Italien kam. 1497
erschien zu Venedig seine griechische Original-Ausgabe des Aristoteles. Die
lateinische Übersetzung war bereits vorher ebenfalls in Venedig erschienen (o.
J. 1476, 1492, 1497 und 1498). Von weiteren Autoren seien noch erwähnt der
Kommentar zu Aristoteles' Teile der Tiere von F u r l a n u s (1574), die Ausgabe
der Tiergeschichte des Aristoteles von S c a l i g e r (1619), des Plinius von
H a r d o u m (1723) etc.

Mit der Restauration der alten Originale und den Versuchen zu ihrer Deutung verlief die Glanzzeit der Renaissance in Italien. In der Entwicklungs-
Geschichte der Naturwissenschaften ist der Humanismus gegen die Scholastik
keineswegs deutlich abgesetzt. Das epigonenhafte Festhalten an der Überlieferung, das Kompilieren und Kommentieren gehen unverändert fort. Nur die
antikisierende Geste tritt als Maske der scholastischen Wissenschaft etwas
stärker hervor. Was für Italien gilt, ist in noch höherem Maße für Mittel-
Europa zutreffend. Aristoteles ist inzwischen die überragende, auch kirchlich
approbierte Autorität geworden.

Von symptomatischer Bedeutung ist das Auftreten der drei Natur-Philosophen:
T e l e s i o (1508—88), P a t r i c i (1529—97) und C a m p a n e l l a (1568—1639),
die den Vorstoß des humanistischen Platonismus aufs Gebiet der Naturwissenschaften übertragen wollten. Ihre Angriffe sind die ersten Anläufe gegen
den blinden Autoritätsglauben an Aristoteles auf naturwissenschaftlichem Gebiete, wenn auch ihre Angriffe meist nur in der Form einer respektvollen
Kritik erscheinen. Sie haben sich indessen nicht durchzusetzen vermocht, und
wir sehen den Begründer der entomologischen Systematik U l y s s e A l d r o -
v a n d i in Übereinstimmung mit der zeitgenössischen Naturforschung als aus-
gesprochenen Aristoteliker, dem er allerdings in Einzelheiten auch die Macht
der Tatsachen und der eigenen Beobachtung entgegenzusetzen wagt. Die be-
deutungsvollste Erscheinung der frühen Renaissance ist, daß allmählich der
Boden für eine reine Naturforschung unabhängig von theologischen und medizinischen Zielen vorbereitet wird.

Die Verbreitung der naturwissenschaftlichen Kenntnisse und damit auch das
Interesse wurden ferner durch Übersetzungen in die Vulgärsprachen sehr gefördert. Auch in dieser Beziehung ist Italien den anderen Ländern voran. Hier
seien nur zwei italienische Übersetzungen erwähnt: die Plinius-Übersetzung von
C h r i s t o f o r o L a n d i n o (1473), der allerdings nicht weniger als 700 Inter-
pretations-Fehler vorgeworfen wurden. Sie wurde später durch A. B r u c i o l i
und L o d. D o m e n i c h i auch in der Sprache verbessert neu herausgegeben.
Durch sie nahm die Bedeutung des Plinius, die gegen Ende Mittelalter und Anfang Neuzeit die des Aristoteles übertroffen hat, noch mehr zu. Über die wichtige D i o s k u r - Ü b e r s e t z u n g des M a t t h i o l i werden wir später noch Ge-
naueres hören.

Der Beginn der Neuzeit für die Entomologie fällt erst in den Anfang des
17. Jhdts. Wir haben uns hier zunächst mit der Übergangs-Periode im 15. und
16. Jahrhundert zu befassen. Von dem Flügelschlage einer neuen Zeit, der in
fast allen anderen Wissenschaften zu spüren ist, sind kaum einige Vorboten
zu erkennen.

b) Die theologisch-biblische Entomologie.

Wir beschäftigen uns zunächst mit zwei Gebieten, in denen Scholastik und Humanismus sich noch weit bis in die Neuzeit fortgesetzt haben, mit der theologisch-biblischen und mit der rein medizinisch interessierten Entomologie.

Einen breiten Raum nimmt die theologisch orientierte Literatur ein. Einen Gipfel des moralisierenden, mystisch theologisierenden Unsinns stellt der große und schöne Foliant, die R e d u c t i o r i a m o r a l i a des P a t e r P e t r u s B e r - c h o v i u s (Paris 1521) dar. Unter den Landtieren (Liber 10) und Vögeln (Liber 7) werden zusammen 15 Insekten abgehandelt in einer Art, die mit Naturkunde schon nicht das Mindeste mehr gemein hat. Als Beispiel diene hier der Abschnitt über Grillus:

Die Grille oder Handgrille [Chirogrillus] ist ein kleines Tier, raubend und tödlich, stachelig, kleiner als der Igel, hat ihren Namen nach ihrem Ton, bohrt sich in die Erde, schrillt des Nachts, geht rückwärts. Von Rechtswegen, wenn die reichen Sünder klein sind in der Kleinmütigkeit ihrer Seele, Räuber sind aus Grausamkeit, tödlich in der Giftigkeit ihrer Räuberei, stachelig in der Fülle ihres Reichtums. „Benjamin ist ein reißender Wolf" (Genesis 49,27). Sie schrillen in der Nacht dieser Welt, vor Raubsucht, aus Habgier dringen sie in die Tiefe der Erde, sie gehen rückwärts in ihren Ränken und leerem Gerede. „Viele waren vorher zurückgegangen" (Ev. Joh. c. VI, v. 66). Die Grille wird von der Ameise gejagt und die Ameise bindet sie mit einem Haar, das sie in die Höhle der Grille hineinlegt. So gebunden wird sie von der Ameise herausgezogen, wie Isidorus sagt (Lib. V.). So sind in Wahrheit die liebsten, die Sünder, zuerst in der Höhle der irdischen Freuden, und daher bindet Gott Vater, der sie aus der Höhle, d. h. der Weltliebe erretten will, sie in seinem Haare, d. h. der Person des Sohnes die Ameise, d. h. die menschliche Natur. Und so umfaßt ihn(?!) jene Grille, nämlich der Mensch oder das Menschen-Geschlecht sogleich, und wird durch seine Treue (!) und Liebe, und so durch seine Mittlerschaft herausgeführt, nämlich aus jener Höhle und dem Stand der Sünde, und wird zu Gott Vater geführt. „Kannst du etwa den Leviathan mit der Angel fangen?" (Hiob 40,28) (!) ... Oder: Die Grille, d. h. die menschliche Natur, wird herausgeführt aus der Hölle und erlöst durch die Mittlerschaft der Ameise, d. h. Jesu, wenn er in jene Höhle zu den Gefangenen in die Unterwelt niedersteigt usw. „Du hast mich gerettet, aus dem See (!) des Jammers und dem trüben Sumpf". (Ps. 40,3.)

[Der Text widerspricht sich sachlich mehrfach. Für die Überprüfung der Stelle danke ich Herrn Dr. M. Calvary. Verf.]

Der Sinn derartiger Auslassungen kann natürlich nur gewesen sein, die Kanzel-Redner mit eindrucksvollen Symbolismen für ihre Predigten zu versehen.

Sehr beliebt war im 16. Jahrhundert der Dialog als Darstellungsform. Wir finden ihn z. B. im Universal-Theater der Natur von J. B o d i n u s (1546), der auf vier Seiten (p. 300—304) in mehr oder weniger moralisierender Darstellung das Wichtigste über Insekten berichtet. Ebenso in der christlichen Naturgeschichte des L a m b e r t u s D a n e u s (2. Auflage 1579) (p. 215—18), der an Hand der Schöpfungs-Geschichte die Naturalia behandelt. Am 5. Schöpfungs-Tage, Kapitel 38, beginnt die Abhandlung über die Insekten mit den Worten: „Warum sind wohl die Insekten erschaffen worden?" „Zum höheren Ruhme des glorreichen, schöpfenden Gottes, da in diesen kleinen Tieren seine Allmacht und Weisheit viel deutlicher zu Tage tritt als bei den großen Tieren."

Zu diesen Büchern in Gesprächs-Form gehörten auch die Hundstags-Unterhaltungen (Dierum canicularium Tomi VII 1. ed. Mogunt. 1600) des Bischofs Simon Majolus (geboren um 1570 zu Piermont).

Im Colloquium V des ersten Bandes: De Insectis animalibus werden vorwiegend Arthropoden, daneben Würmer und Mollusken berührt. Die Unterhaltung spielt sich zwischen einem Ritter (Eques), einem Philosophen (Philosophus) und einem Theologen (Theologus) ab. Folgende Proben mögen genügen:

Über gefährliche Ameisen.

Eques: Es ist aus dem Gesagten klar, daß es anderenorts auch gefährliche Ameisen gibt, nicht nur diese gefährlichen Hüter des [indischen] Goldes, sondern auch andere. So sind in der neuen Welt in Baja Salvatoris nach den Notizen von Ambrosius Peres (1555) unzählige, ungeheuer große Ameisen, aus deren Munde große Zangen hervorragen zum Abschneiden von Früchten. Von ihren Bissen vertrocknet alles. Deshalb füttern sie die Einwohner sorgfältig, damit sie, gesättigt, die Fruchtfelder verschonen.
[Dies scheint die erste, stark entstellte Nachricht von den schädlichen Blattschneide-Ameisen zu sein.]

Eintags-Fliege.

Eques: Ähnlich schreibt Plinius (l. II. c. 36): und auch Aelian (l. V. c. 43): [Die Zitate sind bereits bekannt.]
Philosophus: Aelian schreibt auch an anderer Stelle von Ephemera (l. II. c. 4): „Die Ephemeriden leben einen Tag; sie entstehen aus saurem Wein und sterben, wenn man das Faß öffnet und sie dem Licht ausgesetzt sind." Das ist umso erstaunlicher, da nach den Worten des Aristoteles die Eintags-Fliege ihr Leben vom Lichte, ihren Tod von der Dunkelheit empfängt, hier aber umgekehrt.
Theologus: Noch viel sonderbarer ist die Weise, wie die Insekten ihr Leben erneuern. ... Denn es sind nicht wenige unter den Insekten, die einfach ihr Greisen-Alter wieder ablegen und ihre Jugend wieder erlangen: so silphe und culex, so die Scheidenflügler [Coleoptera und Orthoptera] und so die Zikaden und Krebse, bei denen nach Aristoteles (I. 8. c. 17) sich das öfters im Jahr wiederholen soll.
Eques: Unzählige Insekten erstehen so durch Sterben zu einem neuen Leben auf. Ich habe in Apulien folgendes beobachtet: Es gibt eine bestimmte Schmetterlings-Art, die nicht ganz weiß ist, aber weißlich und schwarz. Wenn er sterben will, so hängt er sich am Schwanze mit dem Kopfe nach unten an einem selbst gesponnenen Faden auf. So verweilt er lange und stirbt. Wenn dann die Haut völlig ausgetrocknet ist, entsteht aus sich selbst im Leibe eine neue Nachkommenschaft. Kleine Würmer durchbrechen die Haut, entwickeln in kürzester Zeit ihre Flügel und wegfliegen die Schmetterlinge.*) In der Provence habe ich Seidenraupen wie Schmetterlinge davonfliegen sehen, die dann am Pfosten und unter dem Dache ihre Kokons spannen. In diesem starben sie und kamen wieder als Schmetterlinge hervor. ...
Der Theologus schließt den Abschnitt mit verschiedenen Zitaten Christi und moralischen Belehrungen.

In der symbolisch naturwissenschaftlichen Moralien-Sammlung des J. Camerarius (2. Auflage 1605) befinden sich auch 10 Traktate über Insekten,

---

*) Vielleicht das älteste Zitat von Pteromalus puparum L.

deren jedes von einem niedlichen Kupferstich begleitet ist. Die Darstellung ist eine rein moralische und nicht naturwissenschaftliche. Auch die Zeichnungen lassen die Naturtreue vermissen. Details sind selten zu erkennen und die Motten sind ebenso gezeichnet wie die Fliegen. Als Beispiel folge der Traktat III, 92:

"Wie bereits früher mitgeteilt, ergötzen die Bienen sich an duftenden Blumen und besonders Rosen und von hier entnehmen sie auch ihre süße Nahrung. Das sagt doch schon B. Basilius in seinem Buch Ethnica: Wie die Bienen sich den Honig aus der Blüte saugen, so sollen auch die Menschen das Gute aus den Büchern sammeln, befolgen und so Nutzen für ihre Seele daraus gewinnen. Auch nach Aristoteles sind Kunst und Wissenschaften die eigentliche Nahrung des Menschen."

"Hingegen wird der Scarabaeus, wie A e l i a n (Liber IV. Kapitel 18) erzählt, von diesen Wohlgerüchen verletzt und freut sich nur an Gestank. Besonders der Geruch der Rosen ist ihm derart zuwider, daß er sogar stirbt, wenn man ihn damit umhüllt. Ebenso schrekken die Bauern vor Wissenschaft, freier Meinung und freien Einrichtungen zurück, während doch die Gebildeten so sehr danach lechzen. Hierher gehört auch die Erzählung, daß Plutarch einem sittenstrengen Philosophen, der keine Musik beim Gastmahl leiden konnte, einen gesalbten Scarabaeus hereinbringen ließ."

Der zugehörige Kupferstich trägt die Überschrift: "Uni salus, alteri pernicies" (des Einen Heil ist des Anderen Verderben), und die Unterschrift:

"Ut rosa mors, Scarabae, tibi est, apis una voluptas:
Virtus grata bonis, est inimica malis".

(Wie dir, Scarabaeus, die Rose Tod bedeutet, ist sie der Biene Vergnügen:
So ist die Tugend günstig den Guten und feindlich den Schlechten.)

XCII. 92
VNI SALVS, ALTE-
RI PERNICIES.

Vt rosa mors, scarabae, tibi est, apis una voluptas:
Virtus grata bonis, est inimica malis.

Fig. 65.

Des einen Heil ist des anderen Verderben.
Wie Dir, Mistkäfer, die Rose Tod bringt,
    den Bienen aber nur Vergnügen,
So ist die Tugend gnädig den Guten und
    feindlich den Bösen.
(Aus der Moral. Zoologie des Camerarius.)

Im 17. Jahrhundert entwickelte sich aus diesen Ansätzen die biblische Zoologie, als deren erster Vertreter das Biblische Bilderbuch von H. H. F r e y (1595) anzusehen ist. Diese Richtung behandelt die in der Bibel erwähnten Tiere, teils um in neuer und nicht mehr ganz naturfremder Form dem Kanzel-Prediger einen reichen Bilderschatz an die Hand zu geben oder um mit ungeheurer Akribie die Tierwelt der Bibel endgültig festzulegen.

Das erfolgreichste Buch der ersteren Gattung ist die Animalium Historia Sacra des Wittenberger Theologie-Professors W o l f g a n g F r a n z, das seit 1612 eine große Folge von Auflagen erlebte. Die Fortschritte der Systematik und die ungeheure Erweiterung des Tierbestandes finden keinen Widerhall. Auch dieses Werk ist noch ganz auf den alten Autoritäten aufgebaut. Als Beispiel diene uns das Kapitel über die Teredines: „Teredines oder Scolices (Holz-Würmer) sind jene kleinen Tiere, die in Balken entstehen und dort nagen und mit großem Geräusch die Harthölzer durchbohren. Sie entstehen in den Balken aus anderen kleinen Würmchen, wie einige Autoren deutlich zeigen, aber andere meinen, daß sie aus dem Schmutze entstehen. Wenn sie nun auch ohne Unterlaß in den Balken bohren, so sterben sie dennoch sofort, sobald sie an das Ende des Balkens gekommen sind.

Fig. 66.
Heuschrecken. (Moses III, XI; nach Scheuhzer.)

Und diese Insekten sind die Sinnbilder jener Menschen, die all' ihr Sinnen und Trachten auf die Vermehrung des Vermögens richten.

1. Wie nämlich die Bohrwürmer mit großem Eifer in den Balken bohren, so eilen sie durch Gebirge, Hitze, durch Meere und Länder.

2. Ebenso wie die Bohrwürmer, wenn sie den Balken durchbohrt haben, sterben, so sterben auch jene Menschen, die viele Schätze gesammelt haben, oft plötzlich, ohne eine Frucht ihrer Mühen genossen zu haben. Ein solcher Bohrwurm war Alexander der Große, der unerhörte Mühsale erduldete, um sich den Erd-

kreis zu unterwerfen. Aber welchen Nutzen hat er davon gehabt? Nach jenen Mühsalen und vielen Großtaten starb er plötzlich in Babylon. Ein solcher Bohrwurm war auch Julius Cäsar, der die ganze Erde beherrschen wollte, aber bald durch 23 Wunden fiel. Nazianzenus vergleicht aus der heiligen Schrift selbst (Proverbia 17) den Bohrwurm mit den Sorgen. So wie nämlich die Bohrwürmer die Bäume aushöhlen und zu Grunde richten, so zerstören die Sorgen die Gebeine und das Gehirn des Menschen."

Die zweite Gattung erreicht ihren Gipfel in S a m u e l B o - c h a r t u s. Zu Rouen 1599 geboren, studierte er in Paris und starb 1667 als Prediger in Caen. Sein Hauptwerk ist das Hierozoicon (1663). Im vierten Buche des zweiten Bandes (p. 441 bis 628) bespricht er die Insekten. Es handelt sich durchweg um eine Sammlung der gesamten Literatur über die in der Bibel erwähnten Tiere mit einem ungeheuren Aufwand historischer, philologischer und literar-historischer (aber nicht zoologischer) Gelehrsamkeit, so daß es heute noch eine Quelle für arabische Naturgeschichte und eine Fundgrube für kultur-historische Fragen darstellt. Die Besprechung ist sehr detailliert. So wird z. B. bei Besprechung der Heuschrekken denjenigen, die in Ägypten die Plage hervorgerufen haben, und denen, die Joel in Kapitel 1 und Joel in Kapitel 2, und denen, die Amos erwähnt, die Johannes der Täufer gegessen hat, unter anderen je ein ausführliches Kapitel gewidmet. Über die Wertlosigkeit der rein zoologischen Seite des Buches möge uns die folgende Wiedergabe der Abschnitts-Überschriften des Kapitels über den Floh unterweisen.

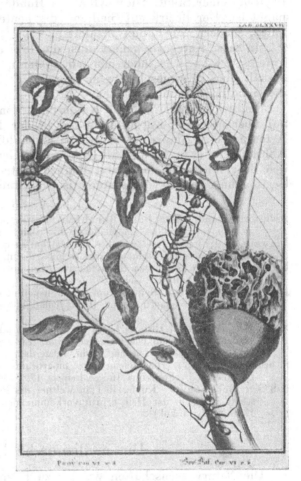

Fig. 67.
Ameisen. (Proverbia VI; nach Scheuchzer.)

Kapitel 19. De pulice.

Der Floh heißt auf hebräisch parosch. Wieso daraus im Arabischen: berguths, im Syrischen: purthaana oder purtaana wird, das schlecht culex statt pulex bezeichnet. Die Beschreibung des Flohes bei den Arabern: Er wird der Vater des Sprunges genannt. Er hat den Rüssel eines Elefanten. Einen Floh beim Beten zu töten, ist eine Sünde. Warum sich der König David einen Floh nennt. Die Laus als etwas Verächtliches bei Homer. O ihr Zarten!, ruft Claudius die Flöhe an. „Kriegerische Scharen." Sprichwort: „Beim Stich des

14*

Flohes ruft man Gott an." Daß Socrates sich vor den Sprüngen der Flöhe gefürchtet habe, gibt außer Aristophanes auch Xenophon an. „Er köpft Flöhe, um
einen Pelz zu haben", sagt man von einem schmutzigen Menschen. Beim Biß
der Giftschlange Cerastes muß man nicht einen Floh anwenden, wie Philo meint,
sondern sich eines Psyllers (Volksstamm aus Afrika) bedienen, die das Gift auszusaugen verstehen. Ein berühmter Mann wird bei Esdra parosch d. h. Floh
genannt. Psyllius ist bei den Griechen der Name eines Mannes, Psylla oder
Psyllium einer Stadt. Die psyllischen Hunde. Woher das Volk der Psyllier benannt ist. Der Bezirk auf Sicilien, der heute terra di pulici heißt, ist nicht von
pulex, sondern von Pollux abzuleiten."

In diese Kategorie gehört auch die 1675 erschienene Arce Noa des Jesuiten-
Paters A. K i r c h e r, über den wir später noch mehr hören werden. Dies Buch
enthält eine Naturgeschichte an Hand der Tiere, die in der bekannten Arche
die Sündflut überdauert haben.

Endlich ist hier noch die Kupferbibel von S c h e u c h z e r zu erwähnen, der
auf über 500 Folio-Kupfertafeln die in der Bibel erwähnten Gegenstände und
Arten aus dem Naturreich zu deuten und bildlich darzustellen sucht. Die beiden
Abbildungen (Fig. 60 und 61) zeigen zur Genüge, daß Scheuchzer wahllos aus
den Beschreibungen und Darstellungen exotischer Insekten kopiert hat.[41] Seine
Bestimmungen sind vom systematischen Standpunkt aus alle falsch.

Literatur:

Reductoria moralis Fratris Petri Berchovii libri 14, perfectam officiorum atque morum rationem,
    ac pene totam natura complectentes historiam. Paris 1521.
J o a n n u s B o d i n u s, Universae Naturae Theatrum in quo rerum omnium effictrices causae et fines
    contemplantur et continuae series 5 libris discutiuntur. 1546.
L a m b e r t u s D a n e u s, Physica christiana sive Christiana de rerum creatatarum origine et usu dis-
    putatis. 2. Auflage. Genf 1579.
J o a c h i m C a m e r a r i u s, Symbolorum et emblematum centuriae tres. I Ex herbis et stirpibus, II
    Ex animalibus quadrupedibus, III Ex volatilibus et insectis. IV Ex aquatilibus et reptilibus.
    2. Auflage. 1605.
W. F r a n z, Animalium Historia Sacra in qua Plerorumque Animalium praecipue proprietates in
    gratiam studiosorum Theologiae ad usum. Eiconologicum breviter accommodantur. Witten-
    berg 1612. Später viele andere in Amsterdam und Wittenberg.
S a m u e l B o c h a r t u s, Hierozoicon sive bipartitum opus de animalibus. Sanctae Scripturae.
    London 1663. Frankfurt 1675. Leipzig 1795 – 99.
J o h. J a c. S c h e u c h z e r, Kupferbibel. in welcher die Physica sacra oder beheiligte Natur-Wissen-
    schaft Derer in der Heil. Schrift vorkommenden natürlichen Sachen. Augsburg und Ulm
    1731 – 1735 (8 Vol.).

c) Die medizinische Entomologie.

Die Naturwissenschaften wurden zu Beginn der Neuzeit als Nebenfach der
Medizin betrachtet. An den ältesten Universitäten hatte ein Lector simplicium
die Pharmakologie zu lehren. Die Pharmaca oder Heilmittel bestanden damals
hauptsächlich neben Steinen und einigen wenigen Chemikalien aus Pflanzen und
Tieren. Im 16. Jahrhundert entstanden die ersten botanischen Gärten als prak-
tisches Demonstrations-Material für Medizin-Studenten. Die ältesten sind: der
botanische Garten in Padua (1545 Prof. Buonafede), Pisa (1547 Luca Ghini),
Bologna (1567—1568 Ulysse Aldrovandi), Leyden (1577), Heidelberg und Montpellier (1593) usw. Bald trennte sich nun ein Ostensor simplicium vom Lector,
Während letzterer auf Dioskur und Galen fußend die damals im Vordergrund
des Interesses stehenden philologischen und Deutungs-Vorlesungen über die
Heilmittel-Lehre der Alten hielt, hatte der Ostensor die praktische Bekanntschaft mit den Simplicia zu vermitteln. Hieraus entwickelten sich dann ganz von

selbst die ersten Professuren für universelle Naturgeschichte, als deren typischsten Vertreter wir hier Ulysse Aldrovandi zu nennen haben. Immerhin blieb noch
zwei Jahrhunderte ein äußerst lebendiger Konnex zwischen Naturgeschichte und
Medizin bestehen und Ärzte haben noch oft entscheidend in die Weiterentwicklung der Entomologie eingegriffen. Ich erinnere hier nur an Malpighi, Redi,
Swammerdam, Willis, Vallisnieri u. a. Bei der großen Rolle, die die Insekten im
Rezept-Schatz der antiken, mittelalterlichen und früh-neuzeitlichen Medizin
spielten und die sie heute noch in der Volksmedizin aller Völker spielen, erscheint es angebracht, hier etwas näher auf die Materie einzugehen.

F. Netolitzky (1916) hat neuerdings diesem Kapitel eine sehr interessante
Studie gewidmet. Er führt die Vermittlung der ersten Bekanntschaft mit den
Heilwirkungen von Insekten auf den Genuß als Nahrungsmittel zurück. Das
mag für Heuschrecken z. B. sicher zutreffen, die heute noch im Orient, in
Afrika und anderswo eine mehr oder weniger regelmäßige Nahrung der Eingeborenen vorstellen. Der Gebrauch von Insekten als Nahrungsmittel reicht noch in unsere moderne Zeit hinein, indem
ein Ameisen-Extrakt noch heute
z. B. einen Hauptbestandteil des
guten skandinavischen Gin bildet.
Die Zahl der als Pharmaca benutzten Insekten ist relativ gering
und beschränkt sich auf leicht
sammelbare Tiere. Eine Zusammenstellung der historischen
Nachrichten und der Angaben der
vergleichenden Volksmedizin ergibt zunächst ein ungeheures Chaos, das sich klärt, wenn wir den
Reiz als Leitfaden der Heilwirkung benutzen. Chemisch sind die
Reizstoffe bei verschiedenen Insekten sehr verschieden. Die in
ihrer Wirkung am meisten geschätzten sind die aus der Gruppe
der Kantharidine, eines typischen
Vertreters der Phlogotoxine. Andere Gruppen von Giftkörpern bei
Insekten sind das Bienen-Gift aus
der Gruppe der Alkaloide, das
als Pfeil-Gift benutzte Gift der
südafrikanischen Käfer-Larve Diamphidia locusta u. a. Die Wir

Fig. 68.
Miniature zu dem Abschnitt: Pediculus, die Laus.
(Ortus Sanitatis, ca. 1500.)

kung dieser Reizstoffe ist eine ziemlich breite. Dieselben Stoffe dienen als
chemische, mechanische oder reflektorische Reize. Z. B. Wanzen wirken in
zerriebenem Zustande in Wein (chemischer Reiz) diuretisch und gegen Blasensteine. Der Geruch der Wanzen dient reflektorisch zur Heilung gegen Epilepsie und Kinder-Konvulsionen. Mechanisch reflektorisch wirkt das Krabbeln
einer lebendigen Wanze an gewissen Körperstellen als Reiz zum Urinieren.
Gegen Bienen-Gift kann eine Immunität erworben werden. Von dieser Tatsache

macht die moderne Bienenstich-Kur gegen Rheumatismus Gebrauch. Viele höhere Tiere sind gegen Kantharidine äußerst empfindlich und nicht immunisierbar. Doch besitzen Insekten-Fresser wie Igel, Frosch, Huhn, Schwalbe eine relative Immunität gegen diese im Insekten-Reich in mehr oder weniger starker Konzentration äußerst verbreiteten Stoffgruppe. Aus der beigefügten Tabelle 10, die aus der Umarbeitung einer Netolitzkys'chen hervorgegangen ist, sind die Hauptwirkungsweisen, die dem Gebrauch von Insekten zugeschrieben werden, zu ersehen. Eine häufige Erscheinung ist übrigens, daß Tiere symbolisch oder als Amulett eine Anwendung finden, die ursprünglich intern eingenommen wurden. So diente schon bei den Griechen ein aus in Wasser mazerierten Fliegen bereitetes Augen-Wasser gegen Triefaugen und andere Augenleiden. Später wurde daraus das Umbinden eines Beutelchens mit lebenden Fliegen um den Hals. Nicht unerwähnt bleiben soll auch eine eigenartige Verwendung der Insekten in der Chirurgie, die bei den Balkan-Völkern und südamerikanischen Indianern heute noch in Gebrauch sind und von Juden und Arabern aus dem Mittelalter berichtet wird: die Wund-Naht: Ameisen oder Käfer werden an gut angepaßte Wund-Ränder gehalten und nach dem Einbeißen wird der Leib vom Kopfe abgeknipst. Der Kopf hält dann die Wunde bis zur Heilung.

Als eigenartiges Heilverfahren sei hier die Heilung der Tollwut durch sofortiges Ätzen der nicht ganz durchgebissenen Haut mit Meloe, Lytta und Mylabris — den hauptsächlichsten Trägern des Kantharidins — in Oliven-Öl erwähnt. Dieses wohl primitivste Heilverfahren, das dem Ätzen mit dem Lapis entspricht und ebenso das in die Haut noch nicht eingedrungene Virus abzutöten vermag, ist aus China, Nordafrika und Europa bekannt. Seine älteste Erwähnung findet es bei Avicenna (980—1037). Bei den Arabern werden diese Käfer bei Tollwut noch heute intern verordnet.

Einen besonders großen Raum nehmen die Zahnweh-Heilmittel ein und als kuriosen Ausläufer dieser Epoche können wir die Erwähnung eines späteren Buches nicht unterdrücken: eine Monographie über die Naturgeschichte eines neuen Insekts des Professors der höheren Mathematik zu Pisa, Ranieri Gerbi. Das neue Insekt ist der im mittleren Süd-Europa an Disteln verbreitete kleine Käfer Rhynocyllus conicus Froel., der lange Zeit R. antiodontalgicus Gerbi hieß, der Gegenzahnweh-Käfer. Auf 269 Seiten ist er ausführlich beschrieben und gut die Hälfte des Buches ist der Zahnschmerz stillenden Wirkung' des Käfers gewidmet.

Wir kehren für eine Zeitspanne um, um uns mit den ältesten Werken der medizinischen Zoologie etwas zu beschäftigen.

Ortus Sanitatis.

Dem Kreise der Medizin- und der Kräuter-Bücher entstammt ein Werk, das seinem Geiste nach als Epigonen-Werk der mittelalterlichen Kompilatoren bezeichnet werden muß, der Ortus Sanitatis, in seiner deutschen Ausgabe „Gart der Gesundheit" bezeichnet. Das lateinische Original muß ca. 1480 erschienen sein. Als Verfasser läßt sich heute mit ziemlicher Sicherheit der Stadt-Arzt zu Frankfurt am Main Johannes Wonnecke von Caub (Cuba) bezeichnen. Die lateinische Ausgabe hat eine Reihe von Auflagen erlebt, jedoch weniger als die deutsche, die 1485 zuerst in Mainz gedruckt, 1493 in Frankfurt a. M., 1520 in Lübeck und noch viele andere Neuauflagen erlebte. Über die bibliographisch hochinteressante Geschichte dieses Buches sind zahlreiche Arbeiten erschienen, von denen hier auf die grundlegende von Choulant und Schreiber verwiesen sei. Wir unterscheiden den kleinen ursprünglichen und den großen Ortus sanitatis. Nur der letztere enthält Insekten. Seine älteste Ausgabe ist 1491 in Mainz erschienen. 42)

In dem Werk selbst treten die medizinischen Gesichtspunkte zurück. Es ist ein absolut kompilatorisches Schriftstück, das trotz seiner zahllosen Zitate auf der Kenntnis nur ganz weniger Schriftsteller beruht. Ob die Original-Kenntnisse Cuba's zoologischer Werke sich auf weitere als das Liber de natura rerum und das Speculum naturale des Vincenz von Beauvais und etliche Kompendien-Literatur erstreckten, erscheint mir äußerst zweifelhaft. Soweit ich feststellen konnte, sind die vielen antiken und arabischen Zitate wörtlich aus den dortigen Zitierungen entnommen. Das Werk ist in jeder Hinsicht unselbständig und wäre einer eingehenden Besprechung vom entomologischen Gesichtspunkte garnicht wert, wenn es nicht eins der ältesten illustrierten Werke wäre. Wir geben hier von der Augsburger lateinischen Ausgabe (1536) einige Bildchen wieder, die durch ihre entzückende Naivität ansprechen und als die ältesten entomologischen Drucke eine gewisse Pietät beanspruchen dürfen.

Fig. 69.
Miniature zu dem Abschnitt: Formica, die Ameise.
(Ortus Sanitatis, ca. 1500.)

Die Bilder der älteren Ausgaben sind nur etwas größer und plumper, stellen jedoch dieselben Ideen dar.

Die Abbildungen sind vom Standpunkt der Naturtreue aus als sehr primitiv und mit vielen Fehlern behaftet anzusehen. Immerhin läßt sich eine gewisse Wiedergabe des Gesamteindruckes nicht verkennen. Einzelheiten wie, ob ein Insekt mit 1, 2, 3 oder 4 Bein-Paaren abgebildet wird, spielen keine Rolle für den Künstler. Die als Auswahl beigegebenen Bilder zeigen:

1. Eine Bürgersfrau wäscht ihrem Sohn den verlausten Kopf.
2. Eine Bürgersfrau beim Reinigen der Kleider von Motten.
3. Ein Gärtner bekämpft seine Holzwürmer durch Einführen eines Drahtes.
4. Eine Bürgersfrau vor ihrem verflohten Bett.
5. Die Bienen entstehen aus totem Rindvieh.
6. Der Buprestis läuft auf der Weide zwischen Rindvieh.
7. Raupen haben einen Baum völlig kahl gefressen.
8. Stechmücken (Culex) peinigen einen nackten Mann.
9. Ameisen.

Die Insekten sind alphabetisch teils zwischen die Animalia und Reptilia, teils
zwischen die Aves und Volatilia eingereiht, kunterbunt zwischen Vögeln und
Säugern. Einige Insekten wie Crabrones und Cicadae finden sich in beiden
Gruppen. Von der Kritiklosigkeit dieser Kompilation gibt der Abschnitt Cicadae
einen besonders guten Begriff. Unter einer undeutlichen Figur werden die zwei
Grillen des Albertus, die Schaum-Zikade des Isidorus, die Zikaden-Arten des
Plinius und Aristoteles in einem Abschnitt als zu einem Tier gehörig aufge-
führt. Als Beispiel mögen noch die folgenden Abschnitte dienen:

B u p r e s t i s. Isidorus und Plinius. Buprestis ist ein kleines Tier in Italien,
das dem Scarabaeus ähnlich ist. Er täuscht durch seine langen Beine das Rindvieh und hat daher seinen Namen. Wenn dieses ihn verschlingt oder mit der
Haut berührt, so schwillt es so an, daß sein Bauch platzt.

Gegenmaßnahmen: Plinius: Man trinke Wasser mit Soda, wenn man einen
Buprestis verschluckt hat, so bricht man ihn wieder aus; und viele andere ähnliche Mittel aus Plinius und Liber de natura rerum.

E r u c a (= Raupe). Liber de natura rerum: Eruca ist ein langer Wurm mit
vielen Beinen und von verschiedener Farbe. Er frißt die Blätter von Kohl-
gewächsen und Bäumen. Isidorus: Eruca ist ein Blatt-Wurm, im Kohl oder
Weinlaub eingewickelt, er wird nach seinem Nagen benannt (ab erodenda
dicta). Plautus erwähnt ihn: Ich möchte das Tier verfluchen, das in Weinlaub
eingewickelt Blatt und Blüte frißt. Dieses Übel entsteht, wenn lange feuchtes
Wetter ist.

Gegenmaßnahmen: Palladius: Gegen Raupen befeuchtet man die Samen,
die man säen will, mit dem Saft der Hauswurz oder dem Blute der Raupen
selbst. Einige streuen Asche von Feigenholz auf die Raupen oder sie säen Meerzwiebeln in den Garten. Manche lassen eine Frau in der Periode mit bloßen
Füßen um den Garten gehen.

C e r v u s v o l a n s (= Hirschkäfer). Liber de natura rerum: Der Cervus
volans soll aus dem Geschlechte der Zikaden sein. Trotzdem nennt ihn der
Experimentator eine Wespe (Crabro), da er unter den Halteflügeln weiche und
zarte wie eine Heuschrecke habe. Gegen Abend fliegen sie zahlreich mit großem
Geräusch umher. Sie haben große medizinisch benutzte Hörner, die Furchen und
Zähne tragen sowie glänzen und die sie wie Zangen benutzen. Ihre Beine sind
lang und zurückgebogen und leuchten in der Nacht wie faules Holz. Die Seiten
und Hinterteile glänzen oft wie die Farben von Federn und sind zeitweilig
dunkel. Wenn man den Kopf abschneidet, lebt der Körper noch lange, aber
nicht so lange wie der Kopf.

Die von Cuba selbst besorgte deutsche Übersetzung als „Gart der Gesundheit" ist mehr volkstümlich gehalten und auch im Text stark gekürzt. Von den
392 Tieren des Ortus sind im Gart nur 15 übrig geblieben.

Aus dem Kreise der Kräuter-Bücher, deren entomologische Abschnitte mehr
oder weniger identisch sind, sei noch eines angezogen. In der ersten Hälfte des
16. Jahrhunderts spielt hier der Frankfurter Verleger E g e n o l p h eine Hauptrolle. Bei ihm ließ z. B. sein Schwiegersohn A d a m L o n i c e r (geb. 1528 in
Marburg, gestorben 1586 als Arzt in Frankfurt) im Jahre 1551 sein Naturaliae
historiae opus novum erscheinen. In diesem werden insgesamt 12 Insekten unter
Vögeln und Landtieren abgehandelt. Die beigefügten Holzschnitte sind dieselben wie in allen von Egenolph herausgegebenen Werken. Sie sind handkoloriert,
aber plump, so daß die meisten Tiere nicht zu erkennen sind. „C u l e x, E r d -
f l i e g e n, E r d f l ö h e. Bezeichnet allgemein alle kleinen geflügelten Würmer.

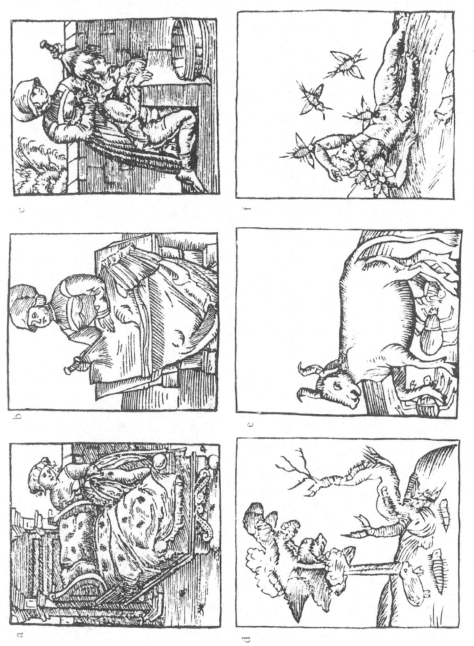

Bilder aus dem Augsburger Ortus Sanitatis. (1536).

a. die Laus. b. die Kleidermotte. c. der Floh., d. die Stechmücke.
e. Buprestis. f. die Raupe.

Gegen Culices und Wanzen macht man Räucherungen mit Myrthe, Schwefel, Weinpalme, Disteln und Kuh-Kot. Gegen die Culices der Gärten und Saaten sprengt man den Ruß der Kamine, Galvanum-Extrakt und Schwefel."

Diesem recht oberflächlichen Buche sind die anderen Kräuter-Bücher ebenbürtig. Wir geben hier Stellen aus einem anderen in Deutsch 1536 ebenfalls bei Egenolph erschienenen wieder und fügen die verhältnismäßig gut getroffene Abbildung der Grille bei. Um Klischees zu sparen, wird dasselbe Klischee für verschiedene Tiere benutzt. So zeigen z. B. die Abschnitte Biene, Fucus, Hornisse und Wespe dieselbe Abbildung, ebenso Fliege und Mücke. Wie in den meisten Werken dieser Zeit folgen die Insekten ganz willkürlich vermischt mit anderen Tieren. Z. B. folgen sich Ziege, Ameise, Grille und Igel, oder Eule, Cantharide und Kapaun.

„O m e y s z , F o r m i c a . Es ist gar ein klein und fürsichtig thierlein. Schwefel und das Kraut Wohlgemüt gepülvert und also über der Ameisen Wohnung gesprengt, verlassen die selbigen wonung und fliehen. Dessgleich fliehen sie auch von dem rauch Storacis. Die omeissen werden vertrieben von dem Schwefel, asa fetida und alchitran. Und wann man von den Dingen etwas tut in ihre Löcher, so sterben sie. Und wenn man daraus ein Teig machet und um ihr Loch streichet, so gehen sie nit heraus. Der Omeissen wonung mit Schwefel und Origano beraucht, treibet die omeissen darvon.

G r i l l e n , G r i l l u s . Grillen oder heymen also genannt. Grillus dient zu den eiternden Ohren, so es mit seinem erdreich ausgegraben wird. Wieder die reisenden Stein und andere wetagen (Schmerzen) der Blasen dienet der Grill mit heißem Wasser gewaschen und ingenommen.

vertreibet das sausen den oren.

Grillen.
Grillus.
heymen.

Fig. 70.
Die Hausgrille. (Aus Lonicer.)

M u s c a , F l i e g e . Die Fliegen tötet der Arsenicum, so man etwas davon in Milch tut und das die Mücken saugen. Die Fliegen tötet auch der Rauch und Weihrauch und die Kochung des schwartzen Ebuli. Die Fliegen sind gut in Augenweh und für Augenbrauen. Gebrannt und mit Honig auf die kahlen Stellen gelegt, machen sie das Haar rasch wachsen. Die Fliegen werden getötet, so man den Ort mit Holderwasser besprengt.

R o ß k ä f e r , S c a r a b a e u s . Etliche Fliegen werden hartrindig, anstatt der Feder wie z. B. die Käfer, deren Feder ist zarter und brüchiger. Man spricht, daß sie keinen Angel haben, aber einem Geschlecht mit ihnen sind lange Hörner, die fein geteilt mit zwei Spitzen an den Angeln, wenn sie beißen und zusammenlaufen wollen und diese hängt man den Jungens an den Hals zu einer Arzenei.

Eine Frau, die ihre Zeit hat, so die bloß um einen Acker geht, so fallen die Käfer ab und alle schädlichen Tiere.

Der grünen Käfer Natur die schärfet das Angesicht der Anschauung.

T a u r i werden genannt die irdischen Scarabaei gleich dem Ricino, und den haben sie ein Namen geben Cornicula. Die anderen heißen sie Erdläuse, dienen zu den Kröpfen und Höffern, so man sie darauf legt."

Ein medizinisch zoologisches Kompendium in lateinischen Versen verdanken wir J. U r s i n u s . Aus seiner Prosopopeia animalium (Wien 1541) bringen wir die folgenden Verse:

Locusta.

Nuper brucus eram, sed ubi iam corpore crevi,
(Si modo non errant scripta) locusta vocor.
Arceo quartanos collo gestata rigores, ...

Zuerst hieß ich Brucus, jetzt wo ich gewachsen bin
heiße ich Heuschrecke, wenn die Schriften nicht trügen.
Ich halte am Halse getragen die Quartanfieber ab. ...

Scarabaeus.

Si me gignit equus, miror cur pellat ab ortis
Femina, quando illi menstrua foeda fluunt.

Wenn auch aus den Pferden entstanden, wundere ich mich doch, warum
        mich von den Gärten
eine Frau vertreiben kann, wenn ihre Regel fließt.

Non me despicias, tamquam sim natus equina
Carne pueri, sed me cui dolet auris habe.
Vel quibus innatis premitur vesica lapillis,
Vel cui visus habes, quos quoque vexat hydrops.

Verachte mich nicht, Knabe, wenn ich auch aus dem Pferde entstanden bin,
sondern verwende mich bei Ohrenschmerzen.
oder bei Blasensteinen
oder bei Wassersucht.

Cantharis.

Venus orta mari, sic siccis nascor aristis,
Quare me venerem posse ciere putat ...

Wie die Venus aus dem Meere, so entstehe ich aus den trockenen Ähren,
daher glaubt man, daß ich Liebe erregen kann. ...

Der guten Schulmedizin jener Zeit gehört das Opus de re medicina des
Paulus Aeginetus (Coloniae 1534) an. Im 5. Buche werden unter den
giftigen Tieren kurz Vespa, Apis, Cantharis und Buprestis, die durch sie her-
vorgerufenen Krankheits-Bilder und deren Heilung erwähnt.

Das 7. Buch enthält ein schlagwortartiges Kompendium der in der Praxis
üblichen Simplicia (Tiere, Pflanzen und einfache Chemikalien). Der folgende
Auszug repräsentiert den Anteil, den die Entomologie um 1530 in Deutschland
in der praktischen medizinischen Receptur einnimmt:

Die Heuschrecken. Gegen Beschwerden beim Harnlassen; ohne Flügel
in Wein zerrieben gegen Skorpionen-Bisse.

Die Buprestis ist sehr ähnlich dem Cantharis und wird auch so gebraucht.

Die Canthariden aus Getreide-Feldern mit safrangelben Flügelbinden
werden des Abends in Essig-Dämpfen erstickt und sind dann sehr nützlich zu
vielem. Von schlechten Nägeln entfernen sie mit dem Horn auch den Aussatz.
Sie verbessern den Allgemeinzustand und haben eine außergewöhnliche Harn
treibende Wirkung. Einige bilden sogar die uretische Medizin durch Zugabe
von ganz wenig Canthariden.

Die Bett-Wanzen sind sehr scharf. Mit Essig getrunken, sollen sie
Blutegel zum Abfallen bringen.

Rohe getrocknete Cikaden werden gegen Kolik verschrieben, je 3,
5 oder 7 mit derselben Zahl von Pfeffer-Körnern. Geröstet sollen sie gegen
Magen-Schmerzen gut sein.43)

P. A. Matthioli.

Als des wichtigsten Vertreter der Dioscurmedizin haben wir hier des Italieners Pietro Andrea Matthioli zu gedenken. 1501 zu Siena geboren, entwickelte er sich durch Beherrschung der philologischen Quellen und eine mäßige sinnliche Kenntnis der Pflanzen zu der ersten Autorität seiner Zeit. Er erwarb sein Brot als Arzt in Rom, Görz, Prag und Trient. 1548 erschien sein Kommentar zu Dioscorides, der viele lateinische und italienische Auflagen erlebte. Bei der großen Verbreitung des Werkes, und da es als Typus der medizinischen Zoologie nicht ohne Interesse ist, verlohnen sich etwas ausführlichere Proben. Die Tiere sind im zweiten Buche besprochen und mit einigen primitiven Abbildungen im Stile der alten Ausgabe des Ortus Sanitatis versehen.

„Von den Raupen.

Dioscur: Man sagt, daß die Raupen, die auf den Kräutern unserer Garten-Pflanzen entstehen, mit Öl vermischt, die Bisse giftiger Tiere heilen.

Kommentar: Die Raupen, die unseren Gärten so schädlich sind, sind kleine, sehr häufige Tiere. Sie fressen oft den ganzen Kohl und die anderen gesäten Pflanzen auf. Nach Aristoteles entstehen aus den grünen Blättern dieser Pflanzen besonders des Kohls zuerst kleine Körner, meist kleiner als Hirse, aus denen später kleine Würmchen werden, die binnen 3—4 Tagen zu roten Raupen werden. Wenn diese älter werden, so ändern sie ihre Form, bedecken sich mit einer harten Schale von goldener Farbe und man nennt sie dann Puppen (Aurelia). In diesem Stadium bewegen und rühren sie sich nicht, und es ist auch kein Mund und keine anderen Körperteile bei ihnen zu erkennen. Daraus schlüpfen dann die fliegenden Schmetterlinge. Wenn die Raupen auch sehr viel fressen, so hört das mit der Verpuppung auf. Als ich ganz klein war, war in der ganzen Toskana ein furchtbares Raupenjahr. In ungeheuren Mengen fanden sich damals diese Puppen, mit dem Hinterende nach oben hängend, an den Bäumen, Kräutern, Mauern und Häusern. Ihre Farbe war so leuchtend golden und silbrig, daß man sicher geglaubt hätte, sie wären aus massivem Gold und Silber, wenn man sie nicht hätte sich bewegen sehen.*) Sie sehen ganz wie Wickelkinder aus mit menschlichem Gesicht und einer zweigezipfelten Mitra auf dem Kopfe. Ich habe diese seither jedes Jahr besonders an Garten-Mauern wiedergefunden, aber nicht so lebhaft goldfarben.**) Einige Schmetterlinge wie der Seidenspinner legen nun aber Eier, aus denen die Raupen hervorgehen und diese Eier sind nichts anderes als die vorher schon erwähnten Körner. Ich will allerdings nun nicht unbedingt behaupten, daß die aristotelische Ansicht, sie entständen direkt aus den Blättern, immer falsch ist; denn viele andere Tiere entstehen doch auch so. Plinius meint, diese Körner entständen aus Tau, der sich an der Sonne kondensiert hat. Aber die wirklichen Naturbeobachter stimmen damit nicht überein. Als Bekämpfungs-Mittel empfiehlt Plinius, einen Pferde-Schädel oder einen Fluß-Krebs an einem Pfahl in der Mitte des Gartens aufzuhängen oder auch den Kohl und die anderen Kräuter mit einem Becher, der mit Blut gefüllt ist, zu berühren. Columella empfiehlt, sie mit der Hand zu sammeln und des frühen Morgens von den Pflanzen abzuschütteln. Dies muß man besonders an feuchten Orten tun, wo sie nach dem Regen entstehen. Wenn sie beim Schütteln kältestarr zu Boden fallen, so klettern sie schon nicht mehr auf

---

*) Gemeint ist: Pyrameis cardui.
**) Wohl Pieris brassicae.

die Pflanze. Vorsichtige Gärtner befeuchten die Samen vor der Aussaat mit dem Saft der Hauswurz (Sempervivum). So verhindern sie, daß die Raupen sich ihnen nähern. Demokrit versichert, daß, wenn eine Frau, die in den Regeln ist, mit zerzausten Haaren dreimal um den Garten läuft, die Raupen alle tot zu Boden fallen. Aber meiner Meinung nach sind das alles Experimentchen für die abergläubige Menge und nicht für die Aufgeklärten.

von Kreuttern/ vnd Bäumen.

Vom Rustholtz oder Lindbast.
Cap: XXXV.

Rustholtz.   Vlmus.

A

Das Erste Buch/

Gallöpffel.   Gallz.

Fig. 71.
Blattlausgallen an Ulme.
(Aus Matthiolus.)

Fig. 72.
Cynipidengallen an Eiche.
(Aus Matthiolus.)

Cantharis, Buprestis und Kiefernspinner (Pityokampa).

Die Kanthariden sind sehr häufige kleine Tierchen, die dem Bestand der Drogerien angehören. Sie sind besonders zahlreich in den warmen Gegenden Italiens und leben hier nicht nur auf den Getreide-Feldern, sondern auch in großer Anzahl auf den Eschen.

Die Buprestis ist sehr selten in Italien. Aber der Kiefernspinner ist sehr zahlreich in Italien, wo es nur immer Pinien-Wäldchen gibt. In ungeheuren Mengen finden sich auf den Bergen und in den Tälern des Trentino und besonders in den Tälern von Anania und Fieme in den Pinien-Wäldern diese rötlichen und behaarten Raupen, dicht gedrängt an den Astspitzen in ihren

zarten Geweben. Dicht zusammengedrängt verbringen sie hier den Winter. Ich
habe sie für Versuche öfters gesammelt und habe sie so zu Tausenden gefunden.
Das Gespinst ist so widerstandsfähig wie Seide, der es überhaupt ähnelt. Zur
Blutstillung ist es ebenso gut wie Spinnengewebe.

Sehr viele moderne Ärzte und besonders die aus der arabischen Schule ver-
ordnen die Kanthariden ohne Kopf, Flügel und Füße. Das ist ganz gegen die
Verordnung des Galen, der sie nur ganz verwendet. Wenn nun erstere sagen,
daß nicht die Araber, sondern Hippokrates das so verordnet habe, so antwortet
Galen darauf selbst: „Ein sehr kühner Arzt, der in diesem Punkte die Ansicht des Hippokrates nicht beachtete, schnitt alle diese Teile von einem Cantharis ab und gab sie so einem Wassersüchtigen zu trinken. Am ersten Tage
erschien am Bein ein Geschwür, das am dritten Tage geschnitten wurde und
aus dem sich viel Wasser entleerte. So wurde er von der Wassersucht geheilt,
starb aber doch nach wenigen Tagen. Der Arzt wurde nun stark angegriffen,
weil er den Hippokrates nicht befolgt und Kanthariden ohne Kopf, Flügel und
Beine verordnet hatte. Der allzukühne Arzt legte hierauf jedoch keinen Wert
und wiederholte seine erste Behandlung an einem anderen Wassersüchtigen.
Hier bildete sich ebenfalls ein Geschwür, aus dem sich viel Wasser entleerte,
und der Kranke starb ebenfalls darauf." Durch die falsche Kenntnis, die
die Araber von Hippokrates hatten, und weil sie diese Interpretationen des
Galen nicht kannten, haben sie sich und die große Schar der ihnen anhängenden
Ärzte verwirrt.

Wenn man diese Teile bei der Verordnung von den Kanthariden entfernt, so
beraubt man sie gerade des heilenden Gegengiftes, das ihnen die Natur gegen
ihr schändliches Gift gegeben hat. Das hat auch Galen gewußt und sie deshalb
ganz verordnet, da sie so nicht schaden können, indem sie ihr Gegengift direkt
mit sich tragen. Er schreibt, wir haben genügend Erfahrung betreffs Kanthariden, daß sie mit Zugpflastern auf rauhe Nägel gelegt, sie diese gänzlich aushöhlen. Sie heilen ebenfalls Ausschlag und Krätze und mit Beizmitteln verbunden, entfernen sie Hühneraugen. Ein Lehrer von mir gab auch immer ein wenig
in die Rezepte zum Harntreiben hinein. Einige geben nur Flügel und Beine und
sagen, daß dies die beste Gegengabe für solche sei, die die ganzen Käfer verschluckt hätten. Andere machen das Gegenteil, aber sie geben sie ganz. Man
muß wissen, daß diejenigen die besten sind für alle Medizinen, die rote Flügelbinden haben und sich auf Getreide-Feldern finden. Besonders gut sind sie, wenn
man sie in ein Terrakott-Gefäß legt, über dessen Öffnung ein feines Gewebe
spannt und dann soviel von dem stärksten Essig hineingießt, bis der Essig-
Geruch sie tötet.

Ebenso präpariert man die Buprestiden. Sie sind den Kanthariden nicht nur
der Art nach nahe verwandt, sondern sind ihnen auch in der Wirkung sehr
ähnlich, was auch für den Kiefernspinner zutrifft."

In der medizinischen Literatur der nächsten Jahrhunderte finden sich
immer neue Abhandlungen über die Wirkung des Kantharidins aus Lytta und
Meloe, von denen wir eine kleine Auswahl im Literatur-Verzeichnis beifügen.
Im Jahre 1833 finden wir in der medizinischen Zoologie von Brandt und Ratzeburg noch folgende Insekten-Genera beschrieben: Meloe, Lytta, Mylabris, Coccinella, Cynips, Formica, Apis, Tettigonia, Coccus. Aus dem offiziellen modernen
Arzneischatz sind die Insekten-Heilmittel fast ganz verschwunden und sogar
das Kantharidin wird nur noch gelegentlich als blasenziehendes Plaster herangezogen.

Literatur:

F. Netolitzky, Die Volksheilmittel aus dem Insektenreich. Pharmazeutische Post 1913. S. A.
    7 pp.
F. Netolitzky, Insekten als Heilmittel. Pharmazeutische Post 1916. S. A. 45 pp.
W. Arndt, Bemerkungen über die Rolle der Insekten im Arzneischatz der alten Kulturvölker.
    Deutsche Entom. Zeitschr. 1923, p. 553 ff.
Ranieri Gerbi, Storia naturale di un nuovo Insetto. Firenze 1796.
Ortus Sanitatis, Quattuor libris haec quae subsequuntur complectens. 1) De Animalibus et
    Reptilibus, 2) De Avibus et Volatilibus, 3) De Piscibus et Natatilibus, 4) De Gemmis et in
    veris terrae nascentibus. Omnia castigatibus, quem hactenus videre licuit, id quod equus
    lector ex collatione facile pervidere poterit. Argentorati Permathiam Apiorum 1536.
Gart der Gesundheit, Mainz 1485.
Pauli Aegineti, Opus de re medicina nunc primum integrum, latinitate donatum per J. Guinte-
    rium Andernacum, doctorem medicum. Coloniae 1534.
Adamus Lonicerus, Naturalis historiae opus novum in quo tractatur de natura et viribus arborum,
    fonticum, herbarum, animantiumque terrestrium, volatilium et aquatilium . . . . Francoforti
    apud Chr. Egenolphum 1531.
Ein Kräuterbuch in altdeutscher Sprache, Francoforti apud Egenolphum 1536. (Den ge-
    nauen Titel kann ich wegen einer Lädierung der Titelseite in dem Exemplar der Kölner
    Stadtbibliothek (N. 14) nicht angeben.)[44]
Jo. Ursinus, Prosopeia animalium aliquot: in qua multa de eorum viribus, natura, proprietatibus,
    praecipue ad rem Medicinam pertinentibus continentur Authore Jo. Ursino Medico Doctore
    et Poeta laureato. Cum scholiis Jacobi Olivarii Avenionensis doctoris Medici. Wien 1541.
P. A. Matthioli, Dei Discorsi Nelli sei libri di Pedacio Dioscoride Anazarbeo Della Materia Medi-
    cinale. 2 Vol. Venetia 1604.
J. F. Brandt und J. T. C. Ratzeburg, Medizinische Zoologie oder getreue Darstellung und Be-
    schreibung der Tiere, die in der Arzneimittellehre in Betracht kommen. Vol. II. Berlin 1833.
A. Clutius, De nuce medica et de Hemerobio sive Insecto Ephemero et Majali vermi opus 2.
    Amstelod. 1634 (Meloe).
Ungnad, Der Maywurm ein Hülfsmittel wider den tollen Hundsbiss. Züllichau 1783.
Schwartz, De hydrophobia eiusque specifico Meloe majali et Proscarabaeo. Halae 1783.
Schäffer, Abbildung und Beschreibung des Maienwurmkäfers als eines zuverlässigen Hülfsmittels
    wider den tollen Hundsbiss. Regensburg 1778.
Greenfield, De tuto cantharidum in medicina usu interno. London 1698.
Rumpel, De cantharidibus eorumque tam interno quam externo in medicina usu. Erford 1767.
E. Poulsson, Lehrbuch der Pharmakologie. Leipzig-Kristiania. 4. Aufl. 1919, p. 304—11.
L. Choulant, Graphische Inkunabeln für Naturgeschichte und Medizin. Leipzig 1858; Neudruck:
    München 1924.
W. L. Schreiber, Die Kräuterbücher des XV. und XVI. Jahrhunderts. München 1924.

d) Aus der Entomologie des 16. Jahrhunderts.

Während wir im 15. Jahrhundert eine entomologische Literatur vermißt
haben, lernten wir bisher schon eine Reihe interessanter Werke aus dem 16.
Jahrhundert kennen. Den Kreis der letzteren Schriften haben wir noch zu erweitern, wenn auch nur an wenigen typischen Beispielen.

So erschien im Jahre 1579 von dem Baseler Autoren Johann Thomas
Freigius ein Buch Quaestiones physicae, Naturwissenschaftliche Fragen, be-
titelt, in dem auch die Insekten in dem 31. Kapitel ihre Behandlung finden.
Der Stoff erhebt sich weder an Arten-Reichtum noch inhaltlich sehr über die
Kräuter-Bücher.

A. Von den geflügelten Insekten.

Asylus oder Tabanus, griechisch Oestrum, wird nach ihrem erschreck-
lichen Gesumm genannt. Sie sticht in der heißen Jahreszeit. Es gibt eine
Redensart von ihr: schneller als eine Bremse.

Aureliae, chrysalides, Goldwürmlein. Sie entstehen aus den
Kohlraupen und man findet sie an Kohlgewächsen. An den Rapsblättern

verdichtet sich im Frühjahr der Tau unter Einwirkung der Sonnenstrahlen zu einem Hirsekorn. Daraus schlüpft ein kleiner Wurm und 3 Tage später wird die inzwischen herangewachsene Raupe unbeweglich und ihre Körperhaut wird hart. Bei der Berührung einer Spinne sogar bewegt sie sich. Aus dieser hartschaligen Raupe, die Puppe genannt wird, schlüpft der Schmetterling, nachdem er die Schale durchbrochen hat.

Papiliones   [Tagfalter]
Pyrausta   [Nachtfalter]
Scarabaeus   [Roßkäfer, Grünkäfer, Schrötter.]

Cantharides, Goldkäfer, unser frauen kuele. Diese sind ein grünes Käfer-Geschlecht, das hellgolden erglänzt, goldkäfer. Sie riechen übel und haben eine starke diuretische Kraft. Deshalb schädigen sie — unvorsichtig eingenommen — die Nieren. Der rötliche Cantharis ist unser frauen kuele. [1. Cetonia, 2. Coccinella.]

Buprestes   Qualster
Crabro   [Hornisse]

Die Culices,
    Schnocken
sind entweder
{ Feigenmücken, Psenes, die der Kaprificus in seinen Früchten erzeugt.
Weinmücken, Konopes. Sie entstehen aus Würmern in saurem Wein.
Schnaken, Empides. Aus Wasserwürmern (tipulae, graec. askarides) entstehen diese Wassermücken in der Nähe von Tümpeln und Gewässern. }

Cicadae
Locustae

Cicindelae
{ Die Ungeflügelten heißen Pygolampides vom Leuchten ihres Hinterteils. Sie entstehen aus haarigen Raupen. ...
Die geflügelten Lichtmücken leuchten in der Nacht und blenden mit ihrem Glanz im Dunkeln die Augen. ... }

Lampyrides
Musca

B. Von den Wasser-Insekten.

Tipulae, Askarides: aus diesen entstehen die Wasser-Mücken, Wasser-Spinnen. [Große Verwirrung!]

C. Von den kriechenden Insekten und Würmern.

Hier findet sich ein hervorragendes Lehr-Gedicht über den Seidenspinner und die Seidenzucht, das alle praktischen Gesichtspunkte deutlich herausarbeitet.

D. Von der Honig-Gewinnung und den Bienen
ist ebenfalls ein gut und praktisch geschriebenes Kapitel.

Ein methodisch beachtenswerter Versuch ist das kleine Büchlein „Über die unterirdischen Tiere" des großen Chemikers Georg Agricola. Es ist ein erster Ansatz zu ökologischer Tier-Betrachtung. Die im Boden wohnenden Tiere werden in ständige und gelegentliche Bodenbewohner geschieden. Zu letzterer Gruppe gehören Bienen und Schaben; zu ersterer Wespen, Ameisen, Hornissen sowie besonders die Engerlinge. Von Maikäfern und Grillen heißt es: „Die roten Käfer und die des Nachts zirpenden Grillen graben in trockener Erde, um hier ihre Höhlungen für den Sommer zu bauen, die Hausgrillen auch für den Winter. Die Käfer sterben zu Beginn des Herbstes, die Feld-Grillen vor dem Winter."

Auf die grimmige Polemik zweier italienischer Humanisten müssen wir hier kurz eingehen, da sie die Zeitgenossen offenbar stark interessiert hat. Der als Mathematiker und Arzt nicht unbedeutende H i e r o n y m u s   C a r d a n u s   a u s M a i l a n d (1501—1576) hat eine Reihe Bücher über allgemein naturwissenschaftliche Fragen verfaßt. Gegen diese richtete der ebenfalls angesehene oberitalienische Arzt J u l i u s   C ä s a r   S c a l i g e r (1484—1558) sehr heftige Angriffe. Wir bringen hier Proben aus den entomologischen Schilderungen der beiden Kämpen und können uns der Erinnerung an ein Wort Heinrich Heine's dabei kaum erwehren:

C a r d a n u s : Das siebente Buch: Von den Tieren und was von ihnen kommt.

Von den unvollkommenen Tieren.

Damit wir aber wieder zur Sache kommen, so haben die schaligen Tiere teils dünne Schalen wie die Heuschrecken, teils starke wie die Schnecke. Nun wollen wir sehen, warum die Mehrzahl der Blutlosen geringelt ist. Es ist gewiß, daß der Bewegung Anfang an einem Ort sein muß. Wenn nun dieses ganz hart ist, mag es sich nicht bewegen, außer allein mit den Füßen, wenn es aber ganz weich ist, mag es sich viel weniger bewegen, denn es ist nichts Steifes vorhanden, darum müssen die harten und weichen Teile sich nach einander geringelt vermischen.

Ameisenlöwe.

Den Ameisen ist ein Tierlein feind, das den kleinen Krautwürmern gleich ist — so deute ich das Wort des Albertus — der solches selbst gesehen hat. Es macht sich in dem groben Sand ein Grübchen wie eine Halbkugel, in der zuoberst ein kleines Löchlein ist, aus welchem es unversehentlich die Ameisen anfällt und sie frißt; dieses nennt der Albertus Formicaleon.

In dem neueren Hispanien, das ein Land West-Indiens ist, sind die Ameisen wie die Hirtzen-Käfer. Ihr Biß bringt starke Schmerzen.

Wenn unsere Ameisen alt werden, da bekommen sie Fäden, doch fliegen sie fast nicht, was bisher wenigstens noch niemand wahrgenommen hat. (Aus H. Cardanus: Offenbarung der Natur. Basel 1559.)

S c a l i g e r : Übung 184,2. Ob die völlige Trockenheit giftig ist. Über die Kanthariden.

Galen meint, man solle die Kanthariden ganz anwenden. Aber es gab bei den alten Ärzten einen Streit, ob in ihren Flügeln, Beinen oder ihrem ganzen Körper Gift oder ein Heilmittel sei. Plinius kennt die Flügel, die der trockenste Teil des ganzen Tieres sind, nicht als Heilmittel.

Übung 190. Aus der tierischen Fäulnis entstehen keine Tiere.

Es ist sicher nicht wahr, daß aus tierischer Fäulnis andere Tiere entstehen. Denn sonst müßte ein Kreislauf bestehen und diese Tiere endlich wieder zu dem werden, woraus sie entstanden sind; z. B. wenn aus dem Kalb Bienen, aus den Bienen Würmer und aus diesen Würmern wieder etwas entsteht, muß die Erzeugung notwendigerweise entweder wieder zum Kalb zurückkehren oder ins Endlose weitergehen. Deshalb kann die von dir [Cardanus] behauptete Entstehung von Tieren aus der tierischen Fäulnis nicht richtig sein. [Wohl aber erzeugen Pflanzen und faulende Stoffe aus der Fäulnis ihre besonderen Insekten-Arten.]

Übung 191. Von Bienen und Seidenspinnern; vom Bienenhonig.

Den Büchern des Aristoteles kannst du nichts Neues hinzufügen, und was du hinzugefügt hast, ist falsch: daß weder Honig noch Wachs von einem anderen Tiere hervorgebracht werden kann. Daß auch die Wespen Wachs bereiten, hat schon Plinius nach Aristoteles erzählt. Wenn wir auch nur ungern Reise-Berichte erwähnen, so berichten doch spanische Seefahrer von Baum-Honig, den kleine Ameisen erzeugen. ...

Übung 193. Cardanus sagt: „Alle Tiere, die aus der faulenden Materie entstehen wie Schaben und Würmer, sind von ganz warmer und feuchter Materie ...; die Canthariden aber nicht, denn sie entstehen aus Eiern." Hornissen, Wespen, Hummeln, Käfer und Bienen, die alle aus der Fäulnis entstehn, sind ganz trocken. Du aber schämst dich nicht, sie für ganz feucht zu erklären? Wer müßte nicht über deine Bemerkung über die Canthariden lachen? Entstehen sie etwa nicht aus der Fäulnis? Und entstehen die Tiere, die aus der Fäulnis entstehen, etwa nicht auch aus Eiern und von Eltern? Was soll denn deine Philosophie? Ist etwa ein Kantharide, der aus einem Kanthariden-Ei entstanden ist, von verschiedener Natur als seine Eltern? (Aus J. C. Scaliger: Exotericarum exercitationum. Lutetiae 1557.)

Unter den auf eigener Natur-Beobachtung beruhenden Werken finden wir nur wenige, die die Insekten berücksichtigen. So schildert der Professor der Medizin in Montpellier, Guilelmus Rondeletius, in seiner großen Naturgeschichte der im Wasser lebenden Tiere (1555) einige Insekten-Larven:

Cap. 37. Über den Flußkrebs. [De Squilla fluviatili = Dytiscus-Larve.] In Flüssen leben einige Insekten, die teils Wurm-, teils Fliegen- und teils Käferform besitzen. Da ich über diese bei den alten Autoren keine Angabe vorfinde, halte ich es nicht für überflüssig, einige dieser Tiere nach solchen, mit denen sie Ähnlichkeit besitzen, zu benennen. Wir beginnen hier mit dem den zarthäutigen Krebsen am nächsten verwandten, dem Fluß-Krebs. Er besitzt drei Beinpaare. Der Schwanz endet in zwei langen, zarten, fadenförmigen Haaren. Er ist so lang wie ein Finger. Sein Kopf ist rundlich und abgeflacht, ähnlich einer Linse; er besitzt vier Hörnchen. Seine Gestalt ähnelt sehr der des Meer-Krebses. Deshalb finde ich keinen passenderen Namen für ihn als Fluß-Krebs.

Cap. 38. Über die Fluß-Zikade. [De Cicada fluviatili = Wasser-Wanze, Naucoris?] In Bächen sieht man kleine Tiere, die den Land-Zikaden sehr ähnlich sind. ... Sie schwimmen mit der Breitseite des Bauches und den 6 Beinen, von denen das letzte Paar sehr lang ist. Von den Land-Zikaden unterscheiden sie sich durch den größeren [exerto] Kopf und das Vorhandensein eines Nackens.

Cap. 39. Über die Fluß-Libelle. [De Libellula fluviatili = ? Ephemeriden-Larve.] Dies Insekt nenne ich Fluß-Libelle wegen ihrer Ähnlichkeit mit diesem Schmiede-Gerät und der Meer-Libelle. Es ist klein und hat etwa die Gestalt des Buchstabens T, drei Fußpaare, einen Schwanz, der in drei grünen Anhängen endet. Es schwimmt vermittels derselben sowie seiner Beine.

Cap. 40. Über die Fluß-Fliege. [De Musca fluviatili = Notonecta] Wir sehen im Sommer oft kleine Fliegen an der Wasser-Oberfläche schweben. Sie haben im Verhältnis zur Körper-Größe sehr große Augen, einen runden Rücken und flachen Bauch und 6 Beine, von denen die letzten zwei die größten

sind, um den Körper im Wasser vorwärtszutreiben. Beim Schwimmen breiten
sie ihre zwei Flügel aus. Sie können in der Luft fliegen wie im Wasser
schwimmen. Sie schwimmen mit dem Bauch nach oben und fliegen mit dem
Bauch nach unten und zwar beides abwechselnd. Der Bauch ist schwarz und
grün gestreift. Die Fische stellen ihnen nach. Es gibt noch sehr viele andere
Insekten und kleine Tiere im Süßwasser, denen noch nicht genügend Aufmerksamkeit geschenkt worden ist und die man kaum deutlich abbilden kann. Ich
ermahne deshalb die fleißigen Forscher und andere eifrigen Männer, daß sie
die Tiere der Flüsse und anderer süßer Gewässer studieren und bearbeiten.

Einige wenige Insekten erwähnt auch der Napolitaner Arzt F e r r a n t e
I m p e r a t o in seiner Naturgeschichte (1599): einige Käfer und eine gute Beschreibung und Abbildung der Maulwurfs-Grille:

Fig. 73.
Kanthariden und Gryllotalpa.
(Aus Ferrante Imperato.)

**E i n d e m M a u l w u r f ä h n l i c h e s
I n s e k t.** [Gryllotalpa vulgaris.]

Der Maulwurf, von dem der Name des
Insekts entlehnt ist, ist ein schwarzes
Säugetier von unterirdischer Lebensweise.
Die Augen sind von außen nicht erkennbar. aber unter der Haut undeutlich vorhanden. Er hat keine Stimme. Die Beine
sind nackt und infolge ihrer unterirdischen Lebensweise zum Graben in der
Erde sehr geeignet. Das von uns abgebildete Insekt ist ihm in der Bildung der
Beine und in der unterirdischen Lebensweise sehr ähnlich. Die Bauern nennen
es Guoffolo und es ist den Gärtnern sehr
verhaßt wegen des Schadens, den sie unter den Pflanzen anrichten, indem sie die
Wurzeln auffressen. Aus der Erde. vertrieben, gräbt es sich sehr schnell mit
seinen Beinen wieder ein. Es liebt besonders fette und feuchte Erde.

C e r v i v o l a n t i.
[Lucanus cervus L.]

Der Hirschkäfer ist eine Käfer-Art,
die Plinius unter dem Namen Lucanus beschrieben hat. Er hat den Hirschgeweihen
ähnlich verzweigte Hörner. Er kommt
in der Lombardei vor und man schätzt
seine Wirkung gegen verschiedene Krankheiten sehr. ...

Beliebt waren im 16. Jahrhundert Bücher mit praktischen und magischen
Hinweisen, die im praktischen Leben nützlich sein sollten. Unter den zahlreichen
weitverbreiteten und beliebten Werken dieser Art, die auch Mitteilungen über
Schädlings-Bekämpfung enthalten, erwähnen wir hier nur die Namen von Baptista Porta und Antonio Mizaldo. Aus einem noch verhältnismäßig hoch
stehenden Werke, den „Tausend bemerkenswerte Sachen" des Engländers
L u p t o n (1595) bringen wir hier einige Proben:

A m e i s e n (IV, 77). Wenn man Lupinen zerstampft und damit den unteren Teil des Baumes einreibt, so werden keine Ameisen an diesem Baum heraufklettern.

F l i e g e n (II, 21). Wenn du die Fliegen von irgend einem Orte für die Dauer vertreiben willst, dann ritze das Bild einer Fliege in den Stein eines Ringes oder zeichne das Bild einer Fliege, einer Spinne oder Schlange auf eine Kupfertafel während der zweiten Hälfte des Sternbildes des Fisches. Dabei sage: Dies ist das Bild, das alle Fliegen für immer verjagt. Dann vergrabe es in der Mitte deines Hauses oder hänge es daselbst auf. Dies muß in der ersten Hälfte des Sternbildes des Stiers geschehen.

R a u p e n (X, 51). Wenn du Raupen vernichten willst, so beschmiere den Baum unten gut rundherum mit Teer, sammle dann eine Art von großen Ameisen in ein Tuch, das du dann am Baum aufhängst. Die Ameisen können infolge des Teeres den Baum nicht verlassen und müssen sich auf demselben ihr Futter suchen und so alle Raupen vernichten, ohne eine der Früchte zu berühren. Das wurde mir von einem sehr vertrauenswürdigen Herrn erzählt.

M ü c k e n (IV, 47). Wenn jemand schlafen will und neben sich ein Bündel feuchte Hanfstengel legt, so werden ihn keine Mücken stören oder nur nahe an ihn kommen.

G l ü h w u r m (VIII, 84). Die Kunst, ein nie versagendes Licht herzustellen. Nimm von den nächtlich leuchtenden Glühwürmchen, zerquetsche sie und lasse sie stehen, bis die leuchtende Materie oben ist. Dann nimm etwas davon auf mit einer Feder und mische es mit Quecksilber. Diese Mischung tue in ein Glas und hänge dies an einem dunklen Ort auf, so wird es leuchten. Dies entnehme ich einem alten Buche, das den Beschreibungen des Mizaldus ähnelt.

M o t t e (II, 92). Wenn du den Bodensatz und Schaum von Öl bis zur Hälfte absiedest und damit den Boden und die Ecken einer Kiste oder eines Schrankes bestreichst, so werden die darin befindlichen Kleider niemals von Motten befallen werden. Nur muß die Kiste gut trocken sein, bevor man die Kleider hineinlegt.45)

e) Olaus Magnus.

Als ein Mittelding zwischen Lokal-Fauna und Reise-Beschreibung ist die Schilderung der skandinavischen Tierwelt aus der Feder des Erzbischofs O l a u s M a g n u s (Olaf Ster; 1470—1558) anzusehen. In Schweden gebürtig, das er wegen der Reformation verließ, flüchtete er später nach Rom, wo er sein Werk verfaßte, das neben einer bemerkenswerten Erweiterung unserer Tierkenntnis durch die kritiklose Aufnahme von Beschreibung und Abbildung zahlreicher Fabeltiere erwähnenswert ist. Die wenigen Insekten (Fliegen, Schnaken, Bienen und Ameisen) werden abgetrennt von den übrigen Tieren geschildert. Daß Olaus Magnus neben der Leichtgläubigkeit auch eine gute Beobachtungsgabe besaß, bezeugen die folgenden Abschnitte. Das spannend und unterhaltsam geschriebene Buch schnitt in der zoologie-geschichtlichen Literatur entschieden oft zu schlecht ab.

1. V o n d e n b ö s e n S c h n a k e n i n d e n ä u ß e r s t e n m i t n ä c h t i g e n L ä n d e r n. Gegen die äußersten mitnächtigen Länder zu gibt es sehr große Schnaken, die den Menschen zu Wasser und zu Lande mit ihrem Stechen und

Singen viel Leid antun, besonders da es für und für Tag ist: Aber damit man
vor ihnen gesichert ist, gebraucht man Wermut; den besprengt man mit
Essig, dörrt ihn und macht einen
Rauch damit, dann fliehen die
Schnaken vor dem herben Geschmack. Desgleichen fliehen sie
auch wenn man das Haupt und
andere Glieder mit Wasser besprengt, darin Wermut oder Rauten oder Koriander gesotten worden, oder wenn man Schuster-
Schwärze ausschüttet oder von
Wacholder-Stauden einen Rauch
macht. Doch muß jeder, wenn er
schlafen will, ein leinenes Tuch
oder Rinde von einem Baum über
sich decken, damit er vor ihrem
Stechen und Singen sicher sei.

*Von den bösen Schnacken in eussersten
Mitnächtigen Ländern.
Das Erst Capittel.*

Fig. 74.
Die wohl älteste Abbildung eines Moskitonetzes.
(Aus Olaus Magnus.)

2. Wie man die Schnaken
von dem Vieh und sonst
die Wentel vertreibt. Da-
mit auch das Vieh auf der Weide
vor den Schnaken und Mücken
sicher sei, so pflegen die Hirten Wacholder-Stauden, die allenthalben
viel in den Wäldern und auf den Feldern sind, oder Fichten-Bäume an dem
Orte, wo das Vieh auf der Weide geht, anzuzünden, desgleichen auch riechende Binsen oder dörre Wurzeln von Natterzungenkraut, deren aller Geruch
sie garnicht leiden können. Nachher macht man, um die Schnaken und Wentel
aus den Häusern zu vertreiben, Rauch von Fichtenbaum-Sägespänen, die man
in den Sägemühlen beim Schneiden viel sammeln kann, oder man macht einen
Rauch von Koriander oder gedörrten welschen Heidelbeeren oder Schwefel
oder Gummi, Bedellium genannt, oder auch mit Kuhdreck, oder man nimmt
Feigenbohnen, Koriander, Wermut oder Rauten, siedet sie in Wasser und besprengt das Haus damit. Der herbe Geschmack des roten Leders, den die
Deutschen preußisches Leder nennen, verteibt die Wentel gar bald, desgleichen kann man sie töten, wenn man ungelöschten Kalk mit Schwefel ver-
mengt und wenn man Öl, Quecksilber, Essig und einen sauren Apfel unter
einander mischt und kocht und in die Risse an den Bettladen ein oder zweimal streicht, so sterben sie bald davon; aber die schlechteste und gebräuch-
lichste Arznei ist, daß man die Bettladen mit siedend heißem Wasser begießt,
das tötet nicht allein die alten, sondern dringt hinein und vernichtet auch die
Nester und Eier. Die Ursache aber, daß soviele Schnaken in diesen Ländern
sind, ist vornehmlich, weil keine Fledermäuse, die diese und dergleichen Ungeziefer nachts auffressen, wegen des ständigen immerwährenden Tages daselbst bleiben.46) Aber zugleich, wie sie urplötzlich aus stinkenden, faulen Dingen wachsen, also werden sie bald durch die rauhen Winde wieder vertrieben.

3. Von den Bienen und ihrer Nahrung.

Wie die mitternächtlichen Länder an vielen notwendigen Dingen, die sie
anderen Leuten und Ländern mitteilen können, einen Überfluß haben, also
haben sie auch durch besondere Vorsehung der Natur eine sehr große Menge

Honig und verrichten große Arbeit mit den Bienen, damit sie wohl versorgt und behütet werden. Wenn sie aber den Honig aus den Körben nehmen, so lassen sie stets den jungen Bienen so viel, daß sie sich den Winter über davon ernähren können, sonst muß man sie im Winter und im Anfange des Frühlings, ehe die Blumen hervorkommen, mit Feigen und gedörrten Meer-Träublein erhalten. Da aber solche Sachen fremd sind und selten gefunden werden, läßt man ihnen allgemein Honig zur Speise, der auch wohlfeiler ist, doch wenn Not vorhanden, erhält man sie auch statt des Honigs mit gestoßenen Bohnen, Erbsen, Ölkuchen, Weizenmehl mit Meth gefeuchtet oder jungem Hühnerfleisch, in kleine Stückchen geschnitten.

4. Vom Honig und seiner Probe.

Es ist ein großer Überfluß an Honig in den mitternächtlichen Ländern, und Plinius bezeugt, daß die Honig-Rosen in diesen Ländern größer sind als in den andern, und setzt zum Exempel, daß man eine Honig-Rose, die acht Schuh lang gewesen ist, gesehen habe. Aber das sei, wie es will, doch ist es sicher, daß man im Lande Podolia, dem Königreich Polen unterworfen, sie noch länger findet, da die Bienen wegen des Überflusses an Weide, lieblichen Geruches der vielfältigen Blumen und des angenehmen Geschmackes große trockene Löcher und Höhlen in der Erde mit Rosen und Honig ausfüllen, also daß auch die Bären, wenn sie des Honigs wegen in solche Gruben fallen, darin ersaufen; und von hier kommt das Wachs, das man mit ganzen vollen Schiffen in die Länder gegen Sonnenaufgang führt. Aber obwohl sie das Wachs in fremde Länder und ganz Europa verkaufen, behalten sie doch den Honig für sich zu allerhand Nutzen, besonders machen sie Getränke daraus, da sie keinen Wein haben, wie oben im 13. Buche angezeigt wurde. Aber wie man den allerbesten Honig um Sankt Johannis-Tag sammelt, also läßt man ihn auch ganz unverfälscht ohne jeden Betrug und Zusatz, aber sobald er übers Meer kommt, so ist es getan, da wird er von den Kaufleuten um ihres unersättlichen Geizes willen verfälscht. Aller Honig, den man nach Johannis sammelt, ist so gesund, daß man ihn nicht allein als gesunde Speise und Trank, sondern auch als auserlesene Arznei aufhebt, denn die Ärzte sind in den mitternächtigen Ländern sehr selten und die gesunde Luft, die gute kräftige Speise, der Met und das Honig-Wasser sind die beste Arznei, und je älter der Met wird, 6 oder 12 Jahre, desto kräftiger ist er, allerhand Krankheiten zu heilen.

5. Von den Ameisen.

Die mitternächtlichen Länder haben Ameisen in mancherlei Gestalt; diese haben teils Flügel, teils keine; die größten und die geflügelten machen ihre Nester in der Wüste aus harzigen Fichten- und Tannen-Nadeln, die sie haufenweise zusammentragen und darin sie wohnen. Die Bären zerwühlen öfter die Nester mit ihrem Rüssel, wenn es sie juckt, damit sie ihnen in die Nase kommen und das Kitzeln vertreiben, aber sie halten sich nicht lange dabei auf, damit sie nicht einen Teil mit sich heimbringen und von ihnen aus ihren eigenen Löchern vertrieben werden. Desgleichen machen sie ihre Nester auch in den hohen Kirchtürmen und königlichen Speichern; es ist beobachtet worden, daß dies nichts Gutes bedeutet, sondern daß der König von dem gemeinen Mann entweder erwürgt oder aus dem Lande gejagt wird. Wenn aber ein solches Werk vorhanden ist, so tun sich die kleinen Ameisen, denen die großen Leid angetan haben, zusammen, kriechen auf den Birnbaum, auf dem sich die großen aufhalten, damit sie sich an ihnen rächen, und kämpfen eine harte Schlacht gegen sie, von der sie nicht eher ablassen, obwohl von beiden Teilen viele von dem Laub halbtot herabfallen, als bis sie die großen überwunden und ihre Wohnung eingenommen haben. Dies Wunder hat man an zwei Enden, nämlich zu Upsal und Holmen, beobachtet im Jahre 1521, als König Christiernus II. von den Schweden aus Gothen und Schweden vertrieben und aller seiner Habe beraubt worden ist. Es gibt auch kleine rote Ameisen, die den Menschen ein heftiges Jucken verursachen und sie beißen; sie werden von den Einwohnern für vergiftet gehalten und wohnen in den Maulwurfs-Haufen auf den Wiesen. Was die Arbeit betrifft, so sind sie den andern nicht ungleich, denn sie kriechen so emsig, daß man sie auf den harten Kieselsteinen spürt, in die sie Furchen machen.

Literatur:

Olaus Magnus, Historia de gentibus septentrionalibus. Romae 1555 sowie viele spätere Ausgaben.

f) Eduard Wotton.

Als den ersten Vorläufer der zweiten aristotelischen Renaissance in der Zoologie haben wir den englischen Arzt Eduard Wotton (geboren 1492 zu Oxford, gestorben 1555 zu London) anzusehen. Sein Werk De Differentiis animalium (Paris 1552) stellt ein kurzes, sehr präzis gefaßtes Kompendium der aristotelischen Tier-Kenntnisse, unter Benutzung anderer antiker Autoren, besonders Plinius' dar. Es bringt keinerlei eigene Beobachtungen oder Bereicherungen des Formenschatzes und muß deshalb noch eher der vergangenen als der heranziehenden Epoche zugerechnet werden. Es hat unter den Zeitgenossen weder die Anhänger der Scholastik noch Leute vom Schlage Gesners und Aldrovandis befriedigen können. Das kurz gefaßte Werk hat daher nur eine Auflage erlebt und ist ohne nachhaltigen Einfluß auf seine Zeit geblieben, die ihr doch nichts Gleichwertiges zur Seite zu setzen hatte.

Wie Aristoteles vermeidet Wotton die Aufstellung eines Insekten-Systems. War das bei dem ökologisch angelegten Werke Aristoteles' naheliegend, so muß dies bei dem systematischen Werke Wotton's als schwerer Nachteil betrachtet werden. Die Einteilung der Blutlosen folgt Aristoteles in: Weichtiere (Kopffüßler), Insekten (inklusive Spinnentiere, Tausendfüßer und Würmer), Kruster, Schaltiere (Schnecken, Muscheln, See-Igel, Meer-Eichel) und Zoophyten (Holothurien, Seesterne, Medusen, Seerosen und Schwämme). Hierdurch unterscheidet er sich vorteilhaft von der viel unsystematischeren Auffassung Aldrovandi's über die Blutlosen. Die Insekten unterscheidet er nach Beschaffenheit, Vorhandensein und Zahl der Flügel und Beine. An systematischen Einheiten erwähnt er Dipteren und Coleopteren. Seine Beschreibung folgt aber keinerlei Prinzip. Er beginnt mit den wabenbauenden Hymenopteren. Es folgen: Ameise und Skorpion; Spinnen und Tausendfüßler; die Dipteren, die klein und zweiflügelig sind, sowie ihren Stachel im Munde tragen; Zikaden; Heuschrecken; Coleopteren (inklusive Pityocampa und Hippocampus). Über Raupen und was aus ihnen entsteht (= Lepidoptera) (inklusive Ephemera, Xilophthorus und Lampyrides); Insekten, die im Holz und Baumstämmen entstehen; solche, die in anderen Pflanzen und Früchten entstehen; die in Feuer, Schnee oder Erde entstehen; über in anderen Tieren erzeugte Insekten (= parasitische Würmer); über von lebendem Fleisch-Saft sich ernährende Insekten Laus, Zecke etc.); sowie endlich die Schaben.

Wenige Proben aus diesem jeder eigenen Auffassung ermangelnden Werke
mögen genügen:

Die Exsanguia oder Blutlosen werden in Insekten, Weichtiere und Krebse
eingeteilt. Kennzeichen der Insekten ist die Segmentierung. Beschaffenheit
und Vorhandensein oder Fehlen von Flügeln und Beinen sind die wichtigsten
Merkmale. Alle Insekten haben Kopf, Brust und Leib. Neben Gesicht und
Geschmack müssen sie auch einen Geruch besitzen, wie man z. B. an den
zum Honig fliegenden Insekten leicht erkennen kann. Zähne (= Mandibeln)
finden wir nicht bei Insekten, die nur flüssige Nahrung zu sich nehmen. Bei
anderen dienen sie oft nicht nur als Zähne, sondern auch als Waffe und zwar
besonders bei solchen, die wie Ameisen ihren Stachel nicht vorne tragen.
[Die innere Insekten-Anatomie fußt ganz auf Plinius und Aristoteles, doch
finden sich auch Bemerkungen wie: Gefräßigere Insekten haben einen ge-
wundeneren Darm, der dadurch mehr Nahrung fassen kann.]

Cap. 200. Über Zeugung und Untergang der Insekten.

Einige Insekten entstehen durch Koitus aus Tieren derselben Art wie
Spinnen, Heuschrecken, Zikaden; andere kopulieren, zeugen aber Tiere von
ganz anderer Gestalt wie Würmer, so die Fliegen und Schmetterlinge. ...
Einige entstehen garnicht aus Tieren und kopulieren auch niemals: wie die
Stechmücken und einige Würmer etc., sondern durch Urzeugung aus Tau,
Mist, Bäumen, in Haaren, in Kot, aus Essig und in Schnee. Alle diese Urzeugung findet nur bei feuchter Trockenheit oder bei trocknender Feuchtigkeit
statt. Die Insekten beginnen die Kopula mit abgewandten Köpfen, darauf
klettert das kleinere Geschlecht auf das Größere, d. h. das Männchen auf das
Weibchen (denn bei den Insekten sind die Weibchen meistens größer als ihre
Männchen); auch scheint das Männchen nicht, wie bei den anderen Tieren
üblich, sein Glied einzuführen, sondern meist biegt das Weibchen seine Ge-
schlechts-Öffnung — die meist relativ groß ist — auf zum Männchen. Das
wird ganz klar, wenn man zwei Fliegen in Kopula seziert.
Langsam nur trennen sie sich aus der Kopula und wie lange diese dauert,
kann man ja an Fliegen, Käfern, Spinnen u. a. leicht beobachten.
Die Insekten kopulieren im Winter. An heiteren Tagen entstehen die Insekten, die sich nicht verbergen wie Fliegen und Ameisen. Kurz nach dem
Koitus werden die aus solchen entstehenden Nachkommen geboren.

Wotton schildert dann die Entstehung der Schmetterlinge vom Ei bis zum
Falter und schließt:

Ebenso entwickeln sich die Bienen, Wespen, Käfer u. a. Diejenigen Insekten-
Larven, die nicht aus Eiern entstehen, besitzen zuerst nur die hinteren
Körper-Portionen: Kopf und Augen entstehen erst später.
Fast alle Insekten sterben im Winter.

Cap. 215. Die Heuschrecken.

Während die Insekten zumeist sehr klein sind, erreichen die Heuschrecken
eine verhältnismäßig nicht unbeträchtliche Größe. Ihre Hinterbeine sind wie
Steuerruder und länger als die Mittelbeine, mit denen sie springen wie die
Flöhe. Nigidius sagt, die Heuschrecken hätten keine Augen. Den Bauch haben
sie verborgen und die Eingeweide zurückgebogen. Die Weibchen sind größer
als die Männchen, an deren Schwanz noch eine kleine Röhre (cauliculus) an-
sitzt, die sie bei dem Gebären in die Erde stecken, und diese Legeröhre fehlt

dem Männchen. Die Heuschrecken entstehen aus Tieren ihrer Art und kopulieren wie alle Insekten, das Männchen über dem Weibchen, das Weibchen mit zum Männchen aufgebogenem Schwanz und sich nur langsam trennend. Die Weibchen gebären, indem sie ihre Legeröhre in die Erde bohren und hier ihre Jungen wie in eine Zelle ablegen. Hier entstehen eiähnliche Würmchen, die in der Erde von einer zarten Membran umhüllt sind. Die jungen Heuschrecken durchschneiden diese und kommen dann hervor. Diese Brut ist so zart, daß sie bei der geringsten Berührung vernichtet wird. Sie wird auch nicht in den oberflächlichen Bodenschichten abgelegt, sondern etwas tiefer und bleibt den Winter über in der Erde. Gegen Ende des folgenden Frühjahrs kommen kleine schwarze, kriechende Heuschrecken ohne Beine und Flügel hervor. Sie beginnen dann bald zu wachsen. Sie legen ihre Eier zu Ende des Sommers und sterben dann, da alsdann an ihrem Halse Würmer entstehen, die sie erdrosseln [wohl Mermis sp.]. So sterben die meisten, aber einige ergreifen die mörderischen Schlangen mit ihren Mandibeln und töten sie. Ein feuchter Frühling vernichtet die Eier, ein trockner läßt sie in Massen schlüpfen. Einige glauben, daß sie zwei Generationen im Jahre haben. ... Eine andere Todes-Art der Heuschrecken ist, daß sie in Haufen vom Wind ins Meer oder in Sümpfe geweht werden. Aber auch über das Meer sollen sie tagelang zu wandern vermögen. Die Schwärme sind so groß und machen solches Geräusch, daß einige glauben, sie könnten die Sonne verdunkeln. Nach Italien kommen große Scharen aus Afrika, die alles verzehren. Im Gebirge entstehen keine Heuschrecken, sondern in Ebenen: an Bächen legen sie hier ihre Eier. In Indien sollen sie drei Fuß lang sein und ihre Schenkel sollen die dortigen Bauern als Eggen benutzen. Nach Aristoteles zirpen die Heuschrecken durch Aneinanderreiben ihrer Steuer-Ruder (= Hinterbeine), nach Plinius aber vom Hinterhaupt aus. Die Schultern hätten hier Zähne, durch deren Reiben sie zirpen, besonders an den zwei Tag- und Nachtgleichen, wie die Zikaden zur Sommer-Sonnenwende.

Einige Äthiopier fressen geräucherte und gesalzene Heuschrecken als tägliche Speise und heißen daher auch Heuschrecken-Fresser. Schwierigkeiten beim Harnlassen, besonders bei Frauen, lindert der Rauch von (verbrennenden) Heuschrecken.

Es gibt eine Art Heuschrecken, asiracus oder axirachus oder onos (= Eselchen) genannt, die ungeflügelt sind und sehr dicke Beine haben. Dieses Tier hilft, mit Wein getrunken, sehr gegen Skorpions-Bisse. Die Afrikaner, die Leptium bewohnen, essen sie als häufige Nahrung [wohl Pamphagide].

Zu den Heuschrecken rechnet man attelabus oder brucus, attaces, ophiomachus, mastace, moluris und parnops. Nach Aristoteles entstehen die Attelabi auf Brachäckern wie die Zikaden. Sie sterben nach der Fortpflanzung wie die Heuschrecken. Allzustarke Herbst-Regen vernichten ihre Eier und nach einem trockenen Herbst treten sie stark auf, da weniger Eier vernichtet sind.

Der Attelabus ist eine kleine Heuschrecke ohne Flügel. Plinius sagt: Es gibt ein heuschreckenähnliches Tier ohne Flügel, das die Griechen Tryxalis nennen und für das es nach den Versicherungen einiger Autoren keinen lateinischen Namen gibt. Nicht wenige aber meinen, daß es gryllus genannt wird. Hiervon soll man 20 rösten und mit Wein-Met zusammen trinken gegen verschiedene Leiden (Orthopnoeas et sanguinem expuentibus). Die Asche von Tryxalis mit Honig aufgelegt befördert die Regel. Die harten Ränder von Geschwüren beseitigt sie mit Honig aufgelegt ebenfalls.

Die Grille hat nach Nigidius eine besonders magische Kraft, da sie rückwärts geht, in der Erde bohrt und nachts zirpt. Man jagt sie, indem man eine Ameise an einem Haar in ihre Höhle hält; zuvor bläst man den Staub weg, damit sie sich nicht verbergen kann. Sie wird dann zusammen mit der Ameise herausgezogen. Sie ist gut für Ohren-Schmerzen, wenn sie mit der Erde zusammen ausgegraben und aufgelegt wird. Sie lindert auch Mandel-Schmerzen, wenn man die Mandeln mit den Händen, mit denen man die Grillen zerrieben hat, berührt.

Als Verdienst Wotton's muß das rücksichtslose Beiseiteschieben der gesamten scholastischen Kompendien-Literatur angesehen werden. Das Zurückgehen auf die Quellen, die die damals hochwertigste Literatur darstellen, und ihre präzise Zusammenstellung konnte zu eigener Beobachtung anregen. Seine Bedeutung für die Entwicklung der Entomologie ist gering, da er durch die Werke von Aldrovandi und Gesner-Mouffet völlig überholt wurde, bevor er sich selbst durchsetzen konnte.

Literatur:

Edoardi Wyottoni Oxoniensis, De differtiis animalium libri decem. Lutetiae Parisiorum 1552.

g) Insektenprozesse und Insektenbeschwörungen.

Großen Insekten-Überfällen standen die Menschen der Vorzeiten machtlos gegenüber. Was war natürlicher, als daß sie übernatürliche Kräfte sich dienstbar zu machen versuchten? Doch auch oft finden wir, daß Natur-Völker meist die Insekten wie ihresgleichen als vernünftige Wesen behandeln. Schenkling-Prévôt erwähnt einige solcher Beispiele: In Togo verbot ein Neger-Häuptling seinen Untergebenen das Töten von Heuschrecken, um sie so zur Milde zu bewegen. Andererseits bat ein Nachbar seinen Fetisch, er möge den Heuschrecken die Zähne stumpf machen. Dem Indianerstamm der Omaha ist das Töten und Berühren von Insekten untersagt. Wenn aber Schädlinge ihre Maispflanzungen überfallen, so kochen sie einige davon mit geröstetem Mais und essen sie, worauf der Rest von den Pflanzen verschwindet.

Das christliche Mittelalter zeigt den Insekten-Kalamitäten gegenüber einen naiven Naturalismus. Einerseits werden sie als Strafe Gottes für Sünde, unrichtig bezahlten Kirchenzehnten etc., gedeutet, andererseits zieht man die Insekten in richtigen Gerichtsverfahren zur Rechenschaft. Einige der bekanntesten dieser Fälle seien, den Schilderungen Schenkling's folgend, hier geschildert: „Im Jahre 1121 schleuderte der heilige Bernhard den Bann gegen die Fliegen, die seine Zuhörer belästigten, und zur selben Zeit etwa wurden im Kurfürstentum Mainz die Fliegen vom Bann getroffen. Das Konzil von Konstanz befahl, einen Bienenkorb zu verbrennen, weil seine Bewohner jemand zu Tode gestochen hatten."

„„Der erste urkundliche nachweisbare Prozeß spielte im Jahre 1320 vor dem geistlichen Gericht zu Avignon gegen die Maikäfer. Zwei Erzpriester begaben sich in vollem Ornate auf die beschädigten Grundstücke, citierten alle die unmündigen Maikäfer im Namen des geistlichen Gerichts vor den Bischof und drohten ihnen im Falle des Nichterscheinens mit dem Kirchen-Bann. Zugleich wurden sie durch Anschlagen des Aufrufs auf vier nach allen Himmelsgegenden gerichteten Tafeln benachrichtigt, daß ihnen in der Person des Prokurators ein gerichtlicher Beistand und Verteidiger ordnungsmäßig bestellt sei. Letzterer

betonte dann auch im Namen seiner zum Termin nicht erschienenen Klienten bei
der gerichtlichen Verhandlung, daß sie gleich jeder anderen gotterschaffenen
Kreatur ihr Recht beanspruchen müßten, ihre Nahrung zu suchen, wo dieselbe
zu finden, und entschuldigte ihr Ausbleiben damit, daß man vergessen habe,
ihnen, wie üblich, freies Geleit zur Gerichtsstätte und zurück zu sichern. Das
Urteil lautete dahin, daß sich die Maikäfer binnen drei Tagen auf ein ihnen
durch Tafeln bezeichnetes Feld zurückzuziehen hätten, woselbst Nahrung genug
für sie vorhanden sei, und daß die Zuwiderhandelnden als vogelfrei behandelt
und ausgerottet werden sollten."

Einen anderen Fall teilt Fritz Rühl in Zürich aus den Akten eines 1497 vor
dem geistlichen Gericht zu Lausanne verhandelten Maikäfer-Prozesses mit.
Bischof Benedict beauftragte den Leute-Priester Schmid, den verwüstenden
Engerlingen auf dem Friedhofe zu Bern ein lateinisches Monitorium folgenden
Inhalts zu verkünden: „Du unvernünftige, unvollkommene Kreatur, du Inger:
Deines Geschlechts ist nicht gewesen in der Arche Noah. Im Namen meines
gnädigen Herrn und Bischofs von Lausanne, bei der Kraft der hochgelobten
Dreifaltigkeit, vermöge der Verdienste unseres Erlösers Jesu Christi, und bei
Gehorsam gegen die heilige Kirche gebeut ich euch allen und jeden, in den
nächsten sechs Tagen zu weichen von allen Orten, an denen wächst und entspringt Nahrung für Menschen und Vieh." Im Falle des Ungehorsams wurden
die Engerlinge auf den sechsten Tag, nachmittags 1 Uhr, vor den Richterstuhl
des Bischofs nach Wiflisburg geladen. Da sie nicht kamen, erhielten sie noch
einen Aufschub. Dann aber erging die zweite Citation an die „verfluchte Unsauberkeit der Inger, die ihr nicht einmal Tiere heißen, noch genannt werden
sollt." Da die Engerlinge auf nichts hörten, erfolgte endlich die Exkommunikation: „Wir, Benedict von Montferrat, Bischof von Lausanne, haben gehört die
Bitte der großmächtigen Herren von Bern gegen die Inger und uns gerüstet
mit dem heiligen Kreuz und allein Gott vor Augen gehabt, von dem alle ge-
rechten Urteile kommen. Demnach so gravieren und beladen wir die schänd-
lichen Würmer und bannen und verfluchen sie im Namen des Vaters, des Sohnes
und des heiligen Geistes, daß sie beschwört werden in der Person Johannes
Parrodeti, ihres Beschirmers, und von ihnen garnichts bleibe, denn zum Nutzen
menschlichen Brauchs."

Dieser Fall ist durch zahlreiche Historiker belegt, da er besonderes Auf-
sehen hervorgerufen hat. In einer Reihe von Kupferstichen ist er erhalten, und
einen von diesen aus dem Beginn des 16. Jahrhunderts geben wir anbei wieder.

Eine ganz ähnliche Geschichte wird aus dem Jahre 1585 aus Valence berichtet. Raupen hatten in den dortigen Gefilden soviel Unheil angerichtet, daß
man an die ägyptische Heuschrecken-Plage zu glauben begann. Der Großvikar
ließ die Schädiger vor Gericht laden und gab ihnen einen Prokurator zur Verteidigung. Die Sache wurde allseitig verhandelt und man verurteilte die
Raupen, die Gegend zu verlassen.

In der Mitte des 16. Jahrhunderts wurden die Gemarkungen der Stadt
Arles durch Heuschrecken-Schwärme verwüstet. Deshalb wurden sie vor Gericht geladen, indem Gerichtsdiener auf den Feldern die Vorladung laut ver-
kündigten. Auch hier erschienen die Geladenen nicht, und man gab ihnen in
dem angesehenen Advokaten Martin einen Verteidiger. In seiner Verteidigungs-
rede führte derselbe etwa folgendes aus: „Der Schöpfer bedient sich der
Tiere, um die Menschen zu strafen, wenn sie sich weigern, der Kirche den
Zehnten zu entrichten. Die Heuschrecken, die man verklagt, sind die Werkzeuge in der Hand Gottes, deren er sich bedient, um die Menschen auf den

Der Bischof von Lausanne belegt Maikäfer mit dem Kirchenbann.
(Nach einer Darstellung aus dem 15. Jahrhundert.)

Weg des Heils, der Buße und Steuerleistung zurückzuführen. Deshalb darf
man sie nicht verfluchen, sondern muß die Schäden, die sie verursachen, ertragen, bis es Gott gefällt, etwas anderes zu verfügen." Der Staatsanwalt war
anderer Ansicht: „Gott", meinte er, „hat die Tiere nur zur Wohlfahrt der
Menschen erschaffen, und die Erde trägt nur die Früchte zum Kultus der
Religion und zum Genusse des Menschen. Da nun die Heuschrecken diese
Früchte verschlingen, muß man sie verfluchen." Es kam zu scharfen Aus-
einandersetzungen, die damit endeten, daß der Gerichtshof die Schädlinge
verfluchte und zum Verlassen der Gegend aufforderte. Der Verteidiger legte
gegen dieses Urteil Berufung ein, aber unterdessen räumten die Heuschrecken
das Feld. Den Fluch hatten sie wohl ertragen, aber den Schrecken eines Prozesses mit allen Schikanen und Instanzen hielten sie nicht stand.

Im Jahre 1587 wurden die Weinberge zu St. Julien in Savoyen durch grüne
Raupen unheimlich verwüstet. Man suchte, bevor man zu strengeren Maßregeln
griff, dem Bösen (die Insekten gelten für Boten des Satans) durch öffentliche
Gebete und feierliche Prozessionen entgegenzutreten, wobei der geistliche Richter
es nicht versäumte, darauf aufmerksam zu machen, daß ehrliches Zehntengeben
viele Insekten vertreiben könne. „Diese vorläufigen Anstrengungen sind nötig",
sagte der Richter, „weil man nicht mit zu großer Hast gegen die Würmer handeln darf, da ja Gott Pflanzen und Früchte nicht bloß für die Menschen gemacht hat, sondern auch um die Insekten am Leben zu erhalten." Da aber
diese Vorkehrungen ohne Erfolg blieben, mußte man schärfer gegen die Ver-
wüster losgehen. Der Schaden wurde taxiert, und von jetzt ab war die Sache
allen Kniffen der Advokaten-Praxis überlassen. Die Verteidigung der Geladenen konnte von allen Mitteln Gebrauch machen, mochten sie nun die Form
oder das Wesen der Sache betreffen. Nach allerlei Verzögerungen kam man
zur Verhandlung. Die Ankläger citierten heilige und profane Schriftsteller,
verglichen die Verwüstungen, über welche sie klagten, mit denen, die vom
kalydonischen Schwein angerichtet wurden und schilderten all die Greuel der
Hungersnot, die durch die Schuld der vernichtenden Insekten ihnen vor der
Tür ständen. Aber der Advokat der Insekten blieb die Antwort nicht schuldig.
Er sei hier sprechend angeführt:

„Von Euch ernannt, die Verteidigung dieser armen, kleinen Tiere zu führen,
muß ich sofort darauf aufmerksam machen, daß die ganze Verhandlung un-
passend ist, weil sie Tiere sind. Ein Wesen, welches keine Vernunft besitzt
und keinen freien Willen hat, kann keine Missetaten begehen und darf darum
nicht als Missetäter vor den Richter gerufen werden. Die Tiere sind von Natur
stumm; sie können auf die Beschuldigung nicht antworten; sie können keinen
Verteidiger wählen, der sie vertreten soll; sie können in keinem Schriftstück
ihre Rechtsgründe dartun. Und welche Strafe wollt Ihr gegen sie aussprechen?
Den kirchlichen Bann? Wollt Ihr also mit dem schärfsten Schwert der Kirche
unvernünftige Tiere treffen, die keine Sünde getan haben und tun können?
Diese Strafe paßt auch für sie in keinerlei Weise. Der Bann ist ein Verstoßen
aus der Kirche, und diese Tiere sind nie in der Kirche gewesen; dabei trifft
der Bann nicht den Körper, sondern die Seele, die ihr ewiges Heil dadurch verliert. Dies sind Gründe genug, um an den Bann nicht bei Tieren zu denken, die
keine unsterbliche Seele haben. Doch wenn ich auch auf die Sache selbst eingehen muß, auch davor schrecke ich nicht zurück. Konnten meine Klienten eine
Missetat begehen, hier sind sie jedenfalls durchaus unschuldig. Was sie taten,
taten sie im vollsten Recht. Sie haben die Früchte des Feldes verzehrt, wohlan!
Gott selbst gab ihnen dazu das Recht. Oder sind sie nicht vor dem Menschen

erschaffen? Und hat sie Gott nicht gesegnet und ihnen geboten, sich zu vermehren? Wie konnten sie aber ohne Nahrung diesem Befehl nachkommen? Beweis genug, daß die Tiere von Natur bestimmt sind, die Früchte, welche die Erde erzeugt, zu verzehren. Und kein anderes Gesetz als daß der Natur ist auf sie anzuwenden. Das römische Recht, das kanonische Recht, das Völkerrecht treffen hier nicht zu. Nur das Naturrecht hat hier eine Stimme, und das Naturrecht verurteilt sie nicht. Und endlich gibt es noch einen Grund, der meine Klienten durchaus freispricht. Sie haben nicht nur von ihrem Recht Gebrauch gemacht, sie sind hier Werkzeuge in Gottes Hand, um die Menschen für ihre Sünde zu strafen. Wer sie also verurteilt, der empört sich gegen Gott, der sich ihrer zu unserer Züchtigung bediente.

Auf Grund alles dieses beantrage ich für meine Klienten das Nichtschuldig!"

Wenn auch eine solche warme Verteidigung oft nicht fruchtlos blieb, so war damit die Sache doch keineswegs zu Ende. Es folgte Replik und Duplik. Auch die Kläger bewiesen ihr Recht aus der Bibel. Gott habe den Tieren nur das grüne Kraut überlassen; er habe dem Menschen die Herrschaft über alle Tiere gegeben; noch Noah habe er dies wiederholt: „Eure Furcht und Schrecken sei über alle Tiere auf Erden, über alle Vögel unter dem Himmel und über alles, was auf dem Erdboden kriecht, und alle Fische im Meere seien in eure Hand gegeben. Alles, was sich regt und lebt, das sei eure Speise, wie das grüne Kraut, habe ich euch alles gegeben!" (1. Mos. 9,2 und 3). Daraus schlossen sie, daß alles nur für den Menschen geschaffen sei. Auch behaupteten sie, daß die Macht der Kirche, ihren Bann-Fluch auszusprechen, unbegrenzt sei, daß vernunftlose Tiere oft durch heilige Männer in den Bann getan seien, und daß Tiere, als Geschöpfe Gottes, selbstredend dem kanonischen Recht unterworfen seien.

Aber was auch für und gegen die Tiere gesagt wurde, das Ende der Sache stand schon von vornherein fest, und insofern sind die Verteidigungen mit Recht eine bloße Form genannt. Darauf nahm der Prokurator des Bischofs das Wort gegen die Vorgeladenen. Er erkannte an, daß die Insekten vielleicht zur Strafe von Gott geschickt seien; aber neben Gottes Gerechtigkeit stellte er dessen Liebe, welche die Strafe nur zu dem Zweck sende, um zur Reue zu stimmen und dann Vergebung zu schenken. „Wohlan," so sprach er zum Schluß zum Richter, „wir sehen diese Bürger mit Tränen in den Augen, sie flehen tiefgerührten Herzens um Vergebung für ihre Sünden, und sie rufen die Hilfe der Kirche an, das Schwert wegzunehmen, welches über ihren Häuptern hängt, da ihnen eine vollständige Hungersnot droht. Darum beantrage ich, daß Ihr die Tiere verurteilt, mit ihrer Schädigung aufzuhören, und daß Ihr zugleich den Bürgern die gewöhnlichen Gebete und Bußen auferlegt!" Der Richter gab diesem Notschrei Gehör und urteilte, natürlich in lateinischer Sprache, folgendermaßen: „Im Namen und in der Kraft Gottes des Allmächtigen, Vaters und Sohnes und heiligen Geistes, der hochseligen Mutter unseres Herrn, Maria, und auf Befehl der seligen Apostel Petrus und Paulus, und die Gewalt benutzend, die diese Gegend uns verleiht, ermahnen wir diese Insekten schriftlich, bei Strafe des Verfluchens und des Banns, innerhalb eines Tages diese Gegend zu verlassen und solche nicht mehr zu beschädigen. Sollten sie solchem nicht nachkommen, so verfluchen wir sie und tun sie in den Bann, wobei wir jedoch den genannten Bürgern vorschreiben, daß sie, um vom Allmächtigen von dieser Plage befreit zu werden, eifrigst gute Werke und demütige Gebete pflegen und übrigens sich aller Blasphemie und anderer Sünden, besonders der offenbaren, enthalten, dabei aber die Zahlung ihrer Zehnten ohne Kürzung zu leisten haben. Im Namen des Vaters, des Sohnes und des heiligen Geistes! Amen!" "

Die Grundlage der Insekten-Prozesse ist der weltliche Tier-Prozeß. Er beruht auf der Vorstellung, daß die Leiber der Insekten als Wohnstätten von Seelen dienen (cf. die Psychevorstellung der alten Griechen). Sie enden stets mit der Verbannung an einen unschädlichen Ort. Ihr Wesen ist ein zauberisches Bannen und Beschwören von Dämonen und Seelen und der Prozeß selbst ist nur ein Zubehör des Zaubers, der Rechtsformen in seinen Dienst stellt. Der Tier-Prozeß ist Gespenster-Prozeß. Zusammen mit dem Vordringen des Christentums starb der weltliche Tier-Prozeß vielerorts aus. Besonders in den romanischen Ländern aber, wo die Tradition an ihm festhielt, sah sich die Kirche veranlaßt, ihn in ihre Kreise zu ziehen. K. v. Amira (1891) hat die juristisch-formale Entwicklung dieser Übernahme durch die Kirche einer glänzenden rechtsgeschichtlichen Untersuchung unterzogen. Das kirchliche Verfahren dient im Grundsatz nicht der Geister-Bannung, sondern der Abwehr eines großen drohenden Schadens, nur ausnahmsweise der Abwehr anderer Belästigungen. Die älteste im 12. Jahrhundert gebräuchliche Form war die Malediktion oder die Exkommunikation durch Anathem, die ihrerseits aus der einfachen Adjuration nebst Besprengen mit Weihwasser hervorgegangen waren. Zumeist wurde eine Malediktion schriftlich vom Diözesan-Bischof verfügt und mündlich nach einem bestimmten Ritual vorgenommen. Eine weitere Stufe ist das Verhängen des Anathems ohne Anwendung des Ausdrucks Exkommunikation. Die sogenannte Exkommunikation von Pflanzen und leblosen Sachen im Mittelalter dürfte ein solches Anathem sein. „Die Entwicklung der Malediktion zur kanonischen Kirchen-Strafe der Exkommunikation ist langsam und kann z. B. im Bistum Lausanne aus den Quellen nachgewiesen werden" (Amira). Bis gegen Ende des Mittelalters kannte dies lediglich die Malediktion. Gegen Anfang der Neuzeit entwickelte sich daraus der kirchliche Tier-Prozeß, der in zwei Abschnitte zerfällt. Kläger ist die gefährdete Gemeinde oder einige Grundbesitzer derselben. Die Form des Verfahrens ist kontradiktorisch:

Auf die Klage hin ernennt der Richter einen Verteidiger für die Schädlinge, der im Namen der Tiere zu antworten hat. Ursprünglich gab es auch ein Contumacialverfahren ohne Verteidiger (Lausanne ca. 1450), seit 1478 kennt man in Lausanne das geschilderte Prosekutorverfahren, das seit ca. 1500 in die Form des „bedingten Mandatsprozesses" übergeht. Der erste Teil des Prozesses geht um die Zulässigkeit des Ausweisungsverfahrens, die natürlich stets und zwar unter Setzung einer gewissen Frist und Androhung der Malediktion oder Exkommunikation im Nichtbefolgungsfalle bejaht wird. Im zweiten Teil handelt es sich um die Zulässigkeit der angedrohten Kirchenstrafen, wenn die Tiere nicht inzwischen verschwunden sind. Bei Aussprechung des Urteils im zweiten Teil wurden oft einige "vorgeführte Delinquenten" sofort getötet. Während der erste Teil des Verfahrens vor dem bischöflichen oder dem weltlichen Gericht stattfinden konnte, war für den zweiten Teil selbstverständlich nur das erstere zuständig.

Die Scholastiker begannen seit Anfang des 13. Jahrhunderts die Zulässigkeit der Malediktion gegen Tiere zu untersuchen. Das 14. und besonders das 15. Jahrhundert ist die Blütezeit der Entwicklung des kirchlichen Insektenprozesses. Wir finden zu dieser Zeit die Malediktion und Exkommunikation in Spanien, Portugal, Südfrankreich, der Schweiz (besonders der französischen), sowie vereinzelt in Tirol, Kursachsen und Italien, den Tierprozeß im altburgundischen Gebiet Frankreichs, der Ostschweiz, Piemont, Tirol, Dänemark und

Portugal. Im 17. und 18. Jahrhundert hat er sich noch in Brasilien, Peru und
Kanada erhalten. Die kirchenrechtlichen Unterlagen für die Prozesse finden wir
in zwei umfangreichen juristischen Studien niedergelegt: Der berühmte Jurist
B a r t h o l. C h a s s e n e u x (1480—1542) widmet in seinem grundlegenden Werke
„Consilia" der Frage der Exkommunikation von Insekten ein besonderes Kapitel.
Nach Aufzählung der wichtigsten Schädlinge (Heuschrecken, Raupen, Trauben-
wickler, Maikäfer) kommt er zu folgendem Schluß:

> Solche Tiere können gebannt werden. Denn die natürliche Vernunft sagt uns,
> daß den Menschen die notwendige Nahrung zum Leben besser dient als diesen
> Schädlingen. ...

> So wie Tullius im ersten Buch der Pflichten sagt, daß der Mensch sich alles
> Schädliche fernhalten und alles zum Leben Notwendige verlangen soll. Die
> Feldfrucht ist aber zum Leben des Gott dienenden Menschen unentbehrlich.
> Diese Tiere sind dem Menschen schädlich und deshalb fernzuhalten. Es ist
> klar bewiesen, daß man solche Tiere bannen soll, wenn man ihre Schäden
> auf andere Weise nicht verhüten kann.

Viel umfangreicher ist die Beweisführung F e l i x H e m m e r l i's (F. M a l -
l e o l u s), der unter Beiführung zahlreicher Gründe aus der Bibel und vor
allem auf die Erfolge aus der Praxis gestützt den Tier-Prozeß und die Verfluchung der „unvernünftigen Kreatur" befürwortet. Z. B.:

> Diese Enger sind einen Mittelfinger lang und so dick wie ein weiblicher
> Ringfinger und weiß. Am Kopfe aber sind sie schwarz und haben 6 Füße.
> Den Landleuten sind sie sehr bekannt. Im Winter gelangen sie in die Erde
> und fressen die Wurzeln der Gräser und Kräuter, so daß diese im Frühjahr
> welken und sterben; ebenso schaden sie den benachbarten Äckern. Im
> Sommer erhalten sie Flügel, fliegen auf die Bäume und fressen dort Laub und
> Frucht. Sie heißen dann Laubkäfer. Diese Tiere wurden nun in der Diözese
> Chur dreimal rechtmäßig vor Gericht geladen, ihnen Ankläger und Verteidiger
> bestellt. Das Urteil wies ihnen eine öde Gegend für ihre Nahrung an. Die
> benachbarten Gegenden dürften sie nicht befallen. So wird dies bis auf den
> heutigen Tag dort gehandhabt. Ähnlich ist es in den Diözesen Konstanz und
> Lausanne. In Heidelberg stimmten die Professoren ebenfalls darin überein,
> daß die Malediktion unvernünftiger Tiere statthaft sei. Es steht also fest, daß
> Exkommunikation, Malediktion und Vernichtung dieser unbeseelten Tiere ge-
> stattet ist und angewandt wird. Zum Beweise dafür führe ich den Bischof
> von Lausanne an, der Besprechungen gegen die den Fischen schädlichen
> Blutegel, alle Arten von Würmern zu Wasser und zu Lande, Mäuse, Heu-
> schrecken, Schmetterlinge und andere Schädlinge anwandte. Dieser Bischof
> hat ein vollständiges Ritual für solche Fälle ausgearbeitet: betr. des Prozeß-
> Verfahrens und der Verfluchung. Verschiedene Sondergebete dienen nur
> der Bitte um Vertreibung dieser Schädlinge. Der Exorcismus selbst lautet:
> Ich belege euch mit dem Bann, ihr schädlichen Würmer oder Mäuse, im
> Namen Gottes, des allmächtigen Vaters, seines Sohnes Jesu Christ und des
> Heiligen Geistes. Ihr sollt sofort diese Wasser, Felder oder Weinberge ver-
> lassen und sie fürder nicht mehr bewohnen, sondern euch an Orte begeben, so
> ihr niemanden Schaden bringen könnt. Im Namen Gottes, der himmlischen
> Heerscharen und der heiligen Kirche verfluche ich euch: Wohin immer ihr
> gehet, sollt ihr verflucht sein; von Tag zu Tag sollt ihr mehr ermatten und an
> Kräften abnehmen.

Sogar der Bauer kann mit Erfolg Sprüche sagen wie: „Ich beschwöre euch, Würmer, bei Gott dem Allmächtigen, daß euch diese Stätte oder dieses Haus verabscheuungswürdig sei, so wahr als Gott der Herr ist, der falsche Urteile meidet und richtige fällt. Im Namen des Vaters etc."

Wie groß die Macht des Wortes des Herrn ist, geht daraus hervor, daß ein Bischof aus dem Genfer See durch sein Wort alle Aale vertrieben hat. Aus zahlreichen [theologischen] Gründen besteht also die Bannung und Verfluchung unbeseelter Tiere zu Recht und soll von den Priestern unserer Kirche nicht verboten werden.

Es bedarf einer kurzen Aufklärung, wieso sich diese Bann-Methoden solange in Ansehen erhalten konnten. Bei allen Besprechungen und Prozessen von Insekten handelt es sich um Maikäfer, Heuschrecken oder Raupen. Alle diese Schädlinge verweilen nur kurze Zeit bis wenige Wochen an einem Ort. Wenn naturerfahrene Geistliche die Länge des Prozesses solange hinzogen, bis sie von selbst verschwinden mußten, so konnte der Bevölkerung dies sehr wohl als eine Folge des gerichtlichen Urteils oder der Maledictio erscheinen. Aber auch der niederen Geistlichkeit darf die bona fides nicht ohne weiteres abgesprochen werden, und dafür, daß die höhere Geistlichkeit diese Verfahren schon damals als eine Konzession an das ausgesprochene Verlangen der Bevölkerung betrachtete, dafür gibt es mancherlei Belege. Gibt es doch sehr zu denken, wenn ein Mann wie Ulysse Aldrovandi noch 1602 schreiben konnte: „Wenn aber all diese Bekämpfungs-Mittel wirkungslos bleiben, so greife man zum Bann-Fluch. Deswegen muß man sich aber an die Theologen wenden." Schon im 16. Jahrhundert hatte sich aber aus kirchlichen Kreisen ein energischer Widerspruch erhoben. Hier seien nur die Namen Martin Azpilcuata (= Dr. Navarrus), der Löwener Jesuit Mart. Delrio und Leonardo Vairo genannt. Ihnen schloß sich kurz darauf in Deutschland Jakob Gretzer und später J. Eveillan und Theoph. Raynaud an. Letztere betonten um 1650 schon, daß „solch ungereimter Aberglaube nur Religion und Glaube schädige." Aber noch im Jahre 1668 gab der französische Advokat Gaspard Bailly eine ausführliche Anweisung zum Führen von Tier-Prozessen vor einem geistlichen Gericht heraus und erst im Jahre 1733 fand zu Bouranton der letzte kirchliche Insekten-Prozeß statt.

Als Haupt-Etappen der rückläufigen Bewegung führt Amira folgende Ereignisse auf: 1534 wurde in Portugal das Exkommunizieren und der Exorcismus von Tieren verboten. 1585 gibt der Generalvikar von Valence auf den Rat von Juristen und Theologen die alte Praxis der Tier-Exkommunikation auf und bewilligt nur noch Adjuration und Besprengungen mit Weihwasser; diesem Beispiel folgte 1690 der Generalvikar von Clermont und 1710 der von Autun. Die Malediktion in geistlicher wie in weltlicher Form hat sich neben Adjuration, Besprengen mit Weihwasser und Bittprozessionen aber bis auf unsere Tage in entlegenen Dörfern aller Völker Europas erhalten. Vereinzelt lebte mit dem Abkommen des kirchlichen Prozesses der weltliche wieder auf. Der scheinbar letzte dieser Art auf europäischem Boden hat noch gegen 1830 in Dänemark stattgefunden.

Die wichtigsten Etappen
des Insektenprozesses und der Insektenkommunikation.

1121. Anathem über Mücken durch den heil. Bernhard in Foigny (Laon).
1320. Prozeß gegen Maikäfer vor dem geistlichen Gericht von Avignon. Dies ist wohl der älteste überlieferte Prozeß.

1338. Bozen: Verweisung der Heuschrecken von offener Kanzel durch den Pfarrer.

1497. Maikäfer-Prozeß vor dem geistlichen Gericht in Lausanne.

1516. Troyes: Prozeß gegen Raupen.

1534. Exkommunikation und Exorcismus von Tieren in Portugal verboten.

ca. 1550. Heuschrecken-Prozeß zu Arles.

1579. Nach einem bekannten Insekten-Prozeß werden Maikäfer durch den Bischof von Lausanne bei Strafe der Exkommunikation verwiesen, „was aber nicht viel geholfen haben soll."

1585. Raupen-Prozeß vor dem geistlichen Gericht zu Valence.

1587. Chaerocampa-Prozeß in Savoyen.

1602. Aldrovandi rät, bei Insekten-Plagen zu kirchlichen Exorcismen.

1690—1717. Kirchliches Verbot der kirchlichen Tier-Exkommunikation, nur noch Adjuration und Besprengen mit Weihwasser erlaubt.

1733. Der letzte Tier-Prozeß zu Boumanton vor kirchlichem Forum.

ca. 1830 Der letzte weltliche Tierprozeß in Dänemark [in Europa].

Literatur:

Barthol. Chasseneux, Responsa, seu (si mavis) consilia causarum patronis, ac disceptatoribus non minus utilia, quam necessaria. Lugduni 1550.

Fel. Malleolus, Malleorum quorundam malleficorum. 2 Vol. Francoforti a. M. 1582.

Leon. Vairo, De fascino. Paris und Venedig 1589.

Doct. Navarrus, Consilia. Lugduni 1591.

Mart. Delrio, Disquisitiones magicorum. Moguntiaco 1603.

Jac. Gretzer, Libri duo de benedictionibus Ingolstadt 1615.

Hottinger, Historia ecclesiastica IV. Zuerich 1657.

Gasp. Bailly, Traité des monitoires. 1668.

Al. Sorel, Procès contre des animaux et insectes suivis au moyen âge dans la Picardie et le Valois. Compiègne 1877.

K. v. Amira, Thierstrafen und Thierprozesse. Mittheil. Instit. f. Oesterr. Geschichtsforschung. Vol. 12. 1891. p. 545—601.

Schenkling-Prévòt, Insektenprozesse. Illustr. Wochenschr. f. Entom. 1897. Vol. 2. p. 407—413.

h) Ungeziefer.

Wie im Altertum so gehörten auch im Mittelalter und im Beginne der Neuzeit Laus und Floh zu den alltäglichen Erscheinungen. Nicht nur zahlreiche Stellen der zeitgenössischen Literatur lassen das erkennen, sondern auch von Fürstenhöfen sind uns zahlreiche Anekdoten dieser Art überliefert. Eine derselben sei nach dem Pseudo-Fischart'schen Gedicht „Des Flohes Zank und Straus gegen die stolze Laus" (1610 zuerst veröffentlicht) wiedergegeben:

Die Laus spricht:

Hast du nicht die Geschicht' gelesen,
Wie einst ein Kaiser ist gewesen,
Dem auf dem Kleid von ungefähr
Kroch eine biedre Laus daher,
Hin über die Achsel offenbar?
Als das ein Diener ward gewahr,
Nahm er mit viel Bescheidenheit
Die Laus fein höflich von dem Kleid —
Der Kaiser es nicht merken sollte.
Jedoch der Kaiser kurzum wollte
Alsbald von seinem Diener wissen,

Was von dem Kleid er so geflissen
Genommen hätt' mit seiner Hand.
Der Diener hielt es doch für Schand',
Daß er es öffentlich sollt' sagen.
Der Kaiser tät gar ernstlich fragen,
Was er vom Kleide hätt' genommen.
Der Diener zeigte angstbeklommen
Dem Kaiser gleich die Laus und bat
Bei ihrer Majestät um Gnad'.

Fig. 75.
Vorsatzblatt der Fischart'schen Floh-
hatz aus dem Jahre 1610. (Nach
der Reclam-Ausgabe.)

Der Kaiser sprach mit Worten fein:
„Dies Tier, verachtet sehr und klein,
Kann zeigen uns, daß allezeit
Auch wir der Menschen Blödigkeit

Sind unterworfen, ob wir schon
Das Scepter tragen und die Kron'.
Denn dies erinnert meinen Sinn,
Daß ich ein Mensch und sterblich bin."
Der Kaiser ließ dem Diener eben
Eine stattliche Verehrung geben.

   Ein Fuchsschwänzer, der auch dabei
Gestanden hatt', der meinte frei,
Es sollte in dergleichen Dingen
Noch bessre Beute ihm gelingen.
Und als sich ihm zu einer Zeit
Auch einmal bot Gelegenheit,
Da naht' er sich dem Kaiser schnell
Und tat, als nähm' wie jener Gesell
Er etwas von des Kaisers Kleid.
Der Kaiser wollte bald Bescheid,
Was er da hätt' genommen ab.
„Erwischet einen Floh ich hab',
Mein gnäd'ger Herr, an dem Gewand
Mit meiner vielgewandten Hand." —
„Wie", sprach der Kaiser, „hältst du mich
Für einen Hund verächtiglich,
Daß ich soll laufen voller Flöhe?
Troll' balde dich aus meiner Nähe."
Also bekam der Flöhpatron
Ungnade viel von ihm zum Lohn,
Und hat der Kaiser auch darneben
Sein Urteil dahin abgegeben,
Daß ihr bösen Flöhe allezeit
Ein Ungeziefer der Hunde seid,
Wir Läus' dagegen insgemein
Den Menschen zugeeignet sei'n,
Bei denen wir uns können nähren
Und ihnen geben gute Lehren,
Daß sie den Madensack betrachten
Und sich vor Gott nicht höher achten
Als sich's gebührt. —

Überhaupt waren Tier-Dialoge im 16. Jahrhundert nicht selten. Wir kennen solche in lateinischer, spanischer, französischer, italienischer und deutscher Sprache. Einer der bedeutendsten ist die „Floh-Hatz" von J o h a n n F i s c h a r t (1573). Es enthält eine Klage gegen die Weiber, die ihnen das Leben durch ihre Nachstellungen versauerten, so daß sie kaum noch zu ihrer nötigen Nahrung gelangen könnten. Die Frauen verteidigen sich nicht ohne Geschick, z. B.:

   Ich weiß, daß ihr einwendet gleich,
Ihr müßtet so ernähren euch
Und daß das Blut sei eure Speise;
Doch alles dies hat Maß und Weise.
Jupiter hat euch zugegeben,
Daß ihr vom Tierblut sollet leben,
Von Mäusen, Ratzen, Hunden, Katzen,

Die euch fein wieder können kratzen,
Oder von Fleisch und Toten-Aas,
Wie die meisten Tiere tuen das,
Und nicht vom Menschen, der im Leben
Zur Speise keinem Tier gegeben.

Das Urteil Jupiters faßt den Streit geschickt zusammen und entscheidet:
Urteil.

Nämlich kein Floh soll einen beißen,
Er weiß denn schnell auch auszureißen,
Kein Floh soll eine Frau mehr zwingen,
Er weiß denn wieder zu entspringen,
So lieb ihm Leib und Leben ist!
Denn so er etwa wird erwischt,
Will ich dem Weib das gönnen wohl,
Das sie zu Tod' ihn kitzeln soll.
Dagegen sollen auch die Frauen
In jedem Fall fein um sich schauen
Und keinen töten, wenn sie nicht wissen,
Daß der es sei, der sie gebissen. ...
Doch daß ihr Flöhe könnet sehen,
Daß ich nach Billigkeit tu' spähen,
So will drei Ort' ich euch erlauben,
Wo ihr die Weiber möget schrauben.
Erstlich nur auf der schnellen Zung',
Die ihre Wehr, Verteidigung,
Womit sie sehr den Mann betören,
Wenn sie nicht schweigen und aufhören,
Daß ihnen ihr das schnelle Blut
Heraus ein wenig schröpfen tut;
Jedoch ihr werdet haben Müh',
Weil sie die üben spät und früh.
Dann sollt ihr auch die Freiheit haben,
Im Kalbsgekrös'*) umherzutraben,
Womit sie Hals und Hand umzäunen,
So daß sie wie Irrgärten scheinen. ...
Zum dritten dürft ihr auch beim Tanz
Einmal eur Glück versuchen ganz,
Daß ihnen die Tanzsucht vergeh',
Sie kitzeln an dem linken Zeh
Und in den hintern Backen beißen,
Da fühlen sie kein glühend Eisen. ...
Und gar erlauben seinen Feinden,
Daß können alle Fraun benützen
Die Flöhfallen all', die sie besitzen,
Und ihn darin aufhängen dann
Zu einem Spott für jedermann. ...
Hiermit will ich jetzund enden,
Den Zauberstab nun von euch wenden.
Jetzt ich euch aus der Grube lasse.

_____

*) Krausen mit unzähligen Falten.

16*

Nun springe jeder seine Straße
Und grüße, bitt' ich, meinetwegen
Das erste Weib, das ihm kommt entgegen. ...
    Wohlan, die Flöhe sind davon,
Nun muß ich tun Provision
Euch Weibern, wie ein Floh-Arzt, auch
Dieweil es ist mein Amt und Brauch.
Darum zum Abschied ich euch setze
Noch ein'ge Floh-Arzneigesetze,
Wie ihr die Flöh' ohn' Blutverguß
Hinrichtet und ohn' Überdruß.
Denn ich kann es einmal nicht sehen,
Wenn Weiberhänd' mit Blut umgehen.
Die Arzeneien sind probiert,
Wie ich sie hier hab' eingeführt.
Wenn sie euch lindern die Beschwerden,
Wird für die Müh' mir Dank wohl werden.

Die folgenden 13 „Recepte wider die Flöhe" fassen die bekannten und üblichen Hausmittel zusammen:

Recepte wider die Flöhe.

Die Flöhe aus den Kammern zu vertreiben:

1.

Nimm Dürrwurz oder Donnerwurz, koch' es in Wasser, bespreng' darnach das Gemach, so macht es den Flöhen ihre Sach'.

2.

Wirket desgleichen auch der Senf-Samen und Oleander, wenn man's braucht wie das ander'.

Flöhe zu töten:

3.

Nimm ungelöschten Kalk, mach' ihn durch ein Sieb, bespreng' damit die sauber gefegte Kammer, so richtet es an einen großen Jammer.

4.

Nimm wilden Kümmich, wilde Cucumer oder Koloquint, koche es in Wasser, bespreng damit das Haus, so macht es den Flöhen den Garaus.

Flöhe und Wanzen zu vertreiben:

5.

Nimm Wermuth, Rauten, Stabwurz, wilde Münze, Sergenkraut, Nußlaub, Farrankraut, Lavendel, Raden, grünen Koriander, Bilsenkraut, lege diese Kräuter alle oder einen Teil davon unter die Kissen oder koche sie in Meerzwiebeln-Essig und besprenge die Flöhe damit, so geht keine mehr einen Schritt.

6.

Nimm Wassernuß oder Meerdisteln oder Flöhkraut oder Koloquint oder Brombeerkraut oder Kohl, koch es in Wasser und bespreng damit das Gemach im Haus, so laufen sie alle heraus.

7.

Es ist sehr gut, die Flöhe aus den Decken oder Kleidern zu bringen, wenn man Gaisblut in einen Eimer oder ein Fäßlein tut und es unter das Bett stellt, denn da sammelt sich die ganze Flohwelt.

8.

Es schreibt Cardanus, daß von Flöhen, Fliegen, Mücken und Wanzen könne ein jegliches von seinem eigenen Rauch, wenn man es brennt, werden getötet und geschändt'; derhalben mach' man viel Flohrauch, so vertreibt es die Flöh' auch, gleich wie ein bös Weib den Gauch.

Die Flöhe auf einen Ort zusammenzubringen:

9.

Mache unter dem Bett eine Grube oder ein Loch, fülle darein Gaisblut, so werden sich alle Flöhe darin anhenken; die könnt ihr alsdann ertränken oder sonst dem Teufel zum neuen Jahr schenken.

10.

Oder nimm einen Hafen, stelle oder grabe ihn in ein Loch also, daß er mit dem Herd oder Boden in gleicher Höhe stehe, schmier' ihn allenthalben mit Rinderschmalz, so werden sich alle Flöh' darin walzen, die kann man alsdann schön einsalzen.

Die Flöhe zu vertreiben:

11.

Nimm Holder, beiz' oder sied' ihn in Wasser und bespreng' alsdann den flöhigen Ort damit, so tötet es die Flöh' und Mücken, daß sie niemand mehr drücken.

12.

Es soll bewährt sein, daß wenn einer Bilsenkraut oder Flöhkraut, so lang' es noch grün ist, in ein Haus trägt, so verhindert es, daß ein Floh darin wachse. oder Eier gackse.

13.

Schmiere einen Stecken mit Igelschmalz, stelle ihn mitten in die Kammer, so kommen die Flöh' alle an den Stecken; die brat' alsdann statt Schnecken, sie können vielleicht ebenso gut schmecken.

Der Volkshumor bringt seine urwüchsige Skepsis gegen diese Rezepte im „Gantz new gemachten Esopus" zum Ausdruck:

> Mitten im Sommer ich einst kam
> In Holland hin, gen Amsterdam.
> Traf sichs, das eben jarmarck war,
> Wie umb dieselbig zeit all jar
> Gehalten wird; daselb vmbschawt,
> Viel kremer hatten auffgebawt,
> Gar laut von fern einer ruffen that,
> Als ob einer gepredigt hatt.
> Da stund ein Abenthewrer dort,
> Am platz auff einem hohern ort,
> Der hatt ein Tuch, das war gemalt
> Von seltzam Thiern, grewlicher gestalt.
> Ein Korb hat er gesetzt dahin,
> Da waren viel kleinen briefflein in,

Wie heusslein gemacht und zugedrückt,
Warn mit eim gstoßnen pulver gespickt.
„Schaut, liebe Leut", rieff er gar laut,
„Hie ist ein wunder heilsam Kraut,
Das nie des nachts die flöh nicht beißen;
Ha, wer sich thät desselben fleißen,
Derselbe ist frey von solchen bösen
Vnd kans mit einem Stüber lösen."
Das Volck drang zu vnd war getrost,
In einer stund hats gar gelost,
Eine gute summe gelts erwischt,
Mit bösem netz gar wohl gefischt.
Ich blieb bestehn und sah ja an,
Bis das das Volck da gar zerran.
Sein kram begund er bald zu sacken,
Wollt sich eilend von dannen packen.
Als er beinahe gar fließig war,
Ein altes Weib kam lauffen dar:
Sie sprach: „Ich hatts vergessen schier,
Ach, liebster Meister, sagt doch mir,
Wie sol ichs brauchen oder nützen,
Das ich mich vor den Flöhen mög schützen?
Er lacht und sprach: „Ihr seit gar spitzig
Vnd all den andern viel zu witzig,
Umb das Kraut hab ich allein heut
Gehabt wol etlich hundert Kauffleut,
Doch hat mich keiner fragen wolt,
Wie man das pulver brauchen solt.
Drumb sags ich euch auch allen,
Bitt, machts den andern nit gemein:
Wenn euch ein Floh begind zu stechen,
Den greifft und thut jms maul auffbrechen,
Strawt jm das pulver auff den zan,
So stirbt er bald von stunden an."

Hans Sachs rechnet die Flöhe in seinem Gedicht, „Die Zeichen des Regen-
wetters" zu den Wetter-Propheten:

Wenn sich die Säu' tun jücken,
Der Esel wälzt auf dem Rücken,
Die Hunde fressen Gras
Und wieder von sich speien,
Wenn Frau und manche Maid
Über die Flöhe schreien,
Auch stark die Mücken stechen —
Bedeutets immer Naß.

Erst das letzte Jahrhundert mit seinem Verständnis für Sauberkeit hat,
wenigstens in Mittel-, West- und Nord-Europa, diese lästigen Hausgenossen stark
zurückgedrängt, was von der Wanze auch heute nur in beschränktem Umfange
gilt.

Literatur:

Joh. Fischart, Die Flohhatz. Erneut und erläutert von Karl Pannier. Leipzig.
Karl Knortz, Die Insekten in Sage, Sitte und Literatur. Annaberg (Sachsen) 1910. [47])

D. Die Neuzeit.

1. Die zweite aristotelische Renaissance und die Begründung der modernen Systematik und Morphologie. Anfänge eigener Beobachtung.

a) Ulysse Aldrovandi.

Mit Ulysse Aldrovandi beginnt für die Entomologie eine neue Zeit. Sein ihm oft als überlegen angesehener Zeitgenosse, der Züricher Arzt Konrad Gesner (1516—1565), dem wir so ausgezeichnete Monographien der Vertebraten und auch des Skorpions verdanken, ist infolge seines allzufrühen Todes zu einer Zusammenfassung seiner Studien über die Wirbellosen nie gekommen. So beginnt die Epoche der Zoographie für die Entomologie erst 1602, in welchem Jahre Aldrovandi's großer Folioband De Animalibus Insectis libri VII als Frucht 50-jähriger Studien erschien, dem ersten nur den Insekten gewidmeten Werke der Welt-Literatur.

Ulysse Aldrovandi entstammte dem Seitenzweige einer vornehmen Bologneser Patrizier-Familie, die in der Stadt-Geschichte Bolognas eine nicht unbedeutende Rolle spielt. Am 11. September 1522 wurde er geboren und verlor schon im Alter von 6 Jahren seinen Vater. Früh bereits zeigte er einen lebhaften Geist, der sich in einer zweimaligen Flucht von Hause (einmal nach Rom und einmal für ein Jahr nach Spanien) äußerte. Nach Hause zurückgekehrt, warf er sich, 17-jährig, mit Eifer auf das Studium der Rechte und später der Philosophie in Bologna und Padua. Durch die Inquisition wurde er mit anderen Bologneser Jünglingen unter Ketzerei-Verdacht verhaftet und nach Rom gebracht, dort aber freigesprochen. Im Anschluß hieran verblieb er einige Zeit in Rom und legte dort durch gemeinsame Studien der Fisch-Märkte in Rom mit Rondeletius und Giovi den Grund zu seinem Museum wie zu seiner Liebe zur Naturgeschichte überhaupt. Diese wurde verstärkt durch den Umgang, den er, wieder in Bologna, mit dem bedeutenden Pisaer Botaniker Luca Ghini pflog. 1553 promovierte er und wurde Mitglied der medizinischen und philosophischen Fakultät. Nach anfänglichen, bereits sehr erfolgreichen ordentlichen Lehr-Aufträgen über Logik und Philosophie, las er seit 1556 außerordentlich in Konkurrenz zu C. Odone die Semplici („Legat Philosophiam ordinariam de Fossilibus, Plantis, Animalibus Ulysses Aldrovandis"). In seiner freien Zeit führten ihn Reisen botanischer und sonst sammelnder Weise durch ganz Nord-Italien. Von diesen Reisen brachte er viel Material für sein Museum zusammen und machte die Bekanntschaft zahlreicher Kollegen wie G. Fallopia, F. Calzolari u. a.

1561 wurden die Semplici als Ordinariat erklärt (was sie bereits zuvor unter Luca Ghini kurze Zeit gewesen waren). Diese ersten Ordinariate dei Semplici waren für die selbständige Entwicklung der beschreibenden Naturwissenschaften von grundlegendem Werte. Wir geben deshalb das betreffende Dekret im Wortlaut wieder: „Die 11. Februarii 1561. Attendentes quanto Ornamento et Utili-

Fig. 76.
Ulysse Aldrovandi im Mannesalter (nach Portrait im Botan. Institut Bologna).

tati futurum sit huic Almo Bononiensi Gymnasio, si Lectura Philosophiae Naturalis de Fossilibus, Plantis et Animalibus, quae vulgo dicitur de Semplicibus, quae huiusque diebus extraordinariis publice legi consuevit imposterum ordinarie pro satisfactione Scholarium, qui hoc enixe expetiverunt, legatur et interpretetur, per suffragia viginti octo voluerunt et declararunt Excellentem Artium et Medicinae Doctorem D. Ulissem Aldrovandi, cuius egregiam peritam in huiusmodi Simplicibus, nec non labores et impensas hac de causa susceptas notas habent, non amplius hanc Lecturam extraordinarie, prout hactenus fecit, sed ordinarie legere et interpretari, stipendium, quod est librarum ducentarum ipsi constitutum esse et ei persolvi honorari nomine causa huiusmodi lecturae Simplicium debere. Ex Arch. Secret. Senatus etc...." In dieser Zeit heiratete er nach kurzer glücklicher Ehe mit Paola Malchiavelli seine zweite Frau Francesca. Sein großer Ehrgeiz und das Streben nach Verbesserung seiner pekuniären Lage führte ihn nach Überwindung mannigfacher Widerstände zur Begründung des botanischen Gartens von Bologna, den er 1568 begründete und bis 1571 zusammen mit Odone, später allein leitete. Zu langen Kämpfen mit der Ärzteschaft und der medizinischen Fakultät führte ihn das Bestreben, eine außerhalb dieser beiden Körperschaften stehende Persönlichkeit (d. h. sich selbst) mit der Überwachung der Rezepturen zu beauftragen. Diesem Streit, der erst 1576 durch päpstliches Dekret zugunsten Aldrovandis geschlichtet wurde, entspringt seine berühmte Schrift und Pharmakopoe „Antidotarium Bononiensis epitome" (Bologna 1579). Von den freigebigen Regenten und Kirchen-Fürsten Italiens wurde er öfters mit beträchtlichen Summen zur Unterstützung seiner Arbeiten bedacht. Nachdem er schon mehrere Jahre von einem Assistenten, Elia Everardus Wterverius, unterstützt war, wurde er im Jahre 1600 aufs ehrenvollste von seinen sämtlichen Lehr-Verpflichtungen entbunden und starb am 4. Mai 1605 zu Bologna an den Folgen eines Schlaganfalls im Alter von 83 Jahren.

Seiner wissenschaftlichen Richtung nach ist Ulysse Aldrovandi als gelehrter Eklektiker anzusehen, der noch stark unter dem Einfluß von Aristoteles und der Scholostik steht, sich aber in gewisser Hinsicht auch schon von ihnen freigemacht hat. Seiner Methodik nach ist er als Sammler zu bezeichnen. Er fügt sich dabei gut in die große Reihe von Sammlern des Cinquecento ein, die in Archäologie oder Naturwissenschaft tätig waren. Sein Haus bildete er zu einem der ersten naturwissenschaftlichen Museen aus und er unterhielt eine ausgedehnte Korrespondenz zur Vervollständigung desselben. Von ihm stammt eines der ältesten erhaltenen Herbare, das auf über 4000 Blättern mehrere tausend Pflanzenspezies enthält; ebenso eine interessante Sammlung von Versteinerungen und Mineralien. Seine Sammlungen zoologischer Objekte müssen größtenteils verloren gegangen sein. Alle diese Sammlungen und seine reichhaltige Bibliothek, an der er mit demselben Eifer gesammelt hat, wie an den Natur-Objekten, und seine eigenen ungeheuren Manuskripte, die mehrere hundert Bände umfassen, vermachte er seiner Heimatstadt, von wo sie in der Revolution nach Paris geraubt und 1815 zurückerstattet wurden. Seit 1907 sind sie alle außer der Steinsammlung in der Universität Bologna zu dem Museo Aldrovandi vereinigt. Alle die Kostbarkeiten seines

Fig. 77.
Ulysse Aldrovandi als Greis.
(Zeitgenössischer Kupferstich.)

Museums, wie überhaupt jede einzelne zugängliche Tier-, Mineral- und Pflanzen-Spezies ließ er auf eigene Kosten aquarellieren und in Holz schneiden (Holzschnitt). Die bedeutendsten seiner Aquarellisten sind Lorenzo Bennino aus Florenz und Cornelius Swintus aus Frankfurt a. M., seine Holzschnitte entstammen den Händen von Christoph Coriolan — Vater und Sohn — aus Nürnberg.

Diese Sammlungen, Literatur-Notizen und Holzschnitte waren die Vorbereitungen zu einem umfassenden Kompendium der gesamten Naturwissenschaften, das neben den eigenen Beobachtungen vor allem alles umfassen sollte, was alle

Autoren: Philosophen und Dichter, Theologen und Juristen, Naturforscher und
Mediziner jemals geschrieben hatten. Buffon schildert anschaulich, wie Aldrovandi dabei zu Werke gegangen sein mag. „Je me représente un homme comme
Aldrovandi, ayant une fois conçu le dessein de faire un cours complet d'histoire naturelle; je le vois dans sa bibliothèque lire successivement les anciens,
les modernes, les philosophes, les théologiens, les jurisconsultes, les historiens,
les voyageurs, les poetes, et lire sans autre but que de saisir tous les mots,
toutes les phrases qui, de près ou de loin, ont rapport à son objet; je le vois
copier ou faire copier toutes les remarques, et les ranger par lettres alphabé-
tiques, et, après avoir rempli plusieurs portefeuilles de notes de tote espèce,
prises souvent sans examen et sans choix, commencer à travailler un sujet
particularier, et ne vouloir rien perdre de tout ce qu'il a ramassé; en sorte
qu'á l'occasion de l'histoire naturelle du coq ou du boeuf, il vous raconte tout
ce qui a jamais été dit des coqs et des boeufs; tout ce que les anciens en ont
pensé, tout ce qu'on a imaginé de leur vertu, de leur caractère, de leur courage;
toutes les choses auquelles ou en a voula les employer; tous les contes que les
bonnes femmes en ont faites; tous les miracles qu'on leur a fait faire dans cer-
taines religions; tous les sujets de superstition qu'ils ont fournis; toutes compa-
raisons que des pòèts en ont tirées; tous les attributs que certains peuples leur
ont accordés; toutes les représentations qu'on en fait dans les hiéroglyphes,
dans les armoiries; en un mot toutes les histoires et toutes les fables dont ou
s'est jamais avisé au sujet des coqs ou des boeufs."

Einen Blick in die Werkstatt Aldrovandi's vermittelt uns die Photographie
aus einem Bande, in dem Aldrovandi, wohl vor Abfassung seines Insekten-
Bandes, seine gesamten Literatur-Notizen alphabetisch zusammenklebte (Taf.
IX.). Erst ganz gegen Lebensende begann Aldrovandi mit der Herausgabe dieses
riesigen Lebenswerkes, von dem er nur die drei Bände Ornithologie und die
Insekten-Geschichte noch selbst herauszugeben vermochte. Der größte Teil
seiner hinterlassenen Manuskripte konnte noch herausgegeben werden, so die
gesamte Zoologie in 11 dicken Folianten, ein Band Museum Metallicum und zwei
Bände Botanik.

Die 7 Bücher über die Insekten zeigen alle Eigenarten der Aldrovandi'schen
Darstellung und unterliegen nicht dem sooft zuungunsten Aldrovandi's ausge-
fallenen Vergleich mit dem Gesner'schen Parallel-Band. Wir wenden uns daher,
unter Vernachlässigung der übrigen Schriften, allein diesem Werke zu.

Aldrovandi's Darstellung beginnt mit der folgenden kurzen Definition eines
Insekts und dem ersten Schlüssel zur Bestimmung der Insekten-Ordnungen, den
wir aus der Literatur überhaupt kennen.

Insekten-System von Ulysse Aldrovandi.

Definition: Die Insekten sind kleine segmentierte Tiere. Sie zerfallen in:

I. Land-Insekten
  A. Mit Füßen
    AA. Mit Flügeln
      1. Ohne Flügel-Decken
        a. Mit 4 Flügeln
          aa. Mit hyalinen Flügeln
            α. Wachs-Erzeugende: Honig-Biene, wilde Biene,
              Hummel, Wespe, Hornisse.
            β. Nicht wachserzeugende: Cicada, Perla, Rhyn-
              chota heteroptera, Orsodacne.

Sammlung der Excerpte vor der Niederschrift des „De animalibus Insectis"
(betr. Culex; Original des Manuskripts im Museo Aldrovandi, Bologna).

Infolge Versehens ist die Vorlage soweit gereinigt worden, daß die einzelnen
eingeklebten Zettel, aus denen die linke Spalte des Manuskripts besteht, nicht sichtbar sind.

bb. Mit beschuppten Flügeln: Schmetterlinge

b. Mit 2 Flügeln: Fliegen (Musciden), Tabaniden, Culiciden, Ephemeriden.

2. Mit Flügel-Decken: Heuschrecken, Grillen, Käfer, Schaben.

BB. Ohne Flügel

1. Wenig-Füßer

a. Mit 6 Füßen: Ameise, Bett-Wanze, Laus, Zecke, Floh, Lens cossus, Maulwurfsgrille, Ohrwürmer.

b. Mit 8 Füßen: Skorpion, Spinne.

c. Mit 12 und 14 Füßen: Spannerraupen, Raupen.

2. Viel-Füßer: Tausend-Füßler, Asseln, Skolopender, Julus.

B. Fußlose: Die Würmer, die in Menschen, Tieren, Pflanzen, Steinen und Metallen entstehen, Teredo, Regenwurm, Schnecken, Motten, Otips.

II. Wasser-Insekten

A. Mit Füßen

1. Wenig-Füßler: Phryganiden-Larven, Musca fluviatilis, Cantharis aquatica, Viola aquatica, Tipula alata und aptera (meist Wasser-Wanzen).

2. Viel-Füßer: Scrophula seu Tinea, Pulex marinus, Pediculus marinus, Oestrus sive Asilus marinus, Scolopendra marina, Vermes in tubulis delitescantes (meist marine Würmer).

B. Fußlose: Würmer, Echinodermen, Seepferdchen.

Dies System befindet sich in vollkommener Abhängigkeit von dem, was Aldrovandi als System des Aristoteles auffaßte. In mancher Hinsicht bedeutet hier Aldrovandi eine Verschlechterung, indem er Nakt-Schnecken, Würmer und Echinodermen neben den Spinnen-Tieren und Myriapoden mit unter die Insekten rechnet. Bis auf die Spinnen, Myriapoden und Würmer hatte Aristoteles die übrigen Gruppen bereits abgetrennt und an besseren Plätzen untergebracht.

Über die für ihn maßgebenden systematischen Prinzipien schreibt Aldrovandi selbst: „Ich unterscheide die Insekten zunächst nach dem Ort, wo sie leben und geboren werden, dann nach ihrer Körper-Beschaffenheit wie Farbe, Größe, ihren Teilen, ihrer Nahrung, Entstehung, ihrer Bewegung und ihrem Koitus. 1. Nach dem Orte, wo sie leben und geboren werden: einige leben in einfachen Medien, so in Wasser, Luft, Erde oder Feuer (wie die Pyrausta des Plinius), die meisten aber in gemischten Medien wie die Schnee-Würmer oder die in Stein, Pflanzen, Tieren oder in ihren Aussonderungen lebenden Würmer. Einige leben in homogenen Medien, z. B. in Fleisch, Knochen, Nerv etc.; andere in heterogenen wie Zunge, Leber, Därme etc. Die als Medien dienenden Aussonderungen sind teils fest wie die Wolle, teils flüssig wie Käse, Butter, Wachs.

Am bekanntesten sind die Wasser-Insekten. Von diesen leben einige im Meer, andere in Sümpfen, Sturzbächen, Quellen, Teichen und Zisternen.

2. Nach der Körper-Beschaffenheit: Farben sind besonders bei Schmetterlingen und Raupen zur Unterscheidung der Arten sehr wichtig. Hingegen sind Ameisen und „Würmer" mehr oder weniger einfarbig.

Ferner ob groß oder klein; rund, eckig oder oval; glatt, rauh oder behaart. Die obere Hälfte ist von der unteren verschieden. Allen diesen sind aber drei Teile gemeinsam: Kopf, Brust und Bauch."

Demgemäß ist die erste Gruppierung Land- und Wasser-Tiere. Fuß- und Flügelzahl folgen an Bedeutung.

So unsinnig uns teilweise die systematischen Gruppen dieses Systems erscheinen, so war es ein großer Fortschritt, daß jede Gruppe morphologisch genau
definiert wurde und daß der dichotomische Bestimmungsschlüssel seinen Einzug
in die Entomologie hielt. Mit diesem Schritt beginnt die Neuzeit der entomologischen Systematik. Sein System hat den großen Vorzug, einfach und klar verständlich zu sein. Dem Buche sind Prolegomena allgemeinen Inhalts vorausgesandt. Neben dem schon erwähnten Bestimmungsschlüssel und den Einteilungs-
prinzipien findet sich hier ein Synonymie-Verzeichnis sowie eine allgemeine Physiologie.

„Die Insekten sind vollkommene Tiere. Denn vollkommen ist ein Tier, wenn
zur Vollendung seines Körpers und seiner Seele nichts mehr zu wünschen
übrig bleibt."

In einem besonderen längeren morphologischen Kapitel werden die einzelnen
Teile des Insekten-Körpers, die Metamorphose, Fortpflanzung etc. richtig besprochen. Wir werden im speziellen Teil noch genügend Gelegenheit haben,
uns mit den Ansichten Aldrovandi's über diese Materien vertraut zu machen.

„Betreffend der Körper-Wärme sind die Insekten als nicht ganz kalte Tiere
anzusehen."

„Ob die Insekten atmen und einiges über ihr Riechvermö-
gen. Die meisten Philosophen meinen, daß die Insekten nicht atmen, weil sie
kein Atmungsgewebe und kein Blut besitzen: Die Blut besitzenden Tiere besitzen ein Herz, wo ein Herz ist, sind auch Lungen vorhanden. Wo aber keine
Lungen sind, da gibt es auch keine Stimme. Zu diesen Verneinern gehört auch
Aristoteles mit seiner Abkühlungs-Theorie. ...

Gegen diese Auffassung des Aristoteles hatte schon Rondelet polemisiert,
indem er sagt, wenn die einzelnen Teile zerschnittener Insekten wie z. B. des
Skolopender weiterleben, so müssen sie auch atmen. Auch Plinius scheint derselben Meinung gewesen zu sein. ...

Plinius glaubt auch, daß die Insekten, von denen so viele wie Bienen, Zikaden, Mücken, Fliegen etc. Geräusche hervorbringen, irgend ein Atmungsorgan
besitzen müßten. Weshalb sollten sie also nicht atmen? Aldrovandi schließt
sich ganz Aristoteles an und erwidert Plinius, daß die Insekten als Kaltblüter
keine Lunge besitzen und auch keine benötigen, da diese zur Abkühlung der
Körperwärme bei Warmblütern diene. Da die Natur nichts umsonst macht, so
können die Kaltblüter gar keine Lungen haben. Die Geräusche der Insekten
sind nicht mit einer richtigen Stimme zu vergleichen, sondern werden nur durch
Vibration der eingeborenen Innenluft hervorgerufen. Wenn die Insekten die
Außenluft ein- und ausatmen würden, so könnte die Fliege, die einige Stunden
im Wasser gelegen hat, nie mehr lebendig werden. Sie wird dies aber, wie man
leicht beobachten kann.

Der Geruchssinn der Insekten ist verschieden von dem der anderen Tiere,
die atmen und eine Nasen-Öffnung haben. Auf welche Weise sie riechen, ist
unklar, aber sicher ist, daß sie einen Geruch besitzen. Denn Bienen und Drosophila werden schnell durch den Geruch angelockt.

Sie haben auch einen Geschmack, da Bienen und Mücken nur durch süße
Sachen angelockt werden.

Mit dem Tast-Sinn endlich sind alle Tiere begabt.

Sie geben keine Stimme, sondern ein Tönen von sich.

Ihre Lebenszähigkeit ist bewundernswert und viel größer als bei höheren
Tieren. Auch dort schlägt das Herz noch lange wie z. B. bei Schildkröten und
Ochsen, wenn man es aus dem Körper herausnimmt, aber verwunderlich ist, wie

lange die einzelnen Teile zerschnittener Würmer und Insekten noch leben. Alle diese verschiedenen Teile müssen also eine Seele besitzen.

Warum die Insekten in der Luft leben? Die Insekten leben in der Luft, weil sie nur einer mäßigen Abkühlung bedürfen. Die Tiere, die eine stärkere Abkühlung nötig haben, leben im Wasser.

Bekämpfung der Insekten. Während einige Insekten den Menschen nützlich sind, sind andere bei Massen-Vermehrung äußerst schädlich, indem sie die Felder vernichten und den Bauern um den größten Teil seiner Jahres-Ernte bringen. Das soll meistens eine von Gott den Menschen für ihre Sünden auferlegte Plage sein, wie das bei Heuschrecken, Raupen, Würmern, Bruchus und anderen Schädlingen der Fall ist. Sie sind auch Vorzeichen von Pestilenz und dräuenden Kriegen, besonders wenn sie aus dem Schmutz entstanden sind. Derartige Insekten-Schädlinge nennt Nikandor „Knodala". Viele Leute haben sehr viel Mühe und Fleiß darauf verwandt, sie zu vertreiben. Ganz allgemein kann man nach Cardanus die Insekten auf fünf Arten fernhalten: 1. durch Verhinderung der Vermehrung. Das geschieht bei den Heuschrecken durch Vernichtung der Eier; 2. oder man schließt die Fenster und ist dann vor der ekelhaften Besudelung mit Fliegen-Kot sicher, da diese sich an dunklen Orten nicht aufhalten.

3. Einige vernichten die Insekten durch große Hitze oder Feuer oder durch ungeheure Kälte. Aber fast alle fürchten das Feuer und entfliehen.

4. Dann wendet man ferner an: Mittel mit einem scharfen und sehr bitteren Geschmack wie Essig, Ochsen-Galle, Dekokt aus Schlangengurken (Cucumis anguinis?), weißer Nieswurz, Koloquinthe, Feigenbohnen.

5. Oder Geruchsmittel wie Schwefel, Kupfer-Vitriol, Calcanthive ?, Blüten und Blätter des schwarzen und weißen Hollunders, Koriander oder von Tier-Hörnern und Klauen. Einige schaden ihnen auf mehrfache Weise wie die Rauta und der Grünspan. Hiermit kann man auch Schlangen vertreiben und vernichten. Die Alten haben sich mit großem Nutzen zweier Mittel bedient, die heute ganz vergessen sind, des Pechs und des Preßrückstandes der Oliven (amurca): des ersteren zum Abdichten gegen Luft, des letzteren zum Schutze vor Insekten. Unter den Gerüchen vertreibt nach meiner Erfahrung Styrax fast alle Insekten. Soweit Cardanus.

Wenn man Kuckucksfedern in einem Zimmer verbrennt, so vertreibt der Rauch davon Fliegen, Spinne, Skorpione etc. aus dem Hause. Wegen weiterer Einzelheiten verweise ich auf die Kapitel der einzelnen Insekten. Wenn übrigens alle diese Mittel nichts helfen, so muß man zum Kirchenbann schreiten. Darüber wende man sich aber an die Theologen."

Soweit das Vorwort oder der allgemeine Teil.

I. Buch. Wabenbauende Hymenopteren.

Das erste Buch ist den Wabenerzeugenden (Hymenopteren), den Favificis, gewidmet. Maßgebend für die ganze Gruppierung der Insekten ist Aldrovandi der Nutzen für den Menschen. Deshalb gebührt der Ordnung, zu der die Honig-Biene zählt, der erste Platz und innerhalb der Gruppe natürlich ebenfalls. Mit begeisterten Worten schildert Aldrovandi den Nutzen von Honig und Wachs. Die 170 Folio-Seiten füllende Darstellung der Honig-Biene, der Verwendung von Honig und Wachs ist ganz auf Literatur aufgebaut und kann daher füglich übergangen werden. Die Anordnung des Stoffes ist jedoch derart charakteristisch für Aldrovandi, daß wir wenigstens die Kapitel-Überschriften des ersten Kapitels folgen lassen:

„I. Cap. De Ape. (Über die Biene).

1. Ordinis Ratio. Apis natura mira laudatur. (Systematische Stellung. Die wunderbare Natur der Biene.)
2. Aequivoca. (Synonymie bei den naturhistorischen Schriftstellern.)
3. Synonyma. (Vergleichende philologische Synonymie aus über 20 toten und lebenden Sprachen.)
4. Genus. Differentiae. (Beschreibung und Unterschiede.)
5. Forma interna et externa. (Innere und äußere Morphologie.)
6. Sexus. (Die Geschlechter.)
7. Locus. (Geographische Verbreitung.)
8. Oderatus, Memoria, Visus, Auditus. (Die Sinne.)
9. Volatus. (Der Flug.)
10. Sonus. (Ihr Tönen.)
11. Aetas. (Alter.)
12. Coitus. Incubatus. Generatio. (Begattung, Entwicklungsdauer und Entstehung.)
13. Qui primum apum curam habuerint? (Wer zuerst die Bienen gezüchtet hat.)
14. Optimi mellarii, sive apiarii officium. (Die beste Einrichtung eines Bienenstandes.)
15. Vocabulorum aliquot, quae in operibus apum occurrunt explicatio. (Erklärung einiger Ausdrücke aus dem speziellen Bienenwesen.)
16. Leges de apibus. (Die Gesetzgebung über Bienen.)
17. Praesagia. (Die Biene als Wetterverkünder.)
18. Auguria. (Die Biene als Verkünder des göttlichen Willens.)
19. Denominata. (Von den Bienen (Apis, Melissa etc.) hergeleitete Namen von Menschen, Tieren, Pflanzen, Orten etc.)
20. Mystica. (Die Biene in den Religionen.)
21. Hieroglyphica. (Die Biene bei den alten Ägyptern.)
22. Moralia. (Erbauliches und Vorbildliches an den Bienen.)
23. Symbola. (Symbolisches von den Bienen.)
24. Emblemata. (Bienen als Zierrat.)
25. Epigrammata. (Die Biene in den Epigrammen.)
26. Aenigma. (Die Biene in den Rätseln.)
27. Epitheta. (Beinamen der Biene.)
28. Usus in cibis et in medicina. (Rolle der Bienen in Speise und Medizin.)
29. Usus in bello. (Die Biene im Kriegsdienst.)
30. Proverbia. (Die Biene im Sprichwort.)
31. Historica. (Die Biene in der Geschichte.)
32. Apologus. (Verteidigung der Biene.)
33. Fabulosa. (Erzählungen über Bienen.)
34. De punctura apum, eiusque symptomatibus, et cura. (Über Bienenstiche, ihre Symptome und Heilung.)
35. Numismata. (Die Biene auf Münzen.)“

Ebensolche Kapitel folgen über Honig und Wachs. Aldrovandi hat bei jedem Insekt das Bestreben, in ähnlicher Weise die gesamte Literatur zu verarbeiten. Man kann daher sagen, daß je mehr über ein Tier vor Aldrovandi ge-

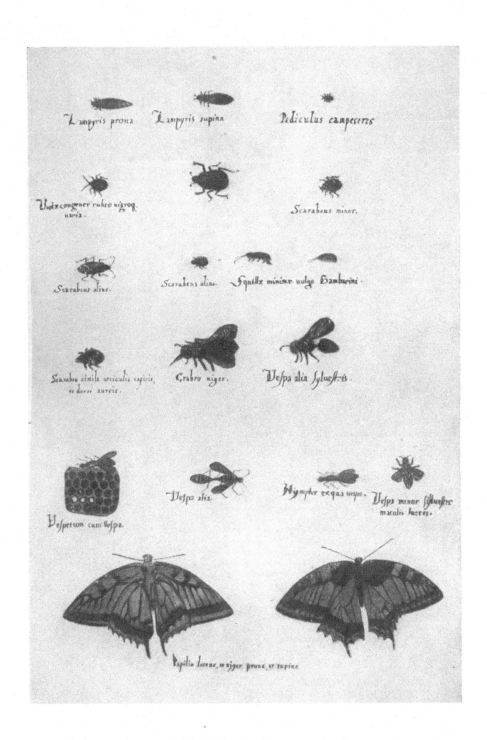

Eine der Aquarell-Tafeln,
die als Vorlage zu den Holzschnitten des „De Animalibus Insectis" diente.
(Original im Museo Aldrovandiano, Bologna; cf. besonders die Abbildung
von Papilio machaon mit der auf Fig. 78).

schrieben worden ist, desto literarischer und unselbständiger ist der betreffende
Abschnitt bei ihm.

Der Rest des Buches behandelt in Kürze die folgenden Insekten: In Kapitel
4 sind einige solitäre Bienen erwähnt mit zwei guten Abbildungen, die wohl zu
Chalicodoma oder verwandten Gattungen zu zählen sind; in Kapitel 5 einige
Hummeln. Die Abbildungen und Beschreibungen (irrtümlich noch zu Kapitel 4
gestellt) zeigen neben 6 echten Hummeln oder wenigstens nahen Verwandten
eine „Apis amphibia", die durch die Abbildung als Notonecta glauca kenntlich ist:
„Der gemeinen Biene sehr ähnlich ist ein sechsfüßiges, vierflügliges, amphibi-
sches Insekt, das außer Wasser fliegt, im Wasser schwimmt. Es hat zwei
sehr lange Beine (offenbar die Vorderfüße), deren es sich wie einer Wage-
deichsel oder wie eines Ruders bedient. Die anderen Füße sind kurz und unter
dem Bauche verborgen. Der Kopf ist zusammengedrückt und besitzt große,
schwarz glänzende Augen. Der von den Flügeln bedeckte Körper ist vorne
schwarz. Vorder- und Hinterflügel sind teilweise hart. Oben sind sie gelblich
mit schwarzen Flecken, hinten aber zart und durchscheinend. Einen solchen
Anhang habe ich sonst bei keinem anderen Insekt gesehen. Nach unten setzt er
sich zipfelförmig umgeschlagen fort. Der Rüssel ist zugespitzt wie bei den Culiciden. Die vorderen Schwimmbeine bestehen aus drei Gliedern. Die Bologneser
Bauern nennen sie Guardasole, vielleicht weil man sie besonders bei Sonnenschein sieht. Dem Fang mit Netzen wissen sie sehr geschickt auszuweichen."
Kapitel 6 bringt eine ausführliche Schilderung der Wespen. Besonders anschaulich sind hier die Abbildungen und Schilderungen von drei Wespen-Nestern,
von denen das erste einen Typus etwa von Vespa sylvestris (?) (geöffnet von außen
und eine Scheibe von oben gesehen), das zweite 2 Nester von Polistes gallicus
und das dritte ein Nest vom Typus etwa von Vespa saxonica (?) (von
außen und im Querschnitt) darstellt. Wir erfahren hier zum ersten Male von
Nachrichten aus Indien, wo nach Oviedo noch viel größere Wespen leben sollen.

Als Typus aller dieser Schilderungen geben wir einen Auszug aus Kapitel 7
über die Hornissen:

VII. De Crabronibus.

„Einige rechnen die Hornissen zu den Wespen. Wenn sie diesen auch in
Lebensgeschichte und Entstehungsweise sehr ähnlich sind, so sind sie im Körperbau doch so verschieden, daß ich sie deutlich unterscheide.

Sie sind doppelt so groß wie die Bienen. Alle Formen von ihnen besitzen
Stacheln. Die Hornissen sind viel größer als die Wespen, und ihr Hinterleib
sitzt der Brust breit an, wie bei den Bienen. Ihr Thorax ist groß. Ihre Körperfarbe ist zwischen gelb und kastanienbraun. Das mächtige Abdomen ist abwechselnd schwarz und gelb gezeichnet. Die Augen sind schwarz, die Antennen
schlank, der Kopf groß. Die langen Flügel bedecken den ganzen Hinterleib. Die
dicken Beine sind gelblich

Sie bauen sich unterirdische Nester, indem sie die Erde ähnlich wie die
Ameisen fortschaffen. Wenn sie aber ihren König verloren haben, sammeln sie
sich an irgend einem Baum und bauen dort ihr Nest. Ich habe selbst auf meinem
Gütchen vor mehreren Jahren in einem hohlen Eichenbaume ein solches Nest
beobachtet. In Indien sollen Hornissen von entsetzlicher Größe leben.

Die Hornissen sammeln keine Winter-Vorräte wie die Bienen. Sie nähren
sich von Fleisch, Mist und Insekten, doch verschmähen sie auch den süßen Apfel
nicht. Während einige meinen, daß die Hornissen aus Pferde- oder Stier-
Kadavern entstehen, vermehren sie sich in Wirklichkeit durch Coitus, wie dies

oft beobachtet worden ist. Ihre Larven wachsen in Zellen auf und man kann nebeneinander vor dem Schlüpfen stehende Imagines, Puppen und kleine Larven finden. In diesen Zellen findet sich stets ein bißchen Honig. Sie wachsen besonders im Vollmond im Herbst, nicht im Frühjahr.

Das Hornissen-Nest besteht aus einer Fläche sechseckiger Zellen, ähnlich wie bei Bienen und Wespen, nur viel größer, die aus einer kork- und pergamentartigen Masse gefertigt sind. An dem größeren Bau der Zellen kann man es leicht von einem Wespen-Nest unterscheiden. 5—6 Zellen-Reihen liegen übereinander, meist 6, wie bei dem Nest, das mein Verwalter auf meinem Landgut in der oberen Hälfte der Höhle eines Eichbaums fand. Seine Substanz war Birkenrinde sehr ähnlich und sie soll aus dem Staub verfallender Pappeln und Weiden und aus ihrem schleimigen Speichel gebildet werden. Die Masse ist auch nicht solid, sondern besteht aus mehreren übereinander liegenden Lamellen. Zwischen den einzelnen Platten sind röhrenähnliche Gänge, vermittels derer die Tiere von oben nach unten gelangen können, ausgespart. Die äußere Nest-Umhüllung hat ihren Ausgang unten. Auch besteht ein genügender Zutritt zu den einzelnen Zellen. Wir haben ferner ein Nest beobachtet, das mit besonderer Klugheit in einem Baumgipfel angelegt war. Die Öffnungen der einzelnen Zellen waren nach unten gerichtet, damit sie vor Regen, Wind und Unwetter so geschützt seien. Wir haben aber auch viel größere Hornissen-Nester beobachtet, z. B. mit 7 Etagen. So eines fand ich an einem Dachbalken meines Landhauses mit kreisrunden Etagen und gefüllten Zellen. Die Etagen-Abstände waren zwei Finger breit und die Zellen-Höhe einen Finger breit und dazwischen Stützpfeiler. Die Löcher der oberen Nesthälfte waren größer, für die Eltern, die unteren kleiner und für die Kinder bestimmt. Die Zeichnung folgt nebenan.

Unter wilden Pflanzen fühlen sich die Hornissen sehr wohl. Sie haben einen König wie die Bienen, der aber verhältnismäßig größer ist, und nur einen, während die Bienen mehrere besitzen. Wenn sich einige Hornissen verirren, so tun sie sich zu einem neuen Volk zusammen und wählen einen König. Ein herangewachsener König sammelt sich ein Volk und begründet mit diesen ein neues Volk. Sie sind sehr einträchtig und zusammenhaltend und vertreiben auch nicht, wie die Bienen, ihre Nachkommen zwecks neuer Nahrungssuche, sondern halten sie bei sich und erweitern ihr Nest.

Befreundet sind die Hornissen mit Skorpionen und Spechten, feindlich den Eulen. Bienen und Fliegen bekämpfen sie wohl mehr wegen der Futter-Konkurrenz.

„Irritare Crabrones"*) ist ein altes auf Alkmen zurückgehendes Wort.

Gekochtes und destilliertes Hornissen-Wasser läßt die Haut bei Berührung schmerzlos, aber stark anschwellen. Es bildet einen Bestandteil des Theriaks (geheimnisvoller Heiltrank).

Der Hornissen-Stich ist viel schmerzlicher und gefährlicher als der Wespen-Stich. Am gefährlichsten sind die Stiche zur Zeit der Hundstage. Drei mal neun Stiche sollen einen Menschen töten. Verschiedene Heilmittel werden empfohlen."

II. Buch. Lepidopteren.

Das zweite Buch handelt „von den anderen Vierflüglern ohne Elytren und zunächst von den Schmetterlingen". Auch hier ist das Prinzip des Nutzens für den Menschen innegehalten, da ja zu den Schmetter-

*) entspricht etwa unserem: in ein Wespennest stechen.

lingen der Seidenspinner gehört. Bevor wir zu der Original-Schilderung übergehen, muß erwähnt werden, daß Aldrovandi der erste ist, der den Sammel-
begriff Papilio, Schmetterling, in zahlreiche Arten auflöste. Waren wir schon
bei Aristoteles über diese Armut an Schmetterlings-Arten überrascht, so ist
diese Gruppe später noch mehr und mehr verarmt. Aldrovandi hingegen bildet
81 verschiedene Arten von Faltern ab, von denen 70 sicher bestimmbar sind.
Das vollkommene Fehlen solcher Unterschiede bei Schmetterlingen bis Aldrovandi gehört zu den erstaunlichsten Tatsachen, die uns in der Entwicklung der
Entomologie auffallen. Die folgenden Schilderungen beweisen uns aufs neue,

daß es gänzlich verfehlt ist, in Aldrovandi nur einen Kompilator erblicken
zu wollen. Wo er nicht von der Last
der überlieferten Literatur erdrückt
wird, zeigt er sich als ein guter, selbständiger und geschickter Beobachter.
Seine Art-Beschreibungen und Abbildungen erfordern eine große Selbständigkeit. Demgegenüber kann es uns
kaum stören, wenn Aldrovandi die
Schmetterlinge zunächst in große, mittlere und kleine einteilt. Erteilen wir
ihm selbst das Wort:

„Obwohl es viele Geschlechter der
Schmetterlinge gibt, sind von den Alten keine beschrieben worden. Aristoteles schreibt, daß sie ihre Antennen
vor den Augen haben, und Plinius wiederholt dasselbe. Weitere Bemerkungen über ihre Morphologie sucht man
vergeblich bei ihnen. Sie sind aber
meistens mit weichen, bestäubten und
zerbrechlichen Flügeln versehen, die
die Farbe der Raupe, aus der sie entstanden sind, bewahren. [! nach Aristoteles.]

Es gibt Tag- und Nacht-Falter.
Letztere lieben die Dunkelheit. Einige
sind groß, andere klein, andere von
mittlerer Größe. Einige sind gefleckt,
andere ohne Flecken. Die Verschiedenheit ihrer Färbung hat bereits. Albertus angedeutet, wenn er sagt: Die
Schmetterlinge sind fliegende Würmer
von vielen Farben. Die Flügel einiger
sind purpurrot, anderer weiß, anderer

Fig. 78.

Holzschnitt-Tafeln aus „De animalibus Insectis" (Saturnia pyri Weibchen, Deilephila
nerii, Acherontia atropos, Saturnia pyri
Männchen, Papilio machaon von oben und
von unten.)

hellblau und wieder anderer rostrot. Letztere kopulieren im Herbst. Von all' diesen bunten, hier folgenden Schmetterlingen steht eins fest: daß keiner von ihnen
einen Stachel besitzt, wie solches von den Sciscones aus Indien berichtet wird.
S a t u r n i a p y r i L. (Weibchen und Männchen).

Der erste Schmetterling der ersten Tafel, der der größte von allen ist, wird
nicht mit Unrecht Pferde-Schmetterling genannt, da er der größte aller Schmet-

terlinge ist. Er fliegt zumeist in der Dämmerung. Seine Spannweite ist eine
Hand breit oder noch mehr. Jeder Flügel hat einen auffallenden schwarzen
Augenfleck mit teils roter, teils weißer Umfassung. Ihre Grundfarbe ist schwärzlich oder bräunlich und am Außenrande weiß. Sie sind weich, behaart und bestäubt. Der Körper ist vorne kastanienbraun, dorsal etwas weißlich. Die Antennen, die die Stelle der Lungen vertreten, sind weich und lang. Auch die
Femora sind weich, die Tibien aber hart. Die Augen sind schwarz.

Der vierte Schmetterling ist diesem sehr ähnlich, aber besitzt breitere und
einem Farnzweig ähnliche Antennen von goldgelber Farbe. Auch die Körperfarbe ist gelblicher. Auch die Augenflecken sind viel schöner: Die äußere
Umfassung ist ganz rot und ein innerer Ring ist schwarz, so daß sie wie eine
Pupille aussehen.

Deilephila nerii L.

Der zweite Falter ist ganz grün mit weißen Ringen. Auch die Flügel haben
Streifen von rosa Farbe und weiße Querflecken. Sein Rüssel ist lang und dreieckig. Seine Augen sind groß und schwarz. Sein Körper ist lang und stark,
hinten zugespitzt. Seine Flügel sind für seine Größe klein. Von dem Kapuziner-
Mönch Gregorius Regensis, der durch seine auffallende Schönheit gefangen war,
erhielt ich eine abweichende Form derselben Art. Die Ringe waren gelb und
die Flecken hell und dunkel braun, bläulich und schwärzlich. Er war eine Hand
breit. Den ersteren halte ich für das Weibchen, da ich Eier von ihm erhalten
habe.

Acherontia atropos L.

Den dritten Falter habe ich aus einer Raupe, die ich gegen Ende August
(Taf. XII, 23) gezogen. Die Raupe besaß ein Horn und war außergewöhnlich groß.
Ich bilde sie später an anderer Stelle ab. Einen Kokon bildet sie nicht. Doch als
sie sich im nächsten Jahre verpuppte, schlüpfte nach 10 Tagen der Schmetterling,
der sich durch seinen plumpen Körper und seine gelb und braun gefärbten
Flügel auszeichnet. Auf dem Rücken besitzt er einen bemerkenswerten weißlichen Flecken, der einem menschlichen Totenkopfe gleicht. Der Kopf ist schwarz
und ebenso die Füße und die breiten Antennen. Die Hinterflügel sind fast gelb.

Papilio machaon L.

Den letzten Schmetterling dieser Tafel, der von vorn und von hinten abgebildet ist, erhielt ich im Juli 1592. In 26 Tagen entwickelte er sich aus einer
kleinen behaarten Raupe von roter, weißer und schwarzer Zeichnung. Diese
hatte ich von einer Tamariske gegen Mittag gesammelt. In der folgenden Nacht
verwandelte sie sich in eine grüne Puppe, die sich an einem Faden aufgehängt
hatte. 15 Tage hindurch behielt sie dieselbe Farbe, dann wurde sie teils gelblich,
teils schwarz. Daraus schloß ich, daß sie sich schon in den Falter verwandelte,
dessen Farben durch die Puppenhaut hindurchschimmerten. Tatsächlich zeigte
der geschlüpfte Schmetterling eine solche Färbung. Die schwarze und gelbe
Farbe ist auf den Vorderflügeln intensiver als auf den Hinterflügeln. Die Hinterflügel, die gewöhnlich die kleineren sind, sind hier die schöneren. Sie sind
nämlich gezackt und endigen in eine Art Schwanz. Der Körper ist oben bis
zu den Seiten schwarz, unten gelb und im Verhältnis zur Flügelgröße schmäch-
tig. Die großen Augen sind tiefschwarz, ebenso die zarten, am Ende abge-
stumpften Antennen. An den Außenrändern der Hinterflügel sind rote bis rosa
Flecken, die von oben rund, von unten halbkreisförmig aussehen. Alles in

allem ist er ein eleganter Schmetterling. Überall auf Äckern und in Gärten kann man ihn erblicken.

Die Schmetterlinge habe ich bei der Kopula niemals beobachtet, obwohl es nach Analogie des Seidenspinners wahrscheinlich ist, daß eine solche stattfindet. Die Schmetterlinge entstehen alle aus Eiern, Larven oder Raupen und Puppen. Sie überwintern als Eier, denn als Raupe, Puppe oder Imago beobachtet man sie dann nicht." Auch „Raupen-Eier" (Microgaster glomeratus aus Pieris-Raupe) hat er beobachtet. Über den Ursprung der Eier teilt Aldrovandi die Ansichten des Aristoteles.

Nicht alle Falter lieben denselben Ort: die leichten und schnellen lieben die offenen, blumenbesäten, hellen Wiesen, aber die schweren sitzen an Baumstämmen, Fenstern und Wänden und lieben die Dunkelheit. Nahrung nehmen sie wohl nicht zu sich, wie ich aus dem Verhalten des Seidenspinners annehme, denn diese sterben sofort, nachdem sie ihre Eier abgelegt haben. Man findet die Falter vom Frühjahr bis zum Herbst, aber nicht im Winter. Eine Anzahl Falter fliegt des Abends ans Licht. Als schädliche Schmetterlinge werden Wachsmotte und Totenkopf in Bienenhäusern erwähnt.

Die Falter entstehen aus Raupen, die unter sich wieder verschieden sind und von denen ich einige abbilde und kurz beschreibe.

Acherontia atropos L.

Die auf der ersten Tafel zuerst abgebildete Raupe gehört zu den größten und besitzt ein etwas nach oben eingebogenes Horn. Sie ist ganz gelb und zeigt bläuliche, dreieckige Ringe (= Bänder), zwischen denen auf beiden Seiten jeweils einzelne schwarze Punkte stehen. Der Mund ist ebenfalls schwarz. Als ich sie einige Zeit zu Hause gefüttert hatte, spann sie kein Gewebe und keinen Kokon, sondern verwandelte sich einfach in eine Puppe, aus der der schwarze und gelbe Schmetterling schlüpfte, den wir als dritten der ersten Schmetterlings-Tafel abgebildet haben.

Die zweite Raupe ist ebenso groß und ebenso geschwänzt. Ihre Farbe ist leicht gelblich, im ganzen aber dunkel, mit tiefschwarzen Punkten und Bändern.

Während die Raupen der ersten Tafel ein Horn auf dem Rücken besaßen, besitzen die der zweiten Tafel fast alle zwei Hörner, aber ganz am Schwanzende.

Hipocrita jacobaeae L.

Sie besitzt zwei sehr kleine Schwänzchen. Sie ist tiefschwarz mit gelben eingeschalteten Zonen.

Dicranura vinula L.

Ungewohnt ist auch die Form der sechsten Raupe. Der schwarze Kopf sieht in Kontraktionsstellung wie der Kopf einer Maus oder einer Katze aus. Über dem schwarzen gerundeten Teil ist eine weiße Binde, in die jederseits ein schwarzer Zipfel wie ein Ohr hineinragt. Zwei andere schwarze Flecken in der Mitte täuschen eine Nase vor und darunter befinden sich noch drei kleine Flecken. Der Körper ist grün, besonders intensiv an den Segmentgrenzen. Vom Kopf bis zum Schwanz verläuft eine mediane weiße Längslinie. Die beiden Schwänzchen können aufgerichtet werden und sind mit schwarzen Punkten besät. Sie hat 14 Beine, von denen die hinteren dicker sind.

Papilio machaon L.

Sie ist grün mit schwarzen Querlinien, die mit je drei goldenen Punkten besetzt sind. Andere habe ich beobachtet mit gelben Bändern mit je einem schwarzen Punkt. Der Mund ist schwarz, ebenso die Vorderbeine, während die Hinterbeine grün sind.

Auch die zweite Raupe ist grün, aber die schwarzen Querbinden sind hier breiter und mit doppelt sovielen goldenen Tupfen versehen. Zwischen den Segmenten schickt es breite schwarz-gelbe Gebilde hervor, wie sonst an dem Kopf die Antennen entspringen [= Nackengabel!].

Die bekanntesten Typen unserer Raupen finden sich schon: Saturniiden, Pieriden, Papilioniden, Nymphaliden, Zygaeniden, Lymantriiden, Lasiocampiden, Sphingiden, Bombyciden etc. Aldrovandi wendet auch als erster den Namen Geometra für die Spannerraupen an.

Zur Bekämpfung empfiehlt Aldrovandi anstelle des mühseligen Ablesens der Raupen mit der Hand das Streuen von Asche anstelle des Düngers oder zusammen mit diesem auf das Feld im Frühjahr.

Die Schmetterlings-Puppe sieht wie ein Wickelkind aus mit beinahe menschlichem Gesicht und Bischofs-Mütze und Hörnern.

Daß die Kenntnis des Seidenspinners bereits verbreitet war, wissen wir bereits aus Petrus Candidus. Aldrovandi kennt bereits die größeren Spinner Indiens den Beschreibungen nach. Lange weist er nach, daß Bombyx mori den alten Griechen und Römern unbekannt gewesen ist. Die Zucht geschah bereits ungefähr so, wie sie später Malpighi beschreibt.

Aldrovandi schildert sie an Hand des Vida'schen Lehrgedichts: De Bombycum cura et usu libri duo (Roma 1527. 4), das großenteils abgedruckt wird. Gerade dieses Kapitel ist mit Illustrationen sehr gut ausgestattet (insgesamt 27). Neben den Kokons und Raupen verschiedener Rassen, einem Doppelkokon, einem gerade den Kokon verlassenden Falter etc. sind zwei Abbildungen von besonderem Interesse, die die ältesten erhaltenen Darstellungen über die innere Anatomie der Insekten sind und welche die zwei Spinndrüsen primitiv aber deutlich, in situ und herauspräpariert, darstellen. „Die erste Abbildung der dritten Tafel zeigt einen Seidenwurm, der schon mit Seide schwanger ist, die zweite die Seidendrüse nebst einigen Eingeweiden und die dritte eine herauspräparierte Seidendrüse."

Von besonderem Interesse ist die ausführliche Monographie von Sitotroga cerealella.

De Curculione. (Sitotroga cerealella Oliv.)

„Der letzte von allen ist ein sehr kleiner Schmetterling. Seine Flügel sind in der Figur zu kurz und zu breit dargestellt. Sie sind ganz weiß. Man kann ihn auch die Weizen-Motte (triticarius) nennen. Er befällt nämlich Weizen und entsteht aus ihm. Eine bessere Figur findet sich auf der nächsten Tafel.

Der letzte und kleinste von allen Faltern dieser Tafel ist die bereits zuvor abgebildete Weizen-Motte, zugleich mit ihrer Puppe und Raupe. Wie alle anderen hat sie vier Flügel. Ihre Farbe ist weißlich grau. Der mit einem spitzen Ende versehene Hinterleib besitzt einen silbernen Schimmer. Über die Raupe, die Curculio genannt wird, folgt später mehr in einem besonderen Kapitel. (Auf beiden Tafeln sind die Abbildungen undeutlich und lassen keinerlei Details erkennen.)

Forma. Generatio. (Lib. II. Kap. 9, p. 299—302.)

Eine Beschreibung dieses Tieres haben wir früher mit Abbildungen gegeben. Es entsteht im Getreide, wie bereits Theophrast schön und deutlich bewiesen hat, aus dem Überfluß der süßen Säfte. Von allen Getreidearten heben sich

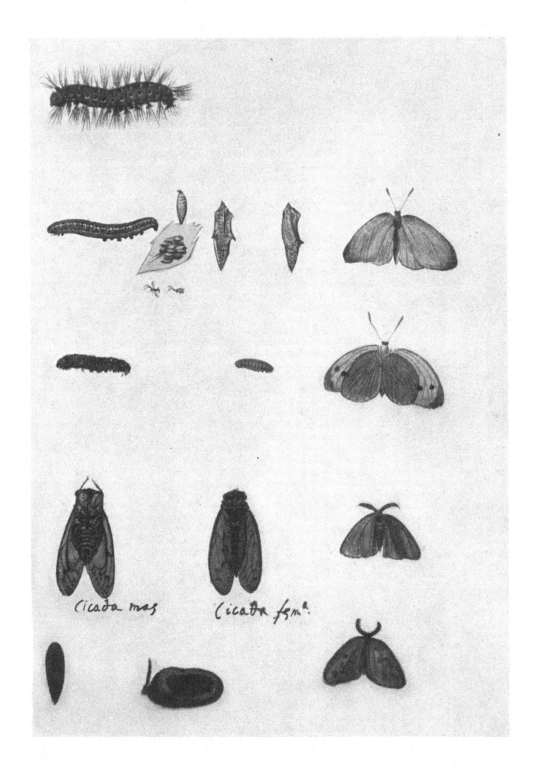

XI

Aquarell-Tafel, die als Vorlage zu den Holzschnitten des „De Animalibus Insectis" diente.
(Original im Museo Aldrovandiano, Bologna). Besonderes Interesse verdienten die verschiedenen Stadien von Pieris brassicae (Raupe, Puppe, Männchen, Weibchen) nebst dem
daraus gezogenen Microgaster glomeratus.

afrikanische und italienische Hirse (milium et panicum) am besten auf, da sie durch eine mehrfache Hülle gschützt und trocken sind; Sesam, weil es fett ist; Feigbohne (lupinus) und Kichererbse (cicer), weil sie bitter und sauer sind. Wegen all' dieser Eigenschaften vermag man diese Pflanzen ohne Furcht vor Tierfraß aufzuheben. Ebenso die Samen der Kohl-Gewächse (olerum), weil sie trocken und sauer sind. Andere Pflanzen hingegen erzeugen infolge der Zusammensetzung ihrer Säfte Tiere: so Weizen und Gerste den Curculio; die Saubohnen die Mida (wohl Bruchus rufimanus) und ähnlich Linse, Erbse u. a. Hieraus wird nun klar, warum das Getreide fault, und daß derjenige, der seines vor Fäulnis bewahren will, zusehen muß, daß es keine Curculiones gebäre. Mit Staub verunreinigtes Getreide fault schneller als sauberes und in erhöhten Gebäuden und mit einem Dach versehenes schneller als zu ebener Erde gelagertes, da sie dann der Wärme mehr unterworfen sind. Der Staub ist nämlich warm und trocken. Ein Kalk-Anstrich dient dazu, die Wärme zu halten. Da das Getreide sehr sauer ist, so geht es leicht in Fäulnis über. Wenn es aber fault, so entsteht eine neue Wärme, aus der die Getreide-Würmer hervorgehen. Dasselbe schreibt Scaliger über die Entstehung der Feigen-Wespe [Caprificus = Blastophaga psenes L.]. In dem reifen Weizen gibt es eine natürliche Wärme, und wenn diese gestört oder geschwächt ist, entsteht der Getreide-Wurm. Soweit Scaliger. Getreide-Würmer entstehen nach vielen Erfahrungen zu Beginn des Frühjahrs besonders da, wo das Getreide bei Vollmond frisch nach der Ernte feucht und rundlich, bevor es seine endgültige Trockenheit erlangt hat, gelagert wird, oder wo die Fenster des Speichers den Süd- anstatt den Nordwinden ausgesetzt sind. Die Trockenheit bewirkt nämlich, daß alles der Fäulnis weniger unterworfen ist. Einige sind davon überzeugt — und meiner Meinung nach nicht mit Unrecht —, daß Gott diesen Schaden denjenigen zuschickt, die übermäßige Gewinnlust zeigen oder die Lebensmittel verbergen, um sie bei Hungersnot zum Nachteil der Armen wucherisch zu verkaufen. Denn die Güte Gottes läßt deshalb das Getreide so reichlich wachsen, damit sich die Menschen mit Brot ernähren und sich über den Hunger hinwegtrösten können, wenn es sonst keine Nahrung gibt. Deshalb sind die Getreide-Wucherer und Spekulanten aufs schwerste zu tadeln. Staat und Volk, dessen Verwünschungen sie sich zuziehen, betrügen sie. Wer Getreide verbirgt, soll vom Volke verflucht werden...

Bekämpfungsmaßnahmen. (Ut fugentur.)

Nichts ist in diesem hinfälligen und sterblichen Leben, das keine Widerwärtigkeiten zu erdulden und nicht vielen Qualen und Beschimpfungen ausgesetzt sei. So ist auch das menschliche Leben und die menschliche Gesundheit von zahlreichen Widerwärtigkeiten umgeben und so fehlen auch den Feldfrüchten keine Feinde und Schädiger, als da sind: Getreidebrand [rubigo, vielleicht Rost?], Mücken, Ameisen, Schnecken, Muscheln, Heuschrecken, Schaben, Raupen, Bohrwürmer, Eingeweide-Würmer und der Getreide vernichtende Curculio. Von diesem ist hier die Rede, wie seiner Enstehung vorgebeugt, oder falls er schon vorhanden ist, wie er vernichtet und vertrieben werden kann. Die Entstehung des Curculio wird verhindert, indem man das Getreide in der richtigen Weise lagert und die Getreide-Speicher richtig erbaut.

Zur richtigen Einlagerung gehört zunächst, daß es ohne Staub gelagert wird, der, wie schon Theophrast sagt, bald in Fäulnis übergeht, daß es sehr trocken und daß es abgekühlt ist. [Hier folgen die schon besprochenen Ansichten von Columella, Varro und Cato.] Wo nämlich keine Luft hinkommt, entsteht auch kein Curculio.

Über den Bau der Getreide-Speicher schreibt Vitruvius das folgende: Getreide-Speicher sollen hoch und gegen Norden oder Nordosten gerichtet erbaut werden. So kann sich das Getreide nämlich nicht schnell erwärmen, während die durch den Wind herbeigeführte Abkühlung lange anhält. Bei Lage nach den übrigen Himmelsrichtungen entstehen nach Vitruv die Curculiones und andere Getreideschädlinge.

Die Benutzung des Oliven-Preßsaftes scheint ein sehr bequemes Verfahren zu sein, die Früchte vor dem Curculio und anderen Schädlingen zu schützen, denen sie sonst so leicht zum Opfer fallen. Wenn aber in den beschriebenen Getreide-Speichern keine Trockenheit herrscht, so verdirbt doch selbst das widerstandsfähigste Getreide. Wo keine geeigneten Speicher vorhanden sind, vergräbt man das Getreide am besten, wie das in einigen überseeischen Provinzen üblich ist, so z. B. in Syrien, wo die Erde zugleich mit dem Getreide ihr Wasser erschöpft hat. Aber in unseren Gegenden, die an natürlicher Feuchtigkeit so reich sind, ist das Einbringen in erhöhte Getreide-Speicher und die vorerwähnte Behandlung des Fußbodens und der Wände zu empfehlen. Letztere verhütet die Entstehung der Getreide-Würmer. Wenn ein Befall aber eingetreten ist, so glauben viele, sich helfen zu können, indem sie das befallene Getreide im Speicher lüften und dadurch abkühlen. Das ist aber grundfalsch. Denn die Tiere werden hierdurch nicht vertrieben, sondern unter das ganze Getreide gemengt. Wenn es aber ruhig liegen bleibt, so werden nur die obersten Schichten befallen, während unter einer Handbreit Tiefe keine Getreide-Würmer entstehen. Und es ist bei weitem vorzuziehen, nur den befallenen Teil des Getreides der Gefahr auszusetzen als das ganze aufs Spiel zu setzen. Wenn man unversehrtes Getreide nötig hat, so holt man es sich einfach aus den unteren Schichten heraus. Auch Plinius schreibt in diesem Sinne: Trotzdem lüften unsere Bauern täglich ihr Getreide und meinen dabei, es werde deshalb weniger von den Getreide-Würmern befallen. In Wirklichkeit mischen sie so das befallene mit dem unbefallenen Getreide und leisten der Entstehung der Getreide-Würmer Vorschub. Soviel über die prophylaktischen Maßnahmen.

Wenn aber schon Getreide-Würmer entstanden sind, muß man zu Heilmitteln zwecks ihrer Vertreibung greifen. Zu diesem Zweck bringt man nach Varro das Getreide ins Freie und setzt daneben flache Schüsseln voll Wasser. In diese gehen die Getreide-Würmer von selbst und ertrinken so. Nichts ist aber wirksamer zur Vernichtung der Getreide-Würmer als Heringslake (salsugo), in der Knoblauch abgekocht ist. Hiermit muß man Fußboden und Wände besprengen. Die Getreide-Würmer kriechen dann sofort anderswohin und verlassen den Speicher oder sterben unter der Einwirkung dieses eklen Geruches. Dasselbe gilt von sagapanum?, Bibergeil, sadebeum?, Schwefel, Hirschgeweih, Galban und anderen stark riechenden Räucherwerken, die nicht nur die Getreide-Würmer, sondern auch Schlangen und Fledermäuse vertreiben, wie das schon der unvergleichliche Virgil besingt:

„Räuchere mit Cedernholz und Galban die Ställe aus,
Dann vertreibst du hierdurch die Schlangen."

Auch der Geruch der Hollunderblüten hält die Raupen fern und vernichtet die Schaben und Motten. Ebenso vernichtet Wermut, Raute, Minze, Stabwurz, saturcia?, Nußbaumblätter, Farn, Lavendel, nigella?, grüner Koriander, Flohkraut (psyllium), anagyris (?) Flöhe und Wanzen ....

Zu unserer und unserer Väter Zeiten wurde beobachtet, daß Raps-Samen eine erstaunlich gute Wirkung gegen die Getreide-Würmer besitzen, nicht durch vernichtende Wirkung, sondern durch die Süße der Anlockung. Diese süßen und ölreichen Samen werden von den Getreide-Würmern begierig angenommen, und wenn sie sich damit angefüllt haben, so sterben sie. Das ist ganz ähnlich dem Verfahren, den Spatzen durch Aufhängen von Körben mit Trauben nachzustellen.

Einige mischen auch Hirse unter das Getreide gegen die Korn-Würmer, um dadurch die Würmer des Getreides herabzumindern.

Sprichwort. (Proverbium.)

Curculiunculos minutos fabulare, von ganz kleinen Getreide-Würmern schwätzen, heißt es bei Plautus. Dieser Satz ist auf unnützes Geschwätz anzuwenden."

Welch angewandter Entomologe von heute steht nicht staunend vor dieser Menge richtiger Beobachtungen und der tiefschürfenden — und wenn auch in falschen Zeitvorstellungen befangenen — Betrachtung der Probleme?

Von den Libellen (Perlae) werden 21 Formen abgebildet mit nur sehr kurzer Beschreibung. Das Wort Perla leitet er von dem rundlichen und glänzenden Kopfe her. Als erster hat Aldrovandi die Metamorphose der Sackraupen von Psyche (Xylophthorus) in einen Schmetterling beobachtet, aus einem Köcher, den ihm ein Kapuziner-Mönch von einer Kiefer brachte.

In dem von 6 schönen Abbildungen begleiteten Kapitel über die Zikaden überwuchern die fremden Zitate derart, daß es nur sehr schwer lesbar ist.

III. Buch. Dipteren.

„Unzählig sind die Geschlechter der Fliegen und zumeist nicht mit Namen versehen. Der hauptsächliche Unterschied ist die Größe: es gibt große und mittlere und kleine. Über die ganz kleinen werden wir später besonders sprechen. Außerdem gibt es solche mit großem und solche mit kleinem Kopf, solche mit dickem oder dünnem und solche mit langem oder kurzem Hinterleib. Einige sind behaart, andere nicht; einige haben Antennen, die meisten nicht. Zumeist sind sie schwarz, aber es gibt auch einfarbig und gescheckt graue, blaue, grüne etc. Ihrer Wohnstätte nach können wir in Häusern, auf Feldern und in Wäldern, sowie am Wasser lebende unterscheiden. Die meisten saugen Blut, aber viele nur an einer Tierart.

Die Fliegen sind sechsfüßig und zweiflügelig. Von ihren Beinen dienen die hinteren zum Gehen, das vorderste Paar als Hände. Die Augen sind deutlich und vorstehend, der Hals beweglich und drehbar. Die Weibchen haben einen dicken, die Männchen einen dünneren und runzeligeren Hinterleib."

Von den abgebildeten 72 Fliegen im engeren Sinne gehören drei zu den Chrysididen (Hymenoptera). Die Figuren sind infolge der Kleinheit zumeist schlecht, doch sind Umrisse und Farben-Angaben der Beschreibung genügend deutlich, um einem Dipteren-Spezialisten eine Bestimmung der meisten Arten resp. Genera zu ermöglichen.48) Die Beschreibungen sind knapp; z. B.: Sarcophaga carnaria (2. Tafel Nr. 16): „Die 16. gehört zu den größeren Hunde-Fliegen. Die vorstehenden großen roten Augen sind mit einer weißen Linie versehen. Die Brust ist grau und mit drei geraden weißen Strichen gezeichnet. Der Hinterleib zeigt durch seinen Wechsel von schwärzlichen und weißen Vierecken das Bild eines Schachspieles. An den Seiten ist sie schwärzlichgrau."

Es folgt wieder ein langer literarischer und historischer Teil über alles, was bisher von Fliegen bekannt wurde.

Die Musca vinaceorum wird in einem besonderen Kapitelchen dann erstmalig deutlich als Drosophila ampelogaster beschrieben: „Klein mit dickem Körper, dunkelgrau und mit rundem Kopf, sehr kurzen Antennen und Beinen. Also in allem verschieden von den Mücken."

Über Ephemeron, die Eintags-Fliege, weiß Aldrovandi nicht viel mehr als Aristoteles, doch beschreibt er sie mit Ausdrücken des Zweifels als ein mückenähnliches Tier mit vier Flügeln und vier oder sechs Beinen. Es gibt größere von rötlicher und kleinere von schwärzlicher Farbe. Sie besitzen alle einen langen Schwanz, der entweder 2- oder 3-geteilt ist.

Von Tabaniden werden drei Arten abgebildet und erwähnt, daß aus Indien noch andere Formen bekannt sind.

Die Mücken (Culices) unterscheiden sich von den Fliegen zunächst dadurch, daß ihr Stachel viel härter ist; sie stechen daher auch viel stärker. Ferner durch den langen und schmalen Hinterleib. Es gibt große, mittlere und kleine Mücken. Einige entstehen aus Wein, andere aus Feigen. Einige haben zwei, andere vier Flügel, einige haben einen Stachel, andere nicht.

Von den 22 Bildern gehören drei zu Panorpa communis und sechs zu Hymenoptera und Neuroptera.

Tipula paludosa Mg. wird wie folgt beschrieben: „An dritter Stelle finden wir Culex maximus (die größte Mücke). Der länglich spitze Kopf trägt vorne zwei etwas gebogene Antennen. Die erhabene Brust trägt zwei Flügel. Der Hinterleib ist länglich, schmal und deutlich segmentiert. Er besteht aus 7 oder 8 Segmenten (annulis). Sein Ende ist etwas aufwärts gebogen, wenn der Maler das auch nicht deutlich dargestellt hat. Ihre Füße sind so lang, daß sie so lang wie ein kleiner Finger (digitum auricularis ?) zu sein scheinen. Unter den Flügeln hat sie zwei Anhänge mit besonderen „Spitzen" am Ende, die auf eine sonderbare Weise den Antennen einiger Insekten gleichen. Aber wozu die Natur ihnen diese Anhänge gegeben hat, ist noch unbekannt, und ich habe sie auch bei keinem anderen Insekt wieder gefunden. [Erste Beschreibung der Halteren!] Der Körper ist grau, die Beine manchmal dunkler. Die Beine sind dreigeteilt und werden in der Ruhe nach dem Vorbild der Spinnen ausgestreckt. Als ich sie zuerst sah, glaubte ich deshalb, eine geflügelte Spinne zu sehen, aber bei näherer Betrachtung fiel mir der lange Hinterleib und die Sechszahl der Beine auf, von denen doch die Spinnen acht haben.

Die erste ist groß und aus der Gruppe der Culices maximi. Sie ist der vorbeschriebenen sehr ähnlich, aber der ganze Körper und besonders der Hinterleib sind schmäler. Ihr Hinterende ist etwas angeschwollen und besitzt zwei kleine Anhänge."

Aus dieser Beschreibung geht hervor, daß Aldrovandi die morphologischen Sexual-Unterschiede der Tipula-Arten schon bekannt waren, doch bezog er sie anstatt auf ein verschiedenes Geschlecht auf Art-Verschiedenheiten. Die außerordentliche Schärfe seiner Beobachtungen kann aus der Zeichnung leicht entnommen werden; ich verweise hier besonders auf die kurzen Antennen bei der weiblichen, die langen bei der männlichen „Art".

„Culiciden. An erster Stelle ist die gemeine Mücke, von mittlerer Größe und zweiflügelig, abgebildet. Am Munde hat sie einen langen und spitzen, schwarzen Stachel; die zwei langen Hinterfüße und der mitteldicke Hinterleib sind gelblich; letzterer ist schwarz geringelt.

Chironomide. Die neunte ist etwas größer als die vierte und sieht aus, als ob sie am Kopfe viele kleine Antennen trüge. Sie sieht vorn wie eine Feder (plumosus) aus. Der Kopf ist wegen seiner geringen Größe nur schwer zu erkennen; die Augen sind ebenfalls klein. Die Brust ist größer, bald halb so lang wie der Hinterleib, aber dicker und etwas erhaben. Von den sechs Füßen zeigt die Abbildung infolge eines Versehens des Malers nur vier.

Die Mücken haben ein sehr gutes Riechvermögen und lieben Licht so sehr, daß sie abends immer an Laternen fliegen. Ihre bevorzugten Wohnorte sind Sümpfe und Teiche. Die verschiedenen Mücken nähren sich verschieden: die einen von Blut, andere von Feigen etc. Einige Mücken entstehen aus faulenden Kadavern, andere aus Sümpfen und stehenden Gewässern, andere aus Kräutern (Feige, Therebinthe, Ulme, Lentiscus, wobei offenbar an Blatt-Läuse bei den letzteren gedacht ist)."

IV. Buch. De Coleopteris sive Vaginipennibus.

Diese haben alle Deckflügel, in denen die Hinterflügel wie in Scheiden eingeschlossen sind. Sie alle fliegen schwerfällig, weil sie zerbrechliche Flügel haben, die in Scheiden eingeschlossen sind. Keines hat einen Stachel.

1. De Locustis. Sie unterscheiden sich durch Färbung, Gestalt und Bewegung von einander. Es gibt grüne, schwarze, braune und in verschiedenen Teilen verschieden gefärbte Tiere. Einige zeigen beim Fluge eine sonst verborgene Farbe. Teils fliegen, teils springen und teils gehen sie. Es gibt solche mit langen und wenigen und solche mit kurzen und vielen Segmenten. Einige singen und andere sind stumm. Es gibt ganz harmlose Arten und solche, die ganze Gegenden verheeren.

[Beschreibung von Mantis religiosa L.:] Die größte von allen Heuschrecken ist die zuerst mit geschlossenen und mit geöffneten Flügeln abgebildete. Sie mißt vom Kopf bis zum Ende des Hinterleibs sechs Finger, mit ausgestreckten Beinen gewiß 10. Sie wird in wenig bebautem Hügelland zwischen den Kräutern gefunden. Wenn man sie fängt, so beißt sie tüchtig und der Biß schmerzt nicht unbeträchtlich. Eine solche hat mir unzählige Eier geboren, von denen ich nicht glaube, daß sich alle entwickeln. Denn wenn sie das täten, so müßte ihre Zahl untilgbar groß sein und sie würden die ganze jährliche Ernte auffressen. Sie fliegt mehr als sie springt: Deswegen gab ihr auch die Natur besonders große Vorderbeine, damit sie sich nach dem Fliegen anhängen kann. Sonst finde ich keinen Grund dafür, da doch bei den übrigen Arten die Hinterbeinem zum besseren Abspringen besonders groß und stark sind. Körper und Beine sind grasgrün. Nur der Hinterleib ist zwischen den Segmenten, besonders auf dem Rücken etwas rötlich. Von den anderen Arten unterscheidet sie sich nur durch ihre Größe und die Dicke ihres Hinterleibes, die Daumendicke erreicht, sondern auch durch Gestalt und Lage der einzelnen Körperteile. Der Kopf z. B. sieht eher einer Libelle als der pferdekopfähnlichen Gestalt der anderen Heuschrecken-Köpfe ähnlich. Der Rücken ist höckerig. Die mächtigen Vorderfüße enden in eine Schere und sind gesägt. Die weißlich silbernen Hinterflügel werden von grünen Elytren bedeckt. An der Stirn entspringen kurze, kleine, bräunliche Antennen.

Die siebente Figur der zweiten Tafel ist eine hierzu gehörige junge Larve (als solche von Aldrovandi erkannt!). Sie ist auch grün, höckerig und besitzt die typischen Vorderfüße.

Ebenfalls zeigt Figur 1 Tafel 3 eine hierzu gehörige ältere Larve.

Die Heuschrecken bevorzugen Felder, Wiesen und Orte, auf denen Bäume stehen. Sie stehen mit ihrer springenden Bewegungsweise in der Mitte zwischen Flug- und Kriech-Tieren. Des Morgens sind sie von der Kälte starr; aber je heißer es ist, desto höher springen sie. Sie ziehen teilweise in ungeheuren

Zügen, ja sogar über Meere. Sie haben keinen König, halten trotzdem Ordnung.
Daraus daß sie — wie Uvarov neuerdings nachgewiesen hat unter direkten
Temperatur-Einflüssen — abends sich gemeinsam lagern und tagsüber gemeinsam
weiter ziehen, schloß man auf eine militärische Disziplin. Bezüglich der Entstehung und anderer biologischer Probleme folgt Aldrovandi wieder der Literatur. Sehr lesenswert ist seine historische Zusammenstellung über Heu-
schrecken-Schäden, die wir uns aus Raum-Mangel leider hier versagen müssen.
Betreffs Bekämpfung bemerkt Aldrovandi, daß Bekämpfungs-Mittel wie Sammeln
in Säcken etc. zumeist versagen. Aber es hat sich in neuerer Zeit die Macht
öffentlicher Gebete mehrfach bewährt, wie an Beispielen dargetan wird. Den
Beschluß des Kapitels bilden wieder zahlreiche kultur- und literaturhistorische
Exzerpte über Heuschrecken.

2. De Gryllo. In Gestalt und Sitten haben die Grillen mit den Heuschrecken vieles gemeinsam. Sie unterscheiden sich von diesen durch ihr
Zirpen. Es gibt solche, die im Hause, und solche, die auf den Feldern leben.

Fig. 1 scheint Gryllus sp., Fig. 6 ein Männchen, Fig. 3 ein Weibchen von
Gryllus campestris und Fig. 5 eine Larve oder ein kleines Tier von Gryllus
domesticus zu zeigen.

Fig. 4 ist unverkennbar ein Männchen von Blatta orientalis. Sie wurde in
Mehl gefunden. Fig. 2 ist ein kleiner Acridier.

Es folgt jetzt die Hauptmasse der Käfer unter dem Namen Scarabaeus
und Cantharis. Das III. Kapitel behandelt die Scarabaei.

Diese sind sehr unter sich verschieden an Farbe, Größe, dem teils gehörnten,
teils hörnerfreien Kopf etc. Einige Art-Beschreibungen seien wiedergegeben:

Hydrous aterrimus. Dieser Wasser-Käfer ist von oben und unten
abgebildet. Wasser-Käfer nenne ich ihn, weil er entgegen den Gewohnheiten der
meisten Käfer in Wasser lebt. Er gehört zu den großen Käfern. Er ist oben
und unten schwarz mit Ausnahme der Haare an den Beinenden und den Antennen, die rötlich sind.

Calosoma inquisitor. An sechster Stelle nenne ich einen grünen
Scarabaeus, der nach Meinung einiger die Melolontha des Aristoteles ist und der
beim Fliegen ein summendes Geräusch hervorbringen soll. Sein Name stammt
von seiner dunkelgrünlichen Farbe her. Sein Kopf ist schwärzlich. An jeder
Seite des Mundes entspringt ein verdicktes Hörnchen (= Antenne) und ein
scharfer, gebogen zulaufender Zahn (= Mandibel).

Lucanus cervus Männchen. (Zuerst die Synonymie.) Er ist ganz
schwarz und sehr groß. Er besitzt zwei sehr starke, gezähnte Hörner. Jederseits besitzen sie ein Auge. Zwischen diesen finden sich zwei kleine Hörner
wie Antennen. Der Kopf ist breiter als die Brust, aber kürzer. Wenn man Kopf
und Körper trennt, so leben beide noch lange weiter.

L. c. capreolus. Der folgende Käfer ist ihm sehr ähnlich, nur ist er bloß halb
so groß.

Oryctes nasicornis. Es folgen zwei Käfer, die ein Horn am Anfang
ihre Kopfes besitzen. Sie sind schwarz mit leicht rötlicher Tönung. Ihr Kopf
ist groß und dick. Der zweite ist auf der Unterseite behaart. Ferrante Imperato nennt sie Rhinocerus nach dem großen Säuger. Sie fliegen spät und
fliegen einem beinahe in die Hand, wenn man sie fangen will.

Cerambyx scopolii. Der erste gehört zu den eben dargestellten Scarabaeen. Auf dem Rücken hat er viele kleine Protuberanzen. Sein Hinterleib ist
geschwänzt.

Melolontha vulgaris. Der erste Käfer der fünften Tafel frißt die Trauben. Er ist am ganzen Körper schwarz; nur Beine, Elytren und Antennen sind kastanienbraun. Die Antennen sind an ihrem Ende gefiedert wie ein Besen. Die Elytren reichen nicht bis ans Körperende.

Der zweite Käfer gehört zu Anoxia sp. Sein Hinterleib ist geschwänzt; Kopf und Brust sind glänzend grünlich schwarz; die kastanienbraunen Elytren reichen nicht bis ans Hinterende. Die Füße sind am Ende mehr rötlich und ebenso die Antennen, die am Ende verdickt sind und mit nur einem kurzen Stiele dem Kopf ansitzen.

Necrophorus germanicus. Den dritten nenne ich den Schlangen-Käfer, nicht, weil seine Gestalt einer Schlange ähnelt, sondern weil ich ihn in dem verwesenden Leichnam einer Schlange fand. Er ist kleiner als der Pillendreher und schmaler. Sein Kopf ist schwarz und flach. Die Spitzen der schwarzen Antennen sind bräunlich, der „Rüssel" zweihörnig, die Augen spähend. Die schwarze Brust ist schildförmig. Die kurzen viereckigen schwarzen Elytren (= vaginae) bedecken nicht den ganzen Hinterleib; denn jede hat in ihrer Mitte zwei etwas gezackte rötliche Flecken. Der Hinterleib ist deutlich segmentiert und am Hinterende stark behaart. Alle Beine sind gezackt. Das Ende der Vorderbeine ist unten rötlich und etwas verbreitert, um eine Hand nachzuahmen. Zwischen Mittel- und Hinterbein ist seine Farbe golden und glänzt im Sonnenlicht. Diese goldene Farbe scheinen eine Anzahl rötlicher Haare hervorzubringen. Zwischen den Antennen ist ein dunkelgelber dreieckiger Fleck. An ihrer Unterseite wimmelt es von kleinen Läusen (wohl Milben: Gammasus coleopterorum).

Die Meldung Aldrovandi's über die Verbreitung der Scarabaeen sind spärlich, wie: In Indien soll es sehr viele verschiedene Käfer geben, ebenso in Europa. und Italien. Am Ätna sollen keine Käfer entstehen etc. Ihre Nahrung ist verschieden: einige leben von trockenem Holz, andere von Getreide, andere von Exkrementen der Haustiere etc. Sie besitzen eine angeborene Furchtsamkeit, da sie bei Berührung unbeweglich bleiben.

Betreffs Entstehung und Fortpflanzung wird natürlich zunächst wieder die ganze Literatur gewälzt. Aldrovandi fährt fort: „Um auf den Gegenstand selbst zu kommen: Die Caraben entstehen nicht nur aus toten Hölzern, unter denen Eiche bevorzugt ist, sondern pflanzen sich auch durch Coitus fort, was dem Weisen (= Aristoteles) verborgen war. Vor einigen Jahren habe ich so im Mai ein Weibchen ergriffen und gesehen, wie dies im Verlauf von zwei Stunden mehr als 40 kleine Würmchen von der Gestalt eines Curculio gebar. Ich betrachtete diese genauer und sah, daß sie sich nach Art der jungen Seidenraupen fortbewegen. Nach 5—6 Stunden woben sie ein zartes weißes Gespinst so groß wie geschälte Samen des spanischen Pfeffers (Melepepo).49)

Die großen, rotgelblichen Scarabaeen (= Maikäfer) graben in trockener Erde Waben. Nach Analogie zu den Bienen, Wespen etc. muß man annehmen, daß sie in diese Waben ihre junge Larven zur Entwicklung ablegen. Ihre Waben oder Nester habe ich jedoch niemals finden können.

Aber von einer anderen Art erhielt ich zwei Nester durch den Kapuziner-Mönch Gregorius. Sie bestanden beide aus einer kotigen und zerbrechlichen Masse, wohl Tierkot mit Erde vermischt. Ich vermute, daß dies Nester von Käfern waren, weil ich einen beinahe toten Scarabaeus in einem derselben auffand. Sie bestehen aus einer langen Röhre mit zwei oder drei Nestern an ihrem Ende, in denen die Käfer ihre Nachkommen gegen die Unbilden des Winters

schützen und erziehen. Von beiden Nestern sind Abbildungen beigefügt. [Geo-
trupes-Nester].

4. De Cantharide.

Der einzige systematische Unterschied zwischen Scarabaeen und Canthariden scheint zu sein, daß die letzteren im allgemeinen viel kleiner sind als die
ersteren. Die Abbildungen stellen besonders Curculioniden, Chrysomeliden, Coc-
cinelliden dar. Cetonia aurata nebst einigen Blumen-Wanzen haben sich ebenfalls hierher verirrt.

Lixus sp. Der Käfer ist sehr lang, mit gelben Linien auf Kopf, Brust und
Rücken, mit länglichen, verdickten Antennen und langen Beinen. Er entstand
aus einer Larve in einer Rose.

Cetonia aurata. Der vierte und fünfte Käfer ist oben grün und schimmert im Sonnenlichte golden. Er gehört eigentlich zu den Scarabaeen und ist
vielleicht der grüne Scarabaeus des Plinius. Seine Unterseite ist ganz schwarz,
seine Antennen sind klein.

Chrysomela sp. Der letzte gehört zu den Violae [Chrysomeliden und Coc-
cinelliden] oder runden Canthariden. Kopf und Brust sind schwarz, die Antennen lang, die Elytren rot, die Beine am Ende etwas abgeteilt und rötlich. Ich
habe ihn Schwarzkopf genannt.

Byctiscus betulae. Der neunte Käfer ist der Convolvulus der Alten,
mit bläulichem Körper [im Originalaquarell weinrot] und dunkelgelben Beinen.
Er wird an Weinblättern gefunden. Er entsteht aus rötlichen Eiern, die an
Größe den Eiern der Seidenraupe ähnlich sind. Er ist zu seiner Vermehrungs-
zeit sehr zahlreich und rollt die Blätter ein (woher vielleicht auch der lateinische
Name kommt) und legt hier seine Eier ab.

Der folgende Käfer ist aus derselben Art und bläulich [auch im Manuskript
bläulich gemalt].

Coccinellide. Sie ist breit und mit scharfen Beinen, die sie seitwärts
wie ein Krebs ausstreckt. Der Kopf ist schwarz, ebenso die langen, stumpfen
Antennen, die Elytren rötlich mit vier rundlichen schwarzen Flecken, die in
gleichen Abständen stehen und ein Quadrat bilden.

Coccinella septempunctata. An sechster Stelle ist eine rote
Viola mit schwarzen Flecken abgebildet.

Text zu Tafel XII.

Abbildungen aus Aldrovandi „De Animalibus Insectis":

1. Mantis religiosa.
2. Acridella nasuta oder Acrida turrita.
3. Sarcophaga carnaria.
4. Hydrous aterrimus.
5. Lucanus cervus capreolus. Männliche Zwergform.
6. Lucanus cervus Männchen.
7. Melolontha vulgaris.
8. Anoxia sp.
9. Necrophorus germanicus.
10. Cerambyx scopolii.
11. Blatta orientalis Weibchen.
12. Eurydema oleracea.
13. Graphosoma lineatum.
14. Pentatoma baccarum.
15. und 16. Erdnest vom Geotrupes spi-niger-Typ.
17. Lepisma saccharina.
18. Dicranura vinula Raupe.
19. Papilio machaon Raupe.
20. Zikade.
21. Psychide: Kokon und Falter.
22. Spinndrüse von Bombyx mori. Die älteste insekten-anatomische Zeichnung
23. Acherontia atropos Raupe.
24. Hipocrita jacobaea Raupe.
25. Lixus sp. (L. algirus?)
26. Chrysomela sp.
27. und 28. Byctiscus betulae.
29. Cetonia oder Potosia sp.

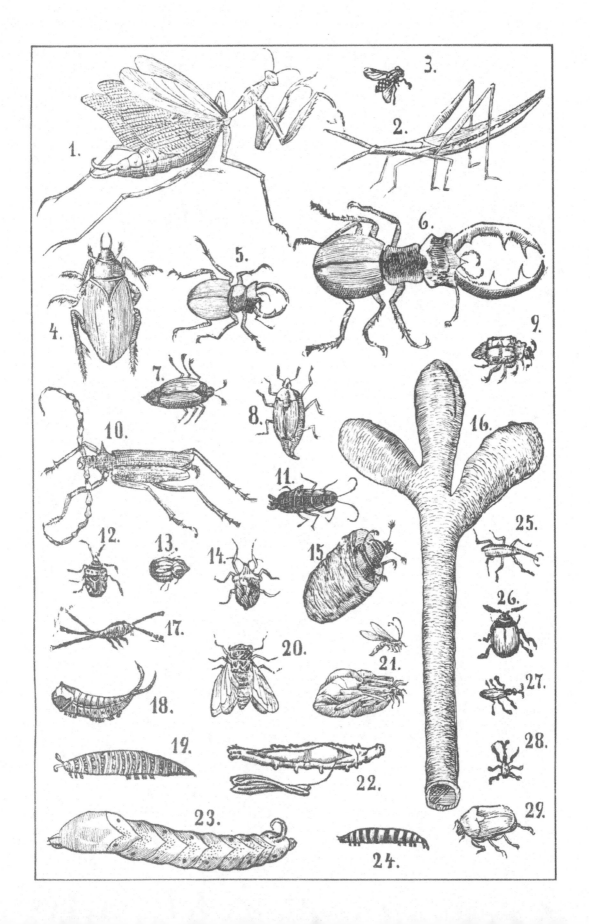

XII

Die eigentlichen Canthariden gibt es in Italien und anderen warmen Gegenden sehr zahlreich. Sie leben nicht nur von Getreide, sondern auch an Eschen, Rosen, Oleander und anderen Bäumen, von deren Blättern sie sich nähren, besonders aber an Getreide. In Belgien und anderen nördlichen Gegenden sind sie meines Wissens keine Plage an Getreide und überhaupt sind eigentlich Canthariden hier selten und es gibt mehr Violae.

Ausführlich folgt die Giftwirkung der Canthariden und ihre Anwendung in Medizin etc.

Kapitel 5. De Ipe handelt noch einmal kurz von der Literatur über den Convolvulus der Alten, den Aldrovandi als Byctiscus betulae beschreibt.

Kapitel 6. De Bupreste. Bezüglich des Buprestis der Alten gesteht Aldrovandi, er möge gern selbst wissen, welches Tier damit gemeint gewesen sei. Leider erlaube keine Beschreibung eine Identifizierung. Von den Späteren hat nur Belon einen Käfer in Kreta gefunden, der dem Rindvieh dort schädlich sein soll und den er als den Buprestis der Alten anspricht. Er sei breiter als die üblichen Canthariden, von blaßgelber Farbe, etwas widerlich riechend und nähre sich von vielen wilden Kräutern.

Trotzdem also Aldrovandi nichts Genaues weiß, bildet er ab und beschreibt drei Käfer, deren Identifikation nicht möglich war (den 3. nach Grevinus. In deutscher Sprache soll er Qualster oder Knölster heißen.).

Kapitel 7. De Coccojo.

„Den in Neu-Spanien [Amerika] entdeckten Coccojus erwähnen alle indischen Schriftsteller. Einige sagen, er sei ein Käfer (scarabaeus), andere, er sei ein Glühwürmchen (cicindela). In Wirklichkeit scheint er zwischen beiden zu stehen: seines Leuchtens wegen ist er ein Glühwürmchen, seinen Elytren nach ein Scarabaeus. Weil er fliegt, nennen ihn viele Autoren eine Fliege, was sehr verwirrend ist. Der Bischof Simon Majulus schreibt, der Coccojus sei so groß wie eine Haselnuß oder unsere Mistkäfer. Er habe vier Flügel: zwei leichtere und zwei harte wie unsere Scarabaeen. Cardanus beschreibt ihn sogar als so groß wie unsere Hirschkäfer. Seine sehr großen Augen stehen vor und leuchten mehr als der übrige Käfer. Petrus, der Martyr, erwähnt vier leuchtende Punkte an ihnen: zwei aus den Augen und zwei aus den Eingeweiden; letztere werden nur sichtbar, wenn er die Flügeldecken aufhebt. Die Indianer haben vielfache Verwendung für ihn. Sie fangen ihn, indem sie, wie Petrus der Martyr beschreibt, bei Anbruch der Dämmerung einen Hügel ersteigen, eine Laterne schwingen und nach allen Himmelsrichtungen Coccojus rufen. Diese fliegen auf das Rufen hin heran. Ich glaube aber, daß sie durch das Licht angezogen werden, weil sie hier viele Mücken finden, die sie im Fluge fangen und verzehren. Wenn man mit der Laterne weggeht, so folgen sie, fallen dabei zu Boden und werden dann leicht mit der Hand gefangen. Andere fangen sie mit Leinentüchern.

Er bietet den Indianern zu Hause zwei Annehmlichkeiten: Er fängt Stechmücken und ersetzt eine Kerze. Man läßt sie bei verschlossener Tür im Hause frei fliegen und ihr Licht ist nicht geringer als das einer Kerze. Die Indianer lesen, schreiben und beschäftigen sich sonst bei ihrem Schein. In den Wäldern leuchten sie so, daß man den Weg nicht verfehlen kann. Sie binden sich oft 3—4 Coccoji an Bindfäden um den Hals und können mit dieser Beleuchtung bis drei Meilen zurücklegen. Dies Licht wird auch durch den Wind nicht ausge-

löscht. Das Licht geht teils von den Augen, teils von den Achseln aus. Deshalb
leuchten sie auch im Fluge mehr als in der Ruhe. Erschöpfte Tiere leuchten
nicht; so eng ist das Leuchtvermögen mit der Lebenskraft verbunden."

Kapitel 8. De Cicindela.

„Das Glühwürmchen muß man zu den Käfern rechnen, da es vier Flügel hat,
davon zwei Elytren und zwei weiche.

Von den Glühwürmchen ist ein Teil geflügelt, ein anderer ungeflügelt. Das
an erster Stelle abgebildete ist ungeflügelt, platt wie ein Bandwurm und fast
daumenlang. Vorne hat es sechs Füße, hinten hat es keine. Der schwarze Kopf
hat vier Fühler, wie eine Schnecke. Der weiße bewegliche Hals kann unter das
erste Brust-Segment eingezogen werden. Der Körper besteht aus 12 Segmenten
von schwarzer Farbe, die an jeder Seite einen purpurfarbenen Punkt aufweisen. Die länglichen Füße sind dreigliedrig. Beim Fortbewegen biegt es das
Schwanzende unter den Leib und bewegt sich so durch abwechselndes Bewegen
der Füße und des Schwanzendes, so wie die richtigen Raupen. Die hinteren
Körper-Segmente werden kürzer und schmäler.

Ein zweites Glühwürmchen in geflügelter und ungeflügelter Form bringt die
zweite Zeichnung.

Von April bis Juni, selten noch im Herbst, finden sich die Glühwürmchen
auf den Feldern. Johannes Porta glaubt, daß sie aus dem Tau entstehen, aber
schon der gelehrte Joh. Scaliger hat in seinem Theophrast-Kommentar gezeigt,
daß sie sich durch Begattung fortpflanzen. Ich selbst habe ein Glühwürmchen
mit seinem Mann in Kopula gefunden und aufbewahrt. Das Männchen verließ
das Weibchen sogar bei Berührung nicht. Am nächsten Tage waren sie noch
zusammen und lösten sich erst am Mittag. Bis zum Abend legte das Weibchen
viele Eier, aus denen die Larven schon nach 20 Stunden schlüpften. Das Männchen ist geflügelt und leuchtet nicht. Sonderbarer Weise verbrennt man sich
nicht, wenn man die Tiere anrührt. Über die Natur des Lichtes haben bereits
Aristoteles und Albertus Magnus geschrieben und auch ich habe ein Buch darüber vorbereitet, das ich später — nach anderen wichtigeren Werken — zu
veröffentlichen gedenke."

Kapitel 9. De Blattis.

Von Schaben bildet Aldrovandi nur eine Art ab: oben und unten schwärzlich, mit rötlichen Antennen und Beinen. Die Beschreibung und Zeichnung paßt
am besten auf das Weibchen von Blatta orientalis L. Als Schutz gegen sie im
Hause, in Büchern, an Kleidern etc. werden verschiedene Spritzungen mit
Pflanzen-Dekokten (z. B. von Verbascum) sowie verschiedene Imprägnationen
empfohlen.

Liber V. Über die flügellosen mit Füßen versehenen Insekten (De Insectis apteris pedatis).

1. Formica, die Ameise. Es gibt giftige und ungiftige, geflügelte und
ungeflügelte. Sie sind sehr kleine Insekten und zu bekannt, um sie näher zu
beschreiben. Trotzdem sei einiges mitgeteilt. Die Bilder beziehen sich auf die
gewöhnliche größere Ameise, geflügelt und ungeflügelt, nebst zwei ameisen-
ähnlichen Insekten (nach der Abbildung zu urteilen beides Wanzen). Außerdem sind zwei holzbewohnende Ameisen in ihren Holznestern dargestellt.
Wenn sie altern, so erhalten sie Flügel.

Neben den vielen Lobsprüchen über ihre guten Eigenschaften und den reichlichen Zitaten früherer Autoren verschwindet die eigene Meinung und Beobachtung Aldrovandi's völlig.

2. W a n z e , L a u s , F l o h . War die Ameise ein Vorbild von Fleiß und Sorgfalt, so ist die Wanze ein ganz stinkendes Tier und zusammen mit Floh und
Laus ein Symbol der Armut und des Schmutzes. Die Beschreibung aller dieser
Tiere ist ebenfalls durchaus unselbständig und verlohnt nach den bereits zitierten Proben früherer Autoren kein weiteres Eingehen. Von Interesse sind nur
eine Anzahl Rhynchota heteroptera, die als cimices agrestes, Wald-Wanzen, im
Anschluß an die Bett-Wanze beschrieben werden. Die Holzschnitte sind meist
besonders schlecht, aber die Original-Aquarelle sind gut erkenntlich. Einige der
Beschreibungen lauten:

N. 4. Die niemand unbekannte Bettwanze. (Cimex lectularius L.)

N. 7. gelblich, mit einem menschlichen Gesicht auf den Flügeldecken. (Pentatoma baccarum.)

N. 11. eine kleine, gänzlich graue Waldwanze. (Picromerus bidens.)

N. 13. rotbraun mit schwarzen Längsstreifen. (Graphosoma lineatum.)

N. 16. gelb, schwarz und weiß gefleckt. (Eurydema oleracea.)

N. 18. eine schwarzrote Kohl-Wanze, mit einem grauen Analfleck, die gewöhnlich Mordella genannt wird.

In dem Manuskript-Aquarell-Band finden sich ferner Lygaeus sp. und
Pyrrhocoris apterus, Syromastes marginatus (Tafel p. 15) und Nezara viridula
(Tafel p. 74).

Es ist interessant, wie Aldrovandi hier, von seinem eigenen System ab-
weichend, nahe verwandte Formen zusammengestellt hat. Bei den Ameisen, weil
die Verwandtschaft und die genetischen Zusammenhänge zu klar waren, bei den
Rhynchoten, weil sie denselben eklen Geruch mit der Haus-Wanze gemeinsam
hätten.

8. D e F o r b i c i n i s . Unter diesem Namen werden Ohr-Würmer und Lepisma saccharina abgehandelt. Sie haben ihren Namen von ihren gegabelten
Schwanz-Anhängen.

9. D e T a l p a F e r r a n t i s I m p e r a t i . Der sehr gelehrte Ferrante Imperatus aus Neapel hat die beigebildete Gryllotalpa einen Maulwurf genannt,
weil sie mit ihren Vorderbeinen in der Erde gräbt. Die Vorderbeine dieser beiden Tiere sind sich in der Tat sehr ähnlich. Den Gurken-Feldern werden sie
sehr schädlich. Nach Imperatus hassen 'die Bauern die Gryllotalpa meist wegen
des Schadens, der durch ihren Wurzelfraß entsteht. Das Tier ist vier Finger
lang und einen Finger breit und so dick wie eine Heuschrecke. Es zerfällt in
drei Teile: Kopf, Brust und Bauch etc. (Beschreibung cf. Ferrante.)

10. D e S p o n d y l o (Engerling). Er ist sehr groß und so lang wie ein
kleiner Finger, mit rötlichem Kopf. Der übrige Körper ist weiß, nur der ge-
füllte Darm schimmert oben schwärzlich durch. Diese Gartenpest besitzt sechs
Beine. Sie fressen sämtliche Pflanzen-Wurzeln und schälen Frucht-Bäume.
Sie fressen sogar die Wurzeln der Pflanzen, die alle anderen Tiere sonst verschmähen, wie Aristolochia, Centaurea etc.

Im Anschluß hieran werden Zecken, Skorpion und Spinnen besprochen.

Liber VI. De Vermibus.

Die Würmer gehören zu den niederen Insekten. Sie sind alle fußlos. Hierher gehören zunächst die Bandwürmer und Spulwürmer des Menschen. Von

den Würmern der Haustiere sind neben echten Würmern die Larven von Gastrus equi erwähnt, als kleine, dicke, rundliche, weiße Eingeweide-Würmer, die manchmal ins Rectum wandern.

Von großem Interesse für den landwirtschaftlichen Entomologen ist das folgende Kapitel: De Plantarum Vermibus (Über die Würmer der Pflanzen):

Alle Pflanzen: Kräuter, Sträucher und Bäume erzeugen ihre besonderen Würmer, wie das aus dem folgenden erhellen möge. Auch entstehen diese Würmer nicht an irgend einem bestimmten Teile der Pflanzen, sondern an sehr verschiedenen wie Samen, Früchte, Wurzeln, Blätter, Blüten, im Stengel oder im Stamm.

Der Wurm in den Wurzel-Knollen der pimpinella (?) ist rötlich.

Der Wurm, der in den Baum-Wurzeln entsteht, ist diesen äußerst gefährlich. Welcher Baum von diesem Wurzel-Wurm auch immer befallen wird — und sei der Baum vorher noch so fruchtbar und gesund gewesen — der vertrocknet oder wenigstens werden seine Früchte, ja selbst seine Samen bitter. Auf meinem Landgute vertrocknete ein Aprikosen-Baum gänzlich, in dessen Wurzeln ein solcher Wurm saß [wohl Capnodis]. Es gibt vertrauenswürdige Zeugen, die glauben, daß in den Eichen-Wurzeln ein solch giftiger Wurm entstehen kann, daß sie bei bloßer Berührung schon die Fußsohlen verbrennen. Nach Plinius entstehen auch in den Wurzeln von Gerste und Hafer Würmer, ebenso in der Zwiebel. Auch Samen wie die von Bohne und Hirse leiden unter Würmern. Unter dem Getreide leiden besonders Weizen und Kichererbse, aber wie Theophrast schreibt, an verschiedenen Teilen: die Kichererbse in der Frucht, der Weizen in der Wurzel. An einer anderen Stelle schreibt derselbe Autor, daß nur Gerste und Weizen dem Wurmfraß ausgesetzt seien. Aber dem widerspricht die Wahrheit und auch der Satz desselben Autors: Würmer entstehen in Kichererbsen und Erbsen. Diesen Zweifel behebt der gelehrte Kommentator des Theophrast durch den Zusatz: „malisa" ...

Derselbe Theophrast bemerkt nach Atheneus, daß Wolfs-Bohne, Wicke und Erbse keine Würmer erzeugen wegen ihrer Bitterkeit und ihres Säuregehalts. Im vierten Buche über die Ursachen der Pflanzen schreibt er jedoch, daß Raupen aus den Kichererbsen entstehen. [Es folgen hierüber lange philologische Deutungen der beiden Textstellen, natürlich ohne jedes sachliche Ergebnis. In Wirklichkeit liegt die Sache einfach so, daß die reifen gelagerten Früchte tatsächlich unter Schädlingen wenig leiden, während die grünen Schoten der Kichererbse von einer grünen Noctuiden-Raupe stark befallen werden.]

Nach demselben Theophrast entstehen in allen scharfen und sauren Samen, wie denen von Kresse, Lauch, Senf und ähnlichen, kleine Tierchen, die jedoch weniger schädlich sind, nicht lange verbleiben und den Gebrauch als Speise oder zur Aussaat nicht stören.

Auch viele Früchte werden von diesen Schädlingen befallen. So in manchen Jahren Äpfel, Birnen [Carpocapsa pomonella!], Mispeln, Granatäpfel.

Die Ölbäume leiden sehr unter einem Wurm, der die Früchte befällt [Dacus oleae!]. Sogar die Kerne werden von einem Wurm ausgehöhlt [Apion sp.?]. Das ist wirklich verwunderlich, da die Oliven sehr bitter sind. Auch nach Theophrast entstehen unter der Fruchthaut der Oliven und sogar im Kern selbst Würmer.

Sogar die unreifen Früchte der Elsbeere (Sorbus) werden von Würmern befallen, sogar stärker als Mispel und Birne, obwohl sie doch ungeheuer bitter sind.

Auch in den Weintrauben entsteht ein Wurm, der dem Roste ähnlich ist und von Theophrast Crambus genannt wird [Polychrosis!].

In der Haselnuß frißt ein Wurm die Frucht und durchbohrt den Kern [Balaninus nucum!] In den Zedern-Zapfen habe ich fußlose fingerdicke pralle Würmer gesehen. Cardanus hat ebenda einen Wurm von Bohnenlänge beobachtet mit dem Kopfe einer Ameise, aber einem platten rundlichen Körper mit zwei Vorder- und zwölf Körper-Segmenten. In der Nähe des Kopfes sind drei Bein-Paare, so daß er halb geht und halb kriecht. Er ist ein Mittelglied zwischen den Würmern und den Ameisen.

Auch in den dornigen Früchten der Kräuter entstehen Würmer wie die rauhen behaarten Raupen in den stacheligen Früchten der Distel. Ich habe kleine weiße Würmchen im Innern der Frucht des Cynosbatus ? gefunden, die trotz haariger und weicher Stellen in ihrem Innern so hart ist, daß man sie mit einem spitzen Instrument kaum durchbohren kann. Soviel Fleiß verwendet die Natur auf die Erhaltung dieser Tiere, da sie ohne von einer solch harten und behaarten Hülle geschützt zu sein, die Winterkälte, der gegenüber sie äußerst empfindlich sind, nicht überstehen könnten. Nach Aristoteles und Plinius entstehen aus diesen Würmern Canthariden, obwohl ich das noch nicht beobachtet habe.

Auch in den Blättern und Stengeln von Kräutern und im Stamm von Bäumen finden sich Würmer. So im Stengel der Sellerie, besonders der weiblichen Pflanzen. Deshalb meint Baptista Porta, daß dieselben den unfruchtbar machen, der sie ißt. Auch in Rauten-Blättern entstehen sie nach Cardanus.

In dem albucus ? entstehen Würmer, die sich in ein buntes geflügeltes Tier verwandeln. Wenn das Kraut zu blühen beginnt, bohren sie ein Loch und fliegen davon.

Zwischen den Knoten des Schilfrohrs entstehen weiße Würmer, die sich nach dem Schnitt desselben teils in Schmetterlinge, teils in Mäuse verwandeln. So schreibt aus Brasilien im Jahre 1560 der Jesuitenpater Josephus und fügt hinzu, dieser Wurm werde von den Peruanern Rhau genannt und besitze die Größe eines menschlichen Fingers.

Das Zuckerrohr bringt einen rötlichen Wurm hervor.

Pflanzen-Zerstörer nennt Palladius die Würmer der Kohl-Gewächse.

Von Würmern frei sein sollen Salvia, buglossum ?, Boratsch und einige andere Kräuter. Die reifen Gurken sind ebenfalls, wenn sie keine Spalten und Wunden haben, frei von Schädlingen, woher das Sprichwort: gesunder als eine Gurke (cucurbita sanior) kommt.

Erstaunlicherweise entstehen auch im Wermut Fliegen aus Würmern, da Wermut doch nach der Ansicht einiger infolge seiner großen Bitterkeit ein vorzügliches Mittel gegen Fäulnis ist. Im Lattich entstehen raupenähnliche Würmer.

Auch fast alle Bäume erzeugen Würmer und die Vögel merken das am hohlen Klang der Rinde. Cossi heißen die ganz großen Würmer, die dort entstehen. Am meisten leiden Birn-, Apfel- und Feigen-Bäume, weniger die, die bitter sind oder einen starken Geruch haben. Von den Feigen-Bohrern entstehen einige aus den Bäumen selbst, andere aus Bock-Käfern (Cerastes). Alle verwandeln sich aber in Bock-Käfer und bringen ein zirpendes leises Geräusch hervor. Die Elsbeere (Sorbus) wird von rötlichen stark behaarten Würmern befallen und stirbt so ab. Auch alte Mispel-Bäume unterliegen dieser Krankheit. Auch Theophrast berichtet, daß alle Mispel-Bäume von Würmern zerfressen werden, teils von übergroßen Würmern, teils von denen, die man aus anderen

Bäumen kennt. Nach demselben Theophrast entstehen auch unter der Rinde der Eichen Würmer.

Wenn man eine Nuß mit grüner Rinde zerstößt und mit Wasser und Erde vermischt, so entstehen daraus nach Carl Stephan eine große Menge von Würmern, die von den Fischern zum Fischfang verwendet werden.

V i c t u s. Theophrast schreibt, daß ein Wurm, wenn man ihn in einen anderen als seinen Geburtsbaum überträgt, dort nicht leben kann. Aber die Cerambyciden-Larven (Cerastes) können in Oliven- und Feigen-Bäumen fortkommen.

Betreffs Entstehung entwickelt Aldrovandi nochmals die bei Curculio geschilderten Ansichten, daß durch Einwirkung von Feuchtigkeit und Wärme in geeigneter Mischung in den Pflanzen oder ihren Teilen die Würmer [= Insekten-Larven] entstehen.

Unter den Bekämpfungsmitteln fungieren wieder zahlreiche Dekokte von Pflanzen, Essig, ein eiserner Schlüssel, dessen Eisen die Würmer vertreiben soll, Ochsen-Galle, Räuchern mit Schwefel etc. Wie alle Bekämpfungsmittel sind auch diese nur nach der Literatur angegeben.

Es folgen die berühmten Bohrwürmer oder Teredines, unter denen Aldrovandi holzbohrende Insekten-Larven mit der Schiffs-Muschel Teredo navalis zusammenmengt:

Wir gehen jetzt zu den Teredines über, den Würmern, die in den Bäumen entstehen. Ich habe einen solchen Holzwurm beobachtet, der eine Handbreite lang war. Seine Farbe war weiß und die Figur ähnlich der Raupe des Weiden-Bohrers, mit einer durchscheinenden Linie auf dem Rücken vom Kopf bis zum Schwanz. Er bewegt sich ähnlich wie eine Raupe und besaß 11 Einschnitte mit je einem braunen Punkt auf jeder Seite eines Segments. Sein Kopf war schwarz und bestand aus zwei sich kreuzenden Zähnen, die sich ein wenig bewegten, Nahe am Mund waren mehrere Füße. Aus dem Munde schied sie einen zähen, klebrigen Saft aus. Diesen Wurm nenne ich den C o s s u s   a l b u s. Denn der andere Cossus, den ich unter den Raupen abgebildet habe, ist ganz schwarz.

Die Holz-Würmer entstehen im Kernholz und werden mit Mehl gemästet. Infolge des verspeisten Holzes wird er so mächtig. Nach dem Verfasser von De natura rerum werden im Orient nur wenige Hölzer von Bohrwürmern angegriffen. In Italien, Deutschland, Frankreich und Spanien aber fast alle außer Eiche und Linde. Vincenz (von Beauvais) hält es für sehr erstaunlich, daß sogar die härtesten Hölzer wie Bucus und Weißdorn Würmer erzeugen, während das weiche Lindenholz, auch wenn es noch so trocken aufbewahrt wird, von Würmern völlig verschont bleibt. Nach Plinius verscheucht sie aus der Linde der Geruch des Holzes, aus dem Buxus die Härte und aus anderen wie Zypresse die Bitterkeit desselben.

Es folgt eine Reihe von Exempeln, die nur auf Teredo navalis bezogen werden können und also hier für uns ohne Interesse sind.

Zwischen Regenwürmern und den „Würmern, die in Steinen und Metallen entstehen", eingeklemmt ist ein kleines Kapitel über die Kleider-Motte:

D e   T i n e a. Nach den Würmern der Tiere und Pflanzen ist es angebracht, von den Würmern zu reden, die die kunstvollen menschlichen Kleider-Gewebe zerstören. Die Motten verschonen weder die Kleider der Armen noch der Reichen und sie haben auch die Vernichtung der Handschriften des Aristoteles und Theophrast auf dem Gewissen.

Plinius hält den Staub und die Trockenheit für die Erzeuger der Motten. Dieser Staub erzeugt in Wolle und Kleidern die Motten, besonders wenn sie zusammen mit Spinnen verschlossen sind. Diese dürstet nämlich und vermehrt durch ihren Feuchtigkeits-Verbrauch die Trockenheit. Auch in Papier (= Pergament) entstehen Motten. Ähnlich verbreitet sich auch Aristoteles. ... Nicht hingegen glaube ich, was der Philosoph noch schreibt, daß Wolle von vom Wolf erwürgten Schafen vor Motten geschützt sei. Nach den Zitaten des Bartholomaeus Anglicus aus Aristoteles und Plinius wird solche Wolle sowohl von Läusen wie von Motten befallen. Aber aus Leinen und aus Leinen-Papier entstehen keine Motten und sie werden nicht von ihnen beschädigt. ... Wenn die Wolle der Kleider sich lange in dumpfer und dicker Luft befindet, werden sie besonders gern von Motten befallen.

Marcus Cato empfiehlt zu ihrer Bekämpfung Eintauchen in einen Dekokt aus dem Preßsaft der Oliven. Plinius empfiehlt, Wermut zwischen die Kleider zu legen. Sehr viel benutzt wird auch die stark riechende Iris. Ebenso wirksam ist Anis-Samen, besonders zerriebener und das nicht schlecht riechende Chrysanthemum. Auch der starke Geruch von Zitronen oder Zypressen-Staub zwischen die Kleider verteilt, soll gute Wirkung haben. Ein Dekokt von Asa foetida (Asari folia decocta ?) vertreibt Flöhe und Motten aus den Kleidern. Neuere Autoren rühmen die Wirkung von pulverisiertem Rosmarin. Wenn die Kleider schon befallen sind, rät Fallopius, sie in Wasser zu waschen, in dem die Mensa-Wäsche der Frau gewaschen ist. Plinius erzählt ferner, daß Kleider, die an einer Leiche waren, nicht mehr von Motten berührt werden.

„De Oripe“ behandelt die auch von Aristoteles und Plinius erwähnten Würmer, die im Schnee entstehen, und die Möglichkeit solchen Geschehens. Eigene Beobachtungen Aldrovandi's fehlen.

Das Buch schließt mit einem Kapitel über Limax, die große Weg-Nacktschnecke.

Liber VII. De Aquaticis.

Nur das erste Kapitel „De iis, quae sex habent pedes“ handelt von Insekten. Es werden einige Wasser-Wanzen wie Ranatra (die Tipula der Alten) und einige Wasser-Käfer, darunter bestimmt Gyrinus und andere, Phryganiden erwähnt und abgebildet.

Im Nachwort (Paralipomena) schildert Aldrovandi ein Nest wilder Bienen (Apiden oder Vespiden), nochmals Acherontia atropos mit einigen Parasiten, die er aus der Puppe erhalten hat, ein großes ihm aus Indien von Ferdinandus Magnus übersandtes Riesengespinst von Lepidopteren (wohl Familien-Kokon), nochmals einige Psychiden, die Puppengespinste von Galleria mellonella, ein Neuropter, eine Dytiscus-Larve und die Larven von Eristalis. Alle diese meist kurzen Schilderungen sind mit Abbildungen versehen.

Zusammenfassend kann gesagt werden, daß angesichts dieses Insekten-Buchs, zu dem Aldrovandi keinerlei Vorbilder gehabt hat und das überhaupt das erste umfassende Werk der Weltliteratur ist, das nur von Insekten handelt, endgültig das Vorurteil fallen gelassen werden muß, daß Aldrovandi vorwiegend ein Kompilator gewesen ist. Wohl leiden seine Darstellungen manchmal sehr unter der Überfülle fremden Ballastes, doch wo er als Pionier arbeitet — und der ganze spezielle Teil des Werkes ist hierunter zu rechnen —, überrascht er durch seine guten, scharfen und geschickten Beobachtungen und Beschreibungen. Den letzten Zweifel daran, daß alle Abbildungen bis auf ganz wenige von Rondelet und Imperatus übernommene und als solche gekennzeichnete nach eigener Naturanschauung abgebildet sind, behebt ein Blick in die Original-Aquarelle, die als Vorlagen der Holzschnitte gedient haben (in Bologna im Museum Aldrovandianum befindlich). Wir geben anbei eine Probeseite. Es ist dann leicht zu erkennen, wie die Holzschnitte die Vorlage nur ganz vergröbert wiedergeben.

Aldrovandi ist der Begründer der Entomologie überhaupt und der systematischen Entomologie im besonderen. Es ist zu hoffen, daß in absehbarer Zeit eine Ausgabe der Entomologie des Aldrovandi in einer europäischen Sprache ermöglicht und so dieser hochverdiente Forscher der Gegenwart erschlossen werden kann.

Literatur:

U. Aldrovandi, De Animalibus Insectis libri VII. Bologna 1602 und 1638, Frankfurt a. M. 1618 und 1623.

[G. Fantuzzi], Memorie della vita di Ulysse Aldrovandi. Bològna 1774.

L. Frati, Catalogo dei Manoscritti di Ulisse Aldrovandi. Bologna 1907.

Baldacci, de Tóni, Frati etc., Intorno alla vita e alla óperi di Ulysse Aldrovandi. Bólogna 1907.

O. Mattirolo, L'opera botanica di Ulysse Aldrovandi. Bologna 1897.

E. Còsta, Ulysse Aldróvandi e lo studio Bolognese. Bólogna 1907. Onoranze a Ulysse Aldrovandi nel Terzò Centenario della sua mortò celebrate in Bologna. Inola 1908.[50][51]

b) Thomas Mouffet.

Das einzige Werk, das den „De Animalibus Insectis" einigermaßen an die Seite gestellt werden kann, ist das „Insectorum sive Minimorum Animalium Theatrum" von Mouffet, das 1634 zu London erschien. Es erstreckt sich ebenfalls auf den gesamten Bereich der Insektenwelt, die Mouffet insofern etwas enger faßt, als die Echinodermen hierin nicht mit eingeschlossen sind. Die Beschreibungen und Abbildungen sind ebenfalls auf eigener Beobachtung basiert. Auch die Literatur ist ausführlich herangezogen, jedoch in weit geringerem Umfang als bei Aldrovandi.

Das Werk hatte bei seinem Erscheinen bereits eine Geschichte hinter sich. Den ersten Grundstock bilden die Notizen, die Conrad Gesner (1516—1565) zu einem ferneren Bande seines großen zoologischen Kompendiums bereits gesammelt hatte, bevor die Pest den Züricher Stadtarzt allzufrüh der Wissenschaft entriß. Ebenfalls Edward Wotton (1492—1555) hat irgendwelche Notizen über Insekten hinterlassen. Diese beiden Material-Sammlungen gerieten in die Hände von Thomas Penn, einem bekannten englischen Naturwissenschaftler, der 15 Jahre die ganze Literatur zur Vervollständigung dieser Notizen studierte. Vor Vollendung dieses Vorhabens starb er 1589. Seine Manuskripte wurden zu einem beträchtlichen Preise von Mouffet aufgekauft. Dieser englische Arzt (geboren 1550, gestorben 1599 oder 1604 zu Chelsea) brachte alle diese Notizen in Ordnung, fügte sie zu einem Ganzen zusammen unter Hinzufügung von vielen neuen Notizen und gegen 150 von den 500 Holzschnitten. Bevor er jedoch dieses Werk der Königin Elisabeth zu Füßen legen konnte, raffte auch ihn der Tod dahin. Als das Jahr, in dem der eigentliche Text des Buches vollendet war, haben wir also 1599 oder 1604 anzusehen. Scheinbar testamentarisch gelangte das Manuskript in die Hände von Theodor Mayerne, Baron von Auborne und Hofarzt Karls I., der es erst viele Jahre später (1634) herausgab.

Den Inhalt des Werkes werden wir erst später im Vergleich zu Aldrovandi würdigen. Die Figuren sind Holzschnitte und stehen auf derselben niedrigen Stufe wie die Aldrovandis. Über die Vorlagen zu ihnen habe ich keinerlei Kenntnis erlangen können. Wichtig ist die Frage, inwieweit in dem Werke Aldrovandi noch benutzt ist. Im Verzeichnis der benutzten Autoren findet er sich nicht unter A, sondern unter U (Ulysse Aldrovandi; weshalb der Name wohl auch Aurivillius entgangen ist). Die Figuren sind durchweg Originale und nur im Anhang sind einige Figuren (z. B. p. 329 die 2 Larven von Empusa egena Charp.) offenbare Kopien aus Aldrovandi. Bei anderen, bei denen man zweifeln könnte, z. B. Tryxalis nasuta, versichert Mouffet ausdrücklich, sie nach Originalen abgebildet zu haben. Wir können bereits hier vorwegnehmen, daß das Werk auch inhaltlich als unabhängig von Aldrovandi zu betrachten ist.

Auch Mouffet beginnt sein Buch mit der Honig-Biene, Honig und Wachs. Entsprechend der kürzeren Gesamtfassung nimmt dieser Abschnitt nur 37 Seiten ein (11% des Gesamt-Werkes gegenüber 21% bei Aldrovandi). Die folgenden Kapitel über wilde Bienen, Wespen, Hornissen und Hummeln fallen stark gegen Aldrovandi ab. Kein einziges Wespen-Nest wird abgebildet. Als Beispiel folge der kurze Abschnitt über die Hummeln, die Mouffet zu den Hornissen stellt. Aldrovandi hatte sie schon richtiger bei den Bienen eingeordnet.

„Bombylius, die größte Art unter denen, die aus Waben entstehen, haben ihren Namen von ihrem murmelnden Geräusch erhalten, denn „bombyliazein" heißt im Griechischen murmeln, ebenso ist im Deutschen Hummel und im Englischen Humble Bee — was tönende Biene bedeutet — als Imitation ihres Summens entstanden. ...

Sie kann nur sehr wenig von Menschen benutzt werden. Deshalb nennen auch die Griechen einen faulen und nutzlosen Menschen Anthropon bombylion: weil sie nämlich eine völlig unnützliche Biene ist. ...

Unter Felsen auf der Erde nisten sie und bauen hier 2-, seltener 3-türige Nester. In diesen findet man einen Anfang eines gemeinen wilden Honigs und auch diesen nur in geringer Menge, wie Albertus erinnert und Pennius gesehen hat. Letzterer fand einmal so viel Honig, daß ihn 3 volle Hände kaum entleeren konnten. Einige unter den englischen Hummeln besitzen einen Stachel und diese stechen sehr stark. Ihr Honig ist wässerig und süßlich. Das Wachs heften sie wie die Bienen an die Hinterschenkel an. Sie kopulieren mit abgewandtem Körper, sitzen dabei auf Pflanzen oder an Bäumen und verharren lange in dieser Stellung. Zwischendurch schlagen sie gelegentlich mit den Flügeln und geben ein Summen, gleichsam einen Hochzeits-Gesang, von sich."

Hieran schließen sich die Fliegen und Mücken an. Auch hier zeigt Mouffet manchen systematischen Rückschritt.

Kapitel 10. De Muscis.

Die Unterschiede der Fliegen sind mannigfache, sowohl in Bezug auf ihre stoffliche Zusammensetzung wie auf ihre Gestalt. Einige entstehen nämlich aus einer spezifischen Materie durch Coitus, bei anderen wandelt sich fremde Substanz wie Mist, Äpfel, Eichen, Bohnen, Terebinthe, Ulme, Wein und anderes in die Gestalt einer Fliege. Bezüglich der Form sind einige zwei-, andere vierflüglig, einige mit, andere ohne Antennen, einige kurz, andere lang, einige mit rundem, andere mit spitzem Schwanz, einige behaart, andere unbehaart. Endlich unterscheiden sie sich noch durch Farbe, Form und Größe. ...

Die offenbar schon von Aristoteles gekannte und von Aldrovandi deutlich herausgearbeitete Gruppe der Dipteren oder Zweiflügler wird hier also aufgelöst, ohne daß eine andere irgendwie enger umschriebene Gruppe an ihre Stelle gesetzt wird. Zu den Fliegen gehören vielmehr: Musciden, Neuropteren, Schlupf-Wespen, Ephemeriden, Libellen. Die Tipuliden werden zu den Fliegen gestellt, anstatt wie besser bei Aldrovandi zu den Culiciden.

Die Fliegen sind teils solche, die sich selbst auffressen, teils solche, die von anderen Tieren oder Stoffen leben.

Zu den ersteren gehört die Wolfs-Fliege [= Asilus crabroniformis L. (?)].
Sie ist groß, schwarz und mit Füßen versehen. Sie nährt sich fast nur von
Fliegen, aber wenn an diesen Mangel ist, verschlingt sie auch andere Insekten.

Die Roß-Mücken [= Hippobosca equina L.]
sind so groß wie die gewöhnlichen Fliegen,
Ihr Körper ist abgeplattet, hart und flach. Sie
sind so zähe, daß man sie zwischen den Fingern kaum zerdrücken kann. Sie sind schwärzer als die gewöhnlichen Fliegen und fliegen
niemals gerade auf, sondern seitlich und beinahe springend. Sie fliegen weder lang noch
weit. In England quälen sie die Pferde, die sie
besonders an Ohren, Nasen und Hoden zer-
fleischen. Von dem Schweiß, der neben den
Haarwurzeln aus der Haut fließt, leben sie.

Eine andere Fliege ist die Tipula, auch
Langbein oder Kranich nach ihren langen
Beinen genannt. Die Engländer nennen sie
Crane-Fly. Von diesem Genus kennen wir 4
verschiedene Arten. Die erste Art ist mit sehr
langen Tibien einer Waldspinne ähnlich. Ihr
beinahe ovaler Körper ist weißlich grau, die
Flügel silbern. Die tiefschwarzen Augen stehen
deutlich vor. Ihre beiden Antennen sind sehr
kurz. Der Schwanz ist spitz zulaufend. Sie
fliegt wie der Strauß beinahe gehend. Bisweilen fliegt sie auch in der Luft, aber nicht
lange und nicht weit. Sie liebt das Licht so
sehr, daß sie dieser Liebe halber oft verbrennt. Im Herbst ist sie häufig an Wiesen
und Weiden. Soviel über das Männchen. Das

Fig. 79.
Insekten aus Mouffets Theatrum
Insectorum.

Weibchen sieht ähnlich aus, aber ein wenig schwärzer und das Schwanzende
ist wie abgeschnitten. Diese nennen die Engländer Shepherds, denn sie erscheinen meistens da, wo Schafe weiden.

Die erwähnten Tipuliden kopulieren mit abgewendeten Schwänzen und
fliegen so, sich dabei manchmal wie in Umarmung zueinander beugend.

Auch die Mücken sind eigentlich Fliegen (Caprificus-, Ulmen- und Pistazien-
Aphiden, Drosophila werden auch hierher gerechnet). Jedoch bringt Mouffet
weder eigene Beschreibungen, noch Beobachtungen oder Abbildungen.

Die Schmetterlinge werden bereits in Nacht- und Tages-Schmetterlinge zer-
legt, die unter sich wieder in große, mittlere und kleine zerfallen. Zunächst erscheinen die Nacht-Schmetterlinge mit großem Leib wie Acherontia, Saturnia,
einige Bombyciden, Spingiden, Arctiiden.

Z. B.: Nr. 14. (Zeuzera pyrina L.) ist bunt. Ihre Antennen, Augen und
Beine sind schwarz und höckerig. Die Schultern sind von 5 weißen Schuppen bedeckt, die jederseits nahe der Mitte 3 schwarze Punkte zeigen. Die schneeweißen
Flügel sind mit zahlreichen schwarzgelben und blauen Tupfen besetzt. Der Körper ist blauschwarz, gegliedert und an den Seiten weißlich. Den spitzen, gelblichen, gegliederten Schwanz kann sie nach Belieben ein- und ausziehen. Der
ganze Körper ist wie mit Staub bedeckt. Eigentlich hätte sie wegen ihrer höcke-
rigen Antennen einer anderen Schmetterlings-Gruppe zugeteilt werden müssen.

Sie legt zahlreiche gelbliche Eier und zieht dabei den Schwanz ganz lang aus und nachher nach Belieben wieder zurück.

Es folgen die Nacht-Schmetterlinge mit mittelgroßem Hinterleib wie Parnassius apollo, verschiedene Nymphaliden, Noctuiden (Agrotis pronuba), Geometriden (Abraxes grossulariata) etc.

Nr. 1. (P a r n a s s i u s a p o l l o L.) ist fast ganz weiß mit einigen schwarzen linsenförmigen Flecken auf den Vorderflügeln und einigen, in der Mitte weißen, scharlachroten Flecken auf den Hinterflügeln. Die Augen sind tiefschwarz, Füße und Antennen gelblich. An Stelle der Nase trägt er ein oft spiralig aufgerolltes Haar.

Unter den kleinen Nacht-Schmetterlingen fungieren drei Zygaeniden.

Auch die Tag-Schmetterlinge sind unter sich nach den drei Größengruppen des Körpers im Verhältnis zu den Flügeln angeordnet. Sie entstehen aus Eiern, die sie an die Pflanzen ablegen.

Bei den europäischen G l ü h w ü r m c h e n sind die Männchen geflügelt, die Weibchen ungeflügelt. Das Männchen des europäischen Glühwürmchens ist klein, mit 4 Flügeln versehen, deren 2 äußere leder-, die inneren häutchenartig, von silbriger Farbe und durchscheinend sind. Der längliche Körper ist etwas zusammengedrückt und breit, mit 5 Einschnitten versehen, damit er sich nach Belieben zusammenziehen und ausdehnen kann. Der ausgestreckte Körper ist länger, der kontrahierte kürzer als die Flügel. Der breite Kopf ist schwärzlich; zusammengedrückt sieht er aus wie ein Kuckuckskopf. Von der Mitte der Stirne entspringen beinahe aus einem Punkte 2 Hörnchen. Die seitlichen Kopfpartien überragen die Ursprungsstelle ein wenig. Nicht weit von dem Ursprung dieser Antennen findet sich auf jeder Seite eine schwärzliche glänzende Kugel, die die Stelle der Augen vertritt. Die Verbindung zwischen Kopf, Thorax und Abdomen ist sehr kurz. Seine Farbe ist schwärzlich. Von den 6 Füßen, die am Thorax entspringen, sind die hinteren sowie alle Hüften gelblich, die übrigen Teile schwärzlich. Nur zögernd und langsam kriecht es vorwärts. Die Brust ist etwas höckrig. Der Körper ist an den Einschnitten weißlich gefärbt. Am Hinterende hat er jederseits einen halbmondförmigen Flecken. Von dieser Stelle leuchtet er des Nachts ähnlich wie brennender Schwefel, so daß man glaubt, leuchtende Funken durch die Luft fliegen zu sehen. Es erscheint jedoch niemals in England oder leuchtet wenigstens dort nicht.

Das Weibchen ist ein langsames, flügelloses Tier und fingerbreit lang. Es ist so groß wie eine mittelgroße Raupe, der es auch sonst ähnlich sieht. Der kleine abgeplattete Kopf ist hart, schwarz, länglich und gegen den Mund hin zugespitzt. Vorne entspringen 2 kurze schwarze Antennen. Die 6 kurzen Füße sind schwarz und 3-teilig, sie entspringen wie bei den Raupen nahe dem Kopf. Der längliche und dickliche Körper ist beinahe wie der eines Bandwurms abgeplattet, mit 12 deutlichen Einschnitten außer dem Hals, den es nach Belieben vorstrecken und zurückziehen kann. Der Körper ist schwärzlich. Vom Kopf bis Schwanz läuft auf dem Rücken eine scharfe weiße Längslinie. Die Seiten sind leicht rötlich, das Schwanzende und der Bauch in dessen Nähe weißlich. Das Uropygium selbst ist schwarz. Mit dessen Hilfe kriecht es langsam, indem es sich auf ihn stützt und den Körper durch die fast gabelförmigen Anhänge fest hält und sich selbst schwebend erhält. Unter diesem Uropygium scheidet es am Schwanze einen zähen, fadigen, honigähnlichen Saft aus, den es mit den Schwanzgabeln zum Munde bringt und aufißt. Dies wiederholt sich ständig und durch diesen Wechsel von Ausscheidung und Fressen dieser Ausscheidung erhält es sein Leben aufrecht. Die weißen Teile leuchten wundervoll in der Nacht und sehen wie Erdsterne aus, so daß sie mit dem Licht der Lampen oder des Mondes zu wetteifern scheinen.

Unter den außereuropäischen Glühwürmchen gebührt dem von den Neu-Spaniern Cocuia genannten die erste Stelle, weil es so leuchtet, daß es den Menschen in der Nacht wie eine Fackel leuchtet. Die Griechen nennen es Kephalolampis, da sein Leuchten vom Kopf und nicht vom Hinterende her ausgeht. Es scheint ein Käfer zu sein, ist aber sechs mal so groß als unsere Glühwürmchen: nach Majolus beinahe größer als 2 Haselnüsse, ist es so dick wie ein kleiner Finger und 2 Nägel lang. Aber wie Cardanus richtig bemerkt, sind ja unsere Hirschkäfer auch nicht kleiner. Der längliche Kopf ist fest mit dem Körper verbunden, dessen vorderer Teil schwarz ist, aber in der Mitte einen beinahe dreieckigen Flecken besitzt. Seine Antennen sind kurz, seine großen etwas vorstehenden Augen liegen dicht daneben am Munde. Der übrige Kopf ist kastanienbraun mit Ausnahme zweier am Hals gelegener Knöpfe von goldener Farbe, von denen, besonders wenn im Fluge die Flügel erhoben sind, ein starkes Leuchten ausgeht. Die Elytren, die die silbrigen Flügel decken, sind kastanienbraun. Der graue bis schwarze Leib zeigt 12 Einschnitte. Diesen Cocuia habe ich gleichzeitig mit einem Bild von dem sehr erfahrenen Maler Candidus, der ihn in Neu-Spanien und Virginien sorgfältigst beobachtet hat, erhalten. Es folgen hier wieder eine Reihe Berichte aus Reise-Schilderungen, die natürlich schon reichhaltiger sind als die in dem 30 Jahre früher veröffentlichten Buche Aldrovandis. [Pyrophorus sp.]

Unter den Heuschrecken überwiegen, entsprechend der englischen Fauna, die Tettigoniiden stark. Von exotischen Formen fallen besonders zwei Mantiden und Acrida turrita L. auf.

Acrida turrita L.: Eine afrikanische Heuschrecke habe ich auf eigene Kosten aus der Berberei erworben, die sehr zierlich und 5 Unzen lang ist [= 15 cm im Bilde]. Sie trägt eine Kapuze. Ihr Kopf ist pyramidenförmig und kurz vor deren Ende entspringen 2 lange Antennen (3 cm = 1 uncia lang) und stolz trägt sie ihre natürliche Kappe, die der der Janitscharen ähnlich ist. Vor dem Kopfende entspringt jederseits ein deutlich vorspringendes großes Auge von dunkelroter Farbe. Ihr Körper ist länglich und purpurrot. Der schwalbenschwanzähnliche Schwanz ist zweigeteilt. Die 4 Flügel sind grau mit dunkleren Tupfen. Die 4 vorderen Füße und Tibien sind sehr zierlich, die hinteren robust, muskulös und lang. Ihre Farbe ist schwarz bis auf die Querrippen des Femurs.

Unter den Zikaden bildet Mouffet eine Reihe exotischer Zikaden sehr gut ab, die er und seine Vorgänger aus Guinea, Virginia etc. erhalten haben. Unter den Zikaden wird auch ein Männchen einer großen Polyphaga-Art (wohl Polyphaga aegyptiaca L.) mit aufgeführt. Der Text ist bei diesen exotischen Tieren natürlich rein literarisch.

Text zu Tafel XIII.

Abbildungen aus Mouffet, Theatrum Insectorum:

1. Asilus crabroniformis.
2. Hippobosca equina. Die Abbildung ähnelt eher einer Melecta sp. (Hym.)
3. Tipula paludosa Maig., darunter die Hinterleibsenden in Kopula.
4. Meloe proscarabaeus.
5. Gasteruption sp.
6. Pyrophorus sp.
7. Exotische Zikade.
8. Lampyris noctiluca, Männchen und Weibchen.
9. Engerling von Melolontha vulgaris.
10. Ein Goliathkäfer.
11. Ein exotisches Polyphaga-Männchen (vielleicht von P. aegyptiaca).
12. Callimorphe dominula.
13. Geotrupes sp.
14. Raupe von Dicranura vinula.
15. Ichneumonide (Mesostenus sp.?)
16. Ichneumonide.

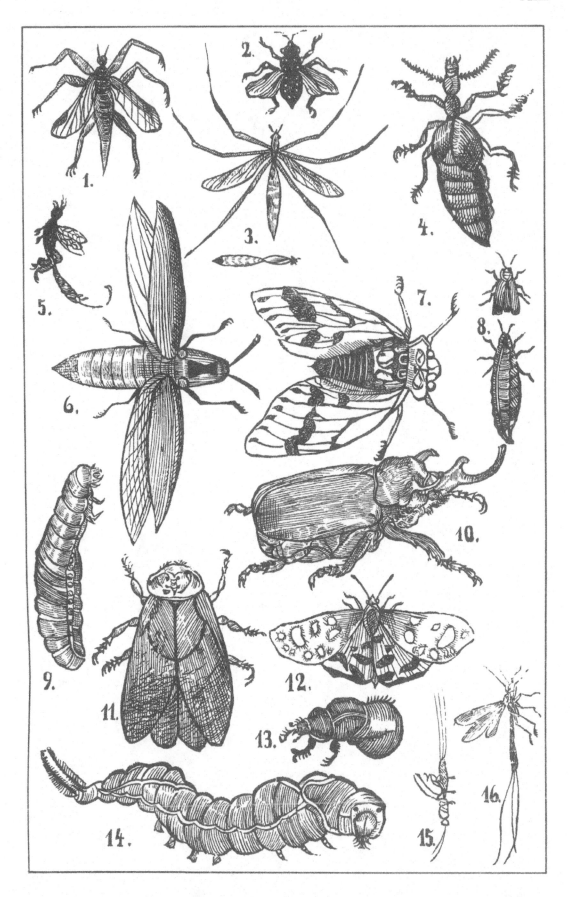

XIII

Nach den Zikaden gebührt den Grillen die Erwähnung an nächster Stelle: einmal weil sie dieser an Gestalt gleichen, wenn man den Zikaden die Flügel wegnimmt, und dann weil sie sich im Gesange ähnlich sind. Calepinus versichert, daß sie griechisch „gryllon" heißt, zitiert aber keinen Autor dafür, kennt also auch keinen.

Von Hadrianus Junius werden sie wegen ihres Zirpens „Achetai" genannt. Aber wohl zu Unrecht, da ich aus Aristoteles verstehe, daß diese größer als eine Heuschrecke sind. Freigius nennt sie nach Plinius Tryxalis. Wenn nun auch diese ungeflügelt ist und zirpt, so ist ihre Gestalt einer Grille unähnlich. Lateinisch heißt sie gryllus, französisch un Gryllon, Crinon, arabisch nach Bellunensis sarsir, berberisch Gerad, bei Avicenna Algiedgied, polnisch Swierc, ungarisch osziereg, deutsch ein grill, ein Heyme; bei Augsburg Brachvogle (nach ihrem Zirpen), illyrisch Swiertz, Ozwrczick, italienisch und spanisch Gryllo, englisch Cricket, belgisch Crekel, Nacht-Crekel.

Die Grillen sind entweder Feld- oder Haus-Bewohner. Plinius stellt beide zu Unrecht zu den Käfern, denn sie haben keine Elytren, sondern ganz häutige Vorderflügel, wenn auch die Vorderflügel viel dicker sind als die Hinterflügel. Calepinus stellt sie aus einem ähnlichen Irrtum zu den Heuschrecken. Niphus nennt sie Erd-Heuschrecken und Heuschrecken-Larven und Albertus aus Unerfahrenheit Zikaden.

Unter den Feld-Grillen gibt es Männchen und Weibchen. Das Männchen ist fast so groß wie eine Zikade. Der Körper selbst ist etwas länger, von schwärzlicher Farbe. Der Kopf ist im Verhältnis zum Körper groß, ebenfalls die Augen. An der Stirn entspringen nichtsegmentierte Antennen, die mit Leichtigkeit nach allen Richtungen bewegt werden. Die 6 Beine sind von Körperfarbe, die Hinterbeine lang und zum Springen geeignet. Sie bewegen sich, wie das bei Grillen häufig vorkommt, vorwärts und rückwärts. Die etwas gerieften und gebogenen Flügel bedecken fast den ganzen Körper. Der Schwanz ist zweigabelig, die Körpermasse kleiner als beim Weibchen. Dieses besitzt einen dicken Bauch und hat einen unangenehmen Geruch. Seine Augen sind grünlich, die Antennen rötlich, der Schwanz dreigabelig und größer an Körpermasse als das Männchen. Im Sommer findet man sie auf den Feldern, wo sie die Erde aushöhlen und ihre Nester bauen. In einem leichten Winter verstecken sie sich, in einem strengeren sterben sie in ihren Höhlen, die sie ohne besondere Minierkunst zu graben scheinen. Nach Plinius entsteht ihr Zirpen durch Aneinanderreiben der Flügel und wirklich hat unser sehr sorgfältiger Apotheker Jakobus Garrettus durch Aneinanderreiben der Flügel das Zirpen nachzuahmen vermocht. Ich wundere mich daher, weshalb der gelehrte Scaliger es einer Höhle oder einem Gang im Hinterleib zuschreibt. Salinus schreibt es dem Zusammenstoß der Zähne zu, was schon Plinius fälschlich von den Heuschrecken berichtet. Wenn sie ihre Flügel wegen der Enge ihrer Höhle an den Körper pressen, so entsteht ein leises Geräusch; wenn sie aber draußen ihre Flügel stärker bewegen, ein sehr starkes Zirpen. Ohne Bewegung ihrer Flügel zirpen sie überhaupt nicht. Wenn man diese abschneidet oder ausreißt, kann man sich leicht überzeugen, daß jedes Zirpen dann aufhört. Wenn die Sonne warm scheint, worüber sie sich sehr freuen, aber auch bei Nacht zirpen sie vor ihren Löchern. Auf Wiesen und Weiden sind sie häufig an schattigen und dicht bestandenen Plätzen nur ungern. ... Je entfernter sie von uns sind, desto lauter zirpen sie, die nahe sitzenden aber schweigen und ziehen sich furchtsam in ihre Höhlen zurück. Nach Albertus lebt eine Grille, die zerteilt oder der der Kopf zerdrückt ist, noch lange und zirpt noch. Wenn

das wahr ist, geschieht das wohl von jener Bauchhöhle aus, der Scaliger das
Zirpen überhaupt zuschreibt.

Die Knaben fangen sie, indem sie eine an einem Haar festgebundene Ameise
in die Höhle hereinlassen, vorher den Staub entfernen, damit die Grille sich
nicht verbergen kann, und ziehen diese dann mit der sie umklammernden Ameise
heraus [eine uralte Fabel!]. Schneller und müheloser ist aber die folgende Fang-
Methode: Man führt ein langes dünnes Stöckchen oder einen Strohhalm in die
Höhle ein und holt sie damit heraus; draußen beginnt sie sofort zu springen.
Daher rührt auch die Redensart: „dümmer als eine Grille" für jemand, der sich
leicht seinen Feinden zeigt oder in jeden Hinterhalt rennt. Sie nähren sich von
frischer Hirse, reifem Getreide und Äpfeln.

Cap. 18. De Blattis. Von Schaben wird unverkennbar Blatta orientalis aufgeführt, wobei richtig erwähnt wird, daß das Weibchen größer („bauchiger")
und flügellos, das Männchen kleiner und geflügelt ist. Als Stink-Schabe wird
ein Blaps mortisaga abgebildet und beschrieben.

Auch Mouffet vermag in dem Kapitel über Buprestis und Cantharis keine
Klarheit über den Buprestis zu schaffen. Abgebildet sind Carabus auratus, ein
Cerambycide und zwei andere Käfer. Von „Canthariden" scheint keine einzige
eine Cantharide zu sein. Unter den Bildern lassen sich nur Cetonia aurata L.
und die Cicindela campestris deutlich erkennen.

Es folgen die Scarabaeen, die als mit Flügel-Scheiden versehene Insekten,
die aus der Fäulnis und dem Mist entstehen, gekennzeichnet werden.

An erster Stelle wird Lucanus cervus L. abgebildet. Das Männchen wird
jedoch als Weibchen angesprochen und dementsprechend das kleinere Weibchen
als Männchen.

Der Platyceros oder Holzbock (= Aromia moschata L.) hat einen breiten
Kopf und große Ochsen-Augen. Er ist fast 3 Querfinger breit. Der Mund ist ge-
gabelt und schrecklich zu sehen, wenn die zwei sehr starken Zähne offen stehen.
Mit diesen soll er, nach sachverständigen Angaben, beim Benagen des Holzes ein
ferkelähnliches Grunzen hervorbringen. Damit haben sie vielleicht auch, an Bäume
angebunden, deren Schädlinge ferngehalten. Die handgriffartigen, elfenbeinernen
glatten Schultern mit ihrer Skulptur fallen bald in die Augen. Sie haben 6
Beine mit je 3 Gelenken. Die Beine sind jedoch zum Tragen der großen Körper-
last zu schwach und schlaff. Ihnen zu Hilfe entspringen zwei Hörner über den
Augen, die länger als der Körper sind und aus 9—10 biegsamen Gliedern bestehen. Sie sind nicht ganz glatt, sondern etwas aufgerauht wie Ziegenhorn.
Diese dienen ihm beim Fluge als Steuer, auf der Erde als Beine. Wie seiner
Schwäche bewußt, hängt sich dieser Käfer mit seinen Hörnern an einen Baum-
zweig und ruht so, wie Bruerus bei Heidelberg beobachtet hat. ...

Von den Nashorn-Käfern kennen wir 4 Arten. Die erste ist die bei weitem
größte und seltenste. Sie lebt in Indien und ist ganz schwarz. Seine Nase ähnelt
einem Schiffs-Schnabel. Aus ihrer Mitte entspringt ein anderes Horn, das nach
unten gebogen ist, an einem Höcker. Der ganze Körper, von der Nasenspitze
bis zum Schwanz, ist 20 cm lang und fast 10 cm breit. [Es handelt sich um
einen indischen Verwandten von Goliathus druryi M. L.] Wie die Canthariden
hat er kein Weibchen, sondern ist selbst der Schmied seiner Gestalt. Johann
Camerarius drückte das sehr gut mit folgenden Zeilen aus, mit denen er Penn
das Bild dieses Insekts aus dem Naturalien-Kabinett des Herzogs von Sachsen
übersandte:

Mich zeugte weder Mann noch Weib, Ich
bin mein eigner Erzeuger, mein eigner Same.

Einmal in jedem Jahr stirbt er und gebärt sich wieder aus der Fäulnis unter dem Einfluß der Sonnenstrahlen.

Auch der zweite Nachbarkäfer ist sehr selten (Oryctes nasicornis L.). Die schöne Art ist dem Merkur heilig. Ich erhielt sein Bild von Carl Clusius aus Wien, wo er häufig sein soll. Die Form ist aus der Abbildung ersichtlich. Sein Bauch ist rötlich, der übrige Körper schwarz. Sein zurückgebogenes Horn ist so scharf und spitz wie ein Felsstück.

Vom Maikäfer erzählt Mouffet, daß er sich von Mücken nährt. Nach einer englischen Chronik sollen am 24. Februar 1574 eine so große Menge Maikäfer in den Fluß Sabrina gefallen sein, daß die Räder der Wassermühlen anhielten und sich verstopften, und wenn nicht den Menschen Hühner, Enten, Ziegenmelker, Falken, Fledermäuse u. a. räuberische Vögel geholfen hätten, so stünden sie wohl noch heute still.

Polyphyllo fullo L. Der von Plinius fullo genannte Käfer ist viel seltener und nicht überall zu finden. In England ist er unbekannt. (Es folgen philologische und Deutungs-Erörterungen.) ... Sicher ist der fullo dieser schöne Käfer, der größer als der Maikäfer, aber kleiner als der Hirschkäfer ist. Sein Kopf ist fast hornartig, besitzt zwei kleine Antennen. Augen und Brust ist gelblichweiß behaart, die Beine schwarz. Bauch und Schwanz sind wie mit Kranichs-Federn besetzt. Schultern und Elytren sind schwarz und weiß gezeichnet. Zwischen zwei Eidechsen gebunden soll der Käfer nach Plinius ein Heilmittel gegen das Viertage-Fieber sein. Sein Bild erhielt Penn zuerst von Carl Clusius. Das Tier selbst habe ich dann später von Quiquelberg erhalten.

Im nächsten Kapitel sind Proscarabaeus (Meloe) und Dytiscus als unnatürliches Paar zusammengekuppelt. Der Proscarabaeus heißt deutsch Mayen-Würmlein und Meyen-Käfer, nach dem Monat, in dem er am häufigsten erscheint. Entgegen Gesner und Penn nenne ich ihn nicht Scarabaeus, sondern Proscarabaeus. Dafür kann ich viele Gründe anführen, so besonders, daß er zwei Geschlechter hat und kopuliert. Die Größe des Weibchens wie des größeren Männchens kann man aus der Figur ersehen. Dessen Kauwerkzeuge sind viel kleiner als die des Weibchens. Das Weibchen gibt bei der leisesten Berührung einen öligen Tropfen von sich, das Männchen findet man immer saftlos. Sie kopulieren mit auseinangerichteten Köpfen, wie ich öfter bei Heidelberg gesehen habe. Das Weibchen zieht das Männchen in der Kopula mit sich fort, so daß dieses rückwärts zu kriechen gezwungen ist. Der Leib ist überall weich und schwarz mit einem bläulichen Schimmer. Von den Schultern entspringen zwei Flügel-Ansätze, die aber weder zum Fliegen noch zur Hilfe beim Gehen benutzt werden können. Die Segmente des Hinterleibs schimmern bei den jungen Tieren grünlich, bei den älteren bläulich. ... Er frißt die Blätter von Veilchen und zarte Gräser. Selten erblickt man sie zu anderen Zeiten als im Mai. Den Rest des Jahres leben sie in der Dunkelheit oder sterben, nachdem sie ihren Samen in Pillen eingeschlossen haben. In Heidelberg und Frankfurt habe ich sie auf Feldern, Weiden, Gärten und Wegen oft gefunden, aber in England lebendig noch niemals. Nur Agricola beschreibt sie als vierfüßig, während sie in Wirklichkeit 6 Beine haben. Vielleicht waren seinem Exemplar früher schon zwei Beine ausgerissen worden. .

Von Wasser-Käfern werden Gelbrand und Taumelkäfer erwähnt.

Cap. 24. De Gryllotalpa. Wir rechnen die Gryllotalpa zu den Grillen, weil sie mit diesen das nächtliche Zirpen gemeinsam hat, und nennen sie Maulwurf, weil sie beständig gräbt. Zu den Käfern ist sie schon deshalb nicht zu rechnen, weil sie keine Elytren hat. Sie ist vier mal so groß wie die größte

Cantharide, besonders wenn sie schon erwachsen ist. Die Form ist aus der
Figur zu ersehen, die Farbe ist hellbraun beim Weibchen, dunkelbraun beim
Männchen. ...

Den größten Teil ihres Lebens bringt sie in sumpfiger oder feuchter Erde
zu, bei Nacht aber kommt sie auf die Erd-Oberfläche. Sie ist ein sehr langsames
Tier und ihr Flug ist so schlecht wie ihr Springen, weshalb sie auch von niemand zu den Heuschrecken gerechnet wird. ...

Weizen-, Gerste- und Haferkörner sammelt sie in ihrer Höhle, wahrscheinlich als Nahrung für den Winter an.

Cap. 25. De Pyrigono. Diesem fabelhaften Insekt, das aus feurigen
Dämpfen entsteht und im Feuer leben kann, und das wir aus dem Altertum
(Aristoteles, Aelian) bereits kennen, widmet Mouffetius nicht weniger als 4
Seiten: Er beschreibt es: Die Gestalt ähnelt der einer großen Mücke. Seine
Farbe ist die des Feuers und ist von einigen feurigen Strahlen umgeben. Im
Feuer springt, geht und fliegt es umher. Gottes Allmacht hat hier das mächtigste
aller Elemente, das Feuer, einem so kleinen Tier unterworfen.

Cap. 26. De Tipula. Auch Mouffet versteht unter diesem Tier Ranatra
linearis (resp. Hydrometra).

Cap. 27. De Forficula sive Auricularia. [Hierunter ist Forficula
auricularia zu verstehen.] Diese Tiere leben oft auf Kohl, in Bäumen oder in den
Gallen der Ulmen-Blätter. Sie entstehen im Garten-Kohl und wechseln ihre Haut
alljährlich, wonach sie mit schneeweißer Haut zurückbleiben. Aber mit der
Zeit erhalten sie ihre vorige Farbe wieder. Die englischen Frauen fürchten sie
sehr, da sie die Garten-Nelken zerstören und auffressen. Sie legen daher alte
Lumpen und dergleichen aufs Feld und gewähren ihnen dadurch einen Unter-
schlupf gegen die Unbilden der Witterung. Des Morgens hebt man diese auf
und die darunter befindlichen Ohr-Würmer können leicht mit den Füßen zertreten werden.

Cap. 29. De Cimici Sylvestri Alato. Hier werden eine kleine Anzahl
Wanzen (5 Pentatomiden, darunter Graphosoma lineatum) in Kürze abgebildet
und beschrieben.

Der zweite Teil, der die ungeflügelten Insekten behandelt, beginnt mit einer
Darstellung der Seidenraupe, Bombyx mori, die ebenso wie die ganzseitige Tafel
auf p. 181 ganz Aldrovandi entlehnt ist.

Hieran schließen sich die Schmetterlings-Raupen an. Die Raupen werden
eingeteilt in glatte und behaarte.

Sphinx ligustri L. Die vornehmste unter den grünen Raupen ist diejenige, die auf dem Liguster lebt, mit rotschwarzen Zeichnungen im Gesicht,
sowie Füßen und dem einwärts gebogenen Horn. An den Seiten gibt es Querbinden von halb roter, halb weißer Farbe und rötliche Punkte. Der ganze übrige
Körper ist grün.

Unter den haarigen Raupen ist die 7. (Dasychira fascelina L.)
schwarz mit gelblichen Haaren. Man nennt sie die Bürsten-Raupe, weil ihr
jederseits an der Stirn und am Schwanz eine kleine Bürste entspringt von rötlicher Farbe. Außerdem hat sie keilförmige Vorsprünge auf dem Rücken, die an
der Wurzel milchweiß sind.

Mouffet hatte schon die Raupen als ungeflügelte, aber mit Füßen versehene
Insekten weit von den Schmetterlingen getrennt. (Liber II cap. 1.) Weit ge-
trennt treten auch die Puppen unter den ungeflügelten und fußlosen Insekten auf.
(Liber II cap. 36.) Sie werden nur kurz erwähnt als ein vom Ei wohlunterschie-

denes Stadium der Raupen. Ohne besondere Abbildungen und Beschreibungen an diesem Ort (bei den Raupen waren verschiedene Puppen abgebildet) werden zwei Gruppen, glatte und behaarte Puppen unterschieden. Aus ihnen geht im Frühjahr oder Sommer der Schmetterling hervor.

Cap. 6. In dem kurzen Abschnitt De Sphondyle finden wir, neben einer kurzen Beschreibung und Abbildung des echten Engerlings, Bilder der Raupen von Cossus cossus, einer Nymphalide (wohl Pyrameis cardui L.) und einer Sphingide.

Cap. 7. In dem Abschnitt De Staphylino ist neben Staphylinus maxillosus die abenteuerlich geformte Raupe von Stauropus fagi dargestellt.

Hieran schließen sich die ausführlichen Abschnitte über Myriapoden, Skorpione und Spinnen an.

Cap. 16. Ameisen. Voll Begeisterung singt Mouffet das Lob der Ameisen. Er weiß nicht, ob er sein Loblied mit der Schilderung ihres Körpers oder ihrer Seele beginnen soll. Sie seien nicht nur vielen Insekten, sondern auch manchen Menschen vorzuziehen.

Cardanus hält sie für augenlos, doch Mouffet kann dem nicht zustimmen, da ja noch viel kleinere Tiere Augen besäßen. Ihr kleiner runder Kopf besitzt ein Gehirn und Augen, eine sprachbegabte Kehle und einen Gaumen. Die Brust ist quadratisch und mit Rippen und Lungen oder Schläuchen, die deren Stelle vertreten, ausgestattet. Der Leib enthält einen Magen, der sogar Gifte verdauen kann, denn oft nähren sie sich von Schlangen und Kröten, sowie einen großen und fruchtbaren Uterus. Was soll ich von ihren schnellen Füßen noch sagen? Ihre Farbe wechselt nach Ort und Art. Es gibt rote und schwarze, goldgelbe und braunrote. Mit ihrem zarten Körper vermögen sie beträchtliche Lasten zu schleppen. Wie sehr könnten wir uns an den Ameisen ein Beispiel nehmen, die im Herbst sich Vorräte für den Winter sammeln. Die Schönheit der Ameisen-Bauten kann man nicht genug rühmen. Mit ihren Beinen graben sie und schaffen sie die Erde fort und errichten Mauern und Wälle. Mit Stroh, Rindenteilchen, Ästchen und dergleichen bedecken sie das Ganze zum Schutz gegen Regen und Wind. Der Eingang ist mäandergleich verschlungen. Im Innern finden sich drei Kammern. Die erste, ziemlich große, scheint die Königs-Kammer zu sein, die zweite die Wohnstube, wo sie geschützt ihre Eier legen und für Nachkommen sorgen können. Die dritte und geschützteste ist ihre Vorrats-Kammer für den Winter.

Des Ferneren werden noch viele „gute Eigenschaften" der Ameisen erwähnt und zu einem Fürsten- und Sitten-Spiegel benutzt. Den Beschluß bildet ihre medizinische Verwendbarkeit.

Cap. 17. Hierin wird erwähnt, daß die Weibchen von Lampyris und Meloe eigentlich zu den Ungeflügelten zu rechnen wären. Als Anthrenus ist eine Galeodes sp. (Arachn.) abgebildet.

Cap. 18. Würmer in Steinen.

Cap. 19. Die sechsfüßigen Würmer in Pflanzen und zunächst in Bäumen. Gegenüber Aldrovandi ist mir nur eine Stelle aufgefallen: Wo die Hölzer von der Sonnenglut zu sehr erwärmt werden, erzeugen und nähren sie den Termes. Diese entstehen nach Servius im Mark. Soviel er auch im Innern frißt, so berührt er doch die Stütz- und Rinden-Substanz nicht. Das undankbare Tier ist viel gefährlicher als die Würmer, da es besonders das Herz und den Lebensquell der Bäume gefährdet. Bäume leben nämlich bisweilen noch, wenn sie der Rinde und des Stütz-Gerüstes entblößt sind. Wenn aber das Mark zer-

stört ist, gehen sie sofort zugrunde. Von Gestalt gleichen sie dem Cossus. Sie
sind aber viel kleiner und weicher.

Diese Darstellung bezieht sich nicht auf Termiten, sondern auf Coleopteren-
Larven.

Cap. 20. In dem Kapitel über die Würmer in Früchten, Gemüsen,
Getreide, Wein und Kräutern werden viele schädliche Insekten-Arten
erwähnt. Die meisten haben wir bereits bei Aldrovandi aufgeführt. Unter den
anderen heben wir zwei hervor. Unter Farinarius oder Meale-worms von
Mouffet ist der bei Aldrovandi nicht vorkommende Mehlwurm (Larve von Tenebrio molitor L.) zu verstehen und abgebildet. Dann wendet Mouffet seine Aufmerksamkeit dem Coccus der Eichen zu (Kermes-Arten), die Aldrovandi wohl
deshalb nicht anführt, weil er sie wohl für kein Insekt hält.

Nach Quinqueranus gibt es zwei Arten Ilex (Hartlaubeiche): Die eine ist
ein Baum und die andere ein kleiner Strauch, der an unfruchtbaren Plätzen der
Ebene und auf Hügeln wächst. In der Mitte des Frühjahrs entsteht hier der
Coccus. Wo sich ein Ast in zwei Zweige teilt, da entsteht eine Kugel von Größe
und Farbe einer Erbse, die aus sich heraus weitere Körner erzeugt, und aus denen
zu Anfang des Sommers sehr viele kleine Würmchen entstehen. Jedes dieser
kleinen weißen Tierchen kriecht für sich in die Höhe und sie bleiben, wo sie eine
neue Blatt-Achse finden und wachsen zu Hirsekorn-Größe an. Wenn sie größer
werden, dann werden sie grau und sehen wieder einer Erbse ähnlich. Diese
schon reifen Körner mit schon ausgefärbten Jungen sammelt man. Während des
Transportes zum Kaufmann, reißt oft ihre zarte Hülle. Die noch im Korn befindlichen Würmchen sind vier mal so viel wert als die herausgefallenen, für die
man pro Pfund ca. 1 Pfund bezahlt. Diese sind währenddessen starr und unbeweglich. Zur geeigneten Zeit werden sie dann in Leinen-Säckchen der Sonne
ausgesetzt. Sobald sie sich etwas gefärbt haben, wollen sie entweichen, und der
Wächter muß sie dann ständig wieder durch Schütteln des Beutels zurück-
stoßen, bis sie sterben. Währenddessen verbreiten sie einen außerordentlich angenehmen Geruch. Die Würmchen aber, die der Wachsamkeit des Wächters
entgehen, verwandeln sich bald in geflügelte Tiere und schwirren davon. Bei
Arles hat man in einem Jahr auf steinigem Boden für ca. 11 000 Pfund gesammelt. Soweit Quinqueranus. Carl Clusius berichtet aus Süd-Frankreich und
Spanien ganz ähnlich über die Gewinnung des Coccus, aber Petrus Belonius
schildert eine andere Methode: Der Coccus baphicus ist in Creta sehr häufig und
wird von Kindern und Hirten gesammelt. Im Juni findet man ihn an einem
kleinen stachelblättrigen Quercus ilex-Strauche. Mit der rechten Hand hält man
durch Haken die Äste niedrig, mit der linken schneidet man vermittels Sicheln
die kleinen Ästchen ab, auf denen die runden Blasen von Kleinerbsen-
größe sitzen. Diese sind da, wo sie das Holz aufritzen, offen und voll von ganz
kleinen roten Tierchen, die kleiner als Läuse-Nisse sind. Diese versuchen durch
die erwähnte Öffnung zu entweichen und lassen die Blase leer zurück. Den gesammelten Coccus bringen die Kinder dann zum Quästor, der sie abwiegt und
ihnen abkauft. Dieser trennt nun durch Aussieben die kleinen Tierchen von den
Blasen und formt aus ihnen mit den Fingerspitzen ganz vorsichtig hühnereigroße
Pillen. Dabei muß er sich sehr in acht nehmen, denn wenn er nur ein wenig zu
viel drückt, so fließt der Saft aus und die Farbe geht verloren.

Das folgende Cap. 21 enthält ein sehr interessantes Schatzkästlein der Verwendung dieser „Pflanzen-Würmer" in der Medizin.

Cap. 22. Über Läuse. Erwähnt werden Läuse und Filz-Läuse des Menschen, die Phthiriasis und ihre Behandlung.

Cap. 23. Läuse, Mallophagen und parasitische Krebse an Vertebraten sowie Pflanzen-Läuse (wohl Aphiden gemeint). Die Mallophagen hat schon Gesner in seiner Ornithologie erwähnt. Auch an Pflanzen werden Läuse erwähnt (p. 265 unten) (nach Gesner, Ruellius etc.).

In den folgenden Kapiteln werden u. a. Floh und Bett-Wanze besprochen, ohne Wesentliches zu bringen. In dem Kapitel De Ricino et Reduvio ist Ricinus die Zecke, während mit Reduvius die Schafslaus-Fliege Melophagus. ovinus L. gemeint zu sein scheint. Das Kapitel über die Kleider-Motte bringt viel Literatur und eine kurze Beschreibung der Raupe, des Raupen-Köchers und der Motte. Hieran schließen sich die ausführlichen Abschnitte über Regen-, Spul- und Band-Würmer an. Von den folgenden Kapiteln seien nur kurz folgende dem Inhalt nach erwähnt: in Kap. 34 werden u. a. Dipteren-Maden in Wunden und Geschwüren bei Menschen erwähnt, in Kap. 35 De lendibus die Nisse der Läuse, im folgenden die Lepidopteren-Puppen, ferner Libellen- und Dytiscus-Larven, Wasser-Wanzen (Nepa, Notonecta), Käfer (darunter Wasser-Käfer. Canthariden etc.), einige Lepidopteren mit Entwicklungs-Stadien, Phryganiden, eine Tipulide und zwei Larven von Empusa egena (nach Aldrovandi).

Das System von Mouffet läßt sich also darstellen wie folgt:

System des Mouffet.

I. Geflügelte Insekten.
Ohne weitere Unterteilung werden hier besprochen:
Bienen, Wespen, Hornissen und Hummeln, Fliegen (und Neuropteren, Schlupf-Wespen und Tipuliden), Mücken, Schmetterlinge, Leuchtkäfer, Heuschrecken Acrididae, Tettigoniidae und Mantidae), Zikaden und Grillen, Schaben. Es folgen die Käfer als: Buprestis und Cantharis, Scarabaei, kleinere Käfer, Meloe und Wasser-Käfer, Maulwurfs-Grille, Pyrigonus, Wasser-Läufer, Ohr-Würmer, geflügelte Skorpione, Wanzen und Läuse, Blumen-Wanzen.

II. Ungeflügelte Insekten.
A. Land-Tiere
1. mit Beinen
a) mit vielen Beinen (Raupen, Engerling, Staphylinus und Julus)
b) mit 8 Beinen (Skorpion, Spinnen)
c) mit 6 Beinen (Ameisen, Weibchen von Cicindela und Meloe; die Würmer, die in Holz, Bäumen, Früchten, Kleidern, Betten etc. leben)
2. fußlos (Würmer)
B. Wasser-Tiere
1. mit Beinen
a) mit 6 Beinen (Käfer-Larven, Notonecta, Libellen-Larven etc.)
b) mit vielen Beinen (Meeres-Skolopender)
2. fußlos (Egel, Wasser-Kalb)

In der Durchführung dieses Systems ist Mouffet ein strengerer Formalist als Aldrovandi, der offenbar zusammengehörige Gruppen oder Entwicklungs-Stadien auch entgegen dem Bestimmungs-Schlüssel zusammenstellte. Mouffet faßt seinen Schlüssel offenbar als das System selbst auf. Deshalb stehen Schmetterlinge, Raupen und Puppen an ganz verschiedenen Stellen des Buches als geflügelte oder ungeflügelte vielbeinige oder ungeflügelte fußlose Insekten. Ebenso trennt Mouffet die geflügelten Blumenwanzen von den ungeflügelten Bettwanzen, die geflügelten von den ungeflügelten Ameisen etc.

Daß sein System viel ungeordneter ist als das des Aldrovandi ist besonders aus der Besprechung der geflügelten Insekten leicht zu erkennen. Die waben-bauenden Hymenopteren stehen zusammen, ohne daß sie als gemeinsame Gruppe zusammengefaßt sind, über die Verballhornung des systematischen Begriffs der Dipteren (Muscae et Culices), denen offiziell vierflügelige Insekten zugerechnet werden, haben wir bereits gesprochen. Die Schmetterlinge bilden eine Gruppe für sich. Die Heuschrecken werden einfach als vierflügelig charakterisiert. Man kann also zusammenfassen, daß Mouffet systematisch geordnete Ordnungsgrup-pen der Insekten nicht kennt, sondern die Anordnung der Gruppen ohne syste-matische Durchdringung nach Herkommen und Belieben erfolgt.

Für die Nomenklatur ist Mouffet wichtig, weil Linné bei seiner Namen-gebung oft auf die von Mouffet gebrauchten Namen zurückgreift z. B.: Noto-necta, Forficula sive Auricularia, Gryllotalpa, Mantis etc.

Der Tierbestand läßt sich nur schwer vergleichen, solange noch nicht alle Insekten-Gruppen gut durchbestimmt sind. Die Gruppen, die an Arten-Zahl relativ am besten abschneiden, sind Lepidopteren, Orthopteren und Odonaten. Interessant ist die ziemlich gleichmäßige Verteilung der Arten auf die einzelnen Schmetterlings-Gruppen.

Vergleichender Lepidopterenbestand (Imagines)
bei Aldrovandi und Mouffet
(nach Abzug der mehrfach abgebildeten Arten).

	Aldrovandi	Mouffet
Papilionidae	3	3
Pieridae	8	4
Nymphalidae	21	17
Erycinidae	1	–
Lycaenidae	5	3
Hesperiidae	1	1
Sphingidae	4	8
Notodontidae	1	1
Lymantriidae	3	–
Lasiocampidae	1	1
Saturniidae	1	2
Bombycidae	1	1
Thyrididae	1	–
Noctuidae	2	3
Geometridae	3	3
Syntomidae	1	–
Arctiidae	6	7
Zygaenidae	5	5
Psychidae	2	–
Sesiidae	1	–
Cossidae	–	1
Hepialidae	1	1
Microlepidoptera	9	3
Imagines	81 spec. davon 70 sicher bestimmbar.	64 spec. davon 63 sicher bestimmbar.

Der Insekten-Bestand ist bei Aldrovandi im allgemeinen relativ reicher, als aus dieser Vergleichung des Lepidopteren-Bestandes hervorgeht. Den Grundstock bei Aldrovandi bilden die norditalienischen Insekten, zu denen nur sehr wenige fremde oder gar exotische hinzukommen. Bei Mouffet ist der Grundstock natürlich von den englischen Arten gebildet, dazu hat Mouffet mindestens 1/3 seiner Insekten aus Europa oder gar exotischen Ländern erhalten. Seine europäischen Korrespondenten waren vor allem Carl Clusius, Jo. Camerarius, Quickelberg, Bruerius u. a. Von exotischen Insekten sind viele bei ihm zum ersten Male abgebildet wie der Coccojo (Pyrophorus sp.), Zikaden aus Guinea und Virginia, ein indischer Goliath-Käfer etc.

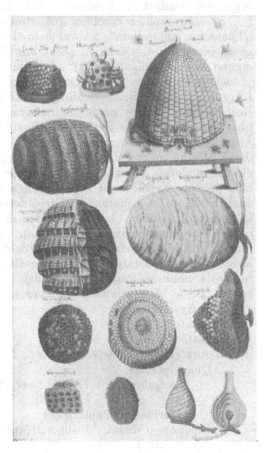

Textlich ist Mouffet unabhängig von Aldrovandi, den er weder an Beobachtungs-Schärfe, noch an systematischem Blick erreicht. Sehr zu Unrecht ist sein Werk so hoch über das des Aldrovandi gesetzt worden. Seinen bleibenden literarischen Wert erhält es durch seine Selbständigkeit, seinen ergänzenden Wert zu Aldrovandi sowie die exotischen Insekten. Den uneinheitlichen Charakter als Notiz-Sammlung vieler Personen hat es durch seine letzten Redaktionen nicht verloren, während die „De animalibus insectis libri septem" als das einheitliche Lebenswerk eines Mannes auf den ersten Blick zu erkennen sind.

Fig. 80.
Tafel aus Johnston: Bienen und Wespenstöcke nach Aldrovandi und Mouffet.

c) Johnston, Charleton und Sperling.

Johnston.

Ein drittes Werk schließt sich an Aldrovandi und Mouffet an: die „Historiae naturalis de Insectis libri III" (1653) von John Johnston. John Johnston (Jonstonus), der 1603 zu Samter in Posen geboren wurde, entstammte einer schottischen Familie. Nach Studien in Deutschland und England promovierte er 1632 in Leyden zum Doctor medicinae. Nach einer weiteren Studien-Reise nach Frankreich und Italien verbrachte er von 1633 bis zu seinem im Jahre 1675 erfolgten Tode auf seinen Besitzungen in Schlesien. 1633 erschien zuerst seine in vielen Auflagen verbreitete Thaumatographia naturalis, ein kleines Taschenbuch, das in systematischer Weise eine Beschreibung der Natur geben will. In 18 kleinen Kapitelchen behandelt er auch die Insekten, völlig auf Literatur fußend, in alphabetischer Reihenfolge zwischen den übrigen Blutlosen. Der Inhalt lohnt kein weiteres Eingehen.

Beachtung verdient jedoch der beigedruckte Traktat des Rothenburger Arztes A n d r e a s L i b a v i u s (aus dem Jahre 1599) über die Seidenraupe. Auf 27 kleinen Seiten wird die ganze Entwicklungs-Geschichte und äußere Morphologie von Bombyx mori geradezu klassisch beschrieben.

20 Jahre später erschien Johnston's großes zoogeographisches Sammelwerk „Theatrum animalium", zu welchem der eingangs erwähnte Insekten-Band nur einen Teil bildet. Stofflich steht das Werk unter seinen Vorgängern, da sich eigene Beobachtungen so gut wie kaum in ihm finden. In seiner Form steht es jedoch über beiden. Seine Darstellung ist knapp und hält sich frei von allem Literatur-Ballast. Seine Schilderung beschränkt sich auf die eigentliche Natur-Beschreibung, kurze nomenklatorische Notizen und gelegentlich Bemerkungen über Anwendung als Heilmittel. Systematisch folgt er in der Einteilung sehr Aldrovandi, in der Anordnung mehr Mouffet. Inhaltlich schließt er sich ganz an diese Werke an, zu denen noch Exzerpte aus Marcgrav, Piso, Matthiolus und einigen anderen kommen. Trotz der größeren Ordnung des Materials kann ihm eine größere Kritik nicht zugesprochen werden. Alle sowohl bei Aldrovandi als auch bei Mouffet gemeinsam abgebildeten Formen finden sich bei Johnston ebenfalls doppelt wieder, ohne daß in den meisten Fällen ihm selbst die Identität der beiden Formen zum Bewußtsein kam. Neben vielen Schmetterlingen u. a. bildet hierfür die Maulwurfs-Grille einen deutlichen Beleg. Sie erscheint einmal nach Mouffet als Gryllotalpa unter den geflügelten „Coleoptera" und später als Talpa ferrantis imperati (aus Aldrovandi) unter den ungeflügelten sechsfüßigen Insekten, beide Male mit ausführlicher Beschreibung aus der Vorlage.

Sein System lautet:
Land-Insekten
A. Terrestres Pedati et Alati
    I. Analytres seu Detectipennis
        Quadripennes
            membranacei (Apis, Fuci, Vespae, Crabro, Cicada, Wald-Wanzen, Libellen)
            farinacei (Papiliones)
        Bipennes (Musci, Musci seticaudi Moufeti, Tabanus, Asilus, Ephemeren, Culex)
    II. Coleopteris seu Vaginipennis
        Locusta, Gryllus, Gryllotalpa,
        Käfer (Scarabaeus, Cicindela ...)
        Blattae, Forficula,
        Scorpio et Formica et Pediculus alatus.
B. Terrestres pedati et non alati.
    I. Paucipedes
        6 Pedes (Formica, Cimex, Pediculus, Pulex, T a l p a f e r r a n t i s i m p e - r a t i, Engerling)
        8 Pedes (Arachnaoidae)
        12 et 14 Pedes (Lepidopteren-Raupen)
    II. Multipedes
        Myriapoden, Isopoden.
C. Terrestres apodis et non alati
        Vermes in
            plantibus
                arborariis
                fructicariis

           leguminosiis et frumentariis
           herbariis
       die in Tieren entstehen
       die in Menschen entstehen
   Regenwurm
   Nacktschnecke
Wasser-Insekten
A. mit Füßen
   Mit wenig Füßen
       Insekten-Larven, Wasser-Wanzen, Crustaceen
   Mit vielen Füßen
       Würmer etc.
B. ohne Füße
   Blutegel, Seesterne, Seepferd.

Die Bilder entstammen durchweg Aldrovandi und Mouffet, daneben Marcgrav u. a. Der ganze Abbildungs-Bestand der beiden ersten Autoren ist übernommen worden. Für die Geschichte der entomologischen Illustrations-Technik ist das Werk deshalb interessant, weil hier zum ersten Male Kupferdruck angewandt wurde. Die Platten sind von Matthias Merian angefertigt (d. jüngeren; 1621 bis 1687). Die Vorteile der neuen Druckart gegenüber dem Holzschnitt: saubere und präzisere Arbeit kommen bei Johnston nicht zur Auswirkung, da den Platten als Vorlage die bereits verzerrten Holzschnitte, nicht die Originale dienten.

Im Anschluß an Johnston verdienen noch zwei Kompilatoren geringeren Grades eine kurze Erwähnung:

Charleton.

Walter Charleton (geboren 1619 in England, gestorben 1707 als Leibarzt Karls II. von England) verfolgte in seinem Hauptwerke „Onomasticon zoicon" (Oxoniae 1668; 2. Aufl.*) ibidem 1677) den Zweck, die vorhandenen zahlreichen Benennungen von Tieren durch präzise Beschreibungen für bestimmte Arten zu fixieren. In systematischer Hinsicht schließt er sich an seine Vorgänger an. Den Insekten sind 30 Seiten gewidmet. Systematisch schließt er sich kritiklos an Aldrovandi und Mouffet an. Der Tierbestand ist nicht erweitert gegenüber seinen Vorlagen. Dafür tritt dasselbe Tier wieder mehrfach an verschiedener Stelle auf; so Gryllotalpa zweimal, Forficula dreimal. Ein näheres Eingehen können wir uns füglich ersparen.

Ähnliches gilt von dem „Regnum animale" (1682) von E. Kö-

Fig. 81.
E. Koenig. (Portrait.) [52]

*) Exercitationes de differentiis et nominibus animalium.

19*

n i g (1658—1731), dessen Bild nebst Lobgedicht wir umstehend wiedergeben als ein Denkmal auffallenden Gelehrten-Eigendünkels.

S p e r l i n g.

Dieser Gruppe ist ferner die „Zoologia physica" (Lipsiae 1661) von J o h a n n S p e r l i n g anzureihen. Das Werk trägt den Charakter eines Kompendiums als Hilfe zu den Vorlesungen und wurde erst posthum von Kirchmeier herausgegeben. Er betonte wieder schärfer die Segmentierung als Charakteristik der Insekten. Die in den anderen Kompendien angeführten Insekten finden sich auch hier. Zum Beweise, daß die Zoologie eine äußerst schwierige Wissenschaft ist, führt er die verwirrende Anzahl der bereits beschriebenen Formen an. Seien doch bis jetzt nicht weniger als 40 Arten Käfer, 50 Arten Raupen, 70 Arten Fliegen und über 100 Schmetterlings-Arten bekannt! Handlirsch bemerkt sehr nett dazu: Wie würde der gute Sperling erst über einen modernen Insekten-Katalog erschrecken! Das Sperling'sche Werk dürfte etwa den Gehalt eines guten zeitgenössischen Insekten-Kollegs im Rahmen der allgemeinen philosophischen und medizinischen Studien wiedergeben, weshalb wir nachstehend einige Proben bringen:

D i e Z o o l o g i e i s t e i n e s e h r s c h w i e r i g e W i s s e n s c h a f t.

„Sie erfordert sehr viel Arbeit sowohl wegen der Menge als auch wegen der Feinheit ihrer Objekte. Es ist äußerst mühselig, sich durch alle Tier-Arten durchzuarbeiten. Kennt man doch allein 40 Käfer-, 50 Raupen-, 70 Fliegen- und mehr als 100 Schmetterlings-Arten. Trotzdem gibt es eine Reihe trefflicher Autoren auf diesem Gebiet. Zumeist erfordert sie weniger Gedächtnis beim Lernen als Urteil zum Unterscheiden der Arten. Solche, die alles richtig gelernt haben, führen oft noch unerfahrene auf Abwege."

Cap. 1. Von den Insekten im allgemeinen.

Praecepta (Voraussetzungen): 1. Die Insekten sind kleine, schwache, mit Einschnitten versehene Tiere.

2. Zu ihnen gehören: Biene, Ameise, Spinne, Fliege, Schmetterling, Heuschrecke, Laus, Wurm u. a.

Quaestiones (Probleme): 1. Ob die Insekten atmen? Sie schwitzen mehr, als daß sie atmen. Atmen ist die Aufnahme eines kalten Gases durch Mund, Nase oder einen anderen bestimmten Körperteil und dessen Austreibung zusammen mit Ruß. Das Schwitzen ist der freie Eintritt und Austritt des kalten Gases durch den ganzen Körper. Die Insekten besitzen die letztere Abkühlungsart. Zu ihren Lauten wie Summen und Zirpen ist die Aufnahme von Luft erforderlich. Daß sie Luft aufnehmen, geht auch aus ihrem Geruchsvermögen hervor. Denn die Bienen riechen ja Süßes und die Mücken Saures von weitem.

2. Warum die Insekten ihre Einschnitte haben? ... Die Ursache ist, daß Feuchtigkeit und Wärme gleichmäßig im ganzen Körper verteilt sind.

Axiomata (Lehrsätze): 1. Die Insekten haben Einschnitte. Ihr Name rührt daher. Die einzelnen Segmente sind rundherum durch Gelenke verbunden. Einige nennen diese Tiere auch Rugosa oder Annulosa. Man unterscheidet solche, die gehen, fliegen, schwimmen und kriechen. Die Unterscheidung: vollkommen oder unvollkommen soll man nie anwenden. Denn es gibt kein unvollkommenes Insekt. Sie besitzen vielmehr alle Organe, deren sie bedürfen.

2. Die Natur ist in den kleinsten Tieren am größten. [Folgt ein Zitat aus Plinius.]

Cap. 2. Von der Biene.

Praeceptum: Die Biene ist ein sehr vornehmes, fleißiges, kluges und nützliches Insekt.

Quaestiones: 1. Welches ist ihre Nahrung? Honig und andere süße Stoffe.
2. Wie vermehren sie sich? Sie vermehren sich sehr stark.
3. Wie entstehen sie? Sie entstehen ohne Begattung und besitzen keinerlei Geschlecht, ebenso wie die Pflanzen.

Axiomata: 1. Die Klugheit der Bienen ist über alles Erwarten groß.
2. Die Bienen haben ein sehr gutes Geruchsvermögen.

Cap. 3. Von der Ameise.

Praeceptum: Die Ameise ist ein kluges und fleißiges Insekt, das mit großem Fleiß Getreidekörner sammelt.

Quaestiones: 1. Wie ernähren sie sich? Von Früchten aller Art.
2. Wie vermehren sie sich? Sehr stark; sie sind ein Beispiel göttlicher Weisheit.
3. Wie entstehen sie? Sie legen Eier, die sich in einen Wurm (d. i. Insekt) der gleichen Art verwandeln.

Axiomata: 1. Die Ameise ist sehr klug. 2. Die Ameise ist sehr fleißig. Das geht aus der Bibel und dem Sammeln der Körner hervor.

Cap. 5. Von der Fliege.

Praeceptum: Die Fliege ist ein ekelhaftes, lästiges, kühnes, beschwerliches und unruhiges Insekt.

Quaestiones: 1. Wie ernähren sie sich? Die Fliegen kosten fast alles und belecken alles, besonders gierig sind sie aber nach Blut. Sie ist die Genossin unserer Gastmähler und Schlafgemächer. Überall findet sie einen gedeckten Tisch, in den Hütten der Armen wie in den Palästen der Fürsten. Sie würzen die Speisen, bevor wir sie kosten. Den Menschen belästigt sie mit ihren Stichen sehr und kehrt nur um so heftiger zurück, je mehr man sie zu vertreiben sucht.
2. Wie vermehren sie sich? Sie sind an Größe und Körperbau verschieden. Einige sind groß, andere mittelgroß und andere klein. Einige haben einen großen, andere einen kleinen Kopf. Einige einen dicken, andere einen schmalen Bauch. Einige besitzen Antennen, andere nicht. Sie besitzen einen Rüssel, mit dem sie alles fressen und verzehren. Ihre Flügel sind nicht wie die der Vögel, sondern bestehen aus übereinandergelegten Häutchen, die in der Sonne in nicht weniger schönen Farben schillern als ein Pfauenschwanz.
3. Wie entstehen sie? Sie begatten sich und fliegen oft währenddessen herum. Der Entstehungsstoff ist der [männliche] Same, aus dem zuerst ein Wurm, später die Fliege entsteht.

Axiomata: 1. In Öl oder Wasser gelegte scheintote Fliegen werden wieder lebendig.
2. Aus den Exkrementen der großen Fliegen entstehen Würmer. Die Fliege ist ein unsauberes Tier, das mit seinem Kot Tische, Bilder, Kleider, Bücher u. a. besudelt. Und nicht selten entstehen aus diesem Kot, besonders der großen Fliegen, Würmer, die besonders Fleisch befallen. Scaliger sah, wie

eine Fliege in seiner Hand jene Materie ablegte, aus der ein Wurm entstand. ... Die Fliegen verzehren alles, und scheiden die Wurm-Materie zusammen mit den Speiseresten aus dem Hinterleib ab.

Cap. 6. Vom Schmetterling.

Praeceptum: Der Schmetterling ist ein sehr gebrechliches Tier, das den Frühling
verkündet und die Blumen liebt.

Quaestiones: 1. Wie ernähren sie sich? Sie nehmen nur wenig Speise zu sich
und diese am liebsten aus Blüten.

2. Wie vermehren sie sich? Es gibt mehr als 100 Arten.

3. Wie entstehen sie? Sie begatten sich und legen Eier. Sie sollen auch
aus Bäumen, Würmern u. a. entstehen.

Axioma: Gewisse Schmetterlinge fliegen an die Lampen.

Cap. 7. Von der Heuschrecke.

Praeceptum: Die Heuschrecke ist ein gefräßiges, unruhiges Insekt, das in der
Mitte zwischen kriechenden und fliegenden Insekten steht.

Quaestiones: 1. Nahrung: Kräuter und Feldfrüchte. Sie ziehen in Heerscharen, die
von Gott den Menschen zur Strafe gesandt werden.

2. Vermehrung: Es gibt zahlreiche Arten.

3. Entstehung: Sie kopulieren und legen in die Erde Eier, die dort überwintern. Es gibt mehr Weibchen als Männchen. Im Frühjahr schlüpfen die
Heuschrecken, bei trockenem Wetter sehr zahlreich; aber ein feuchtes Frühjahr vernichtet die meisten.

Axioma: Johannes der Täufer hat Heuschrecken gegessen.

Cap. 9. Von der Wanze.

Praeceptum: Die Wanze ist ein Insekt mit einem häßlichen Geruch, das durch
seine Stiche allen verhaßt ist.

Quaestiones: 1. Nahrung: Sie nähren sich von Menschenblut, die Wald-Wanzen
von Pflanzensäften.

2. Vermehrung: Der Körper der Wanze ist fast breiter als lang. Wenn sie
mit Blut vollgesogen ist, kann man sie leicht zerdrücken. Sie riecht dabei
aber ganz abscheulich. Sie ist den Armen und Reichen gleichermaßen verhaßt.

3. Entstehung: Sie entstehen in den Betten und besonders in deren Spalten.

Axioma: Es ist ganz unglaubwürdig, daß aus zerriebenen Wanzen neue entstehen.

Cap. 10. Von der Laus.

Praeceptum: Die Laus ist ein ganz unvornehmes und gemeines Insekt, das dem
Besitzer viel Ekel und Ärger bereitet.

Quaestiones: 1. Nahrung: Sie saugen als Nahrung den Saft von Menschen, Tieren
und Pflanzen.

2. Vermehrung: ....

3. Entstehung: Sie entstehen nicht aus dem Schmutz, nicht aus Kot, nicht
aus Fleisch und nicht aus Blut, sondern durch Begattung mit den Nissen
oder Eiern als Zwischenstadium.

Axioma: Die Läuse verlassen Sterbende.

d) Ältere Lokalfaunen (Schwenckfeld, Bauhin, Baldner).

Lokalfaunen sind ein Produkt der Neuzeit. Erst durch die großen Reisen und Entdeckungen wurde die Verschiedenheit der Faunen der verschiedenen Länder bekannt. Gleichzeitig wurde das Interesse für Naturgeschichte reger. Ein wichtiges Merkmal aller Lokalfaunen ist, daß sie bewußt auf die Fauna eines eng umschriebenen Gebietes begrenzt sind. Da die Verfasser in diesem Bezirke wohnten und meist erst nach jahrzehntelangem Beobachten und Sammeln an die Niederschrift gingen, so zeichnen sie sich meist durch eine viel größere Nähe zur Natur aus als die Bücher der gelehrten Fachleute. Die oft geringe und bisweilen gänzlich fehlende Beherrschung der Literatur hat ihren Studien nicht geschadet.

Caspar Schwenckfeld.

Als eine der ersten und zugleich ansehnlichsten Lokalfaunen ist das Theriotropheum Silesiae, der schlesische Tiergarten des Hirschberger Arztes Caspar Schwenckfeld (1563—1609) anzusehen. Dieses Werk ist in der Literatur bisher zu schlecht behandelt worden. Bereits im Jahre 1600 ließ Schwenckfeld ein Werk über die Flora Schlesiens erscheinen, dem 1603, also ein Jahr nach dem Erscheinen des Werkes von Ulysse Aldrovandi, das oben angeführte grundlegende Werk über die schlesische Fauna folgte. Dieses ist fast durchweg auf eigene Beobachtung begründet und meist — speziell in seinem Wirbeltierteil — eine solche Fundgrube von wichtigen Bemerkungen und Tatsachen, daß Schwenckfeld zu den ersten Naturforschern seiner Zeit gerechnet werden muß. Besonders hoch ist ihm seine einfache, schmucklose Darstellung anzurechnen, da er die gesamte wichtige zoologische Literatur durchaus gekannt hat. Aldrovandi hat er offenbar noch bei der Korrektur benutzen können. Änderungen irgendwie wesentlicher Art sind auf diese Lektüre nicht zurückzuführen. Sein System steht noch recht tief und ist so ziemlich dasselbe wie das Aldrovandis. Auch er rechnet alle Arthropoden und Würmer zu den Insekten. Schwenckfeld hat übrigens, ebenso wie Aldrovandi, ein Museum besessen, und der Ehrgeiz, die Raritäten seines Naturalien-Kabinetts zu verbreiten, hat ihn bisweilen dazu geführt, nichtschlesische Tiere seines Kabinetts wie Krokodil und Seepferdchen, mit zu erwähnen. Großen Wert hat Schwenckfeld als Arzt besonders auf die medizinische Verwendbarkeit der Tiere gelegt, doch bricht sich ein aufrichtiges Interesse an den Tieren und ihrem Leben stets Bahn. Der Hauptzweck dieses Werkes ist in einem beschreibenden Tierkatalog seiner Heimatprovinz zu suchen. Dieser Zweck ist in einem auch in den folgenden Jahrhunderten nur selten erreichtem Maße erfüllt worden. Eine kritische Neuausgabe (möglichst übersetzt) des sehr selten gewordenen Werkes wäre dringend erwünscht.

Sein Literaturverzeichnis umfaßt 110 Autoren. Sein Insektenbestand kennt etwa 80 Insekten, was für die damalige Zeit als eine recht respektable Leistung betrachtet werden muß. Wertvoll und interessant ist an dem Werke auch das ausführliche Synonymenverzeichnis in lateinischer und deutscher Sprache, das einer gesonderten Herausgabe wert wäre. Wenn wir seine hervorragende Beobachtungsgabe erwähnt haben, so erfordert es die Gerechtigkeit, nicht zu verschweigen, daß sich auch einige der verbreitetsten Fabeln bei ihm eingeschlichen haben, wie: daß der Pillendreher (= Geotrupes) nur Männchen hervorbringe, oder daß das Fell eines vom Wolf gebissenen Schafes besonders von Motten befallen werde [meist wird ein solches Fell als vor Mottenbefall geschützt bezeichnet!] etc. Derartige gelegentliche Entgleisungen können den Wert der Arbeit nicht herabsetzen. Der Beschreibung der Arten ist ein ausführlicher allgemeiner Teil vorausgesandt.

6. Buch. Die Insekten Schlesiens.
A. Von den Insekten im Allgemeinen.

Die Insekten sind blutlose, kleine, segmentierte Tiere. Statt des Blutes haben sie einen ähnlichen Saft. Sie haben auch kein Fleisch und keine Knochen, sondern etwas in der Mitte.

Ursprung und Entstehung. Die Insekten entstehen, indem sie entweder kopulieren und ihresgleichen hervorbringen wie Heuschrecken, Wespen, Ameisen. Oder es entstehen nach vorhergegangener Kopula Würmer aus trockenem oder feuchtem Schmutz wie bei Fliegen, Käfern und Flöhen. Oder sie entstehen ohne Kopula aus den verschiedensten Materien wie die Maden aus dem Fleisch, die Pillenkäfer aus dem Mist, die Raupen an verschiedenen Blättern, Früchten, Samen etc.

Die äußere Morphologie wird ausgezeichnet beschrieben (ähnlich wie bei Aldrovandi). Aus den Mitteilungen über innere Anatomie geht hervor, daß Schwenckfeld selbst eine Reihe Insekten seziert hat. So bemerkt er, daß die gegefräßigen Insekten einen aufgerollten, keinen gerade verlaufenden Darm haben, um so mehr Nahrung aufnehmen zu können.

Inbezug auf die Atmung schließt sich Schwenckfeld an Aristoteles an.

Ansätze ökologischer Forschung finden sich in den Abschnitten über Nahrung und Aufenthalt.

Sie fressen nur sehr wenig, weniger ihrer Kleinheit als ihrer Kälte [Kaltblütigkeit] wegen. Einige sind omnivor. Unter denen mit starken Mandibeln sind viele polyphag und fressen auch viel. Andere saugen Flüssigkeit mit ihrem Rüssel, leben von der Jagd wie die Spinnen oder leben von Tau und Feuchtigkeit wie die Bienen und Zikaden. Viele fressen Pflanzen-Blätter, einige faulende Gegenstände.

Im Winter verbergen sich alle, die nicht vorher gestorben sind oder in den Wohnhäusern leben. Die meisten Insekten leben, wenn es kühl und feucht ist, die Bienen, Hornissen und Wespen aber im Sommer, wenn es warm und trocken ist.

Der Zweck der Insekten in der Natur ist mannigfach: Sie zeigen die Weisheit Gottes. Sie reinigen Luft und Erde von Kadavern und Fäulnis und dienen anderen Tieren zur Nahrung. Auch fressen sie sich selbst gegenseitig und dienen den Menschen zur Speise, wie die Heuschrecken in Arabien und Syrien. Sie bereiten den Honig und dienen mannigfach als Heilmittel. Ihr sinnreicher Bau und ihr sinnreiches Verhalten fordert zur Bewunderung heraus und die großen Schädlings-Plagen sind Gerichte Gottes.

Apes — Bienen. Große Literatur-Sammlung ohne Besonders. [Apis mellifica L.]

Ascarides caseorum [Piophila casei L.] Dies sind Würmchen, die im Käse fressen. Käse-Maden. Es sind weiße Würmchen, die im weichen Käse entstehen. Die Bauern essen sie ohne Schaden zusammen mit dem Käse. Sie sind aber schwer verdaulich und verursachen Verstopfungen und Verdickung des Blutes.

Ascarides terrenae [Verschiedene Insekten-Larven: Engerlinge, Agrotis etc.]. Erd-Maden, Acker-Maden. Sie haben nicht alle dieselbe Farbe. Einige sind weiß, andere gelblich, wieder andere schwarz. Manchmal sind viele an einem Orte angesammelt [Bibioniden-Larven?]. Sie verwüsten die Felder, indem sie ihre Wurzeln abschneiden. Oft werden sie beim Ackern hervorgeschleudert und dienen dann den Vögeln zur Speise.

A s c a r i d e s m i l i t a r e s [Sciara; scheint die älteste Erwähnung des Heer-wurms zu sein.] Heerwürme vulgo. Dies sind sehr kleine, haarförmige weißliche Würmchen, die im Sommer in großen, kettenförmigen Haufen durch die Berge wandern ganz wie eine Armee. Die Bergbewohner glauben, daß sie die Vor-zeichen einer Hungersnot sind, wenn sie die Berge hinauf zu wandern, aber ein reiches und fruchtbares Jahr verkünden, wenn sie nach der Ebene zu ziehen.

A u r e l i a Goldwurm, Goldraupe. Die Puppe ist ein Sack beziehungsweise ein Ei, das von der Raupe zurückgelassen wird und die Stammutter oder die Larve des künftigen Schmetterlings ist. Es gibt zwei Arten solcher Puppen.

1. Ovale, rote, längliche Puppen, die an einem Ende langsam spitzer werden und aus 6—7 Ringen bestehen. In diesem Ei ist ein sonderbarer Falter, der nach erlangter Reife das breite Ende des Kokons durchbohrt und davonfliegt. In solche Kokons verwandeln sich die Seidenraupen und auch einige andere Raupen.

2. Menschenähnliche Puppen, die einem Kinder-Antlitz mit Mitra und zwei Hörnern ähneln. Der Leib besteht aus 8—9 Ringen. Der Körper endet ganz spitz, beinahe wie in einem Schwanz und kann nach vorn und hinten bewegt werden. Auf der Vorderseite sind je zwei Höcker oder Warzen auf den einzelnen Segmenten, im ganzen bis zu 14 Stück. Ihre Farbe ist verschieden: golden, oder gelb oder grün mit goldenen Tupfen; rot oder silbern oder weiß an den Seiten, sonst rötlich und mit schwärzlichen Punkten und Strichen. Diese werden von den Raupen an Mauern und Bäume angeheftet und infolge der Sonnenstrahlen werden aus ihnen die Schmetterlinge ausgebrütet, die über die Kohl- und andere Pflanzen dahinfliegen, sie zerstören und mit ihren Eiern beschmutzen. Davon entsteht dann im August und September eine solch große Menge von Raupen, daß oft ganze Kohl-Felder abgefressen werden und nur die kahlen Stengel übrig bleiben.

B l a t t a f r u m e n t a c e a [Tenebrio molitor L.] Ein Meel-Wurm. Dies ist ein länglicher, schmaler, gelblich glänzender, 12-gliedriger Wurm. Der Schwanz endet in zwei ganz kurze Haare. Der rotbraune Kopf ist sehr klein, mit zwei schmalen Antennen an der Seite. An der Unterseite der folgenden drei Ringe sind jederseits drei Beine, mit denen er sich fortbewegt. Er findet sich in Mühlen und Bäckereien, da er sich von Mehl nährt. Die Nachtigallen fressen sie sehr eifrig.

B l a t t a e c a r n i v o r a e [Dermestes lardarius L.] Fleischschaben, Fleisch-würme. Die sind den vorigen ähnlich segmentiert, aber viel kürzer und schmäler. Sie haben ebenfalls sechs Beine. Sie sind vorne dicker und werden nach hinten zu langsam schmäler bis zu dem spitzen Körperende. Sie entstehen in altem Salzfleisch und sind zuerst weiße Würmer, später ganz behaart mit abwechselnd rötlichen und gelben Ringen. Der Bauch ist stets weiß. Sie lösen das Fleisch so völlig mit ihren Zähnen von den Knochen, als ob es mit dem Rasiermesser abgehoben wäre.

B l a t t a e f o e t i d a e [Rhynchota heteroptera?, vielleicht Pyrrhocoris.] Erd-Schaben. Schlecht riechende Insekten mit spitzem Hinterende und einem Ge-stank ähnlich der Bett-Wanze. Sie sind braun mit rötlichen Füßen und An-tennen und finden sich auf Wiesen und Äckern. Sie besitzen dieselben Heil-kräfte wie der Buprestis. Sie heilen, in Öl abgekocht, Ohrenschmerzen und werden auf Warzen aufgelegt.

B o m b y x d o m e s t i c u s [Bombyx mori L.] eine kurze, gute Beschreibung.

Bombyx silvestris [Der letzte Absatz geht vielleicht auf die Nonne.].
Eine ähnliche Verwandlung kann man im Sommer an gewissen grünen Raupen
beobachten. Wenn sie erwachsen sind, schließen sie sich in einen zarten weißen
Kokon ein und verpuppen sich. Es entstehen hieraus verschiedenfarbige Schmetterlinge oder manchmal weiße, stark behaarte, wie mit weißem Mehl bestäubte,
die der Necydalis nicht unähnlich sind. Sie haben einen dicken, schwarzglänzen-
den Leib und legen nachher umfangreiche Eihaufen an Baumblätter oder an
Mauern, die wie mit weißer oder gelblicher Wolle besprengt oder in diese einwickelt sind.

Bruchus   Hoepling. Er ist eine kleine schwarze Heuschrecke mit grauen
Elytren unnd roten Flügeln.

Cantharis [Lytta vesicatoria L.] Spanische Mücke oder Fliege, Mailän-
discher Käfer, Goldwürmlein. Dies ist ein scheidenflügeliger länglicher Käfer
von goldgrüner Farbe, der in den Getreide-Feldern frißt. Sie entstehen aus
raupenähnlichen Würmchen, die ihrerseits aus dem Saft stammen, der an den
Blättern der Esche, Pappel und des Weizens klebt. Sie kopulieren und gebären
auch gelegentlich, bringen aber keine Käfer, sondern Würmchen hervor. Bei uns
sind sie nur selten gelegentlich auf den Getreide-Feldern, vereinzelt auch an
Esche, Pappel und Weide, deren Laub sie zu fressen pflegen. Dieses Jahr
waren sie sehr zahlreich. Man glaubt, daß sie in jedem 7. Jahr stärker auftreten. [Folgt medizinischer Gebrauch.]

Cantharis formicaria latior [Cetonia aurata L.]. Ein Goldkäfer in
Omes Hauffen. Er ähnelt dem Maikäfer, ist aber kürzer und hat einen kleinen
Kopf. Seine ganze Oberseite ist grünlich golden und vorne sind 6 behaarte
kupferrote Beine. Er entsteht in Ameisenhaufen aus einem weißen, behaarten,
segmentierten Wurm, der länglich und ungefähr von der Dicke eines kleinen
Fingers ist. Er ist dem Engerling ähnlich. Die Puppe verbirgt ihr Leben in
einem harten, ovalen Kokon, von der Größe einer Olive; dessen Oberfläche ist
innen glatt und außen etwas rauher. Er besteht aus Erde, Harz und Grashalmen.
Im August verwandelt sich die Puppe in einen Käfer, der den Kokon durchbricht und die leere Hülle zurückläßt.

Seine medizinische Kraft ist wie die des vorigen Käfers: scharf und
brennend. [Es folgen 12 andere „Cantharis"-Arten.]

Cicada terrena [= große Cicada ssp.]. Land-Zikaden gibt es bei uns
nicht.

Cicindela [Phansis sp.] Ein geflügeltes Insekt, das den Canthariden ähnlich ist. Der kleine Kopf ist dunkelschwarz und in zwei Höcker aufgeteilt. Die
Augen glänzen wie schwarzer Teer. Der Hinterleib ist in viele Segmente geteilt.
Auf seiner Mitte leuchten des Nachts und in der Dunkelheit, aber nicht am
Tage, zwei weiße Flecken. Des Tags wird das schwache Licht von dem stärkeren Tageslicht für unseren Gesichtssinn verdeckt. An Sommer-Abenden sieht
man sie an Wiesen und Wegen.

Cimices lectularii [Cimex lectularius]. Dies sind kleine, rote, flache
Würmchen, die in Betten und Wänden entstehen. Sie stinken sehr und stinkende
Tiere sollen auch aus den feuchten Ausdünstungen höherer Tiere entstehen. ...

Cimices hortenses [Heteropteren? Larven]. Geilen vulgo Garten
Wantelen. Sie ähneln der Bett-Wanze, sind aber viel größer und teils grün, teils
gelblich oder rötlich, aber wie diese stinkend. Sie kriechen auf Früchten und
Kräutern herum, von denen sie sich nähren.

Cossus [Cossus cossus-Raupe.]. Holzmade, Holzwurm. Ein vielfüßiger,
fingerlanger, dicker, weißer Wurm, der einer Raupe ähnlich sieht und auf dem

Rücken bis zum Schwanz eine deutliche Längslinie aufweist und mehrere Einschnitte hat. Sein schwarzer Mund besteht aus zwei gegeneinander gekrümmten Zähnen. An den Seiten hat er kastanienbraune Flecke. Er entsteht im morschen Holz von Baumstümpfen. Er mästet sich aus dem morschen Holzmehl, von dem er umgeben ist. Er heilt alle Geschwülste. ...

C r a b r o [Vespa crabro] gute Beschreibung.

C u l e x [Culiciden]. Ein Geschlecht kleiner Fliegen. Ihr Körper ist sehr klein, ihr Hinterleib fast ganz leer. Ihre Beine sind sehr lang, ihre Zunge ist röhrenförmig und zum Saugen und Stechen eingerichtet; besonders sind sie auf Menschenblut aus. Mit Hilfe des Rüssels führen sie einen sehr zarten und weichen Stachel durch die Haut bis auf die Knochen ein und saugen das Blut. Es gibt verschiedene Mücken-Arten.

C u l i c e s a r b o r u m [Aphidae: z. B. Tetraneura ulmi auf Ulmus] Baum-Mücken. Diese Mücken entstehen aus dem Frühlings-Saft, das ist irgend ein Speichel [= Honigtau] vieler Bäume wie Hollunder, Esche u. a., ebenso in den Blasen der Ulmen.

C u l i c e s f i m e t a r i i [kleine Borboriden etc.] Kleine Mist-Mücken. Sie entstehen aus dem Mist oder aus seinen faulenden Dämpfen. Wenn sie in Schwärmen um die Misthaufen herumfliegen, nimmt das Volk dies als Vorzeichen einer Wetter-Änderung.

C u l i c e s p a l u s t r e s [Chironomiden] Wasser-Mücken. Zuerst leben sie als kleine Würmer im Schlamm von Gewässern und verbringen dann ihr Leben als Mücken in der Luft.

C u l i c e s v i n a r i i [Drosophila ampelogaster] Essig-Mücken. Dies sind ganz kleine Mücken, die aus haarförmigen Würmern in altem Essig entstehen. Sie rühren nichts Süßes an und werden von bitteren Substanzen angezogen.

C u r c u l i o [im Text nur: Getreide-Motte; aber wie aus den Volksnamen hervorgeht, hat Schwenckfeld auch an Calandra granaria gedacht.] Kornwurm, Kornkäfer, Kalender. Dieser Wurm frißt die Getreidekörner, besonders Weizen, Siligini und Gerste, leer. Er entsteht in den gedroschenen Körnern, die er anfrißt und vernichtet, aus der Außenwärme und derjenigen, die durch Fäulnis aus dem Schmutz gebildet wird, sowie aus dem Überfluß süßer Säfte. Er verwandelt sich dann in eine Puppe, aus der eine kleine Motte entsteht, die man Getreide-Motte nennt; Aldrovandi erwähnt sie als Weizen-Motte. Sie wird vertrieben durch den Geruch von Zwiebeln, Schwefel ... sowie durch häufiges Umlagern des Getreides, bevor es zu faulen anfängt. Wenn aber der Kornwurm schon eingeboren ist, nützt alles wenig, wenn man nicht die befallenen Früchte ganz ausliest.

C u r t i l l a [Gryllotalpa gryllotalpa L.] Werre, Twäre. Der Name kommt von dem hohen, weithin hörbaren Ton her, den sie im Sommer besonders zur Nachtzeit von sich gibt. Es ist ein eierlegendes Insekt aus der Familie der Grillen, so lang und so dick wie der Goldfinger. Die vordere Hälfte gleicht einem Flußkrebs, die hintere einer Grille. ... Dieser Schädling ist besonders in Gersten- und Leinenfeldern häufig, die er nach Art der Maulwürfe durchfurcht und verwüstet. Den Bauern ist er verhaßt. Das geflügelte Tier zieht Furchen, wenn es in der Erde kriecht. Die Wurzeln frißt es gänzlich auf und ebenso die Rinde vieler Gewächse. Sein Nest baut es in der Erde. Die Eier sind gelblich. Es ist stimmbegabt, besonders in der Nacht. Im Frühjahr geben die Bauern auf seine Stimme gut acht, da sie selten die Gerste dem Boden anvertrauen, bevor er zirpt. Die Wiedehöpfe fressen sie und füttern ihre Jungen mit ihnen. Der Kopf, um den Hals getragen, heilt Fieber.

Dipsaci vermiculi [Maden in Weberkarden]. Dies sind weiße, geringelte Würmer, die sich nach Aldrovandi in Raupen verwandeln.

Eruca olerum [Pieris-Raupe etc.] Raupe, Kraut-Raupe, Gras-Wurm. Dieser allgemein bekannte Wurm ist lang und weich, besitzt viele Füße. ... und ist vielfarbig. Die Raupen entstehen entweder aus den Ausscheidungen der Gewächse bei großer Luft-Feuchtigkeit und aus lauwarmer Fäulnis oder aus Schmetterlings-Eiern. Zumeist im August schlüpfen sie aus den Puppen und legen weißliche bis gelbe, hirsekornähnliche Eier an die Kohl-Pflanzen. ... Es gibt fast soviel Raupen, als es Pflanzen-Spezies gibt. Einige sind groß, andere mittelgroß und andere klein. Sie sind glatt, haarig, zottig, stachelig etc.

Bekämpfung: Ende Herbst oder Anfang Februar muß man die Raupen-Nester in den Baumgipfeln abschneiden und verbrennen. Im August muß man die von den Faltern an die Kohlgewächse abgelegten Eier mit den Fingern zerdrücken oder absammeln, bevor die jungen Raupen schlüpfen. Die geschlüpften Raupen sammle man täglich in ein Tongeschirr und verbrenne sie oder ertränke sie in Wasser. Andere schütteln den Kohl und die Bäume nach Regenfällen frühmorgens, damit die Raupen abfallen. Sie sagen, diese würden nicht wieder heraufkriechen. ... Einige halten es für sicher, daß ein vergrabener oder auf den Zaun gesteckter Pferdeschädel die Raupen vertreibt. Räuchern von Fledermauskot mit Teer oder Schwefel; ... Spritzungen mit Absinth-Abkochungen; ein in der Mitte des Gartens aufgehängter Flußkrebs.

Formica. Sie ist ein kleines, flüchtiges und fleißiges Tierchen, das keiner Herrschaft untertan ist. Ihr Körper ist schmal und länglich und aus ihrem Kopf ragen zwei Antennen oder Fühlfäden hervor. Die Augen sind seitlich gelegen, schwarz und so klein, daß man sie kaum sehen kann. Zwei gegeneinander stehende spitze Zähne bilden eine Zange, mit der sie die Nahrung ergreifen. Aus ihrer kleinen Brust entspringen sechs Beine. Der Leib ist dicker. Die Teile dieses Tierchens sind so klein, daß wir den Ärzten zustimmen müssen, daß ihr Körperbau noch nicht bekannt sei. ... Die Ameisen kopulieren im Winter. Sie gebären einen kleinen, freien Wurm, der aus einem kleinen, runden Würmchen zu einer länglich-zylindrischen Puppe heranwächst, aus der an einem genügend warmen Orte die Ameise entsteht. Ihr Ursprung fällt in das Frühjahr. Wenn man ihre Puppen verstreut oder von ihrem Orte bewegt, sammeln die Ameisen sie sofort wieder und legen sie in ihre Nester...

Formicae aliae.   ⎰ ungeflügelt ⎰ kleine ⎰ rote
Andere Ameisen   ⎱   ⎱ große oder Herkules-Ameisen ⎱ schwarze
                           ⎰ geflügelte

Formicae Herculaneae [Camponotus herculaneus] Große Ros-Ameissen. Ihr Petiolus [= Isthmus] ist sehr klein; sie sind länglich und schmal, von roter Farbe; ihre Beine sind dick. ...

Formicae Alatae [Geflügelte Ameisen]. Wenn die Ameisen alt werden, bekommen sie Flügel. Die Natur will sie über ihre Dummheit durch die Gabe des Fliegens trösten. Aber sie leben nicht mehr lange, nachdem sie Flügel bekommen haben. (Cardanus.)

Fullo [Forficula auricularia] Ohrling, Ohrwürmle. Ein länglicher, flacher, ungeschickter Wurm von kastanienbrauner Farbe, dessen Schwanz in zwei Spitzen endet. Neben den Augen ragen Antennen gleich wie Erforschungsfäden hervor. Sie leben unter der Rinde von Bäumen. Sie erklettern die Bäume und fressen Birnen und Äpfel an. Gern schlüpfen sie in die menschlichen Ohren und können dort durch Weinessig, Wacholder-Öl und Bittermandel-Wasser abgetötet werden.

G r y l l u s   d o m e s t i c u s   [Gryllus domesticus] Hausheim, Heimling, Grille. Dies sind den Zikaden ähnliche, hellgelbe Heuschrecken. Unter den Augen ragen zwei Wimpern wie zwei zarte Härchen hervor. Von den sechs Beinen sind die hintersten die längsten. ... Zwei spitze, lange, borstige Anhänge gehen vom Hinterende aus. ... Im Winter sitzen sie an den Wänden der Kamine und Backöfen und werden durch ihr nächtliches Gezirp mehr als lästig. Trotzdem soll es Menschen geben, denen ihr Gezirp ein angenehmes Schlafmittel ist. ...

G r y l l u s   a g r e s t i s   [Gryllus campestris L.] Feld-Grille, Feld-Heime. Sie ist dicker als die Hausgrille und kürzer, von pechschwarzer, glänzender Farbe. Neben den großen vorgewölbten Augen entspringen zwei kurze Hörner. An ihrem Mund sind oben und unten zwei knotige Anhänge. Die russigen Flügel sind geädert. Von den sechs Beinen sind jederseits drei; sie sind dunkel und gezahnt. Am Hinterleibs-Ende ragen unter den Flügeln zwei spitze Stacheln und darunter zwei andere längere Anhänge wie starre Borsten hervor. Sie sind häufig auf Feldern, Wiesen und sonnigen, trockenen Hügeln. Sie graben in der trockenen Erde und verweilen den Sommer in diesen Höhlen. ...

L o c u s t a ,   Ein Hewschrecke. Die Heuschrecke ist ein schwach geflügeltes, nicht hoch fliegendes Feld-Insekt, das allen Kräutern und Saaten außerordentlich schädlich ist. Wie bei allen Insekten ist ihr Körper segmentiert. Sie hat jederseits zwei an der Schulter ansetzende Flügel; hiervon sind die oberen von einfacher Farbe mit schwarzen oder rötlichen Flecken, die unteren zart und weißlich. Sie sind breit ausholend wie ein Vogel-Flügel oder ein Schiffs-Segel; Vermittels dieser letzteren fliegt sie. Dicht unter dem Rücken ist eine Membran gespannt, vermittels der sie zirpen. ... Den langen und weichen Hinterleib bewegen sie kutschierend und ausdehnend anstelle der Lungen, um Luft zu schöpfen. Bei der Kopula sitzt das Männchen auf dem Rücken des Weibchens. Das Männchen steckt zwei spitze Vorsprünge seines hintersten Körperendes unter Beugungen und Drehungen des Körperendes in die weiblichen Genitalien hinein. [Die genaueren Vorgänge bei der Kopula werden sehr gut beobachtet und beschrieben.] Die Ei-Ablage erfolgt an ebenen und spaltigen Orten. Die Eier überwintern und im nächsten Frühjahr kommen die jungen Heuschrecken hervor. ... [Gute, sachliche Beschreibung.]

M i d a s   [Grapholitha spec.] Bohnenwurm. Dies ist ein Wurm aus der Familie der Motten, der in den Saubohnen entsteht und sie verzehrt.

M u s c a   [Musca domestica, Stomoxys calcitrans etc.] Fliege. Ein zweiflügeliges Insekt, das zur Genüge bekannt ist, an die Speisen fliegt und nur schwer von da vertrieben werden kann. Die Fliege hat einen röhrenförmigen vorstehenden Rüssel, mit dem sie schmeckt und die Speisen aufsaugt. Sie hat sechs Füße und harte schwache Augen. Sie kopulieren wie andere Insekten, erzeugen aber keine Fliegen, sondern Würmer. Sonst entstehen diese aus feuchter oder trockener Fäulnis. ... Die verschiedenen Fliegen unterscheiden sich an Größe, Gestalt und Färbung.

M u s c a   i n f e c t o r i a   [Calliphora erythrocephala Mg.] Schmeiß-Fliege. Sie ist größer als die Haus-Fliege, dunkelblau und surrt und brummt gewaltig. Sie berührt das Fleisch mit der ausgezogenen Legeröhre, aus der die kleinen Würmchen kommen, die man gewöhnlich Maden nennt.

M u s c a   v i r i d i s   [Lucilia caesar L.] Eine grüne Fliege. Sie ist der Hausfliege an Größe und Gestalt ähnlich, aber von smaragdgrüner Farbe.

Musca grandior oculata [Odonata] Pfaffe, Wildpferd, Kamel, Wassermann, Wasserweib, Wasserpfarr. Dies ist eine vierflügelige, große Fliege. An dem mächtigen, runden, glänzenden Kopf befinden sich jederseits zwei stark vorgewölbte Augen. Brust dick und kurz. Leib schlank und schmal, in zwei Spitzen endigend. Vier behaarte Beine. Die vier Flügel sind lang, kräftig und reich an Adern. Sie kopulieren wie die Fliegen. [Folgt Beschreibung von 7 Libellen-Spezies nach Farben.]

Musca caudata [Perla spec.] Eine Schwantz-Fliege. Eine größere, graue Fliege mit schmalem, länglichen Hinterleib, aus dessen Ende zwei Lange, haarförmige Schwanzanhänge hervorkommen.

Papilio [Lepidopter] Zwiespalter, Pfeiffholter, Molkendieb, Sommervogel und schlesisch Pürke. Ein geflügeltes Insekt mit breiten, langen und verschiedenfarbigen Flügeln, das sehr dumm ist. Es hat vier häutige, trockene und wie mit Asche bestaubte Flügel. Vor den Augen ragen zwei kraftlose, längliche Antennen hervor.

Wenn die Raupen herangewachsen sind, so bewegen sie sich nicht mehr und verwandeln sich in Puppen. Lange nachher durchbrechen sie die Puppenhaut und heraus kommt der geflügelte Schmetterling. [Folgt Schilderung von Pieris brassicae wie bei Raupen, ferner werden nach der Zeichnung eine Reihe Falter beschrieben: Gonopteryx rhamni, Vanessa sp., Aporia crataegi (?) etc.].

Papilio ignavus [Galleria mellonella] Zwiefalter, der des nachts umbfleugt. Ein kleiner, grauer oder dunkler Falter, der an die Lampen fliegt und sich dort verbrennt. Er ist den Bienen schädlich, da er ihre Waben mit seinem Kot beschmutzt, aus dem nachher wieder Motten geboren werden.

Pediculi [Läuse und Mallophagen] Leuse. Das sind Würmer auf dem Kopf und Körper des Menschen und der anderen Tiere, die aus den feuchten und fauligen Ausdünstungen in der Haut entstehen. Männer haben sie weniger als Knaben und diese weniger als Weiber. Auch Vögel wie Pfau, Gans u. a. haben Läuse und überhaupt gibt es kaum Tiere, die frei von ihnen sind.

[Kopfläuse = P. communes, Houbtläuse; Filzläuse = P. ferales, Filtzleuse; Kleiderläuse = Obambulatorii, Haderleuse; Nissen = Lentes, Niesse, Liense; Milben = Cyrones, Liessen.]

Pulex [P. irritans] Floh, Flog entsteht aus trockenem Staub. ....

Pulex terrestris [Halticidae] Ein Erd-Floh. Sie sind dem gemeinen Floh ähnlich und entstehen aus trockenem Schmutz. Im Frühjahr richten sie in den Gärten großen Schaden an, da sie die zarten Kohl-Pflanzen und die Schößlinge anderer Pflanzen befallen. Durch Kalk, Asche, Absinthabkochungen etc. werden sie vernichtet.

Pygolampis [Naucoris?] Gleisling (schlesisch), Wasser-Käferlein. Er ist so groß und ähnlich wie eine Wanze. Seine sechs Beine sind rötlich, seine schwärzliche Scheide schimmert in der Sonne grün. Auch seine Flügel glänzen, aber nicht gänzlich. Der letzte über den Schwanz hervorragende Teil der Flügel leuchtet nämlich, wenn er durch das Wasser huscht, wie Quecksilber. Man findet ihn an der Oberfläche und in der Tiefe von Sümpfen und Gräben, die er mit wunderbarer Schnelligkeit durchquert. Er dient vielen Wasser-Vögeln zur Nahrung.

Scarabaeus [Coleoptera partim] Käfer, Keifer. Dies ist eine Familie (genus) von Insekten, mit zarten Flügeln und schützenden, harten Deckflügeln darüber. Plinius scheint unter dem Namen Scarabaeus alle scheidenflügeligen Insekten zu verstehen. Es gibt viele Arten: große und kleine, gehörnte und ungehörnte, schwarze, graue, gelbliche, rötliche, bläuliche etc. Sie nähren sich von trockenem Holz, Getreide und dem Mist der Haustiere.

S c a r a b a e u s c o r n u t u s [Lucanus cervus L.] Gehörnter Käfer, Schröter. Er ist der größte von allen Land-Käfern und 5—6 Fingerbreiten lang. Der viereckige Kopf, die Brust und die Bauch-Unterseite sind dunkelrot, die Deckflügel kastanienbraun, seine verästelten und gezähnten Hörner glänzend rot. Die beiden seitlich vorstehenden Augen sind dunkelrot. Zwischen ihnen und den Hörnern ragen seitlich zwei kleine Hörner wie Antennen hervor. Das Maul ist spitz, gelblich behaart und trägt jederseits zwei kleine Anhänge. Die Enden der sechs schwarz glänzenden Beine sind wie gesägt und ganz am Ende mit kleinen Krallen besetzt. Die Hörner können an ihrem Ende zusammengekniffen werden. Der Schröter entsteht aus dem trockenen Holz besonders von Eichen und vermehrt sich teilweise auch durch Befruchtung. Er lebt in Eichen-Wäldern im Mai und im Sommer. Wenn man ihm den Kopf abreißt, so leben Kopf und Körper beide weiter, der Kopf aber länger. In Öl wird er gegen Ohrenschmerzen verwandt und die Hörner hängt man kleinen Kindern gegen das Bettnässen um den Hals.

S c a r a b a e u s p i l u l a r i u s [Geotrupes stercorarius L.] Roß-, Pferd-, Mist-Käfer: Sein breiter, massiger Körper ist glänzend dunkelblau. Der flache, oben und unten etwas gewölbte Kopf hat zahlreiche kleine Zierate. Jederseits ragen zwei kleine Antennen hervor, die an ihrem Ende in viele feine Fäden aufgeteilt sind. Die Vorderbeine sind an ihrem Ende gesägt. Er hat nur Männchen und bringt seine Nachkommenschaft ohne Weibchen zur Welt. Er wälzt aus Mist bereitete große Kugeln mit den Füßen bei abgewandtem Gesicht und legt seine kleinen Würmer zum Schutz gegen die Winterkälte in diese hinein.

S c a r a b a e u s u n c t u o s u s [Meloe] Schmaltz-, Erd-Käfer, Meylander, Meyling, Meywurm. Er ist ein dicker, länglicher, weicher Käfer von dunkelblau glänzender Farbe. Sein Kopf ist fast rund und neben den Augen ragen die stark segmentierten Antennen hervor. Sein Hals (isthmus) ist schmal, der Hinterleib länglich, segmentiert und spitz endigend. Die Deckflügel sind glänzend und gebogen. Die sechs Beine haben an ihrem Ende zwei Haaranhänge oder drei Furchen. Im Mai und Juni trifft man sie in Wäldern und an Wegen. Wenn man ihn in die Hand nimmt, beschmutzt er diese mit einer fettigen gelblichen Flüssigkeit. Medizinisch ist er den Kanthariden ähnlich ...

S c a r a b a e u s r u t i l u s m a j o r [Melolontha vulgaris L.] Meyen-Käfer, Weiden-Käfer, Creutz-Käfer. Ähnelt dem Roß-Käfer, aber er ist länger und von roter Farbe. Sein Kopf ist manchmal rot und manchmal schwarz. Im Mai ist er häufig an Weiden, Birken und Eichen, deren junges Laub er oft gänzlich auffrißt.

S c a r a b a e u s b u f o n i u s [Carabus auratus L.] Krotten-Käfer, Goldgrüner Käfer. Ein großer, hinten spitzer, dunkelgrüner Käfer mit kleinem schwarzem Kopf, der rund wie eine Gurke ist. ... Neben dem aus zwei spitzen, gegeneinander gekrümmten Zähnen gebildeten Mund sind vier kleine Anhänge. ... Auf den Flügeln befinden sich erhabene Längsstreifen. ... Er lebt auf der Erde, an denselben Orten, wo es viele Kröten gibt, und das Volk meint, daß er mit diesen kopuliert. Auch ist er giftig. [....]

S c a r a b a e i p i s t r i n a r i i [Tenebrio molitor] Meel-, Mül-Käfer. Längliche Käfer mit zarten Antennen und sechs Beinen. Sie sind ganz schwarz und vorne dunkelrot. Sie entstehen aus feuchtem Mehl. Sie sind oft ganz weiß, mit Mehl bestäubt und sind besonders in Mühlen und Bäckereien häufig.

S c a r a b a e u s c a d a v e r o r u m [Dermestes lardarius L.] Aas-Käferlein, Aas-Würmlein. Ein ganz kleiner, schwarzer Käfer mit weißen, querverlaufenden Rückenbinden. Er entsteht in trockenen Kadavern und altem Rauchfleisch. Wenn man ihn mit dem Finger oder sonstwie berührt, so springt er wie ein Floh davon.

S c i n i f e s [Culiciden] Nacht-Mücken. Sehr kleine, durch ihre Stiche lästig fallende Fliegen. Sie verfolgen das Vieh und den schlafenden Menschen mit ihren Stichen sehr. Deshalb hängen die Vornehmen und empfindliche Leute Netze um ihre Betten, um vor ihnen geschützt ruhig schlafen zu können.

S p o n d y l i s [Engerling] Wirtel-Made, Engerlin. Eine lange, fingerdicke Raupe mit rotem Kopf und gelblichem Körper. Vorne hat sie jederseits drei ganz kleine Füße. ... Sie ist eine Pest der Gärten. Sie liegt in der Erde in der Nähe von Pflanzenwurzeln, die sie völlig abfrißt. Die Fischer benutzen sie als Köder.

T a b a n u s [Tabanus sp.] Bräme, Roß-Bräme, Roß-Fliege. Fast so groß wie eine Hornisse, aber mit dickerem Körper. An dem schwarzen Kopf sind vorne zwei dunkelrote Antennen. Augen sind nicht zu erkennen. Außer dem Stachel sind am Munde noch zwei kleine Anhänge zu erkennen. Die Brust ist oben dunkelfarbig, unten gelb behaart und trägt die sechs gelblichen Beine mit ihren schwärzlichen Füßen. Der stumpfe segmentierte Hinterleib ist schwarz mit gelb ringförmiger und dreieckiger Zeichnung. Die häutigen Flügel sind leicht bräunlich. Sie sind große Fliegen, die dem Großvieh im Sommer durch ihr Stechen sehr lästig sind.

T i n e a e [Tineola biselliella Humm.] Schaben, Motten, Riet-Maden. Sehr kleine, weißliche Würmchen, die an Kleidern, Papier, Büchern etc. fressen. Sie entstehen aus dem Schmutz oder aus dem Tau oder aus dem Kot der Schmetterlinge. Besonders häufig sind sie in Leinen-Kleidern, in Fellen von Schafen, die der Wolf gebissen hat, und von Verstorbenen. Motten gibt es auch in Äpfeln, Birnen, Wurzeln, einigen Kohl-Gewächsen, Bedegoar, Gallen und Bienenstöcken. Von Bitterem und stark Riechendem werden die Motten ferngehalten: so von Lorbeer- oder Zypressen-Blättern, Absinth, Lavendel-Blüten. ...

T i p u l a a q u a t i c a [Gerris oder Velia] Wasserspinne. Ein kleines, leichtes Wasser-Insekt von der gewöhnlichen Spinnen-Farbe, sonst einem Käfer ähnlich. Sein Körper ist abgeflacht. An dem kleinen Kopf ragen nach vorn zwei kleine Zangen nach außen und zwei kleine Augen. Anstelle der Flügel hat es zwei zarte Häutchen, die von derberen, dunkelfarbigeren bedeckt werden. Am Schwanz ist ein doppelter aber ungefährlicher Stachel. In der Mitte des Bauches verläuft eine schwarz glänzende Längslinie. Mit den sechs Beinen wissen sie schnell und trockenen Fußes über die Oberfläche des Wassers dahinzueilen, als ob sie auf dem Lande wären. Im Sommer in Sümpfen und Tümpeln.

V e s p a [2 Species] ... Wespe. Gute Beschreibung

V o l v o x [Byctiscus betulae L.?] (= Convolvulus) Dies ist ein Wurm, der die Weinstöcke befällt und ihre keimenden Knospen. Er entsteht bei Südwinden aus der Fäulnis des überflüssigen, ausgeschiedenen Traubensaftes.

X y l o p h t h o r u s [Phryganiden-Larve] Holtz-Wurm, Kärder, Kärderle. Eine längliche, graue Raupe, die in einem aus Grashalmen zusammengesetzten Köcher eingeschlossen ist. Den Kopf mit zwei kurzen Antennen und sechs Beine zeigt es außerhalb des Köchers; der übrige Leib ist im Innern verborgen und oben und unten mit weißen Borsten besetzt. Vermittels der letzteren hängt sie sehr fest mit dem Köcher zusammen, falls man sie mit Gewalt herausziehen will. Sie trägt diesen Köcher mit sich, wohin sie immer geht.

Sie verwandelt sich in eine Puppe und daraus in einen Falter. Sie entsteht in fauligen Hölzern an oder in Flüssen. Die Fischer sammeln sie als einen gierig angenommenen Fisch-Köder.

„Diese Bemerkungen über die Insekten mögen genügen; denn es wäre vergebliche Arbeit, alle Arten derselben einzeln aufzuzählen, deren Zahl sich in Worten garnicht ausdrücken läßt. ... In ihren kleinsten Schöpfungen ist die Natur am größten und in den Insekten am kunstvollsten.“

Joh. Bauhin.

Ungefähr um dieselbe Zeit fallen die Studien des Mömpelgarder Arztes Joh. Bauhin über die Natur eines in seiner Heimat gelegenen Bades (Bolles) (1598). Der entomologische Teil ist zwar nur auf einen kurzen Zeitraum beschränkt und als ganzes nicht besonderer Anerkennung wert, aber er ist doch typisch für eine Zeit, die begann, Original-Beobachtungen zu schätzen. Sein kleiner illustrierter Abschnitt über die Insekten dieses Bades lautet:

Lib. IV. cap. 3. Über die Tiere, d. h. die Insekten, Fische, Vögel und Vierfüßler.

„Viele Insekten bieten sich täglich den Blicken der Beschauer dar, die entweder ganz neu sind, oder die man doch zuvor nicht beobachtet hat. Ich habe, soviel mir meine übrigen Geschäfte Zeit ließen, mich drei Monate hindurch damit beschäftigt und ich bilde hier die gefangenen Tiere ab, was ich von den bloß gesehenen leider nicht konnte.

Fig. 82.
Probe aus Bauhin's Fauna bollensis. (1)

Apis Biene. Lonicerus lib. 2. In Boll. gibt es Bienenschwärme und Bienenstöcke. In den Dörfern zwischen den Klöstern Alberspach und Rotenburg habe ich gesehen, daß die Bauern ihre Bienenstöcke einzeln aufstellen und mit langen Strohhalmen bedecken.

Vespae Wespen. Mitte Oktober sah ich eine Hornisse. (Lonic. lib. 2) Eine kleine Hummel; Musca Fliege (Lonicer. lib. 2) minor; M. major; Hornuß das ist eine große Fliege, die beißt (= Oestrus, französ. taban) [Tabanus].

Papiliones mittelgroße gelbe.

Papiliones große weiße [Pieris].

Papiliones kleine graue, die im Oktober in das Schlafzimmer fliegen.

Papiliones kleine weißliche Schmetterlinge mit zierlichem schmalem Körper.

Buprestis Knölster (Lonicer. 2) Goldkeffer [Cetonia aurata]. Ich fing einen solchen bei Kirchen am 24. Sept. 1596 und verschloß ihn. Er lebte bis zum 15. I. 97.

Cantharis auricolor. Ein goldfarbener Käfer mit goldenen Haaren bedeckt, dessen Kopf einen starken Gestank absondert. Er hat Hörner [Antennen] am Kopf und Beine wie andere ähnliche Insekten [Rhy. het.]

1 Käfer. Man könnte den folgenden Goldkäfer als Buprestis bezeichnen. Er hat jedoch eine veränderliche Farbe, je nachdem das Licht auf ihn fällt.

Cantharis guttata. Ein gefleckter Käfer, der sich bei Berührung wie eine Assel zusammenrollt.

Scarabaeus parvus. Ein kleiner, etwas abgeflachter Käfer mit roten, schwarz gefleckten Flügeln, denen Zeichnung einem menschlichen Gesichte ähnlich sieht. Einige nennen sie Herrgottshühner. In Kirchen im Oktober beobachtet.

Ein langer Käfer, schmal, braun bis schwarz.

Scarabaeus Roßkeffer. Der kleine abgebildete ist vielleicht jünger als der von Lonicerus 1. 2 abgebildete.

Scarabaeus majalis. Ein Meyenkeffer habe ich beim Ausheben eines Grabens am 7. Okt. bemerkt. [Geotrupes].

Meyländer und Schnaltzkeffer, schwarze lange Käfer mit dickem, schwarzem Hinterleib, die den Roßkäfern ähnlich sind. Sie sind gut für Wunden. Im Sept. in Eichelberg. [Meloe?]

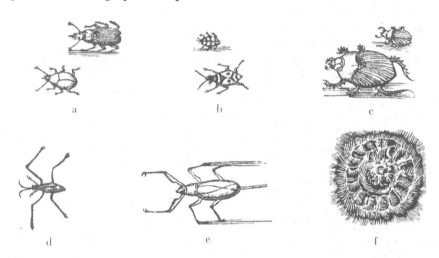

Fig. 83.
Abbildungen aus Bauhin's Fauna bollensis (2—7):

a. oben: Scarabaei genus.
   unten: Goldkäfer.
b. oben: Cantharis guttata.
   unten: Scarabaeus parvus (wohl Pyrrho coris).
c. ein großer und ein kleiner Roßkäfer.

d. Insectum parvum (Gerris oder Velia).
e. Nepa cinerea.
f. Die ersterwähnte Raupe.

Pavo aquaticus ist eine große schöne Fliege mit vier großen Flügeln und einem langen Körper, der mit verschiedenen Farben schön gewürfelt ist, und über dem Wasser fliegt. Ich sah ihn im August. [Libelle].

Ein kleines sehr flinkes Insekt mit drei Beinpaaren, von denen die vorderen die kürzesten und die hinteren eineinhalb mal so lang wie der Körper sind. Sie rennen mit staunenswerter Geschwindigkeit über die Wasseroberfläche dahin. Ihr Kopf ist sehr klein, am Munde haben sie zwei nach außen gebogene Hörner; zwei kleine Flügel bedecken den schwärzlichen Rücken. Der Bauch ist weißlich bis auf eine rotbraune Mittellängslinie. Ich habe sie im August auf dem Wasser beobachtet. Dies ist die Tipula. [Velia].

A r a n e u s   a q u a t i c u s Wasser-Spinne. Ihre Farbe ist die aller Spinnen. Sonst ist sie aber den Käfern ähnlicher. Sie ist abgeflacht und hat statt der der Flügel zwei Häute. Sie geht auf vier Füßen und mit zwei Zangen, die am Kopf entspringen, betastet sie ihren Weg. Der Schwanz ist mit einem doppelten, aber ungefährlichen Stachel bewaffnet.

E r u c a   h i r s u t a. Eine große, stark behaarte Raupe fing ich am 10. Sept. bei Eichelberg. Am 15. Jan. war sie noch sehr lebhaft, obwohl ich sie ohne Nahrung eingesperrt hatte. Ich habe sie auch am 16. Okt. 1596 gesehen. Sie ist rotbraun und an gewissen Teilen rötlich.

E r u c a   h i r s u t a   a l i a. Eine andere haarige Raupe, die aber ganz braun gefärbt war. Sie wurde gezeichnet, nachdem sie schon einige Zeit in Gefangenschaft war. Sie wurde in Eichelsberg am 15. Sept. gefangen und lebt, jetzt im Oktober, noch.

E r u c a   p u l c h r a. Eine schöne Raupe mit weißen Streifen, größer als auf der Abbildung, fing ich im Sept. in Eichelberg.

E i n   e i n e r   R a u p e   ä h n l i c h e s   I n s e k t von der Dicke eines kleinen Fingers, mit kleinem, rotem Kopf, rollt sich ein und kriecht auf der Erde. Dies Insekt ist den Wurzeln gefährlich, die sie alle auffrißt. Durch eine wunderliche Verwandlung bekommen sie Flügel wie die Schmetterlinge, und auch die geflügelten heben in der Erde Furchen aus. Dies ist die Werre, der Spondylis des Plinius und die Verticilla des Theod. Gaza. Ich habe sie im Okt. nahe an einer Quelle beim Ausheben eines Grabens gefunden. In Mömpelgard fand ich in einem Kasten, in dem ich verschiedene Samen ausgesät hatte, bis 100 Stück. [Engerling].

F o r m i c a e   m a j o r e s ,   m i n o r e s [Schnecken, Muscheln, Skolopender, Eidechsen, Schlangen, Spinnen.]

[Vögel, Fische und Säuger werden sehr gut beschrieben.]

Wer Zeit und Muße hat, wird außer den erwähnten sonder Zweifel noch viele andere Insekten entdecken."

Schon früher (1593) hatte sich Joh. Bauhin durch ein kleines Heftchen als interessierter Naturbeobachter erwiesen, über die „Insekten, deren Säfte oder deren Stich giftig ist, sowie eine Art Ufer-Aas", deren Auftreten er 1590 ausführlich beobachtet hatte. Anhangsweise berichtet F. V a l l e r i o l über die Heuschrecken-Plage 1553 in der Provence und F. P l a t n e r (1592) über Metamorphose, Biologie und Wanderzüge von Lepidopteren.

Arm nimmt sich neben diesen Proben das aus, was wir als älteste englische Lokalfauna ansprechen müssen. In H a r r i s o n s Description of Britain (1. Auf. 1577) finden sich folgende Insekten-Zitate:

p. 228. Fliegen haben wir mehr als nötig. Von Kerftieren haben wir viele Hornissen, Wespen, Bienen, etc. Die ersteren sollen aus toten Pferden, die zweiten aus Birnen und Äpfeln und die letzteren aus Kühen und Ochsen entstehen. Das kann richtig sein, sowohl inbezug auf die Hornissen und Bienen, die aber wohl nur aus gewissen Teilen, nicht aus den ganzen Kadavern entstehen, als auch inbezug auf die Wespen; denn wir haben keine Wespen, bis die erwähnten Früchte reif werden. Es ist ganz sicher, daß kein lebendes Wesen verfault, ohne ein anderes hervorzubringen. Das können wir an uns selbst bezüglich der Entstehung der Läuse beobachten und an der Unmenge von Fleisch-Fliegen, die aus unverbrannten Kadavern von Schafen hervorkommen. ... Die Heuschrecke ist ein gewöhnlicher Grashupfer. In der Berberei werden sie gegessen, trotzdem ihr Genuß das Leben durch eine verdrießliche und schmutzige Krankheit verkürzt. In Indien werden sie drei Fuß lang, in Aethiopien viel kürzer.

Leonhard Baldner.

Als eine wahre Perle haben wir das nächste Werk anzusprechen.

Kurz nach dem dreißigjährigen Kriege schrieb ein einfacher Fischer, aus einer alten Fischer-Familie in Straßburg, Leonhard Baldner (1612—1694) eine unserer ersten Lokalfaunen. Ohne großen Ballast an Vorlagen (Rondelet, Belon, Aldrovandi, Gesner), deren philologischen Wust er auch kaum zu benutzen verstand, beschrieb er die von ihm beobachtete Gewässer-Fauna der Straßburger Umgebung mit einer Lebendigkeit, die sich auf lebenslange originale Natur-Beobachtung stützt. 1646 begann Baldner aus gelegentlichen Beobachtungen seltenerer Vögel sein Buch zusammenzuschreiben und von ersten Straßburger Künstlern illustrieren zu lassen. Nach 20 Jahren, im Jahre 1666, gelangte das Buch dann zu einem gewissen Abschluß, doch sind Nachtrags-Notizen bis zum Jahre 1687 zu beobachten. Was er als Autodidakt ohne Literatur (nur Gesner erwähnt er gelegentlich) geleistet hat, bleibt für alle Zeiten bewundernswert. Das Werk ist eingeteilt in drei Bücher: 1. ein Vogel-Buch mit 62 Arten, 2. ein Fisch-Buch mit 38 Arten, das beste von allen, und 3. ein Tier-Buch mit 4 Säugern, 7 Amphibien, 6 Mollusken, 26 Insekten, 2 Hydrachniden, 4 Crustaceen, 1 Gordiide, 3 Hirudineae — zusammen 53 Arten.

Von den wenigen Handschriften, die in Straßburg, Kassel, London existieren, ist die Kasseler Handschrift (K. M.) bei weitem die vollständigste und schönste. Von diesem handkolorierten Prachtwerk geben wir anbei eine Probe. Die Abbildungen und Beschreibungen sind so treffend, daß eine Bestimmung fast stets möglich ist. Während Willughby und Ray ihn noch zu Lebzeiten der Aufnahme in ihre Werke würdigten, geriet er dann ziemlich in Vergessenheit, bis Reiber und Lauterborn ihn nachdrücklichst der Öffentlichkeit wieder erschlossen.

Was den spezielleren entomologischen Teil angeht, so steht er an biologischer Fülle und Artzahl unerreicht da. Dies wird am deutlichsten, wenn man sich die Wasserfauna Aldrovandi's oder Mouffet's vergegenwärtigt. Von seinen Beschreibungen mögen hier einige folgen:

20. Ein Krültzen oder Wasser-Mucken — Notonecta glauca L.

Sie schwimmen viel in den Lachen und fließenden Wassern, hängen den Kopf bisweilen unter sich und schießen so schnell wie ein Floh vorwärts. Den Winter laufen sie im Wasser, aber im Sommer habe ich sie im Juni fliegen sehen. Sie haben 6 Füße, darunter 2 lange, die zum Schwimmen gut sind. Auf dem Rücken besitzen sie schöne Farben, und wenn sie schwimmen, ist immer der Bauch oben. Sie suchen ihre Nahrung allein auf dem Wasser, denn sie schwimmen allzeit oben, und sobald eine Mücke ins Wasser fällt, so sind sie geschwind mit ihren Füßen und fangen sie, denn sie sehen immer über sich und nicht unter sich. Sie liegen ganz still, wo sie nicht vertrieben werden; ich habe selber gesehen, wie sie die Mücken fressen.

22. Ein Holtzzwerch — Larve von Anabolia laevis Zetterstedt (?).

Der Holzzwerg bekommt sein Häuschen, wenn er noch ganz klein ist. Ende April hängen sie ihren Laich an Wasserkräuter und werden Ende Mai lebendig und bekommen am Kraut die Hülse und bleiben bis zum Herbst daran hängen. Darnach beißen sie den Krautstengel, woran die Hülse hängt, ab und kriechen also mit dem Krautstengel auf dem Boden bis ins zweite Jahr. Dann hängen sie an die Hülse ein Stückchen Holz, damit sie sicher sind und ihre Nahrung auch suchen können.

XIV

Ein Grosse Meymuck.   Ein Schwartze Meymuck.   Ein klein Meymückel

Ein Erndmuck.   Ein klein Erndtmückel.

Ein Grosse Meymuck, diese steckt auch den Winter über in einer Hüls im Wasser
und gegen dem Somer, zu Endt deß Meyens, kommen die Hülsen wirumb auß dem Wasser,
und so die Sonn scheinet, auch die Hülsen trocken werden, schliessen die herauß. Ein Meymuck
muß 2 Jahr haben, ehe sie auß der Hülsen schliefft

Die Mittelgattung dieser Mucken, oder schwartze Meymucken genant, schliessen
auch also auß der Hülsen im Meyen, wie die andern.

Desgleichen die kleinen Meymuckln schliessen auch auß nach ihrer art, also wie die andere gattung.

Die weissen Erndmucker die grössere gattung, solche kommen auß dem Wasser im Somer,
und im Winter stecken sie im Wasser in den Hülsen, Im Somer in der Erend, so es warme
Nacht gibt, schliessen sie auß der Hülsen, und fliegen deren so viel mit einander wie ein
dicker Nebel, sindt eine Speiß der Fisch, die bleiben nicht lebendig biß morgen, sterben alle
in der Nacht. Es sind eben die Mucken als wie die Leuth meinen, sie sagen, es seye die Frücht
auß am Rasten gelegen, aber es geschicht nicht alle Jahr das sie außfliegen.

Es gibt auch gar kleine Erndmücklin, diese haben die natur oder art als wie die grossen,
schliessen auch auß in einer warmen Nacht, aber doch mit so viel als wie die andern.

Tafel aus der Handschrift von L. Baldner. (Original in der Kasseler Landes-Bibliothek).
[Im Original stehen Bilder und Text einander gegenüber als linke Seite (Text) und rechte Seite (Aquare'l).]

27. Ein gehler Pfaff — **Libellula depressa L.**

Solche wohnen im Wasser in den Hülsen, schlüpfen Ende April und legen die Flügel breit voneinander. Diese Gattung frißt May-Mücken und allerhand kleine Mücklein. Es gibt dieser Art etlicherlei Farben und dies ist die größte Art von den 4 Geschlechtern solcher Mucken oder Pfaffen. Sie leben nur einen Sommer und sind eine Speise der Vögel, sie tun keinem Menschen weder Leid noch Schaden. Sie fliegen auf den Wiesen und im Rohr an Gewässern. Die Jungen entstehen aus Eiern, die sie ans Kraut in Wasser legen. Diese Art hat etliche Farben, die Männchen sind meist blau, so viel ich gesehen habe, denn die blauen hängen immer auf den grünen.

29. Ein bloher Pfaff — **Calopteryx splendens Harris.**

Ein mittelmäßiger und blauer Pfaff, der gegen den Winter auch im Wasser in eine Hülse kriecht und im Frühjahr im Mai kommt er mit der Hülse wieder ans Land und schlüpft heraus, wenn die warme Sonne die Hülse trocknet. Es gibt dieser Art auch grüne Pfaffen. Sie hängen sich auch zusammen und paaren sich, Männchen blau, Weibchen grün. Ihren Laich legen sie Ende Mai an Wasser-Pflanzen und die Jungen schlüpfen in einem Monat. Sie bekommen gleich eine Hülse, aus der sie nach 2 Jahren schlüpfen und machen dann wieder Junge. Als Larven eine Speise der Fische, als Imagines der Vögel. Sie tun auch keinem Menschen weder Leid noch Schaden. Sie halten oder nähren sich von ganz kleinen Dingen. Es lebt keins länger als der Sommer, denn gegen den Winter wird keiner mehr gesehen.

31. Ein große Meymuck — **Ephemera danica O. F. Müller** (?)

Sie steckt auch den Winter über in einer Hülse im Wasser und gegen den Sommer, Ende Mai, kommen die Hülsen wieder aus dem Wasser und wenn die Sonne die Hülsen trocknet, schlüpfen sie heraus. Eine Maimücke muß zwei Jahre haben, ehe sie aus den Hülsen schlüpft.

32. Ein schwartze Meymuck — **Ephemera vulgata L.** (?)

Die Mittelgattung dieser Mucken — schwartze Meymucken, schlüpfen wie 31. im Mai aus der Hülse.

33. Ein klein Meymückel — **Potamanthus luteus L.** (?)

Desgleichen die kleinen Meymücklein schlüpfen auch aus nach ihrer Art (31, 32).

34. Ein Erndtmuck — **Polymitarcys virgo Olivier** (?)

Die weißen Erndmucken die größere Gattung. Sie kommen aus dem Wasser im Sommer und im Winter stecken sie im Wasser in den Hülsen. Im Sommer in der Ernd, wenn es warme Nächte gibt, schlupfen sie aus den Hülsen und fliegen derer so viel mit einander wie ein dicker Nebel. Sind eine Speise der Fische. Sie bleiben nicht lebendig bis morgen, sterben alle in der Nacht. Die Leute sagen, daß die (Mücken-) Frucht aus dem Kasten geflogen sei und es geschieht nicht alle Jahre, daß sie ausfliegen.

35. Ein klein Erndtmückel — **Polymitarcys virgo Olivier** (?).

Es gibt auch kleine Erndmücklein, ähnlich den großen, schlüpfen auch in einer guten warmen Nacht aus, aber nicht so viel wie die andern.

39. Ein Feuerstehler — **Sialis lutaria L.** (?)

ist eine lange Wassermücke, kriecht den Winter in eine Hülle und wird ein klein Knitzel genannt. Im Frühling schlüpfen sie aus der Hülse so schnell, daß man sich verwundert, wer es sieht und hängen sich in Haufen an die Schiffe unter dem Wasser und laichen 4 Fäuste große Haufen. Dieser Laich wird lebendig im Mai und gibt wiederum junge Knietzlein. Es kann ein Feuerstehler über 100 Junge machen. Im April schlüpfen sie in großer Zahl aus der Hülse. Ein Feuerstehler muß 2 Jahre haben, ehe er aus der Hülse schlüpft.

Nicht ganz auf derselben Höhe steht die „Schweizerische sonderbare Naturgeschichte" von J h. J a c. W a g n e r (1680), die nicht illustriert ist. Erfrischend wirkt an dem kleinen Büchlein, das die heimische Fauna natürlich bei weitem nicht erschöpft, die überall durchblickende Vertrautheit mit den beschriebenen Formen und ihren biologischen Gewohnheiten. Es ist ein richtiges Heimat-Büchlein, das die gesamte lebendige Naturwissenschaft seiner Zeit umfaßt haben mag. Es sind nur wenige Insekten berücksichtigt. Wir greifen zwei Schilderungen heraus.

Ein große Badermuck (Musca aquatilis aestiva major).

„Moufet und Johnston schreiben über dieses Insekt: Eine große sommerliche Wasser-Fliege (glafft genannt) ist bei Zürich im Mai häufig. Wir haben nur zufällig von ihr gehört und wünschten gerne von einem Bewohner von Zürich eine genauere Beschreibung.

Da also diese Fliege von niemand beschrieben ist, so will ich ihre Geschichte hier erzählen. Diese Fliege, die gegen Ende Mai in Zürich erscheint, ist schwärzlich, von länglicher Gestalt, blutlos und von weichem Körper. Ihr Kopf ist breit; vorne finden sich seitlich zwei kleine schwarze glänzende Augen; zwei gerade lange schwärzliche Antennen entspringen an der Stirn. Am Mund besitzt es vier Haare wie einen Schnurrbart. Der Hals ist breit und zart. Die Brust ist geflügelt. Der blaßgelbe Hinterleib zeigt 10—11 Segmente. Der Schwanz ist gabelförmig und zwei lange gerade schwärzliche Haare entspringen von ihm. Die vier Flügel sind glasartig, lang und trocken und leicht schwärzlich-schwarzbraun. Zwei Vorderflügel entspringen oben am Rücken, die Hinterflügel kurz vor dem Hinterleib. Am Ende der sechs Füße finden sich zwei kleine Krallen. Die Eingeweide bestehen aus einem einzigen einfachen sehr zarten Gang. Die Exkremente sind schwarz. Die Gesamtlänge ist die Breite zweier Finger. Sie lebt am Züricher See und dem Limat und fliegt mit erhobenem Körper.

Sie entstehen aus den größten Köcherfliegen-Larven (Phryganeo maximo, Groß Kerderlein Spul). Diese Phryganea ist das größte Wasser-Insekt mit einem mächtigen Hinterleib, der 9 Einschnitte hat und nur 6 Beinen. Ihre Augen sind groß. Auch Flügelansätze wenigstens sind sichtbar. Der Hinterleib endet in 3 kleinen Anhängen. Zunächst erbaut sie sich ihre cylindrische Wohnhülle aus Gräsern und dergleichen und kriecht so auf dem Grund der Gewässer herum. Später strebt ihr Geist höher; sie läßt dann ihre Hülle zurück und verläßt im Mai das Wasser und kriecht auf die Spitzen von Binsen, Kräutern und Felsen. Hier läßt es seine leere Haut zurück, breitet seine Flügel aus und fliegt davon. In der Luft verbringt sie ihr ferneres Leben. So wechselt dies Insekt nicht nur sein Lebenselement, sondern wird auch aus einem kriechenden zu einem fliegenden Tier. Nutzen bringt es niemand außer den Fischern, die es als Köder benutzen.

Maikäfer (Spondylus).

Der Inger oder Enger wird so genannt, weil er sich bogenförmig um die Wurzeln herumkrümmt. Die Größe dieser dicken Larve beträgt einen halben Finger. Ihr Kopf ist rötlich, der übrige Körper weiß und von oben etwas schwärzlich, wo man die aufgenommene Speise sieht. Keinerlei Wurzeln läßt sie unbeschädigt, sondern sie frißt an allen. In je 3 Jahren verwandeln sich diese Engerlinge in der Schweiz in die Maikäfer,. die massenweise aus der Erde hervorschlüpfen und im Frühjahr die zarten Blätter der Bäume auffressen." Der in seinen Augen lächerliche Akt einer Exkommunikation gegen die Maikäfer ist aus der Schweiz für den Bischof von Lausanne von vielen Historikern beschrieben.

Der Edinburger Arzt R o b e r t S i b b a l d, der Verfasser der im allgemeinen entzückend geschriebenen Schottischen Naturgeschichte (1684), widmet den Insekten nur ein kurzes Kapitel (p. 28—35), in dem 33 der häufigsten Arten nur sehr oberflächlich und ohne jede biologische Vertrautheit mitgeteilt werden.

Auch die Natural History of Stafford-Shire von R o b e r t P l o t (Verwalter des Ashmelean Museums und Professor der Chemie zu Oxford) (1686 p. 236 bis 239) steht auf keiner großen Höhe. Er erwähnt nur einige Curiosa wie Leucht-käferchen, Ohrwurm und Floh-Larven.

„Unter den fliegenden Tieren setze ich die Insekten hinter die Vögel, weil sie meist viel tiefer fliegen und sich auf die niederste Luftschicht beschränken. An erster Stelle verdient das Glühwürmchen Erwähnung wegen seiner Selten-heit wie wegen seines sonderbaren Leuchtens in der Nacht. ... Der hochgelehrte Herr Ralph Sneyd hat 1678 einige Larven bei Bradwell in dieser Grafschaft fliegen sehen. Aber zuerst hat sie John Ray (Obser. Topogr. p. 409/10) auf Grund der Aussage eines Augenzeugen für England erwähnt; Richard Walter hat es dann wieder im Hochsommer 1680 und 1684 zu Northaw in Hertford-shire beobachtet, abgebildet und eine sehr gute Beschreibung von ihm gegeben."

Weder Boate in seiner Naturgeschichte Irlands (1652) noch Childrey in seiner Englands (Franz. 1667) erwähnen Insekten. Auch Charles Leigh, Natur-geschichte von Lancashire, Chershire .... (1700 p. 148-50) kennt nur Heu-schrecken (Grashoppers), die er als Kuckucksspeichel und Aprophora spuma-ria identifiziert, Raupen, die ihre Eier an verschiedene Pflanzen legen, und Wander-Heuschrecke (locust fly), die in diesem Bezirk nicht vorkommt.

Von etwas anderer Beschaffenheit als alle zuvor erwähnten Faunen ist die Sonderbare Naturgeschichte des Königreichs Polen von G a b r i e l R z a c z y n s-k i (1721). Von Insekten werden erwähnt: Bienen, Heuschrecken, Seidenraupe, Cantharis, Cicadae (Grillen), Leuchtkäferchen, Ameisen und Scarabaei cornuti (Bock-Käfer). In einem besonderen Abschnitt (p. 264/65) werden alle unge-wöhnlichen Insektenvorkommen in historischen Zeiten beschrieben:

Als König Wladislaus Jagiellus Marienburg in Preußen belagerte, belästigte eine ganz unerhörte Menge von Fliegen das polnische Heer.

Nach großen Regenfällen erschienen im Jahre 1638 auf den Äckern Podoliens zahllose Würmer, die das ganze Getreide mit seinen Wurzeln verzehrten. Der Schädling erschien überall in geordneten Heerzügen. Dieses Insekt war grün, so lang wie ein Regenwurm und entsteht sonst zwischen dem Gebüsch und an Kohl-Pflanzen. Wo aber ein Teil der Felder unberührt geblieben war, gab dieser eine größere Ernte als zuvor das gesamte Feld. Sogar Äcker, die zuvor 8 Jahre lang ganz unfruchtbar waren, gaben große Erträge [wohl Mamestra sp.]. ...

1676 fiel in Camenecs in Podolien ein großer Schwarm von oben roten, unten gelben Heuschrecken ein. ...

In ganz Polen tötete eine ungeheure Anzahl Tabani oder Pferde-Fliegen, d. s. große Mücken oder ganz kleine Fliegen, die scharenweise dem Vieh in die Nasen krochen und es am Atmen verhinderten, viel Vieh [Similium sp.]. Man hüllt auch im Sommer das Vieh in dicke Decken ein, um es vor ihren Stichen zu schützen [Tabanus sp.] (ohne Jahr).

Zu Posnanie fraßen im Jahre 1719 ungewöhnliche Würmer mit rotem Kopf die Wurzeln der Wintersaat derart auf, daß man im November nochmals säen mußte [wohl Engerlinge].

Als ganz hervorragende Vertreter früher Lokalfaunistik haben wir ferner Goedart, Merian, Rösel, Réaumur, Lister, Ray, Albin, Petiver, Frisch und andere anzusehen, die wir in anderem Zusammenhang behandeln werden.

Literatur:

C. Schwenckfeld, Theriotropheum Silesiae in quo animalium vis, natura et usus sex libris perstringitur. Lignicii 1603.

Joh. Bauhinus, Historiae fontis et Balnei admirabilis Bollensis Liber Quartus. Montis beligardi 1598.

Jean Bauhin, Traicté des animaux, aians aisles, qui nuisent par leurs piqueures où messures; avec les remèdes. Oultreplus une Histoire de quelques mousches ou papillons nonvulgaires, apparues l'an 1590, qu'on a estimé fort venimeuses. Montbeliart 1593.

Harrison's Description of Britain sometimes quoted as Holinshad's Decr. of Britain. An Historicall description of the Iland of Britaine . . . . written by W. H. (William Harrison). This description is prefixed to the I. Vol. of Holinshed's Chronicles. I. Ed. 1577, 2. ed. 1586 etc.

Das Vogel-, Fisch und Thierbuch des Strassburger Fischers Leonhard Baldner aus dem Jahre 1666 M. S. Kasseler Landesbibliothek.

F. Reiber, L'histoire naturelle des eaux Strassbourgeoises de Léonard Baldner (1666). Bull. Sc. Hist. Nat. Colmar 1886-88, pp. 1-114.

R. Lauterborn etc., Moderne Ausgabe mit Anleitungen und Anmerkungen. Ludwigshafen 1903.

Joh. Jac. Wagner, Historia naturalis Helvetiae Curiosa. Figuri 1680.

Robert Sibbald, Scotia illustrata sive Prodromus Historiae Naturalis. Edinburgh, 1684.

Robert Plot, The Natural History of Stafford-Shire. Oxford 1686.

Gerard Boate, Irelands naturall History. London 1652.

Childrey, Histoire des Singularites Naturelles d'Angleterre, d'Escosse et du Pays de Galls (aus dem Englischen). Paris 1667.

Charles Leigh, The Natural History of Lancashire, Chershire and the Peak, in Derbyshire. Oxford 1700.

P. Gabriel Rzaczynski, Historia naturalis curiosa Regni Poloniae. Sandomiriae 1721.

2. Das bionomische Zeitalter (1640–1750).

a) Die biologische Renaissance (Redi, Bacon, Harvey).

An der Schwelle der Neuzeit stehen zwei Philosophen, die durch ihr Denken die Entwicklung der Naturwissenschaften nicht unbeträchtlich beeinflußt haben: Baco von Verulam und Descartes.

Bacon von Verulam.

Francis Bacon von Verulam (1561—1626) war das Kind einer der ersten englischen Familien und bekleidete bis kurz vor seinem Tode die höchsten Ämter der englischen Krone. In der Philosophie hat er den modernen Empirismus begründet und die induktive, auf Erfahrungen und Experimenten basierte Forschungs-Methode erklärt. In seinen naturwissenschaftlichen Schriften und Beispielen spielt naturgemäß die damals in unerhörtem Aufschwung begriffene Physik die erste Rolle. Für die biologischen Wissenschaften ist er ohne direkten Einfluß geblieben. Seine Ansichten unterscheiden sich hier nicht sehr von denen seiner Zeitgenossen. Das mögen einige entomologische Kapitel aus der Sylva sylvarum erläutern. Dies Werk enthält 10 Centurien von

Experimenten und Beobachtungen, die aus allen Gebieten der Naturwissenschaft und der Medizin mehr oder weniger zusammenhanglos aneinander gereiht sind.53)

„Verschiedene Beobachtungen über Insekten:

Das Wort Insekt wird hier weder der Sache nach, noch dem herkömmlichen Brauch gerecht. Wir benutzen es hier der Kürze halber für alle Tiere, die aus der Fäulnis entstehen.

Beobachtung 696: Die Materie der Insekten ist verschieden. Einige entstehen aus dem Schlamm oder Kot wie Regenwürmer, Aale, Schlangen etc. ... Die Mehlwürmer entstehen aus Mehl, die Motten aus den Kleidern, die Flöhe aus Exkrementen, die Kohlrüßler (Curculio, wohl — Ceutorrhynchus sulcatus) aus Rübenwurzeln, Wasserinsekten wie die Phryganiden-Larven aus Wasser, die Mehrzahl der Insekten entsteht aus der Fäulnis. ·

Beobachtung 697: Die alten Schriftsteller erzählen, daß die Insekten nur sehr wenig Nahrung zu sich nehmen. Doch ist diese Beobachtung ungenau. Die Zikaden [wohl Heuschrecken] fressen alles auf, was in der betreffenden Gegend nur grünt, die Seidenwürmer fressen sehr viele Blätter und die Ameisen sammeln sich beträchtliche Nahrungsvorräte. Aber Tiere, die viel schlafen, wie die Dachse, Fledermäuse etc., fressen tatsächlich nur sehr wenig. Alle diese gehören zu den Blutlosen. Der Grund hierfür ist vielleicht, daß ihr Körpersaft kein wirkliches Blut ist, auch kein echtes Fleisch, Haut und Knochen wie bei den Bluttieren. Einige besitzen auch ein Zwerchfell und Eingeweide, alle aber eine Haut, die die meisten Insekten öfters wechseln. Im allgemeinen sind sie nur kurzlebig, aber von Bienen ist bekannt, daß sie 7 Jahre leben können. Die Würmer, die im Frühjahr zu Fliegen werden und im Herbst sich in Würmer zurückverwandeln, leben nach Zuchten in kleinen Schachteln vier Jahre lang. Aber die Eintagsfliegen sterben schon nach einem Tage infolge der Schwachheit ihres Lebensgeistes oder Mangel an Sonne. Denn wenn sie der Sonne ausgesetzt sind, leben sie länger. Die meisten Insekten, wie Schmetterlinge und einige Fliegen, kehren leicht zum Leben zurück, wenn man sie der Sonne oder der Wärme nähert, auch wenn sie schon tot zu sein schienen. Dies geschieht infolge der Ausdehnung ihres Lebensgeistes und seiner leichten Dehnbarkeit bei geringer Erwärmung. Bisweilen bewegen sie sich noch, wenn man sie geköpft oder in Stücke geschnitten hat. Ihr Lebensgeist ist mehr über den ganzen Körper verteilt und weniger an bestimmte Organe gebunden als bei den Bluttieren.

Beobachtung 698: Die Insekten besitzen ein freies Bewegungs- und Vorstellungsvermögen. Die alten Autoren, die sagen, daß ihre Bewegung unsicher, ihre Vorstellung unbestimmt ist, zeigen dadurch ihre Nachlässigkeit. Denn die Ameisen finden ihre Schlupfwinkel auf geradem Wege. Die Bienen erwecken unsere Bewunderung, wie sie von der Blumenwiese, auf der sie Honig gesammelt haben, sogar zwei und vier Meilen ihren Weg zum Bienenstand zurückfinden. Bei Mücken und Fliegen ist vielleicht das Vorstellungsvermögen nicht so sicher. Die Bienen rufen auch durch Luftbewegungen Geräusche hervor, woraus sich auf das Vorhandensein eines Gehöres schließen läßt. Der Sitz der Sinne ist im Kopf, obwohl der Lebensgeist über den ganzen Körper verteilt ist.

Beobachtung 712: Eine Beobachtung über das Glühwürmchen. Über das Glühwürmchen ist noch sehr wenig bekannt. Das aber steht fest, daß sie plötzlich in den heißen Sommermonaten an Brombeeren und in Gärten, nicht aber auf dem Felde entstehen. Daraus schon kann man die Zartheit ihres Lebensgeistes erkennen, daß sie nicht unter der sommerlichen Hitze leiden; jene Zartheit ermöglicht eine leichte Atmung. Aus Italien und anderen warmen

Ländern ist ein Luciola genanntes Glühwürmchen bekannt, das ähnlich leuchtet und vielleicht ein fliegendes Glühwürmchen ist; besonders hält es sich an Seen und Sümpfen auf. Zwei frühere Beobachtungen können bestätigt werden. Die Glühwürmchen leben nur im Sommer und sie bevorzugen Finsternis, Landgüter und Brombeeren. Vielleicht gestattet die Kälte nicht, daß sich bei uns geflügelte Tiere entwickeln.

Beobachtung 729: Eine Beobachtung über die Kanthariden. Die Kanthariden entstehen aus einem Wurm. Sie bevorzugen fruchttragende Bäume wie Feige, Kiefer, Brombeere etc. ... Wenn Knaben, welche die von ihnen bewohnten Brombeeren essen, die Krätze bekommen, so darf man sich nicht darüber wundern, da ja die Kanthariden eine ätzende und kantharisierende Kraft besitzen. Kein anderes Insekt entsteht aus einem stärkeren und stumpferen Stoffe. Der Körper der Kanthariden ist von leuchtender Farbe. Vielleicht besitzen auch die leuchtenden Farben der Libellen eine ähnliche ätzende Wirkung."

René Descartes.

René Descartes (Renatus Cartesius 1596—1650), der den Zweifel als Vater des Wissens bezeichnet hat, hat auf die zeitgenössische Biologie durch seine Maschinen-Theorie des Lebens Einfluß gewonnen, auf der die ersten Physiologen der Neuzeit wie Borelli und die iatromechanische Schule fußen. Auch für die Entwicklung der Insekten-Psychologie ist sie von Bedeutung gewesen. Direkt hat er sich sonst wenig für die Biologie und ihre Probleme interessiert.

Folgende allgemeine Betrachtungen entbehren für uns nicht des Interesses. Besonders der Versuch, die Urzeugung aus physikalischen Prinzipien zu erklären, ist wichtig. Zeigt er uns doch von neuem, daß wissenschaftliches Denken sich auch an falschen Theorien bewähren kann und mahnt uns von neuem zu einem vorsichtigen Urteil über historische Entwicklungsstufen, die heute als überwunden gelten.

Erste Überlegungen über die Entstehung der Tiere und einiges über die Säfte.

„Es gibt zwei Arten von Entstehung: eine ohne Samen und Mutter und eine aus Samen. Alle Tiere haben das gemeinsam, daß sie sich selbständig bewegen, ernähren etc. können. Dies ist das Kriterium erster Ordnung. Fast alle Tiere sehen und hören. Das ist ein Kriterium zweiter Ordnung. Als Kriterien dritter Ordnung sind die Eigenschaften kleiner Gruppen (genera) anzusehen: die Flossen der Fische, die Zweibeinigkeit der Vögel, die Vierfüßigkeit der Vierfüßler, die Vielfüßigkeit der Insekten etc. Durch die Kriterien vierter Ordnung gelangen wir dann endlich zu den einzelnen Arten (species).

Jedes Tier, das ohne Mutter entsteht, erfordert folgendes zu seiner Erzeugung: Es müssen nämlich zwei verwandte Stoffe von der Wärme verschieden zur Bewegung angeregt werden, so daß aus dem einen die feineren Bestandteile, die ich Lebensgeist (spiritus vitalis) nenne, aus dem anderen die festeren, die ich Blut oder Lebenssaft (humor vitalis) nenne, herausbrechen. Wenn diese beiden Teile dann zusammenstoßen, erwecken sie zuerst das Herz zum Leben, in dem Lebensgeist und Lebenssaft sich ständig bekämpfen. Nachdem diese beiden Prinzipe sich gegenseitig soweit gezähmt haben, daß sie sich in einem Körper vertragen können, erzeugen sie das Gehirn. Da nur so wenig zur Bildung eines Tieres erforderlich ist, so ist es gewißlich nicht zu verwundern, daß so viele Tiere, Würmer, Insekten aus jeder Fäulnis durch Urzeugung entstehen. ... Denn kein Tier besteht, bevor es ein Herz hat."

Literatur:
Franciscus Bacon von Verulam, Sylva sylvarum sive Historia Naturalis in 10 Centurias
  distributa. (Anglice olim conscripta, Nuper latino transscripta.) Amstelodami 1661. (Zuerst
  posthum englisch, London 1627.)
C. A. et P. Tannery, Oeuvres de Descartes. Vol. XI. Paris 1909. p. 499–542.

William Harvey.

Als der Begründer der modernen Physiologie wird gewöhnlich William
Harvey (1578—1657), ein Aristoteliker mit bologneser Schulung, angesehen.
Harvey, der Professor der Anatomie und Physiologie zu London und später
Leibarzt zweier englischer Könige war, ist durch seine Entdeckung des Blut-
kreislaufes unsterblich geworden. Dabei hat Harvey seine Studien keineswegs
eng auf den Menschen oder auf die Wirbeltiere beschränkt, sondern das Problem
der Blutzirkulation durch die ganze Tierreihe hindurch verfolgt. Es galt in
damaliger Zeit als absurd, derartige vergleichende Untersuchungen anzustellen.
Die Insekten-Larven wie viele einfachste Tiere besitzen nach Harvey noch kein
Herz, sondern erhalten die Körpersäfte durch die Konvulsionen des Körpers in
Bewegung. Die entwickelten Insekten (Imagines) hingegen, wie Wespe und
Fliege, besitzen bereits in einem noch undeutlichen Puls die ersten Anfänge eines
Zirkulations-Systems.

Weniger glücklich sind die Ansichten Harvey's über die Entstehung und
Entwicklung der Lebewesen, die in der Insektenkunde von Swammerdam später
widerlegt worden sind. Harvey ist der Schöpfer der Begriffe Metamorphosis und
Epigenesis, die in den theoretischen Streitigkeiten des folgenden Jahrhunderts
eine so große Rolle spielen. Metamorphose heißt die Entstehung durch Umwandlung einer vorgebildeten Masse in die einzelnen Organe des Organismus.
Die aus der eigentlichen Zeugung hervorgehenden Organismen entwickeln sich
jedoch durch Epigenesis, indem ein Organ nach dem andern völlig neu entsteht
und bis zu seiner vorbestimmten Form und Größe heranwächst. Epigenetisch
entwickeln sich alle höheren Tiere. Die Metamorphose als Entstehungsform der
Insekten wie aller niederen Tiere interessiert uns hier noch ein wenig: Wir
lassen deshalb die ganze Stelle seines Buches hier folgen: „Wir haben gefunden, daß etwas auf zweyerley Art aus etwas, wie aus einem Stoffe, entstehen kan; und zwar sowohl durch die Kunst, als von Natur: sonderlich bey
der Zeugung der Thiere. Die eine Art ist, wenn etwas aus einem bereits vor-
handenem Dinge entstehet, wie aus Holze ein Bettgestelle; aus Stein eine
Bildseule; wenn nemlich der ganze Stof des zukünftigen Gebäudes schon vorhanden gewesen ist, ehe dieses noch seine Gestalt erlanget hat, oder ehe etwas
von dem Werke angefangen worden ist. Die andre Art ist, wenn der Stof zugleich seine Gestalt erhält, und auch entstehet. Auf beyderley Art werden
durch die Kunst allerhand Sachen verfertigt. Nach der ersteren Art behauet der
Künstler den schon fertigen Stof; er nimmet das überflüssige ab, und lässet also
die Bildseule übrig, wie ein Bildhauer zu thun pflegt. Nach der andern Art verfertigt ein Töpfer ein gleiches Bild aus Thone, indem er denselben vermehret,
oder noch mehr hinzuthut, ihm seine Gestalt giebt, und ihn also bildet, zugleich auch den Stof zubereitet, füget, und anwendet, oder verarbeitet. Auf
solche Weise sagt man besser, daß das Bild gemacht sey, als daß man es gebildet, und ihm eine Gestalt gegeben habe. Eine gleiche Bewandtniß hat es mit
der Zeugung der Thiere. Einige werden aus einem schon fertigen Stof voll-
ends gebildet, und aus einer Gestalt in die andere verändert; und alle Theile
werden zugleich durch eine Verwandlung gebohren und unterschieden, woraus

denn ein vollkommenes Thier hervor wächset. Andere Thiere hingegen, bey
denen ein Theil nach dem andern gebildet wird, werden hernach aus einerley
Stoffe zugleich genähret, vergrößert und gebildet. Das Gebäude dieser
Thiere fänget sich von einem Theile, als von dem Ursprunge, an; und vermittels
desselben erhält das Thier auch die übrigen Glieder. Von solchen Thieren sagen
wir, daß sie durch Hinzusetzung der Theile, (Epigenesis) nach und nach entstehen; es wird nemlich ein Theil nach dem andern hervorgebracht; und heist
eigentlich eine Geburt, oder Zeugung, wenn ein Theil eher ist, als der andre.

Auf die erstere Weise geschieht die Zeugung der Insecten. Hier wird der
Wurm durch eine Verwandlung (Metamorphosis) aus einem Eye gebohren; offt
werden auch aus einem verfaulenden, oder vergehenden Stoffe, wo eine Feuch-
tigkeit austrocknet, oder eine trockne Sache feuchte wird, die ursprünglichen
Wesen gezeuget. Daraus wird, wie aus einer Raupe, wenn sie zu ihrer völligen
Größe gelanget ist, offtmals auch aus einer Puppe, durch eine Verwandlung, ein
Schmetterling, oder eine Fliege, in ihrer vollkommenen Größe, gebohren. Sie
wird seit ihrem ersten Ursprunge nicht im geringsten größer. Vollkommenere
Thiere aber, die Blut haben, werden durch eine Hinzusetzung, oder Beyfügung
der Theile (Epigenesis) gebohren; nach der Geburt werden sie auch größer, und
gelangen zu ihrem völligen Alter, oder sie erreichen die beste Kraft ihres
Lebens. Bey Insecten scheinet ein ungefehrer Zufall die Fortpflanzung gar sehr
zu befördern. Hier wird die Gestalt aus der Kraft eines schon vorhandenen
Stoffes geboren; und die erste Ursache der Zeugung ist mehr der Stoff; als die
äußerliche wirkende Ursache. Daher sind auch diese Thiere unvollkommener;
sie können ihr Geschlecht nicht so gut erhalten, und sie dauern nicht mit einer
solchen Beständigkeit fort, wie blutreiche Thiere auf der Erde, oder im Wasser,
welche von einem gleichartigen Ursprunge, nemlich von einer ihnen allen gemeinen Art, ihre Ewigkeit, oder ihre beständige Fortdauerung, erhalten. Die
erste Ursache dessen schreiben wir der Natur, und der wachsenden Kraft zu.

Einige Thiere nun wachsen von sich selbst, aus einem Stoffe, der von sich
selbst, oder durch einen ungefehren Zufall, bereitet wird, wie Aristoteles zu
sagen scheinet. Ihr Stof kan nemlich von sich selbst, durch eben die ungefehre
Bewegung, beweget werden, wodurch der Saame bey der Zeugung anderer Thiere
beweget wird. Bey der Zeugung der Thiere geschiehet eben das, was in der
Kunst geschiehet. Einige Dinge werden durch Kunst, eben dieselben aber auch
durch einen ungefehren Zufall, zuwege gebracht, wie die Gesundheit; andere
hingegen niemals ohne Kunst, wie ein Haus.

Man nennet die Bienen, die Brämsen, die Schmetterlinge, und alle diejenigen
die aus einer Raupe, durch eine Verwandlung der Gestalt, gezeuget werden,
solche Thiere, die durch einen ungefehren Zufall gebohren werden, und ihr
Geschlecht nicht erhalten. Aber ein Löwe, oder ein Hahn, diese entstehen niemals durch einen ungefehren Zufall, oder von sich selbst: sondern von der
Natur, als einem thätigen göttlichen Vermögen; und sie erfordern vielmehr etwas, welches seines gleichen in Ansehung der Art zeuget, als welches einen
bequemen Stof verschaffet.

In der Zeugung durch eine Verwandlung in Ansehung der Art (Metamorphosis) erhalten die Thiere eine Gestalt wie durch ein eingedrücktes Siegel, oder
eine schon vorher fertige Form; nemlich die ganze Art wird verändert. Ein
solches Thier hingegen, welches durch eine Hinzusetzung der Theile (Epigenesis) fortgepflanzet wird, ziehet den Stof zugleich zu sich; es bereitet und
brauchet denselben, zugleich bekömmet es auch seine Bildung und wird vergrößert. Bey denenjenigen Thieren, die ihre Bildung verändern, beschneidet oder

theilet gleichsam die Bildungskraft einerlay gleichartigen Stof; sie bringet ihn hernach in Ordnung, und machet daraus Gliedmaßen. Aus einem gleichen Stoffe machet sie einen ungleichen, oder aus einem gleichartigen vorhandenen Stoffe verfertigt sie verschiedene Werkzeuge. Bey solchen Thieren aber, die durch eine Hinzusetzung, oder Anwachsung der Theile gebohren werden, bringet die Bildungskraft andere und anders zusammen geordnete Theile nach einander hervor; zugleich erfordert und verfertigt sie einen immer andern und anders gestalteten Stof, nachdem er diese, oder jene Theile zu zeugen mehr geschickt ist."[54]

Bei der Anwendung des von Harvey in dieser Form übrigens nicht geschriebenen Satzes „omne vivum ex ovo" ist dieser oft als gegen die Archigonie gerichtet gedeutet worden. Das ist natürlich durchaus zutreffend. Aber der Begriff Ei ist bei Harvey in sehr weitherzigem Sinne gebraucht. Den Übergangszustand als indifferenzierte lebendige Masse, den die archigonisch entstehenden Tiere bis zur vollendeten Entwicklung durchmachen, wie beim Vogelei so auch bei den Insekten bis zur vollendeten Puppenentwicklung d. h. dem Schlüpfen des Imagos, nennt er schon Ei.

„Jeden Anfang nämlich, der der Möglichkeit nach lebt, wollen wir Ei nennen. Auch die Würmer und Larven des Aristoteles rechnen wir hinzu." „So sind auch die Samen der Insekten beschaffen, die Aristoteles Würmer nennt, und die nach anfangs unvollständiger Erzeugung sich die Nahrung suchen, dadurch genährt werden, und aus der Larve zur Puppe, aus einem unvollständigem Ei zu einem vollständigen Ei heranwachsen."

Die Begriffe Metamorphose und Epigenese sind jedoch bei Harvey nur unscharf abgegrenzt, wodurch später manche Verwirrung geschaffen wurde. An dem unklaren Ei-Begriff Harvey's setzte später die große Kritik Swammerdam's an, der nachwies, daß bereits im Insekten-Ei das Imago vorgebildet ist. Auch hier entsteht nichts Neues, sondern wächst nur. Ferner wurden die Begriffe Ei, Larve, Puppe, Imago in ihrer biologischen Bedeutung endlich klar geschieden, was bei den unklaren Vorstellungen Harvey's noch nicht möglich war.

Als das große Verdienst Harvey's muß doch festgehalten werden, daß er als erster der modernen Biologen die Wirbellosen vergleichend auf Grund eigener Beobachtungen mit in den Kreis seiner physiologischen Untersuchungen zog.

Literatur:

W. Harvey, Exercitatio anatomica de motu cordis et sanguinis in animalibus. Francoforti a. M. 1628.

W. Harvey, Exercitationes de generatione animalium. Amstelodami 1651.

Die Jatromechaniker.

Die Ideen Descartes und die großen Fortschritte der Physik fanden ihren Niederschlag in der iatromechanischen Schule, die die Maschinen-Theorie des Lebens konsequent auf alle Lebensäußerungen übertrug. Von den hier in erster Linie zu erwähnenden Autoren Steno (1669), Claude Perrault (1680)[55] und Borelli (1680) ist letzterer der bei weitem bedeutendste. Wir gehen deshalb in Kürze auf ihn ein.

Giovanni Alphonso Borelli (1608—1679) war Professor der Medizin in Neapel, Messina und Florenz. Er gründete mit Redi zusammen in Florenz die 1660 aufgelöste Accademia del Cimento und starb in Rom, wo er vor politischen Verfolgungen in ein Kloster geflüchtet war. Seine Studien erstreckten sich auf Medizin, Mathematik, Physik, Astronomie und Physiologie.

Muskelbewegungen und Drüsentätigkeit brachte er durchaus nicht ungeschickt mit der Maschinen-Theorie in Einklang.

Das viel zu wenig gekannte Buch von Borelli „Über die Bewegungen der Tiere" ist das erste zusammenhängende Lehrbuch der Physiologie; während das erste Buch die Statik und Mechanik der Muskelbewegung, das Stehen, Gehen, Laufen, Springen, Schwimmen, Fliegen, behandelt, beschäftigt sich das zweite mit der Zirkulation, der Respiration, der Ernährung und Verdauung und der Fortpflanzung. Natürlich sind vorwiegend die Vertebraten behandelt, diese aber in ausgezeichneter Weise. Von Insekten handeln nur einige Abschnitte nebenbei: so wird beim Beweise, daß die Atmungskraft die causa potentissima des tierischen Lebens ist, erzählt, daß sogar geköpfte Insekten, die in der Luft noch längere Zeit leben, im Boyleschen oder Torricellischen Vakuum sofort sterbend zu Boden fallen. Bei der Besprechung des Stehens hebt Borelli hervor, daß die Sechsfüßer größere Kraft zum Stehen aufwenden müssen als die Vierfüßer, da sie nicht wie diese wie auf Säulen stehen können, sondern ihre Gelenke beim Stand immer in Spitzwinkel-Stellung halten, sich also durch Muskelkraft über der Erde schwebend erhalten müssen. Weniger richtig sind seine Beobachtungen über die Schreitbewegung der Insekten. Nach Borelli muß diese mit einer Streckung der Hinterfüße beginnen, die den Schwerpunkt des Körpers so nach vorne drücken. Mit den Vorderfüßen kann sie nicht beginnen, da dann der Körper nach hinten gedrückt würde. Die Vorwärtsbewegung kann also vor sich gehen 3., 2., 1. Beinpaar nacheinander oder 3., 2., 1. Bein der einen Seite und dann ebenso der anderen Seite. [Diese Auffassung entspricht nicht den Tatsachen, da die Schreitbewegung der Insekten meist 1. links, 2. rechts, 3. links und dann 1. rechts, 2. links, 3. rechts vor sich geht.]

Die erstaunliche Tatsache, daß verschiedene Insekten wie Fliegen, Mücken u. a., die doch ein Körpergewicht besitzen, das die Schwere der umgebenden Luft übersteigt, mit dem Rücken nach unten auf ganz glatten Flächen wie Glas laufen und sitzen können, kann sich Borelli mit der allgemeinen Erklärung als „horror vacui" nicht erklären. Vielmehr halten die schwammigen Höcker an den Fußsohlen der genannten Insekten diese an der Unterlage und die Elastizität und die Schwere der umgebenden Luft tun das ihre, um sie in dieser Lage zu halten. Das Gewicht der Insekten ist nach dem Galiläischen Satze von der Abnahme des Gewichts ähnlicher Körper im doppelten Verhältnis zur Abnahme der Körperlänge nur sehr gering. Beim Sprung springen kleinere Tiere, die ein leichtes Gewicht haben, weiter als größere und schwerere und solche mit langen Sprungbeinen wie Heuschrecken, Grillen und Flöhe springen schneller und deshalb ebenfalls weiter.

Nochmals erwähnt werden soll der Versuch B o y l e s (1627—1691), der die Notwendigkeit des Sauerstoffs als Lebenselement nachweist, indem im Vakuum die Insekten sofort tot zu Boden fallen.

Literatur:
A. G. B o r e l l i, De motu animalium. Leyden 1680-81.

Francesco Redi.

Wir nähern uns jetzt dem Höhepunkt der ersten großen biologischen Epoche der Entomologie.

Als einen der ersten und bedeutendsten Experimentatoren der modernen Biologie haben wir F r a n c e s c o R e d i anzusehen. 1626 zu Arezzo geboren, ergriff er den Ärzte-Beruf und starb 1698 als Leibarzt des Großherzogs von

Toskana. Wie viele Ärzte wandte er sich dem experimentellen Studium der
Naturwissenschaften zu. Er ist einer der Begründer der bedeutenden Accademia
del Cimento. Sein Hauptwerk sind die „Versuche über die Entstehung der
Insekten", in dem er den Nachweis erbrachte, daß die Insekten aus Eiern und
nicht aus faulenden Stoffen entstehen. Die leitenden Gedanken mögen hier

Fig. 84.
Redi. (Kupfer aus dem Jahre 1778.)

Fig. 85.
Redi. (Aus Locy.)

folgen: Die alten Philosophen-Schulen von Empedokles und Epikur glauben,
daß ehemals alle Arten der Lebewesen aus dem Schoße der Erde erzeugt
wurden. Während sich nun heute alle Gelehrten-Schulen darin einig sind, daß
das Gebärvermögen der Erde für die höheren Tiere und Pflanzen sich erschöpft habe, so glauben sie doch, daß Würmer und Insekten noch heute so
entstehen. Nur der große W. Harvey meint, daß alle Tiere aus Samen und
Eiern entstehen. Die anderen hingegen sind sich über die Art der Urzeugung
unter einander sehr uneins.

Ich meinerseits glaube hingegen, daß aus Pflanzen, faulendem Fleisch etc.
keine Insekten entstehen, sondern nur aus Eiern, die die Mütter der Nahrung
halber dort hineingelegt haben. Um das zu beweisen, habe ich eine Reihe
Versuche angestellt. In kleine Gefäße setzte ich die Kadaver von Schlangen,
Tauben, Kalbfleisch etc., und stets wimmelten diese bald von weißen Würmern.
Diese verwandelten sich nach ein paar Tagen in braune, geringelte, eiförmige

Püppchen, aus denen nach wenigen Tagen grüne (Lucilia oder Chrysomyia) oder
schwarze (Calliphora, Sarcophaga) oder Stuben-Fliegen oder noch andere ähnliche
Fliegen-Arten schlüpften. An dem Kadaver einer Barbe konnte ich auch die
Eier deutlich erkennen. Die Maden wachsen ungeheuer schnell, so daß eine
Made 7 Gewichtsteile wog, während am Tage vorher 25—30 Maden auf ein
solches gegangen waren. Da ich aber stets vor Entstehung der Würmer die
Fliegen-Arten in den Gefäßen bemerkte, die später daraus entstanden, so dachte

Fig. 86.
Titelkupfer der lateinischen Aus-
gabe von Redi, De Insectis.
(Amsterdam 1686.)

ich, daß diese wohl die Eier ablegten. Ich
band also Gefäße mit frischen Kadavern
oben gut mit Papier zu und niemals haben
sich dann Würmer entwickelt, ebensowenig,
wenn ich statt des Papiers mehrere Lagen
dünnen Mulls verwandte. Bei dieser Gelegenheit konnte ich beobachten, daß einige
dieser Fliegen Eier legen, während andere
lebendige Würmer gebären. Viele Fliegen
sammelten sich nämlich auf den Mull-Lagen
an, durch den Aasgeruch angelockt, und
legten auf diese teils Eier, teils lebendige
Larven ab. Redi polemisiert hier auch gegen
die Urzeugungs-Experimente von A. Kirchner.

Es folgt eine ausführliche historische
Darstellung der auch von den (seinerzeit)
modernsten Autoren wie Mouffet und Aldrovandi akzeptierten Ansicht, daß die Bienen
aus toten Stieren und aus anderen Kadavern
Wespen und Hornissen entstehen. Letztere
schwirren nur so oft um Kadaver herum, weil
sie das Fleisch selbst essen, was Bienen nie
tun. Niemals entstehen diese Tiere aus den
Kadavern.

Wenn man Fliegen mit Öl, diesen gemeinsamen Feind aller Insekten, bestreicht,
so sterben sie sofort und werden auch später durch Sonnenstrahlen nicht wieder erweckt. Letzteres wurden aber Fliegen, die
ich eine Stunde in Wasser getaucht hatte
und dann an die Sonne brachte, ganz wie es
Aelian, Plinius, Isidor u. a. beschreiben. Fliegen lebten oft 4—5 Tage in meinen Gefäßen
ohne Nahrung, was mir die Regeln der Natur nicht zu verletzen scheint.

Mit den Würmern, die in Käse entstehen, verhält es sich nun ganz ähnlich
wie mit den Fleischwürmern. Ich nahm wurmigen Käse zur Beobachtung. Auch
diese Maden waren vorne zugespitzt wie die anderen, aber sie waren viel beweglicher und fielen mir besonders durch ihr Sprungvermögen auf. Aus ihnen
entstanden dann etwas kleinere Fliegen, die Käse-Fliegen (Piophila casei).
Trennte ich aber die wurmigen Käsepartien von den unbefallenen und isolierte
beide durch Abbinden, so entstanden Würmer und Fliegen nur aus den bereits
vorher wurmigen Stücken. Also auch hier entstehen Maden nur, wenn die
Fliegen Zutritt zum Käse haben und niemals aus diesem heraus von selbst.

Mit Früchten verhält es sich ganz ebenso, wenn man sie kocht und verschließt, so entstehen niemals Fliegen aus ihnen, hingegen oft, wenn man sie roh offen stehen läßt. Ich habe so die Entstehung vieler Fliegen aus den verschiedenen Früchten und Gemüsen beobachtet. Besonders interessant ist (p. 130) seine Beschreibung von Würmern aus Pfirsichen, die sich wohl auf die Fruchtfliege (Ceratitis capitata) bezieht, die dann hier ihre erste Erwähnung finden würde. Es folgt eine Beschreibung verschiedener Gallen mit ihren Larven. Von den späteren Angaben über die Aufzucht zahlreicher Insekten sei hier besonders die Zucht von Rhagoletis cerasi aus Kirschen erwähnt. Bei Balaninus nucum in Haselnüssen unterscheidet er deutlich die von Callus bedeckte kleine Einstichstelle von den großen Ausschlupf-Löchern. Von den zahlreichen Schmetterlingen sei die Zucht eines Totenkopfes von Kartoffelblättern erwähnt. Er hat oft Begattung und Eiablage bei Schmetterlingen verfolgt und die Pieris-Raupen entstehen stets aus den massenhaft an den Kohlblättern abgelegten Eiern, niemals aber aus den Kohlblättern selbst. Von Schädlingen waren ihm noch Carpocapsa pomonella aus Äpfeln und Birnen, Grapholitha dorsana aus Pflaumen u. a. bekannt. Bei Gallen gelang ihm meist die Aufzucht nicht, so z. B. nicht bei Pontania-Gallen von Weiden. Die Natur der Gallen hat Redi völlig verkannt. Er erwähnt zwar flüchtig die Annahme, daß die Muttertiere 1. einen anregenden Saft in die Pflanze hereinspritzen, der die Wucherung hervorruft und 2. ihre Eier hereinlegen. Diese ursprünglichen Gedanken verwirft Redi jedoch später und meint, daß durch besondere „Seelen" in den Pflanzen die Würmer sich dort entwickeln. Doch hat Redi in späterer Zeit solche Gedanken anscheinend wieder aufgegeben. Dieser Teil ist der schwächste und am schlechtesten experimentell fundierte der ganzen Arbeit und vorwiegend spekulativ. Aus Anlaß der Anwesenheit des berühmten Zootomen Nikolaus Steno in Florenz sezierten beide einige Stabheuschrecken (Bacillus rossii) und unterschieden dabei die einzelnen Darmteile sowie ein Ovar, Tiere ohne Kopf lebten und bewegten sich noch sehr lange.

Es folgt eine Beschreibung verschiedener Oestriden-Larven, die in der Stirnhöhle von Rehen und Schafen sich entwickeln.

Den Beschluß bilden eine Reihe Zeichnungen von Pulices d. s. Mallophagen, Zecken und Läuse verschiedener Tiere auf 28 Tafeln. (Dazu 3 Ameisen, Silvanus surinamensis und Calandra granaria). Die Läuse entstehen nicht aus den Wirtstieren, sondern stets aus Eiern, die von befruchteten Weibchen abgelegt werden, eben den Nissen, aus denen nach Ansicht vieler keine Tiere hervorgehen. Mit Hilfe des Mikroskops ist das leicht festzustellen.

Wir bewundern bei Redi die Unvoreingenommenheit, mit der er allen überlieferten Ansichten gegenübertritt und sie prüft, als ob es völlig neue Probleme wären. Er vertraut lediglich seiner sinnlichen Erkenntnis und scheut sich nicht, sogar Aristoteles als einfachen Kollegen zu behandeln, dem er mit aller Ehrerbietung eine ganze Reihe Fehler nachweist. So ist die Tafel 21 deshalb interessant, weil es seit Aristoteles als feststehend galt, daß die Esel keine Läuse haben. Oder bei Besprechung der Hirschoestriden sagt er: Obwohl Aristoteles nur 20 solcher Larven in einer Stirnhöhle angibt, so habe ich doch in einer allein 39 gezählt und niemals weniger als 20. Mit Aristoteles bekämpft er zugleich W. Harvey. Von seinen Mikroskopen gibt der Titelkupfer (Fig. 86) eine Vorstellung. Seine besseren Mikroskope bezog Redi nach eigener Angabe aus England.

Andere wertvolle Untersuchungen verdanken wir ihm über die Viper und das Viperngift, die ihn zur Entdeckung der Giftdrüse der Vipern führte,

sowie über den Zitterrochen. Zur Urzeugungslehre ergriff er 1684 noch einmal
das Wort, indem er in einer besonderen Schrift nachwies, daß auch die Eingeweidewürmer zwei Geschlechter hätten und sich durch Eier fortpflanzten,
eine Ansicht, mit der jedoch erst 100 Jahre später Spallanzani durchdringen
konnte. Auch in diesem Werk finden sich eine Reihe Beobachtungen über
Insekten. So schreibt er über die Beziehungen zwischen Geruchssinn und Ei-
ablage:

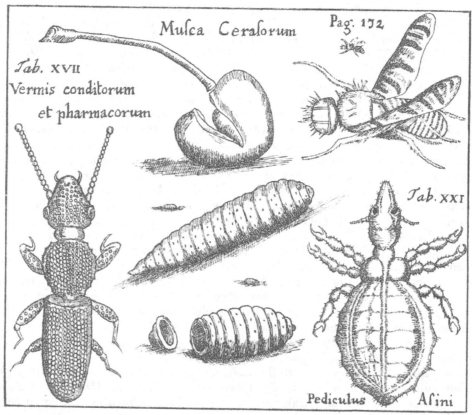

Fig. 87.

Abbildungen aus Redi, Esperienze intorno alla generazione degli Insetti:
1. Musca cerasorum: Rhagoletis cerasi. Die älteste Abbildung dieses Schädlings.
2. Vermis conditorum et pharmacorum: Die älteste Abbildung von Silvanus
   surinamensis.
3. Pediculus asini: Haematopinus asini L. Nach Aristoteles haben die Esel keine
   Läuse!
        (Fig. 1 und 2 in Größe des Originals, Fig. 3: ⅔ des Originals.)

Die fliegenden Insekten legen, vom Geruch angelockt, ihre Eier auf ihre ganz
speziellen Nährpflanzen. Die jungen Larven befinden sich dann gewissermaßen wie in einem Nest, in dem sie die nötige Nahrung zu ihrem Wachstum vorfinden. Der Geruchssinn der Insekten ist ungeheuer entwickelt, wo-
über ich viele seltsame Beobachtungen mitteilen könnte. Es folgen eine Reihe
Zuchtberichte über die Entstehung von Insekten aus Pflanzen und ihren Teilen
und eine Reihe Experimente über das Verhalten von Insekten, die in Oliven-
öl, Orangenöl, Rosenöl etc. eingetaucht wurden und die natürlich nach kurzer
Zeit alle starben.

Außerdem ist Redi als großer Poet geschätzt. Neben dem meisterhaften Stil seiner wissenschaftlichen Werke, die alle in italienischer Sprache verfaßt worden sind, ist hier besonders sein in der italienischen Literatur berühmter Dithyrambus über den Wein zu erwähnen.

Literatur:

Francesco Redi, Esperienze intorno alla generazione degli Insetti. Firenze 1668. (1688 bereits in 5. Auflage.)

Francisci Redi, Opusculorum pars prior sive Experimenta circa generationem insectorum. Amstelaedami 1686,

Francesco Redi, Osservazioni interno agli animali viventi che si trovano negli animali vivent. Firenze 1684.

Francesco Redi, Experiments on the generation of Insects. Translated by Bigelow. London 1910.

Opere die Francesco Redi, Gentiluomo aretino e Academico della Crusca. Seconda Edizione Napolitana corretta e migliorata, Napoli 6 Vol. 1778.

Diese napolitanische Gesamtausgabe der Werke Redi's ist vielfach durch Zusätze von Bildern (z. B. T. 1 tab 14 f. A B Lecanium hesperidum) und Text entstellt. sodaß sie nur mit Vorsicht zu genießen ist

A. Kircher.

Um die Kühnheit der Redi'schen Versuche und ihre Wirkung auf die Zeitgenossen voll zu verstehen, wollen wir uns die Ansichten einiger Zeitgenossen kurz vor Augen führen. An erster Stelle müssen hier die Schriften W. Harvey's erwähnt werden, die wir bereits besprochen haben. Aus der Menge der älteren Schriften des 17. Jahrhunderts greifen wir nur Daniel Senner heraus, der in seinem 1636 in Frankfurt erschienenen Werke „Hypomnemata physica" der Spontanerzeugung ein besonderes Kapitel widmet und die aristotelischen Ansichten ausführlich und nachdrücklich verficht.

Von größerer Bedeutung ist der Jesuiten-Pater Athanasius Kircher. 1602 zu Geisa geboren, trat er 1618 in den Jesuiten-Orden ein, der ihm abgesehen von kurzer Lehrtätigkeit erlaubte, sich ganz seinen wissenschaftlichen Studien zu widmen. So verweilte er in Würzburg, Avignon und Rom, wo er in 40-jähriger Arbeit die Sammlungen des Collegio Romano (= Museum Kircherianum) schuf. Seine Hauptbeschäftigung waren ägyptische Inschriften, bei deren Deutungen er vor den größten bewußten Fälschungen nicht zurückschreckte. Sein Ansehen war deshalb auch bei den zeitgenössischen Gelehrten nur gering, aber bei der breiten Masse war er angesehen. Unter seinen vielen Schriften finden sich auch eine Reihe naturwissenschaftlicher. Zahlreiche physikalische Experimente, die größenteils auf Bluff aufgebaut waren, stammen von ihm. Die Laterna magica scheint jedoch seine Erfindung zu sein. Mit den Alchemisten lag er in Fehde. Er starb 1680.

Außer der Arca Noe (1675), in der die Tiere, die Noah in seine Arche aufnahm, abgebildet und beschrieben sind, ist hier die „Physiologia Kircheriana" (1680) zu erwähnen. In diesem Werke behandelt er fast nur physikalische Experimente und die hierzu erforderlichen Apparate. In der Sectio IV liber I beschreibt er jedoch die experimentelle künstliche Erzeugung von Insekten (De arteficiosa insectarum genesi, experimentis conferta). Wir geben hieraus die folgenden Proben:

Cap. XI. Experiment, worin die gemeinsame Entstehung der Insekten gezeigt wird. Wenn man das sehen will, so nehme man etwas Mist vom Pferde, Kuh und Eseln, von jedem etwas und vermische dies in einer Schale. Darüber gieße man täglich Wasser mit den Kelchen und Blüten der verschiedenen Nährpflanzen dieser Tiere, auf denen ihre Samen sitzen. Man setzt sie dann einer mäßigen Sonnenbestrahlung aus, aber gut bedeckt, damit der Inhalt nicht durch die Sommerwärme austrocknet. Dann kann man sehen, wie sich kleine Blasen bilden — ganz wie bei der Gärung. Wenn diese später platzen, so kommen Bienen, Wespen, Käfer, Blattwanzen, Würmer und vielfüßige Raupen heraus, die keinen anderen Ursprung haben können als aus den Samen der verschiedenen Tiere, die sowohl in den tierischen Exkrementen wie auf ihren Nährpflanzen verborgen waren und jetzt durch die Mischung und die nötige Besprengung mit Wasser und die nötige Sonnenwärme nach dem Naturgesetzen verdünnt, fermentiert und nach innen geschafft werden, bis diejenigen Tiere entstanden sind, die den verschiedenen Samen entsprachen.

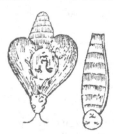

Fig. 88.
Puppe und Falter aus der Physiologia Kircheriana. (1680.)

Experiment über die Entstehung der Bienen aus Kuh-Exkrementen. Man nehme zu Beginn des Siebengestirns frischen Kuhmist von Kühen, die zuvor die Wachsblume gefressen haben, und lege ihn an einen schattigen, mittags etwas sonnigen Platz, mit der Sorge, das er nicht zu sehr austrocknet, so wird man zu seiner großen Verwunderung Raupen entstehen sehen, die sich bald in Bienen verwandeln und zwar nach der Ursprungsmaterie in Könige; ihren Ursprung zeigen sie auch an der kuhkopfähnlichen Gestaltung ihres Hinterleibs. Wenn man nun fragt, wieso diese Tiere wieder ihresgleichen erzeugen können, so antworte ich, daß dies nicht durch Koitus geschieht, sondern durch einen den Königen von der Natur mitgegebenen Samen. Wenn Du nun fragst, woher dieser Same kommt, so antworte ich, aus den Blütensäften der Wachsblume, Schilfrohr, Ölbaum, oder anderen Blumen. Jene saugen diese Blütensäfte nicht nur als Nahrung, sondern auch zur Honigbereitung. Die Pflanzen, die die Insekten dauernd besuchen oder aus denen sie entstanden sind, enthalten stets etwas von ihrem Samen, der mit ihren Exkrementen oder auf irgend eine andere Weise dort hingelangt. Die Insekten nehmen nun von ihrem Besuch ebenfalls Samen fort.

In ähnlichen Versuchen zieht A. Kircher Stechmücken aus Regenwasser, Heuschrecken aus Erde, Schmetterlinge aus Blättern verschiedener Pflanzen und Fliegen aus Fliegenkot, die mit etwas Honigwasser besprengt sind.

A. Kircher hat also die sonderbare Theorie, eine stark modifizierte Theorie der Archigonie, daß alle Insekten eine Samen-Substanz, aber keine Eier besitzen. Diese Samen-Substanz ist vielfältig in der Natur verteilt und für jede Art verschieden. Wenn dieser Samen unter geeignete Entwicklungsbedingungen kommt, so entwickeln sich daraus die Larven und Insekten. Befruchtung läßt Kircher für die Insekten nur in ganz beschränktem Umfang zu.

In der „Arche Noah" wird die wichtige Frage behandelt, ob und welche Insekten sich etwa in der Arche befunden hätten. Einige seien ja schon zum Füttern verschiedener Vögel unerläßlich gewesen (p. 49). An sich sei es nicht erforderlich gewesen, die große Mehrzahl der Insekten zum Behufe ihrer Erhaltung in die Arche aufzunehmen, da sie ja durch Urzeugung aus der toten Materie entstehen. Die Zoologie unterscheide besonders 6 Klassen solcher Insekten nach ihrer Entstehung:

1. Aus Wein und Most entstehen die Drosophilen.
2. Aus der Erde Regenwürmer, Schnecken etc.
3. Aus der Fäulnis im Wasser die Libellen (perlos).

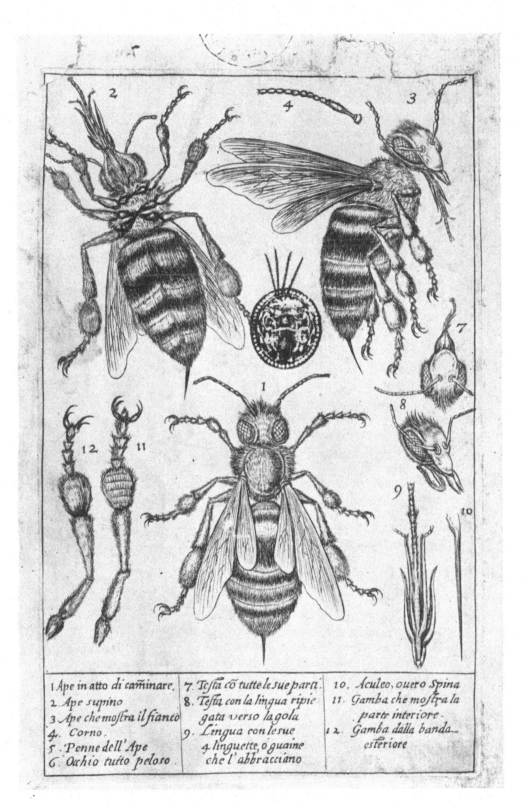

XV

Tafel aus Cesi, Apiarium.

4. Die Klasse der Falter, Fliegen, Ameisen, Krebse.

5. Diejenigen, die aus der Zersetzung von Pflanzen entstehen.

6. Diejenigen, die aus den Exkrementen oder den Leichen von Tieren entstehen, wie Hornissen, Bienen, Skarabäen etc. und solche, die aus Schweiß ihren Ursprung nehmen, wie Läuse, Flöhe etc.

Es brauchten also nur die Insekten, die Gott direkt aus der Urmaterie des Chaos erschaffen und die sich durch Befruchtung vermehren, nicht aber die oben erwähnten, in die Arche aufgenommen werden. Beispiele führt Kircher für diese Klasse nicht an, so daß ich gestehen muß, daß ich nicht weiß, an welche Insekten er hierbei gedacht hat.

Endlich wendet er sich gegen Redi: „Der gelehrte Redi hat meine diesbezüglichen Behauptungen [= Urzeugung], wenn auch in bescheidener und geziemender Form, so doch entschieden angegriffen. Ich arbeite seit 40 Jahren mit deutscher Gewissenhaftigkeit unter der Bewunderung der ganzen Welt. Wie hinfällig sind doch Redi's Beweisschlüsse!" Da die Experimente von Redi erfolglos waren, so sind also auch die von Kircher angestellten falsch gewesen! Unter Berufung auf seine römischen Freunde, die alle Zeugen seiner Experimente gewesen sind, verläßt er Redi, sicherlich in seinem Innersten unerschüttert von der Richtigkeit seiner eigenen Anschauung und Experimente überzeugt. Übrigens standen die beiden persönlich ganz gut; so hat Kircher z. B. Redi zur Bearbeitung eine Menge Naturgegenstände aus Indien überlassen.

In dem Kampfe für die Urzeugung unterstützte ihn sein Schüler Filipo Bonani (1638—1725), Professor am Collegio Romano. Besonders mit Hinsicht auf die Eingeweidewürmer griff er Redi mehrfach an.56)

Literatur:

Daniel Sennert, Hypomnemata physica (Cap. V. De Spontaneo viventium ortu) Francoforti 1636.

Athanasii Kircheri Arca Noe. Amstelodami 1675.

Physiologia Kircheriana experimentibus qua summa argumentorum multitudine et varietate Naturalium rerum scientia per experimenta Physica, Mathematica, Medica, Chymica, Musica, Magnetica, Mechanica comprobatur atque stabilitur Joannes Stephanus Kestlerus extraxit ex vastis operibus P. Ath. Kircheri Amstelodami 1680.

Filipo Bonani, Observationes circa viventia, quae in rebus non viventibus reperiuntur. Roma 1691.

b) Die mikroskopische Frühzeit.

Wir haben uns hier zu erinnern, daß um 1590 in Holland durch Janssen Vater und Sohn das Mikroskop erfunden wurde. Mit diesen ersten Mikroskopen hatte bereits Redi gearbeitet, so wie der später zu erwähnende Robert Hooke. Es wurde jetzt zu systematischen Arbeiten über die Anatomie der Insekten benutzt. Als bedeutendste Namen hoben sich auf diesem Gebiet die Namen Malpighi, Swammerdam und Leeuwenhoek hervor.

Cesi und Stelluti.

Als das älteste Werk anatomischer Insekten-Betrachtung gilt das Apiarium des römischen Arztes Francesco Stelluti (1625). Sonderbarerweise war dieses in der Zoologie-Geschichte vielfach zitierte Werk weder in den großen Bibliotheken in Berlin, Paris und London aufzutreiben, noch findet es sich in der Hagen'schen Bibliotheca entomologica. Nähere Nachforschungen der Herren Prof. Almagi und Prof. Gabrieli in Rom ergaben folgenden Sachverhalt. Das betreffende Werk stammt nicht von F. Stelluti, sondern hat den Fürsten Cesi

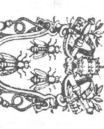

APIARIVM

EX · FRONTISPICIIS · NATVRALIS · THEATRI

PRINCIPIS · FEDERICI · CAESII · LYNCEI

S · ANGELI · ET · S · POLI · PRINC · I · MARCH · M · CAELII · II · &c · BARON · ROM ·

DEPROMPTVM.

Qvo

VNIVERSA · MELLIFICVM · FAMILIA · AB · SVIS · PRAE-GENERIBVS · DERIVATA

In fuas Species, ac Differentias diftributa, in Phyficum confpectum adducitur.

Fig. 89.
Kopf der 2. Ausgabe des veröffentlichten Blattes
von Cesi's Apiarium.

XVI

66

442

Ms Linceo
4

Manuskript-Seite aus Cesi, Apiarium.

zum Verfasser. Stelluti hat die mikroskopischen Beobachtungen und die Tafel dazu geliefert. Diese Tafel enthält entgegen den Angaben in manchen Zoologie-Geschichten keinerlei anatomische Details, sondern stellt nur den allgemeinen morphologischen Bau des Bienenkörpers und einzelner seiner Teile schwach vergrößert dar. Das Original der Abhandlung des Fürsten Cesi befindet sich handschriftlich in der Bibliothek der Accademia dei Lincei. Es ist bis heute noch nicht beschrieben worden. Es umfaßt die Seiten 415—549 des betreffenden Manuskriptbandes. Die Originalpaginierung beginnt mit p. 22 und bezog sich vermutungsweise auf 22 Seiten, die von den wilden wabenbauenden Bienen handelt. Auf p. 420 beginnt eine neue Pagination mit p. 2.

Seite 417—490 enthalten die Reinschrift der Abhandlung, Seite 491—549 die Urschrift, die zahlreiche Korrekturen von der Hand des Fabius Colonna, des neapolitaner Akademiegenossen und Korrespondenten des Fürsten Cesi, enthält. Im Druck nicht erschienen sind die ausführlichen Abschnitte über Honig und Wachs. Eine Manuskript-Seite ist als Taf. XVI. abgebildet. Von diesem Apiarium ist dieser Auszug auf einem großen Blatte erschienen (Rom 1625), das äußerst selten ist und von dem sogar die Accademia dei Lincei nur ein zerschnittenes Exemplar besitzt. Der Kopf dieses Blattes in seiner zweiten Ausgabe durch Fabio Colonna aus Neapel ist in Fig. 89 wiedergegeben. Das Manuskript von Cesi enthält ebenfalls Verbesserungen von der Hand des Fabio Colonna. Enthält die Arbeit somit auch keine anatomischen Beschreibungen, so gehört sie doch zu den ältesten, die mit dem Mikroskop erarbeitete Resultate mitteilen. Das Flugblatt enthält eine gute Beschreibung der Stelluti'schen Tafel, ferner biologische Notizen über Bienenrassen und einen guten Bestimmungsschlüssel über alle bekannten domestizierten (urbanes) und wilden (silvestres) wabenbauenden Bienen. Auf den Inhalt wird hier nicht näher eingegangen, da Prof. Gabrieli eine Neuherausgabe dieser interessanten Schrift plant.

Der Fürst Frederico Cesi (geboren 1585 in Rom, gestorben 1630 ebenda), der Begründer der Accademia dei Lincei, ist fraglos ein umfassender Geist gewesen. Als Naturwissenschaftler interessiert er uns besonders durch den Plan zu einem umfassenden Werk: Theatrum Totius Naturae, das leider unvollendet blieb. Das Apiarium und ein äußerst interessantes botanisches Fragment, die Tabulae phytosophicae, sind Bruchstücke hieraus. Er unterhielt im Auftrage der Accademia dei Lincei einen umfangreichen Schriftwechsel mit zahlreichen Gelehrten, von denen hier Stelluti, Faber aus Nürnberg, Colonna aus Neapel erwähnt sein sollen. Prof. Gabrieli in Rom ist zur Zeit mit der Herausgabe dieses Briefwechsels beschäftigt. Beim Studium dieses Briefwechsels stieß derselbe Gelehrte auch auf ein interessantes Manuskript des holländischen Mitglieds der Accademia Giovanni (H) Eckio: Luda Naturae. Fructus itinéris septentrionis, das sich heute in der Bibliothèque de l'Ecole de Médecine in Montpellier befindet. Es handelt sich um den Bericht einer Reise durch Europa, der in 4 Handschriftbänden zahlreiche Aquarelle enthält, von denen viele Insekten sehr naturgetreu darstellen sollen. Eine Beschreibung dieses Manuskripts wird in der erwähnten Veröffentlichung enthalten sein.

Die Bienentafel des Francesco Stelluti ist später noch an anderer Stelle nachgedruckt worden, nämlich in einer Perseus-Übersetzung desselben Autors. Seite 51—54 derselben enthalten die Tafel sowie die dazugehörige Beschreibung. Ein Zusammenhang dieser Einschiebung mit dem übrigen Inhalt des Buches besteht nicht. Wie mir Prof. Gabrieli noch nachträglich mitteilt, enthält dasselbe Buch in ähnlicher Weise noch eine Tafel De Curculione aus der Feder Stellutis.

Literatur:

Apiarium ex frontisspiciis theatri principis Federici Caesii Lyncei ... depromptum quo universa
mellificum familia ab suis praegeneribus derivata, ... Franciscus Stellutus Lyncaeus Fabri-
anensis microscopio observavit. Romae 1625.
F. Stelluti, Persio trudotto in verso sciolto e dichiarato. Romu 1630.

I. Marcello Malpighi.

Marcello Malpighi (1628—1694) ist in seinen zahlreichen systemati-
tischen Untersuchungsreihen der zielbewußteste Beobachter des 17. Jahrhun-

Fig. 90.
Marcello Malpighi.
(Nach einem zeitgenössischen Kupferstich.)

derts. Bei Bologna geboren, studierte
er in Pisa Medizin, lehrte als Professor in Messina und von 1666 bis
1691 in Bologna und wurde 1691 als
Leibarzt von Innozenz XII. nach
Rom berufen, wo er 1694 starb. Ganz
abgesehen von den Forschungsresul-
taten, die wir Malpighi verdanken,
liegt seine größte Bedeutung darin,
daß er die tierische und pflanzliche
Anatomie und Physiologie als selbständige Wissensgebiete von der Medizin loslöste, indem er klarlegte,
daß besonders der feinere Bau des
Tierkörpers eines streng gesonderten Studiums bedürfe und die komplizierten Verhältnisse der höheren
Lebewesen erst durch das Studium
der einfacheren Wesen ihre Erklärung erfahren. Von seinen zahlreichen grundlegenden Untersuchungen
seien nur die wichtigsten erwähnt:
Durch die Entdeckung der Kapillar-
Blutgefäße schloß er die Beweiskette
Harvey's über die Blutzirkulation.
Durch seine Studien der Entwick-
lungsvorgänge des Hühnchens unter
Benutzung des Mikroskops wurde
die Kenntnis desselben wesentlich
vertieft. Die Malpighi'schen Körper-
chen der Nieren sind nach ihm benannt. Den Bau der tierischen Drüsen
unterzog er einer genauen Untersuchung. Unabhängig, aber gleichzeitig mit
Nehemia Grew (1628 bis 1711) begründete er die Pflanzen-Anatomie.
Für die Entwicklung der Entomologie ist er durch zwei Arbeiten von
grundlegender Bedeutung geworden: Durch seine Monographien über den
Seidenspinner (1669) und über die Gallen. Letztere bildet einen Teil
der Anatomia plantarum. Malpighi war Mitglied der Royal Society in London
und sandte dieser seine Arbeiten zum Druck ein, wie er auch oft die Anregung

zu seinen Arbeiten von dort empfing. Letzteres trifft z. B. für die Abhandlung de Bombyce zu, die er auf Aufforderung Oldenburg's, des Sekretärs der Society, verfaßte und nach Jahresfrist einsandte. Die Abhandlung ist als genial zu bezeichnen. Zum ersten Mal wird einer der nach Vorstellung der aristotelischen Schule formlosen Klumpen, den die Insekten-Larven etc. darstellen, anatomisch untersucht. Dabei stellen sich Verhältnisse von außerordentlicher Kompliziertheit heraus, die teilweise auf keine Weise (z. B. Herz, Respirationssystem etc.) in das Schema der allein bekannten Anatomie der höheren Vertebraten und des Menschen einzureihen sind, und alle diese komplizierten Gebilde werden einfach und richtig beschrieben sowie richtig gedeutet. Eine solche Leistung kann nicht hoch genug bewertet werden. Gelegentliche Vergleiche mit den anatomischen Verhältnissen anderer Insekten erhöhen noch den allgemeinen Wert der Arbeit. Doch lassen wir den Inhalt der Schrift selbst auf uns wirken:

De Bombyce.

Die Seidenraupe entsteht aus Eiern. Diese liegen das Jahr über, bis das Frühjahr naht und wechseln ihre Farbe von bläulich zu gelb und später zu grau. Die Raupe öffnet mit ihren Mandibeln das Ei und schlüpft heraus. Ihre Farbe ist schwärzlich gräulich und der Kopf ungeheuer groß. Auf Rücken und Seiten sind stachelartige Hervorragungen. Sie beginnt sofort mit dem Fraß an Morusblättern und ändert ihre Farbe beim Wachsen in ein weißliches Grau. Nach ca. 10 (im Mai 11, Juni 10, August 9) Tagen verfällt sie in ihren ersten Schlaf von über einem Tage Dauer. Die Größe der Seidenraupe nach vollendetem erstem Stadium ist die auf der Abbildung bezeichnete. Die Farbe ist jetzt weißlich; die Raupe ist wie mit weißer Kleie bestreut und dies besonders auf den vorderen Ringen, während die hinteren schwärzliche Flecken aufweisen und Schwanz, Füße und Analanhänge gelblich werden. Der dreimal so große neue Kopf ist gräulich und gelblich und dunkelt nach 3 Stunden etwas nach. Sie bewegt beim Fressen nur den Kopf, während der übrige Körper mehr oder weniger unbeweglich bleibt. Sie ist sehr gefräßig und muß dreimal am Tag gefüttert werden. Nach ca. 4 Tagen (Juli 3½) findet eine zweite Häutung statt. Der Häutungsschlaf dauert einen Tag. Im Herbst und Frühling nach 5, im Juli nach 3 Tagen folgt der dritte Schlaf von 1½ Tag Dauer.

Man sollte eigentlich die arbeitsreiche Verwandlung, bei der Kopf, Zähne, Haut, Haare und vielleicht auch einige Muskeln erneuert werden, nicht Schlaf nennen. Ich glaube vielmehr, daß es dem Unwohlsein der Kinder beim Zahnwechsel zu vergleichen ist, die dann ja auch keine Speise zu sich nehmen mögen.

Nach 4—5 Tagen Fressen liegt sie dann wieder 2½ Tage und tritt in ihr letztes Stadium ein, worin sie sich ganz dem Fraß ergibt, um ihre nächste und lange Verwandlung gut überstehen zu können.

Es folgt eine äußerst detaillierte Beschreibung der äußeren Raupen-Morphologie, aus der Bilder der Gesamtraupe, des Kopfes und der Füße folgen mögen. Bei der Lektüre vergißt man völlig die Ursprungszeit des Werkes, das heute auch noch nicht ein bißchen veraltet ist, selbst wenn unsere heutigen technischen Ausdrücke fehlen.

Auf die morphologische Beschreibung folgt die anatomische. Öffnet man die Haut der Seidenraupe, so quillt zunächst ein gelbliches Gewebe daraus hervor. Direkt unter der Haut verlaufen zahlreiche Muskeln von fleischiger bis weißlicher Farbe als Faserbündel längs und schräg von einem Segment zum andern. Eine ganze Reihe solcher Muskeln werden abgebildet (cf. Fig. ?) und in extenso in ihrem Verlauf beschrieben. Aus der Zusammenarbeit dieser Muskeln ergibt sich die Fortbewegung der Seidenraupe. Die Afterfüße schreiten vor und die zwei Analsegmente werden runzelig und angespannt, die zwei folgenden Beine machen dieselbe Bewegung und die letzten Segmente dehnen sich wieder, die nächsten zwei Segmente kräuseln sich und schwellen an; so schreitet diese Bewegung bis zum Kopfe fort. Das ist die Fortbewegung der Seidenraupen.

Mit Ausnahme des zweiten und dritten Ringes sind seitlich überall die Stigmen (stigma) und von diesen geht nach innen ein ganz eigenartiges Röhren-System (vasus) aus, das sich nach der Art unserer Arterien verästelt, zu allen Organen hinführt und unter sich verbunden ist, so daß wir an jeder Seite eine große Hauptröhre mit vielen Ästen und Nebenästen haben. Die membranartige Haut ist silberfarben. Im Innern befindet sich Luft, so daß ich sie für Lungen halte. Die Seidenraupe hat also zwei Lungen. Das Tracheen-System der Zikade, des Hirschkäfers, der Heuschrecke, Biene und Wespe wird vergleichweise untersucht und abgebildet. Der Bau der Stigmen ist wie folgt: Ein schwarzer elliptischer Ring (A) umschließt eine Längsnarbe (B), die zu beiden Seiten von kleinen grauen Fasern (C) eingefaßt wird. Durch verschiedene Versuche sucht Malpighi die Bedeutung dieses Spaltes zu erforschen, der wohl als Schutz diene. Die Körper-Kontraktionen im Hinterende von Bombyx oder Locusta dienen vermutlich der Atmung.

Das Herz liegt auf dem Rücken zwischen Muskeln und Tracheen und erstreckt sich vom Kopf bis zum Körperende. Es besteht aus einer durchsichtigen Membran, die in zahlreiche kleine Ovale zerfällt, die zwischen sich eingeschnürt sind, und zwar hat jedes Segment sein Oval oder eigenes kleines Herz. Durch Systole und Diastole wird der Körpersaft von einem Oval ins andere gepumpt, und diese Bewegung kann man an der lebenden Raupe von außen, wenn auch etwas undeutlich, verfolgen. Ob sich an das Herz Arterien anschließen, habe ich nicht mit Sicherheit feststellen können. Auch das Fettgewebe, das das Herz umhüllt, wird nicht vergessen, wenn auch in seiner Funktion nicht gedeutet.

Das Körperinnere ist erfüllt von dem Darm, dessen einzelne Teile (G = Oesaphagus, E—H = Verdauungsdarm mit Muskulatur C, D, E; M = das Rectum mit den 6 Vorwölbungen, die die sechseckige Struktur des Kotes hervorrufen) richtig gedeutet werden. Nur die Gefäße, die bei O entspringen (N und P), bereiten ihm Schwierigkeiten. P sind die nach ihrem Entdecker benannten Malpighischen Gefäße und N wohl Tracheenfäden. Malpighi läß die Frage offen,

Text zu Tafel XVII.

Abbildungen aus Malpighi, De Bombyce: Anatomie der Raupe von Bombyx mori L.

Tab. I.	Tab. IV.
Fig. 6. Ausgewachsene Raupe Gesamtansicht.	Fig. 2. Stigma stark vergrößert.
Fig. 11. Raupenkopf stark vergrößert.	Tab. V.
Tab. II.	Fig. 1. Raupendarm mit Anhangsdrüsen. Bei N die Malpighi'schen Gefäße, deren erste Darstellung hier gegeben wird.
Fig. 1. Brustfuß der Raupe.	
Fig. 3. Bauchfuß der Raupe.	
Fig. 7. Teil des Hautmuskelsystems herauspräpariert.	Fig. 2. Die Speicheldrüsen.
Tab. III.	Tab. VI.
Fig. 4. Herzschlauch nebst Tracheenhauptstamm und Tracheenversorgung.	Fig. 1. Tracheenversorgung eines Ganglions.
	Fig. 2. Zentralnervensystem nebst zugeordneten Stigmen der Raupe.

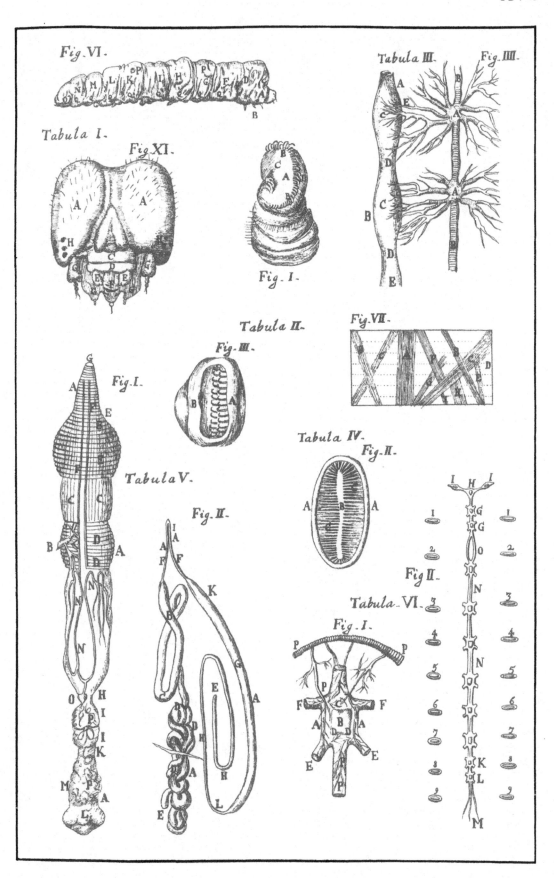

ob es sich um feine Därme für die Verdauung besonders zarter Nahrung, um Blinddärme nach Analogie der Fische oder um Lymphgefäße handelt.

Zu beiden Seiten liegt je ein großer Schlauch, der mit dem Saft, aus dem der Seidenfaden entsteht, angefüllt ist. Diese Schläuche sind stark gewunden, gegen das Ende leichter zerbrechlich und enden blind. Ihre Länge ist ein bologneser Fuß. Durch die durchsichtige Membran schimmert der goldgelbe Seidensaft, der sich in Wasser nicht löst, in Feuer nicht verflüssigt, sondern leimartig ist. Ganz ventral, zwischen Fettgewebe, liegt der Nervenstrang. Das Gehirn, die einzelnen Knoten, die Tracheen-Versorgung sowie die Oesophagus-Schlinge werden ganz genau beschrieben (cf. Figur) und richtig gedeutet.

Das sind die inneren Organe, die Malpighi bei der Seidenraupe beobachtet hat. Ob noch andere Organe existieren, vermag er nicht mit Sicherheit zu entscheiden, da er bei Käfern, Maulwurfsgrille und Cicaden noch verschiedene andere Drüsen und Bläschen beobachtet hat.

Es folgt eine Beschreibung des Baues der inneren Schädelkapsel, die neben Gehirn und Tracheen fast ganz von den starken Muskeln der Mandibeln (dentes) ausgefüllt werden, die dann selbst beschrieben werden.

In dem letzten ausgewachsenen Stadium verbleiben sie 10 (Frühling) bis 15 oder 30 (Oktober) Tage. In dieser Zeit wechselt man zur Abfallbeseitigung zweimal am Tage, in der Frühe und nachmittags die Zucht-Matten, was früher nur alle zwei Tage geschah. Die Matten werden in Sizilien aus Schilfrohr, in Bologna aus Schilf und Seetang geflochten.

Daß die Seidenraupen unter schlechten Gerüchen leiden, halte ich für Aberglauben, denn ich habe sie Blätter, die in Asa foetida oder Opium getaucht waren, ohne Beschwerde essen sehen. Aber der Südwind schwächt sie sehr, und ich habe sie dann manchmal in einen Erschlaffungszustand (Cachexia) fallen sehen. Ihre Körperfarbe wird von weiß zu gelb und beim Öffnen kommt besonders viel Saft von blaßgelber Farbe heraus [wohl Gelbsucht]. Auch unter der Kälte leiden sie sehr, so daß das Einspinnen, das sonst sehr schnell vor sich geht, dann sehr lange dauert. Vorher fastet sie einen Tag und magert etwas ab. Ihre Gestalt und Farbe verändern sich und sie beginnen umher zu kriechen, bis sie einen Platz zur Verpuppung finden. Um ihnen einen solchen zu bereiten, legt man Astbündel verschiedener Bäume auf die Matten. Das Spinnen des Kokons mit den verschiedenen Bewegungen und Stellungen der Raupe folgt detailliert. Die äußeren der 6 Lagen des Kokons sind lose, während die inneren durch einen Leim verkittet sind. Auch Doppelkokons werden erwähnt. Nach 3 Tagen ist der Kokon vollendet, die Raupe verändert sich mehr und mehr, innerlich wie äußerlich, bis sie sich nach 4 weiteren Tagen in die Puppe (Aurelia), ein fast gänzlich neues Tier, verwandelt, wenn nach einer Stunde und 10 Minuten Zappeln die Nackenhaut der Raupe geplatzt ist und sich diese ganz herausgearbeitet hat.

Bei der Puppe kann man nun schon leicht das Vorstadium des Schmetterlings (Papilio) an den Antennen und Flügelspuren erkennen. Es schließt sich die morphologische Beschreibung an und sogar die inneren Einschmelzungsprozesse (concretio) hat Malpighi belauscht und in äußerst lebendiger Weise auf beinahe 3 Folio-Seiten geschildert. In der Puppe beginnt auch die Geschlechtertrennung. Die Eibildung wird z. B. genau verfolgt. Nach 9 (Frühling) bis 30 (Herbst und Winter) Tagen, während „der sich unter der Puppenmaske die Eingeweide des Schmetterlings gebildet" haben, spritzt der Falter einen Saft zwischen sich und der Puppenhaut aus, sprengt so diese und schlüpft unter lebhafter Hilfe der Beine und Flügel. Doch jetzt ist er noch in der engen Zelle

des Kokons verschlossen. Er spuckt jetzt reichlich einen zähen Schleim auf die
Spitze des Kokons, drückt mit dem Kopfe nach, drängt die Fäden zur Seite,
zwängt sich hinaus und spannt die zerknitterten Flügel. Die Falter geben dann
eine rote Ausscheidung von sich, bewegen oft ihre Flügel und verursachen so ein
summendes Geräusch.

Die Geschlechter werden unterschieden: die Männchen an ihrem kleinen und
zarten Bau, die Weibchen besonders an dem von Eiern prallen Hinterleib. Es
folgt wieder eine ganz ausführliche Beschreibung der äußeren Morphologie
(2 Folio-Seiten), bei der besondere Beobachtung der Kopf und die äußeren
Geschlechts-Werkzeuge finden, die teilweise mit dem Bau bei anderen Insekten
verglichen werden. Das Studium der inneren Organe ist durch einen schleimigen
Leibesinhalt und die vielen Tracheen-Blasen sehr erschwert. Zunächst verlaufen unter der harten Körperhaut Muskeln. Dann stößt man zunächst auf die
Geschlechts-Organe. Kurz nur werden die männlichen behandelt, deren bohnen-
förmige Hoden erwähnt werden. Umso
ausführlicher verweilt Malpighi bei den
Weibchen. Der verschiedene Bau der Eiröhren beim Seidenwurm, Laufkäfer, Zikade, Heuschrecke erregt seine Aufmerksamkeit. An dem doppelten Ovar fällt
ihm die starke Tracheen-Versorgung sowie die peristaltische Bewegung auf. Hier
findet die Entstehung der Eier statt. Auch
der gemeinsame Ausführgang mit seinen
zahlreichen Anhängen wird ausführlich
besprochen. Größere Versuchsreihen hat
Malpighi angestellt, um zu untersuchen,
ob eine Jungfernzeugung möglich ist. Da
jedoch alle aus unbefruchteten Weibchen
stammenden isolierten Eier vertrockneten, ohne daß die Raupen schlüpften, so
meint er, daß wie beim Huhn die Ei-
produktion erst durch den Hinzutritt des
Männchen vollendet werde. Alsdann folgt
die Beschreibung der Kittdrüsen mit richtiger Deutung ihrer Funktion. Das Herz
ist dem der Raupe sehr ähnlich. Wie
dort läuft das Blut fast immer von unten nach oben (= von hinten nach vorn),
aber einmal hat Malpighi auch für kurze
Zeit einen Kreislauf in entgegengesetzter
Richtung beobachtet. Einen regelmäßigen
Rhythmus haben die Herzpulsationen nicht.
Diese Untersuchungen der Herzpulsation
sind scheinbar mit besonderem Interesse
ausgeführt. Von weiteren Organen des
Abdomens fallen zwei große Tracheen-

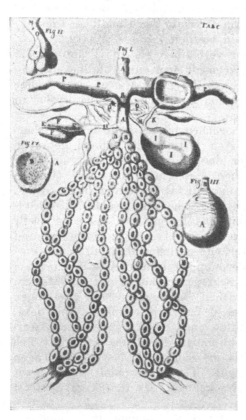

Fig. 91.
Weibliche Genitalien von Bombyx mori.
(Nach Malpighi, De Bombyce aus Bla-
sius.)

Blasen auf, die der Fisch-Blase verglichen werden, aber hier wohl durch ihr
Aufblasen die Herausbeförderung der Eier und Samen-Körperchen unterstützen.

Im Kopfe konnte Malpighi beobachten, daß die Antennen nach innen Fortsätze bis zum Gehirn entsenden, ebenso die Augen als Nervi optici. „Um durch

zu lange Beschreibungen nicht abzustoßen, gehe ich zu dem letzten Lebensabschnitt des Seidenwurms über. Sofort nach dem Schlüpfen der Schmetterlinge beginnt die Begattung. Unruhig eilt das Männchen umher, bis es ein Weibchen gefunden hat, dann stürzt es sich auf dieses und führt seinen erigierten Penis in dessen Genitalien ein unter beständigen schnellen Flügelbewegungen. Nachher liegt es ½ Stunde wie tot da. So wiederholt sich die Begattung und der Flügelton der Männchen in den ersten Tagen nach dem Schlüpfen öfter, bis nach etwa zwei Tagen das Weibchen zur Eiablage übergeht. Die Eier werden nacheinander in kurzen Pausen abgelegt, wobei das Weibchen jedesmal den Platz etwas wechselt." Die Zahl der Eier betrug bei einigen Beobachtungen: 516, 514, 446, 393. Aber nicht alle Eier werden abgelegt, so zählte Malpighi im Ovar eines Weibchens, das seine Eiablage beendet hat, noch 30 Eier. Unbefruchtete Weibchen legen oft ihre Eier überhaupt nicht und sterben bald. Die Lebensdauer der Falter ist je nach der Jahreszeit verschieden, im Sommer beträgt sie 5, im August 12, im Winter 30 Tage.

Die Eier sind oval, etwas zusammengedrückt. An zwei Seiten etwas convex, ebenso ein wenig an einem Pol, wie bei einer Weinbeere, der man den Stiel herausgerissen hat. Die Eischalen sind nicht zerbrechlich, sondern biegsam und durchsichtig und an der Außenseite etwas aufgerauht. Das Innere des Eies füllt eine eigelbe Flüssigkeit aus, in der sich später der violette Wurm entwickelt. Die Entwicklung im einzelnen zu verfolgen, war jedoch zu schwierig. Diese Eier hängt man in Leinen-Säckchen durch Sommer und Winter an einen kühlen, frostfreien Ort, bis man Ende April die Eier schlüpfen läßt. Einige Rassen (species) haben zwei Generationen im Jahr. Ende April schlüpfen die zweiten Falter, deren Eier vor Juli schlüpfen und deren Falter im August neue Eier legen. Da die Falter nicht zur Zucht, sondern zur Seidengewinnung gezogen werden, läßt man nur einen Teil leben und tötet die anderen, damit die Falter beim Schlüpfen den Faden nicht zerreißen, indem man sie 7 Stunden den direkten Sonnenstrahlen aussetzt. Zum Abspinnen mazeriert man die Kokons in heißem Wasser und schwenkt mit Besenenden solange hin und her, bis die Fadenenden kenntlich sind und diese dann durch Nadelöhren gezogen werden, damit sie sich nicht wieder verwirren. Unter Wasser werden sie dann aufgelöst und aufgespult. Man spinnt nur die besseren Fadentriebe auf und die besten Fäden gewinnt man durch Zusammendrehen mehrerer (bis 8). Immerhin können 120 bologneser Fuß von jedem Kokon zu jenem kostbaren Seidenfaden versponnen werden.

Zum Schluß faßt Malpighi seine Verwunderung darüber zusammen, wie kunstvoll diese Raupen und Insekten gebaut sind, indem fast jedes Körpersegment sein eigenes Herzchen, Gehirn und Lunge besitzt und auch allein für sich eine gewisse Zeit zu leben vermag.

Die Malpighischen Gefäße der Insekten sind in diesem Werke erstmalig beschrieben, wenn auch in ihrer Funktion nicht erkannt worden.

In seiner Autobiographie erzählt uns Malpighi, daß er nach monatelangem, mühseligem Studium der äußeren Entwicklung wie der Anatomie des Seidenspinners von Fieber und Augenentzündung befallen worden sei. Trotzdem könne er die Freude, die er über die Entdeckung so vieler unbekannter Wunder der Natur empfand, gar nicht beschreiben.

Indessen verwickelte ihn diese Arbeit noch in manche Polemik über Einzelheiten mit Swammerdam, Steno und Bonnani, auf die er in seiner Autobiographie ebenfalls des näheren eingeht. So gibt er z. B. zu, daß er bei der Zählung der Medullarknoten die zwei direkt am Gehirn gelegenen vergessen habe, es also deren 13 (statt 11) gebe.

„Ferner möchte ich noch etwas über die Vielfältigkeit der Herzen hinzufügen,
die von demselben Herrn Swammerdam in seiner Geschichte der Eintagsfliege
bezweifelt wird. Da er aber über eigne Beobachtungen, von denen er seine
Gegengründe herleitet, schweigt, so glaube ich die Vielheit der Herzen aus den
angeführten und den folgenden Gründen ableiten zu dürfen.

Es steht fest, daß sich auf dem Rücken von hinten nach vorn ein zusammen-
hängender Gang hinzieht, so daß zwischen den einzelnen Segmenten derselbe ver-
schmälert ist und sich dann zu einer pulsierenden ovalen Blase oder Herzchen
erweitert. Ähnlich verschmelzen auch bei der Entwicklung des Hühnchens zuerst unabhängige pulsierende Blasen nachher zum Herzen. Diese Herzchen bewegen sich nicht gleichzeitig, sondern sukzessive und bei Reizung einer der
mittleren Bläschen ändern sie die Bewegungsrichtung. Außerdem gehen von den
einzelnen Herzchen Gefäße in die seitlichen Körpergegenden. Aus der Verschiedenheit der Bewegung und den zugehörenden Gefäßen geht die Vielheit
der Herzen genügend hervor."

Auf ebenso hoher Stufe stehen die Beobachtungen, die in der Abhandlung
über die Gallen niedergelegt sind und mit denen erst die wissenschaftliche
Gallenkunde zu existieren beginnt.

Zunächst noch einige historische Notizen über die Gallenkunde überhaupt. Bei der Behandlung des Altertums haben wir bereits erwähnt, daß
Dioskorides und Galen die Galläpfel der Eichen, Theophrast und Plinius noch
eine Reihe anderer Gallen kannten. Die Eichen-Gallen werden ebenfalls von
Albertus Magnus und Konrad von Megenberg erwähnt und die älteste Abbildung
derselben findet sich im Hortus Sanitatis. In den Kräuter-Büchern werden eine
ganze Reihe Gallen erwähnt, so neben den Galläpfeln der Eichen vorzugsweise
der Bedegoar der Rose, die Ulmengallen von Schizoneura lanuginosa. Einen
größeren Reichtum weist das Kräuter-Buch (= Dioskur-Ausgabe und Kommentar) von Matthioli auf, von denen Küster (1911) die folgenden identifiziert:

Adelges abietis auf Rottanne,

Pemphigus cornicularis und P. semilunaris von Pistacia terebinthus,

Mikiola fagi, ferner Tamarix- und Phillyrea-Gallen.

U. Aldrovandi hat bereits zahlreiche Gallen gekannt und erwähnt, ebenso
seine Schüler, von denen Montalbanus Ovidius verschiedene Gallenformen in
lateinischen Distichen besang. Diese vollkommen unzusammenhängenden und ver-
einzelten Kenntnisse faßte Malpighi in seiner gründlichen Abhandlung De Gallis
auf Grund eigener jahrelanger Beobachtungen sowohl vom Standpunkt der
pflanzlichen Umformungsprozesse wie vom entomologischen Standpunkte so zusammen, daß sich auf dieser Basis die Gallenkunde als eigener Wissenszweig
erheben konnte. Die Leitgedanken seiner Arbeit sind:

Das Leben der Tiere wird durch beständigen Verlust erhalten. So ist nämlich ihr Körperbau, daß sie alles Empfangene durch starke Verluste ersetzen
müssen; wieder wird fremdes dann aufgenommen. Das geschieht so täglich und

Text zu Tafel XVIII.

Abbildungen aus Malpighi, De Gallis:

Fig. 10. Galle von Cystiphora sonchi Kieff.
(Dipt.) an Sonchus sp.

„ 15. Galle von Schizoneura lanuginosa
Hart. (Aphid.) an Ulmus campestris.

„ 29. Galle von Pemphigus spirothecae
Pass. (Aphid.) an Populus sp.

Fig. 52 a und b. Galle von Andricus lucidus Mayr. (Hym.) an Quercus robur.

„ 61. Galle von Diastrophus rubi Hart.
(Hym.) an Rubus caesius.

„ 72. Cynipide mit Legestachel.

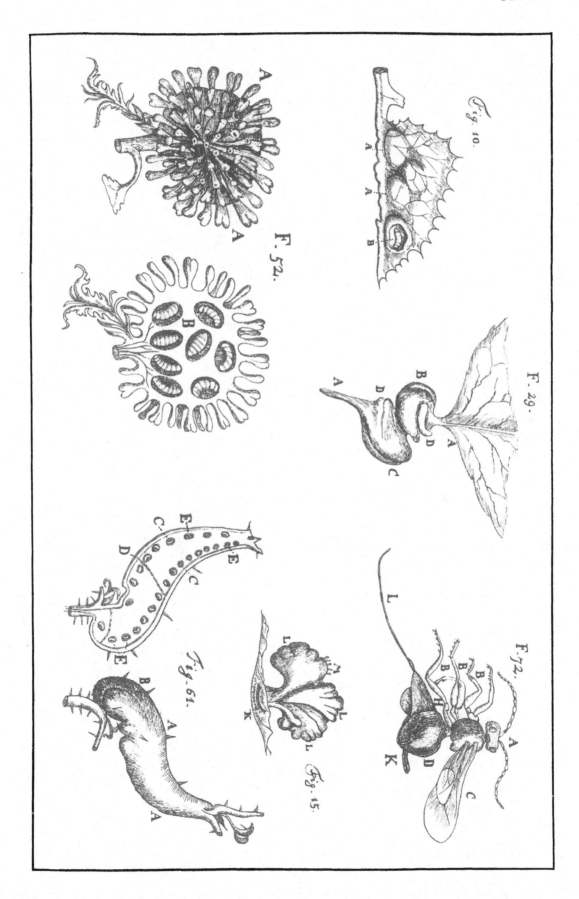

XVIII

Fig. 10.

F. 52.

F. 29.

Fig. 61.

Fig. 15.

F. 72.

der Tanz des Lebens wird durch ständige Aufnahmen und Abgaben aufrecht
erhalten. Ich weiß nicht, ob die Natur es nach den harten Gesetzen des Mangels
oder durch ein Geschenk des Überflusses so eingerichtet hat, daß durch wechsel-
seitigen Mord und beständige Niederlagen sich alles aufbaut und erhält. Nicht
nur die höheren Tiere dienen sich zur gegenseitigen Speise; sogar den kleinen
Insekten hat sie ein reiches Erbe an den Pflanzen geschaffen. So groß ist die
Schlauheit der Insekten, daß sie nicht nur ihre tägliche Nahrung von den
Pflanzen nehmen, sondern diese sogar zwingen, ihre Ammen oder Mütter zu sein,
nachdem sie ihre Eier in dieselben gleichwie in eine Gebärmutter hineingelegt
haben. Diese Dienstbarkeit der Pflanzen geht nicht ohne eigene Verstümmelung
von statten. Es leidet nämlich der Stoffwechsel der Pflanzen nach diesem Tribut
an die Insekten beträchtlich, die Nahrungsbahnen werden geschädigt und der
Nahrungssaft verschlechtert, so daß Neubildungen von krankhaften Anschwellungen auftreten, die wir Gallen nennen wollen. Obwohl der alte Name Galle
eigentlich gewissen Kugeln, die besonders an den eicheltragenden Bäumen entstehen, zukommt, so wird man doch, unter Beachtung ihrer Entstehungsweise
und ihrer die Tiere beständig ernährenden Funktion, diesen Namen Gallen auch
uneigentlich anwenden dürfen, indem man diese Beziehung auch auf die übrigen,
auch unähnliche, Auswüchse und krankhaften Gebilde der Pflanzen überträgt.
Das saftige Laub der Pflanzen ist den Insekten sehr gelegen und auch günstig
für solche Gallbildungen. Diese Gallen und ihre Entstehung an den verschiedenen
Teilen der Pflanzen werden wir beschreiben. Davon mögen folgende Beispiele
genügen:

F i g. 10. Cystiphora sonchi Kieff. an Sonchus sp. Häufig sind Blattgallen
im Frühjahr. Die Sonchusblätter haben gegen den Sommer zahlreiche linsen-
förmige Anschwellungen (A) an der Blatt-Oberseite. Die Cuticula der Blatt-
Unterseite hebt sich ab und erscheint durch Neubildungen des Blattfleisches aus
Holzfasern konkav, während auf der Blatt-Oberseite unregelmäßige Anschwellun-
gen entstehen. In dem Raum zwischen Blattfleisch und Cuticula der Blatt-
Unterseite wohnt die Larve (B), die beim bloßen Hauchen auf Cuticula oder
Perikarp ihre Farbe ändert.

p. 18, 1. 44. Blattminierendes Mikrolepidopter an Eichen. Gleiches geschieht
im Frühjahr und Sommer bei den Eichenblättern, wo zwischen den beiden Cuti-
culas ein Zwischenraum (= eine Mine) entsteht, indem eine Larve das Blattfleisch frißt. Diese Larven verwandeln sich in verschiedene Insekten: manchmal schlüpfen ganz kleine Schmetterlinge, die wie mit Federn bedeckt erscheinen, und bisweilen Fliegen.

F i g. 29. Pemphigus spirothecae Pass. an Populus spp. Wunderbar ist, was
oft mit den Blattstielen der Pappeln geschieht. An ihnen entstehen ein, zwei,
wohl auch drei auffallend große Anschwellungen. Die weiche Substanz des
Blattstielchens (A) wird nach Ablage der zahlreichen Eier des Insekts dicker,
schwillt an und wächst sich zu quergelagerten Schläuchen aus. Auch die
Fasern und Gefäßbündel werden gebogen und gedreht. So entsteht die Doppel-
galle B und C, die trotzdem nicht zusammenhängt und sich in der langen
Mündung bei D nach außen öffnet.

F i g. 52. Andricus lucidus Mayr an Quercus robur. An der Eiche habe ich
ferner zu Ende September eine sozusagen gestachelte Galle beobachtet. Aus ihr
kommen zahlreiche, verschiedenartig geformte Anhänge von grünlicher Farbe
(A), die einen fast honigsüßen Saft ausschwitzen. Beim Aufschneiden der Galle
sieht man in zahlreichen, dicht gedrängten Zellen die Larven (B). Gelegentlich

kommt an diese Gallen eine andere Larve, die das Perikarp und die im Innern befindlichen Larven auffrißt.

F i g. 61. Diastrophus rubi Hart. an Rubus caesius. An verschiedenen Teilen der Rubus-Arten bilden sich besonders leicht Gallen von verschiedenen Formen. So schwillt z. B. oft ein ganzes Internodium eines Stengels an (A). Von außen sieht man vereinzelte Stacheln (B). Die Oberfläche ist abgesehen von einigen ganz kleinen Tupfen und Narben glatt. Auf dem Längsschnitt sieht man, daß das Innere von einer holzigen Neubildung angefüllt ist (C). Dazwischen sieht man gelegentlich die Markreste (D), die quergespannt zwischen den zahlreichen kleinen Larven-Höhlen verlaufen.

S c h l u ß w o r t: Aus all diesem folgt also, daß sich in den Pflanzengallen Fliegen und andere Insekten entwickeln und ernähren, bis sie sich später selbstständig machen. Die meisten Insekten legen nämlich ihre Eier fast ohne jeden Nahrungssaft, ja einige sogar ohne feste Schale ab. Als Ersatz der Gebärmutter verschafft die kluge Natur den Insekten die Pflanzen-Gallen und die Wahl der verschiedenen Pflanzenteile hängt von der Natur der betreffenden Eier ab. So werden härtere in Hölzer, weichere in Blätter abgelegt. Der Bau der Gallen und der Legeröhre (Terebra) lehren folgendes: Der Ursprung des Legestachels steht mit dem Ovar in Verbindung, so daß die sich in verschiedenen Eiröhren bildenden Eier durch die Legeröhre als gemeinsamen Gang nach außen gelangen. „Dieser Überlegung vermag ich durch Beobachtung eine Stütze zu geben. Einmal habe ich gegen Ende Juni eine (72) früher abgebildete Fliege beobachtet, die einen noch sprossenden Knospentrieb einer Eiche anfraß. Sie saß den jungen Blättern fest auf und zog mit gebogenem Körper den Legestachel heraus und an dem geschwollenen Bauche war an dem Ende in bestimmten Zwischenräumen eine Anschwellung zu sehen. Später fand ich in dem Blatt die ganz kleinen, durchsichtigen, abgelegten Eier, die denen, die noch in den Eiröhren waren, durchaus ähnlich waren. Ein zweites Mal konnte ich dies trotz Zuchtversuche nicht mehr beobachten. Solcher Legestachel bedient sich die Natur öfters bei den Insekten z. B. bei den Zikaden. Aus der verschiedenen Natur der Legeröhren erklärt sich der verschiedene Bau der Gallen. Der Saft nämlich, der aus der Legeröhre in das Pflanzengewebe hineingespritzt wird, ist sehr aktiv und gärungserzeugend. Er ruft hier eine Gärung hervor, zieht anderen Nährsaft zu sich heran und ruft so die Schwellung hervor, ganz genau so, wie wir das von Bienenstichen her kennen. Durch den neuen Säftedruck vermehrt sich wahrscheinlich die Zahl der transversalen Zellreihen. Das geht daraus hervor, daß die meisten Gallen nicht die Länge, sondern die Dicke des Organs vermehren. Je größer die Gärungskraft des betreffenden Saftes ist, desto größer sind auch die galligen Veränderungen."

Auf Eichen entstehen leichter Gallen als auf allen übrigen Pflanzen, denn das Vitriol, das in den Eichen reichlich vorhanden ist, ist ein besonders geeignetes Substrat für Anschwellungen. Die Anschwellung wird oft unterstützt durch die Ausdünstungen der abgelegten Eier.

Als Gallen faßt Malpighi nicht nur unseren heutigen Begriff, sondern auch zahlreiche passivi Veränderungen wie die Blattwickel von Byctiscus betulae und Blattminen etc. auf. Wenn auch Gallen nicht immer Eier enthalten (wie Malpighi), sondern viele z. B. Aphidengallen lediglich durch Saugen oder durch virginogene Tiere (cf. ferner Pilzgallen und Acarozezidien) entstehen, so hat doch Malpighi durch den fruchtbaren Gedanken, daß das Insekt bei der Ei-Ablage ein gewisses Giftquantum in die Pflanze einführe, das dann die Gallenbildung einleitet, die erste wissenschaftliche und heute noch in weitem Umfange anerkannte Theorie der Gallbildung aufgestellt. Die „Gärung" in tierischen und pflanzlichen Geweben gehört zu den physiologischen Lieblingsvorstellungen dieser Zeit und ist alles, was sich beim Vermischen zweier Flüssigkeiten ereignen kann.

Alle diese Abhandlungen sind von wundervollen Kupferstichen begleitet. Wir haben von jeder Abhandlung einige ausgewählt und zu den beigefügten Tafeln zusammengestellt.

In seinen nachgelassenen Schriften finden wir ebenfalls noch einige Aufsätze über Insekten-Anatomie, wovon der folgende Absatz zeugt:

Beobachtungen über den Glühwurm.

Während eines Landaufenthaltes wollte ich das berühmte Glühwürmchen der Mainächte beobachten. Wenn ich es auch wegen seiner Kleinheit nicht genau untersuchen konnte, so möchte ich doch einige sichere Feststellungen über die Ursache des Leuchtens mitteilen. Der Glühwurm ist ein kleines fliegendes Tier mit zwei zierlichen, einfaltbaren und durchscheinenden Flügeln. Diese werden von zwei dicken, dichten und schuppigen Flügeln bedeckt, nach deren Entfernung sich die unteren Flügel frei ausstrecken. Er besitzt ferner einige Beinpaare, zwei große und breite Augenhöhlen sowie Antennen. Sein Körper besteht aus vielen Segmenten, oben und unten aus je 6 Teilen bestehend, oben ferner noch mit einem Anhang, der das After und die Schamteile verhüllt. Die unteren Bauchteile sind fest, schuppig, hell und nur mit wenigen Haaren bedeckt, die oberen zart und faltbar, mit kleinen, gelblichen Haaren besetzt. ...

Nachdem ich den Leib mit ganz feinen Haken auseinandergerissen hatte, denn anders gelingt keine Zergliederung, gelangte zuerst eine sehr zarte, durchsichtige große Blase zur Ansicht, die von oben nach unten verläuft und mit Luftbläschen erfüllt ist; notwendigerweise ist der Inhalt also mit einem Fluidum außer der Luft angefüllt. Dieser Blase ist eine andere kürzere Blase benachbart, die voll eines purpurroten Saftes ist, analog der, die beim Seidenspinner mit einem ätzenden Saft für die erste Verdauung erfüllt ist. Am Ende des Hinterleibs finden sich kleine Organe, die mit den äußeren Genitalien verbunden sind, die von außen beschützen. Das äußerste Ende der Leibeshöhle, an den beiden letzten Segmenten enthält einen Saft, der die Quelle ihres Lichtes ist. Im Licht sieht er blaßgelblich aus und zwischendurch schimmert eine milchige Substanz; im Dunkeln leuchtet er schwefelgelb. Dieser Saft scheint eine Masse von kleinen gelben Kugeln in einer ähnlichen schleimigen Substanz zu enthalten, so daß das ganze halb flüssig erscheint. Jetzt kann man einiges über das Licht aussagen, das der Käfer nachts und bei Tage im Dunkeln ausstrahlt. Es sind die beiden hintersten Segmente, die das Licht ausstrahlen. Einmal erscheint es als kontinuierliches Leuchten, häufig aber dem Herzschlag ähnlich als rythmisches Aufblitzen. Dieses periodische Aufleuchten hört auf, wenn man dem Insekt die letzten Hinterleibsringe abreißt; in den angerissenen Segmenten bleibt dann ein kontinuierliches weißliches Leuchten, das ähnlich flimmert wie auch das kontinuierliche Leuchten des unverletzten Tieres. Der Körper des unverletzten lebenden Tieres leuchtet aber nicht, sondern in dem erwähnten Safte entstehen rundliche Blasen, die aus der Tiefe hervorleuchten und bisweilen verschwinden. Wenn diese sich wieder vermehren, so erfolgt ein neues Aufleuchten. Dieses entsteht also, wenn nach einer Bewegung der Eingeweide in dem Saft gleichzeitig zahlreiche Bläschen nach außen gepreßt werden. Während des Leuchtens ist das Zittern dieser kleinen Bläschen dann gut zu beobachten. Auch außerhalb des Körpers leuchtet der Saft, aber ohne rythmisches Aufleuchten... und er leuchtet solange, wie der Saft flüssig bleibt. Bei seiner Austrocknung verschwindet auch er. Im Wasser, Essig und Alkohol behält der Saft sein Leuchten, ja er leuchtet sogar länger und intensiver als in der Luft. Dieses Leuchten dauert vom Mai bis Mitte Juni und verliert sich dann.

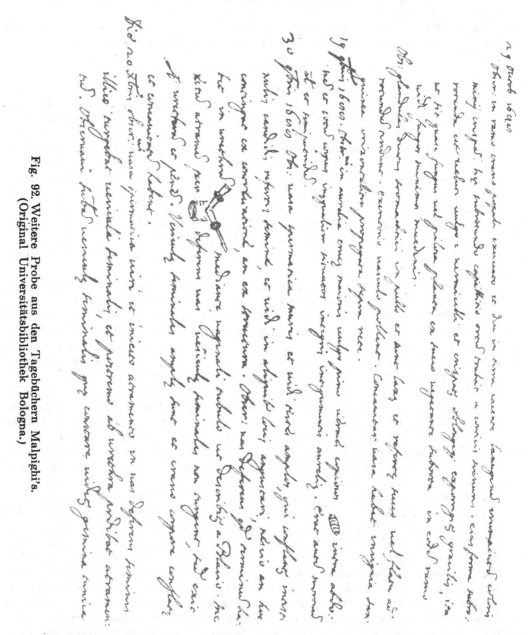

Fig. 92. Weitere Probe aus den Tagebüchern Malpighi's.
(Original Universitätsbibliothek Bologna.)

Ein gänzlich ungehobener Schatz sind die noch unveröffentlichten Tagebücher Malpighis, die sich in der Universitäts-Bibliothek zu Bologna befinden. Atti erzählt ihre romantische Entdeckungs-Geschichte, wie er sie 1830 auffand

Manuskript-Seite aus den noch unveröffentlichten Tagebüchern Malpighi's:
Männliche Genital-Organe eines Falters und Gehirn von Bombyx.
(Original in der Universitäts-Bibliothek Bologna.)

und in 18 Bänden ordnete. Ihm verdanken wir auch genauere Nachrichten über die gesamten Manuskripte Malpighis. Unablässig hat sich der Meister mit der Zergliederung der mannigfachsten Tiere beschäftigt und ständig seine Beobachtungen sorgfältig unter Beigabe von Zeichnungen in sein Tagebuch eingetragen. Die Insekten betreffenden Abschnitte sind in einer besonderen Liste im zweiten Teile dieses Buches zusammengestellt. Hier müssen uns zwei Proben aus diesen Aufzeichnungen genügen:

20. Oktober 1687.*)

In einem in gekochten Wasser aufbewahrten Falter haben die Samenkapseln die beigefügte Gestalt und sind in zwei sich berührende Teile geschieden. Der obere Teil A, der aus zwei kurzen dornenartigen Gebilden besteht, entspringt aus einem breiten, röhrenförmigen Körper B ... Am anderen Ende C entspringen zwei verschlungene Gefäße, die sich bei D in eins vereinigen. Aus der Mitte des Hauptkörpers entspringen zwei lange schlauchartige Gebilde F wahrscheinlich von den Hoden. Beim Waschen trennt sich die zuerst einheitliche Masse in zwei Teile G. Diese Körper nehmen bei anderer Lage und ohne Verzerrungen und Änderungen nach hinten zu eine andere Gestalt an. Fig. H der zweiten Zeichnung entspricht der Fig. F der ersten, das Gefäß J dem C der oberen Figur, sowie K und B ...

Oktober.

Im selben Monat zählte ich in einem Seidenspinner, der lange in Weingeist aufbewahrt war, elf Knoten der Nervenkette und das hier bei A abgebildete Gehirn. Dieses besteht aus zwei weißen Körpern und liegt nicht weit vom Anfange des Darmtraktes. Es sendet zu beiden Seiten zwei Nerven aus. Zwischen den vordersten Nervenknoten sah ich eine kleine Kugel wie eine Drüse, von der ich nicht weiß, ob sie ein Teil der Nervenkette, das Kleinhirn, oder was sie sonst sein kann.

Ebenso untersuchte ich das Gehirn der Raupe des Kiefernprozessionsspinners, das ebenfalls aus zwei weißlichen größeren Teilen besteht.

19. Oktober 1688.

In einer Puppe des großen Kiefernprozessionsspinners fand ich zahlreiche Würmer im ganzen Körper ungleich verteilt. Die Haut der Puppe war unverletzt. Die Puppe selbst war im Sterben und schon halb verfault.

Literatur:

Marcelli Malpighi, Opera omnia. Londoni 1687.
Marcelli Malpighi, Opera postuma. Londoni 1697.
(Die Sonderausgaben etc. cf. in Hagen I, p. 516.)
G. Atti, Notizie edite ed inedite della vita e della opere di Marcello Malpighi. Bologna 1847.

M. A. Severino, Th. Willis und J. Wolff.

Aus der durch Vesal (16. Jahrhundert) eingeleiteten Schule selbständiger zootomischer und vergleichend anatomischer Leistungen erwähnen wir Marco Aurelio Severino (geboren 1580 in Calabria, gestorben in Neapel als Professor der Anatomie und Chirurgie 1656). Ohne besondere Leistungen in der Entomologie aufzuweisen, hat er die verschiedensten Tiere ausführlich studiert und, da es sich zumeist um Vertebraten handelt, einen dem des Menschen ähnlichen Bauplan konstatiert. An die Zergliederung der kleinsten Tiere, von denen er nur Mücken, Flöhe und andere „aus faulenden Stoffen entstehende" als auszuschließen bezeichnet, solle nur ein durchaus Geübter gehen.

---

*) Bei der Lesung und Übersetzung dieser Manuskriptstellen war mir Herr Dr. M. Calvary behilflich, dem ich hierfür bestens danke. D. Verf.

Aus seiner Zootomina Democritaea bringen wir folgende Proben:
I. cap. 4 (p. 56/57) Ob auch die Untersuchung der Insekten und ganz kleiner
Tiere zur Anatomie gehört.

Die Insekten sind ebenso bewundernswert in ihrem äußeren und inneren
Bau wie die höheren Tiere, worauf schon Aristoteles und Galen hingewiesen
haben. Zum Studium der inneren Teile benutze man ein Mikroskop. Die kleinen
Tiere soll man erst am Schlusse studieren.

IV. p. 343/47. Gryllotomia oder einige Sektionen an kleinen Tieren und Insekten.
In Gryllo cinereo [Gryllus domesticus].

Der Mund besitzt eine einheitliche Ober- und eine zweigespaltene Unterlippe und zarte fadenförmige Anhänge, wie sie auch die Spinnen besitzen. Die
stumpf abgerundete, häutige Zunge liegt über der Unterlippe. Die länglichen
Augen sind ähnlich den Fenchel-Samen und liegen auf der höchsten Stelle des
Kopfes quer. Die äußere Augenhaut oder Cornea ist von schwarzen Linien
durchzogen. Diese Linien scheinen von der traubenförmigen inneren Augenhaut
durch die durchsichtige äußere hindurch. Über den Augen sind auf der Stirn
zwei bewegliche Hörner. Auch die großen Arterien sind sehr zart. Die schwärzliche Speiseröhre enthält einen grauen Nahrungsbehältnis. Das Schulterblatt
ist wie eine Mönchskutte gestaltet. Das Zwerchfell ist weiß und sehr zart.
Seine Bewegung und Atmung sind wie bei den höheren Tieren. Berühmt ist die
Beobachtung geworden, daß eine Grille ohne Eingeweide noch beinahe einen
ganzen Tag leben kann.

Der Thorax ist oben gewölbt, unten flach. Zu beiden Seiten finden sich hier
innerlich viele Quermuskeln zur Bewegung der drei Beinpaare. Für jedes Bein
scheinen zwei Muskeln bestimmt zu sein: ein Heber und ein Senker. In der
Mitte sind zwei Längsmuskeln für die Flügelbewegung.

Der längliche Hinterleib ist aus Segmenten zusammengesetzt wie bei der
Heuschrecke. Die großen Hinterbeine beginnen am Anfang des Hinterleibs.
Durch ihren Schenkel läuft eine grüne Sehne zur Bewegung der Tibia und zur
Beugung des ganzen Beines. Außen findet sich am Schenkel eine Rinne, in die
die Tibia z. B. beim Sprungansatz eingefügt wird. An den Enden der Tibien
sind drei gebogene, an den Enden stumpfe Krallen und ein rundlicher kleiner
Finger, der rückwärts gerichtet ist, wie bei Säugern und Vögeln. Der Anus
besteht aus vier Stacheln, die sich oben und unten gegenüberstehen und wie die
Krallen eines Hundes aussehen, besonders die oberen. ...

Fig. 93.   Fig. 94.
Weibliche Genitalien   Geometriden-Raupe.
eines Käfers.   (aus Severino 1645.)
(aus Severino 1645.)

Die Seidenraupe scheint aus dem After die zähe Seidenflüssigkeit auszuscheiden, die sie mit dem Munde spinnt.

Ein gewöhnlicher Schmetterling hat einen doppelten gebogenen Rüssel,
den er nach Belieben mehr oder weniger aufrollt. In der Ruhe ist er wie zu
einer Kugel zusammengeballt.

Eine s c h w a r z e G a r t e n r a u p e, die ich aus ihrem Kokon genommen hatte, spann sich einen neuen.

Der S c a r a b a e u s f o r c e p s [vielleicht Hirschkäfer oder Forficula?] hat seine Eingeweide dicht unter dem Rücken. Dort liegt ein zweihörniger Uterus mit sehr langem Hals, Eiern und eiförmigen kleinen Embryonen. [Fig. 100.]

V o n e i n i g e n W ü r m e r n. Die Ortsbewegung der Würmer geschieht auf mannigfache Art und Weise. Einige stützen sich nur auf die Vorderbeine, nachdem sie zuvor den Körper in die Höhe erhoben haben und sich nur mit dem Schwanz anlehnen. Sobald der gezähnte Schwanz einen festen Halt gefunden hat, stoßen sie den übrigen Körper nach vorne vor und verankern sich hier mit ihren Füßen. Dann ziehen sie den Hinterkörper wieder nach. [Geometriden-Raupen.] [Fig. 101.]

L i t e r a t u r :
M. A. S e v e r i n o, Zootomia Democritaea. Norimbergo 1645.

Durch Malpighi gewannen die anatomischen Studien einen gewaltigen Aufschwung. Von seiner Schule ist an bedeutender Stelle der berühmte Londoner Arzt T h o m a s W i l l i s (1621—1675) zu erwähnen. In seiner berühmten Schrift „De anima brutorum" geht er davon aus, daß die tierische Seele je nach der Natur des Körpers verschieden ist und daß speziell ein Studium der Zirkulations- und Respirations-Organe zum Verständnis der Seele erforderlich ist. So führt er das diffuse Tracheen-System darauf zurück, daß die Insekten-Seele diffus über den ganzen Körper verteilt ist und daher auch überall mit der Respirationsluft in Berührung kommen müsse. Seine anatomischen Anschauungen und Abbildungen sind, was die Insekten angeht, von Malpighi übernommen.

Viel zur Verbreitung der Malpighischen Forschungen trugen eine Reihe anatomischer Sammelwerke bei, die gleichzeitig Zeugnis für das erwachende rege Interesse an diesen Studien kund tun. Wir erwähnen hier die bedeutendsten: Die „tierische Anatomie" von G. B l a s i u s (1681), ein ebensolches Werk von S. C o l l i n s (1685) und das viel jüngere und umfangreichere „zootomische Amphitheater" des M. B. V a l e n t i n i (1720; 1742). Das letztere, das auf die Veranlassung der Preußischen Akademie der Wissenschaften entstand, ist durch die Beiträge Heiders in Bezug auf die Insekten recht vollständig. (Malpighi, Muralto etc.)

L i t e r a t u r :
Th. W i l l i s, De anima Brutorum quae Hominis vitalis ac sensitiva est. Amstelodami 1672.
G. B l a s i u s, Anatomia animalium. Amstelodami 1681.
M. B. V a l e n t i n i, Amphitheatrum zootomicum. Francoforti a. M. 1720; 1742.

Ein oft zitiertes Werkchen ist die zoologische Dissertation „Über die Insekten im Allgemeinen mit Unterstützung von Jesus" von J a k o b W o l f f (20. III. 1669). Originaler Wert kommt ihm nicht zu. Dissertationen waren zu jener Zeit noch keine Original-Untersuchungen, sondern hatten vielmehr die Belesenheit und philosophische Bildung des betreffenden Doktoranden zu erweisen. Bei dieser Gelegenheit sei auch bemerkt, daß Dissertationen in der frühen Neuzeit oft Arbeiten des betreffenden Professors waren, die auf Kosten des betreffenden Doktoranden gedruckt wurden. Die Entscheidung über die Autorschaft ist im einzelnen oft schwer. In Schweden herrschte z. B. noch im 18. Jahrhundert der oben erwähnte Brauch. Außer den schwedischen Arbeiten Linné's ist mir jedoch keine Dissertation der vorlinnéischen Entomologie bekannt, die einer ernsthaften Forschung nach der Urheberschaft wert wäre.

In der Vorrede werden von Wolff Goedart, Mouffet, Swammerdam erwähnt.

Sectio I. Definition: Die Insekten sind unvollkommene, blutlose, leicht entsteh-bare und wenig lebhafte Tiere, deren Körper zumeist eingeschnitten ist und die keine oder mehr als 4 Beine haben und nicht atmen.

Sectio II. Über die Erzeugung.

Punkt 1: Eine Spontan-Erzeugung (Generatio univoca) gibt es, ebenso

2: eine Generatio aequivoca aus einer Zeugung ohne Begattung.

3: Die Insekten scheinen aus einer zäh wässerigen Substanz zu be-stehen, stark basisch mit wenig Gehalt an Säure und Erde. ... Aus der Verschmelzung dieser Salze bildet sich wohl die Schale, die die weicheren Teile beschützt.

4: Wir vermögen nicht zu leugnen, daß jener Materie, aus der die Insekten entstehen, zwar eine plastische Kraft, aber kein bestimmter Samen innewohnt. Die Strahlen der Sonne scheinen einen großen, wenn nicht allen Anteil an der Bildung der Insekten zu haben.

Sectio III. Hierin wird über die Seele, das Leben, die Gestalt etc. der Insekten gehandelt werden.

Die Seele der Insekten ist eine empfindende (sensitiva) und eine unver-nünftige (irrationalis).

Eine Bewegungsseele gibt es getrennt für die einzelnen Körperteile, die sich mehrere Stunden bewegen können, auch wenn man sie schon vom Körper ab-geschnitten hat.

Ihre äußere Gestalt ist aus drei Teilen zusammengesetzt: Kopf, Brust und Leib. Zumeist haben sie Antennen auf der Stirne. Mund und Zähne besitzen sie. Eine Zunge haben fast alle, und die ihrer entbehren, tragen dafür einen Stachel an der Brust. Viele Insekten haben einen Stachel. Ihre Speise ist sehr mannigfaltig. Sie sind blutlos, besitzen aber einen weißen Saft. Wenn man den Blut nennen will, so haben sie Blut. Eine Stimme besitzen die In-sekten nicht, und wie sie zirpen, ist noch nicht klar.

§ 14. Bei dieser Gelegenheit wollen wir kurz über die Atmung der Insekten sprechen, von der wir vorher gesagt haben, sie bestehe nicht. Sie atmen nicht, weil sie keine Lungen haben, mit denen sie atmen könnten, und ferner weil sie weder Blut noch Herz besitzen. ... Sie haben alle fünf Sinne. Ihre Lebens-dauer ist meist kurz. Einige besitzen keine Füße. Die sechsbeinigen haben meist Flügel, die denen mit mehr als sechs Beinen fehlen. Bezüglich der Meta-morphose verweist Wolff auf Goedart.

Sectio IV. Zweck oder Nutzen der Insekten. Sie dienen zur Verherrlichung Gottes. Einige stiften auch Nutzen in der Medizin. Andere dienen als Geißel Gottes.

Zur Bekämpfung der großen Schädlinge der Feldfrüchte haben sich manche bestimmter Beschwörungsformeln und -handlungen von Priestern bedient. Diese Formeln findet man bei Franziskus Leo und Hieronymus Merigius.

Auch alle Krankheiten sollen durch Würmer erzeugt werden.

Literatur:

Dissertatio Zoologica. De Insectis in Genere ... M. Jacobus Wolff, 20. Martii 1669 Lipsiae.

II. Jan Swammerdam.

Wir wenden uns jetzt zu einer ganz eigenartigen Erscheinung in der Ge-schichte der Entomologie, dem Schwärmer Jan Swammerdam, der von nicht geringerer Bedeutung als Malpighi gewesen ist.

Jan Swammerdam wurde 1637 zu Amsterdam als Sohn eines Apothekers geboren. Schon früh zeigte er ein reges Interesse, die Tierwelt seiner Heimat und besonders die Insekten in der Natur selbst und zu Hause vermittels scharfer Lupen zu untersuchen. Er war von schwächlicher Gesundheit und Differenzen mit seinem strengen Vater, der die unnützen Spielereien seines Sohnes durchaus mißbilligte, machten ihm den Aufenthalt in seinem Elternhause sehr unangenehm. Ursprünglich wurde er zum Prediger bestimmt, doch erhielt er nach Kämpfen vom Vater die Erlaubnis, sich der Medizin widmen zu dürfen. 1661 bezog er die Universität Leyden. Von stärkstem Einfluß auf seine Entwicklung waren hier die Lehrer der Anatomie Jan van Hoorne und Franciscus de Boe Sylvius, denen die besondere technische Begabung Swammerdam's in der Zergliederungskunst und sein außergewöhnliches Interesse bald auffallen mußte. Besonderes Interesse erregten hier seine Vivisektionen an Fröschen, bei denen er am lebenden Frosch demonstrierte, wie beim Atemholen die Luft in die Lungen-Arterien und Venen sowie ins Herz eindringen kann. Ferner scheint schon in diese Zeit seine Entdeckung der Ovarien bei der Bienenkönigin zu fallen. Von seinen späteren Lehrern sind besonders Nicolaus Steno und Regnier de Graaf zu erwähnen. Mit Steno verband ihn eine treue Freundschaft bis an sein Lebensende. Mit Graaf verfeindete er sich jedoch völlig infolge eines Prioritäts-Streites über die Entdeckung der Eibildung im menschlichen Ovarium. Während seiner Studien erwarb sich Swammerdam einen warmen Freund und Förderer für sein ganzes Leben in dem französischen Diplomaten Melchisedech Thevenot. Bei einem längeren Ferienaufenthalte auf dessen Landgute bei Paris machte ihn Thevenot, der im Mittelpunkte eines großen geselligen und wissenschaftlich interessierten Kreises stand, mit zahlreichen berühmten Zeitgenossen bekannt, und auch hier erweckten seine kunstvollen Sektionen an Insekten allgemeine Bewunderung. In den letzten Jahren seines Studiums befaßte sich Swammerdam viel mit menschlicher Anatomie und erfand eine Reihe wichtiger technischer Hilfsmittel, so die Wachs-

Fig. 95.
Jan Swammerdam. (Aus Locy.)

injektion der Blutgefäße, das Trocknen anatomischer Präparate u. a. Anläßlich von Sektionen in Amsterdam befaßte er sich mit dem Bau des Rückenmarks, bei anderer Gelegenheit (1673) erklärte er als erster richtig das Zustandekommen der Unterleibsbrüche. Bei seinen Untersuchungen stand ihm besonders sein alter Lehrer van Hoorne mit Rat und Tat zur Seite. 1667 erwarb er sich den Doktorhut mit Tractatus „De respiratione". Seit dieser Zeit lebte er in Amsterdam fast ganz der Zergliederung der Insekten und anderer „blutloser" Tiere. Im folgenden Jahre be-

sichtigte Thevenot mit dem Großherzog von Toskana seine Sammlungen von
Präparaten; letzterer wollte ihm dieselben zu einem hohen Preise abkaufen, falls
Swammerdam eine Stelle an seinem Hofe einnehmen wollte. Doch Swammerdam
schlug aus, um seine Freiheit im Hofleben nicht zu verlieren. Im folgenden
Jahre (1669) erschien auf Holländisch eine erste Zusammenfassung seiner
Insekten-Studien, die dem Bürgermeister von Amsterdam gewidmete „Historia
insectorum generalis, ofte Algemeene Verhandeling van de Bloedeloosen
Dierkens", welche die allgemeinen Grundzüge seiner Metamorphose-Lehre birgt.

Seinem Vater, der die kostspieligen Sammlungen seines Sohnes nicht mehr
länger fördern wollte und von ihm entschieden eine medizinische Tätigkeit ver-
langte, entfremdete er sich und die materielle Abhängigkeit von seinem unzu-
friedenen Vater verbitterte ihn zusehends. Wir haben schon früher seine
schlechte Gesundheit (es handelte sich wohl um eine Lungen-Tuberkulose) und
seine melancholische Charakter-Veranlagung erwähnt. An diesen Eigenschaften
rankte sich schon früh eine besonders starke Religiosität empor. Diese war bisher stets hinter seiner wissenschaftlichen Tätigkeit zurückgetreten und sie
tritt z. B. in der oben erwähnten „Historia insectorum generalis" nirgends auffällig in den Vordergrund. Anders wurde dies seit dem Jahre 1673, in dem er
zum ersten Male mit der damals sehr berühmten chiliastischen Schwärmerin
Antoinette de Bourignon (geboren 1616 zu Lille, gestorben 1680 in Ostfriesland)
in Beziehungen trat. „Von der Zeit an ward er ein ganz anderer Mann, als er
zuvor gewesen war. Kaum nahm er sich etwas anderes an als wie er von nun
an Friede mit Gott erhalten möchte und bedauerte bitterlich, daß er seithero eine
Plage der Welt gewesen wäre. ... Er suchte den kleinen Überrest seines Lebens
einzig und allein der Ausübung eines wahren Christentums zu widmen."57) Seine
Untersuchungen über die Bienen und das Haff fallen in diese Jahre, die „mit
tausend Ängsten, Gewissensfragen und auffallenden Verweisen seines gottes-
gottesfürchtigen Herzens unter Seufzen, Schluchzen und Tränen vollbracht
wurden. Seine Art trieb ihn an, die von dem höchsten Schöpfer in die Natur
gelegten Wunder zu entdecken, auf der andere Seite aber riet ihm die seinem
Herzen eingeprägte göttliche Liebe nicht die Geschöpfe, sondern Gott allein zu
suchen, zu lieben und ihm zu dienen." In seinen Gewissensqualen übergab er die
vollendeten Manuskripte dieser Arbeiten anderen, ohne sich selbst weiter darum zu kümmern. Er bekannte öffentlich, daß er aus bloßer Ehrbegierde die
Ehre Gottes mißbraucht habe. Seit dieser Zeit hören seine produktiven Arbeiten
auf. Er wollte nun, um sein Leben ohne materielle Sorgen fristen zu können,
seine in 16 Jahren mit unendlicher Mühe zusammengebrachte Sammlung, die aus
3 000 verschiedenen kunstvoll präparierten Tierchen bestand, verkaufen. Doch
gelang es ihm, trotz seiner jahrelangen Bemühungen, nicht, einen Käufer zu
finden. 1675/76 weilte er einige Monate bei seiner Freundin, der erwähnten
A. de Bourignon, in Schleswig. 1677 starb sein Vater und seit dieser Zeit
besaß er genug, um zu leben. Aber Erbschafts-Streitigkeiten mit seiner
Schwester verbitterten ihn derart, daß er im Alter von 43 Jahren nach langem
Krankenlager einsam und fern von allen Menschen im Jahre 1685 starb.
Thevenot hat er seine gesamten Papiere und die dazu gehörigen 52 Kupfer-
platten vermacht. Diese Manuskripte hatten noch eine lange Geschichte. Erst
1692 gelangte Thevenot nach einem Prozeß in den Besitz derselben. Sie gehörten dann später dem französischen Maler Joubert und dem Pariser Ana-
tomen Duverney, von dem sie der leidenschaftliche Bewunderer Swammerdam's,
der Leydener Anatomie-Professor Boerhave 1727 für 1 500 französische Gulden
erwarb. Die Herausgabe, Ergänzung und Sichtung dieser Papiere, die Boerhave

zur „Bybel der natuure" zusammenstellte, war noch eine schwierige und lang-
wierige Arbeit. Boerhave selbst besorgte den holländischen Text und der
Leydener Mediziner H. D. Gaubius die lateinische Übersetzung. 52 Jahre nach
Swammerdam's Tode erfolgte 1737 der Druck der „Bybel der natuure". Aber
erst langsam setzte sie sich durch, bis dann 15—20 Jahre später fast gleichzeitig eine deutsche, englische und französische Ausgabe dieses Werkes erscheinen konnten. Boerhave's Redaktionstätigkeit hatte vor allem die das
ganze Werk überwuchernden religiösen Betrachtungen wenigstens soweit zu
eliminieren, daß das naturwissenschaftliche Element in den Vordergrund trat.
Er selbst schreibt, daß „diese fremden unzählig vielen gottesfürchtigen und
andächtigen Betrachtungen zu der Absicht dieses naturkundigen Werkes keine
Verwendnis zu haben scheinen."

Die Bedeutung Swammerdam's für die Entwicklung der Entomologie ist
eine vielfache. Zunächst hat er die anatomischen Studien Malpighi's am Seidenwurm durch seine zahlreichen Untersuchungen an Insekten der verschiedenen
Ordnungen auf eine breite vergleichende Basis gestellt. Seine Entdeckung des
Ovars der Bienenkönigin und der männlichen Genitalien der Drohnen haben erst
die Jahrtausende hindurch unklaren Geschlechtsverhältnisse der Bienen geklärt.
Die Geschichte der mikroskopischen Technik beginnt gewissermaßen erst mit
Swammerdam: Er schliff sich mit vieler Mühe Nadeln und Scheren so zu, bis
sie zu den feinsten Operationen geeignet waren. Seine Sektionen führte er
unter Wasser aus und nachher legte er die Tiere zur Fixation und Härtung der
Gewebe, damit sie „fester und steiffer" wurden, in Weingeist oder Terpentin.
Vermittels an der Lampe fein ausgezogener Glasröhrchen blies er Tracheen etc.
auf und injizierte mit farbigen Flüssigkeiten. Der wichtigste Fortschritt war
jedoch die Konservierung der Präparate in „Spieckenöl, darinnen er ein wenig
Harz zerlassen hatte". In diesem Zustand erhielten sie sich jahrelang. Die
Vergrößerungsgläser Swammerdam's waren die des berühmten Optikers S. von
Musschenbroek (gestorben 1682). Boerhave beschreibt sie wie folgt: Auf einem
kupfernen Tisch erhoben sich zwei massive Arme, an deren einem das zu unter-
suchende Objekt, an deren anderem die Linsen befestigt wurden. Beide Arme
waren beweglich, so daß man das Objekt von jeder Richtung und Entfernung
besehen konnte.

Die Hauptbedeutung Swammerdam's liegt jedoch in seinen Studien über
die Metamorphose. Swammerdam ist Ovulist, d. h. nach ihm sind sämtliche
Organe des erwachsenen Tieres bereits im Ei vorgebildet und „entwickeln"
sich nur in einer Anzahl von Metamorphosen, deren keine eine Neubildung
hervorruft: „Es verwandelt sich also in der Tat der Wurm oder die Raupe
nicht in ein Puppgen, sondern wird durch Anwachs der Glieder zu einem Puppgen. Desgleichen verwandelt sich auch das Puppgen hernachmals nicht in ein
geflügelt Thiergen, sondern ebenderselbe Wurm und ebendieselbe Raupe, die
durch Abstreifen der Haut die Gestalt eines Puppgens angezogen hat, wird
aus demselben zu einem geflügelten Thiere. Dergleichen Verwandlung ist
übrigens von der Verwandlung eines Küchleins in eine Henne und eines jungen
Frosches in einen alten nicht unterschieden. Keines von beyden verwandelt
sich aus jenem in dieses; sondern es wird allmählich durch Ausreckung seiner
Gliedmaßen, jenes zu einem Huhn, und dieses zu einem vollkommenen Frosche."
Oder an anderer Stelle: „Indessen müssen wir doch noch einmal sagen, da die
Puppe das Thiergen selbst, und kein Ey ist, daß die einige Veränderung, die
in demselben geschiehet, nur darinne bestehet, daß die überflüssige Feuchtig-

keit, womit alle Puppen sich notwendig verändern, nach und nach ausdunstet.
Die schwachen, zarten und wie Wasser flüssigen Glieder werden, wie wir auch
im vorhergehenden von der Puppe einer Biene angemerket haben, durch diese
Ausdunstung gestärkt, und von der überflüssigen Feuchtigkeit, die ihre Bewegung verhinderte, befreyet. Sie werden dadurch geschickt gemacht, das
äußere Häutgen zu zerreißen; und wenn sie dasselbe, wie die Bienen, abge-
streifet, oder, wie die Schmetterlinge, verlassen haben: so wird die übrige
Feuchtigkeit, die sich noch in dem Körper findet, zur Ausspannung der Flügel
und zu den übrigen Gliedmaßen angewendet. Also ist die Puppe in den ersten
Tagen ihrer Veränderung wie ein Mensch, zwischen dessen Gelenken sich eine
überflüssige Menge Wasser, oder salzige Feuchtigkeit, gesammelt hat, wodurch
er zu aller Bewegung ungeschickt wird."

Der männliche Same spielt nach Swammerdam eine mehr anregende Rolle,
wie er ja auch bei den Bienen z. B. gar keine eigentliche Begattung für erforderlich hält, sondern die männlichen Ausdünstungen hierfür für ausreichend
erachtet. Auf Grund des Studiums der Metamorphosen begründet Swammerdam
eine Klassifikation der Insekten, die zwar nur aus Sammelgruppen besteht, sich
aber im wesentlichen bis heute erhalten hat. Seine vier Klassen sind die
folgenden:

„Die erste Ordnung ist also diejenige, da das Thiergen unmittelbar mit
allen seinen Gliedmaßen aus seinem Ey kommt, nach und nach zu seiner vollkommenen Größe anwächst, und alsdann zu einer Nympha wird, die nicht mehr
häuten darf.

Die Zweyte ist die, da das Thiergen mit sechs Füßen aus seinem Ey hervor-
kriecht, nach und nach vermittelst einiger ausgewachsenen Calyculorum, das ist
Beutelgen oder Knöspgen, vollkommene Flügel bekömmt, und endlich zu einer
Nympha wird.

Die dritte ist die, da ein Würmgen oder eine Raupe ohne Füßen, oder mit
6 Füßen, oder auch mit mehreren, aus seinem Ey hervortritt, in seinen Gliedmaßen unbemerklich unter dem Fell anwächst, dieses endlich abstreift, und zu
einem Pupgen oder Goldpupgen wird.

Die vierte Ordnung ist endlich die, da der Wurm gleichfalls ohne Füße,
oder mit 6 und mehrern Füßen aus dem Ey hervorbricht, und unter der Haut
unbemerklich anwächst, die Haut aber nicht ablegt, sondern in derselben die
Gestalt einer Nymphen annimmt."

Die erste Klasse umfaßt also Tiere ohne Metamorphose, d. h. neben Tieren
aus anderen Klassen unsere ametabolen Insekten. Es gehören hierzu die folgenden „blutlosen" Tiere: Spinnen, Milben, Wasserflöhe, Asseln, Krebse, Regenwürmer, Skorpione, Blutegel, Myriapoden und Schnecken, sowie von Insekten:
Laus und Floh.

„Die erste Ordnung nun von Veränderungen ist anders nichts, als daß das
an allen seinen Theilen vollkommene und ohne Nahrung in seinem Eye be-
schlossene Thiergen nach einer in etlichen Tagen beschehenden Ausdämpfung
oder Ausdunstung überflüssiger Feuchtigkeiten aus dem Ey, oder aus der Haut,
sowie es darinnen liegt, hervor kriecht, und nachdem das geschehen, keine
andere merkliche Veränderung mehr ausstehet, noch zu einem Pupgen wird.
Da es aber doch, bevor es zu seiner vollkommenen Größe kommt, und durch
von außen eingenommene Nahrung hinlänglich anwächst, noch einige male ver-
häuten muß, auf die Art als die Würmer und Raupen thun, wenn sie die Ge-

stalt eines Pupgens annehmen, durch die letzte Verhäutung aber seine Glieder einigermaßen verändert werden, so muß man dasselbe, wenn es in seiner letzten Haut steckt, vor ein Pupgen ansehen. Denn nach abgelegter dieser letzten Haut befinden wir, daß es erstlich zu dieser Fortsetzung seines Geschlechtes geschickt geworden, und zu seinem vollkommenen Alter und männlichen Kräften gelangt sey."

„Da man einige Thiergen findet, die nach vollendeter ihrer Verwandlung und Fortsetzung ihres Geschlechts nicht über einige Stunden mehr leben bleiben; so scheint es, als ob die äußersten Kräfte der Natur in besagtem Zustande der letzten Veränderung und der Fortzeugung erschöpft wurden, und als ob der Anfang des Lebens bey dem einen Thiergen, das Ende des anderen verursachte. Auf diese Weise gienge es mit den Thieren so zu, als wie mit einem Uhrwerk, davon das eine Gewicht durch seinen Niedergang das andere in die Höhe hebet. Doch hiervon soll an seinem Orte weitläufig gehandelt werden."

Von den wundervollen anatomischen Zergliederungen der menschlichen Laus geben wir einige Zeichnungen wieder.

Zur zweiten Klasse gehören die hemimetabolen Insekten, deren Larven sich nur durch Größe und Fehlen der Flügel von den Imagines unterscheiden. „Doch um nun insonderheit von vorhabender zweyter Classe zu sprechen, so ist zu wissen, daß der Anwachs der Gliedmaßen, der mit der Zeit an den meistentheils sechsfüßigen Würmgen vorgeht, nach und nach sehr langsam durch ein merkliches und ansehnliches Hinzuthun der Theile von außen geschehe, so daß man ihm endlich, nachdem es einige malen gehäutet, die Flügel zum Leibe heraus, als ein zartes, schmächtiges, feuchtes und weiches Knöpfgen von einer Blume zur Pflanze heraus unvermerkt Tag vor Tag sieht hervorkeimen, aufschwellen, und zum Aufbersten und Hervorschießen bequem werden. Ferner, da in den zwey folgenden Classen, in welchen die Würmer zu wahrhaftigen Püpgen werden, dieselben ihre Bewegung zuweilen verlieren, und einige Zeit nothwendig müssen stille liegen; so geht, steht, wandelt, läuft, springt und frist das Thiergen von der zweyten Classe, und verliert seine Bewegung niemals, als nur auf den Augenblick, da es sich ein wenig stille hält, seine Haut zu verwechseln. Zu der Zeit gehen an einigen wunderbare Veränderungen vor, als unter anderen am Hafft. An andern hergegen ist die Veränderung von so wenig Erheblichkeit, daß sie sich schwerlich als nur allein an den hervorragenden Flügeln bemerken läßt, wie an dem Ohrwurm wahrzunehmen ist." Hierher gehören: die Libellen, die Heuschrecken, Grillen, Schaben, Ohrwürmer, Blumenwanzen, Wasserwanzen, Eintagsfliegen. Von den Heuschrecken schreibt er: Ferner ist es wunderbar, wie wenig das Wurmpüpgen einer Heuschrecke von der Heuschrecke selbst unterschieden sei. Der Unterschied besteht allein in den Flügeln, welche an den Heuschrecken ausgespannt und über den Leib hinliegen; an den Püpgen aber in 4 Knöpfgen eingeschlossen, und wie des Schillebolds seine zusammengeschrumpft sind. Der Name Attelabus bedeutet eigentlich das wahre herumwandelnde Pügpen der Heuschrecke. Ferner behalte ich von den Heuschrecken ihren dreyfachen Magen auf. Er kommt mit dem Magen der wiederkäuenden Thiere völlig überein. Insonderheit ist derjenige Theil des Magens, den man das Buch nennt, an den Heuschrecken mehr zu kenntlich. Daher zweifle ganz nicht, daß die Heuschrecke nicht so wie andere Thiere wiederkäuen sollten. Selbst vermeyne solches gesehen zu haben. So behalte ich auch ihre länglichen Eyer auf, wie auch ihren ganzen Eyerstock, der mit silberweißen Drätgen, das anfehlbar der Lungenröhre sind, und unter

den andern Adern und Schlagadern hindurchlaufen, durchwebt ist. Die Eyer
sind ganz hornig und braun an Farbe. Einige Weibgen haben Schwänze, dergleichen die Männgen nicht haben. Mit denselben bohren sie in die Erde, um
ihre Eyer in derselben zu verbergen, wie Aldrovandus davor hält. Ich kann
erweisen, daß dieser Schwanz vier-, ja fünffach sei.

Wir geben hier die Schilderung der Schillebold genannten Libelle wieder:

„No. I. Hier stelle ich das Würmgen von einem Schillebold in seiner ersten
Haut vor, in der es ein Ey heißt. Ich habe zwey solcher Eyer neben einander
abgebildet, und zwar so, wie sie in dem in zwey Theile vertheilten Eyerstocke
liegen. Sie sind nach dem Leben entworfen. Der Eyerstock kommt mit der
Fische, als z. B. der Heringe, ihrem gänzlich überein. Er besteht auch aus
vielen, aber länglichen Samenkörnern oder Eyern, wie ich sie hier hin und
wieder zerstreuet abbilde. Die Schillebold schießt diese Eyer endlich ins Wasser,
daraus denn sehr viele kleine Würmer mit sechs Füßen zum Vorschein kommen.
Sind diese erwachsen und verhäutet, so entstehen aus ihnen eben so viele
Schillebolden, als Eyer waren.

N. II. Um nun anzuzeigen, wie solches zugehe, so stelle Ordnungs halber
die Haut von einem Ey, aus dem ein Schillebolds-Würmgen hervorkommt, auch
in Lebensgröße dar.

N. III. Zum dritten stelle das Würmgen vor, aus dem der Schillebold entsteht, doch nicht so klein, wie er aus seinem Ey hervorkommt, sondern etwas
größer, und so wie er ist, wenn er einige Zeit Nahrung genossen. Am Kopfe
sieht man die Augen und zwey hervorragende Hörngen, unten an der Brust sechs
Füße, deren ieder in 4 Glieder abgetheilt ist. Das äußerste ist mit zwey Nägeln
versehen, und die Füße mit Härgen besetzt. Der Bauch theilt sich in zehn
Ringe ab, davon der hinterste einige hervorragende steiffe borstige Spitzen hat.
An diesem Würmgen ist zu bemerken, daß es aus seinem Ey mit unvollkommenen Gliedmaßen hervorkömmt, welches auch den Würmern der dritten und
vierten Ordnung gemein ist, wie an seinem Orte soll gewiesen werden. Dieser
Ursache wegen nenne ich diss Thiergen, solange es noch in dieser unvollkommenen Gestalt im Eye steckt, das Eyweise Wurmpüpgen.

N. IV. Viertens stelle besagtes Thiergen noch was mehr angewachsen vor.
Man sieht an der Scheidung der Brust, wo sie mit dem Bauche vereinigt wird,
wie vier häutige Knöpfgen oder Augen artig zum Leibe heraus treten, aufschwellen und hervorsprießen wollen. Diese vier Knöpfgen beschließen und ent-

Text zu Tafel XX.

Abbildungen aus J. Swammerdam, Bibel der Natur (1752):

Pediculus hominis (L.)   Libelle.
Tab. I.   Tab. XII.
  Fig. 1. Nisse.   Fig. 1. Ei.
  Fig. 6. Laus, erwachsenes Tier (vom Bauch   Fig. II, 3. und 5. Zwei Larven-Stadien.
    gesehen).   Fig. 5. Nymphe.
Tab. II.   Fig. 3. Imagines in Begattungsstellung.
  Fig. 3. Darmkanal mit Anhangsdrüsen.   Vanessa.
  Fig. 7. Nervensystem der Laus.   Tab. XXXVI.
  Fig. 8. Männliche Genitalien der Laus.   Fig. 1. Darmkanal mit Anhangsdrüsen der
                                                   Imago.
                                                 Fig. 2. Darmkanal mit Anhangsdrüsen der
                                                   Raupe.

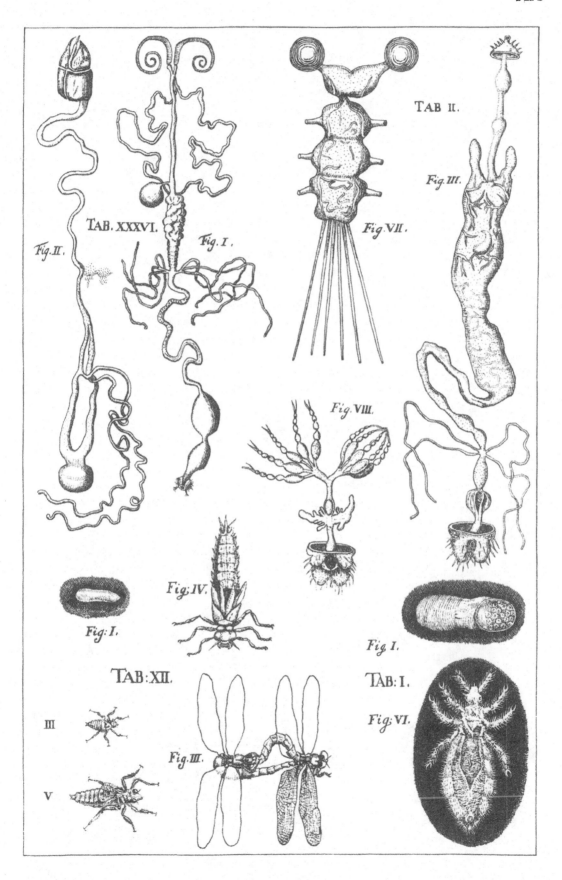

XX

TAB. XXXVI.

TAB II.

Fig. III.

Fig. II.

Fig. I.

Fig. VII.

Fig. VIII.

Fig: I.

Fig: IV.

Fig I.

TAB: XII.

TAB: I.

III

Fig: VI.

V

Fig. III.

halten die vier anwachsenden Flügel in sich, wie die Kelche oder Knospen der Pflanzen und Bäume ihre Blumen und Früchte. Zergliedert man aber gleich diese Knöpfgen zu der Zeit, so findet man doch nichts als eine wässerige Feuchtigkeit in denselben, weil die darinnen verborgenen Flügel noch ihre Vollkommenheit und Steiffe nicht erhalten haben.

N. V. Fünftens stelle ich das Thiergen nunmehr vollwachsen dar, mit seinen vier völligen Knöpfgen auf dem Rücken oder den Schulterblättern in ihrer rechten Größe, in denen man die Flügel vollkommen, nur noch zusammengeschrumpfen findet, so gar, daß man auch alle Farben und Zeichnungen des Thiergen kan durch die Haut hindurch scheinen sehen. Da nun dieses Thiergen ein Wurm ist und bleibt, und dennoch einige seiner Glieder, so wie ein Püpgen der dritten Classe, in einer Haut verschlossen und ohne Bewegung hat, so habe ich es mit gutem Recht ein Würmpüpgen genannt. Wie dieses Püpgen sich häutet, das kan man auf der zweyten Figur sehen Tab. XII.

N. VI. Endlich stelle ich das Würmgen in seiner letzten und größten Vollkommenheit, und in der Gestalt vor, in welcher es ein Schillebold heißet, ein vollkommenes zum rechten Alter angewachsenes und zur Geschlechtsfortpflanzung geschicktes Thier ist. Da es vorhin und zu Anfangs ein kriechender und schwimmender Wurm war, so ist es nun zu einem fliegenden Wurme geworden. Die Veränderung oder der Anwachs an Augen, Flügeln und dem Schwanze ist sehr wunderbar. Nur die Füße leiden keine Veränderung.

Diese Würmer, aus denen die Schillebolden hervorkommen, habe ich zum ersten male zu Saumur in dem Flusse la Loire hinter dem Hause des gelehrten Herrn Tanaqvil Faber gesehen, da ich bey ihm in seinem Hause wohnte. Nach der Zeit habe ich es in verschiedenen süßen Wassern, kleinen Pfützen, Graben und andern zusammengelauffenen Wassern gefunden, zuweilen in so großer Anzahl, daß der ganze Grund damit wie besäet war. Sie kriechen und schwimmen zugleich, aber ihre Bewegung ist nicht sehr hurtig. Sie haben auch ein gut Gesicht. Denn sobald man an sie kommt, ja sobald sie nur den geringsten ihnen fremden Vorwurf gewahr werden, so ziehen sie sich alsobald in die Tiefe zurück. Sie nähren sich vom Morast, in dem sie leben, und in dem sie von den Schillebolden gezeuget werden, die sich beständig um das Wasser herum aufhalten, und sich untereinander auf eine wunderbare Weise fortpflanzen. Man findet die Schillebolden auch in großer Menge auf den Feldern und in den Gebüschen, wo viele Fliegen sind, die sie, wie andere Vögel thun, aufschnappen und verzehren.

Besieht man ihre Eyer, die sie ins Wasser schießen lassen, mit einem Vergrößerungsglase, so sind sie länglicg von Gemächte XII i a, laufen vorne spitz zu, haben auch daselbst einige kleine Schälgen, als wie erhabene Tippelgen, die denjenigen Schälgen einiger maßen gleichen, so ich auf dem Ey der Laus oder der Nisse abgebildet habe. Auch sind sie von vorne ein wenig schwärzlich. Von hinten läuft dieses Ey länglich rund zu, und glänzet. Weiter ist nichts besonders an ihm zu bemerken.

Sind die daraus hervorkommenden Würmgen zu Wurmpüpgen geworden, so begeben sie sich zum Wasser heraus auf einen trockenen Ort, es sey nun auf das Gras, oder ein Stück Holz, oder eine steinerne Mauer, oder was sie sonst finden können. Daselbst haken sie die scharfen Klauen ihrer Füße fig. 2aa fest an, und bleiben eine sehr kurze Zeit unbeweglich darauf sitzen. Man sieht alsdenn, daß das Fell oben am Kopfe und dem Rücken zuerst aufplatzt. Sie richten ihren Kopf und Augen b zuerst auf. Dann ziehen sie ihre sechs Füße cc heraus, und lassen die hohle ledige Haut der abgestreiften Füße au? ihrer Stelle angehakt stehen. Ist das geschehen, so kriecht der Schillebold allmählig vorwärts, und zieht damit erst seine Flügel dd, und denn seinen Leib zur Haut heraus. Ist er ein wenig fortgekrochen, so bleibt er wiederum unbeweglich sitzen. Hierauf spannen sich alle seine Flügel allmählig aus, und entwickeln sich aus ihren Falten. Der Leib reckt sich allmählig in die Länge aus, bis daß er seine rechte vollkommene Größe bekömmt. Da aber diss alles durch das umlaufende Blut und Feuchtigkeiten, wie auch durch die beim Othemholen eingedrungene Luft geschieht: so kan der Schillebold zu der Zeit noch nicht fliegen, ist derohalben genöthigt so lange auf seiner Stelle zu bleiben, bis daß seine Gliedmaßen von der Sonne und der umschwebenden Luft ausgetrucknet sind. Alsdenn fängt er ein ganz anderes und verherrlichtes Leben an, als er im Wasser geführt hatte, da er sich mit elenden Kriechen und trägen Schwimmen erhalten mußte.

Man kann diese Veränderungen sehr selten sehen. Es war auch nur zufälliger Weise, da ich sie zum erstenmal an einer steinernen Mauer, die an der Loire stund, sahe. Die daselbst anschlagenden Wellen hatten den Schillebold so genetzt, daß er in der Helfte seiner Veränderung war stecken geblieben. Nach der Zeit habe ich noch einmal gesehen, wie einer der allergrößten Schillebolde aus einem Teiche auf das Land gekrochen war, und daselbst im Grase seine Haut auszog. An den kleinen Schillebolden, deren es eine gar große Menge in Holland giebt, und deren Veränderung Goedart beschreibt, läßt sie sich so gar selten eben nicht wahrnehmen. Ich habe sie verschiedenen Personen und schon vor geraumer Zeit Herrn D. Matthäus Sladus gezeigt.

Es ist an diesen Thieren sehr anmerklich, daß sie ihre Nahrung in der Luft und mitten im Fluge müssen fangen. Sie haben dazy ein paar große Augen, die bey nahe den ganzen Kopf ausmachen, und wie ein paar Perlen glänzen, von der Natur erhalten, wie auch vier häutige silberfarbne Flügel, womit sie sich auf allerhand Art geschwinde durch die Luft hin und her bewegen und schwenken können, wie die Schwalben. Ihr langer Schwanz hilft ihnen sehr viel dazu, mit dem sie sich sehr künstlich gleichsam steuert, und gewisse Wege durch die Luft bahnt. Moufetius irrt sich also, wenn er davor hält, daß diese Thiere aus verfaulten Biesen entstehen; aber darinnen hat er recht, daß er sagt, die Natur hätte ihnen den größten Zierrath und eine Geschicklichkeit verliehen, die alle Kunst übertreffe.

Ihre Augen sind wie ein Netz gestaltet, und durch eine doppelte Art von Abtheilungen unterschieden, wie ich an einem andern Ort beschrieben habe. Im Munde haben sie innenwendig zwey scharfe Zähne, die eine artige Lippe verschließt, mit denen sie sehr scharf zukneipen, wenn man sie fängt. Das mag wohl die Ursache seyn, warum sie Hadrian Junius Mordellas, oder Puystebyters, das ist Blasenbeißer, im Niederländischen nennt. Ob aber ihr Biß gifftig sey, und Blasen an der Haut verursache, das habe ich zur Zeit noch nicht erfahren.

Weil ihre Flügel so lang, und die Füße hingegen so kurz sind, so können sie nicht wohl auf der Erde fortgehen, zumal da sie dieselben nicht in die Höhe heben, noch hoch über den Rücken zusammenschlagen können, wie die Zwiefalter thun. Daher, wenn sie ruhen wollen, oder ein Aas gefangen haben, so suchen sie sich die einsamen und verdorrten Äste aus, und setzen sich darauf. Das Aas ergreifen sie mit ihren sechs Pfoten in der Luft, stecken es mit den zwey vordersten in den Mund, und zermahlen es mit den Zähnen. Sie schonen sogar der Honigbienen nicht, sondern fangen sie in der Luft auf, und zerreißen sie lebendig. Man kann sie nicht lange in einer Büchse am Leben erhalten, oder man muß ihnen alle Tage einige Fliegen zwischen die Zähne stecken, die sie gerne fressen. Ihr Vergnügen ist in der Sonne, die ihr Leben und Bewegung ist, denn bey dunkeln trüben Wetter ruhen und fasten sie, und sind bey nahe unbeweglich.

Die Brust, auf welcher die Flügel an die Schulterblätter befestigt sind, hat von innen sehr viele musculöse Fäsern, die die Füße und Flügel bewegen. Durch sie geht Herz, Kehle und Rückenmark durch, als welche meistentheils in den Lenden und dem Bauche liegen. Weil ich aber dieses Thier nicht mit Fleiß zergliedert habe, so kann vor dissmal von seinen übrigen Eigenschaften nichts sagen. Der Magen ist wie eine Birne gestaltet. Zuweilen habe ich ihn mit eingenommener Nahrung, zuweilen auch mit Luft erfüllt gesehen. Die Lungengefäße sind hier ziemlich zahlreich. Die musculösen Fäsern an den Ringen des Bauches und des Schwanzes lassen sich deutlich erkennen. Ich habe zuweilen gesehen, daß sie sich stark bewegten.

Das Männgen hat seine Ruthe bey nahe vorne im Bauche stehen. Hingegen hat das Weibgen die Öffnung der Scham ganz hinten am Schwanze. Doch habe ich auch auf diese Theile nicht genau Acht gegeben, weil ich die Zergliederung nur zufälliger Weise vornahm, und nur in der Absicht, sie auszuweiden. Denn sonst kann man die Farben nicht erhalten. Man erhält sie aber gar füglich, wenn man die Eingeweide heraus nimmt, und die noch übrigen feuchten Theile mit Gips oder ungelöschtem Kalche bestreuet. Beydes ziehet alle Feuchtigkeiten in sich. Auf diese Weise kan man sehr artige Zeichnungen am Schwanze, Augen und Brust aufbehalten. Dieser Kunstgriff dient den Mahlern und Zeichnern. Doch muß man bey dem allen noch vorsichtig und behende seyn. Wie man es eigentlich machen müsse, läßt sich nach allen Umständen nicht beschreiben. Man muß solches durch lange Übung lernen.

Was nun der Schillebold vor ein wunderlich Thier auch immer ist, und wie seltsam seine Zeugeglieder im Leibe liegen, so geht doch die Art seiner Begattung über allen Begriff. Denn das Männgen, indem es in der Luft mit vielen schnellen Drehungen herum schwingt, weiß seinen Schwanz über alle maßen behende dem Weibgen zuzureichen T. XII. f. 3 a. Dieses faßt ihn zwischen die Scheidung ihres Kopfes und Augen, stößt ihn bis in ihren Nacken hinein, und umfast ihn mit ihren Pfötgen sehr begierig und eifrig b. Hält die den Schwanz nun feste, so beugt sie ihren Bauch nach den männlichen Zeugetheilen, die vorne an der Brust stehen, zu c. Mithin geschieht ihre Vereinigung währendes Fluges und Gewimmels in der Luft. Das äußerste von des Weibgen seinem Schwanze ist alsdenn gegen das Mitteltheil des Männgen umgebogen, wo dieses seine Ruthe im verborgnen trägt. Diese Ruthe dringt sich in die Scham des Weibgens, die auf der Spitze des weiblichen Schwanzes steht, ein. Und damit das Weibgen dem Männgen bis an die Brust reichen könte, so verkürzt sich dieses deswegen, und krümmt seinen Schwanz in einen merklichen Bug.

Das Weibgen, das auf diese Weise befruchtet worden ist, steckt ihren Schwanz endlich ins Wasser, und läßt da ihre Eyer hineinschießen. Die Eyer sind, wie gesagt, länglich. Solange sie noch klein und unvollkommen sind, so sind sie weiß und zarte. Mit der Zeit werden sie nach und nach härter und gelb von Ansehen, und bekommen am Ende ein schwarzes Tippelgen. Wie lange dieses Ey im Wasser liege, ehe da ein Wurm heraus komme, ist mir unbewust. So weiß ich auch nicht, wie lange dieser Wurm anwachsen muß, ehe er sich häutet. Mein Erachtens geht ein oder ein paar Jahre drauf. Denn ich habe gesehen, daß diese Würmer im Herbste noch lange nicht ihre Vollkommenheit hatten. Ich habe einmal in Frankreich den 18. April in einer ausgegrabnen Thongrube, da noch keine Wasserkräuter innen waren, deren so viel gesehen, daß sie den Grund bedeckten."

Eine ganze Monographie ist seinen Studien über den „Hafft oder Ufer-Aas" (Ephemera vulgata L.) gewidmet, den er vom Ei bis zum Tode verfolgt hat.

Die dritte Klasse enthält die holometabolen Insekten mit vollkommener Verwandlung. „Aber mit den Thiergen, die die dritte Art der Veränderungen ausstehen, geht ganz das Gegentheil vor. Denn ob sie wohl auf die Weise, wie die ersten, anwachsen, und eben so unvollkommen, ja noch unvollkommener als die zweyten aus dem Ey hervorkommen; denn viele derselben lassen nicht einmal Füße an sich blicken: so sieht man noch über dem sehr dunkel, wie diese unvollkommene Theile unter der Haut liegen und anwachsen. Demnach kommt das Thiergen in der ersten Ordnung an allen seinen Gliedmaßen vollkommen aus seinem Ey. In der zweyten schlagen die Glieder aus. In der dritten geht die Veränderung inwendig vor, und läßt sich schwerlich und nicht eher gewahr werden, als bey bevorstehender Häutung.

Die Thiergen nun, so die erste Ordnung von Veränderungen durch müssen, kriechen nur in Gestalt eines Püpgens zum Ey oder Fell heraus, und die, so zur zweyten gehören, schlagen noch überdem in ein zweytes Püpgen mit der Zeit aus, laufen dabey herum, springen, fressen, und verlieren ihre Bewegung niemals. Aber mit der dritten Ordnung geht es ganz anders zu. Denn die dazu gehörigen Thiergen kommen erstlich aus einem Ey unvollkommen heraus, wachsen alsdenn in so weit an, daß sie als eine zarte Knospe von einer Blume unter ihrem Felle hervor treiben, streifen endlich das Fell durch die ausschießenden Gliedmaßen ab, und verlieren vors zweytemal alle Bewegung, ausgenommen im Schwanze, der meistentheils von Feuchtigkeiten nicht aufschwillt, noch sonsten verändert, außer daß er seine Haut ableget."

„Ist also die dritte Ordnung von Veränderung nichts anders, als daß ein Wurm, nachdem er die erste Gestalt eines Püpgens, die er in einem Ey hatte, und in der er nichts genoß, verlassen, allmählig durch äußerlich eingenommene Nahrung unter dem Fell anwächst, bis daß er hernachmals das Fell ablegt, und die Gestalt eines zweyten Püpgens annimmt, das alle Gliedmaßen vollkommen deutlich und unterschiedlich sehen läßt, und so wie vorhin alle Bewegung verlieret, die sich aber, nachdem die überflüssigen Feuchtigkeiten verrauchet, in einigen Tagen wieder findet.

Es nehmen also die Thiergen die Gestalt eines Püpgens zweimal an, erst im Ey, und dann in der letzten Veränderung. So lange sie noch in ihrem ersten Püpgen oder im Ey sind, lassen sich ihre Glieder viel dunkler sehen, als im zweyten. Die Ursache davon soll hernach angegeben werden. Ehe sie schon in das erste Püpgen oder das Ey eingekleidet werden, so haben sie ganz keine merkliche Bewegung. Sie wachsen eben so, wie die Saamen anderer Thiere und Pflanzen an. Allein ehe sie zum zweyten Püpgen werden, so bewegen sie sich nicht nur von einer Stelle zur andern, sondern ihr Anwachs kommt mit anderer Thiere ihren, die sich von einer Stelle zur andern begeben, und ihre Nahrung durch den Mund einnehmen, ganz überein. Hat man das wohl eingesehen, so siehet man auch zugleich den Unterschied zwischen der ersten Veränderung oder einem Ey, und der zweyten oder einem Püpgen ein. Beide sind nichts anders, als ein Anwachs von Gliedmaßen, aber auf verschiedene Weise. Man wolle doch ja hierauf wohl Achtung geben. Denn es hat einen unendlichen

Nutzen, und rottet die Verwandlung, das Hirngespinste des allgemeinen Irrtums, mit Stumpf und Stiel aus. Es stößt auch die vermeynte zufällige Zeugung der Thiere über den Haufen."

Hierher gehören unsere Hymenopteren, Lepidopteren, Coleopteren, Neuropteren und von Dipteren die Nematocera und eine große Zahl Fliegen.

Die Ameisen-Studien Swammerdam's laufen denen Leeuwenhoek's parallel. Interessant ist, daß Swammerdam schon mit einer Art von künstlichem Ameisen-Nest arbeitete. Er schreibt darüber: „Ich machte es aber damit so: Ich nahm eine große hohle irdene Schüssel. Ich klebte einen Rand von Wachs fünf Finger etwa breit rund herum, den ich voll Wasser goß, damit die Ameisen aus ihrem Bezirke mir nicht entliefen. Hernachmals füllte ich die Schüssel mit Erde, und setzte die Gemeinde der Ameisen hinein. Sie legten darinnen in wenig Tagen ihre Eyer. Es kamen da die Würmer heraus, die ich vorhin beschrieben habe, und die man insgemein verkehrt Eyer nennt. Keine Feder kan die Liebe, Sorgfalt und Beflissenheit der gemeinen Arbeitsameisen beschreiben, mit der sie den Jungen begegnen, sie in die Höhe bringen, von einem Ort zum andern vertragen. Sie thun solches mit großer Zärtlichkeit. Sie fassen die Jungen zwischen ihre Zähne. Sie unterlassen nicht das Geringste, das zu ihrer Fütterung und Erziehung nöthig ist.

Ward der Grund, den sie bewohnten, trocken, so trugen sie ihre Jungen tiefer hinunter. Goß ich aber Wasser darauf, daß sie feuchte und naß wurden, so sahe man sein Wunder, mit was für Beflissenheit sie, aus Antrieb ihrer Liebe alle ihre Jungen wiederum vertrugen und ins Trockne brachten. Goß ich noch mehr Wasser hinzu, so trugen sie alle miteinander ihre Jungen auf die äußersten und höchste Plätze. Netzte ich trockne Erde nur ein wenig, so brachten sie ihre Jungen darnach zu, sie bewegten solche sehr bescheidentlich, und sogen die mit den feinen Theilen der Erde vermengte Feuchtigkeit in sich.

Ich habe vielmals vorgehabt, die jungen Ameisen ohne Arbeitsameisen in die Höhe zu bringen; es hat mir aber nie gelingen wollen."

Das Weibchen hielt Swammerdam irrtümlich für ungeflügelt. Es folgen eine Studie über den Nashorn-Käfer (Oryctes nasicornis L.) und über die gemeine Stechmücke (Culex pipiens L.). Die Abbildungen von Larve, Puppe und Imagines der letzteren gehören zu dem besten, was Swammerdam überhaupt geleistet hat, und heute noch staunen Spezialisten über die Fülle richtig gesehener Details an diesen Abbildungen.

Vielleicht der bedeutendste Abschnitt dieses Werkes ist die „Abhandlung von den Bienen". Auf 70 Folio-Doppelspalten wird eine ausführliche anatomische und ökologische Schilderung der Bienen und des Bienenlebens gegeben, die ebenso wie Malpighi's anatomische Studien dadurch in Staunen setzen, daß sie an Stelle durch Jahrtausende überkommener Vorstellungen und Berichte durch eigene Beobachtung ohne Übergang das Gebäude unserer modernen Anschauungen errichten. So klärt Swammerdam durch Entdeckung der männlichen und weiblichen Genital-Organe als erster das Geschlecht von „Königin", wie das bisher „König" genannte Individuum also erst seit Swammerdam benannt werden darf, Drohnen und Arbeiterinnen auf. Ebenso beschreibt Swammerdam als erster die Giftdrüse und den Stachelapparat der Biene sowie ihre Mundteile anatomisch genau. Es ist daher unumgänglich, einen ausführlichen Auszug hier folgen zu lassen:

„Obgleich die Herrlichkeit des unvergänglichen Gottes: sein unsichtbares Wesen, seine ewige Kraft und Gottheit aus allen Geschöpfen ohne Unterschied augenscheinlich erkannt, und gleichsam klärlich ersehen wird: so scheint dennoch das eine Geschöpfe den unsichtbaren Gott in einem viel hellern und entblößtern Lichte vor Augen zu stellen, als das andere. Dieser Satz wird aus vorhabender Abhandlung von den Bienen deutlich erhellen, zu deren Ausarbeitung es dem allweisen und gütigen Gott in Gnaden gefallen hat, die von mir angewandte unverdrossene und ununterbrochene Mühe mit Segen zu krönen."

„Als ich den 22. August 1673 einen Korb mit Bienen, die geschwärmt hatten, öffnete, fand ich in demselben einige tausend gemeine Bienen, einige hundert Hummeln oder Brutbienen, und einen König. Ich rede nach den gemeinen Begriffen und Ausdrücken. Denn in der That sind von Anfang der Welt her weder Bienenkönige noch Hummeln in Bienenkörben gewest. Es ist ein großer und ganz unverantwortlicher Irrthum, daß man den Thieren dergleichen Namen beygeleget hat. Ich vor mein Theil werde denselben in dem folgenden vermeiden, und damit man mich verstehen möge, so finde vor nöthig, gleich zum voraus zu erinnern, daß ich überall in vorhabendem Werke das Thier, welches man aus einem falschen Wahn den König der Bienen zu nennen pflegt, das Weibgen, die Arbeitsbiene nennen werde. Von solchem Verfahren will ich an seinem Orte die Ursachen angeben. Ich werde es mit unwidersprechlichen Beweisen rechtfertigen."

„Weiter fand ich dreierlei Kämmerchen oder Zellen. In einigen hundert dieser Zellen waren die Männchen gewachsen, einige wenige enthielten die Weibchen, die meisten aber, deren Zahl sich gern auf einige tausend belief, hatten den gemeinen Bienen zum Aufenthalt gedient, die darin ausgebrütet, ernährt und in eine andere Gestalt verwandelt worden waren. Die Häuschen der Männchen und Weibchen waren jetzt gänzlich leer, wie auch diejenigen der übrigen Bienen zum größten Teil. Es waren nämlich von den letzteren eine Anzahl mit Wachs verklebt. Als ich sie mit der Spitze einer Nadel aufstach oder entsiegelte, fand ich in einigen Bienen-Würmer, in anderen Püppgen. Wieder in anderen Zellen fand ich Honig; andere waren offen und zum Teil mit Eiern, zum Teil auch mit Würmern besetzt.

Werden Häuschen leer, so legt das Weibchen seine Eier hinein. Ich habe schon zu Anfang März in den Körben junge Brut wahrgenommen. Man lasse sich dadurch nicht befremden, es läßt sich leicht begreifen, wie es zugeht. Anfang August sah ich nämlich einige tausend Eier in dem Weibchen. Es ist also geschickt, das ganze Jahr hindurch sein Geschlecht zu vermehren.

Ich habe vorhin vergessen zu bemerken, daß ich einige Häuschen mit einem gewissen Stoff von verschiedener Farbe angefüllt getroffen habe. Seiner Beschaffenheit nach war es eine krümelige Substanz. Einige Häuschen, welche dieselben enthielten, waren versiegelt, andere waren zur Hälfte gefüllt. Die Imker nennen diese Substanz Bienenbrot."

„Doch ich kehre wieder zu den Bienen, die zu Ausgang des Augusts auf die Männgen einen so bittern Haß anfangen zu werfen, daß sie sie ohne alle Gnade und Verschulden ums Leben bringen, da sie doch gegen das Ende vom May, und auch wohl noch eher ihre Häusgen aufbauen, die selbst sorgfältig ernähren, und mit aller nur möglichen Mühe in die Höhe bringen. ...

Ehe ich nun förder gehe, so will ich das Männgen, das Weibgen, und die gemeinen Bienen beschreiben und mit einander vergleichen. Und zwar will ich damit den Anfang bey den gemeinen Bienen machen, weil sie sie gemeinsten sind, und von iedermann gesehen und behandelt werden."

„Die Augen der Arbeitsbienen sind oval. So sehen sie auch beim Männchen aus, sind aber wohl um zwei Drittel oder noch einmal so groß wie die Augen jener. Die Augen des Weibchens sind wenig größer als die der Arbeitsbiene. Die Arbeitsbiene besitzt oben am Kopfe oberhalb der Augen viele Härchen und noch drei besonders kleine Augen. Beim Männchen finden sich diese Härchen nicht, denn ihre Augen erstrecken sich bis an den Ort, den die Haare bei der Arbeitsbiene einnehmen, und berühren einander. Daher kommt es, daß die drei besonderen Augen der Männchen viel tiefer stehen als es bei den Arbeitsbienen der Fall ist. Das Weibchen stimmt mit der Arbeiterin darin überein, daß seine Augen gleichfalls durch einen Zwischenraum getrennt sind und die drei kleinen Augen sich in derselben Höhe zeigen wie dort.

Alle Bienen haben zwei Fühler, doch sind dieselben verschieden gegliedert. Die Fühler der Arbeiterin und des Weibchens haben nämlich 15 Glieder, die des Männchens aber nur 11. Das erste Fühlerglied, welches sich an den Kopf ansetzt, ist bei der Arbeiterin länglich, etwas kürzer beim Männchen und wieder etwas länger beim Weibchen.

Die Arbeiterin und das Weibchen besitzen über den Freßwerkzeugen eine deutliche hornige Lippe, beim Männchen fällt dieselbe nicht so sehr in die Augen. Die Arbeitsbiene hat lange Mundteile, diejenigen der Männchen sind sehr kurz, die des Weibchens von mittlerer Länge.

Alle drei Formen haben vier Flügel. Beim Männchen sind sie jedoch viel länger und breiter als bei der Arbeiterin. Die Flügel des Weibchens, obschon ebenso lang wie die der Arbeitsbiene, kommen einem doch kürzer vor. Das rührt von der Länge seines Hinterleibes her, der geräumiger sein muß, weil er die Eier enthalten soll.

Alle Bienen besitzen 6 Beine und jedes derselben 9 Glieder. Bei der Arbeitsbiene sind die letzten Beine viel breiter und größer als die vordersten. Am fünften und größten Gliede des letzten Beinpaares tragen die Arbeitsbienen das sogenannte Bienenbrot.

An jedem Fuße finden sich vier Krallen, zwei große und zwei kleine; letztere sind den ersteren eingefügt. Zwischen den Krallen sitzt eine weiche Masse, die beim Zerdrücken eine durchsichtige Flüssigkeit absondert.

Der Stachel fehlt dem Männchen gänzlich. Die Arbeiterin ist fast mal so klein wie das Männchen, das Weibchen bedeutend größer als erstere, aber kleiner als das Männchen, doch länger und mehr spitz zulaufend.

Die Farbe der Arbeitsbienen fällt ins dunkel Goldgelbe, das Männchen ist etwas grauer, der Bauch beim Weibchen etwas heller als bei den übrigen. Fast alle bisher genannten Teile der Bienen sind mit Haaren besetzt.

Die Arbeiterin ist weder männlich noch weiblich, indessen hat sie in ihrer Art und ihrem Leibesbau mehr Weibliches als Männliches an sich.

Soviel über die äußeren Organe der Biene. Die inneren sind teils allen drei Formen gemeinsam, teils einer derselben eigen. Von ersteren finden sich folgende: Im Kopf das Gehirn und das kleine Gehirn, ferner der Anfang des Markes, das durch den ganzen Leib von dem einen Ende bis zum anderen hindurchgeht, endlich die knotigen Verdickungen desselben und die Nerven, welche teils aus dem Marke selbst, teils aus dessen Knoten hervorsprießen. Ferner stimmt der innere Bau des Auges bei allen drei Formen der Biene überein. Sie besitzen alle die umgekehrten Pyramiden, die netzförmigen Häutchen und die Nervenstränge, welche sich an Stelle unseres Sehnerven befinden.

23*

In der Brust erblickt man durchgängig die Muskeln der Flügel und der Beine, sowie die Luftröhren und Fett, woran auch im Kopfe kein Mangel ist. Im Hinterleib findet sich bei allen Bienen die Speiseröhre, welche sich durch die Brust bis dahin erstreckt, der Magen, die dünnen und dicken Gedärme, sowie besonders zum Darm gehörende Drüsen. Von alle diesem sind Abrisse und Beschreibung in der Abhandlung über die Bienen mitgeteilt worden. Ferner sieht man die Atmungs-Werkzeuge mit ihren Bläschen und Luftröhren vornehmlich im Hinterleib. Endlich findet sich dort noch eine Menge Fett, sowie die Muskeln, welche unter den Ringen liegen und sie bewegen."

„Aus dieser Vergleichung der Bienen unter einander erhellet klärlich, daß die gemeinen Arbeitsbienen vielmehr mit der Art und Natur der Weibgen als der Männgen übereinkommen. Denn alle ihre so aus- als inwendige Gliedmaßen gleichen einander, wie der Verfolg erweisen wird; ausgenommen daß sie keinen Eyerstock haben, und also als Sklavenmäßige und verstümmelte Dienstmägde, die der Geheimnissen ihrer Frau unkundig sind, und nur dazu in der Haushaltung gebohren werden, auch zu anders nicht sich schicken, als die jungen Kinder, das ist die Würmer der Bienen, zu füttern und in die Höhe zu bringen, die Häusgen zu bauen, den übrigen Bienen, und sich zugleich mit Kost und Vorrat für den Winter, für kalte und windige Tage zu besorgen."

„Sechs Tage nach der Schwärmzeit legt das ausgeflogene Weibchen seine Eier in die neu gebauten Häuschen. In jedes setzt es ein Ei, und zwar so geschwind, daß es nicht darauf achtet, ob das Häuschen erst angefangen oder schon einige Zeit fertig ist. Wenn nur der dreieckige schief niedergehende Grund vorhanden ist, so legt das Weibchen ohne Verzug sein Ei darauf und alsdann bauen die dienstbaren Bienen, die dem Weibchen beständig und überall, wo es hingeht, folgen, die Wachszellen völlig aus. Das rührt von einer Sorgfalt, Liebe und Beflissenheit her, die der höchste Schöpfer ihnen zu ihrer Brut eingepflanzt hat. Sie verlieren auch diesen Trieb nicht, selbst wenn das Weibchen ihnen genommen wird.

Ich werde an anderer Stelle dartun, daß das Zusammenleben der Bienen auf nichts anderes abzielt als auf die Fortpflanzung und Auferziehung, und daß im übrigen bei ihnen weder von einer Regierung, noch von bürgerlichen Einrichtungen, Zucht und Tugenden das Geringste zu bemerken ist. Alle Handlungen, die man ihnen wahrnimmt, sind für sie so unvermeidlich wie die Folge von Winter und Sommer. Nicht nur die Bienen helfen ihren Jungen in die Höhe, sondern auch Hornissen, Wespen, Hummeln, Ameisen usw. Diese Tiere dürfen unfehlbar, wie die anderen Insekten, bald nach Ablage ihrer Eier sterben, wenn ihnen nicht die Sorge für die Erziehung ihrer Jungen anbefohlen wäre, die sie gleichsam nötigt, etwas länger am Leben zu bleiben.

Seht, so überaus wunderbar waltet Gott in diesen winzigen Geschöpfen, daß ich mir getraue zu behaupten, Gottes unaussprechliche Wunder seien in dem Geschmeiße versiegelt, und man könne diese Siegel nicht anders erbrechen, als wenn man das Buch der Natur, die Bibel der natürlichen Gottesgelahrtheit in welcher Gottes Unsichtbarkeit sichtbar wird, fleißig durchblättert. ... Sie leiten sie von einem zufälligen Zusammenfluß der Bestandteile ab, obgleich die Glieder der Insekten künstlicher ausgearbeitet und zusammengesetzt sind als die der größten Geschöpfe.

Die Eier, welche das Weibchen in jede Zelle absetzt, sind länglich, ein wenig gekrümmt, an der einen Seite etwas dicker als an der andern, hell und glänzend. Sie sind mit einer wässerigen Substanz gefüllt und am dünnsten Ende auf

Wachs geklebt. Durch das Vergrößerungsglas betrachtet, erscheint das Ei etwas runzlich. Einige Tage nach dem Ablegen bricht das Tier durch die Haut
des Eies hindurch und kriecht in Gestalt eines Würmchens, das ungemein zart
und ohne Füße ist, hervor. Man erkennt sogleich die Einschnitte oder Kerben
an demselben. Von der Ablage bis zum Aufbrechen kümmern sich die Bienen
nicht sonderlich um die Eier; jedenfalls brüten sie dieselben nicht aus, wie
gewöhnlich angegeben wird. Das Ausbrüten der Eier geschieht durch nichts
anderes als durch die vereinigte Wärme aller im Korbe befindlichen Bienen.
In demselben ist es nämlich wunderbar warm, selbst im Winter, so daß auch
der Honig alsdann weder gerinnt noch körnig wird. Durch diese wechsel-
seitige Erwärmung erhalten auch die Bienen sich selbst wider die Kälte der
Jahreszeit. Meines Wissens tut keine andere Insekten-Art dasselbe. Selbst
Hornissen, Wespen und Hummeln werden von der Kälte des Winters ge-
lähmt, so daß sie die ganze Zeit über sich nicht rühren können, auch nichts
genießen, noch Unrat auswerfen.

Ist das Bienenwürmchen nun auf gedachte Weise aus seinem Ei gekommen
und hat es ein zartes Häutchen abgelegt, so muß es, wie schon vorher erwähnt,
gefüttert werden. Da es nun aber von seiner Stelle, die ihm in seinem Häuschen
gleich anfangs angewiesen worden, nicht fortweicht, so muß jemand da sein, der
es füttert. Diese mühsame Besorgung nun nehmen die Arbeiterinnen auf sich.
Sie bringen die junge Brut in die Höhe, so daß aus einem Wurme von der
Größe einer Nadelspitze zuerst ein großer Wurm, dann ein Püppchen und endlich eine vollkommene Biene wird. Sie bereiten ihren Würmchen mit vieler
Mühe und Sorgfalt täglich die Kost, wie die Vögel ihren Jungen. Doch ist es
kein Honig, womit die Bienen ihre Brut füttern. Es ist eine ganz andere besondere Substanz, weißlich wie gewöhnliches Eiweiß, das zu erhärten beginnt.
Woher die Bienen dieses Futter haben und ob es Honig sei, den sie wieder ausspeien, nachdem er in ihrem Magen verwandelt worden, ist mir zur Zeit noch
ungewiß.

Sind die Bienenwürmer nun größer geworden, so füllen sie ihre Zellen
gänzlich aus und krümmen sich zusammen. Nimmt man einen Wurm um diese
Zeit aus seinem Häuschen heraus, so bemerkt man auf dem Grunde desselben
eine gelbliche, dicke Substanz unter ihm liegen; es ist sein Unrat. Während
der Wurm an Größe zunimmt, häutet er sich. Ich zweifle nicht daran, daß er
dies mehrere Male tut, wie alle anderen Insekten; wie oft es aber geschieht,
kann ich nicht sagen.

Untersucht man nun den Bienenwurm etwas genauer und betrachtet ihn
durch ein Vergrößerungsglas, so findet man, daß er aus 14 Ringen, den Kopf
eingerechnet, besteht. Am Kopfe b sind zu merken die Augen c, die Lippe d,
zwei Teilchen ee, die später zu Fühlern werden, und zwei Teilchen ff unter
jenen, die gleichsam gegliedert zu sein scheinen. Aus ihnen wachsen mit der
Zeit die Freßwerkzeuge hervor. Zwischen beiden Teilchen ff und folglich unter
der Lippe d ist noch ein anderes hervorragendes Organ g anzumerken, das einer
Zunge gleicht und später auch wirklich dazu wird. Darüber zeigt sich noch
etwas wie ein kleines Wärzchen; der Wurm sondert durch die Öffnung desselben sein Gespinst aus, nachdem er genug gefressen hat und im Begriff ist,
die Gestalt des Püppchens anzunehmen.

Ich gehe nun zur Zergliederung des Wurms über. Das beste mir bekannte
Verfahren besteht darin, daß man die Tiere in Spiritus tötet und sie dann
unverzüglich zergliedert oder sie in farbigen Flüssigkeiten schwarz, rot usw.

werden läßt. Auf diese Weise bekommt man Teile zu Gesicht, die sonst nie oder nicht deutlich genug hervortreten. Denn da der Wurm ganz farblos ist und seine Teile sich folglich nicht unterscheiden lassen, so muß man zu besagten Kunstgriffen seine Zuflucht nehmen."

„Sind die Würmer von den Arbeitsbienen genugsam gefüttert worden, so hören sie mit einem Male auf, Nahrung zu sich zu nehmen, und bespinnen sich von unten bis oben. Ist das Gespinst fertig, so hat die Arbeiterin wiederum eine neue Arbeit vor sich. Sie muß nämlich die Würmer sorgfältig in ihren Zellen versiegeln. Geschähe dies nicht, so würde das Gespinst durch das Hin- und Herlaufen der Bienen leicht eingedrückt und infolgedessen die darunter befindlichen zarten, noch keimenden und kaum gehäuteten Gliedmaßen der Bienen versehrt werden können. Außerdem hält der Deckel der Zelle auch warm und beschleunigt dadurch die Umwandlung der Puppe in die fertige Biene. Als ich einst einige in diesem Stadium befindliche Würmer bei mir trug, brütete ich sie unvermerkt durch die Wärme meines Körpers aus. Sie wurden aus Püppchen Bienen und liefen in meinem Schächtelchen so hurtig herum, daß es zu verwundern war.

Hat der Wurm sich eingesponnen, so ruht er völlig und bleibt ohne die geringste Bewegung in seiner angenommenen Stellung. Zergliedert man ihn um diese Zeit, so sieht man außer den oben beschriebenen blinden Gefäßen an derselben Stelle, wo diese unterhalb der Magenpforte auftreten, eine große Menge zarter Gefäße, die meines Erachtens keine anderen sind als die von Malpighi an den Seidenwürmern aufgefundenen. Sie sind bei den erwachsenen Bienen viel stärker als jetzt. Hier erhebt sich die Frage, welchem Zwecke doch eigentlich diese blinden Gefäße dienen, ob sie vielleicht eine besondere Flüssigkeit absondern, der etwa die Aufgabe zufiele, den Darm-Inhalt zu verändern, oder ob sie den Blinddärmen der Vögel entsprechen. Doch ist selbst bei diesen noch nicht recht ausgemacht, wozu die Blinddärme dienen.

Während nun der Wurm sich im Ruhezustande befindet, schwillt er sehr merklich an der Brust, weniger am Kopfe. Dies rührt daher, daß die hervorgewachsenen Gliedmaßen allmählich anschwellen. Man sieht dann Beine, Kopf, Brust, Hinterleib und Freßwerkzeuge, ja die ganze Gestalt der zukünftigen Biene durch die Haut hindurchschimmern. Doch sind die Gliedmaßen noch sehr zusammengefaltet, schwach und zart; so sind auch alle Muskelfasern wie Gallerte und so feucht, daß sie wie Wasser zerfließen. Zuletzt bricht die Haut auf, und der Wurm nimmt die Gestalt eines Püppchens an, d. h. er zeigt

Text zu Tafel XXI.

Abbildungen aus J. Swammerdam, Bibel der Natur:

A p i s   m e l l i f i c a   L.

(Tab. XXI, 1 halb, XVIII, 2 etwas verkleinert, alles andere natürliche Größe des Originals.)

Tab. XVII.
  Fig. 5. Mundteile der Honigbiene.
Tab. XVIII.
  Fig. 2. Giftstachel mit Anhangdrüsen.
Tab. XIX.
  Fig. 3. Ovarien und Genitalorgane der Königin. Die erste Untersuchung und Klarstellung der Geschlechtsverhältnisse der Bienen.

Tab. XXI.
  Fig. 1. Männliche Genitalien der Drohnen.
Tab. XXIV.
  Fig. 4. zeigt Glasröhrchen, die sich Swammerdam verfertigte, um die Tracheen durch Aufblasen und Injizieren sichtbar zu machen.
Tab. XXV.
  Fig. 9. Puppe.

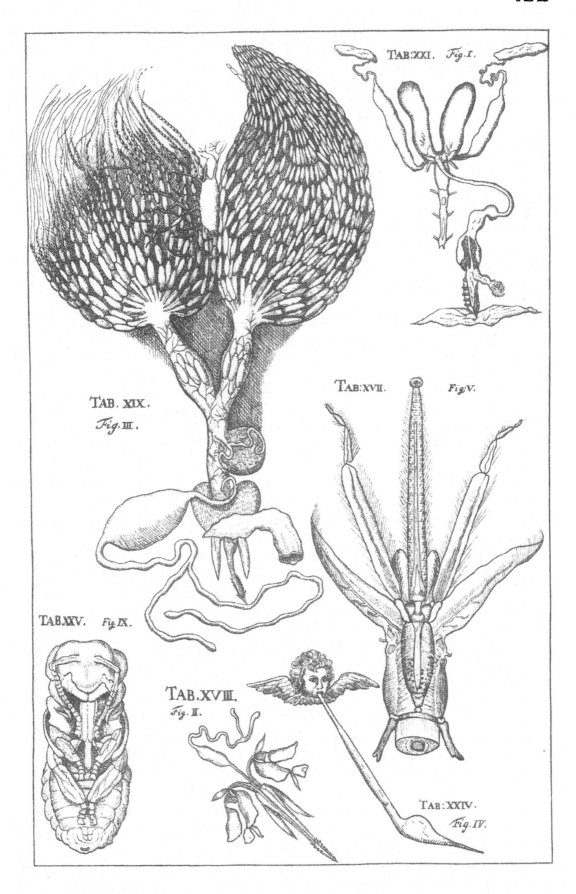

XXI

TAB:XXI. *Fig.I.*

TAB. XIX. *Fig.III.*

TAB:XVII. *Fig.V.*

TAB.XXV. *Fig.IX.*

TAB.XVIII. *Fig.II.*

TAB:XXIV. *Fig.IV.*

seine bis dahin verborgenen Gliedmaßen. Man kann sie an ihm deutlicher erkennen als an der Biene selbst, weil sie noch nicht in dem Maße behaart sind wie nachher. Der Bau der Freßwerkzeuge fällt gleichfalls besser in die Augen als, nachdem die Puppe durch eine noch heutzutage irrtümlich angenommene Wesensverwandlung zur Biene geworden. Bestehen doch alle Verwandlungen der Insekten in nichts anderem als im langsamen Anwachs ihrer Gliedmaßen, so daß ihre Entwicklung nicht nur mit der Entwickelung anderer Tiere, sondern auch mit derjenigen der Pflanzen übereinstimmt, wie ich im Vorhergehenden ausführlich dargetan habe.

Das kleine Geschöpf ist nun in diesem Zustande wunderbar zart. Die Haut ist von ihm abgestreift, sogar die Luftröhrchen haben sich von innen gehäutet. Dies geschieht, indem die Tierchen ganze Adern und Röhren ausstoßen, so daß die im Innern abgestreiften Luftröhren in der ihnen eigentümlichen Lage und Gestalt zum Leibe hervordringen. Desgleichen häutet sich auch der Magen, der Mund und das Ende des Darmes; doch ist dies schwierig zu beobachten. Auffällig ist auch, daß, nachdem der Wurm zum Püppchen geworden ist, alle Gliedmaßen, Flügel, Fühler und Freßwerkzeuge Luftröhren besitzen, welche beim Ausstrecken dieser Teile mit Luft gefüllt werden und zur Ausdehnung der Glieder das Ihrige beitragen."

„Haben sich nun die Puppen so lange in ihren wächsernen Häuschen befunden, bis ihre überflüssige Feuchtigkeit verdunstet ist, so streifen sie endlich ihre letzte Haut ab. Alsdann durchbrechen sie das Gespinst und gleichzeitig das Wachs, das sie zackig nach außen biegen. Die anderen Bienen nehmen alsdann die Brocken von Wachs und Gespinst hinweg, so daß alles reinlich und der obere Rand des Häuschens gleich und eben wird. Auf dieselbe Weise brechen auch die Männchen und die Weibchen aus ihren Zellen hervor, wie sie sich auch auf gleiche Weise verwandeln, doch mit dem Unterschied, daß die Arbeitsbienen und die Männchen mit gefalteten Flügeln hervorkommen und daß ihre Flügel erst nachher durch hineingetriebene Luft sich ausdehnen müssen. Denn, wie schon oben bemerkt, sind die in ihren Flügeln bemerkbaren großen Adern eigentlich Luftröhren. Das Weibchen indes kommt nicht mit gefalteten und geschlossenen, sondern mit offenen, ausgebreiteten Flügeln aus seiner Zelle gleichsam schon fliegend hervor. Deshalb hat ihm auch die allweise Natur eine geräumige Behausung angewiesen, in der es die Flügel gemächlich ausbreiten kann. Die Absicht dabei ist diese: Das Weibchen soll, sobald es sich aus seinem Häuschen losgebrochen hat, schwärmen oder das alte Weibchen vertreiben, um dessen Stelle einnehmen zu können.

Daß die übrigen Bienen es merken, wenn das neugeborene Weibchen am Durchbruch seines Häuschens arbeitet, daran zweifle ich nicht. Einige Tage vor dem Schwärmen sieht man nämlich viele Bienen an der Zelle des Weibchens hängen und auf seine Hervorkunft warten.

Hiermit schließe ich meine Abhandlung über die Bienen, deren Natur, Art und Bau so seltsam, wunderbar und ehrwürdig ist, daß sie die Güte, Weisheit, Gerechtigkeit und Majestät Gottes ohne Unterlaß überlaut ausposaunen, wie auch alle anderen Geschöpfe jedes nach seiner Art es tun und im Wasser, in der Luft und auf der Erde mit hellen Stimmen das Lob Gottes verkündigen. Ich will deshalb meine Stimme der ihrigen hinzufügen und mit den Ältesten in der Offenbarung des Johannes ausrufen: Du Herr bist würdig zu empfangen Herrlichkeit, Ehre und Kraft, denn Du hast alle Dinge geschaffen und durch Deinen Willen sind sie erschaffen."

„Das Saugen der Biene geht so zu. Nemlich sie bewegt den knorpeligen oder hornbeinigen Theil der Schnauze kk, und entfernt es allmählig mit seinen Theilen von der rauchhärigen Haut. Wodurch dann der zusammen gerollte häutige Theil der Schnauze m aufgerollt und aus einander gespannt wird, die knorpeligen Theile aber sich bogenweise von einander geben. Dieses alles geschieht vermittels der Muskeln. Die umringende Luft wird also aus ihrer Lage und Stelle verrückt, und der Honig in die Höhlung der Schnauze hinein, und durch sie hin bewegt. Bey den Zwiefaltern geht das alles ganz anders zu, als bey denen die Schnauze nicht einfach, sondern doppelt ist, und durch eine unzehlbare Menge von sehr kleinen Gelenken nach geschehenem Einsaugen zusammen gerollt und umgekräuselt wird. Es muß also bey ihnen das Saugen ganz anders zugehen. Es geht aber so zu. Sie kneipen oder ziehen die othemschöpfenden Punkte fest zusammen, und breiten ihren Cörper aus. Die also weggestoßene und bewegte Luft treibt die Süßigkeit, die sie einsaugen, ihnen in die Schnauze hinein. Und auf diese Weise wird ihnen ihr Einsaugen leichte. Ich glaube auch ,daß die Bienen zu der Zeit, da sie saugen, eben so thun. Denn da sie ein knorpelig Rändgen um ihre von innen häutigen Punkte haben, vermittelst welches und eines länglichen Schlitzes sie die Punkte öffnen und schließen können, so wie der Frosch sein Gurgelhaupt oder Kehle auf- und zuschleust, davon Herr Malpighi eine ungemein wohl und genau getroffene Beschreibung giebt: so können auch die Bienen gleicher maßen die Luftröhren zu der Zeit schließen, und den Leib auftreiben. Es wäre nun wohl möglich alle Muskeln dieses Theilgens, ich meine der Schnauze, ins besondere zu beschreiben und in Abriß zu bringen: aber es würde viel Zeit und unendliche Mühe dazu erfordert werden. Es würde mit andern Dingen auch so gehen, wie ich mit der größten Sorgfalt eben nicht entworfen habe, wenn man sie so genau, als möglich wäre und sich gehörte, verfolgen wollte."

„Der Eyerstock liegt größtenteils sehr hoch oben im Bauche, und gleichsam gegen die Abtheilung der Brust und des Bauches an. Mithin liegen die anderen Eingeweide: als Magen, Gedärme, die Saffran-Gefäße und andere mehr unter ihm und hinten im Rücken.

Der Eyerstock theilt sich in zwey Theile ac, ebenso wie am Menschen und von den vierfüßigen Thieren, den Fischen und vielen Arten von Insekten, ingleichen auch dem Frosche. Doch ist er in einem Thiere mehr und in dem andern weniger von einander getrennet. An der Biene aber berühren sich beyde Theile, und sind an einander befestiget. Der eine Theil liegt auf der rechten, der andere auf der linken Seite des Bauches. Die darzwischen hinlaufenden Luftröhren c verknüpfen beyde so fest an einander, daß man sie nicht als mit Mühe scheiden kan.

Dem äußerlichen Ansehen nach ist der Eyerstock ein häutig, wunderbarlich dünnes und zartes Theilgen, daß man alle darinnen verschlossenen Eyer deutlich kan hindurch scheinen sehen, ohne von dessen Häuten im geringsten gehindert zu werden.

Jeder von beyden Theilen des Eyerstocks hat wiederum seine besonderen Theile, die ich Unterschieds halber wohl Eyerleiter nennen könte, ob sie gleich in der That Stücken von Eyerstock selbsten sind, und die Eyer in deren Höhlen ihre Häute, Zeug und ganzes Wesen bekommen. ... Hier aber an der Biene bekommt das Ey im Eyerstock, der zugleich Eyerleiter, Trompete und Mutter ist, seinen Anfang und Vollkommenheit, und das zwar, wie gesagt, in den anscheinenden häutigen dünnen Gängen. Denn in der That es muß mehr als eine Haut darhinter stecken. Aber unsere Ohnmacht sieht nicht weiter als die Augen reichen. ...

Aber hier am Weibgen der Biene ist es mir, wegen allzu großer Menge der Eyerleiter unmöglich gewesen, dieselben zu zehlen und nicht allein wegen Menge der Abtheilungen, sondern auch wegen ihrer Zärte, indem sie sehr leicht zerreißen; wie auch der starken Verbindung mit den Luftröhren. Gleichfalls habe ich auch nicht zehlen können, wie viel Eyer in iedem Eyerleiter· seyn; welches sich doch an den Bombyliis gar leicht thun läst, in deren iedem Eyerleiter ich zehn große Eyer und noch einige kleinere gezehlet habe. ... Ich versuchte nach der Zeit wieder aufs neue, die Eyerleiter in einem andern Bienen-Weibgen zu zehlen; konte aber solches wegen der starken Verbindung der Theile, theils auch mir die Zeit zu sparen, nicht bewerkstelligen. Doch darf ich bey nahe aus Vergleichung einer großen Menge, die ich bereits mit vieler Mühe gezehlt hatte, und des rückständigen Theils des Eyerstockes, behaupten, es müsten mehr als dreyhundert Eyerleiter am Eyerstocke der Bienen seyn. Vervielfältigt man diese Anzahl mit siebzehnen, (denn so viel kenntliche und unterschiedbare Eyer sind in iedem Eyerleiter, wenn anders das Weibgen vollkommen ist), so wird man 5100 sichtbare Eyer in einem einzigen Bienen-Weibgen haben; doch mit dem Unterschied, daß das eine Ey merklich größer ist als das andere. Die Eyer, so voran liegen, sind vollkommen: die hintersten aber nur angefangen, und so klein, daß sie nicht nur dem Auge, sondern auch den besten meiner Vergrößerungsgläser entwischen, und niemanden, als nur ihrem Bilder. bekannt und sichtbar sind. Die äußersten Spitzen und Enden des Eyerstocks, wo diese kleinen Eyer liegen, stehen alle ganz hoch oben im Bauche als wie zusammen gefaltet und umgebogen. ... Hierbey ist zu bemerken, daß ich bey Vorstellung des doppelten Eyerstockes die eine Seite a nach einem vollkommenen Weibgen, die andere c aus einem etwas unvollkommenern entlehnet habe. Daraus dann ein großer Unterschied in Bildung des Eyerstocks entsteht. Die Eyer ff, iii, die in dem äußersten des Eyerleiters von der unfruchtbaren Biene liegen, machen eine große Anzahl aus, sind dünner, bleicher, kürzer, kleiner, eyförmiger, durchsichtiger und zärter, als diejenigen, die herunterwärts und da liegen, wo sie abschießen, und gelegt werden. Ein gleiches findet sich auch an andern Insekten. ... Weiter ist zu bemerken, daß das eine Ey sich zuweilen in einem unrichtigen Eyerstocke größer als das andere zeigt lll, ob gleich auch dieses schon sehr tief herabgeschossen ist. Doch habe dieses, wie gesagt, nicht nur als in denenjenigen Weibgen befunden, die ihre Pflanzschule nicht wohl unterhalten, und Unordnung in dem Korbe einreißen lassen. Daher ich solches vor ein Zeichen eines kranken Eyerstockes ansehe. Deswegen habe, um nicht zwey verschiedene Figuren zu machen, auf der anderen Seite a einen Theil von einem Eyerstock einer gesunden Mutterbiene abgebildet. ... Die alleräußersten Enden der Eyerleiter ff in einer wahrhaftig fruchtbaren Biene zeigen sich als feine dünne und bey nahe unsichtbare Fädengen, die mit den ersten Anfangsgründen länglicher und bey nahe gleich großer, zuletzt aber auch dem Gesicht entgehender Eyer versehen, und wie bereits gesagt, auch an ihren Spitzen umgebogen sind.

In der Gegend des Eyerstocks, die etwas tieffer unten im Bauche liegt, da theilt er sich in zwey merkliche Gänge bb, nn, die als die zwey Hörner der Mutter an den vierfüßigen Thieren sich ansehen lassen, und in die sich alle Eyerleiter ergießen; als deren Eyer auf beyden Seiten dahinein schießen, sowohl in einem richtigen und fruchtbaren, als in einem unrichtigen und un-

fruchtbaren Weibgen; doch an diesen in Unordnung. Diese zwey Gänge erweitern sich nach und nach, und zwar so merklich, daß sie einem als eine kleine
Kugel vorkommen. Als ich sie an einem gesunden Weibgen öfnete, so legte
sie mir 9 bis 10 Eyer qqqqqq vor, die bis dahin abgeschossen waren, und vielleicht daselbst mit einer starken Haut bekleidet, oder auf einige andere Art
verändert und geschickt gemacht wurden, um gelegt oder vielmehr außer dem
Leibe niedergesetzt zu werden. Denn sie legen ihre Eyer nicht wie die Hühner,
sondern setzen sie auf das eine Ende. Besagte Eyer qq scheinen auch hier
einiger maßen durch die Hörner der Mutter, wenn man sie so nennen darf, hindurch, doch nicht sehr merklich. Denn die Mutter oder der Eyerstock ist sehr
zäserig und muskulös, wie auch die Eyerleiter nach meinem Erachten sind, mithin geschickt die Eyer fort und zum Leibe hinaus zu stoßen. Ein wenig tieffer,
nach dem äußersten des Bauches zu, schließen diese Hörner der Mutter wieder
enger zusammen, und vereinigen sich endlich in einen engern gleichfalls zäsrigen
Gang, der sich wie ein Wurm bewegt s. Das Rückenmark gehet hier durch
das äußerste der Öffnung dieser zwey vereinigten Gänge o hindurch, und zwar
oben darüber, wo die Vereinigung geschiehet; und theilet ihnen einige Sehnen
mit, die diesem Theile Kraft verleihen, sich zu bewegen, und dem Thiere seine
Eyer nach seinem Willen auszulassen. ... Überdem bekommen auch diese zwey
Hörner der Mutter viele Lungenröhren rrrrr, die in sie einschlagen; wie dann
auch der ganze Eyerstock überflüssig mit Luftröhren versehen ist. Denn er
empfängt dieselben von beyden Seiten von erweiterten Lungenröhren, welche
der Bienen ihre Lungen sind. Ich habe ein dergleichen länglich Bläsgen d auf
der Seite abgebildet, wo den Eyerstock einer nicht recht fruchtbaren Biene
vorstelle, und man siehet daraus, wie es seine Zweige dem Theile des Eyerstockes auf der einen Seite mittheile. Diese Luftröhren breiten sich nicht
allein auf der Fläche des ganzen Eyerstockes aus, sondern lassen sich auch
an den Eyern selbst sehen, wie ich an einem sehr kleinen Eye selbst abbilde
f. 5 b, welches in vermehrter Größe mit allen seinen Lungenröhren sich zeiget.
Am alleräußersten des Bauches siehet man ein kugelrundes Theilgen f. 3tt, das
in sich Leim enthält, mit welchem die Eyer an ihren spitzigen Enden auf die
wächsernen Cellen fest angeklebt werden. In dieser Gegend sind noch zwey
hervorragende Theilgen, als krumm gebogne Hörngen uu, die in einem Stielgen
oder Röhrgen sich endigen, das in die Mutter geht, und in welches das kugel-
runde Theilgen dd seinen Inhalt ausläst. Mithin werden die Eyer, wenn die da
vorbeygehen, mit Leim besprenget. Die zwey Gefäßgen uu sind blind an ihren
Spitzen. Sie dienen dazu, wie ich mir einbilde, den Leim, der im runden Beutelgen sich aufhält, abzuscheiden, und alsdann in das Beutelgen zu entlasten; es
wäre dann, daß auch das Beutelgen selbst Leim abschiede, welches meines
Erachtens geschieht. ... Der runde Theil des Leimbeutelgens an der Biene hat
zwey Hüllen. Die äußere ist weißlich und muskulös, und mit einer unzehlbaren
Menge Luftröhren wunderbarlich und sehr artig durchwebt, und künstlich damit
gleichsam verbrämet. Dieser äußere Rock läst sich mit wenig Mühe von dem
innern herunter streiffen. Ist dieses geschehen, so läst sich besagtes Theilgen
noch viel vollkommener rund sehen. Es ist an Farbe bleich purpur, und mit
weißen aus dem Gesicht sich verlierenden Tippelgen gesprenget. Schneidet man
diese Haut, die dicker als die erste, und zugleich drüsig ist, mit einem feinen
und zu dergleichen Dingen eigentlich zugerichteten Scheergen auf, so lauft
eine trübe Feuchtigkeit heraus, die als ein wahrhaftiger Leim ist, und die
Finger zusammenklebt, und sich in dünne Fädengen wie ungesponnene Seide
der Seidenwürmer leichtlich ausdehnen läst, aber auch so gleich von der

umgebenden Luft ausgetrocknet wird. Mit diesem Leim klebt das Weibgen
seine Eyer fest an. ...

Das Leimbeutelgen hat also, wie gesagt, von unten, oder auch wohl von
der Seite eine längl. Ableitung oder Gang, der mit dem abführenden Eyerleiter
f. 3 a zusammen wächst, oder verknüpft ist, so daß die Eyer, wenn sie unter
dem Röhrgen des Leimbeutelgens durch den abführenden Eyerleiter hindurch
streichen, von besagtem Leime gerührt und umfangen werden, mithin an
ihrem einen Ende auf dem Wachse fest bekleben bleiben. Wie nun eigentlich
dieser Ableiter des Eyerstocks x bey seinem Ausgange beschaffen sey, und
was vor Theilgen sich daselbst noch sehen lassen; das habe ich zur Zeit noch
nicht bemerket."

Ähnlich werden die männlichen inneren Geschlechtsorgane beschrieben.

Der Beschreibung der Facetten-Augen schließt sich eine physiologische Betrachtung über das Sehen der Insekten an: „Das ist nun der Bau des Auges
an Bienen und einigen andern Insekten. Hooke hat es in seiner nie genug zu
preisenden Micrographie auf der 23 und 24 Vorstellung an den Jüngfergen nach
dem Leben doch im großen abzuschildern sich bemühet. Aber wie geht es nun
mit dem Gesicht der Bienen und anderer Insekten zu? Ich antworte hierauf:
der Bau ihres Auges erweise sonnenklar, daß das Gesicht bey ihnen nicht auf
die Weise wie bey uns geschehe, nehmlich durch das Eindringen versammelter
Lichtstrahlen durch den Augapfel in die netzförmige Haut, sondern durch ein
bloßes Anrühren der umgekehrten Pyramidal-Fäsern, die das durch die Hornhaut durchgetriebene Licht in Bewegung setzt. Es sind also diese Auge so
gerichtet, daß sie die Gestalten der Dinge durch ein bloßes Fortstoßen des zu-
rückprallenden Lichts empfangen können, das in der That ein über die maßen
zartes Gefühl seyn muß. Und da der Augapfel sich an den Insekten nicht so
wie an uns zuschließt, noch ein Loch hat, so muß ihr Gesicht gewiß vollkommen seyn, weil sie eine große Menge Strahlen beständig empfangen können.
Daher kommt es auch, daß eine große Menge Insekten bey Nacht siehet, und das
Jüngfergen fängt seine Nahrung auch mitten im Fluge sehr behendig. Man kan
also der Insekten ihre Augen im geringsten nicht mit den unsern, oder auch
mit einer so genannten dunkeln Kammer vergleichen, da die Gestalten der
Dinge auf Papier oder weißen Tuche vermittelst der Zurückprallung der Lichtstrahlen sich zeigen. Hierbey fällt mir ein, was der berühmte und vortreffliche
Boyle von dem blinden Vermaas in seinem Buch von den Farben erzehlet, als
der durch die Härten und Rauhigkeiten der gefärbten Bänder die unterschie-
denen Farben bloß mit dem Betasten seiner Finger zu unterscheiden wuste.
Diese Art vom Gesicht, die durch das Gefühl geschieht, kommt mit dem Gesicht der Insekten überein. Wie nun aber eigentlich das Gesicht an den Insekten vor sich gehe, was für eine Bewegung eine so große Menge von Pyramidal-Fäsern von dem drauf fallenden Lichte bekomme, wie sie solche an die
darunter liegenden netzförmigen Häutgen mittheilen, wie diese Häutgen sie
ferner auf die unten drunter liegenden Qverhäutgen, diese auf das rindige
Wesen, und endlich dieses auf die Sehnen, und den Anfang des Hirnmarkes
nachdem den Bau dieses Auges vorgestellet habe, das Lob des großen Schöpfers,
überbringen: das weiß allein der durch und durch geäugte und erleuchtete.
Der weiß auch allein, ob die sinnlichen Gestalten in der Traubenhaut stehen
bleiben oder nicht. Mir ist es genug, mein Unvermögen hier zu bekennen, und
des allerhöchsten Künstlers, laut auszuschreyen und zu bekennen, daß ich nur
noch vor kurzem zu Ausgang des Septembers in diesem Jahre 1673 diese An-

merkungen mit mehrerm Vergnügen gemacht habe, als wenn mir einige hundert Gulden jährlichen Einkommens wären zugelegt worden. Denn ich hoffe, diese meine Arbeit werde Gottes Allmacht und unumschränktes Vermögen ausposaunen, und die kalten Seelen, die seine Vorsicht vor diese Thiergen leugnen, mit einer brennenden Liebe zu ihrem Schöpfer anzünden. Geschähe das, so müste das alleinig unsere Freude seyn. Und in der Absicht müste man auch allein, nicht aber zum Zeitvertreib noch Ruhms und eines unsterblichen Namens halber Gottes Werke fleißig untersuchen."

Über die Befruchtung entwickelt Swammerdam die eigenartige Ansicht, daß die Königin allein durch den Geruch befruchtet werde: „Ich bleibe unterdessen bei meiner Meinung, und halte sie für hinlänglich bestätiget, daß nemlich soches nicht anders, als vermittelst des Geruches geschehe."

Dem zo folge so wird das Weibgen in der Schwärmzeit allein durch die Saamenluft oder Ausdünstung der Männgen, die in dem Bienenkorbe ausdämpft, fruchtbar, und zugleich mit und in ihm dreyerley Saamen, als einige tausend Eyer, aus denen die Arbeitsbienen mit der Zeit hervor kommen; einige wenige, daraus Weibgen, und endlich einige hundert, daraus Männgen erwachsen. Die letzte Art werden nur erst das Jahr darauf gebohren, es wäre dann, daß der Korb noch dasselbe Jahr schwärmte. Denn alsdenn verrichten die Männgen, die daraus hervorkommen, solches Werk noch dasselbe Jahr."

Des Interesse halber sei noch aus den Zählungen, die Swammerdam an Bienenstöcken angestellt hat, ein Beispiel gegeben. In einem Stock fand er:

„Erwachsener König im Schwarme	1
König im Mutterkorbe	1
Erwachsene Könige in versiegelten Häusgen	9
Erwachsene gemeine Bienen im Schwarme	2433
Erwachsene gemeine Bienen im Mutterkorbe	8494
Erwachsene Männgen im Schwarme	4
Erwachsene Männgen im Mutterkorbe	693
Püpgen der Könige	5
Püpgen und Würmer der Männgen	858
Zusammen	18966

Diese Thiergen waren in einem einigen Korbe gewesen, und 2438 waren schon vorher daraus weggeschwärmet.

Die Zahl der Häusgen (die alten, die neu angebeuten, die mit versiegelten Püpgen und die ledigen Häusgen der gemeinen Bienen nicht mit gerechnet) folglich solcher, in welchen Honig und Bienenbrot war, belief sich auf 2400, als unvollkommene und vollkommene Häusgen vor die Könige 34 versiegelte, ledige, ausgebrütete und mit Honig erfüllte Männgenhäusgen 2366

2400."

Anschließend werden ausführlich noch Metamorphose, Leben und Anatomie der Schmetterlinge besprochen. Hervorzuheben ist, daß Swammerdam den Zusammenhang vom Schlüpfen von Schlupfwespen und Raupenfliegen aus Raupen und Puppen richtig als einen parasitären erkannte, während Goedart z. B. diesen noch völlig verkannt hatte.

Die vierte Klasse bezeichnet Swammerdam selbst als der dritten koordiniert. Ihr Merkmal ist, daß die Larven-Haut nicht völlig abgestreift wird, sondern sie als Puppenhülle verwendet, wie das für die Tönnchenpuppen der Fliegen zutrifft. „Jedoch verwachsen alle Thiergen von dieser vierten Classe, deren Veränderung ich nur angemerkt habe, zu wahrhaftigen Püpgen, die den Püpgen der ersten Weise der dritten Classe völlig gleichen. Darum kan man auch alle Püpgen vorhabender vierten Classe unter die Püpgen der dritten Classe nach der ersten Weise bringen. Denn obgleich das Püpgen der vierten Classe seine Gliedmaßen so deutlich nicht an den Tag legt, als das Püpgen von der ersten und andern Classe, so zeigt es solche noch viel kenntlicher, als das Goldpüpgen nach der zweyten Weise der dritten Classe. Darum kan es auch mit allem Recht und Fug unter die Püpgen der dritten Classe, die ich auf die erste Weise abgebildet und beschrieben habe, gerechnet werden; sintemalen es seine Gliedmaßen eben so deutlich als jene sehen läst."

Eine ganze Reihe Fliegen (Stratiomys, Piophila, Scatophaga, Tachina, Eristalis etc.) und Gall-Insekten gehören hierher. Letztere allerdings nur aus Verlegenheit. „Nachdem ich nun alle Thiergen durchgegangen, die eigentlich zur vierten Classe gehören, so bringe ich auch zu derselben alle Püpgen der Würmer aus der ersten, zweyten, dritten und vierten Classe, die zu Würmgen, Raupen, Puppen, Goldpuppen, Köchern, Warzen, Blättern, Auswüchsen usw. werden. Das aber thue ich nicht darum, als ob sie hierher, in die vierte Classe, gehörten, sondern nur darum, weil sie auf eine eben so dunkele und unzugänglich verschlossene Weise, als die Würmgen der vierten Classe, zu Püpgen werden. Niemand, als wer in diesem Stücke wohl erfahren ist, kan die so dunkele Art von Veränderung bemerken und unterscheiden."

Von den Fliegen wird die Käsefliege Piophila casei und die Waffenfliege Stratiomys chamaeleon mit ganz besonderer Lebendigkeit geschildert. In Bezug auf die Gall-Insekten gelang es Swammerdam, tiefer als Redi in die Geheimnisse der Natur einzudringen, und unabhängig von Malpighi erkannte er, wie die Gallbildung fast stets mit der Ei-Ablage verschiedener Insekten im Zusammenhang steht. Das Hauptobjekt seiner Studien waren wie bei Redi Weidengallen.

Den Beschluß des ganzen Werkes bildet ein großartiger Versuch, die vier Formen der Insekten-Metamorphose in Zusammenhang mit derjenigen aller Lebewesen zu bringen, indem er sie mit der des Frosches und der Nelke vergleicht. Die Allgewalt des Gesetzes der Metamorphose sucht er in einer interessanten Tabelle deutlich zu machen (siehe Seite 366).58)

Literatur:

J. Swammerdam, Tractatus physico-anatomico-medicus de respiratione usuque pulmonum. Leiden 1667, 1679, 1738.
— Historia insectorum generalis, ofte Algemeene Verhandeling vande Bloedeloosen Dierkens. Utrecht 1669.
— Histoire générale des Insectes. Utrecht 1685.
— Historia insectorum generalis. Utrecht 1685.
— Bybel der natuure. (Lateinisch und holländisch.) Leyden 1737-38.
— Bibel der Natur. Leipzig 1752.
— The Book of Nature. London 1758.
— Bible de la Nature. Dijon et Auxerres 1758.
H. Klemcke, Swammerdam oder die Offenbarung der Natur. Ein kulturhistorischer Roman. 3 Vol. Leipzig 1860.
G. Stehli, Aus der Bibel der Natur. Merkwürdige Bilder aus der Werkstätte eines alten Zoologen: Jan Swammerdam. Leipzig o. J. (1918). 127 p. 53 Taf.
R. Zaunick, Zoologiehistorische Kritik des Buches von Georg Stehli über Jan Swammerdam's Bybel der natuure. Naturwissensch. Wochenschr. Neue Folge XVIII. 1919, p. 65-67.

Allgemeine Vergleichung oder Übereinstimmung der Veränderungen oder des Anwachses an den Theilen und Gliedmaßen sowohl der Eyer, Würmgen und Püpgen oder der blutlosen Thiere unter einander, als auch der Glieder eines blutreichen Thieres, und der Pflanzen insbesondere.

Tab. I. Erste Classe.	Tab. XII. Zweyte Classe.	Tab. XVI. Die dritte Classe nach der ersten Weise.	Tab. XXXIII. Die dritte Classe nach der zweyten Weise.	Tab. XXXVIII. Vierte Classe.	Tab. XLVI. Der Frosch.	Tab. XLVI. Die Nelke.
I. Die Laus in ihrer ersten Haut, worinne sie eine Nisse heist.	I. Das Würmgen von einem Schillebold in seinem ersten Balge, darinnen es Ey heist.	I. Ein Ameisen-Würmgen in seinem ersten Balge, darinnen es Ey heist.	I. Die Raupe von einem Nachtzwiefalter in ihrem ersten Balge, darinnen sie Ey heist.	I. Das Würmgen von einer Fliege in seinem ersten Balge, darinnen es Ey heist.	I. Das Froschwürmgen in seiner ersten Haut, darinnen es Saamen heist.	I. Das Sprößgen oder der Keim von einer Nelke in seiner ersten Haut, darinnen es Saamen heist.
II. Besagte Haut oder Balg abgel.	II. Besagter Balg abgelegt.	II. Besagter Balg abgelegt.	II. Der abgelegter Balg.	II. Besagter abgelegter Balg.	II. Besagte abgelegte Haut.	II. Besagte abgelegte Haut.
III. Die Laus ohne Balg.	III. Des Schilebolds Würmgen ohne Balg.	III. Das Ameisen-Würmgen ohne Balg.	III. Die Nachtvogelsraupe ohne Balg.	III. Das Flegenwürmgen ohne Balg.	III. Der Froschkenkeim ohne Haut.	III. Der Nelkenkeim ohne Haut.
IV. Die Laus, wie sie größer geworden ist.	IV. Das größer gewordene Würmgen.	IV. Das größer gewordene Ameisen-würmgen.	IV. Die größer gewordene Raupe.	IV. Die größer gewordene Flegenmade.	IV. Der größer gewordene Froschkenkeim.	IV. Der größer gewordene Nelkenkeim.
V. Die Laus als ein Thiergen betrachtet.	V. Das zu einem Wurmpüpgen erwachsene Würmgen.	V. Das zu einer Puppe verwachsene Ameisenwürmgen.	V. Die zu einer Goldpuppe verwachsene Raupe von einem Nachtvogel.	V. Die zu einem wurmartigen Püpgen verwachsene Flegenmade.	V. Der zu einem Froschpüpgen verwachsene Froschwürmgen.	V. Der zu einer Knospe oder Puppe aufgeschossene Nelkenkeim.
VI. Die nunmehr vollkomm. lebold vollkommen groß und zum Zeugen geschickt gewordene Laus.	VI. Der Schillebold vollkommen groß und geschickte zum Zeugen.	VI. Die vollkommen große und zum Zeugen geschickte Ameise.	VI. Der vollkommen große und zum Zeugen geschickte Nachtvogel.	VI. Die vollkommen große und zum Zeugen geschickte Fliege.	VI. Der vollkommen große und zur Besämung geschickte Frosch.	VI. Die vollkommen große und zur Besämung geschickte Nelke.

Antony van Leeuwenhoek.

Antony van Leeuwenhoek (Leewenhuck) wurde 1632 in Delft geboren. Er besaß keinerlei gelehrte Erziehung und wandte sich als Privatmann und Stadtbeamter aus Liebhaberei schon in früher Jugend der Beobachtung von Naturobjekten mit selbstverfertigten Linsen zu. Die Royal Society zu London, der er seine gesamten Beobachtungen in Briefform regelmäßig übersandte, machte ihn 1679 zu ihrem Mitgliede, was ihm durch den englischen Gesandten im Haag persönlich mitgeteilt wurde. Er starb 1723 in seiner Geburtsstadt im ehrwürdigen Alter von 90 Jahren.

Fig. 96.
Antony von Leeuwenhoek. (Aus Locy.)

Bis ins hohe Alter hinein blieb er von seiner Wissenschaft begeistert. Nur des Holländischen, keiner anderen modernen und antiken Sprache kundig, verfiel er oft in eine gewisse unberechtigte Selbstüberschätzung. Doch ließ er sich über Irrtümer stets aufklären. Sein Haus war eine der ersten europäischen Sehenswürdigkeiten und er empfing daher oft den Besuch von Fürstlichkeiten und Gelehrten. Seine Mikroskope waren berühmt. Es befanden sich zwei- und dreilinsige darunter. Er hinterließ ihrer nicht weniger als 247 vollständige (davon 160 von Silber, 3 von Gold) und 172 einzelne Linsen. Seine Vergrößerungen schwanken zwischen 40 und 270. Für seine mikroskopischen Messungen diente

ihm ein Sandkorn von ¹/₃₀ Zoll Durchmesser als Maß. Er konnte so relativ
genaue Bestimmungen erreichen. So ist z. B. ein Blutkörperchen ¹/₁₀₀ Sandkorn
= ¹/₃₀₀₀ Zoll.

Eine Reihe wichtiger Entdeckungen verdankt ihm die Wissenschaft. Er
stellte die ersten Infusorien-Aufgüsse her und war so der erste Repräsentant
jener großen Reihe von Naturliebhabern, die sich durch „mikroskopische Ge-
müts- und Augenergötzungen" Genüge für ein sentimental religiöses Gefühl
schafften. Auch die Teilung der Infusorien hat er beobachtet. Der Urzeugungs-
Hypothese ist er kräftig entgegengetreten: „Bei mir steht es unverbrüchlich fest,
daß kein lebendes Tier, kein Wurm, keine Fliege, kein Floh, ja nicht die geringste Milbe aus dem Saft eines Baumes oder anderer Gewächse oder aus
faulenden Substanzen irgendwelcher Art entstehen kann." Er entdeckte als
einer der ersten die Blutkörperchen und den Kapillar-Kreislauf, den er erstmalig an Kaulquappen und Fischschwänzen in vivo demonstrierte. Die Knospung

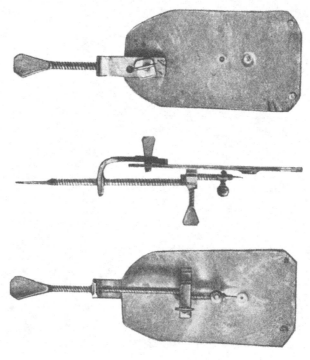

Fig. 97.
Miskroskop A. v. Leeuwenhoek's.
(Aus Locy.)

des Süßwasser-Polypen, das Flimmerepithel der Austern, die Querstreifung der
Muskelfasern sind andere gelegentliche Beobachtungen. Seine Untersuchungen
erstreckten sich gleichmäßig auf zoologische, botanische und chemische Beobachtungen. Leeuwenhoek war ein äußerst fleißiger und exakter Beobachter,
der jedoch die Probleme zumeist nicht nach einem vorbedachten Plan, sondern
zufällig ihm aufstoßende Tatsachen-Komplexe bearbeitete und stets induktiv
vorging.

Eine der wichtigsten Arbeiten Leeuwenhoeks ist der Nachweis der Samen-
Tierchen im männlichen Samen fast aller Tiergruppen. Diese Samen-Tierchen

spielen bei ihm die Hauptrolle in der Entwicklung: das Ei stellt nur die Hülle und die Nährsubstanz für das Wachstum der Samen-Tierchen dar. Mit dieser Lehre wurde Leeuwenhoek der Begründer der Animalkulisten, denen die Schule der Ovulisten, zu der unter anderen Vallisnieri gehörte und die dem Ei die für die Entwicklung allein wichtige Rolle zuschrieb, entgegenstand.

Soweit es sich um Insekten handelt, gibt die folgende Probe ein genügendes Bild von seinen Untersuchungen.

Copula und Samen. Ein Bekannter, der sich manche Merkwürdigkeiten aus dem Auslande kommen ließ, erhielt einst ein bei uns unbekanntes Insekt, das Kevers oder Molenaars genannt wird [Melolontha vulgaris L.]. Als er sie mir brachte, sah ich ein Pärchen in Kopula, das er mir liebenswürdigerweise überließ, um den männlichen Samen auf das Vorhandensein von Samen-Tierchen zu untersuchen. Ich glaubte auch, solche von rundlicher Gestalt mit einem langen Schwanz zu entdecken, die aber in einer flüssigen Materie mit vielen anderen Partikelchen vermischt lagen. Da ich nur ein einziges Männchen hatte, konnte ich die Angelegenheit leider nicht so genau untersuchen, als erforderlich gewesen wäre. Da ich nicht weiß, ob euch dies Insekt bekannt ist, und wegen der sonderbaren Form der Kopula ließ ich diese abzeichnen. Das eine Tier zog nämlich beim Vorwärtsbewegen das andere, auf dem Rücken liegende, nach sich. Fig. 3 A—D stellt das Männchen, D seine Genitalien, E—G das Weibchen dar.

Ferner untersuchte ich die Juffertyes [Libellen], die im Juli an den Binsen der Uferwände unserer Kanäle gefunden werden, ... zu verschiedenen Zeiten auf das Vorhandsein von Samen-Tierchen. In deren Samen fand ich nun viele Samen-Tierchen, konnte zuerst aber kein Leben in ihnen entdecken. Ich beschloß, diese Untersuchungen fortzusetzen, da ich den Samen für unreif hielt. Des Morgens sieht man diese Insekten oft eingehakt fliegen oder sitzen. Ich hielt das für die Kopula und umso mehr, als ich auf dem Rücken des Weibchen eine Öffnung entdeckte und dort bei B auch zahlreiche Eier lagen. In den zahlreichen Eiern, die ich hier fand, sah ich verschiedene Entwicklungs-Stadien und schloß, daß diese Insekten aus den Wasser-Würmern, die wir uvltjes nennen, sich entwickeln. Auch diese Juffertjes ließ ich abbilden, da ich nicht weiß, ob sie euch bekannt sind. Fig. 4 A—C ist das Weibchen, D—E das Männchen. Sie flogen so aneinander hängend umher. Zur Zeit der Kopula sah ich dann mühelos viele lebende Samen-Tierchen im männlichen Samen. Sie bewegen sich ähnlich den Schlangen, ihren Körper 6—8 mal zugleich windend, vorwärts und eines, das im Tode noch diese Stellung bewährte, ließ ich in Fig. 5 A—B abzeichnen.

Wir haben bereits erwähnt, daß Leeuwenhoek heftig gegen die Urzeugungs-Lehre zu Felde zog. Aus seinen diesbezüglichen Studien seien zwei Fälle hervorgehoben. Der erste betrifft die Gallen, deren tierischen Ursprung ja sogar Redi nicht aufgeklärt hatte.

Ich glaube also, daß die Gallen so entstehen, daß die Fliegen ihre Eier an ein Blattgefäß legen, das sie verletzen. Der Saft tritt dann heraus, erhärtet und bietet dem Wurm im Innern Nahrung. Aber nicht alle Blattgefäß-Verletzungen geben Gallen; es muß genügend Saft vorhanden sein, weshalb z. B. Ei-Ablagen am Morgen günstiger sind als solche am Abend. ... Auch viele andere Gallen z. B. an Weiden entstehen wohl so, da ich mich durch Experimente mit Fleisch unter Glas davon überzeugt habe, daß aus Schmutz oder Nichts auch nichts entsteht.

Bezüglich der Curculiones et Lupi des Getreides (Calandra granaria) versuchte man Leeuwenhoek zu überzeugen, daß diese Tiere ohne Begattung entständen. Es fänden sich ja in vielen Getreidekörnern, die kein Loch aufwiesen,
Larven und Käfer, die also darin durch Urzeugung entstanden sein müßten.
Leeuwenhoek wies nun nach, daß jeder Wagen und Speicher von Käfern infiziert

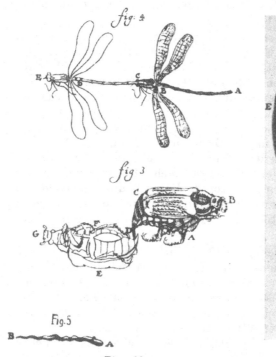

Fig. 98.
Libellen und Maikäfer in Kopulations-
stellung; unten Samentierchen der
Libelle. (Aus Leeuwenhoek.)

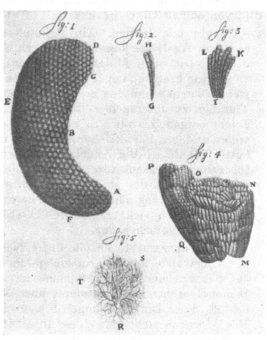

Fig. 99.
Fazetten-Augen eines Käfers.
(Aus Leeuwenhoek.)

sein könnte und Gelegenheit zur Ei-Ablage böte. Außerdem setzte er eine Anzahl Zuchtversuche an. Am 13. März legte er in 4 Gläser je 8—10 Körner von
käferfreiem Getreide. In 3 der Gläser setzte er je 6—9 Käfer hinzu, das vierte
blieb leer. Leeuwenhoek beobachtete, wie sie mit ihren Rüssel Getreide anbohren und aushöhlen. Am 27. März entdeckte er die erste Kopula und benutzte
diese Gelegenheit wieder zur Untersuchung von Samen und Eiern. Bis zum
10. Juni zeigte sich nichts Besonderes in den Gläsern, außer gelegentlicher
Kopula, aber an diesen Tagen erschienen zwei kleine, dicke Würmchen. Im
Glas 1 befand sich im Innern eines Kornes ein fertig entwickelter junger Käfer,
im Glas 2 eine Puppe [als weißer Käfer beschrieben und auf die Seidenspinner-
Puppe als Analogie hingewiesen], im Glas 3 ein großer Wurm. In allen drei
Gläsern waren zahlreiche kleinere Würmer. Im Kontrollglas 4 hingegen fanden
sich keinerlei Käfer oder Würmer. Aus der von ihm beobachtenn Form der
sich verjüngenden Eifollikel an den langen Ovarien schloß Leeuwenhoek auf
eine lang dauernde Ablage einzelner, nacheinander reifender Eier. Die Weibchen bohren mit ihrem Rüssel Löcher ins Getreide und legen ihre Eier in dieselben. Außen am Getreide abgelegte Eier gehen zugrunde. Anstatt einer Feile

besitzt der Curculio 2 kleine Zangen an seinem Rüssel. Am 16. Juni verwandelte
sich der eine Wurm in eine Puppe, die sich am 5. Juli rot färbte und schlüpfte.
Leewenhoek schließt, er habe somit den Beweis erbracht, daß die Curculiones
aus Würmern und nicht aus dem Getreide entstehen.

Es folgen 2 Proben anatomischer Studien über den Bau der Insekten-Augen
und der Muskulatur, deren Querstreifung er als erster entdeckt hatte. Von den
Beobachtungen über die Augen sei vor allem der gelungene Versuch, durch Mikroskop und Hornhaut der Augen hindurch Gegenstände zu betrachten, hervorgehoben.

III. p. 38. Tafel p. 41, fig. 1—4.

In früheren Briefen habe ich bereits mehrfach über die ungeheure Anzahl optischer Organe bei den Insekten gesprochen, die ich auch häufig
interessierten Besuchern zu deren großem Ergötzen gezeigt habe, unter anderen
einigen vornehmen Engländern. Diese waren besonders erstaunt, da der vor-
präparierte Käfer wegen seiner angeblichen Blindheit oder Schwäche Blinder
Käfer (Scarabaeus caecior) genannt wird.

Ich trug die Augenhaut vom Kopfe dieses Käfers ab und bemerkte unter
dem Mikroskop, daß das Auge keine Halbkugel, sondern länger als breit ist.
In dem größten Durchmesser des Auges zählte ich in einer Reihe nicht
weniger als 60 einzelne optische Organe, an der schmalsten Stelle 40. Auf
eine Halbkugel bezogen würde das 50 Augen pro Reihe im größten Durchmesser ausmachen, oder für den größten Umfang des zu einer Kugel zusammengesetzten Augenpaares 100 Augen. Daraus kann dann die Gesamtzahl der
Augen berechnet werden.

Wie der Kreisumfang zum Durchmesser im Verhältnis von 22 : 7 steht, so
auch die Zahl dieser Quadrate der Einzelorgane auf den Durchmesser zur
Gesamt-Oberfläche.

$$
\begin{array}{r}
22--7 \quad 100 \\
100 \\
\hline
10000 \\
7 \\
\hline
70000
\end{array}
$$

$$
\left.\begin{array}{r}
1 \\
222 \\
1444
\end{array}\right\}
\begin{array}{l}
1 \\
\\
8
\end{array}
$$

$$
\left.\begin{array}{r}
70000 \\
22222 \\
222
\end{array}\right\} 3181
$$

[Die Rechnung Leeuwenhoek's lautet vereinfacht:
$100^2 \times 7 : 22 = 3181$ und entspricht der heutigen Formel $r^2 4\pi$ für die
Oberfläche einer Kugel.]

Unter der Voraussetzung, daß beide Augen Halbkugeln wären, beträgt also
die Zahl der einzelnen optischen Organe 3 181.

Ich ließ dann die Hornhaut abbilden, um die große Zahl der einzelnen Organe wie die konvexe Wölbung des gesamten Auges zu zeigen. Die einzelnen
Organe sind aber nicht ganz rund — sonst könnten sie ja etwas entferntere
Gegenstände garnicht wahrnehmen, sondern abgeflacht. ... Unter dem Mikroskop darf man, wenn man Gegenstände genau betrachten will, sie nicht
zu nahe an sich heranbringen und nicht zuweit von demselben entfernen. Wenn

jemand durch die Sehorgane dieser Hornhaut Gegenstände betrachten will, so
muß der Abstand zwischen Hornhaut und Brennpunkt etwas größer sein, so
daß die Brennpunkte der optischen Organe und des Mikroskops zusammenfallen, ähnlich wie bei der Verwendung zweier Linsen in einem Tubus. Dann
kann man hunderte sehr kleiner Gegenstände durch die zahlreichen optischen
Organe sehen. Der Turm der neuen Kirche von Delft, deren Ausmaße ich in
einem früheren Briefe beschrieben habe, sah hier nicht größer als eine Nadelspitze aus.59)

Hieraus erhellt, wie sehr sich die irren, die den Käfer für blind halten und
die große Vollkommenheit im Bau dieser kleinen Tiere. ...

Auch bei dieser Fliege untersuchte ich den Bau der Hornhaut des Auges
und bemerkte auf ihm zahlreiche Haare, die nicht auf den optischen Organen
selbst, sondern auf den Zwischenräumen zwischen denselben saßen.

Ich schabte dann die im Innern dieser Hornhaut gelegene Materie aus, um
sie unter dem Mikroskop genauer zu betrachten. Ich wollte mich von ihrer
Funktion überzeugen, da ich sie früher gelegentlich als fädige Substanz erkannt hatte. Beim Zerquetschen zeigten sich dann auch alle Eigentümlichkeiten
der fädigen Substanz. ... und ich überzeugte mich durch mehrfache Beobachtung, daß ich es mit den Nervi optici zu tun hatte. Das dicke, rundliche Ende
dieser Nerven saß in der Höhlung der einzelnen optischen Organe an, an deren
äußerem Ende sich die Hornhaut befindet. Man kann sagen, daß ebenso viele
Nervi optici als einzelne optische Organe vorhanden sind. An ihrem ins Kopf-
innere gerichteten Ende werden die Nerven dünner, da ja auch der Raum hier
enger wird. Und wer weiß, ob nicht der Teil, in dem die Sehnerven enden,
das bisher noch unbekannte Gehirn ist.

Fig. 2 zeigt 2 Sehnerven, die bei H in der Höhlung unter der Hornhaut, bei
G im Kopfinnern enden, ähnlich Fig. 3. Fig. 4 zeigt diese Sehnerven, wie sie
zusammengehäuft daliegen.

M u s k e l. Seit meinem letzten Briefe habe ich folgende Beobachtungen zu
Papier gebracht. [Leeuwenhoek beschreibt dann kurz 3 Arten von Mücken,
von denen die erste wahrscheinlich ein Simulium, die beiden letzten Chirono-
miden sind.] Von dem Körper der letzten Art zupfte ich die Beine ab und
legte sie auf ein Glasstück [= Objektträger], um dort die Haare mit einem
feuchten Pinsel von den Beinen zu entfernen. Dann legte ich das Fleisch
dicht über einer Sehne unter das Mikroskop und ließ es abzeichnen. Auf Fig. 1
sieht man zwei schwach mit Fleisch besetzte Sehnen, B—D und E—G, die aus
den zarteren Teilen des Beines herauspräpariert waren. A B E ist eine Kralle.
Einige dieser Fleischstücke hängen nur ganz dünn mit der Sehne zusammen,
andere in breiter Fläche. Letzterer Fall war häufiger. Ich entdeckte, daß in
ihnen die einzelnen Fibrillen wie bei anderen Tieren ringförmige Runzeln aufweisen. Die dünnen, langen Teile L M und H K wiesen keine Fibrillen auf;
sie sind in den Füßen der Insekten gemein und stellen vielleicht Sehnen dar.
Diese Vermutung wird dadurch bekräftigt, daß sie im Innern von E B an
einem runden Knoten ansitzen.

Hernach wurde mir ein großer Käfer gebracht. ... Ich wollte an ihm nun
untersuchen, ob die einzelnen Fleisch-Fibrillen in ähnlicher Weise von einer
gemeinsamen Membran umschlossen würden, wie ich das für die Säuger
festgestellt hatte. Es scheint mir aber, daß hier jede Fibrille ihre eigene Haut
besitzt, zumal sie unter sich nicht verbunden waren. Wenn sie verbunden
wären, so würden sie sich wohl nicht so leicht voneinander loslösen. Auch
müßte ich diese gemeinsame Membran irgendwie bemerkt haben, aber ich habe

bei keinem Insekt diese Fibrillen je zu einem Körper zusammengefaßt ge-
gefunden, sondern immer getrennt, als ob sie jede von einer eigenen Haut umschlossen gewesen.

Nicht selten drang sich mir der Gedanke auf, daß jede dieser Fleisch-Fibrillen eine Muskel sei; denn in einigen zeigten sich Fäden von solcher Dicke,
wie ich sie sogar in den Fibrillen des Wels nicht gesehen hatte. ... Es inter-
essierte mich ferner, ob die Fibrillen dieses Käfers an der hornigen Haut

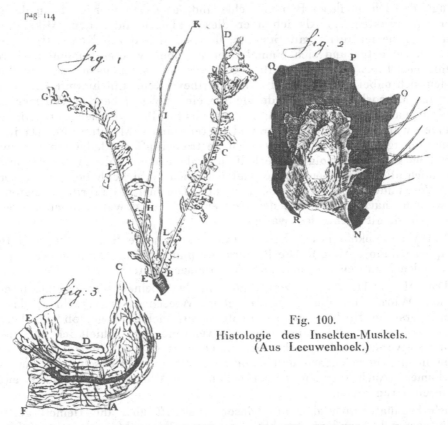

Fig. 100.
Histologie des Insekten-Muskels.
(Aus Leeuwenhoek.)

des Fußes befestigt wären, so daß letztere ihr Oberkleid wäre. Ich zerzupfte
also die langgestreckten Beine und legte die für Insekten außergewöhnlich
großen Fleisch-Fibrillen frei. Ich bemerkte nun eine Membran, die die hornige
Haut innen bedeckt und die nicht einfach, sondern aus mehreren Lamellen zusammengesetzt war. ... Ich schnitt nun alles ab, um diese innere Haut zu verfolgen. Ein solches Stückchen zeigt nun Fig. 2. N S T U R zeigt die Membran,
X Y Z einen Hohlraum, der wohl zuvor von Fleisch-Fibrillen ausgefüllt war.
Von T bis X lassen sich 5 Schichten (strata) unterscheiden. Die äußere hornige Haut besteht aus zwei Lamellen, so daß die erwähnte Membran aus 3
Schichten bestehen muß. Diese sind alle längliche Fäden, die wie die Schattie-
rung der Figur zeigt, verschieden gelagert sind.

Alsdann brachte man mir eine Fliege, etwa von Bienengröße, deren Haut
sehr weich war. Bei der Zergliederung ihrer Beine fand ich nichts wesentliches, was ich nicht schon zuvor gesehen hätte. ...

Ich sagte bereits, daß die Fleisch-Fibrillen vielleicht Muskeln seien. Bei
einer auffällig großen Fliege, die ich an meinem Fenster fing, schabte ich alles

Fleisch aus den Beinen, das hier alles aus Muskeln bestand, von der Dicke
eines Sandkorns und strotzend von Blutgefäßen [= Tracheen], die hier leicht
erkennbar waren und lang ausgestreckt lagen wie die Fibrillen, die ich zuvor
für zartere Muskeln gehalten hatte. Ein solcher Muskel ist in Fig. 3 abgebildet, doch glaube ich nicht, daß er zum Bein, sondern zur Brust gehört und
beim Zerzupfen nur am Bein hängen geblieben ist.

Endlich brachte man mir einen Speketer [Tipula sp.]. Ich war zwar überzeugt, daß ich an ihren Beinen nichts anderes sehen würde als in denen der
übrigen Insekten. ... Als ich aber dieses Fleisch unter dem Mikroskop betrachtete, bemerkte ich mit Staunen, daß sie sich durch Kontraktion und Ex-
tension bewegten und sich einmal oder zweimal wölbten, einmal nach rechts,
dann nach links. Aber diese Bewegung geschah so langsam, daß die Fleisch-
fäden sich dabei nicht von der Stelle fortbewegten. Ein hiermit Unvertrauter,
der ins Mikroskop sähe, würde sie für eine Schar lebender Würmer halten,
und niemand wird es glauben, der es nicht selbst gesehen hat. Die Bewegungen wurden dann langsamer und hörten nach 4 Minuten auf. Da ich aber
einer einzigen Beobachtung nicht zu vertrauen pflege, habe ich sie zweimal
mit dem gleichen Erfolg wiederholt, und da ich ein solches Schauspiel nicht
für mich allein genießen wollte, rief ich einen Naturliebhaber heran, der sich
vor Verwunderung nicht zu lassen wußte. Die meisten Fibrillen zeigten diese
Bewegung, nachdem sie von den Sehnen abgerissen waren, aber einige auch,
die noch damit verbunden waren.

Ein Muster ökologischer Beobachtung ist auch die Studie über den Hemelt
(Tipula paludosa Meig.). Die Proterandie und die ihre Massenbewegungen be-
dingenden Faktoren sind meisterhaft herausgearbeitet.

D e r   H e m e l t. Im Mai zeigte mir ein Bauer einen schwarzen, kurzen und
dicken Wurm, der die Wurzeln seiner Wiesengräser verzehrte; das Gras
werde erst im Hochsommer vernichtet. Auf meine Frage, ob sie sich nicht
in Heuschrecken oder andere Insekten verwandelten, erhielt ich nur die Antwort, sie verschwänden nach einer Reihe warmer Tage und seien am häufigsten in niedrig gelegenen und sumpfigen Orten, wo Heuschrecken nur selten
vorkämen. Nach warmen Tagen sollen tote Würmer auch häufig auf den
Wiesen herumliegen.

Ich begnügte mich aber mit dieser Auskunft über die Hemelt genannten
Würmer nicht, sondern beschloß, genauere Beobachtungen anzustellen. Ich
war überzeugt, daß sie sich in Insekten verwandeln würden und dies umso
mehr, als die Würmer nicht herdengleich, sondern einzeln und verstreut
lebten. Anfang Mai begab ich mich in Begleitung eines kundigen Landwirts
auf eine Weide. Wir sammelten einige Hemelts in Schachteln, die dort bald
vertrockneten und starben. Andere brachte ich in ein Tongefäß, bedeckte sie
mit Rasen und begoß sie in meinem Laboratorium-Museum täglich mit Wasser.
Sobald der Rasen vertrocknete, holte ich mir neuen und überzeugte mich dabei,
daß sie auch in der Natur noch lebten, und brachte auch neue Würmer mit.
Bis Ende Juli bemerkte ich keine Veränderung. Inzwischen hörte ich, daß sich
die Hemelten in die sogenannten Speketers verwandeln sollen. Davon wollte
ich mich aber selbst überzeugen.

Anfang August begann das Gras zu vertrocknen und bei großer Mühe entdeckte ich jetzt weißliche, etwas kontrahierte Tiere unter diesen Würmern
und ich schloß daraus, daß sie sich zur Verwandlung anschickten. Von 3
solchen Würmern, die ich in einer Schachtel mitnahm, verwandelte sich einer

am nächsten Tage nach einer Häutung in eine Puppe. Auch ein anderer Wurm
verpuppte sich, ging dann aber verloren, die übrigen vertrockneten und starben,
ohne sich zu verwandeln.

Fig. 1 stellt den Wurm, Fig. 2 die Puppe und Fig. 3 die leere Larvenhaut der
letzten Häutung dar.

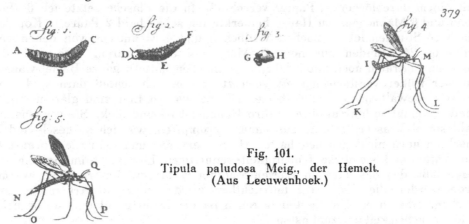

Fig. 101.
Tipula paludosa Meig., der Hemelt.
(Aus Leeuwenhoek.)

Zwei Tage nach dieser Verpuppung ging ich auf die Weide, wo ich zuvor
gesammelt hatte, und sah dort eine große Anzahl von Speketers oder Mayers
umherfliegen (Fig. 4). Ich nahm einige dieser Tiere in einer Schachtel mit, um
ihre Eier und ihren männlichen Samen zu untersuchen. Aber alle, die ich zer-
gliederte, waren von demselben Bau. Bei 3—4 weiteren Fängen erging es mir
ebenso. Das, was ich für das Ovarium hielt, fand ich bei allen zergliederten
Tieren. Nun dachte ich, in der Natur Männchen und Weibchen in Kopula zu
finden und sie dann unterscheiden zu können. Aber dreimal ging ich vergeblich
aus. Da fand ich in meinem Hause und Garten je ein Tier, das den Speketers
sehr ähnlich sah. Aber ihr Hinterleib war größer und endete spitz, während
er sonst in einer Verdickung endet. In dem Leibe dieser Tiere fand ich nun bei
der Zergliederung zahlreiche längliche schwarze Eier; einmal zählte ich mehr
als 200. Da ich nun bei diesen Tieren, die jetzt auch gelegentlich umherflogen,
stets Eier fand, kam mir der Gedanke, ob es nicht etwa verschiedene Geschlechter derselben Art seien.

Im Anfang September sah ich auf den Weiden zunächst nur die in Fig. 4
abgebildete Form. Aber, als ich stehen blieb, flog auch eins der Tiere, in
denen ich die Eier gefunden hatte, herzu, setzte sich zwischen das Gras, wo
sie sich so heftig anklammerte, daß ich sie kaum hervorziehen konnte. Das
beobachtete ich 3—4 mal. Jetzt wurde mir klar, daß es sich um die Weibchen
(Fig. 5) der zuvor gefangenen Männchen handelte; der größere Hinterleib
dient ihnen als Behälter für die Eier und mit dem spitzen Ende dringen sie in
die Erde ein, um dort im feuchten Erdreich ihre Eier abzulegen, die, wie ich
glaube, anderswo unfruchtbar bleiben. Zu Hause bemerkte ich, daß von den
mitgebrachten Tieren 6 Weibchen und 10—12 Männchen waren. 3 Weibchen
waren mit ebensovielen Männchen in Kopula, so daß mir jetzt ihre Zusammengehörigkeit gewiß war. ...

Am nächsten Tage waren alle Tiere tot oder so schwach, daß sie nicht
fliegen konnten, trotzdem ich die Schachtel an 3 Stellen durchbohrt hatte,
damit ihnen Luft nicht fehle. Vielleicht hatte ich beim Fang ihre zarten Gefäße so verletzt, daß sie starben. Bei der Untersuchung waren nämlich ver-

schiedentlich Beine abgebrochen, oder sie zogen aus dem Grase Nahrung, die ihnen hier gefehlt hatte.

Fig. 5 zeigt das Weibchen, dessen Hinterende sich aus 4 verschiedenen Teilen zusammensetzt. Später im September ging ich wieder auf dieselbe Wiese mit einer breiten Flasche, in deren Grund ich Rasen legte und deren Öffnung ich mit einem durchlöcherten Papier verschloß. In die Flasche setzte ich 8 Weibchen und 8 Männchen. Zu Hause bemerkte ich schon bald 2 Paare in Kopula... Nach 24 Stunden lebten noch 2 Weibchen und 4 Männchen, von denen nach weiteren 24 Stunden nur noch 3 Männchen übrig waren. Das nach dem gleichen Zeitraum noch allein lebende Männchen hatte 6 ganze Beine, während die der früher verstorbenen oft verletzt waren. Ich schloß daraus, daß ich diese zu gewaltsam behandelt hatte. Die schwarzen Eier sind glatt und glänzend, zweimal so lang als breit. Ihre Haut ist hart und dick. Sie verdunsteten bald soviel Wasser, daß sie zusammenschrumpften, was ich so geschwind bei Insekten noch nicht gesehen hatte. Hieran erkennt man nun die Voraussicht der Natur, daß sie diese feuchtigkeitsbedürftigen Eier nicht im Sommer ablegen läßt, den das Tier im Larven-Stadium verbringt. Im trockener warmer Erde würden die Eier bald unfruchtbar werden und die Art müßte aussterben. Aber nach dem Septemberregen ist die Erde feucht und sie brauchen keine Feuchtigkeit auszudunsten.

Von verschiedenen Eiern, die sich in meinen Zuchten fanden, legte ich einige in eine kleine Metallschachtel, die ich mit feuchtem Sand anfüllte. Aber noch nach 14 Tagen waren keine Würmer geschlüpft. Daraus kann man schließen, daß die Materie dieser Eier einerseits sehr dicht, andererseits sehr zart ist.

In der zweiten September-Hälfte bemerkte ich nur noch 4—5 Speketers auf der Wiese. Die anderen waren wohl in dem heftigen Regen und Stürmen der Vortage umgekommen, nachdem schon ein Teil vorher tot an Bäumen u. a. gehangen hatte. In einigen der toten Weibchen fanden sich nur noch 2—3 Eier, in anderen mehr. Ich schloß daraus, daß sie nach der Ei-Ablage sterben müssen.

Je mehr dieser Tiere beider Geschlechter ich unter dem Mikroskop sezierte, um so mehr wunderte ich mich über die große Zahl ihrer Gefäße, Eingeweide und anderen Organe, die uns mit mehr Bewunderung erfüllen können als die großen Organe anderer Tiere. Betreffs der Organe am Hinterende dieser Tiere muß ich gestehen, daß ich noch nie ein Tier getroffen habe, daß so viele dieser Organe hier besaß wie die Männchen, deren Funktion ich im einzelnen nicht ergründen konnte, obwohl sie sicher eine haben.

Wie bereits erwähnt, finden sich in jedem Weibchen mehr als 200 Eier. Wenn alle Speketers sich also fortpflanzten, so müßten ihrer nach 2—3 Jahren so viele geworden sein, daß sie die Wurzeln aller Gräser und Gewächse vernichteten. Aber durch die Trockenheit der Erde, Regen, Stürme und starke Kälte werden so viele von den Würmern und Imagines vernichtet, daß nur ein Teil übrig bleibt und der Schaden mäßig bleibt.

Diese Fortpflanzungs-Verhältnisse lassen sich mit denen der orientalischen Heuschrecke vergleichen, die die Feldfrucht ganzer Länder verzehren und sich gegenseitig auffressen, wenn ihnen nichts anderes mehr geblieben ist. In Massen legen sie dann ihre Eier. Die aus diesen geschlüpften Larven können aber wegen Mangel an Nahrung nicht alle leben bleiben, sondern gehen größtenteils zugrunde. Diese Erklärung scheint mir viel vernunftgemäßer als die häufig angetroffene Meinung, sie erschienen als eine Strafe für das menschliche Geschlecht.

Zu den Entdeckungen Leeuwenhoek's gehört auch die parthenogenetische Fortpflanzung der Blattläuse, sowie ihre Ovoviviparie (damals als Viviparie betrachtet). Zu
letzterer schildert er, wie er trotz
zahlreicher Zergliederungen niemals
ihre Eier, sondern stets junge Tiere
in ihrem Leibes-Innern gefunden habe, die bis auf die Größe den Eltern
ähneln wie ein Ei dem andern. Aus
verschiedenen Weibchen erhielt er
je 28, 33, 20, 32 solcher jungen Tiere.
Fig. 1 zeigt die ungeflügelte, 2 und 3
die geflügelte Blattlaus, 4 und 5 un-
geborene Junge dieser Art.

Mehrfach hat sich Leeuwenhoek
mit den Haus-Insekten wie Flöhen,
Läusen etc. beschäftigt. Für den hohen Stand dieser Untersuchungen
zeugt die Tafel (Abb. 103) über den
Floh, die alle Entwicklungs-Stadien,
Kopula und viele morphologische
Einzelheiten zeigt. Interessant für
die Art, in der Leeuwenhoek scheinbar gänzlich zusammenhanglose Tatsachen zu verknüpfen wußte, ist folgende Bemerkung anläßlich der Entdeckung der starken Blutversorgung
der menschlichen Haut:

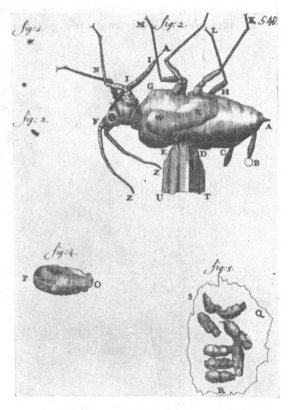

Fig. 102.
Aphide mit ungeborenen Embryonen.
(Aus Leeuwenhoek.)

Bevor wir wußten, welch ungeheure Menge an Blutgefäßen sich in unserer
Haut befinden, schien es ganz unverständlich zu sein, daß so kleine Tiere
wie Laus und Floh die Haut höherer Tiere mit ihren Rüssel-Stacheln zu öffnen
und zu durchbohren vermögen. So aber ist es gewiß, daß diese Tiere die
Haut nicht durchbohren, sondern ihren Stachel nur an diese zahlreichen Blutgefäße der Haut selbst heranbringen und nach wenig tiefen Stichen schon an
das Blut und damit an ihre Nahrung gelangen.

Die Beschreibung der Ameisen-Entwicklung und ihrer „Eier" als Puppen
aus dem Jahre 1687 kann schon keine Priorität vor den Untersuchungen Kings
(1667) u. a. mehr beanspruchen. Die wechselnde Stellungnahme Leeuwenhoeks
zu der Natur der Cochenille erwähnen wir an anderer Stelle. Interessant ist
seine Auffassung des Bienenstaats:

Den Bienen möchte ich nicht mehr Verstand zuerkennen als den anderen
Insekten. Was immer sie auch tun, das vollführen sie aus eingeborenem
Zwang, der zur Fortpflanzung ihrer Art dient.

Die Geschlechtsverhältnisse beschreibt Leeuwenhoek richtig. Die Einzahl der
Königin im Stocke schreibt er der Notwendigkeit zu.

Wenn es nämlich bei den Bienen wie bei den anderen Insekten gleich viel
Männchen und Weibchen gäbe, wie könnte ihre Art dann bestehen? Wenn
jedes Weibchen 2—3 mal jährlich mehr als 100 Junge hervorbringt, so müßte

es hundertemale mehr Bienen geben als heute, die großen Mangel an Nahrung erleiden und deshalb zugrunde gehen müßten.

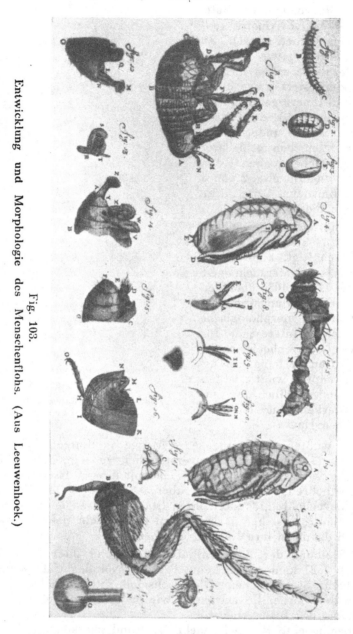

Fig. 103.
Entwicklung und Morphologie des Menschenflohs. (Aus Leeuwenhoek.)

Leeuwenhoek liebte sehr, sein Zahlenmaterial rechnungsmäßig zu verarbeiten, wie wir das bereits bei den Studien der Insekten-Augen gesehen haben. Ein anderes Beispiel ist die folgende kleine Beobachtung:

Leeuwenhoek erhielt von einem Chirurgen Maden aus dem Fleisch einer Matrone, die er mit Eulen-Fleisch fütterte und die sich bald verpuppten, zu Fliegen wurden, Eier legten etc. Er stellte darauf auf Grund seiner Beobachtung folgende Vermehrungs-Tabelle auf:

144 Fliegen im ersten Monat
 72 Weibchen
144 Eier aus jedem Weibchen
_____
10 368 Fliegen im zweiten Monat
 5 184 Weibchen
 144 Eier aus jedem Weibchen
_____
746 496 Fliegen im dritten Monat.
(p. 102, Fig. 2, 3, 4 Made, Puppe, Fliege.)

Diese kleine Auswahl von Beobachtungen erweist Leeuwenhoek schon genügend als genialen Beobachter. Urteile wie die von Ràdl (1913, Gesch. I. p. 173): „Leeuwenhoek untersuchte in den Mußestunden die verschiedensten Objekte mit Hilfe der von ihm selbst verfertigten Vergrößerungsgläser, ohne daß er sich bemüht hätte, in das Wesen des Beobachteten einzudringen. ... Es ist ihm oft gelungen, Neues zu finden, das Neue aber als geheimnisvoll zu behandeln und die Geisteskräfte zur Bewältigung desselben anzuspannen, scheint ihm überflüssig vorgekommen zu sein" müssen als völlige Fehlurteile angesprochen werden. Richtig ist nur, daß Leeuwenhoek keine einzige Disziplin der Naturwissenschaften lehrbuchmäßig durchgearbeitet, bezw. dargestellt hat. Alle ihm gelegentlich aufstoßenden Probleme hat er jedoch stets durch vergleichende Studien unter dem Mikroskop, Zuchten etc. aufzuklären versucht, wie die angeführten Proben zur Genüge beweisen. Besonders überrascht die Sicherheit seiner Schlüsse auch bei gänzlich neuen Beobachtungen. Ebenso hat er in durchaus selbständiger Weise zu den großen biologischen Fragen seiner Zeit Stellung genommen. Nur dem Umstand, daß die deutsche und englische Übersetzung seiner Arcana naturae detectae außerordentlich selten geworden ist, ist es zuzuschreiben, daß dieses noch heute außerordentlich anregende Werk seit Generationen so wenig im Original gelesen wird. Auch mit anderen als den bereits erwähnten Schad-Insekten hat sich Leeuwenhoek des öfteren befaßt.

Literatur:

A. van Leeuwenhoek, Arcana naturae detectae ope microscopiorum. Delphis Batavorum 4 Vol. 1695, 1697, 1719, 1722 ... Lugdium Batavorum 1696, 1708. Amsterdam 1719, 1722, 1723. 5 Vol. Leyden 1722.
Deutsch: Delft 1696; Englisch: London 1698 2 Vol. Seine zahlreichen Aufsätze in den Phil. Trans. 1798-1800 3 Vol. London sowie an anderen Orten sind hierin zumeist enthalten.

IV. Robert Hooke.

Robert Hooke (geboren 1635 auf der Insel Wight, gestorben 1730 als Professor der Geometrie in London) ist bekannt als Verfasser eines der ältesten mikroskopischen Illustrations-Werke. Seine „Micrographia" (1665) ist das Werk eines naturphilosophisch und physiologisch geschulten Dilettanten von Geschmack und Allgemeinbildung. Durch mechanische, mathematische und physikalische Arbeiten anderwärts bekannt, bringt er hier eine Serie von mikroskopischen Betrachtungen. Sein Mikroskop war optisch schon ein recht anständiges und kompliziertes Instrument. Eine Reihe seiner Untersuchungs-Objekte entstammen dem Insektenreich. Es sind unzusammenhängende, lose aneinander gereihte Beobachtungsreihen. Die morphologischen Beschreibungen stehen durchweg auf einer anerkennenswerten Höhe und sind umrahmt von philosophischen und physiologischen Betrachtungen. Physiologisch sieht er die Insekten als kleine Automaten an und folgt darin den Jatromechanisten wie etwa Borelli. Andererseits ist er zu den ersten Bekennern der Physiko-Theologie zu rechnen,

die in jedem Geschöpf einen neuen Grund zur Bewunderung der Weisheit
Gottes sieht. Überall kommen diese beiden Grundrichtungen zum Durchbruch.
Stets beherrschen seine Ausführungen die behandelte Materie und teilweise
kommen Gedanken von erstaunlicher Schärfe zum Ausdruck. So bei der Besprechung der Flugmechanik der Insekten, wo er von der Größe des Luft-
zwischenraums zwischen den Federn einer Federmotte auf die Größe der Luft-
partikelchen schließt. Das sind Gedanken, die in der modernen Physik in Form
der Kristallgitter in ganz ähnlicher Weise so überaus fruchtbar gewesen sind.
Aber in einem unterscheidet sich eben Hooke: Er behandelt die Probleme nicht

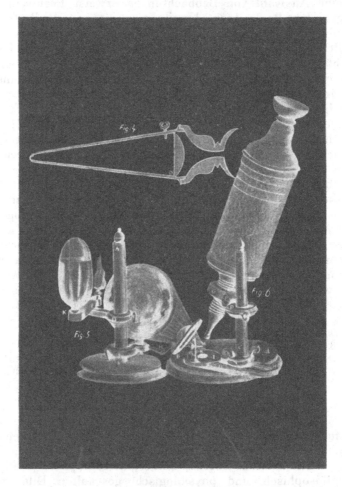

Fig. 104.
Mikroskop und künstlicher Beleuchtungsapparat
von Robert Hooke. (1167; Negativbild.)

experimentell und mit zäher Ausdauer. Stets bleibt er der geistreiche Dilettant,
der über viele Beobachtungen und Probleme Interessantes zu berichten weiß,
aber sie niemals zu einem einheitlichen Ganzen zusammenfaßt. Hooke hat eine
führende Rolle in der Gründerzeit der Royal Society gespielt. Er ist hier, wie
überhaupt, mehr durch die Anregungen, die er anderen gegeben hat, als durch
seine eigenen Leistungen von dauernder Bedeutung geworden. Bei der Bewer-

tung seiner Abhandlungen muß man sich vergegenwärtigen, daß sie durchweg originell waren, und er gewissermaßen als ein Pionier in die neue Welt des Mikroskops eindrang. Um besonders eindrucksvoll zu wirken, sind viele der Abbildungen in ungeheurem Format gedruckt worden, so ist das Format der Illustrationen zu den Abschnitten Floh und Laus nicht weniger als ca. 50 cm mal 30 cm. Einige Proben mögen zur Erläuterung des Gesagten dienen.

Obs. 38. Über die Struktur und die Bewegung der Fliegenflügel.

Die Fliege hat eine der schnellst vibrierendsten Eigenbewegungen der Welt. Wenn wir die außerordentliche Geschwindigkeit der geistigen Antriebskräfte dieser Bewegungen bedenken, so können wir nur die außerordentliche Lebendigkeit der Insekten-Seele bewundern, die imstande ist, die Bewegungen dieses Organs so schnell und so regelmäßig zu leiten.

Darunter befinden sich 2 Pendula [= Halteren], die sich in ähnlichen Schwingungen wie die Flügel bewegen. Vielleicht sind diese Pendula wie der Hebel an einer Pumpe, wodurch diese Geschöpfe ihre Atmungsluft ein- und ausatmen. Aber das sind nur Vermutungen, die bei genauerer Nachprüfung wenig wahrscheinlich erscheinen.

Obs. 41. Von den Eiern der Seidenraupen und anderer Insekten.

Eine starke und große Fliege legt 400—500 solcher Eier, so daß die Vermehrung dieser Insekten ungeheuer wäre, wenn sie nicht von zahllosen Vögeln verzehrt und durch Frost und Regen vernichtet würden. Daher kommt auch die ungeheure Zahl der Heuschrecken und anderen Schädlinge in den Tropen [sc. weil sie von Frost nicht zerstört werden.]

Obs. 42. Über die Blaufliege [Calliphora erythrocephala].

Die innere Anatomie dieses Geschöpfes ist nicht weniger wundervoll als seine äußere Morphologie. Als ich den Bauch aufschnitt, um nach gefäßartigen Bildungen zu suchen, fand ich weit mehr, als ich erwartet hatte. Ich fand zahlreiche verzweigte, milchweiße Gefäße. Einmal sah ich, wie zwei große Gefäße sich in einen Hauptgang vereinigten. Ob diese Gefäße der Vena partae, den Darmgefäßen, den Venen und Arterien oder den Milchgefäßen entsprechen, kann ich mangels genügender Beobachtungen noch nicht bestimmen. Aber keinesfalls sind sie weniger sonderbar als der Bau der größeren Landtiere. Ich habe nie sonderbarere Verzweigungen gesehen als im Leib der zwei oder drei Fliegen, die ich seziert habe.

Obs. 46.
Von der weißen federflügeligen Motte
oder Tinea argentata [Alucita pterodactyla L.]

Die weiße, langflügelige Motte (Abb. 30) bietet schon dem nackten Auge einen lieblichen Anblick dar. Man sieht eine kleine milchweiße Fliege mit vier weißen Flügeln, von denen die vorderen etwas länger als die hinteren sind. Letztere sind etwa 1/2 Zoll lang. Jeder Flügel scheint aus zwei schmalen langen Federn zu bestehen mit sehr sonderbaren, weißen, im Verhältnis zum Kiel sehr kleinen und zarten Haaren. ...

Wo immer in der Natur ein Flügel aus unzusammenhängenden Teilen besteht, da sind die Poren oder Luftzwischenräume nur äußerst selten beträchtlich kleiner oder größer als wir es bei diesen Federbündeln finden. Daraus kann man entnehmen, daß die einzelnen Luftteilchen von einer Größe sind, die ihnen nicht gestattet, derartige Zwischenräume leicht oder überhaupt zu durchdringen. Diese Flügel sind also noch genügend feine Filter, um den Durchtritt von Luft-

partikelchen zu verhindern und leisten den Tieren also dieselben, wenn nicht
bessere Dienste als zusammenhängende Membranen. Ich sage deshalb „wenn
nicht bessere", weil ich beobachtet habe, daß alle Tiere mit zusammenhängenden
Flügelflächen wie Fliegen, Käfer und Fledermäuse diese viel heftiger und öfter
bewegen als solche, deren Flügel mit Federn besetzt sind wie Schmetterlinge
und Vögel, die eine viel langsamere Bewegung derselben haben. ...

[Am Ende dieses Aufsatzes kommt Hooke auch auf das Flugproblem des
Menschen zu sprechen. Er meint, der Mensch habe es seiner Natur nach garnicht nötig zu fliegen. Auch wenn er künstliche Flügel mache, seien seine
Muskeln zu schwach. Aber wenn es nötig sei, werde er auch künstliche Muskeln erfinden können.]

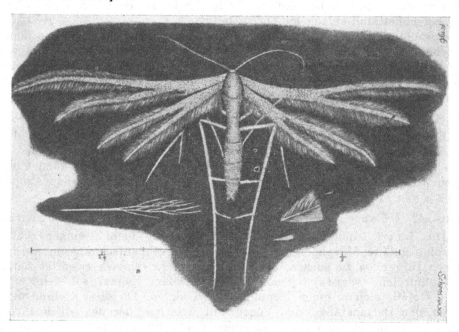

Fig. 105.
Alucita pterodactyla L. (Aus R. Hooke.)

Obs. 52. Der kleine silbrige Bücherwurm.
[Lepisma saccharina L.]

Nicht nur unter den großen gibt es solche, die beschuppt sind, sei es als
Zierat, sei es als Schutz, sondern auch unter den Insekten, wofür dies kleine
Geschöpf ein Beweis ist. Es ist ein kleiner Silberwurm oder eine Silbermotte, die
ich zwischen Büchern und Papieren fand, und die vermutlich die Löcher an den
Seiten und Buchdeckeln frißt. Dem bloßen Auge erscheint es als eine kleine
glänzende, perlfarbige Motte, die im Sommer beim Ordnen von Büchern und
Papieren sehr schnell in einen versteckten Winkel davonflieht, wo es vor Ge-
fahren geschützt ist. Sein Kopf ist groß und plump und sein mohrrübenförmiger
Körper wird nach dem Schwanz zu immer schmäler.

Die mikroskopische Ansicht ist auf Fig. 33,3 abgebildet. Der konische, 14-
teilige Körper ist gänzlich mit 14 Schildern bedeckt, die ihrerseits wieder mit
einer Unzahl dünner durchsichtiger Schuppen besetzt sind. Deren mannigfache
Lichtreflexe lassen das ganze Tier perlfarben erscheinen.

Das kann uns auch einen Hinweis für die Farbe dieser so hochgeschätzten Körper geben, ebenso wie die von Perlmutter u. a. Sie alle bestehen aus zahlreichen dünnen Schichten oder runden Lagen, die zusammen durch Lichtreflexe, die ich an anderer Stelle erklären will, die Perlfarbe ergeben. ...

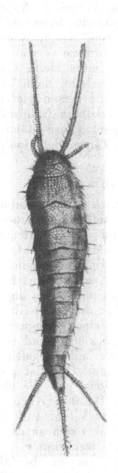

Fig. 106.
Lepisma saccharina L.
(Aus R. Hooke.)

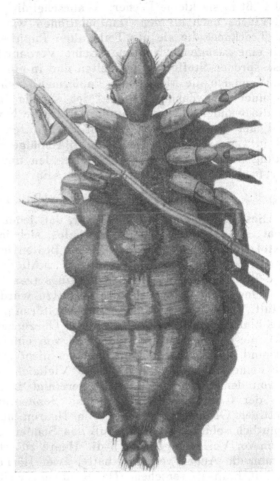

Fig. 107.
Pediculus hominis L.
(Aus R. Hooke.)

Der kleine plumpe Kopf zeigt jederseits einen Klumpen von Augen, aber nur ganz wenigen im Verhältnis zu den zahlreichen der übrigen Insekten. Jeder dieser Augenklumpen ist mit kleinen Haaren besetzt, ähnlich wie die Wimpern der Augenlider, und vielleicht dienen sie auch demselben Zwecke. Vor den Augen entspringen zwei Hörner, die nach vorne zu immer schmäler werden und aus Ringen zusammengesetzt sind. Ihre Behaarung sieht ähnlich wie das Wiesen-Unkraut, das „Pferdeschwanz" genannt wird, aus. Jeder Ring trägt einen Gürtel von kleinen Borsten und einige größere sind unregelmäßig verteilt. Außerdem besitzt es zwei kürzere Hörner oder Fühler mit stumpfen Enden. Am Hinterende hat das Tier drei Schwänze, die in jeder Einzelheit den größeren Hörnern, die am Kopf entspringen, gleichen. Die Beine sind beschuppt

und behaart wie der übrige Körper. Sie sind auf dieser Abbildung nicht sichtbar, da der ganze Körper in Leim eingebettet ist und das Vergrößerungsglas
senkrecht von oben herabsieht.

Dieses Geschöpf ernährt sich wahrscheinlich von Papier und Bücherdeckeln
und frißt in sie kleine Löcher. Wahrscheinlich bieten ihnen die Fasern von Hanf
und Flachs nach all den Manipulationen wie Reinigen, Waschen, Appretieren
und Trocknen, die sie als Teile alten Papiers notwendig durchgemacht haben,
noch eine zusagende Nahrung. Seine Verdauungskraft muß also imstande sein,
diese spröden Stoffe zu verarbeiten und in eine andere Form zu verwandeln.

Wenn ich die Menge von Papiermehl bedenke, die dieses kleine Geschöpf,
das einer der „Zähne der Zeit" ist, seinem Innern einverleibt, dann kann ich
nur die wundervolle Einrichtung der Natur bewundern, die diesen Tieren solch
ein Feuer verleiht, das angefacht wird durch die einverleibten Nahrungsstoffe
und in Gang erhalten durch die Blasebälge der Lungen. Diese ständige Erhaltung des Lebensfeuers scheint bei den unbeseelten Tieren der Hauptzweck
aller beobachteten Erscheinungen zu sein.

Obs. 54. Über die Laus. [Pediculus hominis L.]

Dies ist ein so auffallendes Tier, daß jeder gelegentlich damit Bekanntschaft
macht; sie ist so tätig und so schamlos, sich in jede Gesellschaft einzudrängen,
so stolz und emporstrebend, auf den Besten herumzutrampeln und niemand geringeren als den König anzugreifen. ... All das macht sie so bekannt, daß ich
keine Beschreibung von ihr hierher zu setzen brauchte, wenn mir mein Mikroskop keine genaueren Auskünfte gestatten würde. Sie ist von überaus häßlicher
Gestalt. Der Kopf (Fig. 35 A) ist kegelförmig, aber oben und unten abgeflacht.
Ganz hinten, da wo andere Tiere ihre Ohren haben, stehen ihre zwei Glotzaugen
(BB), die nach rückwärts sehen und von einem Kranz kleiner Wimpern eingefaßt sind. Nach vorne scheint das Tier nicht gut sehen zu können und es scheint
auch keine Augenlider zu besitzen. Vielleicht sind sie deshalb so gelegen, daß
sie von den Vorderfüßen leicht gereinigt werden können. Dies ist vielleicht
auch der Grunnd, weshalb sie das Sonnenlicht vermeiden und die dunklen,
schattigen Gegenden zwischen den Haaren aufsuchen. Da ihre Augenöffnung
vermutlich sehr groß ist, so muß das Sonnenlicht ihnen weh tun. Um aber die
Augen vor Verletzungen durch die Haare zu schützen, finden sich an der Stelle,
wo man die Augen vermutet hätte, zwei Hörner (CC). Diese sind viergliedrig
und mit Fransen versehen. Der Kopf ist weiter nach vorne zu ebenfalls be-
franst und rundlich, endet dann aber in einer deutlich spitzen Nase (D), die
eine kleine Höhlung zu enthalten und der Durchgang für das eingesaugte Blut
zu sein scheint. Bei der Ansicht von unten scheint (EE) eine Art Rachen vorhanden zu sein, der bei anderer Lagerung jedoch fehlt. Ich hielt einige Läuse
2—3 Tage lang ohne Futter in einer Schachtel und ließ sie dann auf meine Hand
kriechen, wo sie sofort zu saugen begannen. Sie steckten dabei weder ihre
Nase sehr tief in die Haut, noch öffneten sie so etwas wie ein Maul, aber ich
konnte deutlich den kleinen Blutstrom verfolgen, der direkt von ihrer Schnauze
in ihren Leib hineinfloß. Bei J scheint eine Art Pumpe oder Blasebalg oder
Herz zu sein, denn das Blut schien infolge einer sehr raschen Systole und
Diastole durch die Nase eingesogen und in den Körper getrieben zu sein. Trotzdem ich sie lange beobachtete, sah ich nie, daß sie mehr als die Nase (D) in
die Haut einbohrten und fühlte nie auch nur den geringsten Schmerz. Das Blut
dringt so schnell und frei in den Kopf der Laus ein, daß ich vermuten muß, es
durchdringt die menschliche Haut [osmotisch], denn auch die ganze Länge des

Kopfes (CDC) ist nicht so dick wie die menschliche Cuticula und die Nase ist
sogar nur ¹/₃₀₀ Zoll lang. Sie hat sechs durchsichtige, wie Krebsfüße gegliederte
Beine. Jedes Bein sechs Glieder und hier und da vereinzelt kleine Haare. Am
Ende jeden Beines sind zwei Klauen, die hervorragend für ihre besondere Aufgabe, sicher auf der Haut und zwischen den Haaren aufzutreten, angepaßt sind.
Kein Mechanismus könnte besser dieser doppelten Aufgabe, des Gehens und des
Kletterns zwischen den Kopfhaaren, entsprechen. Die kleinere Klaue (a) ist
soviel kleiner als die größere (b), daß sie beim Gehen den Boden garnicht berührt, und der Fuß also so geht wie der Fuß anderer kleiner Insekten. Mit beiden Klauen kann sie ein Haar umspannen wie auf Fig. 35, wo der lange, durchsichtige Zylinder FF ein Menschenhaar darstellt.

Der Thorax scheint mit einer besonderen Substanz gepanzert zu sein, da er
auch bei längerem Fasten nicht schlapp und faltig wird. Die Verteilung des
aufgezogenen Blutes und seine Bewegung konnte ich verfolgen. Bei G erschien
eine weiße, innerhalb der Brust verschiebliche Masse und außerdem eine Anzahl kleiner, milchweißer Gefäße sich zu befinden. Letztere verliefen zwischen
den Beinen und von ihnen entsprangen zahlreiche kleine Verzweigungen, die
Venen und Arterien zu sein schienen. Das Blut ist wie das aller Insekten milchweiß.

Der Hinterleib ist von einer durchsichtigen, mehr einer Haut als einer Schale
ähnlichen Substanz umgeben und geadert wie die Haut der menschlichen Hand-
fläche. Wenn der Leib leer ist, so wird er faltig und runzelig. Am oberen Ende
liegt der Magen (H) und die weißen Flecke (II) zeigen vielleicht die Leber oder
den Pankreas an. Letztere werden durch die Peristaltik der Därme etwas bewegt, aber nicht in Form einer Systole oder Diastole, sondern sie werden einfach
geschoben. Nach zweitägigem Fasten ist der hintere Teil des Leibes ganz schlaff
und runzelig, der weiße Fleck bei 1 bewegt sich kaum noch, die meisten der
weißen Gefäße werden unsichtbar ebenso wie die rote Blutfarbe der fast keine
Peristaltik mehr zeigenden Gedärme. Aber sofort, wenn man einer Laus zu
saugen erlaubte, füllte sich der Hinterleib wieder und die sechs ausgebuchteten
Kerben jeder Seite waren so weit ausgebuchtet als nur möglich, Magen und
Darm wurde bis zur Grenze des Fassungsvermögens angefüllt und die Darm-
Peristaltik wie die Bewegungen bei 1 begannen bald wieder. Massen der milch-
weißen Gefäße, die wahrscheinlich Venen und Arterien sind, wurden rasch gefüllt und schwellend und das Geschöpf war so gefräßig, daß es noch munter
weiter saugte, als es schon nichts mehr fressen konnte und stark defäkieren
mußte. Die Verdauung dieses Tieres muß sehr rasch vor sich gehen. Ich sah,
daß das aufgesaugte Blut dick und schwarz war, dann in den Därmen schön rot
wurde und der verdaute und von den Venen aufgenommene Teil weiß war.
Hiernach scheint es, als ob das Blut im Laufe der Verdauung milchweiß oder
wenigstens ähnlich gefärbt wird. Was sonst noch von der Gestalt dieses Geschöpfes bemerkenswert ist, kann aus der Figur 35 ersehen werden.

J. F. Griendel.

Neben dem immerhin geistreichen und anregenden Buche Hooke's fällt die
„Micrographia nova" des Johann Franziskus Griendel (ius) aus Nürnberg (1687) mit seinen auf platte und unzulängliche morphologische Beschreibungen beschränkten Betrachtungen ungeheuer ab. Einige Beispiele verdeutlichen die große Distanz zwischen diesen beiden Werken. Die Abbildungen
stehen an Güte auch sehr hinter vielen Bildern Hooke's zurück.

1. Eine ungeflügelte Ameise.

„Hiermit beginne ich meine mikroskopischen Betrachtungen. Die Ameise erscheint alsdann als ein gewaltiges Tier, so wie ein Ochs. Die Augen sind verschieden von denen der Fliegen. Sie sind nämlich punktiert und nicht gegittert und deutlich hervorragende Vorwölbungen mit großen Zwischenräumen. Siehe Fig. B und achte auf die zwei gewaltigen Zähne in der Mundregion, die nicht wie Elefanten-Zähne angeordnet sind, sondern wie schwarze, eingebogene Zangen.

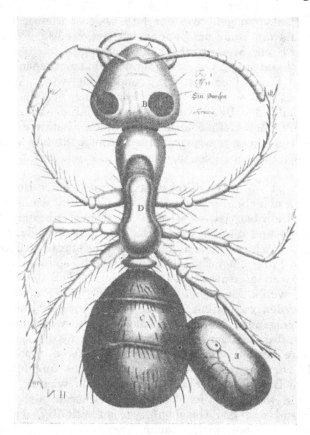

Fig. 108.
Ameise mit „Ameisen-Ei".
(Aus J. F. Griendelius 1687.)

Hiermit beißt sie die Menschen und entsondert ihr Gift, so daß die Hand nicht nur anschwillt, sondern sich auch augenblicklich rötet. Diese Zähne sind gegen den Mund zugespitzt und können wohl auseinandergezogen, nicht aber ganz abgeschlossen werden. Ferner hat die Ameise lange und haarige Beine wie die Fliege. Am Ende derselben befinden sich zwei kleine Haken, mit denen sie sich bei Erklettern von Mauern, Steinen und Bäumen festhält. Besonders verwunderlich ist die Sicherheit, mit der diese Insekten wandern, so daß die eine die andere nicht berührt und sie eine fast mathematische Ordnung einhalten. Bei C sieht man den großen runden Sack der Ameise, der zwei Einschnitte oder Gelenke aufweist und ganz mit Stacheln und großen Haaren besetzt ist. Bei E ist ein weißes durchsichtiges Insekten-Ei abgebildet. Im Innern sieht man schon den Embryo mit ausgebildetem Kopf und Beinen liegen. Bei D ist ein absonderlicher Körperteil abgebildet, aus dem die sechs Füße entspringen."

7. Der Fliegen-Rüssel.

„Den Fliegen-Rüssel sieht man im Mikroskop in einer Länge von einem Fuß und in Breite wie zwei Daumen dick. Der obere Teil, der uns zuerst in die Augen fällt, ist oval. Mit seinem geteilten Ende nimmt die Fliege die Speisen auf und betastet die Oberfläche der menschlichen Hand, sticht die Poren an und saugt das Blut und die Lymphe. Man kann auch leicht verstehen, warum die Fliegen uns stärker mit ihrem Rüssel belästigen und beißen, während die Sonne brennt oder Stürme bevorstehen. Die Fliegen werden nämlich durch die große Sonnenhitze erregt und durstig und dadurch zum Genuß des Blutes von Mensch und Vieh gezwungen."

8. Der Wurm des weichen Käses.

„Auch in dem Weichkäse entwickeln sich Würmer von 3 Fuß Länge und 6 Daumen Breite (unter dem Mikroskop), die unter dem Mikroskop glänzend weiß und unbehaart aussehen. Am Kopfe haben sie zwei Hörner. Ihr Mund ist außerordentlich: wenn sie ihn vorstoßen, ist er rötlich, wenn sie ihn ausbreiten, gehen lange, blutrote Fäden davon aus. Diesen Rüssel streckt der Wurm bald vor, bald zieht er ihn zurück. Seinen Körper hebt er in die Höhe und kriecht so vorwärts. Es ist auch wunderbar zu sehen, wie der ganz mittlere Teil des Körpers erhoben ist und der Kopf das Körperende berührt. Wie die Sehne am Bogen dehnt er sich dann plötzlich aus und springt eine Spanne von seinem vorigen Platz fort. . . .“

Observatio XLV.

De Insecto quodam anonimo.

INsectulum vidi errantem quod inſtrumento pulicario incluſum taſe apparuit, caudam habet penicilli inſtar longi, corpus habet annuloſum ruffum, & villoſum: dum converti vult ſæpè ſe convolvit, in caput & dorſum, adeò ut ſaltum, à vulgo periculoſum dictú, faciat, quod non injucundum ad viſum eſt.

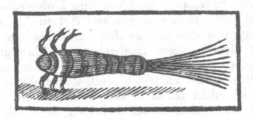

Ob.

Fig. 109.
Abbildung aus den Observationes
von Petrus Borellus.

Literatur:

R. H o o k e , Micrographia, or some Physiological Descriptions of Minute Bodies made by magnyfying Glasses with Observations and Inquieries thereupon. London 1667.
J. F. G r i e n d e l i u s , Micrographia nova. Norimbergae 1687.

P. Borellus.

Von den frühen mikroskopischen Beobachtungen seien ferner noch die 100 mikroskopischen Beobachtungen des französischen Leibarztes Peter Borellus erwähnt, in denen einige Insekten aufgeführt werden:

10. Über die Nisse: Die Nisse an den Haaren sind meist zusammengeballt. Sie sind strotzend rund und durchsichtig.

11. Über die Laus.

12. Über den Floh.

15. Über die Blattwürmer: Die Blätter von Pistacia lentiscus und Liburnum sind nach der Versicherung von Kirkerus wurmig. Obwohl ich sie nicht gesehen habe, habe ich sie nicht mit Stillschweigen übergehen wollen.

49. Über das Gehirn der Insekten: Die Insekten haben kein Gehirn, wenn nicht, wie Hodierna dies behauptet, ihre Augen das Gehirn enthalten. ...

66. Über den Seidenspinner: Die Seidenwürmer scheiden die Seide nicht aus dem Munde aus, sondern aus ihren Rückenwarzen und legen die Seide mit dem Munde dann an ihre Stelle im Gespinst.

93. Über die Bewegung der Insekten: Bei den verschiedenen Insekten haben wir deutliche Bewegungen [d. h. unter dem Mikroskop], die wir mit dem Auge nie sehen konnten.

Literatur:

Petrus Borellus, Observationum Microscopicarum centuria. Hagae Comitis 1656.

c) Die großen Bionomen.

I. Jean Goedart.

Den Beginn einer neuen Arbeitsrichtung in dem weiteren Ausbau der Entomologie bedeutet die Metamorphosis naturalis des holländischen Malers Jean Goedart. Er lebte von 1620—1668 in Middelburg. Eine innige Liebe zur Natur trieb ihn schon früh zur Naturbeobachtung. Hören wir ihn darüber selbst:

„In der Stadt wie auf dem Lande trifft man eine große Anzahl von Insekten, die in kleinen Gruppen die Luft durchziehen oder die sich beim Umschwirren einer Kerze oft in der Flamme verbrennen. Es gibt unter ihnen die verschiedensten Sorten von Fliegen, Motten, Schmetterlingen, Mücken etc., deren Entwicklung und Ursprung uns ebenso unbekannt sind wie ihre biologischen Eigenarten. Wir kennen bis jetzt nicht ihre Umwandlungen von Art zu Art, gelegentlich sogar von Gattung zu Gattung, und dies infolge der Vernachlässigung durch die Philosophen, die leicht über diese schönen Beobachtungen hinweggegangen sind; einmal, weil ihnen der Gegenstand nicht der Mühe wert schien, und dann, weil die Arten und ihre Unterschiede sehr zahlreich sind, und endlich, weil die Gegenstände so klein sind, daß sie nicht leicht in die Augen fallen. Ich habe viel Mühe darauf verwandt, die Geschichte dieser Insekten zu studieren, und habe 25 Jahre hindurch alle ihre Eigentümlichkeiten beobachtet. Und wenn ich die Wahrheit gestehen soll, so bedauere ich in keiner Weise weder die Zeit noch die Mühe noch die Kosten, die ich hierauf verwandt habe. Man zieht nicht wenig Nutzen aus solchen Untersuchungen, weil man nicht nur viele Naturgeheimnisse entdeckt, sondern auch noch viele Fehler von denen bemerkt, die sich dieser Mühe nicht unterziehen wollten. Ich erwähne im folgenden nichts, was ich nicht selbst allein beobachtet habe, und die eigene Beobachtung ist der einzige untrügliche Weg zur Erforschung von Naturvorgängen. Ich stütze mich in diesem kleinen Buche auf keinerlei Autorität, sondern alle meine Behauptungen beruhen auf meinen eigenen Beobachtungen.

Um alle Vorgänge besser beobachten zu können und sie genau beschreiben zu können, habe ich in Gläser die Raupen und andere Insekten, von denen ich spreche, eingesperrt. Ich habe sie mit der Nahrung aufgezogen, die ich für ihre natürliche hielt, und habe ihre ersten Zustände vor der Verwandlung nach der Natur gezeichnet. Ich habe dabei sorgfältig Zeit und Art der Verwandlung aufgeschrieben und habe auch den nächsten Zustand sorgfältig in seinen natürlichen Farben gemalt. Ich habe manchmal mir die Mühe gemacht, des Nachts bei der Kerze die Insekten zu suchen, die am Tage nicht erscheinen, und ich habe noch öfter die Erde aufgegraben, um diejenigen Insekten zu finden, die nur selten anderswo erscheinen. Endlich habe ich, soweit es möglich war, alle meine Beobachtungen in Kupfer gestochen und sie mit den natürlichen Farben koloriert."

Fig. 110.
Jean Goedart. (Zeitgenössischer Kupferstich.)

An dem Werke ist vom heutigen Standpunkt der Wissenschaft sehr viel zu kritisieren: Die Beschreibungen sind schlecht, die Abbildungen keineswegs besonders auf der Höhe und in Bezug auf die theoretischen Anschauungen steht Goedart noch nicht wesentlich über Aldrovandi. Und trotz alledem gebührt ihm ein wichtiger Platz in der Geschichte der Entomologie. Ist er doch der erste in der großen und ruhmvollen Reihe eifriger Beobachter, die die einzelnen Stände jedes Insekts von Anbeginn bis zur Imago verfolgten. Bezüglich der Entstehung

der Insekten ist Goedart noch ein Anhänger der Urzeugungs-Lehre. Schwere
Angriffe von Swammerdam und Lister hat ihm die Ansicht eingetragen, daß
die Parasiten das Endprodukt der Entwicklung derselben Raupe seien, die sonst
Falter hervorbringe (cf. I, 11). Wir unterschätzen aber heute die Schwierigkeiten
der ersten Erkennung vieler Vorgänge, die uns geläufig sind und die wir oft
nur deshalb beobachten, weil wir wissen, wie die Verhältnisse in Wirklichkeit
liegen. Wir müssen uns hüten, in dieser Beziehung allzu voreilig auf ältere
Autoren den ersten Stein zu werfen, zumal wenn wir nicht, wie Radl u. a., die
Stellung zu den Problemen der allgemeinen Biologie zum Kriterium für die Beurteilung eines Autors erheben. Von gegen 140 Insekten-Arten hat Goedart
im Laufe seines Lebens die Metamorphose beobachtet und abgebildet. Zu diesen
Metamorphosen sind offenbar nur die mehr oder weniger vollständig beobachteten Metamorphosen ausgewählt (Larve und Imago, oft auch die Puppe).

Von den Werken Goedart's existieren zwei Ausgaben, von denen eine von
Goedart's Landsmann dem Middelburger Arzt de Mey, die andere auf Veranlassung der Royal Society von dem Londoner Arzte und Zoologen Lister
stammt. Beide unterscheiden sich sehr, sowohl in der Anordnung als im Ausmaße des Gebotenen.

Die ursprünglichere Ausgabe ist die von Mey. Sie ist in drei Bänden angeordnet und zeichnet sich durch eine bunte Aufeinanderfolge der Metamorphosen
aus ohne jede systematische Rücksicht. Sie enthält ferner im ersten Band ein
Vorwort, allgemeine Betrachtungen und Observations générales im Anschluß
an den Text sowie zwei Anhänge des Herausgebers (über die Eintagsfliege und
eine Abhandlung über die Metamorphose der Insekten). Außerdem enthält der
dritte Band zum allergrößten Teil einen „Appendix ou Observations particulières
sur le Metamorphose Naturel de Jean Goedart". (p. 65—270.)

Lister hingegen bringt weder das Vorwort noch die Observations générales
oder particulières noch die Appendices von de Mey. Dafür hat er die einzelnen
Beobachtungen in systematischer Reihenfolge geordnet. Fast jede Beobachtung
ist mit einem Kommentar Lister's versehen. Dem Buche beigebunden ist noch
ein kleiner Anhang Lister's, der in keinerlei Beziehungen zum Inhalte des
Werkes steht.

Die Schwierigkeit besteht nun darin, festzustellen, welche der von in der
de Mey'schen Ausgabe enthaltenen allgemeinen Teile von Goedart stammen und
welche de Mey zuzuschreiben sind. Diese Schwierigkeit wird dadurch vergrößert,
daß Lister in seinem Vorwort schreibt, er zweifele, daß Goedart seine Beobachtungen überhaupt zur Publikation bestimmt habe (Begründung: mangelhafte
Textbeschreibungen, Anzeichen aus der Vorbereitung verschiedener Tafeln, un-
systematische Anordnung). Andererseits ist mindestens der erste und der zweite
Band der dreibändigen holländischen Ausgabe noch zu Lebzeiten des Verfassers
(gestorben 1668) erschienen (Band I. 1662, Band II. 1667). Ich neige zu folgender
Annahme: Vorwort und Observations générales im Volumen I stammen von
Goedart, alle anderen Appendices von de Mey. Letzterer war wohl von Goedart,
der wahrscheinlich noch nicht einmal Latein verstand, beauftragt, seine Beobachtungen über die Verwandlungen der Insekten herauszugeben (1662 begonnen)
und hat auch später oder gleichzeitig die holländische Ausgabe besorgt.

Als Proben seiner Schilderung wählen wir die folgenden Abschnitte:

1) Vanessa io L. (Vol. I, 1.)

Die auf der ersten Tafel mit A bezeichnete Raupe habe ich zur Unterscheidung von anderen die stechende genannt. Sie entsteht aus den Eiern eines

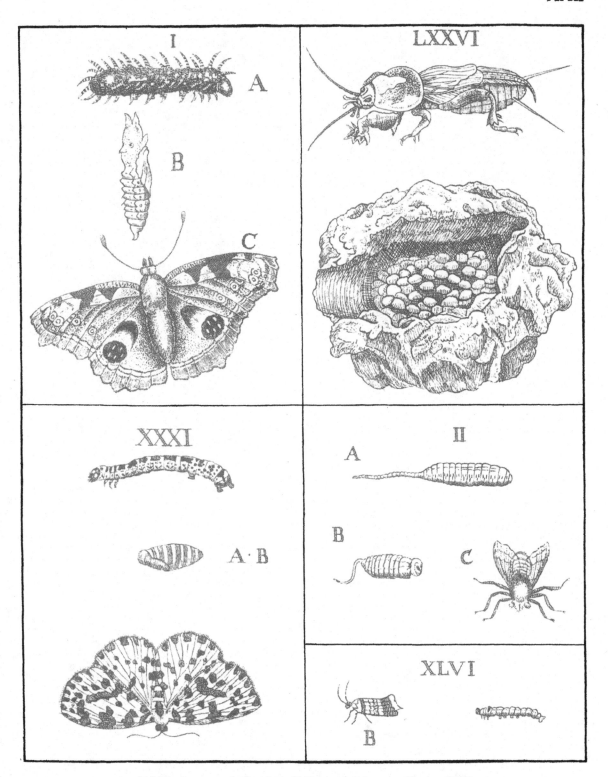

XXII

Abbildungen aus J. Goedart, Metamorphosis naturalis (ca. 1665).

I: Vanessa io. LXXVI: Gryllotalpa vulgaris. XXXI: Abraxes grossulariata. II: soll
Biene darstellen, ist in Wirklichkeit Eristalis tenax. XLVI: Carpocapsa pomonella.

Schmetterlings, den ich wegen seiner zahlreichen und schönen Farbe Pfauenauge genannt und unter dem Buchstaben C abgebildet habe. Der Schmetterling,
von dem ich nachher sprechen werde, legt seine Eier gewöhnlich auf Brennesselblätter. Die Brennessel ist ein sehr heißes Kraut, da sie die Hand, wenn man
sie mit derselben berührt, verbrennt und entzündet. Sofort entstehen kleine
Blasen, die viel Ärger verursachen, die man aber leicht heilen kann, wenn man
den Saft von einer Hand voll Brennesselblätter darüber preßt.

Ich habe diese Raupe am 14. Mai 1635 gefangen und sie bis zum 11. Juni
desselben Jahres mit Brennesselblättern ernährt. Dann begann sie sich zu
häuten, befestigte sich mit dem Hinterende stark an der Unterlage und hing
sich mit dem Kopfe nach unten, wie man auf Figur B sehen kann. Sie blieb in
dieser Stellung 19 Tage und dann schlüpfte ein schöner und großer Schmetterling mit vier Flügeln hervor, eben das erwähnte Pfauenauge, das auf Figur C
dargestellt ist. Als der Schmetterling sich gerade verwandelt hatte, waren seine
Flügel wie feuchtes Papier, an dem noch einige Wassertropfen hängen. Bewunderns- und bemerkenswert schien es mir, daß diese Flügel nach einer Viertelstunde trocken, völlig ausgedehnt und bereit zum Fliegen waren.

Die Nahrung dieses Schmetterlings ist Zucker und andere Süßigkeiten, aber
besonders Birnen, um die man sie sich häufig mit anderen schlagen sieht.
Während des Winters zieht er sich in die Kaminritzen der Dorfhäuser zurück
und man kann ihn von dort vertreiben, indem man ein bißchen mehr Feuer wie
gewöhnlich macht. Man hat ihn auch versteckt unter Baumritzen gefunden.

2) Abraxes grossulariata L. (Vol. I., 31.)

Unter allen Raupen, die ich kenne, ist keine schwieriger zu vernichten als
diese. Anfangs habe ich garnicht entdecken können, wo sie ihre Eier legt. Aber
endlich habe ich nach sorgfältigem Suchen gefunden, daß sie ihre Samen auf
Baumblätter legt, die sie sofort wieder mit einer haar- oder watteähnlichen
Substanz bedeckt und so zeigt, wie auch ein kleines Tier sich gegen die Kälte
schützt. Nachdem ich das Wattehäufchen geöffnet hatte, fand ich darin die
grünen Samen. Diese Raupen fressen die Blätter der Stachelbeere und sie sind
eine wahre Pest dieser Sträucher. Denn wenn man sie an dem einen Tage fängt
und sorgfältig tötet, so sind am nächsten Tage doch wieder genau so viele
dort. Ich habe auch bemerkt, daß die Vögel sie nicht essen, und daß sie sich
am 22. Juni verwandeln. In dieser hübschen Verwandlung (Fig. A, B.) blieb
sie bis zum 13. Juli, dann schlüpfte ein kleiner weißer Schmetterling hervor,
der sehr schön mit schwarzen Tupfen verziert war. Wenn man ihn in die Hand
nimmt oder ihn fallen läßt, so stellt er sich tot.

3) Carpocapsa pomonella L. (Vol. I, 46.)

Dieser Wurm entsteht aus der Zuckerbirne. Hier wohnt er und von ihr
nährt er sich. Er begann seine Verwandlung am 13. August und am 12. Juli des
folgenden Jahres entstand daraus die unter B dargestellte Motte, so daß er
11 Monate wie tot in seiner zweiten Verwandlung gelegen hat. Von seiner
Nahrung her habe ich ihn Birnenfresser genannt.

4) Gryllotalpa gryllotalpa L. (Vol. I, 76.)

Dieses Insekt habe ich Maulwurfsgrille genannt, weil es an den Charakteren
beider Anteil hat. Es ist sehr stark und zäh und stirbt nicht leicht. Es scheint,
als ob man ihm das Leben nur mit Gewalt rauben kann. Denn nachdem man
ihm den Kopf abgerissen hat, ist es noch 12 Stunden am Leben geblieben. Ich

habe einmal 6 Tage und 6 Nächte eine solche an einem Bindfaden an der Sonne aufgehängt und erst am siebenten Tage starb sie, schwarz und verbrannt. Ihr Fleiß bei der Errichtung ihrer Nester ist bewundernswert. Sie wählen hierzu ein festes Stück Erde, in dem sie eine Öffnung als Ein- und Ausgang herrichten. Sie graben im Innern eine etwa zwei Nüsse große Höhle aus und verbergen darin bis zu 100, bisweilen bis zu 150 Eier. Wenn sie alle ihre Eier abgelegt haben, verschließen sie die Öffnung. Wenn diese Höhle offen steht, ist es um ihre Eier geschehen, denn eine Art Fliege, die sich in der Erde aufhält, frißt sie dann, so daß sie große Sorge um die gute Verwahrung ihrer Zufluchtsstätte haben. Sie ziehen um dieselbe Laufgräben, in denen sie spazieren und Wache halten. Sie machen noch verschiedene andere Löcher in der Erde, worin sie sich im Notfalle verstecken können. Sie sind ferner noch so fleißig, daß sie außen die Erde bis zwei Finger breit über ihrem Nest abheben, wenn das Wetter schön ist, damit die Sonnenwärme ihre Eier zum Schlüpfen bringt. Aber wenn sie schlechtes Wetter oder Regen bemerken, so versenken sie ihr Nest sofort in die Erde. Ich habe ferner beobachtet, daß sie Flügel haben. Aber diese dienen ihnen nur zum Zierrat oder zum Schutz des zarten Hinterleibes. Aber fliegen können sie nicht.

Man findet sie zahlreich im Seeland bei Middelburg und sie machen dort unter den Erdfrüchten großen Schaden, solange diese noch zart sind. Denn wie mit einer Säge schneiden sie die Wurzeln beim Fressen ab. Man versucht, sie mit kleinen Töpfen zu fangen, die man in die Erde versenkt, und von wo sie sich nicht zurückziehen können. Man kann sie auch durch Zerstörung der Eier in ihren Nestern vernichten.

5) Cossus cossus L. (Vol. II, 33.)

Die auf der 33. Tafel abgebildete Raupe entsteht im Holze der Weide, wo sie auch im allgemeinen wohnt. Man weiß, daß dieser Baum einen terebinthenähnlichen Saft ausscheidet. Denn wenn man das feuchte Sägemehl der Weiden nach den Regeln der Kunst bearbeitet, kann man daraus einen Firnis herstellen. Von dieser klebrigen Flüssigkeit lebt dieser Wurm und hält sich während Winter und Sommer in seinem Mark auf. Unsere Bauern finden ihn am häufigsten in der Kältezeit, während sie das Holz sägen oder hauen. Aber wenn sie ihn lebendig bewahren wollen, so müssen sie ihn an einem wärmeren Platze aufbewahren oder noch besser, ihn in demselben Holze lassen, wo sie ihn gefunden haben.

Im Juni oder Juli kann man ihn gelegentlich beobachten, wie er über die Chausseen kriecht, um sich eine geeignete Ruhestätte für seine Verwandlung zu suchen. Er wählt dazu eine alte Weide, die fast trocken ist. Diese Wahl trifft er ohne Suchen instinktmäßig. Sein Instinkt sagt ihm, daß ein alter Baum ein viel weicheres Holz hat und eine viel bequemere Lagerstätte ist als ein junger und kräftiger. Den jungen wählt er wegen seines Saftes zur Nahrung und den alten wegen seines weichen Holzes als Ruhestätte zur Verwandlung. Hieraus kann man sicher schließen, daß, wenn die Insekten und kleinen Tiere auch nicht mit Verstand vom Schöpfer der Natur begabt sind, sie doch wenigstens eine gewisse Vernunft besitzen, eine natürliche Erkenntniskraft zur Unterscheidung dessen, was ihm nützlich und bequem, und dessen, was ihm unbequem ist, ebenso zur Einhaltung ihrer Zeiten und zur Vermeidung alles Schädlichen. Was ihre Entstehung anbetrifft, so muß ich gestehen, daß sie mir völlig unklar ist. Denn außen bemerkt man im Holz des Baumes keine Spalten und Löcher, und trotzdem finden sich im Innern die Raupen. Wahrscheinlich entstehen sie durch Spontan-Zeugung aus dem Saft und der Fäulnis und der Einwirkung der Wärme.

Oft ist es mir auch passiert, wenn ich diese Raupe zur Aufzucht gut in ein Glas verschlossen hatte, daß nachher kleine lebendige Fliegen herausgekommen sind, die ohne Zweifel aus der Wärme und der Fäulnis entstanden sind. Wenn unsere Raupen ihre volle Größe erlangt haben, suchen sie sich einen geeigneten Ort zu ihrer Verwandlung, in dem sie ihr neues Leben erwarten. Das ist nun ein schönes Bild der Auferstehung. Denn wie der Same oder das Ei (gemeint ist die Puppe) wieder auferleben und wachsen kann, wie wir es täglich in Gärten und Feldern sehen, ebensowenig ist es unmöglich, daß der verfaulte Menschenleib durch göttliche Kraft wieder auferstehen kann. ...

Doch kehren wir zum Ausgangspunkt zurück. Nachdem die Raupe sich in einer alten Weide verwandelt hatte, ging am 6. Juni aus diesem in der Mitte der Figur abgebildeten Verwandlungs-Stadium ein sehr munterer Schmetterling hervor, der, ohne sich zu rühren, nach 8 Tagen und Nächten starb und dabei seine Flügel schloß, die bis dahin immer offen und ausgestreckt waren. Wegen seiner roten Farbe und seiner Klauen nenne ich ihn den Krebs.

6) Tipula paludosa Meig. (Vol. II, 44.)

Der auf Tafel 44 abgebildete Wurm findet sich nur sehr selten, denn er lebt fast immer an steinigen und feuchten Orten verborgen. Aber manchmal erscheint er bis in unsere Gärten, wo er dann unserem Gärtner reichlich Ursache zur Klage gibt, da er alles zerstört, was er antrifft. Er läßt sich auch nicht leicht fangen, da er sich sofort bei dem geringsten Geräusch in die Erde einwühlt, und bei der kleinsten Bewegung verliert man ihn aus dem Auge. Er ist nicht sehr wählerisch, und er frißt die Wurzeln von allen Sorten Kräutern. Aber er ist ein schrecklicher Vielfraß und er frißt sich den Bauch derart voll, daß er nach dem Essen noch einmal so dick aussieht wie vorher. Vielleicht hat der Prophet Joel an dieses Tier gedacht, als er von dem Wurm sprach, der alle Kräuter zerstört. ...

Aber so ungern, wie man an seinem Tisch Vielfraße sieht, die alles hinunterschlingen, ebenso ungern sehen die Landleute auf ihren Feldern diesen gierigen Wurm, der alles frißt und nur schwer auszurotten ist. Denn durch eine besondere Naturveranlagung kriecht er niemals ganz aus der Erde heraus, sondern zeigt nur den Kopf, den er sofort zurückzieht, wenn er ein Geräusch hört. Man kann ihn nur mit der Hacke oder der Schaufel erwischen. Es scheint, als ob er weiß, wie verhaßt er den Menschen ist, und daß er deshalb die Menschen wie den Tod fürchtet. Ich legte diesen Wurm in ein Glas mit Erde, setzte ihn an einem nicht zu warmen und nicht zu kalten Orte der Sonne aus und habe ihm längere Zeit zu essen und zu trinken gegeben. In diesem Glas verwandelte er sich in die auf der Mitte der Tafel abgebildete Figur. Am 29. Mai verwandelte er sich und am 25. Juni schlüpfte ein kleines zweiflügeliges Tier mit 6 Füßen hervor, das die Kinder Schneider nennen. Diese Schneider besitzen ein heißes und unzüchtiges Temperament und es gibt zehnmal so viel Männchen bei ihnen als Weibchen, worüber man sich nicht wenig verwundern kann. Ich habe auch mit meinen eigenen Augen beobachtet, daß, während sich das Männchen mit dem Weibchen begattet, schon 5—6 andere Männchen umherfliegen, von denen jedes nur auf die Gelegenheit wartet, seinerseits zu kopulieren und seinen Begleitern zuvorzukommen. Das Männchen bleibt dann 2 Tage mit dem Weibchen in Kopula und stirbt bald nach der Loslösung aus derselben, während sich das Weibchen noch ganz kräftig fühlt. Wenn der Same, den das Weibchen erhalten hat, zu sterben anfängt und reif zur Ablage wird, so wühlt es sich mit dem Hinterleib

in die Erde und legt dort seinen Samen. Aus diesem Samen nimmt dieses gefährliche Tier seinen Ursprung, aber nicht vor Ablauf von 3 Jahren. Man muß
es als ein Wunder der Vorsehung betrachten, wie die Vermehrung dieses Wurmes hierdurch in Schach gehalten wird, daß der Wurm 3 Jahre zu seiner Erzeugung braucht, und daß er soviel mehr Männchen als Weibchen hervorbringt.60)
Hierin kommt die göttliche Gnade wundervoll zum Ausdruck, und das muß jeder
erkennen, der nicht undankbar ist."

Auch sonst finden sich viele gute Beobachtungen so z. B. die vierjährige
Periode des Maikäfers und anderes.

Diesen guten und sachlichen Schilderungen stehen gelegentlich recht primitive Gedanken gegenüber. Das Wesen der Metamorphose ist Goedart verschlossen geblieben. Schlupfwespen und Tachinen aus Schmetterlings-Raupen
betrachtete er als natürliche Endprodukte einer Entwicklung. Ratlos steht er
vor der Erscheinung (Vol. I, 11), wie aus der Raupe von Pieris brassicae der
schöne weiße Falter, die Schlupfwespe Apanteles glomeratus und eine Fliege zu
gleicher Zeit entstehen können. Das Puppen-Stadium hält er für eine Art Ei-
Stadium. Viele Raupen entstehen durch Urzeugung, wenn Fäulnis mit der nötigen
Wärme zusammentritt. Ein starkes Stück an Kritiklosigkeit stellt der folgende
Absatz dar, der eigentlich die Entwicklung der Bienen schildern will, während
tatsächlich diejenige von Eristalis tenax L. beschrieben wird. (Vol. I, 2):

„Alle Tiere sind untereinander sehr verschieden an Gestalt und an ihren
Eigentümlichkeiten, nach ihrem Wohnort und nach ihrer Nahrung. So sagt man
z. B., daß der Paradiesvogel ständig in der Luft schwebt und in den Wolken
seine Nahrung sucht. Andere Vögel wie z. B. der Wiedehopf suchen ihre Nahrung im Kote des Menschen und der Tiere. Das letztere trifft auch für den
kleinen Wurm zu, den ich wegen seines dreckigen Entstehungsortes den
Schweinewurm genannt habe und den man gewöhnlich in Abtritten und Kloaken
findet, wo er aus Fäulnis durch einen Überfluß an Wärme und Feuchtigkeit
entsteht. Der Wurm ist bei A abgebildet.

Der lange Schwanz hindert den Wurm, sich unaufhörlich zu wälzen, wenn
er sich fortbewegt, trotzdem er sonst ganz rund und fußlos ist. Wenn er nun
ins Rollen kommt und seinen Schwanz erhebt, so erhält er sich in seiner Lage.
Am 26. August begann er seine Verwandlung und schon vorher begann er herum-
zuwandern und sich in Spalten und Mauerlöchern festzusetzen. 17 Tage blieben
sie hierin und darnach schlüpfte eine Biene heraus. Figur B zeigt das Verwandlungs-Stadium und Figur C die Biene. Ich hatte anfangs geglaubt, sie hätte
keine Flügel, da ich an ihrem Platze nichts sah als einen weißen Fleck von Nadel-
kopfgröße. Aber vermittels ihrer Hinterfüße half sie diese so gut entwickeln,
daß in weniger als zwei Stunden 2 große flugfertige Flügel vorhanden waren.
Die Nahrung dieser Biene ist nach meinen Beobachtungen der süße Saft, den sie
aus den Distelblüten saugt. Man kann diese Bienen auch mit Zucker ernähren
und lange Zeit am Leben erhalten. Sie brauchen aber nicht viele Nahrung und
können ohne solche bis 21 Tage leben. Das ist ein deutliches Zeichen, daß sie
die natürliche Wärme und die mittlere Feuchtigkeit besitzen."

Die Kommentare von de Mey und Lister benehmen übrigens jeden Zweifel,
daß wirklich die Honigbiene gemeint war.

Deshalb muß man die scharfen Angriffe, die Swammerdam gegen Goedart
richtet, als durchaus sachlich zu Recht bestehend betrachten. Der tatsächliche
Wert seiner Beobachtungen wird dadurch nicht herabgemindert. Manche derselben sind kleine Meisterwerke und sind in einer Zeit geschrieben, da noch
keinerlei Vorlagen für solche Entwicklungs-Beobachtungen bestanden. Die all-

gemeinen Betrachtungen am Schlusse des ersten Bandes sind moralisch religiöser
Natur, wie sie in der Zeit und besonders in den holländischen Zeitumständen
begründet waren. Es scheint geradezu, als ob die religiöse Schwärmerei, die
derzeit in Holland so weit verbreitet war (cf. Helmot, Swammerdam, wohl auch
Merian etc.), direkt und indirekt ein Anlaß gewesen ist, daß das kleine Holland
so viele Entomologen und Zoologen hervorgebracht hat, die die Größe Gottes an
der wunderbaren Vielfältigkeit seiner Schöpfungen zu bewundern strebten. Ein
anderer und nicht minder wichtiger Anlaß war die Anregung, die von den
zahlreichen Sammlungen exotischer Tiere und Insekten aus den holländischen
Kolonien ausging.

J. de Mey.

Der Middelburger Arzt Johann de Mey (1617—1678), Zeitgenosse und
Herausgeber Goedart's, verdient nur eine kurze Erwähnung. Seine einzigen
Original-Leistungen sind Beobachtungen über Ephemeriden (Vol. I, Goedart)
und auch diese bringen keine neuen Daten. Seine ausführlichen zusammenhängenden Kommentare des Goedart'schen Werks (Vol. I und III) sind wesentlich
als literarische Arbeiten zu bewerten. Alle fehlerhaften Anschauungen Goedart's:
über Archigonie, Ursprung der Schlupfwespen und Tachiniden etc. sind restlos
von ihm übernommen. Der Abschnitt über die Raupen (Vol. I) gibt einen genügenden Begriff der Darstellung, die im allgemeinen ganz flüssig geschrieben ist.

I. Cap. 5. Von den Raupen im allgemeinen.

Es gibt sehr verschiedene Arten von Raupen: glatte und behaarte, kleine und
große, solche, die auf Bäumen, und solche, die auf Sträuchern leben, solche mit
14 und solche mit mehr oder weniger Beinen. Je behaarter die Raupen sind,
desto giftiger sind sie. Unter den geschwänzten Raupen gibt es einige, bei denen
sich der Schwanz durch Wachstum so verdoppelt, daß zwei daraus werden.
Von allen diesen Raupen dient ein Teil den Vögeln als Nahrung, ein anderer
dem Boden als Dünger; denn sie sterben auf den Bäumen, nachdem sie deren
Laub gänzlich verzehrt haben. Manchmal erscheinen sie so zahlreich, daß sie
nicht nur das Laub, sondern sogar die Früchte von Bäumen und Weinbergen verzehren. Gruppenweise erklettern und verlassen sie die Bäume und deshalb
spricht auch die Bibel von der Armee des Herrn. Wenn diese über die menschliche Haut kriechen, so rufen sie Entzündungen und Schwellungen hervor, ebenso bei Pferden, wenn diese ihren Kopf an befallenen Bäumen reiben. Deshalb
haben die Alten schon den Rat gegeben, sie in der Morgenkälte abzuschütteln.
Sie fallen dann leicht herunter und können bequem zertreten werden. [Es folgen
kurze Auszüge über die Natur und Verwandlung der Raupen aus Aristoteles,
Plinius, Aldrovandi, Jonston.] Beim Fressen bringen die Raupen und besonders
die Seidenraupen ein deutlich hörbares Geräusch hervor. Sie bewegen sich nach
Aristoteles wellenförmig fort, indem sie sich in die Höhe biegen. Sie haben
aber — trotz Aristoteles — doch Beine. Alle Raupen, die sich einen Kokon
bauen, verwandeln sich sofort, nachdem sie den Kokon vollendet haben. Vorher
waren sie weich und hatten Füße, waren beweglich und gefräßig, jetzt sind sie
hart und fußlos, bewegen sich nicht, wenn man sie nicht berührt, und fressen
nicht mehr. Sie haben dann die Gestalt eines Eies oder eines Wickelkindes mit
Mitra und Hörnern. Ihre Farbe ist golden, silbern oder anders. Man soll die
Raupen oder andere Pflanzen-Schädlinge vertreiben können, indem man an Stelle
von Dünger oder zusammen mit solchem Asche um die Wurzeln der Pflanzen
legt. Schwefelblüte soll dieselbe Wirkung haben. Näheres darüber steht in
Aldrovandi (II, 4.).

Betreffs der Entstehung der Raupen sind sich die Autoren nicht einig. Aristoteles meint, sie entständen aus den grünen Blättern des Kohls oder anderer Pflanzen. Ihr Same, den sie im Herbst hier zurücklassen, sieht einem Hirsekorn ähnlich. Hieraus entstehen dann die kleinen Raupen, aus denen in weniger als drei Tagen Raupen werden. Plinius behauptet, daß sich der Tau auf den Blättern unter Einwirkung der Sonnenstrahlen zu einem Stoff verdichtet, aus dem die Raupen entstehen. Arnaud schließt sich dieser Ansicht an. Andere lassen sie aus Schmetterlingen entstehen. Sobald die Falter aus den Puppen geschlüpft sind, legen sie ihre Eier oben oder unten an die nächsten Blätter oder an andere Orte, aus denen dann zu Beginn des nächsten Frühjahrs durch Einwirkung der Sonnenwärme die Raupen schlüpfen. Jonston sieht keine Schwierigkeit darin, alle drei Möglichkeiten zugleich zu akzeptieren.

Im Kommentar zum dritten Band finden sich allgemeine Betrachtungen über die Goedartschen Beobachtungen vermischt mit Exkursionen in die biblische Zoologie an Hand von Bochart's Hierozoicon. U. a. beweist de Mey aus der heiligen Schrift, daß die Insekten mit Verstand begabte Tiere seien.

M. Lister.

An dieser Stelle sei auch der bekanntere Kommentator Goedarts Martin Lister eingereiht. (Geboren 1638 bei Buckingham, gestorben 1711 als Leibarzt der englischen Königin in London.) Er hat eine Reihe nicht sehr bedeutender medizinischer Aufsätze veröffentlicht. Von seiner tätigen Mitwirkung in der Royal Society haben wir bereits berichtet. Andere nicht unwichtige Arbeiten sind die systematischen Studien über englische Spinnen, Mollusken und Käfer. Lister war ein fleißiger und sorgfältiger Beobachter, der in seinen systematischen Studien nicht zu unterschätzen ist.

Vielleicht das größte Verdienst Lister's ist sein energischer Kampf um die Aufklärung der wirklichen Biologie der Schlupfwespen. Er scheint der erste gewesen zu sein, der sie nicht aus der Raupe, sondern von in die Raupe gelegten Eiern der mütterlichen Schlupfwespen ableitet (cf. Lister und Willughby Philos. Trans. 1671). Wenn Lister zu diesem Problem auch keine eigenen Beobachtungen anzuführen hat, so hat doch seine sich schnell durchsetzende Ansicht von deren Entstehung die spätere Forschung des Tatsachenbestandes wesentlich erleichtert. Wir wollen nicht vergessen, daß sogar ein Meister der Beobachtung wie Réaumur keine wesentlichen Tatsachen darüber anzuführen weiß, wie die Schlupfwespen-Larven in den Raupenleib gelangen. Die Listerschen Schlüsse sind umso höher zu bewerten, als dieser Forscher keineswegs die Redi'schen Versuche und Folgerungen in vollem Umfang akzeptiert hat.

Die Goedart-Ausgabe Lister's ist keineswegs als eine vorwiegend literarische — wie etwa die de Mey's — zu bewerten. Lister beherrscht das Tatsachenmaterial des Goedart'schen Werkes vollkommen und hat durch Kürzungen und und Kommentare, in denen die gröbsten wie zahlreiche der kleinen Fehler der Original-Ausgabe richtiggestellt werden, seine Ausgabe auf den Stand der damaligen Wissenschaft gebracht. Außerdem sind die in systematischer Hinsicht völlig ungeordneten Beobachtungen des belgischen Malers in systematische Reihenfolge gebracht worden. Die ebenfalls der neuen Reihenfolge folgenden Abbildungen sind umgezeichnet und neu in Kupfer gestochen, wie sich aus zahlreichen kleinen Differenzen belegen läßt. Einige Proben mögen genügen:

1. Unser Autor hat gut beobachtet, daß die Raupe aus dem Ei dieses Falters entsteht. Höchstwahrscheinlich entstehen überhaupt alle Raupen aus den Eiern

der dazugehörigen Falter. Der Falter ist das vollkommene Mutter-Insekt, während Larve und Puppe vorübergehende Larvenzustände sind.

7. [Energisch tritt Lister gegen die falsche Auffassung Goedart's von der Entstehung der Parasiten auf. So z. B. bei der Besprechung des Kohlweißlings]: Die zahlreichen Nachkommen sind Ichneumonen [Apanteles glomeratus I..]; die beiden anderen sind fleischfressende Fliegen [Tachiniden]. Sie sind aber verschiedenen Ursprungs und entstehen nicht aus der Raupe, sondern sie sind von ihren eigenen Eltern gezeugt. Die Raupe dient ihnen nur als Speise, aber nicht als Mutter. Die fleischfressenden Fliegen pflegen sich auch von dem Leichnam der Raupen oder Puppen zu ernähren. Die Ichneumonen töten ihre „Erzeuger" nicht und lieben auch keine faulenden Substanzen als Nahrung. Vielleicht benutzen sie die von der Raupe verdaute Nahrung mit und fressen nicht deren Eingeweide, da ich Raupen noch viele Tage nach dem Herausschlüpfen dieser Larven lebendig gesehen habe. Ich habe viele Raupen des Kohlweißlings seziert und habe auch einige Ichneumonen-Larven in deren Innern gefunden. Wie und wann sie aber in deren Körper hineingelangen, ist mir unbekannt.

15. Diese Raupe frißt wie viele andere des Nachts aus einem natürlichen Erhaltungstriebe heraus: Sie fressen zu der Zeit, wenn sie das am sichersten tun können, und das ist des Nachts, wenn ihnen keine Gefahr von Insekten fressenden Vögeln droht.

39. Meine negative Ansicht über die Urzeugung habe ich bereits geäußert. Es ist ganz gewiß, daß der Cossus aus Eiern, die von den Faltern erzeugt wurden, entsteht. Diese ganz kleinen Würmer können schon in Holz fressen, aber ihre Eintritts-Löcher sind wahrscheinlich unsagbar klein, so daß man sie nicht erblicken kann.

60. [Zur Bekämpfung der Apfelmade meint Lister:] Da sie nur einmal im Jahr und gleichmäßig entsteht, so braucht man auch nur einmal die Früchte gründlich von ihnen zu befreien, sarti tecti manebunt per anni residuum [d. h. wohl: die befallenen Früchte sind zu sammeln und gut zu verschließen?].

Nicht uninteressant ist seine, dem Ray'schen Werke angehängte Arbeit De Scarabaeis britannicis.61) Die Kupfertafeln hierzu sind der Goedart-Ausgabe ohne Text und Numerierung beigeheftet. Von den 40 Käfern sind 5 Rhynchoten und eine Forficulide abzuziehen. Das Lister'sche System ist wie folgt:

Die einheimischen Insekten Englands.

1. Insekten, die aus runden Eiern entstehen und abgesehen von der Größe bereits in ihrer endgültigen Gestalt schlüpfen.

6-beinige	Läuse
8-beinige	Spinnen, Skorpione.
Vielbeinige	Tausendfüßler
Ohne Beine	Würmer und Mollusken.

2. Insekten, die aus länglichen Eiern als Würmer schlüpfen und später Puppen werden. Diese beiden Stadien sind nur Wachstums-Erscheinungen des erwachsenen Insekts.

Mit Deckflügeln	Käfer, Heuschrecken etc.
Ohne Deckflügel	
mit 4 Flügeln	Schmetterlinge, Libellen etc.
	Bienen, Wespen etc.
mit 2 Flügeln	Fliegen, Mücken, Bremsen etc.

Die englischen Käfer.

Auf dem Lande lebende.

Sectio   I. Antennen am Ende blattartig Nr. 10.

„   II. Antennen haarförmig oder zugespitzt.
         Elytren vollkommen.
         Elytren gestutzt.

„   III. Rüsselkäfer oder Gurguliones der Alten.
          Mit einem Gelenk in der Mitte.
          Mit mehreren Gelenken am Ende.

„   IV. Mit spitzem Rüssel oder Wanzen.

Im Süßwasser lebende.

Im Meer lebende.

II. Sektion der Käfer.

A. Mit haarförmigen Antennen und vollkommenen Elytren.

Cap. 1. Von den Cerambyciden. Diese haben folgende Eigenschaften: 1. Köi
        per lang und schmal; 2. sehr lange, zarte und geknotete Antennen
        3. finden sich besonders in der Nähe von Bächen.

Cap. 2. Von den Käfern mit zangenförmigen Kiefern (Cicindelidae).

Cap. 3. Von den Springkäfern. Sie springen vermittels der Brust (Elateridae)

Cap. 4. Von den langsam kriechenden Käfern, die zwar Elytren, aber keine
        oder nur kleine Flügel besitzen.

Cap. 5. Von den schnell kriechenden Käfern mit Flügeln.

B. Mit haarförmigen Antennen und vollkommenen Elytren.

Cap. 1. Von den Ohrwürmern. (Forficuliden und Staphyliniden.)

Cap. 2. Von etwas verstümmelten Weichkäfern ohne Flügel. (Meloe.)

Der erste der geschilderten Käfer ist:

Sectio I. Blatthornkäfer. Scarabaeus maximus rufus, Uropygio inflexo.
[Melolontha vulgaris.]

„Er gehört zu den großen Käfern und bewegt sich sehr langsam. Seine
Färbung ist über dem größten Teil des Körpers rot. Der Kopf ist klein, das
schädliche Maul sogar sehr klein; die stumpfe Nase ist an den Rändern etwas
aufgebogen. Von den schwarzen Augen entspringen die Antennen, die in 7 blatt-
förmigen Platten endigen, die beim Fliegen gelegentlich gespreizt werden. Schultern und Brust sind höckerig und wollig behaart. Die rötlichen, leicht gestreiften
Flügeldecken bedecken die großen braunadrigen Flügel. Der Hinterleib ist
schwärzlich braun, unter den Flügeln mit weißer Fleckung. Sein stark ausge-
zogenes Ende ist nach unten gebogen. Die Tibien der Vorderbeine besitzen
sägezahnartige Aufrauhungen.

Ende Mai ist er überall zwischen Bäumen häufig, deren Laub er frißt. Besonders liebt er den Ahorn und seine Verwandten. Die Krähen fressen sie und
ebenso füttert man Truthühner mit ihnen."

Martin Lister ist einer der wichtigsten Träger und Verbreiter entomologischen Interesses seiner Zeit gewesen. Die entomologischen Arbeiten des viel-
beschäftigten Arztes sind teilweise von großer Bedeutung gewesen und seine Arbeiten über Spinnen und Mollusken haben für lange Zeit als Unterlage für die
englischen Forscher gedient.

XXIII

Titelkupfer aus Blankaart, Schouburg der Rupsen (1688).
(Nach brieflicher Mitteilung von Dr. W. Horn- Berlin ist der Mann
mit der Perücke Blankaart selbst.)

S. Blankaart.

Stephan Blankaart ist ein Amsterdamer Arzt, der durch Goedart's Arbeiten zu ähnlichen Beobachtungen angeregt wurde, die er in einem Buche „Schouburg der Rupsen" zusammenfaßte. Im Vorwort erzählt er von einer Massenvermehrung von Yponomeuta malinella (?) in Weißenfels, deren Raupen-Nester so groß und massenhaft waren, daß sie abgenommen und als Halstücher verwandt werden konnten. Das Volk sah in ihnen ein böses Vorzeichen. Das erste Hauptstück „handelt von der Zeugung aus Eiern und daß aus der Fäulnis nichts entstehe". Blankaart macht eine ganze Reihe der Redi'schen Versuche und ähnlicher nach, ohne den Namen Redi's zu erwähnen. Die beigegebenen Tafeln, von denen eine Reihe exotische Falter darstellt, sind nur mäßig, aber sicher nicht schlechter als die meisten Goedart'schen. Auch die Beobachtungen Blankaart's sind nicht hervorragend, müssen jedoch als eine für ihre Zeit durchaus anerkennenswerte Leistung gewürdigt werden.

Dem Buche ist ein kurzer Briefwechsel mit holländischen Freunden über Cochenille, Seidenwürmer und Hafft beigefügt.

8. Von der Rosenstock-Raupe und ihren Veränderungen. [Lymantria dispar L.]

Als der Rosenstock zu knospen begann, habe ich dort 1 oder 2 schnell kriechende, sehr bunte Raupen gefunden. Sie waren schwarz, rot, blau und uraniafarben, an den Seiten rauh behaart und mit einem dicken Kopf. Sie besaßen 6 spitze Füße am Hals, 8 unten breit endigende in der Mitte des Leibes und 2 ebensolche am Schwanz. Ich habe sie eine Zeit lang mit grünen Rosenblättern gefüttert, um ihre späteren Stadien kennenzulernen. Am 26. des Brachmonats war die eine gestorben und die überlebende hatte ihre Farbe völlig verändert; sie war gänzlich rot geworden und einige Haare, besonders am Vorder- und Hinterende waren einen Finger breit lang geworden, so daß ich sie nochmals abmalen mußte.

Am 14. des Heumonats fand ich eine andere, sehr große, die sich bereits zur Verpuppung anschickte. Ich nahm sie mit, da die meine nur langsam wuchs, wohl weil ich ihr nicht die als Nahrung gebührenden Blätter verschaffen konnte. Zwei Tage später spann sie einige weiße Fäden um sich und verwandelte sich in eine ziemlich große, kastanienbraune, hier und da mit dunkelgelben Haaren besetzte Nymphe. Jederseits war eine kleine Höhle wie ein Loch, in denen Augen standen. Ich ließ sie liegen, um den Schmetterling zu erwarten.

Am 4. August kam ein großer schwarzer Schmetterling mit schwarzen Antennen und Beinen hervor, der hier und da schwarz gefleckt war. Ich merke nicht, daß Goedart ihn beschrieben hat. 1 oder 2 Tage später legte er gegen 120 rötliche Eier, die alle in einem grauen Staub lagen, der aus den Büchsen flog, als ich sie öffnete. Dieser Schmetterling ist ein Weibchen und ich habe aus anderen Liebhabern verstanden, daß die Männchen viel kleiner und von anderer Farbe sind. Ich werde das noch bei Gelegenheit untersuchen. Ich glaube, daß man diese und andere Tiere im Holländischen Eulen nennt: 1. weil sie wie die meisten Eulen unter den Vögeln nur im Dunkeln zu fliegen scheinen und 2. weil ihr dicker Kopf, an dem die zwei Augen hervorstehen, dem einer Eule gleicht.

31. Von dem Schaumtierchen oder Kuckucksspeichel. [Aphrophora spumaria L.]

Im Frühjahr sieht man auf den Bäumen und Kräutern einen Schaum, ähnlich dem Speichel. Einige nennen ihn Kuckucksspeichel. Diesen Schaum fand ich an der Blattunterseite von Johannisbeerstauden, an der Viola damascena und anderen Gewächsen. In diesem Schaum fand ich ein gelbes Tierchen so groß wie ein Floh, mit 2 schwarzen Augen, 2 Antennen und 6 Füßen. Das Tier auf der Viola war noch zu jung, um sich viel zu bewegen, das andere war älter, hurtiger im Laufen und bereits ein vollkommenes Tier. Ich habe mehrfach 2—3 Tiere beisammen gesehen, gewöhnlich jedoch nur eins. Ich glaube, daß sie von Tierchen entstehen, die in der Erde leben und ihre Eier an die Pflanzen kleben. Der Schaum scheint mir, von den jungen Tieren durch eine Art Saugen hervorgebracht zu werden: einesteils zur Ernährung, aber auch, um sich gegen die Luft zu bedecken. Denn ich habe sie nur bei gutem Wetter außerhalb dieses Schaums laufen sehen. Nach meiner Ansicht saugen die Tiere den Saft aus den Kräutern, lassen ihn den Körper als Nahrung passieren und scheiden ihn dann aus. Einige sind der Ansicht, daß der Schaum aus der Luft fällt. Er müßte dann aber stets auf der Blattoberseite zu finden sein, während ich ihn oft an der Blattunterseite von Rosenblättern gefunden habe. Während des ganzen Blumenmonats wuchsen diese Tiere, wurden allmählich grün und waren am Ende des Monats so groß wie ein Weizenkorn. Einen Tag nach der Nieder- schrift des Vorigen versuchte ich, die Herstellung dieses Schaumes zu beob- achten. Ich nahm deshalb ein Tierchen aus seinem Schaum, ließ es zum Trocknen etwas auf meiner Hand kriechen und setzte es dann auf ein Johannis- beerblatt, um es saugen zu lassen. Es saugte aber sehr wenig und das Blatt verwelkte. Am nächsten Tage versuchte ich ein Gleiches an einer Artischocke, gleichfalls ohne Erfolg. Ich dachte, daß der Mißerfolg darin lag, daß in die Blätter keine Flüssigkeit mehr hinzufloß. Ich nahm also Ranken von wildem Wein, setzte sie in eine Porzellanschale mit Wasser und setzte das Tierchen auf eines dieser Blätter. Ich hatte mich nicht getäuscht, denn in zwei Stunden sog dasselbe so viel Schaum, daß an dem Schaum selbst ein Tröpfchen Wasser hing. Dies Tierchen bedeckte sich völlig mit Schaum. Dies beobachtete ich am 20. des Blumenmonats 1686 und es scheint weder von Goedart noch von Swam- merdam beschrieben zu sein.

Am 6. Mai sah ich wieder solchen Speichel mit einer leeren Haut des Tieres. Es hatte sich gehäutet und war weggewandert. Dann hatte es wieder sehr viel Schaum gesogen und saß darin als geflügeltes gelbes Tierchen mit zwei blaß- gelben Flügeln. Sobald ich es in die Hand nahm, sprang es weg, und ich fand es nicht wieder. Am 14. Mai fand ich ein anderes Tier, das gerade seine Flügel zu bekommen begann, und dachte, es würde sich nochmals häuten. Ich setzte es also auf eine Ranke wilden Weins, deren eines Ende in Wasser getaucht war. Es sog bald Schaum, häutete sich am nächsten Tage zu einem vierflüge- ligen Käferchen, das aus der Hand sprang; ich setzte es zusammen mit der Ranke in ein Glas, aber es sog keinen Schaum mehr. Die Flügel waren schon dunkel gezeichnet. Das Tier sog wohl Wasser, denn ich fand in dem Glas so- viel Wasser, daß es nach 5 oder 6 Tagen ertrank.

Diese Tierchen habe ich den ganzen Sommer über in meinem Garten ge- sehen. Sie waren aber verschieden gefärbt, teils dunkel, teils grau. Sie saßen den ganzen Sommer auf den Blättern der Kräuter bis in den halben Herbst- monat. Danach habe ich sie nicht mehr gesehen. Ich zweifele aber nicht, daß sie in die Erde gekrochen sind und ihre Eier abgelegt haben, aus denen im Früh- jahr neue Tiere entstehen. ...

Ein zweiter Teil des Werkes war im Manuskript vorbereitet und befindet sich in der Haager Bibliothek. Er ist bis heute noch unveröffentlicht. Nach Hagen (Bibl. I. p. 56) sind in 36 Kapiteln 22 Lepidopteren, 4 Hymenopteren etc. dargestellt.

Literatur:

Steph. Blankaart, Schouburg der Rupsen, Wormsen, Ma'den, en Vliegende Dierkens daar uit voorkomende. Amsterdam 1688, deutsch Leipzig 1690.

II. Maria Sibylla Merian.

An Goedart schließt sich eine interessante Erscheinung, Maria Sibylla Merian, an, eine tapfere und selbständige Frau, der die Entomologie eine Reihe der schönsten Tafelwerke zu verdanken hat. 1647 zu Frankfurt am Main als Tochter eines tüchtigen Zeichners und Kupferstechers geboren, heiratete sie 1665 den Maler J. Andreas Graff aus Nürnberg. Nach 20-jähriger Ehe trennte sie sich, anscheinend unter dem Einfluß religiös-sektierischer Ansichten, von ihrem Mann und zog nach Holland. Ihre ersten Werke sind noch unter dem Namen Maria Sibylla Gräffin erschienen. In Holland wurde sie durch die zahlreichen Sammlungen exotischer Insekten, die sie in Amsterdam sah, so begeistert, daß sie beschloß, für einige Jahre nach Surinam, dem holländischen Anteil des tropischen Amerika, zu fahren, um die Entwicklung dieser farbenprächtigen Insekten zu studieren (1699—1701). 1717 starb sie in Holland. In der Herausgabe ihrer Werke wurde sie von ihren beiden Töchtern Johanna Helene und Dorothea Maria Henriette eifrig unterstützt.

Alle von ihr selbst herausgegebenen Werke, sowohl die Beschreibungen der 150 europäischen Insekten wie das Werk über Surinam zeichnen sich durch eine einfache, kurze, auf das tatsächlich Beobachtete beschränkte Darstellung aus, deren jede von einem von der Merian selbst hergestellten Kupferstich begleitet ist. Diese Kupferstiche sind heute noch berühmt wegen ihrer Sauberkeit, Eleganz und Naturtreue. Viele Exemplare sind von ihr selbst koloriert worden.

Maria Sybilla Merian

Fig. 111.
Maria Sybilla Merian
(zeitgenössischer Kupfer).

Sie selbst schildert ihre innere Entwicklung in der Vorrede zu dem Werk über die Surinam-Insekten wie folgt:

„Von meiner Jugend an habe ich mich mit dem Studium der Insekten beschäftigt. Ich habe in meiner Vaterstadt Frankfurt a. M. mit den Seidenraupen begonnen. Später habe ich dann bemerkt, daß alle die schönen Tag- und Nacht-Schmetterlinge aus Raupen entstehen. Ich habe deshalb alle Raupen, die ich finden konnte, gesammelt, um ihre Verwandlungen zu studieren. Um meine Untersuchungen mit größerer Genauigkeit anstellen zu können, habe ich jede Gesellschaft verlassen und mich nur mit Zeichnen beschäftigt, um die Insekten naturgetreu darstellen zu können. So habe ich alle Insekten, die ich bei Frankfurt und Nürnberg gefunden habe, gesammelt und auf Pergament gemalt. Diese Sammlung war in die Hände einiger Neugieriger gefallen, die mich ermahnten, meine Beobachtungen über die Insekten zu veröffentlichen, zur Zufriedenheit aller Naturkundigen. Ich folgte ihrem Rate und veröffentlichte den ersten Teil in Quart im Jahre 1679 und den zweiten 1683, nachdem ich sie zuvor in Kupfer gestochen hatte. Ich ging dann nach Friesland und Holland, wo ich fortfuhr, die Insekten zu studieren, besonders in Friesland, denn in Holland hatte ich nur auf Büschen und in der Hochebene Gelegenheit zu Untersuchungen. Allerdings haben mir auch zu dieser Zeit Neugierige Raupen gebracht, damit ich ihre Verwandlung studiere, und ich habe so eine ganze Reihe Beobachtungen gesammelt, mit denen ich eines Tages meine beiden früheren Bände ergänzen kann. Aber ich habe in Holland nichts Interessanteres gesehen als die verschiedenen Insekten, die man von den beiden Indien hierhergebracht hatte, besonders seit ich die Erlaubnis hatte, das Kabinett des berühmten Bürgermeisters von Amsterdam und des Direktors der Ostindischen Kompagnie Herrn Nicolas Witsen und das von Herrn Jonas Witsen, des Sekretärs derselben Stadt, zu besichtigen. Ich habe auch die interessanten Sammlungen des berühmten Arztes und Professors der Anatomie und Botanik Frederic Ruisch sowie die von Herrn Levin Vincent und mehreren anderen gesehen. Hier fand ich eine unzählige Menge von Insekten, von deren Ursprung und Erzeugung und von deren Metamorphosen man nichts wußte. Das hat mich dazu bestimmt, die lange Reise nach Surinam in Amerika zu unternehmen. Aus diesem heißen und feuchten Lande hatten die erwähnten Personen den größten Teil ihrer Insekten erhalten. Meine Abfahrt geschah im Juni 1699 und ich blieb in Surinam bis zum Juni 1701, um meine Beobachtungen in Ruhe auszuarbeiten und fuhr dann nach Holland zurück, wo ich am 13. September ankam. Ich habe sorgfältig auf Pergament die Tiere dieser 72 Tafeln in ihrer natürlichen Größe und Umgebung gemalt, und man kann sie bei mir mit den trockenen Insekten besichtigen. Allerdings hatte ich in diesem Lande nicht die Bequemlichkeiten, die mir zum Studium der Insekten erwünscht gewesen wären. Denn das Klima war derart heiß, daß mein Temperament es nicht vertrug, und daß ich früher zurückzukehren gezwungen war, als ich ursprünglich beschlossen hatte. Nach meiner Rückkehr drängten mich einige Wißbegierige, denen ich meine Zeichnungen gezeigt hatte, diese zu drucken und zu veröffentlichen. Sie sagten, es sei die schönste Arbeit, die jemals in Amerika gemalt worden sei. Die großen Kosten dieses Unternehmens ließen mich die Ausführungen zunächst verschieben. Aber endlich überwand ich auch diese Schwierigkeit.

Dieses Werk umfaßt also 72 Tafeln, auf denen mehr als 100 Beobachtungen über Raupen und Larven, ihre Verwandlung und ihren Formwechsel in Schmetterlinge, Bienen und Fliegen dargestellt sind. Alle diese Insekten sind auf ihren natürlichen Nährpflanzen dargestellt. Einige Bemerkungen über die Entwicklung der Spinnen, der Ameisen, der Schlangen, der Eidechsen und der Frösche mit ihren natürlichen Abbildungen habe ich beigefügt und ebenso einiges von den Erzählungen, die mir die Indianer mitgeteilt haben. Ich will aus dieser Veröffentlichung keinerlei Gewinn ziehen und möchte nur meine eigenen Kosten decken. Ich habe an den Platten und am Papier nichts gespart, um den Ansprüchen der Liebhaber von Insekten und Pflanzen in jeder Weise zu genügen. Ich werde zufrieden sein, wenn ich das erreicht habe. ... Ich hätte leicht die Beschreibungen ausführlicher machen können, aber da man darin heute sehr sorgfältig ist und die Gelehrten sich untereinander völlig uneins sind, so habe ich mich lediglich darauf beschränkt, meine Beobachtungen einfach wiederzugeben, und so den Untersuchungen anderer Stoff zu bieten. Schon verschiedene Autoren haben vor mir ausführlich über Insekten-Metamorphosen gearbeitet wie Mouffet, Goedart, Swammerdam, Blankaart etc. Ich benenne die erste Umwand-

lung der Raupen „Puppen" und die zweite „Schmetterlinge" für die, die am Tage
fliegen, und Nachtschmetterlinge (wie Mouffet) diejenigen, die in der Nacht
fliegen. Fliegen und Bienen nenne ich die zweite Verwandlung von Maden und
Larven. ..."

Bei weitem den Hauptteil der Darstellungen der Merian nehmen die Schmetterlinge ein, doch kommt auch eine Reihe anderer Insekten zur Behandlung. In
dem Surinam-Werk ist so z. B. der Laternenträger und andere Insekten abgebildet. Nach ihrem Tode erschien eine französische Gesamtausgabe ihrer Werke.
Von den 184 Tafeln zu den europäischen Insekten-Metamorphosen sind die 34
letzten aus ihrem Nachlaß hinzugefügt worden. Sie befassen sich hauptsächlich
mit Blumen und fallen gegen die 150 übrigen an entomologischer Bedeutung
gänzlich ab. Über den Inhalt und die Behandlungsweise geben uns die folgenden
Proben Aufschluß, die sofort erkennen lassen, wie hoch sie, was die Darstellung
und was die Abbildungen betrifft, über Goedart steht. Da ihre Beobachtungen
sehr knapp sind und ihren eigentlichen Reiz erst durch die zugefügten Abbildungen erhalten, können wir uns hier mit wenigen Beispielen begnügen.

1. Papilio machaon L. (Deutsche Ausgabe 1679 Vol. I. Nr. 38.)

„Eine Art Gartenfenchel. Foeniculum hortense.

Diese schöne und nett gestreifte Raupe habe ich im August angetroffen auf
dem Fenchel (welcher allhier abgebildet und die Raupe unten darauf zu sehen),
den sie zu ihrer Speise gebraucht. Solche Raupen sind schön grün an der Farb
und haben schwarze Streifen wie Sammet und auf den Streifen goldgelbe
Flecken; wenn man sie hart anrührt, so strecken sie gleich vorn an dem Kopf
2 gelbe Hörner heraus wie ein Schneck: Sie haben auch von vorne, nämlich
unten an auf jeder Seite 3 spitzige Füßlein oder Kläulein dann noch 2 leere
Glieder, allwo keine Füßlein; und alsdann wieder 4 Glieder, da unten her zu
beiden Seiten 4 runde Füßlein sind; darnach wieder 2 leere Glieder und ganz zu
hinterst noch 2 runde Füßlein, womit sie sich sehr fest anhalten. Im Fall sie
keinen Fenchel haben, so essen sie auch wohl gelbe Rüben. Die Gärtner nennen
diese Raupe den Öbser, dieweil sie vermeinen, er tue dem Obst großen Schaden;
wiewohl ich ihn auf nichts anderem gefunden als (wie oben gemeldet) auf
Fenchel und gelben Rüben. Er hat aber einen sonderbaren Geruch wie das
Obst, so viel unterschiedliches beieinander liegt. Wenn sie nun ihre völlige
Größe haben, so schieben sie ihren Balg oder Haut ganz ab, welcher neben ihnen
oben anhangend bleibt, wie ich solches abgebildet; und hängen sich an eine
Wand den Kopf unterwärts und machen den hintern Leib so fest, als wenn er
angeleimt wäre. In der mitten des Leibes spinnen sie einen weißen Faden umher,
damit er wohl fest hängend bleibe. Alsdann werden sie in einem halben Tag zu
Dattelkernen62), die eine Gestalt wie ein gewickeltes Kindlein haben; daß man
eines Menschen Angesicht gleichsam wohl daraus erkennen kann, wie ich hier
an dem Fenchel einen hingehängt. Diese Dattelkerne sind grau und teils auch
grün an der Farb. In dieser Gestalt nun hängen sie bis in den April oder Mai:
Wiewohl mir auch schon im Dezember einige ausgekrochen, ich gebe aber solchem die Schuld, weil ich sie in der warmen Stube gehalten hab. Der Sommervogel nun, so allhier ausgekrochen zu sehen, hat 4 Flügel und sind die obersten
2 Flügel schön gelb und schwarz, die untersten 2 sind auch also; außer daß sie
an den getüpfelten Örtern oder Feldern schön blau und das unterste Ei daselbst
eben also, aber auch rot darbei zu sehen ist. Der Leib bleibt schwarz und gelb,
hat 6 schwarze Füße und vorn am Kopf einen langen Schnabel, welchen er

26*

ganz rund zusammendreht, und so man ihm ein Zucker hinlegt, so legt er den
langen Schnabel auf den Zucker, als ob er damit essen wollte. Er zieht auch mit
demselben die Süßigkeit aus den Blumen, welches ich vielmals beobachtet."

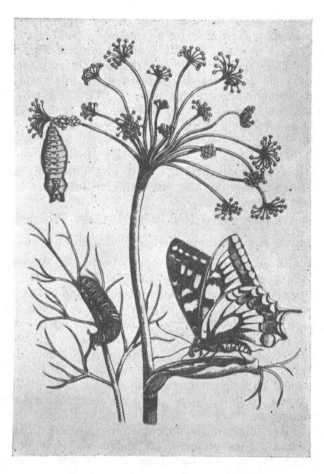

Fig. 112.
Papilio machaon L. (Aus Merian, 1679.)

2. Chaerocampa elpenor L. (Französ. Ausgabe 1740 Nr. 73.)

„Blühende Rebe Vitis alba. Diese beiden großen Raupen gehören der gleichen
Art an, der einzige Unterschied beruht auf der Färbung, die unten grün, beide
geschmückt mit schwarzen Streifen und Flecken. Sie nähren sich von den
Blättern der Reben; wenn sie fressen, verlängern sie sich um mehr als ein
Drittel. Ihre Exkremente sind dunkelgrün und stellen ein Fünfeck dar, dessen
Seiten indes gerundet sind, wie wenn kleine Rundstäbchen zusammen gefügt
wären. Damit man sich leicht eine Vorstellung davon bilden könne, habe ich eine
Abbildung unter der unteren Raupe auf der Tafel beigefügt.

Ich habe beobachtet, daß einige der grünen Raupen sich auf die Erde legten
und sich zu einem Klumpen zusammenzogen, aus welchem kurze Zeit darauf 6
Maden kamen, die sich in braune Puppen verwandelten, aus deren jede eine

dunkelblaue, schwarz gestreifte Fliege auskroch, mit roten Augen und glas-
artigen durchsichtigen Flügeln.

Die braune Raupe verwandelte sich Mitte Juli in eine hellbraune Puppe und
blieb so bis zum Mai des folgenden Jahres; dann schlüpfte ein schöner Nacht-
Schmetterling aus, dessen Kopf, Körper und Vorderflügel schön rosenrot gefärbt waren, geschmückt mit perroquetgrünen Streifen und Flecken; seine

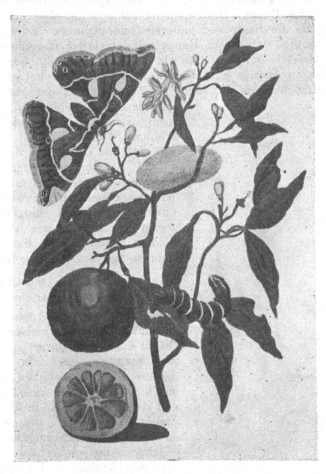

Fig. 113.
Der Spiegelträger. (Aus Merian, 1705.)

Hinterflügel waren je mit einem schwarzen Fleck gezeichnet, seine Augen gelbgrün. Er hat vorn am Kopf zwischen den kleinen Hörnern einen feinen, langen,
gelben Rüssel oder Schnauze, den er zur Nahrungsaufnahme gebraucht und den
er nach Gefallen aufrollen und sogar ganz unter den Kopf verbergen kann. Ich
glaube, daß die Verwandlung dieser Raupenart eine der schönsten und bemer-
kenswertesten ist.“

Das zweite Hauptwerk der Merian: Metamorphosis Insectorum Surinamensium steht als erstes großartiges Illustrations-Werk exotischer Insekten in ihren
Entwicklungs-Stadien in der von uns behandelten Epoche und noch für lange
darüber hinaus völlig vereinzelt dar. (Amstelodami 1705 gr. fol.) Die photo-

graphische Abbildungsprobe gibt auch nicht entfernt den richtigen Eindruck von diesem Prachtwerk.

Der Spiegelträger (Surinam Tafel 65).63)

„Diese schöne gelbe und am Bauch rote Raupe hat am Schwanz eine doppelte Reihe in Flammenform. Sie lebt auf Zitronenbäumen, deren Blätter sie frißt, aber man findet sie sehr selten. Am 25. Februar spann sie ihren Kokon und verwandelte sich in eine Puppe. Ihr Faden ist seidenartig, aber glänzender und in größerer Menge als die Seide der anderen Seidenspinner. Es ist zu bedauern, daß man nur so wenige von diesen Raupen findet, da ich überzeugt bin, daß man aus ihnen mehr Gewinn ziehen könnte als aus dem Seidenspinner des Maulbeerbaums, wenn man sie ebenso leicht ernähren könnte. Das hat aber, glaube ich, noch niemand versucht. Am 25. März schlüpfte daraus der auf der Tafel abgebildete Nachtschmetterling. Er ist sehr groß. Seine Farbe ist goldig und rot mit weißen Streifen sowohl auf der Ober- wie auf der Unterseite der Flügel. Jeder Flügel hat einen hellen Flecken, der durchsichtig wie Glas ist und von zwei Kreisen, einem inneren weißen und einem äußeren schwarzen, eingefaßt ist. So sieht dieser Fleck aus wie ein Spiegel mit seinem Rahmen, und die Naturliebhaber nennen ihn daher Spiegelträger."

Blattschneide-Ameisen (Atta).64) (Surinam Taf. 18.)

„Man findet in Amerika ganz außerordentlich große Ameisen, die in einer Nacht die Bäume derart entlauben können, daß man sie eher für Besen als für Bäume hält. Sie haben gebogene Zähne, die wie Messer ineinandergreifen und mit denen sie das Laub abschneiden. Der Baum sieht dann aus wie ein Baum in Europa zur Winterszeit. Tausende solcher Ameisen schneiden die Blätter von den Bäumen und schleppen sie dann von der Erde als ihre Beute in ihr Nest. Sie dient nicht ihnen, sondern ihren Jungen zur Nahrung, die kleine Würmer sind. Die geflügelten Ameisen werfen ihren Samen wie die Mücken und daraus entstehen zwei Arten von Würmern: einige umgeben sich mit einem Kokon, die meisten werden zu Puppen, die die Uneingeweihten Ameisen-Eier nennen; die wirklichen Ameisen-Eier sind aber viel kleiner. In Surinam füttert man die Hühner mit diesen Ameisen-Puppen, die eine viel bessere Nahrung als Hafer und Gerste darstellen. Die Ameisen kommen aus diesen Puppen hervor, häuten sich und bekommen Flügel. Das sind dann die Ameisen, die die Eier ablegen, aus denen die Larven schlüpfen. Für letztere sind sie so besorgt, denn

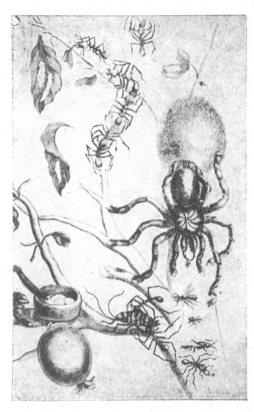

Fig. 114.
Atta. (Aus Merian, 1705.)

in diesen heißen Ländern brauchten sie an sich keine Nahrung für den Winter einzusammeln. Sie bauen in der Erde Höhlen von oft 8 Fuß Tiefe und formen sie so, daß es die Menschen nicht besser machen könnten. Wenn sie irgendwohin gelangen wollen, wohin es keinen Zugang gibt, so bilden sie eine Brücke, indem sie sich fest aneinanderhalten, bis der Wind der letzten Ameise der frei herabhängenden Kette dazu verhilft, den gegenseitigen Stützpunkt zu fassen. Alsdann stürzen sich sofort 1000 andere Ameisen über diese Brücke. Diese Ameisen sind ständig im Krieg mit den Spinnen und allen Land-Insekten. Einmal im Jahr verlassen sie ihre Höhlen in unzähligen Scharen, gelangen in die Häuser, durcheilen die Stuben und töten alle großen und kleinen Insekten, die ihnen begegnen, indem sie diese aussaugen. In einem Augenblick verschlingen sie große [Vogel-]Spinnen, indem sie sich in so großer Zahl auf sie werfen, daß sie sich nicht verteidigen können. Sogar die Menschen müssen die Flucht ergreifen. Wenn sie ein Haus Stube für Stube von Insekten gesäubert haben, gehen sie in das nächste und so fort, bis sie wieder in ihre Höhlen zurückkehren."

Der Palmrüßler. (Surinam Taf. 48.)

Fig. 115.
Palmrüssler. (Aus Merian, 1705.)

„Ein weißlicher Wurm kriecht in der Mitte der Tafel auf einem grünen Blatt. Die Holländer nennen ihn Palmyt-Worm, d. h. Palmwurm, da er sich von diesem Baume nährt. Ich habe ihn hier auf einem Blatt dargestellt, weil ein Palmwedel zu groß für eine Zeichnung ist. Er ist kurz und weich. .. Die Eingeborenen behaupten, daß er 50 Jahre wächst, bevor er vollendet ist. Sie schneiden ihn aus der Blattbasis oder aus dem Stamm der Palme in Menschenhöhe heraus und kochen ihn, wie wir Blumenkohl kochen. Der Geschmack ist besser als der des Bodens einer Artischocke. Er lebt im Stamm der Palme und nährt sich von ihrem Mark. Anfangs ist er nicht größer als eine Käsemilbe, wird dann aber später so groß wie der hier abgebildete Wurm. ... Aus dem Wurm schlüpft der schwarze Käfer, den ich hier abgebildet habe, die Mutter des Palmwurms."

Literatur:

Biographien: A. Dittmar. (Frankfurter) Entom. Ztschr. Vol. 30. 1916-17 Nr. 23 und 25.
    N. R. Wagner, Umschau Vol. 24, 1920, p. 461.
    G. S. Urff, Kosmos, 1918, p. 188.
    F. Eisinger, Internat. Entom. Ztschr. Guben 1910, p. 67.
M. S. Merian, Der Raupen wunderbare Verwandlung. Nürnberg Vol. 1. 1679, Vol. 2. 1683.
M. S. Merian, Metamorphosis Insectorum Surinamensium. Amsterdam 1705.

III. Antonio Vallisnieri.

Der Mittelpunkt der italienischen Entomologie zu Beginn des 18. Jahrhunderts war Antonio Vallisnieri. Geboren am 3. Mai 1661 bei La Rocca, studierte er bei den Jesuiten in Modena und verteidigte dort in seinen Thesen 1682 die aristotelische Philosophie. Durch den Einfluß Malpighi's wandte er sich alsdann der Medizin und den Naturwissenschaften zu. 1689 ließ er sich als praktischer Arzt in Parma nieder, wo er einen botanischen Garten (Horto dei Semplici) anlegte. Auf zahlreichen Exkursionen sammelte er mannigfache Beobachtungen über Leben und Entwicklung der Insekten, über die er 1696 eine erste kleine Notiz veröffentlichte. 1700 erhielt er die Professur für praktische Medizin in Padua, wo er bis an sein Lebensende (1730) wirkte. Neben zahlreichen Ar-

Fig. 116.
Antonio Vallisnieri.
(Nach einem zeitgenössischen Kupfer.)

beiten über menschliche und tierische Anatomie, Pathologie und Teratologie, über artesische Brunnen etc. widmete er den Insekten und Würmern sein besonderes Interesse. Letztere standen noch im Mittelpunkt des Kampfes um die Urzeugung, in dem Vallisnieri entschieden auf Seiten der Urzeugungs-Gegner stand. Auch zu den anderen großen biologischen Problemen seiner Zeit nahm er entschiedene Stellung. Gegen Leeuwenhoek gehörte er zu den Ovulisten, die das Ei als entscheidend für die Entwicklung ansahen, und er war einer der Begründer der Evolutions- oder Präformations- (= Einschachtelungs-) Lehre, nach der alle Generationen jeder Art sich bereits eingeschachtelt in dem Ei des ersten von Gott geschaffenen Individuums befunden haben. Berühmt waren auch die Sammlungen Vallisnieris, in denen sich viele bisher unbekannte Insekten-Metamorphosen vorfanden. Er erklärte ferner das Wesen des inneren Parasitismus bei den Insekten richtig, wobei ihm allerdings nicht, wie Berlese meint, die Priorität zukommt (Swammerdam, Lister etc.). In einer polemischen Arbeit wendet er sich scharf gegen Redi's und Bonnani's Ansicht über die Entstehung der Pflanzen-Gallen durch Bewirkung der Pflanzen-Seelen. Sie entstehen vielmehr durch Insekten, wie schon Malpighi bewiesen hat. Vallisnieri hat stets eigene Beobachtung höher geschätzt als fremdes Buchwissen wie auch sein Motto: „Sensu magis quam rationi fidendum" beweist: „Beobachtung ist mehr wert als Spekulation".

Für die Entwicklung der Entomologie war Vallisnieri in verschiedener Hinsicht von Bedeutung. Er ist der Begründer eines ökologischen Insekten-Systems, das Réaumur als das beste der vorhandenen Systeme bezeichnet hat. Wir verstehen heute, daß man die Insekten wohl ökologisch anordnen und einteilen kann, daß aber eine Systematik auf den morphologischen Eigenschaften der Tiere selbst basiert sein muß. Der Charakter seiner Nuove idea d'una Division generale degl' Insetti (1713) ist der einer Programmschrift. Bei der verfehlten Anlage dieses Programms ist die Nichtveröffentlichung der angekündigten Hauptpublikation nicht allzu bedauerlich. Vallisnieri unterscheidet zunächst vier Hauptgruppen nach dem Aufenthaltsort:

„Die erste Gruppe umfaßt alle Insekten, die von oder in Pflanzen leben oder sich irgendwie von ihnen ernähren.

Die zweite Gruppe umfaßt alle Wasser-Insekten.

Die dritte alle in der Erde und harten Stoffen lebenden Insekten.

Die vierte alle Epi- und Endozoen sowie alle Insekten, die sich von Fleisch nähren.

Außerdem muß man ihre ganze Entwicklung und ihre Unterschiede heranziehen, um jede Art genau bestimmen zu können, so ob sie mit Füßen oder fußlos, geflügelt oder ungeflügelt, behaart oder unbehaart etc. sind. Aber verschiedene Umstände erschweren bei den Insekten ihre ganze Einordnung: so ihre Verteilung auf Erde, Wasser und Luft; dazu entstehen noch viele im Wasser und andere in Pflanzen, leben aber als Imagines in der Luft oder auf der Erde; endlich die mannigfachen Gestalten, die sie während ihres kurzen Lebens annehmen.

Trotz all dieser Schwierigkeiten hoffe ich, alle richtig einordnen zu können. Zunächst die in und von Pflanzen lebenden Insekten.

1. Als erste behandele ich die Insekten, die sich meist im Schoße der Pflanzen bergen, im Schilf und anderen hohlen Pflanzenstengeln ihre Nester bauen, oder sich von Pflanzensäften ernähren. Hierher gehören gewisse kleine Waldbienen, einige Ichneumonen, einige Ameisen etc.

2. Die zweite Gruppe bilden diejenigen, die selbst das Mark aushöhlen, um dort ihre Eier zu legen.

3. Weniger erfindungsreiche Insekten legen ihre Eier an den Stamm oder die Zweige, und die Larven müssen sich selbst ins Mark einfressen.

4. Diejenigen, die so stark in den Pflanzen fressen, daß diese vertrocknen oder unfruchtbar werden.

5. Diejenigen, die nur soviel von den Pflanzen fressen, als unbedingt zu ihrer Entwicklung nötig ist. Die Pflanzen vertrocknen nicht, werden aber schwächlich.

6. Die Gallen erzeugenden Insekten (an Ästen und Stämmen).

7. Diejenige weit verbreitete Gruppe, die nur die Blätter fressen und die blattlose Pflanze beschädigt zurücklassen.

8. Diejenigen Insekten, die ihre Eier an die Blattunterseite ablegen, oft das Blatt ein wenig krümmen und sich mit ein wenig Saft und Exsudat begnügen.

9. Die Blattminierer.

10. Diejenigen, die in die Blatt-Mittelrippe, die nicht deformiert wird, ihre Eier legen und deren Larven zwischen den einzelnen Blattadern fressen.

11. Von diesen muß man die unterscheiden, die in der Blatthauptrippe bleiben und dort einen Tumor hervorrufen.

12. Andere rufen sowohl auf der Haupt- wie auf Nebenrippen Gallen hervor (z. B. Mikiola fagi).

13. 14. Verschiedene Pontania-Gallen der Weiden.

15. Eriophyes-Gallen an Weide.

16. etc. weitere Gallen.

30. Blattwickel von Byctiscus betulae (cf. antike Literatur).

Es folgen verschiedene Coleopteren, Stammbohrer, Pflanzenläuse, Heuschrecken bis Nr. 41.

Die drei anderen Klassen werden nur kurz besprochen. Die genaue Beschreibung der einzelnen Charaktere, an denen man die verschiedenen Arten

der im selben Medium lebenden Insekten erkennen kann, ist einer späteren
Arbeit vorbehalten.

Von bleibender Bedeutung sind die schönen und grundlegenden Arbeiten
über die Biologie der Dasselfliegen. Besondere Aufmerksamkeit widmete er der
Dasselfliege des Rindes, der Nasenbremse des Schafes und der Magenbremse
des Pferdes. Die erstere und letztere sollen hier im Auszug wiedergegeben
werden.

Über die Wurmkrankheit der Pferde. 1715.

[Gastrophilus intestinalis Deg.]

„Im vergangenen Sommer begann eine Wurmkrankheit der zum Dreschen
auf der Tenne benutzten Pferde sowie der Fohlen im Gebiete von Mantua und
Verona. Vom Volke wird sie „mal del tarmone" genannt. Ich beschloß, diese
Krankheit näher zu untersuchen, da ihre Ursachen noch unbekannt waren. Die befallenen Tiere standen zumeist bewegungslos, fraßen nicht und waren völlig abgemagert. Später war der Urin teils blutig, teils klar und wässerig, teils wie Öl. Der Stuhl war teils verstopft, teils flüssiger Durchfall, stets aber von üblem Geruch. Das Fieber war mehr oder weniger stark, je nach der Zahl und den Verletzungen der Würmer. Den säugenden kranken Stuten starben in wenigen Tagen die Fohlen weg, den schwangeren verfaulten sie im Leibe. Das Krankheitsbild zeigt die Tiere in stets gekrümmter Haltung, den Rücken nach oben aufgewölbt, die Haare rauh und ungeordnet, die Augen tränend und trüb. Die Zunge ist in ständiger Bewegung. Endlich begannen sie sich vor Schmerz zu krümmen und zu winden, bis sie in schrecklich abgemagertem Zustande aus dem Leben schieden. Bei der Sektion fand sich der Magen vollgepfropft mit gewissen kurzen Würmern, den Tarmoni der Tierärzte, die an den Stellen, wo sie festsaßen, solche Löcher in der Magenhaut verursacht hatten, daß man je ein Maiskorn hineinlegen konnte. Die äußere Membran des Magens war entzündet, die innere von Geschwüren bedeckt und von üblem Geruch. Ganz wenige Würmer fanden sich im Dünndarm, einige im Dickdarm; sie waren aber hier nur wie angeklebt und hatten keine Verletzungen hervorgerufen. Zwar erwähnen schon Ruini, Aldrovandi, Gesner, Columella, Varro, Vigetius u. a. diese Krankheit, aber niemand forschte ihrem Ursprung nach. Sie beruhigten sich

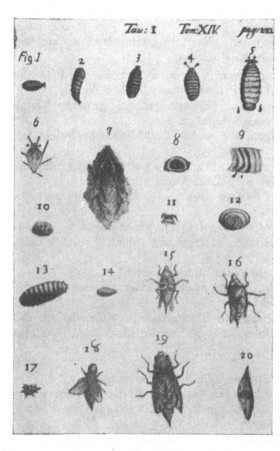

Fig. 117.
Gastrophilus intestinalis L.
(Aus Vallisnieri, 1715.)

mit der alten Fabel, daß diese Würmer aus der Fäulnis entstehen, und gaben nicht die nötige Obacht, um zu beobachten, daß diese Würmer sich verpuppen und aus den Puppen Fliegen hervorkommen. Sie entstehen aber nach dem Naturgesetz dieser Tiere aus Eiern, die von außen herstammen, wie bei allen Oestriden. Diese Magenbremse legt ihre Eier unter den Schwanz an den After, wenn ich mir das gleich früher anders vorgestellt hatte. Dr. Gaspardi sah eines Tages, wie eine Fliege sich an diesen Platz zu setzen suchte und dort scheinbar ihre Eier ablegte, obwohl das Pferd sich während einer Viertelstunde wie toll gebärdete. Auch die Hirten bestätigten, daß sie das öfters beobachtet hätten, wenn eine gewisse böse Fliege sich unter ihren Schwanz zu setzen sucht. [Vielleicht Verwechslung mit Hippobosca equina L., da die Magenbremse ihre Eier an die Haut des Vorderkörpers ablegt, während H. equina gerne an solchen Stellen sitzt.] Die jungen Larven kriechen dann in den Dickdarm, der ihre natürliche Welt ist, und später langsam in den Dünndarm und Magen, und wenn sie dort sehr zahlreich sind, quälen sie die Pferde ungeheuer oder töten sie sogar.

[Die sehr genaue Beschreibung Vallisnieri's der erwachsenen Larven (Fig. 1—12) übergehe ich hier, da die Abbildungen ein genügendes Bild geben.]

Hat der Wurm seine volle Größe erreicht, so runzelt er sich, schrumpft zusammen und wird zur Puppe (Fig. 13 und 14), wie bei anderen Insekten. Diese ist oval, aus 8 sehr harten, runden, schwarzen Segmenten zusammengesetzt, und es läßt sich kein Kopf und kein Hinterende mehr deutlich erkennen. Der Kopf ist am schmäleren Ende; es befinden sich am ersten Segment zwei gerade verhärtete, vorstehende Punkte, die von den breiten Hörnern sehr verschieden sind. Am Grunde sind sie schwarzrot, an der Spitze weißlich. Unterhalb dieser Punkte ist das Segment besonders stark gerunzelt und senkt sich etwas nach innen. Das zweite Segment ist schmäler als alle anderen und trägt eine Reihe der bei der Larve bereits beschriebenen Dornen, die nach rückwärts gerichtet sind. Von den Larven-Dornen unterscheiden sie sich durch ihre Ansatzstelle. Dort entspringen sie an der Basis des Segments und hier vom Vorderrand, was aber vielleicht mit dem Prozeß des Einschrumpfens zusammenhängt. Auch hier umgeben sie den Ring völlig bis auf eine Falte, die an jeder Seite vom zweiten bis vierten Segment reicht. Auf der Oberseite des zweiten Segments zählte ich 12, auf der Unterseite 15 Dornen. Das dritte Segment ist breiter und damit auch die Zahl der Dornen größer (oben 15, unten 19). Ebenso besitzt das vierte bis achte Segment je einen Kranz nach rückwärts gerichteter starrer und harter Dornen; aber an der Unterseite und den stärker gewölbten Stellen ist ihre Anzahl größer; sie sind ferner etwas stärker und zwischen den Dornen des vierten bis vorletzten Segments stehen ganz kleine Dornen, die bei den ersten fehlten. In der Mitte der vier letzten Segmente fehlt je ein Dorn. Im übrigen sind die Segmente ganz glatt und glänzend wie Horn. Das neunte, letzte Puppensegment ist am Ende völlig gefaltet und rauh, mit einem kleinen dunkeln Grübchen und eng gerunzelt.

Am 8. Oktober öffnete ich eine Puppe, die sich am 15. September gebildet hatte, und fand im Innern die fertige Fliege, die sich bereits zum Schlüpfen anschickte und das ganze Puppen-Innere erfüllte. ... Sie befreit sich von ihrer Hülle, indem sie durch eine Art Speichel den obern Teil derselben erweicht und dann mit dem Kopfe abhebt. Manchmal kommen sie so starr und plump daraus hervor, daß sie nicht einmal die Flügel auszudehnen vermögen, wie ich das auch bei den anderen Insekten beobachtet habe; ich führe das auf einen Mangel der Nahrung während des Larven-Stadiums oder eine andere Widrigkeit zurück (Fig. 15—16)."

Auch die Fliege wird ganz genau beschrieben (Fig. 17—20). Hervorzuheben
ist hierbei nur die wohl älteste Beschreibung der Stirnblase (auf Fig. 15—16 erkennbar) im Moment des Schlüpfens, deren Aufgabe des Sprengens der Puppenhülle Vallisnieri richtig erkannt hat. Im Innern eines Weibchens fand er zahlreiche Eier; ein einziges Weibchen genüge also zur Infektion einer ganzen
Pferde-Herde. Nicht alle Würmer, die aus dem Pferdeafter ins Freie gelangen,
sind verpuppungsreif. Sind sie es, so verpuppen sie sich in der Erde. Im Juni
zog Vallisnieri erfolgreich eine Reihe der Fliegen. Diese begatten sich sofort
und die Weibchen beginnen dann auf die beschriebene Art ihre Eier abzulegen.
„Dies ist die bizarre und neue Geschichte dieser Pferde-Pest."

Die Dasselfliege des Rindes. [Hypoderma bovis L.]

„Am 6. Mai fand ich am Rücken, an den Seiten und am Hals einer halbwilden
Bergkuh 30 Geschwulste von verschiedener Größe, in deren jeder ein Wurm wie
in einem besonderen Lager eingebettet war. Beim Drücken auf die Basis der
größten dieser Geschwulste kamen die weichen Würmer, die in einer klebrigen,
mit etwas Blut vermischten Flüssigkeit eingebettet lagen, hervor. Sie hatten die
Größe einer entschälten Zirbelnuß, waren weiß und unbeweglich und ihre Haut
war sehr zäh. Der größte zeigte 11 Einschnitte und war von fast kegelförmiger
Gestalt. Am engeren Ende war eine kleine quere Mundspalte, ohne daß ein
Kopf deutlich erkennbar gewesen wäre. Unterhalb der Mundspalte fanden sich
ein ungewisses schwarzes Etwas und oberhalb zwei kleine Anschwellungen mit
zwei kleinen schwarzen Punkten in der Mitte. Auch durch Pressen dieses Teils
konnte ich keine weiteren Einzelheiten erkennen. Am breiteren Ende sitzen zwei
schwarze Flecken wie zwei einander zugewandte C. Am Rande des letzten
Segments ist eine kleine Spalte, aus der beim Pressen ein weißlicher Schweiß
austritt. Die übrigen Segmente scheinen aus einer runzeligen, zähen Haut zu
bestehen, an der sich unter der Lupe zahlreiche Runzeln, Falten und kleine
Anschwellungen erkennen lassen. Auf dem Rücken werden letztere hart und
schwärzlich.

Mitte Juni untersuchte ich einen anderen Wurm in seinem Lager, der zwar
ausgewachsen, aber noch nicht reif war. Auch er hatte 11 Einschnitte und war
so groß wie eine entschälte Mandel (Fig. 1 und 2). Die Einschnitte sind deutlich und tief, aber etwas gewunden und nicht gradlinig. Deshalb sind die Segmente vom Bauch, Rücken und Seite gesehen verschieden groß. ... [An der Beschreibung ist bemerkenswert, daß Vallisnieri die C-förmigen Körper auf dem
letzten Segment als die Mündungen der „Lungen" erkannte.]

Ich sezierte diesen zweiten Wurm und fand unter der sehr zähen und harten
Haut viele ganz weiße Gefäße, die sich in einer verwickelten, fibrösen Substanz
verzweigten, die die ganzen Eingeweide des Tieres umhüllt und die in Wirklichkeit nichts anderes ist als eine Ansammlung der Stoffe, welche später die
Flügel, Füße, Kopf, Muskeln und anderen Glieder des geflügelten Insektes
bilden. Diese sind noch ganz unentwickelt, weich und sehr zart. Sie behindern
das anatomische Messer und verwirren das Auge des Beobachters. Man kann
sie nicht genau unterscheiden, zumal ich über die für feinere Untersuchungen
erforderliche Anzahl von Würmern nicht verfügte. Entfernt man diese weiße,
milchige Materie, so stößt man auf zahlreiche Äste aus einer durchsichtigen
und fast knorpeligen Substanz, die immer aufgebläht und mit Luft gefüllt sind
(Fig. 3). Diese Ästchen vereinigen sich zu zwei großen Stämmen, ähnlich den
Tracheen der Pflanzen. Diese Äste sind die Tracheen oder Lungenrohre des
Insekts, die die Luft in alle Teile des kunstvollen Körpers hineinbringen, be-

sonders an die Eingeweide und vor allem an den Kopf. Sie sind immer prall
und elastisch und erhalten nach Zusammendrücken stets ihre frühere Gestalt
wieder. Die zwei Hauptstämme münden nach hinten in die zwei C-förmigen
Körper des letzten Segments. Es ist wunderbar, in welch verschiedener Weise
die Natur die Atem-Organe anlegt. ...

Wenn der Wurm nun reif wird
und sich zur Veränderung anschickt,
dann verdünnt sich auch die obere
Haut der Geschwulst, um dem Wurm
das Schlüpfen zu erleichtern. Der
junge Wurm ist immer faul und träge und bewegt sich nur wenig. Er
hält sich mit seinem Atmungsende
stets am Loche der Geschwulst, um
so Luft zu erhalten. Schickt er sich
aber zur Verpuppung an, so verläßt
er die Geschwulst und sucht sich
mit schnellen wurmartigen Bewegungen in die Erde einzugraben.

Das Größenverhältnis der Puppe
zur Larve (Fig. 1 und 2) zeigen die
Figuren 4 und 5. ... Es ist aber sehr
schwer, Puppen zu finden oder sie
aufzuziehen. Nur zweimal erhielt ich
aus meinen Zuchten die Fliege.

Im Innern der schwärzlichen
Puppenhülle, aus der beim Öffnen
etwas wässerige Flüssigkeit heraustritt, liegt die weiße Puppe (Fig. 6
bis 8), die alle Teile des geflügelten
Insekts bereits erkennen läßt. [Das
Atmungsrohr der Puppe (Fig. 9 q)
bezeichnet Vallisnieri als „Teil des

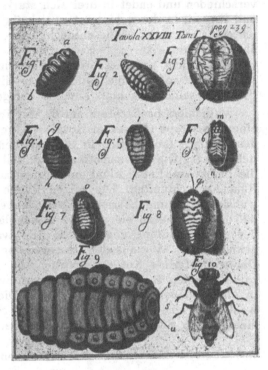

Fig. 118.
Hypoderma bovis L. (Aus Vallisnieri).

Kopfes, aus dem eine Röhre entspringt, durch die sie aus dem Wurm, der sie
einschloß, ihre Nahrung suchte". Die Beschreibungen sind im allgemeinen sehr
sorgfältig wie z. B. aus der folgenden Beschreibung der Dasselfliege erhellt.]

[Vorne am Kopf] sind wie bei allen Insekten-Imagines zwei ovale, dunkelfarbige, glänzende und gegitterte Teile, die man gewöhnlich als die Augen auffaßt. Die Stirn ist durch eine goldene Behaarung verziert und besitzt drei
Kugeln wie aus hellem Kristall, die dreieckig angeordnet sind und sich auch
bei ähnlichen Tieren finden. Auch diese hält man für Augen. Die Stirn ist durch
eine knorpelige Platte, wie die der Pferdebremsfliege, geteilt, unter der aus
zwei Gruben zwei kleine linsenförmige Körperchen mit einem einzigen Haar anstelle der Antennen entspringen. Die Schnauze ist stark goldig behaart, und
diese Haare erstrecken sich bis zum Hals und Kinn, auf deren Unterseite sie
manchmal weißlich werden. Im Grunde der Schnauze liegt der Mund, der ähnlich der Pferdebiesfliege ohne Haken, Stachel und sogar ohne Rüssel ist. Nur in
der Mitte ist eine rundliche Partie, die entweder schwammartig ist oder auf eine
andere Weise der Nahrungsaufnahme dient. Der Rücken [Notum] ist dreigeteilt.
Das erste Stück ist lang und schmal [soll heißen breit und kurz], das zweite
fällt an den Seiten steil ab und das dritte endigt in einem Oval. Alle sind gelb,

lich behaart, nur die Mitte des ersten und ein Teil des zweiten Stücks sind eben-
holzschwarz glänzend. Die zwei hyalinen Flügel sind stark geadert. ... Die Brust
ist sehr hart und sehr stark weiß und golden behaart. Von ihr entspringen die
sechs behaarten und beborsteten Beine. ... Das Hinterleibs-Ende ist von dem der
Tabaniden, der gewöhnlichen Fliegen, der Pferde- und Schafsbremsfliegen stark
verschieden und endet in drei sich stark verjüngenden Gliedern wie bei Wespen
und Bienen, in deren hintersten sich ihr furchtbarer Stachel befindet [!?], den
ich erst nach vieler Mühe entdeckt habe, und der dem der Rosenblattwespe sehr
ähnlich sieht. ..."

Aber nicht auf diese Gruppe beschränkten sich seine biologischen Untersuchungen, wofür seine Studie über die Rosenblattwespe sowie eine Anzahl
Bilder in seinem Nachlaß Zeugnis ablegen.

Vallisnieri beobachtete am 6. Mai in seinem Garten an zartem Rosenzweig
eine Blattwespe (Mosca di Rosai) [Arge pagana] bei der Ei-Ablage. Im Innern
des Zweiges fanden sich in zwei Reihen angeordnet die bohnenförmigen, gelblichen Eier. Die durchsichtigen Eier selbst wuchsen und gestatteten Vallisnieri,
die Embryonal-Entwicklung im Groben zu verfolgen, bis am 20. und 21. Mai die
Räupchen schlüpften. Die zarten Räupchen sind von schwarzgrauer Farbe mit
weißem Kopf und harren zunächst unbeweglich, bis ihre Haut etwas erhärtet
ist. Dann wandern sie auf die Rosenblätter, die sie begierig verzehren. Nach
der ersten Häutung gegen Ende Mai waren sie von weißer Farbe mit honig-
gelbem Kopf. Wie aus der Beschreibung ersichtlich, besitzt die Raupe 20 Füße.
Der ovalgeformte Kot ist schwarz. Diese After-Raupen (Vermes eruciformes)
zog Vallisnieri in einer Schachtel auf, wo sie sich nach mehrfachen Häutungen
in einen weißen Kokon verpuppten. Diese Kokons sind sehr zart und bilden
wohl kaum einen Schutz gegen Feinde. Sie ähneln ihrer Struktur nach oft mehr
einem zähen Schleim als einem Gewebe. Die Verpuppung läßt sich von außen

Fig. 119.
Skizze des Nestes von
Sceliphron sp.
(Aus Vallisnieri.)

verfolgen. Vom 18. Juni schlüpften Blattwespen
aus diesen, die den zuerst beschriebenen ähnlich
waren. Sie nähren sich von Honigsaft aromatischer
Pflanzen. Sie sind wie blind, da sie sich mit
Leichtigkeit mit den Fingern von den Blumen
sammeln lassen. Die Wespen sind nicht größer
als gewöhnliche Stubenfliegen. Kopf, Füße und
Flügel sind leuchtend blau, das Abdomen gelb.
Bei der folgenden Beschreibung gibt Vallisnieri
eine Abbildung der Flügel und geht dann an Hand
von sehr vielen Zeichnungen in eine minutiöse
Betrachtung der weiblichen Legeröhre über. Er
erkennt, daß diese aus drei Teilen, einem mittleren unpaaren und einem seitlichen paarigen zusammengesetzt ist. Der erstere enthält die Rinne
für den Durchtritt des Eies, während die beiden
anderen sägeförmig sich gegeneinander bewegen und als Säge dienen. Das
kleinere Männchen besitzt diesen Legestachel nicht. Die Verpuppung findet in
den Nestern im Boden statt, wie Vallisnieri durch vergleichende Naturbeobachtungen feststellte.

Zum Schlusse werden noch kurz vier andere Rosenschädlinge beschrieben:
1. eine Gallmücke ? (I. fig. 17),
2. eine Blattminiermotte (II. fig. 5),

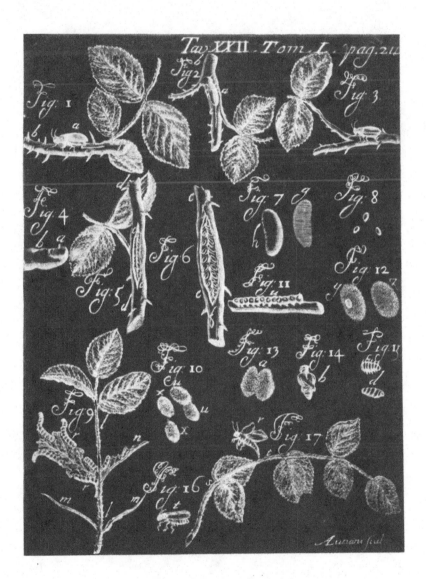

XXIV

Die Rosenblattwespe Arge pagana
(nach Vallisnieri).

3. eine Insekten-Larve, die in den jungen Trieben frißt (II. fig. 6),

4. eine kleine Raupe, die in den Knospen frißt.

In den Schriften Vallisnieri's finden wir auch eine Reihe biologischer Beobachtungen und Briefe anderer italienischer Autoren aufgenommen, deren bedeutendsten, J. C e s t o n i, wir bereits erwähnt haben. Seiner glänzenden und illustrierten Schilderung der Entwicklung des Flohes haben wir bereits Erwähnung getan (Philos. Transact.), ebenso seines Beitrages zur Lösung der Kermesfrage. Höchst interessant sind aber in dem letzteren einige ergänzende Bemerkungen zur Beschreibung des Curculio von Leeuwenhoek. Cestoni behandelt fraglos den Reiskäfer (Calandra oryzae L.) und bringt einen wichtigen Beitrag zu einer Frage, die bis in die letzten Jahre noch eifrig umstritten war: Er beschreibt, daß die Käfer, wenn es warm wird, ins Freie fliegen und geschäftig auf den Getreidefeldern an den milchigen Körnern umherkriechen und ihre Eier ablegen, so daß sie also bereits mit den Körnern ins Getreidelager gebracht werden; ähnlich wie das bei den Bruchiden, die in Leguminosen leben, der Fall ist. Da Cestoni durch seine anderen Untersuchungen als glänzender Beobachter legitimiert ist, so sind diese Beobachtungen als unbedingt zuverlässig anzusehen, zumal sie durch die neuesten Feststellungen völlig bestätigt sind.

Fig. 120.
Calandra oryzae L.
(Aus Cestoni).

Den für die Wissenschaften sehr interessierten und als Begründer des Bologneser Instituts bekannten General M a r s i g l i haben wir ebenfalls bereits bei Besprechung des Kermes behandelt.

Auf die ausgezeichnete und ausführliche Monographie des Lilienhähnchens (Crioceris merdigera) durch L o r e n z o P a t a r o l kann hier nur hingewiesen werden, ebenso auf einige Briefe. So schreibt z. B. der paduaner Edelmann M a n i a N a n i F a l a g u s t a über die Erhabenheit und Nützlichkeit des Studiums der Insekten, daß an den kleinen Objekten erst die volle Weisheit Gottes zu erkennen sei; und G i o v. B a s s o weist aus dem aristotelischen System selbst die Unmöglichkeit der Spontan-Erzeugung nach.

L i t e r a t u r :

A. V a l l i s n i e r i , Opere Fisico-Mediche, Stampate e Manoscritte (raccolte de Antonio su Figliuolo). Venezia 3 Vol. 1733.

IV. Réné Antoine Ferchauld, Seigneur de Réaumur.

Die überragendste und für die Entomologie wichtigste Erscheinung des vorlinnéischen 18. Jahrhunderts ist fraglos R é n é A n t o i n e F e r c h a u l d , S e i g n e u r d e R é a u m u r, des Alpes et de la Bermondière. Sonderbarerweise scheint dieser überragende, von seinen Zeitgenossen als der Plinius des 18. Jahrhunderts bezeichnete Mann, der Mitglied aller bedeutenden gelehrten Gesellschaften seiner Zeit war, b is heute keinen Biographen gefunden zu haben.*)

---

*) Inzwischen hat W. M. Wheeler (1926) wichtige Beiträge zu einer Réaumur-Biographie geliefert. Darin wird besonders die Geschichte und Ursache des Widerstreites zwischen Réaumur und Buffon erforscht und Wheeler versucht zu ergründen, ob dieser Streit mit dem Unterbleiben des Forterscheinens der Insektengeschichte zusammenhängt. Eine endgültige Klärung dieser Frage ist auch ihm nicht gelungen.

Seine Laufbahn war gleichmäßig ehrenvoll und gesichert. 1683 zu La Rochelle (Poitou) geboren, kam er 1703 nach vollendetem Rechts-Studium nach Paris, wo er sich mathematischen und naturwissenschaftlichen Studien hinzugeben begann, auf Grund deren er als 24-jähriger im Jahre 1708 in die Académie des Sciences aufgenommen wurde. Er zog sich in hohem Alter auf sein Landgut Bermondière (Maine) zurück, wo der 75-jährige am 17. Oktober 1756 nach einem leichten Falle starb.[65]

Fig. 121.
Réné Antoine Ferchauld, Seigneur de Réaumur. (Aus Locy.)

Sein wissenschaftliches Hauptwerk sind die 6 Bände „Mémoires pour servir à l'histoire des Insectes" (1734—1742). Von anderen zoologischen Arbeiten seien erwähnt: seine Studien über die Bildung und das Wachstum der Molluskenschalen, die Regeneration der Crustaceenbeine, den Zitterrochen, die Magenverdauung der Vögel u. a. Er erkannte die wahre Natur der Haftfüße der Echinodermen; er führt die Entstehung der Perlen auf eine Krankheit der betreffenden Muschel zurück. Seine letzte Arbeit war über den Bau der Vogelnester.

In der Akademie verwaltete er die Abteilung für Kunst und Industrie und auf diesem Gebiet liegen eine große Reihe weiterer Arbeiten: Als Porzellan-Ersatz schlug er Glas, in dem noch kristallinische Eiseneinschlüsse sich befinden (Réaumursches Porzellan), vor. Die Herstellung von Stahl aus Schmiedeeisen und die von Weißblech fanden sein besonderes Interesse. Er wies nach, daß die Ausführungen des Herrn Bon über die wirtschaftliche Verwertung der Spinnenseide lediglich Spielereien seien. Lange fesselten ihn Probleme der Hühnerzucht: er baute einen primitiven Inkubator, indem er die mit Eiern belegte Kiste mit frischem Kuhmist umgab, ferner studierte er die Kunst, Eier zu konservieren u. a. Am bekanntesten ist Réaumur wohl durch sein 80-teiliges Weingeist-Thermometer geworden, in dem Anfang und Ende der Graduierung durch Gefrier- und Siedepunkt des Wassers bezeichnet waren. Seine umfangreichen naturwissenschaftlichen Sammlungen kamen nach seinem Tode an den Jardin des Plantes.

Mit seinen Mémoires pour servir à l'histoire des Insectes müssen wir uns hier ausführlich beschäftigen. Bis auf den heutigen Tag besitzen wir kein Werk, das morphologische, ökologische und physiologische Probleme in gleicher Harmonie und auf solch breiter Grundlage behandelt. Einer allgemeinen Würdigung dieses in weitesten Kreisen zwar wohl bekannten, aber leider wenig gelesenen Werkes wollen wir eine ausführliche Inhalts-Angabe voranstellen:

Die allgemeine Einleitung beginnt mit einer Begründung dieser Studien über die Insekten: Im Gegensatz zu späteren Autoren, die oft nur den reinen Nützlichkeits-Standpunkt vertreten, hebt Réaumur auch das wissenschaftliche Interesse hervor. Eine Bekämpfung von Schad-Insekten ohne genaue Kenntnis ihrer Lebensweise ist unmöglich.

Réaumur geht dann zu einer kritischen Besprechung seiner Vorgänger über: Merian und Albin geben in ihren Arbeiten nichts mehr, als das Auge an den Bildern sieht. Goedart's teilweise sehr falsche Beobachtungen mußten durch Lister erst vor den schlimmsten Vorwürfen Swammerdam's gereinigt werden. Die Intelligenz der Insekten ist oft übertrieben worden: Die Frage, ob sie als Maschinen (Descartes) oder als intelligente Wesen anzusehen sind, läßt Réaumur noch unentschieden.

Aristoteles, Plinius, Aelian berichten vieles Interessante, ohne uns eine Möglichkeit der Kontrolle ihrer Beobachtungen zu geben. Aldrovandi und Mouffet lehrten in einem Zeitalter, in dem kein Mensch Besseres als die Wiedererkennung der Kenntnisse der Alten leisten zu können glaubte. Malpighi, Swammerdam, Redi, Leeuwenhoek, Goedart und Merian sind die ersten, die wieder mit der Betrachtung der Natur selbst begannen. Von den entomologischen Systemen sind die von Swammerdam (nach Art der Metamorphose) und von Vallisnieri (nach dem Wohnort) die besten.

Hieran schließen sich die Danksagungen zunächst für die folgenden Mitglieder der Akademie, die an dem Werke geholfen haben: Die Botaniker Bernard de Jussieu, du Hamel und seinen Bruder de Nainvilliers, den Mathematiker de Maupertuis, den Astronom Grandjean.

Besonderen Dank verdient der Postminister Graf d'Onzembray, der alle lebenden Insekten-Sendungen postfrei und mit größter Beschleunigung an Réaumur abgeben ließ, so daß ihn auch Sendungen aus den entferntesten Teilen Frankreichs bald erreichten. Durch Beobachtungen besonders verdient sind: Herr Bazin, zuerst Salzkontrolleur in Paris, später Naturbeobachter in Réaumur (Poitou), die Ärzte Baron in Lucon und de Villars in Essars und der Stadtarzt Raoul aus Bordeaux.

Illustrationen sind notwendig zum Beflügeln der Phantasie d. h. zur besseren Vorstellung des Gelesenen. So haben viel mehr Leute Merian und Albin gelesen als Ray, trotzdem wenige Zeilen desselben oft die Art deutlicher beschreiben als die Bilder der ersteren. Die Mehrzahl der Bilder stammen von Simonneau, dem Zeichner der Akademie, und von einem jungen, verstorbenen Zeichner.

Réaumur bezeichnet als Insekten die heutigen Arthropoden.

Die Aufzucht der Insekten-Larven erfolgte in Pulvergläsern, großen Gläsern und in Mullkäfigen.

Die ersten Bände handeln von den Schmetterlingen und ihrer Entwicklung. Sie beginnen mit der Einteilung der Raupen nach Zahl und Verteilung der Abdominalbeine, der Behaarung, Größe, Färbung, etc. Fast alle jene Merkmale, die noch heute zur Charakteristik und Bestimmung der Lepidopteren-Raupen verwandt werden, sind hier bereits in ihren Grundzügen ausgearbeitet. Es folgt eine morphologische und anatomische Beschreibung des Raupenkörpers, der physiologische Kapitel stets eingeschaltet sind, von denen einige hier wiedergegeben seien. Die erste Probe handelt von der Mechanik des Fressens der Raupen:

„Unter abwechselndem Schließen und Öffnen der Kiefer reißen die Raupen kleine Stückchen von den Blättern ihrer Nährpflanze ab. Einige Arten fressen in der Jugend oder während der gesamten Dauer ihrer Entwicklung nur das Parenchym der Blätter und lassen die Adern stehen, die meisten verzehren aber das ganze Blatt. Ganze Viertelstunden kann man sich an ihrer Gefräßigkeit und der Geschicklichkeit, die sie dabei entwickeln, belustigen. Einige Raupen fressen nur des Nachts oder am Abend, andere Tag und Nacht; wieder andere fressen eine Stunde und machen dazwischen längere Pausen. Eine Raupe, die am Blattrand zu fressen anfängt, nimmt eine Haltung ein, daß wenigstens ein Teil des Blattrands zwischen ihren Brustfüßen und einem Teil ihrer Bauchfüße sich befindet, und halten so den Teil des Blattes, an dem sie fressen wollen, fest. Zum ersten Biß macht sich die Raupe lang und hält ihren Kopf so weit wie möglich vom Blatt weg. Beim Zusammenklappen der Kiefer wird dann die dazwischen befindliche Blattstelle durchgeschnitten. Die Bisse folgen einander rasch und jedes Mal wird das kleine Blattstückchen sofort verschlungen. Bei jedem Biß nähert sich der Kopf den Beinen und beschreibt in der Folge der Bisse so einen Bogen und frißt dadurch das Blatt halbkreisförmig aus. Wenn der Kopf sich den Brustbeinen zu sehr nähert, zieht die Raupe ihren Hinterleib an und verlängert ihren Körper durch Strecken nach vorne und faßt mit den Brustbeinen den nächst höheren Teil des Blattes. Sehr förderlich ist den Raupen beim Fressen ein Ausschnitt in der Mitte der Oberlippe. Dieser dient beim Fassen des Blattes als ein Stützpunkt — der andere sind die Beine, und so befindet sich das Blatt stets in der mittleren Längslinie der Raupe und symmetrisch zu den beiden Kiefern. Beim Vorwärtsschieben des Körpers schiebt sich dieser Ausschnitt am Blattrand vorwärts, was bei einer Rückwärtsbewegung nicht leicht möglich wäre, da sich dann in der zweiten Bewegungsphase der Kopf vom Blatt entfernen müßte. ..."

Fig. 122.
Fressende Raupe.
(Aus Réaumur, Mémoires I. T. 4, 10.)

Von Interesse sind die Versuche über die Raupenatmung. Auf Grund von Versuchen, bei denen Raupen in Wasser geworfen wurden und das Aufsteigen von Luftbläschen von der ganzen Oberfläche erfolgte [wie Ch. Bonnet später nachwies infolge ungenügender vorheriger Reinigung der Oberfläche von Luft], schloß Réaumur, daß die Stigmen zwar die Organe der Einatmung seien, daß aber die Ausatmung durch die gesamte Körper-Oberfläche erfolge. Die bekannten Modeversuche über das Verhalten von Insekten im Vakuum werden wiederholt. Auch Versuche über die Natur der flüssigen Seide in der Spinndrüse werden angestellt. Im Wasser löst sich diese auf, während sie in Alkohol und Öl erhärtet. etc. ...

Der 4. Aufsatz handelt von der Häutung:

Die Häutungs-Periode erkennt Réaumur richtig als einzige Wachstums-Periode. Den Mechanismus der Häutung stellt er sich vor wie folgt: Versuche, bestimmte Haare von Raupen, die dicht vor der Häutung standen, abzuschneiden, ergaben, daß die entsprechenden Haare des nächsten Stadiums trotzdem voll ausgewachsen waren. Sie hatten also nicht in den Haaren, sondern zwischen der alten und der neuen Haut gesteckt, diese abgehoben und so die Häutung eingeleitet. Tatsächlich ergaben Sektionen von häutungsreifen Raupen der Porthesia chrysorrhoea, daß die Haare so lagen. Allerdings bildeten die einzelnen Haarbüschel, die von jeder Warze entspringen, je einen gemeinsamen

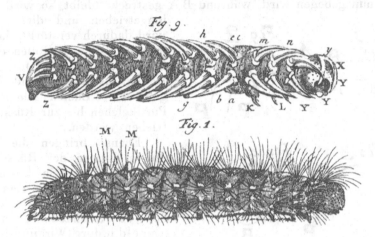

Fig. 123.
Zur Mechanik der Raupenhäutung.
(Aus Réaumur, Mémoires I. T. 6, 1 und 9.)

Dorn. Réaumur beseitigte auch die Überspanntheiten der Swammerdam'schen Metamorphosen-Lehre. Während Swammerdam schon jedes Organ der Imago in der Raupe vorgebildet fand, wies Réaumur nachdrücklich auf die bei der Metamorphose stattfindenden Neubildungen und wirklichen Veränderungen hin. (I. Taf. 6, f. 1 und 9.)

Die Raupenfarbe steht in keiner Beziehung zu der des daraus schlüpfenden Falters. Die Form der Flügelschuppen desselben ist besonders ausführlich in Bonnani's Micrographia dargestellt. Die Anatomie und Physiologie der Augen und Ozellen wird an Hand der Ansichten von de la Hire und Puget dargestellt und ebenso die Funktionen der Antennen besprochen, die Réaumur als Geruchsorgan ansprechen möchte. „Wenn aber der anatomische Bau der Insekten so verschieden von dem unsern ist, was beweist dann, daß ihre Sinne dieselben sind wie die unsrigen?" Der dreiteilige Bau des Rüssels ist gut erkannt: Auch den Vorgang des Saugens hat Réaumur untersucht:

„Ich habe einem anderen Falter Zucker gereicht, indem ich ihn bei den Flügeln packte und auf den Zucker setzte. Er entrollte sofort seinen Rüssel und setzte das Ende auf den Zucker. Als ich ihn abheben wollte, hielten sich die Füße krampfhaft am Zucker fest und auch der Rüssel blieb länger als eine Viertelstunde, die ich ihn beobachtete, in Tätigkeit. Später am Tage reichte ich ihm noch mehrmals Zucker, den er jedoch nicht mehr berührte. Wahrscheinlich werden die meisten selbstgezüchteten Falter, die noch keine Blütensäfte gesaugt haben, wie die beschriebenen, am Zucker saugen. Aber viele gefangene Falter, denen ich Zucker reichte, sind gestorben, ohne den Zucker gekostet zu haben.

Wie wir gesehen haben, hebt der Falter seinen Rüssel von Zeit zu Zeit von der Blüte oder dem Stück Zucker, um ihn zu rollen. Vielleicht bedeutet dieses

Rollen nur ein Ausruhen, eine Ruhelage des Rüssels. Es kann aber auch eine andere Deutung haben: Vielleicht bringt er durch das Rollen größere Partikelchen, die durch Saugen nicht bis zur Rüsselbasis gelangen können, dorthin, so daß dieselbe Kraft das Rollen des Rüssels und den Weitertransport der Partikelchen besorgt. In Figur 1 befindet sich in der Röhre A P die Kugel C. Wenn B P nun gebogen wird, während B A gestreckt bleibt, so wird C nach A hingetrieben und diese Bewegung wird dadurch verstärkt, daß das Lumen von BP beim Rollen enger wird. Durch das immer fortschreitende Rollen des Rüssels und die Verengung seines Lumens können so grobe Partikelchen bis zur Rüsselbasis getrieben werden.

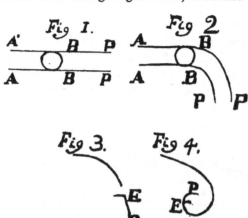

Ebenso bringen die Rollungen die im Lumen des Rüssels befindliche Flüssigkeit in Bewegung, die dann kontinuierlich in seinem Innern emporsteigen kann, wie Wasser in der „Vis Archimedis" genannten Maschine [d. h. durch Wirkung der Kapillarkraft]. Zu dieser Maschine hätte der Schmetterlingsrüssel sogar leicht die Anregung geben können. Wenn P in Fig. 3 die Rüsselspitze ist und die Flüssigkeit nur bis E emporsteigt, ist es

Fig. 124.
Saugmechanik des Schmetterlingsrüssels.
(Aus Réaumur, Mémoires I. Textfigur.)

klar, daß in Fig. 4 die Flüssigkeit in P E nach unten fließt und dadurch tiefer ins Rüssel-Innere gelangt. Durch suksessives Aufrollen gelangt sie dann so bis ganz in die Nähe der Rüssel-Basis. Die Elastizität des Rüssels rollt ihn auf und der zusammengerollte Zustand ist sein normaler. Auch die Rüssel toter Falter sind gerollt. Wenn man diese in Wasser aufweicht und den Rüssel streckt, so rollt er sich von selbst wieder auf. Die Querfasern des Rüssels wirken wie kleine Wirbel und gestatten diese starke Krümmung. Dadurch wird das Äußere des Rüssels regenwurmähnlich und seine Bewegungen wurmartig. Gegen die Rüsselspitze zu werden die Querfasern langsam schräg. Im Rüsselinnern finden sich wahrscheinlich Längsfasern, die die Spannfedern dieser feinen Maschinerie darstellen, die so fein ist, daß wir sie unseren Augen wohl kaum werden sichtbar machen können." (I, 1, p. 312/13, Fig. 1—4.)

Auch die Schmetterlinge werden systematisch eingeteilt, und wir geben hier als Beispiel die Charakteristik der V. Klasse der Tagfalter (Papiliones diurni) [= Hesperiidae].

Carcharodes alceae Esp.

„V. Klasse. Hierher rechnen wir die Falter mit verdickten Antennen-Enden, mit 6 Beinen, die in der Ruhe ihre Flügel horizontal halten oder sie wenigstens nie bis zur Berührung zusammenklappen. Ein solcher Falter entwickelt sich aus einer kleinen glatten Eibisch-Raupe. Diese mausgraue, 16-füßige Raupe hat am ersten Segment ein schönes Halsband von 3 schön gelben Flecken. Sie wird von dem Blatt, an dem sie frißt, zumeist verborgen, da sie es mit einigen seidenen Fäden zusammenrafft und sich in dieser Höhlung aufhält. Vor der Verpuppung spinnt sie kunstvoll einige der kleineren Blätter zusammen und spinnt einen dünnen Seidenkokon in dieser ovalen Höhle. Aus der braunen, weißbepuderten Puppe schlüpft der Falter nach ca. 3 Wochen im August. Fig. 6 zeigt den Falter in seiner gewöhnlichen Ruhelage. Die Grundfarbe der Flügel-Oberseite ist agathfarben mit schwarzen, braunen und weißlichen Tupfen. Seltener hat der Falter die Flügel erhoben (Fig. 1), aber die Flügel berühren sich nicht. Ihre Unterseite ist gelblich und die Tupfen sind heller als auf der Oberseite.

Die Puppen der vier ersten Klassen sind niemals in einen Kokon eingeschlossen wie die unseres Eibisch-Falters. Zur Unterscheidung der Genera dieser Klassen eignen sich am besten die Antennen; je nachdem ob sie mehr rundlich oder länglich oder flach sind. Einige enden spitz, andere sind an ihrem Ende am dicksten. Ebenso ist die relative Länge zum Körper verschieden.

Der untere Rand der Flügel der ersten Klasse ist eine einfache gebogene Linie ohne Zähnelung und Ausschnitte, während solche ein Kennzeichen der Falter der zweiten Klasse sind. ... Es scheint, als ob sich noch viele solcher Unterscheidungsmerkmale bei weiteren Beobachtungen ergeben werden, an denen man Klasse und Genus des Falters und der Raupe wird unterscheiden können. So weiß man z. B. schon, daß keine der sich in einem Kokon verpuppenden Raupen zu einem Falter mit knopfförmigen Antennen-Enden und in der Ruhelage vertikal gefalteten Flügeln wird. Auch habe ich noch keinen solchen Falter aus einer stark behaarten, warzigen oder mit einem Schwanzhorn versehenen Raupe schlüpfen sehen. Aus einer stacheligen Raupe sah ich einen Nachtfalter schlüpfen, ... Aber aus kurz behaarten und glatten Raupen sah ich Tag- und Nachtfalter entstehen, aber genauere Untersuchungen als die meinigen werden vielleicht auch hier noch Unterschiede zu Tage fördern. (Taf. 11, f. 6—10.)"

Im 8. Aufsatz findet sich eine ebensolche Systematik der Puppen. Bei genauerer Untersuchung verliert die Metamorphose alles Absonderliche. Alle Teile des Falters sind bereits in der Raupe und Puppe vorgebildet und „entwickeln" sich nur.

„Allgemeines von den Maßnahmen und Vorsichtsmaßregeln gewisser Raupen bei der Verpuppung. Wie sich die Puppen aus der Raupenhaut ziehen und wie sie atmen."

„Die Verpuppung bedeutet für die Raupen eine einschneidende Veränderung innerhalb kurzer Zeit, die sich auch nicht ohne Lebensgefahr vollzieht. Wenn sie die Mühen der Verpuppung, den Zustand der Schwäche und Wehrlosigkeit während des Puppen-Stadiums voraussähen, so müßten sie sich die geeignetsten und geschütztesten Örtlichkeiten hierfür mit Sorgfalt auswählen. Und in der Tat handeln alle Raupen so, als ob sie das folgende voraussähen, aber verschiedene Raupen bedienen sich verschiedener Methoden hierbei. Das Spinnen von Kokons ist durch die Seidenraupe allgemein bekannt. Aber in dem Bau und der Form der verschiedenen Kokons, in der Art ihres Spinnens, ihrer Befestigung etc. gibt es große Verschiedenheiten, die bisher nur ungenügend erklärt und beobachtet sind, und die wir in einem besonderen Aufsatze behandeln werden. Andere Raupen bauen sich Kokons aus Seide und Erde oder nur aus Erde. Diese kriechen zur Verpuppung in die Erde, wo sie vor Feinden nichts zu fürchten haben und wo sie die ihnen notwendige Feuchtigkeit vorfinden. Wieder andere Raupen kennen keine dieser Künste und entfernen sich nicht von den Orten ihres Raupenlebens, sondern verpuppen sich frei an den Mauern oder Bäumen, wo jeder Laie sie schon hundertmal gesehen hat. Auffällig ist ihre verschiedene Lage und Art der Befestigung. Einige sind kopfüber nur mit dem Schwanzende angeheftet. Andere hängen mit dem Kopf nach oben, aber in ver-

schiedenen Winkeln óder gar horizontal. Die meisten werden durch einen
Gürtel und ihr Schwanzende als Stützpunkt gehalten. Dieser Gürtel, der aus
zahlreichen Seidenfäden besteht, ist außerordentlich stark. Andere Puppen
scheinen mit ihrem Bauch an ihre Unterlage angeleimt zu sein. Diese Tatsachen
sind bekannt und die kunstvollen Vorrichtungen der Raupe dabei werden wir
beschreiben, nachdem wir noch gesehen haben, wie sich die Puppe im einfachsten
und allgemeinsten Fall der Raupen-Hülle entledigt.

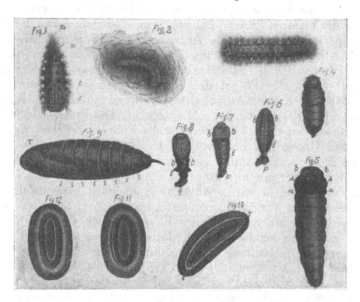

Fig. 125.
Verpuppung von Lymantria dispar.
(Aus Réaumur, Mémoires I. T. 24.)

Die Vorbereitungen hierzu ziehen sich oft lange hin, aber der Vorgang
selbst verläuft, obwohl er schwierig ist, stets sehr rasch, so daß er der Mehrzahl der Beobachter entgangen ist. Malpighi und Redi scheinen ihn nur nebenbei
beobachtet zu haben und Swammerdam schildert ihn überhaupt nicht. Wenn
die Zeit der Verwandlung herannaht, verlassen die Raupen oft ihre Wirtspflanzen
oder haften sich wenigstens an Zweigen und Ästen statt an den Blättern an.
Sie hören zu fressen auf, und Goedart hat richtig bemerkt, daß sie dann massenhaft Kot entleeren, so daß scheinbar keine festen Bestandteile im Magen verbleiben. Wir haben ja im vorigen Aufsatz sogar gesehen, daß sie die Membran
des Magendarmkanals bei der Häutung nicht abwerfen, und im 2. Aufsatz haben
wir gesehen, daß die Raupe ihre Farbe vorher verändert. Alsdann beginnen die
Spinner, den Kokon zu spinnen. Dieser ist oft so dick, daß man die Raupe im
Innern nicht beobachten kann, aber man kann sie leicht aus dem geöffneten
Kokon herausnehmen. Ich habe zur Beobachtung eine Raupe gewählt, deren
Kokon so schwach und durchsichtig ist, daß er diesen Namen kaum verdient. Es
ist die Raupe von Lymantria dispar L., die ich bereits mehrfach erwähnt habe.
In manchen Jahren kann man sie zu tausenden sammeln. Im Jahre 1731 haben
sie viele Eichen bis zum Juli völlig entblättert. Ich ließ einige Hundert dieser
Raupen sammeln, die sich bereits zur Verpuppung anschickten. Nimmt man
sie aus ihrem Kokon heraus, so scheinen sie sich in einem Zustand völliger

Erschlaffung, unfähig zu jeder Bewegung, zu befinden. Manche Raupen waren schon in diesem Zustand der Schlaffheit, wenn sie noch kaum zu spinnen begonnen hatten. Einige verharren 24 Stunden, andere mehr als zwei Tage in diesem Zustand. Keine von den Raupen versucht dann zu entfliehen. Im Grunde genommen ist die Verpuppung, zu der sie sich anschicken, ja nur eine Häutung, aber eine Häutung von größerer Tragweite, die auch größere Anstrengungen erfordert. Einige Stunden vorher liegen sie bereits völlig ruhig, leicht gekrümmt und verkürzt (T. 24, f. 2). Gelegentlich legen sie sich von einer Seite auf die andere und sie entfernen sich niemals weit von ihrem Platze und dies nur mit Hilfe des Kopfes und Hinterendes; von ihren Beinen können sie dann scheinbar keinen Gebrauch machen: Die Bauchfüße sind bereits von der alten Haut gelockert und die Brustfüße sind zu beengt in ihrem Futteral. Der bewegliche Teil an ihnen ist das Hinterende, das sie manchmal 3—4 mal hintereinander erheben; danach liegen sie wieder stundenlang unbeweglich. Ihre gekrümmte Haltung scheint für die Metamorphose durchaus erforderlich zu sein. Manchmal ist das Hinterende gestreckt, so daß das Tier einen Haken bildet, dessen Ende der Kopf ist. Je näher die Verwandlung herannaht, desto mehr krümmt sich die Raupe, das Schlagen mit dem Hinterende, die Streck- und Beugebewegungen nehmen an Häufigkeit zu. Sie scheinen nicht mehr schwach, sondern sogar zu großen Anstrengungen fähig zu sein.

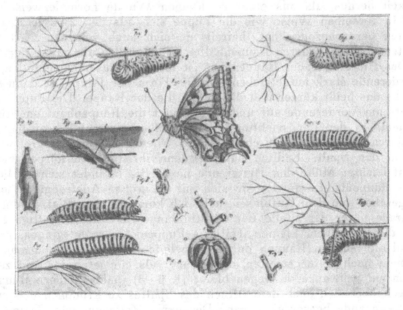

Fig. 126.
Verpuppung von Papilio machaon.
(Aus Réaumur, Mémoires I. T. 30.)

Das Hinterende und das hinterste Beinpaar sind die ersten Teile, die aus aus der alten Raupenhaut herausgezogen werden; die Raupe zieht sie dann nach dem Kopfe zu an. Die Haut bleibt daselbst leer und fällt zusammen (f. 3). Die Mechanik, deren sich die Raupe beim Zurückziehen aus diesen Teilen bedient, ist die beste, die sie überhaupt nur wählen konnte. Sie ist auch leicht zu beobachten, wenn man sie einmal gesehen hat. Sie bläst gleichzeitig ihre 2—3 letzten Segmente auf und dehnt sie dadurch beträchtlich, mehr noch in der

Längsrichtung als in der Breite. Diese 2—3 aufgeblasenen Segmente sind jetzt länger als die übrigen 9—10 Segmente: Sie verkürzt die vorderen und dehnt die hinteren mit allen Kräften aus. Die vorderen Segmente treiben so wie ein Meißel die hinteren immer weiter nach hinten. Im nächsten Augenblick aber zieht sie die maximal gedehnten hinteren Segmente zusammen. Die Wirkung davon kann man sich leicht vorstellen, besonders wenn man annimmt, daß die Raupenhaut der Puppenhaut nur noch lose aufliegt. Unter dieser Voraussetzung trennt sich nun die Raupenhaut der letzten Segmente völlig von der zugehörigen Puppenhaut. Die überdehnte tote Haut vermag der Kontraktions-Bewegung nicht mehr zu folgen und trennt sich von ihr. Wenn sie jetzt ihren Körper daraus zurückzieht, so befreit sie dadurch gleichzeitig die zwei letzten Beinpaare. Wie die Schwierigkeit der weiteren Ablösung der beiden Häute voneinander gelöst wird, haben wir für die behaarten und warzigen Raupen bereits gesehen: die Haare heben durch ihr Wachstum die äußere Haut von selbst ab. Aber die meisten Raupen haben bei der Verpuppung noch ein anderes Hilfsmittel: Im Moment des Schlüpfens der Puppe ist diese ganz feucht. Es hat sich also wohl diese Flüssigkeit zwischen die beiden Häute geschoben und sie allmählich voneinander getrennt. Die verschiedenen Bewegungen der Raupen dienen wohl der besseren Verteilung dieser Flüssigkeit. Wenn man eine verpuppungsreife Raupe mit einer Nadel sticht, so kommt übrigens viel mehr Flüssigkeit heraus, als aus einer so kleinen Wunde normalerweise austreten würde. In derselben Weise wie die Puppe sich aus den 2—3 letzten Raupen-Segmenten herausgezogen hat, befreit sie sich auch von den 2—3 folgenden Segmenten. In der vorderen Raupenhälfte ist dann also die ganze Puppe kontrahiert. Das Hinterende der Raupenhaut ist leer und zusammengefallen, während das Vorderende stark aufgetrieben ist. Die Form der Puppe ist dann schon die endgiltige, das heißt kürzer und dicker als die der Raupe. Die Puppe bläst sich besonders am Vorderende auf und dann platzt die Raupenhaut am Rücken des 3. Segments in der Längsrichtung; in demselben Augenblick zwängt sich die Puppe durch den Spalt hindurch, bläst sich wieder auf und vergrößert dadurch momentan den Spalt. Endlich hat sie dann ihren Vorderkörper befreit und zieht mit leichter Mühe das Hinterende nach. Sie befindet sich endlich außerhalb der Raupenhaut, von der sie sich mit so großer Anstrengung befreit hat.

Abgesehen von dem Aufblasen, habe ich kurz vor dem Platzen der Raupenhaut gerade unter der Stelle der Spaltbildung wiederholte, heftige Stoßbewegungen, die von einem kleinen Teil des Puppenkörpers ausgingen, beobachtet. Während die meisten Raupen durch zappelnde Bewegungen langsam die leere Raupenhaut nach hinten streifen, die nachher als ein gefaltetes und zerknülltes Häufchen am Schwanzende liegen bleibt (f. 6—8), haben andere Raupen-Arten die Gewohnheit, sich nach dem Öffnen des Spaltes zu krümmen und zuerst mit dem Schwanzende hervorzukommen. Der ganze Zeitraum von Beginn der Loslösung der Haut am Hinterende bis zum Schlüpfen beträgt höchstens eine Minute. Wenn man sie zu dieser Zeit in die Hand nimmt, so stört das den Verlauf der Häutung keineswegs. Solche, die ich in Spiritus warf, um mir alle Stadien des Vorganges zu konservieren, sind alle fast ganz oder ganz aus der Raupenhaut geschlüpft und erst dann gestorben. In Weingeist trennen sich auch Beine, Flügel etc. soweit vom Körper ab, daß man an ihnen die Schmetterlings-Natur der Puppe gut erkennen kann. Im vorigen Aufsatz haben wir gesehen, wie eng die Flügel, Antennen, Beine und der Rüssel des Falters der Puppenhaut anliegen, und daß diese selben Teile an der Raupe ganz anders verteilt sind (fig. 5): Die Flügel liegen wie ein gerafftes Stück Tuch in dem Einschnitt zwischen A a, die Antennen (b) und der Rüssel sind gerollt und liegen flach dem Schädel an und die 6 Beine des Falters stecken in den 6 Brustbeinen der Raupe. Erst im Augenblick, während die Puppe sich aus der Raupenhaut befreit, nehmen diese Teile ihre neue Lage ein. Wie gelangen nun diese Teile, die jeder Eigenbewegung unfähig und gänzlich kraftlos sind, in dieselbe? Diese weichen Teile werden beim Schlüpfen aus der Raupenhaut gedehnt und nach hinten zu angepreßt. So vollzieht sich die Umlagerung mechanisch beim Schlüpfen. Zur symmetrischen Anordnung der Teile ist es natürlich erforderlich, daß die Puppe sich genau in der Längsrichtung aus der Raupenhaut entfernt. Die zunächst noch ganz weiche Puppe erhärtet nach wenigen Stunden, indem die außen haftende Flüssigkeit zu einem häutigen festen Überzug wird. Hunger-Raupen gaben, falls sie sich verwandelten, kleinere Puppen und Falter, die abgesehen von der Größe, den normalen Tieren in allem glichen. ...

Atmen die Puppen, was ebenso wie beim Foetus infolge der umgebenden Feuchtigkeit nicht unbedingt nötig ist, und wenn sie atmen, atmen sie durch die Stigmen? Um das festzustellen, habe ich folgende Versuche gemacht.

1. Eine Puppe hing mehrere Stunden mit ihrer unteren Körperhälfte in Öl und blieb leben.

2. Unter denselben Bedingungen starb eine noch ganz junge und weiche Puppe.

3. Eine Puppe hing mehrere Stunden mit ihrer oberen Körperhälfte in Öl und starb ebenfalls.

Wir sehen daraus, daß die Atmung der Puppe zunächst noch wie bei der der Raupe erfolgt, daß aber später die hinteren Stigmen ihre Funktion verlieren und die Puppe, ebenso wie später der Falter, nur vermittels der vorderen Stigmen atmet. Puppen, die ich ins Wasser eintauchte, um ähnlich wie bei früheren Experimenten betreffs der Raupen-Nahrung die Atmungswege zu verfolgen, zeigten folgendes Bild: aus der Haut und den Segment-Grenzen stiegen keine Luftbläschen mehr auf, wie man das bei einer so harten Haut auch nicht mehr erwarten kann. Aber auch von den hinteren Stigmen stiegen keine oder nur wenige Bläschen auf, während aus den zwei ersten Stigmen-Paaren bei allen meinen Versuchen mit verschiedenen Raupen stets reichliche Luftbläschen emporstiegen. Unter der Luftpumpe verlängerte sich der Puppenkörper — im Gegensatz zu dem der Raupe — beträchtlich. Das ist verständlich, weil die Luft im Innern des Raupenkörpers zahlreiche Austrittsmöglichkeiten durch die Haut hat, die bei dem harten Puppenpanzer fehlen. [Réaumur bestreitet, daß die Ausatmung ebenfalls durch die Stigmen erfolgt.] Puppen, die der Luftpumpe in einem Glas von Luft befreiten Wassers ausgesetzt werden, lassen schon nach den ersten Pumpbewegungen aus allen Stigmen Luftbläschen entweichen.

Diese Beobachtungen haben mich dazu bewogen, die Puppenstigmen näher zu untersuchen. Besonders groß sind die zwei vordersten Stigmen. Ihre äußere Gestalt weicht etwas von der der übrigen ab (f. 9—10). Sie gleicht dem eines halbgeöffneten Auges. ... Zwischen diesen beiden Wimperreihen sieht man den Grund der Stigmen durchschimmern. Niemals sieht man die beiden Lider besser, als wenn man einen Wassertropfen auf das Stigma fallen läßt: Sie scheinen sich dann einander zu nähern — aber niemals bis zur Berührung —, gleich als ob sie dem Wasser den Eintritt versperren wollten. Kleine Luftbläschen steigen währenddessen von den beiden Stigmen-Winkeln auf. Wenn man Öl auf die Stigmen gießt, so sind diese Luftbläschen kleiner, wie die Spitze einer Nadel. Das Öl dringt scheinbar leichter ein als Wasser. Die Lider sind also fähig, Wasser von den Stigmen abzuhalten, aber kein Öl, das sie in der Natur ja nicht

zu fürchten haben. Ähnlich sind auch die übrigen Stigmen gebaut (f. 11—12).
Die Raupen-Stigmen bestehen hingegen aus zwei Membranen, die nur durch
einen schmalen Spalt getrennt sind, während der Verschluß der Puppen-Stigmen
durch Haarräume erfolgt. ...

Es ist gewiß eine sonderbare Erscheinung, daß die Atmung beim selben
Insekt im Raupen- und im Puppen-Stadium so verschieden ist; aber es ist vielleicht noch sonderbarer, daß der Blutkreislauf in den beiden Stadien in entgegen-
gesetztem Sinne verläuft. Das große Rückengefäß der Raupe, das Malpighi als
eine Reihe von Herzen auffaßt, treibt die Körperflüssigkeit von hinten her in
den Kopf; in der Puppe treibt dasselbe Gefäß die Flüssigkeit vom Vorderende
zum Schwanzende hin, wie man an noch durchsichtigen, frisch gehäuteten Tieren
beobachten kann. Der Blutkreislauf des Falters gleicht dem der Puppe. (I, 9;
Taf. 24 und 30.)"

Ebensolch klassische Beschreibungen finden sich in den folgenden Aufsätzen
über die Verpuppung der Pieriden und Papilioniden, der Bombyciden und Arctiiden etc.

Ein besonderer Aufsatz behandelt in ebenderselben Ausführlichkeit die
Vorgänge beim Schlüpfen des Falters aus der Puppe.

In der Vorrede zum 2. B a n d ist der breiteste Raum einer Polemik gegen
Kircher's und Bonnani's Urzeugungs-Lehre gewidmet. Von besonderem Wert ist
der folgende Aufsatz:

„Von der Lebensdauer der Schmetterlings-Puppen und den Mitteln, diese
zu verlängern und zu verkürzern; ebenso wie man die gesamte scheinbar vor-
geschriebene Lebensdauer verschiedener Insekten verlängern und verkürzen
kann."

„Gewisse Insekten leben 4—5 mal so lang als andere derselben Art, die
in einer anderen Jahreszeit geboren werden. Das ist so, als ob die Menschen
der kalten Zone 4—5 Jahrhunderte leben würden, während sie in den Tropen
kaum 80 Jahre alt werden. Wir haben übrigens an einer schönen Fenchelraupe
(Papilio machaon L.) die Beobachtung gemacht, daß die Puppen, die Ende
August oder Anfang September zur Verpuppung kommen, als Puppen überwintern und 8—9 Monate in diesem Stadium bleiben, während aus den Juli-
Puppen nach nur 13 Tagen die Falter schlüpfen. Es gibt also Puppen, die nur
13 Tage, und solche, die 10 Monate leben. Die Gesamtlebensdauer einer Art
von der Raupe bis zum Falter zeigt auch bei den Individuen, die sich in verschiedenen Jahreszeiten entwickeln, keine solche großen Schwankungen. Doch
sind dieselben noch beträchtlich genug. Das Insekt, das im Juli als Raupe geboren wurde, stirbt erst im Juni des folgenden Jahres als Falter, aber die im
Mai geschlüpfte Raupe stirbt als Schmetterling im Juli desselben Jahres. Hingegen lebt das Insekt der Raupe, die nur einen Monat später geschlüpft ist,
vielleicht 11 Monate und länger, während das der nur einen Monat früher geborenen Raupe auf 2 bis 2½ Monate beschränkt ist. Wir könnten viele Raupen
von Tag- und Nachtfaltern als Beweis dafür anführen, daß die im Frühjahr geborenen Individuen im Vergleich mit den im Sommer geborenen eine sehr kurze
Lebensdauer haben. Nehmen wir die Raupe von Acronicta psi L., die an den
Blättern unserer Obstbäume, besonders von Pflaume und Aprikose lebt. Wir
haben bereits bewiesen, daß die Raupe nur ein verborgener Falter ist, verborgen
durch die zum Wachstum erforderlichen Organe, und daß die Puppe ebenfalls
nur eine Wachstumsform des Falters ist. Dieses Wachstum dauert länger oder
kürzer, je nachdem die Jahreszeit günstig oder ungünstig ist, ebenso wie das
beim Getreide der Fall ist. Das im Oktober oder November gesäte Getreide

wird nur wenig früher reif als das im März gesäte. ... Die Pflanze bedarf der
Wärme zum Wachstum, da diese die nötige Zirkulation der Nahrungssäfte
hervorruft. Die Schmetterlings-Puppe bedarf nun allerdings keines von außen
zugeführten Nahrungssaftes, da die Raupe bereits alle erforderlichen Vorräte
angesammelt hat. Aber dasselbe muß besser verteilt, verdaut und eingedickt
werden. Wie wir sahen, sind die Teile des Falters in der Raupe flüssig, sie sind
noch zu verdünnt. Deshalb muß ein Teil dieses Saftes verdunsten, was nur durch
die Atmung geschehen kann. Da die harte Körperhaut der Puppe einer Verdunstung sehr ungünstig ist, ist eine gewisse Wärme durchaus erforderlich,
um sie im nötigen Maße hervorzubringen.

Wir haben bereits gezeigt, daß verschiedene Puppen vor dem Schlüpfen des
Schmetterlings ungefähr $1/18$ ihres Gewichts verloren haben. Die Gewichtsab-
nahme ist bei einigen Arten größer, bei anderen kleiner, aber stets kann das
Schlüpfen erst erfolgen, wenn eine gewisse Menge wässeriger Materie verdunstet ist. Durch folgende Versuche konnte ich diese Materie, die im allgemeinen durch unmerkliche Ausatmung verloren geht, sichtbar machen: Im Juli
legte ich mehrere Puppen in 4—5 Zoll lange, an beiden Enden hermetisch verschlossene Glasröhren. ... Schon nach wenigen Tagen sah ich kleine Tropfen
einer Flüssigkeit an der innern Wand der Röhre, die von Tag zu Tag zahlreicher
wurden und nach unten rollten. Ein Teil des Puppenkörpers steckte in dieser
Flüssigkeit, die ebenso klar und durchsichtig wie Wasser war. Ich hatte Weiß-
lings- und Eulenraupen zu diesen Experimenten benutzt. Sie blieben 5—6
Monate unverändert in den Röhren, aber die Falter schlüpften nicht. Vielleicht
hat diese Atmungsflüssigkeit die Haut der Puppen zu sehr erweicht und befeuchtet. Jedenfalls haben wir deutlich gesehen, daß die Puppen eine klare
Flüssigkeit ausschwitzen.

Auf Grund dieser einfachen Tatsache glaubte ich schließen zu können, daß
wir das Leben aller Schmetterlinge wie aller übrigen Insekten, die ein Puppen-
Stadium ohne Nahrungsaufnahme durchlaufen, beliebig verlängern oder verkürzen können. Man kann ebenso das Wachstum unzähliger kleiner Tier-
maschinen beschleunigen oder verzögern. Obwohl es sich nur um Insekten handelt, schien mir die Sache des Versuches würdig. Jedenfalls erweiterten sie unsere Kenntnisse vom tierischen Stoffwechsel. ...

Es war also festzustellen, ob aus Puppen, die bei normaler Wintertempera-
tur 8—10 Monate Puppen bleiben, bei höherer Außentemperatur die Falter nach
kürzerer Zeit schlüpfen, und ob eine solche Beschleunigung ohne Schädigung
für das Tier verlaufen könnte. ... Diese Gewächshäuser [in den Gärten des
Königs] schienen mir für diese Versuche besonders geeignet: Im Januar 1734
trug ich sehr viele Puppen von Tag- und Nachtfaltern hierher. Meines Erfolges
so sicher, wie man nur über den Ausgang eines ersten Versuchs sein kann, versuchte ich so gleichzeitig, die Schmetterlinge aus mehreren, mir noch unbekannten Puppen früher zum Schlüpfen zu bringen.

Der Erfolg war genau, wie ich erwartet hatte: die Falter schlüpften mitten
im Winter: einige nach 10—12 Tagen, andere nach 3 und wieder andere nach
5, 6 und mehr Wochen. Diese Unterschiede waren zu erwarten, da natürlicher-
weise einige Falter im Mai, andere erst im August oder September hätten erscheinen müssen. 5—6 Tage im Warmhaus entsprechen etwa einem Monat in
der Natur. Die Verkürzung war größer, als der Wärme entsprach, da im Glas-
haus nicht die Temperatur-Schwankungen, die in der Natur selbst im Sommer
herrschen, stattfanden. Die Aufzählung aller Arten, die ich im Gewächshaus
zum vorzeitigen Schlüpfen brachte, würde hier zu weit führen. Die geschlüpften

Falter waren in ihrem Bau und ihren Funktionen völlig normal. Einige Weibchen, besonders von Eulen, legten ihre Eier und starben dann, wie die Weibchen nach Erfüllung ihrer Geschlechts-Funktionen überhaupt zu sterben pflegen. Ihre Lebensdauer war also wirklich beträchtlich verkürzt.

Fig. 127.
Insektenfang.
(Aus Réaumur, Mémoires Vignette II).

Im November 1734, also 2 Monate früher als das vorige Mal brachte ich wieder Puppen in Pulvergläsern ins Gewächshaus und ebenso schlüpften die Falter 2 Monate früher. Die Puppen hätten sich ja in der freien Natur in dieser Zeit auch nicht wesentlich weiter entwickelt. Eine Woche im Warmhaus entsprach bei einzelnen Puppen mehr als 3 Monate der Lebensdauer in der freien Natur. Anfang Dezember erhielt ich schon Falter, die sonst erst im Mai erscheinen. Einzelne Falter haben 2 Generationen im Jahr: so legt der Falter z. B. im Mai seine Eier, woraus im selben Monat oder Anfang Juni die Raupen schlüpfen. Diese Raupen sind Ende Juli zu Faltern entwickelt und legen ihre Eier, aus denen im August oder September die Raupen schlüpfen. Die später schlüpfenden Schmetterlinge anderer Arten ergeben nur eine Generation im Jahr. Von solchen Faltern, die im Warmhaus im Dezember statt im Juni oder Juli des folgenden Jahres schlüpften, könnte man auf diese Weise also leichtlich 2 Generationen im Jahr ziehen. Wenn wir auch heute aus dieser Entdeckung noch keinen Nutzen zu ziehen vermögen, so ist das für die Zukunft doch keineswegs ausgeschlossen, so z. B. bei einer neuen Seidenraupe, die sonst nur eine jährliche Generation hat. Selbstverständlich gilt diese Entdeckung auch für alle anderen Insekten mit einem unbeweglichen Puppen-Stadium wie Fliegen und Käfer. Statt eines Warmhauses kann man auch die Wärme eines Ofenrohres oder einer Henne benutzen. ...

Um das Leben von Insekten zu verlängern, haben wir uns nur des entgegengesetzten Prinzips zu bedienen: Wenn wir im Sommer die Einwirkung der höheren Temperatur verhindern, so verringern wir die Ausdünstung der betreffenden Puppe. Wir verhindern den Falter also daran, seine Teile im Sommer genügend zu verdichten und verlängern dadurch sein Leben. Aber vielleicht leiden die Puppen darunter, wie Eier, die man zu lange aufhebt. Der Versuch ist leicht gemacht: statt eines Warmhauses im Winter bedienen wir uns eines Kellers oder eines Eisschrankes im Sommer. Ich benutzte meinen Keller zu diesen Versuchen, in den ich im Januar 1734 Pulvergläser mit zahlreichen Puppen brachte, aus denen im Frühjahr oder Sommer die Falter schlüpfen mußten. Als Beispiel wähle ich ein Pulverglas mit 3 Puppen von Deilephila euphorbiae L. Als ich sie in den Keller trug, zeigte das von mir erfundene Thermometer hier 8,5° über Null, d. h. 1° über der Temperatur ungeheizter Zimmer zu dieser Zeit. Aber ich glaubte nicht, daß diese Wärmedifferenz genügend groß sei, um die Entwicklung der Puppen merklich zu beschleunigen. Die erwähnten Puppen hatten sich im August 1733 verpuppt und sollten Anfang Juli 1734 schlüpfen. Im Sommer stieg die Temperatur im Keller nicht auf über 11,5° R. Im Juli und August schlüpften keine Falter. Im September verreiste ich, und als ich am

15. November zurückkehrte, fand ich sie noch als Puppen, die, durch meine, Hand erwärmt, durch Bewegungen ihres Hinterendes deutliche Zeichen des Lebens von sich gaben. Auch jetzt, im August 1735, sind sie noch Puppen und sehr lebendig. Bis jetzt habe ich also ihr Leben um ein Jahr verlängert, und wieweit es insgesamt verlängert wird, kann erst· am Ende des Versuches ermessen werden, wahrscheinlich aber um noch mehrere Jahre. Meine Puppen zeigen bis jetzt wenigstens auch noch keine der bekannten Anzeichen des bevorstehenden Schlüpfens. Indem man die Puppen aber früher im Jahr in den Keller und im Sommer in einen Eiskasten bringt, kann man ihr Leben vermutlich noch viel mehr verlängern. Aber immerhin gibt es Schmetterlinge, deren Puppen sich auch noch zwischen 8—10° R entwickeln können. Es sind also Verschiedenheiten hier bei den Tier- wie bei den Pflanzen-Arten vorhanden..." (II. Mem. 1.)

Es folgt eine ausführliche Schilderung der Liebesspiele und Kopula der Falter, sowie Betrachtungen über Raupen-Nester und soziale Raupen. Das Jucken und die Urticaria der Haut infolge Raupenhaaren wird nach Réaumur rein mechanisch dadurch hervorgerufen, daß sich die Haare in der Haut verankern. Die auffallenden Notodontiden-Raupen sowie die Blattwickler-Raupen, Wasser-Raupen (besonders Nymphula nymphaeata L. und Cataclyste lemnata L.) erfahren neben einigen Schädlingen eine besondere Behandlung. Unter den Schädlingen wird Aleurodes proletella L. unter die Lepidopteren mit eingereiht. Von epidemiologischen Ansichten durchsetzt ist der folgende Bericht über eine Plusia gamma-Gradation in Frankreich im Jahre 1735.

„Von den 12-füßigen Spanner-Raupen [4 intermediären] oder den Raupen, die im Jahre 1735 den Gemüsen des Königreichs so schädlich gewesen sind. [Plusia gamma L.]"

„Die Klasse der 12-füßigen Spannerraupen ist bei uns nur durch sehr wenige Arten, vielleicht sogar nur durch eine vertreten. Denn von den verschieden gefärbten Raupen dieser Klasse habe ich von den verschiedensten Nährpflanzen stets Schmetterlinge erhalten, die so ähnlich waren, daß ich sie artlich nicht unterscheiden konnte. Ich hatte stets nur wenige Raupen dieser Art gesehen: einmal auf Kohl, ein anderes Mal auf Zichorie und ein drittes Mal auf einer Jakobsblume. Obwohl die letztere Raupe mangels der eigentlichen Nährpflanze vorzog zu fasten, anstatt mit Kohlblättern vorlieb zu nehmen, schlüpfte doch derselbe Falter aus allen dreien. Man kann also Raupen, die an verschiedenen Nährpflanzen fressen, nicht ohne weiteres als verschiedene Arten ansehen.

Infolge ihrer Seltenheit hatte ich diese Art niemals für schädlich gehalten, bis mich ihr Massenauftreten im Jahre 1735 vom Gegenteil überzeugte. Von Ende Juni bis Ende Juli erschienen unzählige hell- und dunkelgrüne Raupen. Sie zeigten 4 zitronengelbe Längsstreifen, je 2 an jeder Seite sowie eine Reihe flacher Warzen. Letztere sind oft nur braun eingefaßte hellgrüne kreisförmige Flecken. Vereinzelte Haare entspringen an ihrem Körper. Die ungeheure Masse dieser Raupen in Paris, bis nach Tours, in der Auvergne, Bourgogne und anderen Teilen des Königreichs kann man sich kaum vorstellen. Die Gemüsefelder bei Marais wurden bis auf einige Blatt- und Stengelreste völlig vernichtet. Wir nennen sie deshalb auch die Gemüseraupe. Das Volk, das jedes Unglück übertreibt, glaubte sogar an Todesfälle nach dem unabsichtlichen Genuß solcher Raupen mit dem Gemüse. Deshalb wurden wochenlang alle Kräuter aus den Suppen verbannt. Der Magistrat hat auch nicht, wie erzählt wurde, das Bringen von Gemüse auf den Markt verboten, sondern die Polizei kontrollierte nur, daß nicht zu sehr beschädigtes Gemüse zum Verkauf gestellt wurde.

Die Lattiche wurden zuerst befallen, dann Erbsen-, Pferde- und Tafelbohnen etc. Fast keine Pflanze wurde verschont. Ich habe ausgedehnte Erbsenfelder gesehen, auf denen nicht ein Blatt, nur Stengel und Hülsen, stehen geblieben waren. Auf allen Feldwegen sah man jederzeit Dutzende von Raupen, die von einem Feld zum andern wanderten. Auch sehr viele wilde Pflanzen wurden ge-

Fig. 128.
Plusia gamma L.
(Aus Réaumur, Mémoires II. T. 26.)

fressen. Im Elsaß wurden die Tabakfelder so beschädigt, daß die Dorfpfarrer vom Bischof in Straßburg die Erlaubnis zu Prozessionen erbaten. Glücklicherweise sagten ihnen Weizen, Gerste und Roggen als Nahrung nicht zu. Jedermann weiß, wie nötig die Blätter den Pflanzen sind. So hätten die Erbsen, falls die Blätter zu einem früheren Zeitpunkt befressen worden wären, keine Schoten mehr gebildet. Auch Hafer wurde von ihnen gefressen: Bei Pluviers, wie ich einem Brief des Herrn von Nainvilliers an seinen Bruder du Hamel entnehme, als alle Ähren bereits gebildet waren, aber bei Chartres zu einem viel früheren Zeitpunkt, so daß hier die Ernte wesentlich vermindert wurde. In der Auvergne und Bourgogne wurde der junge Hanf befressen, woraufhin eine große Teuerung entstand. An vielen anderen Orten war der Hanf bereits groß, so daß er kaum einen Schaden erlitt.

Während sie alle anderen Hülsenfrüchte völlig aufgefressen haben, scheinen sie die Linsenfelder verschont zu haben.

Die Raupen krochen nach Art der gewöhnlichen Raupen wie nach der der Spannerraupen umher. Sie sponnen sich einen dünnen seidenen Kokon zur Verpuppung zwischen zusammengerollten Blättern oder an Stengeln. 1—2 Tage nach dem Spinnen des Kokons schreitet die Raupe zur Verpuppung. An der Puppe erkennt man bereits die besondere Länge des Rüssels des schlüpfenden Schmetterlings. An ihrem Hinterende hat sie zwei Haken, mit denen sie sich am Kokon festhakt.

Nach 16—17 Tagen schlüpften dann die Schmetterlinge, die zur 2. Klasse der Nachtfalter gehören und zur Gattung derer, die in der Ruhe ihre Flügel gefaltet über dem Rücken tragen. Der Schmetterling ist schön, obwohl er nur von brauner Grundfarbe ist. Rötliche, gelbliche, graue und braune Farbtöne mischen sich zu dem Braun der Vorderflügel. Deutlich und charakteristisch hebt sich eine blaßgoldene 8-förmige Zeichnung auf ihnen ab. Die Unterseite aller Flügel ist gleichmäßig graubraun, ebenso wie der Körper und die Oberseite der Hinterflügel. Letztere zeigen ein breites braunes Band am Rande, das sich in der Flügelmitte mit dem Grau vermischt. Obwohl er alle Charaktere der Nachtfalter trägt, gibt es vielleicht keinen anderen Schmetterling, der standhafter und dauerhafter am Tage umherfliegt und an den Blumen saugt. Er klappt dabei seine Flügel nach oben, aber niemals ganz und bis zur Berührung wie die Tagfalter. Scheint er am Tage ein Tagfalter zu sein, zeigt er in der Nacht die Neigungen eines Nachtfalters und besucht die Blumen noch lange nach Sonnenuntergang weiter. In meinen Zuchtgläsern flatterten sie zumeist am Abend, durch irgend ein Licht angezogen. Man sieht also, daß es Nachtfalter gibt, die auch am Tage fliegen. Ich glaube aber, daß sie in der Dunkelheit kopulieren, da ich unter den vielen Tausenden, die ich dieses Jahr beobachtet habe, niemals Tiere in Kopula bemerkte.

Die männlichen Genital-Organe sind denen der anderen Schmetterlinge sehr ähnlich. Am Hinterende des Männchen findet sich ein Haken, mit dem er das Weibchen gewissermaßen harpuniert. Es packt das Weibchen mit den zwei schuppigen, mit Haken besetzten Platten (f. 10, 11). Auffallend sind noch zwei Haarbüschel (f. 10, pp.), die es nur zeigt, wenn es kopulieren will. Ich habe sie nur durch Zufall beim Pressen des Hinterleibs-Endes bemerkt. Um diese Mechanik genau zu beobachten, muß man das Hinterende ganz sachte pressen mit nur langsam zunehmendem Druck. Das Heraustreten ist dann auf den Figuren 12—15 pp. deutlich dargestellt. Sie entspringen aus zwei Warzen (f. 16 und 17, tt), die man nach Entfernung der Haare leicht erkennt. Die Stellung, in der diese Haarbüschel heraustreten, ist die der Kopula, aber wozu sie dienen, ist völlig unbekannt. Das Hinterende des Weibchens ist ungefähr wie das aller Nachtfalter [fig. 19: a = Anus, l = Analscheide, O — Genitalöffnung].

Was hat diese außergewöhnliche Massenvermehrung verursacht? Sind die Weibchen 1734 oder 1735 fruchtbarer gewesen als gewöhnlich? Die Landleute und Gärtner schrieben sie meistens einem Zauberer oder einer Hexe zu. Sie betrachten solche Erscheinungen als Vorzeichen schlimmer Ereignisse und suchen ihre Ursache außerhalb der Naturgesetze. In Wirklichkeit ist jedoch die Weisheit des Schöpfers zu bewundern, der die Anzahl dieser Raupen, trotz der großen natürlichen Fruchtbarkeit der Nachtfalter-Weibchen und ihrer zwei jährlichen Generationen, im allgemeinen so niedrig hält. Die Raupen, die im Juni-Juli unsere Felder verwüsteten, wurden im August zu Schmetterlingen, die Eier ablegten. Im Winter habe ich dann auf Zichorie bereits große Raupen bemerkt, die sich im April verpuppten und im Mai schlüpften. Aus den Eiern dieser schlüpfen die Raupen, die im Juni-Juli an unseren Gemüsen fressen. Wir haben also mindestens 2 Generationen pro Jahr. Die Eier sind knopfförmig und von schön skulpturierter Oberfläche. Sie sind klein, so daß ein Weibchen eine große Anzahl derselben enthalten muß. Einige Weibchen haben zwar in meinen Pulvergläsern mit der Ei-Ablage begonnen, sie jedoch nicht zu Ende gebracht. Nehmen wir an, daß ihre Eizahl 400 ist wie die des Seidenspinners und daß die Zahl der Weibchen der der Männchen gleichkommt. Wenn sich nun in einem Garten 20 Raupen dieser Art auf verschiedenen Pflanzen befinden, sind sie dort so selten, daß man sie kaum finden kann. Wenn nun sich alle Eier entwickeln und im Mai des nächsten Jahres alle Falter gut aus-

kommen und ebenso die der 2. Generation, so sind in demselben Garten, statt
der 20 Raupen im vorigen Juli, im Juni bereits 800 000 Raupen, die genügen, um
schreckliche Verwüstungen hervorzubringen.

[Aus 20 Raupen   10 Weibchen × 400 Eier =   4 000 Raupen.
                        2000 Weibchen × 400 Eier = 800 000 Raupen.]

Man muß also weniger nach einer Erklärung für das Massenauftreten der Raupen
im Jahre 1735 suchen, als nach den Ursachen für ihre Seltenheit in den anderen
Jahren. In einem besonderen Mémoire dieses Bandes werden wir alle natürlichen Raupenfeinde kennen lernen und sehen, daß ihrer soviele sind, daß es
überraschend ist, daß sie nicht alle vernichten. Außerdem leiden die Raupen an
Krankheiten, die gleichfalls eine hohe Sterblichkeit hervorrufen, über deren
Ursache und Wesen aber erst sehr wenig bekannt ist. Wir müssen uns damit
bescheiden anzunehmen, daß es Jahre gibt, die für die Raupen und Falter gesund sind, während sie zur selben Zeit für ihre natürlichen Feinde ungesund
sind. Wenn diese beiden Umstände zusammentreffen, wie das offenbar 1735
der Fall war, dann ist die Massenvermehrung gewisser Raupen erstaunlich. Wir
können also voraussagen, daß von Zeit zu Zeit solche Massenvermehrungen
von Raupen auftreten werden und besonders bei solchen Arten, die 2 Generationen im Jahre haben.

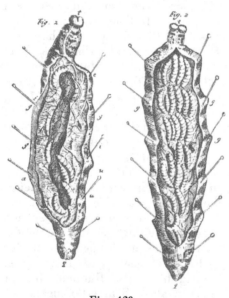

Fig. 129.
Apanteles-Larven im Innern von Kohlweißlings - Raupen. (Aus Réaumur,
Mémoires II. T. 34, 1—2.) (Spiegel-
bildliche Wiedergabe.)

Die Kälte des Dezember 1734 und des
Januar und Februar 1735 war nur mäßig
stark, so daß die Raupen vom Winter
nicht viel gelitten haben, sondern während desselben gefressen haben und gewachsen sind. Die Mehrzahl dieser Raupen entwickelte sich zu Faltern im Frühjahr 1735. Im Mai dieses Jahres war ich
überrascht von der großen Anzahl dieser
Schmetterlinge, aber ich konnte nicht
wissen, daß die Raupen ein so günstiges
Jahr antreffen würden.

Wenn diese Raupen es einmal bis zu
einer gewissen Massenvermehrung gebracht haben, so ist jede Bekämpfung un-
zulänglich. Damit die Gärtner den Schmetterling leicht erkennen, habe ich versucht, ihn deutlich zu beschreiben. Wenn
diese in großer Anzahl fliegen, besonders
im August, ist es keine verlorene Zeit für
den Gärtner, sie zu fangen und zu vernichten. Zwei vernichtete Schmetterlinge
bedeuten die Zerstörung von 800 000 Rau-
pen-Keimen für den kommenden Juni. Unter den Gerätschaften jedes Gärtners soll-
ten sich solche Netze befinden, wie sie in der Vignette zu diesem Band dargestellt
sind, und sie werden eine sehr nützliche Arbeit verrichten, wenn sie jeden Mittag
1 oder 1/2 Stunde die Schmetterlinge wegfangen. (Fig. 127.) Wieviel Kohl könnten sie nicht retten, wenn sie die Weißlinge, deren Raupen auf ihm leben, so
fangen würden."

[Im letzten Teil weist Réaumur die Behauptungen von der Giftigkeit dieser
Raupen als stark übertrieben zurück.] (II, Mém. 8. Taf. 26—27.)

In einem besonderen Abschnitt werden die Raupen-Feinde behandelt. Aus Gründen der Raumersparnis müssen wir es uns leider versagen, auf dieses hochwichtige Kapitel hier näher einzugehen. Zahlreiche Fälle von parasitischen und Raub-Insekten werden angeführt. Die nebenstehende Abbildung (Taf. 34, f. 1—2) zeigt z. B. Kohlweißlings-Raupen, in deren Innern sich Parasiten-Larven, wohl von Apanteles glomeratus, befinden.

Der dritte Band behandelt die Minier-Insekten und köchertragenden Insekten-Larven (Psychiden, Coleophora, Köcherfliegen). Zwei Aufsätze, die auch getrennt in den Abhandlungen der Pariser Akademie erschienen sind, sind der Kleidermotte (Tineola biselliella Humm) gewidmet. Von dieser klassischen Monographie seien einige Stellen betreffs der Schädlings-Bekämpfung angeführt.

„Im vorhergehenden Aufsatz haben wir die Kunst bewundert, mit der die Motten-Raupen ihre Köcher spinnen. Jetzt müssen wir sehen, uns gegen ihre Gefräßigkeit zu schützen. Der weit verbreitete Gebrauch, Tapeten und andere Stoffe einmal im Jahr gründlich auszuschlagen und abzubürsten, ist ein vorzügliches Vorbeugungsmittel, wenn es zur richtigen Zeit angewandt wird. Diese ist Mitte August oder spätestens Anfang September, wenn die Mehrzahl der jungen Raupen geschlüpft ist und die meisten alten verschwunden sind. Zu allen anderen Zeiten hilft das Ausschlagen und Abbürsten garnichts, da die älteren Raupen in ihren festgesponnenen Köchern dadurch nicht geschädigt werden. Aber frisch geschlüpfte Raupen fallen sofort ab. Wenn ich Stoffstücke mit solchen aus meinen Zuchten vorsichtig herausnahm, fiel bereits ein großer Teil ab; bei starkem Ziehen aber alle. Ein Windhauch genügt zu dieser Zeit, um sie davonzuwehen. Sie befallen Stoffe von allen Farben, aber die Qualität des Stoffes

Fig. 130.
Mottenbekämpfung.
(Aus Réaumur, Mémoires Vignette III.)

ist sehr wichtig. Besonders gern werden lockere Gewebe angenommen und die lockersten Fäden werden stets zuerst angebissen. Je gedrehter aber die Fäden und je geschlagener das Gewebe ist [d. h. je straffer und fester es ist], desto weniger wird der Stoff befressen. Ich habe sehr gut erhaltene alte Tapeten und Stoffe gesehen, die diese beiden Vorzüge aufwiesen, und neue, die keinen von beiden hatten und völlig zerstört waren. Die Arbeiten aus der Auvergne leiden so im allgemeinen mehr als die aus Flandern. Gewisse, an sich schöne Stoffe mußten aus diesem Grunde für solche Zwecke ganz ausgeschieden werden. In der Not fressen die Motten-Raupen allerdings alle Stoffe, aber die Schäden machen sich bei den guten Stoffen erst später bemerkbar. Eine Bekämpfung muß sie entweder in den befallenen Stoffen vernichten oder die Gewebe so verändern, daß sie dieselben nicht fressen mögen. Die modernen Naturforscher, die das Studium der Lebensweise dieses Schädlings vernachlässigt haben, geben trotzdem eine Reihe Mittel zu seiner Bekämpfung an. Sie haben sich allerdings der Pflicht, diese zu erproben, überhoben geglaubt. Man findet bei Aldrovandi, Johnston und Mouffet z. B. beinahe die gleichen Mittel und es sind dies dieselben, die Cato, Varro und Plinius anführen. [Réaumur lehnt es ab, die fabelhaftesten dieser Mittel zu erproben, aber manche scheinen doch einen gewissen Fingerzeig zu geben.] Aus meinen zahlreichen Versuchen greife ich die folgenden heraus. Ich setzte zahlreiche Motten-Raupen in Pulvergläser. in die ich zu einem Stück von blauer oder grüner Sarsche (serge) je 20 Raupen setzte. Das Sammeln der Raupen ist sehr mühsam, aber die gezogenen Raupen pflanzen sich mindestens 20 : 1 fort und auch in Gläsern gefangene Weibchen legen willig Eier. So erzog ich die genügende Anzahl Raupen für meine Versuche. Meine erste Überlegung war die folgende: Kein Tierfell leidet in der Natur oder auf Lager von Motten, bevor es zugerichtet (passé) ist. Nicht zugerichtete Hasenfelle blieben in meinen Zuchten unversehrt, während zugerichtete gierig befressen wurden und bald wie abrasiert aussahen. Indem wir Felle und Leinwand für unseren Gebrauch behandeln und vorbereiten, machen wir sie gleichzeitig den Motten-Raupen zu einer angenehmen Speise. Der Hauptunterschied behandelter und nicht behandelter Stücke beider Arten ist, daß letztere sehr fett sind. Weiße Stoffe brauchen aber garnicht entfettet, sondern nur von den anhaftenden Unreinlichkeiten befreit zu werden; wohl aber diejenigen, die gefärbt werden sollen. Wenn man diese aber nach dem Färben wieder etwas einfettet, so müßten sie eigentlich von Motten verschont bleiben. Hierauf bezogen sich meine ersten Versuche. Raupen, die auf fertige Leinenstoffe, oder solche, die auf Sarsche, die gegen solche gerieben wurde, gesetzt wurden, fraßen einige Wochen kaum, begannen aber dann doch langsam damit und vollendeten auch hier ihre Entwicklung, allerdings viel später als die Kontrolltiere auf entfettetem Linnen.

Bei Versuchen, in denen graue und blaue Sarsche zusammen in einem Glase lagen und einmal die eine, anderswo die andere gegen fettiges Linnen gerieben wurden, wurde stets die unbehandelte Sarsche gefressen, wie man an der Farbe der Köcher und der Exkremente leicht sehen konnte. Von anderen Ölen und Fetten scheint nur das Olivenöl der Wirkung des natürlichen tierischen Haarfettes gleichzukommen. Diese Versuche scheinen einen Hinweis zur Motten-Bekämpfung zu geben. Man soll Möbelbezüge und ähnliches mit Scheerwolle oder in dem daraus gewonnenen Ossypfett der Apotheker, das in heißem Wasser gelöst wird, behandeln: abreiben in ersterem, abbürsten im zweiten Falle.

Die fettigen Stoffe sind aber nicht die einzigen, mit denen ich Versuche gemacht habe, sondern auch solche, die ich in Essig, Absinth-Abkochung, Tabaklauge, Meersalz, Sodalösung etc. eingetaucht hatte. Ferner machte ich Versuche mit starkriechenden Pflanzen wie Rosmarin, Absinth, Myrthe, Zitronenschale etc., die als sichere Schutzmittel empfohlen waren, ferner mit Levkojenblüten, Orangenöl etc. Keiner von diesen Stoffen schützt die Gewebe wirklich vor Motten, einige wie Iriswurzel haben sogar eine besondere Anziehungskraft für sie. Aufgehängte Canthariden, die nach Maris vor Motten schützen, helfen ebensowenig. Im Notfall ernähren sich die Raupen auch von unangenehmeren Stoffen. Als Reserve greifen sie zuerst ihren Köcher an und bedecken die Lücken mit ihren Exkrementen und solche Köcher zeigen dann immer an, daß die betreffenden Stoffe ihnen unangenehm sind, wie bei den mit Tabaklauge, Pfeffer, Sodalösung, Olivenöl, behandelten Lappen. Aber es gibt noch bessere Mittel.

Die Frauen auf dem Lande legen oft Kiefernzapfen in die Schränke oder Truhen, wo sie ihre Kleider aufbewahren. Wir haben kein Recht, solche Mittel von vornherein abzulehnen. Der Schutz, den die Kiefernzapfen gewähren, kann nur auf ihrem harzigen Geruch beruhen. Ich wählte also stärkere Gerüche derselben Kategorie und tauchte einen Lappen in Terpentin, während ich die

eine Seite eines anderen Lappens ebenfalls mit Terpentin bestrich und sie in
je ein Pulverglas mit Raupen setzte. Der Erfolg war mir selbst unerwartet:
Am folgenden Morgen waren alle Raupen nach krampfhaften Zuckungen gestorben. Die Mehrzahl hatte ihre Köcher verlassen, was sie sonst niemals tun,
und sie lagen nackt und starr am Boden.

Ich setzte also Raupen in eine Flasche, in die ich einige mit Terpentin leicht
angefeuchtete Papierstreifen hineintat. Die kleinsten und schwächsten Raupen
zeigten sofort schon keine Bewegung mehr. Die anderen begannen bald, Kopf
und Hinterteil aus dem Köcher herauszustrecken, welch letzteres sie unter
normalen Umständen niemals vorstrecken. Nach 1—2 Stunden verließen sie
die Köcher ganz und starben bald darauf unter schrecklichen Krämpfen. Die
toten Raupen schienen dicker als normal zu sein und zeigten am Rücken
rote Flecke, die man sonst nie bei ihnen sieht. Das scheint darauf hinzuweisen,
daß sie an Erstickung gestorben sind. Die feinen Terpentin-Partikeln sind
eben noch grob genug gewesen, um die feinen Verzweigungen der Tracheen zu
verstopfen.

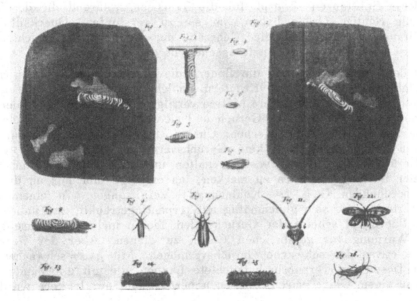

Fig. 131.
Kleidermotte.
(Aus Réaumur, Mémoires III. T. 6.)

Andere für uns ebenso starke Gerüche wie eine Dosis von Moschus, die
für die Hälfte der weiblichen Bevölkerung von Paris genügt hätte, störten sie
garnicht. Aber der Geruch des Terpentins ist auch für den Menschen zu unangenehm, um allgemein verwendet zu werden. Aber wer besondere Sommer-
und Wintermöbel hat oder wer in einem geschlossenen Raum wertvolle Stoffe
aufhebt, sollte mit der Anwendung dieses sicheren Mittels nicht zögern. Ein
Tropfen auf einen Sarschelappen von 15—16 Quadratzoll in einem Glas von
den Dimensionen 3 × 5 Zoll genügte, um alle Raupen zu töten. Zu teuer ist
das Mittel also nicht, denn wieviele Tropfen Terpentin sind nicht in einem
kleinen Fläschchen? Man braucht in den Schrank etc. nur einen gut befeuch-

teten Lappen oder ebensolches Papier zu legen und es eine Nacht in dem
möglichst gut geschlossenen Schrank zu lassen.

Ich suchte deshalb nach einem ebenso wirksamen Mittel, das uns nicht so
unangenehm wäre. Weingeist ist zwar ebenso wirksam, wird aber infolge
seiner schnellen Verdunstungsfähigkeit zu teuer.

Ferner versuchte ich das Räuchern mit verschiedenen Substanzen. Der
Rauch solcher brennender Substanzen ist sogar für unsere Augen sichtbar
und die Partikelchen müssen also gröber sein als die von Terpentin und deshalb besser geeignet zum Verstopfen der Tracheen.

Raupen in einem Pulverglas, in das ich Tabakrauch aus der Pfeife hinein-
geblasen hatte, waren am nächsten Morgen tot. Auch bei ganz schwachen
Mengen dieses Tabaksrauchs waren sie sehr beunruhigt und einige sind gestorben. Raupen, die sich länger in dichtem Rauch von verbranntem Papier,
Leinen, Federn, Leder, Rosmarin oder anderen aromatischen Substanzen aufhalten, sterben, aber in Verdünnung wirkt keines dieser Mittel auch nur an-
nähernd so wie Tabakrauch. Wahrscheinlich sind die Partikelchen des Rauches
der anderen Substanzen zu grob für die Tracheen, während die des Tabaks
gerade die richtige Größe haben, um sie zu verstopfen. Quecksilber- und
Schwefelrauch vermag auch die Mehrzahl der Raupen zu vernichten, aber
ersterer ist zu unsicher und letzterer entfärbt die Stoffe.

Auf dem Lande vertreiben die Bauern die Stechmücken aus den Häusern
durch tägliches Räuchern mit Kräutern. Solche Räucherungen, die garnicht
so oft nötig wären, würden unsere Motten vertilgen. Die Fliegen und Bienen etc.
haben meist einen vorzüglichen Geruch und sie fliegen vom Land in die Stadt,
wenn sie dort frischen Honig riechen. Unsere Motten aber scheinen gar keinen
Geruch zu haben, wenigstens kein Geruchsvermögen für die ihnen verderb-
lichen Gerüche. Auch wir Menschen halten uns ja oft in schädlicher oder
verpesteter Luft auf, ohne es zu merken; ich erinnere hier nur an die vielen
hierauf beruhenden Gas- [= Kohlenoxyd] Vergiftungen. In einem großen
Kasten verteilten sie sich gleichmäßig auf terpentingetränkte und unbehandelte
Lappen. Überhaupt scheint der Geruch allen Tieren mehr zur Nahrungssuche
als zur Warnung vor gefährlichen Gasen zu dienen. Aber der Geschmack
ersetzt in etwas das schwache Geruchsvermögen. Mit ganz schwachen, nicht
tödlichen Dosen von Terpentin befeuchtete Lappen, die mit unbehandelten zusammen in einem Glase waren, blieben unberührt und nur letztere wurden befressen.

Diese Untersuchungen über die Mottenbekämpfung können unter Umständen
auch für die Bekämpfung anderer Schad-Insekten — besonders von Magazin-
Schädlingen — von Bedeutung werden.

Den Beschluß dieses lehrreichen und interessanten Aufsatzes bilden eine
Reihe technisch-praktischer Maßnahmen, wie die gewonnenen Resultate in der
Praxis nutzbar gemacht werden können. (III., 1, p. 63—123.)

Sehr ausführlich ist ebenfalls die Schilderung der Blattläuse und Blattlaus-
fresser. Entgegen de la Hire sieht Réaumur die parthenogenetische Fortpflanzung der Blattläuse als die normale an.

Den Abschluß bildet eine ausführliche Abhandlung über die gallenerzeugen-
den Insekten. Als eines der wenigen Beispiele, die Réaumur aus der Käferwelt
anführt, sei die Entwicklung von Cassida viridis geschildert.

„Von den Larven, die sich mit ihren eigenen Exkrementen bedecken.

Auf den Blättern der Artischocken und gewisser Disteln, die an Größe und Beschaffenheit den Artischocken ähnlich sind, kann man um den Juli herum Larven entdecken, die sich auf eine eigenartige Weise mit ihrem eigenen Kot bedecken. Dieser bedeckt das Tier im allgemeinen völlig. Diese Exkremente liegen dem Körper aber nicht direkt auf, sondern stehen ab und werden von dem Tier wie ein Dach oder Sonnenschirm benutzt, den es nach Belieben hebt und senkt. Meistens liegt er parallel zur Körperfläche (T. 18, f. 5 und 6), manchmal

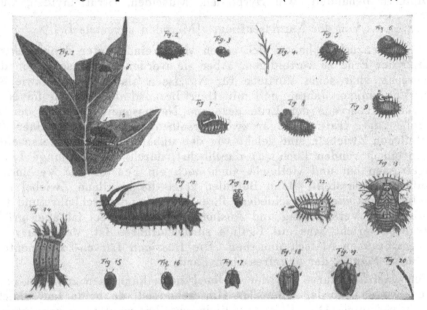

Fig. 132.
Cassida viridis.
(Aus Réaumur, Mémoires III. T. 18.)

schräg dazu (f. 7 und 8). Die Larve ist verhältnismäßig flach und kurz. Seitlich angebrachte Dornen, 16 jederseits, lassen sie größer scheinen als sie ist. Mit der Lupe erkennt man an diesen Dornen andere Seitendornen (f. 4). Manchmal ist die Larve hell- oder dunkelgrün und manchmal schwarz. Sie geht auf drei Beinpaaren und hat am Hinterende keine weiteren Füße, sondern hält dieses beim Gehen erhoben. Hier finden sich zwei hornartige, langsam dünner werdende Fortsätze, die zusammen eine Gabel bilden (f. 10 f i), deren Stellung das Insekt beliebig verändern kann. Meist hält es sie parallel über seinem Körper. Der After (f. 9 und 10 a) scheidet die Exkremente direkt auf diese Gabel ab, auf der sie sich allmählich ansammeln und dann das erwähnte Dach bilden. Bei der Häutung bildet die Häutung dieser Gabel den letzten und schwierigsten Prozeß. Bei der Verpuppung verliert das Insekt diese Gabel und anstelle der seitlichen Fortsätze treten breite Platten. Nach 12—15 Tagen schlüpft dann der Käfer, dessen Oberseite gelbgrün und der übrige Körper schwarz ist (f. 18, 19). Der Käfer frißt ebenso wie die Larve Distelblätter und ebendahin legt er seine länglichen Eier in einem kleinen Haufen ab, den ich mehrfach mit Kot bedeckt fand. Zwischen den Tieren, die auf Artischocken und denen, die auf Disteln leben, habe ich keinen Unterschied entdecken können. (III., 7. T. 18.)“

Im vierten Bande findet sich neben zwei später zu besprechenden Aufsätzen über die Cocciden ein erster Abschnitt über die „Fliegen". Unter diesem Namen werden Dipteren, Hymenopteren, Neuropteren, Odonaten, Cicaden etc. zusammengefaßt. Die systematischen Unterschiede sind zwar sehr im Detail begründet, befriedigen uns jedoch keineswegs. Da Réaumur's, übrigens recht unvollständiges, System keine Schule gemacht und seine Grundlinien aus der allgemeinen Anlage des Werkes zur Genüge hervorgehen, erübrigt sich ein näheres Eingehen darauf. Besonders ausführlich wird zunächst die Entwicklung der Dipteren behandelt, wie Syrphiden, Musciden, Stratiomyiden, Culiciden.

        „Von der Narzissenfliege. [Merodon equestris L.]

Die Blumenzüchter haben sich gegen viele Feinde unter den Insekten über und unter der Erde zu verteidigen. Aber sie werden dem Insekt, von dem ich jetzt spreche, eher seine Vorliebe für Narzissen als für Tulpenzwiebeln verzeihen. Vor einigen Jahren gab mir Herr Bernard de Juissieu im November einige vor kurzem aus der Erde gezogene Narzissenzwiebeln, in deren jeder eine große Larve fraß; ja sogar zwei derselben fanden sich in einer Zwiebel. Die befallenen Zwiebeln sind leicht von den unbefallenen zu unterscheiden: sie sind von einem runden Loch (a) durchbohrt, durch das die junge Larve sich hineingefressen hat und vielleicht auch noch ein Fenster zur Verbindung mit der Außenwelt darstellt. Beim Befühlen zeigt die befallene Zwiebel nicht die gewöhnliche Festigkeit; verschiedene ihrer Lagen sind durchbohrt und teilweise zerfressen. Die Veränderung und Aushöhlung der Zwiebel ist aber größer, als dem Fraß entspricht, was auf Fäulnis zurückzuführen ist. Jede Larve (b) ist von einem braunen Matsch umgeben. Die flüssigen Larven-Exkremente verursachen diese Fäulnis der angefressenen Partien.

Wenn man die Larve aus der Zwiebel zieht, kann man zunächst nicht entscheiden, wo das Vorder- oder das Hinterende ist, da beide fast gleichmäßig zugespitzt verlaufen. Die Mitte ist zylindrisch, aber ringförmig gekräuselt. Aber sie sucht sofort von ihrem Platze zu entfliehen. Sie zieht ihren Körper in die Länge und läßt zwei parallele, beschuppte Haken hervortreten, deren Zweck nicht nur die Zerstörung der Zwiebel ist, sondern an denen sich die Larve auch jetzt noch vorwärtszieht. Wenn man den Kopf stark preßt, treten die Haken fast gänzlich aus dem Kopfe heraus.

[Es folgt die Beschreibung der Mundwerkzeuge (f. 3) und der Stigmenplatte (f. 4, 5)].

Ich habe so befallene Zwiebeln in Pulvergläser getan und teils mit Erde bedeckt, teils ohne Erde gelassen. Nur die letzteren haben sich weiter verwandelt; die anderen sind wahrscheinlich infolge zu großer Feuchtigkeit gestorben. Wir wissen bereits, daß solche Larven sich in ihrer eigenen Haut verpuppen. Die Puppenhülle (f. 6) ähnelt sehr der der Fleischfliege, ist aber größer, mehr gekräuselt und von grauer Farbe. Ich habe die Puppen aus ihrer Hülle gezogen (F. 7, 8) und gesehen, daß die Hörner der Hülle von zwei Blasen ihren Ursprung haben, die an der Brust gelegen sind und fraglos mit den Stigmen in Verbindung stehen. Die zwei Hörner sind also zwei Röhren, die die Luft zur Brust leiten. Denn bei der Metamorphose verliert die Larve ihre alten Respirations-Organe und die Puppe erhält so neue anstelle der verlorenen.

Einige der Larven verpuppten sich in der Zwiebel, andere auf dem Boden der Pulvergläser. Ich erinnere mich nicht mehr genau an die Zeit, aber es war bereits nach dem Winter. Die Fliegen sind von Anfang bis Ende April geschlüpft. Die Fliegen (f. 9—12) könnte man auf den ersten Blick für Hummeln halten. ...

Um die Lebensgeschichte zu vervollständigen, müßte man noch beobachten, wie die Fliege sich in die Erde wühlt, um jeder Narzissenzwiebel ein Ei anzuvertrauen; durch Zufall habe ich diese Beobachtungen nicht gemacht und ich habe sie auch nicht zur Ei-Ablage veranlaßt, als ich die Fliegen hatte. (IV., 12. T. 34 f. 1—12.)"

Der fünfte Band beginnt mit der klassischen Monographie von Tipula paludosa Mg., auf die ich an anderer Stelle bereits ausführlich eingegangen bin.[66] Es folgen ebenso klassische Aufsätze über die Garten-Haarmücke (Bibio hortulanus), einige Blattwespen sowie Cicada orni L. Die Schilderung des Bienenlebens, wie sie Réaumur gibt, ist die erste, die in allen wesentlichen Punkten unseren modernen Vorstellungen entspricht. Wir geben den Überblick, den Réaumur selbst in der Vorrede zum 5. Band über diese Aufsätze gibt, hier etwas gekürzt wieder.

„Der 5. und die folgenden Aufsätze handeln nur von der Honigbiene, deren Lebensweise ausführlicher als die der übrigen Insekten behandelt zu werden verdient. Vergeblich wird man solche wunderbaren Geschichten erwarten, wie sie vielfach gedruckt worden sind. Aber ein Blick in einen Bienenstand genügt, um seine Insassen für unvergleichbare Arbeiter halten zu müssen. Ihre regelmäßigen Wachswaben und der Honig, der sie anfüllt, zeigen zur Genüge, daß sie Meister in uns unbekannten Künsten sind. Ihre Intelligenz und moralischen Fähigkeiten machen, wenn sie auch oft übertrieben wurden, uns vor ihnen erröten. Aber wir haben alles davon Überlieferte selbst nachgeprüft und anstelle manches Fabelhaften haben wir neues Wunderbares setzen müssen. Man hat den Bienenstaat als vollendetste Monarchie geschildert. Ihr ganzes Tun scheint nur auf ihre Nachkommenschaft eingestellt zu sein. Es folgt eine Beschreibung der geeignetsten Bienen-Beobachtungsstände. In jedem Stand gibt es zu gewissen Jahreszeiten drei Sorten von Bienen, in den übrigen nur zwei: geschlechtslose, männliche und weibliche Bienen. Die ersteren

Fig. 133.
Modischer Bienenbeobachtungsstand.
(Aus Réaumur, Mémoires Vignette V.)

sind allgemein bekannt und sie sind unvergleichlich zahlreicher als die beiden anderen.. Da sie ausschließlich zur Arbeit geboren sind und alle Verrichtungen im Stand vollführen, so heißen sie auch Arbeiter. Nur 1—2 Monate während der volkreichsten Zeit im Jahre sieht man ebensoviele hunderte der größeren Männchen als von Arbeitern Tausende vorhanden sind. Während des ganzen Jahres findet man nur ein Weibchen in jedem Bienenstand, das aber so ungeheuer fruchtbar ist, daß es ihn übervölkern kann und in einem Jahre bis zu 30—40 000 Nachkommen aller drei Sorten hervorbringen kann. Sie bleibt fast immer im Innern ihres Stockes und ist an ihrer Länge und der relativen Kürze ihrer Flügel sofort zu erkennen. Sie ist der „König" der alten Schriftsteller und des Namens „Königin" würdig. Die Arbeiter suchen sich ihr beständig nützlich zu machen, ihr Honig zu reichen, sie zu belecken und abzubürsten. Kein Leben ist ihnen wertvoller als das ihrer Mutter. Sie scheint die Seele des ganzen Stockes zu sein. Als ich einen Schwarm auf zwei Stöcke verteilte, haben die Bienen ohne Königin nicht die geringste Arbeit geleistet und sind zugrunde gegangen, während der viel kleinere Teil mit der Königin sehr fleißig arbeitete. Auch sonst haben mir Versuche gezeigt, daß in zuvor fleißigen Stöcken die Arbeiter nach Wegnahme der Königin nichts mehr von den Kostbarkeiten in den Blumenkelchen draußen zu wissen schienen; aber im Augenblick, wo man ihnen die Königin wiedergibt, beginnen alle Arbeiten. Die Arbeiter sind fleißig entsprechend der Fruchtbarkeit der Königin und nähren und pflegen die Brut wie wirkliche Mütter. Sie sammeln keine Nahrung mehr, wenn keine Nachkommenschaft da ist, für die zu sammeln Zweck hat.

[Der 6. und 7. Aufsatz behandeln die äußere Morphologie der drei Bienenarten, die ausgezeichnet beschrieben wird. Nebenbei wird das Pollensammeln der Arbeiter und die Bienenschlacht beim Eindringen ausgeschwärmten Volkes in einen bewohnten Stock geschildert.]

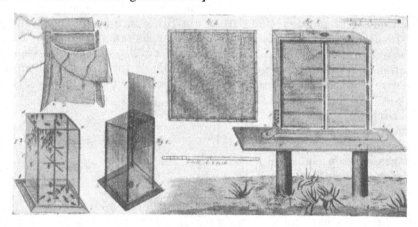

Fig. 134.
Verschiedene Bienenbeobachtungsstände.
(Aus Réaumur, Mémoires V. T. 23.)

Der 8. Aufsatz zeigt uns die Bienen im Innern des Stockes bei ihren verschiedenen Arbeiten. Die Wachskuchen sind gänzlich ihr Werk und verdienen unsere größte Aufmerksamkeit. Ohne eingehende Analyse und Kenntnis der modernen Geometrie kann man sie garnicht genug würdigen. Jeder Kuchen besteht aus zwei Reihen hexagonaler Zellen mit den Öffnungen nach außen. Schon Pappus hat gewußt, daß das Hexagon die sparsamste Raumausnutzung ist. Aber ein anderes Problem konnte erst die Jetztzeit würdigen. Die Pyramide am Zellboden ist aus 3 Rhomben von 2 Winkeln zu 110° und 2 Winkeln zu 70° gebildet. Wie der Mathematiker Herr König für mich berechnet hat, erlauben gerade diese Rhomben die größte Materialersparnis. Die physikalischen Probleme des Wachskuchens sind nicht minder interessant als die geometrischen. So sind z. B. die eingetragenen Pollenkörner noch kein Wachs, sondern nur die Rohmaterie dazu. Wie wird aber Wachs aus dieser Rohmaterie gebildet? Braucht diese wirklich nur befeuchtet zu werden, wie Swammerdam und Maraldi

angenommen zu haben scheinen? Keineswegs! Die Wachsbildung findet nämlich in einem der zwei Mägen ihres Verdauungstraktus statt. Genaue Beobachtungen haben mich gelehrt, daß der Pollen gefressen und das Wachs als
helle, oft schaumige Masse erbrochen wird. Die Zunge der Bienen leitet diese
zwischen die Kiefer, die sie zum Bau von Zellen verwenden. Ähnlich wie die
Seide trocknet und erhärtet sich das Wachs dann sofort. Der zuerst nur rohe
Zellenbau, zu dem viele Arbeiter beitragen, wird später geglättet, verdünnt etc.
und man wird nicht müde, den Bienen bei dieser häufigen Arbeit zuzuschauen.

Der Bienenstock muß bis auf eine kleine Öffnung zum freien Ein- und Ausgang völlig geschlossen sein, um vor dem Eindringen anderer Insekten, von
Regen und Wind geschützt zu sein. Alle Spalten werden mit der Propolis verschlossen. Dies ist ein aromatisches Harz, das die Bienen von gewissen Bäumen
sammeln und das sie ohne weitere Zubereitungen zum Verschließen der Lücken
oder gar zum Bedecken des ganzen Stockes benutzen.

Fig. 135.
Verschiedene Imkergeräte.
(Aus Réaumur, Mémoires V. T. 35.)

Alle Beobachtungen über die Fortpflanzung der Bienen finden sich im
9. Aufsatz. Alle 20—40 000 Bienen der drei Sorten eines Stockes verdanken
einer einzigen Königin ihre Entstehung. Beim Öffnen eines Weibchens findet
man gegen 5 000 erkennbare Eier gleichzeitig. Das Männchen enthält hoden-
artige Gefäße mit einer milchigen Flüssigkeit und einen Penis ähnlich den bei
den anderen Insekten-Männchen. Nichts dergleichen findet sich bei den Arbeitern, nur ein Honig gefüllter Magen und ein gefüllter Wachsmagen. Wir begleiten das Weibchen bei der Ei-Ablage: wie es sein Hinterteil in eine leere
Zelle steckt und an deren Grunde ein Ei zurückläßt. Sofort tut sie ein Gleiches
in der nächsten Zelle. Stets ist sie von einigen Bienen begleitet, die ihre hintersten Segmente belecken. Arbeiter, Männchen und Weibchen entstehen jede
in Zellen von besonderer Größe und die Mutter scheint gut zu kennen, in welche
Zelle sie das richtige Ei legen muß, denn sie irrt niemals: Aus den größeren
hexagonalen Zellen entstehen stets Männchen und aus den ganz großen mit
dicken Wänden, die schon nicht mehr hexagonal sind und die aus soviel Wachs
bestehen wie 100 oder 150 Arbeiterzellen, stets Weibchen. Jedes Weibchen ist
von einem ganzen Harem von Männchen umgeben und diese große Zahl von

Männchen hat dazu verführt, eine Begattung überhaupt zu leugnen; zumal da
man an den immer im Stockinnern lebenden Weibchen keine Kopula beobachtet
hat. Alte und neue Schriftsteller haben geglaubt, das Männchen streue seinen
Samen über das in der Zelle liegende Ei. Aber da es 9—10 Monate keine Männchen im Bienenstock gibt, ist das unmöglich. Swammerdam hat geglaubt, daß
der Geruch der Männchen zur Befruchtung der Eier genüge. Die große Zahl der
Männchen spricht nun allerdings gegen eine Begattung. Wenn die Männchen
ebenso hitzig wie die anderer Insekten wären, müßte ein Weibchen unter so
vielen Männchen allerdings viel zu leiden haben. Beobachtungen an Weibchen,
zu denen ich nur ein Männchen gesetzt habe, beheben die Schwierigkeit. Die
Männchen sind nämlich außerordentlich kalt und indifferent. Die von den Arbeitern so verehrte Königin muß lang und heiß um das Männchen, das ihr
gefällt, werben, sogar bis zur Indezenz. Sie benimmt sich zum Männchen, wie
sich sonst die Männchen zum Weibchen benehmen. Obwohl ich nicht sicher bin,
eine eigentliche Kopula gesehen zu haben, habe ich doch etwas ähnliches gesehen wie die Begattung der Vögel.

Im 10. Aufsatz finden sich die Beweise dafür, daß abgesehen von einer sehr
kurzen Zeit sich nur ein Weibchen in jedem Stock befindet und daß dasselbe
9—10 Monate frei von Männern ist. Diese Behauptungen stützen sich auf zahlreiche Beobachtungen in einem gläsernen Bienenstock sowie auf genaue Zählungen der Bienen vieler Stöcke, die ich zu diesem Zwecke in Wasser tauchte.
Die Tiere waren dann alle wie tot, aber erholten sich nach einiger Zeit wieder
völlig. Diese Zwischenzeit benutzte ich zu meinen Zählungen.

Im 11. Aufsatz kehren wir zu den Eiern zurück, die wir auf dem Zellboden
liegend verlassen haben. Es ist von länglicher, an den Enden runder Gestalt.
Meist findet sich nur ein Ei in jeder Zelle; nur falls die Arbeiter nicht
genug Zellen bauen, legt die Königin bis zu 4 Eier in eine Zelle. Die über-
schüssigen werden aber von den Arbeitern wieder herausgeschafft. Aus den
Eiern schlüpfen nach 1—2 Tagen die jungen Larven, die sofort von den Arbeitern
auf das fleißigste versorgt und ernährt werden. Als Nahrung dient ihnen eine
weißliche Flüssigkeit. Nach 6—7 Tagen, wenn die Larven ihr Wachstum vollendet haben, hören die Arbeiter mit dem Herbeischaffen des Futters auf und
verschließen die Zelle. Die Wände derselben bespinnt die Larve von innen mit
Seide und verpuppt sich. Es entwickeln sich mehrere Folgen von Larven hintereinander in einer Zelle und die Zahl derselben kann man aus der Zahl der die
Wand bekleidenden Seidengespinste feststellen. Die Zellen, in denen die Weibchen aufwachsen, werden mit besonderer Sorgfalt behandelt und nur einmal
benutzt. 20—21 Tage nach der Eiablage öffnen die neu geschlüpften Bienen
ihre Zelle mit ihren Kiefern und noch am selben Tage sind die Arbeiter im
Stande, im Freien Wachs und Honig zu sammeln.

Nach der schlechten Jahreszeit nimmt die Zahl der Bienen unaufhörlich zu
und Mitte Mai ist sie oft so angewachsen, daß das Bienenvolk sich teilen muß.
In einem Augenblick verläßt ein großer Bienenschwarm den Stock, dessen nähere
Schicksale im 12. Aufsatz behandelt werden. Aber zu jedem Schwarm gehört
eine befruchtete Königin. Es ist von der Natur so eingerichtet, daß nach einer
großen Anzahl von Arbeitern auch Männchen und etwas später Weibchen entstehen. Eine der letzteren bestimmt dann den Schwarm zum Wandern, oft in
Stöcke, die nur mäßig bevölkert sind. Den Abend und die Nacht, ja schon einige
Tage vor dem Ausschwärmen hört man ein vernehmliches Summen im Bienenstock. Wenn man an einem schönen Tage, an dem in mäßig bevölkerten Stöcken
alle Arbeiter fleißig erntend umherfliegen, einen dicht bevölkerten Stock ohne

ausfliegende Arbeiter sieht, kann man damit rechnen, daß am Mittag ein Schwarm von dort wegfliegen wird. Der Entschluß zum Schwärmen ist bereits zuvor gefaßt gewesen, aber der Augenblick des Auszuges wird durch die Wärme der Sonnenstrahlen bewirkt. In wenigen Sekunden haben die Auszügler den Stock verlassen, schwärmen einige Minuten umher und sammeln sich an einem Baumaste. Wenn sie sich hier beruhigt haben, läßt man sie in einen Bienenkorb hereinfallen, wo sie sich zumeist wohl fühlen. Die Alten haben das Schwärmen als die Bestrafung einer Revolution im Innern des Bienenstockes aufgefaßt. Wahr ist nur, daß gelegentlich mehrere Weibchen ausschwärmen, von denen nur eines lebendig bleibt. Oft beginnt dieses schon am 1. oder 2. Tage mit der Eiablage. Das hätten die unterlegenen Weibchen vermutlich nicht gekonnt. Denn ich öffnete mehrere derselben, fand aber nie sichtbare Eier in ihrem Innern. Den Königinnen, die im Innern des Stockes neu geboren werden, geht es ebenso. außer wenn sie für spätere Schwärme aufgehoben werden.

Fig. 136.
Verschiedene Bienenkörbe.[67])
(Aus Réaumur, Mémoires V. T. 38.)

Im 13. Aufsatz behandeln wir die Mittel, wie die Bienen am leichtesten zu vermehren sind und wie man am leichtesten Nutzen aus ihnen ziehen kann. Die Arbeiter können den in den Blumen vorhandenen Vorrat von Wachs und Honig bei weitem nicht bewältigen. Leider ist ihre Aufzucht nicht so leicht wie die des Seidenspinners, wo es ebensoviele Weibchen als Männchen gibt. Aber man sollte wenigstens den nutzlosen Untergang zahlreicher Bienen verhindern. Aus Habgier töten viele Leute ihre Bienen, wenn die Stöcke voll Wachs und Honig sind. Diese Handlungsweise müßte streng verboten werden. Von Feinden wie Ratten, Vögeln, Wespen und Hornissen — die in Westindien alle Bienen ausgerottet haben sollen — sowie einer Art von Floh leiden die Bienen stark. Auch sind sie verschiedenen Krankheiten ausgesetzt, gegen die es verschiedene Hilfsmittel gibt. Aber Feinde und Krankheiten tun ihnen weniger Abbruch als Hunger und Kälte in der schlechten Jahreszeit, und jeder Versuch, sie dem einen dieser Faktoren zu entziehen, liefert sie unweigerlich dem anderen aus. Schützt man sie vor der Kälte, so ist ihr Nahrungsvorrat zu früh verzehrt. Auf

Grund zahlreicher Versuche beschreiben wir nun die besten Methoden, Bienen
zu überwintern. Auch sollte man, wie im alten Ägypten und Griechenland, die
Bienenstöcke mit der Blüte wandern lassen. Zum Schlusse besprechen wir die
verschiedenen Wachs- und Honig-Arten. (Taf. 35.)"

Fig. 137.
Ephemeridenschwarm am Licht einer Schloß-
treppe.
(Aus Réaumur, Mémoires Vignette VI.)

Der sechste und letzte
Band ist im wesentlichen den Hymenopteren gewidmet. Réaumur's
Schilderungen stehen durchaus auf
der Höhe der Erzählungskunst seines bekannten Landsmannes Fabre,
sie vertiefen sich nur noch nicht ins
experimentell und spekulativ Psy-
chologische. Hummeln, Holzbiene,
Mauerbiene, Blattschneidebienen,
Wespen, Hornissen, Wegwespen
und Schlupfwespen ziehen der Reihe
nach an uns vorüber. Der schöne
Aufsatz über die Hummeln ist der
einzige Abschnitt des ganzen Werkes, der ins Deutsche übersetzt worden ist (abgesehen von der Bienenkunde).

„Von den Holzbienen. [Xylocopa violacea L.]

Wir sprechen jetzt von einigen holzbohrenden Bienen, die weniger ihret-
wegen, als der Aufzucht ihrer Kinder wegen so handeln. Sie sind beinahe so
groß wie die Hummeln, aber nicht so behaart. Sie fliegen mit Geräusch. Man
könnte sie auch glatte Hummeln nennen, denn ihr Körper ist glatt und leuchtend
schwarzblau. Die Flügel sind dunkelviolett, ihr Körper ist flacher als der der
Hummeln und an den Seiten, am Hinterende und auf dem Thorax besitzen sie
lange schwarze Haare. Die Mundwerkzeuge sind typische Bienenwerkzeuge,
wenn auch die Proportionen der einzelnen Teile verschieden von den analogen
der Honigbiene sind. Sind die Holzbienen auch nicht selten, so kann man sie
doch in fast jedem Garten zu verschiedenen Jahreszeiten finden. Sie erscheinen
bald nach dem Winter und fliegen am Mittag gern an sonnigen Mauern. Hat
man einmal eine solche Biene in einem Garten gesehen, so kann man sicher
sein, sie auch öfter dort zu sehen und bei ihrem Umherschwirren zu beobachten.

Diese Bienen suchen nun schon im Frühjahr ein passendes Stück toten —
niemals lebendigen — Holzes, um ihr Nest dort zu bauen: etwa einen Pfahl oder
ähnliches in sonniger Lage. Grünes Holz benutzen sie nie. Hat die Holzbiene
ihre Wahl getroffen, so beginnt sie, dort mit Kraft, Mut und Ausdauer einen
Gang zu bohren. Wochen und Monate hindurch höhlt sie den Gang aus, der
Zeigefingerdick und bis zu 12—15 Zoll lang ist. Unter dem Loche findet man
stets einen Haufen Sägemehl, das sie mit ihrem Kopf herausschafft. Ob sie es
stückchenweise mit ihren Kiefern oder durch Schieben mit dem Kopfe heraus-
befördert, konnte ich nicht entscheiden. Ihre einzigen Werkzeuge beim Aushöhlen des Ganges sind ihre mächtigen Kiefer. In diesem Gang liegen dann
später die Eier in einzelnen, völlig abgetrennten Zellen. Die Voraussicht der
Mutterbiene ist erstaunlich. Welche Menschenmutter kennt genau die Nahrungs-
menge ihrer Kinder, bis sie groß geworden sind, im Voraus? Die Holzbiene
aber legt neben jedes Ei genau die Menge Nahrungskuchen in die Zelle, die

dieses bis zur Verpuppung bedarf. In einem ein Fuß langen Gang werden so
11—12 Zellen von etwa ein Zoll Höhe übereinander errichtet. Die Zwischenwände
bestehen aus kleinen Holzstückchen, die ringförmig angeordnet werden (f. 2
und 5) und die sie von außen her herbeiträgt. Sie trägt zuerst einen rötlichen
und weichen, mit Honig getränkten Pollenkuchen in die entfernteste Zelle, legt
ein Ei und baut die äußerste Querwand. In gleicher Reihenfolge füllt sie die
übrigen Zellen. Damit hat die Mutter dann ihre volle Pflicht gegenüber ihren
Jungen erfüllt, die hier alle nötigen Entwicklungs-Bedingungen vorfinden. Den
zum Wachsen nötigen Platz verschaffen sie sich durch das Verzehren des Nah-
rungskuchens.

Vor 8—9 Jahren verfolgte ich
ihr. Wachstum. Ich öffnete einige
Kammern mit ganz jungen Larven
mit dem Messer und legte eine Glasscheibe direkt über die Öffnung, um
sie so täglich beobachten zu können, ohne daß ihnen die Luft scha-
de. Am 12. Juni hatte ich das Holz
geöffnet und am 2. Juli hatten die
Larven ihre ganze Nahrung verzehrt
und die große Larve füllte nebst
einigen schwarzen Exkrement-Kügel-
chen den ganzen Raum aus. 5—6
Tage verblieben die Larven in einem
unruhigen Fasten, bis sie sich am
7. und 8. Juli verpuppten.

Eine Beschreibung der Larven
und Puppen erübrigt sich, da der
Unterschied der Größe beinahe der
einzige von denen der Honigbiene
ist. Allmählich werden die weißen
Raupen bräunlich und später
schwärzlich. Am 30. Juli waren
Körper und Brust schwarz glänzend
und auch die übrigen Teile nahmen
langsam diese Farbe an.

Die Larven jeder Zellreihe. sind
verschieden alt: die oberen sind älter als die in den unteren Zellen sich
entwickelnden und schlüpfen infolgedessen auch früher. Wenn diese
durch die anderen Zellen sich einen
Ausgang schaffen würden, so müß-

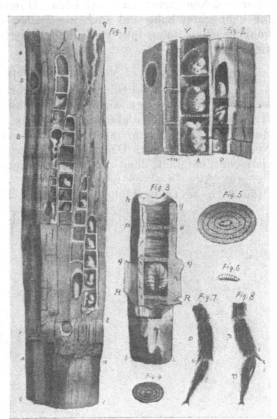

Fig. 138.
Xylocopa violacea.
(Aus Réaumur, Mémoires VI. T. 6.)

ten sie dabei die jüngeren Geschwister vernichten. Das ist aber gegen
die Gesetze der Natur. Sie könnten sich auch direkt nach außen bohren;
das wäre aber den noch nicht erhärteten Kiefern eine zu harte Aufgabe. Statt
dessen ist das Problem ganz einfach, wenn die Mutter für die äußerste Biene
ein Schlupfloch vorbereitet, durch das dann alle nacheinander schlüpfen können,
ohne ihre jüngeren Geschwister zu stören. Solche Löcher habe ich tatsächlich
an einigen Nestern beobachtet. Außer diesem oberen und unteren Loche finden
sich noch gelegentlich dazwischen liegende ähnliche Löcher, die die Mutter

wahrscheinlich zur Abkürzung ihres Weges geschaffen hat. Wir haben bisher
nur vom Weibchen gesprochen. Das Männchen ist diesem sehr ähnlich und nur
wenig kleiner. Man kann es nur durch Pressen des Hinterleibes deutlich unterscheiden. Im Gegensatz zum Weibchen hat das Männchen keinen Stachel, aber
einige dornige Fortsätze zum Festhalten des Weibchens bei der Kopula und
ein Penis treten dann deutlich hervor. Ich glaube, dem Leser einen Dienst zu
erweisen, wenn ich auf weitschweifige Beschreibungen dieser Teile verzichte.
Ich weiß nicht, ob das Männchen dem Weibchen bei der Arbeit hilft. Es hat
mir aber geschienen, als ob nur ein Tier an dem Nest arbeitet, habe aber vernachlässigt, mich durch Kennzeichnung desselben mit Lackfarbe auf dem
Thoraxrücken davon zu versichern. Obwohl ich das Tier beim Pollensammeln
nie beobachtet habe und auch nie Pollen an seinen Hinterbeinen bei der Rückkehr gesehen habe, läßt doch der Bau derselben (f. 7 und 8) vermuten, daß
sie dazu dienen.

Von den Ichneumonen-Fliegen.

Während die Sphegiden nur mit großer Mühe die Nahrung für ihre Larven
herbeischaffen, wissen sich die Ichneumonen-Fliegen [d. h. alle parasitären
Hymenopteren] viel einfacher zu helfen. Wie wir bereits bei Behandlung der
Raupenfeinde gesehen haben, benutzen sie viele andere Insekten einfach als
Nest für ihre Jungen. Der Name Ichneumonen bezeichnet mehr diese charakte-
ristische Fähigkeit, denn die so benannten Gruppen umfassen sehr verschiedene
Genera. Alle Insekten mit völliger Verwandlung scheinen teilweise dazu be-
stimmt zu sein, den Ichneumonen als Fortpflanzungs-Möglichkeit zu dienen.

Fig. 139.
Ephialtes.
(Aus Réaumur, Mémoires VI. T. 29, 1—4.)

Im allgemeinen bedienen sich die Ichneumonen dreier Wege zur Erreichung
ihres Zieles, die alle drei gleich sicher sind. Einige legen ihre Eier oft zu
20—30, aber auch nur 2, 3 Eier oder sogar nur ein Ei in die junge Wirtslarve,
die sie vermittels eines Stachels in diese hineinbringen. Wie klein diese Tiere
oft sind, kann man daraus ermessen, daß sie oft ihre Eier in die anderer Insekten legen und aus diesen schlüpfen. Vallisnieri glaubte zwar, daß die junge
Wespen-Larve in die Eier eindringt, doch glaube ich, daß die Wespe ihre Eier
in die der Wirtsart selbst legt. Der Graf Johann Zinnani hat mir auch derartige Beobachtungen mitgeteilt. Aus Heuschrecken-Eiern, die von einer kleinen
Ichneumonide parasitiert waren, schlüpften nach 3 Wochen zahlreich dieselben

Wespen aus. Die zweite Klasse von Ichneumoniden begnügt sich, ihre Eier an den Körper der Wirtslarve anzuleimen. Diejenigen der dritten Klasse sind ständig auf der Lauer nach den Nestern anderer Insekten. Mögen diese noch so verborgen angelegt und mit größter Sorgfalt verschlossen sein, vor dem Verschließen gelingt es den Schlupfwespen doch, sie mit ihren Eiern zu belegen. Andere Arten vermögen vermittels eines besonders langen Legestachels dicke Holz-, Sand- oder Mörtelschichten zu durchbohren.

Wir wollen die verschiedenen Schlupfwespen wenigstens in zwei morphologische Gruppen einteilen: Die Weibchen der ersteren besitzen einen langen dreiteiligen Schwanz, den man früher nur als Ornament aufgefaßt hat. Von diesen 3 Haaren umschließen 2 als Etui den eigentlichen Stachel. (T. 29, f.5-10.)

Die Weibchen der zweiten Gruppe tragen ihren Stachel untergeschlagen unter dem Bauch, so daß er garnicht oder kaum nach hinten vorsteht. Die Männchen haben oft eine von den Weibchen ganz verschiedene Gestalt, so daß ich keine gemeinsamen Bestimmungs-Merkmale angeben kann. Die Ichneumonen lassen sich auf den ersten Blick von allen anderen Fliegen durch folgende Kennzeichen unterscheiden: sie bewegen ihre Antennen lebhaft und unaufhörlich und ebenso ihre Flügel, auch wenn sie in der Ruhe sind und garnicht daran denken, davonzufliegen. ...

Aber betrachten wir jetzt, wozu der lange Schwanz der Weibchen eigentlich dient. Ich konnte mir davon keinen Begriff machen, bis ich eine solche Wespe, die sich durch meine Gegenwart nicht stören ließ, bei seiner Benutzung beobachtete. Es war die Schlupfwespe, die sich an einem Sphegiden-Nest, das innen mit grünen Raupen zur Larven-Nahrung erfüllt war, zu schaffen machte (f. 1-4). Der in Wirklichkeit dreifädige Schwanz schien nur einfädig zu sein. Sie begann ihn zu heben, zu senken und nach Belieben zu biegen. Endlich ragte der unter dem Bauch vorgeführte Schwanz weit über den Kopf hinaus, bis er endlich nach hinten garnicht mehr überstand. Zweifellos war ihr Zweck, den Mörtelbewurf des Sphegiden-Nestes zu durchbohren. Der Stachel oder das mittlere Haar hat an seinem Ende sägeförmige Zähne zum Einschneiden von Löchern. Leider konnte ich diesen Vorgang nicht genau verfolgen. Ich sah nur alternierende Bewegungen des Stachels. Die Sägedauer bis zur Eröffnung des Loches war eine gute Viertelstunde, wie ich später auch bei verschiedenen anderen Schlupfwespen noch beobachtete. (VI, 9.)"

Den Beschluß bilden eine Reihe wichtiger Aufsätze voll schöner Beobachtungen über den Ameisenlöwen, Libellen, Eintagsfliegen und Pferdefliegen. Auch den Blattläusen wird noch ein Ergänzungsaufsatz gewidmet, der sich im wesentlichen mit den Forschungen Bonnet's beschäftigt.

Nach diesen Proben wird die eingangs erwähnte Bemerkung, daß wir bis auf den heutigen Tag kein zweites Werk besitzen, das in der gleichen tiefschürfenden Weise und mit derselben Harmonie morphologische, ökologische und physiologische Probleme auf Grund eigener Beobachtung behandelt, verständlich. Nicht der glänzende und fesselnde Stil und auch nicht die Fülle der vorgebrachten Tatsachen machen den Wert des Buches aus, sondern die originelle Fragestellung und die ihm eigene Experimental-Technik. Gewißlich ist das Ende der universalen Leistung seit 100 Jahren zu verzeichnen. Der Grund liegt aber nicht allein in der Häufung des Materials, das kein einzelner heute mehr zu überschauen vermag. Ein durchdringender Kopf wie Réaumur würde heute den Problemen noch denselben Erfolg abringen wie vor 200 Jahren. Seine Vorschläge zur Motten-Bekämpfung z. B. sind so scharf präzisiert, daß sie noch heute als mustergültige Gedankengänge anzusehen sind. Der Einfluß von Wärme und Kälte auf die Entwicklungs-Geschwindigkeit, der physiologische Einfluß der Bekämpfungsgifte auf die Insekten u. v. a. sind Probleme, die nach Réaumur der Vergessenheit anheimgefallen sind und erst heute wieder da aufgenommen werden, wo Réaumur sie verlassen hat. Die scharfe Verurteilung, die Réaumur z. B. von Seiten Radls erfährt, ist nur dadurch zu erklären, daß die betreffenden Herren die Mémoires nicht gründlich gelesen haben. Dieses Werk sollte heute noch zur Grundlage jeden entomologischen Unterrichts gemacht werden und dies umso mehr, als Réaumur mit den Problemen, die uns heute beschäftigen, in viel innigerem Kontakt steht als die ganzen auf ihn folgenden Epochen. Es ist eine überraschende Tatsache, daß Réaumur in keine andere Sprache übertragen wurde. Eine sorgfältige ausgewählte Übersetzung Réaumur's in andere Kultursprachen ist ein dringendes Bedürfnis.

Literatur:

R. A. F. de Réaumur, Mémoires pour servir à l'histoire des insectes. Paris 1734-1742. 6. Vol. 4. Amsterdam 1737-1748. 12. Vol. 8.
Ursprünglich waren 10 Bände der Originalausgabe (Paris) beabsichtigt und zu einem 7. Band sind Tafeln und Manuskriptteile im Archiv der Académie des Sciences (Paris) vorhanden. Verschiedene Teile der Mémoires sind als Aufsätze in französischen und anderen Zeitschriften und Sonderausgaben erschienen (cf. Hagen II. p. 64/65). Wheeler (1926) hat den halbvollendeten Teil des 7. Bandes, der den Ameisen gewidmet sein sollte, in einer vorbildlichen Ausgabe herausgegeben. Auf diese schöne, mit reichlichen Noten und Einleitungen versehene Publikation sei hier nachdrücklich aufmerksam gemacht. Nach Wheeler's Meinung sollte der 7. Band mit den Ameisen beginnen, denen sich noch Kapitel über Käfer anschließen sollten. Der 8. Band galt vermutungsweise den Orthopteren, der 9. und 10. den Spinnen, Krebsen, Tausendfüßlern, Würmern etc.

J. N. Vallot, Concordance systématique, servant de table des matières à l'ouvrage de Réaumur intitulé Mémoires . . . . Paris 1802.

W. M. Wheeler, The Natural History of Ants from an unpublished Manuscript . . . by René Antoine Ferchault de Réaumur. New York-London 1926.

Cuvier, [Biogr. Artikel Réaumur in Biographie Universelle] Paris, Vol. 37. 1824.

Briefe von Réaumur (edid. G. Musset, Annales Soc. Sc. Nat. La Rochelle Vol. 21. 1884, p. 177 und Vol. 22, 1885, p. 89; 1886 in einem kleinen Bande separat veröffentlicht).

Eloge de Grandjean de Fouchy. Hist. Acad. Sc. Paris 1757 (1762) p. 201.

V. Johann Leonhard Frisch.

Zu den bedeutendsten entomologischen Erscheinungen dieser Zeit muß auch Johann Leonhard Frisch gerechnet werden. Am 19. März 1666 zu Sulzbach in Bayern geboren, erhielt er seine Ausbildung teils in Nürnberger Schulen, teils durch Hauslehrer. Nach Beendigung seiner Studien in Altdorf, Jena und Straßburg im Jahre 1690 kehrte er nach Nürnberg zurück, um sich der geistlichen Laufbahn zuzuwenden. Durch seine Jugend beruflich behindert, reiste er durch Österreich, Ungarn und die Türkei. Nach seiner Rückkehr versuchte er sich als Landwirt und Hauslehrer, bis er im Jahre 1699 eine Anstellung als Subrektor am „Grauen Kloster" in Berlin erhielt (1708 Conrektor, 1727 Rektor daselbst). 43 Jahre bis zu seinem Tode am 21. März 1743 verblieb er in dieser Stellung.

Wie es im Zuge seiner Zeit lag, beschränkten sich seine Untersuchungen nicht auf eine Wissenschaft. Von ihm stammt ein bedeutendes lateinisch-deutsches Lexikon (1741), aus dem Grimm großen Nutzen zog. Seine „Vocabula Marchica" beruhen auf 30-jährigen Vorstudien. Auf chemisch-technischem Gebiet gelang ihm eine bedeutende Verbesserung der Fabrikation des Berliner Blaus. Außerdem war er als Pädagog und Schul-Schriftsteller geschätzt.

Seit 1706 ist Frisch ordentliches Mitglied der Berliner Königlichen Sozietät der Wissenschaften, an der er einen ganz hervorragenden Anteil nahm, so daß er 1731 zum Direktor der historisch-philologischen Abteilung desselben gewählt wurde. Seit 1725 gehörte er der Societas Naturae Curiosorum an. Harnack nennt ihn den rüstigsten und fruchtbarsten Mitarbeiter der Sozietät in dieser Epoche. Innerhalb der Gesellschaft stand er Leibniz besonders nahe.

Fig. 140.
Portrait von J. L. Frisch.[68]

Aus diesem Lebensabriß ist bereits zu entnehmen, daß die Naturwissenschaften nur einen geringen Teil seiner Arbeitskraft in Anspruch nahmen. Bekannt ist hier besonders ein „nicht elegant, aber sehr zuverlässig" (Cuvier) illustriertes Werk über die deutschen Vögel, seine Studien über den Seidenbau und seine „Beschreibungen von allerley Insekten in Teutschland".

Über seine Bemühungen um den Seidenbau haben wir bereits an anderer Stelle kurz berichtet (cf. Berliner Akademie, Seidenbau).

Hier haben wir uns besonders mit dem Insekten-Werk zu befassen, das von 1720 bis 1738 in 13 Teilen erschien. Insgesamt werden 300 Insekten, fast alle in 2—3 Entwicklungs-Stadien, geschildert. Seine Beobachtungen sind gut und selbständig, keine literarischen Darstellungen. Eine gründliche Neuerung war die deutsche Sprache des Werkes, „damit die Leute, die keine langen Untersuchungen in lateinischer Sprache lieben oder denen die griechischen Namen zum

Ekel sind, es mit Nutzen lesen können". In den Einleitungen zu den meisten
Teilen finden sich gute Analysen einiger bedeutender Werke, so von Swammerdam, Leeuwenhoek, Redi, Mouffet, Albin, Hufnagel, Goedart, Aldrovandi u. a.
Die Illustrationen sind äußerst mäßige Kupferstiche, die in den meisten Fällen
gerade noch zur Kenntlichmachung der Arten dienen. Sie sind nach eigenen
Zeichnungen von seinen beiden Söhnen gestochen. Auf höherem Niveau stehen
einige Titel-Vignetten, von denen besonders die Darstellung seines Arbeits-
zimmers, des Insektenfangs und der Heuschreckenbekämpfung interessant sind.

Haupt hebt mit Recht die glückliche Hand Frisch's beim Züchten von Insekten hervor. Als Universal-Futterpflanze für solche Insekten, deren Futter-
pflanze er nicht kannte, zog er in seinem Garten eine Melden-Art (Atriplex sp.).

Hervorzuheben sind auch seine philologischen Untersuchungen über die
deutschen Insekten-Namen:

Den Namen Zweifalter habe ich am meisten behalten; nicht, weil ich meine,
er komme von den zweifältigen Flügeln her, welche alle diese Raupenvögel
haben, sondern weil ich dafür halte, er sei aus dem lateinischen Wort Papilio
entstanden, welches nach und nach so verkrüppelt worden. Das alte teutsche
Pfeifholter, so man für Papilio noch in den alten Büchern findet, führt auf die
Veränderung; das P in Pf oder Ff, wie man sagt Pfahl für Palus, Pfaff für
Pape, Pfund für Pondo. Das a wurde in e verändert, die Holländer haben daher Pepel für Papilio, woraus die Deutschen ein ei gemacht. Aus der Endung
el ist olt geworden. Dieses Pfeiffolt oder Pfeiffolter haben die Holländer nach
ihrer Art wieder verändert und sagen vyfwouter, einige Hochdeutsche haben
noch weiter geändert und endlich Zweifalter behalten: entweder wegen einer
albern derivation, die sie ersonnen von zwei und falte, oder aus einem ein-
gebildeten Wohllaut. Diesem nach hat das Wort Papilio bei mir das alte
Recht des Vorzuges behalten, oder zum wenigsten gleichen Rang mit Zweifalter, nur daß ich ihm die französische Endung gelassen, Papilion, die im
Deutschen nicht so hart lautet, und zum Declinieren durch die Casus und
Numeros bequemer ist. Den Namen Eule habe ich den Nachtpapilionen gelassen, die wirklich am Kopf, auch meistens mit der Farbe, den Eulen gleichen;
die andern heiße ich Nachtvögel, die keine solche Gleichheit haben, und doch
nur des Nachts fliegen. Die kleinen aber, die des Nachts um das Licht
fliegen, behalten den Namen Lichtfliegen billig davon. Oder wenn sie eine
Gleichheit mit den Fliegen haben, die aus den Motten in den Kleidern und
Pelzwerk entstehen, setze ich sie in die Klasse der Mottenfliegen.

Die Fülle guter Naturbeobachtungen in dem Buche ist überraschend. Daß
dabei auch eine Reihe Schnitzer unterliefen, muß ihm als Pionier verziehen
werden.

Ganz besondere Aufmerksamkeit wandte Frisch den Schad-Insekten zu,
von denen er eine große Anzahl beschreibt. Er vertritt mit großem Nachdruck
den Standpunkt, daß die allgemeine Baumpflege die beste Vorbeugungsmaß-
nahme ist, da die saftigen frischen Bäume nur selten angegriffen werden. Von
Vorrats-Schädlingen werden u. a. Tenebrio molitor, Blatta orientalis, verschiedene Attagenus- und Dermestes-Arten; von Baum-Schädlingen Cossus cossus,
Yponomeuta malinella und padella, Carpocapsa pomonella, Aporia crataegi;
ferner Gastrophilus equi, Malophagus ovinus, Tipula paludosa, Plutella maculi-
pennis, Chaerocampa elpenor, Evetria resinana u. v. a. erwähnt und beschrieben.
Er betont mit Nachdruck, daß keine Bekämpfung von Schädlingen ohne genaues Studium der Biologie möglich sei.

„Die Anmerkungen in solchen Geschöpfen sind wie die Laufgräben in Belagerungen, dadurch man der Wahrheit und dem daraus entstehenden Nutzen, wie einer Festung, näher kommen muß und einige Schritte dazu gewinnen, die uns durch unsere natürliche Unwissenheit und Unachtsamkeit bestritten und schwer gemacht werden. Man kann keine Mittel haben, die beschwerlichen Insekten los zu werden, wenn man nicht ihre Natur vom Ei an weiß. Wer solche Anmerkungen zusammenbringt, der findet und bahnt den Weg zur Hilfe. Es haben deswegen die königlichen Akademien und Sozietäten der Wissenschaften in Frankreich und England, auch einige in Italien, die Untersuchungen der Natur der Insekten allzeit ein Stück ihres Fleißes sein lassen, dessen sind ihre Schriften genugsame Zeugen, anderer ungemein vieler einzelner gelehrter Männer zu schweigen, welche den Nutzen davon erkannt. Daher habe ich auch bei hiesiger Königlichen Preußischen Sozietät der Wissenschaften verspürt, daß ihr meine Arbeit nicht unangenehm gewesen."

Ähnlich schreibt er über die in der Medizin verwandten Insekten:

Welcher Patient bekümmert sich darum, wie eine Arznei aus den Regen- oder Keller- oder anderen Würmern oder von den Ameisen komme, wenn er nur Hilfe davon hat. Ein bloßer Apotheker fragt nicht darnach, wie der Alkermes und von welchem Insekt er gemacht werde, wenn er ihn nur stark bekommt und guten Absatz hat. Aber auch ein Wundarzt muß nicht eben wissen, wenn er nicht will, warum die spanischen Fliegen solche Blasen ziehen, wenn er nur damit kurieren kann... Aber derjenige, der gründliche Wissenschaft haben will, muß weiter gehen.

Der erste Teil beginnt mit einer äußerst lebendigen Beschreibung der Feldgrille (Gryllus campestris L.), in der er folgende Beobachtung über die Bekämpfung der Hausgrille macht:

Die Feldgrillen sind sehr unverträglich untereinander: Diese Unverträglichkeit der Feldgrillen untereinander hat das Mittel gelehrt, die Hausgrillen mit ihnen zu verjagen. Wenn man eine oder mehrere solcher „wilden" Grillen in ein Gemach tut, wo man von den Hausgrillen Ungelegenheiten hat, so verjagen die wilden die anderen in wenigen Tagen und verlieren sich hernach auch.

Die wichtige Schilderung der buntknöpfigen Garten- und Waldraupe (Lymantria dispar L.) ist hier ausführlich unter Auslassung einiger morphologischer Abschnitte wiedergegeben:

„Diese Raupe ist auf dem III. Teil des Kupfers abgebildet. N. 1 wird wegen der weißen violblauen und purpurroten Knöpfe auf dem Rücken buntknöpfig genannt; und zugleich eine Garten- und Waldraupe, weil sie nicht allein alle fruchtbaren Bäume in den Gärten der Blätter beraubt, sondern auch die Waldbäume nnicht verschont, besonders die alten Eichen, an welchen man sie alle Jahre findet. Dieses 1720ste Jahr aber haben solche Raupen auch die mit doppelten großen Linden besetzte lange Allee durch die ganze Neustadt allhier zu Berlin ganz kahl gemacht, daß sie wieder neu austreiben müssen, wovon am Ende dieser Beschreibung noch etwas gemeldet wird.

Das erste Kapitel: Von ihrer Gestalt und Farbe.

... Wenn die Jungen aus den Eiern gekrochen sind, sieht man nichts als schwarze Farbe an ihnen, sie bleiben auch nach den ersten Häutungen noch

29*

mehr schwarz als bunt. Daher sie einige Gärtner nur die schwarzen Räuplein
heißen. Und weil wenige der Gärtner und Landleute von den Häutungen der

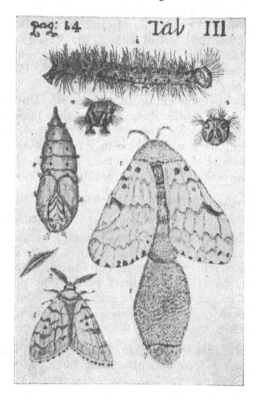

Fig. 141.
Lymantria dispar L.
(Nach J. L. Frisch.)

Raupen wissen, noch weniger, daß die
Raupen nach den Häutungen immer
anders aussehen als vorher; über das
einige dieser Räuplein nicht zu allen
vier Häutungen gelangen, sondern von
den kleinen Wespen (vespae Ichneu-
mone minima) mit Maden innen im
Leib besetzt werden, daß sie also klein
sterben und nicht größer werden können: So meinen viele, es werden diese
schwarzen Räuplein nicht größer, und
die drei- oder viermal aus ihrer alten
Haut gekrochenen seien ganz anders.
Diese Maden nähren sich vom Saft der
Raupe, und wenn sie groß genug, kriechen sie mitten aus dem Leib; bei den
kleinen Raupen oft nur eine, welche
man bei ihr in ein weißes Ei eingesponnen findet, bei den großen oft ganze Häuflein, aus welchen Eiern, einige
Wochen hernach, eben wieder solche
kleine Wespen heraus kriechen, von
welchen ich in der Beschreibung der
vielerlei großen und kleinen Wespen
dieser Art, (vespae Ichneumonis oder
Pseudosphecae) davon ich schon über
30 Arten habe, ausführlichere Nachricht geben will.

Das zweite Kapitel.
Von ihrer Natur, sonderlich in der Verwandlung der Gestalt und in ihrer Vermehrung.

Sobald sie aus den Eiern heraus sind, zerteilen sie sich und kriechen einzeln auf die vordern und obern Blätter an den Zweigen, und von denen zu
den andern, halten sich also nicht zusammen, es sei denn, daß bei beschwer-
lichem Wetter einige ungefähr an einem Ort des Baums zusammen kriechen,
da sie bedeckt sind. Sie kriechen von einem Baum zum andern, wenn sie denselben kahl gemacht, und schonen kein Blatt, besonders in den Gärten.
Nach der letzten Häutung ist sie am schönsten; und wenn sie groß und alt
genug, spinnt sie sich in einige Blätter vom Baum ein, wenn noch einige
daran übrig. Sie zieht sie mit ihren Fäden ein wenig zusammen, damit sie
dadurch vor dem Ungemach des Wetters bedeckt sei, macht dabei die Maschen
ihres Gespinst so weit, daß sie nur nicht durchfallen kann, und die Feinde,
so ihr nachstellen, abgehalten werden. Wenn aber keine Blätter mehr am
Baum, so kriecht sie herab ins Gras und spinnt sich da ein. Wenn diese
Spinnarbeit fertig, bekommt sie unter der Raupenhaut ihre Zeitungshülse (so
Chrysalis oder Aurelia heißt), an welcher man schon die Flügel, Fühlhörner

und Füße des Zweifalters erkennen kann, N. 4, und legt den Raupenbalg ab, indem sie denselben oben beim Kopf zerspaltet und ihn durch stetiges Krümmen und Rühren über den Leib hinabstreift. Es hat diese Hülse unten eine Spitze, woran sie sich innen am Gespinst anhängt, daß sie nicht leichtlich kann abgeschüttelt werden. Bei dem geringsten Anrühren bewegt sie den Unterleib stark, wodurch sie ihre Feinde erschreckt und abhält. Sie hängt dabei immer mit dem Kopf unter sich und schlägt damit um sich als mit dem schwersten Teil: weil sie dabei eine zarte Haut hat, auch rund ist und hängt, kann sie nicht leicht von einem kleinen Ungeziefer benagt werden. Es ist diese Hülse ganz schwarzbraun und behält an den Absätzen des Leibes und an den Flügeln, auch auf dem Kopf und am Knebelbart ihres Gesichts, welches die darunter liegenden Glieder gleichsam vorstellen, einige gelbrote Haarbüschlein. Die Dickleibigen sind die Weiblein und der Zweifalter, so herauskriecht, ist wie N. 5, hat weiße Flügel, mit braunen und schwarzen Wellen gleichsam gewässert, so daß sie am Anfang davon an dem äußersten der Flügel schwarz sind, gegen den Leib zu aber immer brauner und heller werden. Das Männlein N. 6 ist nicht halb so groß, mit braunen Flügeln, daß man es für eine ganz andere Art Zweifalter halten sollte. Hat Hörner als Federn, auf beiden Seiten mit Haaren, und dieselben etwas zusammengebogen, N. 7, daß sie eine Höhlung machen. Die untern Flügel an beiden Geschlechtern sind rund, unten herum nicht zugespitzt wie die obern, haben unten am Rand eckige schwarze Flecken, wie die äußern, und in der Mitte einen bräunlichen Fleck.

Das Weiblein fliegt nicht leichtlich am Tage, auch wegen seiner Schwere des Nachts garnicht weit. Es kriecht aber stark am Baum herum und sucht einen Ort unter den Ästen oder sonst, wo es vom Regen oder Wetter frei seine Eier hinlegen möge. Wenn es solchen sichern Ort am Baum nicht findet, an welchem es ausgekrochen, so kriecht es herab und an einen andern. An den glatten jungen Obstbäumen legt es die Eier an die Pfähle, woran sie gebunden, besonders unter die Bande, an den rauhen alten Eichen aber in die großen Spalten der Rinde, in den Gärten an die Weingeländer, unter die Gesimse der Bilder, in die hölzernen Zäune, und wo sie sonsten die Wetterseite nach der Lage eines Orts vermeiden kann.

Wenn es seine Eier legt, welche weißglänzend und kugelrund, so kleben dieselben wegen des Safts oder der zähen Materie, so um sie herum, nicht allein an dem Orte stark an, worauf sie gelegt werden, sondern es kleben auch oben und neben an jedem Ei die kurzen und braunen Härlein, so an des Weibleins Bauch sind, zugleich so häufig an, daß nicht allein jedes Ei warm, sondern auch mit solchen Härlein als mit einem glatten Pelz bedeckt liegt, daß ihnen nicht leichtlich Regen oder Kälte schaden kann. Es legt ein starkes Weiblein bis 400 und mehr solcher Eier aneinander auf einem Platz, wie Num. 8, die bedeckten Eier vorgestellt, und unten Num. 9 wie sie liegen, wenn diese Haare weggetan sind. Es sind diese Haare auf den Eiern anfänglich rotbraun, werden aber im Winter gar bald fahl.

Je langsamer das Weiblein zum Fliegen, je schneller ist das Männlein und fliegt alle Winkel des Tags aus, ein Weiblein zu finden, und sich zu gatten, welches wie bei den Seidenwürmern geschieht; nur daß das Weiblein sich nicht so fest anhängt, sondern nur eine Spitze vom Hinterleib heraustut. Es kommen manchmal mehr als ein Männchen zu einem Weiblein und suchen sich zu gatten, merken aber gleich, wenn es schon begattet ist, oder sich nicht mehr begatten will. Durch welches oftmalige Herumkriechen der Männlein über dem Weiblein, dessen mehlstaubige Haare auf den Flügeln so abgekratzt werden; daß man nichts als die gelbe Flügelhaut und die Flügelrippen sieht.

Im Anfang des Monats Juli sind diese Raupen schon meistens eingesponnen, daß sie Zweifalter werden, und kriechen auch in diesem Monat noch aus den Hülsen. Die Jungen aber kriechen erst das folgende Jahr im Frühling aus den Eiern, wenn die Blätter schon ziemlich heraus sind. Und weil sie manchmal ziemlich weit von den Bäumen weg, so kriechen sie ihrer Nahrung oft hundert und mehr Schritte nach.

Ob nun gleich diese Raupe in Gärten und Wäldern so gemein, haben doch wenige Autoren etwas davon gemeldet, welche doch sonsten so viele Arten gesammelt. Die Frau Merianin hingegen hat sie gar zweimal, nämlich in der neuen Edition 4to auf dem 18ten und 31sten Kupferstich des ersten Teils oder der ersten Funfzig. Wer diese meine Beschreibung welche aus lauter Augenschein auch in den geringsten Umständen herfließet, gegen andere halten will, wird sehen, wo andere davon abgehen, das ist, fehlen. Zum Exempel in der Merianischen Beschreibung ist falsch, daß sich diese Raupen des Abends in ein Gewebe zusammen begeben, das tut eine andere Art, so oft auf einerlei Baum ist und solchen Irrtum verursachen kann. Hernach ist N. 18 S. 7 sehr verwirrt, was von der Gestalt und Farbe dieser Raupe und ihres Zweifalters steht, und endlich allzukurz, was beidesmal davon bemerkt worden. Der Figuren zu geschweigen, die nicht sonderlich nach dem Leben, ob sie gleich etwas künstlicher gemacht sind.

Dieses 1720ste Jahr haben jetzt beschriebene Raupen die lustige Lindenalles, so hier der Neustadt an Berlin eine sonderbare Zierde, und den Spazierenden eine große Annehmlichkeit gibt, im Mai und Juni ganz kahl gemacht, welches als etwas ungewöhnliches von allen bejammert und bewundert worden. Und wurden absonderlich die Fragen gehört: Warum dieses Ungeziefer dieses Jahr solchen Schaden tue, den es noch nie getan, so lange diese Linden stehen? Und wo es so häufig herkomme? Worauf ich bei dieser Gelegenheit nach meiner Erkenntnis hiervon antworten will: Es sind diese Linden hoch und prächtig gestanden von ihrer Pflanzung an, dann waren sie noch jung im Trieb, weil solche Bäume vor dem 40sten Jahr noch kein sonderbar abnehmendes Alter zeigen. Vor einigen Jahren aber fiel um Pfingsten ein ungewöhnlicher Schnee bei sehr stillem Wetter, welcher sich in die dichten Äste dieser Linden so schwer legte, daß er sie meistens niederbog und abbrach, wodurch man gezwungen wurde, diese Bäume alle abzustutzen, damit sie aufs neue treiben konnten, so sie auch getan. Unterdessen hat die Kraft dieser Linden stark abgenommen und hat man diese Raupen deswegen schon einige Jahre darauf einzeln gesehen, welche sich gern auf solche Bäume setzen, wo die Blätter anfangen schwach zu werden, auch mögen zu dieser Schwachheit der Blätter geholfen haben, daß an ihnen durch einen Zufall des Wetters die ersten Blätter in den Knospen Schaden gelitten: oder weil ihnen wegen des Steinpflasters umher und wegen Schnee und Eises, so unter den Bäumen immer stärker und länger liegt, keine genugsame Winternässe zukommen konnte. Oder endlich, welches das wahrscheinlichste, weil das Jahr vorher die Hitze solche Bäume sehr geschwächt, wie dann dieselbe vergangenes 1719te Jahr ungemein gewesen.

Kurz es mag die Ursache sein, welche es will, die Blätter sind dieses Jahr wegen einer innerlichen oder äußerlichen Ursache von schwachem Trieb und wenigem Saft gewesen, sonst hätten die Raupen solchen Schaden nicht tun können, wann sie gleich einige angefressen, wie alle Jahre geschehen. Denn je gesünder der Baum und je mehr Saft ein solches Gewächs hat, je weniger beschädigt es das Ungeziefer. Und im Gegenteil ist es ein unfehlbares Zeichen, wann sie es beschädigen, daß das Gewächs Mangel hat, es sei im ganzen oder in Teilen davon.

Wo aber so viel Raupen von dieser Art dieses Jahr hergekommen, ist aus der Natur dieses Ungeziefers zu beantworten. Es setzt sich alles Ungeziefer dahin am meisten und legt ihren Samen dahin, wo sie und derselbe rechte Speise finden. Zum Exempel: die Zweifalter, von denen die Kohlraupen herkommen, legen ihre Eier allezeit auf ·Blätter, die etwas schwach sind, und nicht auf die Herzsprossen, damit die Räupchen gleich tüchtige Speise finden, und die nicht. der stark herausdringende Saft der frischen Blätter, wenn sie durch Benagen verwundet werden, am Fressen hindere. So. sind auch die Papilionen dieser Lindenraupen schon vergangenes Jahr im Juli auf die Linden gekommen, welche wegen der Hitze Not gelitten, und haben da mehr als sonst ihre Eier hingelegt, weil sie zum Voraus die künftige Nahrung ihres Geschlechtes bemerkt. Der Tiergarten mit einigen alten Eichen und die vielen benachbarten Gärten haben von diesem Insekt immer einen solchen Zuwachs, daß davon wohl eine starke Kolonie hat weggehen können, sonderlich da im vergangenen Jahr wegen der Hitze dieselben mehr als jemals sich vermehrt haben. Einige Jahr sind mit ihrer Witterung gewissen Insekten an ihrer Vermehrung hinderlich, wie man es an den Baumkäfern siehet, einige aber beförderlich. Wenn, zum Exempel, der Frühling oder die Zeit, wann die Baumraupen auskriechen, kalte Nächte hat, ist es gar bald mit den meisten geschehen, also kann auch der Winter viele Eier verderben etc., und im Gegenteil, wenn keine davon umkommen durch solche Zufälle. dürfen manchmal nur diejenigen bleiben, so schon darauf sind, so ist ihre Zahl groß genug, einen Baum abzufressen; weil ein jedes Weiblein von den Raupen einige hundert Eier legt. Also wenn auch nur diejenigen geblieben und alle erwachsen sind, die vor dem Jahr auf die Linden gelegt worden, so haben sie solchen Schaden tun können. Wenn daher die Nester, so dieses Jahr daran kleben, nicht vor dem Frühling abgekratzt werden, so wird man künftigen Sommer die Bäume noch mehr der Blätter entblößt sehen. Welches abkratzen um so viel leichter, weil diese grauen oder fahlen Eiernester alle gegen die Stadt zu sind; und weil sie alle Zeit etwas niedrig am Baum, wo er am dicksten ist, daß man sie einem Stock, der vorne eine Schärfe hat, meistens erreichen und abstoßen kann. Welches ein gutes Mittel an die Hand gibt, diese Raupen in einem Garten los zu werden, oder sie sehr zu vermindern. Denn man sucht sie allezeit hinter der Wetterseite, und nicht hoch am Baum, oder am Zaun etc.

Auch ist auf niedrigen Bäumen ein Mittel, wenn man sie aus den Nestern, wo sie einige Blätter zu ihrer Verwandlungszeit zusammengezogen, nimmt und tötet. Wenn sie aber aus den Eiern gekrochen, ist nicht mehr zu steuern, weil sie sich auf den ganzen Baum zerstreuen, da es zu mühsam, sie einzeln zu verfolgen. Bei anhaltendem Regenwetter oder kalten Tagen begeben sie sich aus dem Wetter an den Stamm, da man etwa mehr auf einmal herabtun kann. Das beste ist, wenn man ihre Eier aufsucht, denn sie können so geschwind nicht, sonderlich in weit entlegene Plätze wieder kommen, wie andere Zweifalter, weil, wie oben gedacht, das Weiblein keinen weiten Flug hat. Daß ich auch keine wahrscheinlichere Ursache geben kann, warum im Aldrovandi, Goedart und anderen dieser Raupe und ihres Zweifalters nicht gedacht wird, da es doch eine Gartenraupe, und solche Gelehrte eher in ihrem Garten ein Insekt zu untersuchen Gelegenheit nehmen, als auf dem Feld und

im Wald, als daß ihre Gärtner und ihre Nachbarn dieselben so fleißig ausgerottet, daß man keine mehr davon hat finden können. Da man hingegen die
Ringelraupen-Eier beschwerlich an einem Baum suchen muß, und doch selten
findet, und also nicht in den Eiern ausrotten kann, sondern warten muß, bis
sie einigen Schaden an den Blättern getan haben." ... (I, p. 16, 17—23.)

Über das Aussaugen von Raupen der gelbfleckigen, rauhen Weidenraupe
(Stilpnotia salicis) durch Raubwanzen beobachtet Frisch:

Bei dieser Weidenraupe habe ich das erste Mal gesehen, womit sich unter
anderem die Baumwanzen nähren, denn sie haben die Spätlinge von diesen
Raupen, das sind diejenigen, so über die Zeit des Mai bis in den Juni bleiben
und sich nicht einspinnen, angegriffen und getötet, indem eine ihren Stachel
den sie am Kopfe hat, unter demselben hervortrat und ihn in die Raupe
steckte, welche zwar darauf schnell fortlief, aber die Wanze immer mit-
schleppen mußte, bis sie matt wurde und still halten mußte, als vom Stich
und Saugen entkräftet, da dann bald mehr dazu kamen und die Raupe unzählige Male anbohrten und töteten. ... (I, p. 24—25.)

Fig. 142.
Vignette (enthält Mahnung zur rechtzeitigen
Schädlingsbekämpfung; aus J. L. Frisch.)

Als Schutz des Käses gegen die Käsemaden (Piophila casei L.) empfiehlt
er gutes Einsalzen, so daß das Salz sich gleichmäßig verteilt. Dies ist auch
das einzige Mittel, Speck und dürres Fleisch vor Dermestes zu schützen.

Von den kleinen Maden der Baumblüte (Anthonomus pomorum L.) schreibt
Frisch:

Weil ich diesen Käfer allzeit in der noch nicht aufgegangenen Apfelbaum-
blüte gefunden, N. 1, habe ich ihm den Namen davon gegeben, und wegen
seines Rüssels, den er anstatt des Mauls hat, ihn unter die Art der Rüssel-
käfer zählen müssen. Man findet in jeder Blüte nur eine Made von ihm,
welche zu der Größe wächst und gestaltet sich als N. 2. Sie frißt die kleinen
Stengel in der Blüte ab, ehe sie aufgeht, wodurch die noch geschlossenen
Blättlein derselben vertrocknen, rötlich werden, und weil sie steif bleiben, der
Made eine gewölbte Decke für alles Wetterungemach geben. Sie nagt auch

in diesem Blütenkelchlein etwas unten und an den Seiten ab und bleibt gar
bald still liegen zur Verwandlung. Ihre Farbe ist weißlich mit einigen fleisch-
roten Streifen. Wenn man die vertrockneten Blütenblättlein herabtut, daß
sie volle Luft verspürt, so bewegt sie sich in ihrem Lager, wie ein Fisch, der
aus dem Wasser kommt.

Die Käfergestalt zeigt sich bald an derselben, N. 3, ohne daß man die
Madenhaut als eine Hülse über derselben leichtlich findet, behält auch die
vorige Farbe bis zur völligen Zeitigung des Käfers, und weil die Zeit der
Blüte kurz ist, sonderlich einer beschädigten, so geschieht das Wachstum der
Made und die Verwandlung in ihren Käfer bald hintereinander, so daß der
Käfer ausfliegt, ehe noch eine solche Blüte abfällt. Man sieht allzeit das
Loch noch in den dürren Blättern, wo er sich herausgebohrt hat. .... Je
schwächer ein Apfelbaum ist, Früchte zu tragen, und doch viel Blüte hat, je
mehr habe ich dergleichen Käfer gefunden, so daß oft unter 20 Blüten kaum
eine gewesen, da nicht einer darinnen gesteckt. Wo hingegen die Blüten gesund und durch das Wetter nicht verderbt, besonders durch Kälte, und der
Baum Kraft hat, geschieht das Gegenteil, daß man nämlich derselben wenig
oder gar keine antrifft. Wie dabei wider das Wetter keine Hilfe, so sind die
Gärtnermittel desto leichter, es steht entweder solcher Baum in keinem bequemen Grund oder er muß beschnitten werden, daß er seine Kraft nicht so
schwächen darf, oder es muß ihm durch Mist oder frische Erde die Kraft
vermehrt oder erneuert werden. (I, p. 32—34.)

Zwischen die übrigen Abhandlungen zerstreut finden sich eine Reihe Beobachtungen über Gall- und Minier-Insekten.

Frisch führt den Namen Pillenkäfer auf die aus Erde etc. gefertigte Puppenhülle anstatt auf ihre gewälzten Kotpillen zurück. Deshalb begeht er auch den
Fehler, eine aus einer solchen Pille herausschlüpfende Halictus-Art als Parasiten dieser Käfer anzusehen:

Als ich eine große Zahl von den Pillen der großen schwarzen Kotkäfer in
einen Topf tat, damit ich wöchentlich, ja täglich einen öffnen und ihre Änderungen sehen konnte, fand ich, daß auch dieses Ungeziefer unter der Erde
in seiner Madengestalt nicht von den Schlupfwespen frei ist. Es kriecht den
alten Käfern, wenn sie ihre Pillen fertig haben, und wieder herauskriechen,
durch solche Öffnung ein Ichneumon nach, nagt mit seinem zackigen
scharfen Gebiß in die Pille und besetzt die Made mit einem Ei, welches sich
in derselben nähret, die Made innen auszehrt, und wenn es fertig ist, sich
selbst ein dichtes Haus wie ein längliches Ei spinnt, das außen eine schwarze,
mit starken Fäden kreuzweis übereinander gesponnene Haut hat, unter derselben aber eine braune und glatte, die so stark und so zäh wie Pergament
ist. Es war auch mehr als das dritte Teil von den Käfermaden in meinem
Geschirr also verzehrt. ... (IV, p. 23.)

Auf die Lautproduktion von Insekten hat Frisch verschiedentlich geachtet,
besonders bei Orthopteren und Käfern.

Auch über die systematische Stellung des Maien-Wurms (Meloe proscarabaeus L.) ist er sich lange nicht klar gewesen. Im VI. Teil rechnet er ihn nicht
zu den Käfern, sondern zu den eigentlichen Würmern. Im letzten Nachtrag verbessert er diesen Schnitzer, wundert sich aber sehr, daß er nie der Larve oder
Puppe dieses Käfers bisher begegnet sei. Auch Syntomis phagea L. hält er zuerst für eine Wespe, bis er an den Raupen, die aus den Eiern des gefangenen
Weibchens schlüpften, ihre wahre Natur erkennt.

Von der Oleanderraupe (Daphnis nerii L.) weiß er zu berichten, daß man in dem trockenen Sommer des Jahres 1727 „diese Raupe auf dem Oleander in den meisten Gärten fand, wo man diesen fremden Baum in Gefäßen hält.'"

Er gibt auch als einer der ersten Autoren ausführliche Kunde „Vom Obstwurm in Birnen und Äpfeln" (Carpocapsa pomonella L.):

Der kleine Papilion oder die Mottenfliege, so hernach soll beschrieben werden, legt ein Ei auf eine Birne, welche die gesündeste niemals ist, sondern· allzeit einen Anstoß oder Mangel des Saftes innen hat und daher auch eine

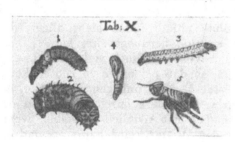

Fig. 143.
Carpocapsa pomonella L.
(Aus J. L. Frisch.)

solche Ausdämpfung bei ihr ist, daß dieses Insekt es bald empfindet, dieweil ein junges von ihr Nahrung bei solcher Corruption findet: und das nach dem Maß des innerlichen Anstoßes und nach dem Ort, wo der Ausbruch solches Geruchs am meisten geschieht, oben beim Blütenbutzen oder unten am Stiel. Bleibt das Obst ungesund, so nagt dieses ausgekrochene Räuplein gleich durch einen porum, die an der Schelfe des Obstes groß und häufig sind, und dringt bei seinem täglichen Wachstum endlich bis zu den Kernen. Bekommt aber die Birne oder der Apfel wegen Fettigkeit oder Feuchtigkeit, so der Baum indessen genießet, wieder mehr Saft, so müssen solche Würmer wegen des zuschießenden vielen Saftes aufhören, und die Wunde verheilt sich wieder, doch sieht man außen an einem Schorf oder Narbe oder Tiefe den Schaden und Abgang an dem Obst wohl. Es ist eine rechte Raupe allen Umständen der Gestalt nach. ...

Wenn er ausgewachsen, kriecht er aus dem Apfel oder der Birne heraus, denn als Papilion kann er nicht aus einem so engen Ort kommen, er hängt sich an etwas sicheres und trockenes an und bekommt eine braune Verwandlungshülse. Der Papilion oder die Mottenfliege, so herauskommt, hat die langen Mottenfüße mit lauter silberfarbigen Schuppen bedeckt, wie auch der ganze Leib also bedeckt ist. Die Oberflügel sind graubraun, haben etliche weiße Schuppenlinien über quer, hängen über den Leib her und haben einen Absatz unten gegen das Ende, etwa der vierte Teil, der rot-dunkelbraun mit einigen rotvergoldeten Strichen, welche beim Licht recht schimmern. Oben am Hals ist der gemeine Eulenkragen etwas in die Höhe und unten am Maul auch die zwei breiten abhängenden Klappen. Die unteren Flügel sind kurz und schmal, etwas gelbrot mit braunen Franzen. (VII, p. 16—17.)

Erwähnenswert ist auch die Schilderung der „Pillenwespe" (Eumenes coarctata L.):

Im März fand ich an den wilden Rosenstöcken um einen Ort, wo sich die Äste desselben teilen, Pillen von Lehm wie Schwalbennester zusammengebaut, fast kugelrund, davon die größten einen halben Zoll breit sind. Ich nenne es deswegen Pillen, weil schon verschiedene Untersucher der Natur der Insekten dergleichen runde Lehmhäuslein, welche verschiedene Kot- und Baumkäfermaden zu machen pflegen, wenn sie sich verwandeln wollen, Pillen genannt, und deswegen auch solchen Käfern überhaupt den Namen Pillenkäfer (Scarabaeorum Pillulariorum) gegeben haben. Es ist ein großes Geschlecht der Wespen von allerlei Arten, welche in den Lehm kriechen und oft in den Lehmwänden der Häuser ein Loch machen, den Lehm aushöhlen oder Höhlen bauen, ihre Jungen darinnen zu haben. Wovon diese eine sonderbare Art, daß sie ihr Lehmnest selbst rund herum baut und unter dem freien Himmel so fest an einen dürren Ast hängt, daß es allen Regen und Schnee aushält; und dabei so dicht, daß es die Made oder das Junge darinnen wider die Winterkälte schützen kann. Denn es ist innen glatt mit einem Gewebe ausgekleidet, womit nicht allein die Lehmpartikel fest zusammen gehalten, sondern auch die Zufälle der Luft abgehalten werden. Es ist eine Art Spinnen- oder Raupentöter, wie im anderen Teil N. I. die Sackwespe. Sie bauet das Nest von Lehm, trägt da eine Spinne oder Raupe hinein, legt ein Ei darauf und klebt die letzte Öffnung zu. Wie man dann von der Haut des verzehrten Insekts Nachspuren in diesem Lehm-Ei findet. Die Made N. I. ist in der Mitte etwas breiter als vorn und hinten, liegt wegen des runden Gehäuses immer etwas krumm. Ihre Bewegung ist langsam. Der Leib hat zehn Falten oder Runzeln; er ist weißlich. Der Kopf aber N. 2 weißgelb, wie Isabelle. Das Zangengebiß davon schwarz. Wo das Häuslein auf dem Ast aufliegt, ist es etwas eingebogen. An der Seite frißt die verwandelte Made mit dem Wespengebiß eine Öffnung zur Ausflucht ... (IX, p. 16—17.)

Ebenso die Schilderung der „Kien-Sprossen-Motte" (Evetria resinana):

Das Räuplein, aus der diese Motte wird, bohrt, sobald es aus dem Ei gekrochen, am äußersten eines Zweiges am Kienbaum oder Kienföhren (Kiefern), wohin es von dem Weiblein gelegt worden, durch den zarten Schuß oder die vorderste Spitze eine Öffnung, die man hernach immer sehen kann, weil solche Spitze bald vertrocknet. Wenn er etwa einen Finger breit hinabgebohrt, so kommt der pechige oder harzige Saft zu der gemachten Wunde in die Rinde. Da bleibt es dann, lebt von flüssigen, wässerigen Saft, der die Spitze forttreiben sollte, und klebt den pechigen Saft außen um sich herum, wie eine Haselnuß groß. Von den schmalen Kienblättlein oder grünen Spitzen bleibt hier und da eines in diesem Harzknoten stehen. Wenn es sich zu verwandeln anfängt, welches im Winter geschieht, da der Baumsaft nicht mehr zuschießt, so legt es seine braune Raupenhaut ab und bleibt in der Verwandlungshülse liegen. Es behält eine Höhle in diesem Pech, darinnen es sich bequem wenden und umdrehen kann, so lang es lebt; die aber auch hernach, wenn es in der Hülse ist, nicht zu groß bleibt, damit es nicht umfalle und mit dem Kopf unter sich komme. Es hat einen Raupenkopf mit der Gebißzange, das Holz aufzunagen, damit ihm der Saft zufließen kann; darnach liegt es und nährt sich durch Saugen. Man findet keine excrementa darinnen, auch keine Verwandlungshäute außer der letzten. Den pechigen Saft legt es samt den excrementen immer über sich gegen die Spitze zu, wo es hinein gekrochen, woselbst er nachher über den Knoten herabfließt, wenn er von der Sonne weich wird und alles zusammenklebt. Man kann die Pillen von solchem Harz und excrementen deutlich zählen, wie sie zusammen geschoben wurden. Die letzte Haut ist voll kleiner Härlein und der Kopf nebst den sechs Vorderfüßen hellgelb. Um des Reibens willen in diesem harten Harz ist die Aurelia, besonders an den unteren Absätzen, mit stähligen Ringen oder steifen Franzen rund herum versehen. Die Aurelia ist anfänglich braun, wird aber endlich schwarz. Ich steckte teils solche Ästlein mit einem Ende ins Wasser, teils nicht. Aus denen, so nicht am Bruchende im Wasser steckten, deren ich einige öffnete, den in-

wendigen Zustand der Höhle und des Räupleins darinnen zu beobachten, aber
hernach wieder genau zusammenfügte, kroch das Räuplein zu einem von ihm
gemachten neuen Loch gar bald heraus. In den andern aber, so im Wasser
steckten, blieben sie ohne Zweifel, weil sie doch noch einige Feuchtigkeit
bekamen, und verwandelten sich darinnen. Die Puppe ist länglich mit 8 Absätzen. Die Flügelfutterale sind glänzend schwarz.

Im März kroch die Mottenfliege heraus. Hat eine Nachtfliegenfarbe, mit
langen neben hinausstehenden Fühlhörnern und mit einem zugespitzten Buckel·
kragen. Die Flügel haben nach der Quer schwarze gewässerte Streifen, die
neben mit weißen Punkten eingefaßt sind. (X, p. 11—12.)

Aus dem Jahre 1728 wird ein stärkerer Fraß von Dendrolimus pini L. auf
den Kiefern der Mark berichtet.

Im XI. Teil verbreitet er sich über die Herkunft des sogenannten Mehltaues
auf dem Kohl durch die Kohlblattlaus (Brevicoryne brassicae).

Diese Art ist die allerbekannteste, weil ein jeder Landmann etwas von Kohl
in seinem Garten hat. Es ist die Dummheit der Leute bisher so groß gewesen,
daß sie nicht auf die Ursachen gedacht, warum diese Würmer an dem Kohl
saugen, sondern sie sind auf eine Plage gefallen, welche von oben herab-
kommen soll. Sie heißen es den Mehltau und meinen, diese Würmer wachsen
aus gewissen Regen- und Tautropfen. Denn sie können nicht begreifen, daß
so bald so viele da sein sollen. Der Kohl bedarf vor anderen Gewächsen viel
Fettigkeit und Feuchtigkeit. Wenn ein Gärtner diese beiden Stücke in seinem
Land nicht wohl versteht, so hat er Mehltau oder diese Blattläuse und Raupen
gewiß. Sobald die Sommerhitze kommt, so entgeht dem Kohl die Feuchtigkeit, da gibt es Mehltau, das sind blaugraue Würmer, welche sich in kurzer
Zeit sehr vermehren, sie gebären lebendige Junge, und das Männlein hat nur
Flügel, das fliegt von einer Pflanze zur anderen und schwängert die Weiblein.
Wenn der Kohl seine erforderliche Feuchtigkeit hat, läßt sich keine Laus
darauf finden. Denn wenn sie ihren Saugstachel in das Blatt oder Stengel
steckt, kommt soviel Wasser herzugeflossen, daß es lang hernach noch aus
der Wunde quillt und dieses Ungeziefer gezwungen wird aufzuhören; wo aber
nicht genug Feuchtigkeit ist, kommt kaum soviel aus den Wurzeln zugelaufen,
daß die Läuse genug haben, geschweige daß der Kohl Wachstum haben sollte.
Sie sitzen an den kaum aufgegangenen Knospen und bleiben bis in den November darauf, wenn das Wetter etwas gelinde ist. ... (XI, p. 10—11.)

Schön sind auch die Aufzeichnungen über den grünen Baumkäfer (Cetonia
aurata L.):

Dieser Pillenkäferwurm sucht seine Nahrung unter der Erde. Wo man das
Unkraut in den Gärten in Gruben schüttet oder sonst übereinander faulen
läßt, da findet man ihn häufig darunter. Er frißt, solange er eine weiße dicke
Made ist, allerlei Wurzeln unter der Erde weg. ... Es ist hier einer der
größten abgezeichnet, welcher unter einem Waldameisenhügel gefunden worden, damit er vor der eindringenden Feuchtigkeit sicher gewesen, von welcher
sie in ihren Erdpillen sonst verfaulen müssen, daher manches Jahr so wenig
gesehen werden. Weil nun dieses Gehäuse unter dem Ameisenhügel nicht
anders aussah, als wenn es von lauter Mäusekot zusammengeklebt wäre, so
hielt ich es auch dafür. Allein da sich einer im Glase so einbaute, wo keine
Maus hinkommen konnte, fand ich, daß es die excrementa des Käfers waren.
Als ich eine Pille etwas öffnete, die Veränderung des Wurms zu sehen, fand
ich ihn in einer Haut, welche über alle Glieder so ausgespannt war, daß man

sie deutlich sehen konnte. Diese platzte auf dem Buckel am Halse zuerst durch das oftmalige Anreiben, durch das Rühren des Unterleibs und durch das innerliche Aufblähen des Käfers. Darauf ward die Haut und die vielen Teile des Kopfes und des Oberleibes samt der Haut steif und trocken und die Haut ging vom Oberleib herab. Die Flügel zog er aus ihrer Scheide, welche drinnen sehr kurz zusammen gefaltet lagen, sich aber bald auseinandertaten. Die Unterflügel waren schneeweiß und länger als der Unterleib. Die oberen bekamen bald etwas grüne Farbe wie angelaufener Stahl, und wurden immer grüner, bis sich die Unterflügel nach kurze Zeit dauernden Bewegungen wieder falteten und unter die Oberflügel krochen. Nachdem auch die Füße steif genug waren, begab er sich aus der Pille heraus und kroch in die Erde. Einige verwandeln sich bald im Frühling, andere erst im Juli. Wenn sie an einem Baume einen ausrinnenden überflüssigen Saft spüren, wie ich an einer Weide gesehen, fliegen sie häufig herzu und saugen ihn, und weil eben die Sonne auf diese wimmelnden Käfer schien, funkelten sie wie die schönsten Edelsteine und grüne Brillanten. Sie fressen allerlei Blumen und Blüten ab wie Holunderblüten, Rosen, blaue Lilien und dergleichen. Ein guter Freund, welcher diese Schönheit der Käfer sah, bekam Lust, eine Quantität zu sammeln und sich die Schublade eines kleinen Kastens oder Behälters mit deren Flügeln zu belegen, welches so schön wie lackiert aussieht, man kann den Staub bequem davon abwischen, und wer das Zeichnen versteht, Figuren davon machen. Besonders weil man die Farben in der Heraldik von dergleichen Insekten zusammen bringen kann, stehen alle Wappen schön, wenn sie damit ausgelegt sind. Wenn ein schöner Nachsommer ist, kriechen sie im Oktober noch aus der Erde und fressen das abgefallene Obst an. Seine Augen haben wegen des Kriechens in die rauhe Erde zweierlei Schutz. Erstlich den Knopf, worauf die Fühlhörner stehen, welche er niederbiegt, und vom grünen Saum des Obermauls geht ein Streifen weit über das Auge hin. Das Maul ist so breit wie der Kopf, und dient als ein Spaten zum Graben in der Erde. ... (XII, p. 25—27.)

Alles in allem ein herzerfrischendes Buch! Wenn auch einige Teile des Werkes eine zweite Auflage erlebten, so ist seine Wirkung auf die Zeitgenossen nur gering geblieben. Die herannahende Periode der Systematik, die durch Linné eingeleitet wurde, ließ biologische Beobachtungen in den Hintergrund treten. Erst in neuerer Zeit wächst die Beachtung wieder, die dem trefflichen Werke des verdienten Rektors geschenkt wird.

Literatur:

Harnack, Geschichte der Preußischen Akademie der Wissenschaften. Berlin I 1900. p. 115/116.
H. Haupt, Joh. Leonhard Frisch. Kranchers's Entomol. Jahrbuch 1926. S. A. 7 pp.
J. L. Frisch, Beschreibung von allerley Insecten in Teutschland. Berlin 1720/38.

VI. August Johann Roesel von Rosenhof

entstammt einer österreichischen Adelsfamilie, die zur Zeit der Reformation nach Nürnberg auswanderte. Sein Großvater und sein Onkel waren Maler und sein Vater Kupferstecher. Die Familie war sehr zurückgekommen.

August Johann wurde am 30. März 1705 in Arnstadt geboren. Er lernte 4 Jahre (1720—1724) bei seinem Onkel die Malerei. 2 Jahre lebte er dann am dänischen Hof. Seit September 1728 war Nürnberg sein Domizil. Hier warf er sich besonders auf die Miniaturmalerei, die ihn recht gut ernährte, und verheiratete sich 1737 mit der Tochter eines Nürnberger Chirurgen. Seit dieser Zeit trug er, der von Jugend auf ein begeisterter Naturbeobachter war, sich mit dem Gedanken, die verschiedenen Entwicklungsstadien einzelner Insekten zu stechen und zu kolorieren. Er stieß bei Äußerung seiner Ansichten auf einen gewaltigen Widerspruch: teils weil die Insekten gering und häßlich wären und als Geschöpfe des Teufels anzusehen seien, teils weil Rösel nur die deutsche Sprache

Fig. 144.
August Johann Roesel von Rosenhof.
(Anscheinend Selbstportrait.)

beherrschte und infolgedessen unbekannt mit der Literatur sein mußte. Trotzdem begann er 1740 mit der Publikation des ersten Heftes der Insekten-Belustigungen (1 Kupfertafel mit Text) und brachte dann später alle Monate 2 Kupfertafeln mit Text heraus. Diese Veröffentlichung wurde ein großer Erfolg, demgegenüber die Kritiker und Neider nicht aufkommen konnten. Unter seinen wissenschaftlichen Gönnern sind Huth, Breyne, Trew, Müller, Lesser u. a. zu nennen. 1744 machte er mit Prof. Doppelmayer zusammen Untersuchungen über den damaligen Kometen (nicht gedruckt). 1750 erschienen die schönen Studien über die Frösche (Historia naturalis ranarum nostratium) und 1754 diejenigen über den Polypen. Um diese Zeit nahm er auch den Adelstitel seiner Vorfahren wieder an. Er erlitt später verschiedene Schlaganfälle und Podagra. 1757 starb seine Frau; er folgte ihr am 27. März 1759, nachdem er noch im selben Jahre zum Socius der zu Altorf bestehenden teutschen Gesellschaft gewählt worden war.

Es erübrigt sich, den Beispielen, die wir von Rösel geben werden, eine Besprechung vorauszuschicken. Es hat wohl noch nie ein Entomologe einen der Rösel'schen Bände ohne Entzücken und Belehrung aus den Händen gelegt. Die Lebensbeschreibung der meisten Tiere formt sich unter seiner Hand zu einem wahren Kunstwerk. Ich spreche hier nicht von den Tafeln, die zu dem besten gehören, was wir auf diesem Gebiet kennen. Aber wie er Schritt für Schritt die Lebenserscheinungen der Tiere belauscht, wie er überall Probleme sieht und den Leser die Lösung derselben miterleben läßt; wie die Ethologie des oft nur unvollständig oder garnicht bekannten Tieres zumeist in geradezu monographischer Darstellung bei ihm ersteht, das ist es, was Rösel zu einem der bebekanntesten, auch heute noch benutztesten Autoren der Vergangenheit gemacht hat. Als Beispiel sei nur erwähnt, daß Doflein in seiner Monographie des Ameisenlöwen und Blunck in seinen Studien über die Biologie der Dytiscus-Larven dankbar die Bedeutung und den hohen Wert des Rösel'schen Buches für ihre Arbeit anerkannten. Die Zahl der von ihm beschriebenen einheimischen Insekten beträgt ca. 300 (davon $^2/_3$ Schmetterlinge). Wir wollen nicht vergessen. daß Rösel nur der deutschen Sprache mächtig war. Dadurch war er im wesentlichen auf die Lektüre von Merian, Derham, Lesser und Frisch beschränkt. Diese Beschränkung hat ihm in seinem Studium nicht geschadet. Von der geistigen Durchdringung seiner Beobachtungen mögen die folgenden Beispiele Zeugnis ablegen.

Der Erd-Kefer zweyte Klasse.

N. II. Der kleine oranien-gelbe Holtzwurm so sich in den abgestandenen Zweigen der Haselstauden aufhält, und seine Verwandlung in einen kleinen, schwarzen, schmalleibigen Holz-Kefer. [Saperda linearis.]

Tab. III. p. 21—28.

„Daß die Insekten sich in einem Jahr mehr als in dem anderen vermehren und sowohl an den Gewächsen, als auch an anderen Dingen großen Schaden tun, ja daß auch einige besonders sich in diesem Jahr häufiger sehen lassen, kann den Liebhabern der Insekten nicht unbekannt sein. Seit einigen Jahren haben wir solches wenigstens bei uns an den Raupen erfahren, welche 2—3 Sommer hintereinander die Bäume unserer Fruchtgärten, besonders die Äpfel- und Pflaumenbäume, ganz kahl gemacht haben. Die Heuschrecken, welche im vorigen Jahre (1748) viel Klagen verursacht, lassen sich in dem jetzt laufenden wieder ebenso häufig sehen: wie mir denn letzthin von einem vornehmen Gönner der kaiserliche Befehl gütigst mitgeteilt worden, der zur Vertilgung dieser schädlichen Gäste in Wien ausgegangen, welchen ich vielleicht bei anderer Gelegenheit meinen geehrten Lesern mitteilen werde. Außer den Raupen, die uns diesen Sommer beschwerlich fallen, haben wir auch über eine Art von Holz-Würmern allhier klagen hören, welche in ungewöhnlicher Menge unsere hölzerne Gerätschaft und das Getäfel unserer Zimmer angegriffen. Zu seiner Zeit werde ich auch von diesen handeln, jetzt aber will ich einen Holzwurm beschreiben, der sich in den Hasel-Stauden aufzuhalten pflegt.

Ein anderer vornehmer Gönner und Liebhaber meiner Arbeit, der mich im vergangenen Mai mit seinem Zuspruch beehrte, brachte mir zu gleicher Zeit

ein paar dürre Zweiglein von einer Haselnuß-Staude, in deren einem ein oranien-
gelber kleiner Wurm stak, den uns die III. Tafel, Fig. 1, zeigt, und welcher
den Kern des Reises durchlöchert und seinen Kopf unterwärts gerichtet hatte,
dabei aber noch nicht ausgewachsen zu sein schien. Das andere, dickere Zweig-

Fig. 145.
Haselnußbock. (Aus Roesel.)

lein war ebenfalls stark durchbohrt, statt des Wurmes aber zeigte sich in
selbigem eine gelbe Puppe, deren Kopf in die Höhe stand. Beide Zweiglein
waren mit aller Sorgfalt soweit gespalten und geöffnet, daß man sowohl die
Puppe als auch den Wurm in ihnen sehen und die gemachte Öffnung mit dem
abgenommenen Teil wieder bedecken konnte, so daß also die zwei Insekten bis
zu ihrer Verwandlung sicher und wohl verwahrt, aufbehalten werden konnten.

Obgedachter Gönner berichtete mir dabei, daß er beide Ästlein bereits eine ziemliche Zeit verwahret und oftmals betrachtet hätte; wie auch, daß die in dem einen befindliche Puppe vor kurzem eben ein solcher Wurm wie der andere gewesen, selbigen aber an Größe übertroffen hätte: er fügte noch bei, daß der Wurm, welcher sich in diese Puppe verwandelt, seinen Weg nach unten zu genommen, und also auch sein Kopf unterwärts gestanden; eben daher aber hätte er sich nicht wenig verwundert, als er an der Puppe das Gegenteil wahrgenommen, und selbige mit dem Kopf über sich gefunden; da ihm die in dem Kern des Zweiges ausgehöhlte Röhre zu enge geschienen, als daß sich der Wurm darinnen hätte umwenden können, und es also das Ansehen hätte, daß der hintere Teil des Wurmes sich in denjenigen, der an der Puppe mit dem Kopf versehen, verwandelte, und der Kopfteil wäre derjenige, der das hintere Teil derselben ausmache. Dieser Umstand, der meine Neugierde erweckte, von dieser Sache genauer unterrichtet zu sein, trieb mich an, etliche Haselstauden zu durchsuchen und solche Reiser oder Zweiglein an ihnen ausfindig zu machen, die dergleichen Würmer beherbergen möchten. Ich war auch so glücklich, daß ich verschiedene derselben in den ein- und zweijährigen Trieben antraf, und nachdem ich sie eine Zeitlang verwahrt, wurde ich von neuem überzeugt, daß der Wurm, welcher mit seinem Kopf unter sich gebohrt, in der Puppengestalt seinen Kopf nach oben gerichtet trug; dabei aber hatte ich auch bei den oftmaligen Visiten, die ich meinen Würmern gegeben, wahrgenommen, daß sie sich dünner und dicker machen konnten; ja es schien mir auch, als wäre derjenige Ort, wo die Puppe lag, etwas weiter als der übrige Kanal, den der Wurm ausgefressen hatte, so daß ich allerdings glaube, er wende sich bei bevorstehender Verwandlung um.

Nachdem sich nun meine Würmer in Puppen verwandelt hatten, so bekam ich aus selbigen dasjenige Insekt, in welches sie sich meiner Vermutung nach verwandeln mußten; ich meine einen Holzkäfer, und dabei war ich so glücklich, daß ich denselben von beiderlei Geschlecht erhielt. Wie es zugeht, daß dergleichen Würmer in diese Zweige kommen, läßt sich leichtlich zeigen. Das befruchtete Weiblein dieser Käfer setzt seine Eier einzeln oben an die Spitze oder an ein Auge eines ein- oder zweijährigen Ästleins oder auch in einen solchen Nebenschoß, deren an den Haselnußstauden viele aus der Wurzel wachsen, und die öfters in einem Sommer mehr als drei Ellen lang werden. Wenn nun das an dem Auge angeleimte Ei, dem in selbigem aufgewachsenen Wurm zu enge wird, und er solches verläßt, so nimmt er seinen Weg unter sich und beißt sich durch das Auge durch, bis er in den in der Mitte des Zweigleins befindlichen Kern kommt: in diesem trifft er nun die ihm nötige Nahrung an, daher verzehrt er auch, was er um und vor sich findet; weil er aber anfangs nur wenig vonnöten hat, so geht es auch mit der Aushöhlung des Zweigleins auch nur langsam zu, und da er überhaupt nicht sehr groß wird, so hat er in einem solchen Zweiglein allezeit Nahrung genug, und öfters findet man ihn schon ausgewachsen oder in eine Puppe verwandelt, da er nur die Hälfte des in einem langen Schoß befindlichen Vorrat aufgezehrt. Da nun aber das Mark nicht umsonst in den Gewächsen befindlich ist und zu ihrem Wachstum erfordert wird, so ist es kein Wunder, daß diejenigen Zweiglein, in welchen dergleichen Würmer das Mark aufzehren, abstehen und verdorren; und daher kann man sie auch sicher in den jungen abgestandenen Schoßen suchen. Wie lange ein solcher Wurm in seiner engen Wohnung zubringt, bis er sein vollkommenes Wachstum erreicht, kann ich zur Zeit noch nicht anzeigen.

Die zweite Figur stellt einen jungen Wurm dieser Art vor und so, wie er
der Figur und Farbe nach in diesem Alter aussieht, ist er auch in seiner vollkommenen Größe beschaffen, daher wollen wir ihn nach der dritten und vierten
Figur genauer betrachten. Er scheint gleichsam aus zwei Teilen zu bestehen
und hat fast eine Länge von 3/4 Zoll. Der hintere Teil seines Leibes, welcher
aus 10 Absätzen, und wenn man das hinterste kleine Glied mit dazu rechnet,
aus 11 besteht, macht den größten Teil des ganzen Wurmes aus und ist dabei
ziemlich weich anzufühlen; der vordere Teil aber, welcher nur aus einem Gelenk
zu bestehen scheint und viel härter ist, ist unter allen Gelenken des Leibes das
dickste, längste und breiteste, hat aber doch mit den übrigen einerlei glänzende,
helle, oranien-gelbe Farbe; auf seiner Oberfläche aber fällt es etwas dunkler
aus, und hinten wie auch an den beiden Seiten ist es etwas erhaben; auf erst
gemeldeter Oberfläche ist auch ferner ein brauner, querstehender Winkelstrich
zu bemerken, der aus lauter kleinen Punkten besteht, und von seinen beiden
Enden läuft an jeder Seite eine zarte Linie nach dem Kopf zu, der in diesem
Teil oder Absatz ganz versteckt zu sein scheint, wie denn auch wohl letzterer
dicker als die übrigen sein mag, weil in ihm die zur Bewegung des Zangen-
Gebisses nötigen Muskeln befindlich sein müssen. Dieses Zangengebiß hat
nebst dem Kopf, an welchem es eingelenkt ist, eine schwarzbraune Farbe;
zwischen selbigen scheint eine gelbe Lippe hervor, und zu beiden Seiten zeigt
sich ein zartes und kurzes Fühlhörnlein. Mit Füßen ist unser Wurm ebenfalls
versehen, fast sollte man aber glauben, es mangelten ihm dieselben, denn sie
sind so klein und zart, daß man ihrer ohne ein Vergrößerungsglas nicht gewahr
wird, ja auch mit diesem lassen sie sich vielmals nicht finden, weil sie der
Wurm öfters ganz und gar in den Leib hineinzieht.

Der den Insekten eigene Trieb lehrt unsern Wurm, daß es ihm schwer
fallen würde, als Käfer aus seiner Wohnung hervorzukriechen, wenn er bei
seiner Verwandlung mit dem Kopf nach unten gerichtet liegen bliebe; schickt
er sich also zu seiner Verwandlung an, so macht er seinen Leib, den er ohnehin
schon einziehen kann, durch Ausleerung des in ihm enthaltenen Unrats noch
dünner, wendet sich hernach, wie angezeigt, um, so daß sein Kopf nach oben
zu stehen kommt. Wenn er sodann nach etlichen Tagen seine Wurmhaut abgestreift, erscheint er in derjenigen Puppengestalt, die wir in der Figur 5 sehen.
Anfangs sieht diese Puppe hellgelb aus, nachdem aber der in ihr steckende
Käfer seine gehörige Gestalt gewinnt, verfärbt sie sich immer mehr, bis sie
endlich am Vorderleib und den Flügelscheiden ganz schwarz wird, weil eben
diese Teile des Käfers, der nunmehr ausschlüpfen will, durch die Puppenhaut
durchschimmern.

Drei Wochen lang blieb meine erste Puppe liegen, bis ich aus selbiger den
Käfer erhielt, nachgehends aber krochen mir noch mehrere aus, und unter diesen
befanden sich sowohl Männlein als Weiblein, wie ich bereits angezeigt. Ein
Männlein habe ich in der Figur 6 sitzend abgebildet, und es ist daran zu erkennen, daß es am Ende des Hinterleibes keinen solchen hervorragenden Teil
hat, wie an dem Weiblein, gemäß der bereits bei der größeren Art geschehenen
Anzeige, zu bemerken, welches das vornehmste unter den äußerlichen Kennzeichen ist. In dieser Stellung zeigt uns ein solcher schmalleibiger Käfer eine
über und über schwarze Oberfläche, und seine zwei ziemlich langen, aber ganz
zarten Fühlhörner sind auch schwarz; die sechs kurzen Füße hingegen haben
eine oranien-gelbe Farbe. Die Figur 7 zeigt uns einen solchen Käfer in fliegender
Gestalt; selbige ist von mir von einem Weiblein gemacht worden, und da bekommen wir nicht nur die Unterflügel, sondern auch den entblößten Hinterleib

zu sehen. Jene sind etwas durchsichtig; gegen ihre Einlenkung spielen sie ins gelblichbraune; nach dem äußeren Ende aber ins schwärzliche. Der Hinterleib hingegen hat eine oranien-gelbe Grundfarbe. Dieser Grund ist nach hinten zu schwarz eingefaßt, und die Einschnitte zwischen den Gelenken stellen schwarze und schmale Querstriche dar; die am letzten Glied befindliche Spitze aber,

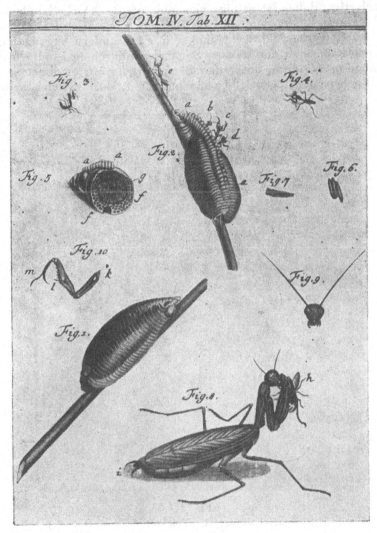

Fig. 146.
Mantis religiosa L. (Aus Roesel.)

welche das Kennzeichen des Weibleins ist, ist auch schwarz. Ob mir nun aber gleich erstbesagte Spitze Beweises genug gab, daß ich unter meinen Käfern auch Weiblein erhalten, so öffnete ich doch um mehrerer Gewißheit willen den Hinterleib eines solchen Käfers und fand in diesem, so wie ich vermutet hatte, eine Menge von Eiern. Diese Eier sind in der Figur 1 dargestellt: ihre Größe ist gering, ihre Figur länglich und die Farbe gelblichweiß, welche sich jedoch etwas verändert und dunkler wird, wenn sie an der freien Luft liegen.“

Der listige und geschickte A m e i s - R ä u b e r, welcher sich in eine Land- und Nacht-Libelle, oder in eine Land- und Nacht-Nymphe verwandelt nebst seinen wunderbaren Eigenschaften.

Taf. 17—21. Vol. III. p. 101—132.

„Meine Beschreibung soll von der Grube anfangen, die sich der Ameis-Räuber verfertigt: daher ist selbige von mir auf der XVII. Supplements-Tabelle etlichemal vorgestellt worden, und da werden wir unser Insekt, ob es gleich noch größtenteils verborgen steckt, immer in einer andern Verrichtung antreffen. Diese Gruben kann man den ganzen Sommer hindurch in sandigem Boden, vornehmlich aber in Wäldern, unter den Bäumen, oder wo es sonst so leicht nicht hinregnen kann, von mancherlei Größe antreffen; doch werden selbige niemals

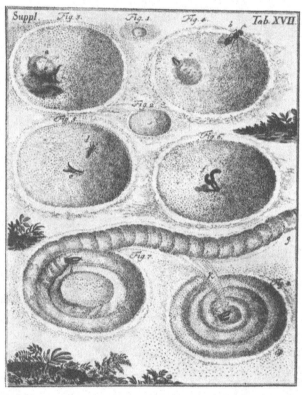

Fig. 147.
Der Ameisenlöwe: 1. Trichter. (Aus Roesel.)

so nahe beisammen gefunden, wie sie auf unserer Tabelle aus Mangel des Raumes sich zeigen. Schon in der ersten Jugend gräbt sich unser Wurm eine Grube, die nach seiner Größe proportioniert ist: diesemnach findet man auch welche, die so klein sind, wie die erste Figur zeigt: wird er etwas größer, so hat sie die Form der zweiten Figur, und so weiter; ist er aber ausgewachsen, so macht er sie so groß, daß ihr Durchmesser im obersten Umkreis zwei bis drei Zoll lang, ja auch noch länger wird, nachdem nämlich der Sandboden von fester oder lockerer Art ist. Eine solche große und gleich einem Trichter ausgehöhlte Grube sehen wir in der dritten Figur, und in selbiger sitzt der Ameis-

Räuber nicht in der Mitte, sondern an der Seite unter dem Sand verborgen,
daher dann auch in solcher zuweilen eine ziemliche Erhöhung zu bemerken, wie
hier durch a angezeigt wird. In dieser Lage findet man ihn aber nur bei Tage;
denn in der Nacht liegt er insgemein in der Mitte und hat seine Fangzange
allezeit offen, die er hingegen bei Tage zuweilen garnicht zeigt. Er mag solche
nun gleich herausstrecken oder verborgen halten, so ist er doch allezeit wach-
sam: denn kommt etwa eine Ameise oder auch ein anderes Insekt seiner Grube
etwas zu nahe, so wendet er sich sogleich um, wie c in der vierten Figur zeigt,
und begibt sich in ziemlicher Geschwindigkeit in die Mitte der Grube; er muß
sich aber wenden, weil er sich niemals vorwärts, sondern allzeit rückwärts bewegt, und alsdann wirft er mit seinem etwas breiten Kopf den Sand soweit heraus, wie wir bald deutlicher sehen werden; dadurch aber macht er seine Grube
nicht allein tiefer, sondern das bereits in der Grube befindliche Insekt, welches
wegen des an ihren abhängigen Seiten sehr beweglichen Sandes nicht haften und
geschwind genug entfliehen kann, wird dadurch um so viel mehr nach dem
Mittelpunkt der Grube getrieben und fällt endlich in die allzeit bei solcher Gelegenheit offenen und ihm tödlichen Zangen seines Räubers, welches die 5. Figur
bei d und e vorstellt. Ist das Insekt gefangen, so hält unser listiger und im
Sand verborgener Fuchs dasselbe gemeiniglich über sich in die Höhe, wie die
6. Figur bei f mit einer Raupe zeigt, und saugt aus selbigem allen Saft heraus,
ohne sonsten was an seinem Körper zu verzehren, welchen er, wenn solcher ganz
ausgesogen ist, nachgehends durch Hilfe seines Kopfes heraus und eine gute
Strecke weit hinweg wirft. Indem er aber seine Mahlzeit hält, läßt er sich nicht
allzeit zusehen: denn sobald man ihm zunahe kommt, so verbirgt er sich zusamt
dem Raub unter den Sand, daß man weder ihn, noch diesen sieht.

Wie ich bereits oben gemeldet habe, so sind es nicht allein die Ameisen,
welche unserm Wurm zur Speise dienen; er greift auch andere Insekten an,
wenn sie ihm nur nicht an Stärke überlegen sind. Denjenigen, die meine Kostgänger waren, habe ich öfters Spinnen, Asseln, kleine Papilionen und andere
Insekten mehr vorgeworfen, welche sie alle ohne Unterschied angepackt und ausgesogen haben. Am meisten aber habe ich sie mit Mücken unterhalten, denen
ich vorher die Flügel abgerissen; da mir aber selbiges zu mühsam fiel, so streute
ich etwas zart gestoßenen Zucker auf den Sand und in die Gruben, wodurch die
Mücken angelockt wurden, sich von selbst ihnen darzustellen. Finden sich der
Ameisen-Räuber zu viel in einem Geschirr beisammen, und gebricht es ihnen
etwa an nötiger Nahrung, so fallen sie wohl auch einander selbsten an und
wüten also gegen ihr eigenes Geschlecht. Keine tote Kreatur rühren sie an, sie
mag auch gleich noch so frisch sein; unterdessen aber habe ich sie dennoch
manchmalen mit frischen Ameis-Eiern gefüttert; doch fielen sie dieselben nicht
eher an, als bis ich solche mit einer zarten Feder etwas in Bewegung brachte.
Fehlt es ihnen an nötiger Nahrung, so können sie auch sehr lange fasten; ja ich
habe welche den ganzen Winter über aufbehalten, niemals aber wahrgenommen,
daß sie in dieser Jahreszeit eine Grube verfertigt, um Beute zu machen.

Wie ich bereits angezeigt habe, so liegt der Ameisen-Räuber öfters am Tag
unten an der Seite in der Grube verborgen; des Nachts aber ist er insgemein
in der Mitte zu finden und lauert mit offner Fangzange, wie Figur 5 anzeigt,
gleich einem Jäger mit gespannten Hähnen, auf das Wild. Sollte er wohl wissen,
daß die Insekten bei Nacht eher in die Grube fallen als bei Tag, oder können
diese die ihnen gelegte Falle bei Tag besser vermeiden? Beides läßt sich vermuten, zumal da der Ameisen-Räuber des Abends insgemein eine neue Grube
verfertigt. Überhaupt geht er, wenn er solches vornimmt, folgendermaßen zu

Werke: Er begibt sich nämlich zuerst auf die Oberfläche des Sandes und sucht
sich dazu einen bequemen Ort aus. Zu diesem Ende kriecht er auf selbiger eine
ziemliche Strecke im Umkreis oder auch schlangenweis hinter sich, denn vorwärts gräbt er niemals, und untersucht also, ob nichts so ihn etwa hindern
könnte oder auch seinesgleichen etwa zugegen sei; dabei aber ist sein Leib beständig vom Sand bedeckt und unter selbigem verborgen. Der Weg, den er auf

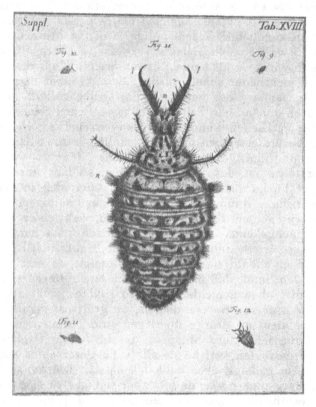

Fig. 148.
Der Ameisenlöwe: 2. Larve von oben.
(Aus Roesel.)

diese Weise genommen, ist allezeit im Sand zu sehen, wie Figur 7 von g—h zu
erkennen gibt. Findet er, daß alles sicher ist, und kommt er, nachdem er einmal im Kreis herumgegangen, wieder an den Ort, wo der Kreis angefangen, so
wendet er sich nach innen zu und fährt so fort, sich in eine Schnecken-Linie
herumzubewegen, wie h anzeigt, bis er endlich in die Mitte i Fig. 8 gekommen.
Auf diese Weise ist nun zwar die Grube angelegt, aber noch nicht so beschaffen,
wie es seine Notdurft erfordert. Sie muß überall eine gleiche und abhängige
Fläche haben, damit die in selbige fallende Insekten bald in die Mitte kommen;
nun ist sie aber gleichsam noch mit Furchen durchzogen, und also muß der
diese Furchen formierende Sand als unnütz weggeschafft werden; um aber
solches zu bewerkstelligen, bedienet er sich seines Kopfes und seiner Zange als
einer Schaufel. Diese schließt er so zusammen, daß sich ihre beiden Spitzen
kreuzen, wie bei i zu sehn, hernach aber fährt er mit seinem breiten Kopf, den
er zugleich unter sich drückt, zu beiden Seiten in den Sand schnell hin und

wieder, und wenn dieser dadurch auf selbigem und auf der geschlossenen Zange aufgehäuft liegt, so fährt er wie ein Blitz rückwärts in die Höhe und schnellt also den aufgefaßten Sand aus der Grube heraus und so weit hinweg, daß die gröbsten und schwersten Sandteilchen öfters über einen Schuh weit von der Grube wegfallen; dieses aber wiederholt er so oft und vielmals, bis er die Grube ganz ausgeleeret und so tief gemachet, als es seine Beschaffenheit und Umstände erfordern. Auf eben diese Weise verfähret er auch, wenn er ein in die Grube kommendes Insekt, wie ich bereits oben gesagt, fangen will: denn dieser wiederholte Sandhagel machet es bald in die Mitte fallen, und wenn ihm der ausgesogene Rest beschwerlich ist oder anderer Unrat seine Grube anfüllet, so weiß er solche auf gleicher Manier davon zu reinigen.

Alles, was ich bisher erzählt, habe ich selbsten gesehen und wahrgenommen, dazu gehöret aber Mühe und viele Geduld: denn sobald man sich dem Ameisen-Räuber nähert, wenn er mit irgend etwas beschäftigt ist, so wird er sich ganz stille halten, und dieses ist mir so oft und vielmals begegnet, daß, ungeachtet ich gar wohl weiß, daß er auch sehen kann, ich doch vielmehr glaube, daß sein Gefühl so zart ist, daß er bald zu unterscheiden weiß, ob sich ihm etwas feindliches naht, oder ob es nur ein Insekt ist, welches er überwältigen kann. In beiden Fällen ist er sogleich ganz still, doch mit dem Unterschied, daß er im letztern Falle mit aufgesperrter Zange seine Beute erwartet, im ersten sich aber ganz unter den Sand verbirgt. Daß aber das Gefühl mehr als das Gesicht unserem Insekt hierin dient, kommt mir daher wahrscheinlich vor, weil, wenn ich etwa, vermöge meines scharfen Gesichtes, wahrgenommen, daß meine Ameisen-Räuber mit Auswerfung des Sandes beschäftigt sind, und daher in der Nähe zuschauen wollte, wie sie dabei verführen, selbige schon stille waren, sobald ich mich ihnen nur nahete, obgleich ich noch drei bis vier Schuh von ihnen entfernt gewesen, so daß sie mich gar noch nicht sehen konnten. Anfangs war mir dieses sehr ärgerlich, endlich aber merkte ich den Vorteil, der dabei in Acht zu nehmen war: denn als ich mir fest vornahm, einen Zuschauer bei ihrer Arbeit abzugeben, und mich eine lange Zeit ganz unbeweglich und stille so nahe bei ihnen aufhielt, daß sie mich gar wohl sehen konnten, so fingen sie endlich ihre Arbeit wieder an. Da nun aber unser Ameisen-Räuber mit vielen Härlein besetzt ist, wie wir bald sehen werden, so muß er auch ein zartes Gefühl haben, zumal da er in einer Sandgrube liegt: denn wird dieser Sand nur irgend ein wenig bewegt, so wird der Eindruck, den diese Bewegung macht, sogleich allen Körnlein mitgeteilt, und da müssen dann notwendig welche auch die Härlein unseres Insekts da oder dort berühren; dieses aber kann sodann, wie ich glaube, aus dem stärkern oder geringern Eindruck gar wohl abnehmen, von was für Beschaffenheit der sich ihm nahende, und diesen Eindruck verursachende Körper ist, und demnach verkriecht es sich entweder in dem Sand oder machet sich zum Fang bereit. Füllt man die Grube eines solchen Ameisen-Räubers, den ein langes Fasten nach dem Raub begierig gemacht, mit Sand an und hält man sich hernach eine Zeitlang ganz stille, so kann man leichtlich und eher als sonst bei seiner Arbeit einen Zuschauer abgeben, denn der Hunger läßt ihn nicht lange ruhen und daher fängt er bald wieder an, eine Grube zu graben, in welcher er Beute zu machen hofft; nur ist zu merken, daß solches im Sommer, nicht aber im Winter geschehe, indem sie, wie ich oben gemeldet habe, zur Winterszeit nicht nach Speise begierig sind, sondern beständig fasten.

Nachdem wir unsern Ameisen-Räuber in seiner Grube beschrieben, so wollen wir ihn nun auch selbst besser kennen lernen und selbigen daher nach der verschiedenen Größe, in welcher ihn uns die XVIII. und XIX. Tabelle zeigen,

genau betrachten. Sobald er aus seinem Ei geschlüpft und sich im Stand befindet, ein solches Grüblein zu graben, dergleichen wir eines in der ersten
Figur der XVII. Tabelle gesehen, so hat er insgemein diejenige Größe, in welcher ihn die 9. Figur der XVIII. Tafel vorstellt; nach 12—14 Tagen aber bekommt er das Ansehen der Figur 10, indem er nicht so geschwind wie die
Raupen oder andere Insekten wächst, und dann kann er schon von einer Ameise
der kleinern Art Meister werden; hingegen muß er sich, wahrscheinlich anfangs,
wenn er noch jünger ist, auch von noch kleinern Insekten nähren. In der
Figur 11 zeigt sich derselbe in halb erwachsener Größe von der Seite mit ge-
schlossener Fangzange und etwas erhöhtem Rücken, wie er insgemein aussieht,
wenn er rückwärts in den Sand zu kriechen bemüht ist. Die Figur 12 stellt uns
die Abbildung eines solchen Wurms dar, der fast die völlige Größe erhalten,
und aus welchem eine Land- oder Nacht-Libelle männlichen Geschlechts zu entspringen pflegt: denn diese bleiben allezeit kleiner als die Würmer, aus welchen
die Weiblein kommen. Aus dieser 12. Figur läßt sich nun ihre Struktur schon
deutlicher als aus den vorigen erkennen, noch besser aber zeigen uns dieselbe
die beiden vollkommen ausgewachsenen Würmer in Tafel XIX, Figur 13 und 14,
aus welchen die weiblichen Libellen kommen, und die ich in ihrer natürlichen
Größe abgebildet habe, welche die Männlein niemals erreichen. Der Wurm in
Figur 13 hat seine Fangzange halb offen und der in Figur 14 völlig geschlossen.
Die Grundfarbe des Leibes ist auf der ganzen Fläche größtenteils rotbräunlich
und aschgrau, auf der untern aber fällt sie etwas heller aus. Weil der ordent-
liche Aufenthalt dieser Würmer im Sand ist, so hängt sich auch wegen ihrer
vielen Härlein und Falten der Sandstaub so an ihnen an, daß ich ihre rechte
Farbe nicht eher erkennen konnte, bis ich sie mit einem Pinsel davon gereinigt,
welches ihnen jedoch sehr zuwider zu sein schien. Nach dieser Reinigung aber
kamen erst ihre Zierraten zum Vorschein, die aus dunkelbraunen, in Ordnung
stehenden Flecken und aus teils einzelnen, teils kleine Bürsten formierenden
kurzen Härlein bestanden, welche uns die beiden vergrößerten Figuren am deutlichsten zeigen werden. Übrigens ist ihr völliger Leib mehr platt als rund, zu
nennen, und an der untern Fläche ist selbiger fast eben. Die an ihr befindlichen
sechs zarten Füße haben eine lichtgelbe und durchsichtige Farbe, und das hinterste Paar derselben bleibt alle Zeit unter dem breiten Hinterleib verborgen.
Sie sind mit keinen Klauen versehen, an deren Statt aber haben sie 3 gerade,
zarte Spitzen, welche eben so viel steife aus einander stehende Härlein vorstellen. Das lange Zangengebiß ist meistens rötlich gelbbraun, die übrige Beschaffenheit desselben aber werden wir bald deutlicher kennen lernen. Jetzt
muß ich noch anzeigen, daß unser Ameisen-Räuber, wenn man ihn beunruhigt
oder aus dem Sand nimmt und, solange er außerhalb desselben sich befindet,
etwa berührt, ganz tot zu sein scheint, und wohl 2—3 Minuten ganz unbeweglich liegen bleibt; legt man ihn aber auf den Rücken, so kann er nicht so
lange stille halten; denn ehe man es meinen sollte, weiß er sich ganz plötzlich
umzuwenden. Wenn er so beunruhigt wird, so setzt er sich wohl auch mit seiner
Fangzange zur Wehr; allein sie ist viel zu schwach, als daß sie empfunden
werden könnte.

Nun wollen wir, um die wahre Struktur unseres Insektes besser zu erkennen,
dasselbige in seiner Vergrößerung ansehen. Es zeiget uns also die Tafel XVIII,
Fig. 15, die Oberfläche des Ameisen-Räubers. ll sind die zwei einander gegenüber stehenden Teile der großen Fangzange, die an ihrer äußersten Spitze sehr
scharf und etwas gekrümmt sind, hernach werden sie immer breiter bis an das
Ende, wo sie ihre Einlenkung haben, und in der Mitte wird man, weil sie durch-

sichtig sind, gleichsam eines Kanals gewahr, der aber auf der untern Fläche noch deutlicher zu sehen. Innen stehen an der Randleiste eines jeden solchen Teiles 3 starke Spitzen in gleicher Weite voneinander und zwischen diesen zwei kleinere, nebst etlichen Härlein, welche letztere auch am äußersten Rand etwas häufiger zu sehen sind. Die zwei kurzen und zarten Fühlhörner werden durch mm angezeigt; sie bestehen aus etlichen Gelenken und haben ihre Einlenkung über der Einlenkung der Fangzange. Der Kopf ist breit, und weil die beiden Teile der Fangzange an den Seiten desselben angewachsen sind, so stehen sie

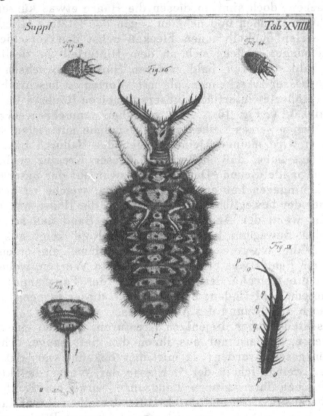

Fig. 149.
Der Ameisenlöwe: 3. Larve von unten.
(Aus Roesel.)

an ihm etwas von einander entfernt. Gleich hinter der Einlenkung der Fühlhörner finden sich zwei schwarze Flecken und in jedem derselben sind 6 glänzende Körnlein zu bemerken, welche nichts anders als soviel Augen sein können; die übrigen braunen Flecken aber, so sich am Kopf zeigen, sind nur Zierraten; auch ist derselbe über und über mit vielen kurzen Härlein bewachsen. Auf den breiten Kopf folgt ein kleinerer Teil, den wir den Hals nennen wollen, und an welchem sonst nichts als einige dunkle Flecken und viele Härlein zu bemerken. Der nach dem Hals sich zeigende, viel stärkere Absatz, welcher an den Seiten gleich einem Wulst hervorragt und daselbst mit stärkeren Haaren als auf seiner übrigen Fläche besetzt ist, hat auch verschiedene kleine erhöhte Wärzlein oder braune Flecken, die ebenfalls mit Haaren bewachsen; und sein übriger Grund

ist mit noch viel zarteren, als so viel Punkten besprengt: dieser Teil kann mit
Recht den Namen des Bruststückes führen. Der nunmehr folgende größte Teil
oder der Hinterleib ist vorne ziemlich breit, nach hinten aber läuft er spitz zu
und besteht aus 10 Gelenken oder Absätzen, zwischen welchen sich allezeit
zwei Falten oder Ringe zeigen, die gleichsam einen Einschnitt machen; daher
ragen die Absätze an den Seiten gleich einem Wulst hervor. Am ersten Gelenk
oder Absatz steht zu jeder Seite ein großes Büschel schwarzer, steifer Haare n n,
die fast einen Pinsel vorstellen, und an den übrigen Absätzen allen ist eben
dergleichen zu sehen; doch sind an diesen die Haare etwas kürzer, auch stehen
sie nicht so dicht beisammen und nehmen gegen das letztere Glied zu immer an
Länge ab. Die vielen dunkelbraunen Flecken nebst den verschiedenen Vertie-
fungen und Erhöhungen, welche sich an dem Hinterleib in zierlicher Ordnung
zeigen und mit bald stärkeren, bald zarteren Härlein bewachsen, sind aus der
Abbildung selbst besser zu erkennen, als mit Worten zu beschreiben.

Was die vergrößerte Unterfläche unsers Ameisen-Räubers betrifft, so sehen
wir diese in Tafel XIX, Fig. 16. ... Da wir aber nunmehr gesehen, daß dieses
Insekt an allen Teilen seines Leibes ohne Ausnahme mit vielen steifen Härlein
bewachsen sei, so wird meiner Meinung nach das dadurch bestätigt, was ich
bereits oben gesagt habe, daß sie nämlich dieser Kreatur insbesondere zum
Gefühl unter dem Sande dienen. Der Hals ist zwar auf der unteren Fläche glatt
und ohne Haare, hingegen hat er 3—4 Querfalten, welche zu erkennen geben,
daß selbiger einer der beweglichsten Teile ist, wo die Haare nur Hindernis verursachen würden, wenn der Ameisen-Räuber den Sand aus seiner Grube mit
einer schnellenden Bewegung herauswirft. Der Kopf zeigt aus seinen sechs
braunen Flecken, die wie die Blättlein einer Blume um einen Mittelpunkt
stehen, obenher ein Paar etwas erhöhte und geteilte Warzen, welche aber nichts
anders sind, als die Gelenke der beiden Teile der Fangzange: keinen Mund
kann man an diesem Kopf finden; und gleichwie dieser mangelt, so mangelt an
unserm Insekt auch die Öffnung des Mastdarms.

Daß der Insekten-Räuber diejenigen Kreaturen, die ihm zur Speise dienen,
nicht ganz verzehre, sondern nur aus ihnen den Saft sauge, erhellt aus dem,
was bereits oben gesagt worden; da mir aber bekannt war, daß die Würmer
der Wasserkäfer, welche ich in der 1. Klasse der Wasser-Insekten im 2. Teil
beschrieben, zwischen ihrer großen Fangzange vorne am Kopf eine stachel-
förmige Zunge herausstrecken und durch Hilfe derselben ihren Raub aussaugen,
so war ich der Meinung, es würde auch unser Ameisen-Räuber mit einem solchen Stachel versehen sein. Ich gab demnach auf ihn mit aller Behutsamkeit
öfters genau Acht, wenn er Mahlzeit hielt, und bediente mich dabei eines guten
Vergrößerungsglases; allein ich konnte niemals ein anderes Instrument wahrnehmen als nur allein seine Zange, mit welcher er den Raub, den er mit ihren
beiden äußersten Spitzen außer dem Sand in die Höhe hielt, auszusaugen
schien: denn wäre noch etwas anderes da, so hätte ich solches zwischen der
Zange gewahr werden müssen, weil diese beiden Spitzen von dem Kopf weit
abstehen. Demnach war nichts mehr übrig als die beiden Teile der Zange selbst,
welche vermutlich hohl sein müssen. Als ich mit diesen Gedanken umging, er-
fuhr ich, daß der Herr von Réaumur nicht nur diese Teile als hohle Kanäle
beschrieben, sondern auch gezeigt habe, wie in ihnen ein Stempel erhalten sei,
welcher, wenn der Insekten-Räuber ein Insekt aussaugt, sich beständig hin und
wieder her bewegt und eben das verrichtet, was der Stempel in einer Pumpe zu
verrichten pflegt. Ich untersuchte demnach diese Fangzange genauer und fand
auch, daß es sich wirklich so verhielt. Der Stempel also, der sich in jedem

Teil der Fangzange befindet, ist eben dasjenige, was auf ihrer obern Fläche, wie oben gemeldet worden, einem Kanal gleicht; betrachtet man sie aber auf ihrer untern Fläche, welche Fig. 16 der Tafel XIX zeigt, so fällt er deutlicher und erhabener in die Augen und läßt sich auch daselbst aus seinem Futteral herausnehmen, wie ich mit einer scharfen Lanzette unter Beihilfe eines Vergrößerungsglases zuwege brachte. Um solches deutlicher zu zeigen, habe ich in Fig. 18 einen Teil der Fangzange viel vergrößert dargestellt; durch p p wird der in dem Kanal dieses Teiles befindliche und bewegliche Stempel angedeutet, welcher vermutlich hohl sein muß, weil ich mir sonst nicht vorstellen kann, wie der ausgezogene Saft in den Leib des Insektes komme. o o ist der Teil mit dem geöffneten Kanal, in welchem der Stempel gelegen, und der bis in die äußerste Spitze sich erstreckt. q q q sind die 3 am inneren Rand der Fangzange stehenden Hauptspitzen, zwischen welchen verschiedene einzelne Härlein befindlich sind, dergleichen auch am äußeren Rand zu sehen, von denen jedoch einige stärker und länger sind.

Da nunmehr kein Zweifel mehr übrig ist, daß unser Insekt seine Nahrung durch die Fangzange in sich zieht, so fragt es sich, weil ich kurz vorher gesagt habe, es mangele demselben die Öffnung des Mastdarmes, durch was für einen Weg der von der Nahrung übrige Teil aus dem Leib geschafft wird? Denn alle bisher von mir beschriebene Insekten haben ihren Mastdarm, den man ganz leicht zu sehen bekommt, wenn man dieselben am Hinterleib etwas zusammendrückt, weil er sich alsdann sogleich aus ihrem letzten Glied herausbegibt. Ich habe lange nach selbigem gesucht, es war mir aber unmöglich, ihn zu finden; und doch konnte ich mir auch nicht vorstellen, daß der Insekten-Räuber keinen Unrat von sich geben sollte, zumal da mir bekannt war, daß auch die Spinnen die Insekten nur aussaugen und sich doch des von ihrer Nahrung übrigen Unrats entledigen. Sollte wohl alles, was unser Insekt zu sich nimmt, zu seinem Nutzen und

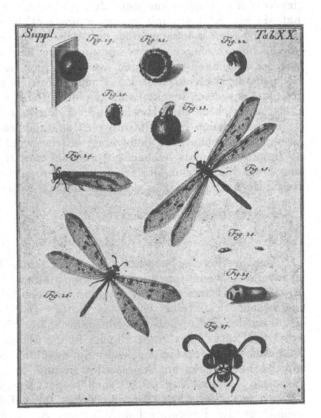

Fig. 150.
Der Ameisenlöwe: 4. Puppe, Imago, Ei.
(Aus Roesel.)

Wachstum verwendet werden, oder geht ein Rest davon durch die Ausdünstung weg, wie Herr von Réaumur glaubt? Es scheint sich allerdings so mit ihm zu verhalten: denn auch der erst angeführte große Naturkundige hat nicht finden können, daß die Ameisen-Räuber einen Unrat von sich geben. Er hat sie zu diesem Ende mit etlichen Mücken recht wohl gesättigt, und wenn sie nichts mehr anpacken wollten und also vollkommen satt zu sein schienen, auch recht angefüllt aussahen, tat er sie in ein reines Porzellangeschirr, konnte aber nicht im geringsten wahrnehmen, daß sie etwas von Unrat von sich gaben.

Da ich mich bemühte, durch den Druck die Öffnung des Mastdarms an unserm Wurm ausfindig zu machen, so dünkte mir, ich hätte durch selbigen etwas hervorgetrieben, das ich aber wegen seiner zarten Struktur mit bloßen Augen nicht recht erkennen konnte; ich nahm also das Vergrößerungsglas zu Hilfe und da erblickte ich einen spindelförmigen Teil, an welchem ein zarter Faden hing, und den uns die Figur 17 der Tafel XIX in seiner Vergrößerung zeigt. s s ist die Spindel, welche durchsichtig ist und eine gelblichweiße Farbe führt. Bei r ist sie am stärksten und hat daselbst einen Abschnitt, der sie in zwei Teile teilt, aus welchen sie wirklich besteht, und die sich wie zwei Röhren an einem Perspektiv ineinander schieben, wie denn auch die hintere Hälfte aus der vordern herausgekommen. Jene geht immer geschmeidiger zu, und am Ende hat sie ein Kölblein mit einem kaum merklichen Spalt, aus welchem obengedachter Faden u kommt, und den der Ameisen-Räuber gebraucht, um sich bei seiner bevorstehenden Verwandlung eine bequeme Wohnung zuzubereiten, wie wir im folgenden vernehmen werden. Ehe ich aber von dieser Verwandlung noch etwas sage, so muß ich einen andern besonderen Umstand anführen, den ich an unserem Insekt wahrgenommen habe. Bekanntermaßen pflegen die meisten Insekten ihre Haut während der Zeit, da sie noch zu wachsen haben, zu verschiedenen Malen abzulegen; solange ich aber den Insekten-Räuber zum Kostgänger gehabt, ich habe aber etliche wohl länger als ein Jahr beherbergt, so habe ich niemals beobachtet, daß sie ihre Haut öfter verändert als zweimal: das erste Mal, wenn sie sich in eine Puppe verwandelt, das andere Mal aber, wenn sie nach Ablegung der Puppenhaut in geflügelter Gestalt erscheinen. …"

VII. Charles Bonnet.

Den großen Beobachtern dieses Zeitraums ist Charles Bonnet (1720—1793) anzureihen, wenn ihn auch ein Augenleiden frühzeitig der Naturbeobachtung entriß. Er entstammte einer angesehenen Genfer Familie, die nach der Bartholomäusnacht Frankreich verlassen hatte. Im Jahre 1735 begann er mit dem Studium der Belles-Lettres. Ein Jahr später fiel ihm das sehr mäßige „Schauspiel der Natur" des Abbé Pluche in die Hände, das einen entscheidenden Einfluß auf seine fernere Entwicklung ausübte. Seine eigenen Studien begannen mit Beobachtungen am Ameisenlöwen und ließen ihn bald Poupart verbessern, ja sogar Réaumur ergänzen. Nach langen Kämpfen mit dem Bibliothekar einer öffentlichen Bibliothek, der das Werk für gefährlich für junge Leute erklärte, erhielt er die Réaumurschen Mémoires zur Lektüre. Diese Lektüre regte ihn zu Beobachtungen über die Raupen des Ringelspanners an, die er an Réaumur einsandte und die das höchste Lob des Meisters fanden. In den Mai 1740 fällt seine große und sorgfältig vorbereitete Entdeckung bezw. Sicherstellung der parthenogenetischen Entstehung der Aphiden. Réaumur schrieb ihm äußerst schmeichelhaft hierüber und sandte ihm seine Bücher, was Bonnet zu weiterem Studium mit vermehrtem Eifer anspornte. Im folgenden Jahr entstanden in gemeinsamer Arbeit mit Trembley die Studien über die Regeneration des Süßwasser-Polypen. 1742 schrieb Bonnet über die Atmung der Schmetterlings-

Raupen und Falter. Nachdem Réaumur gegenüber Malpighi behauptet hatte, daß die eingeatmete Luft durch die ganze Haut wieder herauskomme, wies Bonnet nach, daß diese Behauptung auf einen Versuchsfehler zurückzuführen sei, indem er die Haut der Raupen nicht zu Beginn des Versuchs von der anhaftenden. Luft befreit hatte. Die Versuchsmethodik bestand nämlich im Untertauchen von Raupen in Wasser und darauffolgender Beobachtung der Stellen, an denen Luftbläschen erschienen. Bonnet vermied diesen Fehler, und da die Luftbläschen alsdann nur den Stigmen entstiegen, so waren sie auch als die Organe der Exspiration festgestellt. Auch die Biologie des Bandwurms beschäftigte ihn in diesem Jahre. 1743 beschloß er die juristische Karriere, die er auf Betreiben der Familie einschlagen mußte, mit der Erlangung des Doctor juris. Im selben Jahr nahm ihn die Royal Society in London, der er einen Aufsatz entomologischen Inhalts übersandt hatte, als Mitglied auf. 1744 erschien seine „Insectologie", die eine Sammlung der vorher erwähnten Arbeiten darstellt. Eifriges Mikroskopieren zog ihm eine ernste Schwächung der Sehkraft zu und seit 1745 konnte Bonnet ohne große Beschwerden nicht mikroskopieren, lesen oder schreiben. Eine tiefe Melancholie bemächtigte sich seiner, bis die Tröstungen der Philosophie und der Religion ihn lehrten, sich in sein Schicksal zu fügen. Die Periode der experimentellen Beobachtungen war, abgesehen von einigen pflanzenphysiologischen Arbeiten über das Saftsteigen, das Keimen der Pflanzen u. a.,

Fig. 151.
Charles Bonnet. (Aus Locy.)

abgeschlossen. Die Rolle, die Bonnet als einer der Hauptverfechter der Theorie der Stufenleiter der Natur und als Popularisator spielte, ist hier nur kurz zu erwähnen. In seinen populären Schriften fügt er sich völlig in die Reihe der Entomotheologen ein, als Physiologe steht er Haller nahe. In seinen psychologischen und philosophischen Arbeiten wollen wir ihm nicht folgen, aber erwähnen, daß Bonnet in späteren Jahren (ca. 1770) sich nochmals näher mit Insekten beschäftigt hat, nämlich mit Bienen, die er ständig durch eine Glasscheibe im Bienenkorb beobachtete.

Ehrungen wurden ihm zu Lebzeiten zahlreich zuteil. Er war Mitglied fast aller größeren Akademien. Mit Réaumur, de Geer, du Hamel, Haller u. a. führte er eine lebhafte Korrespondenz. Mehrfach wurden ihm in Genf öffentliche Ehrungen bereitet. Sein arbeitsreiches Leben beschloß er in Genf im Alter von 73 Jahren am 20. Mai 1793. Eine schwere Tragik waltete insofern über seinem Leben, als er, der selten sorgfältige Beobachter, schon in seiner Jugend gezwungen wurde, allem Beobachten zu entsagen. Von seiner Beobachtungsgabe mögen die folgenden Abschnitte aus der Insectologie, die die Fortpflanzungsverhältnisse der Aphiden betreffen, Zeugnis ablegen:

Um darüber etwas mehr als Mutmaßungen zu haben, hatte der Herr von Réaumur einen Versuch vorgeschlagen, der ihm anfänglich vier- bis fünfmal nicht geglückt war: man sollte nämlich eine Blattlaus nehmen, sobald sie aus dem Mutterleibe gekommen wäre, und sie auf die Weise erziehen, daß kein anderes Insekt ihrer Art zu ihr kommen könnte. „Wenn nun eine solche, ganz allein erzogene Blattlaus, sagt der Herr von Réaumur, dennoch Junge hervorbrächte, so müsse solches entweder ohne alle Begattung geschehen, oder es müßte die Begattung selbst schon im Mutterleibe geschehen sein." Durch diese Einladung des Herrn von Réaumur ermuntert, nahm ich es 1740 auf mich, einen solchen Versuch mit einer Blattlaus des Spindelbaums anzustellen.

Erste Beobachtung.

Erster Versuch mit einer Blattlaus des Spindelbaums, um zu entscheiden: ob sich die Blattläuse ohne Begattung vermehren.

„Ich hatte verschiedene Mittel vor mir, eine Blattlaus ganz allein aufzuziehen. Hier ist das, was ich erwählte: Ich setzte ein Gläschen voll Wasser (fig. XVII.) ungefähr bis an den Hals in einen Blumentopf, der mit gemeiner Erde angefüllt war. In dieses Gläschen steckte ich einen kleinen Zweig des Spindelbaums (fig. XVIII) mit dem untersten Ende, dem ich nur 4—5 Blätter gelassen und diese vorher mit der größten Aufmerksamkeit auf allen Seiten besehen hatte. Auf eins von diesen Blättern brachte ich nachher eine Blattlaus, welche ihre ungeflügelte Mutter den Augenblick erst vor meinen Augen geboren hatte. Zuletzt bedeckte ich den kleinen Zweig mit einem gläsernen Gefäße (fig. XIX), das mit seinem Rand genau auf die Oberfläche der Erde des Blumentopfes anschloß. Durch dieses Mittel war ich wegen der Aufführung meines kleinen Gefangenen gesicherter als Akrisius wegen der Danae, obgleich sie auf seinen Befehl in einen ehernen Turm eingesperrt war. (Fig. 152.)

Es war der 20. Mai, abends gegen 5 Uhr, als meine Blattlaus gleich nach ihrer Geburt in die jetzt beschriebene Einsiedelei eingesetzt wurde. Von der Zeit an war ich darauf bedacht, ein genaues Tagebuch ihres Lebens zu erhalten. Darin habe ich alles bis auf ihre geringsten Bewegungen angemerkt. Nicht ein einziger von ihren Schritten schien mir gleichgültig zu sein. Ich habe sie nicht nur alle Tage, Stunde für Stunde beobachtet, so daß ich gewöhnlich von vier oder fünf Uhr des Morgens anfing und nicht eher als gegen neun oder zehn Uhr des Abends aufhörte; sondern selbst in jeder Stunde sah ich mehrmals und zwar beständig mit der Lupe nach, um die Beobachtung desto genauer zu machen und mich von den geheimsten Handlungen meines kleinen Eremiten zu unterrichten. Hat mir aber gleich dieser beständige Fleiß einige Mühe und Beschwerde gekostet, so habe ich dagegen Ursache, mir Glück zu wünschen, mich daran gewöhnt zu haben. Außerdem schien mir auch der Zweck, den ich mir vorgesetzt hatte, allzu wichtig zu sein, als daß ich auf diesen Versuch nur eine gewöhnliche Aufmerksamkeit hätte wenden sollen. ...

Meine Blattlaus häutete sich viermal: den 23. gegen Abend, den 26. nachmittags gegen 2 Uhr, den 29. des Morgens gegen 7 Uhr und den 31. des Abends gegen 7 Uhr.

Die Puppen zeigen uns nichts sonderbarers als die Art, wie gewisse Raupenpuppen ihre abgestreifte Haut fallen lassen, wenn sie sich ganz davon losgemacht haben. ...

Unmittelbar nachher, da sie sich gehäutet hatte, versuchte sie auch die alte Haut los zu werden. Sie faßte sie mit ihren 2 Vorderfüßen wie mit 2 Armen; sie bemühte sich, sie aufzuheben, um sie von den Häkchen loszumachen, mit dem sie noch an dem Blatte oder Stengel anhing, auf welchem sie sich gehäutet hatte. Sie wiederholte ihre Bemühungen auf verschiedene Weise. Nach und nach glückte es ihr, erst einen Fuß, hernach die anderen alle herauszuziehen. Wurde nun die Haut durch nichts mehr gehalten, so hob sie die Blattlaus in die Höhe und ließ sie fahren. Für eine Blattlaus, deren Füße in einer so kurzen Zeit die gehörige Festigkeit noch nicht erhalten hatten, war es freilich eben keine leichte Arbeit. Viele überheben sich auch dieser Mühe.

Vielleicht wird man mich auch beschuldigen, ins Kindische zu fallen, wenn ich die Unruhe beschreibe, welche mir meine Blattlaus bei ihrer letzten Verwandlung bereitete. Obgleich sie stets so verwahrt war, daß ich nicht Ursache zu fürchten hatte, als hätte sich ein anderes Insekt in ihre Einsiedelei geschlichen, so fand ich sie doch so aufgeblasen und glänzend, daß sie mir wie die Blattläuse vorkam, die einen Wurm bei sich haben. Dies aber vergrößerte meine Furcht und meinen Kummer, daß sie nicht die geringste Bewegung zu machen schien. Zum Unglück konnte ich sie nur bei dem Lichte eines Wachsstockes beobachten. Endlich beruhigte ich mich ein wenig, da ich bemerkte, daß sie ihre Haut verwandelte. Doch blieb ich nicht ganz ohne Sorgen. Sie lag auf der Seite, bald darauf kehrte sie sich auf den Rücken, daß ihr ganzer Bauch zu sehen war. Ich merkte an ihr, daß sie sich noch mit den Füßen regte, die sie bisher wie die Puppen zusammengezogen und auf die Brust gelegt hatte. Sie bewegte sich durch

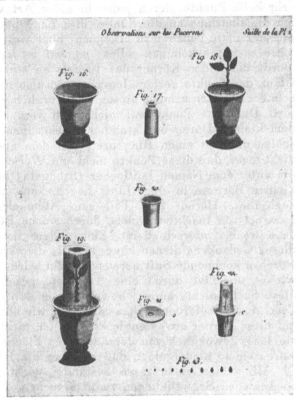

Fig. 152.
Die Apparatur zu den Versuchen über die parthenogenetische Entstehung der Aphiden.
(Aus Bonnet.)

verschiedenes Hin- und Herziehen, als wollte sie ihre Lage verändern. Weil sie aber damals noch sehr schwach und erst aus den Falten der alten Haut gekommen waren, so schienen sie auch zu ihren Verrichtungen noch nicht geschickt genug zu sein. In dieser Stellung und auf einem fast geraden Blatte, wurde nun die Blattlaus bloß von der Haut gehalten, an der sie noch mit der äußersten Spitze ihres Körpers hing. Sie war also in der Gefahr, einen unglücklichen Fall zu tun, sobald sie ihre Haut ganz losgemacht haben würde. Dieser bedenkliche Umstand hielt mich in der Unruhe, und ich wurde nicht eher zufrieden, als bis sie sich nach und nach auf ihren Hintern gesetzt hatte.

Des folgenden Morgens bei guter Zeit unterließ ich nicht, sie nach meiner Gewohnheit wieder zu beobachten. Die Häutung hatte ihre Farbe in etwas verändert. Ihr Leib war sehr braun und beinahe so braun geworden, wie er es bei den Blattläusen des Spindelbaums wird, welche in ein tiefes, beinahe schwarz und sammetfarbiges Violet fallen. Die Füße aber sowohl als die Fühlhörner waren in der Quer weiß und schwarz gezeichnet, da sie vorher nur braun aussahen. Solange ich sie mit der Lupe und schief gegen das Helle betrachtete, so bemerkte ich auf den Seiten, mit den kleinen Hörnern in einer Linie, sechs sehr helle Punkte, deren jeder in einer Art von Vertiefung lag. Nun brachte ich die Blattlaus an die Sonne, ihre Lage noch besser zu sehen und die Zahl dieser Punkte genauer zu erkennen; aber weit gefehlt, daß mir das Sonnenlicht hätte zustatten kommen sollen; so war es mir dagegen hinderlich. Das Licht wurde durch den Körper des Insekts so stark gebrochen, daß sich darin der Glanz der Punkte verlor. Ich trug sie also an ihren ersten Punkt zurück und setzte die Untersuchung dieses erst kürzlich entdeckten besonderen Umstandes fort. Der erste Punkt war nicht weit vom Kopfe; der sechste war dicht bei dem kleinen Horne und stand mit demselben in einer Linie. Ein jeder Punkt schien daselbst einen Ring breit von dem andern zu sein. Nun zweifelte ich nicht mehr, daß diese Punkte nicht die Werkzeuge des Atemholens sein sollten, die unter dem Namen Luftlöcher (Stigmata) bekannt sind. Da sie nun mit den kleinen Hörnern in einer Linie liegen, kann man nicht daher muthmaßen, daß auch diese Hörner zum Teil zum Atemholen dienen? Wir haben mehrere Exempel von Insekten, welche durch solche Röhren Atem holen, in deren Lage auch wenig Unterschied ist. Eine andere Bemerkung, welche zur Bestätigung dieses Gedankens dienen kann, betrifft die Art und Weise, wie der aus diesen Hörnern kommende Saft herausgedrückt wird. Es geschieht mit einiger Gewalt, wie es ungefähr durch eine Trompete geschehen möchte. Eigentlich könnte diese Sache nichts anders beweisen, als daß das Atemholen den Auswurf der Feuchtigkeit befördere. Dem aber sei, wie ihm wolle; so habe ich in Absicht auf diese Hörner etwas entdeckt, was ich nicht verschweigen darf. Anstatt daß sie sonst gewöhnlich von der äußersten Fläche des Leibes gerade aufstehen, so waren sie so niedergelegt, daß sie über die Ränder des Körpers wegtraten. ...

Mir schien es indessen beständig wichtig genug, die Ursache dieser abwechselnden Schwenkungen zu untersuchen. Es haben mich aber meine Beobachtungen über die Insekten und besonders über meine Blattlaus von Spindelbaume belehrt, daß sie dazu dienen, den Auswurf der Exkremente oder eines Saftes, der ihre Stelle vertritt, zu befördern. Denn es geschah nicht eher, als wenn nun bald ein Tröpfchen von diesem Safte sollte ausgeführt werden, daß ich sie ihr Hinterteil und ihre vier Hinterfüße aufrichten und wechselweise niederlassen sah, was aber gleich aufhörte, sobald sie das Tröpfchen von sich gegeben hatte.

Sie wuchs geschwind genug; man konnte es aber nicht eher als nach ihrer ersten Häutung merken, wie sie zugenommen hatte. Ich habe mich bemüht, davon für jeden Tag einen Abriß zu machen. (Taf. II, fig. 23.)

Es ist aber Zeit, zu der wichtigsten Stelle in dem Leben meines Einsiedlers zu kommen. Da er glücklich von den vier Krankheiten genesen war, die er durchgehen mußte, so war er endlich zu dem Ziele gekommen, wohin ich ihn zu bringen besorgt gewesen war. Er war nun eine vollkommene Blattlaus geworden. Seit dem ersten Juni ungefähr des Abends gegen 7 Uhr sah ich mit dem größten Vergnügen, daß sie niedergekommen war, und von der Zeit an glaubte ich, sie Blattlaus-Mutter nennen zu müssen. Von diesem Tage an bis zum 21., diesen mitgerechnet, brachte sie 95 Junge, alle ganz lebendig und die meisten vor meinen Augen, zur Welt. Hier ist eine Tabelle, worin ich mit der größten Genauigkeit, die mir möglich gewesen ist, den Geburtstag und Stunde einer jeden dieser Blattläuse angemerkt habe. Der Stern * bedeutet diejenigen, welche die Mutter in den Augenblicken geboren hatte, wo ich es nicht bemerkte.

Tabelle der Geburtstage und Stunden derjenigen Blattläuse, die vom 1. Juni an bis zum 21. incl. von der Blattlaus geboren sind, die seit ihrer Geburt, in der vollkommsten Einsamkeit verwahrt war.

Tage des Juni	Zahl der jeden Tag geborenen Blattläuse	Zahl der jeden Vormittag geborenen Blattläuse und ihre Geburtsstunden		Zahl der jeden Nachmittag geborenen Blattläuse und ihre Geburtsstunden	
1	2 Bl.			7½	1 Bl.
				9	1 Bl.
2	10 Bl.	5	2 Bl.*		
		6	1 Bl.		
		6½	1 Bl.	12½	1 Bl.
		7½	1 Bl.	1½	1 Bl.
		8½	1 Bl.	6½	1 Bl.
		8¾	1 Bl.		
3	7 Bl.			3	1 Bl.
		10	1 Bl.	4	1 Bl.*
		11	1 Bl.	4¾	1 Bl.
				6	1 Bl.
				9	1 Bl.
4	10 Bl.	5	3 Bl.*	12¾	1 Bl.
		6	1 Bl.	1¼	1 Bl.
		6¾	1 Bl.	6	1 Bl.
				9	1 Bl.
5	8 Bl.			1	1 Bl.
				2¾	1 Bl.
		5	4 Bl.*	6½	1 Bl.
				7	1 Bl.
6	5 Bl.	6	3 Bl.*	12¼	1 Bl.
				2½	1 Bl.
7	4 Bl.	5	1 Bl.*	7	1 Bl.
		10	1 Bl.	10	1 Bl.
8	8 Bl.	5½	2 Bl.*	12½	1 Bl.
		9	1 Bl.	2½	1 Bl.
		9½	1 Bl.	gegen Abend	1 Bl.
		10	1 Bl.		
9	4 Bl.	6½	1 Bl.*	1	1 Bl.
		11	1 Bl.	10¼	1 Bl.*

Tage des Juni	Zahl der jeden Tag geborenen Blattläuse	Zahl der jeden Vormittag gebörenen Blattläuse und ihre Geburtsstunden		Zahl der jeden Nachmittag geborenen Blattläuse und ihre Geburtsstunden	
10	3 Bl.	$10\frac{1}{4}$	1 Bl.	1	1 Bl.*
				$4\frac{1}{2}$	1 Bl.
11	6 Bl.	$6\frac{1}{2}$	1 Bl.	$5\frac{1}{2}$	1 Bl.
		$7\frac{3}{4}$	1 Bl.	$6\frac{1}{2}$	1 Bl.
		10	1 Bl.	$7\frac{3}{4}$	1 Bl.
12	3 Bl.	6	2 Bl.*	$12\frac{1}{4}$	1 Bl.
13	1 Bl.	11	1 Bl.		
14	4 Bl.	6	3 Bl.*		
		$7\frac{3}{4}$	1 Bl.		
15	5 Bl.	5	3 Bl.*		
		8	1 Bl.*	10	1 Bl.*
16	6 Bl.	5	3 Bl.*		
		$9\frac{3}{4}$	1 Bl.	6	1 Bl.*
		$10\frac{1}{2}$	1 Bl.		
17	3 Bl.			3	1 Bl.
		7	1 Bl.	9	1 Bl.*
18	2 Bl.	6	1 Bl.		
		10	1 Bl.*		
19	2 Bl.	5	1 Bl.	$4\frac{1}{2}$	1 Bl.
20	— Bl.				
21	2 Bl.			$7\frac{1}{2}$	2 Bl.*

G a n z e S u m m e 95 B l a t t l ä u s e.

Die Verschiedenheiten, die ich in der Zahl der jeden Tag zur Welt gekommenen Blattläuse bemerkt habe, sind eine andere Seltenheit, die mir merkwürdig schien. Wenn die Alte keinen Ort fand, der ihr bequeme Nahrung geben konnte, so geschah es gewöhnlich, daß sie weniger Junge gebar. Sie wurde alsdann unruhig; sie kroch bisweilen ganze Stunden herum, ohne einmal stille zu sitzen. Hatte sie aber endlich einen solchen Ort angetroffen, wie er für sie sein mußte, so ließ sie sich sogleich daselbst nieder. Schien das aber nicht ein Beweis zu sein, daß der Augenblick ihrer Niederkunft gewissermaßen in ihrem Willen beruhte, und daß es, obgleich sie am Ende ihres Geburtszieles war, sozusagen, in ihrer Gewalt stand, es zu verlängern? ...

Damit ich aber endlich die Geschichte meiner Blattlaus-Mutter völlig zu Ende bringe, so habe ich nur dieses noch zu melden. Indem ich den ganzen 25.

bis des folgenden Morgen gegen 5 Uhr abwesend sein mußte, so hatte ich bei
meiner Rückkehr den Verdruß, sie weder da, wo ich sie gelassen, noch in der
Gegend herum wiederzufinden, wo ich sie vergeblich gesucht hatte. Da ich es
seit dem Anfange ihrer Niederkunft nicht für nötig hielt, sie so genau einzu-
sperren, so hatte sie sich ohne Zweifel dieser Gelegenheit bedient, um sich
anderswo hinzubegeben. Man kann leicht erachten, daß mir dieser Verlust sehr
empfindlich war. Ich hatte diese Blattlaus-Mutter zur Welt kommen sehen, ich
war ihr beständig über einen Monat gefolgt und ich machte mir ein Vergnügen
daraus, meine Beobachtung mit gleicher Sorgfalt bis zu ihrem Tode fortzusetzen. Davon versprach ich mir mehr als das bloße Vergnügen, nämlich die
Anzahl der Blattläuse aufs genaueste zu erfahren, die sie vielleicht noch würde
geboren haben. Nach der sehr großen Abnahme ihrer Leibesgestalt zu urteilen,
würde sie vermutlich nicht sonderlich groß gewesen sein. War ihr Bauch vorher, als sie nur erst wenige Junge geboren hatte, ganz rund und aufgeschwollen
so war er jetzt platt und wie ein Triangel geworden. Dies zeigt genugsam an,
daß sie entweder schon alle oder fast alle ihre Jungen zur Welt gebracht, die
sie hätte gebären sollen."

[Fortsetzung an verschiedenen Arten durch zahlreiche Geschlechter.]
Siebente Beobachtung.

„Beobachtungen, welche
1. beweisen, daß es eine Art von Blattläusen gibt, unter denen der Unterschied
   zwischen Männchen und Weibchen stattfindet, und welche sich begatten.
2. Daß die Blattlaus-Mütter von dieser Art, anstatt lebendiger Jungen bisweilen
   Foetus zur Welt bringen und mit welcher Vorsicht?
Der vornehmste Gegenstand aller vorhergehenden Beobachtungen war der Beweis, daß unter den Blattläusen keine wirkliche Begattung stattfindet; daß es
aber ganz besondere Zwitter sind, Zwitter, die sich selbst genug sind, und dies
wird meines Erachtens denen hinlänglich erwiesen scheinen, welche diese Beobachtungen lesen werden. Ich bin aber versichert, daß viele meiner Leser zu
schließen geneigt sein werden: als wenn diese besondere Eigenschaft der ganzen
Nation der Blattläuse gemein wäre. Nichts aber ist in der Physik gefährlicher
als dergleichen allgemeine Schlüsse. Hier sind Beobachtungen, welche beweisen,
daß es wenigstens eine Art von Blattläusen gibt, bei denen die Begattung stattfindet, wie sie unter den Fliegen, den Schmetterlingen und unter so vielen
anderen Arten von Insekten und Tieren ist.
Überhaupt davon zu reden, sind die Blattläuse sehr kleine Insekten, auf
welche man vielleicht niemals würde Achtung gegeben haben, wenn sie sich
weniger vermehrten. Die Art, die ich jetzt bekannt machen will, ist wegen ihrer
Größe außerordentlich merkwürdig. Gewissermaßen ist sie der Elefant unter
den Blattläusen. Ich habe von dieser Art welche gesehen, deren Bauch so dick,
wenn nicht dicker war als der einer gemeinen Fliege. Sie leben auf der Eiche
und hängen sich überhaupt an alle Zweige an, die anfangen schwarz zu werden.
An solchen Zweigen habe ich sie wenigstens am häufigsten gefunden. In geringerer Anzahl aber habe ich sie indessen auch an den jungen Zweigen und
selbst an den Stielen der Blätter gesehen. Der Herbst ist die Jahreszeit, in der
sie, und vornehmlich in den Monaten Oktober und November, am häufigsten
sind. Kurz vorher, ehe sie das Alter erreichen, in dem sie zur Zeugung befähigt
werden, ist ihre Farbe ein tiefes Braun, auf dem Rücken blaß, unter dem Bauch
aber etwas heller. Die Füße, die Fühlhörner und der Saugrüssel sind kastanienbraun; dicht am Hintern aber haben sie anstatt der Hörner nur zwei kleine

runde Erhöhungen. Ihr Saugrüssel ist ungefähr so lang als zwei Drittel ihres
Körpers. Unter ihnen gibt es auch geflügelte und ungeflügelte wie unter allen
Arten dieser Insekten; dieser letztern sind aber allzeit weniger. Ihre Flügel,
die sie mit der Fläche, wo sie sitzen, senkrecht tragen, gleichen den Flügeln der
schmetterlingsartigen Fliegen und sind nur halb durchsichtig. Sie sind halb
weiß, halb schwarz. Es scheint, als wenn sie sich derselben nicht sonderlich bedienen. Ich habe gesehen, daß sie dieselben nur gebrauchten, wenn sie sich
von einem Zweige auf den andern schwangen, als ich den ein wenig schüttelte,
auf dem sie saßen. Kurz, um das merkwürdigste vollständig anzuführen, was
unsere dicken Blattläuse der Eiche im äußerlichen bei dem ersten Anblicke an-
sich haben, so füge ich noch hinzu, daß sie einen ziemlich starken Geruch von
sich geben, den ich aber nicht zu bestimmen, noch mit etwas zu vergleichen
weiß. Hier sind einige Beobachtungen über diese Sache, die ich mit Hilfe der
Vergrößerungsgläser gemacht habe. ...

Da ich gern gewiß sein wollte, ob bei ihnen das Geburtsglied vom After
unterschieden wäre, so habe ich solches wahrgenommen, als ich mit der Lupe
das Ende am Hinterteile einer Mutter untersuchte. Hier erblickte ich unter dem
Anus eine Öffnung, wie ein Trichter gestaltet, der vorne weiter als inwendig
war, und durch welchen ich verschiedene Foetus herausdrückte. ...

Um mich nun recht sorgfältig von der Geschichte dieser Blattläuse zu unterrichten, so sperrte ich im Anfang des Oktobers 1740, wie ich mit denen vom
Spindelbaum getan hatte, vier bis fünf der größten mit einer andern, aber viel
kleinern und geflügelten von eben der Art ein. Als ich nun eines Morgens
meiner Gewohnheit nach zum Beobachten kam, wie groß war mein Erstaunen,
als ich die kleine Blattlaus auf einer der dicken Mütter in der Stellung eines
sich mit dem Weibchen begattenden Männchens sitzen sah. Geschwind nahm ich
das Zuckerglas ab, das sie bedeckte und mich hinderte, mit der Lupe anzu-
kommen. Da ich mich nun damit näherte, so beobachtete ich mit der größten
Aufmerksamkeit, was eine so neue Erscheinung erforderte. Die beiden Blattläuse schienen ordentlich aneinander zu hängen. Der Hinterteil des Männchens
war gegen den Bauch des Weibchens gekrümmt und der Ort, wo das Zeugeglied
sein mußte, war nach der Öffnung zugerichtet, die es einzunehmen pflegt. Sie
waren fast ohne alle Bewegung. Ihre Köpfe waren nach der Unterseite des
Zweiges zugekehrt, an welchem sich das Weibchen angeklammert hielt. Ich tat
mein möglichstes, zu entdecken, ob ihre Vereinigung so genau war, als sie es
zu sein schien. Da ich aber den Zweig etwas anrührte, so fing die kleine Blattlaus an, ihre Stellung zu verändern. Sie kam bald wieder mit der andern in eine
Linie, von der sie sich nachher ganz absonderte.

Eine so unerwartete Beobachtung machte mich sehr aufmerksam; ob ich
nicht den Augenblick auskundschaften könnte, da sich die kleine Blattlaus aufs
neue begatten würde, und ich hatte das Vergnügen, solches an eben dem Tage
und auch an dem folgenden mehrmals zu sehen. Es ging aber dabei alles
folgendermaßen zu.

War sie erst längs dem Zweige herunterspaziert, hatte sie eine stillsitzende
Blattlaus-Mutter angetroffen, so hielt sie sich dabei nicht lange auf, sich um sie
herumzudrehen und zu dem rechten Orte hinzukommen. Sie griff sie gleich
auf der Stelle an. Sie kletterte auf sie herauf, es mochte sein, von welcher
Seite es wollte. Ich will einmal annehmen, daß es auch die Kopfseite gewesen
wäre. Hernach kroch sie weiter und ging ungefähr bis zur Mitte der Länge des
Leibes. Da machte sie eine halbe Wendung. War ihr Kopf vorher nach dem
Hinterteile des Weibchens zugekehrt, so war er nun umgewandt und nach der

andern Seite gerichtet. Das war aber noch nicht genug. Man sah sehr deutlich, daß ihre Lust noch nicht gebüßt war, und daß sie sich eifrig bemühte, mit ihrem Hinterteile zu dem Hinterteile des Weibchens zu kommen, von welchem sie noch entfernt war. Sie suchte also sich demselben durch allmähliges Rückwärtsgehen zu nähern. Da sie nun endlich ganz nahe dazugelangt war, so machte sie die Spitze ihres Körpers krumm, bemühte sich, damit den Anus des Weibchens zu berühren und steckte sie hinein. ...

Nachdem ich mich nun auf die sicherste Art überzeugt hatte, daß der Geschlechts-Unterschied bei meinen dicken Blattläusen stattfinde, und nachdem ich auch durch mehrere Beobachtungen von ihrer wirklichen Begattung gewiß geworden war, so war nun nichts mehr übrig, als mich noch von der Notwendigkeit derselben zu überführen. Mit der äußersten Geduld erwartete ich diese Sache, als eine von meinen Blattlaus-Müttern niederkam. Ich würde sogleich die junge Blattlaus allein gesetzt und auch so aufgezogen haben, die Sache aber bekam eine andere Wendung. Ich konnte den so oft gewünschten Versuch nicht machen, hingegen aber machte ich eine sonderbare und ganz unerwartete Beobachtung. Anstatt lebendiger Jungen brachten meine Mütter nur Foetus zur Welt, welche an Gestalt den gewöhnlichen Eiern so ähnlich waren, daß es schwer war, sie nicht damit zu verwechseln. Alles daran war vollkommen glatt. Das Mikroskop selbst konnte nicht die geringste Ungleichheit entdecken. Ihre Farbe war rötlich. Sie waren etwas kleiner, als die Blattläuse dieser Art bei ihrer Geburt sind. An den Zweig waren sie angeklebt und größtenteils wie die Eier vieler anderer Insekten dicht aneinander gereiht. Ich zählte den 12. eine Mandel dieser Foetus, an deren Hervorbringung die dicke Blattlaus-Mutter keinen Anteil gehabt, obgleich ich Ursache hatte, von ihr weit eher Junge zu erwarten.

Es wurde mir die Zeit bis zu dem Augenblick sehr lang, da eine von meinen Blattlaus-Müttern mit einem Foetus niederkommen würde. Endlich geschah es. Bei meiner Ankunft war der Foetus schon über die Hälfte heraus. Er hatte eine gleiche Richtung mit der Länge des Zweiges, an welchem er mit dem ganzen Teile seines Leibes, so weit er sichtbar war, anhing. Durch einen leimigen Saft, womit er überzogen war, klebte er an der Rinde fest. Sogleich bewaffnete ich mich mit einer Lupe, und da ich mich in die vorteilhafte Stellung gesetzt hatte, so schickte ich mich an, diese Niederkunft bis ans Ende zu beobachten. ...

Ich zog also noch Blattläuse bis zum 10. Geschlecht als Einsiedler auf: ja, ich hatte die Geduld, ich sollte vielmehr sagen: ich beging die Torheit, von den Niederkünften eines jeden Geschlechts Tage- und Stundenregister zu halten. ..."

Daß die Blattläuse in der schönen Jahreszeit Lebendiggebärende und am Ende des Herbstes Eierlegende sind.

Mutmaßungen über die Absicht ihrer Begattungen.

Angestellter Versuch zur Bestätigung dieser Mutmaßung.

„Es werden aber meine Leser ungeduldig fragen: wozu dient denn die Begattung bei Insekten, die sich selbst genug sind und sich ohne ihre Beihilfe fortpflanzen können? Ehe ich diese Frage berühre, muß ich mich eines Faktum erinnern, von dem ich oben nur ein Wort gesagt habe, und das eine der größten Seltenheiten ist, die uns die Geschichte der Insekten zeigen kann.

In der schönen Jahreszeit bringen die Weibchen der Blattläuse lebendige Junge zur Welt; alsdann sind es Lebendiggebärende. Gegen die Mitte des Herbstes legen sie wahre Eier; dann hören sie auf Vivipara zu sein und werden

Eierlegende. Ich habe diese Entdeckung im Herbst 1740 gemacht, die nachher durch berühmte Beobachter bestätigt ist. Ich zeigte in meinem Buche, daß die Weibchen ihr ganzes Betragen zu ändern wissen, wenn sie entweder Junge zur Welt bringen oder wenn sie Eier legen wollen. Ich habe diese Eier und die Vorsicht, mit der sie gelegt werden, auch übrigens alles beschrieben, was vor der Legezeit vorgeht, was dabei geschieht und was darauf folgt. Anfangs hielt ich diese Eier für unzeitige Foetus; ich habe aber zuletzt die Gründe angeführt, die mich hernach überzeugten, daß es wahre Eier waren.

Auf die allgemeinen und physiologischen Gesichtspunkte der späteren Werke einzugehen, verbietet der Raum. (Eine gute kurze Darstellung findet sich bei Ràdl, I. p. 228—235.) An dieser Stelle sei nur erwähnt, daß wir Charles Bonnet den ältesten authentischen Bericht über das Auftreten des Heu- und Sauerwurms in Mitteleuropa verdanken.

Literatur:

A. Trembley], Mémoire pour servir à l'histoire de la vie, et des ouvrages de Bonnet. Bern 1794] deutsch Halle 1795.
Alb. Lemoine, Charles Bonnet, philosophe et naturaliste. 1850.
Herzog von Caraman, Charles Bonnet, sa vie et ses oeuvres. Paris 1859.

Werke

Die von Bonnet selbst herausgegebene Gesamtausgabe:
Oeuvres d'histoire naturelle et de philosophie. Neuchatel 1779-1783. 8. T. in 10 Vol. deutsch 1783-85.
Die wichtigsten einzeln erschienenen Arbeiten mit entomologischem Inhalt sind:
1) An Abstract of some new observations upon Insects (Erucae. Formicaleo, Aphides). Philos. Trans. Vol. 42. 1743, pp. 458-488.
2) Traité d'insectologie, ou observations sur quelques espèces de Vers d'eau douce et sur les Pucerons.
3) Recherches sur la Respiration des Chenilles. Philos. Transact. 1748. Vol. 45, pp. 300-304. Mém. Math Sav. étr. Paris 1768· Vol. V, p. 276-303.
4) Observations sur une nouvelle partie propre à plusieurs chenilles. Mém. Math. des Savants étrangers. Paris 1755. T. I, p. 44-52.
5) Mémoire sur la grande chenille à queue fourchue du Saule. ibidem. p. 276-282.
6) Considérations sur les corps organisés. 2 Vol. Amsterdam 1762. 2. 1768, deutsch Lemgo 1775.
7) Contemplation de la nature. 2 Vol. Amsterdam 1764 etc., deutsch Leipzig 1766.
8) Sur le moyen de conserver diverses espèces d'Insectes dans les cabinets d'histoire naturelle. Journ. de Phys. 1774. Vol. 3. p. 296-301.
9) Lettre et mémoire sur les abeilles. Journ. de Phys. 1775. Vol. 5. p. 327-344, 418-428

VIII. John Ray.

In der Geschichte der Systematik gebührt John Ray (Wray) einer der allerhervorragendsten Plätze. Ray wurde am 29. November (? 29. Juni) 1628 zu Black Notley in Essex geboren. Als Sechszehnjähriger bezog er die Catherine Hall, später das Trinity College zu Cambridge, um Sprachen und Theologie zu studieren. Schon als Student wird er als „ausgezeichneter Redner und Naturforscher" gerühmt. Seit 1651 bekleidete er eine Reihe der unteren College- und Universitäts-Ämter mit großem Erfolge, besonders als Prediger und Tutor. 1660 veröffentlichte er mit Nid zusammen den „Catalogue of Cambridge Plants". In diese und die folgenden Jahre fallen eine Reihe naturwissenschaftlicher Ferienreisen mit Freunden und Studenten, die ihn durch England, Schottland und Irland führten. 1662 verließ er aus Glaubensgründen seine Universitäts-Stellung. Unter seinen Schülern hatte sich ihm einer besonders angeschlossen: Francis Willughby, dessen Freundschaft für seine spätere Entwicklung bedeutungsvoll wurde. Willughby (1635 als einziger Sohn von Sir Francis Willughby geboren) war ein leidenschaftlicher Naturliebhaber. Er faßte zusammen mit Ray den Plan zu einem großen umfassenden Handbuch des Tier-

und Pflanzenreichs, für das Willughby die Tiere, Ray die Pflanzen bearbeiten sollte. Es war als Revision und Neubeschreibung aller bekannten Arten gedacht. Von April 1663 bis zum Juni 1666 begaben sich beide auf eine Reise, die 'sie durch ganz Europa (Frankreich, Spanien, Italien, Deutschland etc.) führte, um in den dortigen Bibliotheken und Museen das nötige Material für ihr Unternehmen zusammenzubringen. Willughby plante eine Reise nach Amerika, starb aber mitten in den Vorarbeiten am 3. Juli 1672. Willughby hat nur wenig veröffentlicht. Er war ein ausgezeichneter, zuverlässiger und fleißiger Beobachter. Einiger Aufsätze haben wir bei Besprechung der Royal Society Erwähnung getan. Das Manuskript zum Tierreich hinterließ er in unfertigem und ungeordneten Zustande. Ray hat dann später die Ornithologia und die Historiae Piscium herausgegeben.

Fig. 153.
John Ray. (Aus Locy.)

Willughby's Testament setzte Ray zum Erzieher seiner Söhne ein und enthob ihn der Sorge um das tägliche Brot. Sein wichtigstes Werk ist wohl die Historia Plantarum Generalis (1686 bis 1687). In die Reihe der Natur-Theologen stellt ihn sein 1690 zuerst erschienenes Werk „Die Weisheit Gottes in seiner Schöpfung". Er starb am 17. Januar 1705 zu Black Notley. Für uns ist am bedeutendsten sein fast vollendet zurückgelassenes und 1710 im Auftrag der Royal Society veröffentlichtes Werk „Historia Insectorum". Die wissenschaftliche Bedeutung desselben liegt in der Systematik. Das in folgender Tabelle zusammengefaßte System vereinigt die Fortschritte Swammerdams mit denen der vergleichenden Morphologie.

Insekten-System John Ray.

I. Ohne Verwandlung („Ametamorphata").

  A. Ohne Beine.

    1. Landtiere, die

      a. in der Erde leben: Lumbricus,

      b. in Tieren leben:

        x. beim Menschen: Spulwürmer; Bandwürmer u. a.

        xx. bei Tieren: Rundwürmer; dicke und kurze Würmer (Oestriden-Larven).

    2. Wassertiere:

      a. Größere Formen: Hirudo (Egel).

      b. Kleinere Formen:

        x. runde:

    y. schwarze: mit zwei kleinen Hörnern am Kopfe, in Gebirgs-
     bächen (Larven von Simulium?);
    yy. rote: auf den Boden von Seen und Teichen (Chironomus-
     Larven?);
   xx. platte: gewisse Plattwürmer (u. a. auch der Leberegel).
B. Mit Beinen.
 1. Mit sechs Beinen.
  a. Landtiere.
   x. Größere.
    y. Leib flach: Würmer in morschem Holz und in der Erde (un-
     bestimmbar, wahrscheinlich Käfer-Larven).
    yy. Leib drehrund: Mehlwürmer (Tenebrio?).
   xx. Kleinere.
    y. greifen Tiere an:
     1. übelriechend: Cimex.
     2. nicht übelriechend: Vogelläuse; Pulex; Pediculus.
    yy. greifen Tiere nicht an: Bücherläuse; Springschwänze und
     andere, die nicht sicher zu deuten sind.
  b. Wassertiere: Fischläuse.
 2. Mit acht Beinen.
  a. Körper mit Schwanz: Scorpio.
  b. Körper ohne Schwanz: Araneus (Spinnen); Opilio; Zecken; Milben.
 3. Mit 14 Beinen: Asellus (Asseln und Amphipoden).
 4. Mit 24 Beinen: Borstenschwänze?
 5. Mit vielen Beinen:
  a. Landtiere: Julus; Scolopendra.
  b. Wassertiere: Sandwurm; Meeresscolopendra.
II. Machen Verwandlungen durch („Metamorphumena").
 A. Kein ruhendes Puppen-Stadium: Libella; Cimex silvestris; Locusta;
  Gryllus; Gryllotalpa; Cicada; Blatta; Tipulae aquaticae (= Hydrome-
  triden); Scorpius aquaticus (= Nepa); Muscae aquaticae (= Notonecta);
  Hemerobius (= Ephemera); Forficula.
 B. Ein ruhendes Puppen-Stadium.
  1. Die Larvenhaut wird vor der Verpuppung abgestreift.
   a. Coleoptera oder Vaginipennia: Scarabaeus umfaßt alle Käfer, außer
    Staphylinus.
   b. Flügel nicht bedeckt: Anelytra.
    x. Flügel mehlig: Papilio und Phalaena.
    xx. Flügel häutig.
     y. Flügel 4.
      1) Leben in Kolonien und bauen Zellwaben.
       a) Sammeln Honig: Apis; Bombylius (Hummeln).
       b) Sammeln keinen Honig: Crabro; Vespa.
      2) Leben nicht in Kolonien: Muscae vespiformes (= Pflanzen-
       wespen); Muscae ichneumones (= Schmarotzerwespen);
       Papilioniformia (= Phryganiden); Seticaudae (= Ephe-
       meriden).
     yy. Flügel 2: Culex.
  2. Die Larvenhaut wird nicht abgestreift, sondern die Puppe bildet sich
   innerhalb dieser (Muscae).

Als weitere Fortschritte sind anzusehen: 1. Die Einführung und konsequente Anwendung von systematischen Ober- und Untergruppen, beziehungsweise von Gattung und Art. 2. Eine erstmalige Definition des Artbegriffs als aller Tiere, die von gleichen Vorfahren abstammen. 3. Die Benutzung präziser differentialdiagnostischer Beschreibungen der einzelnen Arten, wodurch diese unabhängig von Illustrationen erkennbar werden. Wie trefflich Ray diese Aufgabe gelöst hat, mag daraus ersehen werden, daß z. B. seine Schmetterlings- und Raupen-Beschreibungen fast restlos gedeutet werden konnten.

Der Weg von Aldrovandi zu Ray ist der Weg von Aldrovandi zu Linné. Der Vergleich mit den früheren Entwürfen von Linné's Insekten-System fällt in vielen Einzelheiten, so z. B. der Stellung der Orthopteren, zu ungunsten. Linné's aus. Von Ray zur binären Nomenklatur war nur noch ein formaler, kein grundsätzlicher Schritt mehr, allerdings ein sehr notwendiger.

Folgende kurze Proben mögen als Beispiele für seine Beschreibungen dienen. Zuvor sei noch bemerkt, daß auch ein Teil des Materials zu diesem Buch den Notizen von Willughby entstammt. Diese Herkunft ist stets durch ein beigefügtes F. W. angegeben. Die Gliederung des Buches ist ungleichmäßig, was wohl darauf zurückzuführen ist, daß der Tod Ray die Feder aus der Hand nahm.

p. 59. Heuschrecken (Locustae).

Nach Willughby soll es bei den Heuschrecken mehr Männchen als Weibchen geben. Ich weiß aber nicht, ob er das selbst beobachtet, oder von jemand anderem übernommen hat. Wenn ich mich nicht sehr täusche, sind bei den anderen Insekten die Weibchen viel häufiger als die Männchen. Wie Swammerdam sagt, zirpen nur die Männchen, nicht die Weibchen. Das Zirpen wird durch rasches Reiben der Flügel an den Hinterbeinen hervorgebracht, seltener durch Reiben der Flügel aneinander.

Die Männchen sind, wie auch bei anderen Insekten, kleiner als die Weibchen, da die letzteren ja 300—400 Eier in ihrem Uterus bergen müssen.

Bei diesen Insekten unterscheidet sich die Nymphe nur wenig von der Imago. Der einzige Unterschied beruht darin, daß die Flügel der Imagines entwickelt sind und den Körper bedecken, während sie bei den Nymphen in vier Kügelchen eingehüllt sind. Diese Verborgenheit der Nymphenflügel ist wohl schuld daran gewesen, daß Aldrovandi, Mouffet, Johnston und andere sehr gelehrte Leute sie Bruchi, die mit Flügelstummeln Attelabi und solche mit großem weiblichen Körper Aselli genannt haben; diese Fülle von Namen erscheint überflüssig (Swammerdam).

Gegen Ende des Sommers umdrängen 3—4 Männchen ein Weibchen und umschwärmen es unter Zirpen. Die Männchen sind beweglicher als die Weibchen; unter beiden Geschlechtern gibt es viele einbeinige, die jedoch noch springen. Sie springen nämlich so heftig, daß ihr Bein bei jedem Hindernis sofort losgerissen wird (Willughby).

Wir haben in England nur sehr wenige Heuschrecken-Arten.

Locusta Anglica minor vulgatissima.

F. W. Sie hat vielgliedrige ⅜ Zoll lange, biegbare Antennen. Ihr Körper ist ein Zoll lang. Der Leib ist grün, die Elytren braun, die Flügel häutig und geadert. Der Rücken ist in 8—9 rotschwarze bis rotbraune Segmente eingeteilt. Die Hinterbeine sind stark: mit mächtigen Femora und kleinen Tibien, deren Außenrand mit zackigen Anhängen besetzt ist. Ihre Färbung ist sehr variabel;

Einige sind mehr grünlich, andere haben auf der Schultermitte ein gelbliches
Feld und jederseits eine schräge schwarz eingefaßte Linie etc.

Etwas größer sind die, deren After durch vier Dornen verschlossen ist, zwei
oberen und zwei unteren, die sich wie Zangen öffnen.

Locusta vulgaris similis, sed paulo major.

F. W. Die Elytren haben drei breite schwärzliche Querbinden, deren
Zwischenräume weißlich bis gräulich gefärbt sind. Die Flügel sind am Ende
durchsichtig, in der Mitte schwarz und an der Basis himmelblau.

Locusta minor, fuscescens, cucullo longo rhomboide.

F. W. ½ Zoll lang, bräunlich, mit einer gelbweißen Querlinie jederseits der
Schulter. Die Kapuze endet mit einem langen und dreieckigem Anhang; sie ist
nämlich rhomboidal und in einen langen und spitzen Winkel vorgezogen. Darauf folgt der Flügelansatz. Die Antennen sind kurz.

Locusta viridis major. The great green Grass-hopper.
[Tettigonia viridissima?]

Da Muralto (Ephem. Acad. Nat. Cur. 12, 16) diese Art genau beschrieben
hat, führe ich hier seine Schilderung an: [folgt Zitat Muralto] Willughby glaubt
das Weibchen vom Männchen durch den doppelt zusammengesetzten schwert-
förmigen Fortsatz des Hinterleibes unterscheiden zu können; dieser fehlt nämlich dem Männchen.

Der Rückenschild — Kapuze nennt ihn Willughby — ist ungefähr $\frac{3}{8}$ Finger
lang. Der rechte Flügel liegt über dem linken. Sie sind teils hart, haben aber
ein helles, glasartiges, 5—6eckiges Feld, das von einer Ader umzogen ist. Durch
das gegenseitige Aneinanderreiben dieser Flügelpartien erzeugen diese Heuschrecken ihr Zirpen, wie wir das selbst beobachtet haben.

Locusta Hispanica maxima et fusco cinerascens, alis punctis
nigris maculatis. [Anacridium aegytium?]

F. W. Sie ist drei Zoll, bis zum Schwanzende zwei Zoll lang. Die Flügel
sind geadert, die Elytren schwarz punktiert. Die Flügelbasis ist weißgetüpfelt,
der Rest schmutzig graubraun. Auf dem Rücken sind 8, auf dem Bauch 7 Ringe.
Die Hinterfüße sind groß und kräftig, ihre Schenkel innen rötlich. Die Tibien
haben zwei Dornenreihen. Die großen Augen haben weiße, nach abwärts ver-
laufende Querbinden. Wenn man sie mit der Hand drückt, so gibt sie zwischen
den Vordertarsen einen bräunlichen, öligen Saft von sich. Drückt man fester,
so tritt derselbe Saft auf der Brustunterseite und ein schwarzer aus dem
Munde aus. Der Thorax-Rücken ist von drei Querfurchen durchzogen. Sie ist
zu Cardona in Spanien gefunden worden (Willughby).

p. 62. **Praecedenti congener Africana, cum striis in Scapulis.**

F. W. Sie unterscheidet sich von der vorigen: 1. durch beträchtlichere
Größe, 2. durch schöne braune Flecken auf den Elytren. Diese sind quadrat-
förmig, innen weiß und braun umrandet. Die übrigen Flügel sind weißlich. 3.
Das Pronotum wie der untere Teil der Elytren und die Flügelbasis ist gelblich
gefärbt. Trotz dieser Unterschiede vermute ich, daß sie von der vorigen nicht
verschieden ist, sagt Willughby.

F. W. Sie ist dick und beinahe einen Finger lang, von grünlicher Farbe.

p. 63. Locusta Africana maxima, quattuor fere uncias longa. Unter der Kapuze sind sehr kleine Flügelstummeln. Der Rücken besteht aus 10 Segmenten. Unter dem Schwanz sieht man zwei starke, gelbe, am Ende schwärzliche Zangen.

p. 63. Gryllus domesticus Mouffeti p. 135. [Gryllus domesticus].

p. 63. Gryllus campestris Mouffeti p. 134. [Gryllus campestris].

p. 64. De Gryllotalpa. [Gryllotalpa gryllotalpa].

p. 67. De Gryllotalpa Mouffeti: The Fen cricket Eve Churre or Churworm. [Gryllotalpa gryllotalpa].

p. 67. Locusta pulex Swammerdamio: Nobis Cicadula dici solita. [Aphrophora spumaria].

p. 68, 1—4. [Andere Schaumzikaden.]

p. 68. Blatta prima seu mollis Mouffeti. [Blatta orientalis.]

p. 68. Blatta molendaria ab insula Jamaica allata major. F. W. Die Flügel bedecken den ganzen Körper und ragen noch über sein Ende heraus. Das Pronotum ist rötlichweiß. Der Überbringer sagte, es sei ein Weibchen. [Periplaneta americana?]

p. 69. Blatta parva alata. [Blattella germanica.]
Ihre Flügel sind gelblich und bedecken den ganzen Rücken. Auf dem sonst gelblichen Pronotum sind zwei breite schwarze Binden.

p. 81. Nr. 17. Scarabaeus Capricornus dictus, major viridis oderatus. The Goat-chafer. [Aromia moschata L.]
Er ist so lang wie ein Finger und länger. Sein Kopf, seine Schultern und seine Elytren sind dunkelgrün, etwas golden schimmernd. Die sehr langen Antennen sind schachtelartig gegliedert mit langen Internodien. Das Abdomen und die ihm aufliegenden Flügelscheiden sind schmal und länglich, sowie gebogen. Er atmet einen so starken Moschusgeruch aus, daß man diesen riecht, wenn er nur vorbeifliegt. Dieser Geruch ist mild.
Ich habe ihn oft in Erlenwäldern beobachtet.
Die Elytren dieser Käfer sind manchmal bläulich, manchmal grünlich. Willughby hat einen gesehen, dessen Elytren schwarz waren; die Schultern und Elytren unterschieden sich in nichts.

p. 148, 2. Phalaena major, corpore crasso, alis amplis, interioribus macula ophthalmoide insignibus. Sexta Mouffeti, Goedartii 24 ta. [Smerinthus ocellata L. Männchen.]
Die dicken, kurzen Antennen sind an ihrem Ende weißlich. Der Kopf über den Antennen und Schultern sowie die Seiten des Rückens bis zum Hinterleib grau, die Rückenmitte vom Kopf bis zum Hinterleib schwärzlich. Der dicke Hinterleib endet mit einem spitzen Schwanz. Er ist oben grau mit schmutziggelben Querlinien. Die Flügel sind sehr breit. Die schwärzlichweißen, schmutziggelb geaderten Vorderflügel zeigen schmutziggelbe und rötlichweiße wellenförmige Querbinden sowie einen schwärzlichen Flecken an der Mitte des Unterrandes. Die Hinterflügel sind von der Basis bis zur Mitte des Unterrandes rötlich, die Spitzen sind weißlich. Besonders auffällig sind Augenflecken am unteren Flügelwinkel. Ein schwarzer Fleck ist von einem himmelblauen und nach außen von einem schwarzen Ring umgeben.

Herr Tilleman Bohart aus Oxford gab ihn mir mit anderen selteneren von ihm gesammelten Faltern in einer Schachtel. Ich habe ihn später selbst aus einer Puppe gezogen, in die sich folgende Raupe verwandelt hatte: Eruca maxima elegans, Ligustrine similis, cauda cornuta.

Sie ist so dick wie ein kleiner Finger, besonders in der Kontraktion; bei
mäßigem Strecken ist sie 2½ Zoll lang. Die Haut ist überall rauh wie die Haut
eines Haifisches. Die Farbe ist ein verwaschenes Grün; 7 blaßrote Streifen
ziehen jederseits quer von der Rückmitte zu den Beinansätzen schräg nach
unten. Von der ersten Linie bis zum Kopf ist sie verschieden gefärbt. Der kleine
Kopf ist grün; das dreieckige Gesicht mit seinem oben spitzen Winkel ist gelb
eingefaßt. Vom Kopf bis zu den Füßen nimmt sie an Dicke erheblich zu. Am
Hinterende entspringt auf dem Rücken ein blau und rot gefärbtes, nach hinten
gebogenes Horn. Am unteren Ende jeder der Querlinien ist ein rötlicher Punkt.
Die Vorderfüße sind klein, kurz und rötlich.

Am 17. Juli fand ich sie in unserem Obstgarten, die Blätter eines Apfelbaums befressend. Wie Goedart bemerkt, nährt sie sich nicht nur von Apfel-
blättern, sondern auch von Weidenlaub.

p. 149, 3. Phalaena magna, cinereo, dilute rubente, et nigro colo-
ribus varia, cum maculis oculos referentibus in interioribus
alis. [Smerinthus ocellata L. Weibchen.]

Der große rundliche Kopf ist am Scheitel und Hinterkopf schwärzlich, vorne
und an den Seiten rotgrau gefärbt. Die Antennen sind gelblich. Der Rücken und
die Oberseite des Hinterleibes sind rötlichschwarz. Die schmalen, nicht sehr
langen Vorderflügel sind am inneren Rand ausgebuchtet. Die Farbe ist rötlich;
am Unterrand ist ein schwarzer, rot eingefaßter Fleck. Der Rest des Flügels
ist abwechselnd schwarz, graurot, grau, rot und schwarz gefärbt. Besonders auffallend ist ein großer gebogener schwarzer Fleck am Flügelende. Die Hinterflügel werden beim Sitzen nicht ganz von den Vorderflügeln bedeckt, wie bei
einigen von den großen Phalaenen. Sie sind aber viel kleiner als diese. Außer
den schwarzen, von einem blauen inneren und schwarzen äußeren Kreis um-
rahmten Augenflecken am Unterrand sind sie schwarz. Die Unterseite der Vorderflügel ist, soweit sie von den Hinterflügeln bedeckt werden, schön rot. Dieser
rote Teil ist weiß umrahmt, der übrige Teil des Flügels ist rotbraun. Die Hinterflügel haben an der Unterseite von der Basis am Oberrand entlang einen weiß-
roten Streifen; unten sind sie rotbraun; dazwischen verlaufen 5 Querbinden:
3 rötliche und 2 mittlere braune. Der zwischen diesen Linien liegende Teil des
Flügels ist rotbraun; am Ende ist er etwas weißlich.

Anfang Juni schlüpfte er aus der Puppe der Raupe Nr. 58, in der er über-
wintert hatte.

p. 361, Nr. 58. [Wörtlich identische Raupen-Beschreibung wie die in p. 148, 2.]

p. 163, 17. Phalaena media habitior, alis exterioribus pullis,
duabus tribusve maculis albis, e duobus circellis compositis
contiguis notatis. Apple-tree Moth. [Diloba caeruleocephala L.]

Weiße Flecken auf der Flügelmitte nach dem Vorderrand zu gelegen bilden
die Figur einer liegenden 8. Die Hinterflügel sind oben schmutzigweiß; auf der
Unterseite haben sie in der Mitte eine gebogene schwarze Querbinde; über
dieser liegt wie bei den meisten Phalaenen ein schwarzer Punkt. Über den
Augen befindet sich eine Art Kapuze, aus dichten Haaren bestehend, die in der
Mitte grün bis dunkelgelb ist und von einem kreisförmigen breit schwarz be-
ginnendem und schmal weiß endigendem Streifen umgeben ist. Der Falter entsteht aus einer vereinzelt behaarten, fast glatten, gelb, blau und schwarz gefärbten Raupe mit schwarzen Tupfen, die die Blätter von Äpfel-, Birnen-, Weiß-

dorn- und anderen Bäumen frißt. Sie verpuppt sich noch im Frühjahr in eine dunkelrote, schwarz behaarte, zweischwänzige Puppe. Die Raupe ist im Frühjahr sehr häufig; der Falter schlüpft erst im Herbst. Die genauere Beschreibung der Raupe lautet:

Auf der Rückenmitte verläuft vom Kopf bis zum Ende eine breite gelbe Längslinie. Daran schließt sich jederseits eine ebensobreite bläuliche Längsbinde an, mit zwei querverlaufenden schwarzen Punkten, aus denen kurze Haare entspringen [auf jedem Segment?]. Diese wird jederseits durch ein schwärzliches Feld unterbrochen. Seitlich schließt sich dann eine schmälere gelbliche Längsbinde an. Der graue Kopf ist mit zwei größeren schwarzen Flecken besetzt, über denen eine gelbliche Querbinde verläuft. Die Raupe ist von mittlerer Länge, aber feist und dick.

p. 342, 1. [Identische Raupen-Beschreibung.]

p. 354, 36. [wird dieselbe Raupe, auch als solche von Ray erkannt, nochmals ausführlich beschrieben und gleichzeitig das schön gefärbte angebliche Raupen-Männchen.]

p. 177 (unten letzte Beschreibung) [erzählt Rajus:]

[Amphidasis betularia L.]

Am 29. Mai 1693 schlüpfte das Weibchen aus einer stabförmigen Geometriden-Raupe. In der Schachtel, in der ich das Weibchen hielt, fingen sich in der Nacht bei offenem Fenster zwei Männchen; mir scheint, daß sie durch den Geruch des Weibchens angelockt wurden, durch die Spalten in den Kasten hineinzukriechen.

p. 222, 73. Phalaena minor alis oblongis, ex albo et caeruleo nigricante variis, ad exortum flavis Goedartii 61. [Eurrhypara urticata L.]

Der Körper der Motte ist abwechselnd breit und schwarz und schmal gelb geringelt. Am Kopf und am Flügelansatz ist sie gelblich. Die weißen Vorderflügel sind am Unterrand schwärzlich, darüber liegen längliche schwarze Flecken parallel zum Rand angeordnet, darüber quergelagerte und nach der Flügelbasis gerichtete Fleckenreihen; ebensolche Flecken finden sich an der Mitte des Außenrandes. Dieselben Flecken und Linien sieht man auf der Flügelunterseite. Beim Sitzen bildet sie ein gleichseitiges Dreieck.

Sie ist in den Gärten in ganz England ziemlich häufig.

In dem erwähnten naturphilosophisch-theologischen Werke macht Ray folgende Bemerkungen über die Zahl der Insekten.

(3. ed. London 1701):

p. 22: Die Schmetterlinge und Käfer sind so zahlreiche Gruppen, daß ich glaube, daß wir in England von jeder 150 und mehr Arten haben. Mit Larven und Puppen macht das 900 Arten. Wir schließen aber Larven und Puppen vom Artbegriff aus und rechnen sie zu dem betreffenden Insekt.

p. 24: Die Zahl der Insekten-Arten der ganzen Erde, zu Lande und zu Wasser, wird gegen 10 000 betragen, und ich glaube, daß es eher mehr als weniger sind.

Anmerkung: Seither [d. h. seit 1691] habe ich allein in meiner Nachbarschaft 200 Schmetterlings-Arten gezogen und glaube jetzt, daß die Zahl der britischen Insekten 2 000, die der ganzen Erde 20 000 beträgt.

Später werden die Insekten öfter als Beweis für die Weisheit Gottes angeführt, so z. B. p. 147 das wunderbare Baugeheimnis der Bienenzellen.

Literatur:

R. Lankaster, Memorials of J. Ray.   London 1846.
J. Ray, The Wisdom of God.   London 1691.
J. Ray, Historia insectorum. London 1710 [enthält den vorher veröffentlichten Methodus insectorum
     (London 1705) als Einleitung.]

IX. Eleazar Albin.

Ein ausgezeichneter Beobachter war auch der Londoner Maler Eleazar
Albin (Werke zwischen 1720—1736), dessen Tafelwerke auf eigenen Zuchten
und Beobachtungen beruhen. Sein erstes Werk „A natural history of English

Fig. 154.
Yponomeuta padellus und Tischeria complanella
(Aus E. Albin.)

Insects" London 1720) enthält fast nur Schmetterlinge. Die Zeichnung ist sehr
genau, die Kolorierung manchmal etwas plump, aber stets erkennbar. Der Text
kurz und enthält kurze Zucht- und Farben-Notizen. Einige Proben verdeutlichen
das:

70. [1. Yponomeuta padellus L., 2. Tischeria complanella Hb.] 1. Die schwarzen Raupen der Tafel 70 (a) fressen in einem gemeinsamen Gespinst an Schwarzdorn, Weißdorn und Pflaumenbäumen. Sie wurden gegen Ende Mai gefunden, verpuppten sich Anfang Juni und am 20. Juni schlüpften die Motten e und d aus. 2. Die Raupen e waren am Rücken braun. Die graue Bauchfarbe war vom Braun des Rückens durch einen orangefarbenen Streifen getrennt. Der Kopf war schwarz. Sie wurden am 26. Mai an Eiche gefunden. Am 15. Juni begannen sie sich einzuspinnen und zu verpuppen; die Motte (g, h) schlüpfte am 10. Juli.

Fig. 155.
Catocala nupta L. (Aus E. Albin.)

80. Ordensband. [Catocala nupta L.] Die Raupen a waren bräunlich mit einem Vorsprung auf der Rückenmitte und einem andern am Schwanz. Der erstere war an der Basis leicht rötlich. Ich fand ihn an einer Weide bei dem Thames-Ufer im Chelsea Physickgarden am 12. Juni. Am 17. Juni spann sie

sich zwischen Blättern in einem zarten Gewebe ein und verpuppte sich (b). Die Puppe war ganz mit einem blauweißen Reif, wie er öfters auf Pflaumen liegt, bedeckt. Die Falter (c, d) schlüpften am 17. Juli. Er wird gewöhnlich der „rote Unterflügel" genannt.

61. unten. [Tipula paludosa Mg.] Die dunkle Made unter dem Gras bei d fand ich am 25. April in der Erde. Sie fraß an den Wurzeln von Gras in einem Blumentopf bis 20. August. Sie verwandelte sich dann in ihre Puppe e. Ich hatte zwei davon. Die eine hielt ich feucht und hieraus schlüpfte die Fliege: Harry long leges oder Schneider. Es war ein Weibchen g, das in einer Schachtel 400 Eier legte. Die andere war trocken gehalten, schrumpfte und starb. Ich habe oft bemerkt, daß Trockenheit für die Verwandlung von Puppen zur Fliege ein großes Hindernis ist. Das Männchen ist bei f abgebildet (hinter Goedart Nr. 139).

Werneberg (1864) erkennt mit Recht auf Grund einer Zweiteilung der Paginierung eine gewisse systematische Anordnung, indem auf die Tagfalter die Schwärmer, Spinner, Eulen und Spanner folgen.

In seinem späteren Werke „A Natural History of Spiders" (London 1736) sind auf Tafel 40—51 Floh, Laus (mit einer Beschreibung von R. Hooke) sowie einige Mallophaga und Läuse ohne begleitenden Text enthalten.

X. William Gould.

Einen bemerkenswerten Beitrag zur Ameisenkunde lieferte der englische Reverend W i l l i a m   G o u l d in seinem „Account of English Ants" London 1747. Das wenig gekannte Büchlein enthält so viele schöne Beobachtungen, daß ich es mir nicht versagen kann, es wenigstens auszugsweise wiederzugeben.

C a p. 1: Beschreibung der Ameisen im allgemeinen, ihrer Arten, Färbung und des Baues ihrer verschiedenen Teile. Gould unterscheidet 5 Arten:
Myrmica rubra (L.)   Red ant.
Lasius flavus (Fabr.) p. 1   Commun yellow ant.
Lasius niger (L.) p. 5   Yet ant.
Formica rufa L. p. 1   Small black ant.
Camponotus herculaneus (L.)   Hill ant.
Nur die rote Art hat einen Stachel, alle anderen beißen erst und spritzen dann ihre Säure in die Wunde.

Gould greift die in der Literatur bereits geäußerte Ansicht auf, daß eine feste Beziehung zwischen Augengröße und Fühlerlänge bei Insekten besteht. Die Fühler mancher Insekten scheinen sich in einer gewissen Beziehung zu der Größe und dem Abstand ihrer Augen zu verlängern oder zu verkürzen.

C a p. 2: Über ihre Kolonieen, Zellen, unterirdische Gänge, deren Bau und Mannigfaltigkeit. Lasius flavus und Formica rufa leben in Hügeln, Myrmica rubra unter großen Steinen oder in Teilen der Hügel von Lasius flavus. Lasius niger und Camponotus herculaneus leben in morschen Baumwurzeln. Sie leben aber niemals durcheinander und töten sich, wenn einzelne Tiere der fremden Art sich zu ihnen verirren. Im Sommer leben sie mehr an der Oberfläche ihrer Bauten, im Winter ziehen sie sich zum Schutz gegen die Kälte tiefer zurück. Die vielen Gänge dienen teils zum schnellen Ableiten des Regenwassers, teils führen sie in die ovalen Zellen, die keinen Kitt oder etwas ähnliches enthalten. Hier halten sie ihre Jungen und hier legen sie Sommervorräte für den Winter an.

Alle Bauten vollführen sie nur mit ihren Mandibeln. In einem Klumpen feuchter Erde kann man sie bequem unter Glas beobachten.

Cap. 3: Über ihre Regierung, die verschiedenen Königinnen, den Respekt, den ihnen die gewöhnlichen Ameisen erweisen etc.

In einer Ameisen-Kolonie ist von Ende August bis Anfang Juni gewöhnlich eine Königin und zahlreiche Arbeiter. Von Juni bis August gibt es dann außerdem noch geflügelte Ameisen. Der Ameisen-Staat ist keine Republik aus Männchen und Weibchen, wie man gewöhnlich annimmt. Die gewöhnlichen Ameisen oder Arbeiter sind vielmehr geschlechtslos wie die der Bienen. Die Königin, von der es in jedem Staat mindestens eine gibt, gebiert im Verlaufe von 7—8 Monaten 4 000—5 000 Eier. Sie ist viel größer als die der Arbeiter und ihr wird besonderer Respekt erwiesen, wovon man sich unter Glas durch Beobachtung leicht überzeugen kann. Es werden dann alle Königinnen außer der von Lasius beschrieben. Die Eier werden sofort von den Arbeitern in besondere Zellen getragen. Im Oktober zieht sich die Königin in die tiefste Zelle zurück und ist von einem Klumpen Arbeiter umhüllt. In den Monaten Januar bis Mai legt sie in Intervallen einige Eier. Von Mai bis September kommt sie dann mehr an die Oberfläche. Ende Juni und besonders im Juli ist ihr Leib prall mit Eiern gefüllt, die sie im September meist ablegt.

Cap. 4: Eiablage und Beschreibung der Eier. Kings Auffassung der Arbeiter als Männchen wird berichtigt. Die Königin legt drei Arten von Eiern: Männchen, Weibchen und Arbeiter, die beiden ersten im Frühjahr, die letzteren von Juli bis August.

Cap. 5: Über die Verwandlung der Eier in Würmer etc. Die Eier werden in verschiedene Kammern je nach Feuchtigkeit und Wärme gebracht. Die beinlosen Würmer bleiben mindestens ein Jahr in diesem Entwicklungsstand.

Cap. 6: Über ihre Verwandlung zur Puppe. Diese Larven verpuppen sich dann in die sogenannten Ameisen-Eier. Aber die von Myrmica rubra haben kein Gespinst, sondern eine freie Puppe.

Cap. 7: Über das Schlüpfen der Puppe. Bei der nicht verhüllten Puppe von Myrmica rubra kann man nach einer Woche die Umrisse einer Ameise erkennen. Die ganze Verwandlung vom Ei zur Imago kann man nicht verfolgen, da sie sich unter Glas nicht vollständig entwickeln. Die Arbeiter öffnen langsam die Puppengespinste, um den Nymphen Luft zu verschaffen. Zuerst schlüpfen die geflügelten Weibchen, dann etwas später die geflügelten Männchen und endlich die Arbeiter. Während frühere Autoren die geflügelten Tiere alle für Männchen gehalten haben, sind die großen die Weibchen und nur die kleineren die Männchen. Sehr auffällig erscheint Gould das Abfallen der Flügel nach höchstens drei Wochen, das sonst von Insekten nicht bekannt sei. Bei dieser Gelegenheit erwähnt er auch Mermitiden als Parasiten der Ameisen.

Cap. 8: Über die Tätigkeit der Arbeiter, die Anlage von Wintervorräten etc. Die Tätigkeit der Ameisen ändert sich wohl mit dem Klima, denn ihre Gewohnheiten in England sind teilweise beträchtlich verschieden von denen, die fremde Autoren beschrieben haben. Ihre Arbeit beginnt im März und endet im Oktober. Die im folgenden beschriebenen Tätigkeiten zerfallen in drei Gruppen: den Bau der Kolonieen, die Sorge für ihre Jungen und das Sammeln von Vorräten. Es würde hier leider zu weit führen, dies entzückend beobachtete Kapitel des weiteren auszuführen. In den Streitfragen, ob die Ameisen Wintervorräte ansammeln, meint Gould, daß seine vielfachen Beobachtungen während des Winters klar gezeigt haben, daß die Ameisen wie viele andere Hymenopteren den Winter in Starre verbringen und sich niemals Vorräte nachweisen ließen.

Auch in Töpfen, in denen er über ein Jahr Ameisen-Kolonieen zog, zeigten sich
nie irgendwelche Wintervorräte. In wärmerem Klima mag es sein, daß die
Ameisen den Winter nicht in Starre verbringen und Vorräte sammeln, falls
diese Vorstellung nicht ganz auf einem Mißverständnis beruht.

Cap. 9: Betrachtungen über den Zweck der Ameisen etc. Sie dienen vielen
Vögeln, den Ameisenbären, der Maulwurfsgrille u. a. als Nahrung. Man gewinnt
aus ihnen durch Destillation die Ameisensäure. Unter den Arthropoden, die
mit den Ameisen zusammen leben, sind Tausendfüßler und Ohrwürmer besonders
häufig. Bei Myrmica rubra und Camponotus herculaneus kann man oft eine
Art Kampfspiele beobachten, die scheinbar sehr beliebt bei ihnen sind. Bei
ersterer Art gibt es auch Kannibalismus: schwache Tiere werden von gesunden
aufgefressen. Über die Gründung neuer Kolonieen hat Gould keine Beobachtungen sammeln können. Bezüglich ihres Schadens oder Nutzens müssen manche
Arten wie Lasius niger wegen ihrer Vorliebe für süße Säfte in Gärten als
schädlich betrachtet werden. Da die Ameisen aber auch andere Schädlinge
der Obstbäume vertilgen, so soll man sie in mäßiger Anzahl dulden. Die Bekämpfung durch Abtragung und Verbrennung der Haufen im Winter ist nicht
wirkungsvoll, da die Königin dann sehr tief in der Erde ruht. Im Sommer ist
diese Bekämpfung wirkungsvoller.

Verlag von W. Junk
in Berlin W. 15, Sächsische Str. 68

Th. Becker, M. Bezzi, K. Kertész u. P. Stein
Katalog der palaearctischen Dipteren.
4 Bde. 1903—1907. 8. 1938 p. M. 80,—

F. Brauer u. J. v. Bergenstamm
Die Zweiflügler (Dipteren) des kais. Museums zu Wien.
7 Teile [1880—1894]. Facsimile-Ed. Berl. 1923. 4. 760 p. m. 24 Tfln. M. 240,—

C. G. Giebel
Insecta Epizoa.
1874. Fol. 323 p. m. 20 color. Tfln. M. 80,—

W. Junk
Bibliographia Entomologica.
Coleoptera. Berol. 1912. 8. 162 p. Leinbd. M. 3,—
Lepidoptera. Berol. 1913. 8. 168 p. Leinbd. M. 3,—

H. Loew
Die Europaeischen Bohr-Fliegen (Trypetidae).
Wien [1862]. Facsimile-Ed. Berl. 1913. Fol. 132 p. m. 21 Tfln. M. 160,—

J. W. Meigen
Systematische Beschreibung der bekannten Europaeischen Zweiflügeligen Insekten (Diptera).
7 Bde. Aachen u. Hamm 1822—1851. 8. m. 74 color. Tfln. M. 200,—
(Ausgabe mit schwarzen Tafeln M. 80,—.)

N. Poda
Insecta Musei Graecensis.
[Graecii 1761]. Facsimile-Ed. Berol. 1915. 8. 146 p. et 2 tab. M. 20,—

C. Rondani
Dipterologiae Italicae Prodromus.
8 vol. [Parmae etc. 1856—1880]. Facsimile-Ed. Berl. 1914. 8. 1845 p. et 2 tab. M. 160,-

J. G. Schiödte
De Metamorphosi Eleutheratorum.
12 partes [Hauniae 1861—83]. Facsimile-Ed. Berol. 1929. 8. 898 p. et 86 tab.
Ein Neudruck ist in Vorbereitung. Verlangen Sie Prospekt.

Ferner:

Coleopterorum Catalogus
Bisher erschienen Pars 1—101.

Lepidopterorum Catalogus
Bisher erschienen Pars 1—33.
Verlangen Sie Prospekt und Probe-Lieferun.

Verlag von Gustav Fischer in Jena

Handbuch der Entomologie

Bearbeitet von

Prof. Dr. **P. Deegener**, Berlin / Dr. **Ph. Depdolla**, Berlin / Prof. Dr. **A. Handlirsch**, Wien /
Prof. Dr. **O. Heineck**, Alzey / Prof. Dr. **J. Hirschler**, Lemberg / Dr. **K. Holdhaus**, Wien /
Prof. Dr. **F. Martini**, Hamburg / Dr. **O. Prochnow**, Berlin-Lichterfelde / Prof. Dr. **L. Reh,**
Hamburg / Prof. Dr. **Ew. H. Rübsaamen†**, Berlin / Prof. Dr. **Chr. Schröder**, Berlin-Lichterfelde

Herausgegeben von

Prof. Dr. **Christoph Schröder**

Berlin-Lichterfelde-Ost

Drei Bände

Band I

*Haut und Hautorgane. | Organe der Lautäußerung. | Nervensystem. | Sinnesorgane. | Darmtraktus
und Anhänge. | Respirationsorgane. | Zirkulationsorgane und Leibeshöhle. | Muskulatur und Endo-
skelett. | Geschlechtsorgane. | Mechanik des Fluges. | Embryogenese. | Keimzellenbildung und Be-
fruchtung. | Postembryonale Entwicklung. | Allgemeine Morphologie*

Bearbeiter:

P. Deegener / Osk. Prochnow / Jan Hirschler / Ph. Depdolla /
Anton Handlirsch

Mit 1109 Abbildungen im Text

XII, 1426 S. gr. 8⁰   1928   Rmk. 65.–, in Halbleder geb. 73.–

Band II

*Biologie (Oekologie – Ethologie). | Gallbildungen. | Die Bedeutung der Insekten im Haushalt der
Pflanzen. | Pflanzenschädliche Insekten. | Medizinische und veterinär-medizinische Entomologie. |
Die Färbung der Insekten. | Die geographische Verbreitung der Insekten. | Die psychischen Fähig-
keiten der Insekten*

Bearbeiter:

A. Handlirsch / Ew. H. Rübsaamen / O. Heineck / L. Reh / E. Martini /
O. Prochnow / Karl Holdhaus / Chr. Schröder

Mit zahlreichen Abbildungen im Text erscheint Ende 1928

Band III

Geschichte. | Literatur. | Technik. | Paläontologie. | Phylogenie. | Systematik

Bearbeiter:

Anton Handlirsch

Mit 1040 Abbildungen im Text

VII, 1201 S. Lex.-Form.   1925   Rmk. 47.–, in Halbleder geb. 55.–

– *Einzelne Bände können nicht geliefert werden.* –